长沙矿冶研究院、耒阳市焱鑫有色金属有限公司、宁波太极环保设备有限公司及蒙自矿冶有限责任公司黄昌元等资助出版

湿法冶金·环境保护·冶金新材料

马荣骏　著

中南大學出版社
www.csupress.com.cn

内容简介

本书是一本论文集，书中收集了马荣骏123篇论文。书中的论文属于当今重要的三个领域，即湿法冶金、环境保护及冶金新材料，其中一些论文的研究成果已用于工业生产，产生了显著的经济效益，一些成果产生了良好的环保与社会效益。该书的论文中，有综述、理论探讨及试验研究工作，其特点是具有创新性及实用性，很有参考价值，可供冶金、环保、材料专业的工程技术人员及高等院校有关专业的师生参考和应用。

图书在版编目(CIP)数据

湿法冶金·环境保护·冶金新材料/马荣骏著. —长沙：中南大学出版社，2017.6

ISBN 978-7-5487-2699-9

Ⅰ.①湿... Ⅱ.①马... Ⅲ.①冶金-文集 Ⅳ.①TF-53

中国版本图书馆CIP数据核字(2016)第324611号

湿法冶金·环境保护·冶金新材料

马荣骏　著

□**责任编辑**　史海燕
□**责任印制**　易红卫
□**出版发行**　中南大学出版社
社址：长沙市麓山南路　　邮编：410083
发行科电话：0731-88876770　　传真：0731-88710482
□**印　　装**　长沙超峰印刷有限公司

□**开　　本**　880×1230　1/16　□**印张** 37.5　□**字数** 1265千字　□**插页**
□**版　　次**　2017年6月第1版　□2017年6月第1次印刷
□**书　　号**　ISBN 978-7-5487-2699-9
□**定　　价**　195.00元

作者简介

About the Authors

马荣骏　教授级高级工程师(教授、博士生导师)，著名的冶金学家，我国湿法冶金的学术带头人、萃取冶金的创始人、优秀环境科学工作者及大洋矿产资源的研究先驱。1955 年毕业于东北工学院(现东北大学)，1955—1958 年于原捷克斯洛伐克布拉格查理大学及斯洛伐克 Košice 工业大学进行研究生学习。回国后分配到中国科学院长沙矿冶研究所(现长沙矿冶研究院)工作。在工作期间曾任课题组长、研究室主任及研究所所长等职务。

1988 年先后被中南工业大学、东北工学院、湖南大学及湘潭大学聘为兼职教授，1986 年被国家科委聘为有色金属专家组成员，1988 年被湖南省政府聘为环保委员会顾问，1989 年被冶金部北京联合环境评价公司聘为理事，并任该公司南方的法定代理人，1996 年被湖南省环科院聘为首席兼职研究员。

从 1958 年起参加中国金属学会、中国有色金属学会、中国稀土学会、中国冶金环保学会及湖南省的上述学会和湖南省环境科学学会的活动，曾任学会的学委会委员、学委会副主任、理事、常务理事。多次参加国内外学术会议，曾被第一、二、三届国际湿法冶金学术会议聘为学术委员会委员，在担任湖南省环境工程分会副会长期间，组织及主持召开了五届湖南省环境工程学术会议。

在 60 余年(含返聘时间)矿冶研究工作中，涉及的研究领域为核燃料铀的冶金、湿法冶金、环境保护及冶金新材料，共完成了 60 余项冶金重点课题，指导完成了 20 余项环保科研项目及 10 余项冶金新材料科研工作。在作为课题负责人的工作中，有 26 项科研成果通过了省部级鉴定，获国家、冶金部及湖南省科学大会奖 4 项，国家科技进步二等奖 2 项，国家发明三等奖 1 项，省部级科技进步一等奖 2 项，二等奖 5 项，三等奖 1 项，四等奖 3 项，地市级科技进步一、二等奖各 1 项及获授权专利 3 项。这些成果在工业生产中，获得了显著的经济、环保及社会效益。

在其工作中，建立了复杂铀矿的综合回收新方法，研究了一些铀矿的浸出、重铀酸铵的沉淀及浸出、铀的萃取纯化及浸出渣的处理，进一步完善了核燃料铀的提取工艺；建立了一些金属的提取新工艺，利用湿法冶金方法，制备了冶金新材料，使溶剂萃取新技术在湿法冶金中得到了广泛应用，开拓成为湿法冶金中的独立“萃取冶金”分支，发展了湿法冶金学科。在环保领域中，重点研究了废水、废渣、废气的治理，变废为宝，加强了环境保护。

为了冶金工业的可持续发展，开辟新的矿产资源，在我国冶金界率先提出和开展了大洋矿产资源开发研究工作，代表冶金部及国家海洋局编写了第一份开发研究大洋矿产资源的可行性研究报告，为我国开发研究大洋矿产资源列为国家重点长远专题研究项目奠定了基础。

勤于耕耘，著书立说，撰写了14部冶金专题论述，在冶金界交流。正式出版了12部专著，其中获中南地区优秀专著奖1项、省部级优秀图书奖1项及国家级优秀图书奖1项。在国内外发表论文230余篇，多篇被评为优秀论文及被EI、SCI及CA收录。被聘为三部工具书的编委，在《中国冶金百科全书》（有色金属卷）中主编了湿法冶金分支，并撰写了书中20多个词条，在《溶剂萃取手册》及《湿法冶金手册》中，撰写了8章内容。

在20世纪70年代我国恢复学位制度后，是首批硕士研究生导师，80年代又被国家学位委员会聘任为博士研究生导师，培养了20余名硕士研究生及博士研究生，经常被邀请参加博士论文答辩会及评审博士论文。

在工作单位多次被评为先进个人、优秀干部、模范及优秀党员。1978年被冶金部评为先进工作者，并上了冶金部科学大会的光荣榜。1989年被评为全国优秀环境科学工作者。1991年起享受国务院政府特殊津贴。2000年被斯洛伐克国家工程院选为外籍院士。为人正直、品德高尚、勤奋敬业、无私奉献，成就卓著，为国家做出了重要贡献。

附：参见部分报刊、书籍上对作者的报道

1. 湿法冶金专家——马荣骏. 矿冶工程, 1985年, 第4期, 48页.

2. 张光斗. 中国工程师名人大全. 武汉: 湖北科技出版社(1991年), 1083页.

3. 湿法冶金及环境工程专家——马荣骏. 有色金属(季刊), 1992年, 第4期, 76–79页.

4. 中华人民共和国人事部. 新中国留学归国学人大辞典. 武汉: 湖北教育出版社(1993年), 400页.

5. 功勋永不灭·精神照后人——记中国冶金及环境工程专家长沙矿冶研究院马荣骏教授. 科学中国人, 2000年, 第7期, 15页.

6. 献身科学, 硕果累累——记冶金及环境工程专家长沙矿冶研究院马荣骏教授. 中国冶金报, 2000年, 10月27日. 第2版.

7. 开拓创新, 无私奉献——记中国冶金及环境工程专家, 斯洛伐克国家工程院外籍院士, 长沙矿冶研究院马荣骏教授. 环境保护报. 2001年3月1日. 第1版.

8. 科坛骏马——长沙矿冶研究院教授/博导, 马荣骏. 湖南日报, 2001年, 7月2日. 第4版.

9. 孟志中. 共和国功勋谱——功勋人物风采卷. 中国国际文化艺术出版社, 2007年, 309–311页.

10. 雷原. 中华功勋人物大典(当代卷Ⅱ). 北京: 中国国际传媒出版社, 2007年, 172–178页.

11. 李占军. 中华名人志(上). 北京: 中国文联出版社, 2011年, 26–30页.

12. 中国国际专家学者联谊会. 伟大旗帜(炎黄骄子名人志). 北京: 中国百科文库出版社, 2014年, 404–406页.

13. 中国科学技术协会. 中国科学技术专家传略, 工程技术, 有色金属卷3. 北京: 科学出版社, 2015年, 95–105页.

14. 干勇. 二十世纪知名科学家成就概览. 化工、冶金与材料工程卷, 冶金工程与技术分册(二). 北京: 科学出版社, 2015年, 221–232页.

15. 正直、勤奋、无私奉献、成就卓著的科学家——马荣骏. 长沙矿冶研究院, 2015年, 12月.

16. 勤奋忘我 成就辉煌——记著名冶金学家、斯洛伐克国家工程院外籍院士马荣骏教授, 矿冶工程, 2017年, 第1期, 128–131页.

前言

Foreword

本书是从作者发表的230余篇论文中，收集的123篇论文。该书是应出版社之邀，由三个单位及一些朋友资助出版的三个重要领域，即冶金、环保、材料领域的论文集。

书中的论文种类有综述、理论探讨及试验研究工作，作者在撰写发表每篇论文时，注重了创新性及应用性，一些论文成果已用于工业生产，产生了显著的经济效益；一些论文成果产生了可贵的社会效益，并具有促进学科发展的作用。

本书出版的目的是给同行提供一份参考资料，期望对读者能有所裨益，该书也体现了作者一生从事冶金科研工作的研究轨迹。

作者衷心感谢长沙矿冶研究院杨应亮院长及黄晓燕教授、耒阳市焱鑫有色金属有限公司董事长石仁章先生和梁金凤女士、宁波太极环保设备有限公司董事长史汉祥先生及助理史跃展先生、云南蒙自矿冶有限责任公司总经理黄昌元先生。非常感谢他们对本书出版的大力支持与帮助。

由于作者水平所限，书中内容难免存在谬误，敬请读者批评指正。

还感谢陈志恒、马文骥、罗镜民、胡竹珍、邱电云在本书出版中的帮助。

作　者

2016年6月

目录

Contents

第一部　湿法冶金

第二部　环境保护

第三部　冶金新材料

第一部分

湿法冶金

湿法冶金新发展*

摘　要：根据收集的资料及多年的研究结果，系统地总结了湿法冶金中的新技术，分别阐述了浸出（加压浸出、活化浸出、细菌浸出、原地浸出）、溶剂萃取、离子交换、膜分离及电解方面的新发展与新技术，特别介绍了湿法制备粉体材料，并提出了湿法冶金的研究与应用方向。

New development of hydrometallurgy

Abstract: The new developments of hydrometallurgical technology are systematically summarized. The new technologies and new processes about leaching (pressurized leaching, active leaching, bacterial leaching, in – situ leaching), solvent extraction, ion exchange, electrolysis and membrane separation are expounded, respectively. The recent development status for preparating powder materials by wet method are especially introduced. The new direction for research and application of hydrometallurgy is also presented.

追溯历史，在公元前206年，也就是在西汉时期，就有了用胆矾法提取铜。多少年来，湿法冶金技术发展缓慢，只是作为火法冶金的一个辅助手段而存在。直到19世纪它才得到快速发展，20世纪逐渐成为冶金学科中的一个独立分支，进而成为重要的二级学科。

湿法冶金理论主要是依靠化学理论发展起来的，现在虽然还是以化学理论为基础，但是由于学科交叉、互相渗透，它与地球科学、矿物学、物理学及一些工程科学都有关系[1-7]。湿法冶金与各类学科间的关系如图1所示。

湿法冶金技术得到长足发展主要缘于它在以下几方面中的优势：

（1）可以处理低品位物料，包括低品位原生硫化矿、氧化矿、表外矿及废弃的尾矿，并可对一些低品位二次资源中的有价金属进行回收；

（2）可以处理复杂矿石，包括一些低品位复杂矿石及大洋锰结核，能够有效回收其中的各种有价金属；

（3）可以提高资源的综合利用率，在提取精矿中主金属的同时，可以回收一些伴生的稀贵金属（Au，Ag及铂族金属）及稀散金属；

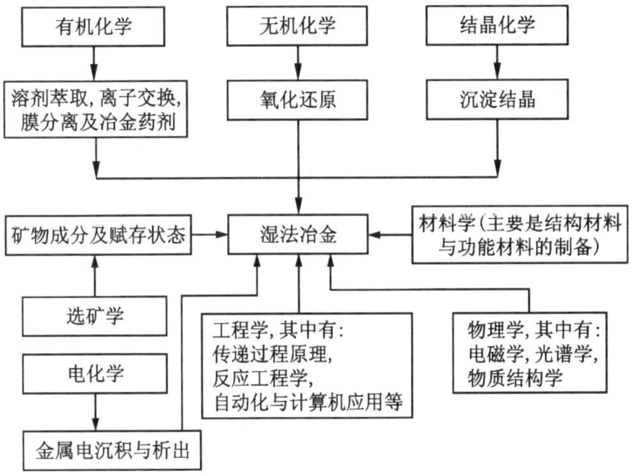

图1　与湿法冶金相关联的学科

（4）劳动条件较好，有利于环保，较容易实现清洁生产；

（5）引入了其他一些学科的理论与新技术，相关

* 该文首次发表于《湿法冶金》，2007年，第1期，1～12页。

学科的发展也促进了它的发展。

纵观湿法冶金的作用以及它所提取的金属之多(如图2所示),足以反映出它在冶金学中的地位及在学科发展及国民经济发展中的作用。

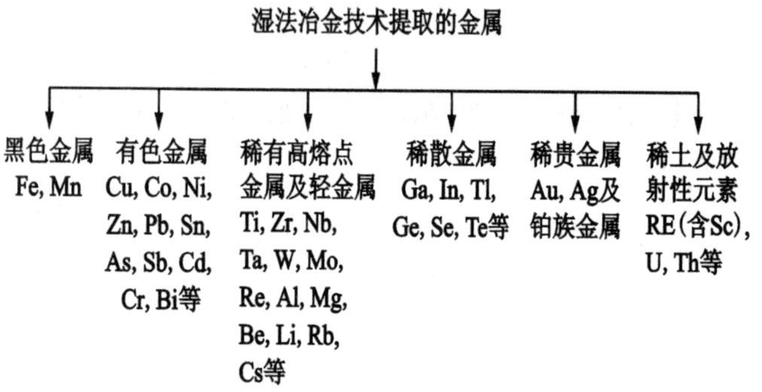

图2 湿法冶金技术提取的金属

1 湿法冶金中的新发展

湿法冶金主要工艺过程包括:矿石原料预处理;矿石原料浸出;固液分离;溶液净化、富集及分离;从溶液中回收化合物或金属。近些年来,湿法冶金技术发展较快,目前最为主要的新发展分述于下。

1.1 浸出工艺的新发展

1.1.1 高压浸出[5-8]

近年来,一些采用高压浸出的工厂相继开工或投产。据不完全统计,从20世纪90年代到现在已经投产的高压浸出厂至少超过20家,其中包括我国第1个用高压浸出法处理高镍锍的工厂——中国新疆阜康冶炼厂。可以预料,在今后一段时间内,高压浸出工艺的应用领域还会不断扩大,浸出工艺也会得到不断完善。世界上重要的高压浸出厂如表1所示。

浸出速度一般随温度升高而明显增加,某些浸出过程需在溶液沸点以上进行。对某些有气体参加的浸出过程,增大气体反应剂的压力有利于浸出过程的进行,这种在高温高压下的浸出称为高压浸出或压力溶出。高压浸出分为高压氨浸、高压碱浸、高压酸浸。高压浸出在高压釜内进行,高压釜的工作原理及结构与机械搅拌浸出槽的相似,但更耐高压,密封良好。高压釜有立式及卧式2种,卧式釜的结构如图3所示。

卧式高压釜的材质要求能承受一定的温度及压力,并耐磨及抗腐蚀。工业上有单体釜及串级釜之分。串级釜一般分成数个室,矿浆连续溢流通过每个室,每室有单独的搅拌器。目前,应用在冶金工业中的高压釜其工作温度能达到230℃左右,工作压力达到2.8 MPa。

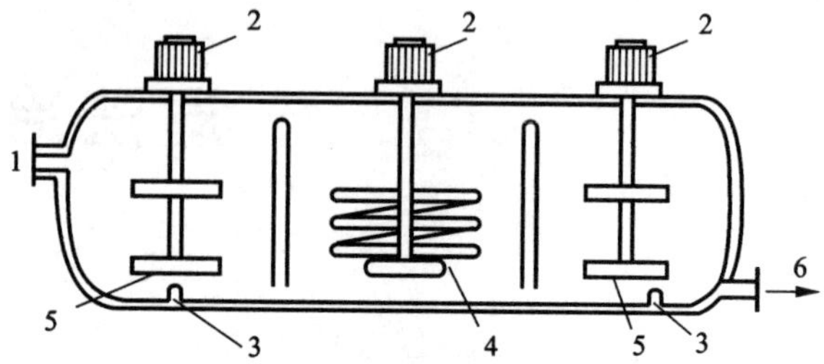

图3 卧式高压釜结构示意图

1—进料;2—搅拌器与马达;3—氧气入口;4—冷却管;5—搅拌器;6—卸料

高压浸出是强化浸出的重要方法之一。过去,由于设备(高压釜)制造复杂及材质腐蚀问题不易解决,其发展遇到了一定困难。而今天制造业的发展及耐腐蚀材料的出现,上述困难大大减小,高压浸出得到了快速发展。目前高压浸出最受关注的是:硫化铜精矿的高压浸出;硫化锌精矿的高压浸出;钨、钼矿的高压浸出;镍、钴矿的高压浸出;铝土矿的高压水化学法生产氧化铝;铂族金属的加压浸出及难处理金矿的加压浸出等。

1.1.2 流态化浸出[6]

流态化浸出设备简单、效率高,其工作原理如图4所示。矿物原料从加料口进入浸出塔,浸出剂由喷嘴连续喷入浸出塔。在塔内,由于浸出剂的线速度超过临界速度,因而固体物料发生流态化,形成流态化床。在床内,两相间传质及传热条件良好,浸出反应迅速发生。浸出液流到扩大段时,流速降低到临界速度以下,固体颗粒沉降,清液则从溢流口流出。为保证浸出时的温度,浸出塔可通过夹套通蒸汽加热,亦可用其他方式加热。

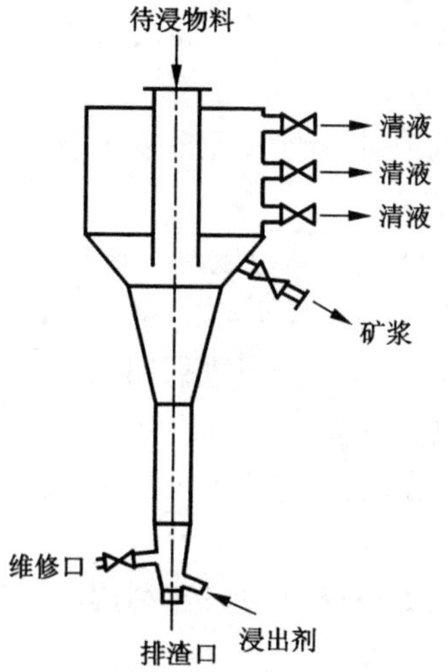

图4 流态化浸出塔示意图

表 1　世界上高压浸出的工厂

序号	公司或厂名	原料种类	设计能力	投产日期
1	加拿大萨斯喀切温(Fort Saskachewan)	硫化镍精矿，镍锍	产镍 24900 t/a	1954 年
2	美国加菲尔德厂(Garfield, Utah)	钴精矿		已关闭
3	美国弗雷德里克厂(Fredericktown)	铜镍钴的硫化物		已关闭
4	美国阿马克斯镍港精炼厂(Amax Nickel Refining Co. Part Nickel Refinery)	古巴毛阿的镍钴硫化物，含钴镍锍		1954 年投产，1974 年改建
5	古巴毛阿镍厂(Moa Bay Nickel Plant)	含镍红土矿		1959 年
6	芬兰奥托昆普公司哈贾瓦尔塔精炼厂(Outokumpu Harjavalta Refinery)	镍锍	产镍 17000 t/a	1960 年投产，1981 年改建
7	澳大利亚西部矿业公司克温那那厂(Western Mining at Kwinnana)	镍锍	产镍粉 3000 t/a	1969 年
8	南非英帕拉铂公司(Impala Platinum Ltd.)	含铜镍锍		1969 年
9	南非吕斯腾堡精炼厂(Rustenbury Refinery)	含铜镍锍	125 t/d	1981 年
10	加拿大科明科公司特雷尔厂(Trail Cominco)	锌精矿	处理精矿 188 t/d	1981 年
11	加拿大蒂明斯厂(Kidd Creek, Timmins)	锌精矿	处理精矿 100 t/d	1983 年
12	南非西部铂厂(Western Platinum)	含镍铜锍	12 t/d(60 t/d)	1985 年(1991 年)
13	美国麦克劳林金矿(Mclaughlin Gold Mine)	金矿	2700 t/d	1985 年
14	巴西桑本托矿(San Bento Mineracao)	金精矿	240 t/d	1986 年
15	美国巴瑞克梅库金矿(Barrick Mercur Gold Mine)	金矿	680 t/d	1988 年
16	美国格切尔金矿(Getchell Gold Mine)	金矿	2370 t/d	1989 年
17	南非巴普勒兹铂厂(Barplats Platinum)	含铜镍锍	3 t/d	1989 年
18	美国巴瑞克哥兹采克厂(American Barricks Goldsteike Mill)	金矿	1360 t/d	1990 年
19	南非诺森铂厂(Northan Platinum)	含铜镍锍	20 t/d	1991 年
20	德国鲁尔锌厂(Ruhr－Zink)	锌精矿	300 t/d	1991 年
21	加拿大坎贝尔金矿(Campbell)	金精矿	70 t/d	1991 年
22	巴布亚新几内亚波格拉金矿(Porgera Gold)	含金黄铁矿精矿	2700 t/d	1992 年
23	中国新疆阜康冶炼厂	含铜镍锍	产镍 2000 t/d	1993 年
24	希腊奥林匹亚斯金矿(Olympias Gold Mine)	含金砷黄铁矿，金矿	315 t/d	建设中
25	巴布亚新几内亚里尔厂(Lihir)	金矿	13250 t/d	建设中
26	加拿大哈得逊湾矿冶公司(Hudson Bay Mining and Smelting Co.)	锌精矿，铅锌精矿	处理精矿 21.6 t/d	1993 年

流态化浸出的特点是：溶液在塔内的流动近似于活塞流，容易转换，易实现多段逆流浸出；相对于搅拌浸出，颗粒磨细作用小，因而对浸出后的固态产品的粒度控制有利；流态化床内有较好的传质和传热条件，因而有较快的反应速度和较大的生产能力。据报道，锌湿法冶金过程中，采用流态化浸出，其单位生产能力比机械搅拌浸出时大 10～17 倍。特别是在有氧参与的浸出过程（如金的氰化浸出）中，先将矿石与浸出剂加入塔内，然后从底部鼓入氧（或空气），利用气流使矿料形成气－液－固 3 相流态化床，其传质效果更好。

流态化的原理和设备不仅可用于浸出过程，也可用于其他有固相参加的过程，如置换过程等。据报道，在流态化反应器中对 $ZnSO_4$ 溶液锌粉置换除铜镉时，其生产能力比机械搅拌的高 8～10 倍。

1.1.3　管道浸出[9]

管道浸出的简单设备及工作原理如图 5 所示。

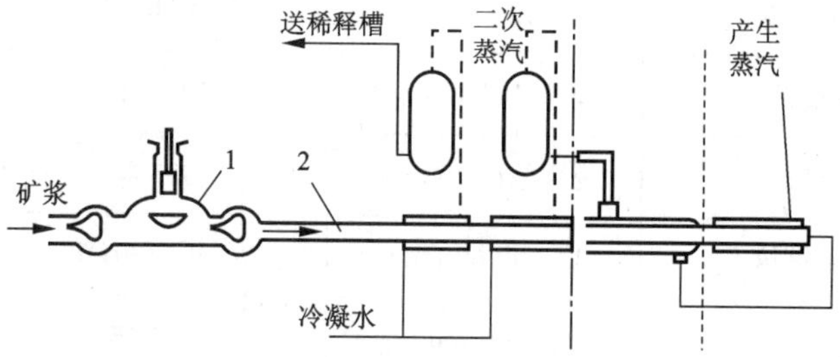

图 5　管道浸出器工作原理示意图

1—隔膜泵；2—反应管

混合好的矿浆通过隔膜泵以较快速度（0.5～5 m/s）进入反应管，反应管外有加热装置对矿浆加热，反应管前部主要利用已反应的矿浆的余热加热，后部则用高压蒸汽或工频感应加热。矿浆在沿管道流动过程中逐步升温并发生反应。管道反应器的特点是矿浆流动快速，管内处于高度紊流状态，传质及传热效果良好，温度高，因而浸出效率较高，一般反应时间远比搅拌浸出时间短。这一技术在铝土矿浸出制备氧化铝中得到了大规模应用。

1.1.4　活化浸出[10]

（1）机械活化浸出。机械活化属于新兴的边缘学科——机械化学的一部分。在机械力的作用下，矿物晶体内部产生各种缺陷，处于不稳定的能位较高的状态，相应地其化学反应活性较大。早在 20 世纪 20 年代，人们在研究磨矿后晶体的活性时就发现，磨矿所消耗的能量不是全部转化为热能或表面能，而是有 5%～10% 储存在晶格内，使晶体的化学活性增加。这种活化方法迅速扩展到钨、钼矿物强化浸出过程的研究之中，国内外学者在这方面都取得了较多的研究成果。

通过机械活化，矿物的浸出速度和浸出率都有大幅度提高，反应表观活化能明显降低，这种效果已引起冶金工作者的极大兴趣，并已将其用于活化所有有固相参与的反应过程，如浸出过程、合金化过程、工程材料的合成过程、非晶态材料的制备过程等。

（2）其他活化浸出法。其他方法有超声波活化、热活化、辐射线活化、添加催化剂活化等。这些方法都能强化浸出过程，但大都没有实现大规模工业应用，都有待进一步研究。

1.1.5　细菌浸出[11-16]

细菌浸出也是很早就提出来的一种方法，但由于其动力学过程缓慢，再加上适宜的菌种稀少，所以其发展迟缓，以至于长期被束之高阁。近年来有 3 个方面的原因使细菌浸出得到了充分重视：

（1）生物学科的飞速发展，给寻找、培养适合要求的菌种提供了可能；

（2）资源贫化、易处理矿石越来越少。尽管细菌浸出周期较长，但它可以从尾矿、贫矿中回收有价金属；

（3）能源短缺，环保要求提高。细菌浸出能耗低，可以减少污染甚至没有污染，容易实现清洁生产，符合绿色冶金的要求。

细菌浸出又称微生物冶金，它在工业生产上已成功地应用于从废石、低品位矿石及硫化矿精矿中提取 Cu，U 和贵金属，以及 Mn，Ni，Co，Sn，Sb，Mo，Bi，V，Ga 和 Ge 等金属及处理大洋结核。

细菌浸出机理是利用细菌自身的氧化或还原性使矿物中某些组分得到氧化或还原，进而以可溶或沉淀形式与原物质分离，此即细菌浸出的直接作用；或者依靠细菌的代谢产物（有机酸、无机酸和三价铁离子）与矿物发生反应，使有用组分进入溶液，此即细菌浸出的间接作用。细菌对硫化矿物的直接作用与间接作用机理见图 6。

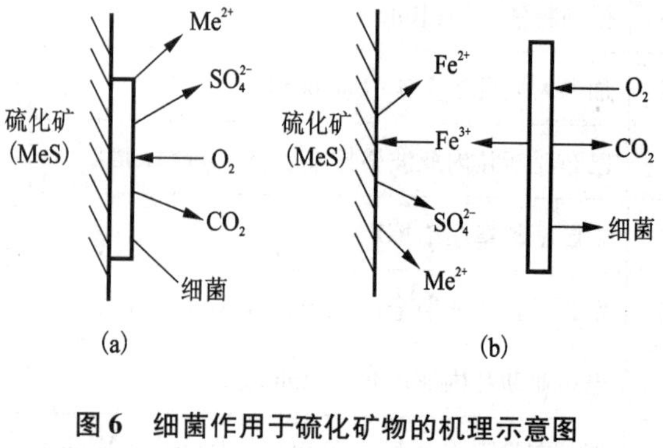

图 6　细菌作用于硫化矿物的机理示意图

（a）细菌浸出的直接作用；（b）细菌浸出的间接作用

用反应式表示，直接作用的反应为：

$$MeS + 1/2O_2 + 2H^+ \xrightarrow{细菌} Me^{2+} + S^0 + H_2O$$

$$2S^0 + 2H_2O + 3O_2 \xrightarrow{细菌} 2H_2SO_4$$

间接作用的反应是：

(1) Fe^{2+} 及 S^0 经细菌氧化成 Fe^{3+} 及 H_2SO_4：

$$Fe^{2+} + 1/4O_2 + H^+ \xrightarrow{细菌} Fe^{3+} + 1/2H_2O$$

(2)生成的 Fe^{3+} 及 H_2SO_4 氧化硫化矿：

$$MeS + 2Fe^{3+} \longrightarrow Me^{2+} + 2Fe^{2+} + S^0$$

(3) Fe^{2+} 再被细菌氧化成 Fe^{3+}，S^0 被氧化成 H_2SO_4，Fe^{3+} 及 H_2SO_4 再去氧化 MeS，如此周而复始，循环不断。

细菌浸出过程中，起关键作用的是细菌。目前发现和使用的细菌如下：

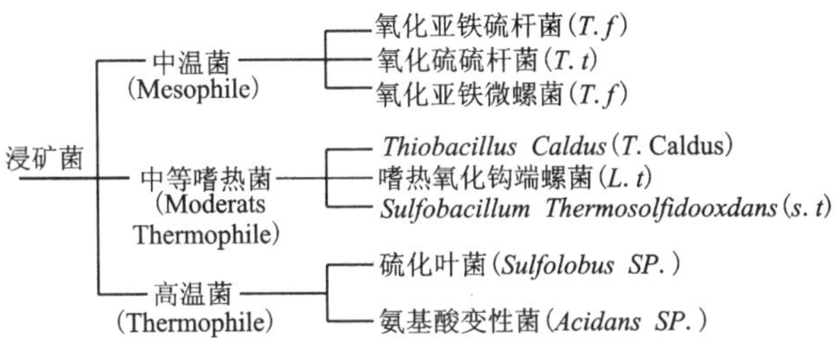

这些浸矿细菌远远满足不了浸矿的要求，所以寻找、培养耐高、低温，适应温度变化，浸矿速度快，易得到、易培养的细菌是细菌浸矿研究的关键问题。在细菌浸矿机理方面，由于直接作用和间接作用不能很好地解释细菌浸出的实际问题，随着研究工作的深入，现在又用电化学及生物化学来解释细菌浸出的化学过程，这是机理研究的新发展，在这方面还需要不断地进行工作。

1.1.6　原地浸出[17-19]

原地浸出简称地浸，国外也称化学采矿、无井采矿。自然条件下，矿石不经开采，于原地通过浸出剂的选择性化学反应溶解矿石中的有价金属，然后收集溶液从中提取有价金属。该法集采、选、冶于一体，具有很多优点：

(1)基建投资少，建设周期短，生产成本低，劳动强度小；

(2)不必建造和管理尾矿堆及废石堆；

(3)从根本上改变了劳动条件、卫生条件，增加了生产人员的安全性；

(4)使繁重的采选工作“工厂化”“化学化”及“自动化”；

(5)可充分利用资源，对规模小、埋藏深、品位低的矿体，采用常规方法开采很不经济，而用地浸法则可获得一定的经济效益；

(6)有利于环境保护，基本上不破坏农田和山林，不改变矿山面貌，不破坏植被，能满足清洁生产的要求。

但地浸法也有它一定的局限性：

(1)只适用于具有一定地质、水文地质条件的矿床；

(2)如果矿化不均匀，矿层各部位的矿石胶结程度和渗透性不均匀，则矿石中有价金属浸出较难；

(3)浸出剂可能对地下水造成污染，有时需要对地下水进行治理与复原。

尽管原地浸出有诸多缺点，但其优点也是显而易见的，所以越来越受重视，目前已应用于铀矿、铜矿、金矿的开采中。在其他有色金属、稀有金属、稀土的提取中，其应用前景也很广阔。长沙矿冶研究院在“九五”期间承担的用地浸法开采风化淋积型稀土矿的课题，经国家验收，达到了国内外领先水平，已被国家作为重点项目推广。

1.2　溶剂萃取工艺的新发展[5, 20-23]

溶剂萃取技术作为一种分离技术已得到广泛应用。溶剂萃取的实质是利用溶质在 2 种不同溶液或部分互溶的液相之间的分配比不同来实现溶质之间的分离或提纯。由于它具有选择性高、分离效果好、易于实现大规模连续化生产的优点，早在二次世界大战期间就为先进国家所重视。经过 50 多年的发展，现在已在有色金属湿法冶金、化工、原子能工业等领域中得到大规模应用。如，有色金属铜、镍、钴，稀有高熔点金属锆、铪、铌、钽、钨、钼、钒，稀散金属铟、锗、镓、铊、铼以及稀土金属的分离提纯；化工产品的分离与提纯；核燃料的前后处理。而且在工业上都获得了非常好的效果。

根据国内外文献资料，结合多年科研与实践经验，笔者粗浅地认为：对于传统的溶剂萃取，还应该不断地筛选及合成高效价廉的萃取剂；完善现有萃取工艺，扩大应用范围；开拓新设备；深化萃取理论研究。

1.2.1　反胶团溶剂萃取(RMSE)

反胶团溶剂萃取(Reverse micelle solvent extraction)是当今极受重视的萃取新技术。在生物化工中，若使用传统的溶剂萃取技术分离蛋白质及酶，则易使它们变性，而采用反胶团溶剂萃取技术，既能保证它们不被有机试剂破坏，又能获得高萃取率，所以得到了广泛应用。也有人采用该法分离金属元素。

当水溶液中表面活性剂浓度超过一定值(称为临界胶束浓度)时，表面活性剂单体聚集成胶团(也称胶束)。在胶团中，表面活性剂的非极性端向内聚集在一起，形成一个疏水空腔，而极性端向外，使胶团能稳定地溶于水中。利用胶团的这种性质，可以使很多不溶于水的非极性物质溶解在水中。相反，如果在非极性有机溶剂中，表面活性剂浓度超过一定值时，表面活性剂单体也会聚集成聚集体，但极性端向内聚集在一起，形成亲水空腔，而非极性端向外，使聚集胶团能稳定地溶于水中，这种聚集称之为反胶团。利用反胶团，可以把一些亲水憎油的物质包藏在亲水空腔里，而溶解于非极性有机溶剂中。

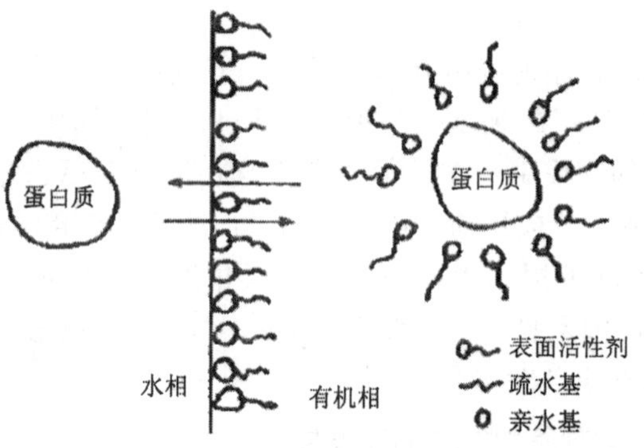

图7　反胶团萃取示意图

反胶团溶剂萃取正是利用了反胶团的这一性质，蛋白质可以被反胶团包藏而进入有机相（图7），改变条件又能回到水相，从而实现分离过程。

可以认为，反胶团溶剂萃取是一项极为重要的新萃取技术，在生物化工、冶金、环保中都会发挥有效作用。

1.2.2　超临界流体萃取(SPSE)

超临界流体萃取（Supercritical fluid solvent extraction）是一项迅速发展起来的新技术，也是近些年来的热点研究课题之一，有广阔的应用前景。

所谓超临界流体是指处于临界温度(T_C)和临界压力(p_C)以上的流体。这种流体兼有气液两相特点，既有气体的低黏度、高扩散性，又有流体的高密度和良好的溶解物质的能力。当压力和温度变化时，流体的溶解能力受影响很大。因此，可以通过改变温度和压力来调节组分的溶解度。把这一技术应用于萃取体系中有许多优点，除了优于一般的精馏和萃取技术外，其能量消耗较小。操作中，优选温度和压力，就可能把一些元素的分配比提高，使元素间的分离系数增大。现在常使用的超临界流体有CO_2、氨、乙烯、丙烯、水等。因为CO_2容易达到临界压力和临界温度，其化学性质稳定，无毒、无臭、无腐蚀性，因而容易得到纯产品，所以是最为常用的临界流体。

临界流体在化合物分离中的应用使超临界流体萃取技术发展迅速。超临界流体作为萃取剂，从液体和固体中萃取特定组分，可以实现某些元素或化合物的分离。这一技术已在医药、食品、石油化工、精细化工、生物等领域得到了实际应用。最近，该技术又在环境分析中样品的前处理及废物处理中得到应用，而且效果良好。

应该指出，在超临界流体萃取中，萃取剂需处于超临界状态，所以需要专门的设备，因此其应用受到了限制。

1.2.3　微波萃取(MASE)

微波萃取（Microwave assist solvent extraction）是从分析化学中派生出来的新技术，至今仍在制备分析样品中广泛应用。采用微波萃取法制备样品，不仅时间短，试剂用量少，而且精度高、回收率高，其研究相当活跃。

微波萃取法的操作是把样品和萃取剂装入一个密闭容器中，然后把密闭容器放置于微波发生器内。由于容器内部压力可达到1 MPa以上，这时萃取剂的沸点比常压下的沸点高很多，可以达到常压下达不到的温度，这样既可提高萃取率，又不致使萃取物和萃取剂被分解。微波萃取中，萃取温度对萃取率的影响特别显著。例如，常压下丙酮的沸点为56.2℃，而在密闭容器中，它的沸点可提高到164℃；对林丹的萃取率，90℃下为79%，而120℃下可达到94%。

应该说明的是，微波萃取剂必须是极性溶剂，因为非极性溶剂不吸收微波能量。如果使用非极性溶剂，其中必须配加50%的极性溶剂。萃取温度要控制在萃取剂不沸腾及不使萃取物分解的条件下，萃取时间一般在10～15 min。这些条件在微波容器中很容易实现。微波萃取技术的发展所面临的问题是如何扩大规模与应用。

1.2.4　电泳萃取(ESE)

电泳萃取（Electro solvent extraction）是电泳与萃取分离技术交叉耦合形成的一种新分离技术，也是利用外电势强化传质及提高萃取率的一种方法。由于它克服了电泳技术的不足，利用相界面的选择性和阻力，能避免对流扩散产生，所以能萃取一些用传统方法难以萃取的物质，因而被认为是一种具有较大潜力的分离方法，故近年来研究较多。

电泳的实质是利用不同物质的带电粒子在电场中定向运动的速度不同而实现物质的分离。单独实施电泳时存在着一些问题，如电泳过程中的浓度梯度会导致浓差扩散；电泳过程中电流产生的热量不能及时转移而造成温度梯度，引起热扩散与对流，使分离区带重叠，造成物质分离不完全。正是这些问题影响着电泳技术的发展。

当电泳与萃取技术结合时，首先，利用液－液界面的双极性膜性质，将浓差扩散严格地限制在一相中，同时使待分离物质进入萃取剂中，解决了浓差扩散及混合难题；其次，可利用扩散、对流等性质加快传质，在设备设计中，选择优良的散热材料，配合较小的操作相比及连续流动法，迅速移走电泳过程中所产生的大量热量。另外，外加电场会破坏液－液相界的弱电场，打破原有的化学平衡，会强化传质及提高萃取率（见图8）。

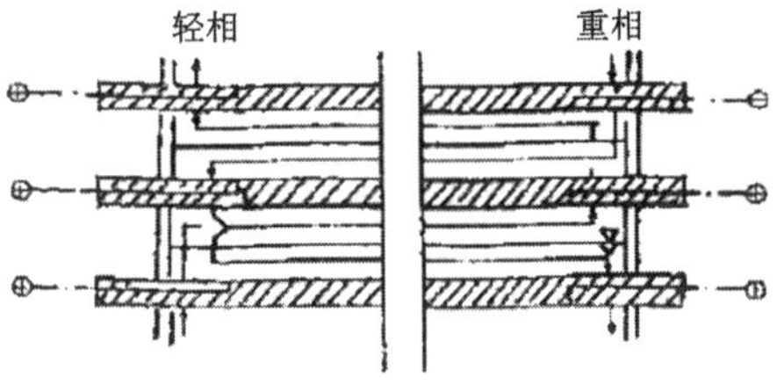

图8　连续电泳萃取示意图

预计，电泳萃取技术可在生物化工和环境化学中得到利用，但无论在理论上还是实际应用中都需进行大量的研究工作。

1.2.5　*超声萃取*(USE)

当前，超声萃取（Ultrasonic solvent extraction）为萃取技术中的前沿课题，可望成为一种新的溶剂萃取技术。

在溶剂萃取过程中引入超声波会明显提高萃取效率。通过研究超声波对镍的强化萃取，了解了超声场能量、声频率、溶液 pH、温度和有机相组成对萃取速度的影响。实验中采用 Lix65N 作为萃取剂，超声波频率为 20 kHz，输出功率为 47 W，结果如图 9 所示。可以看出，引入超声波后，镍的萃取率得到明显提高。在超声场中萃取钴时，超声波的介入，使 Co^{2+} 氧化成 Co^{3+}，改变了原有平衡，因而提高了萃取速率，萃取率也有显著提高。

现在，人们对超声场强化分离过程的机理研究还是初步的。以物理化学观点看，超声场的介入不仅像热能、光能、电能那样，以一种能量形式发挥作用，并能降低过程的能垒，而且声能与物质间存在一种独特的相互作用形式——超声空化。这一观点为深化对超声场强化分离过程的认识提供了一定依据。但对类似于溶剂萃取这样的过程，因涉及多组分、多相流体，因而对超声场作用机理的研究，仍显得非常不足；对声能与物质间相互作用以及其产生的附加效应，还需要继续深入研究。

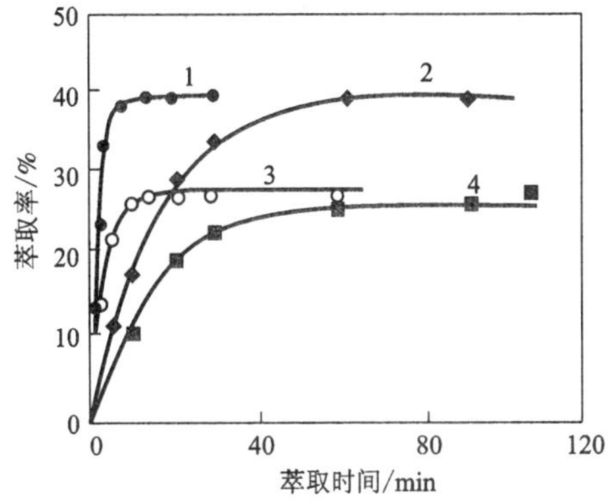

图9　超声场对 Lix65N 萃取镍的影响

（有机相：w(Lix65N) = 10%；c(月桂酸) = 0.1 mol/L；水相：ρ(Ni) = 30 mg/L；$c(KNO_3)$ = 1 mol/L V_O/V_A = 1∶1；25℃；搅拌速度 2000 r/min；超声场 20 kHz，47 W）

1—加超声场(pH = 6.02)；2—加超声场(pH = 4.02)；3—未加超声场(pH = 6.02)；4—未加超声场(pH = 4.02)

1.2.6　*预分散萃取*(PSE)

预分散萃取（Predispersed solvent extraction）是首先把萃取剂及溶剂制备成高度分散的微小颗粒，然后与料液混合，由于这些微小颗粒有巨大的表面积，因此可采用小相比，即少量的有机相。采用这种萃取方法，由于有机相界面积大，有利于传质，所以可提高萃取效率。

制备高度分散的微小颗粒有 2 种形式，一种是胶质液体泡沫（CLA），另一种是胶质气体泡沫（CGA）。前者是由含油溶性表面活性剂的油相液滴和含水溶性表面活性剂的水质滑腻壳层构成，后者则把上述的油相液滴换成气体。CLA 和 CGA 都是分散于连续水相的泡沫，CLA 直径在 1 ~ 20 μm，CGA 直径一般大于 25 μm。CLA 与 CGA 在预分散萃取中的应用是由于它们具有良好的稳定性和巨大的表面积，非常有利于传质和萃取。

预分散萃取研究刚刚起步，其研究的重点是 CLA 和 CGA 性质。可以预料，随着对 CLA 和 CGA 的结构、大小、稳定性及影响因素以及预分散萃取过程的研究，将会使预分散萃取技术不断完善，其应用前景应很美好。

1.2.7　*磁场协助溶剂萃取*(MFASE)

磁场与电场是感应相关的，既然电场（如电泳）对萃取过程有影响，可推知磁场对萃取同样存在着一定的影响。1993 年，Palysea 报道了磁场协助溶剂萃取（Magnetic field assisted solvent extraction），用 D_2EHPA 为萃取剂萃取 Cu^{2+} 时，铜的分配比提高为之前的 160 倍。笔者在这方面也进行了 3 项探索性工作：一是磁场效应对硫酸体系 TBP 萃取 As(Ⅴ)的影响；二是磁场对乙酰胺萃取剂萃取 As(Ⅴ)的影响；三是在磁场作用下用三辛胺萃取钒的机理研究。当磁场效应作用于 TBP 萃取溶液中的 As(Ⅴ)时，萃取体系的熵及表面张力变小，促进了萃取过程中的能量变换。虽然萃合物结构中仍形成P ═O→As 配位键，但由于相当于提高了体系的温度，磁场效应对 TBP 萃取 As(Ⅴ)有促进作用。磁场效应的作用和影响与溶液的 pH、SO_4^{2-} 和 As^{5+} 浓度等因素有一定关系。改用乙酰胺萃取 As^{5+} 时，有上述同样的结果。用三辛胺萃取钒时，在磁场作用下萃取机制没有变化，但萃取率有一定的提高。磁场对乙酰胺萃取稀土也有同样的作用，数据表明，不同的磁场强度对稀土萃取的影响不同，所以有可能通过控制磁场强度来达到提高稀土萃取率的效果。研究还发现，有机相磁化后可缩短萃取平衡时间，减少达到饱和容量的次数，加快萃取动力学速度。以上研究表明，磁场对萃取存在一定的影响。随着研究工作的深化，借助于磁场作用，可改变各萃取体系的萃取状况，使这项技术得到实际应用。

1.2.8 液膜萃取(LMSE)

液膜萃取(Liquid membrane solvent extraction)技术是 1968 年 Li N. N. 博士发明的，从 20 世纪 80 年代以来，国内外研究很多，已形成一门独立的分离技术。液膜萃取主要是指乳状液膜萃取，乳状液膜是一种双重乳状体系。首先把不相溶的有机相和反萃相搅拌制成乳状液，然后将这种乳状液分散到萃取料液中。萃取料液可称为第三相，也可叫外相，乳状液滴包裹的反萃相为内相，外相与内相之间的膜相即液膜。在这一体系中，萃取与反萃取过程在膜相的两侧同时进行，它的突出特点是传质速率快。虽然有萃取和反萃取同时进行的优点，但需要制乳与破乳等工序，所以工艺过程较为复杂，另外膜的稳定性也不理想。近年来经过完善又出现了支撑液膜、包裹液膜、静电式准液膜和大块液膜萃取等形式，但其原理是一致的。

国内外对液膜萃取研究较多。在我国首先是张瑞华研究了用液膜分离稀土元素，继之清华大学及华南理工大学的顾忠茂、张秀娟教授等也做了有效的工作，笔者也进行了一些探索性研究。但液膜萃取还未能克服其固有缺点，在工业应用上还不太成熟，有待于进一步研究。

1.2.9 内耦合萃取反交替分离过程(IESP)

内耦合萃取反交替分离法(Inner - coupling extrac - tion - stripping separation process)是在静电式准液膜研究基础上发展起来的一种新分离方法。该法利用相混合原理和流体力学原理，使工业上广泛应用的混合澄清槽式的传统溶剂萃取过程具有了液膜分离过程的传统特性，因而与静电式准液膜萃取比较，它有传质效率高、工艺过程简单、设备结构简单、适应性强等特点。该过程的工作原理如图 10 所示。

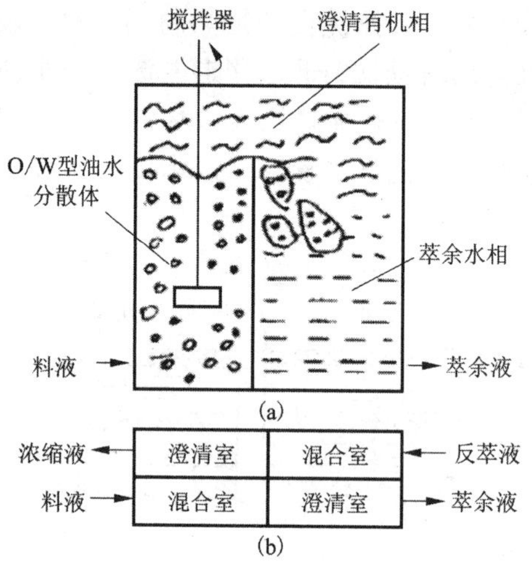

图 10 内耦合萃取反交替分离过程示意图

混合室的上层为有机相，在专门的机械搅拌作用下，与下层料液形成高度分散的油水乳状液，并在乳液之上同时保持着一个澄清层，随着料液水相的不断供给，乳液溢入澄清室，分相后即获得萃余液；负载有机相并入澄清有机相主体，并自动越过中间隔板进入反萃侧混合室。

在反萃侧，混合室上层的负载有机相在专门的机械搅拌作用下与下层反萃水相形成高度分散的油水乳液，并在乳液之上同时保持着一个澄清水相层。随着反萃取水相的不断供给，乳液溢入澄清室，分相后获得反萃浓缩液，再生有机相并入澄清有机相主体，并自动越过中间隔板，返回萃取侧的混合室，从而实现液膜技术所具有的萃取与反萃取过程在同一反应器内部自动耦合的传质过程。该技术可望应用到矿山浸出液的富集、工业废水的处理、多元组分的分离等方面，但要实现工业应用，还需要进行更深入的研究。

1.2.10 非平衡溶剂萃取(NSE)

非平衡溶剂萃取(Nonequilibrium solvent extraction)技术是笔者根据一些金属元素的动力学萃取速度不同，结合实际工作需要提出的。其原理可表述如下：以 v_A 表示 A 元素的萃取速度，v_B 表示 B 元素的萃取速度，A 和 B 两元素非平衡萃取分离的条件是 $v_A \gg v_B$。

萃取速度(v)可以用下式表示：$v = kc$。为了满足 $v_A \gg v_B$，即 $k_A c_A \gg k_B c_B$，如果 A 和 B 元素浓度一定时，k_A 越大于 k_B，两元素的分离效果越好。

该技术可望应用于稀土元素及重金属的萃取分离。

在我国，利用离心萃取器，借助于 In，Fe 的萃取速度不同，可将它们分离。图 11 示出了 In，Fe 在硫酸溶液中用 P204 萃取时萃取率与萃取时间的关系。在 1 min 内，In 即可达到萃取平衡，其萃取率高达 99% 以上；而 Fe 则是一个慢萃取过程，达到平衡所需时间在 30 min 以上。因此，只要控制萃取时间在 1 min 内，则可实现 In、Fe^{3+} 分离，省去了传统的通过把 Fe^{3+} 还原成 Fe^{2+} 来防止铁被萃取的工序。离心式萃取器的特点是相接触及相分离速度快，在工业实际运转中可获得很好的效果。

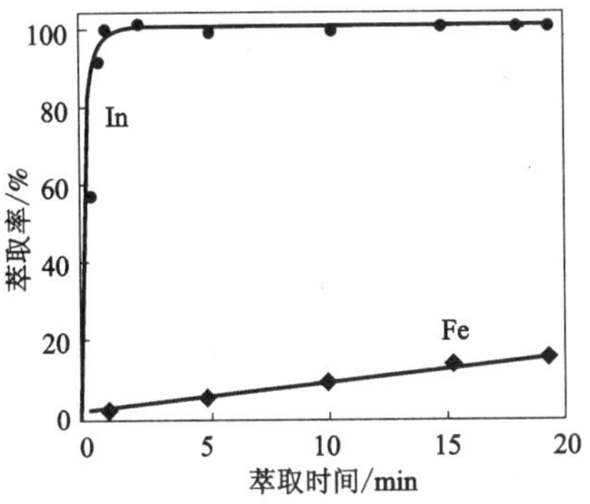

图 11　萃取时间对铟、铁萃取的影响

水相：$\rho(Zn)=107.4$ g/L；$\rho(In)=0.87$ g/L；$\rho(Fe)=14.88$ g/L；w(聚醚)$=0.01\%$；$\rho(H^+)=20$ g/L

有机相：40% P + 煤油；$V_O/V_A=1:5$

1.2.11　双水相萃取(TAPSE)

双水相萃取（Two aqueous phase in solvent extraction）是一种新型的液－液萃取分离技术。这种技术是由于 2 种高聚物分子间有斥力存在，即某种分子希望在它周围的分子是同种分子而非异种分子，因此，在达到平衡后，就有可能分成两相，使 2 种高聚物分别富集于不同的两相中，这种现象称为聚合物的不相容性，两高聚物双水相萃取体系就是依靠这一特性形成的。这一萃取技术，会越来越多地应用于生物领域。

1.3　离子交换工艺的新发展[24-29]

离子交换技术是湿法冶金中的一项重要的提取、富集、分离金属元素的技术，有着不可取代的地位。它之所以得到广泛应用主要有以下几个方面的优势：能从贫溶液中有效富集和回收有价金属，如贵金属、铂族金属、稀散金属、放射性元素及稀土元素；可纯化化合物和分离性质相似的元素，如分离铌、钽、锆、铪、稀土元素及超铀元素；在废水处理中有着非常重要的作用，如矿山废水、黑色及有色冶炼厂产生的废水、焦化废水、印染废水、电镀废水、造纸废水，核燃料工厂、原子反应堆及原子能发电厂的废水等；软化工业用水及纯化生活用水。

离子交换在工艺上有静态离子交换、动态离子交换、清液离子交换及矿浆离子交换；在设备上有自动化程度很高的连续化装置，限于篇幅，在此仅对离子交换工艺中最基础、最根本、决定离子交换成功与否的重要物质——离子交换树脂做简单介绍。

1.3.1　吸附树脂

吸附树脂也称为树脂吸附剂，它们在制造时未经过官能团反应，因而不带有能交换的功能基团。它们与活性炭、硅胶、氧化铝等无机吸附材料有相似的吸附、解吸机理。这类树脂按其结构可分为非极性、弱极性、极性及强极性 4 种类型。目前在市场出售的美国 Amberlitr XAD(1－5)和日本 Diaion HP(10－50)系列产品，均属于大孔径的吸附树脂。

在废水处理中，在活性炭不易再生的情况下，常用吸附树脂分离、回收一些物质。由于这类树脂的吸附能力是随着被吸附分子的亲油性增大而增加的，所以特别适用于废水中酚、油、三硝基甲苯(TNT)等有机物的脱除，也适用于农药、印染、造纸废水的处理。例如，使用 Amber－litr XAD 型吸附树脂处理造纸及印染废水时，BOD 可降低 40%，COD 可降低 60%，脱色率可达到 90%。

1.3.2　螯合树脂

螯合树脂是带有螯合功能基团、对特定离子具有特殊选择性的树脂。这类树脂与金属离子既能生成离子键，又能形成配位键。

作为树脂官能团的物质主要有 EDTA 类、肟类、8－羟基喹啉类、吡咯烷酮类及 3(5)－甲基吡唑等。

目前已合成多种螯合树脂，其中最主要的是带有氨基羧酸类官能团的树脂。如美国的 Dowex A－1、IRC－718，日本的 Diaion CR－10 树脂。苏联的K－1、K－2 树脂等应用最为普遍。这些树脂对 Cr^{3+}，In^{3+}，Hg^{2+}，Co^{2+}，Hg_2^{2+}，Ca^{2+}，Ni^{2+} 等具有特殊的选择性。如用多氨基螯合树脂处理含(10^{-6})：Mn 15、Cu 28、Cd 0.2、SO_4^{2-} 3200 的矿山废水时，经 30 h 的吸附后，排放水中达到(10^{-6})：Mn <0.005，Cu <0.003，Cd <0.005，SO_4^{2-} <0.03，可见效果特佳。近些年在市场上出售了能选择吸附汞的螯合树脂，这种树脂可使处理后的水中，汞含量小于 5 μg/L。

1.3.3　氧化还原树脂

氧化还原树脂是指带有能与周围活性物质进行电子交换、发生氧化还原反应的物质的一类树脂，这类树脂也称为电子交换树脂。一个典型例子如下：

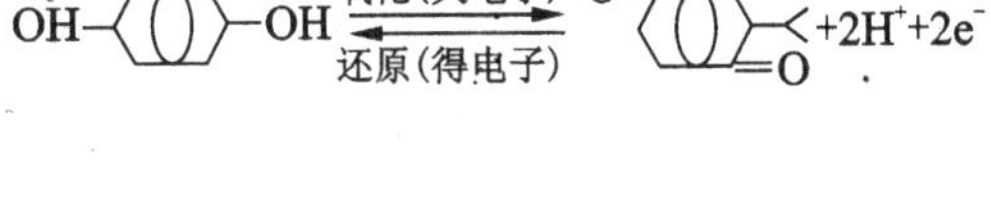

现在，这类树脂的商品有 Serdoxit pA，Duolite S－10，Amberlite XE239，Eu5，Eu12，Eo－11 等。在废水处理中，使用这类树脂可将高毒性的 Cr^{6+} 还原成较低毒性的 Cr^{3+}。在纤维印染、彩色照相及工业废水的生化处理中都使用氧化还原树脂。

1.3.4 两性树脂

将 2 种性质相反的阴、阳离子功能基(如一至四胺、磺酸、膦酸、羧酸等)连接在同一树脂骨架上，就构成两性树脂。两性树脂骨架上的两种功能基距离很近，在与溶液中的阴、阳离子交换后，只要稍稍改变体系的酸、碱条件即可发生相反的水解反应，使树脂复原，重复使用。

由于这类树脂内部两种功能基距离很近，在配合能力上与螯合树脂相似，对许多金属具有特殊的选择性。

苏联曾合成一系列两性树脂，如 AHKY 弱碱－强酸性系列树脂，ABKY 强碱－强酸性系列树脂，AHKB 弱碱－弱酸性系列树脂和 ABKB 强碱－弱酸性系列树脂。这些牌号的两性树脂在处理废水中都得到了广泛的应用。

1.3.5 蛇笼树脂

这类树脂与两性树脂相似，在同一个树脂颗粒内带有阴、阳交换功能基的 2 种聚合物。一种是以交联的阴离子树脂为笼，以线型的聚丙烯酸为蛇；另一种是以交联的多元酸为笼，而以线型的多元碱为蛇。这 2 种情况都像把蛇关闭于笼网中，故形象地称它们为蛇笼树脂。这类树脂的结构可以表示如下：

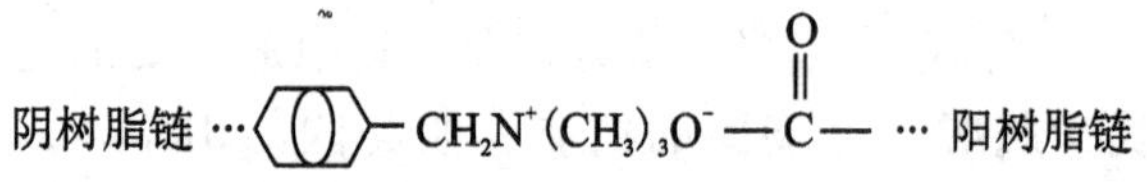

这类树脂的 2 种功能基可以互相接近，几乎相互吸引中和，但遇到溶液中的离子时，还能起交换反应。应该说明，两性树脂骨架上的 2 种功能基是以共价键相连接的，而蛇笼树脂中 2 种聚合物仅机械地绞缠在一起。这类树脂的应用原理是离子阻滞，即利用蛇笼树脂所带阴、阳 2 种功能基截留阻滞处理溶液中强电解质(盐)而排斥有机物(乙二醇)，使有机物在流出液中首先出现，所以也叫阻滞树脂。

蛇笼树脂的再生是用水，而不需使用药剂。

美国 Dow 化学公司生产的 Retardation11A8 即是蛇笼树脂，它应用于废水脱盐、从有机物中分离出无机盐(如除去糖类、乙二醇、甘油等极性有机物中的盐)、2 种无机盐的分离等。

1.3.6 萃淋(萃取)树脂

萃淋(萃取)树脂是将液体萃取剂，如磷类(TBP、D_2EHAP)、胺类(N263、TOA)、肟类(Lix64N、Lix84、Lix984 等)、8－羟基喹啉的衍生物(Kelex100、120)等吸附包藏在各种多孔的吸附树脂骨架里制成。这类树脂可以吸附许多金属离子。

由吸附树脂 XAD－2、XAD－4 吸附 Lix65N 制成的萃淋树脂对 Cu^{2+}，Ni^{2+} 和 Zn^{2+} 等的吸附选择系数都很高。

在废水处理中，这类树脂可除去微量有害金属离子，可除去放射性元素，可除去有害的有机物，可综合回收有价金属。

目前，工业上已应用萃淋树脂脱除废水中的铀、钍、钚、铜、锌、钒、铁及有机物，并实现了综合回收。

1.3.7 碳化树脂

这是近年来才出现的一类新树脂。它是将离子交换树脂置于惰性气体保护之中，于 600～900℃ 高温下碳化制得。这类树脂的吸附性能居于吸附树脂和活性炭之间，有很高的机械强度，再生也方便。碳化树脂的生产、应用发展很快，目前国内外均有商品出售，如国内有 TDX－01、02、02B 等，美国有 Amberlite200 系列及 Amberite IRC－120H 系列。这种树脂主要用于去除废水中的有机物，如脱酚，对除去芳香化合物、多卤代化合物、表面活性剂等均有良好的效果。最近，对一种碳化树脂的吸附性能测定得到：对氯乙烯的吸附量为 42～47 mg/g；对氯仿的吸附量为 12～24 mg/g；对苯酚的吸附量为 82～100 mg/g；对尿毒酸的吸附量为 10～18 mg/g。

1.3.8 磁性树脂

这类树脂是在树脂颗粒上机械地粘上 $\gamma-Fe_2O_3$ 而制成。在外磁场作用下，树脂沉降速度加快，便于分离。沉降的树脂一经搅拌后又可以很容易地重新分散。近年来，日本专利报道，使用 Diaion 磁性树脂处理 pH＝5.9、含 H_3BO_4 1.5 g/L 的废水，处理后水溶液中硼含量可降至 1.0×10^{-7} 以下。由于这类树脂在使用时需要有一个外磁场，因此在实际应用中受到了一定限制。

1.3.9 热再生树脂

热再生树脂属于两性树脂，在同一种树脂颗粒中带有弱酸性和弱碱性 2 种功能基。这类树脂在室温下可以吸附盐类，而当温度升到 70～80℃ 时，吸附的盐便可解吸出来。美国专利报道，利用热再生树脂可连续除去水中溶解的氨和有机胺。这类树脂除应用于废水处理，还应用于海水淡化。市场销售的产品有：美国的 Amberlite XD－2，Amberlite XD－4，Amberlite XD－5；澳大利亚的 Sirolite TR－10，Sirolite 20 等。

1.3.10　粉状树脂

在离子交换树脂中，有一类粒度在 10 μm 左右的树脂，称为粉状树脂。这类树脂在水中大约有 20% 以悬浮状态存在。其特点是在许多体系中都能够稳定地分散，交换速度是一般树脂的 5 ~ 15 倍。目前这类树脂的商品有：Amberlite XE254 - 257，Amberlite IRF，AmberliteX - AD，Diaion IMA，Wofatit PK 202 等。这类树脂易制造，成本低，但不易再生。用其处理废水时兼有过滤作用，目前已在核工业废水处理中得到应用。

除上述 10 种之外，其他还有交换纤维、交换膜、光活性树脂、硼树脂、加重树脂等特种树脂。它们在废水处理中，虽然应用还不广泛，但均具有特殊的用途。

1.4　膜分离技术的新发展[6, 30]

膜分离是以外界能量或化学位差为推动力，使双组分或多组分溶质和溶剂通过膜相互分离，并进而提纯和富集的一种方法。近年来，在湿法冶金中应用的膜分离技术主要有：

(1)反渗透膜分离组合技术；

(2)萃取 - 膜组合分离技术；

(3)配合 - 膜分离组合分离技术；

(4)生化吸附 - 膜组合分离技术。

膜分离中更为人们所重视的，除了萃取的液膜外，还有支撑液膜，支撑液膜更具有实用价值。

目前，膜分离技术已用于铀的分离、稀土的分离与回收以及金、铜、锌的提取，是一项很有潜力的分离、富集新技术。

1.5　电解(电沉积)技术的新发展[31-32]

电解法制取金属在冶金工业中已得到广泛应用，与火法相比，它环境污染少，符合清洁生产的要求。

电解法应该发展的理论和技术是：

(1)在电化学中，离子导体是一个专门的研究领域——离子学，而电极反应形成了另一门学科——电极反应学，它们是现代化学的发展方向。电极反应条件、速度和机理研究是促进电化学工业和电化学学科发展的重要基础；

(2)金属粉末电化学及纳米材料电化学技术是电解法的重要新技术。电解法制造粉末的优点是产品纯度高、工艺简单，可以利用半成品、废料作原料，能生产不同形貌的金属粉末。在制备过程中，电解法可以生产出硬而脆的沉积物、软的海绵状沉积物和松散黑色的沉积物。

纳米材料是高新技术材料，电解法已成为制备纳米金属粉末及纳米迭层膜的重要方法。

(3)电极新材料的开发与研制、电解液的组成及电解条件(例如高电流密度电解、周期反向电解、悬浮电解等)是应该注意的研究内容。

(4)矿浆电解将浸出、净化、电沉积结合在一起，使流程简化，能耗降低，试剂消耗减少，应进一步开发研究。

(5)无电源电解是追求的一项新技术。利用 2 个金属电位差产出电流来析出和沉积金属，构思特别先进，但还处于实验室阶段。经过广大科技工作者的不断努力，有可能真正成为一种崭新的工业技术。

(6)双金属电解。我国学者在这方面的研究已取得了一些成绩，仍需继续努力。

(7)在铜电解工艺中开发了 ISA 技术。ISA 技术由澳大利亚 MIM 发明，这项技术是用不锈钢板阴极代替了传统的铜极片，如此具有流程简便、生产率高、成本低、产品质量好的优点，在国外已有近 50 家铜电解厂使用，我国也在开始研究使用。可以肯定 ISA 技术的应用，还会不断地发展，其应用前景是良好的。

1.6　粉体材料制备新技术[33]

湿法冶金技术除用于从原料中提取金属外，也越来越广泛地用于制取各种粉体材料。

1.6.1　金属和非金属粉末、陶瓷粉末的制取

制取具有特殊性能的金属粉末及功能材料常用的方法有水溶液电解法、水溶液还原法、沉淀法、共沉淀法、溶胶 - 凝胶(Sol - gel)法、水热法、Pechini 法。

水溶液电解法为制取铜、银、铁、镍等金属粉末的主要方法之一。控制电解参数和电解质成分，可得到不同特性、各种粒级的铜粉，电解产出的铜粉常用于电器设备的导电部件、刹车垫和自润滑轴承。此外，R. T. C Choo 成功地用脉动电流沉积法制备出了纳米级镍粉，具有一定工业价值。

水溶液还原法常用以制取微电子工业用的贵金属粉末。控制原始溶液的成分、还原剂和添加剂的种类和数量即可制得粒度、形貌一致的亚微粉末，亦可根据用户要求制得同时具有 2 种不同形貌的粉末，例如在制取金粉时，同时用羟基喹宁和草酸 2 种还原剂则可得到均匀球形和片状的混合金粉。这些粉末广泛用于微电子工业。

高压氢还原法是制取金属粉末的重要方法之一，亦可用于制取各种包覆粉，如镍包覆在石墨、铝、WC 等核心上的包覆粉，铂包覆在 ZrO_2 等材料上的包覆粉，后者已广泛用于弥散强化合金。此外，不少学者亦在广泛研究用水溶液还原法制取纳米级包覆粉。

Sol - gel 法、水热法、Pechini 法都可用于制取功能材料和电源材料。如，锂离子电池的阳极材料及阴极

材料、铁氧体、复合材料、陶瓷纤维、光导纤维及各种微电子材料等。由于沉淀法或共沉淀法制取的粉末具有化学成分均匀、结构及粒度可在很大范围内控制等特点，因此已广泛用于制取非金属材料及陶瓷材料粉末。用共沉淀法生产的铁氧体粉末已达工业化要求，相对于其他方法，它所生产的粉末性能较优越，而且成本较低。此外，F A Tourinha 等用共沉淀法在液体介质中生产悬浮的铁氧体颗粒制取液态磁性体，S R Shean 等从三乙基胺－草酸盐介质中制取具有高温超导性 Ba－Y－Cu－O 粉末，都反映出共沉淀法在制取新型粉末方面的巨大潜力。

沉淀法和共沉淀法的另一个重要应用领域是制取新型结构陶瓷粉末。国内外许多学者都研究了用共沉淀法制取性能优良的部分稳定高温相$ZrO_2[ZrO_2(Y_2O_3)]$粉末，也有一些学者研究了从水溶液中直接制取烧结性能良好的陶瓷氧化物，如氧化铝、氧化锆等。在新型陶瓷材料的生产中，沉淀法及共沉淀法都占有重要地位。

Pechini 法是一种制取电源阳极材料的新方法。

1.6.2 电镀法的电成形及新型薄膜材料的制备

通过改变电解质的成分及各种参数可在很大范围内改变电积物的成分和结构，因而从 20 世纪 90 年代以来，电镀法已用于制取超导或半超导体薄膜等新型材料，其工艺简单、成本降低。如 S H Pawar 用脉冲电积法在基底材料上先电积了成分为 1∶2∶3 的 Y－Ba－Cu 或 Sm－Ba－Cu 等合金薄膜，氧化处理后，得到 90 K 以下具有超导材料的制品；V Krishan 等通过控制电解液成分和电积条件合成了 Cd－Zn－Se 合金；还有一些学者用电镀法合成了 InP 等半导体薄膜。这些材料在日光电池、薄膜晶体管和光电元件中都有应用，因此，电镀已超出原有的应用范围，成为了制取新型材料的重要方法之一。

电镀法的另外一个新成就是用于制件的成形，特别是对某些加工困难的复杂制件，如某些医疗器件、印刷版等。用于成形的金属有 Cu，Ni，Cr，Au，Ag，Pt，Pd 及其合金等，成形的特点是：通过控制电积参数和电解质组成，可在很大范围内调节制件的性质（如脆性、硬度等），同时可在制件中嵌入非金属组分，制品尺寸控制精度高，而且成本较低。

1.6.3 化学镀（亦称非电电镀）

化学镀是利用基底材料本身的催化作用，在含有金属离子和还原剂（如联胺、次磷酸等）的溶液中，使金属离子优先在基底上还原沉积形成镀层。化学镀的特点是形成的镀层比电镀镀层更均匀，特别是能在非金属材料如陶瓷等的表面直接得到金属镀层，目前已用于在各种表面沉积镍、钯、铂等金属或其合金镀层。例如在发动机某些部件表面镀 Co－Zn－P 膜或 Ni－Zn－P 膜，这 2 种膜的耐腐性能优于电镀膜。化学镀亦用于制取弥散于某些非金属材料的复合膜，例如在镍镀层中含 SiC、聚四氟乙烯、钻石等的颗粒，这些分散颗粒可改善膜的耐磨性能或其他物理性能。近年来，人们亦研究成功用莱塞诱发上述金属离子的还原反应，使之选择性地在基底材料上还原沉积，大大提高了化学镀的精密性。

此外，随着材料学科的发展，涌现了许多新材料，而湿法冶金技术则是制取这些新材料的重要手段。如人们普遍认为纳米材料的发展可能给材料工业带来重大变革，而湿法冶金技术则是制取纳米材料的基本原料——纳米级粉末的主要手段。目前，应用湿法冶金技术已能有效地在相当大的规模下制取多种纳米粉末，包括镍、钛及类似金属的粉末及 MoS_2、TiO_2 粉末等。仿生材料是一种人们很感兴趣的新兴材料，而仿生材料所需的许多原始材料如特种性能和形状的粉末需用湿法冶金方法制备。因此，湿法冶金中的一些方法对材料学科的发展发挥了很好的促进作用。

2 湿法冶金的发展方向及展望

冶金科学与技术的诞生和发展，始终与冶金工业的大规模生产息息相关。目前，冶金工业仍是国家最重要的基础工业之一。随着社会的发展，人们已经意识到大自然赋予的矿产资源是有限的，并且，作为国民经济重要支柱产业之一的冶金工业是消耗大量物质与能源的行业，也是重大的环境污染源之一。因此，如何有效利用现有资源、开发新资源、改善环境是冶金工业至关重要的问题，也是冶金科技工作者重要的研究任务。

在 21 世纪，我国湿法冶金技术的研究与发展应遵循可持续发展及循环的要求，结合国家的需要，针对我国矿产资源现状合理开发与综合利用，不断扩展应用领域，建立清洁无污染的生产工艺，为国家经济建设提供各种必须的优质材料。同时，也要根据学科本身发展的特点，重视湿法冶金技术的基础研究，提高研究水平和高度。我国广大湿法冶金工作者在这方面还任重而道远。

个人认为，湿法冶金需加强如下几方面的研究：

（1）完善现有的工艺流程，开发先进的工艺流程，提高有价金属回收率和资源综合利用率；

（2）加强环境保护，减少污染，实现清洁生产；

（3）加强综合利用研究，有效回收资源（包括二次资源）；

(4)开发各种冶金新材料(包括各种高新材料)，为其他高科技领域提供性能良好、价格低廉的优质材料；

(5)开展计算机专家系统开发工作，并加强其在湿法冶金中的应用，提高生产过程自动化程度；同时大力加强设备的研制工作，极大限度地提高劳动生产率；

(6)借助相互渗透的其他学科加强湿法冶金基础理论研究，使已有理论更加深化，同时用科学的世界观、以创新思想开辟高层次的新理论，加快湿法冶金技术向前发展。

参考文献

(说明：在撰写、归纳、总结本文时，参阅了300多篇有关文献，为了节省篇幅，这里仅列出主要参考文献。)

[1] Parker R H. An Introduction to Chemical Metallurgy. 2nd ed. Oxford Pergamon Press Ltd, 1978.

[2] Cooper W E. Hydrometallurgy: Theory and Practice. Amsterdam: Elsevier, 1992.

[3] Moore J J. Chemical Metallurgy. London: Butter－worths, 1981.

[4] Gilechrist J D. Extractive Metallurgy. 2nd ed. Oxford Pergamon Press Ltd, 1980.

[5] 陈家镛，杨守志，柯家骏等. 湿法冶金的研究与发展. 北京：冶金工业出版社，1998.

[6] 陈家镛. 湿法冶金手册. 北京：冶金工业出版社，2005.

[7] 柯家骏. 提取冶金//《化工百科全书》编委会. 化工百科全书. 北京：化学工业出版社，1997：1015－1032.

[8] 杨显万，邱定蕃. 湿法冶金. 北京：冶金工业出版社，2001.

[9] 李洪桂，郑清远，张启修. 湿法冶金学. 长沙：中南大学出版社，2002.

[10] 马荣骏. 湿法冶金新研究. 长沙：湖南科技出版社，1999.

[11] 杨显万，沈庆峰，郭玉霞. 微生物湿法冶金. 北京：冶金工业出版社，2003.

[12] Rossi G. Biohydrometallurgy. Hamburg: McGraw－Hill, 1990.

[13] 马荣骏，肖松文，邱冠周. 21世纪生物冶金展望//邱定蕃. 有色金属科技进步与展望——纪念《有色金属》创刊50周年. 北京：冶金工业出版社，1999.

[14] 武汉大学，复旦大学生物系微生物学研究室. 微生物学. 第2版. 北京：高等教育出版社，1987.

[15] Walter H, Brooks D E. Fish D. Partitioning in Aqueous Two－phase System, Method, Uses and Applications in Bi－otechnology. Orland: Academic Press, 1985.

[16] Diamond A D. Separation, Recovery and Purification in Biotechnology. Washington: Akademic Press, 1986: 78－92.

[17] Ma Rongjun, Li Yang, Ma Wei. Research Progress of In－Situ Leaching and its Mathematical Model. ICHM'98, Kunming, 1998: 213－216.

[18] 王海峰. 原地浸出采铀技术与实践. 北京：原子能出版社，1998.

[19] Li Yan, Ma Rongjun. Studies on Mathematical Model for In－Situ Leaching of Ionic Type Rare Earth Ore//Yang Xianwan. ICHM'98, Kunming, 1998: 37－40.

[20] 汪家鼎，陈家镛. 溶剂萃取手册. 北京：化学工业出版社，2001.

[21] 马荣骏，罗电宏. 溶剂萃取新进展及其在新世纪中的发展方向. 矿冶工程，2001，21(3)：6－11.

[22] 马荣骏. 湿法冶金原理(基础理论). 北京：冶金工业出版社，待出版.

[23] 马荣骏. 萃取冶金. 北京：冶金工业出版社. 待出版.

[24] 王方. 离子交换应用技术. 北京：北京科学技术出版社，1990.

[25] 马荣骏. 离子交换在湿法冶金中的应用. 北京：冶金工业出版社，1991.

[26] 马荣骏. 离子交换树脂结构与性能的关系. 云南冶金，1988(1)：46－56.

[27] 马荣骏. 离子交换树脂结构与性能的关系. 云南冶金，1988(2)：43－49.

[28] 马荣骏. 离子交换树脂结构与性能的关系. 云南冶金，1988(3)：45－55.

[29] 马荣骏. 离子交换及其在废水处理中的应用. 矿冶工程，1989，9(1)：55－58.

[30] 高以恒，叶凌碧. 膜分离技术基础. 北京：科学出版社，1989.

[31] 翟金坤. 化学镀镍. 北京：北京航空学院出版社，1987.

[32] 蒋汉瀛. 冶金电化学. 北京：冶金工业出版社，1983.

[33] 马荣骏，邱电云. 湿法制备纳米级固体粉末材料的进展. 湿法冶金，2001，20(1)：1－5.

循环经济的二次资源金属回收*

摘　要：简述了循环经济的内涵。阐明了二次资源回收金属在循环经济中的重要意义及作用，并介绍了二次资源回收金属的原则工艺，提出了二次资源回收金属的发展方向。

Recycling utilization of secondary resource metals in circular economy

Abstract: The connotation of circular economy is briefly explained and the importance of recycling utilization of secondary resource metals in the circular economy is clarified. After the introduction of principle process for recycling the metals, the development trend of recycling utilization of the metals is proposed.

二次资源金属回收是冶金领域循环经济的核心内容[1-8]。循环经济的概念是美国科学家多尔丁首先提出来的，他认为：在人、自然和科学发展的这样一个系统内，分析资源投入、企业生产、产品消费和废弃物处理的全过程，把传统的依赖资源消耗线性的增长，转变为依靠生态型的循环来发展经济——这就是最初提出来的循环经济概念。

21世纪以来世界经济学家在研究经济模型中，特别重视了经济的物质循环流动模型，把这一模型简称为循环经济。循环经济的内涵是：按着自然生态系统物质循环和能量流动规律重新构造新经济系统，使经济发展和谐地纳入到自然生态系统的物质循环过程中，建立一种新的经济发展形态。

在对经济发展研究和认识中，人们把“资源－产品－污染排放”型经济发展称为物质单向流动经济。而把循环经济归纳成为“资源－产品－废弃物再生－产品”型经济发展，称之为物质循环反复利用经济，即循环经济也可称为物质循环经济。由此明显可见，二次资源金属回收即是废弃物再生过程，该过程无可置疑地成为冶金领域循环经济的核心内容。今后循环经济在社会经济发展中发挥的重要作用，也会呈现出二次资源金属回收的重要贡献。

1　二次资源回收金属在经济发展中的重要作用

二次资源金属回收是冶金领域可持续发展的必由之路[1-8]。在推行可持续发展中，必须以资源和物质的可供性为基础，有了这个基础，才可能使经济得到可持续发展。

地球陆地上的资源是一个常数，在人类社会发展中，如果不考虑寻求新资源，总有枯竭的一天。美国内务部矿务局，曾公布过世界主要有色金属的储量，并按其消耗水平，估计了每种金属的使用年限，如表1所示。因为新的矿产资源还在不断被发现，其消耗量也在不断变化，表1的数据显然存在着不可靠性，但它表明，有色金属资源给人们警示出严重的危机感。为此，科学家们探索从其他星球或占地球巨大面积的海洋中寻找新资源，目前开发其他星球的资源还只不过是初步探索，向海洋中寻求资源已开始。这也只能说是一个起步，对金属资源而言，最为现实可行的还是从二次资源回收各种金属。不为过分地说，二次资源的金属回收是冶金领域可持续发展的重要支柱和必由之路。

* 该文首次发表于《矿冶工程》，2014年，第2期，68～72页。合作者：马玉雯。

表1　世界有色金属的储量及可供使用年限

金属	金属储量/万 t	可供使用年限/a
Cu	490000(48000)	55.1
Al	500000(2200000)	334.2
Pb	12000	21.4
Zn	15000(20000)	23
Sn	1000	41.7
Ni	54000(61000)	79.6
Co	148	67.3
W	191(290)	42.4
Mo	785	89.2
Ti	26000	76.5

注：括号中数据为2003《美国矿务局商品摘要》数据。

2　二次资源回收金属在经济发展中的功能与效果

二次资源金属回收在经济发展中的功能与效果可以概括如下[9-12]。

2.1　增加和扩大金属的矿产资源

按循环经济规律及矿产金属资源严重危机的要求，必须开展二次资源的金属回收。早在20世纪40年代，美国、苏联、英国、日本、德国、法国等工业发达国家，开始重视二次金属资源的再生利用。据统计，到20世纪60年代从二次资源中回收金属比例占金属总产量的30%以上，而到20世纪80年代高达40%。我国在20世纪50年代就开始了杂铜的再生，到80年代更加重视杂铜的再生工作，例如沈阳冶炼厂、上海冶炼厂、株洲冶炼厂、重庆冶炼厂等在杂铜再生上做出了很大贡献。1981年统计我国从杂铜中回收再生的铜11.6万t，占全国铜总产量的30%。在这期间，各研究单位也开发了除铜外的其他金属回收研究工作，一些有色冶炼厂大力开展了综合利用和有色金属的回收。在钢铁的生产上，世界各国废钢铁的再生利用也占有很大的比例，包括我国，利用废钢铁炼钢的产出量均占总产量的20%以上。由此可见，二次资源的金属回收，在金属的生产中占有极为重要的地位，它有效地增加和扩大了金属的资源。

2.2　节省和降低金属的生产能耗

冶金工业是能耗高的生产部门，各种金属生产，尤其是火法冶金能耗极为显著。目前原生金属，即由精矿生产金属的能耗费用占金属生产总费用的比例日渐增大，美国原生金属生产中，能源的费用占金属生产总费用的比例为：铜约15%、铅约17%、锌约20%、铝约40%，而某些镍矿的能源费用则高达总费用的50%，但从二次资源回收金属的能耗费用则大为降低，表2列出了其降低的数据。

表2　从二次资源回收金属比原生金属节约的能耗/%

数据来源	Cu	Pb	Zn	Al	Ni
美国	83.8	67	75	95	89
苏联	83.9	57	72	95	89
中国	82	72	62	95.6	—

据统计，二次资源回收金属的电耗比原生金属的电耗分别降低：Al 50%，Pb 35%～40%，Zn 28%～40%，Cu 13%～16%，Ni 10%。

依上所述，二次资源回收金属的能耗比原生金属的能耗有大幅度的降低。

2.3　节约基建投资和降低生产成本

生产原生金属的原始原料是低品位的矿石，在生产中第一步就需要采矿来获取矿石，如生产1 t铜需要开采120～150 t或更多的含铜矿石，生产1 t钨、钼需要矿石量为1700～2500 t，而生产铝、铅锌分别超过20 t和50 t矿石。采到矿石之后还要进行选矿，这都要消耗大量物力及人力。在生产原生金属中要消耗大量的燃料和其他一些原材料，因此生产原生金属的成本甚为高昂。据国外统计，从二次资源回收金属（即再生金属），其生产费用仅为原生金属费用的1/2。美国再生有色金属的费用占原生金属的比例为：铜35%～40%、铝40%～50%、锌25%～30%。我国生产1 t再生铝比原生1 t铝可节约投资87%，降低生产费用40%～50%。由此可见，从二次资源回收金属的生产投资少，并可降低生产成本。

2.4　减少污染，改善环境

在原生金属的生产中，由于原料品位较低，成分复杂，生成流程长，工序多，生产过程中产生废渣、废气、废水，例如在烟气中含有SO_2，污染大气，产生酸雨，在废水、废渣中含有Hg，As，Pb，Cr和Cd等有害金属元素，导致严重的环境污染。在国外曾发生数次严重的环境污染事件，并造成了人员死亡。在我国的有色金属冶炼厂中，也发生过环境污染事件，因此，各国在原生金属的工厂，要花费巨资，建成环保设施。反之，由二次资源生产再生金属，由于品位高、成分单一、流程短、工序少、排出的废物少，有利于环境保护，用于三废治理的费用也少。

还要指出，在矿山开采及选矿中，会产生大量的废石及尾矿。例如，湖南省至今尾矿的堆存量高达14亿t，全国尾矿的储存量已约有59.7亿t，这样大的尾矿量已制约了矿业可持续发展，危及了矿区及周边环境。在环境要求日益严格的今天，必须依赖二次资源的开发利用，对尾矿进行处理，减少污染。

依上可见，二次资源金属的回收，是综合利用的措施之一，有利于环保，能改善环境。

2.5 产生显著的经济效益

综合利用、回收有价金属，其经济效益是非常显著的，可以举几个实例如下：

(1)攀枝花钢铁公司的所属矿山含有多种金属，原设计年产铁矿石1350万t，综合开采出铁、钒、钛、镍、铬、铜、锰、钪等精矿共503.1万t。铁的价值占矿石总价值的38.67%，而有色和稀有金属的价值却占60%以上。

攀枝花的钛精矿生产钛白，是从钛白的水解液中回收钪，从铁渣中提取五氧化二钒，在提钒的废渣中回收镓，并产生了显著的经济效益。

(2)湖北大冶有色金属公司所属矿山也是一个多金属矿，已查明含有元素31种，其中Fe，Cu，S，Co，Ni，Au，Ag和Se等8种元素达到综合利用回收指标：Pb，Zn，Pt，Bi和Cd等5种元素，具有回收价值。尾矿中大部分磁铁矿已被回收，黄铁矿、黄铜矿已回收50%～60%，褐铁矿、菱铁矿已回收30%，据估算从二次资源回收最终产品的价值超过1.8亿元。

(3)湖南株洲冶炼集团股份有限公司、湖南株洲硬质合金集团有限公司、湖南水口山有色金属集团有限公司、锡矿山闪星锑业有限责任公司等在二次资源金属回收上都取得了非常可观的效益。

3 二次资源及其回收金属的原则方法

3.1 二次资源的内容

在循环经济中，企业生产所产生的废物及中间产物，一些低品位矿石、民用和军用的废品废件都属于二次资源，其具体包括的内容为[9-12]：

(1)工业部门中损坏、报废的设备、机器、金属构件及零部件等；

(2)金属机械加工等产出的废料、废件，如机械加工产出的切屑，丝带和刨花、边角废料，压力加工产生的不合格废品及一些金属细碎物料；

(3)国防及交通淘汰下来的运输装载工具、武器、弹丸等金属废物，废旧汽车、飞机、船舶、军舰，包括航天运载报销的废物；

(4)日常民用生活用品的废品、工具制品及其他的一些金属废物；

(5)在冶炼过程中产生的含金属废渣、烟尘、废水，在金属铸锭时产生的溅渣、氧化皮，还包括冶炼生产中产生的中间物料，开采过程产生的废石及选矿产生的尾矿等。

3.2 二次资源金属回收的原则流程

二次资源金属回收的原则工艺流程如图1所示。在此仅对火法冶金、火法与湿法联合冶金及湿法冶金回收金属的有共性的预处理工艺介绍如下。

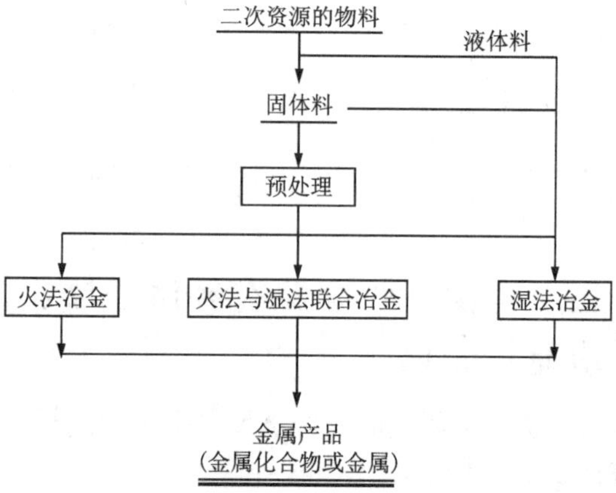

图1 二次资源回收金属的原则工艺流程

预处理有分类、解体和捆扎打包、电磁分选、重介质分选、浮选分离等工序。

(1)分类

废料分类的目的是首先将原料分成单一种类的金属或合金，并消除非金属物料；其次是进行防爆处理，消除易爆的物件和材料。分类最好在废料产生的地方进行，因为此时分类容易。分类的原则是按各种再生金属原料标准进行分别堆放。分类主要用手工进行，可按外观标志分类和用化学分析法或用仪器分析法分类。

(2)解体和捆扎打包

进行冶金处理前，对废旧设备、零件的组合件要进行解体作业，其目的是分离出黑色金属和有色金属，排出非金属的镶嵌物，或回收珍贵零部件中的贵金属废品。解体的另一目的是将废件分成适合于下一工序处理的块度。

解体有拆卸法和破碎法2种，前者适用于需要回收珍贵零部件和制品(如滚珠轴承、紧固件)的废件，后者适用于一般废件的解体，通常采用各种剪切、切削、破碎、细磨等方法。破碎和细磨方法的解体适用于铅蓄电池、废电缆、导体、定子绕组、金属屑尘等。所用的破碎机分粗、中、细3种。我国目前大都使用通用设备，例如颚式、锤式、转子式破碎机以及用棒磨机和碾磨机等进行细碎及研磨。

在黑色冶金工业中，废钢铁在使用前必须要捆扎、打包、压块，然后才能送入炼钢炉。

(3)电磁分选

电磁分选的目的是从废杂料中分出铁磁物料，例如废杂铜，废屑中常掺杂有车削铁屑、车刀头、锯带等铁磁物料，电磁分选机的选择必须根据物料中铁磁物料的块度、除铁率以及生产规模来决定。处理有色金属废料时常用悬挂式电磁除铁器，电磁细粒物料也可在水介质中用磁选分离。

电磁分选还适宜于处理冶金、化工过程的废渣，机械加工中的边角废料、车削碎屑、碎块以及含金属的生活垃圾、工业垃圾等。我国某冶炼厂熔炼再生铅基合金时证明，先将废料进行解体或电磁分选和人工分选等预处理，做好原料的准备工作，可节约原料费约33%。

(4)重介质分选

可用重介质分离的废料有：铝及铝合金废件，废铅蓄电池，后者用废蓄电池渣制备重介质物料。

在用重介质分离金属废料时，由于废金属和合金废料的密度大，因此要制备特殊悬浮液作重选介质。

即把磨碎的密度大的物料(悬浮体)与水混合制成悬浮液作为重介质，在分选过程中，废料中密度小的组分浮在上面，密度大的沉入下部。用以制备重介质的物质有：硅铁、方铅矿(PbS)、磁铁矿(Fe_3O_4)。广泛应用的是磁铁矿，密度6400～7000 kg/m^3，用它制备成密度为2000～3200 kg/m^3 的悬浮液。当用硅铁时应含硅10%～20%，硅含量过量会使硅铁磁性变差，并再生困难，含量过低时则硅铁不好破碎，且易氧化，使用时需将硅铁磨成0.15 mm的粒度，且以球形颗粒最好，这样可制成密度为3000 kg/m^3 且黏度低的悬浮液。

(5)浮选分离

冶金和化工过程产生的废渣、烟尘、阳极泥以及工业垃圾等细粒物料，也可根据具体情况用浮选法预处理。阳极泥的浮选处理早已用于工业生产，工业上锌浸出渣中浮选法富集银，可使银从300 g/t浮选富集到6000 g/t。

我国某厂采用磁选－重选－浮选技术处理铜灰及含铜的工业垃圾，产出含铜约60%的粗粒铜料，含铜15%的细泥。此法加工费用低，其工艺流程如图2所示。所用主要设备有：S900型磁选机，150×750型颚式破碎机，900×900型球磨机，FCG－500型单螺旋机，ϕ125型水力旋流器，G－S型摇床，XTK－0.35型浮选机，ϕ1000型搅拌槽等。此工艺金属总回收率为：铜85%～90%，锌45%～50%，其技术指标如表3所示。

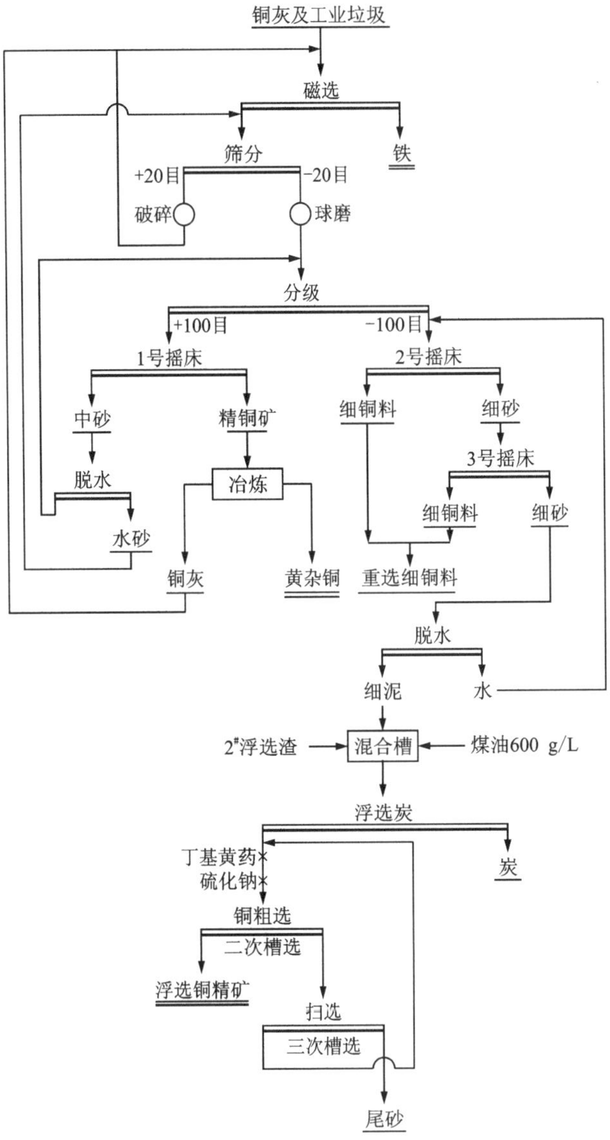

图2　国内某厂铜灰及工业垃圾预处理流程

表3　磁选－重选－浮选预处理铜灰和工业垃圾技术指标

名称	产率/%	品位/%		回收率/%	
		Cu	Zn	Cu	Zn
原料	100	6～30	10～20		
重选粗铜精料	18～30	40～60	15～30	30～40	10～20
重选细铜精料	10～20	15～25	6～10	18～30	5～10
浮选精矿	15～25	14～18	15～17	20～20	25～30
尾矿	35～60	0.9～2	—	10～15	20～30

4 二次资源金属回收的发展方向

在自然矿产资源不足、能源短缺、环境污染严峻的形势下，提出可持续发展与循环经济（物质循环），无疑是经济发展的重要战略方针，尤其是进入工业快速发展的我国，更要深化与遵循这一方针，用科学发展观慎重对待资源、能源、环境3大问题，其中包括大力发展二次资源的开发利用[7-10]。

在此对二次资源回收金属，提出以下几点意见作为发展方向：

（1）国家要制订并实施二次资源回收金属的有关政策，增强人们利用二次资源和回收金属的意识，提高对其重要性的认识，加强自觉地进行废料的收集与分类，给二次资源回收金属创造良好的条件。

（2）研究、改进现有二次资源回收金属工艺，提高金属的回收率，使其呈现出社会效益、经济效益。

（3）研究、开发二次资源回收金属的新方法、新工艺，注意保护环境，实现绿色二次资源回收金属。

（4）扩大二次资源回收金属的范围，结合综合利用，使未能回收的金属元素得到回收，尤其是要加强稀有、稀散及贵金属的回收。

（5）对一些高含量金属的二次资源，例如杂铜可考虑在回收过程中一步制成可用合金，在回收中还可考虑把一些二次资源中的金属制成化工产品，以提高经济效益，对尾矿处理时，除回收可回收的金属外，还要结合应用于建材方面的研究。

（6）建立和完善电子垃圾的回收体系及规范其拆解方法。我国每年有大量废旧电子产品产生，成为电子垃圾，这种电子垃圾被称为“城市矿山”，其中含有多种贵重金属，需要迅速完善其回收体系，并规范其拆解方法，如拆解不当会造成有价金属的损失，还会造成拆解人员中毒及污染环境。

（7）研究应用高效设备及加强过程的自动化、智能化。目前在二次资源回收金属中，火法使用的均为传统设备，如回转窑、鼓风炉、反射炉等，这些设备虽然能达到回收金属的目的，但其缺点也是突出的，例如效率低、环保难达到要求，亟待在二次资源回收金属中，研究使用新型高效设备。20世纪在有色金属冶炼中，强化了熔池熔炼，为了追求短流程，达到一步生产金属的目的，开发了多种熔炼方法及高效设备。例如，在国外有：三菱法、奥托昆普法、诺兰达法、基夫赛特法、瓦纽科夫法、艾萨澳斯麦特法、特尼恩 TMC（Teninte Modified Conreter）法、Koldo 转炉法、QSL（Quenean Schurnan Lurgi）法；在国内也开发了白银炼铜法、水口山（SKS）法[13]。这些方法的熔炼设备都具有先进性，应该开展研究这些设备在处理二次资源回收金属中的应用。湿法处理二次资源回收金属很有潜力，不但要扩大应用，还要积极开发新方法、新设备，同火法一样，要提升设备的效率，加强设备的自动化，应用计算机使回收金属的工艺过程智能化。

参考文献

[1] 王定建，王高尚．矿产资源与国家经济发展．北京：地震出版社，2002.

[2] 中国科学院可持续发展研究组．2000中国可持续发展战略报告．北京：科学出版社，2000.

[3] 邱定蕃．资源循环．中国工程科学，2002(10)：31－35.

[4] 陈德敏．循环经济的核心内涵是资源循环利用．中国人口资源与环境，2002(2)：12－15.

[5] 邱定蕃，徐传华．有色金属资源循环利用．北京：冶金工业出版社，2006.

[6] 郭学益，田庆华．有色金属资源理论与方法．长沙：中南大学出版社，2008.

[7] 诸大建．从可持续发展到循环型经济．世界环境，2000(33)：6－12.

[8] 余德辉，王金南．循环经济21世纪战略选择．再生资源研究，2001(5)：1－5.

[9] N Φ 胡加科夫．再生有色金属工艺学．北京情报所译．北京：冶金工业出版社，1983.

[10] Ramana G Reddy．矿物废料处理与二次资源金属回收．有色冶炼，1987(5)：10－21.

[11] Shan Suddin M．从废旧金属和废物中回收金属．金属再生，1986(6)：37－48.

[12] 乐颂光，鲁君乐．再生有色金属生产．长沙：中南工业大学出版社，1991.

[13] 任鸿九．有色金属熔池熔炼．北京：冶金工业出版社，2001.

二次锌资源回收利用现状及发展对策*

摘 要：综合介绍了二次锌资源及其国内外回收利用现状，指出我国应积极开展二次锌资源的回收利用，扶持有一定实力的锌再生企业做大做强，推动大型锌冶炼企业调整原料结构，采用电弧炉烟尘等二次物料做原料，解决国内锌精矿短缺的问题。

锌是目前世界上循环利用较好的金属之一，二次锌资源已成为锌生产的重要原料，全球30%的锌，来源于二次锌资源，再生锌年产量高达290万t，西方发达国家不仅有一系列专业二次锌冶炼厂，而且主要锌冶炼厂也从事二次锌的回收处理，尤其是近几年由于锌精矿供应日趋紧张，Metalearop，Union Miniere，Britannia Zinc，Big River Zinc等著名锌公司均纷纷改变原料结构，采用电弧炉烟尘等二次锌资源作为锌冶炼的主要原料。

在我国，一方面，锌精矿原料供应日趋紧张，已成为影响锌冶炼厂发展的关键因素；另一方面，国内二次锌资源利用刚起步，再生锌年产量不到10万t，不到精锌矿产量的5%。尚未形成规模，与西方工业国家相距甚远，本文拟从我国锌资源结构变化出发，介绍国内外二次锌资源回收利用现状，探讨我国电弧炉烟尘等二次锌资源回收利用的发展对策。

1 二次锌资源状况

二次锌资源主要包括废黄铜料、压铸废料、烟尘、镀锌废渣及废边角锌片等。本文主要介绍镀锌钢废料、热镀锌渣及废旧锌锰电池等二次锌资源[1-7]的状况。

1.1 镀锌钢废料(电弧炉烟尘)

镀锌钢废料，具体包括工艺生产过程中产生的废料和产品使用后报废回收的废料。生产中产生的废料主要来源于镀锌钢生产过程和汽车、建筑物及其他制品的加工过程，根据产品类型及其工艺特点不同，连续镀锌钢生产线产出的废渣量一般为产品产量的0.5%～2%；汽车、洗衣机、冰箱等设备的生产与装备过程废料产生量较大，其中汽车行业废料产生率为28%～30%；回收的废料主要为报废的汽车、家用电器、空调、高速公路路障及路灯柱等含锌部件。全球范围内，镀锌废钢的收集量正在逐年上升，1995年全球镀锌钢废料回收量为6500万t，据预测2005年回收量将达1000万t[2]。

表1 1996年世界各国及地区电弧炉烟尘产生量/t

序号	国家或地区	电弧炉烟尘产量	序号	国家或地区	电弧炉烟尘产量
1	美国	768639	14	加拿大	106984
2	日本	635575	15	巴西	99499
3	中国	325002	16	印度尼西亚	82948
4	韩国	296279	17	英国	81656
5	意大利	266900	18	委内瑞拉	71856
6	德国	199577	19	爱尔兰	71085
7	俄罗斯	168327	20	南非	54206
8	墨西哥	162771	21	沙特阿拉伯	51756
9	土耳其	160823	22	波兰	49267
10	西班牙	153493	23	马来西亚	48226
11	法国	129341	24	阿根廷	44946
12	中国台湾	111112	25	泰国	44366
13	印度	108990	26	其他国家	425408

对于锌冶炼厂而言，再生锌的主要原料是镀锌废钢炼钢产生的含锌烟尘。主要为电弧炉烟尘(FAF Dust)。表1列出了1996年世界主要国家电弧炉烟尘产生量[3]，1996年全球共产生471.9万t电弧炉烟尘，含锌近100万t；其中美国电弧炉烟尘产生量最大，达76.9万t，其次为日本63.5万t。我国的电弧炉烟尘产生量为32.5万t，居第三位。

1.2 其他钢铁烟尘

除了电弧炉烟尘(EAF Dust)外，钢铁厂其他一系列烟尘，如高炉烟尘、高炉瓦斯泥、转炉泥、转炉烟尘，也都含有一定量的锌。这些烟尘经物理分选，锌

* 该文首次发表于《中国资源综合利用》，2004年，第2期，19～23页。合作者：肖松文、肖骁等。

铁分离后，进一步富集锌，从而可作为回收锌的原料[4]。例如湘潭钢铁公司高炉瓦斯泥含 Zn 5.01% ~7.17%，Fe 30.30% ~31.78%，在选矿富集回收铁的同时，可产出含 Zn 9.92% ~10.0%，同时含铋等金属的锌精矿。

1.3 热镀锌渣

所有热镀锌生产过程都产生含锌废渣，其中镀锌浮渣源于镀锌过程中锌与钢的反应，锌灰来自镀锌过程中锌的氧化。一般地，镀锌过程中锌总量的9% ~13%进入底渣，14% ~18%进入浮渣或烟灰中；根据平板钢材料及镀锌技术不同，连续镀锌过程一般有7% ~9%锌进入浮渣。镀锌渣的含锌量很高，因而可以全部回收，每年可再生锌约80万t，占目前回收的锌废料与残渣等含锌物料的54%[1-5]。

1.4 废旧锌锰电池

废旧锌锰电池是另一重要二次锌资源。我国是普通锌锰电池和碱性锌锰电池的生产与消费大国，每年约消耗锌25万t，人均年消耗干电池数十只，每年至少有50万t干电池报废，其中含锌约38200 t。这些干电池中，除含金属锌外，还有锰、铜等金属，是重要的金属再生资源[6-7]。

2 二次锌资源的回收利用现状

2.1 欧盟

在欧洲，几乎所有的大型锌冶炼公司都从事二次锌资源的回收利用，此外，还有不少从事电弧炉烟尘等二次资源回收处理的专业公司。

德国的 Berzelius Umwelt Service AG (B. U. S)是欧洲锌回收行业最大的企业，也是欧洲唯一专门从事锌再生利用的企业，该公司在德国、法国、意大利、葡萄牙等国拥有5家威尔兹法处理电弧炉烟尘工厂。表3列出了该公司各厂烟尘处理量，其总量将近40万t，占欧洲电弧炉炼钢烟尘处理市场份额的60%以上。产出的氧化锌则出售给锌冶炼厂生产锌产品，其中 Pontenossa S. p. A 及 Aser S. A 厂的产品通过进一步的洗涤、净化等处理工序去除相关杂质后，作为电解锌厂的原材料，处理后的渣则用于铺路[8-9]。

法国的 Metaleurop 系一家从事铅锌及特种金属生产、加工及回收的集团公司。它拥有 Recytech S. A 与 Harz - Metall 2家处理电弧炉烟尘回收锌的工厂，烟尘处理能力分别为8万t/a和5万t/a[9-11]。同时，该公司十分重视原生锌冶炼厂利用二次锌原料，现正投资3460万美元改造其在德国的 Nordenham 冶炼厂，使其中的二次物料原料由改造前的1/5增加到2/3[12]；另外，该公司在法国的 Noyelles - Godault 铅锌冶炼厂(Nord SAS)也将转变原料结构，将原锌冶炼改造为二次锌冶炼系统[13]。

表3 B. U. S 集团锌回收概况

序号	厂名	厂址国别	年处理量/(万 t·a^{-1})	后续工序
1	B. G. S Metal Buisburg	德国	6	无
2	B. L. S Ginkrecycling Freberg GmbH	德国	5	无
3	Recytech S. A	法国	8	无
4	Pontenossa S. p. A	意大利	9	洗涤、净化
5	Aser S. A	西班牙	10	洗涤、净化
总计			38	

世界著名锌公司，Union Miniere 在比利时有2家锌精炼厂，一家以锌精矿及电弧炉烟尘为原料的原锌厂，另一家则为纯二次锌冶炼厂 Overpelt)，该厂处理镀锌及电镀过程废料、报废汽车碎片、电弧炉烟尘等含锌二次物料，处理后的清洁氧化锌作为 Union Miniere 公司在比利时及法国的锌冶炼厂原料。2000年12月，Union Miniere 公司还收购了澳大利亚 Normandy Mining 公司的锌冶炼子公司 Larvik Pigment 及其在马来西亚、挪威与德国的锌厂，这样公司又增加了一套13万t/a蒸馏法处理含锌二次物料生产锌粉及氧化锌的装置[12]。

英国的 Britannia Zinc 拥有世界上最大的帝国熔炼炉(ISF)，最近开发了利用 ISF 处理回收电弧炉烟尘、铜熔炼烟道尘、锌合金生产过程的废渣和废料等含锌二次物料的专有技术，该公司的锌生产能力为10万t/a，原料处理量为30万t/a，计划年处理二次锌物料8万t[12]。目前它又建立了采用 ISP 处理废弃锌锰电池回收锌的工业试验厂，该厂年处理22万t废弃电池，可回收4000 t锌[14]。

葡萄牙的 Befesa 公司为葡萄牙唯一一家从事电弧炉烟尘收集和处理的专业公司，该公司已与 Basque Country 钢铁公司达成协议，每年处理该钢厂电弧炉烟尘13万t，2001年，Befesa 共处理电弧炉烟尘等含锌二次物料23.3万t[15]。

2.2 美国

美国是再生锌回收利用最好的国家之一，表4列出了其1996—2000年再生锌产量及占锌总产量比率。从表中可以看出，美国再生锌的产量超过总锌产量的25%。2000年美国共消耗161万t锌，其中25%为二次锌，即40万t左右，其中，又有1/4来源于电弧炉烟尘、镀锌渣等二次原料[16]。

表 4　美国再生锌产量比率(1996—2000)

年份	1996	1997	1998	1999	2000
再生锌量/万 t	37.9	37.6	43.4	39.9	43.6
占锌总产量比率/%	26.1	25.2	27.5	24.8	27.1

1984 年美国电弧炉烟尘回收率仅为 30%，当年资源保护与再生法重新核准后，电弧炉烟尘的废弃成本逐渐提高，其回收率逐年提高，1998 年达到 75%[17]。目前，美国每年产生电弧炉烟尘 65 万 ~70 万 t，含锌 10 万 ~16 万 t，其中 80% 以上回收利用，15% 左右固化后填埋，5% 用于道路建设[18]。

Horsehead Resources Development(HRD)公司是美国最大的电弧炉烟尘处理公司，它采用威尔兹法和燃烧反应法处理电弧炉烟尘，处理量达 37.75 万 t/a，每年回收锌 6.47 万 t；此外无机回收公司有 2.4 万 t/a 电弧炉烟尘处理能力，AllMet 技术公司年处理 3.6 万 t 电弧炉烟尘，从中回收 6000 t 锌[15]。

美国的 IMCO 及 ZCA 都是世界知名的锌回收公司。1998 年，IMCO 回收公司收购了全球最大的二次锌回收公司 U. S. Zinc Corp，成为全球最大的锌和铝回收商[19]，U. S. Zinc Corp 包括位于 Illinois、Texas 及 Tennessee 的 5 个二次锌回收厂，二次锌物料的处理能力达 10 万 t/a[20]。另外，ZCA(Zinc Corp of America)公司也从事电弧炉烟尘处理，从中回收生产氧化锌系列产品[22]。

2.3　亚洲二次锌资源回收处理

在亚洲，二次锌资源回收较好的国家为日本和印度，其中日本的二次锌资源回收利用处于世界领先水平。

日本由于锌矿资源贫乏，且国家对矿产资源综合利用及环境保护相当重视，因此早在 20 世纪 70 年代始就将锌冶炼原料转向锌二次物料。1999 年，日本电炉炼钢产出烟尘总量为 52 万 t，其中 70% 被回收，25% 被固化后填埋，5% 用作水泥原料[6]。

在日本，参与锌回收利用的公司包括锌冶炼公司、专业回收公司及炼钢厂。日本的会津制炼所自 1971 年起，采用威尔兹工艺从浸出渣及其他含锌物料中回收锌，1975 年炼钢烟尘处理能力达 6 万 t/a，挥发窑氧化锌产品经脱氯焙烧后产电锌 1.8 万 t。后来因经济原因电解厂关闭，但其烟尘处理厂却一直存续下来，并不断扩大，氧化锌粗产品则送至其他冶炼厂处理[22-23]。Ryoho 回收公司与 Toho 锌公司合资的 Onahama 厂则采用电热法处理炼钢厂烟尘，目前年处理能力为 5 万 ~6 万 t，年产氧化锌 1.6 万 t[24]。在日本，钢铁公司迫于环境压力，也着手进行其炼钢烟尘处理，Sumitomo Shisaka 工厂采用威尔兹法的炼钢烟尘处理系统建于 1977 年，经过不断改造，目前电弧炉烟尘处理量达 12 万 t/a，氧化锌产量 4 万 t/a[25]；近年，神户钢铁公司 Kobe steel LTD 与 Midrex 公司合作，相继建设了 2 家采用 FASTMET 工艺处理电炉烟尘的工厂[26]。

印度从 20 世纪 70 年代末 80 年代初，开始二次锌的回收利用，其 15% ~20% 的锌产量来源于二次资源，二次锌物料处理能力为 6 万 t/a。共有近 40 家二次锌冶炼厂[27]。由于印度钢铁行业并不发达，因而可供回收的二次锌物料量受到限制，锌浮渣、黄铜渣、热镀废渣等原料主要依赖进口。1996—1999 年间，由于国家禁止废料进口，35% 的二次锌厂被迫关闭，致使印度不得不进口锌 3.5 万 t/a。目前禁令已被放松，印度二次锌行业再度活跃起来[28]。

韩国和日本在废旧锌锰电池的回收方面处于领先地位，如韩国资源回收技术公司开发的等离子体技术处理废旧锌锰电池回收铁锰合金和金属锌，其年处理废旧锌锰电池量达 6000 t。日本 ASK 理研工业株式会社采用分选、预处理、焙烧、破碎、分级并再作湿法处理生产金属化合物产品的新技术，其年处理废旧锌锰电池量已达数千吨。

3　我国二次锌资源回收利用现状及发展对策

3.1　我国二次锌资源及其回收利用现状

根据 1991 年全国再生锌资源调查，在当时钢铁年产量 6000 万 t、锌年产量 50 万 t 产业规模下，全国再生锌资源产生量为 10.96 万 ~14.26 万 t，其中钢铁冶金烟尘含锌 6 万 ~8 万 t/a，数量可观[4]。

十多年来，我国钢铁工业与锌工业都在高速发展，目前钢铁年产量接近 2 亿 t，锌年产量接近 200 万 t，毫无疑问，二次锌资源产生量及其结构都发生了巨大变化。以电弧炉烟尘为例，1990 年我国还没有现代化电炉废钢炼钢厂，2001 年我国电炉钢产量达 3000 万 t，其中利用废钢原料约 1900 万 t(510 万 t 为进口)，以每处理 1 t 废钢产生 20 kg 电弧炉烟尘计，电弧炉烟尘产生量则达 40 万 t/a 左右。随着废钢利用率的逐步提高，电弧炉烟尘产生量还将进一步增大[29]。

与我国二次锌资源总量不相称的是我国的再生锌产业刚起步，再生锌年产量不到 10 万 t，不到精锌矿产量的 5%，与西方工业国家相距甚远；全国再生锌专业厂家很少，主要为乡镇个体企业，它们以废镀锌管、废旧锌锰电池、钢铁冶炼烟尘为原料，生产规模小、工艺技术水平落后。年生产能力在5000 t以上的企业几乎没有，更谈不上现代化大型工厂。

3.2 我国二次锌资源回收利用发展对策

目前，一方面我国巨大的二次锌资源没有得到最大限度的回收利用；另一方面，由于十多年来锌冶炼生产能力一直快速扩张，国内锌精矿供应日趋紧张，在此情况下，我国必需大力开展二次锌资源回收利用，发展再生锌工业。

在具体措施上，一是要支持再生锌企业做大做强。可以在电弧炉烟尘等二次锌资源集中的东南沿海地区，选择一批已有一定规模、技术水平较高、环保有保障的再生锌企业，给予其政策支持与税收优惠，扶持其做大做强。二是积极推动大型锌冶炼企业调整原料结构，采用电弧炉烟尘等含锌二次物料作原料。实际上，我国株冶火炬金属股份有限公司的浸出渣威尔兹窑挥发处理系统、中金岭南韶关冶炼厂的ISP冶炼系统，都适宜于处理电弧炉烟尘等含锌二次物料，只要基于其工艺特点，对工艺设备稍做改造，即可处理电弧炉烟尘等含锌二次物料，从而实现原料结构调整，解决锌精矿原料短缺的问题。而且，它们都紧邻二次锌资源集中地区，运输成本低，经济效益有保障，可以确保国家、地区、企业在社会效益、经济效益上的共赢。

4 结论

(1)市场上可获得的二次锌资源包括电弧炉烟尘、热镀锌渣及废旧锌锰电池等，它们已成为锌生产的重要原料。

(2)欧美发达国家十分重视二次锌资源的回收利用，近年Metaleurop，Union Miniere，Big River Zinc等著名锌公司纷纷改造原料结构，采用电弧炉烟尘等含锌二次物料作为锌冶炼的重要原料。

(3)我国钢铁工业的高速发展与结构调整，产生了大量的电弧炉烟尘等含锌二次物料，我国应积极开展二次锌资源的回收利用，扶持有一定实力的锌再生企业做大做强，推动大型锌冶炼企业调整原料结构，采用电弧炉烟尘等二次物料做原料，解决国内锌精矿短缺的问题。

参考文献

[1] Doug Rourke. Galvanized steel: Recycling the zinc coating. The International Conference Steel in Green Building Construction. Orland USA, 1998.

[2] Zinc Recycling. http://www. iza. com/zwo_org/Environment/zinc_coated_steel/zcs – uk/zcs – uk. htm.

[3] Tom Bagsariam. Cashing in on steel making by products. http://www. newsteel. com/features/Ns9903f2. htm.

[4] 株洲冶炼厂，中南工业大学. 再生锌资源调查报告. 重有色冶炼，1993(4)：6 – 15.

[5] Jozef Plachy. Zinc. http://www. minerals. usgs. gov/minerals/commodity/recycle/720499. pdf.

[6] 王成彦，邱定蕃，江培海. 东亚二次资源回收现状及对我国二次资源再生回收的启示. 中国资源综合利用，2002(2)：41 – 43.

[7] 王保士. 国外废干电池的回收利用及其管理. 再生资源研究，2002(2)：36 – 39.

[8] http://www. bus – ag. de/english/press_e/press_e. htm.

[9] http://www. bus – commercial. de/English/portrait.

[10] Zink – and Blei Recycling in Harz. http://www. hart – metal. de/Deutsch/me – harz/indexz. htm.

[11] http://www. metaleurop. fr/anglais/elechargeme nt/intit2000GB. pdf.

[12] Jennie Wilkson. Primary zinc take to secondary sources lead/zinc. MBM. 2001(7)：17 – 19.

[13] http://www. momtor. com/lead. 2002, 7 CRV international limited confidential.

[14] Tom Conney. Battery recycling through Britannia zinc's ISF process. http://www. bzl. co. uk/BZL Battery Recycling paper. pdf.

[15] Zinc and desulphurisation waste recycling. http://www. abengoa. es/ingles/anuariozool/medioamb. htm.

[16] Recycling – metals. http://minerals. usgs. gov/minerals/commodity/recycle/870400. pdf.

[17] Jozef Plachy. Zinc recycling in the United States in 1998. http://www. usgs. gov/circ/cll 96d/circular/1196 – D. pdf.

[18] Dug Zumkel. What to do with your EAF dust. Steeltimes International, 1996(7):46 – 50.

[19] http://www. incorecycling. com/company/comain. htm.

[20] http://www. prnewswire. com/cgi – bin/stories/000071548.

[21] http://www. zinccorp. com/company. htm.

[22] Ukitsu Hoh. Manufacture and commercial production of chemical – grade zinc oxide from steel making dust metallurgical review of MMIJ, 1996, 2(13)：1 – 13.

[23] Yasuji Matsushige, Kenji Hagimori. Electrolytic zinc production at annaka refinery. 日本金属会，1997, 1122(705)：105 – 108.

[24] Takazumi SATO. Recovery of zinc oxide from steel making dust at Onahama plant of ryoho recycle co. ltd. 日本金属会，1997, 808：206 – 208.

[25] Tuneo Funahashi, Atsushi Kaikake, Toshiharu Sugiura. Recent development of Waelz kiln process for EAF dust treatment at sumitomo shisaka works. B. Mishra. EPD congress 1998. The Minerals, Metals & Materials Society, 1998：485 – 496.

[26] http://www. Kobelco. co. jp/eneka/fastment/.

[27] K K Sahu. A Agrawal, B D Pandey Premchand. Zinc recycling in India：Problems and prospects. Minerals & Metals Review, 2002(1)：42 – 47.

[28] R C Sharma, Neeraj Jaju. Methods of secondary zinc recovery. Minerals & Metals Review, 2002(1)：50.

[29] 中国物资再生协会. 物资再生动态，2001，(23). http://www. crra. com. cn/2sdt1 – 23. htm.

溶剂萃取的新进展及其在新世纪中的发展方向*

摘　要：重点阐述了近年来溶剂萃取的新进展。认为反胶团溶剂萃取、超临界流体萃取、微波萃取、电泳萃取、超声萃取、预分散萃取、磁场协助溶剂萃取、液膜萃取、内耦萃反交替分离过程、非平衡溶剂萃取等是新世纪中溶剂萃取发展的新方向。溶剂萃取已成为一项得到广泛应用的分离提纯技术。

Progress in solvent extraction and perspective in 21st century

Abstract: Progress in solvent extraction in recent years was presented. New directions for the solvent extraction in 21st century is believed to be reverse micelle solvent extraction, supercritical fluid solvent extraction, microwave assistant solvent extraction, electro solvent extraction, ultrasonic solvent extraction, predispersed solvent extraction, magnetic field assisted solvent extraction, liquid membrane solvent extraction, inner – coupling extraction – stripping separation process and nonequilibrium solvent extraction. The solvent extraction has been a widely used technology for separation and purification.

随着科学的发展，溶剂萃取已成为一项得到广泛应用的分离提纯技术。这一技术的实质是利用溶质在2种不相溶或部分互溶的液相之间的分配不同，来实现溶质之间的分离或提纯。由于它具有选择性高、分离效果好、易于实现大规模连续化生产的优点，早在二次世界大战期间就颇为发达国家所重视。经过50多年的科研与应用实践，现在已成熟，在有色金属湿法冶金、化工、原子能等领域中得到了大规模的应用。例如，有色重金属的铜、镍、钴，稀有高熔点金属的锆、铪、铌、钽、钨、钼、钒，稀有轻金属的铍、铷、铯，贵金属的铂、钯、锇、铱、钌，稀散金属的铟、锗、镓、铊、铼以及稀土金属的分离提纯；化工产品的分离与提纯；核燃料的前后处理上均有应用，而且在工业应用中获得了非常好的效果。

尽管在应用中人们也发现，溶剂萃取存在溶剂损失、二次污染、易燃、有气味等缺点，但在专家们始终不懈的努力下，溶剂萃取在不断完善中，得到了迅速发展。在国际上，每3年举行1次国际溶剂萃取会议(ISEC)。新中国成立以来，也召开了4次溶剂萃取会议，开展学术交流及探讨未来的发展，以求在理论、工艺及设备上有新的突破。

21世纪溶剂萃取的发展，深为人们所关注。在1999年的ISEC会议上，有关学者阐述了这一重要问题[1]，为21世纪溶剂萃取工作提出了指导意见。作者认为：针对溶剂萃取学科，在新方向、新课题、前沿工作、工艺及理论发展等各国目标一致的情况下，每个国家根据其具体需要，也有自己的重点，所以若想对21世纪的溶剂萃取发展方向做一全面完整的说明是困难的。

本文收集了一些国内外文献资料，结合多年从事溶剂萃取科研及应用的经验，粗浅地认为：在传统的溶剂萃取中，还应该不断地筛选及合成高效价廉的萃取剂；完善现有萃取工艺，扩大应用；开发新设备；深化萃取理论研究促进学科发展。同时，本文还阐述了近年溶剂萃取研究中值得注意的一些新进展，并认为它们是新世纪中溶剂萃取发展的新方向。希望同行们开展讨论，得到共识，共同发展具有我国特色的溶剂萃取技术。

1　反胶团溶剂萃取(RMSE)

反胶团溶剂萃取(Reverse micelle solvent extraction)是当今极受重视的萃取新技术。随着工业

* 该文首次发表于《矿冶工程》，2001年，第3期，5~11页。合作者：罗电宏。

发展，在生物制品中，如使用传统的溶剂萃取分离蛋白质及酶时，会使它们发生变性，为了满足这类生物化工的需要，发展了反胶团萃取技术[2]。采用这种技术提取与分离蛋白质及酶，既能保证它们不被有机试剂破坏，又能获得高萃取率，所以在一些生物化工制品中 RMSE 得到了广泛的应用[3-6]。经过发展，也有人使用该法来分离金属元素[7]。

当水溶液中表面活性剂浓度超过一定值(称为临界胶束浓度)时，表面活性剂单体会聚集成胶束，或称之为胶团。在胶团中，表面活性剂的非极性端朝内聚集在一起，形成一个疏水空腔，而极性端朝外，使胶团能稳定地溶于水中。利用胶团的这种特殊性质，可以使很多不溶于水的非极性物质溶解在水中，相反，如果在非极性的有机溶剂中，表面活性剂浓度超过一定值时，表面活性剂单体也会聚集成聚集体，这时就是极性端朝内聚集在一起，形成一个亲水空腔，而非极性端朝外，使聚体胶团能稳定地溶于水中，这种聚集体称之为反胶团。利用反胶团，可以把一些亲水憎油的物质包藏在亲水空腔里，而溶解于非极性有机溶剂中。

反胶团溶剂萃取正是利用了反胶团的这一性质，如蛋白质可以被反胶团包藏而进入有机相(图1)，改变其条件，又能回到水相，达到分离的目的。众所周知，蛋白质是一种两性物质，只有在等电点，才能表现为中性，当水溶液 pH 大于等电点时，蛋白质表面荷负电，反之荷正电，不同蛋白质有着不同的等电点，所以在溶液中不同蛋白质荷电情况不同。反胶团内表面也是荷负电的，所使用的表面活性剂性质不同，荷电情况也不同。根据异电相吸的静电学原理，反胶团可以对蛋白质进行选择性萃取，改变条件可以改变选择性和萃取效率。水相 pH 也影响蛋白质的荷电荷与反胶团内表面所荷电荷的相互作用，而且影响

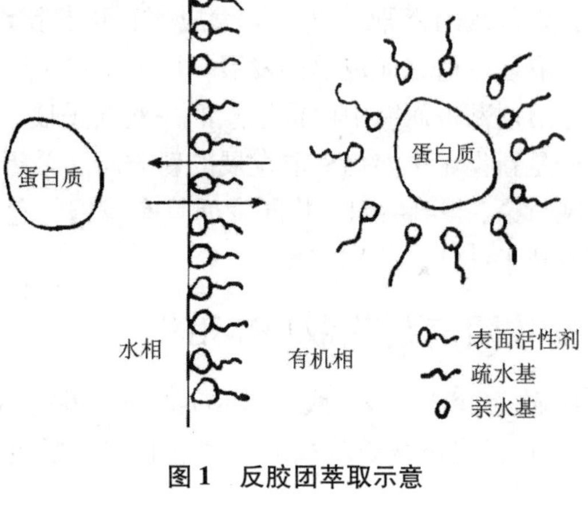

图1　反胶团萃取示意

反胶团对蛋白质的溶解能力和稳定性。如上所述，在实际操作中，优化条件，就能使反胶团萃取技术有效地提取、分离蛋白质。

可以认为：反胶团溶剂萃取是一项极为重要的萃取新技术，今后在生物化工、冶金、环保中都会发挥有效的作用。

2　超临界流体萃取(SFSE)

超临界流体技术(Supercritical fluid solvent extraction)是一项迅速发展的新技术，也是近些年来热点研究课题。文献[8]全面地阐述了它的应用现状，认为这一技术有广阔的应用前景。

所谓超临界流体，是指处于临界温度(T_c)和临界压力(P_c)以上的流体。这种流体兼有气液两相的特点，即既有气体的低黏度和高扩散系数的特点，又具有流体的高密度和良好溶解物质的能力。当流体的压力和温度变化时，对溶解能力有很大的影响。因此，可以改变温度和压力来调节组分的溶解度。把这一技术应用于萃取体系中，显示出许多优点，除了优于一般的精馏和萃取技术外，其能量消耗也较少。在操作中，优选温度和压力，就可以把一些元素的分配比提高，使元素间的分离系数增大。现在常使用的超临界流体有 CO_2、氨、乙烯、丙烯、水等。因为 CO_2 容易达到临界压力和临界温度，其化学性质稳定，无毒、无臭、无腐蚀性，因而容易得到纯产品，所以它是最为常用的临界流体。

临界流体在化合物分离上的应用，形成了迅速发展的超临界流体萃取技术。在其操作中，使用超临界流体作为萃取剂，从液体和固体中萃取特定组分，以达到某些元素或化合物分离的目的。这一技术已在医药、食品、石油化工、精细化工、生物等领域得到了实际应用[9-14]。最近该技术又应用于环境分析中样品的前处理及废物处理，收到了良好的效果。

应该指出，这一技术必须使萃取剂处于超临界状态，需要专门的设备，这一点使其应用受到了限制。

3　微波萃取(MASE)

微波萃取(Microwave assist solvent extraction)是在分析化学中派生出来的新技术，至今还用于分析样品的制备。采用微波萃取法制备样品，不仅时间短、试剂用量少，而且还有制样精度及回收率高的优点[15]，因而近年来其研究工作相当活跃[16-18]。

该法的操作是把样品和萃取剂装入到一个密闭容器中，然后把这一密闭容器放置于微波发生器中。由于容器内部压力可达到 1 MPa 及以上，这时萃取溶剂

的沸点比常压下的沸点高很多，可以达到常压下使用同样溶剂所达不到的萃取温度，这样既提高了萃取率又不致使萃取物和萃取剂被分解。

在微波萃取中，萃取温度对萃取率的影响特别显著。例如，常压下丙酮的沸点为56.2℃，而在密闭容器中它的沸点可提高到164℃；对林丹的萃取率，90℃下为79%，而120℃下可达到94%[19]。

应该说明的是，使用的微波萃取溶剂必须是极性溶剂，因为非极性溶剂不吸收微波能量。如果使用的是非极性溶剂，其中必须配加50%的极性溶剂。萃取温度要控制在萃取溶剂不沸腾及不被萃取物分解的条件下，萃取时间一般在10～15 min。这些条件在微波容器中很容易实现。这一萃取技术的发展面临的问题是如何扩大规模与应用。

4　电泳萃取(ESE)

电泳萃取(Electro solvent extraction)技术是电泳与萃取分离技术交叉融合形成的一种新分离技术，也是利用外电势强化传质过程及提高萃取率的一种方法。由于它克服了电泳技术的不足，利用相界面的选择性和阻力，能避免对流扩散产生，可以萃取一些用传统方法难以萃取的物质，因而被认为是一种具有较大潜力的分离方法，故近来有关该技术的研究报道较多[20-24]。

电泳技术的实质是利用不同物质的带电粒子，在电场中定向运动的速度不同从而实现物质的分离。这一技术在实施制备型电泳时，还存在着一些问题。例如电泳过程中的浓度梯度会导致浓差扩散，电泳过程中电流产生的热量不能及时转移，而造成温度梯度，引起热扩散与对流，使分离区带重叠，造成物质的分离不完全。正是这些问题影响着电泳技术的发展。

当电泳与萃取结合时，首先，电泳技术利用了液-液界面的双极性膜性质，使浓差扩散严格地限制在一相中，同时使待分离物质进入萃取剂中，这就解决了浓差扩散及混合难题；其次，这种结合技术可能利用扩散、对流等性质加快传质，在设备设计中，选择优良的散热材料，配合较小的操作相比及连续流动的办法，迅速移走电泳过程中所产生的大量热量。另外，外加电场会破坏液-液相界的弱电场，打破原有的化学平衡，会强化传质及提高萃取率。

Stichmair J 等人[22]采用正丁醇为溶剂，萃取一种染料，萃取率可高达90%，这证明了电泳萃取可以克服电泳技术中对流而产生的扩散影响。他们还通过多种假设推导了电泳萃取的传质模型，同时还设计了级内并流、级间逆流的电泳萃取设备，如图2所示。文献[25]报道了采用聚乙二醇与葡萄糖水溶液组成的双水相，将电泳萃取血红素与白朊的生物混合物分离过程。结果99%血红素可在重相富集，95%的白朊可在轻相中富集，效果良好。

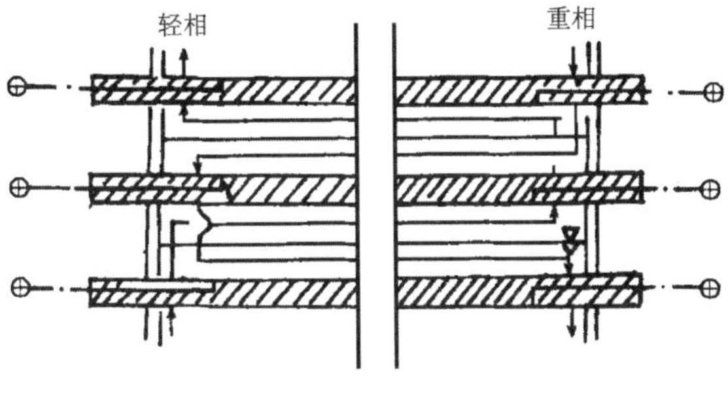

图2　连续电泳萃取示意图

最后还要指出，电泳萃取技术预计可在生物化工和环境化学中得到利用，但无论在理论还是在实际应用方面还要进行大量的研究工作。

5　超声萃取(USE)

当前，超声萃取(Ultrasonic solvent extraction)成为萃取中的前沿课题，可望成为溶剂萃取中一种新技术[26]。

文献[27]报道，在溶剂萃取中引入超声波会明显提高萃取效率。通过研究超声波对镍的萃取强化，讨论了超声场能量、声频率、溶液pH、萃取温度和有机相组成对萃取速度的影响。实验中采用Lix65N作为萃取剂，超声波频率为20 kHz，输出功率为47 W，实验结果如图3所示。结果表明，引入超声波明显提高了镍的萃取率。此工作还研究了在超声场中萃取钴的

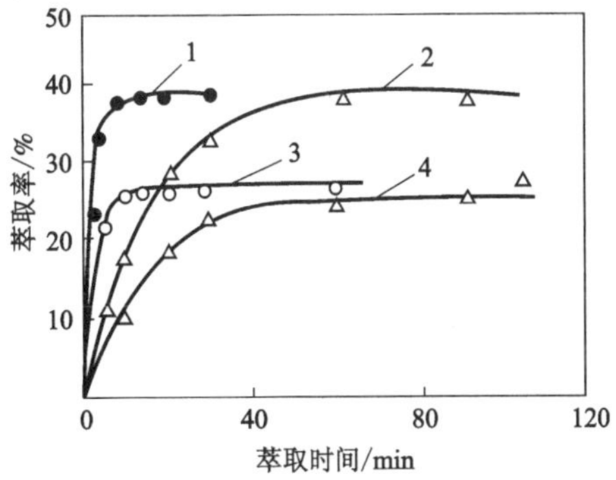

图3　超声场对Lix65N萃取镍的影响

[有机相：φ(Lix65N)=10%，c(月桂酸)=0.1 mol/L，其余为稀释剂；水相：ρ(Ni)=30 mg/L，c(KNO_3)=1 mol/L；O/W=1∶1，25℃，搅拌速度2000 r/min；超声场：20 kHz，47 W]

1—加超声场(pH=6.02)；2—加超声场(pH=4.02)；3—未加超声场(pH=6.02)；4—未加超声场(pH=4.02)

情况，认为由于超声波介入，会使 Co^{2+} 氧化成 Co^{3+}，改变了原有平衡，不但加快了速率，而且萃取率也有显著提高。

人们自从发现超声场的化学效应以来，对超声场强化分离过程的机理研究还是初步的，多处于定性讨论的阶段。物理化学的观点认为：由于超声场的介入不仅像热能、光能、电能那样，以一种能量形式发挥作用，并能降低过程的能垒，而且声能量与物质间存在一种独特的相互作用形式——超声空化。这一观点为人们深化对超声场强化分离过程的认识提供了依据。但对类似于溶剂萃取这样的过程，涉及多组分、多相流体，因而对超声场作用机理的研究，仍显得非常不足；对声能量与物质间相互作用以及其产生的附加效应，还需要继续开展大量的研究工作。

6 预分散萃取(PSE)

预分散萃取(Predispersed solvent extraction)的原理是首先把萃取剂及溶剂制备成高度分散的微小颗粒，然后与料液混合，由于这些微小颗粒有巨大的表面积，因此，就可使用小相比，即少量的有机相。采用这种萃取方法，由于在萃取体系中具有很大的有机相界面积，有利于传质，并能提高萃取效率[28]。

制备高度分散的微小颗粒有两种形式，一种是胶质液体泡沫(Colloidal liquid aphron，简称 CLA)，另一种是胶质气体泡沫(Colloidal gas aphron，CGA)。前者是由含油溶性表面活性剂油相液滴和含水溶性表面活性剂的水质滑腻(Soapy)壳层构成，后者则把上述的油相液滴换成气体。CLA 和 CGA 都是分散于连续水相的泡沫，CLA 直径在 1 ~ 20 μm，CGA 直径一般大于 25 μm。CLA 与 CGA 在 PSE 过程中的应用是由于它们具有良好的稳定性和巨大的表面积。CLA 在制备后处于聚泡沫或双液体泡沫状态。其特征可用相体积比描述，如相体积比为 9，CLA 单个泡沫直径为 2 μm，则油 - 水总界面面积为 2700 m^2/L。对体积为 60% 的气体，泡沫直径为 24 μm 的 CGA，其气 - 水总界面面积为 150 m^2/L。这么大的界面积非常有利于传质和萃取。

预分散萃取作业可在单级简单萃取器内完成。萃取器中先注入料液，CLA 和 CGA 分别从萃取器底部输入，CLA 吸附在 CGA 上，因为 CLA 与料液密度相差不会很大，上升速度也就不大，但 CLA 上吸附了 CGA 后，因密度差增大，CLA 的上升速度变大。CLA 的上升过程，就是含萃取剂的有机相通过界面从料液中萃取被萃取物的过程，这一过程传质效率很高，可以得到很高的萃取效率。

文献[29]报道了一种新微胶囊萃取分离技术。该项技术中分散微小颗粒不是 CLA，而是用聚酯膜封装的有机萃取剂的微小胶囊，可以实现萃取、反萃取的连续操作，无疑它应属于 PSE 过程。PSE 是刚起步研究的新技术，其研究的重点是 CLA 和 CGA。可以预料，随着对 CLA、CGA 的结构、大小、稳定性及其影响因素以及 PSE 过程的研究，将会使 PSE 完善起来，预料其应用前景是美好的。

7 磁场协助溶剂萃取(MFASE)

磁场与电场是感应相关的，既然电场(如电泳)对萃取过程有影响，可推知磁场对萃取过程同样存在着一定的影响。1993 年，Palyska[30]报道了磁场协助溶剂萃取(Magnetic field assisted solvent extraction)，用 D_2 - EHPA 为萃取剂，萃取 Cu^{2+} 时，当磁化萃取剂后，铜的分配比提高为之前的 160 倍。笔者在这方面进行了三项探索性工作，一是磁场效应对硫酸体系 TBP 萃取 As(V)的影响[31]，二是磁场对乙酰胺萃取剂萃取As(V)的影响[32]，三是在磁场作用下用三辛胺萃取钒的机理研究[33]。磁场效应作用于 TBP 萃取溶液中 As(V)时，萃取体系的熵及表面张力变小，促进了体系萃取过程的能量变换。虽然萃合物的结构中仍是形成 P ═O→As 配位键，但由于相当于提高了这一体系的温度，场效应对 TBP 萃取 As(V)有促进作用。磁场效应作用和影响的大小与溶液的 pH、SO_4^{2-} 和 As^{5+} 离子浓度等因素有一定的关系。改用乙酰胺萃取 As^{5+} 时，有上述同样的结果。用三辛胺萃取钒时表明，在磁场作用下萃取机制没有变化，但萃取率有一定的升高。文献[34]研究了不同强度的磁场对稀土分离的影响，数据表明，不同的磁场强度对萃取率的影响不同，有可能通过选择控制磁场强度达到提高萃取分离稀土的效果。还发现磁化有机相后可以缩短萃取平衡时间，减少萃取剂萃取稀土达到饱和容量的次数，这也说明磁化有机相可加快萃取稀土的动力学速度。

以上的研究工作证明，磁场对萃取存在一定的影响，随着研究工作的深入，借助于磁场作用，可改变各萃取体系的萃取情况，使这项技术得到实际应用。

8 液膜萃取(LMSE)

液膜萃取(Liquid membrane solvent extraction)技术是 1968 年 Li N N 博士发明的，从 20 世纪 80 年代以来，国内外研究很多，已形成一门独立的分离技术。液膜萃取主要是指乳状液膜萃取，乳状液膜是一种双重乳状体系，首先把不相溶的有机相和反萃相搅拌制成乳状液，然后将这种乳状液分散到萃取料液中，萃取料液可称为第三相，也可叫外相，乳状液滴包裹的反萃相为内相，外相与内相之间的膜相即是液膜。在这一体系中，萃取与反萃取过程在膜相的两侧同时进行。它的突出特点是传质速率快，但需要制乳与破乳等工序，所以工艺过程较为复杂，另外膜的稳定性也不理想。近来经过完善又出现了支撑液膜、包裹液膜、静电式准液膜和大块液膜萃取等形式，但其原理是一致的。

国内外对液膜萃取研究工作较多。在我国首先是张瑞华研究了用液膜分离稀土元素[35]，继之清华大学及华南理工大学的顾忠茂及张秀娟教授等做了有效的工作[36]。笔者也做了一些探索性研究[37]。由于液膜萃取还未能克服其固有缺点，在工业应用上还不太成熟，今后有待于这方面的专家继续努力。

9　内耦合萃取反交替分离过程(IESP)

内耦合萃取反交替分离法(Inner - coupling extraction - stripping separation process)是在静电式准液膜研究基础上发展起来的一种新分离方法。我国吴全锋等[38]在这方面做了开发性的工作。该法利用相混合原理和流体力学原理，使工业上广泛应用的混合澄清槽式的传统溶剂萃取过程，具有了液膜分离过程的传质特性，因而与静电式准液膜萃取比较，它有传质效率高、工艺过程简单、设备结构简化、适应性强等特点。该过程的工作原理如图 4 所示。

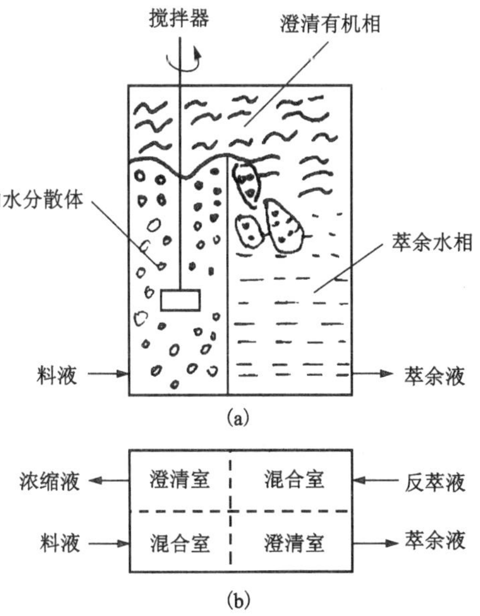

图 4　内耦合萃取反交替分离过程示意

(a)萃取剂示意；(b)俯视示意

在萃取槽、混合室的上层为有机相，在专门的机械搅拌作用下，与下层料液形成高度分散的油水乳化液，并在乳液之上同时保持着一个澄清层，随着料液水相的不断供给，乳液溢入澄清室，分相后即获得萃余液；负载有机相并入澄清有机相主体，并自动越过中间隔极进入反萃侧混合室。

在反萃侧，混合室的上层负载有机相在专门的机械搅拌作用下，与下层反萃水相形成高度分散的油水乳液，并在乳液之上同时保持着一个澄清水相层，随着反萃取水相的不断供给，乳液溢入澄清室，分相后获得反萃浓缩液，再生有机相并入澄清有机相主体，并自动越过中间隔板，返回萃取侧的混合室，从而实现了液膜技术所具有的萃取与反萃取过程在同一反应器内部自动耦合的传质过程。

该技术可望应用到矿山浸出液的富集，工业废水的处理，多元组分的分离等方面[39]，但要实际工业应用，可能还需要进行许多的研究工作。

10　非平衡溶剂萃取(NSE)

非平衡溶剂萃取(Nonequibibrium solvent extraction)技术是笔者根据一些金属元素的动力学萃取速度不同，又结合实际工作需要提出的[40-42]。其原理可表述如下：以 U_A 表示 A 元素的萃取速度，U_B 表示 B 元素的萃取速度，A 和 B 二元素用非平衡萃取分离的条件是 $U_A \gg U_B$。

萃取速度(U)可以用下式表示：$U = KC$，为了满足 $U_A \gg U_B$ 的条件，即 $K_A C_A \gg K_B C_B$，如果 A 和 B 元素浓度一定时，K_A 越大于 K_B，二元素的分离效果越好。

上述技术可望应用于稀土元素及重金属的萃取分离。在我国利用离心萃取器，借助于 In 和 Fe 的萃取速度不同，完成了它们的分离。图 5 示出了 In 和 Fe 在硫酸溶液中用 P204 萃取时萃取率与萃取时间的关系。在 1 min 内，In 即可达到萃取平衡，其萃取率高达 99% 以上；而 Fe 则是一个慢萃取过程，萃取达到平衡时，其萃取时间需在 30 min 以上。因此，只要控制萃取时间在 1 min 内，大量的 In 进入有机相而被萃取，而 Fe^{3+} 则萃取很少，从而达到 In 和 Fe 分离。离心式萃取器的特点是相接触及相分离速度快，故在工业实际运转中，获得了良好的效果。

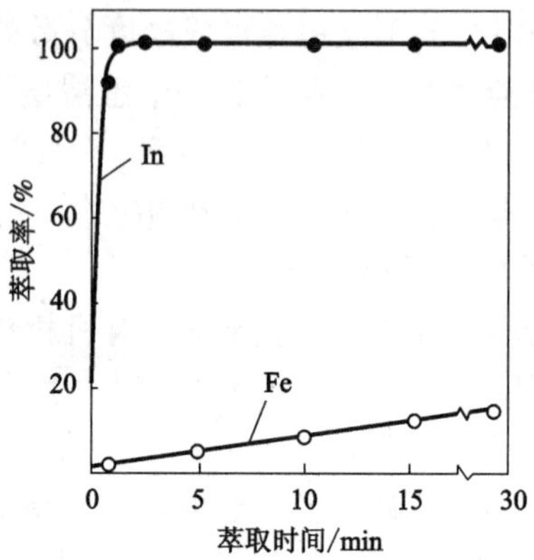

图5 萃取时间对铟铁萃取率的影响

（水相：$\rho(Zn)=107.4$ g/L，$\rho(In)=0.87$ g/L，$\rho(Fe)=14.88$ g/L，w(聚醚)=0.01%，$\rho(H^+)=$ 20 g/L；有机相：40% P+煤油，O/W=1∶5）

11 结语

综上所述，在21世纪中，溶剂萃取作为提取、分离和提纯技术，必然会得到发展，文中提到的反胶团溶剂萃取、超临界流体萃取、微波萃取、电泳萃取、超声萃取、预分散萃取、磁场协助的溶剂萃取、液膜萃取、内耦合萃取反交替分离过程、非平衡溶剂萃取等会成为重点发展的新方向。但必须说明，文中提出的新方向，只是21世纪溶剂萃取的一部分。文中没有涉及的溶剂萃取理论研究，如热力学、动力学、界面化学、传质过程与模型等的研究，新萃取剂及稀释剂的分子设计及合成、筛选研究，计算机专家系统在萃取中的应用研究，新萃取设备开发的研究，现有传统工艺的完善以及其扩大应用等都是新世纪溶剂萃取研究的重点。

参考文献(略)

21 世纪生物冶金展望*

摘　要：详细介绍生物技术在冶金工业中的主要应用领域：生物浸出、生物冶金环保及材料生物冶金中的最新进展，并展望21 世纪生物技术在冶金工业中的应用前景。

生物技术在冶金工业中的最早应用是铜的生物浸出。早在1762 年西班牙就开始利用微生物堆浸回收铜[1]，至今利用微生物浸出已有数十年的历史。目前世界上 25% 的铜产量来自细菌堆浸或原地浸出[2]，生物浸出还被用于从锰矿、铝土矿中提锰、铝等，而难浸金矿细菌氧化预处理工艺的工业应用及推广则是最近十多年来生物技术在冶金工业中应用最令人鼓舞的进展。生物冶金环保则是生物技术在冶金工业中又一重要应用领域。早在1984 年，美国 Home - steke 采矿公司就成功研究含氰废水生物处理技术，并将之用于黄金浸出的氰化物废水处理。最新的进展表明，利用微生物吸附处理含重金属冶金废水与回收有价金属具有远大的发展前景。此外，趋磁细菌合成超细磁粉则开辟了“材料生物冶金”的全新天地。

1　生物浸出

1.1　难浸金矿的细菌氧化预处理

难浸金矿细菌氧化工艺的工业应用是过去 10 多年生物冶金最令人鼓舞的进展，也是难浸金矿预处理技术的新突破。自 1986 年南非 Fairrien 金矿投产世界上第一座细菌氧化浸出工厂以来，目前已有数十家相当规模的细菌氧化处理难浸金矿的工厂[3]。与国外相比，我国难浸金矿细菌氧化处理研究仍普遍停留在实验室阶段，水平低，工业实践少。但最近取得一定的进展：1994 年地矿部陕西地勘局堆浸技术中心建设投产约 1000 kg/d 的难浸金精矿细菌氧化处理车间，同年在陕西双王金矿九坪沟矿区成功地进行 2000 t 级工业规模微生物预氧化堆浸试验[3]。

近 10 年的生产实践表明难浸金矿的生物氧化工艺具有以下一系列优点：大大降低投资，金的回收率高，过程易控制，环境污染少。但以下 3 个影响工艺实现的关键问题，必须加以重视：

（1）矿石的适应性。用于难浸金矿细菌氧化处理的主要菌种为氧化亚铁硫杆菌（*Thiobacillus ferrooxidans*）和嗜异性菌。目前在大洋洲、南美洲和非洲正常运行的 6 座难浸金精矿的槽内生物氧化处理厂，除澳大利亚的 Youanmi 厂采用处于 45 ~ 55℃ 的嗜热菌培养液外，其他都采用处于 40 ~ 45℃ 的氧化亚铁硫杆菌和嗜异性菌的混合培养液。难浸金矿生物氧化预处理时，细菌的主要作用是氧化溶解难浸金的载体黄铁矿（或毒砂），使包裹金暴露以利于随后的氰化。它只对因黄铁矿、毒砂等硫化矿包裹的难浸金矿有效。另外生物氧化必须在高酸度下进行，因此由非硫化矿包裹的难浸金矿（例如硅酸盐包裹的难浸金矿）以及高耗酸的碱性难浸金矿都不适宜生物氧化处理。进一步，解离金所需要分解硫化物的细菌数量及细菌分解硫化矿的速率是细菌氧化工艺设计的最重要参数。通常难浸金矿中解离金所需细菌氧化的硫化矿含量越少，则该矿石越适宜于细菌氧化处理。

（2）细菌工作环境的适应性。难浸金矿细菌氧化周期长是细菌氧化工艺存在的最突出问题，一般金精矿在矿浆浓度 10% 状态下氧化仍需 5 ~ 10 d，严重影响着生产成本和经济效益。在工业生产中，为提高生产效率，一方面要培养氧化能力强、能在恶劣环境（例如高矿浆浓度）下工作的优良菌种，另一方面要尽可能创造适宜细菌作用的环境。

（3）工业生物反应器的设计制造。适宜于细菌生长及硫化矿氧化分解的工业生物氧化反应器是保证工艺成功的关键。不重视生物反应器这一硬件的设计和制造是我国难浸金矿生物氧化技术停滞不前、难以工业化的最重要原因。反应器的充气方式、充气量、叶轮结构、转速及散热方式等设计参数都会影响细菌生长和矿物的氧化效率，并且它们的作用是非线性和相互影响的，因此十分复杂。工业生物氧化反应器的设计和制造必须有生化、冶金、机械设备等方面人员通力合作，紧密配合。

* 该文首次发表于《有色金属科技进步与展望》，有色金属杂志创刊50 周年专刊，北京：冶金工业出版社，1999 年，247 ~ 252 页。合作者：肖松文、邱冠周等。

1.2　低品位铜矿生物浸出的最新进展[2,5]

铜是最早利用生物浸出的金属，美国 Kennecott 铜矿公司 Utah 矿首先取得浸铜工艺的工业应用。近 20 年来，细菌浸出—萃取—电积工艺在美国、智利等地迅速发展，采用该技术生产的电铜比例已达25% ~ 30%。目前生物浸出已成为从低品位铜矿石、尾矿中提取铜的主要工艺。

我国铜矿资源以贫矿为主，品位低于1%的占总储量的65%，全国平均品位仅 0.83%。江西德兴铜矿是我国一个伴生有金、银、钼等有益组分的特大型斑岩铜矿。矿山由铜厂、富家坞和朱砂红 3 个矿床组成。其中铜厂是目前最主要生产矿区，矿山露天开采，边界品位 0.25%。据统计，0.25%以下的低品位废石总量有 8.9 亿 t，含铜总量约为 95.15 万 t。为充分回收利用这些资源，从 20 世纪 70 年代起，德兴铜矿就与多家科研单位联合开发细菌堆浸—萃取—电积工艺，并于 1997 年建成生产能力 2000 t/a 电铜的细菌堆浸提铜厂。自 1997 年正式投产至 1998 年已产出电铜 171.87 t。由于该矿山主要铜矿物黄铜矿（占 80%以上）难浸，铜的浸出速度很慢，致使浸出液中铜离子浓度仅为 0.5 g/L 左右，远未达到设计要求（1.0 g/L），从而导致整个流程生产能力远低于设计能力，效率低下。

为加快细菌浸铜速度，中南工业大学针对德兴铜矿低品位铜矿石含黄铜矿 80%以上的特点，系统而深入地研究了黄铜矿细菌浸铜过程热力学、动力学以及细菌浸铜催化剂及催化机理。研究得出：黄铜矿难浸的主要原因有：①点阵能高（17500 kJ），晶体稳定，难以分解；②$CuFeS_2$ 阳极溶解过程中产生不导电的元素硫，覆盖在矿物表面，阻碍电子传递；③若价键为 Cu^+，Fe^{2+}，S_2^{2-}，则缺乏细菌生长的主要能源物质 Fe^{2+}。提高浸铜速度的途径有：控制表面沉淀的形成；添加浸铜催化剂使表面沉淀严重包裹矿石之前，尽可能加速矿石表面的浸铜反应速度。FeS_2，Ag^+ 及 Ag_2S 有较强催化效果。该研究成果对于德兴铜矿细菌浸出提铜厂加快细菌浸出速度、提高生产能力有重要理论指导作用。

1.3　海洋锰结核的生物浸出

海洋锰结核，又称深海多金属结核，是深海中含有镍、铜、钴和其他金属的氧化锰和铁的结核，其储量巨大，是一种具有战略意义的陆地有色金属和锰矿资源的替代资源。自 1873 年探险家发现后，一直吸引着科技工作者的兴趣[6]。

由于结核的复杂成分和特殊结构，选矿方法无法有效富集和分离结核中有价金属，因此研究集中于海洋锰结核的冶金处理方法：火法熔炼、焙烧—浸出、直接酸浸、直接氨浸等，已取得一些令人兴奋的成果[7-8]。但总的说来，这些方法都是借鉴处理陆地普通矿产资源的方法，因此从经济效益方面看明显存在不足。据此，Hiroshi Nakazawa 等进行用元素硫或黄铁矿作基质生长的氧化铁硫杆菌浸出海洋锰结核（壳）的可行性探索研究。研究发现[9]：该海洋锰结壳矿样（Mn 20.8%，Fe 13.8%，Co 0.82%，Ni 0.50%，Cu 0.12%）细菌浸出时，①随着元素硫被细菌氧化为硫酸盐，矿浆 pH 降低，壳中的镍和铜先溶解，然后钴、锰和铁也被浸出；②镍的浸出溶解速度取决于元素硫的含量和起始细菌数量；③使用耐铜细菌或适应性培养可以缩短钴浸出的诱导时间；④用黄铁矿代替元素硫作基质，钴的浸出速度显著加快，黄铁矿还可作为海洋锰结壳中二氧化锰的还原剂。研究结果证明细菌浸出是可能的，从而为海洋锰结核（壳）的提取冶金工艺研究提出一个新方向。

2　溶液中金属离子的生物吸附富集

许多生物大分子都能与有关金属离子形成配合物，并具有很高的金属键合容量与离子专一选择性，因此利用生物吸附富集的方法从稀溶液、工业废水中回收有关金属具有重大实用价值和应用前景。实际可选择的生物大分子有以下 3 种：有代谢活性的生物细胞、非代谢活性的生物细胞以及从中提取的生物组分。

2.1　利用有代谢活性的生物细胞富集

一般地，细菌细胞营养所需金属元素（如 Co，Cu，Fe，Mg，Mn，Mo，Ni，Se）可以通过特定机制被细胞吸收，从而达到金属富集的目的，例如 *Metellothionein* 酵母和 *Metalothionein* 脉孢菌可在其孢内积累铜。美国新泽西州捷哈特矿物和化学制品公司利用芽枝浓度的金属离子对细胞有毒害作用，工业适用性差。但金属离子参与细胞生长，在细胞体内金属离子的存在形态变化及其受控度高，专一性强，因此对于合成高性能功能材料具有十分深远的意义，这将在后面专门介绍。

2.2　利用非代谢活性的生物或生物组分

非代谢生物细胞表面组分或提取的生物组分与活性生物一样，其聚合物基团仍然可以与金属离子作用，而且非代谢生物或生物组分更易于固载和分离，并可根据需要进行修饰，因此富集能力和选择性比活性生物更好。例如 Devoe Holben 公司的 Bruce Holben 和

Irving Devoe 2 位生物学家依照微生物吸附金原理，成功研制 Vitrokele912 型生物提金吸附剂。半工业试验证明该药剂提金效果很好，而且只要将吸附金的 Vitrokele 912 烧掉即可得到金。美国 AMT 公司开发了从珠宝业和电镀废水中回收贵金属的 AMT 生物回收技术。该技术的关键就是称之为 MRA (Metal recovery agent)的有机胶粒。该胶粒由化学处理枯草芽孢杆菌(*Bacillus Subtilis*)微生物制得，为一种硬的、基本上不溶于水的生物体，并经腐蚀剂处理转化为固定化颗粒，通过这些处理其吸附金属能力大大提高。

3　金属离子废水的生物处理

与有机物废水的微生物降解机理不同，金属离子废水的生物处理主要是利用前面介绍的微生物对金属离子的强吸附及代谢作用，使金属离子富集并改变它的存在形态，最后以固态形式从废水中除去。Veglio F 与 Beolchini F 将该法总称为生物吸附(Biosorption)。生物吸附法处理金属离子废水的研究涉及铬、钴、铜、锌、镉、铅、金、银、汞、铀、钍等一系列金属元素[10]。下面主要介绍一些已工业化的研究成果。

3.1　含铁、锰离子废水生物处理

自然界中几乎到处存在能够促进铁、锰氧化和还原的细菌，例如氧化能自养菌 *T. ferrooxidans* 利用 Fe^{2+} 氧化获得能量和同化 CO_2 所需的还原力，异氧菌 *Vibrio. SP* 和 *Oceanospinillum SP* 利用 Mn^{2+} 氧化获得部分能量。这些细菌将 Fe^{2+} 和 Mn^{2+} 氧化成溶解度更低的高价离子，从而使之以氧化物形式沉淀下来，迅速有效地从水中除去，达到水质净化的目的。在给水处理工程中，在自然氧化基础上通过生物氧化强化氧化效果，从而迅速有效地除去水中的铁、锰，该技术已经在法国、丹麦广泛应用，并形成一定的技术规范。在我国东北的辽河油田欢四水源工程、沈阳石佛寺给水工程、抚顺开发区给水工程、伊春市给水工程以及梅河口市给水工程中成功地用锰矿一级过滤设计取代传统的自然氧化的除锰二级过滤设计，并且过滤滤速远高于传统设计规范的 5 m/h 的限制[11]。在废水处理方面，利用铁和锰氧化细菌处理矿山酸性废水，日本、美国工业上应用已很广泛。我国江西武山铜矿已于 1997 年底成功引进日本技术用于处理矿山酸性废水。

3.2　重金属离子废水生物处理

在荷兰 Budel 电锌厂，利用厌氧微生物硫酸还原法(SRB)处理受重金属和硫酸盐污染的地下水处理厂已正常运行多年。其原理是在厌氧条件下，硫酸根离子和重金属离子在硫酸还原菌作用下反应生成难溶性金属硫化物而从水中除去，多年的实践表明该法可将水中的重金属硫酸盐含量降到 10^{-9} 数量级[12]。

重金属离子废水生物处理另一成功范例，是我国李福德等人研究开发的 SR 系列复合功能菌处理含铬及其他重金属电镀废水技术。SR 系列复合功能菌在将 Cr^{6+} 还原为 Cr^{3+} 的同时，通过静电吸附、螯合絮凝以及共沉淀多种作用使所有重金属离子被沉积下来，从而使 Cr^{6+}、总铬、锌、镍、镉等金属离子都达到很好的去除效果。该技术已应用于锦江电机厂、红光实业公司、5701 厂、双流合金厂废水处理，废水一次性处理即可达到国家排放标准[13]。

与传统物理化学处理方法相比，金属离子废水的生物处理法最大的优点在于：运行过程中微生物不断增殖，去除金属离子量随生物量增加而增加，因而操作成本低，水质好可回用，通过适当方法可较好地回收有价金属。

4　超细磁粉的生物合成及应用

4.1　趋磁性细菌简介

趋磁性细菌(*Magnetotactic Bacterium*)1975 年最先由 Blakemore R P 发现[14]。随后人们陆续在地球南北半球的海水、湖泊和土壤中发现趋磁性细菌。趋磁性细菌的特点是能吸收外界环境中的铁元素，在体内合成具有强磁性的铁氧化物微小颗粒，即磁小体(Magnetosome)。磁小体在细菌体内一般按照磁力线方向排列，具有极性，从而使细菌对磁场反应敏感，表现出相应的趋磁性反应，即趋磁性运动[15]。磁小体大小为 50 ~ 100 nm，正好处于稳定的单磁畴范围之内，其磁性能远优于普通化学沉淀法制得的超细 Fe_3O_4 磁粉[16]。而且其表面覆盖有一层有机磷脂膜可以进行选择性修饰，可用于固定酶、抗体及微生物细胞，在生物工程与医学领域有广阔的应用前景。

4.2　超细磁粉的生物合成及应用

日本学者松永将趋磁性细菌 ABM－1 置于分别以琥珀酸、硝酸盐、苹果酸铁为碳、氮、铁源的培养液中培养，在空气气氛中趋磁细菌经 4 ~ 5 d 生长，就可由初始浓度 10^5 个细菌/cm^3 增长到 1.4×10^9 个细菌/cm^3，从中可以提取到 2.6 mg 超细磁粉/dm^3 培养液[17]。趋磁细菌磁小体表面覆有一层主要成分为磷酸酯、糖脂、胆碱酯、氨基酯和酰胺酯的有机膜，该有机膜不仅对磁小体合成起关键作用，而且在磁小体磁粉的提取方法选择和粉末应用方面起决定作用。研究发现随着磁小体表面有机膜的破坏，磁粉的比表面积与分散性能明显变差。超声波处理基本不破坏磁小

体的表面膜，这是从趋磁细菌体中提取超细磁粉的最佳方法。

由于趋磁细菌磁粉的分散性能好，表面有机膜可以防止铁的溶出。趋磁细菌磁粉固定酶的能力是化学法磁粉的 80 ~ 110 倍，其固定化酶的活性为化学法磁粉的 30 ~ 40 倍，并且磁粉表面的有机膜具有可进行共价键合的氨基，无需表面处理即可直接进行选择性修饰活化，是一种优良的酶、抗体与细菌的磁性固定化载体。基于趋磁细菌磁粉的以上优点，Noriyuki Nakamura 开发了一种新的抗体、细菌和核酸的磁粉固载—快速分析系统[18]。同样利用趋磁细菌磁粉固定化的单克隆抗体可以将大肠杆菌从细菌悬浮液中选择性除去，另外利用趋磁细菌磁粉还可以进行血细胞的导入、药物的传输与控制释放。

5 21 世纪生物冶金前景

21 世纪是生物技术时代，同样 21 世纪的冶金工业将是生物冶金时代，这是冶金(尤其是有色冶金)工业可持续发展的必然选择。一方面随着单一易处理富矿资源的枯竭，难处理低品位复杂多金属矿，如难处理金矿、复杂多金属硫化矿以及海洋锰结核等新兴矿产资源，将是 21 世纪冶金工业的主要对象。传统矿物加工与冶金技术已无能为力，生物浸出将是最佳选择。另一方面，传统冶金工艺过程长，效率低，而且过程中排放大量的废气、废渣、废水，例如目前全世界铜和其他有色金属火法冶炼厂每年约向大气排放 600 万 t SO_2。根据产业生态学的生态设计思想，模拟自然系统的代谢，将生物代谢引入产业生态系统，是提高产业系统的能源和物质利用效率、减少环境污染的理想方案[19]。生物吸附富集是从稀溶液和工业废水中回收有价金属的最佳方案；而利用生物矿化机理，直接利用生物吸收外界水环境中的金属离子合成超细磁粉等高性能功能材料与器件更是大大缩短冶金与材料生产环节，实现冶金与材料一体化发展。总而言之，21 世纪生物冶金将主宰冶金工业的发展。

参考文献(略)

神经网络在冶金工业中的应用*

摘　要：详细介绍了神经网络在国内外冶金工业中的应用现状，分析了神经网络在冶金工业中的应用前景。

Application of neural network in the metallurgy industry

Abstract: The application progresses of neural network in the field of metallurgy at home and abroad are introduced in detail, at the same time the prospect is put forward.

现代化的冶金生产要求准确掌握生产中的各种参数及其变化趋势，为控制操作提供数据保证。这些数据包括物料浓度、温度、压力、反应时间等。然而现代化大规模的冶金生产常涉及高温，物料复杂、波动大，不确定影响因素多等复杂情况。由于参数众多，缺乏有效的检测手段，所得数据有“噪音”，很难建立起数学模型，难以应用传统信息处理技术进行处理，因此有必要探索一种新的信息处理技术。人工神经网络是人们对人脑神经系统的抽象、简化和模仿所得到的复杂信息处理系统，它由很多类似人脑神经细胞的单元——神经元所组成。单个的神经元结构简单，功能有限，但大量神经元构成的网络系统却十分复杂，具有强大的功能。神经网络利用大量神经元之间的连接强度及其分布来表示特定信息，具有如下特点[1]：自适应、自学习、自组织能力；联想记忆和推广能力；大规模并行计算能力；分布式存储信息，很强的容错性和鲁棒性。上述特点说明神经网络特别适用于需要同时考虑许多因素的、不精确的信息处理，它为冶金过程数据处理提供了一种新的方法。

1　神经网络在冶金中的应用现状

美日等国较早进行神经网络在冶金中的应用研究，解决了冶金生产中一些重要的技术问题，取得了良好的效果，列于表1。例如日本新日铁大分厂采用BP网络预测炉内煤气流分布模式，并与专家系统结合预测炉况，指导操作，正确率达90%以上[2]。由美国斯坦福大学与North Star钢铁公司、Copperweld钢铁公司合作开发的智能电弧炉(IAF)[2,5]，利用神经网络实时在线调节电极位置。应用于North Star钢铁公司节电3.3%，节约电极30.89%，提高生产率4.8%。这一系统已推广应用于包括我国广州钢铁有限公司在内的几家钢铁公司。

近年来我国科技工作者对神经网络在冶金中的应用也做了许多研究工作，取得了一定成果，列于表2。下面对神经网络在冶金中应用较为广泛的几个方面分别举例说明。

1.1　在高炉生产中的应用

在高炉操作中，准确掌握高炉热量变化是很重要的，然而高炉是一个包括复杂物理化学变化和传质过程的高温反应器，具有不均匀性、非线性，噪音大，过程参数不易直接获得的特点。日本川崎钢铁公司千叶厂采用如图1所示的BP网络进行炉热预测[2]，系统以原料下降状况数据、煤气成分数据、高炉下部热平衡指数数据、热损失等12个过程数据输入。输出层3个结点，分别代表炉热变热、不变、变低3种情况，隐层10个节点。以指数函数作为激励函数，用带动量项的BP训练算法对网络进行训练，命中率达94%。

* 该文首次发表于《湖南有色金属》，2000年，第5期，16-19页。合作者：胡敏艺等。

表1 部分国外神经网络在冶金中的应用实例

序号	名称	模型与特征	用途及效果	应用厂家	文献出处
1	炉顶煤气温度分布料面形状识别系统	BP 模型	炉顶煤气温度分布、料面形状识别	日本神户制钢所	[2-3]
2	漏钢预报系统	由2类2层BP网构成，带冲量的BP训练算法	连铸漏钢预报，准确率达100%，平均提前6.5 s预报	1990年应用于日本新日铁八幡钢铁厂	[2,4]
3	神经网络模糊专家连铸判断系统	产生式网络，与模糊逻辑、专家系统结合	预报连铸浇成情况	芬兰劳塔鲁基钢铁公司	[6]
4	高炉炉况炉内煤气流分布模式预测系统	BP网络与专家系统结合	预测高炉炉况炉内煤气流分布模式，神经网络判定模式正确率达90%	1998年应用于日本新日铁大分厂	[2]
5	炉热、热风量控制模式预测系统	用附加动量项的BP训练算法	炉热预测，热风量控制，模式预测	日本川崎制铁公司千叶厂	[2]
6	镀层质量的综合神经网络控制系统	BP网络	控制热浸镀锌线镀层质量稳态时镀层质量误差平均值减少67%，标准差减少19.3%，锌消耗降低	1994年应用于美国伯利恒钢铁公司	[2,7]
7	智能电弧炉(IAF)控制系统	使用3个2层BP网络，与专家系统结合，采用扩展的DBD(Expand Delta-Bar-Delta)算法	预测炉况，控制调整电极位置，鲁棒性强，运行稳定，经济效果显著	应用于美国North Star等十几家钢铁公司	[2,5]
8	高炉炉壁温度分布与炉内焦炭汽化反应模式识别系统	自组织映射网络	高炉炉壁温度分布，炉内焦炭汽化反应模式识别	日本神户制钢所	[2]

表2 国内神经网络在冶金中应用与研究的部分实例

序号	名称	模型与网络特征	用途及效果	应用厂家	文献出处
1	钢液温度预测模型	4层BP模型	预测转炉出钢—连铸过程不同工位钢液温度，预测值与实测值平均误差5.6℃		[8]
2	烧结矿化学成分神经网络预报模型	BP网络用MATLAB语言仿真	超前预报烧结矿化学成分，预报结果与实际结果偏差较小	1996年，莱芜钢铁集团有限公司二铁总厂烧结车间	[9]
3	烧结矿过程神经网络质量预报模型	BP网络，采用自适应变步长算法加快收敛速度	在线推断烧结矿质量，正确识别率最高达86%	唐山钢铁股份有限公司第二炼铁厂	[10]
4	烧结矿质量预报神经网络模型	BP网络采用变步长算法加动量项	预测烧结矿质量，实际值与预测值十分接近	1998年昆明钢铁总公司烧结厂	[11]
5	铁水含硅量预报神经网络模型	3层BP网络	预报铁水含硅量，命中率达85%	1995年	[12]
6	自平衡人工神经网络	BP网络提出了SSEP的定义，将SSEP与自构形网络算法结合	优化硅钢工艺参数，硅钢牌号合格率提高了2%	1994年安阳钢铁集团有限责任公司	[13]
7	高炉异常炉况判断系统	3层BP网络	高炉异常炉况判断，命中率80%		[14]
8	连铸神经元网络漏钢预报系统	3层BP网络隐含层神经元分组加动量项	漏钢预报，性能优于原来从日本引进的逻辑判断型系统	1997年宝山集团有限公司	[15]
9	加热炉的燃烧控制系统	BP网络	加热炉的燃烧控制，运行良好	1997年莱芜钢铁集团有限公司莱钢特钢厂	[16]
10	高炉下部热量水平预报系统	BP网络	预报高炉下部热量水平，预报结果与实际值相当接近	1996年	[17]
11	镍闪速炉神经网络模型	3层BP网络采用自适应变步长算法	镍闪速炉的神经网络建模能够较为准确地反映镍闪速炉的运行状况		[18]

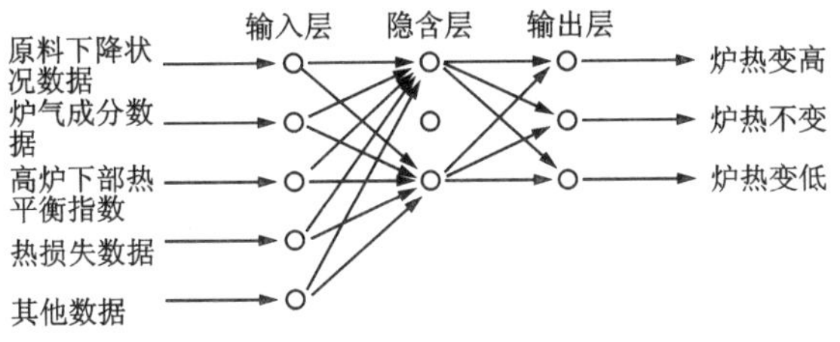

图1　炉热预测系统示意图

此外日本新日铁大分厂、日本神户钢铁厂也都在高炉生产中应用了神经网络技术[2]。我国杨尚宝等人研究开发的基于神经网络的高炉异常炉况判断专家系统[14]，采用3层BP网作为系统的神经推理机制，输入层含138个单元，代表高炉操作中常用数据和检测信息，输出层含21个单元，代表着21种高炉炉况，系统先离线学习，然后再在线运行，高炉炉况判断命中率达80%。

1.2　烧结矿质量预测

烧结过程同样具有显著的不均匀性、非线性等特点，且缺乏必要的现场检测手段，而采用离线专用测量设备，从取样到给出检测结果，常需要1 h以上，满足不了实际生产的现实需要。针对烧结过程建立的统计模型和机理模型无法解决输出指标的直接推断问题。邵贤强等人研制了烧结矿质量推断神经网络模型[10]，该模型采用BP网络，通过二次特征提取，精选出7个特征作为输入层的7个节点，并将样本质量划分为4类，对应输出层的4个节点。并采用了自适应变步长学习算法加快BP学习算法的收敛速度。实验结果表明建立的模型预报正确率高(最高达86%)，具有很好的泛化能力。郭文军等人研制的烧结矿化学成分神经网络预报模型[9]则选择了与烧结矿质量有直接关系的碱度、全铁和FeO含量作为预报的输出，采用MATLAB语言仿真，预报结果与实际结果的偏差均在允许的工艺范围内。

1.3　漏钢预报

漏钢是连铸生产中一种严重的事故，会造成设备烧损，生产停止。大型连铸机通常需要装有漏钢预报装置。传统方法是找出结晶器壁温度的变化模式与温度数据之间的关系，建立模型，根据温度变化，由模型判断有无漏钢发生的趋势，这种方法的困难在于建立一个有效的模型。日本新日铁八幡钢铁厂用神经网络构造了漏钢预报系统(见图2)[2]，系统由时间序列神经网络和空间神经网络构成多级神经网络。时间序列神经网络用于识别温度的上升和下降模式，空间神经网络用于识别结晶器内温度移动的模式。当输出层的输出值超出预定阈值时，输出漏钢预报。用此系统测试25组数据，无一误报，且比原系统能提前3～14 s预报。

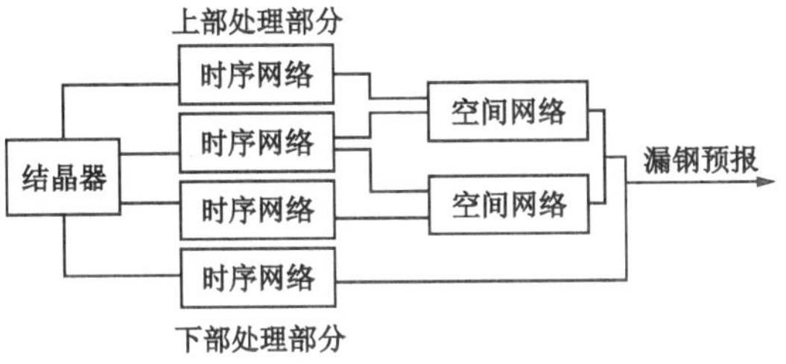

图2　漏钢预报系统示意图

冶金部自动化研究院与宝山钢铁公司合作开发的连铸神经元网络漏钢预报系统[15]，采用延时网络(TDNN)技术，将接收到的新的信号和保存在移位寄存器中的前$N-1$个采样点信号一起构成移位窗口的一个静态模式，再应用BP网络对该静态模式进行识别。系统由横向和纵向神经网络构成，如图3所示。每个横向网络和纵向网络都是由时序判断与空间判断功能综合在一起的单个神经网络，这些神经网络输出经逻辑综合处理后作为系统输出结果，分为轻报警、重报警及无报警3种。实际运行表明其预报性能优于宝钢原来从日本引进的逻辑判断漏钢预报系统。

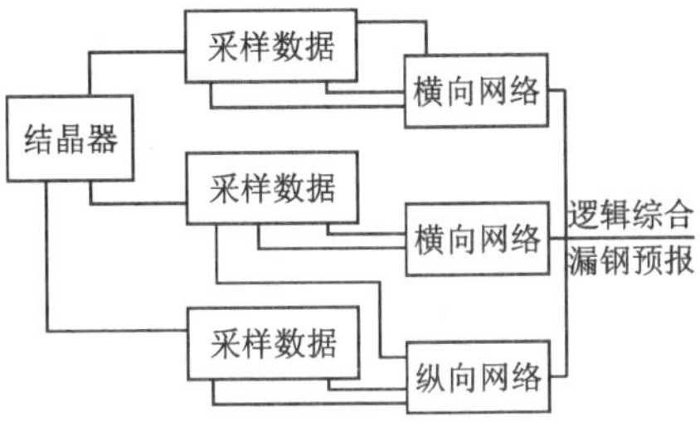

图3　宝钢漏钢预报系统网络结构图

1.4　其他方面的应用

除上述外，神经网络还应用于加热炉控制、轧钢板型控制等领域。莱芜钢铁集团有限公司1997年将神经网络成功地应用于莱钢特钢厂1#加热炉的燃烧控制[16]，控温精度<1%，节电10%～20%，氧化烧损降低了35%，不黏钢不生烧，提高了加热质量，减少了环境污染，取得了良好的经济效益和社会效益。

目前神经网络在冶金中的应用及研究主要集中于钢铁冶金，而在有色冶金中的应用研究相对较少。其中万维汉等人建立的镍闪速炉神经网络模型包括了冰镍产量、冰镍温度、冰镍品位和渣中铁硅比4个子模型。采用含双隐层的BP网络结构，并采用自适应变步长快速学习算法加快学习速度。所建立的模型能够较为准确地反映镍闪速炉的运行状况，在此基础上，对各模型进行的稳态优化控制研究表明该方法具有显著的节能效果，每年可节约费用 550 万 ~ 725 万元[19]。此外，杨家红在研究机械活化时，利用 BP 网络根据矿物的硬度、光泽、解理状况、颜色、条痕 5 个特征变量进行矿物聚类分析和鉴别[20]，正确识别率高达 92%。我们正在开展神经网络在湿法炼锌中的应用研究，预计会有一个良好的结果[21]。

2 神经网络技术在冶金中的应用展望

20 世纪 80 年代初以来，神经网络重新兴起，发展非常迅速，已成为研究的热点。理论上它的计算能力、对任意连续函数的逼近能力、学习理论及稳定性分析等都取得了丰硕的成果。这为其在包括冶金在内的各方面应用提供了深厚的理论基础。从上面介绍的神经网络在冶金中的应用情况可知，神经网络大多数采用了 BP 网络模型。BP 网络具有结构简单、适应性广、泛化能力强、工作状态稳定、能以任意精度逼近任意函数的优点，因而获得了最广泛的应用。BP 网络的缺陷表现在学习训练时间长、收敛速度慢、易限于局部极小值。为消除这些缺陷，多数 BP 网络都采取了一些改进措施。常用的方法是采用变步长算法、加动量项等。杨家红在用 BP 网络研究矿物机械活化时通过综合利用 Kalman 滤波以及引入神经元的增益 $g_i(k)$ 和惯性常数 γ_m 并且在迭代过程中动态确定 η，使迭代次数由不改进的 5014 次变为 487 次，相应的学习时间减少到只有未改进的 1/13 左右，大大改善了网络性能[21]。此外还有采用自组织网络等其他模型的。具体采用什么网络模型、拓扑结构、算法，目前尚无成熟的理论或规则，主要靠经验和多次试验确定。

与神经网络相比，数学模型有对过程机理的分析能力，专家系统和模糊理论有很强的逻辑推理和判断功能。将神经网络与数学模型、专家系统、模糊技术等结合建立的混合系统可以显著提高系统解决问题的能力。故许多系统是神经网络与其他技术相结合的混合系统，例如智能电弧炉是神经网络与专家系统的结合，在炉子正常运行时用神经网络控制，而当出现炉料坍陷等不正常情况时则启动基于规则的控制器。神经网络与数学模型、专家系统、模糊技术等结合以提高解决问题的能力将是神经网络在冶金中应用的一个重要方向。

从应用领域而言，目前神经网络多应用于钢铁冶炼过程控制的建模、模式识别、预测等方面，而在有色冶金中应用相对较少。有色冶金中同样包括非常复杂的具有多个变量的过程，例如湿法炼锌就有焙烧、浸出、净化等复杂过程，神经网络的应用有助于这些问题的解决。

参考文献(略)

絮凝、凝聚的理论及应用*

近些年来高分子化学的絮凝*、凝聚*迅速发展，使絮凝剂的种类日渐增多，促使其理论与应用出现了飞跃发展的新局面。

目前絮凝、凝聚已作为一个单元过程在湿法冶金、选矿、环保以及化工等领域得到了广泛的应用，预计今后还会扩大应用范围。

鉴于絮凝、凝聚的重要性，本文简要地阐述了它的理论与应用。

1　凝聚的理论[1,5]

1.1　凝聚的势能理论

关于凝聚的理论有：DLVO、异相凝聚、恒定表面电荷模式等。这些理论之间有着密切的内在联系，我们可以把它们归纳为势能理论。

在势能理论中，假定将群体颗粒的凝聚现象视为2个粒子间的问题，而这2个粒子的性质没有什么根本差异，是用2个无限广阔、互相平行的平板或2个圆球粒子的模型来代替粒子群的凝集现象。这种理论是从拟定模型的阶段开始就把它看成是2个物体之间的问题。从实质上看，凝聚理论是借用了粒子作为集合体的一些性质。图1所示为在表面惰性电解质溶液中，固液相界形成的双电层构造以及电位分布示意图。按Stern的意见，双电层是由3个部分组成：

（1）可看作固体晶格一部分的电位形成离子；

（2）表面惰性离子以反离子的形式，通过电引力的作用而紧靠固体表面，形成所谓吸附层；

（3）表面惰性离子以反离子的形式形成了所谓扩散层离子。

在扩散层中，反离子受到2种相反的作用，即由于热运动使离子远离固液界面而进行扩散的作用和由于静电引力使反离子趋向固液界面的作用，一般认为，由于这2种相反的作用，使反离子保持分布平衡，结果既具有扩散的分布，又能自由运动。吸附层的厚度，除了大的有机离子的情况外，一般假定约为数埃（Å），扩散层的厚度随溶液中离子浓度而异，离子浓度越高，其厚度越薄，相反地，离子浓度越低，其厚度越厚，由数埃到数千埃。

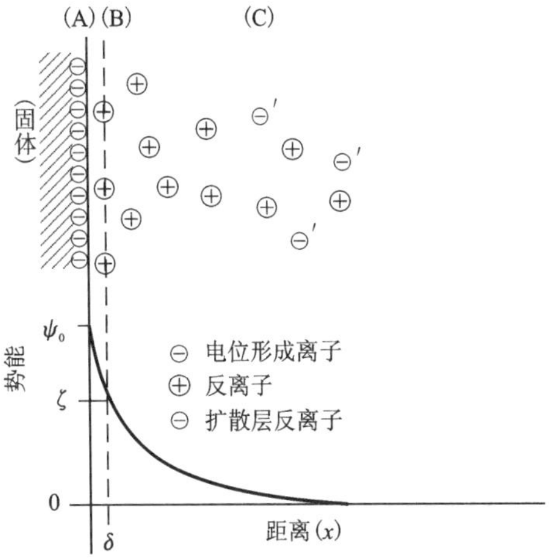

图1　双电层的构造和电位分部模型

（A）电位形成离子；（B）作为反离子的表面惰性离子，由于静电引力的作用而紧靠固体表面形成吸附层；（C）作为反离子的表面惰性离子形成的扩散层

当固体和溶液之间有相对运动时，一般认为在距固液界面1～2个分子大小以内的地方产生滑动。虽然无法用实验来证明，但假定滑动面与吸附层和扩散层之间的界面完全一致。

若以溶液中很远的一点为基准，则滑动面上的电位命名为ζ电位。双电层的总电位称为普通表面电位冲ψ_0，其值可小到不能测的程度，它只能由电位形成离子所决定。

在表面惰性电解质溶液中，若增加离子浓度，则双电层被压缩，ζ电位的绝对值减小，但不会引起电荷符号的改变。在表面活性电解质溶液中，反离子受到静电引力和化学力两者的作用，因此有时引起所谓特性吸附而使ζ电位符号改变。

维尔威和奥弗皮克在不考虑高－查普曼（Gouy－Chapman）的有吸附层的双电层模型时，假定为紧靠着固体表面形成扩散层，并用泊松方程和玻尔兹曼分

---

*　首次发表于《稀有金属与硬质合金》，1988年，第3期，8～16页。

*　胶体的聚集统称为凝聚或絮凝，现在通常是由简单离子导致的聚集称为凝聚；由聚合物作用而形成的聚集称为絮凝，本书也是根据这个原则而取用和划分“凝聚”和“絮凝”的。

布来表示。

$$\frac{\partial^2\psi}{\partial X^2}+\frac{\partial^2\psi}{\partial Y^2}+\frac{\partial^2\psi}{\partial Z^2}=-\frac{4\pi\rho}{e} \tag{1}$$

$$n_i=n_{i0}\exp(-v_ie\psi/kT) \tag{2}$$

式中：ψ 为在(X, Y, Z)点的电位；ρ 为在(X, Y, Z)点的电荷密度，$\sum v_ien_i$；ε 为介质的介电常数，对水而言，$\varepsilon=80$；n_i 为扩散层中电位为 ψ 处的单位体积内第 i 种离子的离子数；n_{i0}为主体溶液(电位 $\psi=0$)单位体积内第 i 种离子的离子数；v_i 为第 i 种离子的离子价(包括电荷的符号)；r 为离子的半径；e 为电子电荷 4.80×10^{-10}(静电电位)；k 为玻尔兹曼常数 1.38×10^{-16}，10^{-7} J/K；T 为绝对温度，K。

可以把由式(1)和式(2)导出的泊松－玻尔兹曼方程式作为基本微分方程式：

$$\frac{\partial^2\psi}{\partial X^2}+\frac{\partial^2\psi}{\partial Y^2}+\frac{\partial^2\psi}{\partial Z^2}=-\frac{4}{3}\pi\sum v_ien_{i0}\exp(-v_ie\psi/kT) \tag{3}$$

当将2个无限广阔的平行板浸入到仅含有离子价为 v 的一种对称性电解质溶液中，而且当2个双电层位于能相互作用、相互影响的距离时，利用上述方程式可以计算单位面积的电势能 V_{el}，在双电层的相互作用并不很强的情况下，电势能可近似地用下式表示之。

$$\left.\begin{aligned}
&V_{el}=\frac{64nkT}{x}r^2\exp(-2xd)\\
&r=\frac{\exp(\frac{z}{2}-1)}{\exp(\frac{z}{2}+1)}\quad(\text{量纲为 }1)\\
&z=\frac{ve\psi_0}{kT}\quad(\text{量纲为 }1)\\
&x=(-\frac{8\pi ne^2v^2}{ekT})^{\frac{1}{2}}
\end{aligned}\right\} \tag{4}$$

式中：V_{el}为电势能，10^{-7} J/cm^{-2}；n 为主体溶液单位体积内的反离子数，1/cm^{-2}；x 为德拜参数，(1/cm^{-2})；d 为平板间距的一半，cm；v 为反离子的离子价，量纲为1；ψ_0 为表面电位，如果 ψ_0 单位为 V，则 $\psi_0/300$(静电单位)；如果 ψ_0 单位为 mV，则 $\psi_0\times10^{-3}/300$(静电单位)；δ 为离子层厚度，cm，$\delta=1/x$。

显然(1 静电单位电量)×(1 静电单位电位)＝ 1×10^{-7} J。

若平板间距同平板厚度比较起来小很多，则单位面积的范德华力的势能 V_{VW}可近似地用下式表示：

$$V_{VW}=-\frac{A}{48\pi d^2} \tag{5}$$

式中：V_{VW}为范德华力的势能，10^{-7} J/cm^{-2}；A 为有效哈梅克(Hamaker)常数(尔格)。

将电势能 V_{el}和范德华力的势能 V_{VW}合成而得到总势能 V，可用下式表示。

$$V=V_{el}+V_{VW}=\frac{64nkT}{x}\cdot r^2\exp(-2xd)-\frac{A}{48\pi d^2} \tag{6}$$

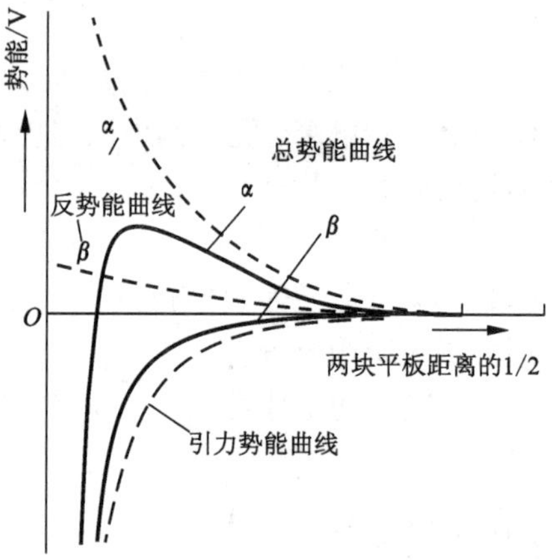

图2 1种引力势能曲线和2种不同高低反势能曲线的组合

利用这个比较简单的公式，对胶体粒子间能量的相互作用可以定量地说明。式(6)右边第一项所代表的电势能 V_{el}在粒子表面处(距离为0)，为有限的正值(双电层的自由能有限)。它作为排斥力而起作用，而且随距离增大呈指数关系减小。右边第二顶所代表的范德华力的势能 V_{VW}，在极小距离($d\to0$)时，接近于－∞，并作为吸引力而起作用。另外当距离增大时，因 d 为负幂形式减少的函数，能更迅速地趋近于零。所以，在极小距离和极大距离处，范德华力的势能的绝对值$|V_{VW}|$都要比电势能 V_{el}大。即处在极小和极大距离时 V_{VW}比 V_{el}占优势，从而总电势能($V_{el}+V_{VW}$)之值为负。而在中等距离处(约相当于双电层的厚度；即 $\delta=1/x$ 附近)，则可能存在下列2种情况。

(1)在某一段领域内总势能($V_{el}+V_{VW}$)为正值；

(2)总势能($V_{el}+V_{VW}$)皆为负值。

正是根据以上两点，总势能曲线可分为两种。α 型总势能曲线：在某一段内($V_{el}+V_{VW}$)为正值，总势能曲线位于横轴上面，并出现一极大值。此极大值称为势能壁障。随着离子颗粒表面的距离增大，其值又变为负值，并最后逐渐向横轴接近，而在相当的距离处有极小值。

β 型总势能曲线：随着距离变小，总势能连续地减小，即($V_{el}+V_{VW}$)经常为负数。

1.2 凝聚的第二理论

目前在凝聚方面的新理论是第二凝聚理论，这种理论由以下3个要素构成：

(1)热运动凝聚；

(2)流体扰动凝聚；

(3)机械脱水收缩。

第1个要素是对颗粒在作布朗运动时的过程进行模拟化，所以可以用图3(a)来代表，这种凝聚就是胶体粒子依靠布朗运动而移动并聚合，生成随机微小絮凝体的过程。第2个要素是对因搅拌等产生的流体的流动进行模拟化，可用图3(b)来代表流体扰动凝聚。流体扰动凝聚是依靠搅拌引起的流体来流动，使随机微絮凝体或直径大于1 μm的粗分散粒子迁移并聚合，生成随机絮凝体的过程。第3个要素是用图3(c)来代表，机械脱水收缩是瞬时的和不均等的，而且在统计学上是均等的外力作用在絮凝体的表面上，促使构成絮凝体粒子的分布位置发生了变化，结果使粒子之间的接触点增多而絮凝体被压密的过程。

图4所示为凝聚团块生成机理的示意图，这2种基本凝聚过程模型如图5所示。

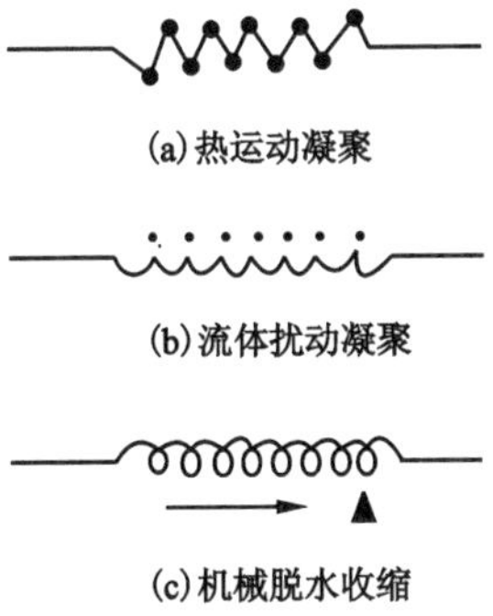

图3　凝聚过程要素模型

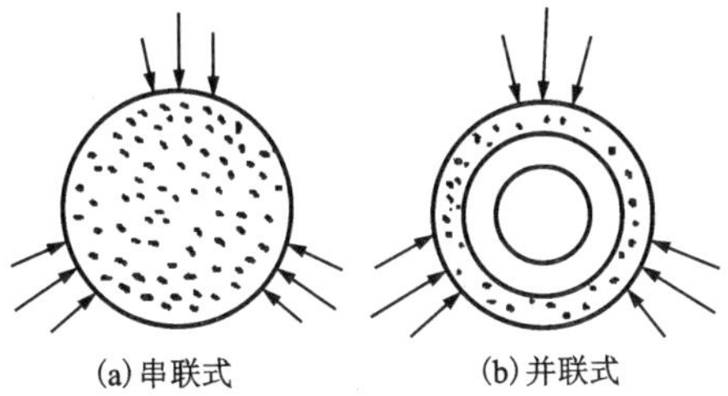

图4　凝聚团块的生成机理

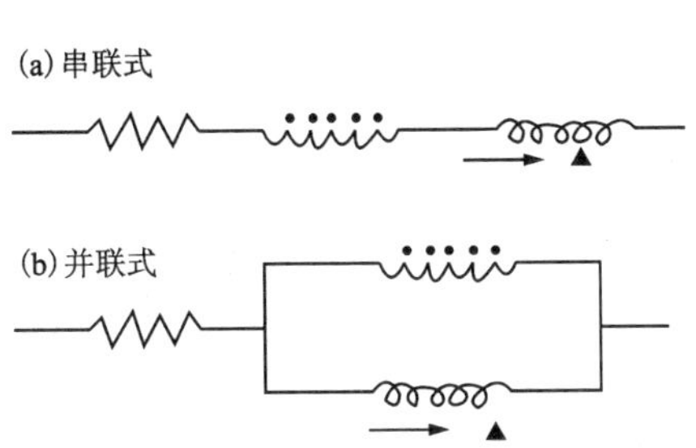

图5　两种基本的凝聚过程模型

把图5的2种基本凝聚过程模型组合，就构成图6所示的正四面体模型。这时，正四面体*ABCD*的各顶点分别对应于凝聚过程的4个状态。即*A*：单一分散粒子；*B*：随机微絮凝体；*C*：随机絮凝体；*D*：密实的粒状絮凝体。另外，在图6中，*AB*相当于热运动凝聚；*BC*相当于流体扰动凝聚，*CD*相当于机械脱水收缩，而*BD*则相当于流体扰动凝聚与机械脱水收缩的并联过程。因此，*AB*+*BC*+*CD*的过程与图5(a)的串联式对应，而*AB*+*BD*与图5(b)的并联式相对应。不论在串联式还是并联式的凝聚过程中，实际上都存在着凝聚体受到破坏的现象。实质上在串联式过程中，首先通过流体扰动凝聚作用而形成随机絮凝体或其集合体中的大的随机絮凝体团块，然后随机絮凝体再通过机械脱水收缩作用而逐渐被脱水收缩。换言之，凝聚团块的直径逐渐变小。但在并联式过程中，由于流体扰动凝聚和机械脱水收缩是同时发生的，所以凝聚团块逐渐成长。因此，可以简单认为，凝聚团块的直径逐渐增大。以上便是第二凝聚理论的基本观点。由此可以看出，过去的凝聚理论只考虑了相当于图6中正四面体的△*ABC*的一面。

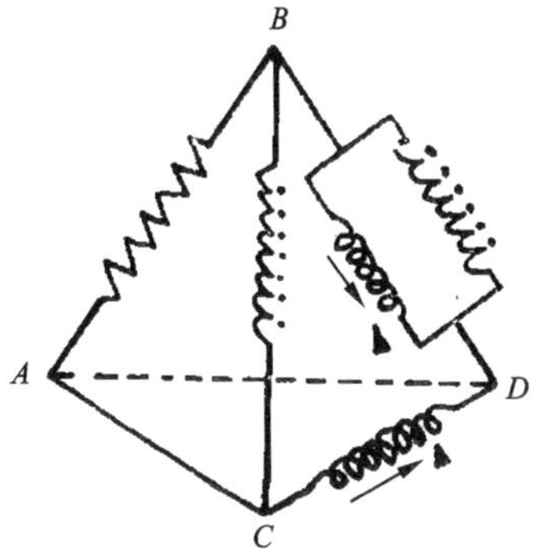

图6　正四面体模型

1.3　凝聚动力学

微粒的聚集是通过碰撞完成的，而凝聚速度决定于有效碰撞次数，碰撞次数决定于微粒的移动速度即布朗运动速度，这与粒子的大小和温度有关。另外，还与溶胶微粒浓度有关，单位容积中粒子的数目越多，碰撞的次数就越多。另外在碰撞中还有一个效率问题，故要引入碰撞系数，碰撞效率系数代表微粒间有效碰撞所占的比例，它是由微粒失去稳定程度即势能峰降低程度决定的，这同溶液的电解质浓度有关。另外胶体微粒的多分子范德华引力作用半径也是重要的决定因素，此作用半径越大，微粒越易脱稳而有利于产生有效碰撞。

在讨论数学模型及定量关系时，假定半径为r_i的一个特定粒子与半径为r_j的粒子群均作热运动时，计算单位时间内半径为r_i的粒子与半径为r_j的粒子碰

撞次数 I_B(s^{-1})为：

$$I_B = 4\pi D_{ij} R_{ij} \nu \tag{7}$$

$$D_{ij} = 2kT/(3\pi\eta R_{ij}) \tag{8}$$

式中：D_{ij}为相互扩散系数，cm^3/s；k 为玻尔兹曼常数 1.38×10^{-5} N·cm/K；T 为绝对温度，K；η 为流体的动力黏滞系数，Pa·s 或 10^{-5}N·s/cm^2；ν 为单位体积内的粒子数；R_{ij}为作用球半径，$R_{ij}=r_i+r_j$，cm。

将式(8)代入式(7)得到：

$$I_B = 8kT\nu/3\eta \tag{9}$$

在层流流动的粒子之间的碰撞次数为：

$$I_V = 4/3\nu(R_{ij})^3\Gamma \tag{10}$$

式中：Γ 为速度梯度，s^{-1}。

对单分散溶胶中任一个粒子，计算这个粒子在单位时间内的碰撞次数，则根据式(10)可得：

$$I_G = 4/3\nu d^3\Gamma \tag{11}$$

式中：d 为单分散溶胶的粒子直径，cm。

在文献[1]中 K J Ives 专门讨论了凝聚速率问题，他分别讨论了异向凝聚(由布朗运动引起的凝聚)，同向凝聚(由速度梯度引起的凝聚)。并给出了一些有益的速率模型和公式。

1.4　电解质胶体的凝聚规律

向溶胶中加入电解质是破坏其稳定和促成凝聚的主要方法。为了开始产生凝聚，必须使溶胶中的电解质浓度达到某一限度，促成明显凝聚所需电解质最低浓度即称为此种电解质对该溶胶的凝聚临界值或凝聚值(mmol/L)。对同一种溶胶，凝聚能力越强的电解质，其凝聚值就越小。

电解质的凝聚作用主要是由与胶团的反离子具有同种电荷符号的离子完成的，对于负电溶胶，其凝聚离子为阳离子，对正电溶胶则为阴离子。影响电解质凝聚值的最主要因素是凝聚离子的离子价。根据叔采-哈第法则(亦叫叔而采法则)，电解质的凝聚能力随凝聚离子价的增加而有显著地增加，凝聚能力不是与离子价成正比，而是以更大幅度增长。对各种溶胶，不同价离子的凝聚值十分接近，与其离子价的 6 次方成反比，即：

$$f = KZ^{\frac{1}{6}} \tag{12}$$

式中：f 为凝聚值；Z 为凝聚离子价；K 为比例系数。

同价的各种离子的凝聚能力实际上也不完全相同。通常，它们的凝聚能力同原子序数是一致的，例如，把价离子按凝聚力排序可以得到：

$Cs^+ > Rb^+ > K^+ > Na^+ > Li^+$；

$Ba^{2+} > Sr^{2+} > Ca^{2+} > Mg^{2+}$；

$CNS^- > I^- > NO_3^- > Br^- > Cl^-$。

这就是感胶离子序列。原子序数越大，其离子的真实半径越大，因而离子的极化性越大，其水化程度越低。极化性大、水化程度低的离子比较容易透入双电层，可以更加靠近胶粒表面，表现出较强的凝聚能力。

多核络离子和高分子电解质的离子比同价一般离子的凝聚能力大得多，这是由于它们具有被胶粒强烈吸附的趋势，能更大程度地影响溶胶的稳定性。

向溶胶中加入高价电解质时，浓度不断增加后，体系由稳定转为凝聚，如果继续加入，还到一定浓度后，溶胶又会重新出现稳定状态，假若再继续过量地加入，则又可再转为凝聚状态，这种现象称为不规则过程。不规则过程是由溶胶超荷现象造成的。近年的研究证明，只有当投加电解质的高价离子如 Fe^{3+}，Al^{3+} 等经过水解生成多核络离子时，才会出现超荷现象，因为这种大型离子可以被胶核强烈吸附，而一般离子只能使溶胶微粒达到等电状态，却不能使电荷转变。

向溶胶体系中投加数种电解质进行凝聚时，可产生相互加和、减弱或增强等 3 种不同效果。这种不同效果可用凝聚值来表示：相互加和效果 $=f_1+f_2$；相互加和效果 $>f_1+f_2$；相互加和效果 $<f_1+f_2$。

在前两种情况下，即相互效果 $\geqslant f_1+f_2$ 时可称为正协同或反协同效应。

1.5　凝聚剂的作用原理

人们在实践中扩大了“凝聚”这个概念的范围，导入“团块凝聚”(Pellet flocculation)的概念。将高分子絮凝剂或不溶于分散介质的第二液体以及其他适当物质作为架桥物质加入到分散系颗粒群体中，并给凝聚过程适当的外界能量时，便生成密实构造的粒状絮凝体。

往溶胶中加入大量高分子物质(凝聚剂)，在溶胶微粒和高分子之间会发生相互作用，可使溶胶体系发生很大变化。凝聚剂在溶胶或悬浊液中对微粒有强烈的吸附作用，只要体系中存在少量的凝聚剂，这些凝聚剂的绝大部分会吸附在微粒表面上。在过程开始时，一个高分子链状物吸附在一个微粒表面上，该分子未被吸附的一端就伸展到溶液中去。这些伸展的分子链节又会被其他的微粒所吸附，这就形成一个高分子链状物同时吸附在 2 个以上微粒表面的情况。各微粒依靠高分子的连接作用构成某种聚集体，结合为絮状物，从而破坏了溶胶体系的稳定性。凝聚剂把微粒连接到一起，好似微粒间的桥梁，因此，这种作用可以形象地称为黏结架桥作用[见图 7(a)和图 7(b)]，也称为絮凝作用。

如果溶液中加入的凝聚剂较多，溶胶微粒同样尽可能多地吸附在高分子物质的表面上，结果每个微粒完全被高分子所包围，再没有剩余的空白表面。这样

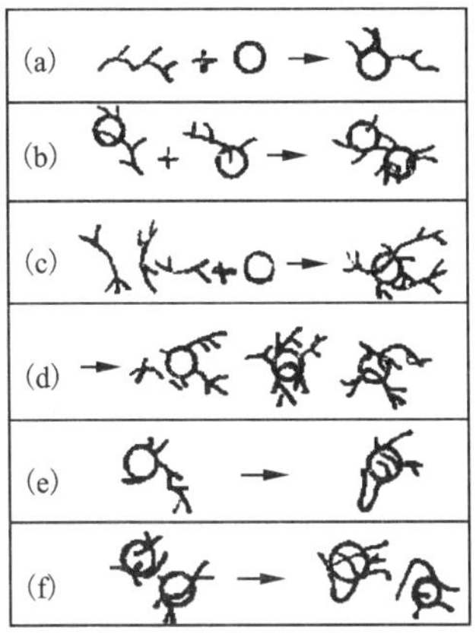

图7　黏结架桥絮凝

就失去了再吸附其他微粒上高分子有机物的可能性，使微粒间的架桥作用无法实现，如此，溶胶体系的稳定性反而增加，这时的凝聚剂就成为稳定剂（或称分散剂）；在这样的情况下溶胶微粒的特性在一定程度上被掩蔽起来，而表现出作为稳定剂高分子物质的某些特性［见图7（c）和图7（d）］。根据实验得知，在各微粒表面积被覆盖1/3到1/2左右时，有最好的凝聚效果。

假如已经吸附在一个溶胶微粒上的高分子链状物，其伸展部分在一定时间内没有遇到其他微粒的合适空白表面，就有可能把链节折转回来吸附到所在微粒表面上其他部分，这样不但使高分子物质不再能吸附其他微粒发挥黏结架桥作用，而且会使溶胶微粒迅速达到胶体保护状态而不产生凝聚。另外，已经架桥絮凝的溶胶体系，若受到剧烈的、长时间地搅拌扰动，架桥高分子有可能从一方微粒表面脱落断开，重又卷回原有微粒表面上去，使溶胶体系重又转为分散状态［见图7（e）和图7（f）］。

高分子有机物在溶胶微粒表面的吸附可以来源于各种物理化学作用，例如静电引力、范德华力、氢键、配位键等。当高分子有机物带有电荷同微粒表面电荷符号相反时，静电引力常成为相互作用的基础，但是在许多情况下，其他作用可以超过静电引力。当凝聚剂与微粒有同号电荷时，仍然可以发生吸附，不过这时往往需要双方电荷都不甚强烈才能发生黏结架桥作用。一般而言，对负电溶胶，阳离子型絮凝剂将表现有良好絮凝效果，因为它们本身可以同时起到降低溶胶电位和架桥絮凝的双重作用。

2　在湿法冶金、选矿及环保中的应用[2-4]

2.1　在湿法冶金中的应用

（1）湿法炼锌

在湿法炼锌中，无论是标准法还是热酸浸出新工艺都有澄清絮凝固液分离工序。例如，标准法中的中浸、微酸性浸出，热酸浸出工艺中的中浸、高浸、超浸之后的矿浆等都有一个浓密澄清过程，在这些工序中均需投加絮凝剂，把微粒絮凝沉降下来，并增加矿浆沉降速度，保证有足够的上清率。联邦德国鲁尔电锌厂，在热酸浸出锌焙烧矿后，澄清矿浆时加入了一种 Sedipur TF 絮凝剂，其用量为15 g/m^3 矿浆液；日本秋田公司在中性浸出后，向溶液中加入 Separan 絮凝剂，其用量为10～15 mg/L。

（2）铀的湿法提取

在铀的湿法冶金工艺中，已成功地应用了阴离子型聚丙烯酰胺。当铀矿浸出前磨矿后的矿浆浓缩时，大约要加入0.02 kg 絮凝剂/t 矿石；在酸法或碱法浸出的矿浆澄清中，也需要加入絮凝剂，加入的量大约为0.1～0.5 kg/t 矿；在铀的湿法工艺中有时产生各种形式的沉淀，也需要加入絮凝剂加速其沉淀过程。

（3）金的氰化提取

在金矿细磨的矿浆中，加入聚丙烯酰胺不干扰氰化物加石灰的溶解反应，而可大大地改善该法中浸出渣的沉淀、浓缩及过滤等过程，还可澄清浓密机的溢流。针对浓缩而言，大约用量在1.0 kg/t 矿石比较合适，最好再加些石灰。当用量为3.0 kg/t 矿石时，则可有利于过滤作业。

（4）镍、钴的提取

在 Sherritt－Gordon 氨浸工艺中，已采用了聚酰胺絮凝来改善浓缩和过滤过程。改善浓缩时聚丙烯酰胺的添加量在0.095 kg/t 精矿左右；改善过滤时添加量约在0.06 kg/t 矿为好。

另外，钴的湿法冶金工艺中也使用了絮凝剂。

（5）湿法炼铜

近年来越来越多地用湿法处理低品位硫化铜矿或氧化铜矿。浸出剂常常使用硫酸，得到的浸出液用萃取法富集铜。由于黏土等胶体矿粒存在，易使萃取时发生乳化，影响过程正常进行，因此，事先须将浸出液充分澄清，在澄清中加入非离子型或弱阴离子型聚丙烯酰胺具有良好的效果。

（6）其他

在拜尔法制取氧化铝的“红泥”处理及硫酸法制取钛白时均使用了絮凝剂。

2.2　在选矿中的应用

（1）用于浮选精矿及尾矿的处理

铝、铜、镍等的泡沫浮选产品中添加少量聚丙烯酰胺（如5～10 g/t）易于脱水。絮凝剂应全部被固体吸附，以不使过量的药剂返回到系统的循环水中（因为过量的药剂会起浮选抑制剂的作用），如果这里的水全部都要循环到浮选作业使用，那么同样也可用它来澄清尾矿坝的溢流。

(2)用于洗煤水的处理

目前广泛采用浮选法回收比较细的煤粒。这种废矿泥主要含有页岩矿粒(如高岭石、伊利石、蛭石、石英)。大部分水必须循环使用，但当固体量超过 50 g/L 时，浮游煤粒就会因矿泥的罩盖而受损失。虽然，有段时间内将淀粉类用于辅助固/液分离，但现在却已大部分由聚乙烯酰胺所取代。除了水的问题之外，还有必要改善悬浮体的收缩和过滤，以便将这些废物制成固体形式从而有利于运输和堆放。

(3)用于白钨矿浮选的浓密过滤

把聚丙烯酰胺用于白钨矿的浓密过滤，可以减少溢流中精矿的损失。原矿含 WO_3 0.3% ~0.6%，溢流中固体含量为 50 ~60 g/L，含 WO_3 0.6% ~0.8%，被试用的絮凝剂除聚丙烯酰胺外，还可以使用海藻酸钠、羧甲基纤维素、絮泊元-2610、六次甲基二胺与塔尔油、二氯乙烷缩合物(KOДT)、聚丙烯醇及聚丙烯酸钠等，它们均具有加速沉降及澄清溢流水的作用。实践证明，聚丙烯酰胺的药剂耗量为 35 ~50 g/t，可使溢流中不存在固体悬浮物。

(4)选择性絮凝富集红铁矿

美国 Tilclen 选厂采用选择性絮凝反浮选流程处理细粒贫赤铁矿获得了良好的效果。其工艺流程是把矿石细磨之后，絮凝脱泥(脱泥作业是在浓密机中进行)，然后进行反浮选。浮选用胺作捕收剂，对高浓度矿浆及低浓度矿浆进行选择絮凝，絮凝剂使用 Superfloc 355，使用量为 111 g/t。经一次粗选，四次扫选，最终精矿含铁品位为 65%，含石英 5%，铁精矿的回收率为 70%。

2.3　在环保中的应用

(1)利用铝盐、铁盐、聚合氯化铝及活化硅酸等发挥凝聚作用

这类无机凝聚剂处理水有很好的效果，铝盐如 $Al_2(SO_4)_3$、$AlCl_3$ 和 $Fe_2(SO_4)_3$ 等，都可发挥凝聚作用。

聚合氯化铝[$Al_n(OH)_mCl_{3n-m}$]或[$Al_2(OH)_mCl_{6-m}$]均属高分子电解质，它们在溶液中电离为带正电荷的高离子，因而有良好的凝聚作用。

活化硅酸的原料是水玻璃，其组成为 $Na_2O \cdot 3SiO_2 \cdot xH_2O$，有效成分为硅酸钠。向水玻璃中加入各种强酸、弱酸、强酸弱碱盐等中和其碱度就可以分解出游离的硅酸。

硅酸单体 $SiO_2 \cdot yH_2O$ 在溶液中产生缩聚过程，也是羟基桥联和氧基桥联的结果：

$$SiO_2 \cdot yH_2O \longrightarrow Si(OH)_4$$

$$2Si(OH)_4 \longrightarrow HO-\underset{\underset{OH}{|}}{\overset{\overset{OH}{|}}{Si}}-O-\underset{\underset{OH}{|}}{\overset{\overset{OH}{|}}{Si}}-OH + H_2O$$

它属于阴离子型聚合物，可对水中负电胶体起凝聚作用。

(2)用高分子有机物处理水

高分子絮凝剂的链状分子可以发挥黏结架桥作用，分子上的荷电基团则发挥电中和的扩散层压缩作用。不过现有的高分子絮凝剂多是阴离子型的，只能对水中负电胶体杂质发挥絮凝作用，往往不能单独使用。阳离子型絮凝剂可以同时发挥凝聚和絮凝作用，故近年发展较快。

由于高分子絮凝剂价格较高，某些品种又有一定的毒性，所以在水处理中有一定的局限性。当前常应用在一些特殊情况下，例如原水为高浑浊、高色度、有特殊臭味时，有毒有害物质要求处理到极微量时，高浓度有机废水，放射性污染水，病菌病毒大量存在的水处理时，才加入絮凝剂，另外在给水处理中作为助滤剂，污水处理中作为污泥脱水剂等也常应用。

(3)水处理的生物絮凝

在污水和工业废水中有机物杂质经过生物氧化后，可以生成活性污泥，实际上这就是一种凝絮，不过它是由微生物作用而生成的，并没有从外界投加絮凝剂，其作用机理大致同一般絮凝过程相似，可以算是微生物本身自动进行的自絮凝。

这种活性污泥是水中无机物、有机物和微生物的聚集体，其中包含有大量的各种细菌以及许多其他微生物，它具有吸附性能，可以黏结卷带水中的有机物杂质，由细菌进行生物氧化，从而纯化水质。

参考文献

[1] K J Ives. The Scientific Basis of Flocculation. Siythoff & Noordhoff, 1978.

[2] 见百熙. 浮选药剂. 北京：冶金工业出版社，1981.

[3] 马荣骏. 湿法炼铜新技术. 长沙：湖南科学技术出版社，1985.

[4] 胡为柏等. 浮选. 长沙：冶金工业出版社，1980.

[5] 井出哲夫等. 水处理工程理论与应用(张自杰等译). 北京：中国建筑工业出版社，1986.

微生物絮凝剂及其研究与应用综述*

摘　要：根据文献报道及作者研究心得，提出了絮凝剂的新发展方向是开发微生物絮凝剂。阐述了发展微生物絮凝剂的重要性及种类、结构特性、原理、影响产生微生物絮凝剂的因素、影响絮凝能力的因素等。根据国内外微生物絮凝剂的研究与应用现状，提出了应大力发展微生物絮凝剂研究的建议。

Microbial flocculant and its research and application: A summary

Abstract: According to the literature and the authors'results in research works, it is pointed out that microbial flocculant is the new way forward for flocculant development. In this paper, the importance of microbial flocculant development is expounded and their types, structural characteristics and principles as well as the factors affecting their formation and flocculation capacity are described. According to their researches and applications at home and abroad, some suggestions for highly developing microbial flocculant are made.

絮凝剂在冶金、化工及环保中发挥着重要作用，常用的絮凝剂包括铝盐（硫酸铝（明矾）、聚合氯化铝（PAC）等）、铁盐（氯化铁、聚合硫酸铁（PFS）等）和聚丙烯酰胺（PAM，俗称3#絮凝剂）。人们逐渐认识到：无机絮凝剂一般使用量较大，容易造成二次污染。如水中残留铝离子过多，不但对水生生物和植物有害，还可造成老年人的铝性骨病及痴呆症。铁离子虽对人体无害，但铁离子会使处理的水呈现红色，并刺激铁细菌繁殖，从而加速对金属设备的微生物腐蚀。目前使用的PAM等高分子有机絮凝剂，通常价格昂贵，在水中的残留物不易降解，而且有些聚合物单体具有毒性和致癌作用。随着人们生活水平的提高，以及人们对环境的关注，急需研究和开发絮凝效果好、价格低廉、易降解、环境友好、应用范围广、无二次污染的新型絮凝剂。

当今国内外对絮凝剂的研究和发展方向是由无机向有机、低分子向高分子、单一向复合、合成型向天然型。基于生物多样性，开展了微生物絮凝剂的研究。微生物絮凝剂实际上是天然高分子化合物，它是利用生物技术，从微生物或其分泌物中提取、纯化而成，具有高效且能自然降解、无二次污染、使用方便、安全、应用范围广等特点，克服了无机和有机合成高分子絮凝剂的缺点，且越来越被人们重视，并成为絮凝剂研究的发展方向[1]。

1　微生物絮凝剂的种类和结构特性[2-4]

根据近些年对微生物絮凝剂的研究与报道，可把它分为4大类：

（1）从微生物细胞壁提取的絮凝剂，如酵母细胞壁葡聚糖、蛋白质和N－乙酰葡萄糖胺等成分均可作絮凝剂使用。

（2）从微生物细胞代谢物中提取的絮凝剂，这类絮凝剂主要是细菌的荚膜，其主要成分为多糖及少量的多肽、蛋白质、脂类及其复合物等。

（3）直接利用微生物细菌作为絮凝剂。如某些细菌、霉菌、放线菌和酵母等，它们大量存在于土壤、活性污泥和沉积物中。

（4）利用克隆技术所获得的絮凝剂。这类絮凝剂是用基因工程技术和现代分子生物学，把高效絮凝基因转移到便于发酵的菌中，构造高效遗传菌株，克隆絮凝基因能在多种降解中产出有效的微生物絮凝剂。

从组成上看，微生物絮凝剂是属于生物分子系列结构的复杂物质，主要含多糖、糖蛋白、纤维素、DNA、蛋白质及脂肪等，表1列出了几种微生物絮凝剂的组成及结构类别。

* 首次发表于《矿冶工程》，2003年，第6期，19～22页。合作者：朱超英、何静。

表1 微生物絮凝剂的组成、相对分子质量及结构特性

絮凝剂产生菌	絮凝剂名称	组 成	相对分子质量	结构特性
Nocadia cupids Rhodococcus erythropolis	Fix NOC－1	42.5%糖、36.28%半乳糖、8.52%葡萄糖醛酸、10.3%的己酸蛋白质、氨基酸	$>7\times10^5$	蛋白质类 多糖蛋白质类
Aspergillus sojae	AJ7002	5.3% 2－葡萄糖酸、27.5%蛋白质，主要组成为多肽	$>2\times10^6$	蛋白质、己糖、2－葡萄糖、酮酸化合物
Aspergillus parasiticus	AHU7165	半乳糖胺残基	$3\times10^5\sim1\times10^6$	多糖类
Alcaligenes cupids	KT－201	半乳糖胺	$>2\times10^6$	多聚糖类
Pacecilomy sp	PF101	85%半乳糖胺、2.3%乙酰基、5.7%甲酰基、氨化半乳糖胺	$>3\times10^5$	黏多糖类
R－3mixed microbes	APR－3	葡萄糖、半乳糖、琥珀酸、丙烯酸摩尔比为5.6∶1∶0.6∶2.5	$>2\times10^5$	酸性多糖
Anabenopsis circalaris	Pce6720	丙酮酸、蛋白质、脂肪酸		杂多糖类

2 微生物絮凝剂的絮凝机理

微生物絮凝剂实际上是带有电荷的生物大分子。对絮凝物质的絮凝机理，已有一些研究，目前认为其絮凝机理与高分子絮凝剂相似，其机理主要有以下几种[5, 6]：

（1）架桥絮凝机理。这一机理认为，絮凝剂借助离子键、氢键，同时结合在多个颗粒上，在颗粒间起了“中间桥梁”的作用，从而使悬浮物形成网状结构的絮凝物而沉淀下来。通常认为合成的高分子絮凝剂都是通过这种机理产生絮凝作用，微生物絮凝剂的絮凝机理与合成的高分子絮凝剂的作用机理是一致的。这种机理最为人们所认可。

（2）电性中和机理。这一机理认为胶体粒子的表面一般带有负电荷，当带有一定正电荷的链状生物大分子絮凝剂或其水解产物靠近这种胶粒时，会中和胶体表面上的部分电荷，使静电斥力减小，从而使胶粒间发生磁力碰撞而凝聚，向溶液中加入金属离子或调节 pH 可影响其絮凝效果。

（3）化学反应机理。这一机理认为生物大分子中某些活性基团与被絮凝物质相应基团反应，进而聚集成较大的分子而沉淀下来。通过对生物大分子进行改性处理，使其添加或丧失某些活性基团，絮凝活性发生变化而起作用。某些学者指出絮凝剂的活性主要是依赖于活性基团，即活性基团决定了絮凝剂的活性。

（4）卷扫作用机理。这一机理认为，当微生物絮凝剂的投加量一定且形成小颗粒絮体时，可以在重力作用下，迅速网捕，卷扫水中一些胶粒，从而产生沉淀。这种作用可看成是一种机械作用，实践证明，所需絮凝剂的量与原水中杂质悬浮体含量成正比。

除上述 4 种机理外，还有黏质学说、酶合学说等絮凝机理，这些机理可解释部分絮凝现象。作者认为从微生物絮凝剂的多样性出发，它的絮凝机理不应该是单一的，而应是复合的。

3 影响产生微生物絮凝剂及其絮凝能力的因素

3.1 影响产生微生物絮凝剂的因素

为获得微生物絮凝剂，必须研究了解产生这种絮凝剂的各种因素，如培养基的组成、pH、通气情况、温度等。实践证明，各种微生物絮凝剂产生的最佳条件是不一致的，在此仅阐述有共性的几种因素。

（1）培养基的组成。培养基包括硫源、氮源、能源、生长因子、无机盐和水等 6 大营养物质，各种微生物絮凝剂要求营养成分不同，因此，应灵活控制培养基组成，选择最佳配方。

（2）pH。初始 pH 可影响微生物絮凝剂的生长和絮凝物质的分泌，通常作为絮凝用的细菌和放线菌的适宜 pH 在中性至弱碱性范围内。对于不同的微生物絮凝剂，其适宜生长的 pH 是不相同的。

（3）培养温度和通气量。一般认为，最适宜的温度在 25～35℃，温度太低，菌体生长速度变慢，温度太高，会使菌体产生的絮凝活性降低。通气量也是影响絮凝剂产生菌体的重要因素，且在不同生长期通气量应是不同的，应通过试验选择不同生长期的最佳通气量。

3.2 影响絮凝能力的因素

影响絮凝能力的因素主要有：

（1）被絮凝物质的性质。大部分微生物絮凝剂是通过桥联作用将被絮凝物质集聚在一起，这些絮凝剂的絮凝作用是广谱性的，絮凝效果受微生物个体和颗粒物表面特性的影响。被絮凝的物质包括各种细菌、放线菌和真菌的培养物、活性污泥、微囊藻、泥浆、土壤固体悬浮液、底泥、煤灰、血细胞、活性炭粉末、硅胶粉末、氧化铝、高岭土和纤维素粉等，它们均有较好的絮凝性。例如，*Aspergillus Sojae*[7]产生的絮凝剂可有效地絮凝 Brevibacterium Lactofermeutum 等微生

物，其絮凝率达 100%，但对另一些微生物絮凝效果较差，只有 30%。所以被絮凝物质不同，同一种微生物絮凝剂有着不同的絮凝效果。

（2）絮凝剂的分子结构、相对分子质量的大小。絮凝剂的分子结构对絮凝效果有较大的影响。一般而言，线性结构的大分子絮凝剂的絮凝效果较交联或带支链结构的絮凝剂要好。此外，微生物絮凝剂的相对分子质量越大，吸附位点越多，携带的电荷也越多，其絮凝能力也强，所发生的桥联和卷扫作用也大。

（3）絮凝剂的投加量。絮凝剂都有一个最佳投加量，投加量过大或过小都影响絮凝效果。有报道认为[8]，絮凝剂的最佳投加量是固体颗粒表面吸附大分子化合物达到饱和时的一半吸附量，因为此时大分子在固体颗粒上架桥概率最大。

（4）温度和 pH。温度对某些微生物絮凝剂的活性有较大的影响，这主要是因为这些絮凝剂蛋白质成分在高温下变性而丧失部分絮凝能力。多聚糖构成的絮凝剂则没有这种变化，所以受温度影响不大。絮凝剂的絮凝能力受 pH 影响的原因是酸碱度的变化改变了生物聚合物带电状态和中和电荷的能力。如真菌 *Pacilomyces sp*[9] 产生的絮凝剂聚半乳糖胺，在 pH 为 4~7.5 时，絮凝能力最强，而当 $pH < 3$ 或 $pH > 8$ 时，絮凝能力会急剧下降。

（5）添加金属离子与无机离子。有些微生物絮凝剂中含有金属离子或一些无机离子，这可以加强桥联中和作用，这是由于活性增加而使絮凝效果变好。

4　微生物絮凝剂研究与应用现状

当前对微生物絮凝剂的研究，在国内外均是热点，应属前沿的工作。国外在这方面研究报道较多，研究报道的具有絮凝性的微生物种类见表 2[10-12]。

国内对微生物絮凝剂的研制起步较晚，总体来看，综合性的报道较多，实验性报道少，菌珠的筛选较多，鉴定性的工作较少，对培养基组成与作用机理，以及提取生产的研究不多。国内从事微生物絮凝剂的简单研究情况见表 3[13-16]。

表 2　具有絮凝性的微生物种类

拉丁名称	中文名称	拉丁名称	中文名称	拉丁名称	中文名称
Aeromonas sp	气单胞菌属	Bacillus sp PP-152	杆状菌	Oerskcovia sp	氏杆菌属
Alcaligenes cupulus	协腹产碱杆菌	Brown rot fungi	棕腐真菌	Paecilomvces sp	拟青霉属
Aspergillus sojae	酱油曲霉	Coyne bacterium brevicale	棒状杆菌	Pseudomonad aeruginosa	铜绿假单胞菌
Aspergillus ochraceus	棕曲霉	Citrobacter. sp TKF04		Pseudomonad flurescens	荧光假单孢菌
Aspergillus parasiticus	寄生曲霉	Circinellasydowi	卷霉属	Pseudomonad faecalic	粪红假单胞菌
Anabaena sp PC-1	项圈藻	Corynebacterium hydrocarboclastus	解烃棒杆菌	Ps stutzeri	施氏假单胞菌
Anabaena sp N1444		Coryne bacterium sp		Rhodcoccus erythropolic	红平红球菌
Acinetobcter sp		disulfuricans	硫酸盐还原菌	Rhodovulum sp Ps88	
Azomonas sp	氮单胞菌	Dematium sp	暗色孢属	Schizosaceharomyces pombe	栗酒裂殖酵母
Acinetobcter sp	不动细菌属	Eupencicinium crustaceus		Slaphytococcus aureus	金黄色葡萄球菌
Arthrobacter sp	节细菌属	Geotrichum candidum	白地霉属	Sordaria fimicola	粪壳菌属
Agrobacterimn sp	土壤杆菌属	Klebsiella pneumoniae	克氏肺炎杆菌	Sporolactobacillus sp	芽孢乳杆菌属
Anabenopsis circalalans		Klebsiella S11	克氏杆菌属	Streptomyces grisens	灰色链霉菌
Aniriell reliculala		Monacus anta	赤红霉素	Streptomyces vinacens	酒红链霉菌
Bacillus megaterium	芽孢杆菌	Nocardin restricta	蜂象虫诺卡氏菌	Xanthomonas	黄单胞菌属
Bacillus licheniformis	地衣杆菌	Nocardin calcarea	石灰壤诺卡氏菌	White rot fungi	白霉真菌
Brevibacterium nesctiohilum	嗜虫短杆菌	Nocardin rhodnii	红色诺卡氏菌	Zoogloea ramigera	生枝动胶菌

表3　国内从事微生物絮凝剂研究的简单情况

姓　名	单　位	研究内容及成果
李智良、张本兰等	中国科学院成都生物研究所	从活性污泥中分离 Palealigenes 8724 菌株产絮凝剂：从活性污泥、土壤、废水中分离出6株高效絮凝菌株，将其菌株离心液应用于造纸黑液、皮革废水等多种废水的絮凝实验，CODcr 去除率 55% ~98%，SS、色度、浊度去除率 90% 以上
刘紫鹃、刘志培等	中国科学院微生物研究所	分离筛选到一株产絮凝剂的细菌 A25，鉴定为芽孢杆菌，研究了 A25 产絮凝剂的条件以及絮凝剂的分布情况
叶晶菁、谭天伟等	北京化工研究院、北京化工大学化学工程学院	运用透变育种分离筛选高效菌，研究了最佳生长条件；进行了实际废水实验，探讨了絮凝效果影响因素；确定了提取工艺，并对微生物絮凝剂精提物的性质组成进行了分析
黄民生、史宇凯等	上海大学环境与化工学院	筛选出 Q-1、Q-2 和 Y-3 菌，对多种废水进行净化实验，首次将传统的无机絮凝剂与微生物絮凝剂配合使用，获得了更好的净化效果，大大降低了絮凝剂的总投加量
庄源益、戴树桂、李彤等	南开大学环境科学与工程学院	筛选出6株降解。选择有较好絮凝效果的菌株，制成了 NAT 型生物絮凝剂，研究了此类絮凝剂对几种典型染料的絮凝效果及影响因素，对生物絮凝剂除浊脱色进行了初步研究，并利用开发出的生物絮凝剂对悬浮水平处理，效果好，可用于去除藻类
陆茂林、施大林、王蕾等	江苏省微生物研究所	筛选出 JIM-15、JIM-89、TJIM-127 絮凝剂产生菌，研究了3种菌产絮凝剂的条件；考察了 pH、Ca^{2+}、温度、样品量等理化因素对絮凝的影响，以及絮凝剂对不同微生物菌悬液的絮凝效果；初步分析了该类絮凝剂成分
胡筱敏、邓述波、罗茜	东北大学资源与土木工程学院	研究了酱油曲霉和寄生曲霉的絮凝特性，并分析了影响曲霉产絮凝剂条件；活性污泥中分离出高效絮凝菌株，分析了碳氮源、pH 对絮凝性的影响，试验证明该菌株产品絮凝剂能够加速污泥沉降；首次发现芽孢杆菌 A-9 产絮凝剂，确定最佳培养基：应用 A-9 菌产絮凝剂处理淀粉废水，研究了多糖类絮凝剂的絮凝机理
程金平、郑敏等	吉林大学环境与建设工程学院、上海交通大学生命科学技术学院	筛选出几种产絮凝剂菌株，研究了菌产絮凝剂的周期、活性分布及产絮凝剂的影响因素
胡勇有、高健等	华南理工大学造纸与环境工程学院	筛选出4种高效絮凝菌株，并进行了鉴定，对微生物絮凝剂的性能进行了研究，研究了投加量、pH、Ca^{2+}、温度对絮凝活性的影响，实验表明絮凝活性组分主要存在于絮凝剂产生菌的孢内物中
田小光、张介驰等	黑龙江省科学院应用微生物研究所	应用硫酸盐还原菌的菌学特征，以废弃物为原料制成工业培养基，所生产的微生物絮凝剂对城市生活废水和含铬电镀废水均有很好处理效果

微生物絮凝剂的实际应用，主要在如下几个方面：

(1)改善污泥的沉降性能；

(2)去除废水中的悬浮颗粒；

(3)处理高浓度有机废水；

(4)加速乳化液的油水分离；

(5)食品废水及发酵液的后处理；

(6)处理城市污水、医院污水、石化废水、造纸废液、制药废水等。

微生物絮凝剂的应用潜力很大，它独有的无二次污染特性非常符合当今环保的要求。

5　结语

(1)微生物絮凝剂具有安全、无毒、易降解、不产生二次污染、环境友好等一系列优点。

(2)国内外均对微生物絮凝剂开展了研究与应用工作，并认为其是今后絮凝剂的发展方向。

(3)建议我国有关科研部门应大力加速这类絮凝剂的研究与应用。工作重点在于寻找菌种，在菌株结构、性质、培养、成本、成品、保存等方面有所突破，以便在工业上加以应用。

参考文献

[1] Zhang Tong, Lin Zhe. Microbial flocculant and its application in environmental protection. Environmental Sciences, 1999, 1(1): 1-12.

[2] Takagi H et al. Flocculant produced by Paecilomyces sp toxonomic studies and culture conditions for production. Agric Biol Chem, 1985, 49(11): 3151-3157.

[3] Kurane R et al. Culture conditions for production of microbial flocculant by rhodococcus erythropolis. Agric Biol Chem, 1986, 50(9): 2309-2401

[4] Kazuki Toeda. Microflocculant from igens cupida KT201. Agric Biol Chem, 1991, 55(11): 2793-2799.

[5] 马荣骏. 絮凝的原理及应用. 稀有金属与硬质合金, 1988(3): 8-16.

[6] 陶涛, 卢秀清, 冷静. MBF 的研究与应用. 环境科学进展, 1999, 7(6): 21-26.

[7] Nakamura J. Purifucation and chemical analysis of microbial celt flocculants produced by aspergillus sojae A57002. Agric Biol Chem, 1976, 40(3): 619-624.

[8] 张彤, 朱怀兰, 林括. 微生物絮凝剂的研究与应用进展. 应用与环境微生物学报, 1996, 2(1): 96-105.

[9] Takagi H. Flocculant production by peacilomyces sp, taxorcomic studies and culture conditions for production. Agric Biol Chem, 1985, 49(11): 3154-3157.

[10] Dermlim W et al. Screening and characterization of bioflocculant produced by isolated Klebsiella sp. Appl Microbial Biotechnol, 1999, 52(5): 698-703.

[11] Hin-Hejing et al. Production of novel bioflocculant by fed-batch culture of Citrobacter sp. Biotechnology Letters, 2001, 23(8): 593-597.

[12] Shih I L et al. Production of a biopolemer flocculant from bacillus lincheniformis and its flocculation properties. Bioresouce Technology, 2001, 78: 207-272.

[13] 李兆龙, 虞杏英. 微生物絮凝剂. 上海环境科学, 1991, 10(9): 45-46.

[14] 吴健, 戴桂馥. 微生物细胞的絮凝与微生物絮凝剂. 环境污染与防治, 1994(6): 6-9.

[15] 陆茂林, 施大林, 王蕾等. 絮凝剂产生菌的筛选和发酵条件研究. 工业微生物, 1997, 27(2): 25-33.

[16] 徐斌, 王竟, 周集体等. 利用废弃微生物产生絮凝剂的研究与应用. 工业水处理, 2000, 20(5): 1-3, 24.

我国石煤提钒的技术开发及努力方向*

摘　要：本文对我国石煤矿分布状况、石煤中钒的赋存状态、钒及钒化合物的用途进行了介绍，阐述了石煤矿钠化焙烧提钒、钙化氧化焙烧提钒、无盐焙烧提钒、直接酸(碱)浸出提钒工艺及石煤矿的选矿富集情况，对每种石煤提钒工艺的优缺点和适用性进行了比较，并对石煤提钒发展方向进行了展望。

Exploitation and development of vanadium extraction from stone coal in China

Abstract: The distribution of stone coal ore in China, the occurrence of vanadium in stone coal and the usage of vanadium and vanadium compounds were introduced. The technology of vanadium extraction from stone coal, such as by sodium salt roasting, calcification oxidizing roasting, non - salt roasting and direct acid (alkali) leaching, and enrichment by beneficiation of stone coal ore were expounded. Meanwhile, the advantages and disadvantages, as well as its applicability of every vanadium extraction technology were all analyzed by comparision, and future development of vanadium extraction from stone coal was also prospected.

石煤是一种存在于震旦系、寒武系、志留系古老地层中的基质腐蚀无烟煤，它是由菌类等低级生物死亡后，在浅海还原条件下形成的，其主要特点是高灰分、密度大、结构致密、发热量低、难以完全燃烧。石煤中含有钒、镍、钼、铀、铜、硒、镓、银等多种元素，其中钒的品位变化较大，为0.13%～1.2%。钒是一种重要的战略物质，用途广泛，一般含钒在0.8%以上的石煤均可作为提钒原料。在俄罗斯、美国、芬兰、南非等国，虽然也有石煤存在，但这些国家把它们作为潜在资源尚未充分开发。我国石煤资源丰富，已把石煤作为重要的提钒原料。

湖南有色金属研究院、湖南煤炭科学研究所和长沙矿冶研究院有限责任公司是我国进行石煤提钒研究最早的单位，其研究成果在20世纪70—80年代已用于湖南永兴、岳阳、湖北通山等地建厂。到20世纪90年代，由于环保要求严格，再加上钒的价格大起大落，钒的生产呈现出不稳定的状态。近几年，我国相继开展了减少污染的无盐焙烧、钙盐焙烧、直接酸(碱)浸出等研究工作，但溶剂萃取和离子交换技术在环保及综合利用方面仍有很多工作要做[1-7]。为了总结经验，加快石煤提钒工业的发展，本文就我国石煤提钒技术的发展进行了阐述，并提出了努力方向。

1　钒的储量及赋存状态

我国石煤储藏量极为丰富，作为我国一种独特的钒矿资源，现已查明，湖南、湖北、浙江、江西、广西、广东、安徽、河南、陕西、贵州等省石煤的总储藏量为618.8亿t，其中探明储量为39亿t，综合储量为579.8亿t，在这些石煤中含有大量的金属钒，仅湖南、湖北、浙江、江西、广西、安徽、河南、陕西、贵州九省的石煤中，V_2O_5 的储量就高达11956.0万t(见表1)，其中 V_2O_5 品位不低于0.5%的石煤中，钒的储量为6.7倍，超过世界各国 V_2O_5 储量的总和[1-5, 8-10]。

各地石煤中钒的品位不同，一般为0.13%～1.2%，含量小于0.5%的占60%左右。湖南、湖北两省石煤探明储量中 V_2O_5 品位占有优势，达到0.8%以上的占50%以上。我国石煤中钒的平均品位及占有率列于表2。

* 该文首次发表于《矿冶工程》，2012年，第5期，57～61页。合作者：宁顺明。

表1　我国九省石煤及其中钒的储量

省名	石煤/亿 t	V_2O_5/万 t
湖南	187.2	4046
湖北	25.6	605.3
广西	128.8	153.0
江西	68.3	2400
浙江	106.4	2278
安徽	74.6	1895
贵州	8.3	8.3
河南	4.4	6.0
陕西	15.2	562.4
合计	618.8	11954

表2　石煤中钒的平均品位及占有率

V_2O_5 品位/%	占有率/%
0.1	3.1
0.1	23.7
0.3~0.5	33.6
0.3~0.5	36.8
>1	2.8

石煤中钒的赋存状态已基本查明：我国石煤主要赋存于下寒武纪的地层中，其中的钒以类质同象形式取代 Al^{3+} 或 Fe^{3+}，存在于硅铝酸盐及白云石矿物中。钒在石煤中的价态分析结果表明，V 有 3 价、4 价、5 价，而绝大部分以 3 价形态存在于含钒云母、电气石、石榴石等硅铝酸盐矿物中，其通式可以写为：$(K, Al, V)_2[AlSi_3O_{10}](OH)_2$。

以上阐述了钒在石煤无机物中的赋存状态，实际上在石煤有机质中也有钒存在。石煤中的有机质从成分上可以分为2类，一是结合态碳(即碳质)，二是碳氢大分子有机物(即有机碳)，经有机萃取、族分分离及 ICP 分析表明，有机物中的 V_2O_5 含量为0.2%～1.4%。

2　钒及钒化合物的用途

钒是重要的战略物资，它广泛应用于冶金、宇航、化学等领域。统计结果表明，87%的钒用于钢铁合金上；13%的钒以化合物状态，用于催化剂、陶瓷、玻璃、颜料、蓄电池、农业及医药中[11-16]。不同类型钢中的含钒量见表3，钒化合物在化学工业中的应用情况见表4。

表3　不同类型钢含钒量

钢种	钒含量/%
低合金管线钢	0.05
淬火/回火容器钢	0.35
双相钢	0.01~0.02
氮化钢 Cr/Mo 钢	0.15~0.25
碳化物强化钢	0.09
弹簧钢	0.15

表4　钒化合物在化学工业中的应用

钒化合物	用　途	应用领域
五氧化二钒(V_2O_5)	SO_2 氧化成 SO_3 的催化剂，环己烷氧化成己二酸的催化剂	生产硫酸 生产尼龙
偏钒酸铵(NH_4VO_3)	苯氧化为顺丁烯二酸酐的催化剂，奈氧化成苯二酸酐的催化剂	生产不饱和聚酯(涤纶等) 生产聚氯乙烯
三氯氧钒($VOCl_3$) 四氯化钒(VCl_4)	乙烯和丙烯的交联合成橡胶的催化剂	生产乙烯、丙烯和橡胶合成橡胶

钒在钛合金中作为稳定剂和强化剂，使钒钛合金具有较好的延展性和可塑性，用于生产高速飞行器骨架和火箭发动机机壳。

钒产品主要应用于钢铁工业，规模、发展空间有限，有必要拓宽其应用领域。首先要持续开发新的含钒钢种并采取有效措施推广含钒钢种的应用，不断扩大钒在钢铁业的需求；其次要积极开拓钒产品应用领域，目前钒产品应用的新领域主要有新型电源和能源材料、钒基固态储氢合金、新型含钒发光材料等。

(1)新型电源和能源材料。利用钒资源进行钒电池的研发是钒系列产品的重要发展方向。目前在钒电池的开发上主要有2个研发方向。一是以锂离子电池开发为主的二次电池方面，钒锂正极材料的开发对于新型化学电源的开发以及蓬勃的电子工业和能源动力产业的发展具有重要意义。全钒电池是钒在电池应用中的另一重要方面，目前主要是液流蓄电池。在此类电池中，钒作为电解质用作电池的电解液，这类电池将主要作为大规模高效蓄能设备用于电动交通工具、风能、太阳能，以及电站和应急电源、电网调峰等方面。

2011 年，日本住友电气工业株式会社(SEI)成立二次电池部，再次启动钒电池新品研发与应用验证；美国可再生能源组合标准(RPS)法规在美国开始实施，支持实施液流电池储能项目；Ashlawn Energy 公司在俄亥俄州佩恩斯维尔市开工建设 VanCharg 储能系统；普能公司在加州奥克斯纳德（Oxnard）建设 600 kW·h、3.6 MW·h 全钒液流储能项目。

钒电池在储能方面的应用在我国已有突破性进展。2011 年北京普能公司在张北国家风光储输示范工程建成的钒电池储能系统，由 175 kW 标准模块构成 1 MW·h 液流储能系统，额定功率为 500 kW，最高短时输出功率为 750 kW。钒电池在该项目中的大规模应用，在我国具有里程碑的影响和意义；同年 6 月，大连融科储能有限公司投资 7000 万人民币，开始在辽宁阜新华能风电场建设一个 5 MW·h/10 MW·h 的钒电池风电储能项目。

（2）钒基固溶体贮氢合金。贮氢合金可在适当的温度压强下可逆地吸收和释放氢，可以贮存比自己体积大 1000 倍的氢气，可解决传统用氢气瓶和液态贮氢带来的不安全、能耗高、经济差、贮氢量小等问题。

（3）光学转换涂层。研究表明，在环境温度变化时，VO_2 涂层光学透过性能会发生变化，这也是钒资源利用的一个重要方向。

（4）钒的发光材料。掺 Eu^{3+} 的钒酸盐 $LnVO_4:Eu^{3+}$（Ln 为 La，Y）通过改变阳离子的成分和含量，可使钒酸盐 $LnVO_4:Eu^{3+}$ 发出不同波长的光，含钒的发光材料将有广阔的应用前景。

（5）钒颜料及变色材料。钒作为颜料在陶瓷工业中早有应用，目前利用最新的溶胶－凝胶技术，在微孔玻璃凝胶中掺入钒氧化物得到的干凝胶玻璃在与不同气体接触时就会产生不同的颜色。

（6）钒酸钇（YVO_4）。钒酸钇晶体是一种折射晶体，具有接近玻璃的硬度、不潮解、加工镀膜容易等特点，因此可用作光学偏振器的材料。

（7）纳米钒氧化物催化剂。V_2O_5 是化学工业上使用的催化剂，从催化角度看，催化剂的比表面能越大，其催化效果就越好，故开发纳米级的钒氧化物也具有一定的意义。

（8）生物制药。微量元素钒是动物机体内一种必需的元素，进入 20 世纪 80 年代后，钒的化合物开始被应用于糖尿病、贫血、结核、神经衰弱等疾病的治疗，并且人们对钒的降糖作用及对糖代谢的影响也进行了深入的研究。

3　石煤提钒生产情况

随着钒的应用快速发展，钒的产量逐年升高，例如在 20 世纪 80 年代中期，世界钒的产量为 30 多万 t，而进入 20 世纪 90 年代则增加到 40 多万 t，目前世界钒的产量接近于 50 万 t。我国钒的产量也在不断上升，2011 年生产能力达到 10 万 t，产量 6.5 万 t，见表 5。其中 2010 年以石煤为原料提钒的生产能力为 2.6 万 t，以钒钛磁铁矿为原料提钒的生产能力为 5.5 万 t，其他原料提钒的生产能力为 0.9 万 t。

表 5　我国钒的生产情况（折算成 V_2O_5）[17]

年度	生产能力/万 t	实际产量/万 t
2010	9.0	6.2
2011	10.0	6.5

从石煤中提钒是综合利用的一个重要方向。20 世纪 70 年代，在高价格的影响下，湖南、湖北、浙江 3 省曾有 100 多家石煤提钒小厂，后因国际钒价大跌，这些小厂家又纷纷停产，到 1986 年只有 9 个小厂维持生产，总生产能力为 750 t 左右，产量在 500 t 左右。1988 年国际钒价又有猛涨，国内达到 16 万元/t 左右，一批钒厂相继恢复生产，新建成的石煤提钒厂就有 20 多家，生产能力达到 1800 t，产量为 900 t 左右。

进入 21 世纪后，钒的价格有起有落，使石煤提钒的产量有升有降，另一个使石煤提钒厂处于不稳定状态的原因是环保问题，由于以钠化焙烧为主的工艺流程污染严重，政府强令停产了一些小厂。

前几年国际市场 V_2O_5 的价格出现了暴涨，2005 年国外 V_2O_5 价格稳定在 26～33 美元/kg，国内在 17～20 万元/t，另外，我国科研单位又研究成功了一些减少污染的新工艺，使一些钒厂恢复了生产，并且新建和预备建设的工厂快速增加，钒的产量也在上升，2007 年，我国 V_2O_5 产量约 5 万 t，由石煤生产的 V_2O_5 产量大约是 9600 t。2008 年世界金融危机以来，钒的市场持续疲软，2011 年 V_2O_5 价格为 8～9 万元/t，但由石煤生产的 V_2O_5 的规模进一步扩大，2011 年我国由石煤提取 V_2O_5 的生产能力大约是 3 万 t。

由于我国将石煤资源综合利用列入国家十二五科技支撑计划项目，通过科研单位及生产部门不断创新技术，努力开发钒收率高、综合利用好、环保达到要求的新方法，可望使石煤提钒技术进入到一个新阶段。

4　我国开发的石煤提钒工艺

在我国石煤提钒的开发中，一些科研院校及生产单位对石煤提钒进行了大量的研究工作，形成了一系列的石煤提钒工艺。

4.1　石煤钠化焙烧提钒工艺

该工艺的流程[18]（见图 1）是 20 世纪 60 年代研究成功并建立起来的。得到的指标是：焙烧 - 水浸出回收率 45% ~55%，沉粗钒回收率 92% ~96%，精制回收率 90% ~93%，全流程回收率 45% 左右。

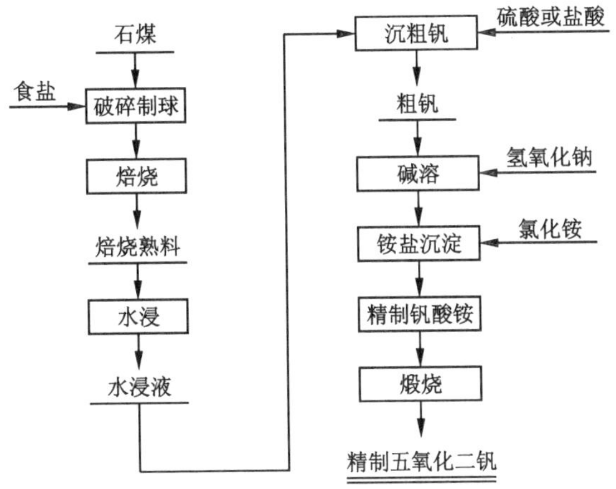

图 1　石煤钠化焙烧提钒工艺

这一方法的优点是设备简单，一般采用平窑焙烧，生产条件要求低，投资少，适合个体小企业经营，其致命的缺点是钒的收率低和环境污染严重，故现在已成为一个被淘汰的工艺。

4.2　钙化氧化焙烧工艺

为了消除钠化焙烧废气 HCl 和 Cl_2 严重污染环境的问题，人们提出了钙化焙烧 - 浸出工艺[19]（见图 2），即在焙烧过程中将 CaO、$CaCO_3$、$CaSO_4$ 和苛性泥作为添加剂，使钒转化为不溶于水、而溶于酸或碱溶液的钒酸钙，其焙烧过程化学反应为：

$$V_2O_3 + O_2 = V_2O_5$$

$$V_2O_5 + CaCO_3 = Ca(VO_3)_2 + CO_2\uparrow$$

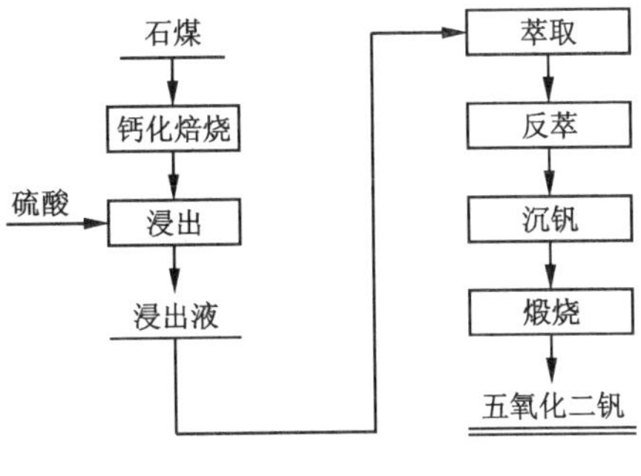

图 2　石煤钙化焙烧提钒工艺

钙化氧化焙烧的优点是排除了使用钠盐的做法，减少了对环境的污染，适应于处理含钙高的石煤，但生成的钒酸钙不溶于水，需要采用一些特殊的浸出方法，例如碱泥或酸液或加压浸出，其成本要高于石煤提钒的经典方法，另外钙法焙烧料用硫酸浸出得到的含钒溶液硅含量高，需采用抑硅工艺[20, 21]，否则会使离子交换或萃取过程很难进行。

4.3　石煤发电 - 烧渣处理 - 硫酸浸出 - 萃取工艺

鉴于石煤有 3000 ~5000 J/g 的发热量，为利用其热能先把石煤用于发电，然后从烧渣烟灰中提取 V_2O_5[17]。

该法曾由国家科学技术委员会及有关部门投资，建成了湖南益阳石煤发电综合利用试验厂，1983 年试生产得到的指标是：石煤中 V_2O_5 品位为 0.89%，烟灰中 V_2O_5 品位为 1.13%，水溶钒转化率为 70.1%，水浸率为 91.3%，沉钒率为 97.7%，红钒总收率为 62.5%，流程的优点是石煤的热能得到了利用，缺点是钠法焙烧，污染严重，钒的回收率低。

2006 年长沙矿冶研究院、香港瑞亨发展有限公司和海粤电力投资有限公司研究了湖南安化石煤发电渣提钒工艺，V_2O_5 的回收率为 76.8%；2007 年桂林矿产地质研究院、长沙矿山研究院等单位研究了广西中电石煤发电渣提钒工艺，V_2O_5 总回收率大于 73%。这一流程的优点是石煤的发热量得到了利用，采用了钙法焙烧提钒，减少了污染，V_2O_5 的收率较高，经济效益较好。缺点是对石煤发热值有一定要求，不同类型的流化床锅炉，对石煤发热值大小要求不一样，一般要求大于 4500 J/g。石煤的发热值变化大，同一矿区，同一矿点相差较大，如甘肃省敦煌市方山口矿区，石煤的发热值在 100 ~6000 J/g，这对选择焙烧发电 - 提钒技术方案造成困难。

4.4　石煤无盐焙烧 - 酸浸 - 萃取（或离子交换）工艺

湖南省煤炭科学研究院与双溪煤矿共同开发了这一新工艺[18, 22-23]，得到的指标为：焙烧转化率大于 55%，萃取率 99%，反萃率约 95%，V_2O_5 的总回收率约 50%。

核工业北京化工冶金研究院也对石煤氧化焙烧 - 硫酸浸出 - 萃取工艺进行了研究，其把萃取剂改为 P204 + TBP，也得到较好结果。

2010 年，长沙矿冶研究院针对甘肃省肃北县石煤钒矿的特点，采用空白焙烧 - 离子交换工艺建成的生产线，是我国目前采用石煤提钒装备水平较高的厂家，钒浸出率 75% ~80%，总回收率 70% ~75%。

这一工艺的优点是焙烧过程不用添加剂，减少了污染；缺点是工艺适用性差，只对某些特定类型的石煤矿有效。

4.5 石煤直接酸浸或碱浸工艺

为了解决石煤焙烧工序设备投资大和环境污染严重等问题，有关学者提出了石煤直接酸浸或碱浸的方法[20, 21]。

近几年，长沙矿冶研究院针对陕西省山阳县吕东沟钒矿、江西省修水县大椿石煤钒矿、武宁县横路石煤钒矿、德兴市铁炉坞钒矿、湖南省岳阳县新开塘钒矿等，采用预处理－低温低酸浸出工艺技术，得到较高的钒回收率。

中科院过程研究所与湖南吉首溶江锰业化工有限公司提出了石煤液相催化氧化－硫酸协同浸出－萃取工艺。该流程使用复合催化氧化剂，利用液相催化氧化－硫酸协同作用，把云母晶格中的V(Ⅲ)氧化成V(Ⅵ)、V(Ⅴ)后，使晶格空间点阵电位偏移，静电力失去平衡，加上钒离子本身尺度变小，云母晶格中的V(Ⅲ)、V(Ⅵ)得以脱离云母晶格的束缚，进入溶液。

石煤直接浸取工艺流程的优点是利用全湿法工艺，节省了焙烧环节，减少了污染，设备投资节省约1/3；需要完善的地方是石煤中碳的回收利用、渣的无害化处理与利用等。

4.6 石煤选矿富集技术[24-26]

由于石煤含钒品位不高，直接提钒酸耗较高，为了克服上述不足，研究者采用选矿技术来富集钒。其思路主要有：①选碳。石煤经过浮选富集碳，所得碳精矿(含碳30% ~40%)可有效利用，降碳后的矿石在提钒过程中可省去脱碳工序。②选脉石。将含钙、镁、铝、硅等脉石成分去掉，可降低提钒酸耗，中南大学、西安有色地质研究院做过此方面的研究工作。长沙矿冶研究院对新疆阿克苏市苏盖布提钒矿进行选矿处理，重选可去掉约50%的脉石，钒选矿回收率大于80%，这种技术方案对脉石含钒较低的钒矿有效。③选钒。这种技术方案只适于钒矿物含量高的钒矿，有研究人员进行过此方面的研究，但未见公开报道。

5 石煤提钒技术展望

石煤提钒技术的发展趋势是加强工程化技术与资源综合利用，实现无污染绿色提钒。以下几项是石煤提钒的技术展望。

(1)改进与完善现有石煤提钒工艺，在这方面应开展的工作是：①提高处理石煤的品位，如开展选矿工作，使处理石煤含钒品位提高，这样会使现有工艺中V_2O_5的提取成本降低。②综合回收伴生金属与有用元素，在回收V的同时，综合利用C，还要考虑渣的回收利用；此外有针对性地回收某些有价值的元素，如Al、Fe、Mo、W、S等。③加强“三废”治理，排除对环境的污染[27-31]。在现有一些工艺中，环境污染是一个致命的缺点，例如钠化焙烧的流程，产生的Cl_2、HCl等气体对环境和人体伤害极大，改用$CaCO_3$、CaO、$CaSO_4$、Na_2CO_3等焙烧是很重要的课题，在这方面虽然开展了一些工作，但显然是很不够的，应该进一步开展研究。

在石煤提钒中，另一新动向是全湿法工艺流程的开展，对浸出渣的利用处理也成为了一个十分重要的课题。

通常石煤中都含有放射性元素及有害重金属，由此造成的污染绝不可忽视，必须在已有研究工作的基础上进一步查清各地石煤中含有放射性元素及有害重金属的情况及其在工艺过程中的走向，研究可行的治理方法，防止放射性元素及有害重金属对人体的伤害。

(2)低品位(V_2O_5含量小于0.8%)石煤钒矿高效综合利用是技术发展方向之一，特别是低品位高热值石煤矿的综合利用。由于品位低，单一回收钒，成本高，不会有经济效益；如果将其用作热能发电，利用灰渣提钒，用提钒渣做建材或回收其中Al、Mo、W等有价值的元素，则经济效益好，这样就能促进石煤提钒技术进步。

(3)开展新工艺流程的研究，研究开发新的石煤提钒工艺。对全湿法工艺要进一步完善，并可开展微生物提取方法的研究。

(4)开展新设备的研究，在现有石煤提钒工艺中，设备显得非常落后，例如把平窑改为立窑，并辅助自动化，不但可节省投资，也可改善环境；到目前为止，还没有有效的脱碳设备，这有待进一步研究。此外，要加强新型萃取设备及离子交换设备的研制并提高其自动化程度。

(5)废水循环利用是必须面对的实际问题，只有真正做到了污水零排放，生产经营才能持续下去。这需要在选择工艺时，考虑到某些物质对系统的影响，尽可能减少碱金属离子、铵离子等的进入与富集。

(6)开展相应的基础理论研究。开展石煤提钒的一些基础理论研究是十分必要的，例如焙烧转化、浸出、净化、矿浆树脂法等技术都存在理论的问题，开展基础理论研究工作，应用理论指导实践，可使工艺过程进行得顺利和有效。

参考文献

[1] 陈庆根. 石煤钒矿提钒工艺技术的研究进展. 矿产综合利

用，2009(2)：30－34.
[2] 朱军，郭继科．石煤提钒工艺及回收率的研究．现代矿业，2011(3)：24－27.
[3] 宁华，周晓源，尚德龙等．石煤提钒焙烧工艺分析．有色金属，2010(1)：80－83.
[4] 熊如意，张西林．石煤提钒的生产工艺及污染治理措施．环保科技，2010，16(3)：26－29.
[5] 张剑，欧阳国强，刘琛等．石煤提钒的现状与研究．河南化工，2010，27(3)：27－30.
[6] 刘代琴，余训民，胡立嵩．石煤提钒工艺比较研究．科技创业周刊，2009(5)：138－139.
[7] 黄晓毅，马玄恒，高爱民等．石煤提钒工艺研究进展．甘肃冶金，2010，32(4)：27－29.
[8] 刘景槐，谭爱华．我国石煤钒矿提钒现状综述．湖南有色金属，2010，26(5)：11－15.
[9] 黄道鑫，陈厚生，杨根土等．提钒炼钢．北京：冶金工业出版社，2000.
[10] 陈鉴，何晋秋，林京等．钒及钒冶金．攀枝花：攀枝花资源综合利用领导小组办公室，1983.
[11] 杨绍利，彭富昌，潘复生等．钒系催化剂的研究与应用．材料导报，2008，22(4)：53－56.
[12] 田成邦，刘妍．锂离子电池钒系正极材料的研究进展．化工技术与开发，2010，39(6)：31－35.
[13] 邢学永，李斯加．金属钒的制备研究进展．四川冶金，2009(1)：11－14.
[14] 倪蕾蕾，杨座国，曾乐才．钒液流电池储能装置及应用．装备机械，2010(3)：64－68.
[15] 刘健，张开坚，陆建生等．微合金元素钒在钢板中的强化机理及应用．四川冶金，2010，31(2)：15－18.
[16] 陈东辉．中国含钒钢技术发展趋势．中国有色金属，2010(16)：40－41.
[17] 2011 年我国钒的生产情况．[2012－03－10]．http：//www. cnfeol. com.
[18] 陈庆根，黄怀国，叶志勇等．造球焙烧－低酸浸出五氧化二钒试验研究．矿产综合利用，2011(6)：20－23.
[19] 史玲，王娟，谢建宏．钠化法提钒工艺条件的研究．矿冶工程，2009，28(1)：58－61.
[20] 谭爱华，刘景槐，刘振楠等．石煤钒矿发电提钒工艺工业化试生产．湖南有色金属，2012，26(6)：15－17.
[21] 邢学永，李斯加，宁顺明．高硅石煤钒矿酸浸液的脱硅工艺研究．湿法冶金，2011，30(4)：326－328.
[22] 戴文灿，孙水裕．石煤湿法提钒新工艺研究．湖南有色金属，2009，25(3)：22－25.
[23] 朱晓波，张一敏，刘涛等．石煤提钒配煤焙烧试验研究．矿冶工程，2010，30(1)：51－53.
[24] 李洁，马晶．黑色岩系钒矿的机械选矿抛尾工艺研究．有色金属(选矿部分)，2010(4)：25－28.
[25] 向平，冯其明，钮因健等．选矿富集阿克苏石煤钒矿中的钒．材料研究与应用，2010，4(1)：65－70.
[26] 毛益林，陈晓青，杨进忠等．某钒矿选矿试验研究．现代矿业，2010(11)：91－92.
[27] 王林峰，张华．浙西石煤放射性成因及危害初探．中山大学学报论丛，2007，27(11)：374－377.
[28] 孔玲莉，张亮，李莹等．湖北、湖南、江西、浙江、安徽省石煤矿区环境介质中天然放射性核素水平调查．辐射防护通讯，2006，26(4)：30－35.
[29] 谢贵珍，潘家永，赵晓文等．华南下寒武统石煤放射性污染探讨．能源环境保护，2006，20(1)：53－55.
[30] 周智，陈远，余晓清．贵州省钒矿开采及冶炼污染防治对策研究．价值工程，2010，29(20)：132－133.
[31] 郝建璋．钒生产过程中产生的废渣综合利用途径．冶金环境保护，2009(6)：60－62.

溶剂萃取的新发展——非平衡溶剂萃取*

摘　要：本文作者首次提出了非平衡溶剂萃取技术，它是利用某些元素萃取速度的差异来实现分离或富集。文中简明地介绍了这种新技术的基本原理，并举例说明它在稀土元素、重金属元素分离中的应用。

The new development of solvent extraction techniques: Non-equilibrium solvent extraction

Abstract: Non - equilibrium solvent extraction was first developed by the present authors. It is a separation and concentration technique on the basis of the difference in extraction rates of different elements. This paper presents the basic principle on which the new technique works, and its applications to the separation of rare earth elements and heavy metals with some successful examples are cited.

溶剂萃取已成为当今冶金、化工等领域的重要技术，它的发展主要体现在扩大应用和萃取化学的研究2个方面，而这2个方面的发展是互相促进的。在萃取化学中主要偏重于萃取机理、热力学及动力学的研究，后者是当今从事萃取理论研究中最为盛行的工作。

动力学的研究给人们提供有关萃取反应速度的数据，使人们了解许多萃取体系工业应用速度的可能性。我们在本文中提出了应用萃取速度的新概念，即借助于动力学上的萃取速度不同，用非平衡溶剂萃取富集和分离一些金属元素。这就更会促进溶剂萃取动力学研究的发展和应用。

1　基本原理

假定溶液中有A和B 2种金属元素，用溶剂萃取法来分离它们。在萃取中A金属元素的萃取速度很快，能在短时间内达到平衡状态，而B金属元素的萃取速度很慢，需要较长的时间才能达到平衡状态，这样就可以控制一定的萃取时间，使A金属元素绝大部分进入到有机相，而B金属元素则绝大部分留存于水相中，从而使A和B 2种金属元素达到分离的目的。

以V_A表示A金属元素的萃取速率，以V_B表示B金属元素的萃取速率，A和B 2种金属元素能够得到分离的必要条件为：

$$V_A \gg V_B$$

萃取速率(V)可用下式表示：

$$V = KC$$

式中：K为萃取速率常数；C为水相中存在的游离金属离子浓度。

在不同的萃取体系中，不同金属元素，具有不同的K。在上述讨论的萃取分离A和B 2种元素中，K_A必定要大于K_B。当A、B金属元素浓度一定时，K_A越大于K_B，分离效果越好。

为了更加清晰，可以引入分离系数Λ：

$$\Lambda_{E(t)} = E_{A(t)}/E_{B(t)} \text{或} \Lambda_{D(t)} = D_{A(t)}D_{B(t)}$$

$\Lambda_{E(t)}$和$\Lambda_{D(t)}$为以萃取率E和分配比D所表示的A和B 2种金属元素的分离程度。

当$\Lambda_{E(t)}$或$\Lambda_{D(t)} > 1$(或< 1)时，控制萃取时间，用非平衡溶剂萃取，可以把A和B 2种金属元素加以分离。$\Lambda_{E(t)}$和$\Lambda_{D(t)}$的值越大(或越小)，其分离效果越好。

2　分离稀土元素

过去在稀土的溶剂萃取中，通常都是在平衡条件下，把不需要的稀土离子，用络合剂络合保护起来，以防止这种稀土离子被萃取。现在研究络合剂性能的目的，是在非平衡条件下，控制各种稀土离子的萃取速度，并利用稀土离子和钇离子萃取速度的不同，达

* 该文首次发表于《有色金属》，1985年，第5期，38~41页。

到使钇得到精制的目的。

用 D_2EHPA 萃取稀土离子，当以 EDTA 作络合剂时，萃取率与萃取时间有如图 1 所示的关系。由图可见，萃取速度的大小为：

$$V_Y > V_{Dy} > V_{Ho} > V_{Er}$$

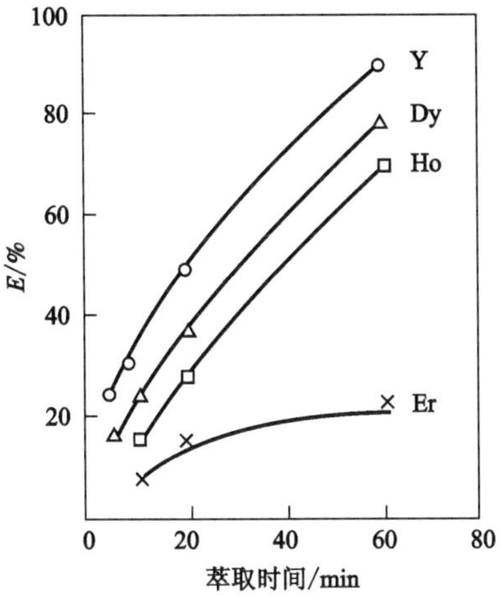

图 1　钇、镝、钬、铒萃取率与时间的关系

同样用 D_2EHPA 作萃取剂，但络合剂使用 DTPA（二乙撑三胺五乙酸）时，萃取速度与时间的关系如图 2 所示。由图可见，$V_Y > V_{Er}$。在 10 min 内，萃取时间增加，钇离子的萃取速度比铒离子的萃取速度增加得快。到 10 min 以后，它们的萃取速度差异基本上稳定。萃取的结果是钇离子浓缩到有机相，而铒离子留存于水相，从而达到了分离的目的。

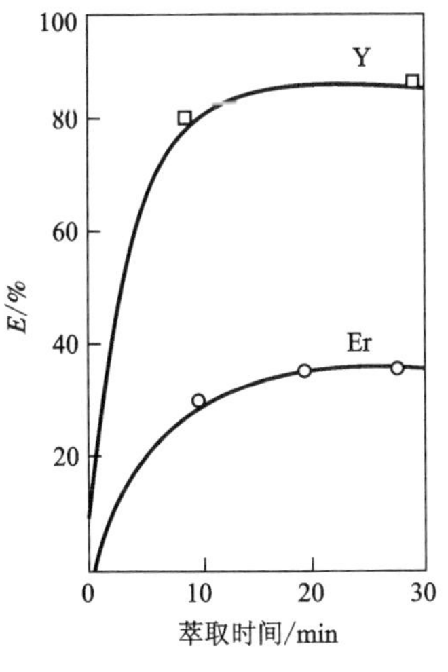

图 2　萃取时间与萃取率的关系

用非平衡溶剂萃取，经过多级操作，可以得到纯度为 99.9% 的氧化钇，回收率在 90% 以上。

据报道，日本三菱化成公司已在黑崎建厂，用此法处理马来西亚爱希安稀土厂副产的浓缩物。规模是每年处理 300 t 稀土浓缩物，年产 50 t 氧化钇。实践证明，用非平衡萃取法分离稀土，可以大幅度地缩短分离时间和工艺程序。过去用萃取法生产氧化钇需要数十个萃取级，而该法仅用 10 个萃取级就可达到要求，因而生产费用较低。

3　分离重金属

用 5-(4-十二烷基苯偶氮基)-8-羟基喹啉（DHQ），在 $H_2O-CHCl_3$ 体系中作螯合萃取剂，对萃取 Co(Ⅱ)、Ni(Ⅱ)、Cu(Ⅱ)、Zn(Ⅱ)、Cd(Ⅱ)和 Fe(Ⅱ)作了研究。研究中按下式得到了萃取平衡常数(K_{ex})。

$$K_{ex} = ([(ML_2)_o][H^+]_a)/([(M^{2+})_a][(HL)_o]^2)$$

（萃取条件：$[(HL)_o] = 2 \times 10^{-3}$ mol/L；$[(M^{2+})_a] = 2 \times 10^{-4}$ mol/L；0.1 mol/L KNO_3；0.04～0.1 mol/L pH 缓冲剂；氯仿；26℃）

元素	$\lg K_{ex}$
Co	−2.67
Ni	≥ −1.0
Cu	> −0.5
Zn	−4.47
Cd	−6.73

按平衡萃取和控制金属萃取速率萃取（控制萃取时间、快速使二相混合和分相）的 2 种试验结果如图 3 所示。

由 K_{ex} 及图 3(a)可知，在 pH = 5.5～7，控制萃取时间，可使 Ni^{2+}、Co^{2+}、Zn^{2+}、Fe^{3+} 得到一定程度的分离；图 3(b)表明，在 pH = 5～8 时，控制萃取速率，Zn^{2+}、Co^{2+}、Fe^{3+}、Ni^{2+} 可以得到一定程度的分离；由图 3(c)可见，在 pH = 7.5～9，Ni^{2+} 和 Fe^{3+} 萃取率很低，它们可与 Co^{2+} 和 Zn^{2+} 分离；图 3(d)也表明，在

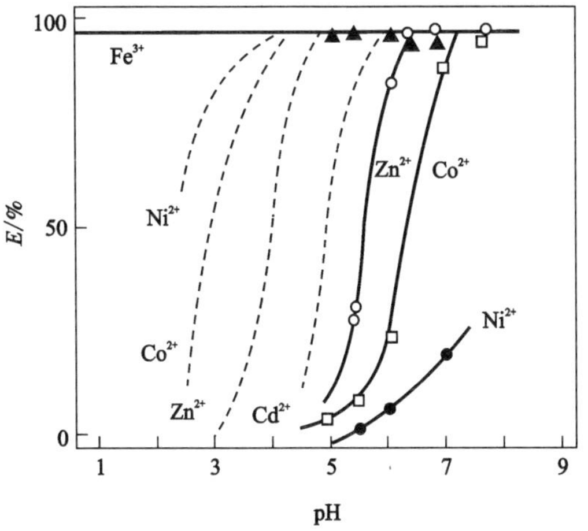

(a) DHQ 无其他络合剂

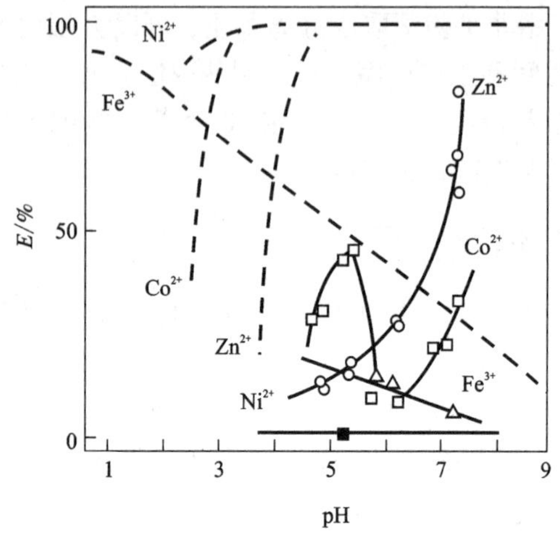

(b) DHQ及以聚丙烯酸为络合剂

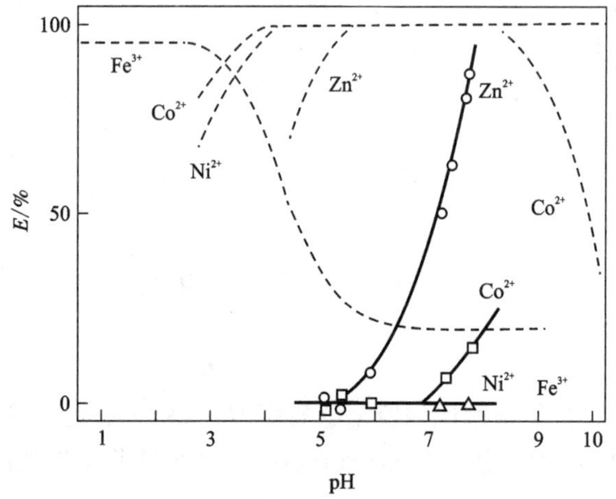

(c) DHQ及以柠檬酸为络合剂

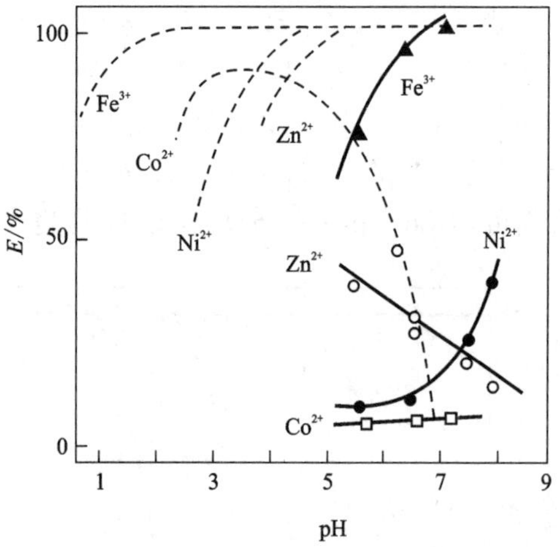

(d) DHQ及以三乙撑四胺为络合剂

图3 用 DHQ 对重金属的平衡萃取和控制萃取速度萃取的结果

萃取条件：平衡萃取（图中虚线）—$[(M^{n+})_a] = 2 \times 10^{-4}$ mol/L（萃取前）；$[(HL)_0] = 2 \times 10^{-2}$ mol/L（萃取前）；$[(络合剂)_a] = 2 \times 10^{-3}$ mol/L（萃取前）；0.1 mol/L KNO_3；0.04 ~ 0.1 mol/L pH 缓冲剂；氯仿；26℃控制速度萃取（图中实线）—萃取时间（二相混合 2 s）；$[(HL)_0] = 2 \times 10^3$ mol/L，其他条件同平衡萃取。

pH = 5.5 ~ 8 时，使 Fe^{3+}、Zn^{2+}、Ni^{2+}、Co^{2+} 分离是有可能的。

由图 3，我们还可观察到，平衡萃取和控制萃取速率的萃取对萃取 Ni^{2+}、Co^{2+} 和 Zn^{2+} 的选择性是相反的。在平衡萃取时的顺序为 Ni、Co、Zn，而在控制萃取速率萃取时的顺序为 Zn、Co、Ni。

用控制萃取速率的方法分离重金属的前景完全取决于开发一种能使水相－有机相快速混合、分离的设备，如果有了这种满足要求的设备，借助于萃取速率的不同，是能够使一些重金属离子得到分离的。

4 分离铁、铟

用溶剂萃取法分离铁、铟，在工业上已经是成熟的方法。但生产铟的成本高。

在研究中发现，用 D_2EHPA 在硫酸介质中萃取铁、铟时，Fe(Ⅲ)的萃取速度很慢，而 In(Ⅲ)的萃取速度很快，故在萃取中控制适当的萃取时间，即用非平衡萃取法可以使铁、铟得到分离。

研究表明，使用 30% D_2EHPA + 煤油为有机相，控制萃取时间小于 1 min，料液中铁铟比达到 25 以上，不需要把 Fe(Ⅲ)还原成 Fe(Ⅱ)，直接用非平衡溶剂萃取法分离铁、铟是完全可行的。

在离心萃取器中，使用上述水相及有机相，控制萃取时间小于 1 min，相比(A/O) = 3，二级萃取的结果证明，铟的萃取率在 99% 以上，而铁的萃取率仅为 4% 左右，Λ_E(< 1 min)达到 24.8。

5 结语

借助于萃取速度差异，用非平衡溶剂萃取法来分离、提纯各种金属元素是目前溶剂萃取中的新手段，它是刚刚发展起来的一项新技术。虽然对这项新技术的研究工作还不多，但由于其具有明显的优越性，已得到了人们极大的关注，并很快得到了工业应用。

非平衡溶剂萃取尚需做大量的研究工作。例如，扩展到更多的萃取体系中寻找分离更多金属元素的可能性，以及设计准确控制萃取与分离时间的萃取设备等，都亟待开展研究工作。

冠醚——溶剂萃取中的一类新萃取剂*

Pedersen 于 1967 年首先合成了冠醚[1-2]，继之有不少专文发表，介绍了冠醚的性质及应用范围[3-6]。

由于这类有机化合物具有特殊的性质，所以在有机化学界引起了学者们浓厚的兴趣。近几年来，国外对冠醚的研究和发展非常迅速。在有机合成、医药、农药等工业上的应用研究方面不断有报道。尤其是在冶金工业及分析化学上，作为新萃取剂，冠醚在湿法冶金中用于提取、富集、分离及回收有价金属元素，展现了良好的前景。

国内对冠醚的性质及其作为溶剂萃取中的新试剂，尚无专文阐述，因此，本文仅根据国外文献对冠醚的性质及在溶剂萃取中的应用做初步介绍，供有关人员参考。

1　冠醚的种类及一般性质

冠醚(Crown ether)一词已成为描述这一类化合物的专门名词。迄今在实验室中合成的冠醚已多达 200 种。在美国和日本均已作为商品出售。作为定型商品的冠醚及其一般性质列于表 1 中。

表 1　国外的商品冠醚及其一般性质

名称	二苯骈-18-冠-6	二环已基-18-冠-6	二苯骈-24-冠-8	二环已基-24-冠-8	15-冠-5	18-冠-6
简称(代号)	B—18	C—18	B—24	C—24	O—15	O—18
结构式	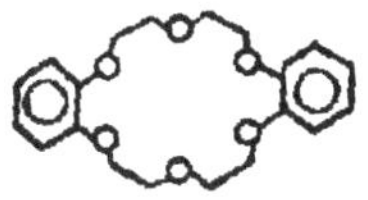	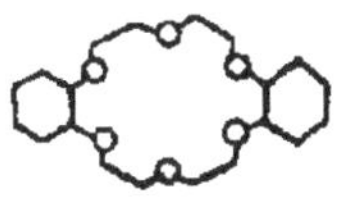	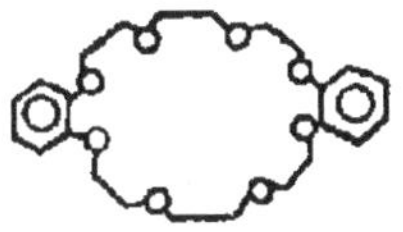	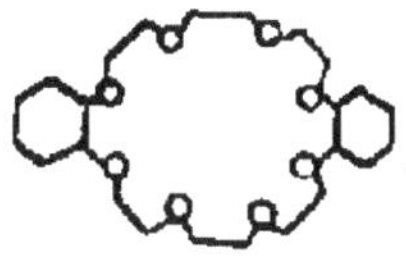		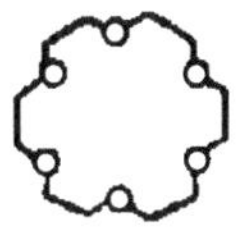
分子式	$C_{10}H_{24}O_6$	$C_{20}H_{25}O_6$	$C_{24}H_{32}O_8$	$C_{24}H_{44}O_8$	$C_{10}H_{20}O_5$	$C_{12}H_{24}O_6$
相对分子质量	360.41	372.47	448.52	460.61	220.27	263.32
外　观	白色、微针晶	无色结晶	白色微细结晶	无色黏稠液	无色黏稠液	无色结晶
熔点/℃	164	异构体混合物 38~54 66~69	113~114	<26	—	39~40 36.5~38.0
沸点/℃	380	—	—	—	100~135 (26.6644 Pa) 78 (66.661 Pa)	—

每种冠醚都可按正式命名法命名，但叫起来很麻烦，通常均使用习惯叫法。例如，二苯骈-18-冠-6-醚，即有 2 个苯基在环的两侧，18 代表环的原子总数，6 表示环中杂原子总数。这种冠醚简称为

* 本文首次发表于《有色金属》，1978 年，第 4 期，37~45 页。

B－18或用DBC代表。

冠醚的得名主要是由于分子模型类似王冠，例如15－冠－5－醚，有异构体(a)和(b)，异构体(b)的结构就酷似王冠。另外也是由于这类化合物可以通过络合作用而冠盖于其他阳离子之上而得名的。

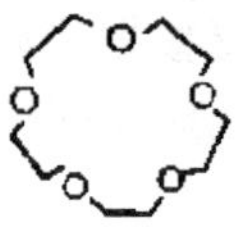
(a)

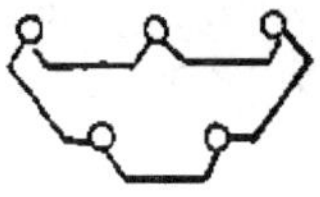
(b)

冠族化合物的一般定义为含有重复单位(—Y—CH_2—CH_2—)的大杂环化合物，其中Y为杂原子，可以是O、S、N、P等，故可相应地称为：含氧冠醚、含硫冠醚、含氮冠醚、含磷冠醚。—Y—CH_2—CH_2—中的次乙基单位颇为重要，如为$(—Y—CH_2—)_n$，则是次甲基与2个杂原子相连接，它很不稳定，易溶于水中；当比次乙基链段更长时，则将有氢—氢间的构象相互作用。最早和最重要的一类冠状化合物是大环的多醚，即$(H_2CH_2—O)_n$，$n\geq2$。最简单的化合物是1，4－二氧六环，$n=2$。但是一般被称为冠状化合物的都在九元环以上。以下3种化合物可视为具有代表性的例子。式(3)虽然并不严格遵守$(Y—CH_2CH_2)_n$的定义，但从结构来看，明显属于冠状化合物。由此可知，冠醚结构上的变化可以是多种多样的。

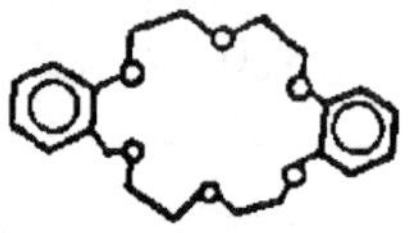
(1)

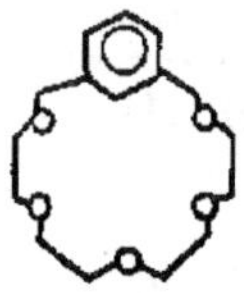
(2)

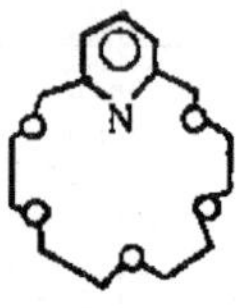
(3)

冠醚可溶于脂族及芳族碳氢化合物的极性和非极性等有机溶剂中。一般而言，二环己基冠醚比二苯基冠醚的溶解度要大一些。它们在水中的溶解度，随着温度升高而减小。表2列出了二苯骈－18－冠－6－醚在各种溶剂中的溶解度。表3列出了二环己基－18－冠－6－醚在水溶液中的溶解度。

多数冠醚有良好的化学稳定性及热稳定性。例如，二苯骈－18－冠－6－醚在常压下，沸点是380℃，在这样的温度下蒸馏，醚环也不开裂，但这类化合物在高温下，长时间与空气接触则氧化。故在这种情况下，可用氮气保护。

应该说明，在冠醚类化合物中，大多数冠醚都是单环，并且是平面结构。此外，还有另一类冠醚化合物称为穴状化合物。这种穴状化合物则是双环的、三向的，因而络合金属的能力增强了。可举出化合物(4)和化合物(5)作为穴状化合物(简称穴醚)的例子：

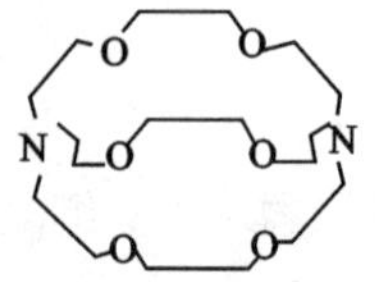
(4) 2, 2, 2-穴醚

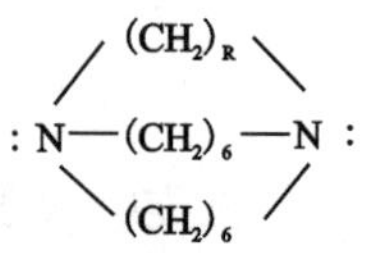
(5) 外, 外-双环胺

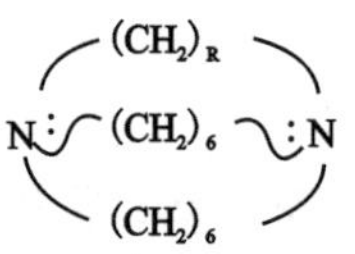
(5) 内, 内-双环胺

表2　二苯骈－18－冠－6－醚在各溶剂中的溶解度[2]

溶剂名称	介电常数	溶解度/$(mol\cdot L^{-1})$ (26±5)℃
环己烷	2.05	0.00067
四氯化碳	2.24	0.005
苯	2.28	0.18
氯仿	5.05	0.21
醋酸乙酯	6.4	0.01
四氢呋喃(THF)	7.0	0.022
丁醇	7.8	0.01
吡啶	12.5	0.12
丙酮	21.4	0.0092
乙醇	25	0.00089
甲酸	—	1.06
二甲基甲酰胺	36.7	0.056
乙腈	38.8	0.079
硝基甲烷	39	0.047
二甲基亚砜(DMSO)	45	0.048
水	80	0.00009

表3　二环己基－18－冠－6－醚在水溶液中的溶解度[2]

溶剂名称	温度/℃	溶解度/$(mol\cdot L^{-1})$
水	26	0.036
	53	0.022
	82	0.010
1 mol/L KOH	26	0.89
1 mol/L KCl	26	>0.93

化合物(4)和化合物(5)同所谓内、外异构体一样，由于氮原子锥形反转，也可以存在内－外异构现象，因而可以有不同大小的穴腔。穴醚是多配位体大

杂环冠醚的一个分支，冠醚的一般合成方法、络合原理等也都适用于穴醚。

2　冠醚的化学特性

2.1　冠醚与阳离子形成络合物

冠醚能与阳离子形成络合物，这是该化合物的重要化学特性。冠醚与阳离子的结合是一个路易斯酸－碱现象，即络合物基于阳离子和冠醚上杂原子之间的配位而形成。杂原子的孤对电子向着环的内侧，与之配位的阳离子直径要和环的孔径大小相适应。杂原子与阳离子的配位符合配位规则，即要满足阳离子的配位数。例如，配位数为 6 的金属离子可与 18－冠－6－醚生成如下结构的络合物：

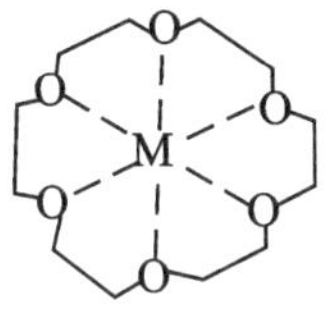

如该络合物的结构所示，环绕在阳离子周围的是冠醚上的碱性杂原子，而这些杂原子和一个适当大小的金属离子之间的静电作用是相等的。对于异硫氰酸铷和二苯骈－18－冠－6－醚形成的络合物，经 X 线测定，其结构如图 1 所示。

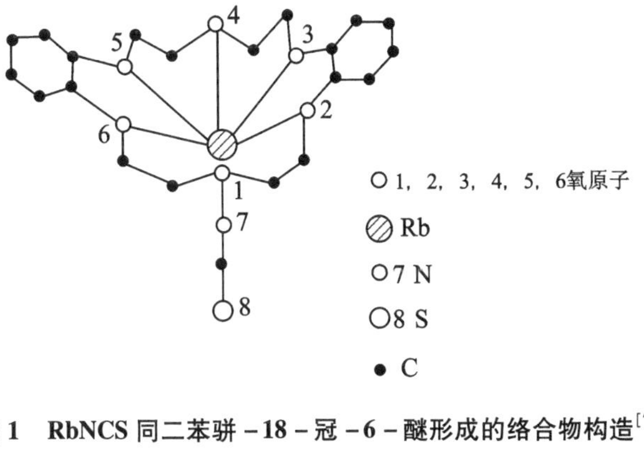

图 1　RbNCS 同二苯骈－18－冠－6－醚形成的络合物构造[7]

图 1 表明，铷与各个杂原子在一个平面上，而 Rb^+—O 的距离相近，异硫氰酸基阴离子也在这个平面上。对溶液中的 Na^+ 和二苯骈－18－6－醚进行红外光谱研究表明，213 cm^{-1}为 Na^+ 与二苯骈－18－冠－6－醚的特征峰。也进行了^{23}Na 的核磁共振测定，表明络合态与非络合态之间的平衡常数为 600 M^{-1}。络合反应能（E_a）为 27.208 kJ/mol；速度常数为 $6\times10^7\ M^{-1}\cdot s^{-1}$（25℃）。同样地对 K^+ 与二苯骈－18－冠－6－醚的络合也进行了动力学研究，结果与 Na^+ 的络合相似，其反应可以表示为：

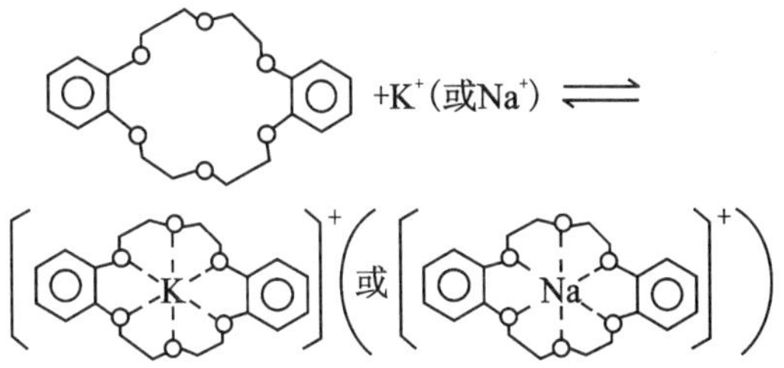

不同大小环的冠醚和 Na 或 K 离子生成络合物的结构如图 2 所示：

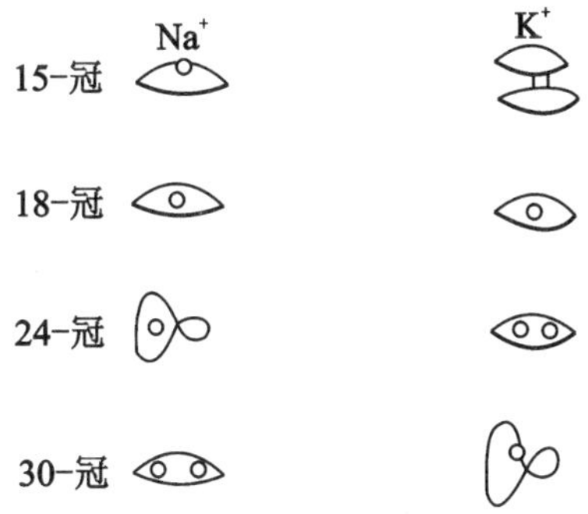

图 2　冠醚与 Na^+，K^+ 生成络合物的结构[8]

在图 2 中 Na 离子直径为 1.90 Å，Na—O 的距离为 2.35～2.45 Å；K 离子直径为 2.66 Å，K—O 的距离为 2.78 Å。

研究得知，二环已基－18－冠－6－醚和钴（Ⅱ）所形成络合物的结构如图 3 所示。有时由于金属阳离子不同，冠醚与之生成的络合物结构也不一样。这些结构都表明其配位是借助于静电的相互作用而形成的。

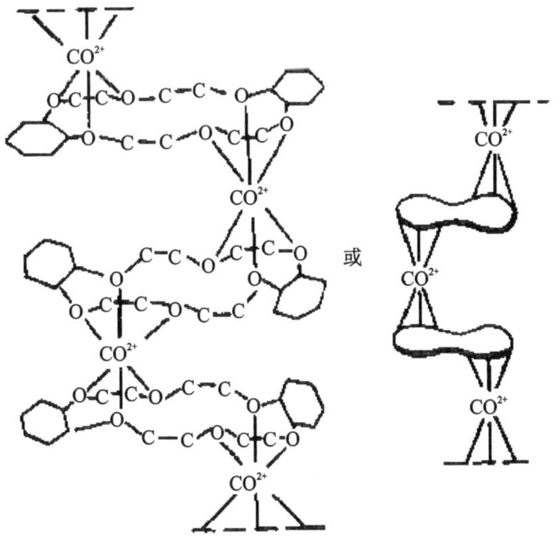

图 3　二环已基－18－冠－6－醚和 Co^{2+} 生成络合物的结构[9]

对冠醚环的空洞大小，也有了研究。目前已知的各冠醚环空洞直径列于表 4 中。

表 4 各冠醚环空洞直径[10]

冠醚名称	环的空洞直径/Å
14－冠－4	1.2～1.5
15－冠－5	1.7～2.2
18－冠－6	2.6～3.2
21－冠－7	3.4～4.3
24－冠－8	>4

表 5 所示为从 15 到 24－冠醚同周期表中能生成络合物的各元素离子直径。

冠醚与金属盐生成络合物的反应可用下式表示：

$$L + M^{n+}X^{n-} \rightleftharpoons (ML)^{n+} + X^{n-}$$

（冠醚）（金属盐）　　（络合物）（阴离子）

冠醚与金属盐生成络合物的平衡常数（K）、稳定常数（K_s）、反应热（ΔH）及熵（ΔS）等热力学数据均有测定。一些平衡常数列于表 6[6, 12]，稳定常数列于表 7[13－23]。

表 5 与 15 到 24－冠醚能生成络合物的各元素离子直径[11]/Å

类	I		II		III			IV		V		VII	VIII
族	IA	IB	IIA	IIB	IIIA		IIIB	IVA	IVB	VA	VB	VIIA	VIIIA
元素离子	Li^+ 1.20	Ag^+ 2.52	Mg^{2+} 1.30	Zn^{2+} 1.48	La^{3+} 2.30	Dy^{3+} 1.98	Ti^+ 2.88	Ti^{3+} 1.26	Pb^{2+} 2.40	V^{3+} 1.48	Bi^{3+} 1.92	Mn^{2+} 1.60	Fe^{3+} 1.28
	Na^+ 1.90		Ca^{2+} 1.98	Cd^{2+} 1.94	Ce^{3+} 2.20	Ho^{3+} 1.94							Co^{2+} 1.48
	K^+ 2.66		Sr^{2+} 2.26	Hg^+ 2.20	Pr^{3+} 2.18	Er^{3+} 1.92							Ni^{2+} 1.38
	Rb^+ 2.96		Ba^{2+} 2.70		Nd^{3+} 2.16	Tm^{3+} 1.90							
	Cs^+ 3.34				Pm^{3+} 2.12	Yb^{3+} 1.88							
	NH_4^+ 2.84				Sm^{3+} 2.08	Lu^{3+} 1.86							
					Eu^{3+} 2.06	U^{4+} 2.02							
					Gd^{3+} 2.04	Th^{4+} 2.12							
					Tb^{3+} 2.00								

图 4 绘出了二环已基－18－冠－6－醚的 2 种异构体及 15－冠－5－醚与各种金属离子生成络合物的稳定常数和金属离子直径的关系[12]。由图 4 可见，金属阳离子直径不同，络合物的稳定常数不同，利用这种特性，就可使用一定的冠醚选择性地络合特定的金属离子，从而达到分离某些金属阳离子的目的。

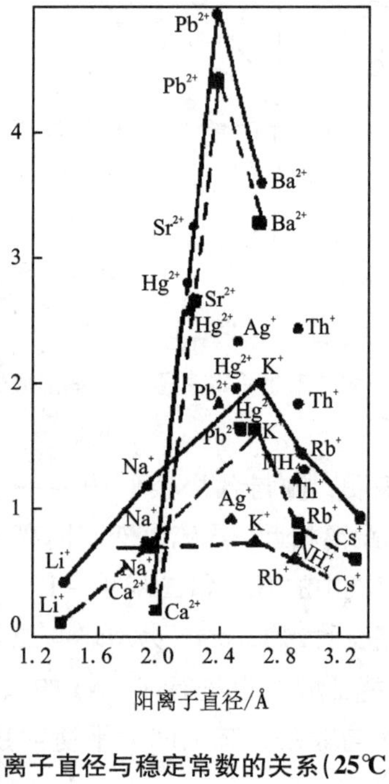

图 4 阳离子直径与稳定常数的关系（25℃）[12]

2.2 冠醚与金属离子的溶剂化作用

我们知道，当含氧有机溶剂与金属生成络合物时，金属离子与有机溶剂中的氧配位，即称之为溶剂化。冠醚与金属离子生成络合物，符合溶剂化的定义。由于冠醚的杂原子对金属离子存在溶剂化效应，因而增加了整个络合物在非极性溶剂中的溶解度。原来的阴离子则作为络合物的对应离子存在于溶液中，仅有较小程度的溶剂化作用，所以更为活化。有人称之为阴离子的活化作用，也有人称之为离子对的离解作用。很多金属卤化物通过冠醚的作用，可以成为有效的亲核试剂，这样活化的氟离子称为“裸氟离子”。

冠醚与金属离子生成的络合物在溶剂中的溶解度与溶剂的极性有依赖关系，其一般的规律是溶剂的介电常数越大，络合物的溶解度越大。冠醚可以看作具有亲水性内圈空洞，而外圈则是憎水性的碳氢结构。内圈的亲水性易与各种阳离子络合，而外圈的憎水性则增大了整个离子化合物在非极性溶剂中的溶解度。

表 6　冠醚与金属离子生成络合物的平衡常数[6, 12]

冠　醚	甲醇中的 lg*K*(25℃)			水中的 lg*K*(25℃)					
	Na^+	K^+	Cs^+	Li^+	Na^+	K^+	Cs^+	NH_4^+	Ag^+
二环己基-14-冠-4	2.18	1.30							
环己基-15-冠-5	3.71	3.58	2.78	<0.1	<0.3	0.6			
18-冠-6	4.32	6.10	4.62		<0.3	2.06	0.8	1.1	1.6
二环己基-18-冠-6(异构体 A)	4.09	6.01	4.61	<0.7	<0.8	1.90	0.8	1.1	1.8
二环己基-18-冠-6(异构体 B)	3.68	5.38	3.49	0.6	1.5	2.1	1.0	1.4	2.3
二苯骈-18-冠-6	4.36	5.00	3.55		1.4	1.7	0.9	0.8	1.7
21-冠-7		4.41	5.02						
二苯骈-21-冠-7	2.40	4.30	4.20						
24-冠-8		3.48	4.15						
二苯骈-24-冠-8		3.49	3.78						

表 7　冠醚与金属离子生成络合物的稳定常数(K_s)

金属离子	冠　醚	溶　剂	$\lg K_s$	文献
Li^+	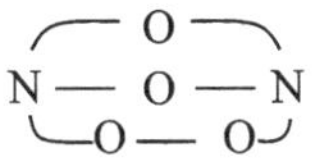	NMe_4Br/H_2O	4.3	13
Na^+	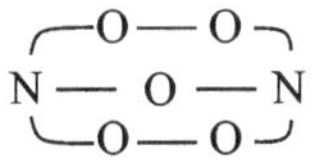	NMe_4Br/MeOH	>9.0	13
	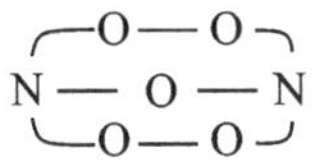	NMe_4Br/H_2O	5.4	13
	二环己基-18-冠	CH_3CN	5.2	14
	4-甲苯基-15-冠	THF(四氢呋喃)	4.2	15
K^+	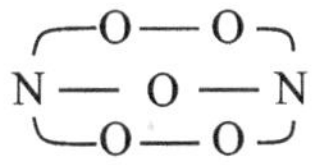	95% MeOH	9.5	16
	二环己基-18-冠	NMe_4Cl/H_2O	6.0	17
	二环己基-18-冠	CH_3CN	5.6	14
Ag^+	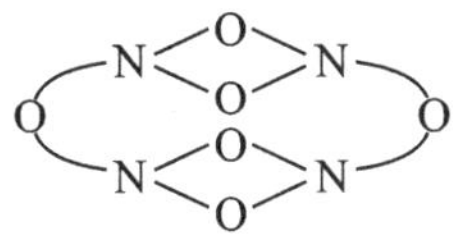	MeOH	76.0	18
NH_4^+	二氮-18-冠 二苯骈-24-冠	H_2O MeOH	7.8 2.4	19 20
Ba^{2+}	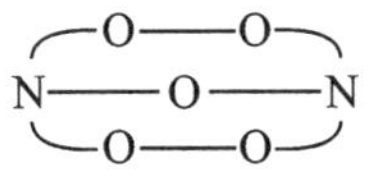	95% MeOH	11.5	16
Sr^{2+}	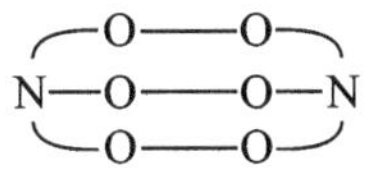	H_2O	13.0	21
Cu^{2+}	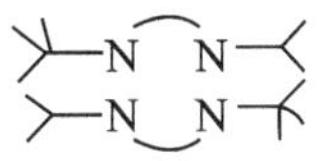	H_2O	28	22
Cr^{3+}	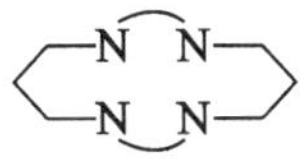	H_2O	7.0	23

表8列出了添加18－冠－6－醚对钾盐溶解度的影响。表9列出了添加甲醇对钠盐及钾盐溶解度的影响。由表8和表9可见，随着添加18－冠－6－醚，钾盐的溶解度增大；在溶剂中添加甲醇，也使钠盐和钾盐的溶解度明显增加。

表8　添加18－冠－6－醚对钾盐溶解度的影响

溶剂	18－冠－6－醚/($mol\cdot L^{-1}$)	溶解度/($mol\cdot L^{-1}$)	
		KAc[24]	KF[25]
乙腈	—	0.0005	
	0.14	0.1	
苯	—	约为0	
	0.55	0.4	
	1.0	0.8	
苯	—		约为0
	0.34		0.014
	1.01		0.052

表9　在含有50 mmol/L二环己基－18－冠－6－醚的溶剂中添加甲醇对钾盐溶解度的影响[10]

溶剂	甲醇/($mmol\cdot L^{-1}$)	溶解度/($mmol\cdot L^{-1}$)				
		NaCl	NaBr	KCl	KBr	KI
C_6H_6	—	0.01	1.8	0.03	2.3	9.2
	250	0.48	24	8.7	30	46
CCl_4	—	0.03	2.7	0.6	4.1	0.8
	250	1.1	28	8.8	34	15
$CHCl_3$	—	1.8	37	21	41	43
	250	5.7	41	34	44	44
CH_2Cl_2	—	1.8	35	17	41	43
	250	5.7	42	33	42	44
THF	—	0.02	1.2	0.1	3.6	45
	250	0.04	5	0.4	1.3	50

3　冠醚在溶剂萃取中的应用

由于原子能工业发展的要求，溶剂萃取的发展非常迅速。目前溶剂萃取的应用范围，几乎扩展到周期表上的所有元素。国际上每隔2～3年召开一次溶剂萃取会议，正是由于人们对溶剂萃取的研究增多。迄今溶剂萃取不但在放射性元素及核燃料的提取、处理上发挥着很大的作用，而且在湿法冶金中也占有颇为重要的地位。

冠醚作为一种新萃取剂是在1974年于法国里昂召开的国际溶剂萃取会议上提出的。在这次会议上发表了用二苯骈－18－冠－6－醚萃取Na^+、Cs^+、Ca^{2+}、Sr^{2+}和Ba^{2+}的研究[26]；同时报道了用甲苯－硝基苯作溶剂，萃取二苯骈－18－冠－6－醚和Li^+、Na^+、K^+、Rb^+和Cs^+的苦味酸盐所形成络合物的研究[27-28]。在这些文献中，对冠醚萃取碱土及碱金属离子的平衡进行了测定，并讨论了冠醚萃取金属离子的选择性。

冠醚萃取金属与其他萃取剂比较起来，最大的特点是具有优良的选择性。如式(6)［当R为H时，以(6a)表示；当R为CH_3时，以(6b)表示］：

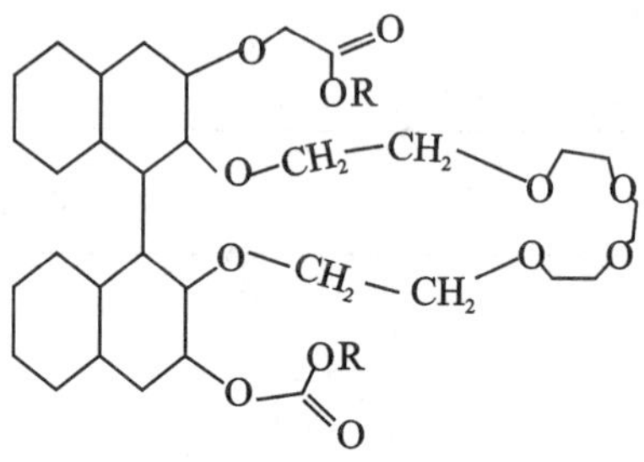

式(6)

式(6)的这种冠醚对金属离子有惊人的选择性。当(6b)用过量氢氧化钡水解时，可发现，产生的(6a)能将氢氧化钡中的杂质锶(0.8%)选择性地络合出来。在同一条件下，碱金属的苦味酸盐被二苯骈－18－冠－6－醚在苯溶液中萃取的情况如图5所示。该图表明了光密度(可以表征碱金属的萃取率)与金属离子直径的关系[28-29]。可见对K^+的萃取能力最强。小于K^+离子直径的Na^+、Li^+则随着离子直径减小，萃取能力下降。大于K^+离子直径的Rb^+、Cs^+，则随着离子直径增大，萃取能力下降。这一点可在冠醚的空洞大小与金属离子的直径上得到解释：18－冠－6－醚的空洞直径是2.6～3.2 Å，而金属离子的直径分别为：Na^+1.94 Å；K^+2.66 Å；Rb^+2.96 Å；Cs 3.34 Å。从离子大小来看钾离子进入18－冠－6－醚的空洞最为合适，络合也最稳定，萃取能力也就最大。当以二硝基苯为稀释剂时，二苯骈－18－冠－6－醚对碱土金属的萃取次序为：Ba、Sr、Ca[26]。

稀释剂对冠醚萃取碱金属的选择性具有明显的影响[31]。用二苯骈－18－冠－6－醚对Na和Cs进行萃取时，各种稀释剂的影响如图6所示。由图6可知，Na^+在以氯仿和硝基甲烷为稀释剂时，其分配比最大差别接近于10^2；Cs^+在以氯仿和碳酸丙烯为稀释剂时，其分配比的最大差别接近于10^4。

在一些研究中已证明，冠醚萃取碱金属或碱土金属的反应是吸热的，随着温度的升高，金属的萃取率上升，而熵则随之减小[29]。

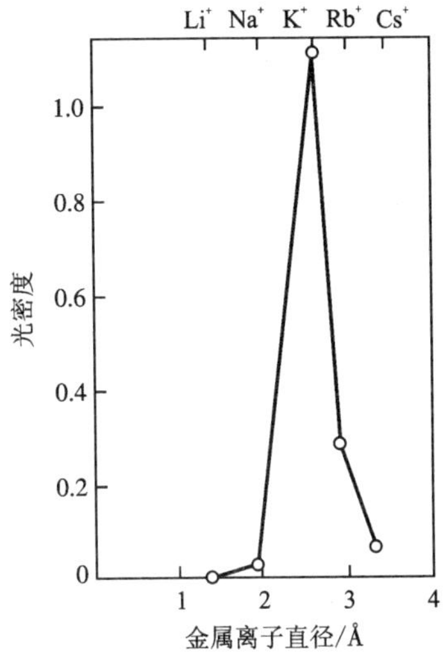

图 5　冠醚萃取碱金属的选择性[28-29]

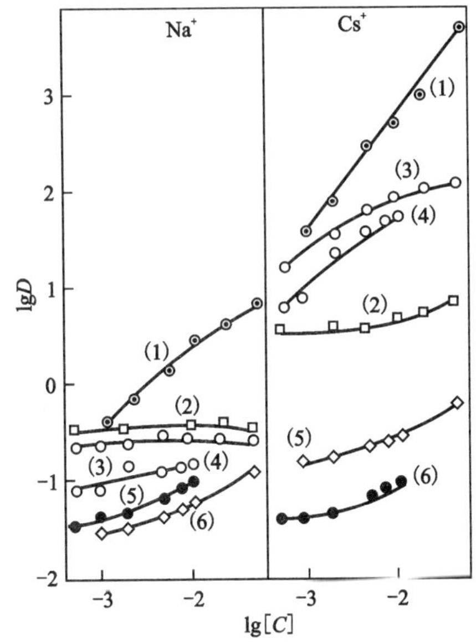

图 6　稀释剂对冠醚萃取金属的影响[26]

1—氯仿；2—硝基苯；3—二氯甲烷；
4—氯代苯；5—碳酸丙烯；6—硝基甲烷

冠醚与稀土金属离子可以形成络合物[30]。在 HNO_3 溶液中该络合物的分子式为[Ln^{3+}]$(NO_3)_3$（式中[ ]代表冠醚，Ln^{3+} 代表稀土金属离子）。用冠醚萃取分离稀土金属已有成功的报道[31]。镧系元素的硝酸盐用二苯骈 - 18 - 冠 - 6 - 醚及乙腈为有机相萃取时，轻稀土 La，Ce，Pr，Nd，Sm 则形成络合物而进入有机相，而重稀土 Eu，Gd，Tb，Dy，Ho，Er，Tm，Yb，Lu 虽然也能与二苯骈 - 18 - 冠 - 6 - 醚生成络合物，但这种络合物的稳定程度较差；而且随着原子序数的增加，所生成络合物的稳定性变小，其萃取率极低，故可把轻、重稀土元素加以分离。

利用二苯骈 - 18 - 冠 - 6 - 醚萃取，可以使 Er 和 Pr 分离，在萃取过程中 Pr 进入有机相，Er 留在水相中[31]。

溶剂萃取法在稀土金属的分离中是非常重要的一种手段。由于冠醚的优良特性，它作为一类新萃取剂出现，将会使溶剂萃取法分离稀土金属的技术得到进一步的发展。

除了应用冠醚萃取分离稀土外，在表 5 列出的元素都可与冠醚生成络合物。可望用于萃取分离 Zn、Cd、Hg、Tl、Ti、Pb、V、Fe、Co、Ni、Bi 和 Mn 等元素，这些元素与 15 ~ 24 冠醚都能生成稳定的络合物。关于 $U^{4+}(UCl_4)$、UO_2^{2+} [$UO_2(NO_3)_2$、$UO_2(OCOCH_3)_2$]、Th^{4+} [$Th(NO_3)_4$]、$Ni(NO_3)_2$、$Co(NO_3)_2$、$CoCl_2$、$Mn(NO_3)_2$、$BiCl_3$ 和锕系元素等与 18 - 冠 - 6 - 醚生成络合物而被萃取的情况，前两年就有了报道[32-34]。

由于冠醚可以被吸附于聚合物或无机物的固体表面上，所以对用色层柱提取、分离、回收有价金属提供了有利条件，尤其是对稀土金属的分离具有现实意义。

综合上述可以认为，由于冠醚具有大环结构而选择性强的特点，故对用它萃取金属的研究会日益增加，冠醚可望作为一类新萃取剂得到广泛的应用。

参考文献

[1] C J Pedersen. J. Amer. Chem. Soe. , 1967, 89: 2495.
[2] C J Pedersen. J. Amer. Chem. Soe. , 1967, 89: 7017.
[3] 平冈. 新金属工业, 1976, 21(244): 105 - 112.
[4] 根等. 化学, 1976, 31(2): 140 - 142.
[5] 田伏. 化学, 1975, 30(3): 212.
[6] J J Christensen et al. Chem. Revs. , 1974, 74: 351.
[7] M R Truter et al. J. Chem. Soe. , 1971, 1544: B.
[8] N S Poonia. J. Amer. Chem. Soe. , 1974, 96: 1012.
[9] A C L Su et al. Inorg. Chem. , 1968, 7: 176.
[10] C J Pedersen et al. Angew. Chem. Int'l Ed. , 1972, 11: 16.
[11] 平冈. 有机合成化学协会志, 1975, 33: 37.
[12] Structure and Bonding. Vol. 16, Springer - Verlag, 1973.
[13] J M Lehn et al. Chem. Commun. , 1971: 440.
[14] D F Evans et al. J. Solution Chem. , 1972, 1: 499.
[15] U Takaki et al. J. Amer. Chem. Soe. , 1971: 93, 6760.
[16] B Dietrich et al. Chem. Cornmun. , 1973: 15.
[17] J Koryta et al. J. Electroanal. Chem. , 1972, 36: 14.
[18] J Cheney et al. Chem. Commun. , 1972: 1100.
[19] H K Frensdorff. J. Amer. Chem. Soe. , 1971, 93: 600.
[20] P B Chock. Proc. Nat. Acadsa. , U. S. , 1972, 69: 1939.
[21] B Dietrich et al. Tetrahedron. Letters, 1969: 2889.
[22] D K Cabbiness et al. J. Amer. Chem. Soe. , 1969,

91: 6540.

[23] J Ferguson et al. Inorg. Chem. Acta, 1970, 4: 109.

[24] C L Liotta et al. Tetrahedron. Letters, 1974: 2417.

[25] C L Liotta et al. J. Amer. Chem. Soe., 1974, 96: 2250.

[26] J Raiset et al. Proc. Int. Solvent Extraction Conf., 1974: 1705.

[27] P R Danesi. Proc. Int. Solvent Extraction Conf., 1974: 1761.

[28] P R Danesi et al. JINC, 1975, 37: 1479.

[29] A Sadakane et al. Bull. Chem. Soe. Japan, 1975, 48: 60.

[30] A Cassol et al. Inorg. Nucl. Chem. Letters, 1973, 9: 1163.

[31] R B King et al. J. Amer. Chom. Soc., 1974, 96: 3188.

[32] R M Costes et al. Inorg. Nucl. Chem. Letters, 1975, 11: 469.

[33] R M Costes et al. Inorg. Nucl. Chem. Letters, 1976, 12: 13.

[34] A Knöched et al. Inorg. Nucl. Chem. Letters, 1975, 11: 787.

A new approach to the development of new extractant for hydrometallurgy by selection from flotation agents*

Abstract: The comparision of flotation system and extraction system suggests that, owing to the similar characteristics of the two systems, it is available to develop some extractants by selecting directly from flotation agents or synthesizing by the use of flotation agents for metal extraction. This provides a new approach to the production and application of more, cheap and effective extractants. According to this method, three kinds of extractants were obtained and had been used for the extraction and separation of some metals.

Introduction

Solvent extraction has become an important method for metal extraction. The efficiency of this technique, to a great extents, depends on the variety and quality of extractant used. The application of new effective extractants with new specific functional groups or non - polar alkyl radicals is necessary for the expansion and improvement of extraction technique, so how to prepare more and effective extractants easily and cheaply has become an important research subject. The comparison between flotation system and extraction system shows that various collectors widely used in flotation process which can be easily prepared with sufficient synthesis material supply may be used as extractant or major extractant synthesis material for hydrometallurgy by selection or introducing some specific functional groups or alkyl radicals into them. This provides a new approach to the development of more and effective extractants.

1 Comparision between flotation and extraction

Froth flotation utilizes the differences in physico - chemical surface properties of particles of various minerals. Flotation reagent known as collector is used to form a water - repellent layer on mineral surface. The comparison of flotation process and extraction process in the agent properties and technique characteristics is given as follows:

A. Most of collectors and extractants are organic compound. Collector can be easily prepared on the cheap. There are varieties of organic compounds used as collector in the flotation of various minerals.

B. Collector and extractant have a similar structure which can be expressed as R-X, R-non-polar hydrocarbon group having water - repellent property, X - polar radical which can react with water. The active atom in the functional group of polar radical may be one of the following types: N, N. N, S, S. S, S. N, S. O, S. S, O, O. O, ect.. There are conjugation effect, induction effect and space resistence effect between the atoms in collector and extractant. These effects affect the flotation and extraction properties of the organic compounds.

C. There are similar demands for collector and extractant in the two different processes, but a more powerful water - repellent property is needed for extractant in extraction process.

D. In flotation process, the object of collection is mineral different from the extracted metal ion in extraction. The theory of flotation may be more complex, but it is certain that there are similar chemical reactions between mineral - collector and metal ion - extractant in the two processes if the same type of agent is used.

E. The efficiency of flotation and extraction, to a large extent, depends on the organic reagent used. The non - polar hydrocarbon group and polar radical of agent used dominate its selectivity and ability for the collection of mineral or metal ion in the two processes.

F. Apart from aqueous medium pH, the other application conditions of collector and extractant in flotation and extraction are similar.

From the above comparison, it can be known that

* 该文首次发表于《Proc. of the First. Conf. on Hydrometallurgy (ICHM'88)》, Inter Publisher, 1988, 540 - 544. Coauthers: Zhou Zhonghua, Wang Qiankun.

the similar characteristics existing between flotation - extraction and collector - extractant may render us a new method to develop new extractant from collector by selection or changing the alkyl radical or functional group of collector to meet extraction needs in some specific extraction systems. For example, hydroxamic acid is used as the collector of oxide mineral in flotation. If the straight carbon alkyl in hydroxamic acid is replaced by a branched chain alkyl, its solubility in water may decrease, and it also can be used as extractant for the extraction of some rare metals.

2 Selection and synthesis of three extractants using flotation agent

In recent year, the research results of flotation technique and flotation reagent have been taken into account in the field of extraction. Some new effective extrctants were prepared. The description of three new extractants and their application in metal extraction is given below.

A. A101[1]

Organic amide - type compounds, including RNH_2, R_2NH, R_3N and $[R_4N]X$, can be used as flotation collector and extractant. The acetylated products of this amide - type compounds have more excellent extraction properties. A101, a weakly basic extractant, is one of the dialkyl - acetamide compounds with the structure expressed ($CH_3—C(=O)—NR_2$, $R = C_{7-9}$). A101 has a great selectivity and a powerful extraction ability for some metals. The extraction results of Nb, Tl, Bi, Pb, Cd, Mo and Re in aqueous medium by A101 are given in Fig. 1 ~ Fig. 3 respectively.

Now, it is used for the separation of Ta/Nb and the extraction of Tl and other rare metals in several plants of China, and satisfactory technical and economic effects have been achieved.

B. H106[2]

Hydroxamic acid type organic compounds are widely used in analysis chemistry as precipitant and for colour test. They also have fine collection property for some minerals in flotation. Owing to their effective and strong actions with metal ion, they have been taken into account

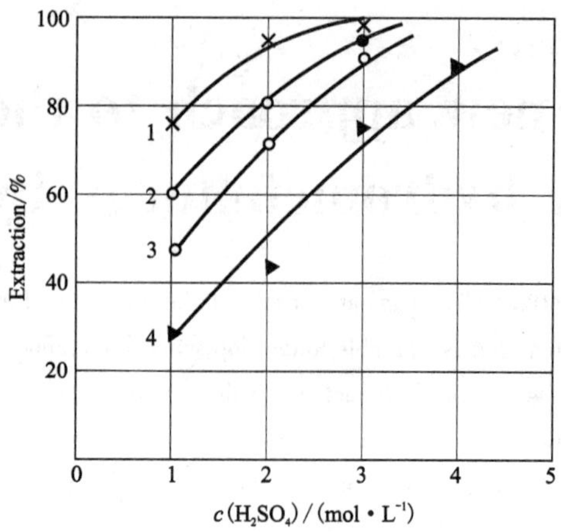

Fig. 1 The effect of acidity of leach liquor on Nb extraction

1—4.5 mol/L HF; 2—3.5 mol/L HF; 3—2.5 mol/L HF; 4—1.0 mol/L HF

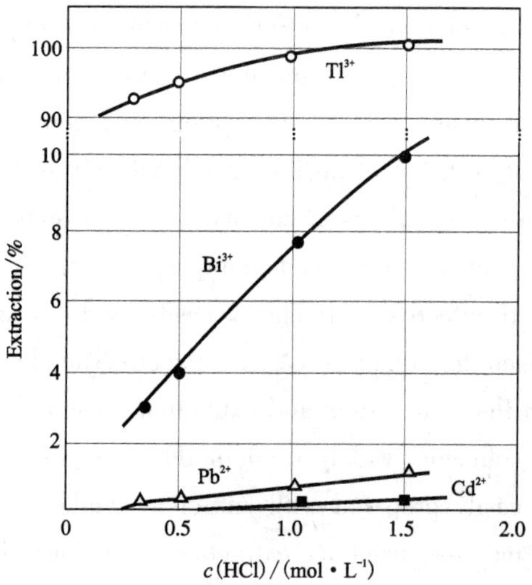

Fig. 2 The effect of leach liquor acidity on extraction

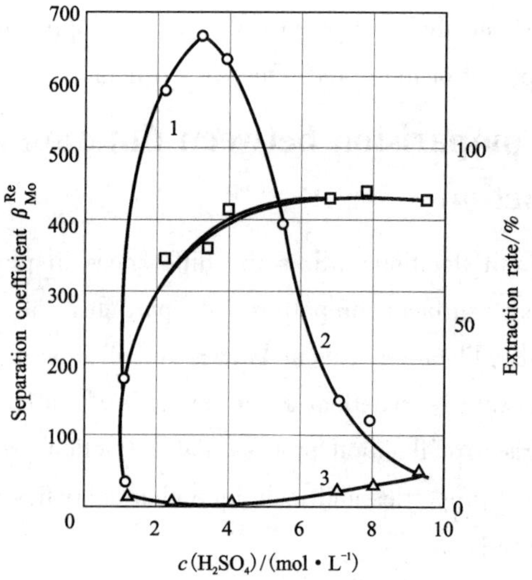

Fig. 3 The effect of H_2SO_4 concentration on extraction of Re and Mo

1—β_{Mo}^{Re}; 2—Re; 3—Mo

in the synthesis of some new extractants. Usually, a short straight carbon chain alkyl hydroxamic acid, as extractant, has a great solubility in water which will lead to its loss in water phase in extraction. The introduction of a long branched chain alkyl into hydroxamic acid will greatly decrease its solubility in water. Zhou Taili selected (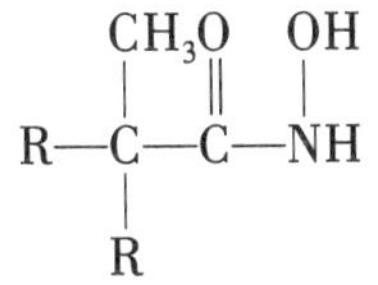 , $R = C_5$), known as H106, for solvent extraction. As compared with straight hydrocarbon chain alkyl hydroxamic acid, H106 has a higher stability in extraction system and a greater extraction ability for some metals.

The extraction results of some metals with H106 are shown in Fig. 4, with the extractability order: Ge(Ⅳ) ≈ Bi(Ⅲ) > Fe(Ⅲ) > Ga(Ⅲ) > Sb(Ⅴ) > Sb(Ⅲ) > In(Ⅲ) > Cu(Ⅱ) > Fe(Ⅱ) > Zn(Ⅱ). From the results shown in Fig. 4, it can be known that H106 has an excellent selectivity for the metals. In the coextraction of Ge—Ga and Ge—In, and in the recovery of In, Ge and Ga from the sulfuric acid leach liquor of hydrometallurgical zinc plant residue, H106 gives very satisfactory results.

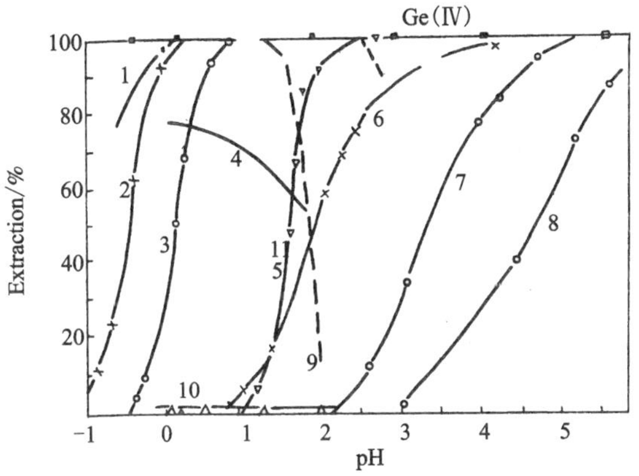

Fig. 4 The effect of pH on the extraction of various metal ions

1—Bi^{3+}; 2—Fe^{3+}; 3—Ga^{3+}; 4—Sb^{5+}; 5—In^{3+}; 6—Cu^{2+}; 7—Fe^{2+}; 8—Zn^{2+}; 9—As^{3+}; 10—As^{5+}

C. B312[3]

P507 is an excellent organic extractant for the separation of nickel-cobalt and rare-earth elements. But two effects limit its application: the lack of raw material for its synthesis and high price. Styrylphosphonate monoester synthesized by using styrylphosphonic acid which is used as flotation collector and has a sufficient supply with low price, is considered to substitute P507. Hydrocarbon radical in the styrylphosphonate monoester may be one of the following types: straight chain alkyl, isoalkyl, alicyclic alkyl, aryl alkyl, alkyl phenyl. A mixture of styrylphosphonate monoester known as B312 was prepared, with the structural formula as follows:

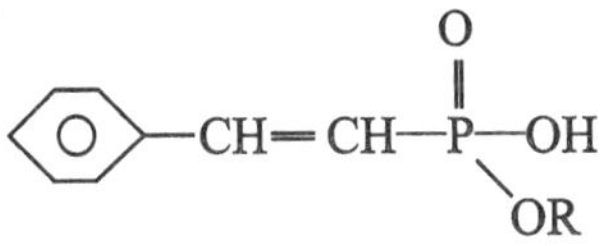

The alkyl R contains 11 to 13 carbon atoms. B312 was used for the extraction of Fe(Ⅱ), Zn(Ⅱ), Fe(Ⅲ), Mn(Ⅱ), Ca(Ⅱ), Cu(Ⅱ), Mg(Ⅱ), Co(Ⅱ) and Ni(Ⅱ) from aqueous sulfate salt solution. The extraction results are given in Fig. 5.

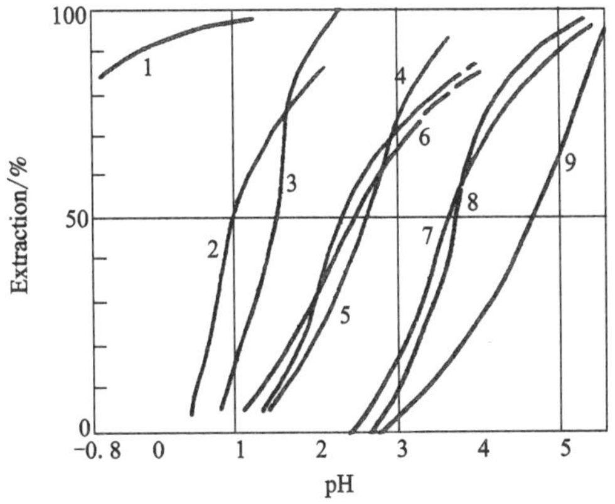

Fig. 5 pH effect on metal extraction

1—Fe^{3+}; 2—Zn^{2+}; 3—Fe^{2+}; 4—Cu^{2+}; 5—Mn^{2+}; 6—Ca^{2+}; 7—Co^{2+}; 8—Mg^{2+}; 9—Ni^{2+}

The results in Fig. 5 show that the separation of copper, cobalt and nickel in aqueous medium can be achieved by B312 - kerosene organic system at room temperature. Experimental research suggests that B312 is not so good as P507 for the separation of nickelcobalt, but better than P204. It can be prepared easily and cheaply.

References

[1] Res. G P. Acta Metallurgical Sinica, 1977, 13(4): 282 - 287.
[2] Zhou Zhonghua, Ma Rongjun et al. The recovery of In, Ge and Ga from hydrometallurgical zinc plant by complete solvent extraction. ISEC'80, Liege, Belgium, June 1980.
[3] Zheng Longao, Ma Rongjun et al. Mining & Metallurgy Engineering, 1984, 3(4): 42 - 46(in Chinese).

溶剂萃取中的乳化及三相问题*

摘　要：本文阐述了在溶剂萃取中产生乳化及第三相的原因及其消除方法。

Emulsification in solvent extraction and three phases problems

Abstract: In this paper a discussion is made on the reasons of occuring emulsification and the third phase in solvent extraction and the countermeasures.

溶剂萃取是冶金、化工中一种很有效的提取分离新技术。这种方法在20世纪40年代末及50年代初开始用于提取与分离放射性元素及稀有金属，自20世纪70年代以后，在其迅速发展的过程中，也成了提取有色重金属的重要方法。

在溶剂萃取中，乳化及三相是应给予特别注意的问题。在萃取工艺中如果产生了乳化及三相，一方面造成萃取剂的损耗量增大，使产品成本增高，另一方面会使萃取作业不能正常进行。本文对乳化及三相问题进行较详细的讨论及阐述，供同行在解决这方面的问题时参考。

1　乳化的生成及消除

乳化液的一般概念是有机相和水相形成的均匀而又稳定的混合物，即二相形成的极细而又分散的混合液。科学的定义是：乳化液是一个多相体系，其中至少有一种液体以液珠的形式均匀地分散于另一个不和它混合的液体之中，液珠的直径一般大于0.1 μm，这种乳化体系皆有一个最低的稳定度，而这个稳定度可因有表面活性剂或微细的固体粒子存在而强化。

萃取中的乳化液有油包水(W/O)型或水包油(O/W)型。确定乳化液类型，除直接观察外，亦可对乳化液进行染色，在显微镜下，可以分辨得很清楚。因为水相极易染色，而有机相着色困难，在观察时可确定着色部分即是水相，而没有染色的部分即是油相。在直接观察时，如果见到乳化层较多的部分在水相可能是油包水型，反之则为水包油型。产生乳化的原因很多，可能因水相引起，也可能因有机相变化引起。

1.1　有机相引起的乳化

萃取中使用的有机相是由萃取剂与稀释剂组成的油相，通常萃取剂在有机相中占5%～30%，其余为稀释剂。有机相受外界的氧化影响或长期在酸的作用下发生一些变化，可能成为乳化的原因。

(1)氧化作用

萃取剂长期受空气作用而发生氧化，进而使萃取剂降解，生成另外的有机化合物。

(2)无机酸的作用

无机酸与萃取剂长期作用可使萃取剂水解或发生去烷基反应。现以最常用的萃取剂磷酸三丁酯(TBP)为例进行说明。

磷酸三丁酯在无机酸的影响下，可发生水解生成磷酸二丁酯(或称为二丁基磷酸，简称为DBP)，其反应为：

$$(C_4H_9O)_3PO \xrightarrow[{[H_2O]}]{H^+} (C_4H_9O)_2POOH \quad (1)$$

磷酸二丁酯还可以进一步水解，生成磷酸一丁酯和磷酸：

$$(C_4H_9O)_2POOH \xrightarrow[{[H_2O]}]{H^+} C_4H_9OPO(OH)_2 \quad (2)$$

$$C_4H_9OPO(OH)_2 \xrightarrow[{[H_2O]}]{H^+} H_3PO_4 \quad (3)$$

* 该文首次发表于《有色金属(冶炼部分)》，1996年，第3期，42～45页。

在磷酸三丁酯的逐级水解反应中，第一步生成磷酸二丁酯的反应速度比其余 2 步快。在无机酸中，各级水解反应常数之比为 $K_1 : K_2 : K_3 = 4 : 2 : 1$。因此，在一般情况下，可认为水解主要产物为磷酸二丁酯。

此外还会发生去烷基反应，例如干燥的氯化氢气体能和磷酸三丁酯反应生成氯代烷及磷酸二丁酯：

$$(C_4H_9O)_3PO \xrightarrow{HCl} (C_4H_9O)_2POOH + C_4H_9Cl$$

如果在 2 ~ 5 mol/L 的硝酸作用下，还可生成硝酸丁酯：

$$(C_4H_9O) \xrightarrow{HNO_3} (C_4H_9O)_2POOH + C_4H_9ONO_2$$

假如在萃取体系中有放射性元素存在，会对萃取剂产生辐射作用，仍以 TBP 为例，TBP 在辐射作用下，可产生一丁酯、二丁酯、磷酸和挥发性气体（氢及烃类）。

煤油是溶剂萃取中最常用的稀释剂，无机酸与辐射对煤油均可产生降解作用。一般的规律是烷烃和无机酸作用速度慢；但烯烃和芳烃则能很快和无机酸作用。所以作为稀释剂的煤油在用作稀释剂前要进行预处理，以除去其中的烯烃及芳烃（可统称为不饱和烃）。但是经过处理的煤油，长期使用后，也会发生变化。例如美国作为稀释剂的 Amsco - 125 中不饱和烃的含量要求小于 1%，在使用一段时间后，其不饱和烃的含量远超过 1%。这是因为 Amsco - 125 是一种有支链脂肪烃的混合物，其结构可用 2，2，4，6，6 - 五甲基庚烷来代表，在长期使用后，其中的叔氢原子与无机酸发生作用。一般而言含支链的多少对无机酸的反应，有着较大的影响。在煤油中亚硝酸的存在更是非常有害的。如果在酸和辐射共同作用下，可使煤油乳化增加。

1.2　水相引起的乳化

（1）水相中微细固体粒子的作用

如未分解的矿石、氢氧化物或金属离子水解析出的氢氧化物等，往往容易和有机相形成难分层的乳化液。固体粒子的亲油、亲水性与生成的乳化液类型有关，如果固体粒子是亲水的则形成水包油型乳化液，如果固体粒子是亲油的则形成油包水型乳化液。

（2）料液中 SiO_2 的作用

一般的经验认为，水相中含 SiO_2 量应小于 0.1 g/L，如超过此值，由于 SiO_2 对水包油型乳化液起稳定作用，而常常导致乳化发生。因此，在萃取作业时，应以有机相为连续相，而浸出矿石时，应尽量减少矿石中 SiO_2 的溶出量。

（3）料液 pH 的影响

pH 过高，尤其是超过 Fe、Al 等的水解 pH 时，会生成 $Fe(OH)_3$、$Al(OH)_3$ 等沉淀，在这种情况下，极易产生乳化。

（4）工艺操作的影响

操作不当，如在有机相与水相萃取混合，受到剧烈搅拌时，使两相呈极细而又分散的珠粒，而产生乳化。采用脉冲筛板塔等设备两相混合较和缓，不易产生乳化；采用混合澄清萃取槽，应特别注意选择混合室两相的搅拌方式和搅拌转数，通常在选择转数时以 $n^3d^2 < 1.9$（n 单位为 r/s，d 为搅拌涡轮的直径，单位为 m）为原则。

1.3　乳化稳定剂

乳化液是一种稳定的油包水或者水包油的油水混合液。这种混合液在有称为乳化稳定剂的物质存在下会非常稳定。乳化稳定剂可来自有机相，也可来自水相。可把乳化稳定剂归纳为 3 类：①某些具有极性基团的长链有机化合物。如日常生活中使用的肥皂、洗衣粉，即长链的磺酸、磺酸盐和酸性硫酸酯等。②大分子的亲水物质，如蛋白质、树胶和琼脂等。③某些不溶的微细固体粒子，如铁、铜或镍的盐基硫酸盐、硫酸铝、氧化铁、氢氧化铁、碳酸钙、硅、铝等。这些均能稳定水包油型乳化液，而炭黑等则能稳定油包水型乳化液。

乳化稳定剂已成为工业上很重要的一类物质，在需要产生乳化的工艺或制备乳化液时，例如在液膜分离技术中，选择有效的稳定乳化剂就十分重要。而在溶剂萃取中，要防止乳化液的生成，稳定乳化剂就成为一种有害的物质，必须进行适当控制。

1.4　消除乳化的方法

消除乳化从原则上讲有 2 种含义，一是要防止乳化的产生，二是消除在萃取中产生的乳化层。前者治本，后者治标。为了防止乳化产生，对有机相（萃取剂及稀释剂）要进行纯化。一般而言，购买到的商品工业萃取剂，能达到产品质量要求，不需要进行处理即可使用。但使用的稀释剂要给予充分注意，要除去其中不饱和烃等。

对水相的处理与控制是防止产生乳化的重要环节，主要的处理和要求是：①要除去萃取料液中未溶解的固体粒子；②要除去萃取料液中的氧化硅、氧化铝及氢氧化铁等胶体物质或悬浮物；③要控制好萃取料液的组成，防止容易共萃的杂质含量过高，更要防止一些油类混进萃取料液；④要保持萃取料液有适当的酸碱度，如在酸性溶液萃取时，要防止 pH 过高，以免一些金属离子水解而产生乳化。

在萃取中如形成油包水型乳化液，可使用以下方法破乳：沉降法、常压下加热或蒸馏法、高压下加热或蒸馏法、电力(或磁性)破乳法以及化学处理法等。化学处理法是向萃取体系中添加破乳剂。在进行矿浆萃取时，已证明为防止乳化及减少有机相的夹带损失加入木质磺酸钠很有效。另外，还可用离心破乳或加强对萃取料液过滤等办法防止乳化发生。

在萃取中如形成水包油型乳化液时，多使用化学破乳法，例如加热处理或加酸辅以钙盐沉淀等措施。也可采用离心破乳法，早在 20 世纪 60 年代人们就已认识到使用高速离心机破乳是一种有效的方法。

人们在实践中发现，对乳化液进行慢速搅拌，即进行机械破乳，对油包水型或水包油型乳化液都有一定的破乳作用。有时增大或减小相比也有利于减轻乳化的程度。为了防止 SiO_2 的悬浮物对水包油型乳化液的严重影响，也可采用返回循环有机相，使萃取作业中以有机相为连续相，这样也可减轻乳化。

萃取有机相经过长期使用后，会受到污染，其结果是金属萃取率下降，分相时间增加，夹带损失变大，也容易产生乳化层。因此，有时需要进行处理。例如，美国玛格铜业公司的圣・曼努尔厂在用 Lix984 萃取铜时，使用黏土类物质净化污染有机相获得了成功，并取得了显著的经济效益。

1.5 消除乳化的实例

(1)用溶剂萃取法从铀矿浸出液提取铀时，以叔胺作萃取剂，若水相进料液中含有悬浮物，则会产生乳化层。我们严格控制水相中固体粒子含量在 5×10^{-7}以下，顺利地解决了乳化问题。

在工业实践中，我们用过砂滤或活性炭过滤等方法除去固体细粒。同时要使用适宜的絮凝剂，可以保证进料液的质量。

(2)在研究从褐钆钶矿提取铀、钍、稀土时，可使用 TBP 萃取分离铀、钍、稀土。因矿石分解不完全，进料液水相含有悬浮物，并由于 Ti^{4+}、Fe^{3+} 等的离子水解，在萃取时产生了严重的乳化。为此，在萃取前把易水解的离子除去，并在矿石浸出中使用较浓的酸液，避免浸出液中有胶体存在，从而解决了乳化问题。

(3)从铅、锌冶炼烟尘中，用萃取法提取铊时，由于浸出料液中含有 SiO_2 和 $Fe(OH)_3$ 等胶体悬浮物，在萃取时乳化很严重。为了解决这一问题，我们对浸出液进行了净化处理。其具体办法是向浸出液中添加絮凝剂(A + B)，经放置后，有效地解决了乳化问题。

(4)辉钼矿经压煮萃取钼、铼时，由于压煮液中存在二硅酸、三硅酸等胶体，在萃取中势必造成乳化。在钨的萃取工艺中，在调酸工序发生金属水解，在萃取时也有乳化发生。上述 2 种情况，均可向浸出液中添加絮凝剂(A + B)，使浸出液的质量得到保证，而解决了乳化问题。

(5)在用 Lix984 或 MOCTM − 100^{TD}萃取铜的浸出液时，也有乳化层产生。经研究控制好浸出液的 pH，添加一种絮凝剂，可防止乳化层产生。受污染的有机相，使用膨润土类吸附剂处理，可使其恢复原有的性能。

2 第三相的生成和消除

在萃取过程中，有时在有机相和水相之间生成一个新相，称之为第三相。第三相的相对密度介于水相与有机相之间，是透明清亮的，它与界面生成的乳化层有着明显的区别。第三相的生成及消除有以下几种情况。

2.1 萃合物溶解度小生成的第三相

由于在溶剂萃取中生成的萃合物在有机相中的溶解度不够大，超过了饱和状态，它就会从有机相中析出，而生成第三相。例如，用 D_2EHPA 萃取 Ce^{4+} 时，由于 D_2EHPA 萃取容量较小，如果水相料液中 Ce^{4+} 浓度过高，或有机相比较小时，就会出现以 $D_2EHPA-Ce^{4+}$ 盐为主的第三相。又如用 TBP 萃取铀或钍时，当进料液中存在的 Fe^{3+} 浓度较高，TBP 与 Fe^{3+} 生成的萃合物超过了它在有机相中的溶解度，在两相间便会形成含 Fe^{3+} 高的第三相。$Th(NO_3)_4-HNO_3-H_2O-TBP$ − 煤油系统生成第三相的情况也证明了第三相的析出是由于 $Th(NO_3)_4\cdot 2TBP$ 萃合物在煤油类脂肪族碳氢化合物中溶解度小所引起的，而且第三相的形成取决于平衡水溶液的酸度与被萃取物质的含量，往往当 HNO_3 浓度和 $Th(NO_3)_4$ 的浓度增高时，引起第三相生成；当降低 HNO_3 浓度与 $Th(NO_3)_4$ 浓度时，则有利于第三相消除。所有这些现象都说明了萃合物的溶解度是生成第三相的主要影响因素。

2.2 2 种不同萃合物生成的第三相

在有机相中含有 2 种不同的萃合物 − 离子缔合体，也是生成第三相的原因之一。因为 2 种不同的萃合物在有机溶剂中溶解作用不同，会形成各自的有机相，这样就使有机相形成了 2 层。例如，用叔胺从盐酸溶液萃取铀时，UO_2^{2+} 和 HCl 都可被萃取，当两者被萃取的量差不多时，就会形成含 $R_3NH^+Cl^-$ 和含 $(R_3NH^+)_2UO_2Cl_4^{2-}$ 的 2 个有机相。当进一步进行饱和萃取时，有机相中的 $R_3NH^+Cl^-$ 几乎完全转变为

$(R_3NH^+)_2UO_2Cl_4^{2-}$，此时第三相又可消失。所以，如果有机相含有2种不同萃合物生成第三相时，可通过提高某一萃合物的浓度，使其形成的有机相占优势而使第三相消失。

2.3　萃取剂溶解度小生成的第三相

萃取剂本身在有机相中溶解度不大时，往往会生成第三相。例如，用于萃取的烷基胺在芳烃有机溶剂中比在烷烃中的溶解度大，因此，烷基胺在芳烃中不易生成第三相，而在烷烃中较易生成第三相。又如，用叔胺或季胺萃取分离稀土时，通常采用含芳烃的重溶剂油作稀释剂，而不采用煤油为稀释剂，就是基于这个道理。

烷基胺在煤油一类有机溶剂中溶解度较小。在用煤油作稀释剂时，一般需要往有机相中添加高碳醇(如辛醇、甲庚醇等)、TBP、MIBK等作调相剂，这3种有机化合物结构的共同特点是具有氧功能团。这个氧功能团可以和胺的分子结合，拆散胺的聚合体，降低其有效相对分子质量，从而增加了烷基胺在煤油中的溶解度。在考查烷基胺的结构时发现，在相同的溶剂中，直链的胺溶解度较大，支链的胺溶解度较小，所以后者比前者易生成第三相。

2.4　烷基胺盐生成的第三相

烷基胺盐在有机溶剂中生成第三相既受胺本身结构的影响，也受成盐后酸根离子的影响。例如，当叔胺与硝酸相互作用，结果得到 $R_3NH^+NO_3^-$ 离子缔合体，当酸度进一步增大时，加合反应的结果得到 $R_3NH^+NO_3^-$ 和 $H_3O^+NO_3^-$ 2种离子缔合体。这2种离子缔合体的溶解度不同，故而生成第三相。

相同的烷基胺与无机酸生成的相应盐，有形成第三相的倾向，其作用有如下次序：$(R_3NH)_2^+SO_4^{2-}$，$R_3NH^+HSO_4^-$，$R_3NH^+Cl^-$，$R_3NH^+\cdot NO_3^-$

最后还应指出，温度升高时有利于两相互溶。因此萃取温度高时不易生成第三相，萃取温度低时容易生成第三相。

3　结语

乳化和第三相是溶剂萃取中常遇到的问题，它给萃取作业带来困难，如果在萃取中产生乳化或第三相，只要查明原因，进行适当处理，就可以使乳化层及第三相消失。

沉淀过程的理论和应用的新进展*

摘　要：论述了难溶物质在水溶液中沉淀过程的理论，其中包括成核、晶体生长、聚沉和陈化等过程，并介绍了沉淀过程研究和应用的新进展。

Theory of precipitation process and new advance in application

Abstract: The theory of precipitation process of the insoluable matters in aqueous is discussed, including the processes of nucleation, crystal growth, coagulation, aging and so on. The paper also presents the new advance of precipitation process in research and application.

沉淀过程是一个在分析、冶金、化工及应用化学中古老的单元过程。由于该方法简单易行，所以一直被广泛应用。从微观上来看，沉淀过程发生的变化极为复杂。近些年来，对该过程的理论研究较少，而它又在高新技术的纳米原材料的制备中得到应用。鉴于其重要性，本文就沉淀过程的理论及研究中的新应用做一些介绍。

1　沉淀理论[1, 2]

从水溶液中析出电解质沉淀的过程主要涉及成核、晶体生长、聚沉、陈化等过程。

1)成核过程

水溶液中的成核过程理论是由蒸气相形成液滴过程的成核理论类推而来，成核分均相成核与异相成核。均相成核是由于均相晶核的形成而引起的，而异相成核则起源于溶液中的杂质。

按照经典热力学成核理论，均相晶核被当作具有临界大小的聚集体，当浓度低于临界水平时，离子群可逆地生长或分解；当浓度达到或超过临界水平时，形成均相晶核。

从溶液中析出电解质沉淀 A_xB_y 的热力学驱动力是 $nTR\ln S$(这里 $n=x+y$，R 是摩尔气体常数，T 是热力学温度，S 是饱和比，等于电解质的活度 α 除以电解质的溶解度 C)。而固相沉淀的形成，又必须克服产生的新固相的表面能。对于均相成核，沉淀过程的自由能变化：

$$\Delta G = -nRT\ln S + A\sigma \tag{1}$$

这里 A 是界面面积，σ 是电解质固相与溶液之间的界面张力。

对于异相成核，其过程的自由能变化：

$$\Delta G' = -nRT\ln S + A\sigma' \tag{2}$$

这里 $\sigma' < \sigma$[3]，所以 $\Delta G' < \Delta G$，从能量的角度上看，异相成核比均相成核要容易进行。实际情况是：当溶液的饱和比较低时，异相成核占优势；当溶液的饱和比较高时，均相成核占优势。

若沉淀颗粒是球形的，由(1)式可得晶核的临界半径：

$$\gamma^* = \frac{2\sigma V}{kT\ln S} \tag{3}$$

式中：V 为分子体积；k 为玻尔兹曼常数。

此过程的活化能

$$\Delta G = \frac{16\pi\sigma^3V^3}{3K^2T^2\ln^2 S} \tag{4}$$

其中式(3)就是著名的 Gibbs－Thompson 方程[4]。

关于沉淀过程中的稳态成核速度 J，表达式有一些不同，按机械力学的观点[4]：

$$J = \Omega\exp\left(-\frac{\beta\sigma^3V^3}{k^3T^3n^2\ln^2 S}\right) \tag{5}$$

* 该文首次交流于1998年全国冶金物化学术会议(上海)，并被收入该学术会议的论文集，《中国稀土学报》1998年(冶金物化专辑)，第8期，555～561页。合作者：柳松。

这里 β 是形状因子，对于球形颗粒，其值为 $16\pi/3$；Ω 是指前因子，是一个组成项，此组成项包括扩散能障碍和溶液组分的浓度，通常被近似地认为等于 10^{25}。

1991 年，D Kashchiew 等[5]提出了较新的观点，他们认为

$$J=K_1\cdot S\cdot \exp\left(-\frac{\beta\sigma^3V^3}{k^3T^3n^2\ln^2S}\right) \tag{6}$$

这里 K_1 是常数，此式在 $BaSO_4$ 和 $CaCO_3$ 的沉淀过程中得到验证[6,7]。

成核过程的速度，是通过测量诱导期(t_n)来实现的。诱导期就是从过饱和溶液的形成到可观察到固体物质的析出期间所经历的过程。其表达式为：

$$t_{\text{ind}}=t_n+t_g \tag{7}$$

式中：t_n 是临界晶核形成的时间；t_g 是晶核生长到可观察大小的时间，O Sohnel 等[8]对诱导期做了极其详细的论述。

2)晶体生长过程

晶体生长过程由以下一系列连续的步骤组成：

(1)离子在溶液中的传质；

(2)吸附在晶体－溶液界面上；

(3)界面扩散或在界面上成核；

(4)反应产物进入晶体晶格中。

前三个步骤是速度控制步骤，分别对应于(1)传质控制；(2)吸附控制；(3)界面螺旋生长控制或界面成核控制。其中(2)、(3)统称界面控制。

B Lewis[9]对界面成核机理进行了定量处理，虽然在严格控制实验条件下的晶体生长实验中得到证实，但是对难溶物质却极难应用。由于水溶液中难溶物质沉淀的特殊性，A E Nielsin[3-10]作了一些近似处理，他假设溶液中晶体的颗粒数恒定，且粒度相同。晶体是球状(或立方体状)的，其半径为 r，晶体生长的速度用 $\mathrm{d}r/\mathrm{d}t$ 来表示。

如果晶体粒度为 5～10 μm，传质控制与界面控制的区别常有这样“经典”的准则：如果生长速度依赖于搅拌强度，速度是传质控制的(包括对流和扩散)；如果生长速度对搅拌不敏感，则是界面控制的。如果晶体小于 5 μm(此值依赖于晶体与溶液间的密度差)，生长速度则总是与搅拌无关，对于这么小的颗粒，对流的影响较小，速度控制步骤只能是扩散或界面控制。

若是扩散控制，晶体生长速度：

$$\frac{\mathrm{d}r}{\mathrm{d}t}=DV_{\mathrm{m}}(C_{\mathrm{e}}-C)/r \tag{8}$$

式中：D 是扩散系数；V_{m} 是晶型物质的摩尔体积；C_{e} 为电解质浓度；C 为电解质的溶解度。

若是吸附控制：

$$\frac{\mathrm{d}r}{\mathrm{d}t}=K_1(S-1) \tag{9}$$

若是界面螺旋生长控制

$$\frac{\mathrm{d}r}{\mathrm{d}t}=K_2(S-1)^2 \tag{10}$$

$$\frac{\mathrm{d}r}{\mathrm{d}t}=K_{\mathrm{e}}S^{7/6}(S-1)^{2/3}(\ln S)^{1/6}\exp[-K'_{\mathrm{e}}/\ln S] \tag{11}$$

其中 K_1，K_2，K_{e}，K'_{e} 均是常数。

式(9)、式(10)、式(11)又分别称为直线、抛物线和指数速度定律。

由于溶液中的杂质是无法除去的，因此为了克服这些杂质对沉淀实验的影响，加入足够的晶种是颇为有效的方法。G H Nancollas[11]对在溶液中加入晶种的晶体生长动力学做了大量的研究。

3)聚沉

均匀分散的水溶胶由于布朗运动发生快速聚沉，按 M Von Smoluchocki[12]提出的理论，聚沉的速度是：

$$\frac{\mathrm{d}N}{\mathrm{d}t}=-\frac{4kT}{3\eta N^2} \tag{12}$$

式中：η 为液体的黏度；N 为颗粒数目；k 为玻尔兹曼常数。对水溶液，在 125℃条件下，颗粒数减少一半所需的时间 $t_{1/2}$ 约为：

$$t_{1/2}\approx 2\times 10^{11}/N_0 \tag{13}$$

式中：N_0 为最初颗粒数目。

对于非均匀分散的水溶胶，聚沉的速度是：

$$\frac{\mathrm{d}N}{\mathrm{d}t}=-\frac{A_1kT}{3\eta N^2} \tag{14}$$

这里 $A_1>4$，是粒度分布的函数。聚沉的速度随强制对流而加快。

溶液的饱和比较低时，发生异相成核作用，一般颗粒数目最大值的范围为 $10^5\sim10^7$ 个/cm^3，$t_{1/2}$ 为 5.5～55 h，显然在这样的情形下，晶体生长的作用比聚沉的作用要大得多。但是因为所有的杂质的催化作用不一，经过一段时间沉淀后，沉淀变为非均匀分散时，聚沉速度增大。当在等电位条件或存在着聚沉电解质时，聚沉最终会影响晶体生长。

如果溶液的饱和比较高，发生均相成核作用，溶液中的颗粒数极大，此时 $t_{1/2}$ 为 0.01～0.1 s，因此可以认为聚沉作用与成核作用同时发生或之后马上进行，而按照 B Tezak[13]的观点，聚沉是沉淀过程的主要机理。

4)陈化

沉淀形成后，在沉淀物中发生的所有不可逆的结构变化，称为“陈化”，包括 Ostwald 熟化，亚稳相的转化，热陈化等几种类型。下面讨论 Ostwald 熟化与

亚稳相的转化过程。

(1)Ostwald 熟化

在水溶液中，若沉淀颗粒粒度为 0.01 ~ 0.1 μm，可应用 Ostwald - Freundlich 方程[14]：

$$(RT/M)\ln(S_2/S_1)=2(\sigma/\rho)[(1/r_2)-(1/r_1)] \tag{15}$$

式中：S_2 和 S_1 分别为半径 r_2 和 r_1 的圆球粒子的溶解度；M 为相对分子质量；ρ 为固体的密度。

由 Ostwald - Freundlich 方程可以看出，非均匀分散沉淀体系在热力学上是不稳定的，粒度小的颗粒具有较大的溶解度，因此小颗粒溶解，大颗粒长大，这个现象常常称为"Ostwald 熟化"，这是因为 Ostwald 最初解释了这种现象。有许多学者对 Ostwald 熟化进行了理论上的处理，虽然有一些分歧，但有一点是一致的，那就是在成核与晶体生长的早期阶段，Ostwald 熟化是最明显的。

(2)亚稳相的转化[15]

在沉淀过程中，形成几种不同的相是可能的，Ostwald - Lussac 规则认为，具有最高溶解度的最不稳定的相首先沉淀，这是一个动力学现象，即稳定相与亚稳相的成核与生长的相对速度决定了哪一相首先从溶液中分离出来。由等式(3)可知晶核的临界半径正比于界面能；由等式(5)或(6)可知稳态成核速度正比于 $\exp(-\sigma^3)$，这样界面能小的物质，临界半径小，成核速度大，又因为物质的界面能随溶解度的增大而减小[16]，因此具有高溶解度的物质首先发生成核作用。

许多晶体存在着多晶型物(如碳酸钙)，另外还常常形成不同结晶水的沉淀与无定形沉淀(如草酸钙)。在沉淀过程中，阳离子的脱水也许不易被克服，因此形成亚稳的水合物在能量上也是有利的。在高浓度下，均相成核作用起主导作用，往往形成无定形或高水合的沉淀，高水合的亚稳晶体与母液相接触，进行脱水作用，变成更稳定的固相，无定形沉淀则还需经历内部排序，才能形成晶型沉淀。

5)沉淀颗粒数目和粒度

溶液中沉淀颗粒数目和粒度是衡量沉淀性质的重要指标，在沉淀过程中，一般都要获得这方面的信息。沉淀颗粒数目和粒度与成核、晶体生长、聚沉和陈化均有密切的关系。

均相成核与异相成核理论可预测溶液中的颗粒数目。当过饱和度比较低时，发生异相成核作用，成核发生在溶液中的杂质上，颗粒数依赖于杂质的数目和它们的催化活性，因此溶液中的颗粒数目基本上不变或趋向一个恒定值(10^6 ~ 10^7 个/cm^3 或更低一些)。当溶液的过饱和比逐渐增大到某一值起，发生均相成核(此时的过饱和比称为临界过饱和比)，溶液中的颗粒数剧增，聚沉与陈化作用均会使溶液中颗粒减少，粒度增大，尤其是在过饱和比很高时，沉淀颗粒数目的减少及粒度的增大通过聚沉的程度比晶体生长要大。

按照成核理论，在发生均相成核前，即在临界过饱和比处，颗粒的粒度会达到一个最大值，这在 CaC_2O_4[4]，$BaSO_4$[3]，$PbSO_4$[14] 的沉淀实验中得到证实。当进一步增大过饱和比时，颗粒粒度迅速减小。在异相成核时，当饱和比超过 1 时，由于亚稳平衡，饱和比达到某值前，溶液不发生沉淀，但若加入晶种则沉淀产生；继续增大饱和比，晶体生长由界面控制，颗粒粒度不大，为密细晶体；随着饱和比的进一步增大，晶体生长由传质步骤控制，颗粒粒度较大，为树枝状晶体。

2　研究与应用

沉淀是一个广泛应用的方法，在许多工艺过程中，发挥着作用。我们现就沉淀过程对以下两方面的研究与应用，作一概括的介绍。

1)在制备纳米原材料中的研究与应用

随着物质粉末颗粒的减小，当达到纳米级尺寸时，会产生光、电、表面、体积、量子尺寸等效应，即在光、电、磁、热力学和化学反应等许多方面，表现出一系列的优异性能。因此，制备纳米级原材料，成为追求的目标。制备纳米级粉末材料，已有许多方法，沉淀法应用较多，原因是沉淀法具有简单、方便经济等优点。

邦纳尔德[17]采用沉淀法制备了纳米级 $LaCoO_3$，催化性能优良。先后有人使用直接沉淀、共沉淀、均匀沉淀等方法制成了 $Cr_2O_3-Al_2O_3$、$PbTiO_3$ 等纳米级粉末[18, 19]。陈忠等[20]用共沉淀法制备了 8% $TiO_2-Al_2O_3$ 复合氧化物的纳米级粉末。形貌可控制成球形，粉末颗粒直径为 51 ~ 89 nm。用醇盐水解沉淀法也制出了超细的氧化铝粉[21, 22]。

余忠清[23]等用沉淀法获得了纯度大于99.97%的分散球形 $r-Al_2O_3$ 粉末，颗粒直径达到 50 nm。肖松文等[24]用酒石酸铵溶解工业原料氯氧锑，在一定条件下，用均匀共沉淀法制出了全立方晶型的超细锑白粉。李维等[25]用均匀共沉淀法制成了纳米级的铝粉。廖波等[26]用共沉淀法成功地合成了 $BaTiO_3$ 纳米级粉体。目前使用共沉淀法制备球形 $Ni(OH)_2$，在 MH - Ni 及 Cd - Ni 电池上应用获得了良好的效果[27-30]。

上述的工作表明，共沉淀法在制备高新材料的纳米级原材料上，具有较强的生命力及良好的应用前景。

2)在稀土提取工艺中的应用

我国的稀土矿产资源量，在世界上居首位，再加上稀土材料有着优异的性能，因而对稀土提取与应用的研究，一直是冶金工作者的重要课题。

在稀土冶炼工艺中，从含稀土溶液中沉淀稀土多用草酸作为沉淀剂，这也是几十年工艺上应用的经典方法。但是草酸价格较昂贵，用草酸沉淀稀土生成稀土草酸盐成本较高，为此江西大学研究提出了用碳酸盐作沉淀剂，并申请了专利[31, 32]。从溶解度上，碳酸稀土在水溶液中的溶解度为 $10^{-3} \sim 10^{-4}$ g/L。而草酸稀土的溶解度为 0.41 ~ 3.3 g/L。因此，从提高稀土的回收率考虑，使用碳酸盐沉淀稀土也是有利的。经粗略的计算可知，使用碳酸铵或碳酸氢铵作沉淀剂比使用草酸沉淀稀土成本降低 50% 以上。在实际运用中发现，使用碳酸铵作沉淀剂时，得到的稀土碳酸盐质量不稳定，操作上过滤很困难。故而使沉淀碳酸稀土的方法转化为工业方法受到了阻碍。针对这一问题，近几年长沙矿冶研究院开展了研究工作[32, 33]。对稀土碳酸盐沉淀过程做了许多研究，获得了晶型碳酸稀土，解决了质量及过滤问题。为了推广这一成果，又在理论上及工艺上做了系统的工作[34-40]，揭示了稀土碳酸盐结构及性质的关系，以及一些重要的内在规律，优化了工艺条件。目前有些厂矿已经在生产中应用，获得了良好的经济效益，充分显示了沉淀法的优点及潜力。

最后，应该强调指出，沉淀虽然是使用历史悠久的经典方法，但是，对其理论的完善及应用新领域的开拓，还应该继续开展工作。

参考文献

[1] 柳松. 稀土碳酸盐合成过程及机理的研究. 东北大学, 1995.

[2] 柳松, 马荣骏. 稀有金属与硬质合金, 1996(2): 50.

[3] Nielsem A E. Kinetics of Precipitation. Oxford: Pergamon, 1964.

[4] Furedi - Milhofer H, et al. Dispersions of Powders in Liquids. 3th edition. G D Parifitgt. Applied Science, Barking Essex, 1981, 233.

[5] Kashchier D et al. J. Crystal Growth, 1991, 110: 373.

[6] Vander Leeden M C et al. J. Colloid & Interface Sci., 1992, 152: 338.

[7] Verdoes D et al. J. Crystal Growth, 1992, 118: 401.

[8] Sownel O et al. J. Colloid Interface Sci., 1988, 123: 43.

[9] Lewis B. J. Crystal Growth, 1974, 21: 29.

[10] Nielsen A E et al. J. Colloid Interface Sci., 1979, 10: 215.

[11] Nancollos G A. J. Colloid Interface Sci., 1979, 10: 215.

[12] Von M, Snoluchovski Z. Phys. Chem., 1979, 92: 129.

[13] Tazak B. Disc. Farady Soc., 1996, 42: 175.

[14] Kolthoff I M et al. 定量化学分析. 北京: 人民教育出版社, 1981.

[15] Furdi—Milhofer H. Pure Appl. Chem., 1981, 53: 2041.

[16] Nilsen A E et al. J. Crystal Growth, 1971, 11: 233.

[17] Bannard K R. J. Catal., 1990, 125: 265.

[18] 顾燕芳等. 华东化工学院学报, 1992, 18(4): 525.

[19] 赵振国等. 应用化学, 1993, 10, (2): 99.

[20] 陈忠等. 陶瓷工程, 1997, (1): 34.

[21] 施剑林等. 硅酸盐学报, 1991, 19(5): 409.

[22] 顾燕芳等. 化工冶金, 1993, 14(11): 14.

[23] 余忠清. 超细氧化铝粉的制备. 中南工业大学, 1994.

[24] 肖松文. 湿法锑白的晶格形貌控制机理及制备新工艺. 中南工业大学, 1997.

[25] 李维. 纳米化硬质合金黏结剂的研究. 中南工业大学, 1997.

[26] 廖波. 纳米 CuO - $BaTiO_3$ 复合氧化物电子陶瓷电容型 CO_2 气敏元件的研制. 中南工业大学, 1997.

[27] Micka K J. Power Source, 1982(8): 9.

[28] 原田正治. JP, 平 3—25318, 1991.

[29] 贵堂宏和. JP, 平 3—254847, 1992.

[30] 韩国祥等. 中国第二十二届化学与物理电源学会年会论文集, 长沙, 1996: 34.

[31] 江西大学等. 中国专利 86100671, 1987 - 08 - 05.

[32] 贺伦燕. 稀上, 1983(3): 1.

[33] 喻庆华, 邱电云, 马荣骏等. 矿冶工程, 1990(4): 42.

[34] 柳松, 马荣骏. 稀有金属与硬质合金, 1995(1): 24.

[35] 马荣骏, 邱电云. 湖南稀土, 1997(1): 9.

[36] Liu Song, Ma Rongjun. Proc. Inter. Symp. on Metallurgy and Materials of Nonferrous Metals and Alloys, Northeastern University, Shenyang, China. 1996, 322.

[37] Liu Song, Ma Rougjun. Indian of Chemistry, 1996, 35: 992.

[38] Liu Song, Ma Rongjun. J. of Crystal Growth, 1996, 169: 190.

[39] Liu Song, Ma Rongjun. J. of South China University of Technology (Nature Science), 1997, 25(10): 23.

[40] Liu Song, Ma Rongjun. Synth. React. Inorg - ore. chem., 1997, 27(8): 1183.

三价铁离子在酸性水溶液中的行为*

摘　要：鉴于铁离子在冶金、化工、环保等工业上的重要性，文章总结了 Fe(Ⅲ)在酸性溶液中的行为，重点阐述了 Fe(Ⅲ)水解平衡、水解过程的多聚反应及 Fe(Ⅲ)的水解沉淀。

Fe(Ⅲ) behaviors in acid solution

Abstract: In view of Iron ion being such importance as metallurgy, chemical industry, environmental protection, etc. This paper has summarized Fe(Ⅲ) behaviors in acid solution, and explained the Fe(Ⅲ) hydrolysis balance, polymerization in hydrolysis course and the Fe(Ⅲ) hydrolysis-precipitation.

铁是冶金、化工、环境及生物领域中最常见的元素之一，了解它的化学行为不仅在学术上，而且在工业技术上都有重要的意义。

本文阐述 Fe(Ⅲ)在酸性溶液中的化学行为，对水解行为及沉淀过程等进行了讨论。

1　Fe(Ⅲ)的水解平衡及其影响因素

Fe(Ⅲ)水解的第一步是形成简单的水解产物。水解平衡可用如下一般式描述：

$$xFe(H_2)_6^{2+} + yH_2O \rightleftharpoons Fe_x(OH)_y(H_2O)_m^{(3x-y)+} + yH_3O^+ \quad (1)$$

式中：m 为产物的含水数，其值与金属离子的配数及水解产物的结构有关；x、y 分别为水解产物中的铁离子数和羟基数。

为简便起见，可略去 Fe^{3+} 和 H^+ 结合的水分子，则(1)式可简化为：

$$xFe^{3+} + yH_2O \rightleftharpoons Fe_x(OH)_y^{(3x-y)+} + yH^+ \quad (2)$$

根据质量作用定律，反应式(2)的平衡常数为：

$$\beta_{xy} = \frac{c_{Fe_x(OH)_y^{(3x-y)+}} c_{H^+}^y}{c_{Fe^{3+}}^x} \quad (3)$$

在酸性溶液中 Fe(Ⅲ)水解平衡除用式(1)、式(2)表示外，还可以用下面的反应式来描述：

$$Fe^{3+} + H_2O \rightleftharpoons FeOH^{2+} + H^+ \quad (4)$$

$$FeOH^{2+} + H_2O \rightleftharpoons Fe(OH)_2^+ + H^+ \quad (5)$$

$$2Fe^{3+} + 2H_2O \rightleftharpoons Fe_2(OH)_2^{4+} + 2H^+ \quad (6)$$

式(4)、式(5)、式(6)的平衡常数分别为：

$$\beta_1 = \frac{c_{FeOH^{2+}} c_{H^+}}{c_{Fe^{3+}}} \quad (7)$$

$$\beta_2 = \frac{c_{Fe(OH)_2^+} c_{H^+}}{c_{FeOH^{2+}}} \quad (8)$$

$$\beta_3 = \frac{c_{Fe(OH)_2^{4+}} c_{H^+}^2}{c_{Fe^{3+}}^2} \quad (9)$$

此外溶液中还存在下列平衡：

$$3Fe^{3+} + 4H_2O \rightleftharpoons Fe_3(OH)_4^{5+} + 4H^+ \quad (10)$$

$$2Fe^{3+} + H_2O \rightleftharpoons Fe_2(OH)^{5+} + H^+ \quad (11)$$

式(10)、式(11)的平衡常数表达式：

$$\beta_4 = \frac{c_{Fe_3(OH)_4^{5+}} c_{H^+}^4}{c_{Fe^{3+}}^3} \quad (12)$$

$$\beta_5 = \frac{c_{Fe_2(OH)^{5+}} c_{H^+}}{c_{Fe^{3+}}^2} \quad (13)$$

表 1 列出了不同条件下测得的典型的 Fe(Ⅲ)水解配合物及平衡常数。

Fe(Ⅲ)的水解反应受外界因素，如温度、压力等的影响，溶液中的离子强度改变也会导致体系中有关物种活度系数的变化。因此，式(3)所表示 β_{xy} 是离子强度的函数。依据离子强度与活度系数的关系，引入活度系数，Fe(Ⅲ)的水解平衡热力学平衡常数 β_{xy}^0 则为：

$$\beta_{xy}^0 = \frac{\alpha_{Fe_x(OH)_y^{(3x-y)+}} \alpha_{H^+}^y}{\alpha_{Fe^{3+}}^x}$$

* 该文首次发表于《湖南有色金属》, 2005 年第 1 期, 36 ~ 39 页。合作者：马莹，何静。

$$=\frac{c_{Fe_x(OH)_y^{(3x-y)+}}c_{H^+}^{y}}{c_{Fe^{3+}}^{x}}\times\frac{\gamma_{Fe_x(OH)_y^{(3x-y)+}}\gamma_{H^+}^{y}}{\gamma_{Fe^{3+}}^{x}}$$

$$=\beta_{xy}K_{\gamma} \tag{14}$$

式中：α 为物种的活度；c 为物种的浓度；γ 为物种的活度系数；K_{γ} 为活度系数商。

表 1　Fe(Ⅲ)的水解配合物及其平衡常数值

介质	t/℃	$\lg\beta_{xy}$[式(3)]				
		$FeOH^{2+}$	$Fe(OH)_2^+$	Fe_2OH^{5+}	$Fe_2(OH)_2^{4+}$	$Fe_3(OH)_4^{5+}$
3($NaClO_4$)①	25	−3.05	−6.3		−2.91	
3($NaClO_4$)	25	−3.05	−6.31		−2.96	−5.77
I=0.1②	20	−2.97	−6.98	−0.98	−3.00	
I=0	25	−2.17			−2.86	
I=0.1	25	−2.54			−2.85	
I=3.0	25	−2.89			−2.58	
1($NaClO_4$)	25	−2.79			−2.72	
3($NaClO_4$)	20	−3.0	−6.3		−2.0	
1($NaClO_4$)	20	−2.74	−6.05		−2.85	
I=0.25	25	−2.66			−2.75	
I=2.67	25	−2.94	−5.70		−3.22	
I=0.1	25	−2.54	−7.0		−3.10	
I=1	25	−2.69				

注：①括号前面的数字表示括号中物质的浓度，单位为 mol/L；② I 表示离子强度，单位为 mol/L。

在一定温度和压力下，β_{xy}^{0} 是常数，而 β_{xy} 则随 K_{γ} 的改变而改变。

单个离子的活度系数可用扩展的德拜－休克方程式表示：

$$\lg\gamma=\frac{Z^2AI^{1/2}}{1+BLI^{1/2}} \tag{15}$$

式中：Z 为离子的电荷；L 为离子最近接触距离，单位 Å；A、B 为随温度变化的参数，其值列于表 2；I 为离子强度，其定义为：

$$I=\frac{1}{2}\sum(CZ^2)^0$$

在较高浓度电解质溶液中，可在式(14)的右边加一修正项，则变成：

$$\lg\gamma=\frac{Z^2AI^{1/2}}{1+BLI^{1/2}}C^0I \tag{16}$$

式中：C^0 为可调参数。

从式(14)、式(15)或式(14)、式(16)可以得出：

$$\lg\beta_{xy}=\lg\beta_{xy}^{0}+\frac{\Delta\gamma Z^2AI^{1/2}}{1+BLI^{1/2}} \tag{17}$$

或

$$\lg\beta_{xy}=\lg\beta_{xy}^{0}+\frac{\Delta\gamma Z^2AI^{1/2}}{1+BLI^{1/2}}+CI \tag{18}$$

式中：$\Delta\gamma Z^2$ 为产物与反应物的化学计量系数与电荷平方之积的差；C 为另一可调参数。式(17)、式(18)表明，β_{xy} 可用 I 的函数表示。在表 2 列出了不同离子强度对 Fe(Ⅲ)水解平衡常数的影响(25℃)。

表 2　离子强度对 Fe(Ⅲ)水解平衡常数的影响(25℃)

I/(mol·L^{-1})	0	0.0147	0.04	0.09	0.10	0.20	0.30	0.60	1.00	1.07	2.00	3.00
$\beta_1\times10^3$	—	4.25	3.64	3.18	2.89	2.39	2.14	1.84	1.60	1.62	1.50	1.28
$\beta_2\times10^7$	21.4	—	—	—	6.24	—	—	—	3.78	—	—	5.01

根据热力学原理，可以看出，平衡常数是温度和压力的函数。温度对平衡常数的影响取决于反应是吸热还是放热的。Fe(Ⅲ)的水解反应是吸热的，因此，升高温度有利于水解。一般而言，压力对平衡常数的影响很小，往往可以忽略，但当压力变化大时，必须要考虑压力的影响。

2　Fe(Ⅲ)水解过程的多聚反应

向 Fe(Ⅲ)酸化溶液中加入碱时，随着碱量的增加，溶液颜色会发生从黄色到橙色再到红色的一系列变化，此变化已表明，最终溶液中是含有多聚的 Fe(Ⅲ)离子。

多聚反应非常复杂，一般认为 Fe(Ⅲ)的多聚反应分为两步：第一步是通过羟桥化作用，使简单的水解产物聚集成具有特征大小的高正电荷的多聚配合物；第二步是羟桥化多聚物进一步聚集形成更大的多聚物，并通过氧桥化作用降低电荷。此原则是增长成核的过程。上述多聚反应模式如式(19)所示：

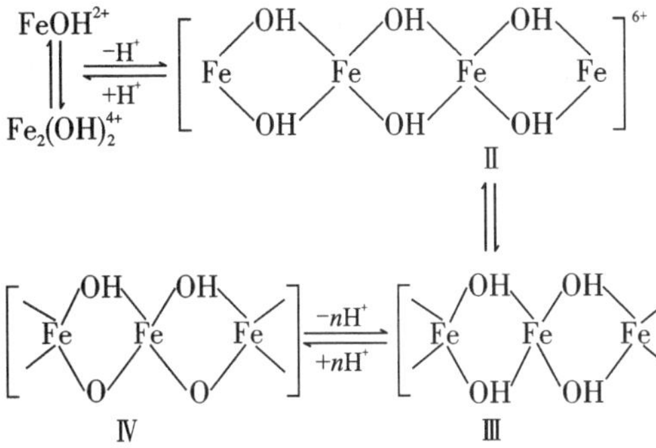

(19)

式(19)中的Ⅱ式并不表示单聚体，而是从Ⅰ到Ⅲ

的羟桥化过程中的聚合度增大中的较低聚合物的代表。Ⅲ式则代表最高聚合度的羟桥化多聚物，而Ⅳ式是Ⅲ式氧桥化的产物。在Ⅲ式与Ⅳ式之间包含有一系列的不同氧桥数目的中间体。

多聚物的分解速率与氢离子浓度(c_{H^+})的 n 次方成正比。导出的速率方程为：

$$-\frac{dc_{Fe^{3+},p}}{dt}=kc_{Fe^{3+},p}^{m}c_{H^+}^{n} \tag{20}$$

式中：$c_{Fe^{3+},p}$为多聚物的浓度；c_{H^+}为氢离子的浓度；t为时间；k 为多聚物分解速率常数。

由于含有 Fe(Ⅲ)多聚物的溶液是不稳定的，定量的研究多聚物的组成很是困难。文献[1]中指出，当氢氧根离子浓度与铁离子浓度比为 11/4 时，pH 急剧升高。从这种高度水解的溶液中，用有机溶剂分离出来了组成为$[Fe_3O_3(OH)_5NO_3(H_2O)_4]$的多聚物质，组成为$[Fe(OH)_x(NO_3)_{3-x}]_n$($x$ 为 2.3 ~ 2.5，n 约为 900)的多聚物也已被分离出来。而电位滴定的结果表明，在高度水解的 Fe(Ⅲ)溶液中存在 $Fe_{12}(OH)_{34}^{2+}$，且与简单水解产物 $FeOH^{2+}$，$Fe_2(OH)_2^{4+}$ 存在如下平衡：

$$12Fe^{3+}+34H_2O \rightleftharpoons Fe_{12}(OH)_{34}^{2+}+34H^+ \tag{21}$$

式(21)的平衡常数为：$\lg\beta_{12,34}=-46.1$。

用电子显微镜观察到：起始的多聚物为直径 2.0 ~ 4.0 nm的球形阳离子，平均相对分子质量约为9×10^3。

根据已研究的结果知道，多聚物中的 Fe(Ⅲ)原子，其配位数为 6，具有八面体 $Fe(O, OH, H_2O)_6$ 的结构，X 射线衍射研究的结果表明，Fe—O 距离约为 0.21 nm，Fe—Fe 距离约为 0.35 nm。

3　Fe(Ⅲ)水解沉淀

当往 Fe(Ⅲ)酸化溶液中加入过量碱时，会立即产生沉淀，此沉淀通常是无定形的胶状物，这是由于迅速杂化的聚合和堆积的结果，这种产物通常称为“氢氧化铁”。

Fe(Ⅲ)水解的沉淀物因沉淀方法和条件不同，产物也大有差异，工业上为了便于固液分离，力求产生的沉淀为晶体。经过研究可以得知完全可以得到晶体沉淀物，下面将在 Fe(Ⅲ)的酸性溶液中，已知生成的几种重要晶体沉淀物列在表 3 中。

从 Fe(Ⅲ)晶体的结构分析可知，$\alpha-FeOOH$、$\beta-FeOOH$的结构可看作八面体共边连接成双链，链间在其顶点连接成三维的骨架型结构。在结构中每个 OH—周围有三个 Fe(Ⅲ)原子配位，呈三角锥形。每个 O^{2-} 周围也有三个 Fe(Ⅲ)原子配位，呈接近于平面的三角锥型，而氧原子又均与氢氧基形成氢键。

表 3　几种重要的晶体 Fe(Ⅲ)水解沉淀化合物

Fe(Ⅲ)化合物	同晶型化合物	结构式
$\alpha-Fe_2O_3$	$\alpha-Al_2O_3$	$FeO_{6/4}$
$\alpha-FeOOH$	$\alpha-AlOOH$	$Fac-FeO_{3/3}(OH)_{3/3}$
$\beta-FeOOH$	$M'_xM_nO_2$①	$Fac-FeO_{3/3}(OH)_{3/3}$
$\gamma-FeOOH$	$\gamma-AlOOH$	$Cis-FeO_{4/4}(OH)_{2/2}$
$M''Fe_3(OH)_6(SO_4)_2$②	$M''Al_3(OH)_6(SO_4)_2$②	

注：①M′为 K，Ba 等；②M″为 H^+，K^+，Na^+，NH_4^+，Ag^+等一价离子及 Ba^{2+}，Pb^{2+}等二价离子。

多聚物的沉淀受多种因素的影响。在室温下，固体沉淀是在长时间陈化后产生的。提高温度将加速沉淀速率，缩短陈化时间，因此生成各种固体沉淀物(黄钾铁矾、针铁矿)作为工业上从各种溶液中分离铁的方法，均是在提高温度下进行的。

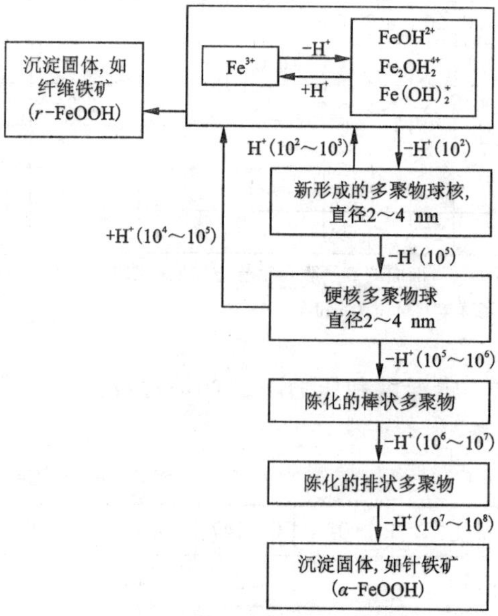

图 1　F(Ⅲ)溶液的水解 − 沉淀过程(25℃)

根据对多聚物陈化过程的观察，沉淀过程可以大致分为三步：(1)多聚物球形阳离子连接；(2)球核的凝聚，再增长为棒形和排状物；(3)沉淀。Fe(Ⅲ)的全部水解 − 沉淀过程可用图 1 表示(括号中的数字为反应时间，s)。最后还应指出的是：在各种酸性水溶液中，Fe(Ⅲ)的另一重要特征是形成各种配合物。它能与各种无机阴离子、中性分子及各种有机配位体配合，形成各种配合物。

参考文献

[1] 陈家镛，于淑秋，伍志春. 湿法冶金中铁的分离与利用. 北京：冶金工业出版社，1991.

[2] 马荣骏. 湿法炼锌中的除铁问题. 湖南有色金属，1993，8(3)：161 − 164.

湿法冶金中二氧化硅的一些行为*

摘　要：二氧化硅的存在形态是影响湿法冶金矿浆澄清和过滤的重要因素。文中介绍了二氧化硅的一般性质与它在酸碱溶液中的行为和聚凝过程，还举例说明了高硅物料的处理方法。

1　二氧化硅及硅酸盐的一般性质

二氧化硅或硅酸盐溶解，使硅呈凝胶或聚凝胶状态，对固液分离有害。主要危害如下：

(1)造成矿浆浓缩困难，在澄清过程中使上清液混浊、上清率下降，使矿浆底流的比重减小；

(2)使溶液的黏度增加，有时可使溶液冻胶化，使溶液的流动性恶化，液固分离困难；

(3)过滤时，滤渣与滤布黏结性很小，造成挂渣性不良，这种渣有可能在滤布表面提前滑落或分离，影响渣的脱除；

(4)硅凝胶或聚凝胶在过滤时容易堵塞滤布的孔隙，使过滤速度变慢、滤布再生困难，最终可能造成过滤作业无法进行。

二氧化硅或硅酸盐除影响固液分离外，在溶剂萃取操作中还可能是造成乳化的主要原因；在离子交换时会使树脂中毒，使树脂吸附能力降低。

因此，应力求做到以下几点：

(1)尽量使原料中的二氧化硅或硅酸盐少溶解或不溶解；

(2)避免溶解的二氧化硅或硅酸盐在溶液中成为硅凝胶或聚凝胶；

(3)使溶解的二氧化硅或硅酸盐呈易过滤的无定形二氧化硅沉淀，或易过滤的复合硅渣。

在高温下强碱溶液和熔融碳酸钠可把二氧化硅变成可溶性的硅酸盐，其反应式如下：

$$SiO_2 + 4OH^- \longrightarrow SiO_4^{4-} + 2H_2O$$

$$SiO_2 + Na_2CO_3 \longrightarrow Na_2SiO_3 + CO_2$$

硅酸盐可分为水溶性和非水溶性两大类，可溶于水的硅酸盐一般组成为 $aM_2O \cdot bSiO_2 \cdot cH_2O$，式中 M 代表碱金属。将二氧化硅和碳酸钠在大约 1300℃ 下熔烧，根据二氧化硅和碳酸钠比例的不同可制得不同的硅酸盐。在这类化合物中，除了水合偏硅酸钠 $Na_2SiO_3 \cdot nH_2O$(n=5、6、7、8、9)以外，还有 Na_2SiO_3、Na_2SiO_5、Na_4SiO_4 和 $Na_6Si_2O_7$ 等。

可溶性的硅酸盐中，最常见的是 Na_2SiO_3，其水溶液叫水玻璃(工业上叫泡花碱)。

除了碱金属硅酸盐是可溶的以外，许多硅酸盐都是难溶的，而且结构也比较复杂。在硅酸盐晶体中，硅原子是正四面体结构，且被氧原子包围着。

硅酸盐与酸作用有下述几种情况：

(1)硅酸盐结构彻底被破坏，溶解在溶液中的二氧化硅聚合成为硅胶；

(2)硅酸盐部分分解，硅成为硅质残渣，而硅酸盐中阳离子进入溶液；

(3)硅酸盐结构非常稳定，这类硅酸盐不与酸发生分解反应，硅酸盐中的阳离子及硅均不进入溶液。

硅酸盐溶解时有两种情况，一是金属阳离子和二氧化硅的溶解比值与在原矿物中的比值相同，这种溶解称为等成分溶解；二是阳离子的溶解量超过原始矿物中二氧化硅比值的量，即阳离子优先溶解，这种溶解可称为不等成分溶解。

文献认为，正硅酸盐(SiO_4^{4-})、双硅酸盐($Si_2O_7^{6-}$)和层状硅酸盐($Si_3O_9^{6-}$、$Si_4O_{12}^{8-}$)的溶解都是等成分溶解，例如属于正硅酸盐的铁橄榄石、镁橄榄石、橄榄石、硅锌矿等，属于双硅酸盐的镁黄长石、异极石、黄长石等(也有属于层状结构的)。形成二氧化硅残渣的多为架状硅酸盐和层状硅酸盐，都为不等成分溶解，例如艳榴石、鲕绿泥石等。不溶解的多为链状硅酸盐、架状硅酸盐和层状硅酸盐，例如辉石、顽辉石、钠长石、高岭石、白云母、蛇纹石等。

一般而言，在硅酸盐中金属阳离子与氧的键能比硅与氧的键能弱一些，因此，其易与酸作用。已证明一些硅酸盐与酸的反应活性在很大程度上取决于金属阳离子与氧生成键能的大小，而金属阳离子的极化能大小又是决定金属阳离子与氧的键能强弱的重要因素。因此，金属阳离子的极化能决定了某些硅酸盐的相对稳定性。金属阳离子极化能的半定量指数可用阳

* 该文首次发表于《有色金属》(冶炼部分)，1987 年第 1 期，41～45 页。

离子势(离子电荷/离子半径)表示。硅氧键的强度很大，因此离子势高的阳离子硅酸盐很难与酸作用。

二氧化硅的酸溶性受结构、颗粒大小、温度及杂质离子等几个因素的影响。图1所示为二氧化硅在水中溶解度与pH的关系。在pH低于9时，无定形二氧化硅的平衡溶解度较小，在室温下，一般约为100 mg/L。溶解后的SiO_2呈单体[$Si(OH)_4$]形态存在。在碱性条件下形成单体和聚合硅酸盐离子[$SiO_2(OH)_2^{2-}$、$SiO(OH)_3^-$、$Si_4O_6(OH)_6^{2-}$]。无定形二氧化硅在室温的溶解示于图2。由于有单体及聚合硅酸盐形成，而使无定形二氧化硅的溶解度增加，因此，在有氟离子存在时，因为在所有的pH下，都会生成氟硅酸盐络合物，所以会大大增加单体二氧化硅的溶解度。

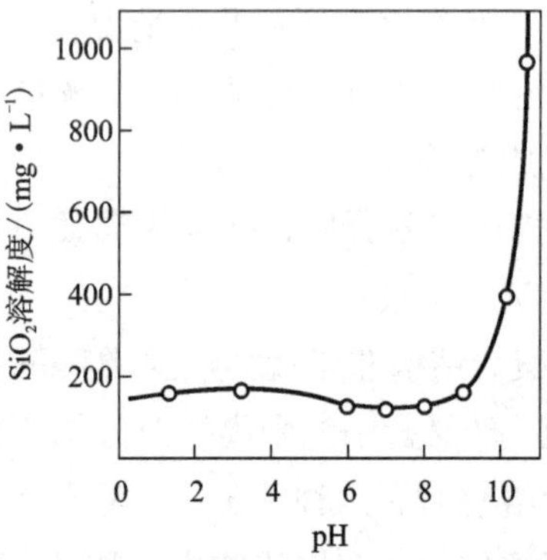

图1　二氧化硅在水中溶解度与pH的关系

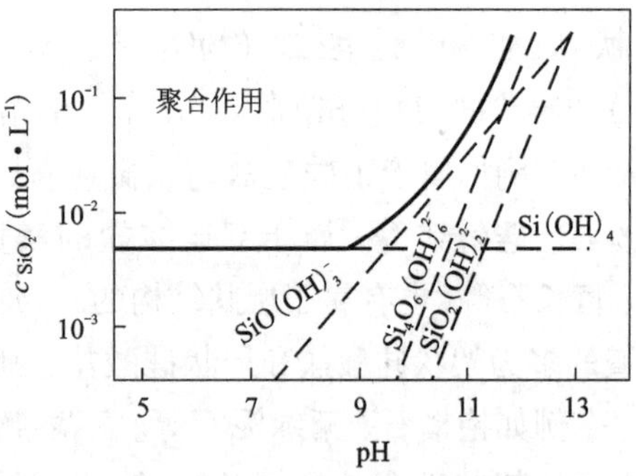

图2　无定形二氧化硅在室温的溶解

单体硅酸形成的二氧化硅在水中的溶解度随温度的升高而增加。无定形二氧化硅的溶解度很大，石英则很难溶解，其他形式的二氧化硅的溶解度则介于无定形二氧化硅与石英之间(图3)。

2　二氧化硅的聚合、聚集及絮凝[2, 3]

在湿法冶金的酸性溶液中，二氧化硅的溶解常常超过单体二氧化硅的平衡溶解度。这是过饱和溶液中

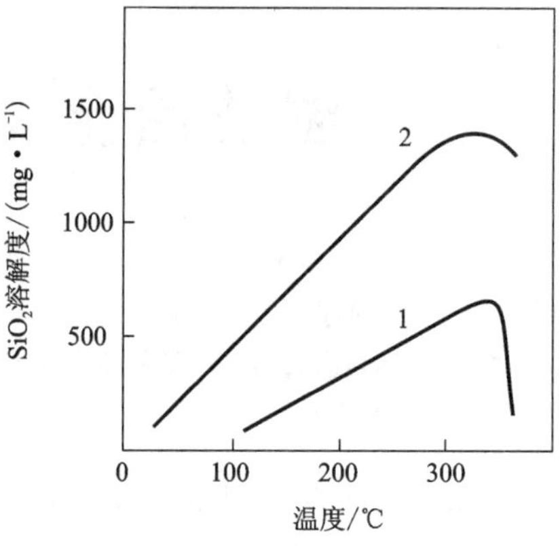

图3　溶解度与温度的关系(pH = 7)[3]

1—石英；2—无定形SiO_2

二氧化硅发生聚合作用的结果。

二氧化硅的聚合，是由于硅醇(—SiOH)基团的综合作用而产生的。

$$(\text{—SiOH}) + \text{HOSi} \longrightarrow (\text{—SiOSi—}) + H_2O$$

聚合开始阶段可以表示为：

$$2Si(OH)_4 \longrightarrow (HO)_3SiOSi(OH)_3 + H_2O$$

生成聚合物后，可用物理化学测定方法(例如光散射法、冰点降低法、黏度和渗析法等)，间接地确定出它的平均相对分子质量或每个聚合分子中硅原子的平均数。当pH低于2时，聚合速度与氢离子浓度成正比。在低pH下，氟离子能加快聚合反应速度，如有能与氟离子络合的铝、铁、铍及钍离子存在，则能减弱这个效应。

二氧化硅的聚合作用发生后，硅氧烷—Si—O—Si—键的数目达到最大值，而未聚合的—Si—O—H基的数目达到最小值。所以，在二氧化硅聚合的最初阶段会形成环状结构，并立即因单体的加入而转变成球状分子。当球状分子形成后，因为它们内部的缩合而生成脱水的二氧化硅缩合分子，而SiOH基则限制在外部表面上。溶液中球形分子是长大胶体粒子的核心。到聚合作用的最后阶段时，还可发生进一步的聚合，并生成稳定的二氧化硅溶胶。另外一种可能性是颗粒相互聚集，或者形成无定形二氧化硅沉淀。

图4为二氧化硅存在状态与pH的关系。当pH≥3时，由于酸度降低，会加快生成H_2SiO_4溶胶和凝胶。可以知道，生成H_2SiO_4的溶胶和凝胶的机理是聚合作用。如果提高酸度，使溶液的pH < 3，在溶解的H_2SiO_4分子上，由于高电荷阳离子的碱性水解作用，缩聚而生成无定形的溶胶、凝胶或聚凝胶。

在低pH条件下，由于阴离子的酸性水解和羟基上氧的络合作用和缩聚作用，会发生如下反应：

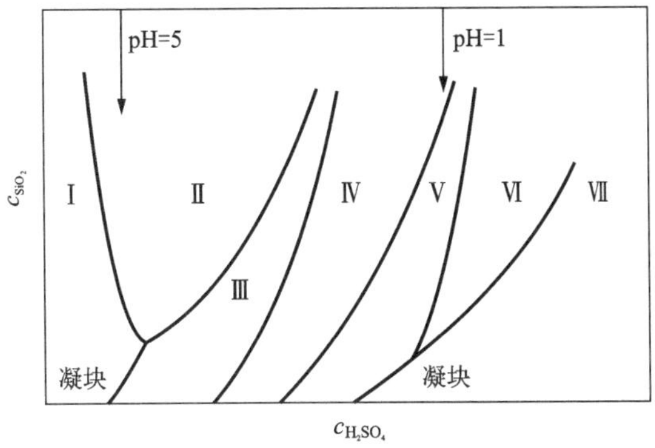

图 4　SiO_2 存在状态与 pH 的关系

Ⅰ—聚凝胶 H_4SiO_4；Ⅱ—凝胶 H_4SiO_4；Ⅲ—溶胶 H_4SiO_4；
Ⅳ—溶胶 $H_4SiO_4 + H_2SiO_3$；Ⅴ—溶胶 H_2SiO_3；
Ⅵ—凝胶 H_2SiO_3；Ⅶ—聚凝胶 H_2SiO_3

$$H_4SiO_4 \longrightarrow H_2SiO_3 + H_2O$$

即在低 pH 条件下，H_4SiO_4 可缩聚生成 H_2SiO_3 溶胶和凝胶，当它们被破坏时，会生成无定形的凝块和聚凝胶。

在酸性溶液中，H_4SiO_4 的溶胶带负电荷，而 H_2SiO_3 的溶胶带正电荷，它们的等电位是在 pH 为 2～3 时。当 pH 上升，由于 OH^- 的聚合作用，会加快 H_4SiO_4 溶胶的破坏速度，而当 pH 下降，由于 H_3O^+ 的缩聚作用加强，可使 H_2SiO_3 被加速破坏。

当酸性溶液中含有高浓度二氧化硅时，会出现以下几种情况：①pH 在 2 左右时，形成稳定的胶体溶液；②在较高 pH 时，通常聚集成一种巨大的疏松网状结构的凝胶；③在高温、高 pH、高离子强度的迅速聚集条件下，可能形成胶体颗粒紧密堆积的细小的无定形沉淀物。溶胶的稳定性、离子强度、pH 的关系如图 5 所示。

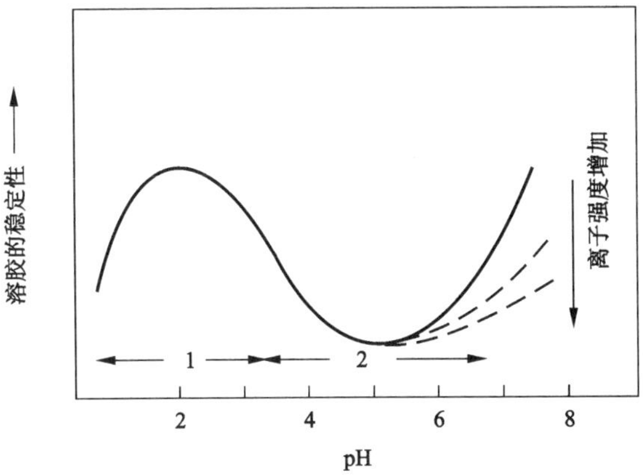

图 5　溶胶的稳定性、离子强度、pH 的关系

1—亚稳定区；2—聚集作用区

无论是胶凝作用，还是凝结作用都能使二氧化硅聚集。胶凝时，二氧化硅颗粒在胶体中是以支键形式互相连接在一起的。凝结时，二氧化硅颗粒以较紧密的聚集体互相连接在一起，以致使二氧化硅局部浓缩，并生成较致密的沉淀物。

在湿法冶金中，控制工艺条件以不使溶解的 SiO_2 生成胶凝，是关系到作业成功的重要环节。为了使溶液中的 SiO_2 加快澄清，或使溶解的不同状态的 SiO_2 聚集沉降并除去，利于过滤或以后的作业，要加入絮凝剂。

絮凝剂的主要作用是使溶液中的胶体悬浮物聚集起来沉降，以便与溶液分离。絮凝作用的原理是线状高分子的絮凝剂以桥联作用把微粒悬浮物连接在一起，形成一种任意的具有三维空间的、松散的、多孔性的絮凝物。在絮凝中也可发生凝结作用，这种作用是加入一些简单的无机盐到胶体溶液中，把胶体颗粒驱赶在一起，形成一种凝块。但这种凝块的沉降体积很小，不利于过滤。概括起来，广义的絮凝作用有两种情况，一是往稳定的胶体溶液中加入无机絮凝剂，使该溶液变为不稳定的胶体溶液，这种溶液经一定时间后产生凝结物，然后加入高分子絮凝剂，再经一定时间，便形成可沉降的大片絮凝物；二是往稳定胶体中直接加入絮凝剂，经一定时间后，形成可沉降的大片絮凝物。

目前工业上使用的絮凝剂品种繁多，但基本上分为中性、阳离子型及阴离子型。这些絮凝剂都是相对分子质量较大的高分子有机化合物。选择絮凝剂要根据溶液胶体所带电荷情况而定，如果胶体电荷是中性的则使用中性絮凝剂，如果是阳性胶体则宜使用阴离子型絮凝剂，如果是阴性胶体就应该采用阳离子型絮凝剂。

我国目前使用的絮凝剂最普遍的为聚丙烯酰胺（$3^{\#}$）。

3　高硅物料湿法冶金处理的实例

对湿法冶金中控制 SiO_2 进入溶液或者把溶液中的 SiO_2 加絮凝剂去除的实例列举如下：

（1）在湿法炼锌中控制焙烧温度，使焙烧料中的可溶硅尽量减少，以防止大量的 SiO_2 进入溶液，文献研究结果用下式表示[6]：

$$t = 920K[c_{SiO_2}^{酸溶}(焙砂)/c_{SiO_2}^{总}(物料)] + (49.31K)c_{SiO_2}^{总}(物料) + 151.015$$

式中：K 是焙烧料产出系数，$K = 0.8 \sim 0.9$；t 是焙烧温度，根据物料中 SiO_2 含量及对焙砂中酸溶 SiO_2 的要求便可确定。

浸出时进入溶液中的 SiO_2 悬浮物，通过添加 3# 絮凝剂，以提高澄清速度及渣的过滤性能。

（2）比利时老山公司提出一种浸出和凝结相结合的处理高硅锌物料的方法。在浸出时，温度保持在 70～90℃，停留时间 3 h，最终浸出液含 1.5～15 g/L 游离酸，同时有人提出添加硫酸铝来帮助二氧化硅凝结的方法。

在浸出和凝结两段组成的工艺（即针铁矿法中的 EZ 法）中，在 pH 1.8～2.0 和温度为 40～50℃的条件下进行浸出。为了沉淀出易过滤的无定形二氧化硅，凝结在控制温度为 60～65℃和 pH＝4.3 的条件下进行。只要浸出液杂质的初始浓度不高，像 Fe^{3+} 和 As 那样的杂质也能同时达标。电子显微镜分析结果表明，二氧化硅沉淀物是由 0.1～3 μm 的聚集体组成。据报道，泰国用此法建成一个年产6 万 t的电锌厂。

（3）用加压沉淀法，从酸性溶液中沉淀二氧化硅也非常有效。在一定温度、压力和酸度下，可以使硅形成无定形易过滤的沉淀物。

在溶剂萃取中常用添加聚醚的方法除硅。在离子交换中，通常是用氟化物溶液或氢氧化钠溶液再生树脂。为了避免树脂硅中毒，有时可采用高交联度的树脂。

在碱性溶液中，常用添加石灰，随后产生硅酸钙或硅铝酸钙沉淀，以除去溶液中的二氧化硅。例如在钨精矿的碱压煮中，加入 CaO 可以大幅度把 Si、As 等杂质除去。在制取 Al_2O_3 过程中也加 CaO 脱硅。

（5）AMAX 公司提出了一种从含 1%～3% Ni 和大量硅酸镁的红土矿中选择性地提取镍和钴的加压浸出法。在该法中遇到了二氧化硅的沉积问题。利用二氧化硅在酸性溶液中的行为，提出了两种限制二氧化硅在减压过程中沉积无定形二氧化硅的方法。第一种是利用结垢速度与水相过饱和度之间的关系，第二种是基于在 pH＝1.7 时，SiO_2 成核速度最慢的原理，两法均能解决二氧化硅的沉积问题。

参考文献（略）

电解质溶液的活度系数和渗透系数及其计算方法*

摘　要：活度系数和渗透系数在水溶液理论中有着重要意义。本文根据已发表的文献，讨论了它们的热力学性质及计算方法。其中某些方法可以计算高浓度溶液的活度系数和渗透系数，并有令人满意的准确度。

The activity and osmotic coefficients in aqueous solutions of inorganic electrolytes and their calculative methods

Abstract: Activity and osmotic coefficients have great significance in theory of aqueous solutions of inorganic electrolytes. According to the public references, the paper describes their thermodynamic properties and calculative methods. Some of methods can be used for calculating the coefficients of concentrated solutions and obtaining satisfactory accuracy.

关于电解质溶液的理论，在20世纪60年代已有论述，最近又有了关于Debye－Hückel理论进展的论述[1]。本文进一步阐述了在湿法冶金中常遇到的活度系数和渗透系数有关的问题，同时介绍了几种计算活度系数和渗透系数的方法。

1　活度系数和渗透系数的热力学性质

1）活度系数

在水溶液中，假如体积 V 内有 N_A 溶剂（令A为溶剂，N_A 为A的物质的量），N_B 溶质（令B为溶质，N_B 为B的物质的量）。又知 ρ_A 和 ρ 分别为溶剂和溶液的密度，M_A 和 M_B 为溶剂和溶质的相对分子质量，则可得到溶液中溶质的摩尔分数 x_B，体积浓度 C，质量浓度 m。这样对溶质活度系数可定义如下：

$$a_B = fx_B = y'_c = \gamma'_m \tag{1}$$

式中：f，y'，γ' 分别为摩尔分数标度、体积浓度标度和质量浓度标度的活度系数。为了解决在无限稀释的溶液中，y' 和 γ' 不等于1的矛盾，必须要从化学势的角度考虑活度系数的定义。

令 μ_B 为溶质的化学势，μ_B^0 为标准状态下的溶质化学势，根据化学势及活度系数的定义，则可写出：

$$\mu_B = \mu_B^0 + RT\ln y'_c = \mu_B^0 + RT\ln\gamma'_m \tag{2}$$

进而得出：

$$\mu_B = \mu_{B(c)}^0 + RT\ln y_C = \mu_{B(m)}^0 + RT\ln\gamma_m \tag{3}$$

当 $C\approx0$ 时，$y\approx1$，$\gamma\approx1$，从而满足了活度系数的定义。通常把 y 和 γ 称为实用活度系数，f 称为合理活度系数。

对离子活度系数，可令 μ_M 和 μ_X 分别为正、负离子的化学势，a_M 和 a_X 分别为它们的活度，则有：

$$\mu_M = \mu_M^0 + RT\ln a_M \tag{4}$$

$$\mu_X = \mu_X^0 + RT\ln a_X \tag{5}$$

假如电解质 $M_{\nu_M}X_{\nu_M}$ 离解为 ν_M 个正离子和 μ_X 个负离子，即 $M_{\nu_M}X_{\nu_M} = \nu_M M^+ + \nu_X X^-$，则电解质的 μ_B 为：

$$\mu_B = \nu_M\mu_M + \nu_X\mu_X = \nu_M\mu_M^0 + \nu_X\mu_X^0 + RT(\nu_M\ln a_M + \nu_X\ln a_X) \tag{6}$$

根据电解质活度 a 的定义及式(6)可以得到：

$$\mu_B^0 = \nu_M\mu_M^0 + \nu_X\mu_X^0 \tag{7}$$

$$a_B = a_M^{M_1} a_X^{X_1} \tag{8}$$

式中：$M_1 = \nu_M$；$X_1 = \nu_X$。

在实际中常采用电解质的平均活度 $a_\pm$，它的定义是：

$$\left.\begin{aligned} \nu\ln a_\pm &= \nu_M\ln a_M + \nu_X\ln a_X \\ a_\pm^\nu &= a_M^{M_1} a_X^{X_1} = a_B \end{aligned}\right\} \tag{9}$$

这里 $\nu = \nu_M + \nu_X$。把式(8)中的 a_B 引入活度的定义中则可得到：

$$\mu_B = \mu_B^0 + \nu RT\ln a_\pm \tag{10}$$

* 该文首次发表于《矿冶工程》，1985年第1期，45~50页。

式中：$a_{\pm}$可由实验测出，并具有实际意义。

离子活度系数也分为三种：合理活度系数f_i、实用活度系数γ_i和y_i。

2)渗透系数

渗透系数衡量溶剂与理想溶液的偏差。它分为合理渗透系数和实用渗透系数。

合理渗透系数g的定义为：

$$\mu_A - \mu_A^0 = gRT\ln X_A \tag{11}$$

实用渗透系数的φ的定义为：

$$\mu_A = \mu_A^0 = -\varphi RT\frac{\nu m M_A}{1000} \tag{12}$$

φ与g有如下的关系：

$$\varphi = -\frac{g\ln X_A}{\nu m M_A/1000} \tag{13}$$

$$\varphi = g\left[1 - \frac{1}{2}\frac{\nu m M_A}{1000} + \frac{1}{3}\left(\frac{\nu m M_A}{1000}\right)^2 + \cdots\right] \tag{14}$$

由式(14)可知，当m比较小时，φ和g的值是相同的。

渗透系数和活度系数有如下的关系：

$$\varphi = 1 + \frac{1}{m}\int_0^m m\mathrm{d}\ln\gamma_{\pm} \tag{15}$$

2 二元体系中的活度系数和渗透系数

1)溶质浓度与活度系数的关系

关于溶质浓度与活度系数之间的关系，有如下几种理论。

(1)Debye－Hückel 理论

Debye－Hückel 理论提出了如下的公式：

$$\ln\gamma_{\pm X} = -A|Z_M Z_X|\sqrt{I} \tag{16}$$

式中：Z为离子电荷数；I为离子强度；A为常数。

在式(16)中，认为离子以实体的质点存在，它有一定的体积，存在以下的关系式：

$$\ln\gamma_{\pm X} = -A|Z_M Z_X|(1 + Bb\sqrt{I}) \tag{17}$$

式中：b是离子的有效直径；B是常数。b的误差范围为3～5 Å①，而$B \cdot b \approx 1$。则可得到 Gün－telberg 方程：

$$\ln\gamma_{\pm X} = -A|Z_M Z_X|\sqrt{I}(1 + \sqrt{I}) \tag{18}$$

式(17)和式(18)可以应用到离子强度为0.1～1时，由式(16)～式(18)可以求出活度系数。在实验中得到$\gamma_{\pm X}$与浓度不是简单的函数关系，故实际应用中，又进一步提出了如下的公式：

$$\ln\gamma_{\pm X} = -A|Z_M Z_X|\sqrt{I}(1 + Bb\sqrt{I}) + cI \tag{19}$$

式中：b和c是修正系数。c可近似地表示为：

$$c = 0.1|Z_M Z_X| \tag{20}$$

式(20)可以精确到1 mol/L电解质的浓度。

(2)Pitez 理论

Pitez 于1973年排除了 Debye－Hückel 理论的不足，成功地提出了半经验的统计力学理论。对式(1)～式(5)和式(17)型电解质，考虑了缔合作用，提出了以下公式：

$$\ln\gamma_{\pm m} = -A|Z_M Z_X|[\sqrt{I}/(1+b)\sqrt{I}] + 2\ln(1+b\sqrt{I})/b] + m(4\nu_M\nu_X/\nu)\{\beta_{MX}^0 + (\beta'_{MX}/\alpha_1^2 I)[1-(1+\alpha_1\sqrt{I}-\alpha_1^2 I/2)\cdot\exp(1-\alpha_1\sqrt{I}) + (\beta''_{MX}/\alpha_2^2 I)[1-(1+\alpha_2\sqrt{I}-\alpha_2^2 I/2)\cdot\exp(1-\alpha_2\sqrt{I})]\} + 3C_{MX}m^2(\nu_M\nu_X)^{3/2}/\nu \tag{21}$$

式中：β_{MX}为 Bromley 理论系数；C_{MX}为 Pritzer 理论系数：$A=0.392(25℃)$；$b=1.2$。对1－1～1－5价型电解质，$\alpha_1=2.0$，$\beta''_{MX}=0$。对式(17)价型电解质，$\alpha_1=1.4$，$\alpha_2=12.0$和$\beta''_{MX}\neq 0$。现在文献中已计算出了β_{MX}^0，β'_{MX}，β''_{MX}，β'''_{MX}和C_{MX}等的常数值。

(3)Bromley 理论

Bromley 补充了 Debye－Hückel 理论，提出了如下理论公式：

$$\lg\gamma_{\pm m} = -0.511|Z_M Z_X|\sqrt{I}(I+\sqrt{I}) + (0.06 + 0.6\beta_{MX})|Z_M Z_X|I/(I + 1.5I/|Z_M Z_X|)^2 + \beta_{MX}I \tag{22}$$

式(22)适用于完全和部分离解的电解质溶液，可以有效到$I=6.0$，按该式计算出来的$\gamma_{\pm m}$比实验值高5%。系数β_{MX}由于每种物质的性质不同而有不同的值，而且具有加和性，可用下式表示：

$$\beta_{MX} = \beta_M + \beta_X + \delta_M\delta_X \tag{23}$$

一些物质的β_{MX}，β_M，β_X，δ_M，δ_X值在文献中可以查到，$-0.48 \leqslant \beta_M \leqslant 0.23$。当$I \leqslant 6.0$时，计算出来的活度系数与实验值的偏差不大于10%。

Bromley 理论的重要意义在于它给出了高浓度下$\gamma_{\pm m} = f(m)$函数关系。

(4)活度系数的图解法

随着浓度增加，活度系数减少，且有下式关系：

$$\Gamma = \gamma_{\pm}\exp I/|Z_M Z_X| \tag{24}$$

Γ代表活度系数减少的程度。在式(24)的基础上，以$\lg\Gamma$对I作图，目前文献中已得到110种物质的曲线，如图1所示。

利用图1，可以查找到I在20以内的溶质活度系数的减少值，并可依式(24)求出$\gamma_{\pm}$。

① 注：1 Å $=10^{-10}$ m $=0.1$ nm(下同)。

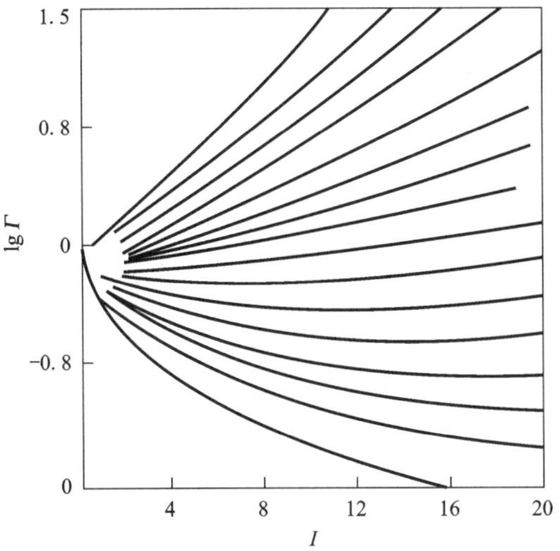

图 1　活度系数的图解通用图例

(5) Robinson – Stokes 方程式

在高浓度溶液中，有些离子是水合的，这就造成了理论活度系数与经验活度系数的差异。为了解决这个问题，Robinson 和 Stokes 提出了以下方程式：

$$\lg\gamma_{\pm m} = \lg\gamma_{\pm X.H} = (h/\nu)\lg a_W - \lg[1 + 0.001(h - \nu)M_W m] \quad (25)$$

式中：$\gamma_{\pm m}$表示统计活度系数；$\gamma_{\pm X.H}$表示水解离子的活度系数，它可由式(17)求得。式(25)可在 $hm < 12$（h 为一个溶质分子上的水分子数）时应用。

(6) 各种理论求得 $\gamma_{\pm m}$的比较

由 Debye – Hückel 理论给出 25℃时 NaCl 溶液中的 NaCl 浓度 c 与 $\gamma_{\pm X}$的关系，如图 2 所示。

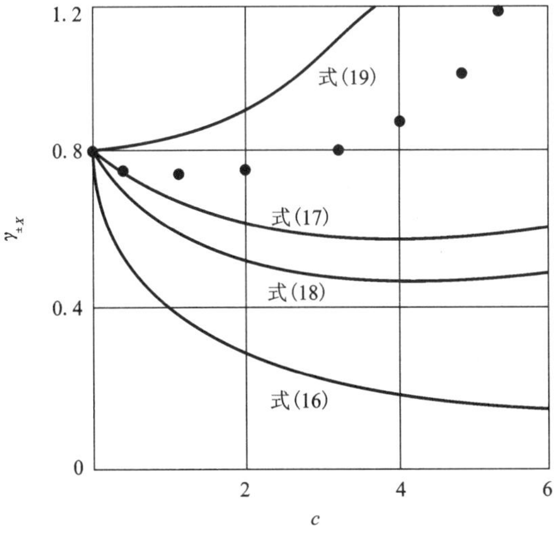

图 2　25℃时 NaCl 浓度 c 与 $\gamma_{\pm X}$的关系

式(19)可求出 NaCl 溶液的 $b = 4.0$ Å；$c = 0.055$。在该情况下，由 I 造成活度系数计算值与实际值的偏差为 1 ~ 3。

按式(21)、式(22)及图解法求出 NaCl 的 $\gamma_{\pm m}$并列入表 1 中。

表 1　25℃，6 mol/L NaCl 溶液按不同理论求得的 $\gamma_{\pm m}$

方程式	$\gamma_{\pm m}$	Δ/%
(21)	0.986	0
(22)①	0.971	-1.5
(22)②	1.041	5.6
图解法③	0.804	-18.4
实验值	0.986	—

注：①β_{NaCl}由实验数据求出；②β_{NaCl}由式(23)计算求出；③$I = Z$ 时的 $\gamma_{\pm m}$；$\Delta = (\gamma_{\pm m} - \gamma_{\pm 实验})/\gamma_{\pm 实验} \times 100\%$。

比较各种理论可以概括成以下几点：①Pitzer 理论可以得到精确可靠的 $\gamma_{\pm m}$值，并可在很宽的浓度范围内应用；②按 Bromley 理论求 $\gamma_{\pm m}$时，如果β_{MX}是由实验得到的，得到的 $\gamma_{\pm m}$值是可靠的，如果按式(23)求得的β_{MX}值计算，获得的 $\gamma_{\pm m}$偏差较大；③用图解法求出的 $\gamma_{\pm m}$误差较大，该法可在粗略估计溶质活度参数时使用；④Debye – Hückel 理论只适用于稀溶液；⑤Robinson – Stokes 理论的应用还不普遍。

2) 溶剂的浓度与渗透系数的关系

溶剂的浓度与渗透系数(φ)可以表示成函数关系，即 $\varphi = f(m)$。对稀溶液由 Debye – Hückel 理论推导出：

$$\varphi - 1 = -2.303A|Z_M Z_X|\sqrt{I}/3 \quad (26)$$

式中：$A = 0.5093$。

Pitzer 对 1 – 1 ~ 1 – 5 价型和 2 – 2 价型电解质饱和溶液提出了如下的关系式：

$$\varphi - 1 = -A|Z_M Z_X|\sqrt{I}/(1 + b\sqrt{I}) + (2\nu_M\nu_X m/\nu)[\beta^0_{MX} + \beta'_{MX}\exp(-\alpha_1\sqrt{I}) + \beta''_{MX}\exp(-\alpha_2\sqrt{I})] + 2m^2 c_{MX}(\nu_M\nu_X)^{3/2}/\nu \quad (27)$$

按 Bromley 提出的函数关系，可以把式(27)写成：

$$\varphi - 1 = -2.303 \cdot 0.511|Z_M Z_X|[1 + \sqrt{I} - 1/(1 + \sqrt{I}) - 2\ln(1 + \sqrt{I})]/I + 2.303(0.06 + 0.6\beta_{MX})|Z_M Z_X|[(1 + 2\gamma I)/(1 + \gamma I)^2 - \ln(1 + \gamma I)/\gamma I]/\gamma + 2.303\beta_{MX}I/2 \quad (28)$$

式中：$\gamma = 1.5/|Z_M Z_X|$；β_{MX}可由式(23)求得。使用式(28)计算较式(27)方便。

3) 活度系数和渗透系数的温度效应

文献都是计算 25℃的活度系数和渗透系数。实际应用中，需要知道不同温度下的 $\gamma_{\pm}$ 和 φ。

经研究确定了活度系数与温度有如下关系：

$$\partial\ln\gamma_{\pm}/\partial T = |Z_M Z_X|(A_H/6RT^2)[\sqrt{I}/(1+b\sqrt{I}) + 2\ln(1+b\sqrt{I})/b] + (4\nu_M\nu_X m/\nu)\{\partial\beta^0_{MX}/\partial T + (1/\alpha_1^2 I)(\partial\beta'_{MX}/\partial T)[1-(1+\alpha_1 I-\alpha_2^2 I/2)\exp(-\alpha_1\sqrt{I})] + (1/\alpha_2^2 I)(\partial\beta''_{MX}/\partial T)[1-(1+\alpha_2\sqrt{I}-\alpha_2^2 I/2)\exp(-\alpha_2\sqrt{I})]\} + 3m^2(\nu_M\nu_X)^{3/2}/\nu)\cdot(\partial c_{MX}/\partial T) \quad (29)$$

式中：25℃时，$A_H/RT=1.1773$；$b=1.2$；$\alpha_1=2$；$\alpha_2=0$。如果是式(17)价型电解质，$\alpha_1=1.4$；$\alpha_2=12$。该式可成功地用于计算 0 ~ 25℃溶液的活度系数。

渗透系数与温度有如下关系：

$$\partial\varphi/\partial T = -|Z_M Z_X|(A_H/6RT^2)\sqrt{I}/(1+b\sqrt{I}) + (2\nu_M\nu_X m/\nu)[\partial\beta^0_{MX}/\partial T + (\partial\beta'_{MX}/\partial T)\exp(-\alpha_1\sqrt{I}) + (\partial\beta''_{MX}/\partial T)\exp(-\alpha_2\sqrt{I})] + [2m^2(\nu_M\nu_X)^{3/2}](\partial c_{MX}/\partial T) \quad (30)$$

使用式(30)计算不同温度下的 φ 值，可得到令人满意的结果。

3 多元体系中的活度系数和渗透系数

多元体系中的活度系数和渗透系数的计算方法可概括如下[2]。

1) LS 法

LS 法提出电解质混合物体系的活度系数可用以下经验公式计算：

$$(1/|Z_{M,i}Z_{X,i}|\lg\gamma_{\pm i} = (1/|Z_{M,i}Z_{X,i}|)\lg\gamma^0_{\pm j} + \sum_{j=i,j\neq 1}^{n}(Y_j/2)[(1/|Z_{M,j}Z_{X,j}|)\lg\gamma^0_{\pm j} - (1/|Z_{M,i}Z_{X,i}|)\lg\gamma^0_{\pm i}] \quad (31)$$

式中：$\gamma_{\pm i}$是 i 溶质的平均活度系数；$\gamma^0_{\pm i}$是 i 溶质在多元体系中，混合离子强度下的平均活度系数；Y_j 的定义用下式表示：$Y_j=I_j/I$，I_j 是 j 溶质的离子强度，而 I 是总离子强度。

求取渗透系数可用下式：

$$\varphi = \frac{\sum_{j=1}^{n}\nu_j m_j \varphi_j^0}{\sum_{j=1}^{n}\nu_j m_j} \quad (32)$$

式中：φ_j^0 是 j 电解质和水的多元体系中混合离子强度下的渗透系数；ν_j 是计算出来的离子数；m_j 是混合物中 j 电解质的物质的量浓度。

2) RWR 法

RWR 法可求取含有多组成的 i 阳离子和 j 阴离子溶液的渗透系数，其公式为：

$$m(1-\varphi) = -(1/E)\sum_{I=1}^{i}\sum_{m=1}^{j}E_{M,I}E_{X,m}(1-\varphi^0_{M_IX_m})/Z_{M,I}Z_{X,m} \quad (33)$$

式中：$Z_{M,I}$和 $m_{M,I}$或 $Z_{X,m}$和 $m_{X,m}$分别表示溶液中阳离子 M_I 或阴离子 X_m 的电荷数和摩尔浓度。

电解质 M_pX_q 在多组成体系中的活度系数用下式求取：

$$(Z_{p,q}/Z_{M,p}Z_{X,q})/\ln\gamma_{\pm}M_pX_q = \sum_{I=1}^{i}\sum_{m=1}^{i}(E_{m,I}E_{X,m}/E^2)\{(Z_{p,m}/Z_{M,p}Z_{X,m})[1-\varphi^0_{M_IX_m} + \ln\gamma^0_{\pm,M_pX_m}] + (Z_{I,q}/Z_{M,I}Z_{X,q})[1-\varphi^0_{M_IX_q} + \ln\gamma^0_{\pm,M_IX_q}] - (Z_{I,m}/Z_{m,I}Z_{X,m})[(1+Z_{p,q}E/2I)(1-\varphi^0_{M_IX_m}) + \mathrm{In}\gamma^0_{\pm,M_IX_m}]\} \quad (34)$$

式中：$E_{M,I} = Z_{M,I}m_{M,I}$；

$E_{X,m} = -Z_{X,m}M_{X,m}$；

$E = \sum_{I=1}^{i}E_{M,I} = \sum_{m=1}^{i}E_{X,m}$；

$Z_{I,m} = Z_{M,I} - Z_{X,m}$；

$m = \sum_{I=1}^{i}M_{m,I} + \sum_{m=1}^{i}Z_{X,m}E_{X,m}$；

$2I = \sum_{I=1}^{i}Z_{M,I}E_{M,I} - \sum_{m=1}^{i}Z_{X,m}E_{X,m}$

按式(34)求出的 φ 值列于表 2，由表 2 可见，φ 的计算值与实验值误差很小。

表 2 三元体系 $LiCl-NaCl-BaCl_2$ 的渗透系数 φ

I	实验值	式(34)	式(34)(考虑了吸引力)
2.1371	1.0295	1.0383	1.0308
3.1888	1.1215	1.1383	1.1217
3.2973	1.1337	1.1494	1.1315

3) Bromley 法

在多元体系中，物质 M_IX_I 的活度系数用 Bromley[6] 建立起来的方程式求取：

$$\lg\gamma_{\pm m,M_IX_I} = -0.511|Z_{M_I}Z_{X_I}|\sqrt{I}(1+\sqrt{I}) + |Z_{M_I}Z_{X_I}|[F_1/|Z_{M_I}| + F_2/|Z_{M_I}|](|Z_{M_I}+Z_{X_I}|) \quad (35)$$

式中：$F_1 = \sum_{m=1}^{i}\beta_{M_IX_m}\overline{Z}^2_{M_IX_m}m_{X_m}$

$F_2 = \sum_{I=1}^{i}\beta_{M_IX_m}\overline{Z}^2_{M_IX_m}m_{X_I}$

$\overline{Z}^2_{M_IX_m} = (|Z_{M_I}+Z_{X_I}|)/2$

$\beta_{M_lX_m} = (0.06 + 0.6\beta_{M_lX_m}) \mid Z_{M_l}Z_{X_m} \mid / [(1 + 1.5I) \mid Z_{M_lX_m} \mid^2 + \beta_{M_lX_m}]$

4)MK 法

用 MK 法可求取混合电解质的活度系数，其公式为：

$$\lg\Gamma_{M_1X_1} = E_{a_1} + E_{K_1} \tag{36}$$

式(36) 中的 E 可以定义为：

$$\left.\begin{aligned} E_{K_1} &= 0.5\sum_{m=1}^{j} Y_{X_m}\lg\Gamma^0_{M_l,X_m} \\ E_{a_1} &= 0.5\sum_{l=1}^{i} X_{M_l}\lg\Gamma^0_{M_l,X_m} \end{aligned}\right\} \tag{37}$$

电解质 M_2X_2，M_3X_3 等混合电解质溶液同样存在以下方程式：

$$\begin{aligned} \lg\Gamma_{M_2X_2} &= E_{a_2} + E_{K_2} \\ \lg\Gamma_{M_3X_3} &= E_{a_3} + E_{K_3} \end{aligned} \tag{38}$$

此处 E_{a_2}，E_{a_3}，E_{K_2}，E_{K_3} 可仿照式(37) 写出相对应的关系式。

最后，在 M_lX_m 混合电解质中，可用下式求取活度系数：

$$\lg a_W = \sum_{l=1}^{i}\sum_{m=1}^{i} X_{M_l}Y_{X_m}\lg a^0_W M_lX_m \tag{39}$$

Pitzer 理论是用统计力学建立起来的半经验公式，具有很多优点，它解决了电解质溶液理论平衡态的问题。

参考文献(略)

溶剂化的量子化学及溶剂化数的测定方法*

摘 要：根据已发表的文献，介绍和讨论了溶剂化、溶剂化的量子化学和溶剂化数的测定方法。

Quantum chemistry of solvation and determination methods of solvate number

Abstract: According to the published reference, the solvation, quantum chemistry of solvation and determination of solvate number are described and discussed in this paper.

在研究溶剂萃取化学及有机溶剂对溶质的溶解能力时，溶剂化作用占据很重要的地位。

通过研究工作，人们认识到溶液的结构及其性质主要与溶剂的化学性质有关，而溶解的重要条件之一是被溶解粒子的溶剂化。

在溶剂萃取化学中，主要研究被萃取元素或化合物进入有机溶剂中的状态及化学变化。在此过程中，虽然有络合、交换、离子缔合等化学反应，但被萃取粒子的溶剂化也是一个重要因素。

本文简要地介绍与探讨了溶剂化、溶剂化的量子化学及测定溶剂化数的方法。

1 无机物进入有机溶剂的溶剂化

在有机溶剂中，无机物的溶解(或“物理分配萃取”)过程，与水溶液中溶解物质的过程相似。因为处于液态或固态的溶质分子分散成单个分子所需的能量，在上述情况下都是相同的。

无机物进入有机溶剂，其溶解过程主要有两个步骤[1]：

(1)溶剂-溶剂相互作用的破坏；

(2)溶质-溶剂相互作用的形成。

在“物理分配”的简单分子萃取中，可把被萃取物(M)溶于水相(W)或有机相(O)的竞争过程，进行如下的理论分析[2]：水相中水分子之间的氢键和范德华引力以 W—W 表示。M 溶于水必先在水中破坏某些 W—W 结合，形成空腔以容纳 M，同时生成 M—W 结合。反之，在有机相中，溶剂分子之间有范德华引力，某些溶剂分子间还有氢键结合，这些作用可用 O—O 表示。M 溶于有机相中，必先破坏某些 O—O 结合，形成空腔以容纳 M，同时生成 M—O 结合。所以，这种萃取过程可以表示为：

$$(\text{O—O}) + 2(\text{M—W}) \longrightarrow (\text{W—W}) + 2(\text{M—O}) \quad (1)$$

如令 $E_{\text{O—O}}$，$E_{\text{M—O}}$，$E_{\text{W—W}}$，$E_{\text{M—W}}$ 依次表示 O—O，M—O，W—W，M—W 结合所需的能量，则由式(1)可得萃取能为：

$$\Delta E_{萃} = (E_{\text{O—O}} + 2E_{\text{M—W}} - E_{\text{W—W}} + 2E_{\text{M—O}}) \quad (2)$$

如果没有水相存在，则 $\Delta E_{萃}$ 变为溶解能 $\Delta E_{溶}$，即 M 溶于有机相的溶解能为：

$$\Delta E_{溶} = E_{\text{O—O}} - 2E_{\text{M—O}} \quad (3)$$

在溶剂萃取和物质溶解时，$\Delta E_{萃}$ 越小，萃取越容易；$\Delta E_{溶}$ 越小，物质的溶解度越大。

关于物质在有机溶剂中的溶解度，均认为与介电常数有关，总结出如下公式：

$$\lg S_{溶} = A + B\varepsilon \quad (4)$$

式中：A，B 为常数；ε 为溶剂的介电常数；$S_{溶}$ 为物质的溶解度。

式(4)表示了溶剂的介电常数与物质溶解度的关系。

一般而言，带有分子晶格的物质具有较高的溶解度，其次是离子化合物。盐类在极性溶剂中的溶解度通常比在非极性溶剂中高。中性络合物能被不与水混溶的一些溶剂很好地萃取，这在萃取化学中已成为公认的事实[1,2]。

* 该文首次发表于《矿冶工程》，1984 年第 2 期，44～49 页。

在讨论溶剂化时，除了中性分子的溶剂化外，当然也有阳离子与阴离子溶剂化的问题。对这一问题虽然已有了不少研究工作，但迄今还没有一致的看法[3]。有人认为，接受电子溶剂对阴离子的溶剂化作用比供电子溶剂对阴离子的溶剂化作用小。有人进一步提出：阴离子的水合能比相同大小的阳离子水合能大。上述观点没有得到人们的完全认同。文献中求出阳离子和阴离子半径，并与结晶化学值比较后认为：在甲酰替二甲胺和二甲基亚砜中，阳离子比阴离子有较大的溶剂化层；而在水和甲醇中，阴离子具有的导电性与晶体化学半径相近的阳离子相同。同时还认为：在许多溶剂中，阳离子的溶剂化作用大大优于阴离子。目前，许多研究结果被公认，在阳离子溶剂化作用很弱的情况下，盐的阴离子引起溶解能力增大的顺序为：$Cl^- < NO_3^- < Br^- < ClO_4^- < I^-$，即溶剂化能力也是按这样的顺序增大。在肼、液态二氧化硫、乙腈和吡啶中，碘化钾和其他金属碘化物的溶解度比相应金属氯化物的溶解度大，这一事实也可用碘离子溶剂化能力大来解释。

马荣骏按生成氢键的不同，把有机溶剂分为四类：①不生成氢键的溶剂，简称 N 型溶剂，如苯、四氯化碳、二氧化碳、煤油等；②接受电子溶剂，简称 A 型溶剂，在这类溶剂中含有 A—H 基团、能与 B 型溶剂生成氢键，如氯仿等；③供给电子溶剂，简称 B 型溶剂，它与 A 型溶剂生成氢键，如醚、酮、醇、酯等；④给受电子溶剂，简称 AB 型溶剂，即可缔合成聚合分子者。这四类溶剂用于萃取或溶解时，会有不同的效果，其原因之一是它们的溶剂化能力有差别。例如，用醇、醚、酯萃取金属盐时，不但发生一次溶剂化，有时还产生二次溶剂化。已查明，用醇、酮、醚、酯萃取 $UO_2(NO_3)_2$ 时，生成的一次溶剂化物为：$UO_2(NO_3)_2 \cdot 4S$（S 代表溶剂分子）；$UO_2(NO_3)_2 \cdot H_2O \cdot 3S$；$UO_2(NO_3)_2 \cdot 2H_2O \cdot 2S$；$UO_2(NO_3)_2 \cdot 3H_2O \cdot S$。二次溶剂化物为：$UO_2(NO_3)_2 \cdot 4H_2O \cdot xS(x \leqslant 4)$。在溶剂化物中配位的水分子越少，$UO_2(NO_3)_2$ 的萃取率越高。

2　溶剂化的量子力学

由上述可知，溶质在各种溶剂中溶解度（或萃取率）的增高，可用溶剂或溶质之间产生电荷转移及生成稳定的溶剂化物的原因来解释。这种通过电荷转移，生成溶剂化物的例子很多（主要表现在生成能量上），表 1 列出了一些电子接受体（溶质）和电子供给体（溶剂）的电荷转移生成溶剂化物的生成热。

以量子力学来表示这种溶剂与溶质由于电荷转移形成溶剂化物的波函数，应为[3]：

$$\psi_N = a\psi_{A,B} + b\psi_{A^- - B^+} \tag{5}$$

表 1　溶质和溶剂生成溶剂化物的生成热

电子接受体	电子供给体	生成热/($kJ \cdot mol^{-1}$)
I_2	C_6H_6	4.1868 × 1.32
I_2	$(CH_3)_3C_6H_3$	4.1868 × 2.86
I_2	$(CH_3)_6C_6$	4.1868 × 3.73
I_2	$C_{10}H_8$	4.1868 × 1.80
I_2	$(CH_3)_2NC_6H_5$	4.1868 × 8.20
I_2	C_2H_5OH	4.1868 × 2.1
I_2	$(CH_3)_3N$	4.1868 × 12.1
I_2	C_2H_5N	4.1868 × 7.80

以碘溶于苯为例，假如碘与苯形成的溶剂化物，以两种内旋形式存在，即：

$$C_6H_6 \cdot I_2 \rightleftharpoons C_6H_6^+ —I_2^- \tag{6}$$

该体系可用基态的波函数表示为[3-5]：

$$\psi_N = a\psi_0(C_6H_6 \cdot I_2) + b\psi_1(C_6H_6^+ —I_2^-) \tag{7}$$

式中：ψ_N 为碘苯溶剂化物微粒体系的波函数；ψ_0 为 $C_6H_6 \cdot I_2$ 微粒内旋的波函数；ψ_1 为 $C_6H_6^+ —I_2^-$ 微粒内旋的波函数；a，b 为系数。

由于 $C_6H_6^+ —I_2^-$ 键不稳定，故式(7)中系数 a，b 有如下的不等式关系：

$$a^2 \gg b^2 \tag{8}$$

在生成的溶剂化物以离子形式占优势的激发状态下，它的波函数 ψ_E 可用与式(7)相似的公式表示，仅是第一部分系数变为 a_1 及 b_1，而第二部分变为 $b_1\psi_1(C_6H_6^- —I_2^+)$，系数 a，b 和 a_1，b_1 之间存在如下关系：

$$\begin{aligned} a^2b^2 + 2abS_1 = 1 \\ a_1^2b_1^2 - 2a_1b_1S_1 = 1 \end{aligned} \tag{9}$$

式中：S_1 为波函数 ψ_0 和 ψ_1 的连续积分，它与溶剂分子轨道和溶质粒子轨道间的作用的积分成正比。

根据薛定谔方程，溶剂化物的基态可以表示为[4,5]：

$$H(a\psi_0 + b\psi_1) = E(a\psi_0 + b\psi_1) \tag{10}$$

式中：H 为哈密顿值；E 为能量。

用变分法可以得到：

$$\begin{aligned} a(E_0 - E) + b(H_1 - ES_1) = 0 \\ a(H_1 - ES_1) + b(E_1 - E) = 0 \end{aligned} \tag{11}$$

式中：$E_0 = \int\psi_0 H\psi_0 dz$；$H_1 = \int\psi_0 H\psi_1 dz$；

$E_1 = \int\psi_1 H\psi dz$（dz 为微分小体积）

从式(11)可得：

$$E = E_0 - [(H_1 - ES_1)^2/(E_1 - E)] \quad (12)$$

$$b/a = (H_1 - ES_1)/(E_1 - E) \quad (13)$$

为了简化计算，可认为溶剂化物在基态下的电荷转移引起 ψ_n 的变化值不大，则可用 E_0 代替式(12)、式(13)中的 E，故

$$E_N = E_0 - [(H_1 - E_0S_1)^2/(E_1 - E_0)] \quad (14)$$

$$b/a = (H_1 - E_0S_1)/(E_1 - E_0) \quad (15)$$

式中：E_N 为溶剂化物的能量，在标准状态下，它等于由各组分形成该溶剂化物的热量；E_0 为溶剂分子和溶质分子间的静电作用能。式(14)中的第二部分决定着溶质与溶剂的共价键(以 A—SOLV 表示)。这种溶剂化物的生成热为：

$$\Delta H = -(H_1 - E_0S_1)^2/(E_1 - E_0) \quad (16)$$

又由式(15)可以得到：

$$\Delta H = -(E_1 - E_0)b^2/a^2 \quad (17)$$

从基态到激发态的过渡，则能量为：

$$h\nu = E_E - E_N \quad (18)$$

式中：h 为普朗克常数；ν 为光子的频率。

式(18)可变换成：

$$h\nu = (E_1 - E)\left[1 + \left(\frac{b_1}{a_1}\right)^2 + \left(\frac{a}{b}\right)^2\right] \quad (19)$$

由电荷转移所决定的溶剂化物谱能 $h\nu$，还可以写成如下的方程：

$$h\nu = I_{C_6H_6} - E_{I_2} + J \quad (20)$$

式中：$I_{C_6H_6}$ 为苯分子的电离子电势；E_{I_2} 为碘分子的电子亲合能；J 为常数。

能量 $h\nu$ 与溶剂化物的稳定性有关，对于某些溶质，例如碘与各种溶剂形成的溶剂化物，它的 $h\nu$ 与电离电势有线性关系。

溶剂与溶质的相互作用可根据溶液的偶极距变化来判断。

在基态下溶剂化物的偶极矩(μ)用如下关系式计算：

$$\mu = e\int\psi_N \sum \gamma_i \mathrm{d}z \quad (21)$$

式中：e 为电荷；γ_i 为 i 电子的距离向量。

参照式(7)与式(21)可写成：

$$\mu_N = a^2\mu_0 + b^2\mu_1 + 2ab\mu_{01} \quad (22)$$

而 $$\mu_{01} = e\int\psi_0 \sum \gamma_i\psi_1 \mathrm{d}z = \frac{1}{2}S_1(\mu_0 + \mu_1)$$

最后可得到：

$$\mu_N = a^2\mu_0 + b^2\mu_1 + 2aS_1(\mu_0 + \mu_1) \quad (23)$$

溶液中生成的离子型溶剂化物的波函数，可以用中心离子轨道(sp^3d^1)的波函数和溶剂分子轨道杂化函数表示：

$$\psi = a\psi_c + b\psi \quad (24)$$

式中：ψ_c 为参与成键的中心离子轨道波函数；ψ 为与中心离子络合的溶剂分子轨道的平均波函数。

对于简单离子溶剂化物，容易用量子化学说明，用原子轨道线性组合近似法(LCAO)可以计算一些水合络合物。文献[6]进行了核间距离的计算。

3　溶剂化数的测定方法

1)溶解度法

两种溶剂混合物，实际上其中一种溶剂不能溶解溶质 A，而另一种溶剂能溶解溶质 A，在平衡状态下，有：

$$\mathrm{A} + m\mathrm{SOLV} = \mathrm{A}\cdot m\mathrm{SOLV}$$

$$K = \frac{[\mathrm{A}\cdot m\mathrm{SOLV}]}{[\mathrm{A}][\mathrm{SOLV}]^m} \quad (25)$$

平衡常数 K 表示溶质在一种溶剂中被溶剂(SOLV)溶解的能力，对式(25)取对数，则有：

$$\lg[\mathrm{A}\cdot m\mathrm{SOLV}] = m\lg[\mathrm{SOLV}] + \lg K + \lg[\mathrm{A}] \quad (26)$$

式中：$[\mathrm{SOLV}] = c_{\mathrm{SOLV}}$，$l$ 为比率，c_{SOLV} 为溶剂的总浓度。根据式(26)，用图解法可以求出溶剂化数 m，进而也可求出平衡常数 K。

$$K = \frac{[\mathrm{A}\cdot m\mathrm{SOLV}]}{[c_{\mathrm{SOLV}} - m(\mathrm{A}\cdot m\mathrm{SOLV})]} \quad (27)$$

如果盐的溶剂化按下式进行：

$$\mathrm{AB}_1 + n\mathrm{SOLV} \rightleftharpoons \mathrm{A}\cdot m\mathrm{SOLV} + l\mathrm{B}_{i\mathrm{SOLV}-} \quad (28)$$

式中：$n = m + i$。

由式(26)、式(25)可得到：

$$\lg[\mathrm{A}\cdot m\mathrm{SOLV}] = \frac{n}{l+1}\cdot\lg[\mathrm{SOLV}] + D \quad (29)$$

式中：D 为常数，按式(29)，可求出角函数：

$$n/(l+1) = \tan\alpha \quad (30)$$

为了确定阳离子的溶剂化数，必须补充与阴离子起溶剂化作用的溶剂分子的数量(i)，以便与阳离子结合。此时：

$$m = (l+1)\tan\alpha - i \quad (31)$$

如上所述，阳、阴溶剂化物离子的溶剂化数也可求出。

2)分光光度法

在分光光度法中有下式成立：

$$\lg(D_x/D_{\max} - D_r) = m\lg[\mathrm{SOLV}] + \lg K \quad (32)$$

式中：D_x 和 $D_{\max}$ 分别为溶质部分溶剂化和最大程度溶剂化的溶液光密度；D_r 为参比光密度。而

$$K = ([\mathrm{A}\cdot m\mathrm{SOLV}])/([\mathrm{A}][\mathrm{SOLV}]^m) \quad (33)$$

为了用 Bjerrum 法确定溶剂化物的组成，可用系列溶液(使溶剂化溶剂的含量均匀增大)计算平均溶

剂化数 $\bar{m}$：

$$\bar{m}=(c''_{SOLV}-c'_{SOLV})/(c''_A-c'_A) \quad (34)$$

式中：c''_A 和 c'_A 以及 c''_{SOLV} 和 c'_{SOLV} 分别为不同系列的两种溶液中溶质和溶剂的总浓度。为了计算生成常数，需要计算溶剂化作用溶剂的平均浓度：

$$[SOLV]=(c''_A c'_{SOLV}-c'_A c''_{SOLV})/(c''_A-c'_A) \quad (35)$$

溶剂化数 m 与溶剂化作用溶剂的平均浓度具有以下的关系：

$$m=f\lg[SOLV] \quad (36)$$

通过电子光谱，能够探索具有不同溶剂化数(直到最大值)的溶剂化物的形成，还能观察到溶剂化物本身几何形状的变化。与电子光谱相似，波谱(红外和拉曼)也可以被用来研究溶剂化作用。

3)冰点降低法

导电率与溶剂化物的半径 r 有以下基本关系：

$$r=0.82Z/(\eta\cdot\lambda) \quad (37)$$

式中：Z 为离子的电荷数；λ 为离子的极限当量导电率；η 为溶剂的黏度。

根据测得的导电率可求得 r。在实践中建议使用下式求 r'：

$$r'=(0.82Z/\eta\cdot\lambda)\cdot(r_{cryt}/r) \quad (38)$$

式中：r' 为溶剂化离子的准确半径；r_{cryt} 为被研究离子的晶体化学半径。

有了溶剂化离子的半径(或准确半径)，即可求出溶剂化层的体积 V_{SOLV}：

$$V_{SOLV}=4/3\pi(r^3-r^3_{cryt}) \quad (39)$$

然后用下式求出离子的溶剂化数：

$$m=V_{SOLV}/V \quad (40)$$

式中：V 为单个溶剂分子的体积。

采用冰点降低法测量溶剂化数时，需要首先确定溶剂化作用溶剂的缔合因素：

$$F_R=\Delta t/\Delta t' \quad (41)$$

式中：$\Delta t'$ 和 Δt 分别为溶液冰点下降的实验值和理论计算值。

在溶剂化溶剂和溶质恶烷中的冰点降低值与它们浓度之间有如下关系：

$$\Delta t_1=Pc_1 \quad (42)$$

$$\Delta t_2=Pc_2 \quad (43)$$

式中：c_1 和 c_2 分别为溶剂化溶剂和溶质的浓度；P 为系数。

在形成 m 个溶剂分子的溶剂化物时，冰点温度的总下降值为：

$$\Delta t=P(c_1-mc_2+c_2) \quad (44)$$

由式(44)可求得：

$$m=(Pc_1+Pc_2-\Delta t)/Pc_2 \quad (45)$$

4)电动势法

使用本法时，在已知金属离子总浓度[c_M]的条件下，首先用电动势测定自由金属的平均含量[M]，然后用下式计算离子的溶剂化数。

$$d\lg(c_M-[M]/[M])/d\lg[SOLV] \quad (46)$$

式中：[SOLV]为起溶剂化作用的溶剂浓度。

溶剂化数的生成常数，可按式(33)计算，但要令[A · mSOLV] = c − [M]。

5)核磁共振法

用核磁共振研究溶剂分子的性质时，通过求取化学位移 δ，可观察溶剂化物的生成，进而求出溶剂化数。

如果在某种固定频率 $v_{aver}\approx v_0$ 的条件下进行实验，则化学位移值 δ 应为：

$$\delta=(v_i-v_{aver})/v_{aver}=(v_i-v_{aver})/v_0) \quad (47)$$

式中：v_{aver} 为平均频率；v_i 为形成溶剂化物后的频率；v_0 为原来溶剂未能生成溶剂化物时的频率。

在共振谱中，可观察到配位溶剂化分子与自由分子的核共振谱线。借助于测量信号的积分强度，可确定结合溶剂和自由溶剂的浓度。然后根据已知的溶质浓度，计算出溶剂化物的溶剂化数和溶剂化的反应平衡常数：

$$m=S_{join}/(S_{join}+S_{free}) \quad (48)$$

式中：m 为单位物质的量溶液中含有溶剂物质的量的总数；S_{join} 和 S_{free} 分别为结合溶剂和自由溶剂的信号面积。

在溶剂化物的自由组分和联结组分之间存在明显交换时，核磁共振谱中可发现一个信号：

$$\delta=\delta_{free}\cdot c_{free}/c+mc_{join}/c\delta_{join} \quad (49)$$

式中：δ 为溶剂原子的平均化学位移；δ_{free} 和 δ_{join} 分别为溶剂化物中自由的和结合的溶剂原子化学位移；m 为溶剂化数；c_{free}，c_{join} 和 c 分别为体系中自由的、结合的和活性溶剂的浓度。

存在顺磁离子(由于未配对的电子对溶剂分子的电子结构激发作用，这种离子易影响核磁共振光谱)时，也可在溶剂化过程中测定溶剂的化学位移，这时的化学位移可用下式表示：

$$\delta=(8\pi|\psi(O)|2)/(3m)\cdot c_{SOLV} \quad (50)$$

式中：$|\psi(O)|$ 为溶剂质子附近存在不配对电子的概率；c_{SOLV} 为溶液中溶剂化溶剂的浓度；m 为金属离子的溶剂化数值。

本文承蒙中南矿冶学院傅崇说教授指正，特致谢忱。

参考文献(略)

磷酸三丁酯萃取硝酸铀酰中磷和铁的行为*

摘　要：本文对铀纯化工艺原料中所含某些主要杂质的行为进行了研究。初步求出为防止 PO_4^{3-} 造成磷酸铀酰盐沉淀所需 Fe^{3+} 量的关系式。与 PO_4^{3-} 一样，其他阴离子对铀的萃取也有抑制作用，其次序是：F^-，SO_4^{2-}，Cl^-。加入 Fe^{3+} 能消除其影响。阳离子 Al^{3+}，Mg^{2+}，Mn^{2+}，Cr^{3+} 和 Ca^{2+} 含量各小于 1 g/L，对铀的萃取无影响。在用 Fe^{3+} 抑制各种阴离子萃取时，Fe^{3+} 本身的萃取率很低，不会造成产品的污染。最后指出，有可能实现将原料中磷、硫、铁含量的规定放宽以及在杂质含量高时不经预处理直接进行萃取。

The behaviours of extracting phosphorus and iron from uranyl nitrate by tributyl phosphate

Abstract: In this paper the behaviours of some major impurities are studied in the process of purification of uranium raw materials, and an expression is derived for calculating the amount of Fe^{3+} required for preventing the precipitation of uranyl phosphate due to PO_4^{3-}. Other anions besides PO_4^{3-} can cause the inhibition of uranium extraction, and are ranked in the following order in regard to their inhibition capabilities: F^-, SO_4^{2-}, Cl^-. The influence of the above anions can be removed by adding Fe^{3+}. Cations Al^{3+}, Mg^{2+}, Mn^{2+}, Cr^{3+} and Ca^{2+} have proved to exert no influence on uranium extraction at the range of less than 1 g/L each ion. Addition of Fe^{3+} for anion inhibition will not result in the pollution of uranium products due to their low leaching rate. Finally, it is pointed out that the limit to the amounts of phosphorus, sulfur and iron in uranium raw materials might be relaxed, and direct extraction might be carried out from the raw materials with high impurities without a pretreatment.

用于铀萃取纯化工艺的原料化学浓缩物，含有大量的杂质，特别是磷、硫、铁和硅，其主要成分以三种原料为例列于表 1，这三种原料的光谱半定量结果表明，除了镁含量超过 1% 和锰含量约为 1% 以外，其他杂质含量均小于 1%。由于磷、硫、氟等对萃取过程有害，这些杂质的含量超过规定量的浓缩物必须进行碱洗预处理。但预处理操作也存在一系列的缺点。

表 1　三种化学浓缩物原料的主要成分/%

原料	U	PO_4^{3-}	SO_4^{2-}	Fe	SiO_2
Ⅰ	34.80	7.75	25.75	1.58	5.76
Ⅱ	28.88	1.42	33.52	7.98	21.60
Ⅲ	22.60	1.51	32.79	9.80	21.30

PO_4^{3-} 的最主要影响是在溶液中能与铀生成不溶化合物，尤其在体系中存在大量 NH_4^+ 时，能生成很难溶解的磷酸铀酰铁结晶（$UO_2NH_4PO_4 \cdot 3H_2O$），其溶度积仅为 3.6×10^{26}（25℃）。由于沉淀的形成是一个缓慢的过程，因而可能在萃取过程中析出沉淀，造成乳化，使两相分离困难，引起铀的损失、产品的污染和其他严重后果。

其次，PO_4^{3-} 及其他阴离子都能与 UO_2^{2-} 生成不易被萃取的络合物，因而降低了铀的分配比。表 2 列出了阴离子和 UO_2^{2-} 形成的几种络合物及其稳定常数。由表 2 可以看出，这些络合物都比硝酸铀酰离子稳定。对于硝酸－磷酸三丁酯（TBP）体系，几乎只有硝酸铀酰被萃取。所以这些阴离子的存在，会降低铀的分配比。氯离子的影响较小，但它可能增加杂质铁的分配比。氟和氯等阴离子对设备有腐蚀作用，所以它们的存在也是对生产不利的。

* 该文首次发表于《原子能科学技术》，1965 年第 7 期，791～803 页。合作者：周忠华，邓定机等。

表 2　铀酰的几种络合物

络合物	离子强度	温度/℃	稳定常数	文献
$UO_2NO_3^+$	1.0	20	$K=\frac{[UO_2NO_3^-]}{[UO_2^{2+}][NO_3^-]}=0.5$	[2]
UO_2Cl^+	1.0	20	$K=\frac{[UO_2Cl^+]}{[UO_2^{2+}][Cl^-]}=0.8$	[2]
$UO_2(H_2PO_4)^+$	1.07	25	$K=\frac{[UO_2(H_2PO_4)^+]}{[UO_2^{2+}][H_2PO_4^-]}=15.5$	[3]
UO_2SO_4	1.0	20	$K=\frac{[UO_2SO_4]}{[UO_2^{2+}][SO_4^{2-}]}=50$	[4]
UO_2F^+	1.0	20	$K=\frac{[UO_2F^+]}{[UO_2^{2+}][F^-]}=3.9\times10^4$	[5]

铁和其他可能存在的金属如铝、镁、钙、锰等不易被 TBP 萃取[6]。铁有较强的水合能力，它的盐析作用较明显。此外铁和磷酸根络合，可以防止后者与铀生成沉淀。铁也能够和所有上述阴离子形成稳定的络合物(见表 3)。

表 3　铁的几种络合物

络合物	离子强度	温度/℃	稳定常数	文献
$FeHPO_4^+$	0.665	30	$K=\frac{[FeHPO_4^+]}{[Fe^{3+}][HPO_4^{2-}]}=2.25\times10^9$	[7]
$FeSO_4^+$	1.0	28	$K=\frac{[FeSO_4^+]}{[Fe^{3+}][SO_4^{2-}]}=107$	[8]
FeF^{2+}	0.5	25	$K=\frac{[FeF^{2+}]}{[Fe^{3+}][F^-]}=1.63\times10^5$	[9]
$FeCl^{2+}$	1.0	26.7	$K=\frac{[FeCl^{2+}]}{[Fe^{3+}][Cl^-]}=4.2$	[10]

比较表 2 和表 3 可知，铁与这些阴离子的络合稳定常数比铀酰离子的大。鉴于某些化学浓缩物中铁含量较高，因此可以设想用它来抑制磷、硫等在萃取过程中的有害作用。

本工作是研究磷和铁在 TBP 萃取硝酸铀酸时的行为，包括磷和铁对生成沉淀的影响，以及磷和铁对铀萃取的影响两部分。前一部分研究只有磷和铁存在时，它们对生成磷酸铀酸盐沉淀的影响；后一部分研究在各种杂质存在下，铀和铁的分配比，并用配制溶液做了条件实验和连续多级逆流萃取实验。

2　磷和铁对形成沉淀的影响

1)试剂

H_3PO_4，$Fe(NO_3)_3$，NH_4NO_3 和 HNO_3 均为二级试剂。所用的铀盐是以一种化学浓缩物为原料，经二次萃取纯化后用 $NH_3\cdot H_2O$ 沉淀、脱水，将得到的重铀酸铵(U 75.38%，P 0.012%，Fe 0.0035%)溶于硝酸，配成所需的硝酸铀酰溶液。

2)实验方法及结果

为了便于比较，制备了磷酸铀酸铁结晶。在含有硝酸铀酰及硝酸铁的溶液中，加入过量的磷酸，完全沉淀后，用水洗涤数次，然后过滤。在 70℃下烘干，所得的晶体组成是：U 53.91%，NH_4^+ 4.03%，P 7.44%（$UO_2NH_4PO_4\cdot3H_2O$ 的理论组成是：U 52.32%，$NH_4$3.955%，P 6.808%），它是带有微弱的黄绿色荧光的方形片状晶体，图 1 和图 2 所示分别为其显微照片和 X 射线粉末照片。

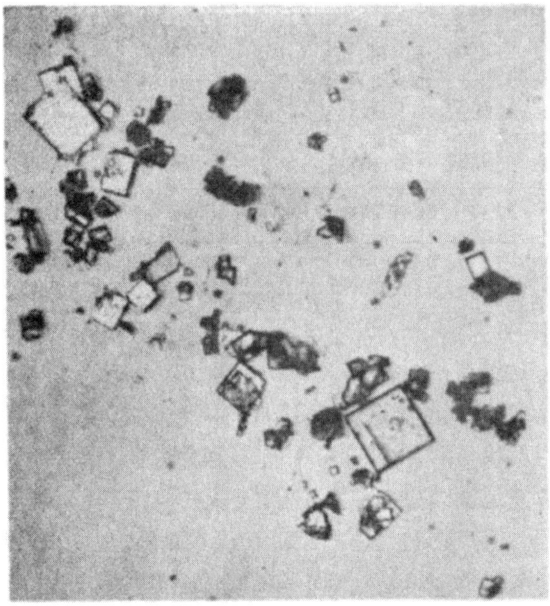

图 1　$UO_2NH_4PO_4\cdot3H_2O$ 结晶的显微照片(×100)

图 2　$UO_2NH_4\cdot3H_2O$ 结晶的 X 射线粉末照片

沉淀实验是在(28±3)℃(室温)下进行的。固定原始溶液的成分相当于萃取的原始水相组成：含 U 9.48 g/L，HNO_3 50 g/L，NO_3^- 130 g/L[以 NH_4NO_3 补充至此量，不包括加入 $Fe(NO_3)_3$ 时增加的 NO_3^-]。每组实验固定铁的含量而改变磷的含量。配好后将溶液静置于容量瓶中，隔一定时间后进行观察。记下各实验中沉淀出现的时间，凡肉眼能观察到有微量晶体生成即认为已有沉淀生成。将在三天内不出现沉淀，且当把 $[Fe^{3+}]/[PO_4^{3-}]$ 稍加大时，于 15 天内仍不出现沉淀的实验结果列于表 4 中。表 4 中数据表示一定的 $\rho(PO_4^{3-})$ 下防止沉淀所需的铁磷比。当实际铁磷比小于此值时，可能在三天内出现沉淀；等于或大于此值时，则在三天内不出现沉淀。一般从浓缩物溶解到萃取过程完成，通常不超过两天，故三天内不出现沉淀即符合要求。

表 4　一定的 $\rho(PO_4^{3-})$ 下防止沉淀所需的铁磷比

实验号	原始 $\rho(Fe^{3+})$		原始 $\rho(PO_4^{3-})$		$[Fe^{3+}]/[PO_4^{3-}]$
	g/L	g/L（离子）	g/L	g/L（离子）	
A_3	0	0	0.527	0.00555	0
B_2	1.65	0.0295	1.51	0.0159	1.86
C_5	3.30	0.0591	3.39	0.0357	1.66
D_3	4.96	0.0888	6.02	0.0634	1.40
E_2	6.60	0.118	9.88	0.104	1.14
F_5	9.92	0.178	18.1	0.191	0.932
$G_5$①	49.5	0.886	241	2.54	0.350

注：①G_5 是在四天后所得的晶体，其形状与其他各组实验所得的晶体不同。

3）结果的处理和讨论

（1）结晶的形状及其组成。A 至 F 组实验所得结果的形状与 G 组所得的不同。前者带弱黄绿色荧光，显微镜观察结果与制备的磷酸铀酰铵结晶形状相同；而后一组产物为透明的红色长棒状晶体。

常温下 UO_2^{2+} 与 PO_4^{3-} 在酸性溶液中可能生成两种晶体[11]：$UO_2NH_4PO_4·3H_2O$[溶度积为 3.6×10^{-26}（25℃）[1]]和 $UO_2HPO_4·4H_2O$[溶度积为 2.14×10^{-11}（19～20℃）[12]]。实验所用的溶液含 UO_2^{2+} 0.04 g/L（离子），H^+ 0.8 g/L（离子），NH_4^+ 1.3 g/L（离子）。按磷酸的逐级离解常数计算，形成 $UO_2NH_4PO_4·3H_2O$ 结晶要比形成 $UO_2HPO_4·4H_2O$ 结晶容易得多，故可认为从 A 至 F 组中所获结晶均是 $UO_2NH_4PO_4·3H_2O$。为了取得旁证，我们又做了以下试验：在含 U 10 g/L、HNO_3 50 g/L，但不含 NH_4^+ 的溶液中，加入 PO_4^{3-} 浓度为 10～96 g/L，静置一个月仍无沉淀产生；而当加入 NH_4NO_3 时，立即产生沉淀。很明显，此沉淀不是 $UO_2HPO_4·4H_2O$，而是 $UO_2NH_4PO_4·3H_2O$。后者的生成与溶液中 NH_4^+ 浓度有很大关系。

G 组实验所得结晶的外观与其他各组所得的有很大区别，其 X 射线粉末照片与磷酸铀酰铵的显然不同（比较图 2 与图 3）。此结晶含 U 0.27%，Fe 17.88%，P 22.29%，U、Fe、P 原子比为 0.0035∶1∶2.25。可见，此时铀基本上不转入结晶中，其中的少量铀可能是吸附带进的。采取与 G_6 相同的实验条件①，只在原始溶液中减去了铀一个组分，实验编号为 H_1。结果得出形状与 G_6 相同的结晶，其 X 射线粉末照片与实验 G_6 的完全相同（比较图 3 与图 4）。故可认为当溶液中 $\rho(Fe^{3+})$ 达到 50 g/L 左右时，在实验条件下即使有大量的磷酸根也不会使铀形成沉淀，此时所得结晶沉淀是磷和铁的化合物。

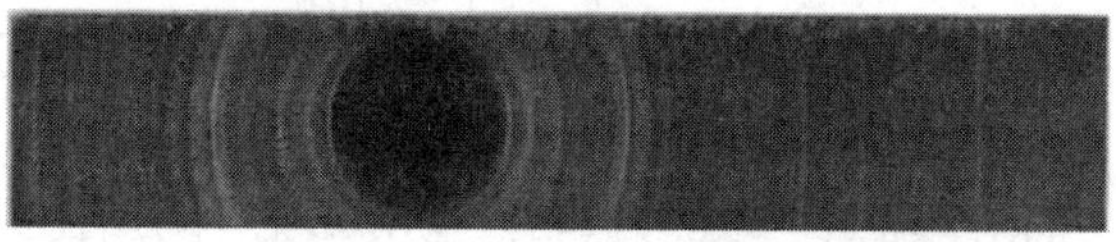

图 3　实验 G_6 所得结晶的 X 射线粉末照片

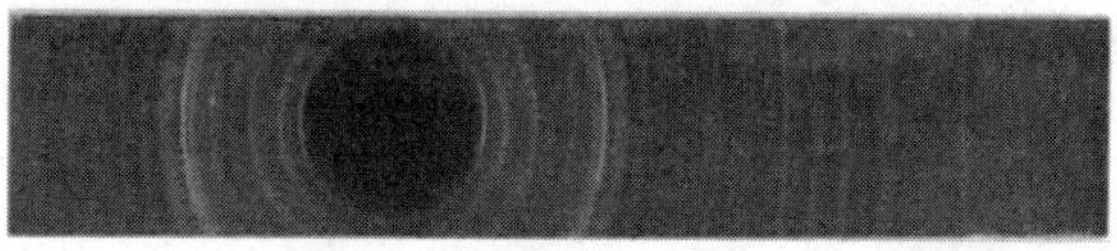

图 4　实验 H_1 所得结晶的 X 射线粉末照片

（2）铀沉淀所需的铁量。根据表 4 的数据，以 $[PO_4^{3-}]$ 对 $[Fe^{3+}]$ 作图（因 G 组沉淀不含铀，故作图时不把 G_5 考虑进去），结果如图 5 所示。

从图 5 看出，当 PO_4^{3-} 的浓度愈高时，为防止沉淀产生所需的铁磷比愈小。曲线形状像二次方程曲线。经作图整理后得防止生成沉淀的铁、磷关系式为：

$$[PO_4^{3-}]=4.6[Fe^{3+}]^2+0.25[Fe^{3+}]+0.00555 \tag{1}$$

解此方程，并取正值，得：

$$[Fe^{3+}]=\sqrt{0.217[PO_4^{3-}]-0.00047}-0.0271 \tag{2}$$

式中：$[PO_4^{3-}]$、$[Fe^{3+}]$ 的单位是 mol/L。此方程式在 $[PO_4^{3-}]$ 为 0.5～18 mol/L 时，与实验值符合得很好。

① G_6 实验条件是：原始铁浓度 49.5 g/L，原始 PO_4^{3-} 浓度为 282 g/L。

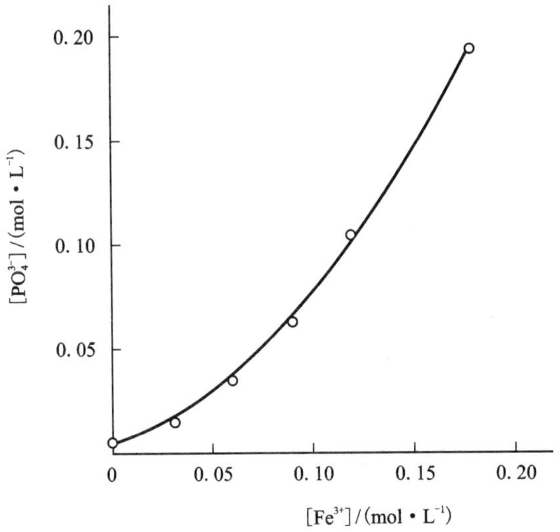

图5　$[PO_4^{3-}]-[Fe^{3+}]$关系图

计算值与实验值的误差一般小于2%，最大相对误差小于8%。此式是在水相含 U 10 g/L，$HNO_3$50 g/L，NO_3^- 130 g/L，NH_4^+ 23 g/L 的配制底液条件下得到的。如果溶液组成有较大波动，尤其是当酸度差别较大时，则还得按具体条件进行试验以求合适的铁磷比。

(3)影响沉淀的因素。沉淀按以下反应进行：

$$UO_2^{2+}+H_3PO_4+NH_4^+ \xrightarrow{+3H_2O} UO_2NH_4PO_4\cdot 3H_2O\downarrow +3H^+$$

所以

$$[UO_2^{2+}]=\frac{1}{K}\frac{[H^+]^3}{[H_3PO_4][NH_4^+]} \quad (3)$$

式中：K为反应平衡常数。由式(3)可以看出，在一定范围内磷酸及铵离子浓度的增加均能降低磷酸铀酰铵的溶解度；相反，酸度的增加能提高它的溶解度，且由于铀酰离子浓度和氢离子浓度的三次方成正比，故酸度对其溶解度影响极为显著。此外，温度的升高也能提高磷酸铀酰铵的溶解度[11]。因此在工艺实践上必须考虑到，如果没有足够的铁来抑制PO_4^{3-}，则当溶液稀释时引起的酸度降低，或当溶液温度下降时，也可能导致沉淀的形成。

2　磷和铁对铀萃取的影响

1)试剂及其处理

煤油：将经过磺化的煤油蒸馏一次，收集沸程为185～225℃的馏分。TBP：用浓度为5 g/L的NaOH溶液处理1 h以除去其中的DBP和MBP，以水洗去残余的碱后，用4倍体积的蒸馏煤油与之混合，得到20%(体积分数)的TBP－煤油溶液。将此溶液用50 g/L的硝酸溶液酸化两次，每次接触1 h左右，有机相与水相的体积比为2∶1。除连续萃取外，实验所用各种试剂均为二级试剂。

2)实验方法

利用恒温水浴保持温度在(20±1)℃。把溶液装在磨口三角锥形瓶中，置于恒温水浴里，用手振荡5 min，静置10 min后取出，转移于分液漏斗内，溶液迅速分相。有机相用干滤纸过滤到干容量瓶中，以防机械夹带。分析水相的铀和有机相的铁。前者直接用容量法滴定；后者用1 mol/L硫酸反萃取完全，以浓硝酸破坏有机质后用比色法测定。

萃取的相比是1∶1，原始水相的底液含U 10 g/L，HNO_3 50 g/L。

铀分配比D_U依下面公式计算：

$$D_U=\frac{C_原-C_余}{C_余}$$

式中：$C_原$为原始水相铀浓度；$C_余$为萃余水相铀浓度。用类似方法可求出铁的分配比D_{Fe}。由于TBP在水中的溶解度很小，萃取后产生的体积变化最大不会超过0.04[13]，所以上述计算方法是可靠的。

3)实验结果

(1)磷和铁存在时的影响。

实验结果示于图6和图7。图6表明，在不加铁的条件下PO_4^{3-}的存在会降低铀的分配比，而铁的加入可以提高铀的分配比。当没有磷和铁存在时，铀的分配比在10以上。含PO_4^{3-}量不同就需以不同量的铁来抑制其影响，把铀的分配比恢复到10以上。当PO_4^{3-}浓度约为5 g/L时，$[Fe^{3+}]/[PO_4^{3-}]\approx 1$即可恢

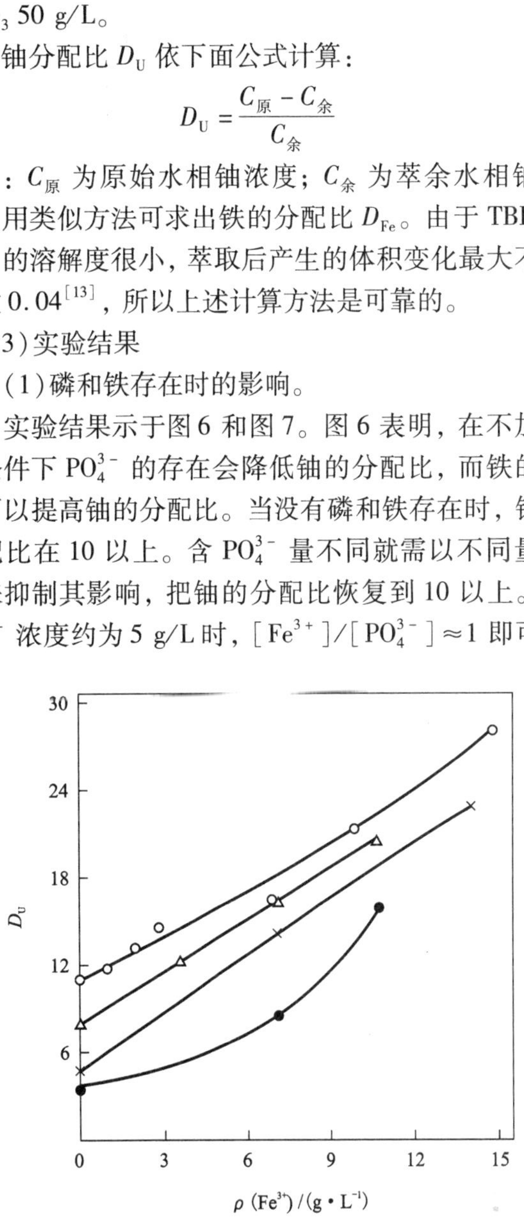

图6　$\rho(PO_4^{3-})$和$\rho(Fe^{3+})$对D_U的影响

○—无PO_4^{3-}；△—5.21 g/L PO_4^{3-}；

×—10.4 g/L PO_4^{3-}；●—15.6 g/L PO_4^{3-}

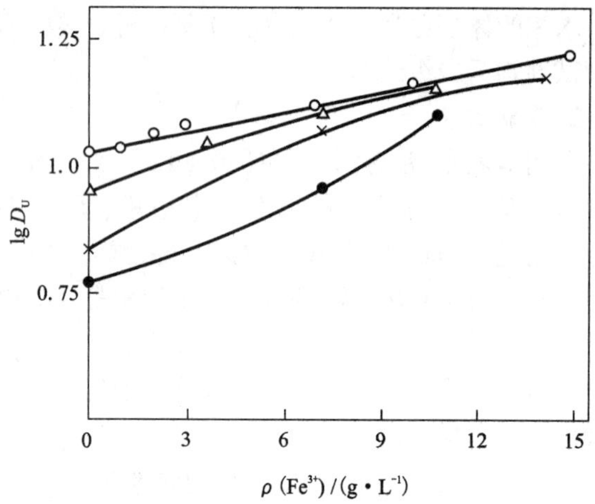

图7 $\lg D_U - \rho(Fe^{3+})$关系图

○—无 PO_4^{3-}；△—5.21 g/L PO_4^{3-}；

×—10.4 g/L PO_4^{3-}；●—15.6 g/L PO_4^{3-}

复铀的分配比至11左右。

用含约5 g/L PO_4^{3-} 及不同铁量的原始水相进行萃取，研究了铁对产品的污染问题，结果列于表5。从表5可以看出，当原始水相含约5 g/L PO_4^{3-} 和3.25～10.3 g/L铁时，铁皆很少进入有机相，有机相 $m(Fe)/m(U)$（Fe与U的质量比，下同）均小于 0.4×10^{-4}，远小于铁在产品中的允许含量。

表5 磷和铁存在时铁对有机相的污染

[原始水相中 $\rho(PO_4^{3-})$ 为4.96 g/L]

原始水相 $\rho(PO_4^{3-})$ /(g·L⁻¹)	原始水相 $[Fe^{3+}]/[PO_4^{3-}]$	铀分配比 D_U	有机相 $\rho(U)$/(g·L⁻¹)	有机相 $\rho(Fe)$/(10^{-3} g·L⁻¹)	有机相 $m(Fe)/m(U)$
3.25	1.11	10.0	9.22	0.32	0.35×10^{-4}
4.33	1.48	11.8	9.35	0.31	0.33×10^{-4}
5.41	1.86	13.6	9.45	0.33	0.35×10^{-4}
7.36	2.53	16.1	9.55	0.29	0.30×10^{-4}
8.66	2.97	18.2	9.61	0.33	0.34×10^{-4}
10.3	3.52	18.7	9.62	0.32	0.33×10^{-4}

为了便于比较，我们对阴离子或阳离子和磷、铁同时存在时对萃取的影响也进行了研究，均以含5 g/L PO_4^{3-}，铁磷比为1的溶液为底液，加入各种杂质进行试验。

(2)磷、铁及阴离子同时存在时的影响。

在通常的化学浓缩物中，除磷酸根离子外，硫酸根离子含量较高，氯离子和氟离子含量很低。在淋洗液中也可能积累一定量的硫酸根离子。所以研究了在硫酸根离子为15～60 g/L，氯离子为1～5 g/L和氟离子小于0.5 g/L时(皆以铵盐的形式加入)对萃取的影响。SO_4^{2-}，Cl^- 和 F^- 浓度对 D_U 的影响如图8所示。氟离子的影响最大，其次是硫酸根离子，氯离子的影响很小。通常原料中硫酸根离子含量较高，对其影响应该重视。

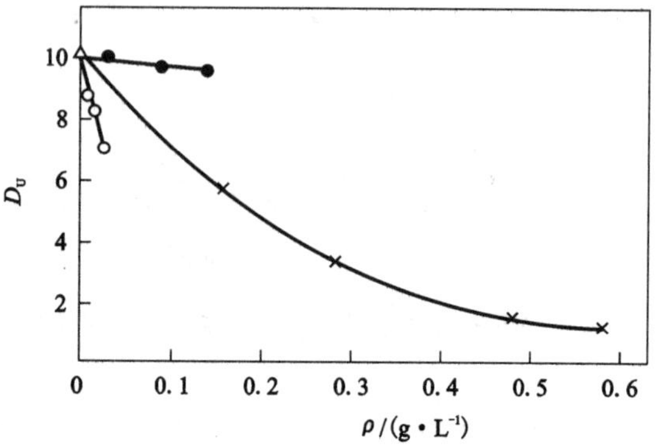

图8 SO_4^{2-}，Cl^- 和 F^- 浓度对 D_U 的影响

原始溶液中含5 g/L PO_4^{3-}；$[Fe^{3+}]/[PO_4^{3-}]=1$；

×—SO_4^{2-}；●—Cl^-；○—F^-

铁、磷和其他阴离子同时存在时不同铁含量对萃取的影响的实验结果分别示于图9、图10、图11和列于表6中。

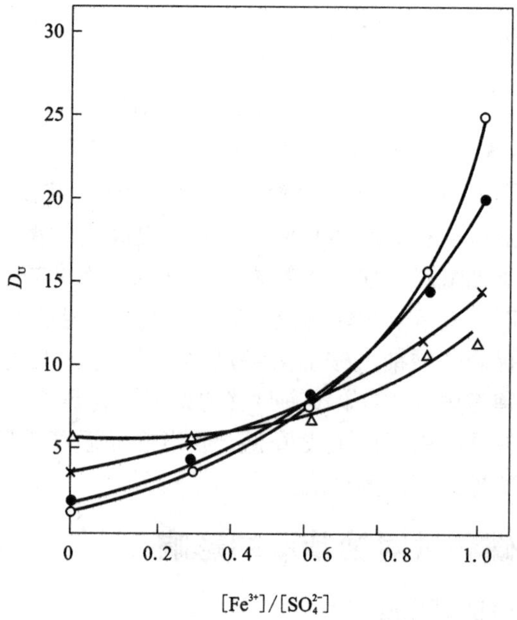

图9 $[Fe^{3+}]/[SO_4^{2-}]$ 对 D_U 的影响

○—56.5 g/L SO_4^{2-}；●—45 g/L SO_4^{2-}；

×—30 g/L SO_4^{2-}；△—15 g/L SO_4^{2-}

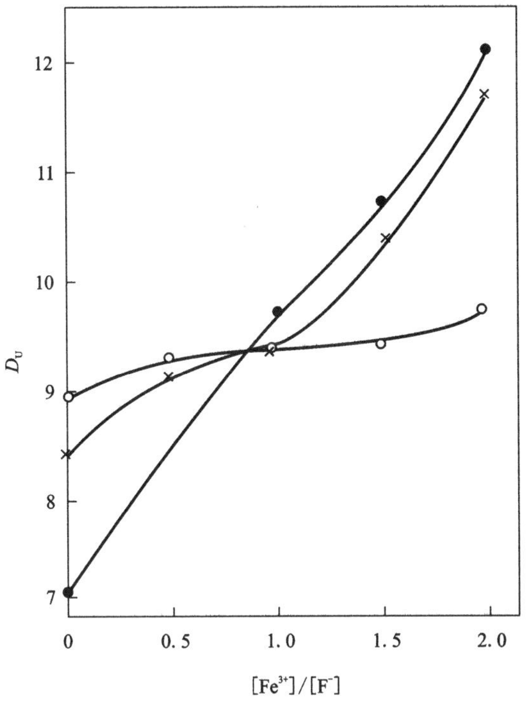

图 10　$[Fe^{3+}]/[F^-]$ 对 D_U 的影响

○—0.1 g/L F^-；×—0.3 g/L F^-；●—0.5 g/L F^-

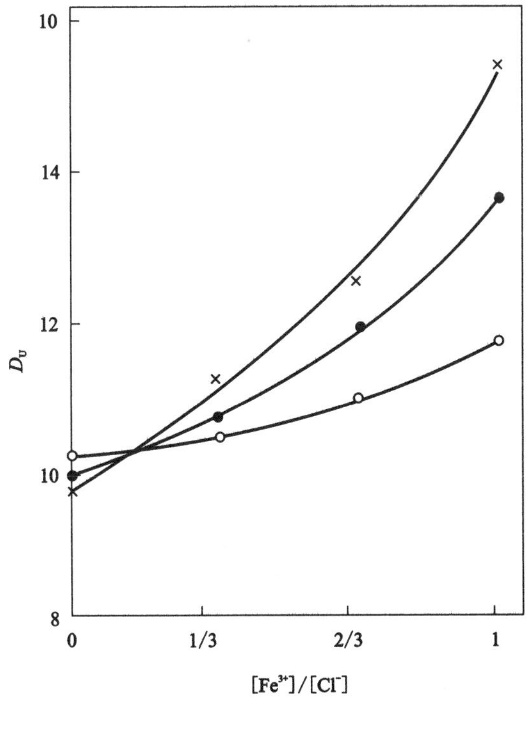

图 11　$[Fe^{3+}]/[Cl^-]$ 对 D_U 的影响

×—5 g/L Cl^-；●—3 g/L Cl^-；○—1 g/L Cl^-

表 6　$[Fe^{3+}]/[A^{n-}]$ 对铁萃取的影响

有机相 $m(Fe)/m(U)/(10^{-4})$ ＼ 水相 $[Fe^{3+}]/[SO_4^{2-}]$ ＼ 水相 $\rho(SO_4^{2-})/(g·L^{-1})$	0	0.289	0.578	0.867	1.0
0.156	0.61	0.48	0.46	0.34	0.35
0.468	0.41	0.37	—	—	0.36
有机相 $m(Fe)/m(U)/(10^{-4})$ ＼ 水相 $[Fe^{3+}]/[F^-]$ ＼ 水相 $\rho(F^-)/[g·L^{-1}(离子)]$	0	0.5	1.0	1.5	2.0
0.0053	0.14	0.18	0.14	0.15	0.13
0.0158	0.12	0.1	0.09	0.11	0.11
0.0263	0.45	—	0.35	0.40	0.30
有机相 $m(Fe)/m(U)/(10^{-4})$ ＼ 水相 $[Fe^{3+}]/[Cl^-]$ ＼ 水相 $\rho(Cl^-)/[g·L^{-1}(离子)]$	0	0.33	0.67	1.0	
0.028	0.95	0.31	0.43	—	
0.0845	1.0	0.84	0.68	0.48	
0.141	0.93	0.52	0.59	0.53	

由图 9～图 11 可看出，阴离子的存在降低了铀的分配比，影响分配比的次序由大到小是 F^-，SO_4^{2-}，Cl^-，这与表 2 中各阴离子与铀酰离子的络合稳定常数的次序一致。阴离子（A^{n-}）浓度愈大，则随着 $[Fe^{3+}]/[A^{n-}]$ 的增加，铀分配比的上升速度加快，因为随着一个铁离子的加入，同时加入了三个硝酸根离子，后者也是一个盐析剂，加强了盐析效果。

SO_4^{2-} 和 Cl^- 同时加入的萃取结果列于表 7。

表 7　SO_4^{2-} 和 Cl^- 同时加入的萃取结果

$\rho(SO_4^{2-})/(g·L^{-1})$	$[Fe^{3+}]/[SO_4^{2-}]$	D_U		有机相 $m(Fe)/m(U)/(10^{-4})$	
		无 Cl^-	5 g/L Cl^-	无 Cl^-	5 g/L Cl^-
15	1	12.5	13.2	0.37	0.69
44.5	0.72	14.6	14.8	0.40	0.81

表 6 和表 7 说明，当有氯离子存在时，进入有机相的铁较多。但所有上述实验中有机相的 $m(Fe)/m(U)$ 最大不超过 1×10^{-4}，仍可保证产品纯度的要求。

（3）磷、铁和阳离子共存时的影响。

对几种比较常见的阳离子 Al^{3+}，Ca^{2+}，Mg^{2+}，Mn^{2+}，Cr^{3+}（均以硝酸盐形式加入）进行了研究。

因为这些元素在化学浓缩物中含量不多，故实验时浓度固定于0.1~1 g/L，底液仍为含U 10 g/L，HNO_3 50 g/L，NO_3^- 130 g/L，PO_4^{3-} 5 g/L，$[Fe^{3+}]/[PO_4^{3-}]=1$的溶液。单独添加阳离子对铀分配比的影响列于表8。把它们同时存在时对D_u的影响示于图12。从表8和图12可以看出，阳离子含量在1 g/L以下时其盐析作用是不显著的。Cr^{3+}和Ca^{2+}的加入使铀的分配比都比不加时稍低，但又随加入量的增多而上升或不变，显然这是不合理的，大概存在一定的系统误差。

表8 单独添加阳离子对铀分配比的影响

阳离子浓度/$(g·L^{-1})$	Al^{3+}	Mg^{2+}	Mn^{2+}	Cr^{3+}	Ca^{2+}
0.1	11.4	11.1	11.0	—	9.76
0.2	11.4	11.0	11.1	10.3	9.63
0.3	—	—	—	—	9.64
0.4	11.7	11.2	11.1	10.1	—
0.5	—	—	—	—	9.41
0.6	11.7	11.4	11.1	10.5	9.76
0.8	12.1	11.7	11.1	10.5	9.64
1.0	12.3	12.1	—	10.7	9.64

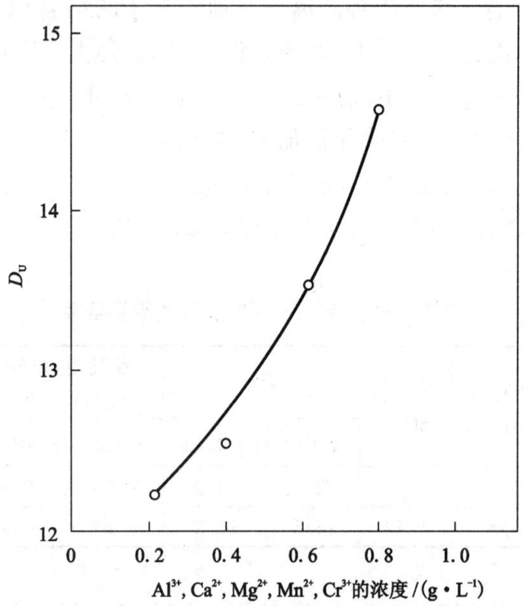

图12 Al^{3+}，Ca^{2+}，Mg^{2+}，Mn^{2+}，Cr^{3+}同时存在时对D_U的影响

对于阳离子能否代替一部分铁的作用的问题，我们进行了下述实验：取含U 10 g/L，HNO_3 50 g/L，NO_3^- 130 g/L，NH_4^+ 23 g/L，PO_4^{3-} 5 g/L和Al^{3+}，Mg^{2+}，Mn^{2+}，Cr^{3+}各为1 g/L的溶液为底液，加入不同量的铁，使$[Fe^{3+}]/[PO_4^{3-}]$从0.1增加到0.9，实验结果列于表9。固定阳离子Al^{3+}，Mg^{2+}，Mn^{2+}，Cr^{3+}各为1 g/L及Fe^{3+} 3.24 g/L，添加不同量的PO_4^{3-}，使$[Fe^{3+}]/[PO_4^{3-}]$从1降至0.4，结果列于表10。

表9 Al^{3+}，Mg^{2+}，Mn^{2+}，Cr^{3+}(各1 g/L)同时存在时$[Fe^{3+}]/[PO_4^{3-}]$对铀分配比的影响

$[Fe^{3+}]/[PO_4^{3-}]$	0.1	0.2	0.3	0.5	0.7	0.9
D_U	沉淀	沉淀	沉淀	14.1	14.4	14.8

表10 Al^{3+}，Mg^{2+}，Mn^{2+}，Cr^{3+}(各1 g/L)同时存在时$[PO_4^{3-}]$对铀及铁分配比的影响

Fe^{3+}浓度/$(g·L^{-1})$	PO_4^{3-}浓度/$(g·L^{-1})$	$[Fe^{3+}]/[PO_4^{3-}]$	D_U	D_{Fe}	有机相$m(Fe)/m(U)$
3.24	5.50	1.00	15.9	1.1×10^{-4}	0.35×10^{-4}
3.24	8.30	0.67	11.7	1.2×10^{-4}	0.37×10^{-4}
3.24	11.00	0.50	11.1	1.1×10^{-4}	0.34×10^{-4}
3.24	13.30	0.40	沉淀	—	—

由表9和表10可见，在上述多种阳离子浓度条件下，$[Fe^{3+}]/[PO_4^{3-}]$从1降至0.5均能保证铀的分配比在10以上，但进一步降低$[Fe^{3+}]/[PO_4^{3-}]$时很快出现沉淀。萃取后有机相中$m(Fe)/m(U)$(质量比)均未超过允许含量，故可认为阳离子的存在既能提高铀的分配比，也不会增加产品被铁污染的程度。

(4)磷、铁和多种阴、阳离子共存时的影响。

原始水相杂质含量皆为PO_4^{3-} 5 g/L，Al^{3+}，Mg^{2+}，Mn^{2+}，Cr^{3+}各1 g/L，SO_4^{2-} 30 g/L，Cl^- 5 g/L，F^- 0.3 g/L。先加铁使$[Fe^{3+}]/[PO_4^{3-}]$分别为1.5和1，再额外加铁使$[Fe^{3+}]/[SO_4^{2-}]$为1，结果见表11。在多种离子共存的情况下铁的效用仍然保持，产品仍符合纯度要求。在不引起沉淀的条件下，加铁量可适当降低。

表11 多种杂质共同存在时对萃取的影响

编号	$[Fe^{3+}]/[SO_4^{2-}]$	D_U	有机相$m(Fe)/m(U)$
1a	1.5	27.7	0.87×10^{-4}
1b	1.5	26.6	1.1×10^{-4}
2a	1	25.5	0.88×10^{-4}
2b	1	24.4	0.99×10^{-4}

(5)实验室小型连续萃取实验。

采用了小型玻璃混合澄清槽作逆流连续萃取实验。混合槽和澄清槽直径均为 6 cm，容量分别为 200 mL和700 mL，机械搅拌，共四级。用空气提升器依次把水相送至上一级，有机相则依次溢流至下一级。流量约为 5 mL/min，流速比为 1∶1～3∶5(有机相∶水相)。

实验用三级试剂，TBP 处理方法同上，磺化煤油未经蒸馏。水相皆以含 U 10 g/L、HNO_3 50 g/L、NO_3^- 130 g/L、PO_4^{3-} 5 g/L、$[Fe^{3+}]/[PO_4^{3-}]=1$ 的配制溶液为底液，每次实验连续进行 12 h。实验条件分别为：①不含其他杂质；②SO_4^{2-} 15 g/L，Cl^- 5 g/L，外加 Fe^{3+} 使$[Fe^{3+}]/[SO_4^{2-}]$为1；③SO_4^{2-} 45 g/L，Cl^- 5 g/L，外加 Fe^{3+} 使$[Fe^{3+}]/[SO_4^{2-}]$为 0.7；④Al^{3+}，Mg^{2+}，Mn^{2+}，Cr^{3+}各 1 g/L。

萃取结果表明，有机相中铀为 10～18 g/L，$m(Fe)/m(U)$为$0.4\times10^{-4}\sim1\times10^{-4}$，所有萃余相中铀含量皆为 25～35 mg/L。在①，④这两个条件的实验中，实验结束后发现贮槽中有少量沉淀，5 L 溶液有 3～4 g 的沉淀物(含铀约 52%)。可见在此情况下，宜按式(2)计算，求出防止沉淀生成所需加入的铁量。此时$[Fe^{3+}]/[PO_4^{3-}]\approx1.5$。

4)讨论

(1)适当铁磷比。

在平衡试验中，当 PO_4^{3-} 的浓度为 5 g/L 时，$[Fe^{3+}]/[PO_4^{3-}]=1$。已能使 D_U 恢复至无 PO_4^{3-} 时的数值。但在连续萃取试验中观察到，此种水溶液放置一天后有沉淀生成，虽有 Al^{3+}，Mg^{2+}，Mn^{2+}，Cr^{3+}存在也未能防止。所以在实践上为了防止沉淀生成，配铁量应按式(2)计算。而当 SO_4^{2-} 存在时，还需加额外的铁，使$[Fe^{3+}]/[PO_4^{3-}]=1$。

(2)铁的盐析作用。

通常阳离子能起盐析作用，提高 D_U 值。由图 7 的 $\lg D_U-[Fe^{3+}]$关系可看出，当无 PO_4^{3-} 时，此关系是线性关系；但当有 PO_4^{3-} 存在时，则不呈线性关系了。

罗津[14]指出，盐析剂对水溶液中硝酸铀酰活度系数的影响符合哈尼德(Harned)定则，并在此基础上导出：

$$\lg\gamma_{x,m_B}-\lg\gamma_{x,0}=2(\delta_U-\delta_B)J_B \tag{4}$$

式中：γ_{x,m_B}和 $\gamma_{x,0}$分别为有 m_B 盐析剂存在时和无盐析剂存在时硝酸铀酰的活度系数；δ_U 及 δ_B 分别为与铀酰离子及盐析离子性质有关的系数，通常它们是常数；J_B 为盐析剂的离子强度。

把式(4)移项，得

$$\lg\gamma_{x,m_B}=\lg\gamma_{x,0}+2(\delta_U-\delta_B)J_B \tag{5}$$

在萃取达平衡时，硝酸铀酰在有机相和水相的活度比应为常数 K，即

$$\frac{a_{有}}{a_{水}}=K=\frac{C_{有}\gamma_{有}}{C_{水}\gamma_{水}}$$

式中：$a_{有}$，$C_{有}$，$\gamma_{有}$ 分别为铀在有机相中的活度、浓度及活度系数；$a_{水}$，$C_{水}$，$\gamma_{水}$ 分别为铀在水相中的活度、浓度、活度系数。

由此，铀分配比为：

$$D_U=\frac{C_{有}}{C_{水}}=K\frac{\gamma_{有}}{\gamma_{水}} \tag{6}$$

式中：$\gamma_{水}$ 随盐析剂的加入而变化，但 $\gamma_{有}$ 主要决定于铀在有机相中的浓度。

在我们研究的体系中，水相铀浓度只为 10 g/L，即使完全转入有机相，亦远未达其饱和浓度，并且在实验条件下，有机相中铀浓度的变化不大。因此把 $\gamma_{有}$ 当作常数所引起的误差是可以忽略的。把式(5)两边加上 $\lg\dfrac{K}{\gamma_{有}}$，得

$$\lg\frac{K\gamma_{x,m_B}}{\gamma_{有}}=\lg\frac{K\gamma_{x,0}}{\gamma_{有}}+2(\delta_U-\delta_B)J_B \tag{7}$$

将式(6)代入式(7)，即得

$$\lg D_{U(x,m_B)}=\lg D_{U(x,0)}+2(\delta_U-\delta_B)J_B \tag{8}$$

式中：$D_{U(x,m_B)}$和 $D_{U(x,0)}$分别为有 m_B 盐析剂和没有盐析剂时铀的分配比。因为 δ_U 和 δ_B 为常数，J_B 与盐析剂浓度成正比，所以从式(8)可以看出铀分配比的对数和加入盐析剂的浓度呈线性关系。这就解释了图 7 中无 PO_4^{3-} 时 $\lg D_U-[Fe^{3+}]$的关系是线性关系。当有 PO_4^{3-} 存在时，由于 Fe^{3+} 与 PO_4^{3-} 有强烈的络合作用，上述推导结果已不适用。

(3)杂质分离的计算。

上面大量实验证明，原始水相具有不同的铁含量及不同的杂质含量时，铁很少进入有机相，在多级逆流萃取时，可用阿尔德斯(Alders)公式[15]进行近似计算。

组分未被萃取部分应为：

$$\varphi=\frac{E-1}{E^{n+1}-1} \tag{9}$$

式中：φ 为未被萃取的分数；n 为萃取级数；E 为萃取因数。由于实验相比为 1∶1，故萃取因数等于分配比 D，式(9)变为

$$\varphi=\frac{D-1}{D^{n+1}-1} \tag{10}$$

组分已被萃取的分数为

$$\varphi = 1 - \varphi = 1 - \varphi \frac{D-1}{D^{n+1}-1} \qquad (11)$$

假定分配比保持不变，当 $D>1$ 时，n 增大则 E 趋向1；当 $D<1$ 时，n 增大则 E 趋向 D。容易看出，当级数增加时，萃取后有机相中 $m(\mathrm{Fe})/m(\mathrm{U})$ 就趋向其极限：

$$m(\mathrm{Fe})/m(\mathrm{U}) = \frac{D_{\mathrm{Fe}} \times w(\mathrm{Fe})}{w(\mathrm{U})} \qquad (12)$$

式中：$w(\mathrm{Fe})$ 和 $w(\mathrm{U})$ 分别为原始水相中铁和铀的浓度。

把上面萃取实验中平衡后有机相 $m(\mathrm{Fe})/m(\mathrm{U})$ 最高一次实验数据列于表12。将表12的数据代入式(12)计算，得 $m(\mathrm{Fe})/m(\mathrm{U}) = 9.1\times10^{-5}$，这是经四级(非理论级)萃取后有机相中 $m(\mathrm{Fe})/m(\mathrm{U})$，与小型连续萃取实验结果($m(\mathrm{Fe})/m(\mathrm{U})$ 为 $0.4\times10^{-4}\sim1\times10^{-4}$)极为接近。

表12　有机相 $m(\mathrm{Fe})/m(\mathrm{U})$ 最高一次实验数据

原始水相铀及杂质含量/(g·L⁻¹)				平衡后有机相的铜、铁含量/(g·L⁻¹)		铀铁分配比		有机相 $m(\mathrm{Fe})/m(\mathrm{U})$
U	Fe	PO_4^{3-}	Cl^-	U	Fe	D_U	D_{Fe}	
10.02	2.94	5.0	3.0	9.10	9.1×10^{-4}	9.83	3.1×10^{-4}	1×10^{-4}

3　结论

(1)在含U 10 g/L、HNO_3 50 g/L(不包括加入磷酸引起的酸度变化)、NO_3^- 130 g/L(不包括加入硝酸铁所引起的 NO_3^- 增加)、NH_4^+ 23 g/L的溶液中，PO_4^{3-} 能与 UO_2^{2+} 生成磷酸铀酰铵结晶沉淀。加入硝酸铁可防止沉淀生成，其所需铁量可按下式求得：

$$[\mathrm{Fe}] = \sqrt{0.217[PO_4^{3-}] - 0.0047} - 0.0271$$

(2)磷酸根离子存在会使铀的分配比降低。铁可抑制磷酸根离子的有害作用，并提高铀的分配比。所需铁量比防止沉淀所需者为少，故加入量决定于后者。

(3)除 PO_4^{3-} 外，其他阴离子也会使铀的分配比降低，其影响大小的次序是 F^-，SO_4^{2-}，Cl^-。Cl^- 的影响很小。当 SO_4^{2-} 在30 g/L以下时，需加入额外的铁使 $[Fe^{3+}]/[SO_4^{2-}]=1$。当有较多阳离子存在时，$[\mathrm{Fe}]/[SO_4^{2-}]$ 可略降低。Cl^-，F^- 由于含量小，通常可不额外加铁。

(4)阳离子存在提高铀的分配比，Al^{3+}，Mg^{2+}，Mn^{2+}，Cr^{3+}，Ca^{2+} 单独存在且浓度小于1 g/L时影响不明显。各种阳离子存在量均为1 g/L时，有较明显的盐析作用。

(5)PO_4^{3-} 和实验所用各种离子共同存在时，仍可用 Fe^{3+} 来抑制阴离子的不良影响，从而提高铀的分配比。有机相 $m(\mathrm{Fe})/m(\mathrm{U})$ 不大于 1×10^{-4}。

(6)小型四级逆流连续萃取对上述各关系进行了初步验证。萃余水相含铀为25~35 mg/L，有机相中铁含量不影响产品质量。

(7)综上所述，原料中 PO_4^{3-}，SO_4^{2-} 含量的规定可适当放宽，从而有可能把不经预处理的高磷、硫化学浓缩物直接作为萃取原料。

参考文献

[1] A E Клыгин и др. ЖАХ, 1960, 16: 297.
[2] S Ahrland. Acta Chem. Scand., 1951, 5: 1271.
[3] B J Thamer. J. Amer. Chem. Soc., 1957, 79: 4298.
[4] S Ahrland. Acta Chem. Scand., 1951, 5: 1151.
[5] S Ahrland et al. ibid, 1954, 8: 354.
[6] T Ishimori et al. Bull. Chem. Soc. Japan, 1960, 33: 1443.
[7] O E Landford, S J Kichl. J. Amer. Chem. Soc., 1942, 64: 291.
[8] R A Whiteker, N Daridson. ibid, 1953, 75: 3081.
[9] H W Dodgen, G K Rollefson. ibid, 1949, 71: 2600.
[10] E Rabinowitch, W Stockmaker. ibid, 1942, 64: 335.
[11] A D Ryon, W Kuhm. USAEC Report Y-315, 1949.
[12] В Г Чуланцев и др., ЖНХ, 1956, 1: 478.
[13] K Alock et al. Trans. Farad. Soc., 1956, 52: 39.
[14] 罗津. 原子能, 1957, 2, 5, 36.
[15] L Alders. Liquid-liquid extraction theory and laboratory experiments. Elsevier Pub. Co., 1959.

改进湿法炼锌工艺的新设想*

摘　要：鉴于湿法炼锌在湿法冶金中的重要地位及目前湿法炼锌流程存在的缺点，提出一个全湿法及采用溶剂萃取技术的新工艺流程，该新工艺流程较现行湿法炼锌流程有一系列优点，但要工业实现，还需要进行大量的研究工作。

A new idea on improvement on zinc hydrometallurgy flowsheet

Abstract: A new technological flowsheet used by full hydrometallurgy and solvent extraction technology was put out, at present. This new technological flowsheet has a series of advantages than present zinc hydrometallurgy flowsheet. A lot of research work will be done to realize this new technology in industry.

在湿法冶金中，以湿法为主大规模生产金属的主要有湿法炼锌、湿法炼铜和湿法生产氧化铝。目前世界锌的总产量中大约4/5由湿法生产。湿法炼锌在锌的生产中占有头等重要的地位。在生产实践中，湿法炼锌的工艺在不断地完善，但至今湿法炼锌没有摆脱火法过程，所以现行的湿法炼锌工艺实质上是湿、火法的一个联合过程，这种联合工艺过程虽然有其优点，但也还存在着一些缺点。从科技不断进步的角度出发，还应该对现行湿法炼锌工艺进行改进和完善。为此，我们在早年的讲座中，就提出了采用溶剂萃取技术，使湿法炼锌工艺实现全湿法工艺的设想[1]。由于条件的限制和有色金属生产发展中的互相制约，至今全湿法炼锌工艺未能实现。本文再度提出这一问题，呼吁从事湿法炼锌的科研、设计及工程人员，对该新工艺进行研究，尤其湖南省作为我国湿法炼锌第一大省，更应该关注这一问题。希望大家共同努力，使全湿法炼锌工艺早日在工业上实现。

1　工艺流程存在的问题

现行湿法炼锌工艺流程归纳起来，如图1所示。

湿法炼锌工艺流程存在的主要问题是：

(1)流程长、工序繁、设备多而庞大；

(2)有火法焙烧工序，烟气 SO_2 需要配备制酸系统，还会造成环境污染；

(3)渣含锌高。例如，黄钾铁矾法、针铁矿法及赤铁矿法渣中含锌均在4%以上；

(4)全流程锌的直收率较低，使产品锌的成本偏高。

2　建议流程

我们提出的新原则工艺流程如图2所示。

图2所示的建议工艺流程的优点是显著的，主要表现在：

(1)不存在火法焙烧工序，硫以元素硫的形式回收，没有制酸系统，有利于环境保护；

(2)流程的工序少，所需的设备少，可节省基建及设备投资，易于连续化及大规模生产；

(3)直收率与回收率均会提高，产品成本可以降低。

* 该文首次发表于《湖南有色金属》，2002年第2期，11～13及16页。

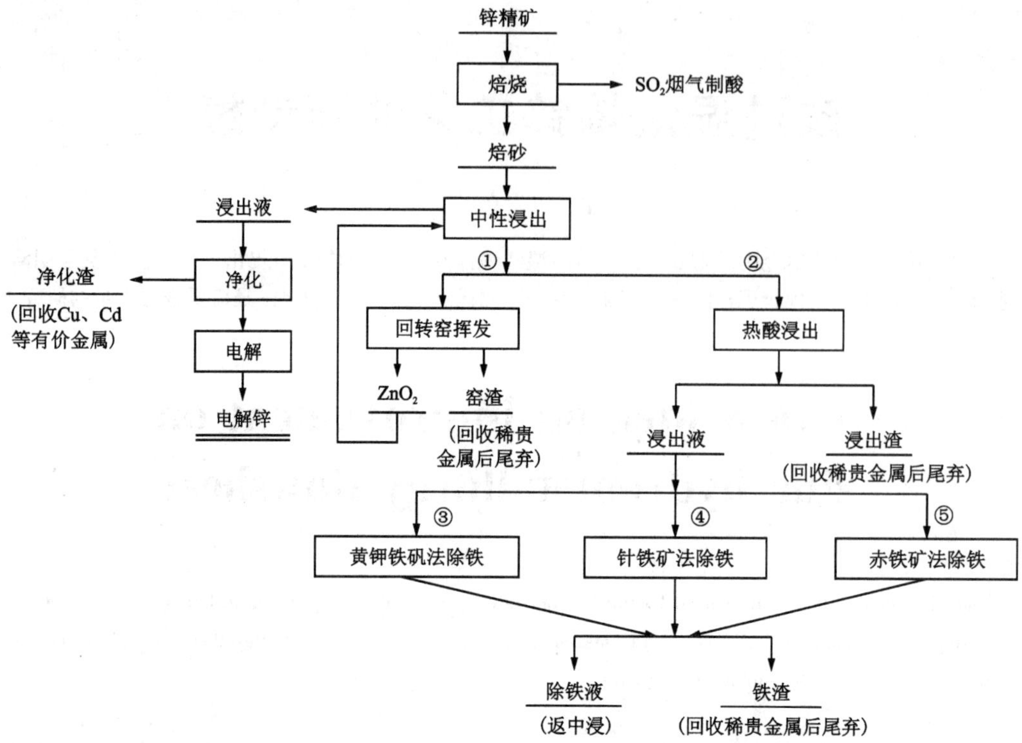

图1 湿法炼锌现行工艺流程图

图中①、②、③、④、⑤代表不同的工艺路线

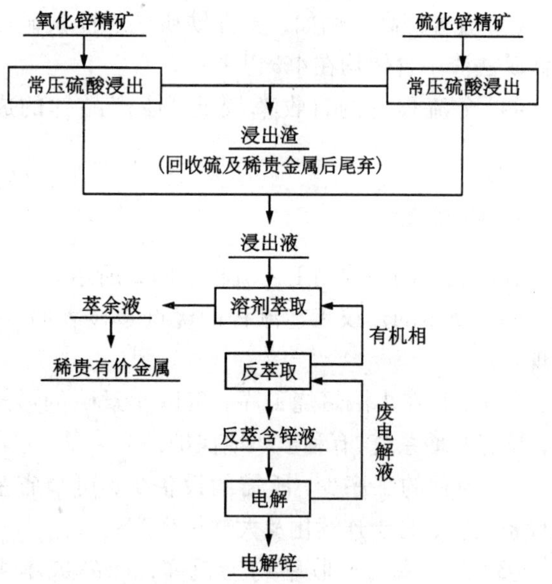

图2 新原则工艺流程

3 新工艺流程需要解决的问题

新工艺流程能否得到工业应用，关键问题是浸出及萃取两大工序。对此讨论如下。

3.1 浸出[1]

在氧化锌精矿中，主要存在硅酸锌矿和异极锌矿，有时还伴有菱锌矿。在其浸出中主要是要解决溶解或不溶解的 SiO_2 带来的不利影响。对这类精矿，国外如比利时、美国、波兰等国家都有浸出处理的工业实践。近年来，在我国如西吕炼锌厂、赤峰冶炼厂及云南兰坪矿等，都有浸出处理含高硅锌精矿成功的实践，并积累了丰富的经验，故可认为氧化锌精矿的浸出是成熟的工艺。

硫化锌精矿的高压酸浸是湿法炼锌厂家一直关注的课题，国内外的研究单位及高等院校，对其基础理论已有不少研究，例如对浸出机理、动力学及热力学 $Zn-S-H_2O$ 的电位 - pH 图都有不少报道。在 20 世纪 70 年代加拿大的舍利特高尔登矿业公司就对硫化锌精矿加压浸出工艺开展了研究，舍利特高尔登矿业公司与科明科公司联合进行了硫化锌精矿的加压浸出和回收元素硫的半工业试验。在科明科所属的特列尔冶炼厂，建立了世界上第一座硫化锌精矿加压浸出的工厂，其设计能力为日处理 190 t 精矿，于 1981 年开始投产。此后加拿大的盖德克利科矿业公司建立了第二座硫化锌精矿加压酸浸工厂，设计日处理精矿 100 t，1983 年投产。第三座用加压酸浸处理硫化锌精矿的是德国鲁尔锌厂，设计日处理能力为 300 t 精矿。我国的北京矿冶研究总院及株洲冶炼厂等单位，在 20 世纪 80 年代及 90 年代，也进行了高压酸浸硫化锌精矿的小型试验及扩大试验研究，并获得了良好结果。由国外的工业实践及国内外的研究工作都可证明高压酸浸工艺是确实可行的，并且可以省去火法焙烧 SO_2 回收的制酸系统建设投资。在高压酸浸中，精矿中的硫以元素硫回收，易于贮存和运输，从根本上消除了 SO_2 的污染。该工艺锌的总回收率在99%以上，精矿中的硫有95%转化为元素硫，硫的总回收率为90%以上。

应该注意到，为了使加压酸浸后得到的含锌溶液满足下一工序的要求，在国内外均使用硫化锌精矿焙烧得到的焙砂(ZnO)进行中和，因此，在国内外高压直接酸浸的厂家及研究中，还没有彻底省去火法焙烧工序。在我们提出的新工艺流程中，高压酸浸得到的含锌溶液，下一步是进入溶剂萃取工序，在含锌液萃取前，是否调整酸度，与溶剂萃取要求的条件是否协调，都还需要深入系统地研究。

3.2　溶剂萃取

溶剂萃取技术是当今核燃料及金属分离、提取中广泛应用的成熟技术。在作者建议的新工艺流程中，溶剂萃取(含反萃取)是最为关键的工序，对锌的萃取和反萃取必须要付出大量的人力和物力，在研究中要解决的主要问题是：

(1)研制和选择合适的、经济的萃取剂及稀释剂；

(2)确定萃取与反萃取以及其他工序的最佳工艺参数。

关于萃取锌的萃取剂，在我们以前的论述中，有过介绍，例如一些磷酸酯、有机磷酸及有机胺及胺盐)，在一定条件下，都可萃取锌，尤其是P204、Cyanex302萃取锌的报道较多，但这些萃取剂都不能满足我们所提出新工艺流程中溶剂萃取的要求。符合新工艺流程要求的萃取剂必须满足以下的条件：

(1)对锌的选择萃取性要高。因为含锌浸出液中，还含有大量的其他金属，例如Fe、Mn、Si、Al、Cu、Pb、Ni、Co、As等杂质，尤其含铁量高，要求萃取剂对锌要有很高的选择萃取能力，以便在萃取工序，既能提取锌，又能净化除去铁等杂质。

(2)对锌的萃取容量要大。在前人的许多工作中，都是在含大量锌的溶液中萃取除去微量杂质，但在建议的工艺流程中，要萃入有机相中大量的锌。因此，对萃取剂而言，必须对锌有足够大的选择萃取容量。

(3)要求萃取剂在低的pH下萃取锌，在酸性溶液中的溶解度要小。通常，常压和高压浸出的含锌浸出液酸度都较高，因此，萃取剂要有在高酸度下萃取锌的能力。另外考虑到萃取剂在萃取与反萃取中，应有最小的损失，所以萃取有机相在酸性溶液中要有最小的溶解度，否则萃取有机相损失大，会造成锌的成本增加。

确定最佳萃取与反萃取以及其他工序的工艺条件时，除优化出最佳工艺参数外，还要注意到的问题是：

(1)少量或微量的萃取有机相，在电解锌时，不应具有坏的影响。因为在萃取与反萃取相分离时，水相总是含有一定量的有机相，所以一定要查清带入电解液的有机相对电积锌的影响。众所周知，在电解作业时，为了得到致密的电积锌，电解液中要添加牛胶等有机物，但是实践证明，如果电解液含有不同的有机物和有机物浓度增大时，会影响电积锌的析出形态，使电流效率降低。我们过去对此问题进行过探索性研究[2]，但其深度与广度还不够，在本文提出的新工艺流程中，还要进行细致的研究。

(2)要充分考虑有价金属的回收。在现行湿法炼锌工艺流程中，能综合回收的金属有：Au，Ag，Cu，Cd及稀散金属等，在建议的新工艺流程中，有价金属的流向必须查清，制订在适当工序中有效回收各种有价金属的措施。

4　结语

(1)本文提出的湿法炼锌新工艺流程与湿法炼锌现行工艺流程比较，具有一系列优点。

(2)本文提出的湿法炼锌新工艺流程要工业实践，还必须进行大量的研究工作。其中突破性研究工作是合成与选择新型的萃取剂。如湿法炼铜一样，20世纪60—70年代，一些萃取铜的有效新萃取剂出现，使铜的溶剂萃取技术有了很大的飞跃，促进湿法炼铜的发展。最近中南大学唐瑞仁[3]博士用双—(硫代磷酸基)亚胺萃取锌，有很好效果，希望对继续进行研究。

(3)最后呼吁大家都来关注湿法炼锌工艺流程的改进，积极开展研究，不断创新，使湿法炼锌工艺有一个新发展。

参考文献

[1] 梅光贵等. 湿法炼锌学. 长沙：中南大学出版社，2001：150～196.

[2] 马荣骏. 有机物对电积锌的影响. 有色金属(冶炼部分)，1989(3)：34～36.

[3] 唐瑞仁. 双—(硫代磷酰基)亚胺的合成、结构与萃取性能的研究. 长沙：中南大学，2001：73～78.

生命周期评价在锌冶炼过程中的应用*

摘 要：以株洲冶炼厂(株冶)为例，运用生命周期评价对锌加工过程中产生的环境影响进行系统研究。结果表明，株冶的酸化指数远远高于国外一些著名湿法冶炼厂，甚至明显高于国内一些火法炼锌厂，因此建议株冶对挥发窑原料与能源结构进行适当调整，并加强对 SO_2 和 CO_2 等温室气体排放的控制。

Application of life cycle assessment in zinc metallurgy process

Abstract: The environmental impact of zinc metallurgical process is systematically investigated by the life cycle assessment with the Zhuzhou Smelter as the example. According to the analytical result, the AP of Zhuzhou Smelter is far higher than that of the foreign hydrometallurgical plants, even obviously higher than that of some domestic pyrometallurgical smelter. So the suggestion is proposed to Zhuzhou Smelter that the raw materials and energy of waelz rotary furnace should be adjusted and the control of SO_2 and CO_2 emission should be strengthened.

1 我国锌工业技术现状

改革开放以来，我国锌工业得到了长足的发展，取得了的显著成就。热酸浸出—铁矾法除铁湿法炼锌新工艺广泛推广，锌的回收率显著提高。在火法炼锌方面，淘汰了横罐炼锌技术，减少了环境污染。然而与西方发达国家相比，我国锌工业仍存在较大差距[1]。

为了进一步改善锌冶炼加工过程对环境的影响，采用生命周期评价(LCA)标准化环境管理工具[2]，以株洲冶炼厂为例，系统地研究锌冶炼过程中的环境影响，为企业决策者提供锌冶炼过程的资源使用、能源消耗、环境负担等基本信息，以便发现锌冶炼过程中存在的环境因素"瓶颈"。

2 锌冶炼过程的生命周期评价

2.1 LCA 系统边界

理论上在生命周期评价(LCA)研究中所有内流应追溯到技术领域与环境的边界，所有外流必须跟踪到排放物离开技术领域的分离点，但是这样实现起来相当困难[3]。在研究中，锌冶炼过程的生命周期评价研究对象为株洲冶炼厂湿法冶炼系统，具体包括干燥、焙烧、浸出、净化、电解、锌产品生产等主体工序及系统内的热电生产、原材料及产品运输、废水处理等辅助工序，未考虑锌冶炼系统外的电、焦炭、煤及铅锌开采、锌材料的使用及回收、运输等过程的环境负担，并将系统的功能单位定义为吨基础锌(t-Zn)(含锌99.99%)。

2.2 LCA 的清单分析

生命周期评价清单即系统的投入、产出列表，主要包括能源消耗、产品及向外界排放三方面的数据，其中向外界排放又包括向大气、水等外界环境排放的废气、废水、固体废物及其中组元物种信息数据。具体到锌冶炼过程，生命周期评价清单数据包括主要原材料、能源消耗、产品产出和 SO_2，HCl，CO_2，NO_x 等废气、废水、废渣及其中重金属等污染物的排放[4-5]。

研究的原始数据主要来源于株洲冶炼厂的能源平衡表、环境监测年报与工业企业"三废"排放与处理利用情况报表，其中冶炼过程及其他辅助过程的能源消耗及产品产量数据来源于能源平衡表，污染物排放浓度及数量则来自环境监测年报与工业企业污染治理情况表，以上信息均具有法律效力，真实可靠。冶炼过程中各子模块能源消耗及向大气、水环境排放量详细列于表1~表3中。

* 该文首次发表于《有色金属》(季刊)，2006年第2期，99~102页。合作者：何静、曾光明等。

表1　株冶锌冶炼过程各子模块能源消耗

能源	电/(kW·h)	水/t	焦粉/t	柴油/kg	蒸汽/t	煤气/m^3	压缩风/m^3	二回水/t	焦块/t	烟粉煤/t
锌焙烧	112.26	4.98	0	0.5	0	70.12	41.12	5.42	0	0
锌浸出	69.16	0.98	0	0.0.19	0.59	0	440.8	0	0	0
锌电解	3463.28	0.701	0	0.012	0.042	30.11	0	0	0	0
锌品生产	149.21	0.181	0	0.014	0	37.24	0	0	0	0
渣处理	131.23	2.79	0.56	0	0.40	595.17	0	11.24	0	0
辅助工序	28.98	6.38	0.21	0.049	0.21	37.26	0	0	0.005	0.048
合计	3954.12	16.01	0.77	0.5	1.242	769.9	481.92	16.66	0.005	0.048

表2　株冶锌冶炼过程向大气的排污量/($kg \cdot t^{-1}$ Zn)

排放源	SO_2	Pb	As
锌多膛炉收尘	3.685	0.0065	0.0002
锌挥发窑收尘	12.501	0.036	0.002
精矿干燥窑收尘	0.121	0.003	0.0005
硫酸尾气排放	1.895	0	0
锌浸出干燥窑收尘	0.598	0.051	0.0116
锌反射炉收尘	0	0	0.001
铸型麻石收尘	0	0	0
废水干燥窑收尘	0	0.0006	0.0002
生产锅炉收尘	0.139	0	0
总计	18.939	0.0971	0.0155

表3　株冶锌冶炼过程向水环境中的排污量/($kg \cdot t^{-1}$ Zn)

污染物	COD	Hg	Cd	As	Pb	Cu
排放量	0.581	3.9×10^{-5}	0.0021	0.001	0.018	0.005

2.3　锌冶炼过程 LCA 的影响评价

株冶锌冶炼过程 LCA 的影响评价采用的是美国环境毒理与化学协会(SETAC)提出的影响评价方法，该方法为“三步走”模型，这三步是分类化、特征化和量化[6-9]。影响框架流程如图 1 所示。

研究主要考虑能源消耗、温室气体排放、酸雨、重金属污染以及固体废弃物五类环境影响，并分别用能源总需求(GER)、温室效应指数(GWP)、酸化指数(AP)、重金属当量(HME)及固体废弃物负担(SWB)等 5 个环境指数表征其影响大小。

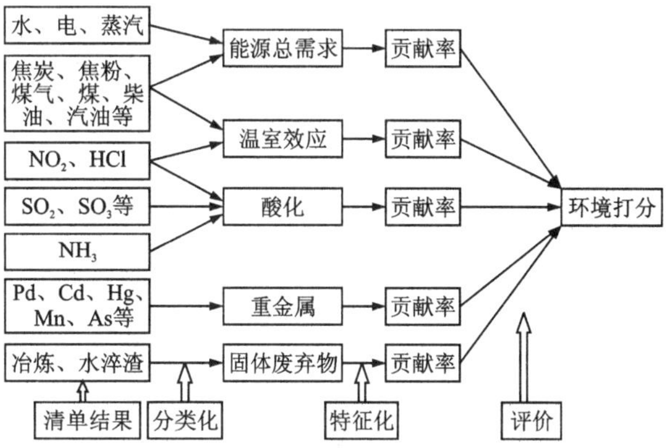

图1　生命周期影响评价框架流程

环境影响指数计算结果列于表4，株冶各子模块的 GER、GWP、AP 指数列于表 5。从表 4 和表 5 可以看出，GER 的主要贡献者为电解子模块，占总量的 51.33%，其次为渣处理，占总量的27.41%，整个冶炼过程的能源组成详见表 6。GWP 的主要贡献者为渣处理子模块，占总量的66.7%，其次为辅助工序，占总量的 27.91%，其中各种能源对 GWP 的贡献详见表 7。AP 中，渣处理子模块为主要贡献源，占总量的 87.49%。整个冶炼过程，HME 由烟气排放的铅及废水所含汞、镉、铅、砷、铜两部分组成，各重金属的 HME 及对 HME 的贡献率未详细列出。

表4 株冶锌冶炼过程LCA的环境影响指数

影响指数	GER/($t_{标}\cdot t^{-1}-Zn$)	GWP/($t-CO_2-eq\cdot t^{-1}-Zn$)	AP/($kg-SO_2-eq\cdot t^{-1}-Zn$)	HME/($kg-Pb-eq\cdot t^{-1}-Zn$)	SWB/($t\cdot t^{-1}-Zn$)
数值	2.667	2.132	18.952	0.135	0.341

表5 株冶锌冶炼过程子模块的环境影响指数

环境影响指数	焙烧	浸出	电解	锌品生产	渣处理	辅助工序	合计
GER/($t_{标准能源}\cdot t^{-1}-Zn$)	0.057	0.12	1.369	0.068	0.731	0.322	2.667
GWP/($t-CO_2-eq\cdot t^{-1}-Zn$)	0.038	0	0.052	0.025	1.422	0.595	2.132
AP/($kg-SO_2-eq\cdot t^{-1}-Zn$)	2.23	0	0	0	16.581	0.141	18.952

表6 株冶锌冶炼过程能源组成/($t_{标}\cdot t^{-1}$ Zn)

类型	电	水	焦块	焦粉	烟粉煤	柴油	蒸汽	煤气	压缩风	二回水
GER	1.551	0.002	0.005	0.725	0.033	0.001	0.151	0.170	0.025	0.002
贡献率/%	58.20	0.07	0.19	27.20	1.24	0.04	5.67	6.38	0.94	0.08

表7 株冶锌冶炼过程各种能源对GWP的贡献($t\ CO_2\cdot eq/t$ Zn)

能源	焦块	焦粉	烟粉煤	柴油	煤气
GWP	0.01	1.519	0.141	0.002	0.46
贡献率/%	0.47	71.25	6.61	0.09	21.11

3 总结

(1)根据的株冶锌冶炼生命周期评价的清单分析和影响评价的数据可以看出，锌冶炼厂的酸化指数远远高于国外著名湿法锌冶炼厂，甚至明显高于国内某些火法锌冶炼厂的指数。因此，株冶应将SO_2等酸雨气体排放控制作为进一步污染治理与清洁生产、改善环境的重点和关键。

从污染源来说，渣处理子模块是酸化指数主要贡献源，占总量的87.49%。其中锌挥发窑收尘烟气排放口的SO_2排放量的酸化指数占总量的68.26%，故在作进一步的污染治理时要将挥发窑收尘烟气SO_2的治理放在首要位置。

另外，在株冶锌冶炼过程中，渣处理工序贡献了27.41%的GER、66.7%的GWP和87.49%的AP，是全厂环境影响主要承担者，必须作为进一步污染治理与环境改善的重点对象，具体除挥发窑收尘烟气SO_2污染治理控制外，还应该对挥发窑原料与能源结构进行调整，要尽可能减少焦粉、煤等脏碳质能源直接使用量，提高能源的利用率，减少CO_2和SO_2等温室气体的排放。

(2)生命周期评价试图在源头上解决环境问题，而不是在环境问题产生后再去治理，这是环境保护战略的重要转变，但同时必须看到产品系统边界范围界定，评价分析模型建立，输入、输出清单参数选取及其数值确定等因素对锌冶炼生命周期环境评价结果可能引起的不确定性，这是有效理解并运用评价结果的条件，也是进一步深入分析锌冶炼生命周期环境影响的基点。

参考文献

[1] 肖松文，马荣骏. 生态友好锌材料及其清洁生产——我国锌工业的发展方向. 有色金属，2000，52(3)：84-86.

[2] Krozer J, Vis J C. How to guide life cycle assessment properly. Journal of Cleaner Production, 1998, 6(1): 53-61.

[3] 杨建新，王如松. 生命周期评价的回顾与展望. 环境科学进展，1998，6(2)：21-28.

[4] 杨建新，王寿兵，徐成. 生命周期清单分析中的分配方法. 中国环境科学，1999，19(3)：285-288.

[5] 王寿兵，胡冉，杨建新. 综合产品环境审计工具：生命周期清单分析. 环境科学，2000，21(3)：27-30.

[6] 席德立，彭小燕. LCA环境影响分析新探. 环境科学，1997，18(6)：76-80.

[7] 刘顺妮，林宗寿，张小伟. 硅酸盐水泥的生命周期评价方法初探. 中国环境科学，1998，18(4)：328-332.

[8] 叶茂. 生命周期矩阵在评价环境标志产品中的应用. 江苏环境科技，2000，13(1)：24-27.

[9] 杨建新，王如松，刘晶茹. 中国产品生命周期影响评价方法研究. 环境科学学报，2001，21(2)：234-237.

生态环境友好锌材料及其清洁生产——我国锌工业的发展方向*

摘 要：简要介绍锌材料的性质、应用领域，分析锌材料的环境价值与环境影响及锌材料开发的最新动态。指出进一步开发生态环境友好锌材料，促进锌工业清洁生产与资源综合利用，是21世纪我国锌工业的发展方向。

Environmental friendly zinc materials and its cleaner production —The development direction of zinc industry in China

Abstract: In this paper, the property, application, environmental value and impact of zinc materials are reviewed. The recent progress in zinc materials was analyzed, and the way to develop zinc industry, such as developing environmental friendly zinc materials, cleaner production and comprehensive utilization of resources, is put forward.

生态环境材料，即具有良好的使用性能，并能够和环境相协调的材料。此类材料消耗的资源和能源少，对生态和环境污染小，再生利用率高，而且从材料制造、使用、废弃直到再生循环利用的整个过程，都与生态环境相协调。生态环境材料在人类可持续发展进程中至关重要。大力发展生态环境材料，发展零排放和零废弃的新材料技术以及材料的综合利用受到各国广泛关注[1,2]。

锌是人类健康及生物生长所必须的营养元素，并具有自然稳定性好等优良性能。镀锌是最经济有效并环境友好的钢材防锈的方法。锌产品包括热镀锌合金、黄铜、压铸合金、药物、轮胎和橡胶添加剂、肥料及动物饲料等。这些产品（材料）的使用不仅不会对人类生态环境造成破坏，而且有利于环境保护，另外大部分还可循环利用，是典型的生态环境材料。近年来，锌产品开发更受重视，绿色电池用无汞锌粉、纳米级氧化锌粉、氧化锌晶须特种增强材料等新型生态环境友好锌材料不断涌现。

1 锌的性质及应用

锌作为人类和生物所必需的营养元素，在人体和动植物新陈代谢中承担重要角色。人体中含2～3 g锌，分布于肌肉、肝、肾、骨与前列腺等部位，与300多种酶的正常功能相关，对人体免疫系统、组织再生系统和神经信号转换至关重要。人们每天都需从食品中摄入一定量的锌（成年男子约15 mg/d、成年女子12 mg/d、儿童7～11 mg/d）。人体缺锌将导致味觉和嗅觉不灵、精神不振和生育能力下降等[3]。表1列出锌的基本性质及其应用。1996年西方工业国家市场锌产品比例为：镀锌50%、黄铜19%、压铸合金14%、化学品9%、半成品8%[4]。

* 该文首次发表于《有色金属》（季刊），2000年第3期，84～87页。合作者：肖松文。

表1 锌的基本性质及其应用[4]

性 质	一次用途（产品形态）	最 终
自然稳定性、抗腐蚀性、电化学性能	钢铁防锈（热镀合金等）	建筑、能源/电站、家具、汽车
低熔点、良好流动性、表面处理性能	压（冲）模铸（压铸合金）	汽车、设备、家具、玩具等
易形成合金及良好合金性能	黄铜	建筑、家具、汽车、家电
电化学性能	电池（锌粉）	汽车、计算机、医疗设备
氧化物的物理化学性质	氧化锌粉	橡胶制品、颜料、陶瓷、静电复印纸
人与动植物的营养元素	锌化合物	食品、药物、动物饲料、肥料

就锌产品（材料）最终用途而言，汽车用锌越来越突出。1900年日本汽车工业用锌达49.4万t，约占其全部锌需求的66%。汽车用锌包括压铸合金、富锌涂料、轮胎及橡胶制品添加剂等。表2所示为日本、欧洲、拉丁美洲及北美汽车用锌产品单耗情况。

表2 汽车用锌产品消耗/kg

项 目	日本、欧洲、拉丁美洲	北美
压铸（模）	4.9	7.4
涂料	3.2	3.6
轮胎及橡胶制品	1	2.2
总计（整车）	10.2	13.2

2 锌产品的环境价值与性能评价

热镀锌合金等锌产品使用过程中，对人类生态环境保护有以下重要作用：

（1）节省能源。钢铁材料镀锌防锈，延长了大量基础建筑、汽车、轮船及各种钢铁制品的寿命，从而节省了大量能源。据测算30～70 kg锌生产需耗电125～300 kW·h，而其可延长1 t钢3～5年使用寿命，节约电耗2500 kW·h。据报道瑞典全国一年因钢材镀锌防锈节省的能源约相当于一家中型核电站一年发电量。另外，减少能源消耗也减少了温室气体排放。

（2）节约矿石和木材。钢材镀锌防锈节约能源的同时，节省大量铁矿石。镀锌钢材取代木材在工商业及居民建筑应用越来越广泛。美国六辆废旧汽车钢材就可取代1亩林地的木材。

（3）提高水质。镀锌钢管在输水线路的广泛使用，有效防止钢管锈蚀、铁离子进入水体系，而且越来越多的净水及废水处理设备采用锌材料，有利于进一步提高水质。

（4）提高空气质量。锌－空气电池作为一种零排放能源，广泛用作汽车、计算机、医疗设备动力，减少温室气体排放，提高空气质量。

（5）促进人类与动植物正常生长。锌是人类必需微量元素，人类食用含锌食品及服用含锌药物有助于健康生长，含锌肥料与含锌饲料同样有助于动植物健康。

根据生态环境材料观点，材料产品的环境性能包括其制造、使用、废弃直至再生循环利用“从摇篮到坟墓”整个生命过程对环境的影响。锌产品的使用有利于环境保护，对环境造成的影响很小。大部分锌产品例如镀锌钢板、压铸合金等都可以循环利用，目前国际市场上约36%锌供应来自废物回收再生。锌产品使用寿命长，约有80%锌产品可以循环利用。锌产品的环境影响主要来自其制造（采矿、选矿、冶炼加工）过程和废物再生过程。过去20年中，世界范围内、尤其是西方工业国家锌采矿冶炼过程中的三废排放及其环境影响在明显减少。因此锌材料产品对环境的不利影响较小，具有生态环境材料的基本特性，将是21世纪生态环境材料发展的重点。

3 锌材料产品开发的最新动向

3.1 新型生态环境友好锌材料的开发

绿色电池锌原料与绿色锌电池是近年生态环境友好锌材料（产品）发展的重点。无汞锌粉开发是碱性锌锰电池无汞化的基础。日本三井矿业、比利时五矿、德国格里洛、加拿大诺兰达公司是国际上无汞锌粉生产的先驱公司。随着电池无汞化期限的到来，无汞锌粉开发生产成为我国锌工业面临的严重挑战，也是发展的良好机遇。近年手提电脑使用新型锌－空气电池得到更广泛推广。由AER公司开发的Toshiba手提电脑配套用新型锌－空气电池，利用空气中的氧气支持转化反应而产生电能，可连续使用15 h，它不仅放电时间长，而且没有“记忆效应”，可存放时间长[7]。

氧化锌晶须（Zinc Oxide Whisker）最早由日本松下产业株式会社于1989年研制成功。它与过去的晶须完全相同，为立体四针状单晶体，添加了氧化锌晶须的复合材料，具有良好的耐磨、防爆、减噪以及吸波性能，在高档汽车轮胎、高速提速铁路减震降噪以及吸波隐声材料方面有广泛用途，尤其是添加了氧化锌晶须的低滚动阻力、抗湿滑、耐磨损的绿色环保轮胎是轮胎发展的主流方向。

超细及纳米锌粉作为富锌涂料的主要组成部分，广泛用于汽车、船舶、桥梁、贮罐、铁塔、地下管道及港湾设施等各种钢结构和制品防腐。湖南长沙富虹锌业公司涂料用超细锌粉，其生产技术先进，年产量达万吨。超细(纳米)氧化锌粉主要用作橡胶制品添加剂、颜料、电子材料及护肤品添加剂。今年江苏常泰化工集团公司投资建成了国内第一条氧化锌纳米粉生产线，年生产规模为 100 t[8]。

另外，KDF 公司开发了一种净水用高纯锌/铜合金粉末，它通过与杂质之间的简单电荷交换使其转变为无害或可以滤去的产物，由该粉末为主体的 KDF 过滤系统规模可大可小，适用于饮用水与工业市政用水净化[7]。

3.2　锌材料的生命周期评估与清洁工艺开发

生命周期评估(LCA)，即定量评价一产品(或服务)体系从原材料采掘或获取、制造、使用到最终处置，乃至再生循环利用整个生命过程的投入产出与环境影响。经过多年发展，LCA 评价方法日益完善，成为生态环境材料环境性能评价的标准方法[2, 6]。近年来，国际上开发涌现了 Umberto、ismapor、ldemat 等一系列材料 LCA 软件系统和数据库[9-12]，评价的产品(材料)涉及交通运输(汽车)材料、包装材料、建筑材料等[13, 14]。丹麦 Delft 工程大学正利用其开发的贱金属工业可持续产品系统(Sustainable Industrial Production Systems in the Base Metal Industry) LCA 软件，系统评价锌、铝、铁产品(材料)的环境性能[15]。目前我们正与株洲冶炼厂合作，进行基于该厂锌冶炼工艺的锌产品 LCA 软件开发及其环境性能评价工作。

评价的目的在于指出改善产品整个生命过程环境影响的机会，从而指导生态环境材料的清洁生产工艺开发及其完善[16, 17]。系统挖掘真实可信的锌材料制造加工流程的投入产出与环境数据，开发相关的 LCA 与生态环境材料设计软件系统，指导生态环境友好锌材料的开发及其清洁生产，将是以后工作的重点。

3.3　锌冶炼废渣的综合利用

随着湿法炼锌工艺在全球推广使用，清洁生产和环保措施日益完善，锌冶炼中废气废水排放大为减少，大量冶炼废渣的堆积成为困扰锌冶炼厂的头号环境问题。株洲冶炼厂针对挥发窑渣的综合利用，在 20 世纪七八十年代分选回收焦炭粉等有用组分基础上，近年来又开发了采用挥发窑水淬渣代替碎石，作为沥青中面层材料，建设的公路质量很好[18]。最近日本还报道了用锌冶炼针铁矿渣加 $Na_2B_4O_7$ 还原熔炼、重结晶制取高级三氧化二铁(Fe_2O_3)的研究成果，产品中 Zn 含量 $<20\times10^{-4}$，S 含量 $<2\times10^{-6}$，As 含量 $<1\times10^{-6}$，磁化性能与 Fe_2O_3 单晶相当[19]。

4　开发生态环境友好锌材料——我国锌工业的发展方向

4.1　我国锌工业的现状

我国是一个锌资源大国，锌的工业储量约占全世界的 21%，居世界首位。改革开放后，国家采用“积极发展铅锌”方针以来，锌工业得到了长足发展，取得了一系列显著成就：①热酸浸出 - 矾法除铁等湿法炼锌新工艺在全国广泛推广应用，建设了株洲冶炼厂、西北冶炼厂等一批现代化大型锌冶炼厂，锌回收率显著提高，环境污染减少。②火法炼锌方面，淘汰了横罐炼锌，竖罐炼锌得到了进一步发展与完善，环境污染得到控制。③开发生产了压铸合金、热镀锌合金等锌深加工材料产品，可以基本满足国内市场需要。④以株洲冶炼厂、韶关冶炼厂为代表，资源综合利用率显著提高，能耗明显降低，达到国际先进水平。

但与西方发达国家相比，仍存在较大差距：①除株洲冶炼厂、韶关冶炼厂等少数大型冶炼厂外，我国大部分锌冶炼加工厂生产规模小、工艺落后，烟尘排放、废渣污染及资源消耗问题还很严重。②我国大部分锌冶炼厂仍以生产精锌为主，热镀锌合金、压铸合金、高级氧化锌等深加工产品产量小，碱锰电池用无汞锌粉、氧化锌晶须的生产还是空白。③我国锌工业的生产原料仍以矿物资源为主，再生锌生产仍处起步阶段，与西方国家再生锌产量约占总产量的 36% 相距甚远。

4.2　开发生态环境友好锌材料——我国锌工业对策

世纪之交，我国锌工业发展机遇与挑战并存，我们应充分利用资源优势，重视环境保护，重点抓好生态环境友好新材料开发、锌矿产资源加工利用过程清洁生产及其技术集成、废锌物料再生利用与锌冶炼废渣综合利用，进一步推进锌工业技术进步和结构调整，促进其与环境协调发展。

(1)生态环境友好锌新材料开发。重点开发碱性锌锰电池用无汞锌粉、锌 - 空气电池、氧化锌晶须及纳米级氧化锌粉等新产品及产业化制备技术，满足国内需求；同时进一步推进压铸锌合金、耐磨锌合金及镀锌用合金的开发与应用。

(2)锌冶炼与加工过程清洁生产及其技术集成。开展锌材料产品生命周期评估、系统研究锌材料产品整个生命周期的环境影响，评价各个过程中减少环境污染、改善环境影响的机会，强化锌材料生产过程的清洁生产及其技术集成。

(3)再生锌资源回收利用。据调查，我国有丰富的再生锌资源，其中钢铁冶金和热镀锌工业废料中再生锌资源为10% ~14.26万t/a[20]。宜针对我国国情，以钢铁冶金烟尘、热镀锌渣回收利用为重点，开发再生锌资源回收利用技术，使锌再生生产向专业化、大型化发展，提高我国锌循环利用率。

(4)锌冶炼废渣综合利用。针对目前我国绝大部分湿法炼锌厂的黄铁矾渣、针铁矿渣、挥发窑渣等冶炼废渣，探索开发针铁矿渣抽取高档氧化铁及其锌锰铁氧体原料、黄铁矾渣、挥发窑渣作建筑材料等冶炼废渣综合利用新技术。

参考文献

[1] 国家高技术新材料领域专家委员会. 材料导报. 1999, 13(1): 1.

[2] Lyle H S. Metall. Mater. Trans. 1999, 30B(4): 157.

[3] http://www.zinc.world.org/zw0401.

[4] http://www.ilzsg.org/3stats.htm.

[5] http://www.zincworld.org/zw08.

[6] Steven B Y, Willem H V. JOM, 1994(4): 22.

[7] http://www.zinc.org/zinc/newmarkets/batteries.html.

[8] 中国化工信息, 1999, 7, 12.

[9] http://www.ifu.com/software/umberto-e/

[10] http://www.ivambv.uva.nl/ivan/thema-e. Simapro Version 4.0 LCA Software and Database.

[11] http://www.io.tudelft.nl/research/dfs/idemat.

[12] http://www.trentu.ca/faculty/lca/lcasoftware.html.

[13] Field F R, Isaacs J A, Clark J P. JOM, 1994(4): 12.

[14] Reuter M A. Minerals Engineering, 1998, 11(10): 891.

[15] http://www.interduct.tudelft.nl/envenrg/19980201.rnn.html.

[16] Reuter M A, Sudholter S, Kruger J et al. Minerals Engineering, 1995, 8(1/2): 201.

[17] 杨友麒. 化工进展, 1999(3): 15.

[18] 李美英. 湖南有色金属, 1998, 14(2): 40.

[19] 大井崇穗, 田口升, 古谷奈穗等. 资源と素材, 1995, 115(1): 43.

[20] 株洲冶炼厂, 中南工业大学. 重有色冶炼, 1993(4): 6.

The jarosite process—kinetic study*

Abstract: The effecting factors on the precipitation rate of iron in jarosite method have been investigated. The formation of hydronium jarosite in iron sulphate solution and hydronium substitution for alkali have been studied. The precipitation reaction of iron as jarosite was indicated to follow the following rate equation:

$$-dc_{Fe_2(SO_4)_3}/dt = k_1 c^2_{Fe_2(SO_4)_3} c^{1/2}_{A_2SO_4} - k_{-1} c^{1/4}_{H_2SO_4}$$

$$(A—K^+,\ Na^+,\ NH_4^+)$$

The effect upon the elimination of iron among the three kinds of alkali jarosite was compared. Activation energy of reaction for each jarosite was calculated out. On the basis of kinetic study of jarosite precipitation, the low - contaminated jarosite process has been explored.

Introduction

In the middle 1960's the Electrolytic Zinc Company of Australasia Limited (EZ) together with others[1,2] successfully developed the jarosite process, a residue treatment process which has gained wide acceptance throughout the electrolytic zinc industry. A rather extensive literature[3~5] has developed on jarosite practice. A systematic summary[6] was made. But the fundamental work about jarosite method has not been widely reported[4,7~9]. The proportion of hydronium substitution for alkali and it's effecting factors in jarosite practice are not very clear. The effect of some factors on the rate of jarosite precipitation also needs further clarification. So far there have not been report on the kinetic study of jarosite precipitation with consideration of the reverse reaction of jarosite precipitation and the parallel reaction of hydronium jarosite precipitation. The purpose of the present work is to make more detailed and systematic investigation about the problems mentioned above for effectively guiding jarosite practice.

1 Factors affecting jarosite precipitation rate

1) Seeding

The precipitation of jarosite consists of two steps—chemical reaction and crystallization. It can be expressed as follows:

$$3Fe_2(SO_4)_3 + A_2SO_4 + 12H_2O \rightleftharpoons 2AFe_3(SO_4)_2(OH)_6(l) + 6H_2SO_4$$

$$\Downarrow$$

$$(A—K^+,\ Na^+,\ NH_4^+) \qquad 2AFe_3(SO_4)_2(OH)_6(s) \qquad (1)$$

Iron removal of solution by jarosite is governed by these two steps. Fig. 1 shows that seed has a significant effect on both the extent of iron precipitation and it's rate by potassium jarosite. Without addition of jarosite seed, the formation of jarosite requires nucleation of a new phase, therefore, there is a stable period for the ferric iron in solution before jarosite precipitates, the length of which is dependent on the kind of jarosite precipitated, temperature and composition of solution (10). The addition of seed eliminated any induction period and greatly accelerated the precipitation of iron. In jarosite practice, some amount of jarosite seed recycle employed (usually 25 ~ 150 g/L) would shorten iron removal time of solution by several hours.

2) Temperature

Fig. 2 shows the effect of temperature on the precipitation rate of iron from solution by potassium jarosite. Without addition of seed, the formation rate of

* 该文首次发表于 Zinc'85, Proc. of Inter. Staying on Extractive Metallurgy of Zinc, Oct. 14 ~ 16, 675 ~ 690, 1985, Tokyo, Japan。合作者：王乾坤，谭自曾。

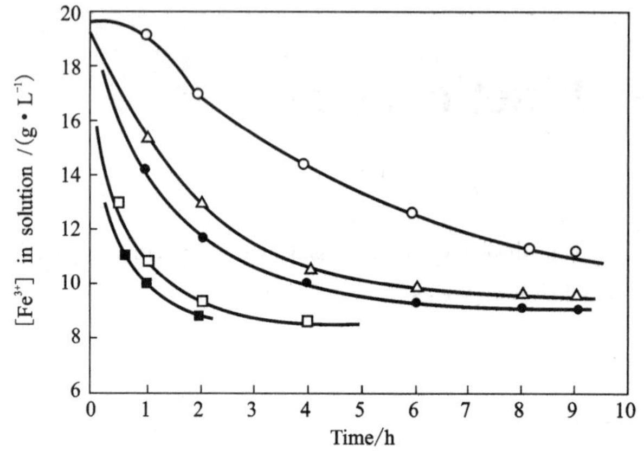

Fig. 1 Effect of seed concentration on the rate of K^+—jarosite precipitation from solution containing 19.5 g/L Fe^{3+}, 10 g/L H_2SO_4 and 5 g/L K_2SO_4 at 98℃

○—No seed; △—25 g/L; ●—70 g/L; □—190 g/L; ■—300 g/L

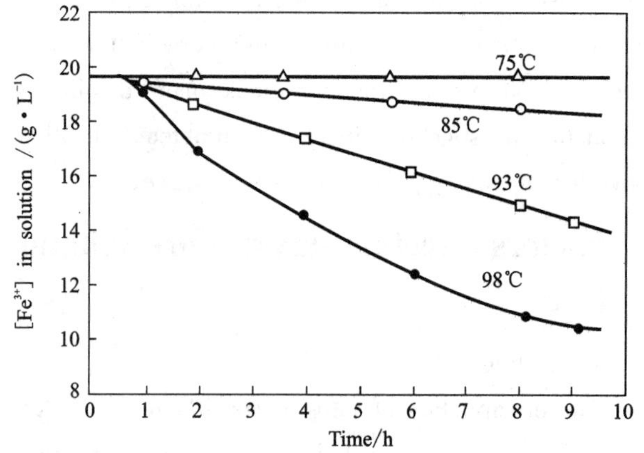

Fig. 2 Effect of temperature on the rate of iron removal by potassium jarosite from solution containing 19.5 g/L Fe^{3+}, 10 g/L H_2SO_4 and 5 g/L K_2SO_4 without addition of seed

potassium jarosite below 80℃ was very slow, after several hours agitation, only a small amount of ferric iron in solution precipitated. Iron removal rate increases rapidly with increasing of temperature. It is obvious that in jarosite practice, as high a temperature as possible is favourable for iron removal of solution. It also can be noted from Fig. 2 that because decreasing the temperature of solution largely enhances the stability of ferric iron in the solution, there is a possibility to realize the preneutralization of high acid leaching solution at the temperature below 80℃ if no seed is brought to solution in preneutralization stage.

3) Acidity

Initial acidity of solution is shown to have a significant effect on the rate of jarosite precipitation in Fig. 3. Elevating acidity of solution increases the resistence of jarosite precipitation. It can be found from Fig. 3 that if the acidity of solution is greater than 27.5 g/L H_2SO_4 and no jarosite seed is added to it, even though the solution is heated to a temperature near boiling point, ferric ion in solution still is stable. This supports the fact that ferric ion of hot acid leaching solution with a acidity 45 g/L doesn't precipitates jarosite during leaching. It is obvious that as low an initial acidity of solution as possible can speed up jarosite precipitation and increase the extent of iron removal.

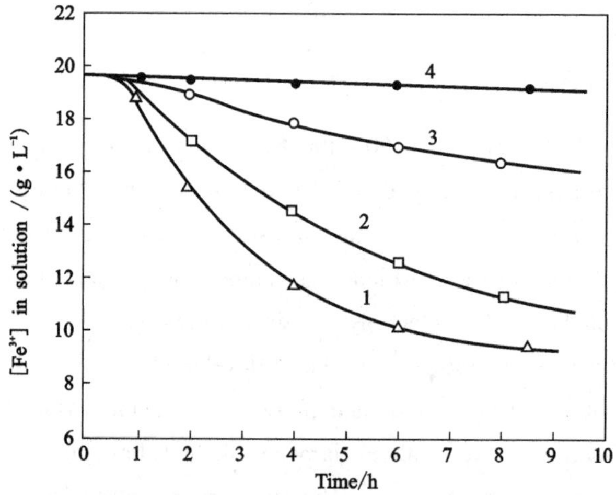

Fig. 3 Effect of acidity on the rate of jarosite precipitation from solution containing 5 g/L K_2SO_4 and 19.5 g/L Fe^{3+} at 98℃ without addition of seed

△—5 g/L H_2SO_4; □—10 g/L H_2SO_4;

○—15 g/L H_2SO_4; ●—27.5 g/L H_2SO_4

4) Alkali sulphate concentration

Fig. 4 shows the effect of potassium sulphate concentration on the precipitation rate of potassium jarosite from solution with 19.5 g/L Fe^{3+} and 10 g/L H_2SO_4 at 98℃ without addition of seed. In spite of the amount of potassium in solution more than or less than the theoretical that demanded for the complete precipitation of ferric iron of solution as K^+—jarosite, the precipitation rate of potassium jarosite increases with increasing of potassium sulphate concentration in solution.

5) Ferric iron concentration

Fig. 5 shows that the initial ferric iron concentration of solution has a significant effect on the precipitation rate of jarosite. The precipitation rate of jarosite and it's

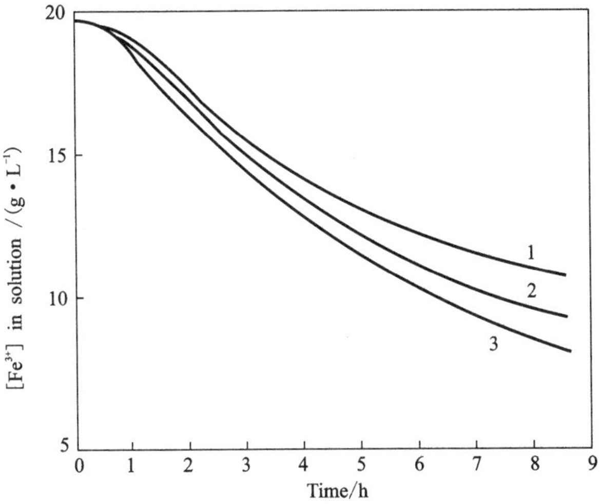

Fig. 4　Effect of potassium sulphate concentration on the precipitation rate of potassium jarosite

1—5 g/L K_2SO_4; 2—12 g/L K_2SO_4; 3—25 g/L K_2SO_4

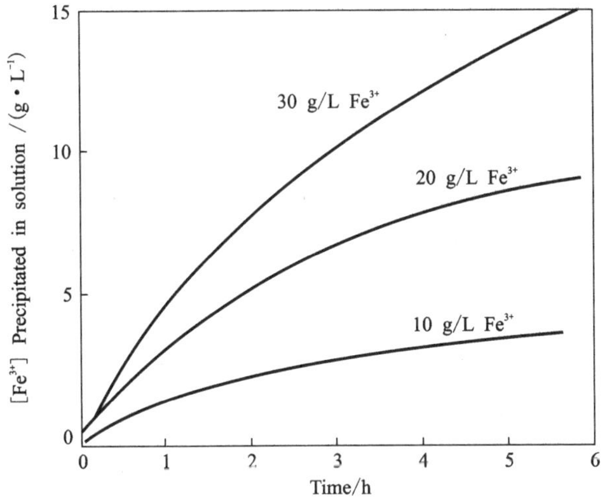

Fig. 5　Effect of initial ferric iron concentration on the precipitation rate of potassium jarosite from solution containing 42.5 g/L H_2SO_4, 10 g/L K_2SO_4 and 375 g/L seed at 95℃

amount increase with increasing of initial ferric iron concentration in solution, but a corresponding higher final ferric iron concentration would be left. The similar effects of above factors on the precipitation rate of sodium jarosite and ammonium jarosite were also obtained[10].

2　Formation of hydronium jarosite and hydronium substitution

1) Formation of hydronium jarosite

Iron sulphate solution prepared by dissolving reagent grade salt $Fe_2(SO_4)_3$ in distilled water was heated in reactor with continual agitation, solid iron compound precipitated. The experimental conditions and results are given in table 1.

Chemical analysis of the precipitate which was well washed with distilled water and dried (see table 2) indicates that it's composition is close to that of hydronium jarosite. It's X-ray diffraction diagram [10] suggested that the precipitate was single hydronium jarosite phase. Results above demonstrate that hydronium jarosite can form from solution high in ferric iron concentration and low in acidity, but at the temperature below 100℃, it's formation kinetic rate is very slow. At an elevated temperature 125℃, the precipitation rate of hydronium jarosite increases rapidly, and at end of 3 hours ferric iron concentration in solution reduced from 20 g/L to 3.5 g/L. The precipitation rate of iron by hydronium jarosite at the temperature only above boiling point of solution is realized to have commericial use.

Table 1　Formation of hydronium jarosite

Ferric iron concen. of solut/($g·L^{-1}$)	pH of solut.	Temp. /℃	Time /h	Weight of precipitate /g
22.5	1.62	98	12	1.94
22.5	1.62	85	9	0.11
22.5	1	95	12	0.24
20	1.45	125	3	42.19

Table 2　Chemical analysis of precipitate (*w*)

Component	Analysis data	Stochiometric value
H_3O+OH	24.46	25.22
Fe	35.02	34.82
SO_4	40.52	39.96

Table 3　Chemical analysis of potassium jarosite (*w*)

Component	Experimental temperature /℃						Stoichiometric value
	70	80	90	99.5	125	145	
Fe	30.02	29.80	28.95	29.79	32.23	32.47	33.45
K	6.29	6.10	5.92	5.77	6.16	6.15	7.79
SO_4				40.51	40.49	39.45	38.37
H_3O+OH				23.93	21.12	21.93	20.37

Table 4 Chemical analysis of sodium jarosite (*w*)

Component	Experimental temperature /℃					Stoichiometric value
	80	90	99.5	125	145	
Fe	33.07	33.04	33.24	34.25	34.26	34.92
NH_4	3.06	2.74	2.60	2.20	2.21	3.75
SO_4			39.97	41.02	39.18	40.05
$H_3O + OH$			24.19	22.53	24.35	21.28

Table 5 Chemical analysis of ammonium jarosite (*w*)

Component	Experimental temperature /℃					Stoichiometric value
	80	90	99.5	125	145	
Fe	33.70	34.29	33.59	33.98	34.09	34.56
N	3.26	3.18	2.79	2.86	2.91	4.75
SO_4			39.42	40.84	40.74	39.64
$H_3O + OH$			24.20	22.32	22.26	21.06

2) Hydronium substitution

The chemical analysis of the three kinds of jarosite formed from solution over the temperature range 70 ~ 145℃ is presented in table 3 ~ 5 respectively, which was prepared by dissolving reagent grade A_2SO_4 (A—K^+, Na^+, NH_4^+) and $Fe_2(SO_4)_3$ in distilled water and contained 20 g/L Fe^{3+}, 2.5 g/L H_2SO_4 and alkali ion twice theoretical amount needed for the complete precipitation of ferric iron in solution as alkali jarosite. The interesting fact was noted that "alkali" jarosite precipitated was nonstoichiometric. As compared with stoichiometric composition of jarosite, the content of alkali in "alkali" jarosite obtained occured a remarkable deficiency.

"Alkali" jarosites formed were examined by X—ray diffraction and scanning electron microscopy[10]. The results demonstrate that the precipitates were single "alkali" jarosite phase, and alkali, ferric iron and sulphur were well distributed in jarosite particles. The deficiency of alkali in "alkali" jarosite synthesized is considered to be caused by the coprecipitation of hydronium jarosite in the way of hydronium ion substitution for alkali A^+. That is, the formula for "alkali" jarosite is really $(A, H_3O)Fe_3(SO_4)_2(OH)_6$. The relative order of increasing hydronium ion substitution in the three kinds of jarosite is $Na^+ > NH_4^+ > K^+$. The ratio α of A^+/Fe^{3+} in the "alkali" jarosite synthesized and stochiometric A^+/Fe^{3+} of true jarosite was plotted against temperature in Fig. 6. It can be seen that the effect of temperature on the hydronium ion substitution in

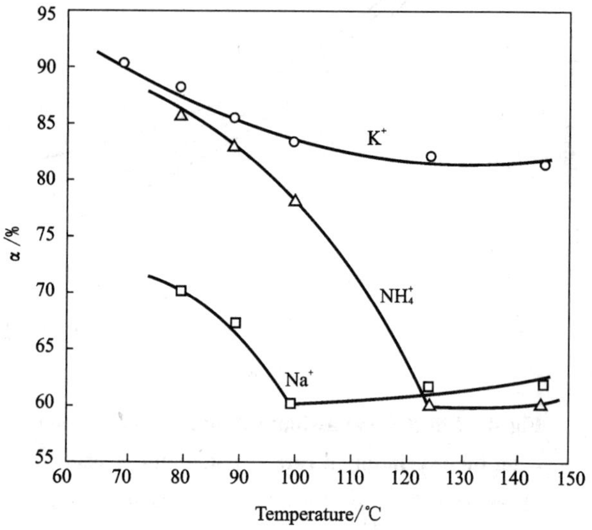

Fig. 6 Effect of temperature on hydronium substitution

$\alpha = (A^+/Fe^{3+})$ actual (A^+/Fe^{3+}) stoichiometric

A^+—H_3O^+ jarosite in different temperature range is different. At low temperature, hydronium substitution increases with increasing of temperature, but up to above 100℃, opposite result was observed. Elevating of temperature seems to decrease hydronium substitution.

Solution composition also affect hydronium substitution. The results of hydronium substitution for potassium in K^+—H_3O^+ jarosite (see table 6) suggest that a higher jarosite forming cation concentration and acidity in solution would partly restrain hydronium substitution. The amount of hydronium substitution for potassium in the jarosite precipitated from solution containing 0.009 mol/L K^+, 0.904 mol/L Fe^{3+} and 1.361 mol/L SO_4^{2-} at 145℃ accounts for eighty - one percent, but at 105℃, the jarosite formed from solution with composition of 0.505 mol/L K^+, 1.948 mol/L Fe^{3+} and 3.279 mol/L SO_4^{2-} is completely potassium jarosite.

Table 6 Hydronium substitution for potassium in K^+—H_3O^+ jarosite

Jarosite	Initial conc. of solut.	Temp. /℃	Pressure / $\times 10^5$ Pa
$K_{0.81}(H_3O)_{0.19}$	0.239 mol/L K^- 0.358 mol/L Fe^{3+} 0.670 mol/L SO_4^{2-}	145	8

Continued

Jarosite	Initial conc. of solut.	Temp. /℃	Pressure / $\times 10^5$ Pa
$K_{0.19}(H_3O)_{0.81}$	0.009 mol/L K^- 0.904 mol/L Fe^{3+} 1.361 mol/L SO_4^{2-}	145	8
$K_{1.00}$	0.505 mol/L K^- 1.948 mol/L Fe^{3+} 3.279 mol/L SO_4^{2-}	105	1
$K_{0.83}(H_3O)_{0.17}$	0.239 mol/L K^- 0.358 mol/L Fe^{3+} 0.670 mol/L SO_4^{2-}	99.5	1

3 Kinetics of jarosite precipitation

The precipitation reaction of alkali jarosite is a complicated reaction. The acidity of solution has a significant effect on the precipitation rate of jarosite. In addition, the parallel reaction - hydronium jarosite precipitation can not be neglected. There fore, there are two reactions in the kinetic study system of alkali jarosite precipitation:

$$3Fe_2(SO_4)_3 + A_2SO_4 + 12H_2) \xlongequal{} 2AFe_3(SO_4)_2(OH)_6(s) + 6H_2SO_4 \quad (2)$$

$$3Fe_2(SO_4)_3 + 14H_2O \xlongequal{} 2H_3OFe_3(SO_4)_2(OH)_6(s) + 5H_2SO_4 \quad (3)$$

According to mass action law, the overall chemical reaction rate of iron precipitation in solution can be expressed as follows:

$$\left(\frac{dC_{Fe_2(SO_4)_3}}{dt}\right)_{overall} = \left(\frac{dC_{Fe_2(SO_4)_3}}{dt}\right)_{A+} + \left(\frac{dC_{Fe_2(SO_4)_3}}{dt}\right)_{H_3O^+}$$
$$= k_1 C^{u1}_{Fe_2(SO_4)_3} C^{v1}_{A_2SO_4} - k_{-1} C^{w1}_{H_2SO_4} + k_2 C^{u2}_{Fe_2(SO_4)_3} - k_{-2} C^{w2}_{H_2SO_4} \quad (4)$$

Because precipitation of 1 g/L ferric iron in solution as jarosite would releases 1.45 ~ 1.75 g/L H_2SO_4, during jarosite precipitation, it is difficult to keep the acidity of solution constant. This fact and the existence of the parallel reaction hydronium jarosite precipitation make the kinetic study of alkali jarosite precipitation more difficult.

In our kinetic experiments, enough jarosite seed was added to solution to completely eliminate the kinetic resistence of the crystallization of jarosite. The iron removal of solution only was controlled by the chemical reaction of jarosite precipitation. Ferric iron and alkali ion concentration of solution at various reaction time were analysed to measure the iron removal rate and the proportion of hydronium jarosite coprecipitated which was found to approximately keep a constant during jarosite precipitation.

With the help of computer for the multi - parameter optimization processing of the kinetic data of jarosite precipitation, the reaction rate equation for alkali jarosite precipitation is obtained as follows:

$$\frac{-dC_{Fe_2(SO_4)_3}}{dt} = k_1 C^2_{Fe_2(SO_4)_3} C^{1/2}_{A_2SO_4} - k_{-1} C^{1/4}_{H_2SO_4} \quad (5)$$

The macro order of reaction of $Fe_2(SO_4)_3$, A_2SO_4 and H_2SO_4 in the alkali jarosite precipitation reaction is 2, 1/2 and 1/4 respectively. The positive and reverse reaction rate constants k_1 and k_{-1} for each jarosite precipitation reaction are given in Table 7.

Table 7　Reaction rate constant

Temperature/℃	78	83	88	93	98
Potassium k_1	9.96	22.9	…	37.76	49.98
jarosite k_{-1}	0.83×10^{-2}	0.97×10^{-2}	…	1.19×10^{-2}	1.32×10^{-2}
Ammonium k_1	…	16.29	26.53	36.16	48.1
jarosite k_{-1}	…	5.46×10^{-2}	5.85×10^{-2}	6.25×10^{-2}	6.87×10^{-2}
Sodium k_1	…	11.2	16.59	23.46	30.74
jarosite k_{-1}	…	5.38×10^{-2}	5.64×10^{-2}	5.93×10^{-2}	6.27×10^{-2}

The natural logarithm of the positive and reverse reaction rate constant $\ln k_1$ and $\ln k_{-1}$ for each jarosite was plotted against the reciprocal of absolute temperature in Fig. 7 ~ 9 respectively. They all occur approximately linear relation. This means that the relationship of the reaction rate constant with temperature can be approximately described by Arrhenius formula $k = Ae^{-E/RT}$. The positive and reverse reaction activation energy E_1 and E_{-1} for each jarosite are presented in Table 8.

Table 8　Reaction activation energy

Jarosite	Potassium jarositep	Ammonium jarosite	Sodium jarosite
E_1 (cal./mol.)	19486.0	18762.5	17751.0
E_{-1} (cal./mol.)	5932.0	3974.8	2677.34

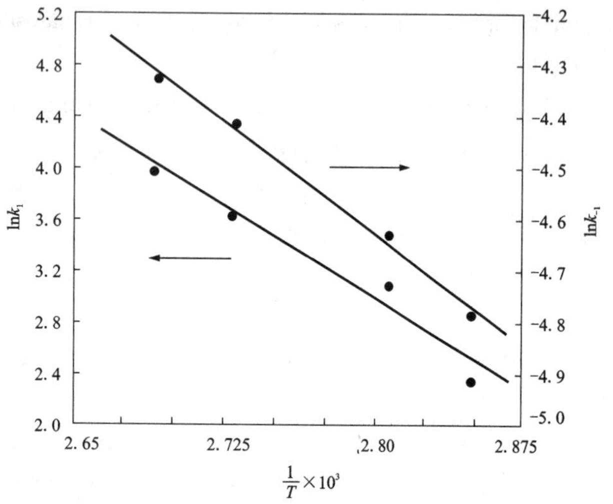

Fig. 7 Relation of reaction rate constant with temperature for potassium jarosite (Arrhenius plot)

The approximate mathematic models of reaction rate of the three alkali jarosites are as follows:

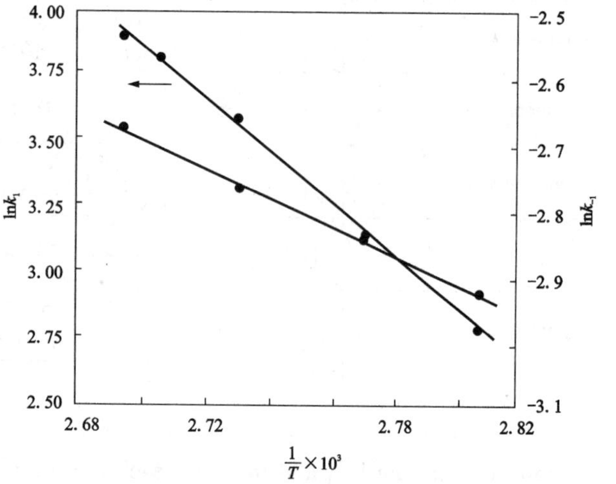

Fig. 8 Relation of reaction rate constant with temperature for ammonium jarosite (Arrhenius plot)

$$-\left(\frac{-dC_{Fe_2(SO_4)_3}}{dt}\right)_{K^+} = 1.33\times10^{13}e^{-19468.0/RT}C^2_{Fe_2(SO_4)_3}C^{1/2}_{K_2SO_4} - 39.59e^{-5933.0/RT}C^{1/4}_{H_2SO_4} \quad (6)$$

$$-\left(\frac{-dC_{Fe_2(SO_4)_3}}{dt}\right)_{NH_4^+} = 4.733\times10^{12}e^{-18762.5/RT}C^2_{Fe_2(SO_4)_3}C^{1/2}_{(NH_4)_2SO_4} - 14.39e^{-3974.8/RT}C^{1/4}_{H_2SO_4} \quad (7)$$

$$-\left(\frac{-dC_{Fe_2(SO_4)_3}}{dt}\right)_{Na^+} = 7.657\times10^{13}e^{-17751.0/RT}C^2_{Fe_2(SO_4)_3}C^{1/2}_{Na_2SO_4} - 2.303e^{-2677.34/RT}C^{1/4}_{H_2SO_4} \quad (8)$$

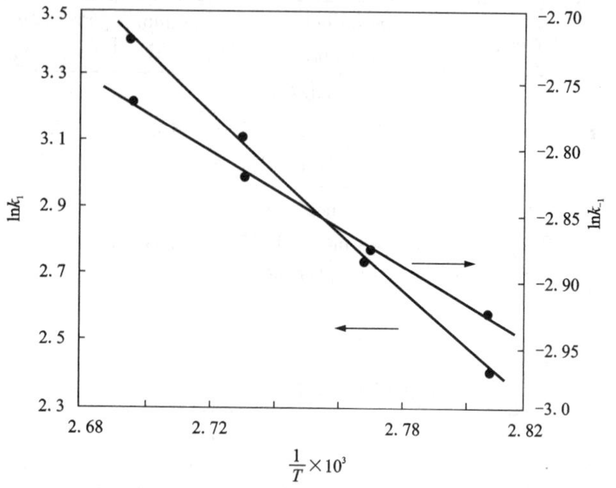

Fig. 9 Relation of reaction rate constant with temperature for sodium jarosite (Arrhenius plot)

It can be found from above results that the order of increasing precipitation reaction kinetic rate in the three alkali jarosites is $K^+ > NH_4^+ > Na^+$, Which is the same as that of increasing thermodynamic tendency of precipitation of them and opposite with that of increasing hydronium substitution.

4 Low-contaminated jarosite process exploration

A major defect of "normal" jarosite process is that neutralizing agent, usually zinc calcine, must be added to jarosite precipitation stage during jarosite precipitation. As a result, some insoluble valuable metals such as silver, lead, zinc et al are lost in jarosite residue. Hence recovery of these metals from raw materials is reduced. In addition, jarosite precipitate is contaminated by non - ferrous metal. In order to effectively eliminate these disadvantages, several years ago, a so - called low - contaminated jarosite process [11] was propounded. In this process, by adjusting the composition of leaching solution with diluter low in iron and acidity or setting of pre - neutralization stage before jarosite precipitation, jarosite precipitates from solution without neutralizing, and "pure" jarosite is produced. Below, the low contaminated jarosite process is discussed from aspect of the precipitation kinetics of jarosite.

1) Low - contaminated potassium jarosite process

According to the kinetic rate equation (6), the

calculated result of iron removal of the solution with the composition of 25 g/L Fe^{3+}, 2.5 g/L H_2SO_4 and potassium ion which is one and a half times more than the theoretical potassium needed for the complete precipitation of ferric iron in solution as K^+ jarosite at 98℃ by potassium jarosite is shown in Fig. 10. It can be seen from Fig. 10 that after eight hours jarosite precipitation, ferric iron concentration in solution reduces from 25 g/L to 3 g/L below. As comparison, the actual results of iron removal of the leaching solution with the same composition as the supposed in above calculation with seed addition of 50 g/L, 100 g/L and 150 g/L respectively at 98℃ by jarosite are given in Fig. 10. At the end of eight hours, the final ferric iron concentration in the solution is between 2.5 g/L and 5 g/L. It is close to the calculated result. In addition, it is noted that the operating conditions for jarosite precipitation adopted above, including the addition of seed, the temperature near the boiling point of solution and a about 2.5 g/L initial acidity of solution, can be reached in jarosite practice without any special difficulty. This means that the same effect of iron removal of solution as that shown in Fig. 10 also can be obtained in the commercial practice of jarosite. Hence judging from above results, it is sure that from aspect of kinetics, the low - contaminated potassium jarosite process containing one pre - neutralization stage and one jarosite precipitation stage is effective to the iron removal of the leaching solution with an initial ferric iron concentration below 25 g/L in existing zinc hydrometallurgical plant.

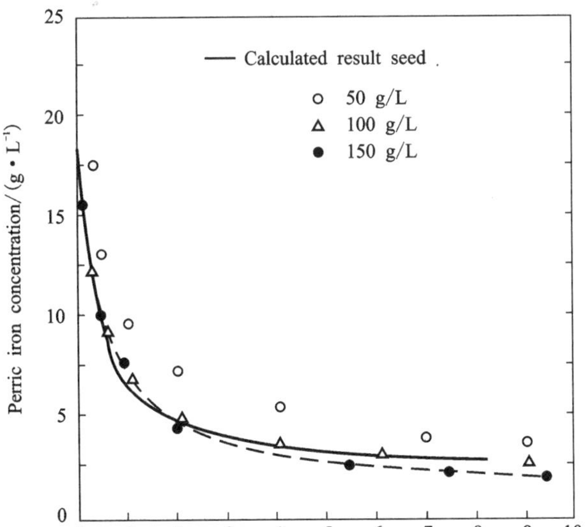

Fig. 10 Calculated result and actual results of iron removal of solution by potassium jarosite

2) Low - contaminated sodium jarosite and ammonium jarosite process

The kinetic rate of iron removal by sodium jarosite or ammonium jarosite is slower that by potassium jarosite. According to the kinetic rate equation (7) and (8), the calculated results of the iron removal of the solution with the composition of 20 g/L Fe^{3+}, 2.5 g/L H_2SO_4 and alkali ion (Na^+, NH_4^+) which is twice theoretical alkali ion needed for the complete precipitation of ferric iron in solution as A^+—jarosite at 98℃ by sodium jarosite and by ammonium jarosite are presented in Fig. 11. After four hours iron removal, the final ferric iron concentration in the solution is 6 ~ 7 g/L.

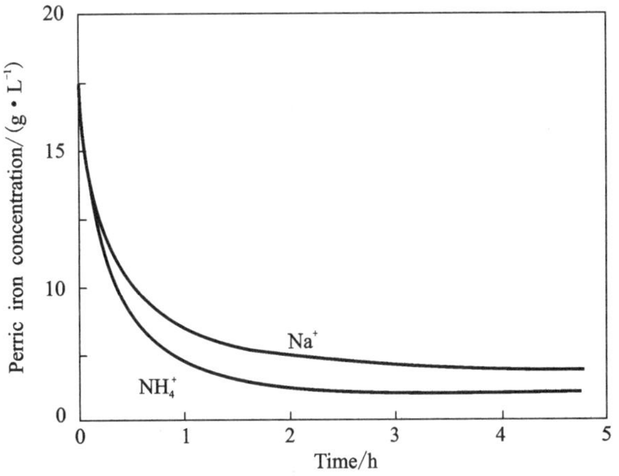

Fig. 11 Calculated result of iron removal of solution by sodium jarosite and ammonium jarosite

Owing to the limit of operating conditions for iron removal by jarosite, the above calculated results can be considered as the best iron removal effect reached in practice. Hence, it indicates that in the low - contaminated sodium jarosite process and ammonium jarosite process for the iron removal of leaching solution with high iron concentration, diluting of leaching solution with diluter low in iron concentration and acidity before jarosit precipitation or multi - stage jarosite precipitation must be introduced.

The more detailed discussion on low - contaminated jarosite process was presented in [10].

4 Conclusions

The main factors effecting the iron removal rate by alkali jarosite are discussed. Those factors, including adding more salt A_2SO_4 and seed, and keeping high ferric iron concentration and temperature and low acidity can increase the precipitation rate of jarosite; The formation rate of hydronium jarosite from the solution high in ferric iron and low in acidity below 100℃ is very slow, but above 100℃, it increases rapidly with increasing temperature and is realized to have commercial use for the iron removal of solution: Hydronium jarosite coprecipitates with alkali jarosite in the way of hydronium substitution for alkali. The order of increasing hydronium substitution of three alkali jarosites is $Na^+ > NH_4^+ > K^+$. The effect of temperature on hydronium substitution in different temperature range is different. At low temperature, hydronium substitution increases with increasing of temperature, but above 100℃, opposite result was observed. Hight salt A_2SO_4 concentration and acidity in solution can partly restrain hydronium substitution in A^+—H_3O^+ jarosite. The precipitation reaction of iron in jarosite method was indicated to follow

$$-dC^2_{Fe_2(SO_4)_3}/dt = k_1 C^2_{Fe_2(SO_4)_3} C^{1/2}_{A_2SO_4} - k_{-1} C^{1/4}_{H_2SO_4}$$

The order of increasing kinetic rate of jarosite precipitation reaction is $k^+ > NH_4^+ > Na^+$; From aspect of kinetics, the low - con - taminated potassium jarosite process with one stage of preneutralization and one stage of jarosite precipitation is effective to the iron removal of leaching solution containing less than 25 g/L iron ion in existing zinc hydrometallurgical plant, but in the low contaminated sodium jarosite process and ammonium jarosite process, adjusting composition of solution by diluting or multistage jarosite precipitation is needed.

References

[1] G Steintveit. Process for the separation of iron from metal sulphate solutions and a hydrometallurgicl process for production of zinc. Norwegian Patent No. 108047, April 30, 1965.

[2] F Sitges, V Arregui. A process for the recovery of zinc from ferrites. Spanish Patent No. 304601, October 2, 1964.

[3] J Wood, C Haich. Jarosite process boosts zinc recovery in electrolytic plants. World Mining, September 1972, 34 - 38.

[4] G Steintveit. Precipitation of iron as jarosite and its application in the wet metallurgy of zinc. Erzmetall, Vol. 23, 1970, 532 - 539.

[5] C J Haigh, F Oakes, J S Garrigan. Residue treatment plant practice at risdon, Tasmanis//Aust. I. M. M. Conference Papers, May 1977, 339 - 349.

[6] V Arregui, A R Gordon, G Steintveit. The jarosite process - past, present and future. Lead - Zinc - Tin'80, Proceedings of the 109th Annual Meeting, Las Vegas, Nevada, February 24 - 28, 1980, 97 - 123.

[7] C J Haigh. The hydrolysis of iron in acid solutions. Proceedings of the Australasian Institute of Mining and Metallurgy. No. 223, September 1967, 49 - 56.

[8] J L Limpo, A Luis, D Siguin, A Hernandez. Kinetics and mechanism of the precipitation of iron as jarosite. Rev. Metal. Cenim. Vol. 12, 3, 1976, 123 - 134.

[9] Hiroari Kubo, Masayaso Kawahara, Yoshinori Shirane. The rate of the precipitation reaction of iron in jarosite method. J. Min. Met. Inst. Japan, Vol. 98, No. 1138, 1982, 59 - 63.

[10] W Qiankun. The kinetic study on the precipitation of jarosite. Changsha Res. Inst. Min. Met., China, April 1985.

[11] R V Pammenter, C J Haigh. Improved metal recovery with the low - contaminant jarosite. Extraction Metallurgy'81. Institution of Mining and Metallurgy, London, 1981, 379 - 392.

热酸浸出—铁矾法处理高铟高铁锌精矿的研究*

摘　要：本研究提供了一个有效回收锌、铟的联合湿法流程，对流程中浸出、澄清、黄钠铁矾除铁、铁矾的热学性质、铁矾的焙烧及浸出、铟铁的萃取工艺设备、渣处理等进行了详细的研究。

Hot acid leaching – jarosite process for zinc concentrate containing high iron and indium contents

Abstract: A combined hydrometallurgical process for effective extraction of zinc and indium from zinc concentrate is presented in this paper. All procedures of this process have been studied in full detail, such as acid leaching, clarification, Fe – elimination by jarosite method, the thermal behavior, roasting and leaching of jarositic precipitate the s. x. technique, In – Fe separation equipment, sludge treatment et cetera.

前言

为了有效地利用我国高铟、高铁锌精矿资源，进行了这类精矿的湿法炼锌研究，制订了用铁矾法除铁及有效回收锌铟的新工艺流程[1]。

新工艺流程由主流程及铟流程组成。

主流程如图 1 所示。它是新工艺流程的主体部分，其中的关键工序为焙烧料的热酸浸出—铁矾法除铁。热酸浸出的任务是从焙烧料中充分浸出锌、铜、镉、铟。中浸液净化时回收铜镉；净化后液经电解获得电锌，在低酸浸出液用铁矾法除铁时，将铟富集于铁矾渣中，后者作为提取铟的原料。

图 2 所示流程是全流程的自然引申，它包括铁矾渣焙烧，从中提取铟，同时回收一部分锌及钠，从而提高了锌的总回收率，并降低了钠试剂的消耗。这就在很大程度上克服了主流程的某些缺陷。

按新工艺流程共进行了 44 个周期 1 m^3 规模的扩大试验。结果表明：新工艺流程处理高铟高铁锌精矿是行之有效的。它的优点是：有价金属回收率高；铁矾法除铁过程稳定；铟高度富集于铁矾渣中；从铁矾渣中回收铟较简单；利用离心萃取设备萃取分离铟铁的效果好；总渣率小，产出的三种渣均有利用的可能性。

---

* 该文首次发表于《矿冶工程》，1981 第 4 期，18 ~ 28 页，合作者：姚先礼，陈志飞，刘谟禧，谢群，杨文超、尹淑贤、梁娟秋等，株洲冶炼厂及长沙有色冶金设计院的同志参加了这项工作。

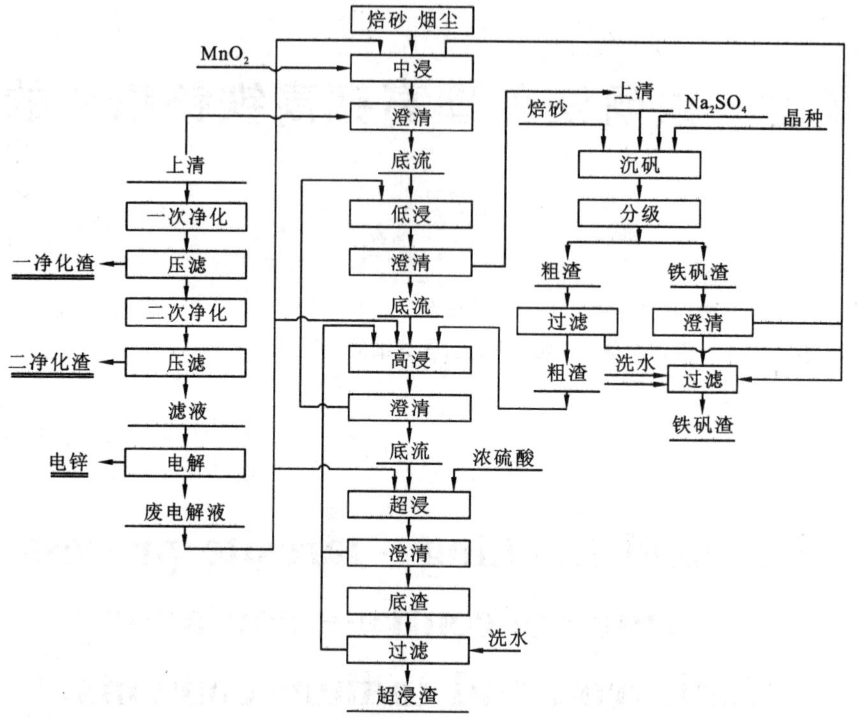

图1 热酸浸出—铁矾法处理高铟高铁精矿的主流程图

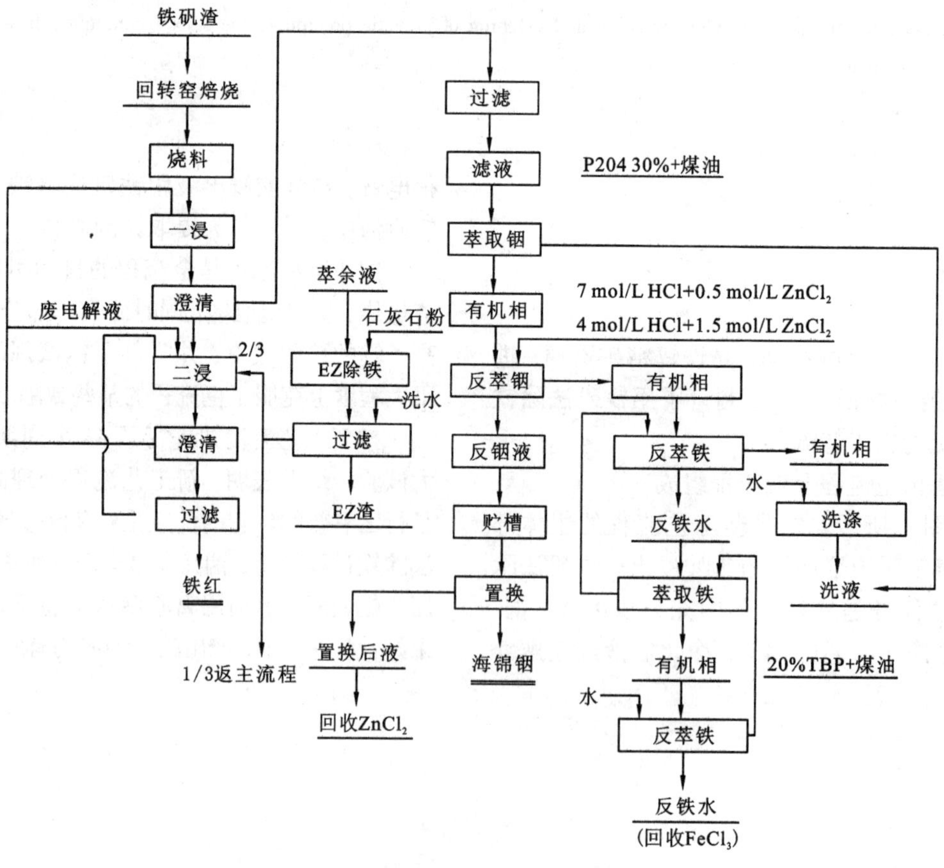

图2 从铁矾中回收铟的工艺流程

1　试验结果

1)主流程

主流程包括中浸、低浸、高浸、超高浸组成的多段逆流浸出系统，铁矾法除铁、矾渣分级和过滤组成的除铁系统，二段净化、电解系统。

试验所用焙烧料中焙砂与烟尘的比例为3∶2。焙砂的化学组分为(%)：Zn 55.18、Fe 14.50、In 0.089、Cd 0.325、Cu 0.69、Pb 0.58、Ag 0.010、As 0.49、Sb 0.43、Na 0.032、Al_2O_3 0.37、SiO_2 1.75及其他。烟尘的化学组成为(%)：Zn 44.98、Fe 13.32、As 0.52、Sb 0.26、Na 0.02、Al_2O_3 0.33、SiO_2 1.88及其他。物相分析表明；焙砂中ZnO状态的锌为45.76%，$ZnSO_4$状态的锌为0.56%；烟尘中ZnO状态的锌为27.94%，$ZnSO_4$状态的锌为8.32%。后者含量较高是由于沸腾焙烧锌精矿时，开炉持续时间较短，炉顶温度偏低造成的。

按图1进行试验得到的结果与技术指标列于表1至表4中[1]。

表1　主流程中各种溶液的平均成分/(g·L^{-1})

成分	中浸上清液	一段净化液	二段净化液	低浸上清液	高浸上清液	超浸上清液	沉钒后液	废电解液
Zn	141.35	142.84	144.33	98.06	74.35	52.31	131.27	53.58
Fe	0.018	0.015	<0.005	18.24	24.71	23.03	0.72	
Fe^{2+}				0.22			0.51	
In	0.0014			0.1363	0.125	0.087	0.0105	
Cu	1.008	0.0081	<0.0005	2.0173	1.11	1.02	2.24	
Cd	0.617	0.0782	0.0029	0.338	0.23	0.25	0.50	
As	0.0012	0.0053	0.000028	0.7039	0.503	0.371	0.066	
Sb	0.0021	0.00011	0.000076	0.124	0.235	0.126	0.008	
SiO_2	0.1099	0.113	0.099	0.123	0.092	0.075	0.243	
H_2SO_4				17.53	54.96	124.98	4.94	146.42
Cl	0.041	0.031	0.031					
F	<0.05	<0.05	<0.05			<0.05		
Na	0.85			0.42	0.47	0.388	0.74	0.93
Co	0.00045		0.0012					
Ni	0.0079	<0.0012	<0.002		0.0088	0.0083	0.0102	
Sn	<0.00012		<0.0001	0.105	0.202	0.155	<0.0011	
Pb	0.0087	0.003	<0.0063	0.096	0.091	<0.005		

表2　主流程中各种渣的平均成分/($g \cdot L^{-1}$)

成分	中浸液	低浸渣	高浸渣	超浸渣	铁矾渣	粗渣	一段净化渣	二段净化渣
$Zn_{总}$	28.438	21.30	10.41	2.932	5.935	20.99	44.77	81.92
$Zn_{水}$		0.95	6.92	1.163	0.7067			
Fe	24.955	36.21	31.08	30.99	31.73	31.09		
In	0.1464	0.136	0.058	0.0088	0.218	0.134		
Cu	2.34	0.88	0.53	0.095	0.307	0.95	10.93	0.46
Cd	0.177	0.19	0.19	0.103	0.038	0.24	5.17	2.65
As	0.9995	0.736	1.574	1.23	1.116	1.54	0.044	0.019
Sb	0.495	1.09	2.08	2.607	0.412	0.81	0.029	0.023
SiO_2	4.157	5.07	10.76	17.44	0.73	2.83	0.26	0.26
Sn	0.693	1.64	3.25	5.033	0.354	1.31	0.017	<0.001
Pb	1.28	2.08	3.86	5.16	0.661	0.66	0.36	0.36
Ag	0.0344	0.0495	0.099	0.124	0.0148	0.008	<0.003	<0.002
SO_4^{2-}		3.31	21.96	10.41	29.61			
Na		<0.04		0.144	2.35			
F					0.04			
Cl		<0.04	<0.08					

表3　主流程各工序累积浸出率/%

工序	Zn	Fe	In	Cd	Cu	As	Sb
中浸	65.47			71.05			
低浸	82.23	11.49	27.17	78.30	47.94	41.53	
高浸	97.56	71.96	91.31	93.24	90.45	61.52	45.04
超浸	99.58	84.80	99.26	97.95	98.67	80.52	39.54
沉钒	79.23			62.51	9.78		

注：均以渣计。

表4　主流程中有价金属的回收率

有价金属	锌	铟	铜	镉
回收率/%	95.44	98.63	82.84	93.95
直收率/%	92.64	93.96	77.85	88.8

中浸

中浸投矿量为总投矿量的68%，浸出所用溶液为沉钒后液，它汇集了从超浸、高浸、低浸、沉钒各段所提取的锌、铜、镉等有价元素，通过中浸工序脱除杂质后，开路至净化电解工序。在中浸中，要加入废电解液，把酸度调整到38 g/L。中浸作业的条件为：终点pH=5.0~5.2、温度65~70℃、时间0.5 h，中浸上清率可达82%~86%，实际仅抽76%~79%，以保持底流量不变。

低浸

低浸作业是在不锈钢空气搅拌槽中进行的。该工序实质上是沉钒前的预中和阶段。高浸返液一般含游离酸50~55 g/L，中浸底流含锌(ZnO形态)一般为15%~17%。用中浸底流中和高浸返液的残酸至15 g/L左右。若高浸返液终酸酸度过高或中浸效率过高，以致残留的氧化锌不足，则会使终酸酸度偏高，反之酸度偏低。低浸终酸过高或过低都是不利的。本研究中，低浸控制的条件为：始酸40 g/L，终酸15 g/L，温度70℃，反应时间1 h。

高浸

浸出设备同前，操作条件为：始酸 110 g/L、终酸 51.6 g/L、温度 50～90℃、反应时间 3 h。进入高浸的物料为低浸底流和沉钒分级所得的粗渣。这两种物料中，锌主要以铁酸锌状态存在，通过高温高酸浸出才能达到理想的浸出率，故本段是热酸浸出的主要工序，有 60% 左右的废电解液用于此处。

超浸

超浸采用不锈钢机械搅拌槽，尺寸为：直径 600 mm，高 1400 mm。操作条件为：始酸 200 g/L、终酸 133 g/L，温度 95℃，反应时间 2 h。本工段是获得锌、铟高浸出率的关键作业。除加入废电解液外，本系统可补加的硫酸，全部从此加入，本工序最主要是对始酸和终酸要严加控制。

沉钒

沉钒是在衬胶的机械搅拌槽中进行，槽子尺寸为：直径 900 mm，高 1110 mm。本工序是处理低浸液，通过黄钾铁矾除铁。

控制条件为：95℃以上，以焙砂作中和剂，使 pH 为 1.5～2；添加 Na_2SO_4，使钠铁比为 0.13；用焙砂中和的时间为 4 h，加完焙砂后，需反应 1 h。

控制钠铁比为 0.13，理论量为上限，实际消耗的钠为铁的 0.09～0.1 倍。

试验中考查了铁铜砷锑的沉淀情况，如图 3 所示。

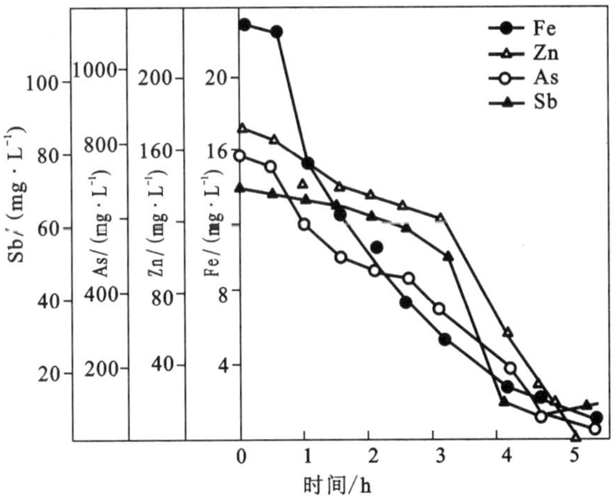

图 3　沉积过程 Fe、In、As、Sb 浓度变化曲线

（pH 1.5，95℃）

由图 3 可见，铁、铟、砷、锑这几种元素的沉淀效果均可达到预期目的。沉淀后液含铁在 1 g/L 以下，铜、砷、锑有 90% 以上进入铁矾中。

铁矾分级

在沉铁过程中，中和剂（焙砂）中的铁酸锌不能溶解，全部残留在铁矾中。为了回收这一部分锌采用了分级的措施。

本试验采用圆锥分组器为分级设备，该设备的外径为 400 mm，中心筒直径为 120 mm，$\beta = 50°$，进液流速控制在 4 L/mm，获得含锌品位为 20% 以上的粗渣及含锌 6% 左右、含铟 0.2% 以上的铁矾渣。

粗渣及铁矾渣的 X 射线衍射图谱如图 4 所示。由该图可知：粗渣的组成大部分为铁酸锌，铁矾渣的基本组成为含铟黄钠铁矾。粗渣返回高酸浸。铁矾渣过滤性能很好，送铟流程提取铟。

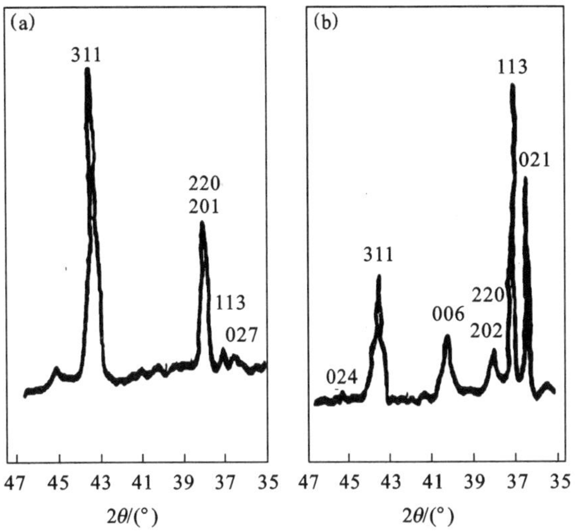

图 4　粗渣及铁矾渣的 X 射线衍射图谱

（a）粗渣；（b）铁矾渣

净化

净化的目的是除去铜、镉、锑、砷等杂质。在本流程的多段逆流浸出中，铜、镉浸出率很高。进入到中浸上清液的铜、镉达到 90% 以上。中浸液中各金属的平均含量如表 2 所示。其中含铜大于 1 g/L，含镉大于 0.6 g/L，这两种金属必须要考虑回收。我们试验了二段锌粉净化，可使净化液含 Cu < 0.005 g/L，Cd < 0.0029 g/L，As 0.000028 g/L，Sb 0.000076 g/L。这种净化液符合电积锌的要求。

电积锌

电积锌与一般湿法炼锌厂的常规操作相同。获得的电积锌质量均在二级品以上。

2）铟流程[1]

从黄钾铁矾中提取稀散金属，国内外尚无成熟经验，我们为了能有效地把铁矾渣中的铟加以回收，首先进行了基础研究和条件选择，然后制定了工艺流程。

（1）铁矾渣性质基本研究

①经 X 光衍射及电子探针分析[1]：在含铁铟的硫酸锌溶液用黄钾矾铁沉铁时，In^{3+} 取代 Fe^{3+} 进入铁矾晶格，随着晶体含铟量增加，其晶面间距顺次增大，

而铟在铁矾中的分布是均匀的。

②铁矾渣与人工合成的铁矾、含铟的铁矾的热性质相似。它们有着矾相似波形的差热曲线。

在工艺中得到的铁矾渣，虽然含有少量铁酸锌，在加热过程中发生复合热反应，但还保持黄钾铁矾的特性曲线(图5)。第一个吸热效应从350℃开始，吸热峰为420℃，至470℃结束，并出现 $x-Fe_2O_3$ 的弥散射线。在热重曲线上出现相应的失重，即表明晶体破坏，OH^- 已脱除，而 $x-Fe_2O_3$ 开始生成。第二个吸热效应为566～750℃。X射线衍射照片上 $x-Fe_2O_3$ 的衍射线更为明显，并产生相应的失重。这表明硫酸铁发生分解，形成了 $x-Fe_2O_3$ 晶体，同时可查出 In_2O_3 和 $In_2O_3\cdot\alpha-Fe_2O_3$ 的X射线衍射线，而硫酸钠仍保持原来状态。根据上述分析和文献[2]的报道，铁矾渣在加热过程中的化学反应式可以表示为：

$$Na_2Fe_3(SO_4)_4(OH)_{12} \xrightarrow[-Q]{400\sim500℃} Na_2SO_4\cdot Fe(SO_4)_3+2Fe_2O_3+6H_2O$$

$$\xrightarrow[-Q]{566\sim750℃} Na_2SO_4+Fe_2O_3+3SO_2\uparrow$$

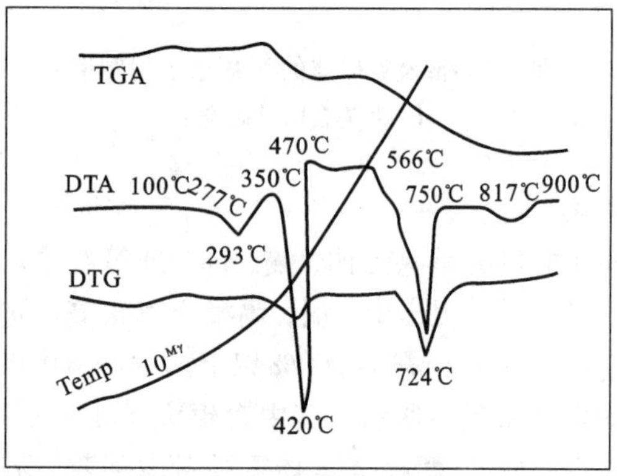

图5　铁矾渣的差热分析

依上述结果，可见焙烧温度反应选择在第一个吸热效应温度之上，使铁矾晶体彻底破坏；而又选择在第二个吸热效应温度之下，使铟在稀酸中处于能溶解的状态，而不形成难溶于稀酸的 $In_2O_3-Fe_2O_3$ 固溶体。

以铁矾渣为原料，得到温度与浸出率的关系曲线，如图6所示。可见焙烧温度为530～590℃时使铟的浸出率获得满意的效果。

铁矾渣焙烧按上述反应，应有三分之一的铁呈硫酸盐状态，实际上其含量由于存在着如下硫酸化反应而显著减少。

$$3ZnO\cdot Fe_2O_3+Fe_2(SO_4)_3+3O_2 \longrightarrow 3ZnSO_4+4Fe_2O_3$$

这种铁矾渣中残留的细粒铁酸锌通过焙烧，大部

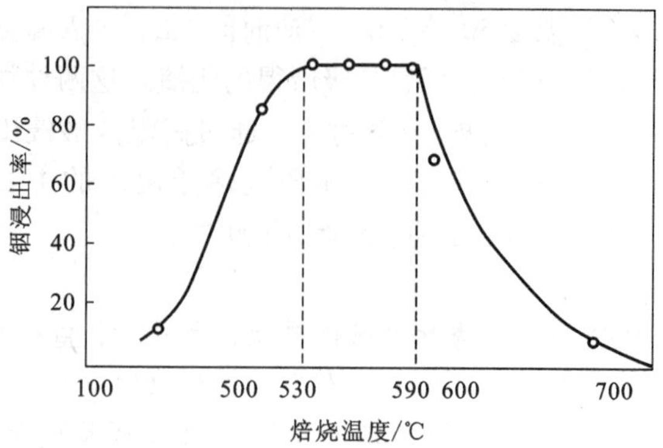

图6　铁矾渣焙烧温度与铟浸出率的关系

分转变为硫酸锌，而铁成为 Fe_2O_3，使铁的浸出率大大下降，这是十分有利的。

(2)铟的工艺流程

铟流程由铁矾渣的焙烧、浸出、铟铁萃取分离、铟的置换、萃余液的除铁脱杂、有机相的再生等六个部分组成。

试验结果与技术指标列于表5、表6、表7、表8[1]。

表5　铁矾，焙烧料，铁红中锌、铁、铟的物相组成

物料名称	锌的物相组成/%					
	$Zn_总$	Zn $ZnSO_4$	Zn ZnO	Zn $ZnSiO_2$	Zn ZnS	Zn $ZnFe_2O_4$
铁矾渣	6.01	0.91	0.19	0.17	0.09	4.79
焙烧料	6.83	4.79	0.01	0.05	0.04	0.43
铁红	0.84	0.15	0.04	0.15	0.04	0.12

物料名称	铟的物相组成/%				
	$In_总$	In $In_2(SO_4)_3$	In In_2O_3	In In_2S_3	$In_{结合态}$
铁矾渣	0.215	0.004	0.006	0.001	0.189
焙烧料	0.243	0.185	0.012		0.04
铁红	0.019	0.003	0.005		0.008

物料名称	铁的物相组成/%				
	$Fe_总$	Fe Fe^{2+}	Fe FeS	Fe $Fe_2(SO_4)_3$	$Fe_{赤铁矿}$
铁矾渣	31.59	0.31	痕	痕	31.03
焙烧料	35.15	0.57	0.20	4.22	27.46
铁红	59.87	0.26	痕	痕	59.78

表 6　铁矾渣及焙烧料的化学成分/%

物料名称	Zn	Fe	In	Cu	Cd	As	Sb	Na
铁矾渣①	6.01	31.59	0.215	0.30	0.032	1.16	0.42	2.56
焙烧料	6.83	35.15	0.243	0.33	0.035	1.07	0.43	2.83
物料名称	$S_{总}$	Sn	Pb	Ag	F	SiO_2	Ga	
铁矾渣②	10.20	0.33	0.52	0.015	0.04	1.24	0.0072	
焙烧料	11.40	0.38	0.55	0.015	0.04	1.54	0.0082	

注：①铁矾渣系主流程 44 个周期的积累料；②除 SiO_2 含量稍高外，其他元素均与主流程中产出渣的平均成分相近。

表 7　铟流程渣、溶液及海绵铟的平均成分/%

名称	Zn	Fe	In	Cu	Cd	As	Sb	Na	$S_{总}$	Ag	Sn	Pb	CaO	Ga
一浸上清液	55.8	20.87	0.85	1.63	0.21	3.37	0.0073	15.44						
萃铟余液	54.9	20.32	0.0028	1.63	1.20	3.40	0.0069	14.1						
EZ 溶液	48.3	1.8	0.0024	1.23	0.17	0.009	0.00134	13.54						
反萃富铟液	110.87	4.7	37.33	0.099	0.0104	0.406	0.0021	0.9						
置换后液	214.16	2.59	0.064	<0.005	微	微	微							
铁红	0.63	68.45	0.013	0.019	0.0079	0.92	0.84	0.12	1.74	0.026	0.78	1.10		0.02
EZ 渣	0.55	11.25	0.005	0.13	0.012	1.05	0.0088	0.1	15.7	微	0.011	0.023	23.87	
海绵铟	0.27	0.04	94.30	0.01	0.057					0.027	<0.001	0.0001		

表 8　铟流程各工段的作业效率

项目名称	Zn	Fe	In	Cu	As	Sb	Na	Sn	Pb	Cd	SiO_2
浸出段平均浸出率/%	95.53	19.26	97.32	85.39	59.10	5.38	67.96	约 0	2.71	89.03	8.53
萃取段平均萃取率/%		4.11	99.67								
反萃段反萃取率/%		20.92	99.61								
EZ 段入渣率/%	3.82	15.42	1.04	1.98	74.43	0.99	1.07	1.44	2.04	16.53	5.51
每周期平均回收率/%	91.71		69.27	65.71	72.49		69.27				
铟流程杂质脱除率/%		96.16			约 100						
铟入高铟液平均直收率/%			96.67								

铁矾渣的焙烧

在直径为 76 mm 的模拟回转窑中进行了多次小型焙烧条件试验后，在内径为 250 mm，长 4000 mm，衬高铝砖的半工业回转窑进行了扩大试验。该半工业回转窑用三个测温环测试温度。测温环在窑身上的位置为：

测温环编号：	1	2	3
距窑头距离：mm	400	1700	3200
技术条件：温度	$t_1=520℃$	$t_2=420℃$	$t_3=360℃$

转速 1.3 r/min，给料速度 20 kg/h，料在窑中停留 75 min；燃料为煤气，用量为 8 ~ 15 m^3/h。

进料前，将铁矾渣破碎成直径为 20 mm 左右的块状，其中含水量为 8% ~28% 均可顺利进行。

试验结果如表 5 所示，含铟 0.215% 的铁矾渣，焙烧后得焙烧料中含铟 0.243%。

浸出

如图 2 所示，浸出分为一浸及二浸。浸出条件：固液比为 1∶4；浸出时间为 1 h；温度 60℃；浸出酸度 10 ~ 30 g/L。为了满足下一工序萃取的要求，选取浸出酸度为 82 g/L。

试验中得到的浸液平均成分列于表 7 中。

铟的萃取分离

铁矾渣的焙烧料，在浸出时有20%的铁被浸出，而铟的浸出率在97%以上。浸出液中含(g/L)：Zn 55.8，Fe 20.87，In 0.85，Cu 1.63，Cd 0.21，As 3.37，Sb 0.0073。这种Fe/In比为25/1溶液铟铁分离是一个重要的研究课题。

用P204萃取铟通常是将溶液中的Fe^{3+}还原成Fe^{2+}。这就需消耗大量的还原剂，考查了利用Fe^{3+}及In^{3+}在萃取动力学上的差异分离它们的可能性，结果如图7所示。从该图可知，在加聚醚作阻萃剂时，铟的萃取率可达97.75%，铁仅2.1%被萃取。延长萃取时间，铁的萃取率将直线上升。当不加聚醚时，证明严格控制萃取时间萃取分离Fe^{3+}及In^{3+}是可能的。其结果列于表9。

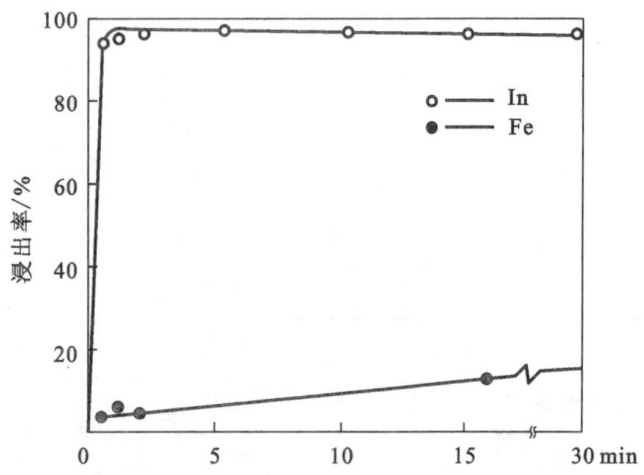

图7 萃取时间对铟铁萃取率的影响

始液：Zn 107.4 g/L；In 87 g/L；Fe 14.88 mg/L；
聚醚 100×10^{-6}；$[H^+]$20 g/L
有机相：40% +煤油；相比：有/水 =1/5

表9 萃取时间对萃取分离铟铁的影响

萃取时间 /min	相比 (有/水)	萃取率/%		分离系数
		In	Fe	B_{Fe}^{In}
1	1/3	9.99	3.93	4680
1	1/5	99.7	0	很大
1	1/7	99.1	1.7	10710
1	1/10	96.3	1.4	3000
2	1/3	99.7	8.31	1430
2	1/7	99.4	0	很大
2	1/10	98.7	0	很大

根据上述试验结果，选取的萃取条件为：20% P204+煤油作有机相(为了简化有机相组成不加聚醚)；时间1 min，$[H^+]$为0.25 mol/L。

为了寻求适用于工业生产的连续化设备，根据美国萨瓦纳河工厂的单级离心萃取机的原理而设计[3]，设备连接图如图8所示。试验结果列于表10。

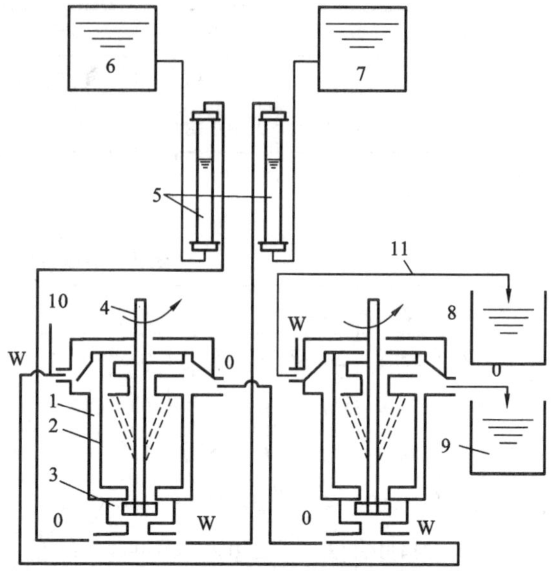

图8 离心萃取设备连接示意图

1—涡轮桨混合室；2—不锈钢转鼓；3—有机玻璃外壳；4—转动轴；5—转子流量计；6—有机玻璃贮槽；7—水相贮槽；8—萃余液贮槽；9—负荷有机相贮槽；10—一级萃余液取样点；11—二级萃余液取样点

从表10数据可知，铟的萃取率为99.7%，铁的萃取率为7.9%，其余元素萃取甚微，表明用离心萃取设备，借助于萃取速度的差异，分离In^{3+}、Fe^{3+}是可行的。

萃余液的除铁及脱杂

采用EZ法使铁生成α-FeOOH从而把萃余液中的铁除掉。试验在300 L搅拌槽中进行。操作时预先加入前周期的EZ滤液50 L，加热至95℃以上，萃余液由高位槽徐徐流入搅拌槽中，中和剂为调浆的石灰石粉，维持溶液pH为3~3.5。过程终了，溶液极易澄清过滤。在此过程中，铁、砷、锑、氟除去的效果良好。EZ滤液杂质含量为：Fe <1 g/L，As <0.01 g/L，Sb <0.002 g/L，F <0.003 g/L。多余的SO_4^{2-}以$CaSO_4$形态排除。

铟的反萃取和置换

负荷有机相的反萃取，经小型试验决定采用4 mol/L HCl+1.5 mol/L $ZnCl_2$作反萃取剂。反萃取条件：相比(有/水)=10/1，时间5 min，铟的反萃率在99%以上。

将各周期积累的铟反萃液合并，用锌置换，在室温下进行，至残液含铟64 mg/L，取出锌板，获品位为94.30%的海绵铟产品。

表 10　离心萃取连续运行试验结果①

取样时间	相比（水/有）	取样位置②	萃余液成分							
			Zn	Fe	In	Cu	Cd	As	Sb	Na
3:50	3.35/1	萃余 1 萃余 2	—	15.28 14.55	0.050 0.0033	0.90	0.12	2.24	0.0112	8.1
4:01	3.15/1	萃余 1 萃余 2	37.82	14.89 14.66	0.025 0.0017	0.93	0.13	2.28	0.0098	8.2
4:20	3.23/1	萃余 1 萃余 2	38.79	14.89 14.72	0.025 0.0017	0.93	0.13	2.02	0.0092	8.1
4:35	3.01/1	萃余 1 萃余 2	38.95	14.72 14.94	0.0022 0.0016	0.93	0.13	2.48	0.0082	8.1
4:50	3.10/1	萃余 1 萃余 2	38.30	15.36 14.66	0.034 0.0016	0.93	0.13	2.09	0.0065	8.0
4:00	3.00/1	萃余 1 萃余 2	38.47	15.46 14.66	0.049 0.0016	0.93	0.13	2.09	0.0097	8.1

注：①试验条件：原始料液成分(g/L)：Zn 39.6，Fe 16.0，In 0.611，Cu 0.93，Cd 0.13，As 2.114，Sb 0.0092，离心筒转速 280 r/min；水相流速 1.2 L/min；相比(有/水)1/3。②萃余 1 表示第 1 级重相出口取样，萃余 2 表示第 3 级重相出口取样。

有机相再生

反萃铟后的有机相用 7 mol/L HCl + 0.5 mol/L $ZnCl_2$ 反萃铁，有机相经 2 级水洗脱氯后返回铟，所得反铁水，再用 20% TBP + 煤油为有机相萃铁，用水反萃铟，得 $FeCl_3$ 溶液。

2　讨论

1)金属的收率

主要有价金属锌、铟、镉的全流程总回收率及直收率列于表 11，渣率及金属在渣中分布列于表 12。

表 11　全流程有价金属的收率

收率	Zn	In	Cu	Cd
回收率/%	99.17	94.78	93.59	96.86
直收率/%	96.63	88.54	89.02	92.54

表 12　全流程的渣率及金属在渣中的分布

名称	渣率/%	金属在渣中的分布/%					
		Zn	Fe	In	Cu	Cd	As
超渣	7.14	0.41	15.14	0.74	0.97	2.07	18.72
铁红	15.19	0.13	63.71	2.53	2.31	0.43	28.06
EZ 渣	15.08	0.13	12.18	0.99	3.12	0.64	50.54
名称	渣率/%	Sb	Pb	Ag	Sn	Ga	Na
超渣	7.14	50.42	57.89	60.59	64.75		1.0
铁红	15.19	34.65	23.87	26.59	21.34	77.03	1.69
EZ 渣	15.08	0.31	0.55		2.99		1.39

锌

全流程锌的总回收率高达 99.17%，即使除去过程中的损失，也高达 97%。锌的总回收率高，这是本流程的突出优点之一。

对于含铁高达 14% 的焙烧料，取得如此高的回收率，主要原因是有了铁矾渣的处理流程，从铁矾渣中提取铟时，同时可回收渣中 90.08% 的锌，这就使全锌的回收率提高了 3.74%。

铟

铟在全流程中总回收率达到 94.48%，铟损失于渣中极少，主要损失于铁红中(见表 12)。可能是铁矾渣中有少量铟铅铁矾造成的。铟的总收率与直收率之间有较大的差距，其中包括平衡差 4.94%，从原料到海绵铟要经历几道工序，操作损失相对比例较大。在生产中提高直收率还是有可能的。

铜、镉

铜、镉都集中在浸上清液中。中浸液含 Cu 1.008 g/L，含 Cd 0.617 g/L。在净化时均富集到净化渣中。

锡、铅、银

这三种金属只有 60% 集中在超渣中(见表 12)，而有 50% 左右分散在铁矾中。铁矾渣中的 Sn、Pb、Ag 在铟流程则进入铁红。

钠

钠在渣中的损失很少(见表 12)。钠的总回收率为 95.56%，考虑到过程的操作损失，其回收率也会在 90% 以上。这就在很大程度上克服了铁铟法消耗钠试剂多的缺点。

2)硫酸根的平衡

主流程的硫酸根平衡：

(1)每周期加入浓硫酸 11 kg，其中含 SO_4^{2-} 的量为 10.76 kg。每周期由铁矾渣中排出 SO_4^{2-} 为 12 kg。

SO_4^{2-} 排出能力稍大于加入的 SO_4^{2-}，因为焙烧料有一些 SO_4^{2-} 需要排出。

(2)在本试验中，对铁的浸出也进行了反复考查，最后确定了铁的浸出率为 81%。根据浸出率可计算出每周期铁的浸出量，并可计算出铁矾渣中带走的 SO_4^{2-} 为 11.8 kg。

(3)每周期返回的废电解液含游离酸为 72.4 kg。因此，要求每周期产出的废电解液中应含相当量的游离酸。在本流程中送去的净化液含酸量 ΣH_2SO_4 = 72.4 kg(1 kg 锌产出 1.5 kg H_2SO_4)，而实际得到废电解液中含酸 72.26 kg，二者非常吻合。

铟流程的硫酸根平衡：

(1)铁矾带入的 SO_4^{2-}，除以硫酸钠状态结合外，均应在铟流程除去。在铟流程中，铁矾渣焙烧时脱硫作用甚小(<1%)。铁红带 7%~8% 的硫，其余 90% 的硫均在 EZ 段以 $CaSO_4$ 形式排出。

(2)铟流程进出溶液之间 SO_4^{2-} 应保持平衡。在本试验中，每周期加入 25 L 废电解液，其中含酸 3.6 kg，而在铟流程中回收铁矾渣中 90% 的锌，这部分锌在 EZ 液返回主流程后，经电解可再生出 3.7 kg H_2SO_4，故二者可以保持平衡。

3)关于澄清

在低酸浸出中，由于中浸底流中残留的硅酸锌、锡酸锌和聚合的硅酸几乎完全溶解，造成低浸上清存在悬浮物而浑浊。这些悬浮物带有负电荷，使用中性的 3# 絮凝剂不能获得好的效果。为此，我们根据文献[4]合成了阳离子化的 3# 絮凝剂，其结构式为：

$$-[CH_2-\underset{\displaystyle CONH_2}{\underset{|}{CH}}]_x-[CH_2-\underset{\displaystyle CONH-CH_2-N^+H(C_2H_5)_2HSO_4}{\underset{|}{CH}}]_y-$$

这种药剂对高硅酸性矿浆的絮凝作用原理为：分子上的活性基团酰胺基($CONH_2$)吸附在颗粒表面；活性阳离子 $CONH—CH_2—N^+H(C_2H_5)_2$ 基团中和颗粒表面双电层(Z)电位，搭桥束缚而絮凝。

在试验中确定阳离子化 3# 的添加量为 40×10^{-6} 时获得了良好的结果。

4)无机和有机杂质的排除

砷、锑

在本试验中砷的浸出率为 80.52%，锑的浸出率为 49.54%，未浸出的留在超渣中。这两种浸出的杂质大部分进入到铁渣中。在铁矾渣焙烧时砷有 59.10% 进入浸出液；锑有 5.38% 的浸出率，其余留在铁红中。进入到溶液中的 As、Sb，在 EZ 工序转入 EZ 渣中。故可认为砷、锑全程排出的情况是令人满意的。

氟、氯

氟、氯在本试验的焙烧料中含量中等。据报道[5] F 能取代 OH^- 进入铁矾。我们对净化液和中浸液连续分析化验，未发现 F 有累增趋势。但氯有极缓慢上升的趋势(2~3 mg/周期)，经考查系由补加自来水造成的(自来水含有 Cl^- 6 mg/L)。在萃取中，有机相经各级水洗，可成功地把氯离子除去。

有机物的脱除

锌液中含有溶解的细分散的有机物，会使电积锌的电流效率降低。用铁水解成氢氧化铁的办法可把有机物有效除去。本试验采用 EZ 法除铁，证明排除有机物是有效的，EZ 液返回主流程，对电积锌未产生不良影响。

5)渣的处理

本流程产出三种渣，即超渣、铁红及 EZ 渣。其渣率分别为 7.14%、15.19%、15.08%，总渣率为 37.41%。

(1)超渣：含有价金属为 Sn 5.03%，Pb 5.16%，Ag 1240 g/t，相当于某选厂所产锡中矿，可与锡中矿合并处理，回收其中的锡、铅和银。

(2)铁红：成分为 Fe 58.45%，Zn 0.63%，As 0.92%，Sb 0.84%，Ga 0.02%，In 0.0134%，相当于三级铁红。但目前销路不广。经水泥厂试验鉴定，可作为水泥生料配料用，因其含铁品位高，并且不需要破碎，故受到水泥厂的欢迎。

(3)EZ 渣：含 CaO 23.8%，$S_{总}$ 15.7%，Fe 11.25%，Zn 0.55%。主要矿物组成为石膏和针铁矿，可用浮选把它们分离。考虑到经济上的合理性，经水泥厂鉴定，可直接作为水泥熟料配料。

3 结论

新流程适用于高铁高铟的锌精矿，对锌铟都有很高的回收率。铜镉集中于净化渣中。锡、银、铅则富集于超渣中，铁成为铁红，达到了有效综合回收有价金属的目的。本流程所需要的钠试剂，通过铟流程大部分可以回收使用，从而克服了铁矾法钠消耗量大的缺点。

新流程总渣率低，三种渣均可利用，为无渣湿法炼锌提供了可能性。试验证明：新流程技术条件容易控制，操作稳定，酸平衡良好，产品质量符合要求，具有既先进而又稳妥可靠的特点。

参考文献

[1] 冶金部长沙矿冶所等. 研究报告(1-6). 1979, 9.

[2] 吉木文平. 张绥庆译. 非金属矿物学. 北京：科学出版社, 1962.

[3] 马荣骏. 湿法冶金中的萃取设备. 冶金部长沙矿冶研究所, 1979：56-57.

[4] 北京矿冶研究院冶金室. 有色金属(冶炼部分), 1978, 12：19-32.

[5] A C Ярославцев. Ц. М. ,1975, 4：41-42.

黄铁矾法除铁动力学研究及应用(Ⅰ)——草黄铁矾沉淀的研究*

摘　要：本文对硫酸铁溶液中除铁作了热力学分析和计算，利用化学成分、X射线衍射、扫描电镜等分析手段，考察了草黄铁矾的单独沉淀及与钾铁矾、钠铁矾、铵铁矾的共沉淀，确定了影响草铁矾与碱矾共沉淀的主要因素和一定条件下草矾与碱矾共沉的比例。

The kinetic study and its application of the precipitation of iron by jarosite method(Ⅰ)—The study on the precipitation of hydronium jarosite

Abstract: This paper presents the thermodynamic analyses and calculations for the precipitation of iron in the ferric iron sulphate solution. By means of chemical analysis, X-ray diffraction and scanning electron microscopy, hydronium jarosite's precipitation alone and coprecipitation with jarosite, sodium jarosite and ammonium jarosite were studied. The main factors are examined for affecting the coprecipitation of hydronium jarosite with alkali jarosite, and hydronium jarosite fraction in the coprecipitates under a certain condition was determined.

前言

铁矾类矿物被发现后，相继在实验室已合成了9种铁矾，从20世纪60年代初期，冶金学家们利用铁矾沉淀反应，从含硫酸铁的溶液中除铁，发展了一种新的除铁方法——黄铁矾法，目前，它已在湿法炼锌中得到了广泛应用。

由于 NH_4^+，Na^+，K^+ 的廉价易得以及碱铁矾(alkali jarosite)沉淀除铁速度快，因而工业上主要利用黄铵铁矾、黄钠铁矾、黄钾铁矾沉淀除铁。已有的一些研究表明[1,2,3]：在实验室合成的铁矾中，碱离子量与铁矾化学计量比较，明显不足。在铁矾法除铁工业实践中也同样发现，沉钒过程中，碱离子的消耗量大大小于理论值。认为这是草矾与其他碱矾共沉淀的结果。同时还注意到其他铁矾之间也能形成固溶体。但上述研究主要是从矿物合成角度考虑，至今草矾与碱矾共沉淀的程度及其影响因素还不清楚。为了研究铁矾沉淀除铁动力学规律，掌握铁矾法除铁工业实践中碱离子的实际消耗量与理论量的差异，对硫酸铁水溶液中草矾的单独沉淀及与其他铁矾的共沉淀等问题作进一步研究是非常必要的。

1　硫酸铁水溶液中除铁热力学分析和计算

在 $Fe_2(SO_4)_3-H_2SO_4-H_2O$ 体系中存在着一系列固体含铁化合物。文献[4]对该体系进行了细致的研究，并作出了该体系的平衡图，如图1，图2所示。

从图1，图2中可以看到：在$Fe_2(SO_4)_3-H_2SO_4-H_2O$体系中，不同条件下与溶液平衡的稳定固相有 FeOOH，Fe_2O_3，以及各种硫酸铁盐，并且各种固体含铁化合物的稳定区域不同。在$Fe_2(SO_4)_3-H_2SO_4-H_2O$体系中

* 该文首次发表于《矿冶工程》，1985第4期，48～53页，合作者：王乾坤，谭泊曾。

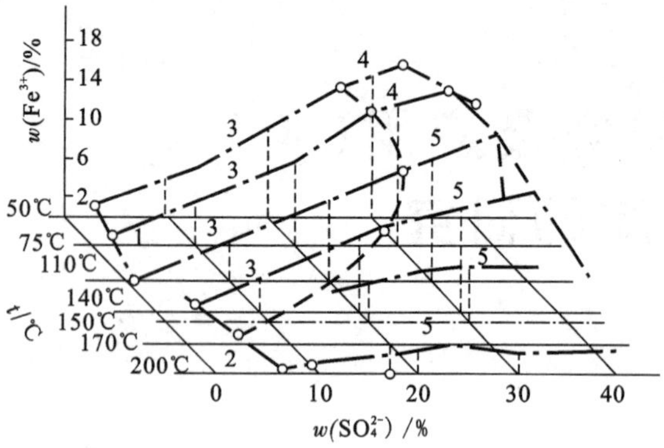

图1 $Fe_2(SO_4)_3-H_2SO_4-H_2O$ 系平衡图

1—FeOOH; 2—Fe_2O_3;3—$(H_3O)Fe_3(SO_4)_2(OH)_6$;
4—$Fe(OH)(SO_4)_2H_2O$;5—$Fe(OH)(SO_4)$

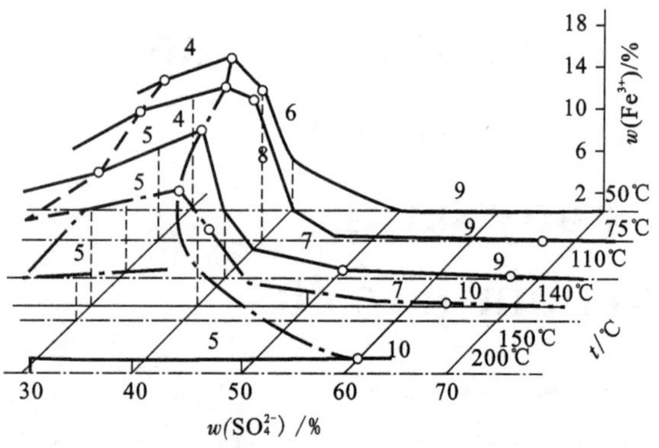

图2 $Fe_2(SO_4)_3-H_2SO_4-H_2O$ 系平衡图

6—$Fe_2(SO_4)_3\cdot 7H_2O$; 7—$Fe_2(SO_4)_3\cdot 6H_2O$;
8—$Fe_2(SO_4)_3\cdot 5H_2O$;9—$(H_3O)Fe(SO_4)_2\cdot 3H_2O$;
10—$Fe_2(SO_4)_3$

加入组元 A_2SO_4(A 代表 K^+,Na^+, NH_4^+ 等),体系的热力学平衡变得较复杂,除了上面已提到的各种含铁化合物外,还有 A_2SO_4,碱金属离子(包括 NH_4^+)的各种铁盐和复盐 $AFe_3(SO_4)_2(OH)_6$,$AFe(SO_4)_2$,$(A)_3Fe_2(SO_4)_3$存在。由于加入 A_2SO_4,$Fe_2(SO_4)_3-H_2SO_4-H_2O$ 体系中原来单相 *z* 区变成了多相稳定共存区。在湿法炼锌硫酸锌溶液黄铁矾法除铁中,体系(温度 70~100℃, Fe^{3+} 1~50 g/L, H_2SO_4 2.5~150 g/L)处于铁矾稳定存在区,除碱铁矾的沉淀外,其他可能沉淀的可能性很小。

铁矾相应的一些热力学数据比较缺乏,C M Kashlay 等人从铁矾的溶解度数据测定计算了碱铁矾的标准生成自由能[5],同时给出了相应的碱金属离子的标准生成自由能,如表1所示。

表1 几种铁矾及相应碱金属离子的标准生成自由能

铁矾	ΔG_{298}/(kcal·mol^{-1})	M^+	ΔG_{298}/(kcal·mol^{-1})
$KFe_3(SO_4)_2(OH)_6$	-788.6	K^+	-67.5
$NaFe_3(SO_4)_2(OH)_6$	-778.4	Na^+	-62.5
$H_3OFe_3(SO_4)_2(OH)_6$	-772.5	H_3O^+	-56.74
$NH_4Fe_3(SO_4)_2(OH)_6$	-736.2	NH_4^+	-19.0

Fe^{3+}, SO_4^{2-}, H_2O 在 25℃ 的标准生成自由能 $\Delta G_{298}^{\ominus}$[6]分别为:-2.52 kcal/mol, -177.51 kcal/mol, -56.74 kcal/mol。铁矾沉淀的离子反应式如下:

$$3Fe^{3+}+2SO_4^{2-}+A^++6H_2O \rightleftharpoons AFe_3(SO_4)_2(OH)_6+6H^+$$

$$(A—H_3O^+,\ Na^+,\ NH_4^+,\ K^+)$$

其反应的自由能 $\Delta G_{298}^{\ominus}$ 可由下式给出;

$$\Delta G_{298}^{\ominus} = \sum_i \gamma_i \Delta G_{i\ 298}^{\ominus}$$

反应式中各反应物前面系数的代数值,对生成物为正值,对反应物为负值;$\Delta G_{298}^{\ominus}$ 为铁矾沉淀反应中各物质的标准生成自由能。几种铁矾生成反应的生成自由能 $\Delta G_{298}^{\ominus}$ 列于表2。

从表2的结果可以看到:草矾、钠矾、铵矾、钾矾生成沉淀的热力学趋势很大,且其大致顺序为:$K^+>NH_4^+>Na^+>H_3O^+$。

表2 几种铁矾生成反应自由能

沉 矾 反 应	$\Delta G_{298}^{\ominus}$/(kcal·mol^{-1})
$3Fe^{3+}+2SO_4^{2-}+K^++6H_2O \rightleftharpoons KFe_3(SO_4)_2(OH)_6+6H^+$	-18.08
$3Fe^{3+}+2SO_4^{2-}+Na^++6H_2O \rightleftharpoons NaFe_3(SO_4)_2(OH)_6+6H^+$	-12.78
$3Fe^{3+}+2SO_4^{2-}+NH_4^++6H_2O \rightleftharpoons NH_4Fe_3(SO_4)_2(OH)_6+6H^+$	-14.18
$3Fe^{3+}+2SO_4^{2-}+7H_2O \rightleftharpoons H_3O+Fe_3(SO_4)_2(OH)_6+5H^+$	-12.74

2　实验结果及讨论

为了查明铁矾法中草矾单独沉淀及与碱矾的共沉淀的情况，进行了 $Fe_2(SO_4)_3-H_2SO_4-H_2O$ 和 $Fe_2(SO_4)_3-A_2SO_4(A: K^+, Na^+, NH_4^+)-H_2SO_4-H_2O$ 两体系的除铁实验。

(1)硫酸铁水溶液中草矾的生成

表3给出了硫酸铁水溶液中除铁的实验结果。在低于100℃温度下，尽管溶液中的三价铁离子浓度高、酸度低，经长时间搅拌，自溶液中沉淀的铁量很少；在125℃，硫酸铁水溶液中的铁却在短时间内大量沉淀。沉渣的化学分析结果如表4所示。其成分与草黄铁矾 $H_3OFe_3(SO_4)_2(OH)_6$ 成分接近。X衍射分析表明所沉铁渣为单相，衍射图谱与草铁矾的标准图谱一致。由此可见，低温下硫酸铁水溶液中草矾的沉淀是可以忽略的。但当温度升高，如至125℃，其情况明显不同，这是由于温度升高，增大了草矾沉淀速度，而具有工业应用价值。

表3　硫酸铁水溶液中除铁的实验结果

$Fe^{3+}_{始}$(液)/(g·L^{-1})	pH$_{始}$	温度/℃	时间/h	渣量/g
22.50	1.62	98	12	1.94
22.50	1.62	85	9	0.11
22.50	1	98	12	0.24
20.00	1.45	125	8	42.19

表4　沉渣的化学分析结果/%

组元	分析值	理论值
H_3O+OH	24.46	25.22
Fe	35.02	34.82
SO_4^{2-}	40.52	39.96

(2)$Fe_2(SO_4)_3-A_2SO_4-H_2SO_4-H_2O$ 体系中草矾的沉淀

在硫酸铁水溶液中分别加入硫酸钾、硫酸钠、硫酸铵，其溶液初始成分为：$[H_2SO_4]_{始}=2.5$ g/L，$[Fe^{3+}]_{始}=20$ g/L，$[A^+/Fe^{3+}]_{实}=2[A^+/Fe^{3+}]_{理}$。在不同的温度下沉铁，铁渣的化学成分分析结果分别见表5，表6，表7。其结果表明，尽管溶液系分析纯试剂配制，但所沉淀铁矾的成分与纯铁矾比较，碱离子量呈现明显不足，这种差异以钠矾最显著，其次是铵矾，钾矾最小，即 $Na^+>NH_4^+>K^+$。我们注意到这种次序与前面得到的各铁矾生成反应的反应自由能大小顺序相反。温度对钾矾、钠矾、铵矾中碱离子含量影响大小是不相同的，在70～145℃温度范围内，三种碱矾中碱离子含量变化大小顺序为：$NH_4^+>Na^+>K^+$。在不同的温度范围内，温度对矾中碱离子含量的影响不同。在低温下，随着温度的升高，铁矾中碱离子含量减小，在高温下，出现相反的结果。

造成碱离子实际含量与理论量差异的原因可能有：所结晶的铁矾产生晶格缺陷，或者沉淀的不是一种铁矾。

由晶体结晶学可知，铁矾晶体中的缺陷结构可能有以下几种：机械力造成的缺陷，如镶嵌结构、堆杂结构、位错等；化学计量的缺陷。前面几种缺陷造成化学计量的变化非常小，至于化学计量的缺陷在研究自然界中的铁矾时没有发现，也没有研究表明铁矾的化学计量式可以任意变化。因此可以认为，实验中所得的沉淀铁矾的成分与 $AFe_3(SO_4)_2\cdot(OH)_6$ 的差异不可能是由铁矾内的晶格缺陷所造成的。

其次，实验所用溶液用AR级试剂配制，忽略其中微量杂质后可以认为它是 $Fe_2(SO_4)_3-A_2SO_4-H_2SO_4-H_2O$ 四元系，沉淀铁矾不会受到其他杂质的污染。同时，由前面的热力学分析可知，在所选定的实验条件下，FeOOH，Fe_2O_3 不会沉淀。沉淀钾矾、铵矾、钠矾的X衍射结果[7]也表明沉淀铁矾均为单相，其衍射图谱与纯钾矾、铵矾、钠矾的标准图谱接近。显然，它们也说明可排除其他杂质及非铁矾类化合物与铁矾的共沉。

$Fe_2(SO_4)_3-H_2SO_4-H_2O$ 体系草矾沉淀的结果表明：草矾的沉淀不仅热力学趋势很大，还具有一定的动力学速度，而且，在所选择的实验条件下，$Fe_2(SO_4)_3-A_2SO_4-H_2SO_4-H_2O$ 除铁体系是处于草矾与碱铁矾的共存区。综上所述，可以认为：在碱铁矾沉淀的同时，发生了草矾的共沉淀，导致合成铁矾中碱离子量的不足以及减少铁矾法生产实际中硫酸碱盐的消耗量。对99.5℃沉淀的钾铁矾进行了扫描电镜分析，图3表示所制样品中区域Ⅰ内钾矾的形貌，图4，图5，图6则分别表示区域Ⅰ内钾、铁、硫的面扫描，从图中可以看出，钾、铁、硫均匀分布于钾铁矾中；同时对几个不同区域内的铁矾颗粒作钾的面扫，也无一例外地发现每一个铁矾颗粒中均匀存在着钾[7]这进一步说明所沉淀矾是铁矾相，没有单独的草矾颗粒存在，草矾沉淀的方式是与钾铁矾生成共晶，而不是单独成核。钠矾的钠、铁、硫三元素电子扫描结果与钾矾的类似，加硫酸钠沉钒，沉淀铁矾颗粒中均匀分布着钠、铁、硫[7]。这些检测结果与X衍射结果所表明的沉淀铁矾为单相是一致的。沉淀铁矾可用$(H_3O)_xA_yFe_3(SO_4)_2(OH)_6$表示。

铁矾结构及铁矾结晶动力学两方面的分析和研究[7]表明：草铁矾与碱铁矾以共晶形式共沉，在结构上是允许的，在结晶动力学方面也是有利的。

从表8中数据可以看到：当溶液中的钾离子浓度有很大差别时，所沉铁矾渣的化学成分也相差很大。例如，溶液中初始钾离子浓度为0.009 mol/L，自该溶液中沉淀的铁矾中，其一价阳离子绝大部分是H_3O^+（占81%），而在105℃，从初始成分为0.505 mol/L K^+、1.948 mol/L Fe^{3+}、3.279 mol/L SO_4^{2-}的溶液中沉淀的铁矾可近似认为是纯钾铁矾。提高溶液中钾离子浓度，有助于提高沉淀铁矾中钾的含量，抑制部分草铁矾的共沉淀。

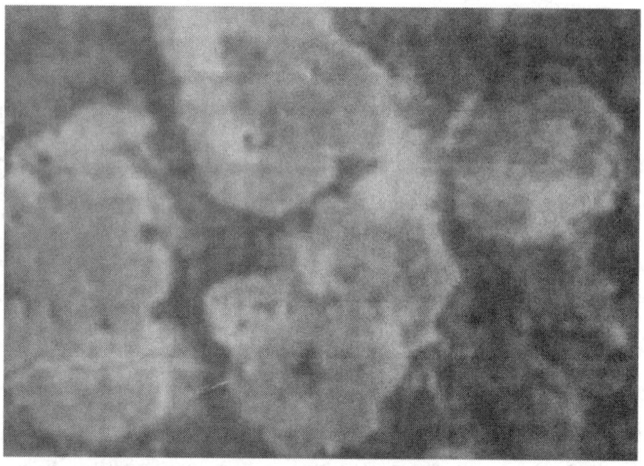

图3　区域1内钾矾形貌像

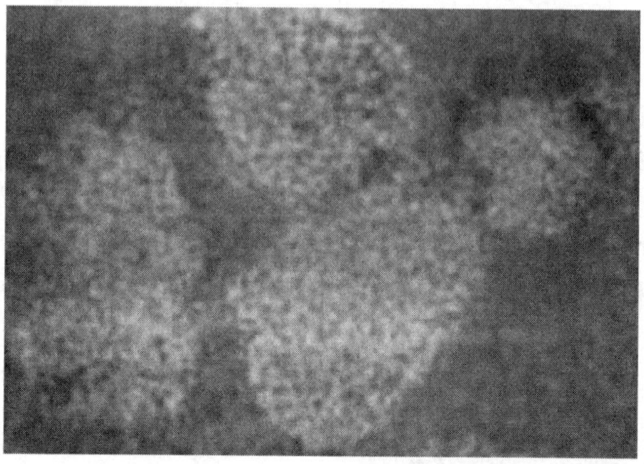

图4　钾的面扫描

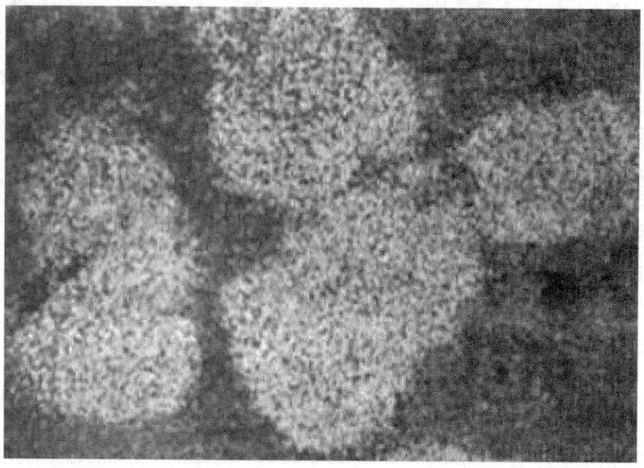

图5　铁的面扫描

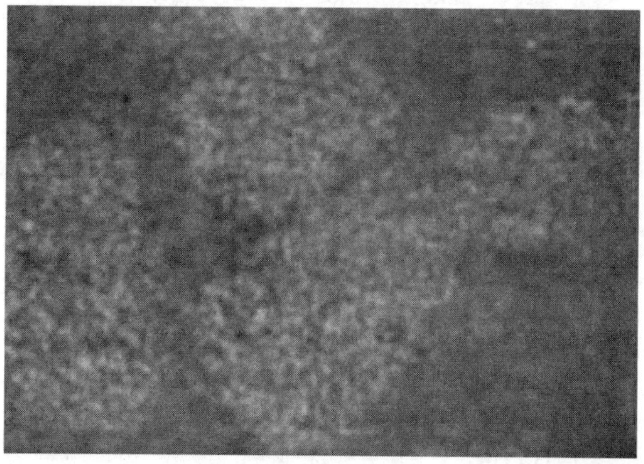

图6　硫的面扫描

表5　不同温度下沉淀钾矾的化学成分分析

组元	钾矾合成温度/℃						理论值
	70	80	90	99.5	125	145	
Fe	30.02	29.80	29.85	29.79	32.23	32.47	33.46
K^+	6.29	6.10	5.92	5.77	6.16	6.15	7.79
SO_4^{2-}				40.51	40.49	39.45	33.37
H_3O+OH^-				23.93	21.12	21.93	20.38
$(K/Fe)_{实}/(K/Fe)_{理}$	89.96	87.89	85.15	83.16	82.06	81.32	100
$(H_3O)_xK_y$	$(H_3O)0.10$	$(H_3O)0.12$	$(H_3O)0.15$	$(H_3O)0.17$	$(H_3O)0.18$	$(H_3O)0.19$	$KFe_3(SO_4)_2(OH)_6$
	K0.90	K0.88	K0.83	K0.83	K0.82	K0.18	

表 6　不同温度下沉淀钠矾的化学成分分析

组元	钠矾合成温度/℃					理论值
	80	90	99.5	125	145	
Na^+	3.26	3.18	2.79	2.86	2.91	4.75
Fe	33.70	34.29	33.59	33.98	34.09	34.56
SO_4^{2-}			39.42	40.84	40.74	39.64
H_3O+OH^-			24.20	22.32	22.26	21.06
$(Na/Fe)_{实}/(Na/Fe)_{理}$	70.40	67.50	60.45	61.25	62.12	100
$(H_3O)_xNa_y$	(H_3O)0.30	(H_3O)0.33	(H_3O)0.40	(H_3O)0.39	(H_3O)0.38	$NaFe_3(SO_4)_2(OH)_6$
	Na0.70	Na0.67	Na0.60	Na0.61	Na0.62	

表 7　不同温度下沉淀铵矾的化学成分分析

组元	铵矾合成温度/℃					理论值
	80	90	99.5	125	145	
NH_4^+	3.06	2.74	2.60	2.20	2.21	3.75
Fe	33.07	33.04	33.24	34.25	34.26	34.92
SO_4^{2-}			39.97	41.02	29.18	40.05
H_3O+OH			24.19	22.53	24.35	21.28
$(NH_4/Fe)_{实}/(NH_4/Fe)_{理}$	86.15	82.93	78.2	59.81	60.06	100
$(H_3O)_x(NH_4^+)_y$	(H_3O)0.14	(H_3O)0.17	(H_3O)0.22	(H_3O)0.40	(H_3O)0.40	$NH_4Fe(SO_4)_2(OH)_6$
	(NH_4)0.86	(NH_4)0.83	(NH_4)0.78	(NH_4)0.60	(NH_4)0.60	

表 8　几种不同沉钒条件下水合铵离子取代情况比较

铁矾	溶液初始浓度	温度/℃	压力/10^5Pa	数据来源
$(K0.81H_3O)$0.19	0.239 mol/L　K^+	145	8	实验结果
	0.358 mol/L　Fe^{3+}			
	0.670 mol/L　SO_4^{2-}			
K0.19(H_3O)0.81	0.009 mol/L　K^+	145	8	Kubisz[1]
	0.904 mol/L　Fe^{3+}			
	1.361 mol/L　SO_4^{2-}			
K1.00	0.505 mol/L　K^+	105	1	Brophyetal[2]
	1.948 mol/L　Fe^{3+}			
	3.279 mol/L　SO_4^{2-}			
K0.83(H_3O)0.17	0.239 mol/L　K^+	99.5	~1	实验结果
	0.238 mol/L　Fe^{3+}			
	0.670 mol/L　SO_4^{2-}			

3　结论

(1) 在铁矾法除铁条件(Fe^{3+} 150 g/L, H_2SO_4 > 2.5 g/L, 温度 70 ~ 145℃)下，其他非铁矾类含铁化合物的沉淀趋势很小。

(2) 硫酸铁水溶液中草铁矾沉淀的热力学趋势大，但在低于100℃温度下，沉淀动力学速度比较慢，若温度在100℃以上，草矾的沉淀除铁具有工业应用价值。

(3)草黄铁矾能与黄钾铁矾、黄钠铁矾、黄铵铁矾以共晶形式共沉淀，共沉的比例大小顺序为：$Na^+ > NH_4^+ > K^+$，且碱矾的沉淀对溶液中草黄铁矾的沉淀有促进作用。

(4)在低温下，随着温度的升高，草矾进入钾矾、钠矾、铵矾的比例略有增大，当温度高于100℃，温度升高，碱矾中草矾取代比例呈现下降趋势。增加溶液中碱离子浓度和酸度能部分抑制草矾的沉淀。

参考文献

[1] Kubjsz J, Bull Acael. Polon. Sei., Series Scichim., geol · geogr, 1961(9): 195 - 200.
[2] Brophg G P et al. Am mineral, 50, 1962: 1595 - 1607.
[3] Dutrizae J E et al. Canadian Mineral, 14, 1976: 151 - 158.
[4] Posnaja E et al. JACS, 44(2), 1922: 1965 - 1994.
[5] Kashkay C M et al. Geokhin S., 1975: 778 - 784.
[6] Hand Book of the Chemistry and Physics. 54th edition. The Chemical Rubber Publishing Company, 1973.
[7] 王乾坤. 长沙矿冶研究院, 1985, 6.

黄铁矾法除铁动力学研究及应用(Ⅱ)*
——黄铁矾法除铁动力学

摘　要：本文研究了黄铁矾法除铁速度的影响因素。利用计算机进行除铁动力学数据的多元优化处理，得到了黄铁矾沉淀除铁速度的近似数学模型，并对钾铁矾、钠铁矾、铵铁矾的沉淀除铁效果进行了比较。

The studies and applications of iron precipitations as alkali jarosites

Abstract: The factors affecting iron precipitations as jarosites were studied. The approximate mathematic models were developed for the kinetic speeds of iron precipitations as alkali jarosites by the multivariate optimization. A comparison was made among three kinds of alkali jarosite in the kinetic speeds of iron precipitations.

前言

黄铁矾法除铁自20世纪60年代中期在湿法炼锌工业中得到应用以来，已有很多工业实践报道[1-4]，V Arregiu等也作了很好的总结。但有关铁矾法除铁动力学基础研究的报道却比较少。Steintveit[2]根据铁矾沉淀化学反应计量式作出了四级反应假设：$kc^{3}_{Fe_2(SO_4)_3}c_{A_2SO_4}$，它与实验事实有较大差距[6]。久保裕明等[6]建立了铁矾沉淀除铁反应的二级宏观反应速度模型：$kc^{3/2}_{Fe_2(SO_4)_3}c^{1/2}_{A_2SO_4}$，但是在进行动力学数据处理时，既没有考虑平行反应草铁矾的沉淀，也没有考虑沉钒逆反应；而事实上，酸度对铁矾沉淀反应速度的影响是显著的。迄今，尚未见到考虑了草铁矾与碱铁矾共沉及沉钒逆反应的铁矾法除铁动力学研究报道。为了更好地指导铁矾法除铁工业实践，进一步研究铁矾法除铁动力学是有必要的。

1　影响铁矾沉淀除铁速度的因素

晶种铁矾沉淀可分为两步——化学反应和结晶，如下式所示：

$$3Fe_2(SO_4)_3 + A_2SO_4 + 12H_2O \xrightleftharpoons{K_{化}}$$
$$2AFe_3(SO_4)_2(OH)_6(液) + 6H_2SO_4 \xrightleftharpoons{K_{结}}$$
$$2AFe_3(SO_4)_2(OH)_6(固)$$

其中A代表K^+，Na^+，NH_4^+等，其宏观除铁速度由化学反应及结晶两步骤的速度决定。图1表示了晶种量对钾铁矾沉淀除铁速度的影响。由图1可以看到，晶种的加入能显著加快钾铁矾沉淀除铁过程。

没有加铁矾晶种的铁矾沉淀除铁曲线可分为三个阶段：结晶动力学控制阶段。结晶和化学反应共同控制阶段；化学反应控制阶段；在除铁初始阶段，铁矾沉淀要经历由分子群—胚芽—晶核的新相生成过程，溶液为宏观稳定阶段。溶液宏观稳定期(或称铁矾沉

* 该文首次发表于《矿冶工程》，1986第1期，30-35页及49页，合作者：王乾坤，谭泊曾。

淀宏观诱导期)的长短与沉钒温度、溶液中各反应物浓度以及铁矾种类有关。加入铁矾晶种，溶液稳定期消失，结晶动力学控制阶段及结晶、化学反应共同控制阶段缩短。增加晶种，溶液中铁矾密度增大，铁矾结晶动力学阻力减小，如果加入的晶种能完全消除结晶动力学阻力，整个除铁过程完全由沉钒化学反应控制，再继续增加晶种，其影响甚微。由此可见，应用铁矾法除铁，晶种因素是很重要的，有无晶种加入及加入晶种的多少能使达到相同除铁效果所需的时间相差几小时。

在考察晶种对铁矾沉淀除铁速度的影响时，还值得提及的是：晶种的作用会因所采用的实验条件的不同而被减弱或加强。升高温度，提高溶液中的三价铁离子及沉钒碱离子的浓度，降低酸度，晶种对除铁速度的影响减弱。以前，不同的研究者[7, 8]在研究晶种的影响时得到的结果不一致，这可能是实验条件不同而造成的。

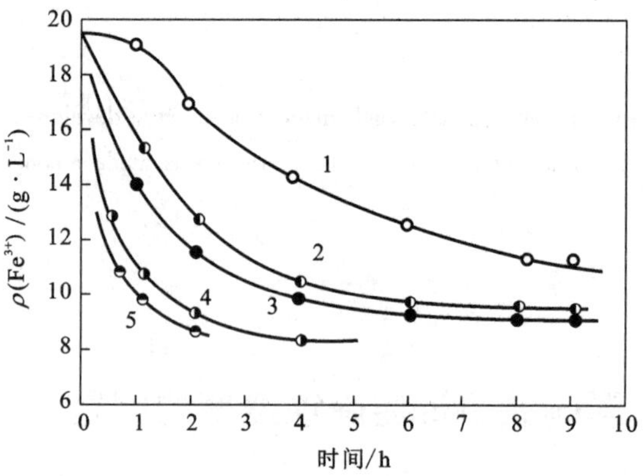

图 1　晶种量对钾铁矾沉淀除铁速度的影响

$\rho(H_2SO_4)_{始}=10$ g/L; $\rho(K_2SO_4)_{始}=5$ g/L; 温度: 98℃;
晶种加入量: 1—没加晶种; 2—25 g/L;
3—70 g/L; 4—190 g/L; 5—300 g/L

温度

温度对钾铁矾沉淀除铁速度的影响如图 2 所示。温度升高，钾铁矾沉淀除铁速度加快。其次还注意到：尽管常温下碱铁矾沉淀的热力学趋势很大，但是，在没有铁矾晶种加入的碱铁矾沉淀除铁过程中，含有沉钒碱离子的低酸，高铁硫酸铁溶液却能在 75 ~ 80℃温度下稳定几个小时以上。图 2 中 75℃下钾铁矾沉淀除铁曲线近似地呈现一水平直线。温度对钾铁矾沉淀除铁速度的影响研究表明：在湿法炼锌铁矾法除铁工业实践中，选择尽可能高的沉钒温度有利于加快除铁速度，缩短除铁时间；控制溶液温度及铁矾晶种的加入就能控制溶液的稳定性，这对于含铁硫酸锌浸出液在沉钒除铁前的预中和操作是很重要的。

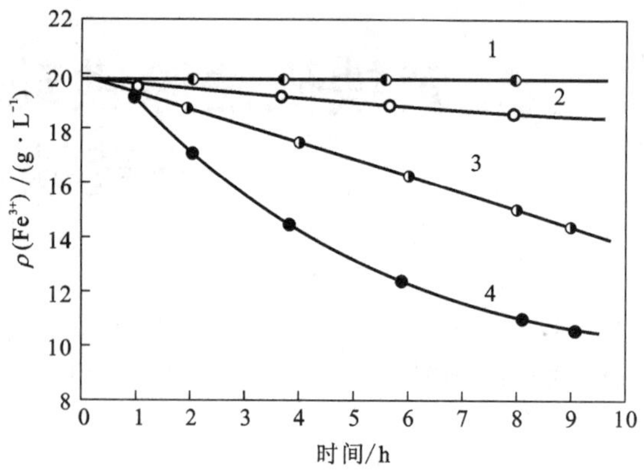

图 2　温度对钾铁矾沉淀除铁速度的影响

$\rho(H_2SO_4)_{始}=10$ g/L; $\rho(K_2SO_4)_{始}=5$ g/L,
没有晶种加入: 1—75℃; 2—85℃; 3—93℃; 4—98℃

酸度

图 3 表明：溶液的酸度对硫酸铁水溶液中钾铁矾的沉淀除铁速度的影响很显著。随着溶液始酸上升，溶液中钾铁矾沉淀除铁速度迅速下降。显然，在硫酸铁溶液铁矾沉淀除铁前，控制尽可能低的始酸能加速除铁，增加溶液除铁量。

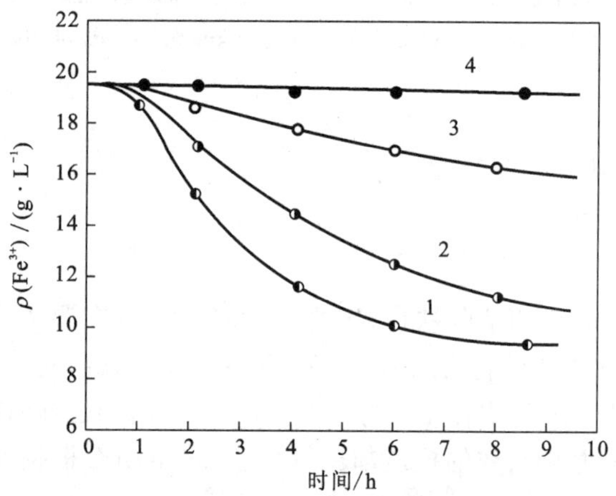

图 3　酸度对钾铁矾沉淀除铁速度的影响

$\rho(K_2SO_4)_{始}=5$ g/L H_2SO_4; 温度: 98℃; 没有晶种加入;
1—5 g/L H_2SO_4; 2—10 g/L H_2SO_4;
3—15 g/L H_2SO_4; 4—27.5 g/L H_2SO_4

沉钒碱离子:

以钾铁矾沉淀为例，沉钒碱离子对碱铁矾沉淀除铁速度的影响如图 4 所示。不论溶液中的钾离子浓度大于还是小于理论值，增加钾离子的加入量，钾铁矾沉淀除铁速度也相应加快。

三价铁离子浓度

几种不同三价始铁离子浓度的硫酸铁溶液，其钾铁矾沉淀除铁实验结果(图 5)表明：增大溶液的三价

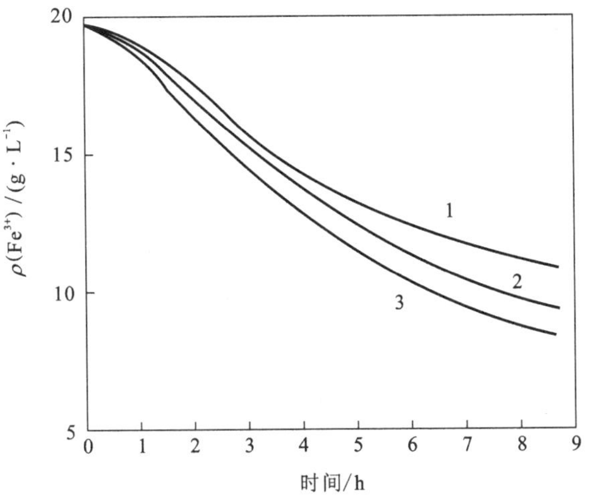

图 4　K_2SO_4 加入量对钾铁矾沉淀除铁速度的影响

$\rho(H_2SO_4)_{始}=10$ g/L; 温度: 98℃; 没有晶种加入;

1—5 g/L K_2SO_4; 2—12 g/L K_2SO_4; 3—25 g/L K_2SO_4

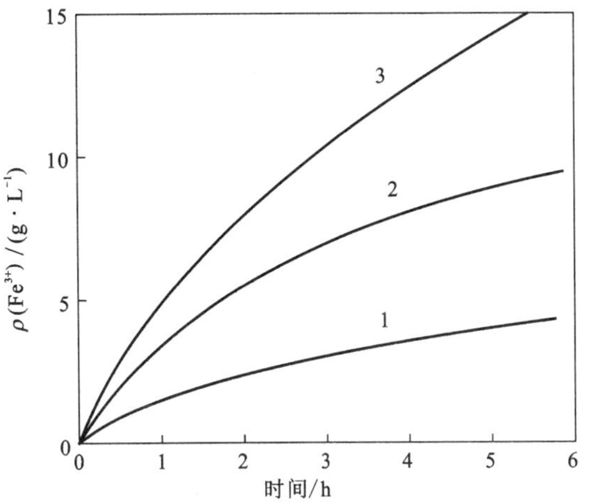

图 5　溶液始铁浓度对钾铁矾沉淀除铁速度的影响

$\rho(H_2SO_4)_{始}=42.5$ g/L; $\rho(K_2SO_4)_{始}=10$ g/L; 375 g/L 晶种;

温度: 95℃; 1—10 g/L Fe^{3+}; 2—20 g/L Fe^{3+}; 3—30 g/L Fe^{3+}

铁离子浓度，溶液内钾铁矾沉淀除铁速度加快，在相同除铁时间内，其除铁量增加，但是其溶液终铁浓度也会相应提高。在沉钒工业实践中，注意利用高铁浓度的溶液在沉钒初始阶段其除铁动力学优势是有意义的。

搅拌

加强沉钒体系的搅拌强度能加快溶液及固体铁矾颗粒的运动，铁矾表面扩散层薄，铁矾扩散结晶阻力减少，从某一程度上讲，它对铁矾结晶沉淀的作用与一定搅拌强度下晶种加入量是等效的，强化搅拌能加快溶液内铁矾沉淀除铁。

钠铁矾、铵铁矾沉淀除铁的研究[9]表明：铁矾晶种、温度、酸度、沉钒碱离子浓度、三价铁离子浓度及搅拌强度等因素对溶液内钠铁矾、铵铁矾沉淀铁速度的影响与钾铁矾沉淀除铁的情况类似。

2　黄铁矾法除铁动力学

(1) 体系的特点及数据处理方法的选择

硫酸铁水溶液体系的热力学分析及草铁矾沉淀研究结果表明：对于硫酸铁水溶液铁矾法除铁，控制合适的溶液成分和温度，能避免其他非铁矾类含铁化合物沉淀平行反应的发生。碱铁矾沉淀时存在草铁矾的共沉淀，草铁矾与碱铁矾共沉的比例与所采用的沉钒条件有关。在本实验所采用的动力学研究体系中，溶液中的铁离子以碱铁矾和草铁矾形式沉淀，其反应式如下：

$$3Fe_2(SO_4)_3+A_2SO_4+12H_2O \rightleftharpoons 2AFe_2(SO_4)_2(OH)_6\downarrow+6H_2SO_4\ (A—K^+,\ Na^+,\ NH_4^+) \tag{1}$$

$$3Fe_2(SO_4)_3+14H_2O \rightleftharpoons 2H_3OFe_3(SO_4)_2(OH)_6\downarrow+5H_2SO_4 \tag{2}$$

溶液的总除铁速度是碱铁矾与草铁矾沉淀除铁速度之和，根据质量作用定律，它可表示为

$$-\left[\frac{dc_{Fe_2(SO_4)_3}}{dt}\right]_{总}=-\left[\frac{dc_{Fe_2(SO_4)_3}}{dt}\right]_{A^+}-\left[\frac{dc_{Fe_2(SO_4)_3}}{dt}\right]_{H_3O^+}$$

$$=k_1c_{Fe_2(SO_4)_3}^{u_1}c_{A_2SO_4}^{v_1}-k_{-1}c_{H_2SO_4}^{w_1}+k_2c_{Fe_2(SO_4)_3}^{u_2}-k_{-2}c_{H_2SO_4}^{w_2} \tag{3}$$

式中：$c_{Fe_2(SO_4)_3}$为溶液内硫酸铁的摩尔浓度；t 为时间；k_1，k_{-1}分别为(1)的正，逆反应速度常数；u_1，v_1，w_1分别为反应(1)中 $Fe_2(SO_4)_3$，A_2SO_4，H_2SO_4 呈现的宏观反应级数；k_2，k_{-2}为反应(2)的正、逆反应速度常数；u_2，w_2 为草矾沉淀反应(2)中 $Fe_2(SO_4)_3$，H_2SO_4 的宏观反应级数。

研究碱铁矾沉淀除铁反应动力学规律，确定碱矾沉淀反应(1)的速度常数 k_1，k_{-1}及宏观反应速度级数 u_1，v_1，w_1，这是一个多参数动力学求解问题。由于沉钒除铁体系温度较高，酸度变化大，除铁过程中溶液酸度难恒定；同时，为了使体系具有适于动力学研究的铁矾沉淀除铁速度，并避免其他非铁矾类铁化合物沉淀平行反应的发生，反应物 $Fe_2(SO_4)_3$，A_2SO_4，H_2SO_4 不能过量。因此，碱铁矾沉淀除铁动力学研究中不能采用一般化学反应动力学研究中常用的孤立法。为了有效地解决这个问题，本研究采用微计算机进行数据处理，所采用的 Guess - Newton 法无约束多参数优化处理计算框图见图 6，其基本思想是：根据所假定的反应动力学速度模型，设立目标函数 S，该

函数是所假定的反应速度模型与实测结果差值的度量，然后根据实际情况给定一个小值，如目标函数值小于所给定的小值，则可认为目标函数中的反应动力学速度模型能够近似地反映实际情况，否则继续进行运算，直至得到满足要求的优化处理结果。

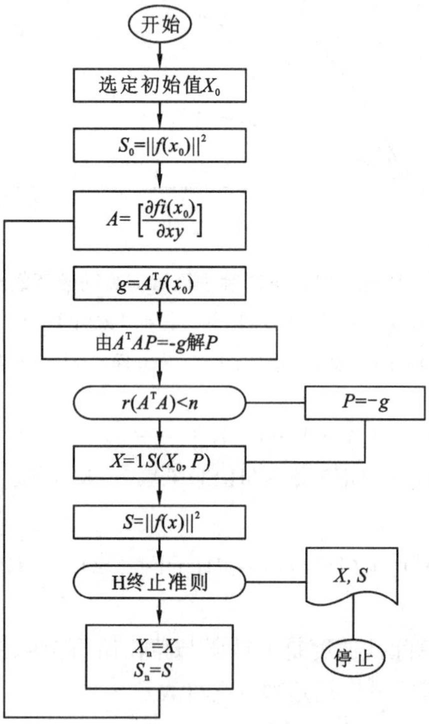

图 6　Gauss – Newton 法的计算框图

由于实验中测定的除铁速度是碱铁矾和草铁矾沉淀除铁速度之和，若用(3)式构造目标函数 S，则要进行九元参数非线性处理。因此，在作碱铁矾沉淀除铁动力学研究时，为了简化计算，可将碱铁矾沉淀除铁速度从溶液总除铁速度中分离出来，它可由下式给出：

$$-\left[\frac{\mathrm{d}c_{Fe_2(SO_4)_3}}{\mathrm{d}t}\right]_{A^+}=Q_{A^+}\left[\frac{-\mathrm{d}c_{Fe_2(SO_4)_3}}{\mathrm{d}t}\right]_{总}\tag{4}$$

其中：Q_{A^+} 为沉淀铁矾中碱铁矾所占的比例。因此，目标函数 S 可构造如下：

$$S=\sum_{i=1}^{u}\left[Q_{A^+}\left(\frac{\mathrm{d}c_{Fe_2(SO_4)_3}}{\mathrm{d}t}\right)_{总}+k_1c_{Fe_2(SO_4)_3}^{u_1}c_{A_2SO_4}^{v_1}-k_{-1}c_{H_2SO_4}^{w_1}\right]^2\tag{5}$$

n 表示所取实验点的数目。

(2)动力学数据处理结果

利用式(5)进行碱铁矾沉淀除铁动力学数据处理，可得到碱铁矾沉淀除铁反应的近似动力学规律，如下所示：

$$-\left[\frac{\mathrm{d}c_{Fe_2(SO_4)_3}}{\mathrm{d}t}\right]_{A^+}=k_1c_{Fe_2(SO_4)_3}^{2}c_{A_2SO_4}^{1/2}-k_{-1}c_{H_2SO_4}^{1/4}\tag{6}$$

由此可见，在碱铁矾沉淀反应中，$Fe_2(SO_4)_3$，A_2SO_4，H_2SO_4 呈现的宏观反应动力学级数分别为 2，1/2，1/4。

不同温度下钾铁矾、铵铁矾、钠铁矾沉淀除铁反应的反应速度常数如表 1 所示。反应速度常数与温度的关系假定近似符合阿累尼乌斯公式：

$$k=A\mathrm{e}^{-\frac{E}{RT}}\tag{7}$$

式中：k 表示反应速度常数；E 为反应活化能；T 为反应温度；R 为热力学常数；A 为几率因子。钾铁矾、铵铁矾、钠铁矾沉淀反应的正、逆反应速度常数的温度效应，如图 7，图 8，图 9 所示。

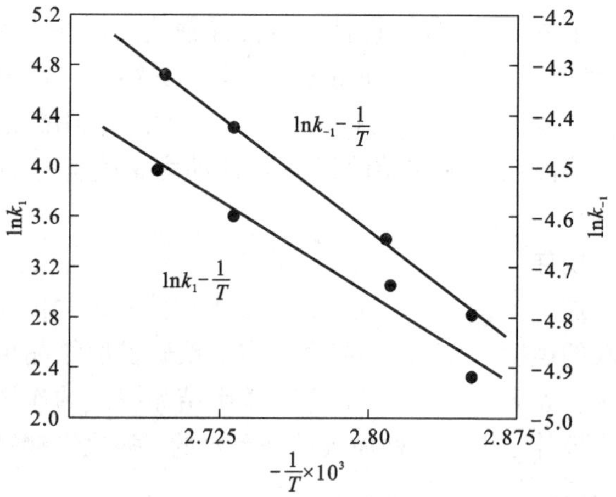

图 7　钾铁矾沉淀除铁速度的温度效应

(Arrhenius 图)

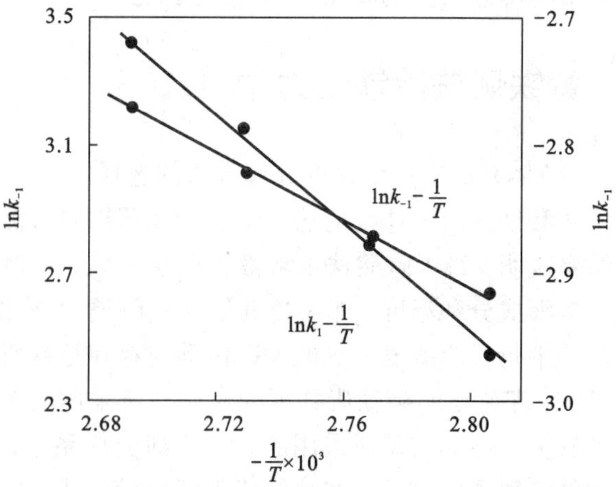

图 8　钠铁矾沉淀除铁速度的温度效应

表 1　碱铁矾沉淀除铁反应速度常数

t/℃		98	93	88	83	78
K^+	k_1	49.98	37.76		22.9	9.96
	k_{-1}	1.323×10^{-2}	1.194×10^{-2}		0.97×10^{-2}	0.83×10^{-2}
NH_4^+	k_1	48.1	36.19	26.53	16.29	
	k_{-1}	6.87×10^{-2}	6.25×10^{-2}	5.85×10^{-2}	5.46×10^{-2}	
Na^+	k_1	30.74	23.46	16.59	11.22	
	k_{-1}	6.27×10^{-2}	5.93×10^{-2}	5.64×10^{-2}	5.33×10^{-2}	

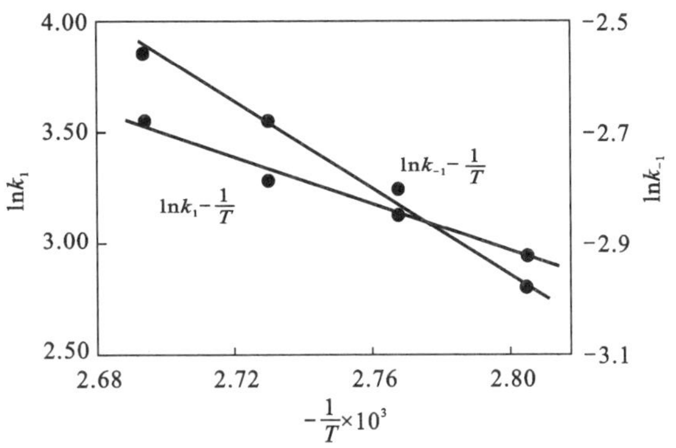

图 9　铵铁矾沉淀除铁速度的温度效应

由图 7，图 8，图 9 可见，$\ln k_1$，$\ln k_{-1}$与 $1/T$ 呈近似直线关系。进行线性回归处理可确定式(7)中的 A 和 E，钾铁矾、铵铁矾、钠铁矾沉淀除铁反应正、逆反应活化能 E_1，E_{-1}如表 2 所示。

表 2　碱铁矾沉淀反应活化能

	K^+	NH_4^+	Na^+
E_1/(kcal·mol^{-1})	19468.0	8762.5	17751
E_{-1}/(kcal·mol^{-1})	5932	3974.8	2677.34

钾铁矾、铵铁矾、钠铁矾沉淀除铁反应速度近似数学模型可表示如下：

$$-\left[\frac{dc_{Fe_2(SO_4)_3}}{dt}\right]_{K^+} = 1.33\times10^{13} e^{-\frac{9468.0}{RT}} c^2_{Fe_2(SO_4)_3} c^{1/2}_{K_2SO_4} - 39.59 e^{-\frac{5932}{RT}} c^{1/4}_{H_2SO_4} \quad (8)$$

$$-\left[\frac{dc_{Fe_2(SO_4)_3}}{dt}\right]_{NH_4^+} = 4.733\times10^{12} e^{-\frac{8762.5}{RT}} c^2_{Fe_2(SO_4)_3} c^{1/2}_{(NH_4)_2SO_4} - 14.39 e^{-\frac{3974.8}{RT}} c^{1/4}_{H_2SO_4} \quad (9)$$

$$-\left[\frac{dc_{Fe_2(SO_4)_3}}{dt}\right]_{Na^+} = 7.657\times10^{11} e^{-\frac{17751}{RT}} c^2_{Fe_2(SO_4)_3} c^{1/2}_{Na_2SO_4} - 2.303 e^{-\frac{2677.34}{RT}} c^{1/4}_{H_2SO_4} \quad (10)$$

三种碱铁矾沉淀除铁的反应动力学速度 $K^+ > NH_4^+ > Na^+$，这与它们的沉淀热力学趋势大小顺序一致，而与草铁矾进入碱铁矾的比例大小顺序相反[10]，这说明草矾与碱铁矾共沉的比例大小是由它们的沉淀反应动力学速度差异决定的。

在以上的碱铁矾沉淀除铁动力学研究中，采用的沉钒试剂为硫酸盐，若加入的沉钒试剂不是硫酸盐，本文所得到的碱铁矾沉淀除铁动力学研究结果同样适用，碱铁矾沉淀除铁反应动力学速度由溶液中三价铁离子浓度、碱离子浓度、酸度及沉钒温度决定。若选择能同时起中和作用的试剂(如 AOH，A_2CO_3，$AHCO_3$ 等)作沉钒试剂，可降低溶液酸度，促进溶液内铁矾沉淀除铁。

3　结论

铁矾法沉淀除铁，提高除铁温度，增大溶液中三价铁离子浓度和沉钒碱离子浓度，降低溶液酸度以及加入晶种都能加快溶液内铁矾沉淀除铁速度；碱铁矾沉淀反应速度有如下近似数学模型：$k_1 c^2_{Fe_2(SO_4)_3} \cdot c^{1/2}_{A_2SO_4} - k_{-1} c^{1/4}_{H_2SO_4}$，三种碱铁矾沉淀反应动力学速度顺序为：钾矾 > 铵矾 > 钠矾；碱铁矾沉淀除铁速度由铁矾沉淀化学反应和结晶两个步骤决定，通过控制铁矾晶种加入和溶液温度，可控制含有沉钒碱离子的硫酸铁溶液体系的稳定性。

参考文献

[1] J Rastas, S Pugleberg, T L Huggare. Treatment of iron residues at AIME Meeting, Chicago, 1973.

[2] G Steintveit. Erzmetall, 23, 1970: 532 - 539.

[3] N J J Massen, K J Torfs. Erzmetall, 1969: 22, 13, 35 - B, 42.

[4] G J Haigh, R W Pickering. World symposium on the mining and metallurgy of lead and zinc. St. Louis, 1970: Vol. Ⅱ. 423 - 448, AIME.

[5] V Arregui. Lead - Zinc - Tin'80 Section B - Zinc extraction. Jarosita Process—Past, present and future AIME, New York, 1979: 97 - 123.

[6] 久保裕明等. 日本铱业会志, 98, 1138(81 - 12).

[7] M G Ketshaiv, R W Pickering. 同[5], 565 - 580.

[8] R V Pammenter. Extraction Metallurgy'81, Inst, Min. Metal, London, 1981: 379 - 392.

[9] 王乾坤. 长沙矿冶研究院, 1985, 9.

[10] 王乾坤, 马荣骏, 谭洎曾. 矿冶工程, 1985: 4 - 48.

低污染钾铁矾法除铁*

摘　要： 低污染钾铁矾法是常规铁矾法的发展。本文在钾铁矾法除铁动力学研究基础上，探讨了低污染钾铁矾法除铁。

Iron removal by the low contaminated potassium jarosite process

Abstract: The low-contaminated jarosite process is the improvement of conventional jarosite process, In this paper the low-contaminated potassium jarosite is studied for iron removal in hydrometallurgical zinc plant in terms of the kinetics.

前言

在现有湿法炼锌铁矾法除铁工业实践中，为了消除沉钒过程中溶液酸度上升对除铁的阻碍作用，加快除铁速度，缩短除铁时间，在沉钒工序加入中和剂焙砂。焙砂加入量取决于除铁前溶液的酸度、三价铁离子浓度、焙砂中氧化锌含量以及所采用的沉钒条件。

锌焙砂起中和作用，大大加快除铁过程，溶液中的酸得到利用，这是常规铁矾法的一个显著特点。但是，在沉钒条件(温度:90～100℃，H_2SO_4 浓度：5～20 g/L)下，焙砂内尖晶石类型的铁酸锌难分解，绝大部分混入铁矾渣，锌的回收率下降;其他有价金属如Pb、Ag、Ge、In、Ga 等也分散在铁矾渣中，不利于集中回收。中和残渣与铁矾的混合物成分复杂，污染环境，并给矾渣的进一步处理带来困难。采用焙砂作中和剂的其他除铁方法，如针铁矿法、赤铁矿法等，也存在严重的有价金属损失和沉淀铁渣污染环境问题。由于低铁高锌优质锌精矿贫乏，处理高铁复杂锌物料时，这些问题更加突出，因此，对于湿法炼锌而言，发展一种有价金属回收率高、污染轻的除铁方法或工艺很有必要。

1　低污染铁矾法的提出

提高湿法炼锌除铁工艺中锌及其他有价金属回收率，减轻铁矾渣污染的关键在于减少矾渣中金属及杂质量。主要途径有以下三条：①对混杂有锌焙砂浸出残渣的铁矾渣进一步处理，如熔炼，浸出;②选用难溶有价金属含量少的中和剂，如低铁锌焙砂、锌精矿烧结料、氧化锌、碱式硫酸锌、氧化钙等;③通过含铁浸出液的稀释及预中和等，降低沉钒除铁前溶液的酸度、三价铁离子浓度，避免沉钒过程中加入焙砂作中和剂，沉淀纯铁矾渣，即采用低污染铁矾法[1,2]。第三条途径——低污染铁矾法立足于现有铁矾法流程，不需设立中和剂生产系统，也不必引入矾渣处理工序，不影响铁矾法的除杂性能。若预中和溶液澄清效果好，可完全避免有价金属以非矾类难溶化合物形式损失于铁矾渣中，能产出纯铁矾渣，提高有价金属回收率，减轻环境污染，并有利于矾渣进一步综合处理，它是常规铁矾法的一条有效改良途径，受到较多

* 该文首次发表于《矿冶工程》，1988 年第 3 期，47－50 页，合作者：王乾坤，谭泊曾。

的注意和重视。

2　低污染钾铁矾法

为了实现低污染钾铁矾法除铁，对于铁含量不同的锌物料而言，含铁浸出液的稀释程度或预中和操作条件和要求，以及铁矾沉淀除铁效果是必须弄清楚的几个主要问题。

1）预中和条件的确定

浸出液的钾铁矾沉淀除铁是一个多相反应，研究[3,4]表明：溶液的铁离子浓度、沉钒钾离子浓度、酸度、温度及铁矾晶种等因素都影响钾铁矾沉淀除铁速度，在溶液的预中和工序，应充分考虑这些因素，选择合适的预中和条件，较大限度地中和浸出液的酸且不引起钾铁矾沉淀。钾铁矾沉淀反应在25℃的标准反应热为 -18.08 kcal①/mol，钾铁矾生成反应动力学速度的近似数学模型为：

$$-\left(\frac{dc^2_{Fe_2(SO_4)_3}}{dt}\right)_{overall} = 1.33\times10^{13}e^{-19468.0/RT}c^2_{Fe_2(SO_4)_3}c^{1/2}_{K_2SO_4} - 39.59e^{-5933.0/RT}c^{1/4}_{H_2SO_4} \quad (1)$$

由上可知，钾铁矾沉淀反应热力学趋势和钾铁矾生成反应动力学速度都比较大，在预中和工序，只要溶液内有钾铁矾结晶晶种存在，减少或消除钾矾结晶阻力，在低温、高酸预中和条件下，仍不可避免出现钾铁矾沉淀。钾铁矾晶种对钾铁矾沉淀速度影响的研究[4]表明：溶液中没有钾铁矾晶种时，在除铁初期，出现铁矾结晶诱导期，钾铁矾的沉淀由结晶动力学速度控制，并且，其结晶诱导期随溶液的铁离子浓度、温度的降低及酸度的提高而延长。因此，只要预中和工序不带入铁矾晶种，选择合适的预中和操作温度和溶液终酸酸度，使钾矾沉淀处于结晶动力学控制阶段，可保证预中和操作顺利进行。

在不同条件（包括溶液成分、温度、中和终点等）下，锌焙砂高酸浸出液的预中和实验结果[5]已证实：在高浸液预中和工业实践中，采用锌焙砂作中和剂，含沉钒钾离子的高铁高酸硫酸锌浸出液，在低于80℃温度下进行预中和，以溶液 pH 1～1.5 为预中和目标是可行的，预中和操作不会发生困难。焙砂的主要成分是具有六方晶格的氧化锌和尖晶石型的铁酸锌，其结构与铁矾结构差异显著，在预中和过程中，它们不起铁矾结晶晶种作用。预中和工序所加焙砂 W 可按下式近似计算：

$$W = ([H_2SO_4]_{始} - [H_2SO_4]_{终})\times V/x \quad (2)$$

其中：$[H_2SO_4]_{始}$、$[H_2SO_4]_{终}$分别为溶液的始酸和预定的预中和终酸，g/L；V 为溶液的体积，L；x 为焙砂的中和能力，g H_2SO_4/g 焙砂）。在预中和工序，配备溶液酸度自动连续检测和焙砂自动加入控制系统，可实现预中和过程自动控制。

2）钾铁矾沉淀除铁速度预测及验证

式（1）所示的钾铁矾生成反应动力学速度模型代表了钾矾沉淀过程完全由钾铁矾生成化学反应控制的钾矾沉淀速度，前提是溶液中有足够钾矾晶种，完全消除钾铁矾结晶动力学阻力。在溶液成分和温度一定时，它代表了实际除铁过程中所能达到的最大钾矾除铁速度。考虑到钾铁矾沉淀同时，草铁矾的共沉淀，溶液的除铁速度可修正如下：

$$-\left(\frac{dc_{Fe_2(SO_4)_3}}{dt}\right)^{K^+}_{总} = (1.33\times10^{13}e^{\frac{-19468.6}{RT}}c^2_{Fe_2(SO_4)_3}c^{1/2}_{K_2SO_4} - 39.59e^{\frac{-5933.0}{RT}}c^{1/4}_{H_2SO_4})/Q_{K^+} \quad (3)$$

其中：Q_{K^+} 为钾铁矾在沉淀铁矾中所占的摩尔分数[3,4]，上式积分，得到如下变换式：

$$c_{Fe_2(SO_4)_3} = c^0_{Fe_2(SO_4)_3} - \int_0^t \frac{1}{Q_{K^+}}(1.33\times10^{13}e^{-19468.0/RT}c^2_{Fe_2(SO_4)_3}c^{1/2}_{K_2SO_4} - 39.59e^{-5933.0/RT}c^{1/4}_{H_2SO_4})dt \quad (4)$$

可见，在钾铁矾沉淀除铁过程中，某一时刻 t，溶液内的硫酸铁酸度 $c_{Fe_2(SO_4)_3}$是初始硫酸铁浓度 $c^0_{Fe_2(SO_4)_3}$、沉钒钾试剂浓度 $c^0_{K_2SO_4}$及沉钒温度 T 的函数，即

$$c_{Fe_2(SO_4)_3} = f(c^0_{Fe_2(SO_4)_3}, c^0_{K^+}, c^0_{H_2SO_4}, T, t) \quad (5)$$

$c_{K_2SO_4}$，$c_{H_2SO_4}$通过铁矾沉淀反应计量式及 $c^0_{K_2SO_4}$，$c^0_{H_2SO_4}$确定。

图 1 为根据式（4）所作硫酸铁水溶液，在 70～100℃钾矾沉淀除铁曲面，溶液成分为：$c_{Fe^{3+}}$ = 25 g/L），$c_{H_2SO_4}$ = 2.5 g/L，$c^0_{K^+}$为理论需要量。图 1 表明：在湿法炼锌铁矾法工业实践所允许的较佳沉钒除铁条件（沉钒温度接近溶液沸点，溶液始酸 2.5 g/L 左右，沉钒钾离子过量，适量钾矾晶种加入）下，不加中和剂，进行钾铁矾沉淀除铁，使溶液残铁浓度满足除铁要求（1 g Fe^{2+}，Fe^{3+}/L）所应控制的溶液始铁浓度必须低于 25 g/L。

在实际除铁过程中，因晶种加入量、沉钒温度及沉钒钾离子含量等沉钒条件不同，实际除铁结果与式（4）的计算结果有一定差异，作为比较，图 2 给出了一组条件下溶液钾矾沉淀除铁的计算结果及实际结果，溶液成分为：$c^0_{Fe^{3+}}$ = 25 g/L，$c^0_{H_2SO_4}$ = 2.5 g/L，K^+加入量为理论需要量的 1.5 倍。实际结果与计算曲线都表明：始酸 2.5 g/L，始铁 25 g/L 的硫酸铁溶液，加入钾矾晶种 50 g/L 以上，在温度 98℃，沉钒钾离子过量 0.5 倍条件下，进行钾铁矾沉淀除铁，8 h 后，溶液残铁浓度为 2.5～5.0 g/L，同时它们还表明：钾铁

矾沉淀反应速度的数学模型比较近似地反映了钾矾沉淀除铁实际情况，可用来近似计算一定沉钒除铁条件下的实际除铁速度。

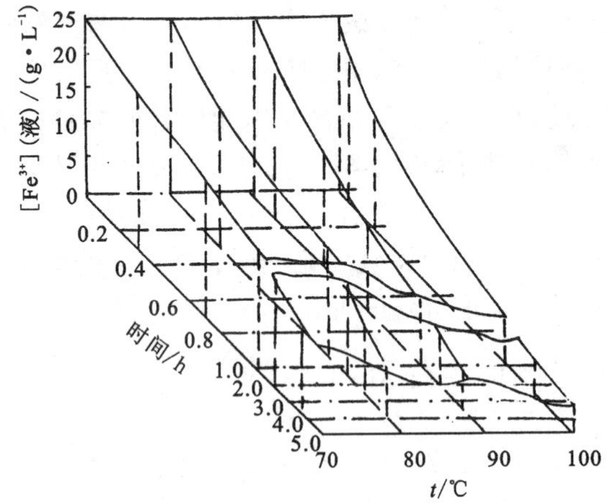

图 1　钾铁矾沉淀除铁曲面

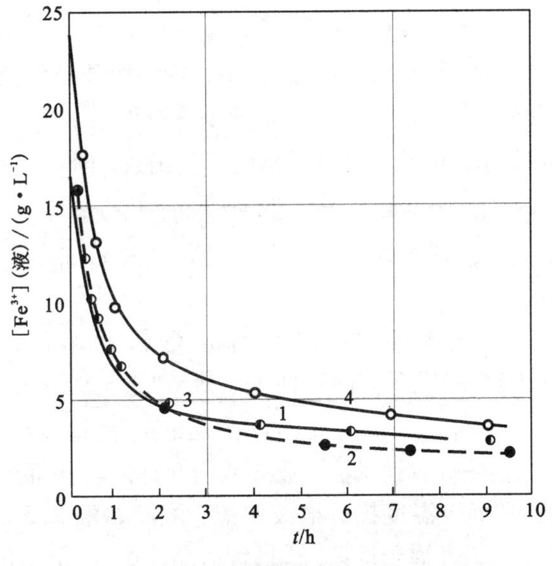

图 2　钾铁矾沉淀除铁的计算值与实际结果

1—除铁计算曲线；2—150 g/L 晶种；
3—100 g/L；晶种：4—50 g/L 晶种

若除铁溶液初始铁离子浓度低，达到沉钒除铁要求的时间可显著缩短，含铁 15.15 g/L，钾 6.64 g/L，钾矾晶种 150 g/L 的溶液，在 98℃沉钾矾除铁，2 h 后，溶液中残铁降至 1 g/L 左右。在沉钒工序，若钾矾晶种以沉钒底流形式加入，因沉钒底流硫酸高铁低，它的加入会提高除铁溶液的酸度，也同时降低了溶液的铁离子浓度。以沉钒底流返回作晶种的钾矾沉淀除铁实验结果如表 1 所示。与图 2 中"·"表示的结果比较可知，在沉淀工序，以一部分沉钒底流返回作铁矾沉淀晶种对溶液除铁有利。

表 1　预中和液的钾矾沉淀除铁

时间/h	0	0.20	0.50	1.00	3.50	5.5	7.50
$[Fe^{3+}]$ /(g·L^{-1})	21.78	11.17	7.82	5.31	3.93	2.23	1.95
$[H_2SO_4]$ /(g·L^{-1})	7.40	25.52	31.75	35.72	40.50	42.41	44.23

注：预中和液成分：Fe^{3+} 26.75 g/L，H_2SO_4 2.5 g/L。沉钒底流成分：Fe^{3+} 2.5 g/L，H_2SO_4 40 g/L，钾矾 750 g/L。混合后成分，Fe^{3+} 21.78 g/L，H_2SO_4 7.4 g/L，钾矾 150 g/L。沉钒条件：$K^+_{实} = 1.5 K^+_{理}$，98℃。

3) 低污染钾铁矾法流程

钾铁矾沉淀除铁动力学分析、计算及实验结果表明：湿法炼锌低污染钾铁矾法除铁，高酸浸出液的预中和及预中和后液的钾矾沉淀除铁两个关键问题都能得到有效解决。若预中和操作温度选择 60 ~ 75℃，以溶液 pH 为 1 ~ 1.5 为预中和目标，中和过程稳定，不会出现钾铁矾的大量沉淀而污染中和渣，中和后液能长时间稳定存在；经过预中和，其酸度为 pH 1 ~ 1.5，含铁 20 ~ 22.5 g/L 的溶液，在有适量晶种（约 50 g/L）加入，且沉钒操作温度接近溶液沸点条件下，沉钾矾除铁，在 6 ~ 8 h 后，溶液残铁浓度（1 ~ 1.5 g/L）可满足除铁要求。目前，湿法炼锌厂锌焙砂含铁一般为 5% ~ 15%，预中和液中的铁离子浓度可控制在 25 g/L以下，因此可采用如图 3 所示的一段沉钒除铁低污染钾铁矾法湿法炼锌处理流程。

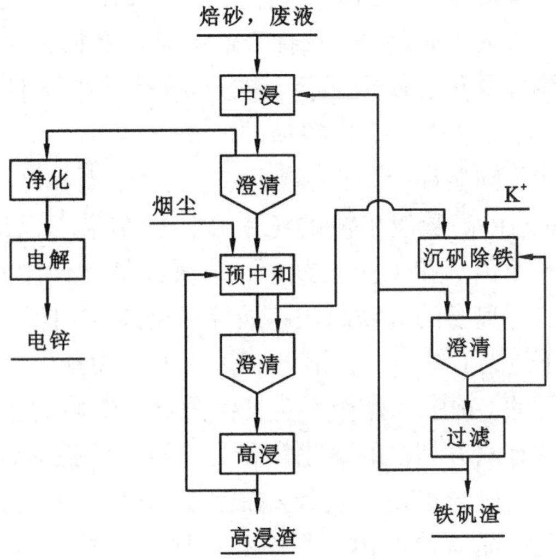

图 3　低污染钾铁矾法流程

图3 所示流程具有流程短、锌及其有价金属回收率高，矾渣的环境污染小，且便于今后综合处理等优点。但由于钾试剂来源困难，价格也比钠、铵试剂贵，且消耗量大(钾原子量为39)，钾铁矾沉淀除铁成本增加，但是，今后若能找到一条有效的钾铁矾处理途径，回收矾渣中的钾、铁，减少钾的消耗，钾铁矾沉淀铁将会显示明显优势，一种沉钒除铁低污染钾铁矾法湿法炼锌处理流程就能实现工业化。

参考文献

[1] R V Pammenter, C J Haigh. Extraction Metallurgy′, 81, London, 1981, 379 - 292.
[2] I G Matthew, C J Haigh, R V Pammenter. The Third International Symposium on Hydrometallurgy, 112th, A I M E Meeting, Atlanta, Georgia, 1983, 3.
[3] 王乾坤，马荣骏等. 矿冶工程，1985(4)：48.
[4] 王乾坤，马荣骏等. 矿冶工程，1986(1)：30.

低污染钠、铵铁矾法除铁*

摘　要：本文在钠铁矾、铵铁矾沉淀除铁动力学研究的基础上，研究了含钠、铵等沉钒离子及三价铁离子的锌焙砂高酸浸出液的预中和、以及中和后溶液的钠铁矾、铵铁矾沉淀除铁，探讨了湿法炼锌低污染钠、铵铁矾法除铁的途径及有效性。

Iron removal by low - contaminated sodium and ammonium jarosite process

Abstract: On the basis of the kinetic study of iron removal by sodium jarosite and ammonium jarosite, the neutralization of high acid leaching solution of zinc calcine containing Na^+, NH_4^+ and Fe^{3+}, and the iron removal from the neutralized solution were investigated. Several flow sheets were discussed for the iron removal from zinc calcine leaching solution of different iron concentration by low-contaminated sodium jarosite and ammonium jarosite processes.

前言

在常规铁矾法基础上发展起来的低污染铁矾法具有有价金属回收率高、矾渣污染轻等优点，从除铁动力学角度来考虑，现有湿法炼锌厂热酸浸出液的钾铁矾沉淀除铁，采用一段预中和、一段沉钒除铁构成的低污染钾铁矾法是有效的[1]。由于受沉钒钾试剂来源、价格等的限制，湿法炼锌厂普遍采用铵铁矾，或钠铁矾，但铵铁矾、钠铁矾沉淀除铁性能明显地比钾铁矾差[2]，这就决定了它们实现低污染除铁所采用的方法、途径及难易程度也显著不同。因此，有必要从工业实际出发，在钠铁矾、铵铁矾沉淀除铁动力学研究的基础上，通过高酸浸出液的预中和、及预中和后溶液钠铁矾、铵铁矾沉淀除铁的考察，探讨低污染钠、铵铁矾法除铁的可能途径及难易程度。

1　预中和条件的确定

在湿法炼锌高温高酸浸出铁矾法除铁渣处理工艺中，含铁高酸浸出液在进入铁矾沉淀除铁工序前，先经预中和，中和浸出液中的绝大部分酸，预中和溶液的酸度越低，对溶液的沉钒除铁越有利。但是，因湿法炼锌工艺中溶液循环，一部分沉钒钠、铵离子进入浸出系统，在预中和工序，若操作温度高，溶液酸度低，溶液中的三价铁离子就可能不稳定而沉钒，导致中和浸出残渣的污染。因此，含铁高酸浸出液的预中和应做到较大限度地中和浸出液中的酸，而同时保证预中和过程，溶液中的铁离子不会大量沉钒。

铁矾沉淀除铁动力学研究结果[3]表明：铁矾沉淀除铁是由铁矾生成化学反应动力学速度及铁矾结晶动力学速度共同控制的。铁矾生成化学反应速度的近似数学模型为：

---

* 该文首次发表于《矿冶工程》，1988 第 4 期，39 ~ 43 页，合作者：王乾坤。

$$V_{Na^+}=7.657\times10^{11}e^{-\frac{1775.1}{RT}}c^2_{Fe_2(SO_4)_3}c^{1/2}_{Na_2SO_4}-2.303e^{-\frac{2677.34}{RT}}c^{1/4}_{H_2SO_4} \quad (1)$$

$$V_{NH_4^+}=4.733\times10^{11}e^{-\frac{18762.2}{RT}}c^2_{Fe_2(SO_4)_3}c^{1/2}_{(NH_4)_2SO_4}-14.39e^{-\frac{3974.8}{RT}}c^{1/4}_{H_2SO_4} \quad (2)$$

由以上两式可知，对于钠铁矾、铵铁矾沉淀除铁，当浸出液酸度较低时，即使控制较低的溶液温度，溶液内钠铁矾或铵铁矾生成化学反应动力学速度仍然相当可观，这说明在溶液预中和工序，若铁矾沉淀处于铁矾生成化学反应动力学速度控制阶段，通过降低溶液温度控制铁矾的沉淀是困难的，因而，在预中和工序，避免铁矾沉淀的有效方法是使预中和过程中溶液内的铁离子沉钒处于铁矾结晶动力学控制阶段。当浸出液内没有铁矾结晶晶种存在时，铁矾沉淀过程由铁矾结晶动力学速度控制，在一定时间内，溶液中的铁离子稳定而不沉钒(即处于铁矾结晶诱导期)，诱导期随着溶液酸度的提高及溶液温度、三价铁离子浓度和沉钒钠、铵离子浓度的降低而延长[2]。由上可知，在预中和工序，在避免铁矾结晶晶种存在的前提下，选择合适的预中和条件，使预中和过程中溶液内三价铁离子沉钒结晶诱导期延长至数小时，含沉钒钠、铵离子的高酸浸出液的预中和操作是可以实现的。

钠铁矾、铵铁矾沉淀除铁速度比钾铁矾沉淀除铁速度小，因而，在含钠、铵离子的浸出液中，其三价铁离子在预中和操作中的动力学不稳定性较小，与钾铁矾法比较，含钠铵沉钒离子的高酸浸出液的预中和操作可采用较高的温度或较低的预中和终酸。

各种成分的高酸浸出液，在不同温度下，采用焙砂作中和剂进行预和中，预中和结果[3]表明：对于含钠、铵离子的高酸浸出液的预和中，除考虑到预中和操作过程控制的实际困难，预中和终酸不宜太低，避免过中和外，以溶液 pH 1～1.5 为预中和目标，预中和温度控制在85℃以下，既能保证预中和过程中溶液内的铁离子不沉钒，同时又能较大限度地中和浸出液中的酸。

2　预中和液的钠铁矾、铵铁矾沉淀除铁

根据钠铁矾、铵铁矾沉淀反应速度近似数学模型，并考虑到钠、铵铁矾沉淀时草铁矾的共沉，钠铁矾、铵铁矾沉淀除铁体系内总除铁速度可分别表示如下：

$$-\left(\frac{dc^2_{Fe_2(SO_4)_3}}{dt}\right)^{Na^+}_{总}=(7.657\times10^{11}e^{-1775.1/RT}c^2_{Fe_2(SO_4)_3}c^{1/2}_{Na_2SO_4}-2.303e^{-2677.34/RT}c^{1/4}_{H_2SO_4})/Q_{Na^+} \quad (3)$$

$$-\left(\frac{dc^2_{Fe_2(SO_4)_3}}{dt}\right)^{NH_4^+}_{总}=(4.733\times10^{11}e^{-18762.5/RT}c^2_{Fe_2(SO_4)_3}c^{1/2}_{(NH_4)_2SO_4}-14.39e^{-3974.8/RT}c^{1/4}_{H_2SO_4})/Q_{NH_4^+} \quad (4)$$

其中，Q_{Na^+}、$Q_{NH_4^+}$分别为钠铁矾、铵铁矾沉淀体系中，钠、铵离子的实际消耗量与等量铁离子完全以碱铁矾形式沉淀的理论消耗量的比值，Q 在溶液除铁过程中基本上保持不变，但它与沉淀铁矾种类、除铁溶液初始成分及沉钒温度有关[4]。由(3)、(4)两式可以看出，除铁前溶液的酸度愈低，三价铁离子和碱离子浓度愈大，沉钒温度愈高，溶液的除铁速度愈快。但现有铁矾法除铁工业实践中，溶液沉钒铁在大气压下进行，沉钒温度应稍低于溶液沸点，如98℃左右；另外，含铁高酸浸出液经过预中和，其溶液 pH 可达1～1.5，若更低，就会给预中和操作控制增添困难；除铁体系内沉钒碱离子不宜过量太多，以免造成流程中大量碱离子循环。因此，考虑到以上因素，可以认为，现有铁矾法工业实践所能达到的较佳钠铁矾、铵铁矾沉钒除铁条件为：溶液始酸 pH 1～1.5，沉钒碱离子过量1～2倍，沉钒温度在98℃左右。下面探讨钠铁矾、铵铁矾在这些条件下的沉钒除铁效果。

根据式(3)所得的含 Fe^{3+} 20 g/L、H_2SO_4 2.5 g/L、$[Na^+]_{实}=2[Na^+]_{理}$（$[Na^+]_{理}$ 系按碱铁矾 $AFe_3(SO_4)_2(OH)_6$ 确定）的溶液，在98℃下的钠铁矾沉淀除铁计算结果如图1中曲线1所示。在反应初始阶段，溶液内的钠铁矾沉淀反应速度大，在第1 h内，溶液中的三价铁离子浓度由20 g/L降至8.5 g/L，但随着溶液中铁离子浓度的降低及酸度的提高，除铁过程

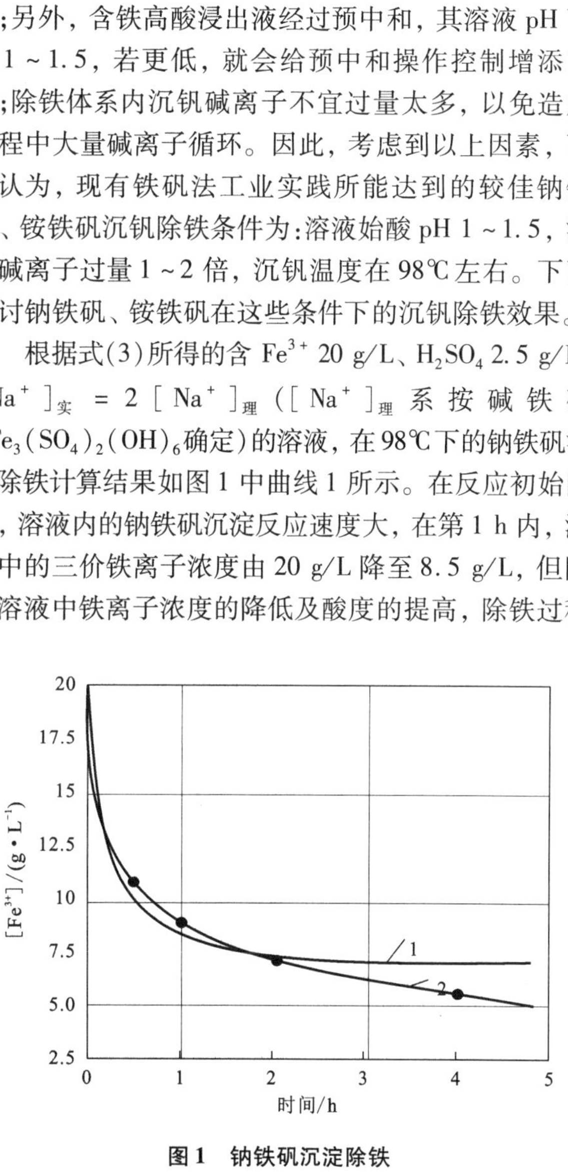

图1　钠铁矾沉淀除铁

1—计算曲线。初始成分：$[Fe^{3+}]$，20 g/L；$[H_2SO_4]$，2.5 g/L；$[Na^+]_{实}=2[Na^+]_{理}$，98℃；2—实际结果。初始成分：$[Fe^{3+}]$，15 g/L；$[H_2SO_4]$，3.4 g/L；$[Na^+]_{实}=1.5[Na^+]_{理}$；钠矾晶种，150 g/L，98℃

迅速趋于缓慢。4 h 后，溶液内铁离子浓度降低 13 g/L，残铁浓度 7 g/L，仅 65% 的铁离子以钠铁矾、草铁矾沉淀。由于除铁计算结果仅能代表整个除铁过程完全由沉矾化学反应控制时的除铁情况，在铁矾法工业实践中，通过一部分沉矾底流返回不能完全消除铁矾结晶动力学阻力，因而，钠铁矾的实际除铁结果会比图 1 中曲线 1 所示结果稍差。由此可见，含铁 20 g/L，酸度 2.5 ~ 5.0 g/L 的预中和溶液，在不加中和剂情况下沉钠铁矾除铁，一段沉矾除铁不能满足除铁要求。含 15 g/L Fe^{3+}、3.1 g/L 硫酸、$[Na^+]_{实} = [Na^+]_{理}$ 的预中和液，加入钠铁矾晶种 150 g/L，在 98℃沉钠矾除铁，其结果见图 1 中曲线 2。与曲线 1 比较，由于溶液始铁浓度的降低，溶液除铁量及残铁浓度也相应下降，但降低值小于溶液始铁浓度的下降值。除铁 5 h，溶液内三价铁离子浓度由 15 g/L 降至 5 g/L。如要求更低的溶液残铁浓度，则溶液始铁浓度必须进一步降低。对比图 1 中曲线 1、2 所示溶液沉矾前后铁离子浓度及除铁量，可知，经过预中和，其酸度降低至 pH 1 ~ 1.5 的浸出液，采用一段钠铁矾沉淀除铁，若除铁过程中不加中和剂，如要求除铁后的溶液能返回中浸(溶液残铁浓度 0.5 ~ 1.5 g/L)，则溶液的始铁离子浓度必须控制在 10 g/L 以下。

铵铁矾沉淀铁规律与钠铁矾类似，但除铁速度稍快，两种沉矾条件下的铵铁矾沉淀除铁计算结果和实际结果分别如图 2 中曲线 1、2 所示。与对钠铁矾法的考察类似，从图 2 中曲线 1、2 所给出的结果可知：采用低污染铵铁矾法除铁(即沉矾过程中不加中和剂)，若希望经过一段沉矾除铁后，溶液的残铁离子浓度满足除铁要求(残铁浓度 0.5 ~ 1.5 g/L)，沉矾前溶液的酸度须经预中和降低至 2.5 g/L 左右，且溶液的始铁离子浓度必须控制在 10 g/L 附近。

3 关于沉矾试剂的讨论

含有沉矾碱离子的化学试剂都可用作沉矾试剂，包括硫酸盐、碳酸盐、硝酸盐、氢氧化物、卤化物等。采用硫酸盐、碳酸盐、氢氧化物作沉矾试剂，其沉矾反应如下：

$$3Fe_2(SO_4)_3 + A_2SO_4 + 12H_2O = 2AFe_3(SO_4)_2(OH)_6\downarrow + 6H_2SO_4 \quad (5)$$

$$3Fe_2(SO_4)_3 + A_2CO_3 + 12H_2O = 2AFe_3(SO_4)_2(OH)_6\downarrow + H_2CO_3 + 5H_2SO_4 \quad (6)$$

$$H_2CO_3 \rightarrow H_2O + CO_2\uparrow$$

$$3Fe_2(SO_4)_3 + 2AHCO_3 + 12H_2O = 2AFe_3(SO_4)_2(OH)_6\downarrow + 2H_2CO_3 + 5H_2SO_4 \quad (7)$$

$$H_2CO_3 \rightarrow H_2O + CO_2\uparrow$$

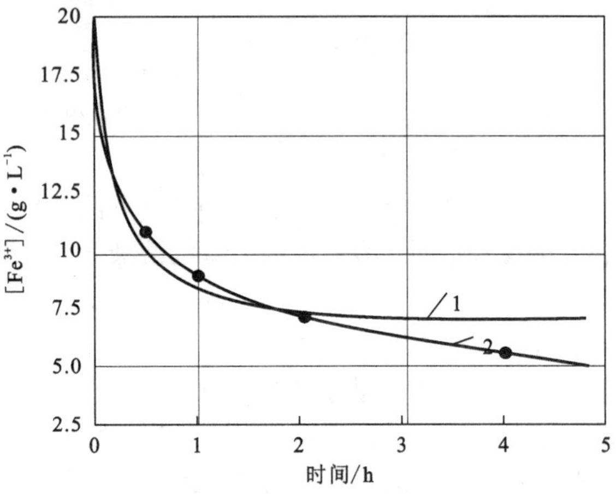

图 2 铵铁矾沉淀除铁

1—计算曲线。初始成分：$[Fe^{3+}]$，20 g/L；$[H_2SO_4]$，2.5 g/L；$[NH_4^+]_{实} = 2[NH_4^+]_{理}$，98℃

2—实际结果。初始成分：$[Fe^{3+}]$，15 g/L；$[H_2SO_4]$，3.4 g/L；$[NH_4^+]_{实} = 1.5[NH_4^+]_{理}$；铵矾晶种，150 g/L，98℃

$$3Fe_2(SO_4)_3 + 2AOH + 10H_2O = 2AFe_3(SO_4)_2(OH)_6\downarrow + 5H_2SO_4 \quad (8)$$

由以上几式可知，A_2SO_4(A，Na^+，NH_4^+ 等)作沉矾试剂，沉淀 1 g 铁释放 1.75 g 硫酸，而 AOH、A_2CO_3、$AHCO_3$ 作沉矾剂，沉淀 1 g 铁仅释放 1.46 g 硫酸(不计草矾共沉的影响)。与硫酸盐比较，碳酸盐及氢氧化物作沉矾剂能明显降低除铁体系的酸度，加快除铁。在铁矾法除铁工业实践中，具体选用哪种沉矾试剂，必须由沉矾试剂的杂质含量、来源、价格、对设备的腐蚀程度及其除铁效果等因素综合考察决定。

4 低污染钠、铵铁矾法流程

前面已经研究了含钠、铵离子的高酸浸出液的预中和及预中和溶液的钠铁矾、铵铁矾沉淀除铁，根据这些结果，可以探讨在湿法炼锌热酸浸出工厂如何实现低污染钠铁矾、铵铁矾法除铁及它们的有效性。

各热酸浸出湿法炼锌厂所处理的锌精矿含铁量不一致，这决定其热酸浸出液低污染钠、铵铁矾法除铁的难易程度及途径也不同，根据锌精矿含铁量可分为以下几种情况进行讨论：

(1)低铁锌精矿的热酸浸出——低污染铁矾法除铁，可采用一段预中和、一段沉钒除铁的低污染钠、铵铁矾法流程。高酸浸出液经预中和降低其酸度后，在接近沸点温度下，不加中和剂，沉钠铁矾或铵铁矾除铁，溶液中的铁离子浓度能从 10 g/L 左右降至 0.5 ~1 g/L，满足返回中浸要求。

(2)高铁锌物料的热酸浸出液含铁高于 10 g/L，因钠铁矾、铵铁矾除铁能力的限制，可采用一部分沉钒后液经预中和或中浸降低其酸度后，再返回沉钒除铁工作，稀释沉钒前溶液中的铁离子。

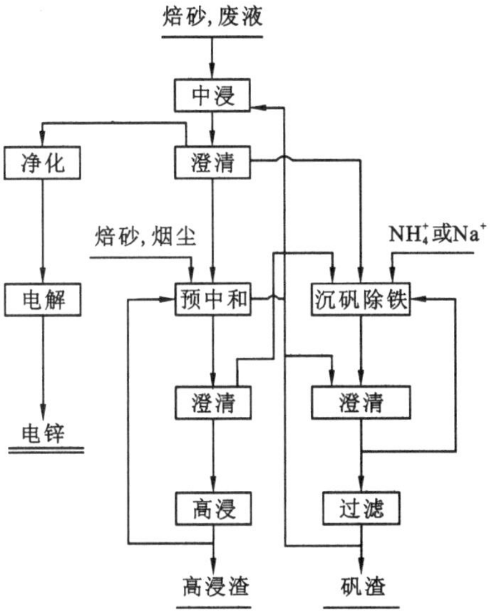

图 3　低污染钠、铵铁矾法流程

显然，沉钒—预中和—沉钒或沉钒—中浸—沉钒(见图 3)间沉钒后液的循环量由高酸浸出液中铁离子浓度(或溶液所需稀释的程度)决定。如果沉钒后液不经中和而直接返回沉钒工作，虽然稀释了溶液内的铁离子，但溶液酸度却同时升高，这样，稀释对溶液除铁的促进作用大大减弱。图 3 所示流程的工序总数并没有增加，但是沉钒工序和预中和或中浸两工序的槽体积必须扩大，增大的倍数由循环溶液体积确定[3]。图 4 所示低污染钠、铵铁矾法流程采用多段预中和及多段沉钒除铁。高酸浸出液经预中和后，一次沉钒除铁，除掉溶液中 60% ~70% 的铁，然后，一次沉钒后液再经预中和、中和一次除铁过程中放出的酸后，进入第二沉钒工序除铁，使除铁后溶液残铁浓度满足返回中浸要求。在二段中和，二段沉钒除铁的低污染钠、铵铁矾法流程中，除铁前溶液的铁离子浓度允许值可达 25 g/L。因此，可以认为，图 3 所示的流程适合中等铁含量锌精矿的处理，而高铁锌精矿的处理可采用图 4 所示流程。

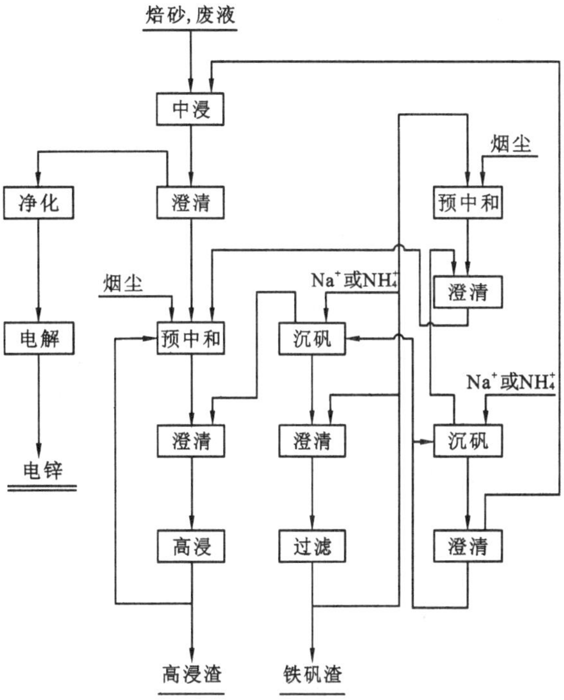

图 4　低污染钠、铵铁矾法流程

参考文献

[1] 王乾坤，马荣骏等. 矿冶工程，1988(3)：47.

[2] 王乾坤. 长沙矿冶研究院，研究生论文，1985：9.

[3] 王乾坤，马荣骏等. 矿冶工程，1986(1)：30 -35.

[4] Wang Qiankun, Ma Rongjun, Tan Zizeng. Zinc'85, 1985: 675 -699.

热酸浸出—铁矾法除铁湿法炼锌工艺中锗的回收*

摘　要：本文以含锗锌精矿为处理原料，证明了从热酸浸出—铁矾法除铁湿法炼锌工艺中回收锗时采用从沉矾后溶液中中和沉淀回收锗的方案是可行的。

前言

在我国西南地区的一些锌精矿中含有数量可观的锗。因此，在处理这类锌精矿时，除了有效地回收锌外，还必须注意到锗的回收。本文是以含锗锌精矿为处理原料研究在热酸浸出－铁矾法除铁的湿法炼锌工艺中回收锗的问题。

1　试验原料及设计流程

本研究工作的试验原料来源于贵州六盘水地区，三个矿点(A、B、C)所产精矿的成分及混合精矿的成分如表1所示。精矿中锌、铁、硫的物相如表2所示，各精矿的筛析结果见表3。混合精矿是按A占36.50%，B占45.05%，C占18.45%的比例配制而成。混合精矿在直径85 mm的回转窑中，温度为850～1000℃时，进行氧化焙烧。焙烧料的多元素分析，锌、铁、硫的物相及筛析结果列入表4、表5、表6中。

根据物料的组成可以看到：

(1)B矿样锌含量高，铁含量低。共生的稀贵金属如Ge、Ag等含量也比较高，回收价值大；

(2)A矿样锌含量低，铁含量高。锗含量高，银的品位较低，其中锗有回收价值；

(3)C矿样锌品位高，铁含量低，锗及银的含量均较少。

按A、B、C各矿样产出量的大小比例混合后得到的混合矿中锌、锗、银的含量较高，均有回收价值。焙烧料的粒度主要分布在－100～＋150目及－320目两个粒级，在焙烧料中以氧化锌形态存在的锌占总锌量的92.23%，低温低酸的难溶锌(ZnS及$Zn-Fe_2O_4$)仅占5.47%，这种物料属湿法炼锌中易处理的物料。

表1　各精矿的多元素分析/%

元素	A	B	C	混合矿
Zn	50.10	56.54	62.32	55.75
Fe	9.21	4.42	1.77	5.56
S	33.62	31.34	31.38	32.04
Pb	1.72	1.26	1.22	1.44
Ag	0.0033	0.016	0.0014	0.010
Ge	0.030	0.011	0.001	0.019
Cu	0.03	0.02	0.06	0.03
Cd	0.22	0.085	0.19	0.15
Co	<0.001	<0.001	0.003	<0.001
Ni	0.001	0.001	0.001	0.001
Sn	0.045	0.025	0.039	0.041
As	0.063	痕	0.024	0.024
Sb	0.008	0.004	0.008	0.008
Ga	0.0049	0.0012	0.0023	0.0027
In	<0.0005	<0.0005	<0.0005	<0.0005
Ca	0.21	1.15	0.67	0.74
Mg	0.029	0.065	0.07	0.052
Na	<0.01	<0.01	<0.01	<0.01
Mn	0.01	0.017	0.01	0.012
F	0.08	0.08	0.08	0.08
Al	0.19	0.05	0.07	0.095
Si	0.59	0.52	0.30	0.53

* 该文首次发表于《湿法冶金》，1993年第2期，20～27页，合作者：王乾坤。

表 2　锌精矿中锌、铁、硫的物相分析/%

物相名称		A	B	C	混合矿
锌的物相	$Zn_{总}$	49.50	55.84	62.19	54.99
	Zn_{ZnS}	46.91	51.22	59.74	53.32
	Zn_{ZnO}	1.81	1.00	0.65	1.20
	$Zn_{其他}$	0.78	3.62	1.80	0.47
铁的物相	$Fe_{总}$	9.25	4.44	1.88	5.56
	$Fe_{Fe_2O_3}$	1.21	1.02	0.33	0.74
	$Fe_{Fe_n(SO_4)_m}$	0.10	0.059	0.033	0.075
	$Fe_{Fe_nS_m}$	7.94	3.36	1.52	4.74
硫的物相	$S_{总}$	33.74	30.00	31.42	31.95
	S_{MeS}	33.12	29.68	31.24	31.59
	S_{MeSO_4}	0.62	0.32	0.18	0.36

表 3　各精矿的筛析结果/%

筛目	A	B	C	混合矿
+60	0.10	1.40	1.30	0.85
-60 ~ +100	2.95	15.10	19.15	11.60
-100 ~ +150	15.70	17.25	24.65	18.25
-150 ~ +200	12.15	8.00	10.10	10.08
-200 ~ +250	7.55	5.75	7.50	6.73
-250 ~ +300	2.70	2.25	2.50	2.53
-300 ~ +320	0.25	0.25	0.20	0.20
-320	56.85	47.80	34.45	49.44

表 4　焙烧料的多元素分析/%

元素	Zn	Fe	S	Pb	Ag
含量	67.41	6.90	0.99	0.190	0.010
元素	Cu	Cd	Co	Ni	Ge
含量	0.036	0.11	0.0007	0.001	0.023
元素	As	Sb	Ga	In	Ca
含量	0.026	0.0054	0.0048	<0.0001	1.06
元素	Mg	Na	Mn	Sn	F
含量	0.07	0.002	0.002	0.062	0.07
元素	Cl	Al_2O_3	SiO_2		
含量	0.009	0.32	1.51		

表 5　焙烧料的锌、铁、硫物相/%

锌的物相	$Zn_{总}$	67.15	铁的物相	$Fe_{总}$	7.30
	Zn_{ZnO}	61.95		Fe_{FeS_2}	0.02
	Zn_{ZnS}	0.24		Fe_{FeSO_4}	0.05
	$Zn_{ZnFe_2O_4}$	3.43	硫的物相	$S_{总}$	0.92
	Zn_{ZnSiO_3}	1.45		S_{MeS}	0.21
	Zn_{ZnSO_4}	0.10		S_{MnSO_4}	0.71

表 6　焙烧料的筛析结果

粒度级/目	+65	-65 ~ +100	-100 ~ +150	-150 ~ +200
百分数/%	8.3	13.75	23.5	9.3
粒度级/目	-200 ~ +250	-250 ~ +300	-300 ~ +320	-320
百分数/%	8.93	1.4	0.25	33.65

根据原料特点及我们过去工作[1,2]的经验，设计的流程如图 1 所示。

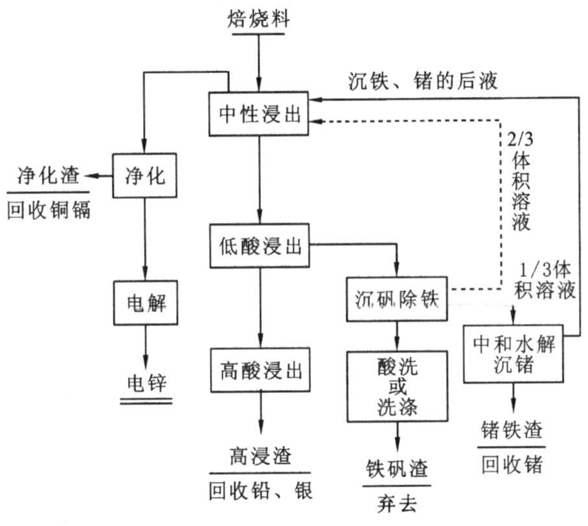

图 1　热酸浸出 - 铁矾法除铁湿法炼锌及回收锗的流程

设计图 1 流程的原则是既要有效地回收锌，也要有效地综合回收其他有价金属，依据本研究工作的目的，特别是要有效地回收锗。

2　试验结果及讨论

我们优化了各工序的条件后，进行了全流程试验，试验规模为中浸体积 5 L，试验共进行了 19 个周期，得到了比较理想的结果。在需要进行回收的 Zn、

Cu、Cd、Pb、Ag及Ge几种元素中，我们在此仅对锗的回收进行阐述。

在上述流程图1中，对低酸、低铁沉钒后溶液中的锗，用中和水解法回收，这样可以得到富锗铁渣，反应如下：

$$Fe^{3+} + 3H_2O \longrightarrow Fe(OH)_3 + 3H^+ \quad (1)$$

$$Ge^{3+} + 3H_2O \longrightarrow Ge(OH)_3 + 3H^+ \quad (2)$$

富锗铁渣的渣量及渣中锗含量受三个因素影响：

(1)沉钒后溶液的酸度和铁含量；

(2)沉锗方式及中和剂的种类；

(3)沉锗液中锗的含量。

沉钒后溶液的酸度愈低，沉锗中和剂的加入量愈少，沉淀锗铁渣量应相应地减少，渣中锗的品位上升。但是，为了降低沉钒后溶液的酸度，就需要增加沉钒工序中和剂焙砂的加入量，这样，会造成矾渣中锌的损失。因此，锗铁渣和锗品位与矾渣中锌损失构成了矛盾。综合考虑，沉钒后溶液的酸度以5 g/L为适宜。

假如用丹宁或栲胶沉锗，锗渣量虽少，锗的品位也会较高，但会有少量的有机物进入流程，而影响电解。为改正上述缺点，我们试图用石灰作中和剂，其中和反应为：

$$CaO + H_2SO_4 = CaSO_4 + H_2O \quad (3)$$

生石灰中和1 g酸产生的中和渣量为2.43 g。因生石灰的中和效果差，生石灰需大量过量，因此，石灰中和渣量大。若考虑用焙砂作中和剂，焙砂过量系数0.1(焙砂的中和能力仅以焙砂中氧化锌含量计)，中和酸度为5 g/L的V溶液需中和剂量W，计算如下：

$$W = c_{H_2SO_4} \times V \times \frac{65.37}{98} \times \frac{1}{Zn_{ZnO\%}} \times 1.1 = 5.92\ g$$

在不考虑焙砂中其他成分溶出的情况下，焙砂中和1 g酸产生的中和残渣量为0.23 g。中和残渣中的低酸难溶锌的损失为5.92×(3.43%+0.24%)(g)，仅占流程投入总锌量的0.06%，可见用焙砂代替石灰作中和剂，沉淀渣中的低酸难溶锌损失小，且锗渣渣量显著减少，而渣中锗的品位大幅度提高。

提高锗渣中的锗品位，降低锗渣量的另一途径是增加流程中锗的循环量，提高沉锗液中锗含量，减少沉锗液量。如将沉钒后溶液的1/3或1/2送去沉锗，中和剂加入量和锗渣量减少相应的比例，锗品位则可提高。沉钒后溶液的其余部分可直接和沉锗后溶液送中浸工序。如此，沉钒后溶液中的一部分铁能保留下来进入中浸，有利于中浸矿浆的澄清和除杂。在实践中能否仅将一部分沉钒后液送去沉锗，这取决于流程中锗的循环富集度对流程中锗的分散性和损失的影响。若流程中锗的分散性不会因溶液中锗浓度的提高而加剧，则可以考虑仅以一部分沉钒后溶液送去沉锗。

沉锗液的铁离子浓度由沉钒终点控制。在沉锗工序，溶液中一定量的铁水解有利于溶液除杂和锗的沉淀回收，但溶液中铁离子太多(1 g/L)，水解后絮凝状胶体多，影响溶液的澄清和锗渣的过滤。在沉钒液中铁含量以0.25~0.5 g/L为宜。在沉钒除铁和中浸之间，设立中和水解沉锗工序，会产生一个不合理的因素：因沉锗工序要求比较低的沉钒终铁浓度，会导致沉钒除铁过程延长。另外，沉钒后溶液中的铁在沉锗工序水解沉淀，使送中浸工序的沉锗后溶液中含铁少，中浸工序水解铁量减少，中浸液的澄清和除杂性能变差。若不控制中浸焙砂的加入速度，使焙砂中一部分铁溶出，则中浸工序还需补加铁盐。为了解决这一矛盾，除考虑仅将一部分沉钒后溶液送去沉锗，其余部分返回中浸，提供铁量的补充外，还可考虑在沉钒的后一阶段中，将少量三价铁还原成亚铁。在沉锗工序使铁保留在溶液中，在中浸时再将亚铁氧化水解沉淀，这就能同时照顾沉铁、沉锗和中浸三个工序的要求。

我们按图1将沉钒后溶液全部去沉锗进行了16个周期的试验。在流程试验中，从第5到第15周期中采用生石灰作中和剂。沉钒后溶液全部中和沉锗，沉锗前后溶液的成分以及中和剂加入量、渣量、渣成分、沉锗率等指标可见表7、表8、表9和表10。沉钒后溶液在85℃经石灰中和至pH=5后，继续搅拌15 min至30 min，溶液中的锗由0.052 g/L降至0.017 g/L，流程中77%的锗沉淀进入锗铁渣中，锗渣中锗含量在1000 g/t至2000 g/t之间。

表7和表8中各周期沉钒液和沉锗液的成分表明，各周期沉锗后溶液中锗的浓度差异较大。换言之，表现出各周期沉锗效果明显不同。究其原因，这主要是沉锗渣的吸附性较差，而沉锗终点pH和沉锗时间控制不当。表11中的中浸液锗浓度表明，在与沉锗条件类似的中浸条件下，中浸工序的沉锗效果很好，溶液中残留锗小于5 mg/L。另外，沉锗液中锌离子浓度达150 g/L以上。在沉锗过程中，部分锌水解生成碱式硫酸锌进入沉锗渣中。锗渣中含碱式硫酸锌形式的锌为13.69%。沉锗渣中锌的损失占2.46%。含碱式硫酸锌的沉锗渣，在80℃，始酸40 g/L条件下，溶解半小时，残渣中含锌仅为1.25%，可见沉锗渣中的锌在低酸下可溶解。在进一步回收锗时，可考虑从锗铁渣中综合回收锌。

表 7　各周期沉钒除铁溶液成分/($g \cdot L^{-1}$)

周期＼元素	Zn	Fe	H_2SO_4	Cu	Cd	Ge
5	154.9	0.028	1.421	0.051	0.135	0.047
6	158.9	0.084	2.107	0.51	0.135	0.054
7	138.3	0.160	1.421	0.020	0.117	0.050
9	145.2	0.200	2.793	0.057	0.125	0.060
10	154.0	0.310	2.793	0.059	0.132	0.050
11	150.4	0.290	2.450	0.059	0.128	0.052
12	157.0	0.180	1.421	0.061	0.132	0.062
13	165.0	0.430	3.528	0.069	0.146	0.042
14	148.8	0.860	1.421	0.059	0.122	0.053
15	155.6	0.340	1.274	0.060	0.145	0.048

表 8　各周期沉锗溶液成分/($g \cdot L^{-1}$)

周期＼元素	Zn	Fe	Cu	Cd	Ge
5	164.6	0.100	0.005	0.120	0.015
6	147.9	0.150	0.048	0.123	0.010
7	141.4	—	0.018	0.123	0.019
8	138.2	—	0.018	0.120	0.015
9	134.1	0.056	0.088	0.113	0.014
10	143.8	0.150	0.020	0.123	0.007
11	147.2	0.042	0.050	0.127	0.007
12	140.6	0.060	0.051	0.115	0.035
13	147.1	0.060	0.045	0.128	0.022
14	139.0	0.009	0.038	0.115	0.020
15	144.0	0.013	0.048	0.128	0.562

表 9　各周期沉锗渣渣重、渣率、渣含水及成分

周期＼元素	加入 CaO/g	渣重/g	渣率/%	渣含水/%	Zn/%	$Zn_{水}$/%	SO_4^{2-}/%	Ge/%
5	15.7	32.9	5.71	36.97	12.4	<0.02		0.17
6	11.7	26.6	4.57	39.13	12.87	<0.02	31.93	0.12
7	14.1	37.9	6.53	47.94	12.70	<0.02		0.09
8	26.2	90.7	15.81	52.21	15.35	1.34	36.07	0.15
9	17.2	44.3	8.15	48.61	18.06	0.46		0.19
10	16.6	48.2	8.31	54.87	15.04	0.13	34.32	0.13
11	24.3	78.6	13.60	48.96	16.84	0.26		0.10
12	17.3	70.9	12.34	46.81	19.60	5.81	38.18	0.08
13	24.2	94.0	17.55	64.90	17.80	7.30		0.11
14	30.0	104.5	4.52	54.60	15.35	2.80		0.15
15	8.8	26.0	—	27.98	14.67	0.19	36.58	0.14

注：$Zn_{水}$ 为水溶锌。

锗在中浸液和几种渣间的分配列于表 10。中浸液、高浸渣、酸洗渣、沉锗渣的锗量分别占流程中投入总量的 5.0%、7.7%、9.67%、77.0%。沉锗渣中的锗量以渣计仅占 60% 左右，这是分析取样 24 小时，锗铁渣的代表性难保证，致使分析结果偏低而造成。

表 10　锗在中浸液和几种渣间的分配

周期	总锗量/g	中浸液		高浸渣		酸洗渣		沉锗渣	
		ρ_{Ge}/($g \cdot L^{-1}$)	W_{Ge}/g	$w(Ge) \times W_{渣}$	W_{Ge}/g	$w(Ge) \times W_{渣}$	W_{Ge}/g	$w(Ge) \times W_{渣}$	W_{Ge}/W'_{Ge}
5	0.1326	0.002	0.0073	0.02×39.4	0.00788	0.013×98.9	0.01290	0.17×32.9	0.559/0.095
6	0.1330	0.0004	0.0015	0.023×41.4	0.00952	0.013×121.0	0.01570	0.12×26.6	0.0329/0.127

续表 10

周期	总锗量/g	中浸液		高浸渣		酸洗渣		沉锗渣	
		ρ_{Ge}/(g·L^{-1})	W_{Ge}/g	$w(Ge)\times W_{渣}$	W_{Ge}/g	$w(Ge)\times W_{渣}$	W_{Ge}/g	$w(Ge)\times W_{渣}$	W_{Ge}/W'_{Ge}
7	0.1330	—	—	0.027×39.9	0.01077	0.011×117.45	0.01290	0.09×37.9	0.0341/0.095
8	0.1320	—	—	0.023×47.3	0.01324	0.007×94.7	0.00663	0.15×90.7	0.135/—
9	0.1251	0.002	0.0077	0.025×33.3	0.00833	0.012×107.3	0.01290	0.19×44.3	0.0842/0.136
10	0.1335	0.0008	0.0032	0.023×36.7	0.00844	0.008×98.1	0.00785	0.13×48.2	0.627/0.114
11	0.1329	0.001	0.0037	0.021×45.8	0.00962	0.007×101.6	0.00711	0.10×78.6	0.0786/0.139
12	0.1322	—	—	0.021×49.2	0.01033	0.012×104.9	0.01260	0.080×70.9	0.0567/0.072
13	0.1334	—	—	—	—	0.01×79.5	0.00795	0.110×94	0.1034/0.02
14	0.1369	—	—	0.023×39.5	0.00909	0.008×55.4	0.00445	0.15×104.5	0.1568/0.122
15	0.1323	0.004	0.0160	0.026×56.5	0.01469	0.033×120.95	0.03990	0.14×26.0	0.0364/0.7
平均	—	—	0.0066	—	0.01019	—	0.01280		0.0763/0.1022
百分比	100%	—	5.00%	—	7.70%	—	9.67%		57.66%/77.00%

注：W_{Ge}系按渣计；W'_{Ge}系按液计。

表 11 各周期中浸液中锗浓度/(g·L^{-1})

周期	5	6	7	8	9	10	11	12	13	14	15
浓度	0.002	0.0094	—	—	0.002	0.0008	0.001	—	0.001	—	0.004

在试验中从第 17 周期开始，沉钒后溶液中的 1/3 送去沉锗，其余 2/3 与沉锗后溶液混合后送入中性浸出工序。显然，因沉锗溶液体积减少，而流程中投入的锗量近似不变。这样变化后，要使 1/3 的沉锗溶液中沉淀的锗量与从全部沉钒后溶液中沉淀锗量接近，溶液中的锗浓度肯定要上升，浸出—除铁体中循环锗量增加，本系中溶液内锗浓度的升高对高浸渣、铁矾渣中的锗损失的影响如表 12 所示。由表 12 可见，高浸渣、铁矾渣中锗的损失随浸出液中锗离子浓度的上升而增加，其总的损失量为 25% ~40%。把沉钒后溶液的 1/3 送去中和沉锗后高浸渣、铁钒渣中的锗损失数据列入表 13 中。沉锗工序操作温度为 80℃。

表 12 高浸渣、铁钒渣中的锗损失

周期	沉钒后溶液中的锗浓度/(g·L^{-1})	高浸渣			铁矾渣		
		$W_{渣}$/g	渣含锗/(g·L^{-1})	锗的入渣率/%	渣重/g	渣含锗/(g·t^{-1})	锗的入渣率/%
5 ~15 周期平均值	0.052	44.77	290	7.70	99.98	105.8	9.67
17	0.13	48.8	320	12.10	107.1	180	14.94
18	0.094	34.5	810	22.83	103.1	160	13.49
19	0.095	41.3	330	11.08	136.2	240	26.58

表 13　17 ~ 19 周期沉锗条件及结果与 5 ~ 15 周期平均值的比较

周期	各周期加入焙砂的总质量/g	沉锗中和剂的种类及数量/g	溶液体积及沉锗前后溶液成分				锗渣重/g	渣含锌/%	锌入锗渣率/%	渣含锗/$(g \cdot t^{-1})$	锗入锗渣率	
			V/L	$\rho^0_{H_2SO_4}$/$(g \cdot L^{-1})$	ρ^0_{Ge}/$(g \cdot L^{-1})$	ρ_{Ge}/$(g \cdot L^{-1})$					按渣计/%	按液计/%
17	561.2	CaO：9.3	1.023	0.75 ~ 2.50	0.13	0.013	24.7	12.58	0.82	3900	74.63	92.73
18	532.1	焙砂 14.9	1.135	0.75 ~ 2.50	0.094	0.012	19.9	35.36	1.96	5100	82.93	65.68
19	534.6	焙砂 5.9	1.013	0.75 ~ 2.50	0.095	0.035	5.0	31.74	0.44	8100	52.94	59.43
5 ~ 15 周期平均	576.13	CaO：18.79	2.982	2.05	0.052	0.017	59.51	16.07	2.46	1300	58.38	77.00

注：$\rho^0_{H_2SO_4}$ = 初始 H_2SO_4 浓度，ρ^0_{Ge} = 初始 Ge 浓度。

在第 17 周期的低酸浸液中配入 GeO_2，使第 17 周期的沉钒后溶液含锗量达到 0.13 g/L，然后将沉钒后溶液的 1/3 送去沉锗，并连续进行了 3 周期的试验。第 17 周期中采用 CaO 作沉锗中和剂，第 18、19 周期用焙砂作中和剂，焙砂的过量系数介于 0.5 和 1 之间即可满足要求。由表 13 的数据可以看到，采用沉钒后溶液 1/3 沉锗后，因沉锗工序中和剂加入量减少，锗铁渣的量减少，锗铁渣中的锌损失也相应地减少。第 17 周期，锗铁渣中锌的损失为 0.82%，与第 5 ~ 15 周期渣中锌损失的平均值比较，减少的倍数基本上与沉锗溶液体积减少倍数接近。用焙砂作中和剂，渣量比 CaO 作中和剂的情况下要少，渣中锌的损失也能控制在 1% 以下。第 18 周期中锌入锗铁渣为 1.96%，超过了 1%，这是因为中和剂焙砂大量过剩而引起的，实际上可减少到 1% 以下。由此可见，沉锗溶液体积的减少可显著减少锗铁渣中锌损失，对提高锌的回收率是有利的。综合考查表 12、表 13 中的数据，同样可知，1/3 沉钒后溶液送去沉锗，溶液中循环锗量增加，使进入锗铁渣中的锗量有少许下降，但仍有 60% ~ 75% 的锗进入锗铁渣。另外 2/3 的沉钒后溶液与 1/3 的沉锗后溶液，送入中浸，能保证中浸工序中有 0.25 ~ 0.5 g/L Fe^{3+} 水解，可使中浸矿浆有较好的澄清及除杂性能。

2　结论

从热酸浸出—铁矾法除铁湿法炼锌流程中回收锗时采用从沉钒后溶液中和沉淀回收锗的方案是可行的。中和沉淀锗可用 CaO 或焙砂作中和剂。

沉钒后溶液全部送去沉锗时，锗进入中和沉锗渣的量可在 77% 以上。1/3 沉钒后溶液送去沉锗时，锗进入中和锗渣的量可达到 75%。

综合起来考虑，1/3 沉钒后溶液送去沉锗，可以减轻沉钒除铁工序的负担，还可保证锌有足够高的回收率。锗铁渣量少，锗的品位高，有利于进一步处理锗渣回收锗，并可避免中浸工序补加铁，流程结构合理。因此，较沉钒后溶液全部送去沉锗更为有利。

热酸浸出针铁矿除铁湿法炼锌中萃取法回收铟*

摘 要：本文介绍了作者提出的在热酸浸出、针铁矿除铁湿法炼锌工艺中，用P204直接由低酸浸出还原液萃取回收铟的新工艺。试验表明，流程畅通，铟、铁萃取分离效果好，没有乳化，运行可靠，操作容易控制，铟回收率高。较从中和渣或铁矾渣中萃取回收铟有一系列优点。

Recovery of indium by solvent extraction in hydrometallurgical treatment of zinc ore by iron removal with the hot acid leach onegite process

Abstract: This paper presents a new process in which indium is directly extracted and recovered from low acid leach reduction liquor with P204 in hydrometallurgical treatment of zinc ore by hot acid leach of onegite for iron removal. The tests show that the process is characterized by smooth flowsheet, good separation efficiency of indium from iron, no occurrence of emulsification, reliable performance, easy control, high recovery of indium. Compared to the processes of extracting indium from neutralixed slag and jarosite, the new process has a lot of advantages.

在我国锌矿资源中，有些锌精矿含铟很高(高达0.09%)，在这种情况下，铟的价值甚至高过于锌，所以一定要选用铟锌并重、能有效回收铟、锌的流程。为此，长沙矿冶研究院及广西冶金研究院分别研究了铁矾及针铁矿沉铁的工艺流程[1,2]。铁矾法流程是从铁矾渣中回收铟，而针铁矿法是从预中和渣中回收铟。二者都存在着流程长、设备投资大的缺点。铁矾法存在操作条件严格、容易产生乳化等问题[1]。我们根据针铁矿法及萃取剂性能等特点，研究了直接从低酸浸出液的还原液中用萃取法直接萃取回收铟的工艺。该工艺具有运行可靠、操作方便、铟回收率高、萃取中不产生乳化等一系列优点，可以达到有效回收铟、锌的目的。

1 P204对Fe(Ⅲ)、Fe(Ⅱ)及In(Ⅲ)的萃取性能

关于用烷基磷酸萃取剂萃取Fe(Ⅲ)及Fe(Ⅱ)的情况，在文献[3、4]中均有报道，对In(Ⅲ)的萃取在文献[5]中也有阐述，但为了结合我们的需要，进行了必要的如下基本性能考察与研究。

1)P204对Fe(Ⅲ)及Fe(Ⅱ)的萃取性能

(1)酸度的影响

有机相：15% P204 + 200#煤油；水相：含5 g/L Fe(Ⅲ)及Fe(Ⅱ)、不同pH的硫酸水溶液；萃取条件：相比1∶1，室温，萃取时间5 min。试验结果如图1所示。

由图1可知，Fe(Ⅲ)和Fe(Ⅱ)都随pH升高萃取能力加强，即萃取率高。而Fe(Ⅱ)与Fe(Ⅲ)相比，萃取能力小得多，这种现象可以从萃取机理上得到解释[1、2]。

(2)时间的影响

有机相：15% P204 + 200#煤油；水相：含5 g/L Fe(Ⅲ)及Fe(Ⅱ)、pH为1的硫酸水溶液；萃取条件：相比1∶1，室温，不同萃取时间。试验结果如图2所示。

* 该文首次发表于《湿法冶金》，1997第2期，58～61页。

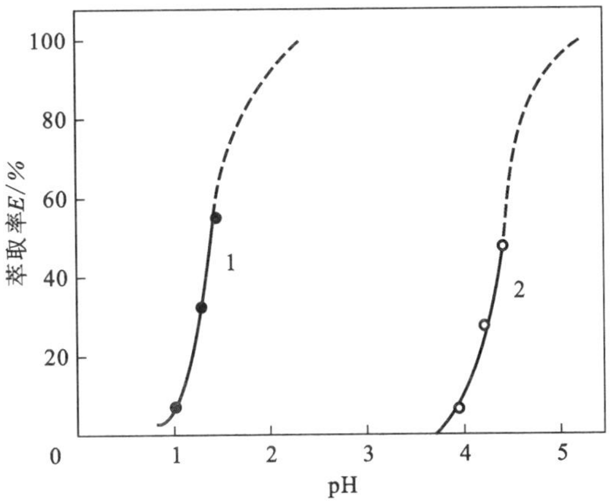

图 1　pH 对 P204 萃取 Fe(Ⅲ)及 Fe(Ⅱ)的影响

1— Fe(Ⅲ)；2—Fe(Ⅱ)

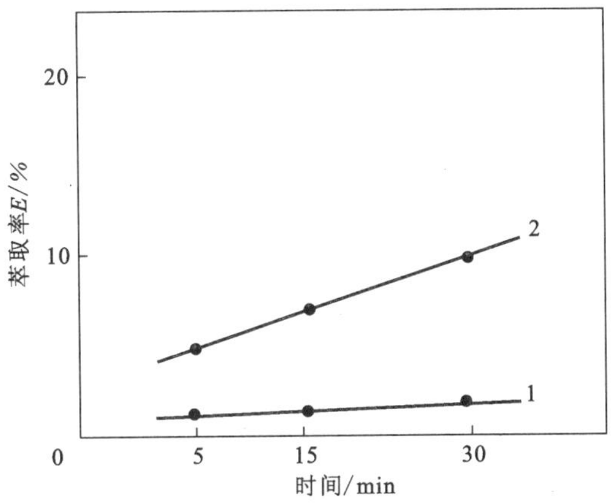

图 2　时间对 P204 萃取 Fe(Ⅲ)及 Fe(Ⅱ)的影响

1— Fe(Ⅲ)；2— Fe(Ⅱ)

由图 2 可知，Fe(Ⅱ)的萃取率低于 Fe(Ⅲ)；随着萃取时间延长，Fe(Ⅲ)与 Fe(Ⅱ)的萃取率上升。后者属动力学问题。图 2 所示的 Fe(Ⅱ)萃取率也随时间延长而上升，表明了 Fe(Ⅱ)与 Fe(Ⅲ)一样，在萃取时均是一个慢过程，其原因都是由于在萃取中水合铁离子脱水缓慢而造成的。这与许多文献提到的烷基磷酸萃取 Fe(Ⅲ)是一个慢过程是一致的。

2)P204 对 In(Ⅲ)的萃取性能

有机相：5%、10%、20% P204 + 200#煤油；水相：含 In 0.5 g/L、pH 为 1 的硫酸水溶液；萃取条件：相比为 1，室温，萃取时间 0.5 min、1 min、2 min、5 min。试验结果如图 3 所示。

从图 3 可看出，P204 对 In(Ⅲ)的萃取能力很强，萃取速度很快，1 min 内基本可达平衡。In(Ⅲ)的萃取速率与 Fe(Ⅲ)、Fe(Ⅱ)的差别是由 In(Ⅲ)在水溶液中的状态决定的。In(Ⅲ)被 P204 萃取，没有缓慢的脱水过程，故其萃取速度很快。萃取反应为：

$$In^{3+} + 3(HA)_{2(o)} \rightleftharpoons InA_3 \cdot 3HA_{(o)} + 3H^+$$

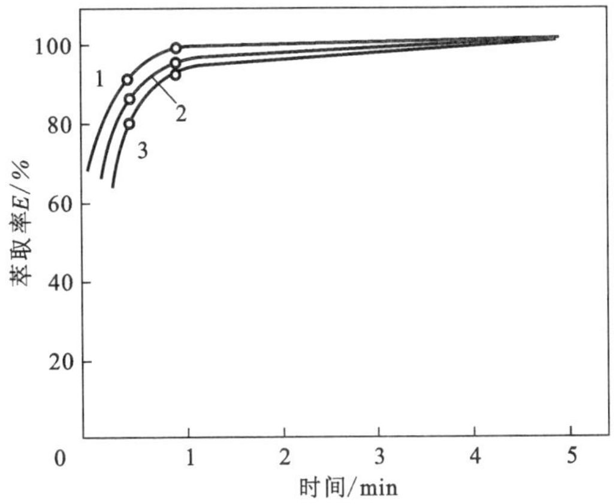

图 3　P204 对 In(Ⅲ)的萃取率的影响

1—20% P204；2—10% P204；3—5% P204

该反应的萃取平衡常数 $\lg K_{ext} = 5.81 \pm 2$(25℃、0.1 mol/L P204 - C_7H_{16}、$[In^{3+}] = 1 \times 10^{-3}$ mol/L、$[NaClO_4] = 0.05$ mol/L)[7]，萃取平衡常数很大，萃取能力很强，与试验结果相符。

2　用 P204 从低酸浸出还原液中萃取铟

某地含高铟高铁的锌精矿，在热酸浸出湿法炼锌时得到的低酸浸出液组成为：[Zn] = 110 ~ 120 g/L、[Fe(Ⅲ)] = 17 ~ 19 g/L、[Fe(Ⅱ)] = 0.2 ~ 0.4 g/L、[In] = 0.12 ~ 0.16 g/L、[Cu] = 1.9 ~ 2.1 g/L、[Cd] = 0.3 ~ 0.4 g/L、$[H_2SO_4]$ = 14 ~ 16 g/L。为了用针铁矿法除去溶液中的铁，必须把Fe(Ⅲ)用还原剂(ZnS 或亚硫酸锌)还原成 Fe(Ⅱ)。还原液的组成为：[Zn] = 120 g/L、[Fe(Ⅲ)] = 0.5 g/L、[Fe(Ⅱ)] = 18 g/L、[In] = 0.14 g/L、[Cu] = 2.2 g/L、[Cd] = 0.35 g/L、$[H_2SO_4]$ = 15 g/L。用这种料液作萃取水相，萃取有机相为 15% P204 + 200#煤油，在相比为 1∶1、室温下进行萃取试验。结果见图 4。

图 4 表明，经 2 min 萃取，铟的萃取率在 99.8% 以上，而 Fe(Ⅱ)的萃取率在 0.3% 以下，能使铟、铁得到很好地分离。

考虑到在实际工艺中，低酸浸出还原液的温度较高，因而考察了温度的影响。水相与有机相的组成同前，在不同温度下萃取的结果如图 5 所示。由图 5 可知，温度升高对 In(Ⅲ)、Fe(Ⅱ)萃取分离不利，萃取温度以 20 ~ 30℃（即室温)为好。

在以上萃取时间中看到，二相分层情况良好、没有乳化产生，作业稳定，操作容易控制。还要强调的是，在以上萃取试验中，虽然水相[Zn]为 120 g/L，但对负载有机相及水相中 Zn 的分析结果表明，基本不萃取 Zn(Ⅱ)。

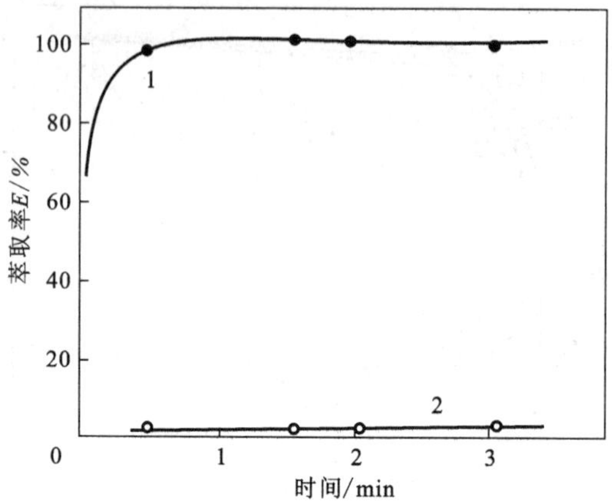

图 4　P204 对低酸浸出还原液中铟、铁萃取率的影响

1—In(Ⅲ)；2—Fe(Ⅱ)

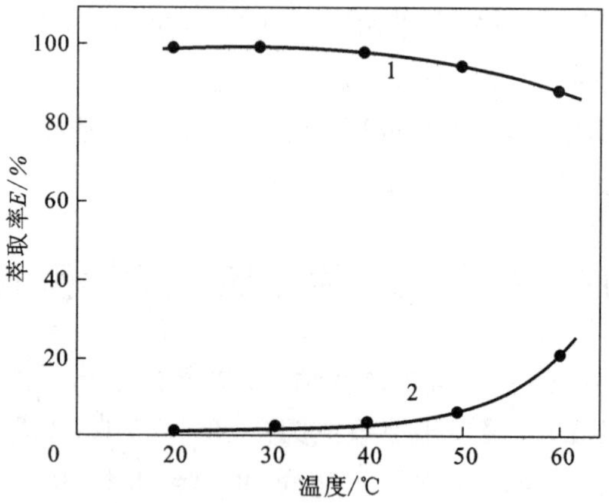

图 5　P204 萃取 In(Ⅲ)、Fe(Ⅱ)时温度的影响

1—In(Ⅲ)；2—Fe(Ⅱ)

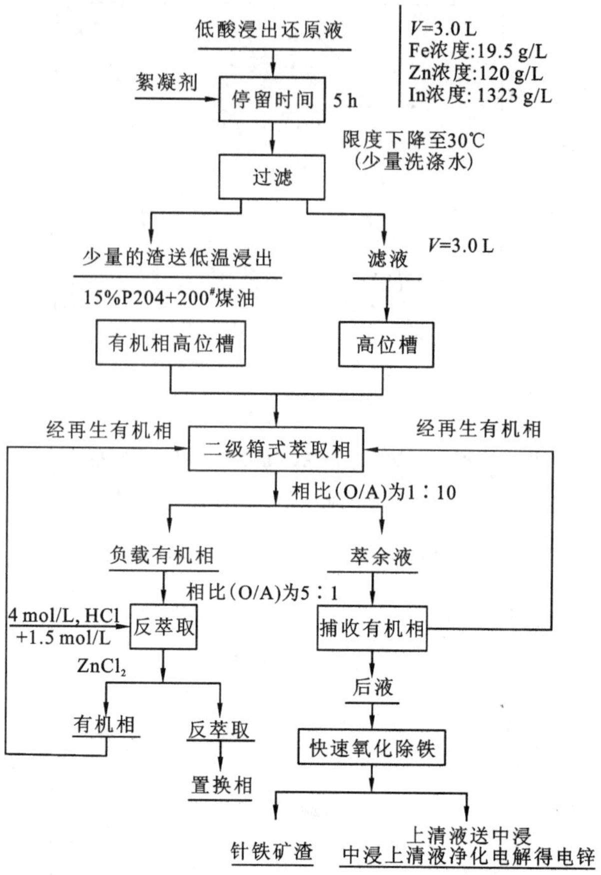

图 6　工艺流程

3　流程的设计及试验

设计的工艺流程如图 6 所示。

按上述流程，以 3 L 水相溶液的规模进行了全流程试验，结果流程畅通。无乳化产生，铟萃取率达 99.8%，反萃取率为 99%，置换率为 98%，铟的总回收率在 96% 以上。

4　讨论

在讨论中仅重点说明以下两点：

(1)本试验所提出的 P204 萃取 In 的流程较从中和渣或铁矾渣经浸出后再萃取的工艺流程有以下优点：①节省了设备，降低了投资费用及产品成本；②萃取中不产生乳化，以水平萃取槽作萃取设备，容易控制；③保证铟有很高的收率。因 Fe(Ⅱ)及 Zn(Ⅱ)的萃取率很低，所以在置换铟时，获得铟的品位较高。

(2)萃余液用针铁矿法除铁后，再返回到中浸液。中浸上清液净化电解得电锌，对电解锌的质量无不良影响[6]。这已在过去的工作中经多次循环试验得到了证实[1]。

5　结语

结合热酸浸出针铁矿湿法炼锌流程，用 P204 直接从低酸浸出还原液中萃取铟是可行的，方法可靠，较从中和渣或铁矾渣中回收铟的工艺有一系列优点，值得大力推广应用。

参考文献

[1] 马荣骏等. 矿冶工程，1981(4)，18 及内部 1982 年研究报告.

[2] 易阿蛮等. 重有色冶炼，1979(5)：1.

[3] 马荣骏. 溶剂萃取在湿法冶金中的应用. 北京：冶金工业出版社，1979：164－225.

[4] 陈家镛等. 湿法冶金中铁的分离与利用. 北京：冶金工业出版社，1991：192－208.

[5] 马荣骏. 湖南冶金，1984(3)：38.

[6] 马荣骏. 有色金属(冶炼部分)，1989(3)：34.

[7] A M РозенИ. Др，萃取手册. 北京：原子能出版社，1988.

有机物对电积锌的影响*

摘　要：本文把湿法炼锌中使用的有机物分为五类。分别阐述了它们在电积锌中对电流效率及阴极锌沉积状态的影响。

在湿法炼锌中，电解质中常含有一些有机物。这些有机物对电积锌的影响，已成为人们极为关心的问题。尤其是我国焙烧料的浸出液用萃取法提取铟的新工艺获得成功，会有溶解的及夹带的萃取剂和稀释剂进入到电解液。因此，有机物对电积锌的影响，更为湿法炼锌界所关注。

本文把湿法炼锌中所应用的有机物分为五类，较全面地总结和评述了它们对电积锌的影响，以求湿法炼锌界对此问题有一科学的认识。

1　动物胶及高碳醇的影响

1）动物胶

动物胶是电锌中早就应用的一种有机物。多年来实践证明，在电积锌过程中，加入适量的动物胶（如牛胶），表现出来的良好作用是：①提高氢的超电压，抑制电积过程中氢气的析出；②可以减少阴极锌的返溶；③可减轻一些杂质（如 Co、Sb 等）对电积锌的影响；④增加阴极的活化超电压及锌析出超电压，因而可使阴极锌结晶细化，改善电积锌的状态，从而使阴极锌表面平整光滑致密。一些工厂经验认为，牛胶的添加量在 200～500 g/t 锌的范围较好。过量会使电解液中 Zn^{2+} 放电困难，而增加电解液的电阻，造成电耗增加。

2）高碳醇

高碳醇对电积锌的物理状态有一定的影响，在一定添加量范围内，这种影响不甚显著。由于高碳醇可降低电积锌的电耗，故引起了人们的重视。文献的结果认为，在电解液中加入高碳醇，可使电耗减少，当添加 0.02～0.1 mol/L 有机物时，可使平均槽电压减少 100～200 mV，这样可使电能节省 5% 左右，具体结果列于表 1（20 天试验数据平均值）。

我国也有人研究了高碳醇的影响[3]，试验是对饱和高碳醇的硫酸锌溶液进行电解。结果表明：高碳醇对锌电积的电流效率影响不大，但阴极锌板表面凹凸不平，呈蜂窝状。

表 1　添加醇及其他有机物[1]

添加的有机物	电流效率/%	电压效率/%	节省的电能/%
不加糊精 - $(C_6H_{10}O_5)_n$			
不加有机物	94.1	64.3	—
加入 0.1 mol/L 乙酸	94.3	68.0	5.9
加入 0.1 mol/L 乙醇	93.8	67.8	5.2
加入 0.1 mol/L 1，2 - 亚乙基二醇	93.2	68.1	5.0
加入 10 mg/L 糊精			
不加有机物	94.8	64.5	1.0
加入 0.1 mol/L 乙酸	94.8	67.9	6.4
加入 0.02 mol/L 1，2 - 亚乙基二醇	94.6	67.9	6.1

* 以理论电势 2.035 V 为基础计算电压效率。

2　浮选剂的影响

锌精矿中的浮选药剂，在焙烧过程中完全烧除，故浮选锌精矿的浮选药剂不会带入电解液中，但是在目前的湿法炼锌中，已应用了浮选法从中浸渣中回收银的工艺。因此，存在浮选剂进入电解液的问题。

株洲冶炼厂[4]已考察了一些浮选剂对电积锌的影响，得到的结果为：

（1）丁基胺黑药在电解液中含量至 10 mg/L 时会对锌电极发生严重影响，阴极锌板表面发黑，电流效

* 该文首次发表于《有色金属》（冶炼部分），1989 第 3 期，30～36 页及 33 页，合作者：杨文超。

率下降6.93%；

(2)乙基黄药在电解液中的含量由1 mg/L增加到40 mg/L时，电流效率降低0.5%~0.7%，如果新液穿滤而带有黄色时，会引起烧板；

(3)双黄药在净化除钴时，会少量留在电解液中。实践证明：因除钴而留在电解液中的黄药对阴极锌板的影响不明显，对电流效率影响也甚微，但有穿滤发生时，则会呈现不良影响。

3　絮凝剂、沉淀剂的影响

在湿法炼锌中使用絮凝剂已有多年，最常用的絮凝剂为聚丙烯酰胺(3#)和阳离子化聚丙烯酚胺(阳离子化3#)。这两种絮凝剂在工业添加量范围内，不会对锌电积发生不良影响。

文献[5]对3#和阳离子化3#进行考查的结果，如图1所示。由该图可见，在添加量为50 mg/L的范围内，对电流效率影响不大。从实验观察到：对阴极锌的物理状态无明显影响。

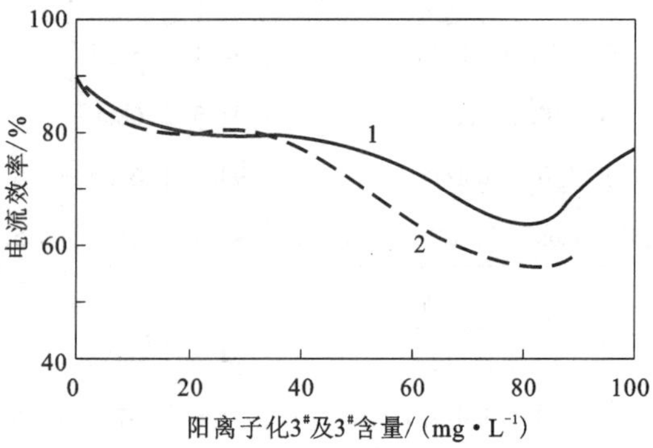

图1　絮凝剂对锌电积电流效率的影响

1—阳离子化3#；2—3#

聚醚在湿法冶金中除硅具有良好的作用，现在既作为絮凝剂，也作为脱硅剂。

文献[5]考查聚醚对电积锌影响的结果，如图2所示。

由图2可见：当聚醚在电解液中含量在10 mg/L时，对电流效率影响不大，但当由10 mg/L增加到50 mg/L时，电流效率由90.5%降至83.2%(实验测出的)，此时阴极沉积物外观质量尚良好。如果再提高聚醚的含量，不但电流效率显著下降，得到的电锌呈明显直条形烧板。

在电锌厂中常用丹宁及栲胶沉淀锗。因此，对这两种沉淀剂在电积锌中的影响必须注意，文献[3]的实验证明：丹宁及栲胶含量<200 mg/L时，对电流效率

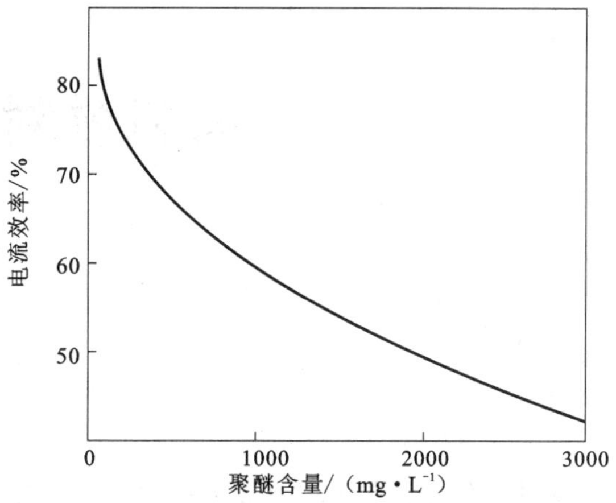

图2　聚醚对锌电积电流效率的影响[5]

无影响，当含量大于200 mg/L时，电流效率会下降，如再升高含量便出现烧板。

4　萃取剂的影响

目前湿法炼锌中，使用溶剂萃取法提取铟、锗、镓、铊稀有金属；使用萃取法从黄药沉淀钴渣中提取钴也应用多年。最新的文献报道，锌的提取也应用了萃取法，尤其是萃取法提取铟的新工艺[6]中全部酸浸液都要经过溶剂萃取处理。如此，萃取剂引入电积系统是不可避免的。

N72、N73、N601是萃取锗的萃取剂，前两种萃取剂在电解液中达到饱和含量时，在电积锌中对电流效率无影响，但影响电积锌的物理状态。后一种萃取剂对锌电流效率造成大幅度下降，影响较大，而且阴极锌板呈孔洞状，并出现烧板[3]。

由图3可见，随着TBP在电解液中含量增加，电流效率下降。当TBP含量至200 mg/L以后，电流效率下降非常显著，获得的阴极锌板发脆，并出现返溶、烧板和难剥锌板等不良影响。

因锌工业应用P204较多，尤其是用P204直接从酸浸液萃取铟获得了成功，故我国对P204对电积锌的影响进行了详细的研究[4-7]。

P204对电流效率的影响，不同作者得到的结果如图4(a)、(b)所示[5,7]。

图4(a)及(b)具体结果稍有不同，这是研究条件差异而造成的，但两者的趋势都是随着P204含量增加，电流效率是下降的。

文献[4]也报道了，加入量高，对电流效率的影响也大。

当P204在电解液中含量达到50 mg/L时，明显

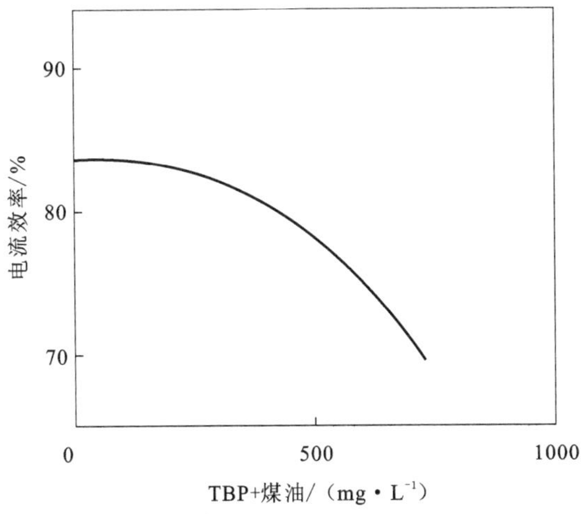

图 3 TBP 添加量对电流效率的影响

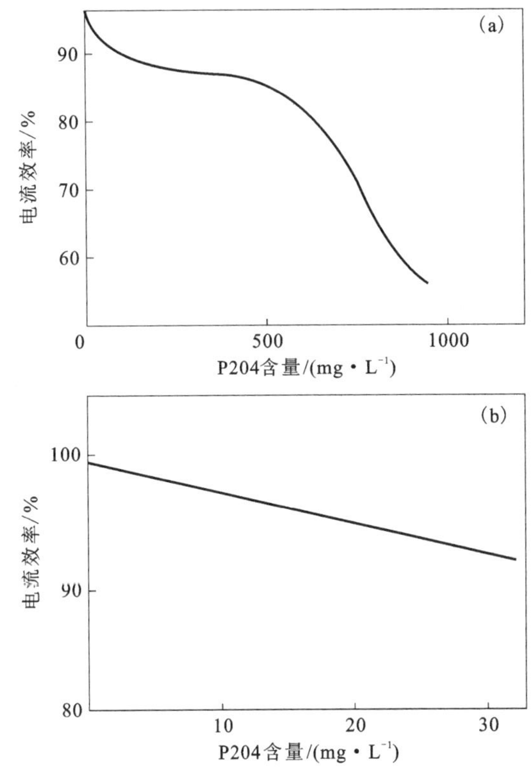

图 4 P204 含量对电流效率的影响

出现烧板，P204 含量越高，烧板越严重，甚至得到支离破碎的锌片。

文献[6、7]对 P204 影响电积锌的原因作了理论分析。指出随着 P204 在电解液中含量增加，锌的电积活化超电位增大，使电极过程不可逆程度加剧。但在一定限度内，由于提高了氢的析出超电压阻碍锌沉淀结晶成核速度，使晶粒变粗有利于电积过程。如果越过允许含量，会引起阴极电流密度成倍增加，成核速度迅速增长，使电极表面附近金属离子浓度迅速下降，利于氢的析出，严重地使锌沉积变坏。经过多次实验，确定了 P204 的允许含量为 10 mg/L。当大于这个允许含量时会产生烧板。在萃取铟的工作中[5,6,7]由于有中浸、净化、沉钒等工序，具有脱除 P204 的作用，故从酸浸液中用 P204 直接萃取铟时，P204 在电解液中不会超过允许含量，而能保证锌电积的正常进行。

脂肪酸为萃取回收钴的萃取剂。实验证明[4]，在新液中含脂肪酸 38 mg/L 时，电流效率降低 2.25%；含 15 mg/L 时，对电流效率没有明显影响，但会使析出锌表面状态变坏，进而降低阴极锌板铸型的直收率。

5 稀释剂及其他有机物的影响

煤油是溶剂萃取常用的稀释剂。由文献[5]知，煤油加入量在 0～3500 mg/L 无明显影响，得到电流效率均较理想，而且获得的阴极锌板外观质量良好，电锌中杂质(Cu、Cd、Fe 等)含量均在数字级电锌范围内。当煤油在电解液中含量达到 1 g/L 时，电流效率明显下降，阴极锌板起壳、烧板，在阴极锌板上出现很多麻洞，使电极锌呈泥状。

其他的有机物如润滑油(机油)等也有进入电解液的可能性。按其性质来讲，也会对锌电积产生不利影响。但这类有机物不会大量引入，在正常生产中加强管理就可控制。

参考文献

[1] 蒋传辉. 有色冶炼, 1984(4): 36－41.
[2] D Buttinelli et al. Zinc'85, 313; Byun－Woneho et al., Zinc'85, 325; K Mushiake et al., Zinc'85, 337; Tokyo, Japan.
[3] 刘非郎等. 有机物对锌电积过程影响的研究. 全国湿法冶金物理化学学术会议论文集(第三集). 昆明工学院冶金系, 1987, 9.
[4] 何亦洽. 有机物对锌电解的影响. 株洲冶炼厂科研所. 1982, 10.
[5] 冶金工业部长沙矿冶研究所. 大厂高铟锌精矿的冶炼新工艺, 1982, 7.
[6] 冶金工业部长沙矿冶研究院等. 热酸浸出铁矾法炼锌萃取提铟新工艺——铟流程工业试验报告, 1987, 2.
[7] 沈湘黔等. 二(2－乙基己基)磷酸在锌电极过程中的行为. 全国湿法冶金物理化学学术会议论文集(第一集). 昆明工学院冶金系, 1987, 9.

高镁硫化锌矿中镁的赋存状态及预处理脱镁的研究*

摘 要：研究了高镁复杂锌矿中镁的赋存状态及用浮选和稀硫酸浸出预处理脱镁的方法。锌精矿中的镁主要以白云石和硅酸盐矿物存在，包括单体镁矿物连生、包裹（或称嵌布）和细脉浸染等几种形式，以连生、包裹和细脉浸染为主。锌精矿浮选分选排镁低镁锌精矿产率和含镁量分别为60%～80%，0.6%～0.7%，稀硫酸浸出预处理可除去甲矿中30%～50%的镁，乙矿中90%～95%的镁，其他有价元素Zn、Cu、Cd和杂质元素溶出较少，浸出条件对锌矿稀硫酸浸出预处理中各元素浸出率及排镁效果没有显著影响。

The investigation of occurrence state of magnesium in zinc - sulfide concentrate containing high magnesium

Abstract: The occurrence of magnesium in complex magnesium - rich zinc sulfide ore and its removal by a flotation and dilute sulfuric acid leach were studied. It is proved that magnesium in the zinc concentrates occurs as dolomite and silicate minerals in monomers, intergrowths, inclusions and finely - disseminated ore. Magnesium was removed from the zinc concentrates using a flotation method, yielding a 60% - 80% low magnesium (0.6% - 0.7%) zinc concentrate. Dilute sulfuric acid leach permits 30% - 50% magnesium to be removed from ore sample A, and 90% - 95% magnesium from sample B without significant leach of other valuable elements (Zn, Cu and Cd) and impurities. The sensitivities of percentages of elements leached and magnesium removal to the leach conditions are insignificant in the range of present experiments.

前言

镁是锌矿中常见的伴生杂质元素，在锌湿法冶炼工艺中，锌精矿中的镁仅少量随溶液和渣开路，绝大部分的镁在浸出—电解体系中循环积累，达到一定浓度（如20 g/L）后，会显著影响矿浆液固分离和锌电解等作业。在锌湿法冶炼工艺中镁是较难净化分离的杂质之一，国外锌厂大都把降低浸出液中镁浓度作为技术诀窍保密。苏联曾报道了用ZnF_2使$MgSO_4$、$CaSO_4$生成MgF_2和CaF_2沉淀以除去$ZnSO_4$溶液中Mg^{2+}、Ca^{2+}的方法[1]，波兰报道了向溶液加入丙酮以除去Mg^{2+}的方法[2]，澳大利亚和印度报道了中和水解选择性沉淀锌的方法[3,4]，处理的锌矿中氧化镁含量低于0.5%。我国株洲冶炼厂和沈阳冶炼厂等湿法炼锌厂，则通过选择性购矿及配料，降低所处理锌精矿的镁含量（通常MgO含量低于0.2%），并且采取定期开路一部分含镁硫酸锌溶液，生产硫酸锌粗产品，控制流程中镁的积累。但是，对于高镁锌精矿的单独湿法处理而言，由于镁迅速积累，若仍采用溶液开路生产硫酸锌排镁，开路锌量大，并且产出的粗硫酸锌用途受限制，经济上极不合理。应研究其他更有效的排镁方法实现锌湿法冶炼流程中镁的控制。我们针对我国西南地区甲、乙两种典型高镁复杂硫化锌矿，进行了镁的赋存状态及预处理脱镁研究。

1 锌矿主要化学成分及镁赋存特点

1991年投产的四川凉山地区湿法炼锌厂以高镁硫化锌矿为原料，年产电解锌1万t。表1为锌精矿的主要成分及筛析结果，该矿有以下特点：

* 该文首次发表于《有色金属》（冶炼部分），1993年第6期，第41－44页及第8页，合作者：王乾坤。

(1)甲矿样和乙矿样磨得较细，一半以上是小于 43 μm 的微细颗粒。

(2)甲、乙矿中银、锗、镓含量高，综合回收价值大。

(3)杂质元素 Mg、Si、F、Ca、Al 等含量普遍较高，尤以 Mg、Si、F 三个元素最为显著，且这些杂质相互间没有明显的赋存依赖关系。

表 1　锌精矿的主要成分及筛析结果

含量/%		混合锌矿[①]	甲矿	乙矿
Zn		49.81	51.64	47.20
Fe		4.92	2.89	8.65
S		30.14	28.29	33.38
Pb		1.62	1.54	1.75
Ag/(g·t^{-1})		298	381	232
Ge/(g·t^{-1})		67	38	110
Ga/(g·t^{-1})		67	62	75
MgO		1.26	1.21	1.33
F		0.33	0.30	0.38
CaO		1.28	0.87	1.90
SiO_2		3.68	7.06	0.34
Al_2O_3		0.87	1.25	0.30
筛析结果/(mm,%)	+0.29		0.31	0
	−0.29 ~ +0.104		24.12	6.50
	−0.104 ~ +0.043		23.77	32.28
	−0.043		51.9	61.21

注:①按设计要求将甲、乙矿以 6:4 比例混合而成。

甲、乙锌精矿及混合矿焙烧料的镁物相分析结果如表 2 所示。两种锌矿中的镁主要是以碳酸盐矿物(包括白云石、菱镁矿)存在，少量呈硅酸盐。经焙烧，碳酸盐含镁矿物分解，绝大部分转化为氧化镁和硫酸镁，少量变成硅酸镁。

为了进一步了解锌精矿中镁赋存状态，进行了混合锌精矿样的电子扫描和微区 A、B、C 的半定量分析(表 3)。电子显微分析检测表明：混合锌精矿中镁的赋存状态呈以下四种形式(图 1 示意)：①单独镁矿物；②连生矿物；③嵌布矿物；④嵌布与连生共存。其中以嵌布和连生两种居多。嵌布粒度大小各异，镁矿物连生体较小，单体镁矿物量很少，镁与锌共晶现象不明显。锌精矿颗粒内镁赋存区域，钙、镁占主要部分，两者的质量分数为 1.6% ~1.8%，此外，还有少量其他杂质元素如 Al、Si、Fe 等。与各类含镁矿物化学成分比较，可以看出，锌精矿中含镁矿物主要为白云石 $CaCO_3 \cdot xMgCO_3$(M_{Ca}:M_{Mg} =40:24)。

表 2　甲、乙锌精矿及混合矿焙烧料的镁物相分析结果

物料	碳酸盐中镁	闪锌矿中镁	硅酸盐中镁	镁的总含量
甲矿	0.9	痕量	0.25	1.20
乙矿	1.16	痕量	0.24	1.40
锌焙砂	0.55	0.78*	0.37	1.70

注：* 镁的氧化物。

表 3　微区 A、B、C 的半定量分析/%

元素	A	B	C
Mg	24.87	22.87	23.98
Al	0.78	0.73	0.90
Si	0.74	0.80	0.64
Ca	39.54	41.23	40.12
Fe	0.30	1.01	0.81
其他	33.77	33.36	33.55
总量	100.00	100.00	100.00

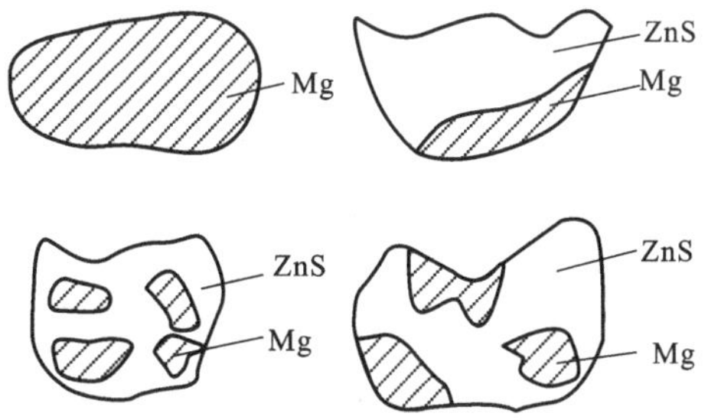

图 1　锌精矿中镁赋存状态的示意图

(1)单独镁矿物；(2)连生矿物；
(3)嵌布矿物；(4)嵌布与连生共存

甲、乙锌精矿含镁高，这是由锌矿中镁赋存特点所决定的。若要提高镁矿物解离程度，锌精矿尚需进一步细磨。综合考虑锌精矿中镁矿物嵌布粒度、磨矿能耗、锌精矿浮选工艺及沸腾焙烧工艺对物料粒度要求等各个因素，预测采用细磨—浮选或稀酸浸出等锌精矿预处理工艺，不可能有效分离锌、镁，但锌精矿细磨，可使一部分被包裹的镁矿物暴露，有利于锌矿预处理脱镁。

2　锌矿预处理脱镁

1)混合锌精矿浮选脱镁

原则上，利用混合矿中镁赋存的非均匀性，以及连生镁矿物与闪锌矿表面特性的差异，经浮选，可以分选出高镁锌精矿和低镁精矿，高镁锌矿单独处理，低镁锌矿作电锌厂原料。含镁锌精矿活化浮选分离锌、镁的效果不理想(见表4)，低镁锌精矿产率、镁分配比及 MgO 含量分别为 60% ~80%，30% ~50%，0.6% ~0.7%，锌精矿浮选分流量大，而低镁锌矿湿法处理工艺流程中的排镁负担仍然较重。对含镁锌矿浮选过程中，不同时间间隔上浮产品进行分析，结果见表5。显然，含镁锌精矿浮选分选的低镁锌精矿产率和含镁量两个指标不能同时满足要求。

表4　混合锌矿活化浮选结果

指标	精矿产率/%	精矿含 MgO/%	镁分配比/%
低镁锌矿	70	0.74	36.38
高镁锌矿	30	2.55	63.62

注：浮选条件：$CuSO_4$ 500 g/t、丁黄药 100g/t、2 号油 30 g/t。

表5　低镁锌矿产率与含镁量的关系

时间间隙/min	产率/%		镁含量/%		镁分配比/%	
	阶段	累计	阶段	累计	阶段	累计
1	39.76	39.76	0.28	0.28	15.5	15.5
1	17.55	57.31	0.40	0.31	9.89	25.62
1	7.75	65.06	0.57	0.34	6.22	31.62
1	2.85	67.93	0.66	0.36	2.66	34.28
1	1.54	69.47	0.95	0.37	2.06	36.34

注：浮选条件：$CuSO_4$ 500 g/t，丁黄药 100 g/t，2 号油 30 g/t。

混合锌精矿分别细磨 5 min 和 15 min，两种细磨料再进行浮选，筛析及浮选结果列于表6，浮选条件同前。锌精矿细磨，进一步单体解离，虽能使部分包裹致密的镁矿物暴露，降低低镁锌矿的镁含量，但影响低镁锌精矿产率，磨矿对浮选分离锌、镁没有明显效果。

表6　锌精矿细磨后的浮选指标

磨矿		产品	浮选		
时间/min	43 μm/%		产率/%	含镁量/%	镁分配比/%
5	75.2	低镁锌精矿 高镁锌精矿	65 35	0.23 1.66	20.47 79.53
15	95.7	低镁锌精矿 高镁锌精矿	35.12 64.88	0.16 1.06	7.55 92.45

2)稀硫酸浸出预处理脱镁

白云石在稀硫酸中易分解，闪锌矿和其他金属硫化物等难溶出，利用这一特点，可对锌精矿进行稀硫酸浸出预处理，使精矿中的镁以 $MgSO_4$ 形态进入溶液，然后过滤与矿分离。

(1)浸出条件

不同条件下的混合锌精矿稀硫酸浸出试验结果如图2~图5所示。浸出试验结果说明混合锌精矿预浸脱镁具有以下几个特点：

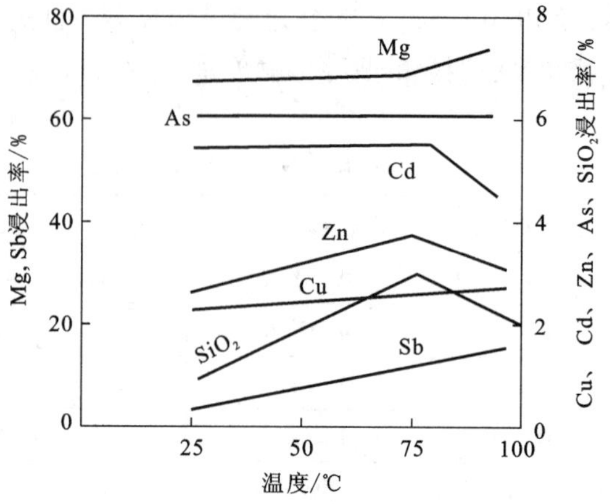

图2　温度对锌精矿预浸出的影响

浸出条件：液固比 5∶1，始酸 25 g/L，时间 1 h

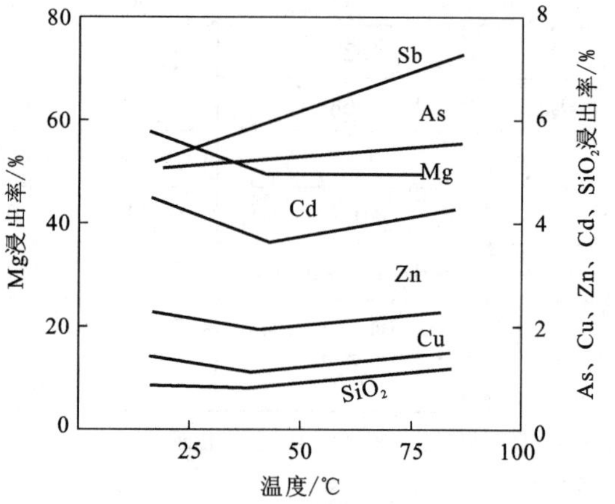

图3　酸度对锌精矿预浸的影响

浸出条件：液固比 5∶1，温度 25℃，时间 1 h

①温度、酸度、液固比和时间等浸出条件对含镁锌矿中 Zn、Mg、Cu、Cd、SiO_2、As、Sb 等元素浸出结果没有明显影响。在室温下，混合锌精矿稀硫酸浸出预处理数分钟，镁 65% ~75% 溶出，与锌分离，而锌、铜、镉浸出较少。

②锌精矿稀硫酸预浸既不明显改变精矿主要成分，也不会产生胶状物，粒度变化小，预浸矿浆的澄清、液固分离、洗涤和干燥等性能良好，浸出液中的 Zn、Cu、Cd 可综合回收。

③锌精矿中的碳酸盐含镁矿物，在酸溶液中分解迅速，并放出大量 CO_2 气体，可避免 $CaSO_4$ 新生成相对白云石矿物的包裹。

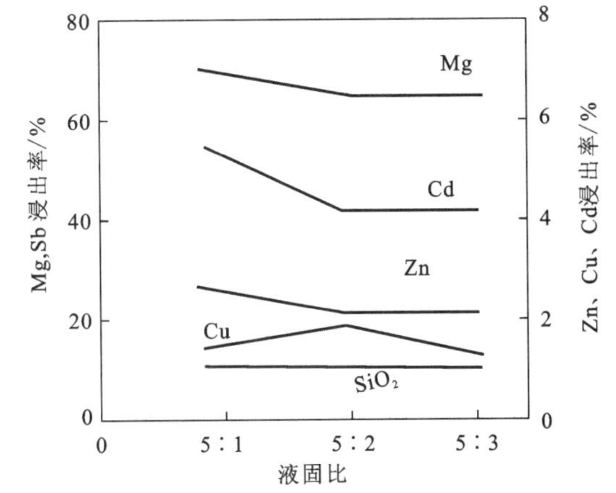

图4　液固比对锌精矿预浸的影响

浸出条件：始酸25 g/L，温度25℃，时间1 h

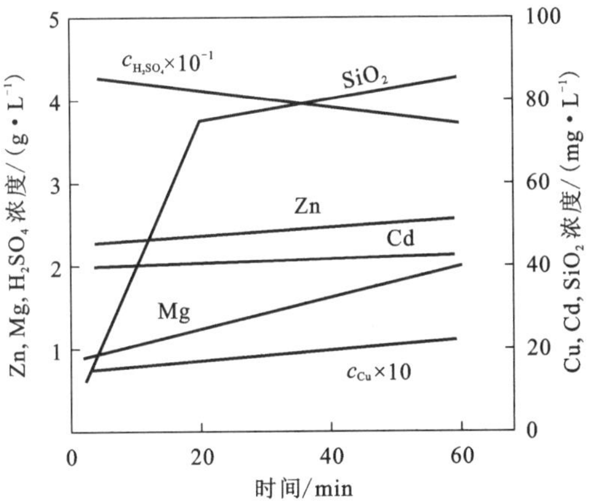

图5　浸出时间对锌精矿预浸的影响

浸出条件：始酸50 g/L，温度25℃，液固比5∶1

④部分含镁矿物以细脉浸染状、小颗粒嵌布或致密包裹赋存，在提高温度、酸度以及细磨等强化浸出条件下也难溶出。

(2)甲、乙矿分别稀硫酸浸出

甲、乙矿，在25℃、液固比5∶1、始酸25 g/L条件下，分别浸出1 h，结果列于表7。从两矿的锌、铁、镁浸出率可知：

①甲、乙锌矿中的镁，其赋存特点不同，乙矿中的镁绝大部分以连生体或包裹不致密形式赋存，易被酸分解，而甲矿中镁矿物主要呈细脉浸染状或被致密包裹，其中一部分为较难分解的硅酸盐矿物，仅少部分被浸出。两矿的锌、铁浸出率有差异，但浸出率都较小，并且与锌精矿中氧化物硅酸盐、硫酸盐等形式的酸易分解锌、铁比例接近。

②乙矿作电锌厂原料，设立锌精矿稀硫酸浸出脱镁工序，可解决锌湿法冶炼工艺流程中镁的控制问题。用甲矿或甲、乙混合矿作原料，锌精矿的预浸排镁措施只能减轻锌湿法工艺流程的除镁负担，但不能有效解决镁控制难题。

表7　甲、乙矿的分别酸浸结果

指标		甲矿	乙矿
浸出率/%	Zn	2.09	4.26
	Mg	38.2	96.4
	Fe	4.98	3.14
渣率/%		94.6	91.1
渣含镁/%(MgO)		0.77	0.051

4　结论

(1)甲、乙矿系有价金属综合回收价值大，杂质含量高的复杂锌矿，锌精矿中镁大部分以白云石矿物赋存，少量呈硅酸盐，主要呈包裹(嵌布)和连生等几种形式，两矿中镁矿物赋存粒度及疏密程度不同。

(2)采用浮选，可产出含氧化镁0.6%～0.7%，产率60%～80%的低镁含量锌精矿，锌、镁分离效果不理想。

(3)锌精矿稀硫酸浸出预处理，可除去甲矿中的镁30%～50%，乙矿中的镁95%以上。温度、初始酸度、时间、液固比等浸出条件，对锌精矿中的锌、镁、铜、镉、硅、砷、锑等元素溶出没有明显影响。在室温下，混合锌精矿稀硫酸浸出数分钟，锌、镁、铜、镉、砷、锑、硅等元素分别溶出：2%～3.5%，65%～75%，1%～3.0%，4%～6.0%，2.0%～7.0%，5.0%～20.0%，0.5%～3.0%。锌精矿稀硫酸浸出脱镁，可便于后续湿法冶炼流程中镁的控制。

参考文献

[1] Л М Щмурыгнна п др. Цветные МЕТАЛЛЫ, 1988, (7): 46－47.

[2] Pr. Inst. Met Miezeia, 1980, (9): 204－207.

[3] I G Matthew. Metallurgical Transaction B, Volume 11B, March, 1980: 73.

[4] K D Sharma. Hydrometallurgy, 1990, Vol.24: 406－415.

磁场处理对活性氧化锌制备的影响及其机理探讨*

摘 要：磁场常可显著影响溶液性质。本文报道了磁处理对于以 $NH_3 \cdot H_2O$ 和 $NaHCO_3$ 两步调浆法制备活性 ZnO 的影响。SEM 照片表明磁处理后所得活性 ZnO(约 0.1 μm)，分散好。X 射线衍射和 DTA 测试表明磁场处理影响了溶液平衡，从而改变了锌盐沉淀的组成。结晶过程的热力学和动力学分析表明磁场处理改变了晶核生长自由能、晶核生长速率。认为这两方面因素导致了磁处理与未处理所得 ZnO 微粒性质的差异。

Effects of magnetic fields on production of active ZnO and its mechanism

Abstract: Magnetic fields often strongly affect properties of solutions. The effect of magnetic treatment on active ZnO prepared by slurry - making with $NH_3 \cdot H_2O$ and $NaHCO_3$ is reported. SEM photographs show that the active ZnO with magnetic treatment is well dispersed spherical particles with smaller diameter (< 0. 05 μm) compared with that without magnetic treatment (about 0. 1 μm). X - ray diffraction and DTA tests show that the magnetic treatment affects the solution balance, resulting in changing the composition of precipitation of zinc salts. Thermodynamic and dynamic analysis of crystallization processes indicates that the magnetic treatment has changed the growth free energy and growth velocity of crystal nuclear. It is considered that the difference between active particles obtained with and without magnetic treatment results from the factors mentioned above.

活性氧化锌是橡胶工业中常用的一种添加剂。它主要用作橡胶或电缆的补强剂，以使橡胶具有良好的耐腐蚀性、抗撕裂性和弹性，也可用作天然橡胶的硫化活化剂、白色橡胶的着色剂和填充剂等。颗粒小者(粒径 <0.1 μm)可用作聚烃或 PVC 等塑料的光稳定剂。其生产方法有多种，目前最为常用的是使锌盐与碱式碳酸盐反应，得到碱式碳酸盐或氢氧化锌沉淀，煅烧得活性氧化锌，产品粒度一般为 0.1 μm 左右。[3]。

磁场对水溶液的微观结构、溶液平衡、溶液中盐类沉淀、结晶等常有显著影响，其在工业上应用也逐渐为人们所重视[4-7]。本文利用磁场处理方法制备了活性氧化锌，发现外加磁场对产品的粒度、结构和分散性等有较大影响，并对此进行了探讨。

1 实验

以 1:1 HCl 加热浸出含锌废渣，浸出液分别加入 $KMnO_4$ 和过量锌粉净化。

净化液加热至 50 ~ 60℃，恒温磁化处理。在搅拌下加入氨水至溶液呈中性，继续在搅拌下加入 $NaHCO_3$ 溶液至 pH 8.0 ~ 8.5。过滤，以 $NaHCO_3$ 溶液反复洗涤沉淀，干燥。于 400 ~ 600℃煅烧 3 ~ 4 h，即得活性氧化锌。所得沉淀以 Du Pont 9900 型 DTA 进行差热分析，并在 RAX - 10 型 X 射线衍射仪上测试。所得活性 ZnO 的形状、分散情况及粒度利用TSM - 2 型扫描电镜观察。

* 该文首次发表于《有色金属》(季刊)，1998 年，第 3 期，85 - 88 页，合作者：李扬，马伟，马文骥。

2　结果讨论

制得的活性氧化锌为白色固体，在空气中极易吸湿。

图1(a)和1(b)分别为磁化和未磁化处理所得锌盐沉淀的DAT图。由图可知，磁处理的沉淀在126.78℃和270.80℃有两峰，分别为$Zn(OH)_2$和$ZnCO_3$分解；未处理的沉淀在89.06℃和259.0℃有两峰，分别为吸附水脱去和$ZnCO_3$分解，其高温段还有小的碳酸盐或碳酸氢盐分解峰。两者在峰位置、形状、数目上都有一定差异，说明所得锌盐沉淀组成不同，磁化后$Zn(OH)_2$增多表明磁处理影响了溶液平衡。

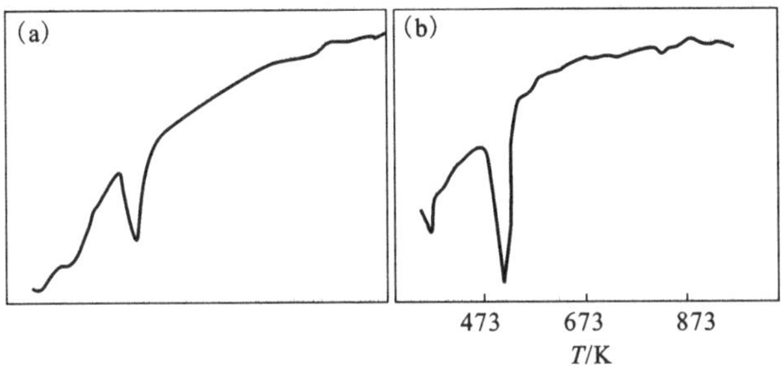

图1　锌盐沉淀的DTA图

(a)磁化处理；(b)未经磁化处理

图2(a)和2(b)分别为磁处理和未处理所得锌盐沉淀的X射线衍射图。两者相比，磁处理和未处理所得沉淀的衍射峰数目和强度都发生一定变化。磁处理后沉淀中$Zn(OH)_2$含量明显增加，也表明磁处理影响了溶液平衡。

图3(a)和图3(b)分别为磁处理和未处理所得活性ZnO产品的SEM照片。比较两者可知，未磁化时ZnO颗粒为球形，粒径较大，为0.1 μm左右，且有一定团聚现象，而经磁处理所得ZnO为球形，粒径小，<0.05 μm，且很少聚集。显然这一差别是由磁场作用产生的。由前述分析可知，磁场处理改变了溶液微观结构，影响了溶液平衡，使所得锌盐沉淀组成发生改变，从而影响最终产品ZnO的粒度及分散性。另一方面，磁场对溶液结晶过程也有影响。由文献可知[6]，磁场处理触发水中大量成核析晶，使结晶容易。以下就磁场结晶过程影响作一简要分析[8]：

2.1　磁场作用对于晶核生成能的影响

从单个原子(分子)形成i个原子(分子)的聚集体，其生成自由能

$$G_i = G_v(i) + G_s(i) + G_c \tag{1}$$

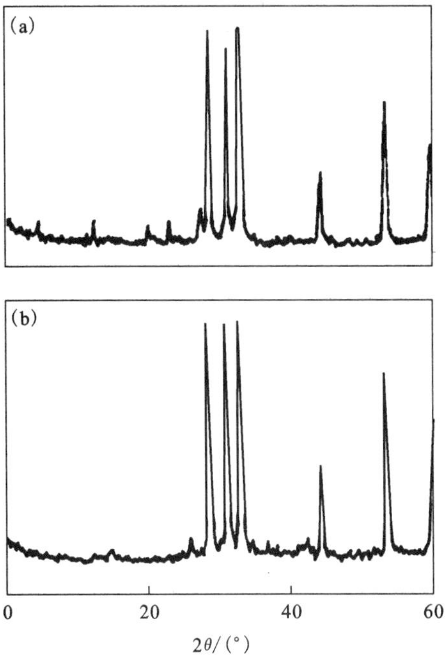

图2　锌盐沉淀的X射线衍射图

(a)磁化处理；(b)未经磁化处理

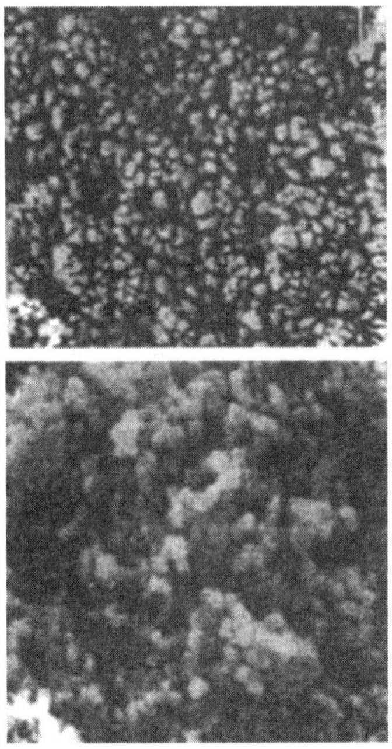

图3　活性氧化锌SEM照片

上：磁化处理；下：未经磁化处理

式中：$G_v(i)$为i个单个原子和i个大块凝聚相中原子自由能差；$G_s(i)$为建立原子簇表面消耗的能量；G_c为洛思－庞德项。

设平衡晶核为简单立方结构，有：

$$G_i = (i-1)G_v + (i^{1/3}-1)\lambda \tag{2}$$

式中：λ为潜热。

由(2)可知：

$$G_i^{\ *} = \frac{4\lambda^3}{27G_v^{\ 2}} - (G_v + \lambda) \tag{3}$$

$$i^* = (\frac{2\lambda}{3G_v})^3 \tag{4}$$

其中：G^* 为 G_i 的极值，即最大生成自由能；i^* 为成核时临界原子数。

设溶液中平衡浓度 C_e 与温度关系为

$$C_e = C_o \exp(-\frac{\lambda_{ss}}{nhTe})$$

式中：C_o 为常数；λ_{ss}为摩尔溶解焓；n 为 1 摩尔溶质形成离子数。

则有：

$$G_v = G(T_a) - G(T_b) = -\int v\mathrm{d}p$$

$$= -\lambda_{ss}(T_a - T_b)/T_a \tag{5}$$

式中：T_a 为假想的与实际浓度（过饱和浓度）相平衡的状态的温度；T_b 为平衡浓度时的温度。

由热力学第一定律：

$U = Q - W$

$= U + PV - TS = Q + PV - TS - W$

由$G = H - TS = U + PV - TS$ 可得

$G = Q + PV - TS - W$

对于磁处理：$W = W_{膨胀} + W_{磁}$，

未处理：$W = W_{膨胀}$，

则有：$G' = G - W_{磁}$　　(6)

式中：G'、G 分别为磁处理和未处理时吉布斯自由能。对于溶液结晶过程，

$$G'(T_a) = G(T_a) - W_{磁} \tag{7}$$

$$W_{磁} \neq 0;\ 故\ G'(T_a) \neq G(T_a) \tag{8}$$

式(7)、式(8)表明，与未处理溶液相比，磁场处理后溶液吉布斯自由能发生变化，磁场所做的功改变了过饱和溶液状态，使过饱和时假想的与之平衡温度 T_a 改变，而恒温时，$G(T_b)$不发生改变，即有：

$G_v' = G'(T_a) - G'(T_b) = G'(T_a) - G(T_b)$

$G_v = G(T_a) - G(T_b)$

$G_v' \neq G_v$

表明磁处理改变了自由能差 G_v，由式(3)、式(4)可知 G^*，i^* 随之改变，表明磁场作用使成核时临界尺寸和最大晶核生成自由能改变。

2.2　磁场对成核速率的影响

由结晶动力学有：

成核速率

$$J^* \approx \frac{NkT}{h}\exp(-G^* + G_d)/kT \tag{9}$$

式中：kT/h 为频率因子；N 为分子数；G_d 为过渡态所需的激发能；G^* 为最大生成自由能（临界尺寸时）。

由式(3)得：

$$\mathrm{d}G_i^*/\mathrm{d}G_v = -(8\lambda^3 + 27G_v^3)27G_v^3 > 0$$

即 G^* 与 G_v 变化趋势相同。G_v 为过饱和溶液与平衡态凝聚相晶核吉布斯自由能之差，而 G_d 为过饱和溶液与过渡态能量差。由 2.1 中分析可知，磁场处理将使得过饱和溶液自由能改变，而恒温时平衡态凝聚相吉布斯自由能不改变，过渡态也不改变，由此可知 G_v 与 G_d 在磁场作用下变化趋势相同，而 G^* 与 G_d 也沿相同趋势改变。2.1 中分析表明，磁处理使 G^* 改变，则可知 $G^* + G_d$ 将改变。由式(9)可知，磁处理改变了成核速率 J^*。

由以上分析可知：磁场作用将从热力学和动力学两方面对结晶过程中晶核生成自由能、晶核临界尺寸和晶核生长速率产生影响，从而改变晶体粒度及分散性，最终影响制得的活性 ZnO 粒度及分散性。

3　结论

利用盐酸浸出含锌废渣，溶液净化后经磁场处理，以氨水和 $NaHCO_3$ 两步调浆法制得活性 ZnO。SEM 照片表明磁处理后 ZnO 呈球形，粒度小（<0.05 μm），且分散好，基本无聚集；而未处理的 ZnO 粒度大（约 0.1 μm），且有一定团聚。

X 射线衍射和 DTA 分析表明磁处理使得所得锌盐沉淀组成发生改变。经磁处理后沉淀中 $Zn(OH)_2$ 增多。这说明磁处理改变了溶液微观结构，影响了溶液平衡。对结晶过程的分析表明磁处理对晶核生成自由能、晶核临界尺寸及晶核生长速率等均有影响，即磁场作用从溶液平衡和结晶过程两方面发生影响，从而改变了活性 ZnO 粒度及分散性。

磁场作用对活性氧化锌制备影响较大，进一步研究可以帮助在理论上揭示磁场作用的本质。同时由于磁处理简便易行，无污染，用于工业上可以有助于减小 ZnO 粒度，提高活性，具有实际意义。

参考文献

[1] 商连第．现代化工，1995，(7)：12.

[2] 文孙汉．广东化工，1989，(3)：43.

[3] 中国化工产品大全(上卷)．北京：化学工业出版社，1994：381.

[4] 陈昭威．物理，1992，2(21)：109.

[5] 王信良．徐国勇等．物理，1992，2(21)：113.

[6] 郭常霖，吴毓琴．物理，1983，11(12).

[7] John Donason, Sue Grimes. New Scientist, 1988, February (18)：43.

[8] Panplin B R. 刘如水等译．晶体生长．北京：中国建筑工业出版社，1981.

某地锌精矿湿法冶炼的研究*

摘　要：本文研究了某地锌物料的水冶特性，进行了多方案的工艺流程小型试验，对比了试验结果。提出了推荐的工艺流程、操作条件及主要的技术经济指标。可作为可行性研究的依据。

Investigation on the hydrometallurgical treatment for certain zinc concentrate

Abstract: The characteristices of the hydrometallurgical treatment for certain zinc concentrate were studied. The small scale experiment was carried out for various technical flowsheets. A proposed flowsheet was suggested according to the tests results. The technological conditions and the main factors can be used as basis of feasibility study。

前言

某地大型白云岩铅锌矿床[1]地质条件优越，沿着相同地层中找矿的前景极大。近年勘探表明：储量确已成倍上升，将成为我国重要的铅锌基地之一。

本文对该硫化锌精矿的湿法冶炼做了多方案的对比，提出了推荐的工艺流程、操作条件及主要的技术经济指标等，可作为可行性研究的依据，并为中型扩大试验打下基础。

1　锌物料的水冶特性

某地锌精矿在870℃及960℃两种温度条件下进行沸腾焙烧，所得焙砂与烟尘按2∶3混合，即为本研究试验的原料。

由于960℃焙烧料的物相组成鉴定及水冶特性结果与870℃焙烧料基本相同，故焙烧温度两种均可，但以稍低为宜，本试验以870℃焙烧料作为原料，这种焙烧料粒度较细，85%能通过220目。

表1列出了870℃焙烧料的可能矿物组成及微量元素的成分。

作为湿法炼锌的原料而言，某地锌精矿中所含杂质很少，即锌精矿较为单纯，其中特别是铁的含量较低而锌的品位较高，故只要控制好沸腾焙烧，特别是降低不溶锌的含量，即有可能获得很高的锌直接浸出率。精矿中所含稀散金属微量，可不考虑回收，且所含酸溶性重金属杂质亦不高，可考虑采用简便的净化工艺。

从焙烧后物料的物相组成来看，可以预测到：常规法锌的直浸率最高可达到96.58%，浸出渣率约18%。由于渣率低，则常规法不溶性锌（即硫化锌及铁酸锌）在浸出渣中将占较大的比重（约18%）。这就表明，虽然锌的直浸率很高，但浸渣含锌仍高，有必要进行浸渣处理。

为了探索锌物料的实际浸出性能，特用120 g/L H_2SO_4作溶剂，对焙烧料进行了浸出尾酸、浸出温度、浸出时间及常规中浸渣的超浸条件试验，试验结果如图1，图2，图3，图4所示。

通过上述浸出探索试验，对本试料可得出如下的基本概念：

* 该文首次发表于《矿冶工程》，1982第3期，37～43页及49页，合作者：李庚生，尹淑贤等。

表1 870℃焙烧料矿物组成及微量元素成分/%

组成	Zn	Pb	Fe	Cd	Cu	O	S	SiO_2	Ca	MgO	Al_2O_3	其他	共计
$ZnSO_4$	0.21					0.21	0.11						0.53
ZnO	64.23					16.31							80.54
$ZnO \cdot SiO_2$	0.85					0.22		0.81					1.88
$ZnO \cdot Fe_2O_3$	2.15		3.83			1.23							7.21
ZnS	0.15						0.08						0.23
$PbSO_4$		0.20				0.06	0.03						0.29
PbO		0.23				0.02							0.25
铅铁矽酸盐		0.23	0.21			0.11		0.41					0.96
PbS		0.05					0.01						0.06
Fe_2SO_4			0.07			0.01	0.04						0.12
Fe_2O_3			0.20			0.09							0.29
FeS			0.09				0.05						0.14
Cu_2O					0.059	0.01							0.069
$CuO \cdot Fe_2O_3$			0.02		0.025	0.01							0.055
CdO				0.13		0.02							0.15
$CdO \cdot Fe_2O_3$			0.03	0.03		0.02							0.08
SiO_2								1.81					1.81
Al_2O_3											0.24		0.24
$CaSO_4$						0.44	0.22		0.28				0.94
CaO						0.07			0.18				0.25
MgO										0.09			0.09
其他												3.816	3.816
共计	67.59	0.71	4.45	0.16	0.084	18.83	0.54	3.03	0.46	0.09	0.24	3.816	100

As	Sb	Co	Ni	In	Ge	Ga	Sn	Mn	Ag	Hg	F	Cl
0.034	0.0082	0.00015	0.0016	0.0004	0.00012	0.00056	<0.002	0.084	0.0031	<0.001	0.002	0.010

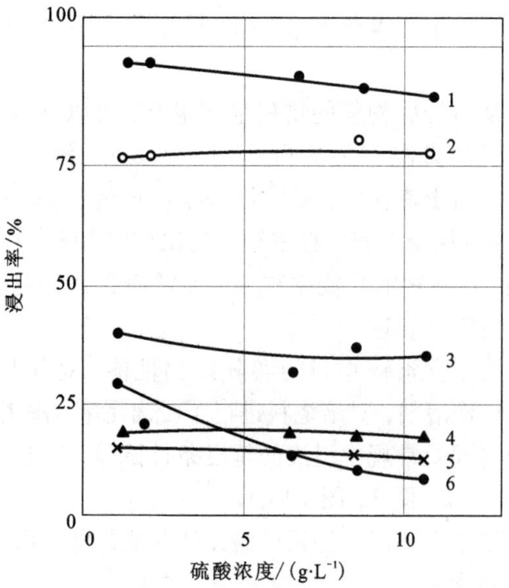

图1 浸出尾酸的影响(70℃, 30 min)

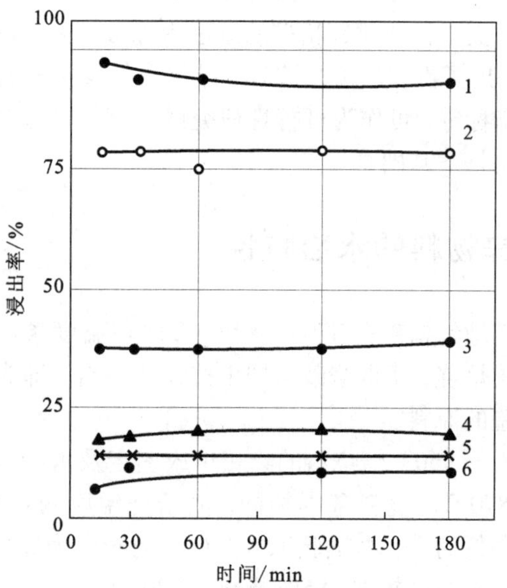

图2 浸出时间的影响(70℃ H^+ 为 1 g/L)

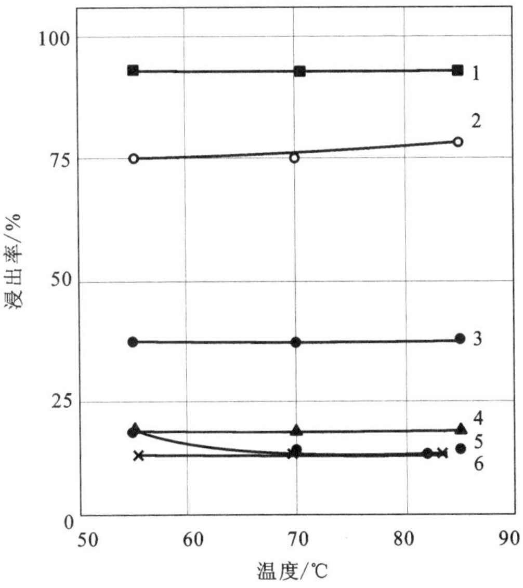

图 3　浸出温度的影响(30 min H^+ 为 1 g/L)

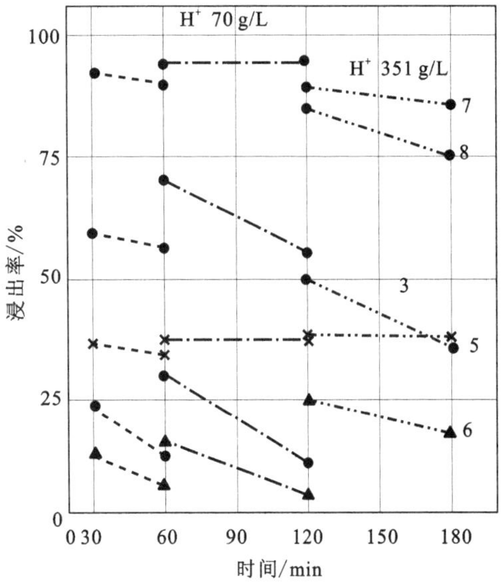

图 4　超浸条件试验(95℃)

图 1 ~ 图 4：1—铁入渣率；2—镉的浸出率；3—锌入渣率(扩大 10 倍)；4—渣含锌；5—渣率；6—二氧化硅的浸出率；7—铁的浸出率；8—渣含铁(扩大 10 倍)；9—渣含锌(扩大 10 倍)

(1)如上所预料，在常规浸出时，锌的直浸率为 95% ~96%，低浸渣率 13% 左右，渣含锌 19% 左右，而采用高温高酸处理浸出渣时，在最佳条件下锌的总直浸率为 99.9%，此时超渣率为全物料的 5%，渣含锌不超过 0.5%。

(2)浸出时间试验表明，此种物料的可浸性良好，浸出速度很快，因此浸出时间不是主要因素，一般半小时已够。

(3)由于浸出速度很快，氧化锌浸出反应热量又大，且浸出温度不是主要因素，这在将来生产上是节约热能的有利条件。考虑到生产实践情况，浸出温度可定为 70℃左右。

(4)鉴于铁的浸出率随尾酸浓度增大而升高，在尾酸为 1 g/L 左右的情况下，常规浸出对锌的直浸率可达 96% 左右，且物料中砷、锑等需水解沉淀的杂质量不高，为便于常规沉铁，浸出尾酸控制在 1 g/L 左右为宜。

(5)虽然常规浸出时，锌可获得满意的直浸率，但渣含锌仍较高，必须进行浸渣处理，以现有技术而论，此种浸渣既可采用火法，亦可采用全湿法，应根据具体情况确定。考虑到火法在我国已有成功的生产实践经验，因此只须进行高温高酸法以资比较。但试验时为简化流程，我们企图尽力减少酸耗及研究快速简便的沉铁方法。

(6)试验中发现，当低酸浸出时，由于物料溶解速度很快，局部溶液可能呈中性，如物料未及时散开，则易于结块，影响浸出。这种现象尤以烟尘为甚。故浸出试验进料采用过筛，借以分散物料。生产时可考虑球磨浆化。

2　工艺试验及其结果

湿法炼锌，特别是对于本试验这种品位高含杂质量低的锌物料，其主要的技术经济指标决定于浸出工段。因此，我们着重研究试验了各种浸出工艺流程。

(1)常规一段浸出工艺

在控制尾酸 0.5 ~5.5 g/L 的低浸条件下，以比重 1.02 的石灰乳直接中和至 pH =5.2，曾进行过 0.5 kg 级试料的五个周期试验。

(2)常规两段逆流程浸出工艺

试验了以焙砂作中和剂的常规两段逆流浸出工艺。即中浸上清液开路，低浸底流过滤渣开路。应强调指出的是中浸底流应于低浸末期加入，以防底流中水解物的复溶，尾酸必须保持在 1 g/L 左右，以保证可溶锌的充分溶解。如此循环进行了 0.2 kg 级物料十个周期的试验。

(3)高温高酸浸出—除铁三段工艺

为解决浸渣含锌问题，我们进行了高温高酸法处理。考虑到此种物料的含铁量低，低浸底流不大的有利条件，将一般高温高酸流程的多段浸出程序及外加浓硫酸的工艺[2-3]，简化为直接以废电解液作为溶剂进行低浸—超浸两段浸出工艺。共进行了 0.2 kg 级物料十个周期的试验，试验流程如图 5 所示。

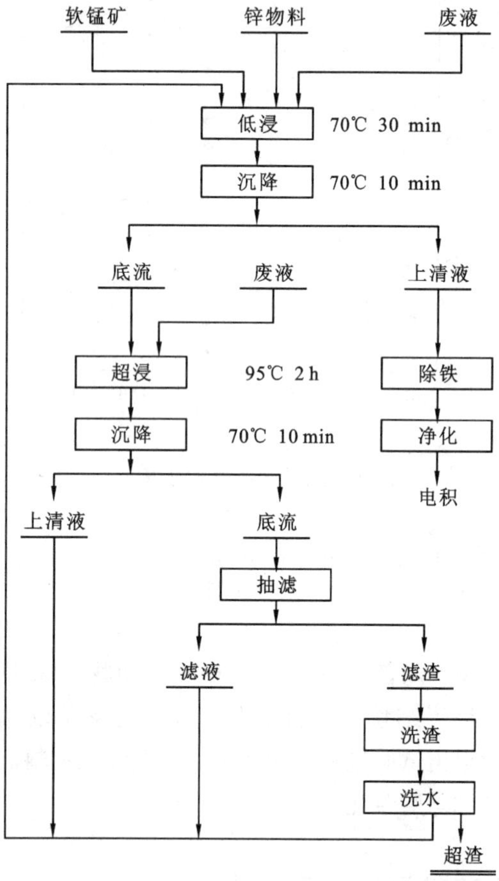

图 5　低浸—超浸两段浸出工艺流程

由于物料含铁量低，按本浸出工艺流程，致使高温高酸法中低浸液含残酸 1 ~ 2 g/L，铁为 4 g/L 左右，即低酸低铁这一特点。因此对此种溶液沉铁的工艺有必要进行研究试验。

我们探索了黄钾铁矾法及针铁矿法除铁。探索试验结果表明，两种方法均可自此低浸液中除铁，但均需要较长的沉铁时间，一般均多于 4 小时，沉铁速度较慢时，沉降及过滤性能则很好。为探索快速沉铁，我们又进行了如下的除铁试验。

(1)石灰乳中和—压滤法

由于溶液含铁量高，石灰乳直接中和时的研究试验表明无上清液出现。鉴于常规一段浸出的结果，由于铁渣中含有大量的 $CaSO_4 \cdot 2H_2O$，过滤性能良好。为此以 60 g/L CaO 乳进行了三个周期的除铁试验。而后以布袋于台虎钳上压滤，操作简便，压滤时间 10 min，压出中和液后的滤渣用水在室温下四次浆化再压滤。结果平均干渣为原料的 32%，干铁钙渣含锌平均为 3%，锌入铁渣率为 1.4%。

(2)EZ 法除铁

EZ 法为澳大利亚电锌公司发展的除铁工艺[4]，长沙矿冶研究所 1978 年即已在来宾湿法炼锌研究试验中应用此工艺，而江苏冶金所 1979 年以来对此进行了较大的推广与应用[5]，同时在某些方面进行了较为深入的研究。

此工艺在生产上应用的关键是喷淋方式与铁渣含锌，即如何提高喷淋速度与降低铁渣含锌率。

我们曾进行过喷淋速度及铁渣水力分级与细铁渣的酸洗试验。试验结果如下：用 EZ 法可以快速而有效地除铁，铁渣的沉降及过滤和除铁后液的除杂性能均良好，喷淋速度主要决定于中和剂的用量，但喷淋速度与中和剂中锌的利用率成反比，铁渣的水力分级是降低铁渣中含锌量的有效办法，但水力分级不可能较完全地解决铁渣含锌问题，细铁渣经稀酸洗可有效地降低细铁渣的含锌至 5%，但与此同时，铁返溶了约三分之一。

综合以上各种浸出工艺的试验结果列于表 2。

中浸液的净化是电积锌的把关工艺。根据各方案流程，甚至高温高酸法试验的中浸液质量来看，除铜、镉外，其他杂质的含量均接近净化要求的上限。因此净化工艺是比较简单的。但为了对比，我们还是进行了常规一段净化，常规两段净化代替锌粉置换净化的试验。

试验结果表明：采用 65℃、锌粉用量为置换液中铜、镉理论量的三倍，2.5 小时的常规一段净化工艺即完全可以满足净化的要求。温度较高(为 85℃)则镉有返溶现象。且分段加锌粉也没有必要，因末期的锌粉不足时，则易致镉出界。多量的锌粒是可以置换净化的，其优点是可以得到含残锌较低，即铜镉品位较高的海绵金属，唯净化后海绵铜镉附着在锌粒上，需要采用研磨或球磨法处理，这样锌粒才能继续使用。

3　问题讨论

作为湿法炼锌原料，应予强调指出的是某地锌精矿有其突出的特点——含锌品位高，铁含量低，杂质含量少。故在考虑湿法流程工艺时，应尽量发挥这些优势。高效率、低消耗、简便、快速的生产工艺是研究试验的重点，而试验结果也已体现了出来。

浸出工艺的关键则在于深入了解与掌握物料的可浸性能。在本试验中所采用的常规一段及两段浸出流程中，虽然均已取得直浸率大于 95% 的先进指标，但两段法可用焙烧料代石灰乳而完全有效地获得质量满意的中浸液，特别是免除了硫酸的消耗，因此我们认为常规两段法比一段法优越。

虽然常规浸出工艺流程中，锌直浸率—渣率、沉降、过滤、中浸液质量均获得先进水平，但由于渣率特低，常规酸不溶锌（如硫化锌及铁酸锌）的富集使渣含锌仍高达17%左右。

在渣处理上我们试验成功了特别适合于EZ除铁工艺要求的不外加酸、简便的低浸—超浸两段的工艺流程，并取得了锌直浸率高达99.8%的先进指标，EZ法虽可快速除铁、锌入铁渣中的损失虽不大，但铁渣含锌率仍较高。至于石灰乳中和—压滤法则由于酸耗大而锌回收率又未升高，恐难于采用。

是否可能采用多段高温高酸浸出流程而使铁富集于低浸液中而后以黄钾铁矾法沉铁，这有待我们今后进行研究。

表3渣中锌物相组成的情况，更引起我们注意到氧化焙烧的残硫问题，国外在20世纪70年代即已能降至较低的水平。特别是铁酸锌的含量更应该深入研究。采用沸腾炉底部排料以缩短高温逗留时间，或趁排料余热还原以破坏铁酸盐[6]，均值得研究试验。如真能取得进展，则对此种湿法冶炼即不需所谓渣处理了。

关于某地建厂时渣处理的方案，应根据当地具体条件：例如生产规模、能源情况、环保要求等综合考虑，至于主金属锌的回收：试验结果表明可达98.5%以上，而有价金属如铅、银在锌水冶过程中理应富集6~20倍，即具有回收的价值。最后渣处理方案——火法、湿法、暂堆存的选择，则根据经济工艺及当地具体条件不难选出合理方法。

表2 各种浸出工艺试验结果对比

流程名称		一*	二**		三***			
		一段常规法	常规两段逆流法		高温高酸浸出—除铁法			
			中浸	低浸	低浸	超浸	除铁	
							石灰乳—压滤法	EZ法
浸出工艺	温度/℃	70	70	70	70	95	室温	70
	时间/min	30	3~5	30	30	120		
	尾酸/$(g \cdot L^{-1})$	3.63	pH 5.2	pH 2.5	pH 2	94.5	pH 5.2	pH 3
中和剂		石灰乳	焙砂				60 g/L 石灰乳	焙砂
10 min上清率/%		67.02	90.73	91.58	92.08	96.65	0	98/4 min
400 mm Hg过滤速度 mL/min—ϕ100 cm		67.23		10.10		72.46	~10	504
溶液浓度/$(g \cdot L^{-1})$	Zn	129.60	131.80	130.40	128.70	69.33		
	Fe	<0.001	0.0027	0.096	4.04	4.54		0.0087
	Cu	0.096	0.068	0.076	0.082	0.034		0.34
	Cd	0.132	0.14	0.14	0.14	0.047		0.12
	As	0.000096	0.00019	0.0053	0.0283	0.0157		0.00043
	Sb	0.000324	0.00012	0.00014	0.0024	0.0124		0.00012
	SiO_2	0.0298			0.198	0.064		
洗渣水/$(mL \cdot g^{-1}$渣)		18		6.35			4.88	
渣率/%		21.15		15.91		5.01	32	8.67
渣成分/%	ΣZn	13.74		17.16		2.59	2.99	11.67
	Zn水	0.51		0.197		0.04	0.52	
锌入渣率/%		4.22		4.01		0.18	1.4	1.5

注：*：1. 锌直浸率95.5%；2. 酸耗：66 kg/t锌；3. 溶液可能膨胀。

**：1. 锌直浸率95.5%；2. 渣率16%左右；3. 渣含锌17%左右；4. 全浸出流程时间1 h。

***：1. 锌直浸率99.8%，超渣率5%，渣含锌0.2%；2. 全浸出流程时间4小时；3. 铁渣中锌损失分别约0.5%及1.4%，4. 石灰乳中和—压滤法的酸耗约220 kg/t锌。

表3 常规及高温高酸浸出渣中锌的物相组成

浸出工艺	渣中 ∑Zn/%	锌的物相组成/%				
		$Zn_{水}$	ZnO	$ZnSiO_3$	ZnS	$Zn Fe_2O_4$
常规二段浸出	17.16	4.01	3.84	2.62	0.35	89.18
高温高酸浸出	2.99	1.58	1.21	1.62	93.28	2.37

4 结语

(1)通过对某地锌焙烧物料的研究，掌握了它的主要水冶性能，给工艺流程奠定了基础。

(2)进行了常规一段及二段浸出试验和高温高酸浸出除铁试验。前者锌的直浸率大于95%，渣率18%，渣含锌17%及后者锌的直浸率99.8%，锌损失于铁渣约0.5%。溶液质量及沉降过滤性能均有良好的结果。

(3)综合物料的单纯性质及合适的浸出工艺流程可获得满意的中浸液质量，从而可采用简便的一段中温净化流程。

(4)试验的流程及条件可作为可行性研究及扩大试验的依据。

参考文献

[1] 黄世坤等. 西北冶金地质科技情报，1979(1)：33.

[2] J T Wood. Australian Mining，1973(1)：23－29.

[3] C T Haigh. The Australasian Institute of Mining and Metallurgy Proccedings，1967(223)：49－56.

[4] Alfan W Robert. 联邦德国专利 2121737，1971.

[5] 江苏省冶金研究所有色研究室. 江苏冶金，1979(2)：1－10.

[6] Kriiper，Eremetall，33(1950)，No.2：70－76，34(1981)，No.7/8：380－387.

含 Mn^{2+} 硅氟酸铅溶液无隔膜电积致密铅的研究*

摘　要：本文通过理论计算和试验，论证了硅氟酸铅溶液在加入一定浓度 Mn^{2+} 条件下无隔膜电积的主要技术条件（Mn^{2+} 17～20 g/L，阳极电流密度 160～200 A/m^2，温度 40～41℃）。无隔膜电积工艺简单可靠，克服了隔膜电解带来的缺点，易工业化。

Investigation of obtaining dense lead by electrowining without diaphragm in lead fluosilicate solution

Abstract: This paper discussed and proved no－diaphragm electrowining technological conditions (Mn^{2+} 17－20 g/L anode current density 160－200 A/m^2, temperature 40－41℃ of lead fluosilicat solution) in the case of adding Mn^{2+} with definite concentration through theoretical calculation and test results.

Electrowining technology without diaphragm is simple, reliable and easily industrialized without disadvantages of electrowining with diaphragm.

前言

近年来，在处理硫化铅精矿及 $PbSO_4$ 渣的浸出（或转化→溶解）—电积工艺流程[1,2]中，铅的浸出率为97%～98%，但所得硅氟酸铅溶液必须在阴离子膜隔膜条件下电解（阴离子膜防止 Pb^{2+} 进入阳极室，而在阳极上形成 PbO_2，降低阴极铅产率）。隔膜电解突出的缺点是：电解槽构造复杂，需要两套循环系统和设备，操作和维修繁琐；极距大、槽电压高（2.8～3.3 V[2,3]）、耗电大。阴离子膜本身亦存在寿命短、易变形等问题，因此，目前有关硫化铅精矿浸出—电积流程的研究，仍处于试验阶段。

本研究以浸出得来的硅氟酸铅溶液为基础，在加入一定浓度 Mn^{2+}（$MnSiF_6$）条件下，使 MnO_2 优先在阳极上形成（PbO_2 不生成），实行无隔膜电解，从而消除隔膜电解带来的缺点。

1　不含 Mn^{2+} 硅氟酸铅溶液无隔膜电积的阳极过程

不含 Mn^{2+} 的硅氟酸铅溶液无隔膜电积时，阳极（石墨或 PbO_2 阳极）上除产生氧气外，还有 PbO_2 产生：

$$O_2 + 4H^+ + 4e \longrightarrow 2H_2O \qquad (1)$$

$$E^\ominus = 1.229\ \text{V}$$

$$PbO_2 + 4H^+ + 2e \longrightarrow Pb^{2+} + 2H_2O \qquad (2)$$

$$E^\ominus = 1.4579\ \text{V}$$

根据硫酸体系中铅的电位－pH 图[4]，PbO_2 的稳定区较大，对硅氟酸体系，此规律仍然适合。根据式(2)不同温度下的电极电位（$E_T^\ominus$）及试验情况下的平衡电位（$E_T^\ominus$）计算结果，就可说明。

式(2)不同温度下的 $E_T^\ominus$ 计算（按 Latimer[5]文献数据）如下[6,7]。

以式(2)的 $\Delta G_{298}^\ominus = -67240$，$\Delta S_{298}^\ominus = 20.3$ 代入下列各式得（60℃以下 $\Delta G_P^\ominus$ 的影响可忽略）：

$$25℃\quad E_{298}^\ominus = \frac{\Delta G_{298}^\ominus}{2 \times 23060} = \frac{-(67240)}{46120} \approx 1.4579$$

* 该文首次发表于《矿冶工程》，1983 第 3 期，第 38－40 页，合作者：刘德育，刘阳南。

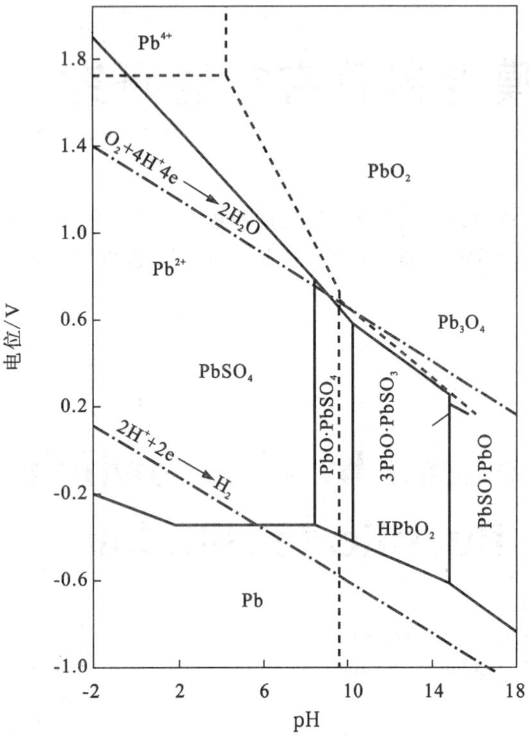

图1　铅的电位-pH图

表1　(2)式试验情况下的平衡电位(40℃)

Pb^{2+}浓度		H_2SiF_6浓度		E_T
g/L	g/L	g/L	H^+ g/L	
100	0.4831	40	0.5556	1.4459
80	0.3865	54	0.750	1.4651
60	0.2899	68	0.9444	1.4814
40	0.1932	90	1.250	1.5019

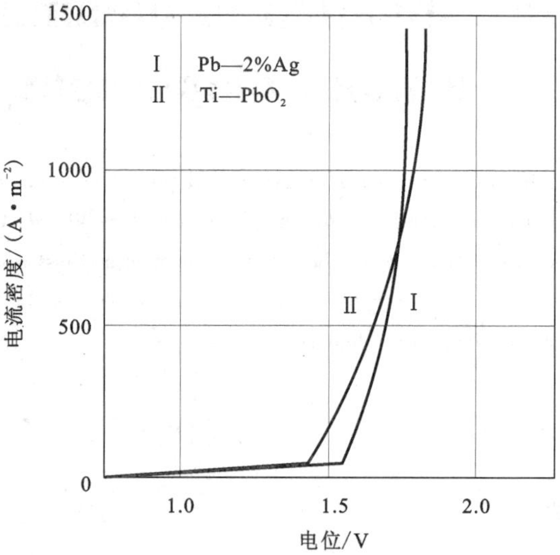

图2　PbO_2阳极极化曲线

30℃　$E_T^{\ominus}=1.4579+0.0002168\left(\frac{\Delta S_{298}^{\ominus}}{2}+5\right)\approx1.4612$

40℃　$E_T^{\ominus}=1.4579+0.0006505\left(\frac{\Delta S_{298}^{\ominus}}{2}+5\right)\approx1.4678$

50℃　$E_T^{\ominus}=1.4579+0.001084\left(\frac{\Delta S_{298}^{\ominus}}{2}+5\right)\approx1.4743$

试验情况下(40℃，开始Pb^{2+} 100 g/L，终了Pb^{2+} 40 g/L，开始游离H_2SiF_6 40 g/L，终了90 g/L)式(2)的平衡电位E_T，按表1中不同Pb^{2+}及对应的H^+浓度(g/L)近似计算如下：

$$E_T=1.4678+0.1242\lg(H^+)-0.0311\lg(Pb^{2+})$$

得出的式(2)平衡电位如表1所示。

根据以上结果及PbO_2阳极极化曲线[8]可知，硅氟酸铅溶液在试验的电流密度(160～200 A/m^2)下无隔膜电积，PbO_2必然在阳极上析出，但式(2)的平衡电位随Pb^{2+}浓度降低及H^+浓度增大而增大(不利于PbO_2生成)，则PbO_2的生成量将随着平衡电位的升高而逐渐减少，本研究及有关试验[1,2]均证明，硅氟酸铅溶液在不含Mn^{2+}条件下无隔膜电积时，阳极上产出的PbO_2约占总析出铅量的40%～50%。

2　含Mn^{2+}硅氟酸铅溶液无隔膜电积试验方法

试验在220 mm×155 mm×200 mm的有机玻璃槽内进行。阳极为塑料基板镀PbO_2(有效尺寸75 mm×108 mm)，阴极为电铅片(有效尺寸为95 mm×100 mm，80 mm×86 mm)。槽内放两片阴极，一片阳极，电解液循环流动方向与电极平行。

电解液为碳酸铅转化渣溶于硅氟酸。Mn^{2+}以试剂碳酸锰溶于硅氟酸，按计量加入。电解2 h后，按析出铅量折算成PbO，再溶于电解液中(保持Pb^{2+}和H_2SiF_6浓度恒定)，进行下次试验。

每组试验2 h，试验前后分别称阴、阳极重(电解后阴阳极烘干，阳极并在干燥器中再干燥4 h)，然后计算阴极电流效率及阳极产物(PbO_2或MnO_2)的质量。

表 2　不同 Mn^{2+} 浓度及 H^+ 浓度下(3)式 40℃的平衡电位

H_2SiF_6 g/L	H^+ g/L	Mn^{2+}/(g·L^{-1})	E_T/V	Mn^{2+}/(g·L^{-1})	E_T/V	Mn^{2+}/(g·L^{-1})	E_T/V	Mn^{2+}/(g·L^{-1})	E_T/V	Mn^{2+}/(g·L^{-1})	E_T/V
40	0.5556	5.6	1.2317	12.2	1.2211	15	1.2184	18.8	1.2153	25.10	1.2114
54	0.750	5.6	1.2479	12.2	1.2373	15	1.2346	18.8	1.2315	25.10	1.2276
68	0.9444	5.6	1.2603	12.2	1.2497	15	1.2470	18.8	1.2439	25.10	1.2400
90	1.250	5.6	1.2754	12.2	1.2648	15	1.2621	18.8	1.2590	25.10	1.2551

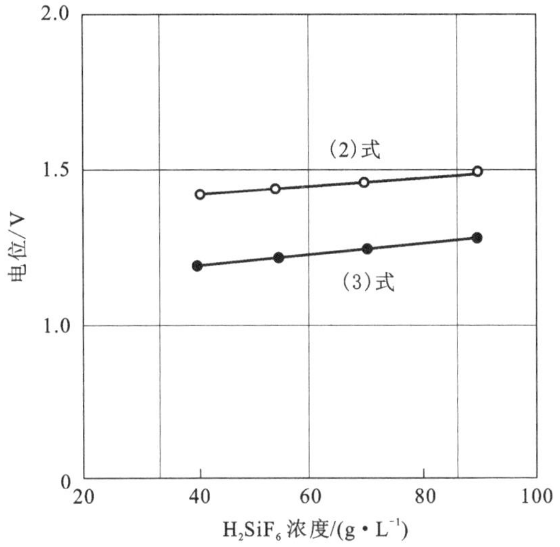

图 3　式(2)及式(3)在不同酸度下 40℃时的平衡电位
(Pb^{2+} 100 g/L, Mn^{2+} 18.8 g/L)

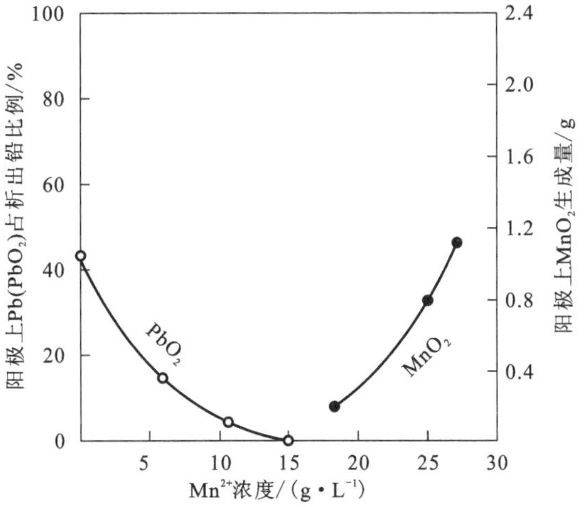

图 4　Mn^{2+} 浓度对阳极产物的影响

3　试验结果及讨论

试验用的电解液成分如下(g/L)：Pb^{2+} 90～100，Mn^{2+} 0～25，H_2SiF_6 126～140(总)，Fe^{3+} 0.5 g/L，Cu^{2+} 0.0001，Zn^{2+} 0.009。

硅氟酸铅溶液中加入 Mn^{2+}($MnSiF_6$)后，阳极上除产生氧气外，还可能进行下列两个主要反应：

$$PbO_2 + 4H^+ + 2e \longrightarrow Pb^{2+} + 2H_2O \qquad (2)$$

$$E^\ominus = 1.4579$$

$$MnO_2 + 4H^+ + 2e \longrightarrow Mn^{2+} + 2H_2O \qquad (3)$$

$$E^\ominus = 1.229$$

根据两式还原电位的差异控制 Mn^{2+} 浓度，使 MnO_2 优先在阳极上形成，实行无隔膜电解。对影响 MnO_2 在阳极上形成的主要因素——Mn^{2+} 浓度、电流密度、温度、电解时间进行了试验，分述如下。

(1) Mn^{2+} 浓度的影响

试验的固定条件：阴极电流密度 160 A/m^2(阳极电流密度 185.19 A/m^2)，温度 40～41℃，同极中心距 55 mm，循环速度 220～250 mm/min，电解 2 h。

加入 Mn^{2+} 式(3)的电极电位随之变化。根据 Latimer[5]文献数据，式(3)反应的 $\Delta G_{298} = -56680$ $\Delta S^\ominus_{298} = 0.8$，分别代入下列各式[6,7]，即得 $E^\ominus_T$ 值；

$$MnO_2 + 4H + 2e \Longrightarrow Mn^{2+} + 2H_2O$$

$$25℃\quad E^\ominus_{298} = \frac{-(-56680)}{2\times 23060} \approx 1.229$$

$$30℃\quad E^\ominus_T = 1.229 + 0.0002168\left(\frac{\Delta S^\ominus_{298}}{2} + 5\right) \approx 1.2302$$

$$40℃\quad E^\ominus_T = 1.229 + 0.0006505\left(\frac{\Delta S^\ominus_{298}}{2} + 5\right) \approx 1.2325$$

$$50℃\quad E^\ominus_T = 1.229 + 0.001084\left(\frac{\Delta S^\ominus_{298}}{2} + 5\right) \approx 1.2349$$

以 40℃为例，将表 2 中不同 Mn^{2+} 及 H^+ 浓度代入，则得 40℃(3)式的平衡电位。

从式(2)及式(3)式 40℃平衡电位的近似结果看出，式(2)的 E_T 大于式(3)。显然，在试验的电流密度下，MnO_2 在一定 Mn^{2+} 浓度下优先在阳极上生成。且式(3)的 E_T 值，当 H^+ 浓度一定时，随 Mn^{2+} 浓度增加而增加。

在电解过程中，Pb^{2+}浓度不断下降，H^+浓度上升，而Mn^{2+}浓度不断下降，H^+浓度上升，而Mn^{2+}浓度可视为定值(因只有少量MnO_2析出)，在这种情况下，式(3)的E_T随H^+浓度增大而增大(表2)，不利于MnO_2的生成，即其产出量随电积过程的进行逐渐减少(图7)。试验结果与计算得出的规律性完全符合。在无隔膜电积实践中，为了抑制PbO_2生成，Mn^{2+} 17～20 g/L。

阳极上除生成MnO_2外，一部分Mn^{2+}被阳极上放出的氧氧化：

$$2MnSiF_6 + 3H_2O + 2.5O_2 = 2HMnO_4 + 2H_2SiF_6$$

同时高锰酸又与Mn^{2+}生成MnO_2：

$$2HMnO_4 + 3MnSiF_6 + 2H_2O = 5MnO_2 + 3H_2SiF_6$$

由此可知，Mn^{7+}在大量Mn^{2+}存在下迅速生成MnO_2，不会在阴极上还原为Mn^{2+}，不影响电流效率。

(2)电流密度的影响

试验的固定条件为：电解液成分同前，Mn^{2+} 19.4 g/L，温度40～41℃，其他条件同前。

不同阳极电流密度试验结果如图5所示。阳极上MnO_2的生成量，在试验的电流密度范围内，随着阳极电流密度的增大而增加。这可由下列公式[9]说明：

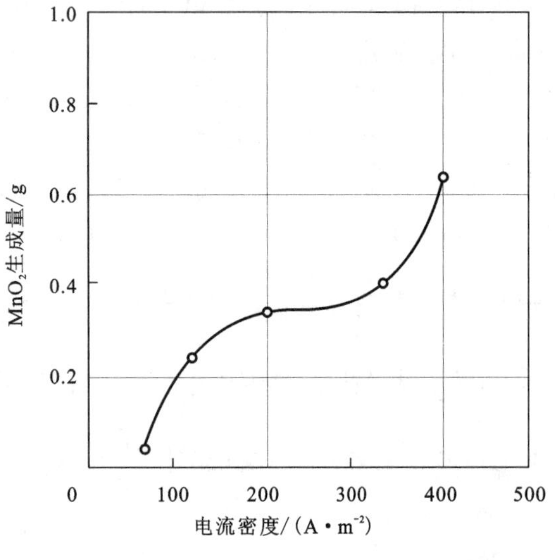

图5 阳极电流密度对MnO_2生成量的影响

$$MnO_2 + 4H^+ + 2e \longrightarrow Mn^{2+} + 2H_2O$$

$$I_a = I_0 \exp\left(\alpha \cdot \frac{F\eta}{R_T}\right)$$

式中：I_a为阳极反应放电速度；I_0为交换电流密度；α为对于阳极反应的电场能分配系数，一般为0.5；η为过电压。

由于阳极电流密度升高，阳极的实际电位增大，故上式的过电压亦增加；

$$\eta = E - E_T$$

式中：E为阳极实际电位；E_T为上述反应的平衡电位。阳极反应的放电速度(反应向生成MnO_2的方向进行)I_a增大，MnO_2生成量增加。

在实践中，硫化铅精矿采用碳酸化转化(采用空气氧化)→溶解制备硅氟酸铅溶液时，不需要MnO_2再生，阳极电流密度控制低些(160～170 A/m^2)。需要再生MnO_2时，则可在较高的电流密度下电解。

3.3 温度的影响

温度试验是在阳极电流密度206 A/m^2，Mn^{2+} 19 g/L条件进行的。由图6看出，阳极上MnO的生成量随着电解温度升高而减少。这是由于在电流密度及温度一定的情况下，阳极实际电位为一定值，而试验情况下式(3)的平衡电位，却随温度升高而增大。按Mn^{2+} 19 g/L，平均H_2SiF_6 54g/L(换算成克离子/升)近似计算如下：

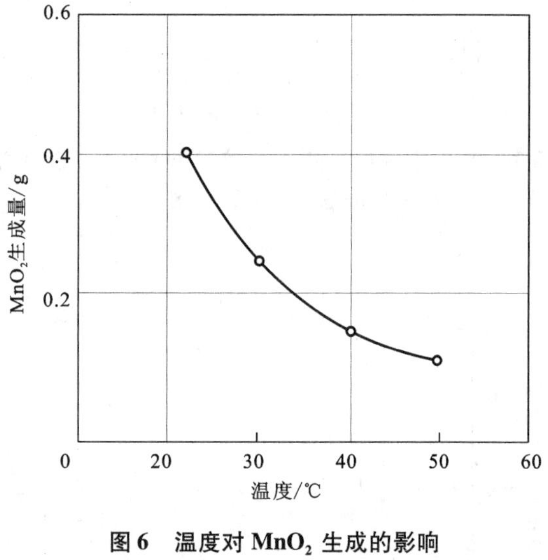

图6 温度对MnO_2生成的影响

$$25℃\ E_T = 1.229 + 0.118\lg(H^+) - 0.0296\lg(Mn^{2+}) \approx 1.2279$$

$$30℃\ E_T = 1.2302 + 0.1203\lg(H^+) - 0.00301\lg(Mn^{2+}) \approx 1.2291$$

$$40℃\ E_T = 1.2325 + 0.1203\lg(H^+) - 0.0311\lg(Mn^{2+}) \approx 1.2314$$

$$50℃\ E_T = 1.2349 + 0.1282\lg(H^+) - 0.0321\lg(Mn^{2+}) \approx 1.2337$$

因此，式(3)随温度升高不利于MnO_2的生成，故MnO_2的生成量逐渐减少。

为了控制MnO_2的生成量和低的槽电压，电解液温度为 40 ~ 42℃。

3.4　电积连续试验

为了验证无隔膜电积技术条件的稳定性，根据得出的较佳条件，进行 24 h 为一周期的连续电积试验。电解液为 P204 萃铁后溶液，Mn^{2+} 以天然碳酸锰溶于硅氟酸加入，其成分如下(g/L)：

Pb 70.62，Mn 17.6，H_2SiF_6 144(总)，Fe 0.73，Cu 0.009，As 0.03，Sb 0.02。

试验的条件为：阳极电流密度 154.206 A/m²，温度 40 ~ 41℃，同极间距 55 mm，循环速度 200 ~ 250 mL/min，试验结果如图 7 所示。

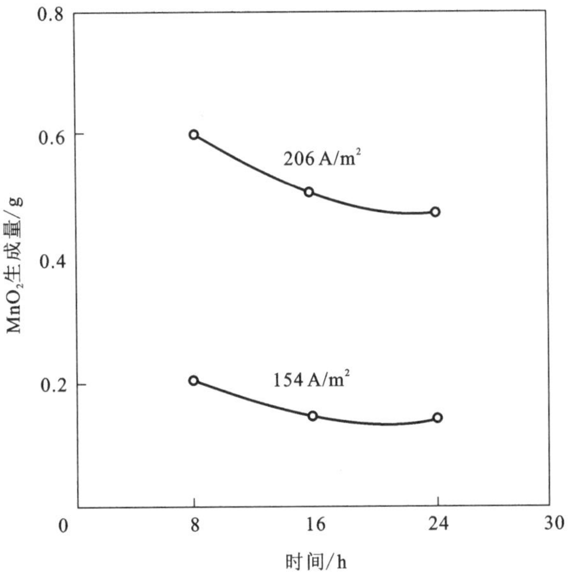

图 7　电解时间对 MnO_2 生成的影响

试验结果表明，阳极上 MnO_2 的生成量，随着电解时间的延长(硅氟酸再生，酸度逐渐增大)而逐渐减少。这与温度(40℃)及 Mn^{2+} 浓度一定情况下，$MnO_2 + 4H^+ + 2e \rightleftharpoons Mn^{2+} + 2H_2O$ 反应的平衡电位随着电解液中硅氟酸浓度增大而升高的规律性完全一致。

有关电解过程中铅与锰的平衡见表 3。

从表 3 看出，在较佳试验条件下，阳极上不形成 PbO_2，只生成 MnO_2，其产出量视 Mn^{2+} 浓度、阳极电流密度与温度而定。表中锰的误差有两个原因；一是化学作用生成的 MnO_2 沉积于槽底(未计)，二是阳极板出槽冲洗时，极板上 MnO_2 沉积层孔隙中的高锰酸被洗掉。

表 3　电解 24 h 后铅和锰的平衡

项目	数量	Pb		Mn	
		g/L	g	g/L	g
投入					
电解液	11.5 L	70.62	812.13	17.6	202.4
产出					
阴极铅	313 g		约 313		
废电解液	11.5 L	43.4	499.1	17.4	200.1
MnO_2	1.59				1.01
合计			812.1		201.01
误差			+0.03		+1.39

4　结语

(1)根据热力学计算和试验结果，硅氟酸铅溶液在 Mn^{2+} 17 ~ 20 g/L 条件无隔膜电积，工艺上是可行的，克服了隔膜电解带来的缺点，易工业化，与隔膜电解比较，经济效益也是明显的。

(2)在试验的电流密度和 Mn^{2+} 浓度范围内，Mn^{2+} 对阴极电流效率(97% ~ 98%)无影响。

(3)根据 MnO_2 是否需要再生，来决定适宜的阳极电流密度和电解温度。

参考文献

[1] 中国科学院冶化所. 重有色冶炼，1979(1)：19.
[2] 贵州冶金设计研究院. 重有色冶炼，1979(1)：12.
[3] 昆明工学院. 重有色冶炼，1979(1)：6.
[4] Barnes，Mashieson. Chemical Rev 6，1972：689.
[5] W M Latimer. Oxidation Potentials，1952.
[6] 钟竹前等. 有色金属(冶金部分)，1979(3)：28 - 29.
[7] 长沙矿冶研究所试验报告. 硅氟酸浸出—无隔膜电积制取致密铅的研究，1982，9.
[8] 黄永昌. 有色金属(冶炼部分)，1980(2)：28.

含铜金精矿处理工艺研究
——含铜金精矿的性质及沸腾焙烧*

摘　要：本文阐述了含铜金精矿的性质，并以混合金精矿矿样为原料在 $\phi150$ mm 沸腾炉进行了焙烧试验。结果证明，沸腾炉中可建立稳定的沸腾层，产出的焙烧料有令人满意的铜的浸出率和金的氰化率。

Studies on processes for treating copper - bearing gold concentrates - Properties of copper - bearing gold concentrates and fluidized roasting

Abstract: In this paper, the properties of copper - bearing gold concentrates were discussed. Tests were carried on in a $\phi150$ mm fluidizing reactor with mixed gold concentrate samples as raw material. It proved that a stable fluidized bed was possible to be formed in the fluidizing reactor, so that the yielded roasting charge caused satisfactory copper leaching rate and gold cyaniding efficiency.

前言

在山东半岛的金矿中，有一部分是含金含铜的黄铁矿，经过一定的选别富集后，得到含铜金精矿。这种含铜金精矿的特点是粒度细，有部分的金包裹于黄铁矿中，致使合金的氰化率很低；又因其中含铜品位较高，需要考虑铜的回收，因此采用典型的氰化工艺处理，不能获得理想的经济技术指标。为了使这类金精矿具有合理的处理方案，我们研究了沸腾焙烧—氰化工艺。

1　原料的性质

试验所用金精矿来自山东半岛的五个选矿点。矿样要晒干，人工捣碎，依各矿点的供应能力，按比例配成混合矿样。各矿点金矿中主要元素的含量及混合矿样的多元素分析见表1及表2。

对各矿点金精矿矿样的水分、粒度、混合金精矿矿样的粒度、金的物相分析及物理特性等分别列于表3、表4、表5、表6。

表1　各矿点矿样中主要元素的含量

元素	1	2	3	4	5
Au/(g·t^{-1})	154.96	122.93	99.82	72.88	81.70
Ag/(g·t^{-1})	739	119	217	157	109
Cu/%	1.97	3.21	2.43	1.05	1.71

* 该文首次发表于《黄金》, 1995 第2期, 第39~41页及第38页, 合作者:环保五组及冶金四组部分人员。

表 2 混合金精矿矿样的多元素分析结果

元素	Au/($g \cdot t^{-1}$)	Ag/($g \cdot t^{-1}$)	Fe	S	Cu	Pb	Zn
含量/%	120.6	365	32.86	33.64	2.06	0.21	0.26
元素	Al_2O_3	CaO	MgO	As	F	SiO_2	Hg
含量/%	3.12	1.85	0.41	0.18	0.036	17.42	微

表 3 各矿点矿样精矿的水分测定结果

矿点	1	2	3	4	5
水分/%	17.00	7.00	25.00	15.00	11.34

表 4 各矿点精矿矿样及混合矿样的粒度筛析结果

粒度	1	2	3	4	5	混合金精矿
+150 目	1.68	6.56	1.75	1.05	3.76	2.60
−240 ~ +320 目	5.60	17.03	3.72	4.75	6.95	5.90
−320 目	88.85	61.31	91.87	89.45	80.44	82.90

表 5 混合金精矿矿样物相分析结果

元素的物相	铜的物相			铁的物相						硫的物相			
	总铜	氧化铜中的铜	硫化铜中的铜	总铁	磁性铁中的铁	碳酸铁中的铁	硫化铁中的铁	氧化铁中的铁	硅酸铁中的铁	总硫	硫酸盐中的硫	硫化物中的硫	单质硫
品位/%	2.06	0.11	1.95	32.86	0.21	3.13	22.70	6.44	0.38	33.13	1.63	31.43	0.03
占有率/%	100	5.3	94.7	100	0.6	9.5	69.1	19.6	1.2	100	5.0	94.9	0.09

表 6 混合金精矿矿样物理特性测定结果

矿样	水分	堆比重	安息角/(°)	发热值(4961.4 J/kg)
混合金精矿	14.2	1.70	35	1185

由以上数据可知，这类金精矿的矿物种类比较简单，主要为黄铁矿。金精矿的粒度比较细，−320 目的占 80% 以上。混合金精矿矿样中含金量在120 g/t 以上，含银 365 g/t。经电镜检查发现，金主要以自然金状态存在，有一些被包裹于黄铁矿中。混合金精矿矿样中含有 2.06% 的铜，具有回收价值。

2 处理方案的设计

对混合金精矿矿样直接进行酸浸和直接进行氰化的结果列于表 7 及表 8。

表 7 各矿点及混合金精矿矿样直接酸浸铜的结果

矿点	1	2	3	4	5	混合精矿
铜的浸出率/%	5.8	5.1	5.4	4.9	5.6	5.5

注：始酸(H_2SO_4)30%，温度 30℃，时间 1 h，液固比 3∶1。

表 8 各矿点及混合金精矿矿样直接氰化浸金的结果

矿点	1	2	3	4	5	混合精矿
金的氰化浸出率/%	64.5	34.9	64.9	63.0	48.1	53.1

注：氰化钠用量 7.5 kg/t 矿，pH = 10 ~ 11，矿浆浓度 35%，温度 30℃。

由以上结果可见，直接酸浸时，铜的浸出率很低，根据铜的物相分析知道，大部分铜以硫化物形式存在，直接浸出当然很困难。直接氰化浸金时，也得不到令人满意的结果，原因是有部分金被黄铁矿包裹，NaCN 不能直接同矿石中这一部分金相接触，故氰化率仅有 34.9% ~64.5%。

为了提高金的氰化率及铜的浸出率，我们设计了如图1所示的工艺流程。该流程可以达到和解决如下三个问题的目的。

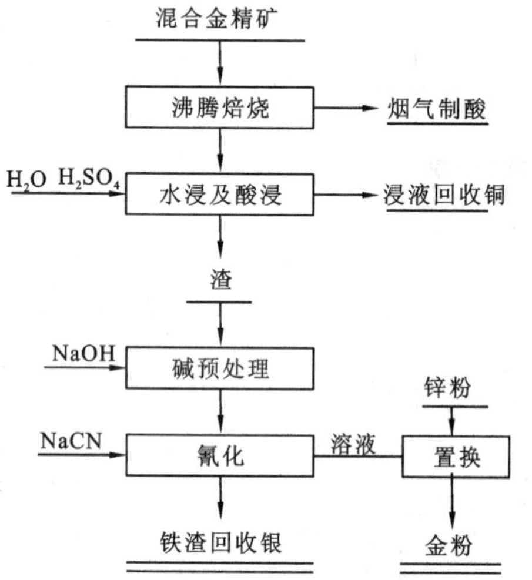

图1　处理金精矿的设计流程

（1）铜矿物进行硫酸化或氧化焙烧后，可使铜的浸出率提高，进而达到回收铜的目的；

（2）因在焙烧中黄铁矿发生化学变化，解除了金被包裹的状态，可使金的氰化浸出率提高；

（3）可以使金精矿达到综合利用回收的目的。

3　试验结果与讨论

沸腾炉的设备系统如图2所示。

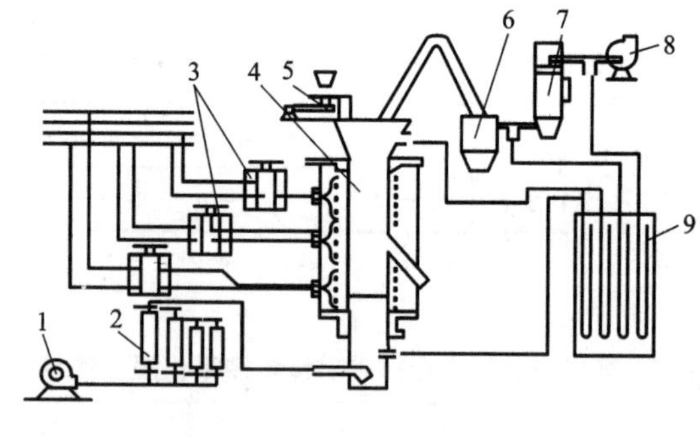

图2　试验用（$\phi=150$ mm）沸腾焙烧系统示意图

1—鼓风机；2—流量计；3—变压器；4—沸腾炉；5—加料机；6—沉降斗；7—布袋收尘；8—排风机；9—压力计

试验是以混合金精矿为试料，焙烧温度控制在600～800℃。

焙烧得到的焙砂和烟尘浸出时，铜的浸出率随焙烧温度升高而明显下降（见图3）。

图3所示的结果完全符合焙烧时发生的化学变化。焙烧温度在650℃以下时，铜完全硫酸化焙烧，这时生成的是$CuSO_4$，故有高的浸出率，当温度在650～800℃时，生成的$CuSO_4$会按以下反应发生分解：

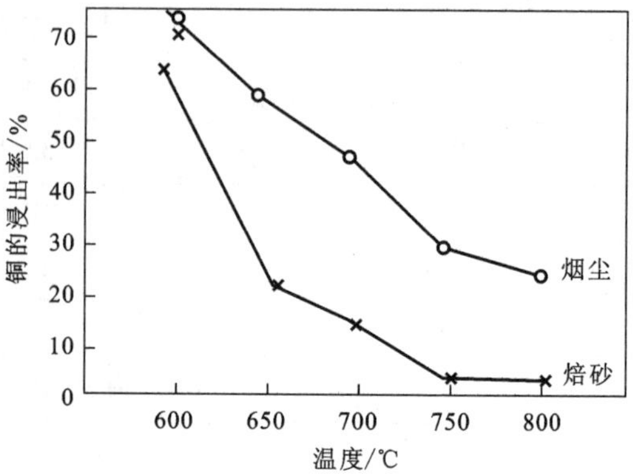

图3　铜浸出率随焙烧温度的变化（试验条件同表7）

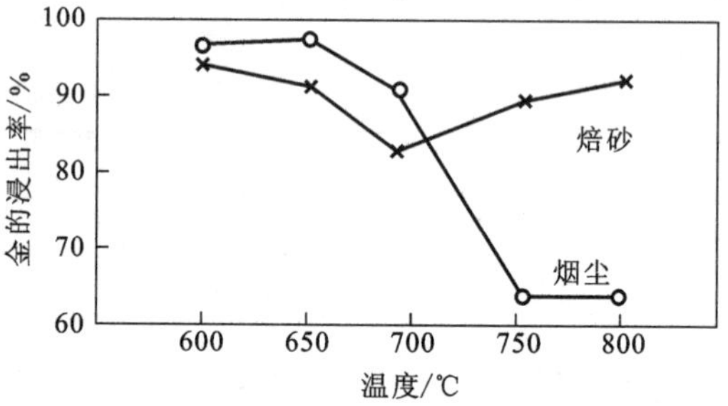

图4　金浸出率随焙烧温度的变化（试验条件同表8）

$$2CuSO_4 \xrightarrow{\triangle} CuO \cdot CuSO_4 + SO_3$$

$$CuO \cdot CuSO_4 \xrightarrow{\triangle} 2CuO + SO_3$$

焙烧温度对金氰化浸出的影响如图4所示。

由图4可见，焙砂中金的氰化浸出率开始随温度升高略有下降，680℃后又开始升高似呈马鞍形，而烟尘中含金的氰化浸出率，随着温度的升高则明显下降。这些现象的出现都是与金焙烧生成物中的嵌布、包裹等有关。

从金和铜的浸出率考虑，焙烧温度应控制在600℃左右为好。在这个温度下，沸腾炉中沸腾层的线速度可控制在0.25～0.5 m/s，风矿比在2.5 m^3/kg矿左右，停留时间为2 h。此时获得的烧矿率为75%左右，烟尘率为60%，床能力为2.5～3.0 t/（m^3·d）。

沸腾炉产出的烟气中含SO_2的浓度大于7%，这种烟气可用于制取硫酸。

4　结语

用沸腾焙烧处理细粒、含铜金精矿是可行的，在操作中可以建立稳定的沸腾层，控制好技术条件，产出的焙烧料经浸出可以得到满意的铜浸出率和金的氰化浸出率。

含铜金精矿沸腾焙烧浸出扩大试验*

摘　要：对焙烧料进行了水—酸浸出铜的试验研究，得到的铜浸出率在 80% 以上。对浸出铜渣进行了氰化浸出金的研究，金的氰化浸出率达到了 97%。用 0.18 m^2 沸腾炉及 1 m^3 浸出槽，进行了焙烧及浸出扩大试验，验证了小试结果，得出了可供工业设计的可靠参数和指标。

The large-scale test of fluidized roasting of copper-bearing gold concentrate followed by cyanide leaching

Abstract: Using solution of acid and water to leach copper-bearing gold concentrate, the leaching rate of copper reached more than 80%. Then, conduct fluidized roasting of the residue with 0.18 m^2 fluidized reactor. Again, using cyanide to leach the roasted products in the 1 m^3 leaching tanks, the gold leaching rate came to 97%. Through this large-scale test, the reliable parameters and indices for industrial design were obtained.

前言

本文第一部分是前面工作中获得的焙砂及烟尘，经混合后，进行浸出回收铜及氰化浸出回收金的小型试验。第二部分是用 0.18 m^7 沸腾炉及 1 m^7 浸出槽进行扩大试验的结果。

1　焙烧料浸出铜氧化合物的小试

1）水—酸浸出铜的结果与讨论

在研究中，按拟定的条件及流程（见图 1）进行了水一般浸出铜的试验，结果分述如下。

（1）焙烧料的直接酸浸及水—酸浸出铜

按图 1 对焙烧料进行了用酸直接浸出铜及改变酸用量浸出铜试验，结果列于表 1。

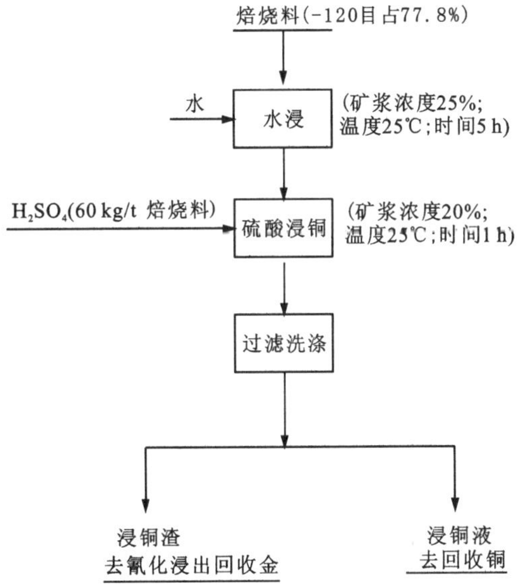

图 1　焙烧料的处理工艺及条件

从表 1 的数据可以看到，焙烧料直接用硫酸浸铜的浸出率比水浸—硫酸浸铜的浸出率低。当硫酸用量都是 60 kg/t 时，水浸—硫酸浸出铜的浸出率为 80% 以上。而直接用硫酸浸出铜浸出率为 76.5%。在水浸—硫酸浸出中，酸用量 60 ~ 90 kg/t 矿，铜浸出率基本相近，故可认为 60 kg/t 矿的酸用量是适宜的。

* 该文首次发表于《黄金》，1995 第 4 期，第 26 ~ 31 页，合作者：环保五组及冶金四组部分同志。

(2)浸出时间的影响

在酸用量 60 kg/t 矿的条件下，改变浸出时间，得到的试验结果列于表 2。

表 1　焙烧料直接酸浸铜及改变酸用量浸铜的试验结果

浸铜方式	硫酸用量/(kg·t^{-1})	水浸铜的浸出率/%	酸浸铜的浸出率/%	铜的总浸出率/%	酸耗/(kg·t^{-1})
水浸—酸浸出	30	48.1	27.5	75.5	16.2
	60	48.8	32.0	80.8	18.7
	90	48.1	32.2	80.3	18.9
直接酸浸出	60	—	76.5	76.5	17.1

表 2　焙烧料浸铜时间条件试验结果

酸浸时间/h	水浸铜的浸出率/%	酸浸铜浸出率/%	铜的总浸出率/%
0.5	47.0	30.1	77.1
1.0	47.0	32.0	79.0
2.0	47.0	31.8	78.8

注：矿浆浓度 20%，酸用量 60 kg/t 矿，温度 25～30℃。

由表 2 列出的结果可知，浸出时间在 0.5～2.0 h，铜的浸出率变化不大，在实际作业中，选取的浸出时间已足够。

(3)矿浆浓度的影响

保持其他条件不变，仅改变矿浆浓度时，试验结果见表 3。

表 3　焙烧料浸铜矿浆浓度条件试验结果

矿浆浓度/%	水浸铜的浸出率/%	酸浸铜浸出率/%	铜的总浸出率/%
15	48.0	32.2	80.2
20	48.0	32.2	80.1
40	48.0	30.1	78.1

注：酸用量 60 kg/t 矿；温度 25～30℃，时间 1 h。

由表 3 列出的结果可见，矿浆浓度为 15%～40%，对铜浸出率影响不大。矿浆浓度过大时，相对而言，浸渣吸附的铜量变大，使铜的总浸出率会稍有降低，故选取 15% 的矿浆浓度。

2)浸铜渣氰化浸金的结果与讨论

拟定的流程及条件见图 2，对主要条件的试验结果分述如下。

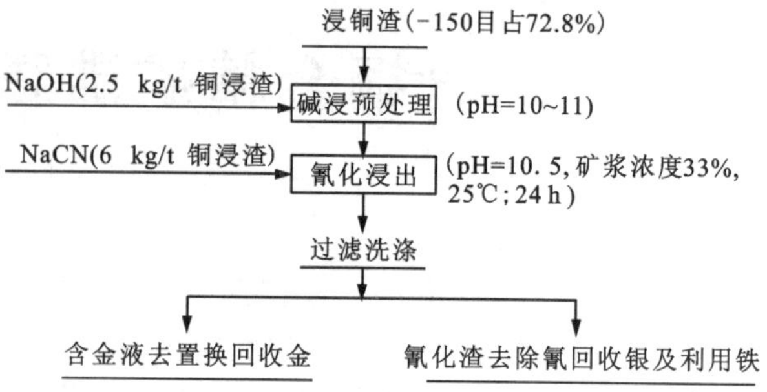

图 2　浸铜渣的处理工艺条件

(1)氰化物用量对金浸出率的影响

在图 2 其他条件不变时，仅改变氰化物的用量，得到的结果如图 2 所示。

由图 3 可见，当 NaCN 用量超过 6 kg/t 浸铜渣的氰化钠的用量是适宜的。

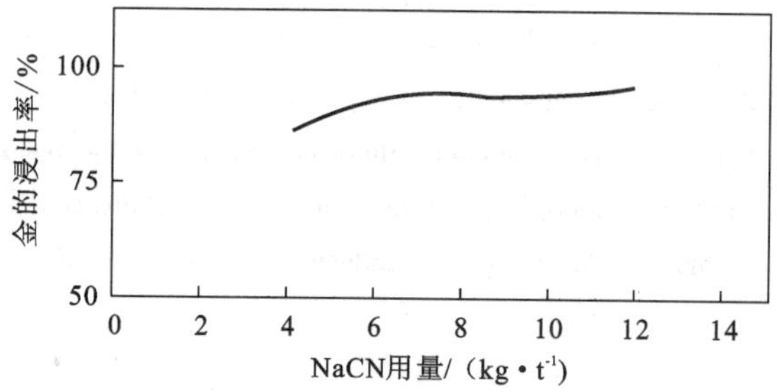

图 3　NaCN 用量与金浸出率的关系

(2)氰化浸出时间对金浸出率的影响

按图 2 所列条件，其他条件不变，仅改变氰化浸出时间，浸出金的结果如图 4 所示。

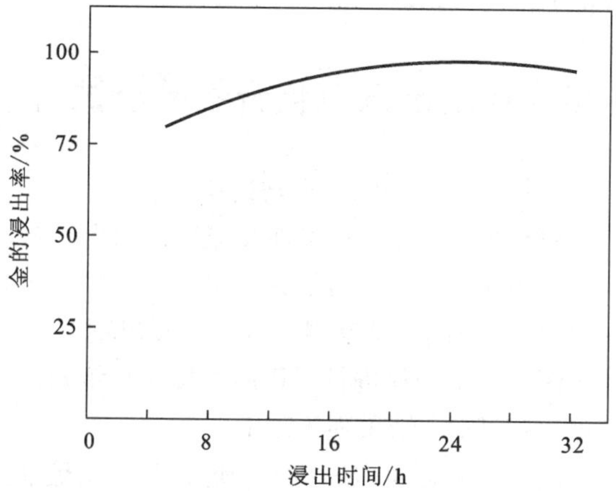

图 4　浸出时间与金浸出率的关系

从图 4 可知当氰化浸出时间逐渐延长时，金的浸出率便随之升高，当浸出时间 24 h 以后，再延长浸出时间，金的浸出率不再增大，故可认为 24 h 是保证金的浸出的适宜时间。

(3)矿浆浓度对金浸出率的影响

如图 2 所示条件，仅改变矿浆浓度时，试验所得的结果如图 5 所示。

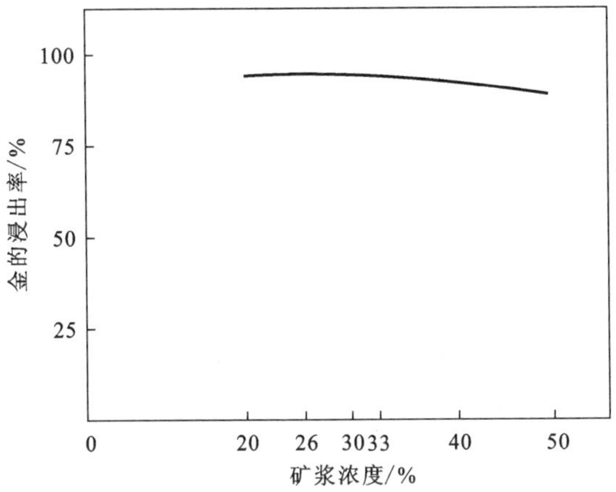

图 5　浸出时间与金浸出率的关系

2　沸腾焙烧氰化浸出扩大试验

1)试验原料及理化特性

试料由五个矿点按其产量的比例混合而成。该金精矿如前所述，粒度小，铜及金的含量高。试料在入炉前充分混匀，然后作为入炉试料。对这种原料进行了理化特性测定，结果见表 4 ~ 表 6。

炉身由炉膛、炉顶和炉底联结而成。炉子的半径为 920 mm，有效高度 2900 mm，炉床面积为 0.18 m^2。炉底板上采用侧孔式风帽，按同心圆分布共 41 个，每个风帽有 4 个直径 4 mm 的小孔，开孔率为 1.13%。炉身由普通黏土砖砌成，保温层由 3 × 10 石棉板构成。收尘系统有沉降斗、旋风收尘器、布袋室。废气吸收塔内径为 600 mm，高约 3000 mm，用塑料制成。自动控制及管线都配置成套。炉顶负压、投料、炉内温度(5 个测温点)、空气流量等都有自动记录装置。

表 4　入炉混合金精矿多元素分析/%

元素	Au/(g · L^{-1})	Ag/(g · L^{-1})	Fe	S	Cu	Pb	Zn	SiO_2	Al_2O_3	CaO	MgO
含量	120.6	365	32.86	33.64	2.06	0.21	0.26	17.92	3.12	1.85	0.41

表 5　入炉混合金精矿粒度分析结果/mm

网目	+65	-65 ~ +100	-100 ~ +160	-160 ~ +200	-200 ~ +250	-250 ~ +300	-300	平均粒径
分布/%	4.5	6.5	11.0	12.0	13.5	21.5	30.5	0.08 mm

表 6　入炉混合金精矿主要物理特性

堆比重	安息角/(°)	发热值/(J · kg^{-1})	焙烧灼量/%
1.70	35.0	4937.5	12.19

2)试验系统及设备

(1)焙烧系统

焙烧系统由炉身、收尘系统、废气吸收塔、管线系统、自动控制和检测等几部分组成(见图 6)。

(2)浸出设备

有容积为 1 m^2 的不锈钢带搅拌装置的浸出槽 2 个，0.5 m^3 不锈钢带搅拌装置的浸出槽 3 个。另有带式过滤机及真空过滤器各一台。

3)试验结果

(1)焙烧试验

根据小型试验确定的条件，焙烧炉开后，可完全自热，并稳定运转 4 天，获得的综合指标列于表 7。

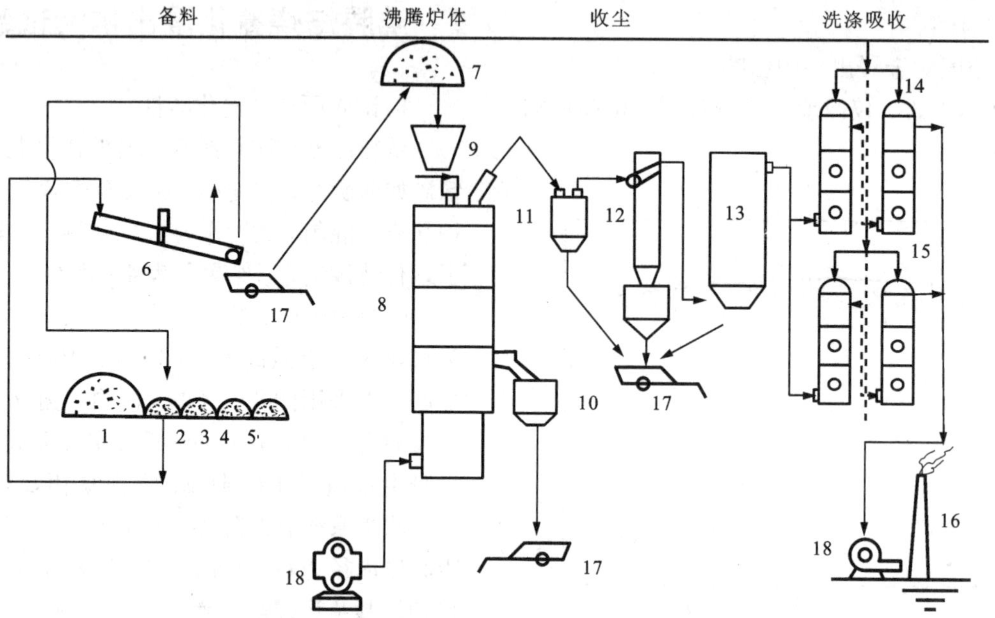

图 6　沸腾焙烧扩大试验设备示意图

1,2,3,4,5—各矿点矿料；6—混料机；7—混合金精矿；8—炉体；9—进料器；10—收料桶；11—降尘器；12—漩涡收尘；13—布袋收尘；14,15—吸收塔；16—烟囱；17—矿车；18—风机

表 7　混合金精矿沸腾焙烧扩大实验综合指标

指标名称	单位	指标数值
入炉混合金精矿平均粒径	mm	0.08
炉层(沸腾层)温度	℃	650～680
炉层线速度	m/s	0.45
炉顶负压	Pa	-29.4
风矿比	m^3/kg	2.68
床能力	$t/(m^2 \cdot d)$	4.26
烟气中 SO_2 浓度	%	8.63
烧矿产出率	%	87.81
烧损率	%	12.19
烟尘率	%	60.0

物料平衡数据列于表 8，由该表可见物料平衡情况良好。获得的焙砂中含金为 156.61 g/t，含铜品位为 2.61%；烟尘中含金 112.06 g/t，含铜的品位为 2.02%。

表 8　混合金精矿沸腾焙烧扩大试验的物料平衡

加入			产出		
名称	质量/kg	百分数/%	名称	质量/kg	百分数/%
混合金矿	3080	100	焙烧	1082.1	35.13
			烟尘	1622.6	52.63
			烧损	375.3	12.19
合计	3080	100	合计	3080	100

(2)浸出试验

按本文确定的水—酸浸铜及金的氰化浸出最佳条件，对沸腾焙烧每天得到的物料进行了浸出试验，结果列于表 9。

由表 9 数据可知，铜的浸出率大于 86%，金的浸出率可达到 97%，银的浸出率达到 87%，结果令人满意。

表9　焙烧料的浸出试验结果

焙烧料		品位			水—酸浸出铜	氰化浸出金、银	
		Au/(g·t⁻¹)	Ag/(g·t⁻¹)	Cu/%	铜的浸出率/%	Au 浸出率/%	Ag 浸出率/%
第一天	焙砂	126.79	245.36	2.31	92.55	96.00	
	烟尘	117.06	282.10	2.16	89.14	96.79	79.50
第二天	焙砂	169.30	234.94	2.68	90.70	96.35	76.33
	烟尘	108.18	276.61	1.98	88.68	93.95	67.79
第三天	焙砂	163.28		2.27	88.26	96.35	87.46
	烟尘	103.00		1.84	86.80	94.18	
第四天	焙砂	167.05		2.73	90.88	86.35	
	烟尘	119.98		2.06	88.44	97.71	
四天混合料		119.34	257.53	2.22	86.23	97.06	79.37

注：水—酸浸出条件：矿浆浓度15%；酸用量60 kg/t料；常温：1 h；氰化浸出条件；矿浆浓度33%；NaCN用量60 kg/t料；常温：24 h。

4)讨论

(1)沸腾层的温度

在小型试验时，曾进行600～800℃不同温度的试验。结果表明600～800℃金的氰化浸出率较高，当温度达到700℃后，随着温度再升高，金的氰化浸出率下降。由此可见，焙烧温度不宜过高，考虑到生产上会因温度过低而熄火，在扩大试验中选择了焙烧温度为650～680℃。在这个温度范围内，可以自势运行，没有发生熄火事故。

沸腾焙烧扩大试验连续运行4 d，共投料3080 kg，试验中炉况平稳性很好。沸腾层温度4 d平均为657℃，第一天平均为658℃，第四天平均为661℃，头和尾相差仅为3℃，可见焙烧过程得到了有效控制。混合焙烧料金的氰化浸出率达到了97.06%，铜的水—酸浸出率达到86%以上。证明沸腾温度选择为650～680℃是适宜的。

(2)沸腾炉的床能力和烟气中SO_2的浓度

条件试验时发现：①当线速度较小(0.38 m/s)时，随着运行时间的延长，炉中产生粗颗粒沉积现象，线速度增至0.63 m/s时，粗颗粒沉积现象基本消失；②为了维持炉中温度，投料量只能在15至20 kg/h的范围，一旦投料量增加，出现热量过剩，沸腾层便超过了需要的温度；③风矿比是操作中一个重要参数，当风矿比为5.61～8.4时，烟气中SO_2浓度很低，仅为2.8%～4.8%，满足不了制酸要求，同时床能力较小，仅为2 t/(m^2·d)左右。

根据上述情况，为了解决风矿比、SO_2浓度和提高床能力等问题，在床层中安装了冷却水套，把多余的热量排出。这样可使风矿比为2.65，沸腾层温度为657℃，烟气中SO_2浓度上升至8.63%，完全可以满足制酸的要求，床能力也有明显提高，可以达到4.26 t/(m^2·d)。各方面都可以获得良好指标。由此可见，炉内设置冷却水套是有效的措施。

(3)物料平衡和热平衡

由于混合金精矿很细，要做好物料平衡，应尽量减少它的机械损失，为了达到这个目的，把试验物料均装入包装袋中运送，称重要严格认真，使投入及排出物料损失较小，故而得到了满意的物料平衡。如表8所示，产出率为87.81%，烧损率为12.19%，烟尘率为60%。在线速度(0.45 m/s)的情况下，烟尘率较高，这是由于炉料很细造成的。

通过测定精矿的发热值、炉壁各部温度、水套冷却水的温度及其流量等数据，得到水套带走的热量为6.49%，因管道较长而造成的热损失没有计算进去，故水套带走的热量测定值是偏低的。由炉子的自热及平衡运转证明，热平衡基本上是良好的。

(4)过滤问题

过滤是工业实践中很关注的问题。在水—氰化浸出金中，矿浆过滤性能良好，过滤速度较快。

通过小试及扩大试验的实际操作表明，在沸腾焙烧—氰化浸出的研究工作中，液固分离工序的过滤速度是良好可行的。

3　结语

(1)通过小型试验证明，对焙烧料采用水—酸浸出的方法回收铜是可行的。在矿浆浓度15%、酸用量60 kg/t矿、常温、时间1 h的条件下，金浸出率在

80%以上。铜浸出时间为24 h，作业温度是室温，可得到金的氰化浸出率在97%以上，结果令人满意。

（2）扩大试验证明了小型试验获得的全流程技术参数及各项指标的可靠性，可作为工程设计的依据。

本工作得到的最佳参数为：①沸腾层温度650～680℃；②床层线速度0.45 m/s；③炉顶负压－29.4 Pa；④入炉料平均粒径0.08 mm。在上述条件下，取得的指标是：①烧矿产出率87.81%；②烟尘率60.0%；③焙砂平均粒径0.11 mm；④焙烧料金氰化浸出率97.06%；铜的水—酸浸出率86.23%；⑤烟气中SO_2浓度8.63%；⑥床能力4.26（$t/m^2 \cdot d$）；⑦冷却水套带走的热量大于6.49%。

磁场在冶金中的应用和机理探讨*

摘　要：介绍了磁场在冶金中应用取得的成果，磁场在火法冶金过程中冶炼高熔点金属和其合金方面的较大进展，在湿法冶金过程中的应用如萃取、沉淀、过滤等单元过程取得的效果。并对磁场作用机理进行了分析，展望了磁场在冶金中的应用前景。

磁场在工业、农业、国防等现代科学技术各个领域已有广泛的应用，近几年来在工业水处理、石油化工、农业育种和医学等领域中的具体应用上取得了显著效果，在冶金行业中，磁场应用得比较多的是作为磁力搅拌装置。用磁场改变火法冶金中的熔体的物理性质，在湿法冶金中采用磁场改变溶液某些物理性能的研究和应用引起人们兴趣，所用磁场的类型有恒定磁场、交变磁场等，恒定磁场多由永磁体提供，可获得比较宽的磁感应强度，交变磁场可根据电磁场原理获得，对由线圈绕制的电磁铁通以不同频率的交流电即可形成交变磁场，交变磁场可以是脉动磁场、旋转磁场等，另外，利用溶液或熔体以一定流速流经不同强度磁场作切割磁力线运动可获得经磁处理的料液。磁场的技术参数主要有磁感应强度、作用时间、交变磁场变化频率、料液切割磁力线次数等。

作者对磁处理在湿法冶金工艺单元过程中的作用进行了一系列研究，从而进一步认识到磁场作为一种客观存在的物理场对料液产生一定的作用，这一作用受到料液性质和磁处理形式和磁场强度（存在磁场阈值）等多种因素影响。磁处理，将为冶金工业提供一种新的处理技术。

1　磁场在火法冶金中对熔体的作用

磁场除作熔体搅拌应用之外，在硅单晶的控制应用中取得了很大效果[1]。磁场拉制方法正是利用了硅熔体是电的良导体，导体在磁场中作切割磁力线运动会受到磁力的作用，从而减缓了熔体的流动，起到抑制热对流的作用。

硅单晶的磁场拉制始于1980年，这一研究迅速在日本、美国和联邦德国等国展开，其设备不管采用常规电磁体还是采用超导体，磁体的结构形式基本上可分为横向（水平）磁场和轴向（垂直）磁场两种。磁场的主要作用为：①使电阻率更均匀，如图1所示，图中（a）为常规拉制单晶（未加磁场拉制），电阻率沿锭长有较大波动；（b）为加磁场拉制单晶，其波动明显减小；②有效分凝系数 K_{eff} 增加，磁场为0.3 T时，K_{eff} 从0.1增加到0.2；③熔体温度波动减小，温差从 ±20℃降到 ±0.1℃；④改变了晶体氧含量，这种影响中，横向磁场和轴向磁场的影响效果亦不相同[1-3]。

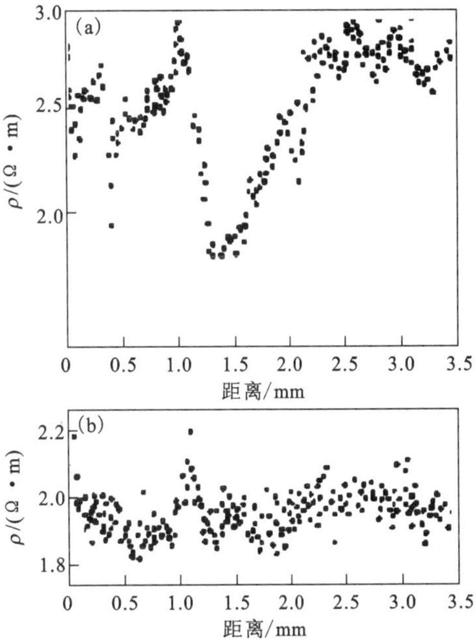

图1　掺碲的硅单晶轴向扩展电阻分布[1]

（a）无磁场；（b）0.15 T横向磁场

---

* 该文首次发表于《物理》，1969年第7期，第430～432页及第44页，合作者：马伟，申殿邦。

文献[2,3]对磁场的作用从理论上进行了分析，采用电磁流体力学的基本方程：

$$\nabla \times \boldsymbol{B} = \mu_0 \boldsymbol{J} + \mu_0 \varepsilon_0 \frac{\partial \boldsymbol{E}}{\partial t} \quad (1)$$

$$\nabla \times \boldsymbol{E} = \frac{-\partial \boldsymbol{B}}{\partial t} \quad (2)$$

$$\nabla \times \boldsymbol{E} = \rho / \varepsilon_0 \quad (3)$$

$$\nabla \times \boldsymbol{B} = 0 \quad (4)$$

和流动力学方程：

$$\rho\left(\frac{\mathrm{d}v}{\mathrm{d}t}\right) = \mu \nabla^2 + \rho\beta_\tau g \Delta TK \quad (5)$$

式中：∇为拉普照拉斯算符；μ_0 为磁导率；K 为导热系数；J 为电流密度；$\boldsymbol{E}$ 为电场强度；ρ 为密度，μ 为黏度系数；β_T 为热膨胀系数；ΔT 为温度差；ε_0 为真空介电常数，引入洛伦兹力作用($\boldsymbol{F}=\boldsymbol{J}\times\boldsymbol{B}$)，分析磁场对熔体热对流的抑制作用，当磁场很强，磁致阻力将远大于黏滞阻力时，给出了对流速度与横向磁场强度间定量关系，在磁场大于某一临界磁场强度时，随着磁场增强，对流速度急剧减小，可以完全抵制熔体的热对流，临界磁感应强度 B_{c0}可由下式近似求出：

$$B_{c0} = (2.5036 \times 10^{-3} \Delta T / v_0)^{1/2} \text{[1]} \quad (6)$$

其中：v_0 为对流速度；ΔT 为温度差，约 10℃。

上述应用的是稳恒磁场，而近年来日本研究的全浮式熔体熔炼采用的是交变磁场，全浮式熔体熔炼是比磁力悬浮熔体的冶炼更先进的冶金方法，采用大容量的高频率换流器可使导电熔体在 2～3 min 悬浮起来，固熔体不与容器壁接触，不仅能避免熔体污染，还不受耐火材料的限制，达到更高的温度，由于电磁力的强大搅拌作用，使得合金非常均匀，在高熔点金属提纯及其合金工艺中有新的进展。

2　磁场在湿法冶金中对溶液的作用

已有许多研究表明，磁场作用于水常常使溶液的表面张力、黏度、介电常数和电导率均有不同程度的变化[4]，我们曾对含砷硫酸溶液表面张力进行了测量，其结果和文献[5]的数据基本一致，见表 1。

从表 1 可看出，施加磁场使液体的表面张力和黏度发生变化，产生两类结果，一类如 Cu，Co，Mn 等，当施加磁场时，黏度增加而表面张力下降，另一类如 Mg，Ni，Al 等则正好相反。

表 1　磁场对水溶液的表面张力和黏度的影响

元素	磁场 ($\times10^{-4}$) /T	表面张力($\times10^{-3}$) /($N\cdot m^{-1}$)			黏度($\times10^{-1}$) /($Pa\cdot s$)		
		未加磁场	加磁场	变化率/%	未加磁场	加磁场	变化率/%
Cu	2500	10.94	10.48	-4.25	1.023	1.165	13.88
Ca	1000	4.80	4.71	-1.875	1.150	1.260	9.56
Mn	1000	12.90	11.70	-9.305	1.080	1.300	20.37
Co	1000	5.21	4.92	-5.566	1.070	1.270	18.90
Fe	2500	15.70	14.00	-10.826	1.120	1.240	10.42
Mg	3300	5.24	5.6	6.870	1.370	1.170	-14.82
Ni	3000	4.27	4.47	4.683	1.230	1.130	-8.42
Al	2000	9.52	9.83	2.717	2.110	1.170	-18.92
As*	2000	8.747	8.463	-3.246	—	—	—

注：*是用稳恒磁场；其他元素数据是文献[5]中所列元素做切割磁力线运动(H_2SO_4 溶液中)的数据。

在结构研究中，许多人指出[4-6]在磁场作用下，水分子集团的缔合度、水溶液中离子水合状态及溶液分子结构本身都发生了变化，Barotom 和 Daly[5]认为离子的溶剂化主要是由于离子和极性分子间氢键作用的结果，因溶液中的正负离子受到洛伦兹力的作用作相反方向的运动，就必然会将连接在它们之间的氢键扭断，其他离子间的作用力也受到影响，键角发生变化，改变了水合离子的半径。

基于这一认识，当选用阳离子交换型萃取剂进行萃取时，萃取率分配比变化见表 2。

表 2　磁场对某些金属分配比的影响

溶液中元素	磁场 ($\times10^{-4}$ /T	分配比 D		
		未加磁场	加磁场	变化率/%
Cu	2500	16.7	65.2	+290.0
Co	1000	8.1	21.1	+160.5
Ca	1000	29.1	55.5	+90.5
Mn	1000	17.6	30.0	+70.2
Fe	2500	3.1	4.9	+56.2
Zn	3000	26.2	9.0	-66.4
Ni	3000	1.8	1.6	-11.2
Al	2000	0.752	0.230	-45.2

从表2可看出，磁场对分配比的影响与溶液的物理性质一致，亦分为两类，Cu，Co等分配比增大，另一类Fe，Zn等分配比减小。

我们在研究磁场在含砷的废酸回收工艺中的作用时，发现磁场使TBP(磷酸三丁酯)萃取砷的萃取率提高了3%～5%，用红外光谱及核磁共振作进一步研究的结果与文献[5]指出的一样，磁场对萃取机理没有改变，却使萃取率发生变化，同时发现溶液的浓度不同，物理参数的萃取率变化程度也不相同。

苏联学者认为[7]：磁场对溶液的作用效果在很大程度上取决于溶液物质本身，磁场的参与只是调整离子的运动和改变化学反应速度，如果从抗磁性变为顺磁性，那么磁场作用增加了反应速度；如果从顺磁性变为抗磁性就减小了反应速度；若系统的磁性没有改变，则磁场作用没有影响，含有铁矿浆的水溶液中的沉淀过程在磁场作用下沉淀速度增加了许多，同时也指出，这一过程也受到磁场强度的影响。

在研究As_2O_3结晶析出过程时，也发现在磁场作用下结晶速度提高了5%～10%，同时用显微镜也观察到，与未施加磁场相比，结晶初期颗粒小、数目多、体积结晶率有所提高。

磁场对溶液作用的分析[8,9]：具有相变趋势的物质体系，磁场的作用导致体系的内部能量发生变化，磁场处理诱发了相变，并导致生成新相分布弥散细小，在这种物质中，有双电层结构存在，而且对于很小粒子而言，可看成平板型结构，据扩散双电层Cong－Chapman模型分析[9]，假设溶液中只有一种对称电解质，正负离子所带电荷都为z，离表面距离为x处的电势为φ，按玻耳兹曼分布，得到

$$n_+ = n_0\exp(-ze\varphi/kT) \tag{7}$$

$$n_- = n_0\exp(+ze\varphi/kT) \tag{8}$$

式中：n_+和n_-分别是电势为φ处每单位体积具有的正离子数和负离子数；k为玻耳兹曼常数。

在电势为φ处的面上各净电荷密度ρ为

$$\rho = zen_0[\exp(-ze\varphi/kT) - \exp(+ze\varphi/kT)] \tag{9}$$

在与表面平行的磁场H作用下，点电荷运动速度为v，并与H垂直，产生附加电势为E，则有

$$n_+ = n_0\exp(-ze(\varphi+E)/kT),$$

$$n_- = n_0\exp(+ze(\varphi+E)/kT),$$

$$\rho = zen_0[\exp(-ze(\varphi+E)/kT) - \exp(+ze(\varphi+E)/kT)] \tag{10}$$

将式(9)、式(10)分别代入泊松方程得到

$$\frac{d\varphi^x}{dx} = -\frac{\rho}{\varepsilon}\text{（}\varepsilon\text{为介电常数）}$$

可以看出，不同正负离子的浓度差对应不同的电势分布，磁场作用结果使ρ值上升，电势下降，自由能下降，形成弥散分布的大量微晶，也使溶液的渗透能力、溶解能力和物系内部能量转换能力发生了改变。

3　结论与展望

磁场作用改变熔体和溶液原来的物理性质。日本在火法冶金中，取得了很好的进展，在湿法冶金的工业应用还只限于搅拌及控制、测量等。在研究方面对于湿法冶金单元过程如萃取、过滤、沉淀、结晶等也取得一定成果，另外，磁处理应用于湿法冶金工业中还具有防垢除垢效果，并利于防腐[8]。随着磁性材料的发展，用永磁材料构成的稳恒磁场不消耗能源、无污染、寿命长、维修方便等，都有利于工业应用，对溶液的性质和磁处理方式相结合进一步研究磁处理作用于冶金过程的宏观规律及微观机理具有重要的理论和实践意义，是一个具有诱人前景的领域。

参考文献

[1] 宋大有. 稀有金属, 1995, 2: 18.
[2] 孙茂友等. 稀有金属, 1991(4): 10.
[3] M MIherie. J Cryst. Growth, 1985(71): 63.
[4] 陈昭威. 物理, 1992, 21: 109.
[5] 高春满. 第四届物理化学学术论文集(三), 中国金属学会, 1982: 8.
[6] R E Borton, J Daly. Trans Faraday Soc. 1971, 67: 1291.
[7] B E Терновчев, B M Пухачев, Очистка Промшленных Сточных Вод, Москва Издатеръство Ъудьник, 1986: 20.
[8] 耿殿雨. 磁能应用技术, 1960(4): 16.
[9] 张志东等. 磁能应用技术, 1990(2): 2.

磁场效应在湿法冶金过程中应用热力学分析*

摘　要：从热力学角度分析了金属－水系受到磁场效应作用后体系的一些状态函数将会变化，利用磁场作用导致体系的电位 φ 和 pH 产生位移，从而影响了体系中的反应平衡，影响程度取决于磁场强度、体系的温度和体系中金属离子反应类型及分子磁性等因素。

Application of thermodynamics analysis to the magnetic field effect in hydrometallurgical processes

Abstract: It is analyzed by thermodynamics that some state function will change in metal - water system under magnetic field effect. The magnetic field effect on the reaction equilibrium. The influence is determined by the strength of the magnetic field, the temperature of the system, the reaction type of metal ion.

磁场在工业、农业、国民经济等领域的应用日渐被人们重视，磁场作为一种客观存在的物理场对水溶液的作用报道也很多[1,2,3]。湿法冶金过程主要在水溶液中进行，整个湿法冶金基本上概括为三个过程：(1)浸出——用溶剂使固体中有价元素转入水溶液；(2)净化——除去浸出液中有害杂质；(3)水溶液电解——包括电积和电解精炼。湿法冶金过程都是靠创造条件来控制物质在溶液中的稳定性。例如，浸出过程就是靠加入某种溶剂溶解矿物，使金属离子在溶液中稳定。物质在水溶液中的稳定程度在现代湿法冶金中已广泛使用电位 φ－pH 图来分析，本文通过磁场作用于磁介质中热力学分析，借助于对电位 φ 和 pH 的影响，讨论磁场在湿法冶金过程中应用的可能性。

1　无磁场作用的常温金属－水系的电位和 pH

所有湿法冶金的化学反应都可用下列通式表示：

$$aA + nH^+ + Ze = bB + cH_2O$$

分 3 种情况讨论：

(1)有 Z 个电子转移，φ 与 pH 无关的反应

$$aA + Ze = bB$$

可知平衡条件为：

$$\varphi = \varphi^0 + \frac{0.05191}{Z}\lg\frac{a_A^a}{a_B^b} \tag{1}$$

(2)无电子转移，而离子活度只与 pH 有关的反应：

$$aA + nH^+ = bB + cH_2O$$

平衡条件为：

$$pH + n[H^+] = \frac{1}{n}\lg\frac{a_B^b}{a_A^a} \tag{2}$$

(3)有电子迁移，而 φ 与 pH 有关的氧化还原反应：

$$aA + nH^+ + Ze = bB + cH_2O$$

平衡条件为：

$$\varphi = \varphi^0 + \frac{n}{Z}0.0591pH + \frac{0.0591}{Z}\lg\frac{a_A^a}{a_B^b} \tag{3}$$

另外，水本身仅仅是在一定的 pH 和电位条件下才是

* 该文首次发表于 1996 年全国冶金物理化学会议，并收录于该会议论文集，1996 年，第 992－994 页，合作者：马传、李扬、申殿邦。

稳定的。

水的稳定上限是析出氢，有：φ_{O_2/H_2O} ══ 1.229 - 0.0591pH（当 $p_{O_2}=1$ atm）。

水的稳定下限是析出氧，有：φ_{H^+/H_2} ══ -0.0591pH（当 $p_{H_2}=1$ atm）。

2　磁场作用于金属－水系热力学

从文献[1,2,3]知道，磁场对溶液的影响与作用的介质有关，我们首先讨论磁介质的分子磁性。

磁介质分顺磁性物质、反磁性物质和铁磁性物质。我们讨论前两类，其磁化强度与外磁场成正比[4,5,6]。

$$\vec{M}=K\vec{H} \tag{4}$$

K 为单位体积磁化率。因为 $\vec{M}$ 是单位体积中的磁矩，所以 K 可看作是单位磁场强度下单位体积的磁矩。顺磁性物质 K 为正值；反磁性物质 K 为负值。常用摩尔磁化率 X_m 表示。

$$X_m=KV_m=K\frac{M_T}{d}=\frac{K}{d}M_T=XM_T$$

式中：V_m 为摩尔体积；M_T 为相对分子量；d 为密度；X 为单位质量磁化率。

物质的磁性与分子的微观结构有密切关系。分子或原子任何一个电子都同时进行着两种运动，即绕原子核的轨道运动和电子本身的自旋运动，两种运动会产生磁效应，即轨道运动产生轨道磁矩，自旋运动产生自旋矩。

如分子磁矩 μ 单纯是由电子自旋运动引起的，则

$$\mu=-\gamma\sqrt{S(S+1)n}$$

γ 为旋磁比，$\gamma=g\mu_B/n$；g 为朗德因子；μ_B 为玻尔磁子；S 为电子的总自旋量子数。

$$\mu=-g\mu_B\sqrt{S(S+1)n} \tag{5}$$

在不加磁场时，由于分子的热运动，自旋磁矩在空间的取向是随机的，故单位体系中合磁矩 $\boldsymbol{M}=\sum\boldsymbol{\mu}=0$。

加磁场 $\boldsymbol{M}_B$，磁矩在磁场中表现为一定的有序排列。磁矩在磁场方向上的分量为：

$$\boldsymbol{\mu}_z=-\boldsymbol{M}_s\gamma_n=-\boldsymbol{M}_s g\mu_B \tag{6}$$

考察一个最简单的自旋体系。$S=1/2$ 则：

α 态：$\boldsymbol{M}_s=+1/2\boldsymbol{\mu}_{z(\alpha)}=-\frac{1}{2}g\boldsymbol{\mu}_B$

与磁场的作用能 $E_\alpha=-\mu_{z(\alpha)}B\,\frac{1}{2}g\mu_B B$

β 态：与磁场的作用能 $E_\beta=-\frac{1}{2}g\mu_B B$

自旋粒子在这两个能级上分布，服从玻尔兹曼分布，设 N_α、N_β 分别表示 α 能级和 β 能级上的粒子数，N 为总粒子数，则 $N=N_\alpha+N_\beta$。

$$N_\alpha=AN_c^{-E_\alpha/KT}\qquad N_\beta=AN^{-E_\beta/KT}$$

常温下，$KT\gg|E_\alpha|$，$KT\gg|E_\beta|$ 则有：

$$N_\alpha=\frac{N}{2}\left(1-\frac{g\mu_B B}{2KT}\right) \tag{7}$$

$$n_\beta=\frac{N}{2}\left(1+\frac{g\mu_B B}{2KT}\right) \tag{8}$$

低能级 E_β 上分布的粒子多一些，而自旋为 β 的粒子的磁矩为 $\mu_{z(\beta)}$ 在外磁场中是顺着磁场方向的。因此在外磁场存在时，在磁场方向有一个净的磁化强度矢量 $\boldsymbol{M}_0$，除了自旋运动对磁场矩有贡献外，轨道运动也有贡献。对于顺磁离子来说摩尔顺磁磁化率 X_μ 由 P Crie 定律有

$$X_\mu=\frac{N_\beta\mu^2}{3KT}=\frac{C}{T} \tag{9}$$

即其磁矩 $\boldsymbol{M}$ 与温度成反比，随温度升高而减小。

在外磁场中，电子除作自旋运动和轨道运动外，还会受到外磁场作用而作拉运动而产生诱导磁矩，诱导磁矩是逆着外磁场方向的，是反磁性产生的原因。反磁性物质，随着外磁场的消失，诱导磁矩也随之消失，$\mu=0$。

分子总的摩尔磁化率 X_M，是由分子因有磁矩产生的顺磁化率 X_μ 和分子的诱导磁矩产生的反磁磁化率 X_0 两部分组成的，即 $X_M=X_\mu+X_0$，对顺磁分子 $X_\mu\gg X_0$。

由热力学基本方程：

$$\mathrm{d}v=T\mathrm{d}s+\mathrm{d}\omega \tag{10}$$

磁介质中：$B=\mu_0\left(H+\frac{M}{V}\right)$

$$\mathrm{d}\omega'=VH\mathrm{d}B=v\mathrm{d}\left(\frac{\mu_0H^2}{2}+\mu_0H\mathrm{d}M\right)$$

第一部分是激发磁场的功，第二部分是介质的磁化；于是得到无耗损准静态过程中，外界、介质磁化的功为：

$$\mathrm{d}\omega=\mu_0H\mathrm{d}M \tag{11}$$

式中：M 为磁介质总磁矩；H 为磁场强度；μ_0 为真空磁导率。

热力学基本方程为：

$$\mathrm{d}v=T\mathrm{d}s+\mu_0H\mathrm{d}M \tag{12}$$

应用微分公式：

$$T\mathrm{d}s=\mathrm{d}(TS)-s\mathrm{d}T \tag{13}$$

$$\mathrm{d}(U-TS)=-s\mathrm{d}T+\mu_0H\mathrm{d}M$$

则

$$\mathrm{d}F=-s\mathrm{d}T-\mu_0H\mathrm{d}M \tag{14}$$

磁介质的吉布斯函数 G 的微分为：

$$G=H-TS=U+PV-TS=U-\mu_0 HM-TS$$

$$dG=-s dT-\mu_0 M dH \quad (15)$$

由式(14)、式(15)麦克斯韦关系：

$$\left(\frac{\partial S}{\partial M}\right)_T=-\mu_0\left(\frac{\partial H}{\partial T}\right)_M,\ \left(\frac{\partial S}{\partial M}\right)_T=\mu_0\left(\frac{\partial M}{\partial T}\right)_H$$

以 T、H 为独立变量的 $T ds$ 方程为：

$$T ds=C_H dT+\mu_0 T\left(\frac{\partial M}{\partial T}\right)_H dH \quad (16)$$

其中

$$C_H=\left(\frac{dQ}{dT}\right)_H=T\left(\frac{\partial M}{\partial T}\right)_T$$

可得

$$dT=\frac{1}{C_H}T ds-\frac{\mu_0}{C_H}T\left(\frac{\partial M}{\partial T}\right)_H dH \quad (17)$$

讨论顺磁体，由(9)式得：

$$\left(\frac{\partial M}{\partial T}\right)_M<0 \quad (18)$$

在可逆绝热过程中有：$T ds=dQ=0$

若磁场强度增加：$dH>0$

$$dT=-\frac{\mu_0}{C_H}T\left(\frac{\partial M}{\partial T}\right)_M dH<0 \quad (19)$$

反之 $dH<0$，$dT>0$。从而可以看到把体系视为顺磁性的绝热可逆过程，磁场变化影响体系的温度变化，变化量不仅取决于 dH，即磁场强度变化，而且取决于 X_M 和 T，即体系的性质及体系的原有温度。

3 高温 M_e—H_2O 体系 φ_t 和 pH_t 变化

高温 M_e—H_2O 体系的 φ_τ^0，pH_t^0 较常温下 φ，pH 都有较大迁移，而影响溶液稳定状况。

任何化学反应系统的热焓变化 $d\Delta H^0$ 为：

$$d\Delta H^0=\Delta C_p^0 dT$$

如果由常温下(298K)变化到 T_K 温度范围内热容变化视为平均测定值，$\Delta\,\overline{C_{p\,298}^0}$ 积分即是：

$$\Delta H_T^0=\Delta H_{298}^0+\Delta\,\overline{C_p^0}(T-298)$$

$$\Delta S_T^0=\Delta S_{298}^0+\Delta\,\overline{C_p^0}\ln\frac{T}{298}$$

$$\Delta G_T^0=\Delta G_{298}^0-\Delta S_{298}^0(T-298)+\Delta\,\overline{C_P^0}\left[(T-298)-T\ln\frac{T}{298}\right]$$

以 Fe—H_2O 系为例可以分Ⅰ、Ⅱ、Ⅲ种类型计算体系的 φ_t 和 pH_t[7]。

(Ⅰ) $Fe^{3+}+[1/2H_2]=\!=\!=Fe^{2+}+[H^+]$ (20)

$\varphi_{25°}^0=0.7706\ V$，$\varphi_{80°}^0=-0.8363\ V$

(Ⅱ) $FeOOH+3H^+=\!=\!=Fe^{3+}+2H_2O$ (21)

$pH_{25°}^0=-0.3154$，$pH_{80°}^0=-0.8704$

(Ⅲ) $FeOOH+2H^+=Fe^{2+}+2H_2O$ (22)

$\varphi_{25°}=0.7147$，$\varphi_{80°}^0=0.6532$

可见随着温度升高，属于Ⅰ型的反应式(20) φ^0 增加，属于Ⅱ类的反应式(21) pH^0 降低，属于Ⅲ类的反应式(22) φ_t^0 降低，体系中存在的不同的离子平衡 φ 和 pH 会发生不同的变化。

4 结论

上述分析中虽然忽略了一些因素，没有定量给出磁化过程的具体热力学数据，但从式(2)推导可知磁化效果可以改变体系的温度(来源于分子内部的能量)，而这一变化会影响体系的电位 φ 和 pH，也可以断定磁场效应对溶液中平衡有所影响，其对体系具体反应中的作用的影响依介质和反应的类型而别。这一点与有关文献指出的现象是相一致的。[1,3,5] 当体系 X_M 越大，温度越高及磁场强度变化越大时，影响效果也就越大。磁场效应在湿法冶金单元过程，如浸出、净化和电解的作用有效与否，主要取决于物质体系反应，具体影响效果依实际情况而定，如何有效地利用磁场作用必须通过实验才能确定。

磁场的作用在动力学方面无疑引起了人们的极大重视[8]，尤其是改变了水体的微观结构，增加了渗透性，为湿法冶金过程操作带来诸多方便。可以肯定，随着新型高效磁性材料的开发和利用及人们对磁场效应作用的研究，磁场将在湿法冶金工业中因其投资小、节约能源和无污染及作用效果显著而得到广泛的应用。

参考文献

[1] 陈昭威. 物理. 1992, 2(21): 109－112.
[2] 王信良, 徐国勇等. 物理. 1992, 2(21): 113－114.
[3] John Donason, Sue Grimes. New Scientist, 1988, February (18): 43－47.
[4] H E Lundager Madsen. Journal of Crystal. 1995, (152): 94－100.
[5] 潘道皑等. 物质结构(第二版). 北京: 高等教育出版社, 1993.
[6] 夏学江, 史斌星等. 统计与量子力学基础. 北京: 清华大学出版社, 1991.
[7] 钟竹前, 梅光贵等. 湿法冶金过程. 长沙: 中南工业大学出版社, 1996.
[8] В Е Терновчев, В М Пухачев, Очистка промсленных сточных вод нэдивельник, 1986.

磁场强化溶液蒸发的效果及机理*

摘　要： 磁场效应对含砷溶液蒸发过程实验表明，磁场促进溶液的蒸发，不同的磁场作用参数和不同的溶液成分，影响效果不同，溶液蒸发效率提高5% ~10%，平均效率提高达8%以上。通过液气两相平衡、液体过热、成核和挥发等过程的分析，认为磁场强化溶液蒸发的作用机理是磁场具有"磁致表面势垒，促进了液体内部的能量交换，增加了成核几率，使溶液蒸发过程得以强化。

磁场在工业、农业、国防、医学和生物工程中都有重要的作用。随着磁学理论和新型磁性材料的发展，磁场的应用更加广泛。磁场对溶液作用时不改变物质的化学成分，但改变物质的某些物理性质。目前，磁场作用于溶液的应用已有文献报道[1-3]。在本文的研究中探讨了磁场效应对含砷废水蒸发结晶过程的影响，测定了有关数据，并结合溶液的汽化过程理论，讨论磁致表面形核效应。

1　实验方法

实验用三氧化二砷和浓硫酸为分析纯试剂。溶液由可调式永磁（Nd - Fe - B 永磁材料）装置进行磁处理。

将电子输液泵、流量计用直径0.5 cm的硅胶管连接，使配制好的含砷溶液以一定的流速通过磁处理装置，通过调整流速、流经磁场次数和磁感应强度来改变实验参数。用相同的样品，保持其他实验条件不变，分别在有无磁处理的情况下进行蒸发实验，考察蒸发速率、表面张力等参数的变化。

2　实验结果与讨论

2.1　磁处理时溶液流速的选择

固定磁处理装置的磁感应强度为0.3 T，在0.5 ~ 5 mL/min的范围调整溶液流经磁场的流速，测定不同流速下溶液的蒸发量，得到磁处理流速对溶液蒸发效果的影响（图1）。从图1看出，流速控制在2 mL/min效果比较理想。这可理解为若流速太小则溶液切割磁力线的运动速度小，若流速太大则磁作用时间短，二者皆导致磁处理效果不明显。因而，在磁场一定时其作用效果应由运动速度和作用时间的综合关系确定。

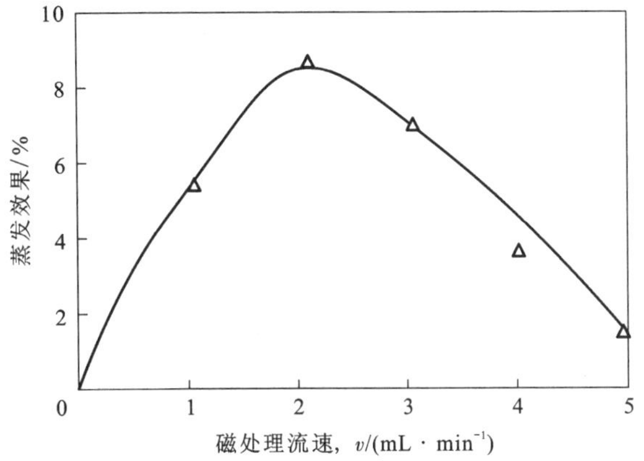

图1　磁处理流速对溶液蒸发效果的影响

2.2　磁处理次数的选择

控制流速为2 mL/min，改变电子输液泵的转动方向，控制循环流在同一方向下经过磁场的次数分别为1 ~10次，得现磁场作用的效果与磁处理次数的关系（见图2）。由图2可见，并不是磁处理的次数越多溶液的蒸发效果越好。按量子力学的观点，磁场传递能量是不连续的。实验结果证实了这一点。即磁处理次数在2次以上蒸发效果基本相同。

* 该文首次发表于《中国有色金属学报》，1998第3期，第502 ~505页，合作者：马伟、马文骥、申殿邦。

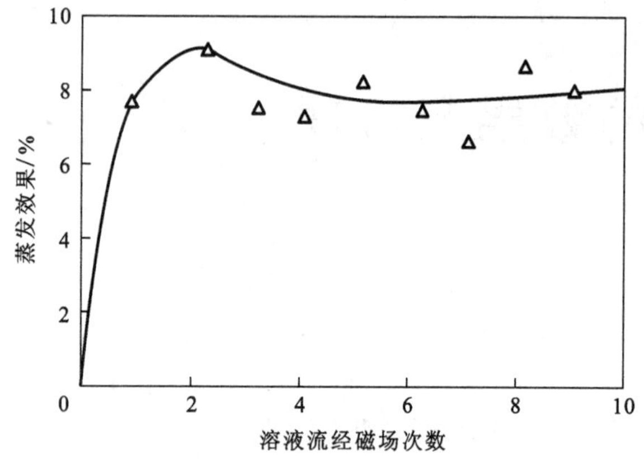

图 2　溶液流经磁场次数对蒸发效果的影响

2.3　磁感应强度的选择

保持上述确定的流速和流过磁场的次数分别为 2 mL/min 和 2 次，调节磁感应强度从 0.1 ~ 0.8 T，得到蒸发效果和磁感应强度的关系(见图 3)。实验结果显示，在磁感应强度为 0.3 ~ 0.5 T 时效果较好。在大于 0.5 T 的条件下，溶液的蒸发效果并未随磁感应强度的增加而加强，这表明溶液对磁能的吸收受到很多条件的约束。

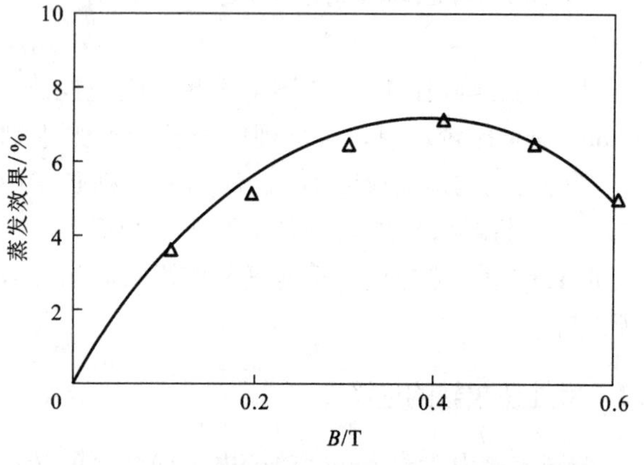

图 3　蒸发效果与磁感应强度的关系

2.4　常压下有无磁作用蒸发和结晶率的对比

磁处理速度为 2 mL/min，次数为 2，磁感应强度为 0.3 T，在相同的热负荷下实验对比结果见图 4 和图 5。

由上述结果看出，含砷溶液经磁场处理后，蒸发速度和体积结晶率均得到强化。

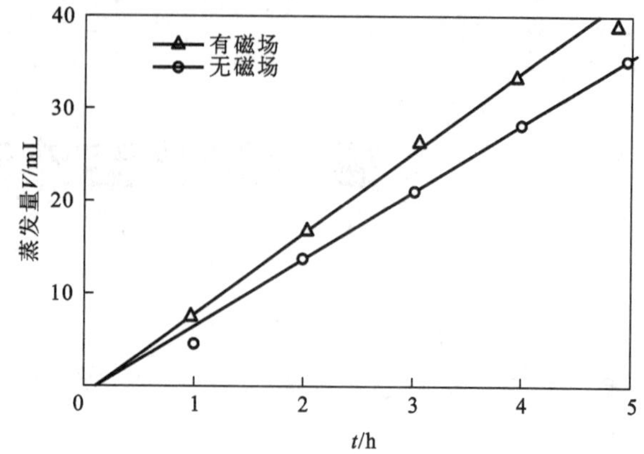

图 4　蒸发速度曲线

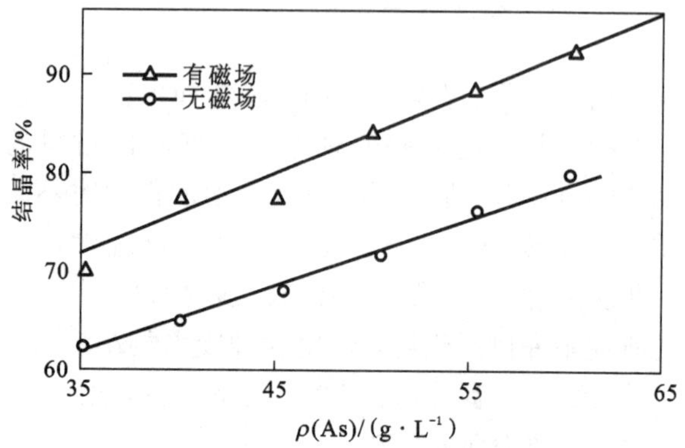

图 5　As_2O_3 体积结晶率曲线

3　液气两相转变过程及磁致表面效应对气泡核化势垒的作用

对于液气两相转变，由范德瓦斯(Van der Wals)方程可描述为：

$$p = RT/(V-b) - a/V^2 \qquad (1)$$

$$(\partial p/\partial V)_T = -RT/(V-b)^2 + 2a/V^3 = 0 \qquad (2)$$

$$(\partial^2 p/\partial V^2)_T = 2RT/(V-b)^3 - 6a/V^4 = 0 \qquad (3)$$

解得

$$T_C = 8a/(2Trb) \quad p_C = a/278 \quad V_C = 3b$$

式中：C 为临界点，T_C，p_C，V_C 分别为临界点对应的温度、压力和体积(图 6)。

当温度在 T_C 附近时存在一个液气二相共存区域。在范氏方程所示的 $OMGNO'$ 曲线上，OO' 是相平衡线，MO 是表示过热液体，即其压强所对应的平衡温度低于该等温线的温度(液体的实际温度)。过热程度愈高，汽化愈剧烈[4, 5]，$O'N$ 表示过饱和蒸汽，MGN 为不稳定状态，$(\partial p/\partial V)_T > 0$，由于系统内部物质密度的涨落，便可形成新相，实现相的转变。

液体内部产生极小气泡，液体与溶液气泡组成二元系统。此时液体表面张力对二相平衡与转变起很大

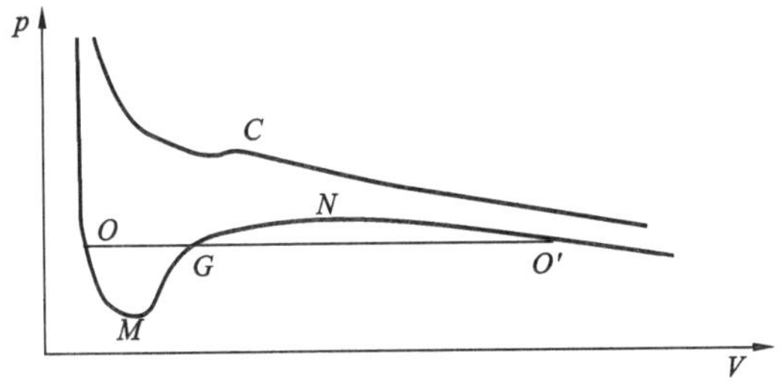

图6　范德瓦斯方程 $p-V$ 曲线

的作用。从微小气泡的产生逐渐长大成临界核的过程，由于新相产生了气液界面，故需向系统提供界面功。系统的界面吉布斯(Gibbs)自由能增加，即 $\Delta G_A>0$；液体过热使过程转化为自发的，即 $\Delta G_V<0$。系统总的吉布斯自由能为

$$\Delta G=\Delta G_A+\Delta G_V \tag{4}$$

若液气界面张力为 σ，气泡长大到气液界面积为 A 时，界面能为 σA，且当液体受压力 p_0 时，若产生压力为 p_g、体积为 V_g 的气泡，则必须抵抗弯曲界面附加压力 (p_g-p_0) 而作功 $(p_g-p_0)V_g$，故：

$$\Delta G_A=\sigma A-(p_g-p_0)V_g \tag{5}$$

若过热液体及气体的分子化学势分别为 μ_1 及 μ_g，则产生 n 个分子的气泡时，有

$$\Delta G_V=n(\mu_g-\mu_1) \tag{6}$$

因临界点时气液平衡，$\mu_1=\mu_V$，μ_V 为饱和蒸汽分子化学势，故

$$\Delta G_V=n(\mu_g-\mu_1)=nKT\ln(p_g/p) \tag{7}$$

式中：K 为玻尔兹曼(Boltzmann)常数；p 为临界核饱和蒸汽压，$KT=p_gV_g$。

若气泡是半径为 r 的球形，则有

$$p_g=p_0+2\sigma/r$$
$$p=p_0+2\sigma/r_C \tag{8}$$

$$\begin{aligned}\Delta G&=\sigma A-(p_g-p_0)V_g+p_gV_g\ln(p_g/p)\\&=4\pi r^2\sigma+(4/3)\pi r^3\{-2\sigma/r+\\&\quad(p_0+2\sigma/r)\ln[(p_0+2\sigma/r)/\\&\quad(p_0+2\sigma/r_C)]\}\end{aligned} \tag{9}$$

$$(\partial\Delta G/\partial r)_{T,n}=(16\pi r\sigma/3+4\pi r^2p_0)\ln[(p_0+2\sigma/r)/(p_0+2\sigma/r_C)] \tag{10}$$

结晶临界核 $r=r_C$，$(\partial\Delta G/\partial r)_{T,n}=0$，$\Delta G$ 为极大值 ΔG_C，将 $r=r_C$ 代入式(9)得：

$$\Delta G_C=4\pi r_C^2\sigma/3 \tag{11}$$

ΔG_C 即为气泡核化势垒，在 $r<r_C$ 时，$(\partial\Delta G/\partial r)_{T,n}>0$，只有 $r>r_C$ 时，$(\partial\Delta G/\partial r)_{T,n}<0$，气泡才能长大。

将式(8)代入式(11)得：

$$\Delta G_C=16\pi\sigma^3/[3(p-p_0)^2] \tag{12}$$

沸点时 $p\to p_0$，$\Delta G\to\infty$，故气体不过热不可能汽化；当外压 $p_0\to$一定时，液体温度高于沸点时 p 增大，σ 减少才有可能汽化。

实验测得不同砷溶液磁处理后表面张力变化(表1)。

表1　未经磁处理和经磁处理后的表面张力

$\rho(As)/(g\cdot L^{-1})$	$\sigma/(10^{-2}N\cdot m^{-1})$		$\Delta\sigma$	变化量/%
	无磁处理	有磁处理		
2.15	7.853	7.580	−0.273	3.5
3.02	8.540	8.167	−0.373	4.4
9.23	9.854	9.041	−0.813	8.3

从实验看到磁处理后表面张力减小，并且随着溶液的成分不同，减少的程度也有区别。

随着蒸发过程的进行及溶液中砷浓度的升高，磁处理的效果也愈来愈明显。即经磁场作用后气泡核化势垒因表面张力的减小而减小，临界半径也减小，由于分子热运动引起液体密度涨落克服更小的势垒时，过热达到极限，使更小的气泡得到汽化。从而提高了溶液的蒸发速率和氧化砷的体积结晶率。这一结果与上述实验相符，认为磁场致表面效应是降低了气泡核化势垒和临界半径，同时使电位下降，利于克服成核时的能障[6]，达到强化蒸发过程的目的。

4　结论

磁场效应对溶液蒸发过程的促进作用，提高了蒸发速率。溶液流经磁场的流速及流经磁场的次数、磁感应强度等因素影响蒸发效果，具有合适的值才能得到较好的效果。此外，磁场作用效果的大小随着溶液中砷的浓度的增加而增大，即与溶液的介质特性有关。理论分析认为磁场主要起到了磁致“表面效应”的作用，促使气泡核化势垒和临界半径降低以及电位下降，微小气泡得以汽化，加速了蒸发过程，提高了蒸发效率。

参考文献

[1] 马伟，马荣骏，申殿邦. 中国有色金属学报，1995，5(4)：59.
[2] Madsen H E L. Journal of Crystal Growth，1995，52：94.
[3] 陈绍威. 物理，1992，2：109.
[4] 刘俊吉，史宇文，曹宏斌. 化工学报，1997，3(1)：75.
[5] Kwak H Y，Sogbum L. J of Heat Transfer，1991，113：717.
[6] 庄杰，张玉龙，刘孝义. 环境科学进展，1994，(4)：28.

磁场效应对三氧化二砷结晶过程的影响*

摘　要：研究了蒸发结晶 As_2O_3 过程中磁场效应的影响。结果表明：磁场效应对溶液蒸发结晶过程有促进作用，对 As_2O_3 晶体结构和化学成分无影响，对颗粒大小的影响依赖于陈化过程。

磁处理技术自 1945 年由比利时人 Wermoriven T 在锅炉除垢上应用以来，美国、英国及苏联均有多项应用，但效果不好，加之磁场作用原理并未完全弄清，使之推广较慢。至今该技术只是在环境工程的废水处理、建筑材料、石油化工和冶金、农业、医学等领域的个别应用取得奇特效果[1]。探求磁场效应的作用机理及开拓其应用市场已成为一项重要课题。

磁场效应对无机盐结晶过程的影响虽已有文献报道[1-3]，但对 As_2O_3 结晶的影响尚未有人研究。有色金属冶炼厂和化工厂排出废水中大多都含有砷，本文作者结合现场废水的水质情况，认识到寻求更为经济的回收砷、处理含砷废水方法的关键是蒸发结晶 As_2O_3 过程，这一研究对湿法冶金和环境保护具有重要意义。本文初步揭示了磁处理对结晶作用的一些规律，为开发新工艺提供了一定基础。

1　实验部分

1.1　原料

所用原料：三氧化二砷，试剂纯；浓硫酸，98%，分析纯；含砷工业废水取自沈阳冶炼厂。

1.2　主要仪器

主要仪器：磁化器；显微镜，100 倍；CS501 型超级恒温器；TSM－2 扫描电镜；10(d/max－rA)自动 X 射线衍射仪。

1.3　实验方法

配制溶液：按化学计量配制成稀硫酸，加热溶解定量固体 As_2O_3，配制成与工业废水含砷(As^{3+})相当的溶液，其组成为：As^{3+} 14.28 g/L 和 SO_4^{2-} 23.77 g/L。

(1)研究磁场效应对蒸发速度和体积结晶率的影响

取经磁处理和未经磁处理的配制废水分置容器中，在相同的热负荷下蒸发至50%的体积后，过滤得到 As_2O_3 晶体，干燥称量，与溶液中总 As_2O_3 量相比，得：

$$\eta_r = \frac{W_{结晶As_2O_3}}{\sum W_{As_2O_3}} \times 100\% \qquad (1)$$

控制恒温温度 80℃，测量经磁处理和未经磁处理液体体积变化 ΔV 与时间的关系。

(2)研究磁场效应对三氧化二砷结晶形态及颗粒形貌、粒度的影响

取相同体积的经磁处理和未经磁处理的配制水溶液，在相同热负荷下蒸发掉 2/3 的体积溶液。在室温下陈化一段时间(10 h)，在此过程中用显微镜观察不同时刻结晶过程的颗粒变化。在室温下进行过滤，干燥后用 X 射线衍射仪和扫描电镜进行分析，用统计法得到颗粒的平均粒度。

(3)研究磁场效应对工业废水结晶过程的影响

根据工业废水化学分析，除 As^{3+} 和 SO_4^{2-} 外，还有(g/L)：Fe^{2+} 0.57、Cu^{2+} 0.026、Pb^{2+} 0.12、Cd 0.038等杂质，但含量不是很高。在相同热负荷下对磁处理和未经磁处理废水进行蒸发，对得到的 As_2O_3 进行分析。

2　结果与讨论

2.1　磁场效应对蒸发结晶的影响

实验表明：经磁处理后的废液体积结晶率比未经磁处理的废液体积结晶率[由式(1)得]高出 5%～10%，蒸发速度也略大一些(见图 1)。这些数值可能与磁场强度、磁场有效作用时间等因素有关。

以上研究结果与苏联科学家对无机盐的研究结果相似[2,3]。认为水溶液经磁处理后，结晶过程中因溶液中会出现很小颗粒，这些颗粒极有可能成为新相形成的“预制”结晶核心，这与向溶液中添加“人工晶种”类似，而加速了结晶速度。从能量观点分析，磁场作用于水溶液中分子会有能量传递，在相同热负荷

* 该文首次发表于《中国有色金属学报》，1995 年第 4 期，第 59～62 页。合作者：马伟、申殿邦。

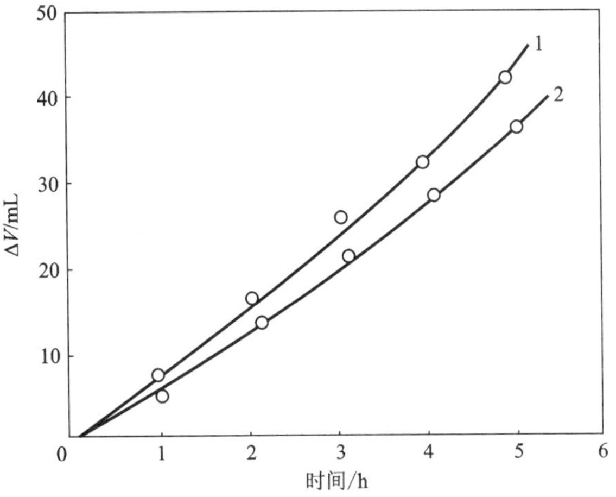

图 1　蒸发量随时间变化趋势

（恒温温度：80℃）

1—经磁处理；2—未经磁处理

下，磁处理的溶液蒸发结晶所需要的能量除来自热源外，还来自于磁场。水分子即使从磁场中获得很小的能量，也可认为足以导致氢键的扭曲、变形，亦即受到“激发活化”。大量的实验室和工业试验结果证明：磁处理前后的溶液能量状态是有变化的，磁场效应可视为一种活化作用，促进蒸发结晶。

2.2　磁场效应对结晶形态和颗粒的影响

对蒸发结晶得到的 As_2O_3 进行 X 射线衍射和电镜分析，结果如图 2 和图 3 所示。

结果表明：磁处理对结晶形态没有影响，都是室温下稳定的八面体结构的 As_2O_3。

用显微镜观察整个实验过程的颗粒尺寸变化。加热结束后，未经磁处理的是比较大的，而经磁处理的要小很多；随陈化时间的延长，两种状态的颗粒都有所增长，但经磁处理后的增长较快。电镜相片是陈化 10 h 后的状态，经磁处理要比未经磁处理的结晶颗粒大 10 倍以上。在器壁上析出的颗粒较大，因而颗粒尺寸不均匀。文献[2]和文献[3]对研究磁场效应对析出颗粒大小影响的描述恰恰相反。文献[2]指出磁场效应使析出颗粒尺寸变小，而文献[3]则指出磁场效应使颗粒变大。我们通过实验看出两者区别是磁处理后结晶是否经过陈化过程：未经陈化或陈化时间不够长是文献[2]指出的结果，而经过足够长时间的陈化后是文献[3]所描述的结果。

由陈化理论可知：经陈化过程后，颗粒变大[5]；而磁化处理后再陈化，由于溶液的表面张力和溶解度变化[4]，加速了颗粒增长速度。

2.3　磁处理对工业废水结晶 As_2O_3 的影响

对所得 As_2O_3 进行 X 射线衍射和电镜分析，结果

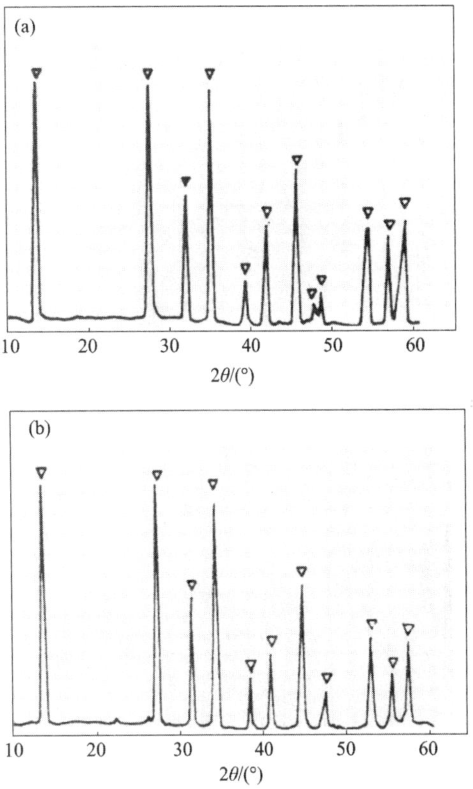

图 2　磁处理和未经磁处理溶液结晶 As_2O_3 的 X 射线衍射图

（a）磁处理；（b）未经磁处理；▽—As_2O_3

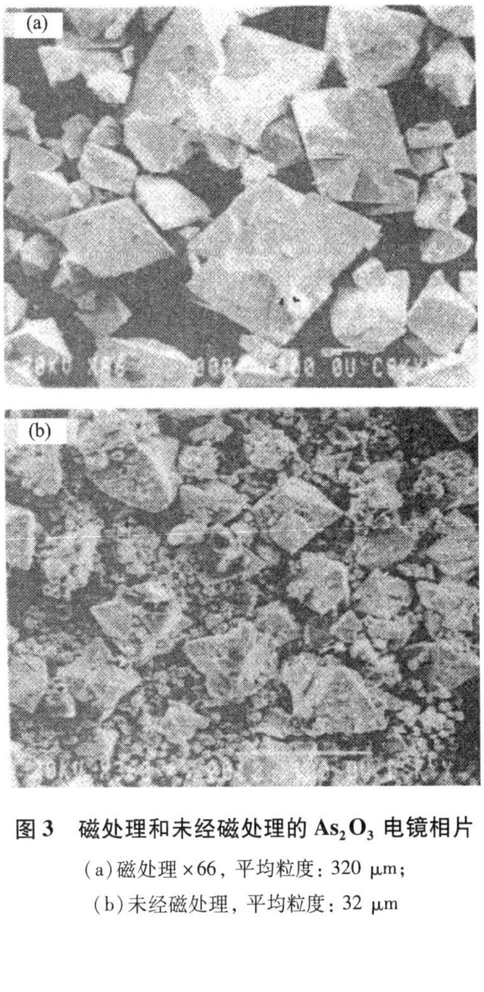

图 3　磁处理和未经磁处理的 As_2O_3 电镜相片

（a）磁处理 ×66，平均粒度：320 μm；

（b）未经磁处理，平均粒度：32 μm

如图 4 和图 5 所示。

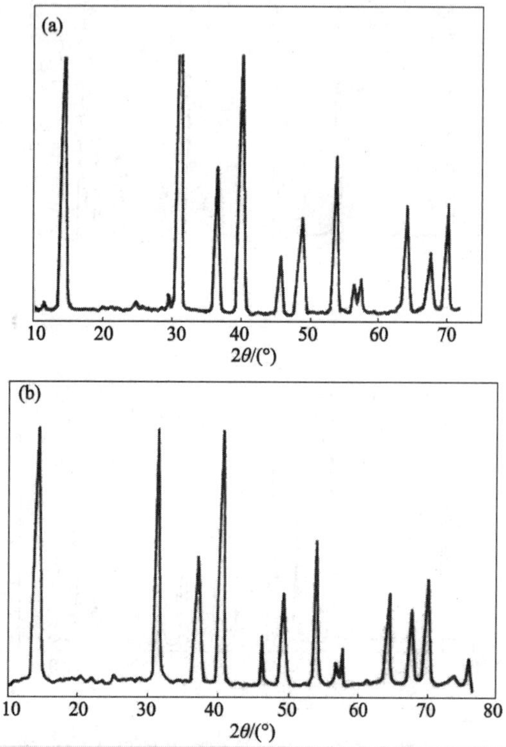

图 4 从工业废水中结晶的 As_2O_3 的 X 射线衍射图

(a)经磁处理；(b)未经磁处理

图 5 现场废水结晶 As_2O_3 的电镜相片

(a)磁处理 ×66，平均粒度：300 μm；

(b)未经磁处理，平均粒度：40 μm

化学分析结果表明 As_2O_3 在 98% 以上。比较图 2 和图 4，可看出其结晶形态相同。比较图 3 和图 5 可以看出其颗粒尺寸变化趋势相同，因所含杂质影响而大小稍有所变化。

3 结论

磁处理有益于含砷(As^{3+})溶液蒸发结晶，提高了蒸发速度和体积结晶率，对晶体结构和化学性质没有影响。对于结晶颗粒大小的影响，磁处理使蒸发过程得到更小的颗粒，而经过长时间陈化后却得到更大的颗粒。处理工业废水得到类似的结果。

磁场效应对结晶过程影响还与很多因素有关，如磁场强度、磁处理方式及温度、浓度等。磁处理过程机理的完善除涉及分子化学、量子化学等多学科理论外，还需要现代实验测试手段。总之，磁处理在湿法冶金和环保上的应用已成为一项重要研究方向，还需要进行更深入的工作。

参考文献

[1] 杨开. 工业水处理，1994，14(3)：13.

[2] Терновьцев В Е, Пухацев В М. Очистка. Промышленных стоячных вог. Масква Цздательство Ьуливельынцк, 1986.

[3] Donaldson J, Grimes S. New Scientist, 1988, 18(2): 43.

[4] 克拉辛 B N(著)，王鲁(译). 水系统的磁处理. 北京：宇航出版社，1988.

[5] 莱蒂南 H A，哈里斯 W E(著)，南京大学等(译). 化学分析. 北京：人民教育出版社，1982.

Crystallization of arsenious anhydride in magnetic field*

Abstract: The magnetic effects on the crystallization process of arsenious anhydride were studied by means of chemical analysis, X ray diffraction (XRD) and scanning electron microscopy (SEM). The results showed that the magnetic field promoted the evaporation and crystallization processes of As_2O_3. However, it had no effect on the crystal structure and chemical property. The size of the crystalline particles depends on the ageing process.

Introduction

The technique of magnetic treatment has been applied in many ways in America and Britain as well as the Soviet Union since it was applied to boiler scale removal by Belgian T. Wermoriven in 1945, however it has not been very effective yet. In addition, the principle of the magnetic effects has not been got so clear that it is hard to the popularized. Up to now, this technique only obtains good results in the individual application of waste water disposal, architectural material, petrochemical technology, metallurgy, agriculture and medicine etc[1]. Thus, it is an important project to study the principle of the magnetic effects and to develop the application.

The magnetic effects on the crystallization of inorganic salts were studied by some researchers[1, 2, 3], but the effects on the crystallization of As_2O_3 has not been reported. Most of the waste waters from the metallurgy works and the chemical plants contain arsenic. Accordingly, to seek an economical method for disposing the waste waters and recovering arsenic is significant to hydrometallurgy and environmental protection. The purpose of the present paper is to study regulations about the magnetic effects on crystallization and to provide a basis for developing the new technique.

1 Experimental

Reagent grade arsenous anhydride and concentrated sulfuric acid and the industrial waste water containing arsenie from Shenyans Metallurgy Work were used in the experiments.

The solution was prepared by using solid arsenous anhydride and dilute sulfuric acid. The solutions composition was As^{3+} 14.28 g/L and SO_4^{2-} 23.77 g/L and the arsenic ion content was equal to that of the industrial waste.

The crystalline phase was identified by XRD and the crystalline micrographs were observed from TSM - 2 Scanning Electron Microscopy.

2 Results and Discussion

2.1 The magnetic effects on the rate of evaporation and crystallization

The solutions containing arsenic were evaporated with and without magnetic treatment to 50% at a constant temperature of 80℃ on CS501 super thermostat, respectively. The solutions were then filtrated and dried, and the crystals of As_2O_3 were weighed. The crystallization rate η_r was calculated by the following equation:

$$\eta_r = W_{crystal\ As_2O_3} / W_{total\ As_2O_3} \times 100\% \quad (1)$$

The results in Fig. 1 showed that the crystallization rate of the solutions was increased 5% - 10% when it was magnetically treated and the evaporation rate was also improved. It seems that the both rates were related to the magnetic field strength, the action time etc. The results are similar to that of the references[2-3]. It might believed that some tiny particles could be precipitated in the process of crystallization after the solution was magnetically treated, thus these particles might become the "Pre—exist" crystal nucleus for the new phase. It was just like adding an "artificial seed crystal" to the

* 该文首次交流于 Nonferrous Metallurgy and Materials Inter. Symp. 1996，并收入了该会议的论文集，1996 年，第 502 - 506 页。合作者：马伟、申殿邦。

solution, so the crystallization could accelerated. From the energy viewpoint, there will be energy transmission among the molecules when the magnetic field acts on the solution. The energy for evaporation and crystallization of the magnetized solution comes from the magnetic field and the heat source. A little energy from the magnetic field is enough to activate the water molecules and to destroy the hydrogen bonds. Many experiments and industrial tests have proved that the energy state of the solution after magnetic treatment is different from the solution without magnetic field. Therefor, the effects of magnetic field can be regarded as a kind of activation and can accelerate the evaporation and the crystallization.

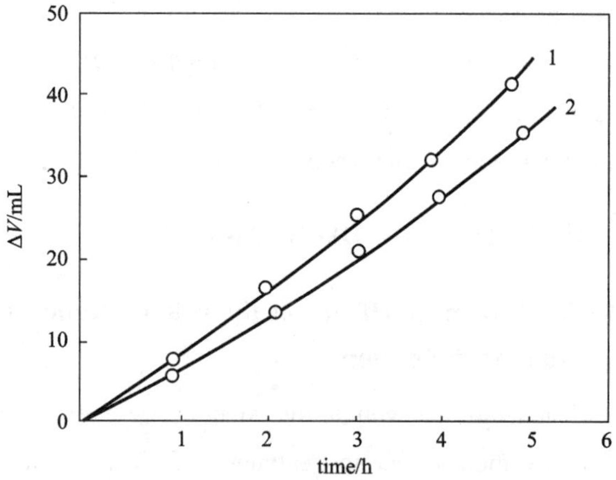

Fig. 1 Evaporation content versus time

1—with treatment; 2—without treatment

2.2 The magnetic effects on the micrograph and the particle size

The solution were evaporated with and without magnetically treatment to the 1/3 of the beginning volume under the same heat load, and the solutions were aged for 10 h under the room temperature. Changes of the particles in the crystal process were observed by microscopy. The average size of the particles was calculated by the statistical method.

The XRD results and the micrographs of the aged solution (crystalline) for 10 h are shown in Fig. 2 and Fig. 3, respectively. It can be seen from Fig. 2 and Fig. 3 that the magnetic treatment had no influence on the crystal micrograph of As_2O_3, which was a stable octahedron.

The particles with magnetic treatment are much smaller than those without the treatment after stopping

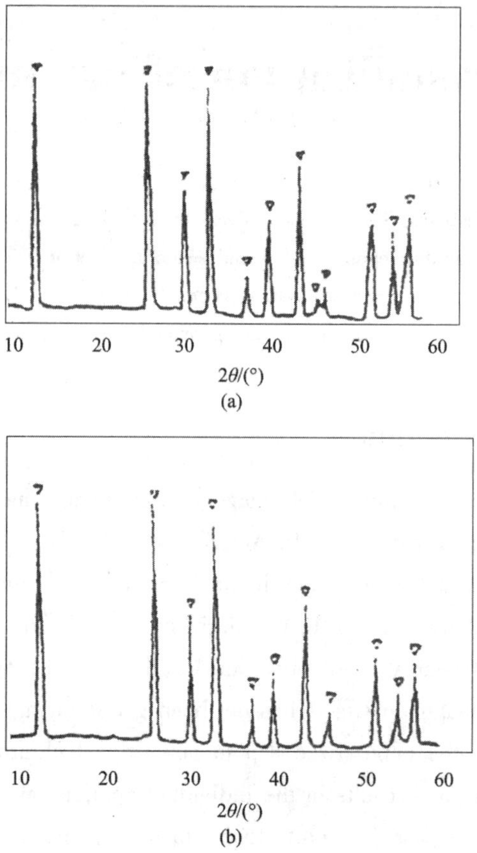

Fig. 2 XRD of As_2O_3 pattern crystallized from the solution

(a) with treatment; (b) without treatment, ▽—As_2O_3

heat, but as the ageing goes on, the growth of the former is faster than the latter. It can be observed from Fig. 3 that the particles with the treatment are 10 times larger than those without the treatment and the size is not uniform because the particles on the walls of the container are larger. The descriptions about the magnetic effects on the particle size are contradictory in reference [2] and [3]. Reference [2] pointed out that the magnetic field made the particle size smaller while reference [3] repointed and opposite conclusion. According to our experiments it could be suggested that the conclusions must be determined by the ageing process. Without ageing or if the ageing time was insufficient, the particle size will be just like the description in reference [2]. If the ageing time is long enough, the result will agree with reference[3].

Based on the ageing theory [5], the particle size increased after ageing process. While ageing after magnetic treatment, the increase was accelerated due to the changes of the surface tension and solubility [4].

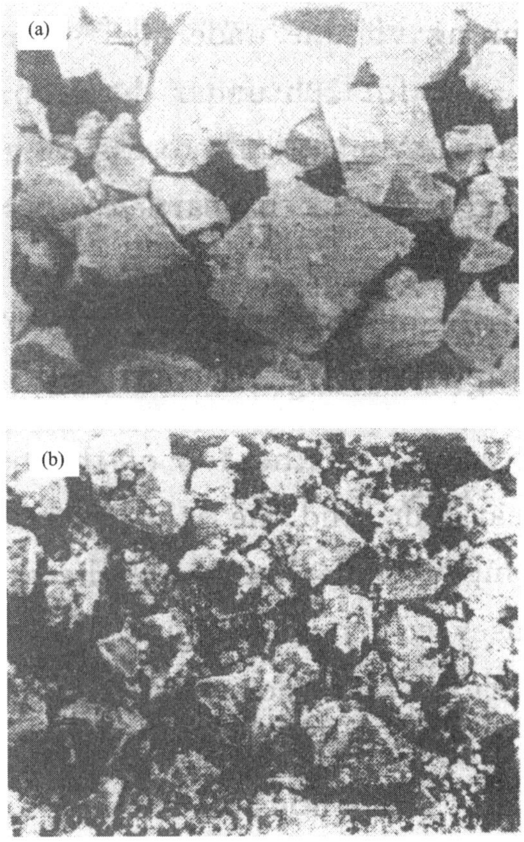

Fig. 3　The micrographs of As_2O_3 crystallized from the solution

(a) with treatment, average size: 320 μm

(b) without treatment, average size: 32 μm

2.3　The magnetic effects on the crystal of industrial waste water

The chemical analysis implied that there were some impurities such as Fe^{2+} (0.57 g/L), Cu^{2+} (0.026 g/L), Pb^{2+} (0.12 g/L) and Cd (0.038 g/L) except for As^{3+} and SO_4^{2-} in the industrial waste water. Fig. 4 and Fig. 5 are XRD results and the micrographs after evaporation, respectively. Compared Fig. 2 with Fig. 4, it can be seen that the crystal micrograph are all the same. Compared Fig. 3 with Fig. 5, it can be found that the tendencies of size - changing are also the same. There is only a little distinction on the particle size because of the influence of impurities.

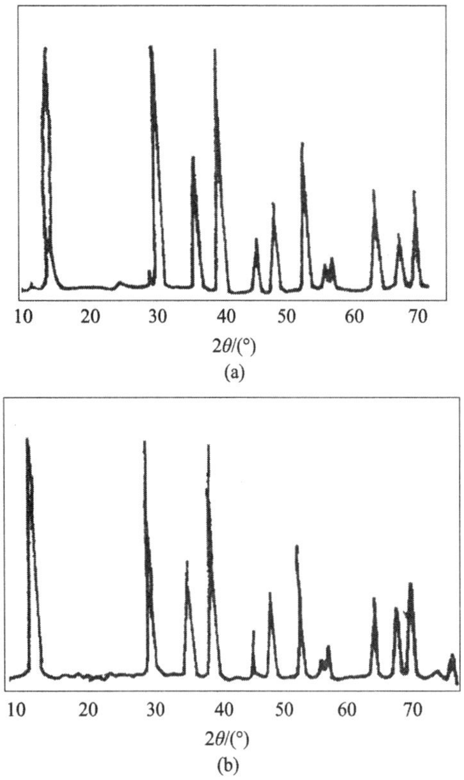

Fig. 4　XRD patterns of As_2O_3 crystallized from the industrial waste water

(a) with treatment; (b) without treatment

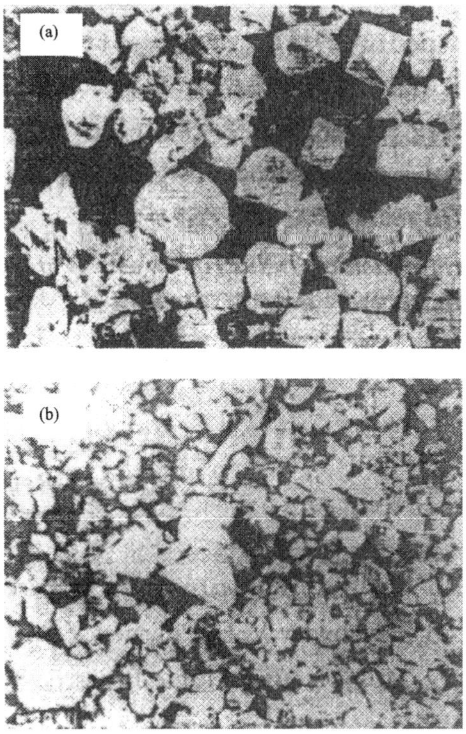

Fig. 5　The micrographs of As_2O_3 crystallized from the waste water

(a) with treatment, average size: 300 μm

(b) without treatment, average size: 40 μm

3 Conclusions

The magnetic treatment is favourable to the evaporation and crystallization of the solution containing arsenic, which can raise the evaporation rate and the volume crystallization rate. However, it has no effect on the crystal structure and chemical property. The magnetic effects on the crystal size are determined by the ageing. The crystal particles with the treatment are larger than those without treatment if the ageing time is long enough. Otherwise, they are smaller. The same conclusion can be reached when the industrial waste water was disposed.

The influence of magnetic effects on the crystallization process is also related to many other factors, such as the magnetic field strength, the way of magnetic treatment, temperature and concentration. To investigate the mechanism of magnetic process, modernized experimental media are required as well as various theories, such as molecular chemistry, quantum chemistry etc.. In a word, the application of the magnetic treatment to hydrometallurgy and environmental protection has become an important project.

References

[1] Yang Kai. Industrial Waste Water Disposal, 1994, 14 (3): 13.
[2] Terhovcev V E, Puhacev V M. Purification of Industrial Waste Water, Moscow, Bydirelynie Press, 1986: 20 – 40.
[3] Donaldson J, Grimes S. New Scientist, 1988, 18(2): 43.
[4] Crasin B N, Wan Lu. Water Disposal by Magnetization, Beijing: Yuhang Press, 1988.
[5] Furedi – Milhafert H. Pure and Appl., 1988, 53: 2041.

硫酸溶液硫化沉砷过程及磁场对沉砷的影响*

摘　要：由硫酸溶液硫化沉砷过程中氧化－还原电势的变化，讨论硫化沉砷过程，同时研究磁场效应对沉砷过程电势变化及溶液含砷的影响、认为磁场效应在一定条件下有益于提高砷的沉降速度和净化程度。

The process of sulfide precipitation of arsenic in sulfuric acid solution and effect of magnetic field

Abstract: The process of sulfide precipitation of arsenic in sulfuric acid solution was investigated by observing the changes of oxidation – reduction potential in solution. It was also investigated that the magnetic field affected the potential changes and the content of arsenic in solution during the process of arsenic precipitation, in addition the function of magnetic field effect was examined. It was concluded that the magnetic field effect is beneficial to the rate of arsenic precipitation and the purification under certain conditions.

有色冶金工业中多种硫酸废液中都含有砷，经过净化后才能排放和应用；硫酸工业生产也涉及砷的净化问题。苏联、日本和我国一些企业均采用硫化沉砷法处理硫酸含砷液，该工艺不仅净化了砷，同时因砷的硫化物毒性小，可作为砷回收利用的中间品。硫化沉砷过程的研究已引起人们的重视，但多采用 pH 的变化来讨论这一体系[1-2]。本文则通过测试反应体系的氧化还原电势变化来讨论体系的反应过程，并研究磁场在其中的作用。

溶液磁场处理在化工、农业和环保方面有所应用，虽然对其机理尚缺乏清楚的认识，但应用效果已非常显著[3]。在湿法冶金上磁场处理至今未能得到正确使用，对于磁场效应的实验研究也很少。本工作不仅是对硫化沉砷工艺和研究的一种完善，也是对磁场效应在湿法冶金工业上正确应用的有益探索。

1　实验

1.1　主要仪器和原料

UJ—25 型电位差计，磁化器(4000 Gs 自制)，78—1 型磁力加热搅拌器，DDS—11A 型电导仪；As(Ⅲ)标准液：As(Ⅲ) 8 g/L，Na_2S AR 级。

1.2　实验方法

新配制的 Na_2S 溶液通过电子输液泵以恒定速度加入砷液中，根据加料速度要求，可以调节 Na_2S 溶液浓度和输液速度。在搅拌情况下用电位差仪测试体系的电势 ζ 值，同时取样分析反应过程中 As(Ⅲ)的含量。

磁场效应的影响：将溶液以 2 mL/s 的速度流过磁场强度为 0.4 T 的磁场后，测定溶液的电势和电导值变化。按上述相同过程进行对比实验。

2　实验结果和讨论

2.1　硫化剂加入速度对体系电势 ζ 的影响

沉砷反应过程中硫化剂加入速度对沉砷有一定影响。图 1 为沉 1 g As 当 S^{2-} 的加入速度分别为 1 g/h、1.5 g/h、2 g/h、3 g/h、4 g/h 时体系电势 ζ 与耗硫量的关系曲线。

从曲线上看出体系电势变化分为三个阶段。第一阶段电势 ζ 在 420 ~ 320 mV，第二阶段在 320 ~ 260 mV，第三阶段在 260 ~ 65 mV。

Na_2S 溶液容易按下式水解：$Na_2S + H_2O = NaHS + NaOH$。从热力学条件和文献[4]中知道，在体系 $Na_2S - HAsO_2 - H_3AsO_3 - H_2SO_4 - H_2O$ 中，有

*该文首次发表于《中国有色金属学报》，1997 年第 1 期，第 33 ~ 36 页。合作者：马伟、李扬、曹文涛、申殿邦等。

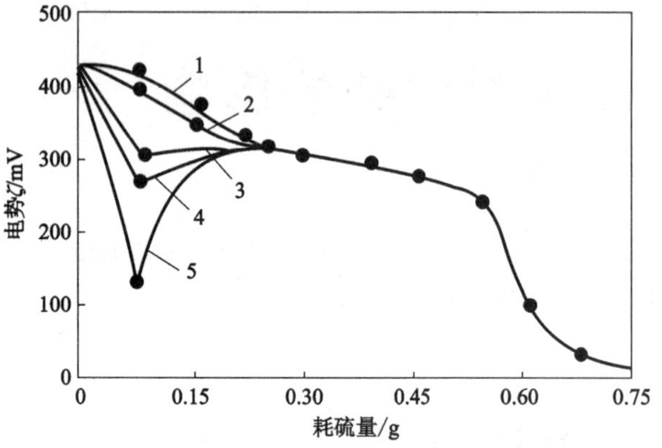

图 1 不同加料速度时电势 ζ 与耗硫量的关系

1—1 g/h; 2—1.5 g/h; 3—2 g/h; 4—3 g/h; 5—4 g/h

$HAsO_2$, H_3AsO_3, H_2AsO_3, $HAsO_3^{2-}$, S^{2-}, HS^- 及 H_2S 存在，主要发生的反应如下：

$$Na_2S + H_2SO_4 \longrightarrow Na_2SO_4 + H_2S \tag{1}$$

$$Na_2S + H_2SO_4 + H_3AsO_3 \longrightarrow As_2S_3 + Na_2SO_4 + H_2O \tag{2}$$

$$NaHS + H_2SO_4 \longrightarrow Na_2SO_4 + H_2S \tag{3}$$

$$NaHS + H_2SO_4 + H_3AsO_3 \longrightarrow As_2S_3 + Na_2SO_4 + H_2O \tag{4}$$

$$H_2S + H_3AsO_3 \longrightarrow As_2S_3 + H_2O \tag{5}$$

$$H_2S + HAsO_2 \longrightarrow As_2S_3 + H_2O \tag{6}$$

$$H_2S + H_2SO_4 \longrightarrow SO_2 + S + H_2O \tag{7}$$

$$SO_2 + H_2S \longrightarrow S + H_2O \tag{8}$$

$$H_2AsO_3^- + HS^- + H^+ \longrightarrow As_2S_3 + H_2O \tag{9}$$

$$H_2AsO_3 + HS^- + H^+ \longrightarrow As_2S_3 + 16H_2O \tag{10}$$

$$H_2S + H_2SO_4 \longrightarrow H_2SO_3 + S + H_2O \tag{11}$$

$$H_2SO_3 + H_2S \longrightarrow H_2S_2O_3 + H_2O \tag{12}$$

$$H_2S_2O_3 \longrightarrow H_2S_4O_4 + 2H_2S + H_2O \tag{13}$$

在第一阶段加料速度大时电势变化急剧，有黄色 As_2S_3 生成，同时有大量的 H_2S 气体析出，进行反应(2)、(4)时，反应(1)、(3)也相当激烈，这时空耗部分硫，且造成了空气严重污染；当加料速度比较小时，电势变化趋势平缓，H_2S 析出也较少，基本上是进行式(2)、(4)、(5)～(10)的反应，硫的消耗在60%以上。第三阶段电势急剧下降，同时伴有式(11)～(13)的反应，有 H_2S 气体析出；取样分析知道第三阶段初期溶液中的 As 含量在 1 g/L 以下。可见合适的加料速度是很关键的技术参数。从上述实验看出对 1 g As 采用 1.5 g/h 的加料速度是可取的。

2.2 磁场效应对电势 ζ 和溶液中 As 浓度的影响

磁场处理砷标准液前后的电势 ζ 和电导率 K 的变化，见表 1。

表 1 磁场处理前后的电势 ζ 和电导率 K 变化*

	电导率 $K/(10^{-2}\ s\cdot cm^{-1})$	电势 ζ/mV
磁场处理前	2.2	420
磁场处理后	2.7	400
变化率/%	+22.73	-4.76

* $c(As)=8$ g/L; $c(SO_4^{2-})=20$ g/L; 磁场强度 $H=0.4$ T。

图 2 是在硫化剂加入速度相同时(1.5 g/h)未经磁场处理和经过磁场处理后的体系电势 ζ 的变化和溶液中 As 浓度的变化曲线。

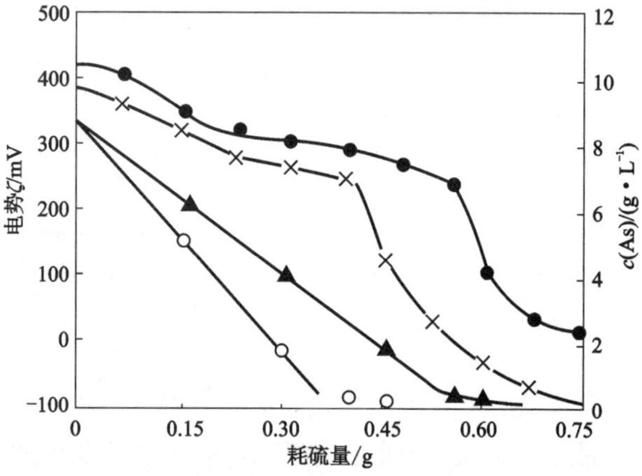

图 2 磁场处理前后 ζ 和 c(As) 与耗硫量的关系

●—未经磁场处理的体系电势；×—经磁场处理的体系电势；▲—未经磁场处理体系中的 c(As)；○—经磁场处理体系中的 c(As)

在图 2 中磁场处理后体系沉砷反应电势 ζ 的曲线虽然也分为三个阶段，但第一阶段比较平缓，第三阶段初始点也比未经磁场处理的 ζ 曲线的初始点所对应的耗硫量小。说明经过磁场处理后 H_2S 气体减少，用于直接沉砷的硫量增加：(1)、(3)反应所生成的 H_2S 又多数参与沉砷反应，主要过程是反应式(2)、(4)、(5)、(6)、(9)和(10)，生成 As_2S_3。

吸收反应体系析出的 H_2S 气体，分析其中的砷含量表明：经磁场处理和未经磁场处理的气体中砷含量都很少，经磁场处理的析出气体中砷含量在 0.16 μg/L。进一步说明当控制加料速度时，H_2S 气体大量析出只是在砷基本沉降出来的情况下发生的。

从图 2 中的砷含量变化曲线可知，磁场处理后的溶液砷含量急剧下降，不仅耗硫量很少，而且很快达到很小值 0.018 g/L 以下，与其对比的未经磁场处理的溶液中的砷为：0.21 g/L，相差 2 倍以上，说明磁场处理有益于沉砷。

磁场处理不仅使体系中的自由电子增加，电势下降，也使体系的电导发生变化。从表 1 的数据知道磁场处理后体系电导率增加，电导率反映溶液中离子对情况，电导率增加说明溶液中离子对经过磁场在洛伦兹力的作用下，离子对出现离解，使溶液中的自由基增多，在硫化剂加入后有利于反应式(9)、(10)的进行，增加了 H_2S 的溶解度，析出的 H_2S 减少，保证了沉砷所需的硫量。

2.3　磁场处理对沉砷速度的影响

从上述实验得知：溶液中的砷含量从高浓度到低浓度过程与时间的关系基本上是呈直线下降的。据沉砷的动力学过程研究，溶液砷含量随时间变化的曲线见图3。

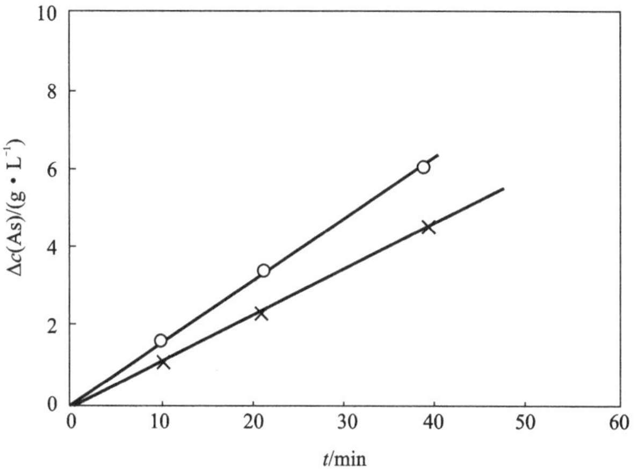

图3　磁场处理前后砷浓度变化与时间的关系

○—磁场处理；×—未经磁场处理

溶液中砷浓度变化 Δc 与时间 t 关系为：

$$\Delta c = c_{始} - c_t = kt$$

式中：k 为沉砷速度常数，g/(L・s)。

沉砷速度决定于溶液中的砷离子和硫离子浓度，但从图3中看出在相同的条件下，磁场处理加速了沉砷速度。上述所有实验都是在25℃条件下进行的，没有考虑温度的影响。得到的经磁场处理后沉砷速度常数为 $k_m = 3.33 \times 10^{-3}$ g/(L・s)，而相应的未经磁场处理的 $k_m = 2.5 \times 10^{-3}$ g/(L・s)。

3　结论

通过上述实验研究得到如下结论：

(1)利用反应体系的电势变化可以说明沉砷反应的进行程度，从而可以根据电势变化控制加料速度和加料量。

(2)磁场处理有利于溶液中砷的净化，提高硫的利用率，减少硫化剂的耗量。

(3)磁场处理有利于复杂离子离解为简单离子，从而增加了反应速度，并减少 H_2S 的析出，有利于工作条件的改善。

磁场处理溶液反应体系尚处于边缘学科，其作用机理虽有各种探讨，都不能很好解释磁场处理所带来的各种效应。本文仅从电势和电导率的变化分析溶液中离子对的情况。事实上硫化沉砷体系经磁场处理后也有益于提高过滤速度，增加了溶液的渗透性；对沉降的 As_2S_3 颗粒也有影响。另外，值得注意的是过多的硫化剂加入后(超过反应系数1.5倍左右)磁场处理体系的沉砷更容易反溶。进一步研究磁场作用效果和进行深入的机理分析，无论从工业生产上还是从理论上都是有意义的。

参考文献

[1] 钟竹前，梅光贵. 化学位图在湿法冶金和废水净化中的应用. 长沙：中南工业大学出版社，1986：123.

[2] Norbert L P, Aslbert E M. Koch M, Tayor J C. Productivity and Technology in the Metallurgical Industries, New York: The Minerals Materials Society, 1989.

[3] 张宝铭，刘有昌. 工业水处理，1994，14(3)：10.

[4] Palmer B R. Fuerstenou M C. Metallurgical Transactions B, 1976, 7B(9): 385.

磁场效应对硫酸体系 TBP 萃取砷(Ⅴ)的影响*

摘　要：对硫酸体系 TBP 萃取 As(Ⅴ)过程中，在磁场效应的作用下，溶液表面张力的变化及砷萃取率的影响进行研究，并对机理进行探讨。

Effects of magnetic fields on extraction of As(Ⅴ) in sulfate solution with TBP

Abstract: Solvent extraction of As(Ⅴ) in sulfate solutions with TBP in magnetic fields has been investigated. The effects of magnetic fields on surface tension of solutions and arsenic extraction rate were examined. Finally reaction mechanism was discussed.

引　言

磁场效应的工业应用在20世纪20年代已受到重视，不过当时仅限于处理工业水。目前，磁场效应的作用广泛用于工农业、医疗和科研等多方面，已成为人们关注的课题。

湿法冶金溶剂萃取工艺近年来对磁场效应的作用也有研究，尽管在实际生产中尚没有得到应用，但随着磁性材料的迅速发展，磁场的设置简单、经济，将具有广泛的应用前景。对一些金属离子在酸性体系中P204 萃取的磁场效应，已有文献[1]指出：一些元素如铜、钴、钙等分配比有所提高；而有的元素如锌、镁、镍等仅稍有变化或下降，因而可以提高金属离子的分离效果。有关砷萃取的研究未见文献报道。作者所选择的研究对象是在工业上应用较多的硫酸体系 TBP 对 As(Ⅴ)的萃取工艺。从文献[2-3]中知道 TBP 萃取 As(Ⅴ)的效果不仅受酸度的影响较大，受温度的影响也相当显著，20℃以下萃取效果不好。在有色金属冶金工厂含砷污酸和废水处理过程中，TBP 萃取早已受到重视。随着环保要求的提高和砷在国民经济中的重要地位，提高萃取砷的能力的研究也显示出特殊的意义。

1　砷存在状态分析和 TBP 萃取机理

在强酸溶液中 As(Ⅴ)主要以未离解的 H_3AsO_4 形态存在，见图 1。

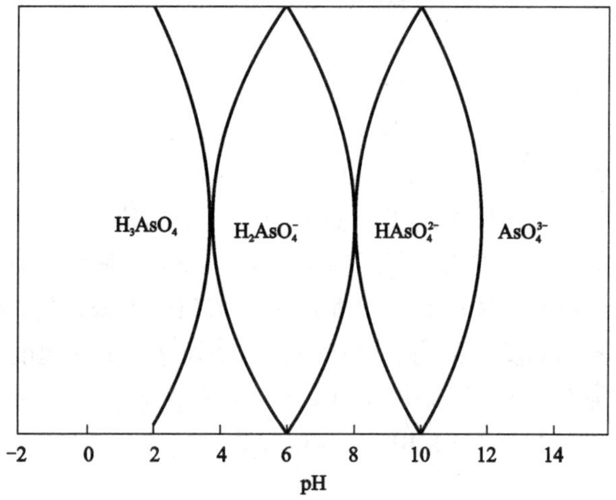

图 1　不同 pH 下几种形态 As(Ⅴ)的分布

H_3AsO_4 溶解是通过形成带有不确定数目水分子的溶剂化络合而实现的。为从溶液中萃取砷，要用不溶于水的试剂，它必须能全部或部分取代溶剂络合中的水分子。当 TBP 萃取时，其 P═O 能提供一个电子对，取代络合物中的水分子。即：

* 该文首次发表于《有色金属》，1996 年第 2 期，第 68 ~ 70 页。合作者：马伟、申殿邦。

$$H_3AsO_4 + H^+ + HSO_4^- + q(TBP \cdot H_2O) \rightleftharpoons H_3AsO_4 \cdot H_2SO_4 \cdot q(TBP \cdot H_2O)$$

通过 $\lg D - \lg[TBP]$ 作图得直线，斜率为 1，故认为 $q=1$[4]。

2　实验

2.1　实验条件

水相：取化学纯 As_2O_3 用蒸馏水和化学纯浓硫酸溶解，用过量的双氧水氧化，加热沸腾 20 min，配制实验溶液(表 1)。

表 1　自配溶液组成/($g \cdot L^{-1}$)

编号	As(Ⅴ)	SO_4^{2-}
1	2.15	200
2	3.02	200
3	9.23	200

2.2　实验设备

500 mL 分液漏斗；康氏振荡器；磁化器；表面张力测试剂(最大气泡法)；FTIR—740 红外光谱仪。

2.3　实验过程

(1)分别测试未磁化和磁化后的有机相和水相的表面张力。

(2)萃取实验在分液漏斗中进行，于康氏振荡器中振荡 5 min，静置 10 min 分层。

(3)取第三组实验未磁化和磁化萃取后的有机相，进行红外光谱分析。

3　结果与讨论

3.1　表面张力变化

结果见表 2。

表 2　未磁化和磁化后溶液的表面张力

(温度 18℃，单位 Nm/m)

编号	未磁化 σ	磁化后 σ	$\Delta\sigma$
有机相	6.899	5.913	-0.786
水相 1	7.583	7.580	-0.273
水相 2	8.540	8.167	-0.373
水相 3	9.854	9.041	-0.813

3.2　萃取实验

结果见表 3。

表 3　实验的萃取率/%

(温度：18℃，相比 = 1∶1)

序号	未磁化	磁化	$\Delta\eta$
1	33.20	36.20	+3.00
2	36.09	38.74	+2.65
3	36.95	41.40	+4.44

3.3　红外光谱分析

TBP 的萃取官能团是 P═O，萃取中性金属盐时，一般是通过氧原上的孤对电子与金属离子形成配位键来进行。因此 TBP 萃取砷后，其红外光谱图中 P═O 特征吸收峰因形成配位键 P═O→As 而产生质量效应，向低波数移动，其他官能团的特征峰位置不变。

比较图 2(a)、(b)、(c)可以看出，在 1270 cm^{-1} 处的P═O峰在萃取砷后向低波数移动，而图 2(c)只是P═O峰收缩的质量效应比图 2(b)大一些，其他没有改变，说明磁化萃取也是形成 P═O→As 配位键，萃取后络合物结构没有变化。

从上述结果可以看到：经磁场效应作用后，有机相和水相的表面张力减小，萃取机理虽没有改变，但萃取率有所提高。

从热力学角度分析，对于可变体系有：

$$dG = \sum \mu_i dn_i + \sigma dA - SdT - TdS + Vdp$$

当 $dp = 0$，$dT = 0$ 时(恒压恒温)有：

$$-TdS = \sum \mu_i dn_i + \sigma dA$$

式中：G 为自由能；μ_i 为 i 种组元的化学势；n_i 为 i 种组元的摩尔分数；σ 和 A 为相界面张力和表面积。磁场效应促进了能量的转换，是物系内部能量转换的媒介。

用“磁致胶体效应”[6]理论进行分析，根据熵的统计解释：

$$S = k\ln\Omega$$

其中：k 为玻尔兹曼常数；Ω 为一个宏观状态对应的微观状态总数。

等压条件下 $dp = 0$ 在磁场为 $H = 0$ 和磁场为 H 时的 $T-S$ 关系见图 3。

经过磁场效应作用，粒子有序化，熵值 S 随之变化，进行萃取时物系也发生变化，过程按实际过程进行，即：A→B′；熵 S 减小，温度 T 升高，B′→C′，熵 S 增加，温度下降，C′→A′熵增加，温度 T 也增加。

对于硫酸体系中 TBP 萃取 As(Ⅴ)，在 30℃以下萃取率随温度升高而提高，萃取过程是吸热过程。施加磁场作用相当于体系温度提高的效果，即促进吸热

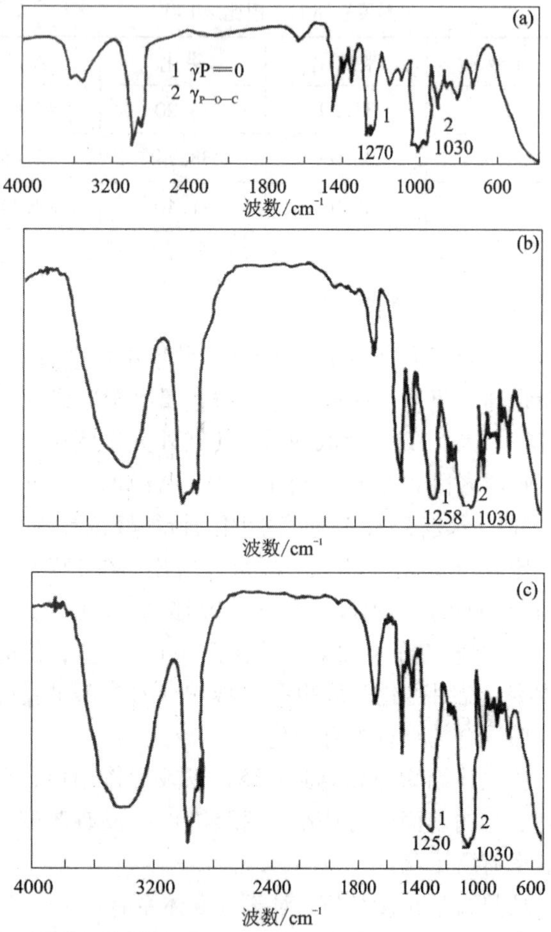

图 2 TBP(a)[5]及其萃取 As(Ⅴ)(b)和磁化萃取 As(Ⅴ)(c)的红外光谱图

过程进行。这一点在 P204 萃取铜、钴、镍的磁场效应的影响中也有类似的现象[1]。

4 结论与问题

磁场效应作用于 TBP 和砷(Ⅴ)硫酸溶液(SO_4^{2-} 200 g/L 左右)使其表面张力变小；萃取体系在磁场作用时熵值减小，促进了体系萃取过程的能量交换。虽然萃取后络合物的结构没有改变，仍是形成 P=O→As 配位键，但由于相当提高了这一体系的温度，在低温时磁场效应对 As(Ⅴ)的 TBP 萃取有促进作用。

实验过程中发现，磁场效应作用的大小和影响情况与 pH、SO_4^{2-} 和 As(Ⅴ)离子浓度及磁场强度等因素有关，对于不同体系磁场作用效果和作用机制的深入解释尚需进一步实验。

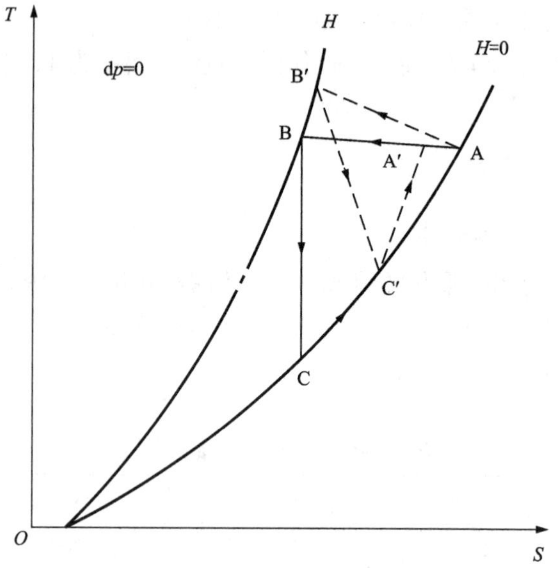

图 3 T－S 关系曲线

1. 可逆过程：A→B，B→A；2. 理想过程：A→B(非绝热，缓慢)，B→C(绝热，时间 t→0)，C→A(非绝热，自然过程)；3. 实际过程：C→B′，S 减小，T 上升，B′→C′，S 增加，T 下降，C′→A′，S 上升，T 上升

p：压强；T：绝对温度；S：熵；H：磁场强度

参考文献

[1] 高春满. 第四届物理化学学术论文文集(三). 1982(6).
[2] 马荣骏. 云南冶金，1982(4)：438.
[3] 陆湘波，何贻柏. 湖南有色金属，1993(5)：165.
[4] Г. П. Тизанов и др. Цветные Металлы，1978(8)：27.
[5] 廖平婴等. 中南矿冶学院学报，1990，21(6)：675.
[6] 耿殿雨等. 磁能应用技术，1989(4)：10.

磁场作用下三辛胺萃取钒的机理研究*

摘　要：本文研究了磁场作用下TOA从盐酸溶液中萃取钒的机理。在水相平衡 $pH=3.0$ 时，用饱和法及等摩尔系列法求得萃合比为2.5，用斜率法求得 $n=1.5$。萃取反应式为：

$$3H_2V_{10}O_{28(a)}^{4-}+8(R_3NHCl)_{1.5(o)}=\!=\!=3(R_3NH)_4H_2V_{10}O_{28(o)}+12Cl_{(a)}^-$$

可以认为，磁场作用不改变萃取钒的机理。

Studies on mechanism on extraction of vanadium by trioctylamine under a magnetic field

Abstract: A study was made on the mechanism of extracting vanadium from hydrochloric acid solution with TOA by the effect of magnetic field. When pH was 3.0 after equilibration of aqueous phase, a complex ratio, 2.5, was obtained by saturation and equal mole series methods, and $n=1.5$ was obtained by slope method. The extraction formula is

$$3H_2V_{10}O_{28(a)}^{4-}+8(R_3NHCl)_{1.5(o)}=\!=\!=3(R_3NH)_4H_2V_{10}O_{28(o)}+12Cl_{(a)}^-$$

It is considered that the extraction mechanism is not changed by the effect of magnetic field.

使用胺类萃取剂萃取钒很早就有研究和应用[1,2]，但在磁场中用胺类萃取剂萃取钒的研究还未见报道。本文研究了在磁场作用下，用TOA(三辛胺)萃取钒的机理。试验证明，在磁场中，用TOA萃取钒的萃取率有所提高，但萃取机理没有变化。

1　实　验

1.1　料液

钒酸钠溶液由市场购得的偏钒酸钠固体溶于水配成。放置1～2 d后，溶液中的钒浓度由分析检验确定。

1.2　试剂

(1)TOA为市场上购得的纯化学试剂，总胺氮含量为2.81 mol/kg。

(2)煤油为200#溶剂汽油，用 H_2SO_4 磺化，彻底除去不饱和烃。

(3)其他试剂均为分析纯。

1.3　实验方法

萃取在恒温水浴中进行。控制温度为25±1℃。将等体积的有机相和水相放入分液漏斗中，在水浴中振荡3 min，再放置5 min，两相分层后，取样分析。水浴放在强度为2500 Gs的磁场中。

2　实验结果与讨论

2.1　饱和法

将含有0.1 mol/L TOA－煤油溶液有机相与不同酸度的钒酸钠溶液进行平衡萃取。经数次试验证明，平衡3次后，两相即达饱和，即水相及有机相中钒浓度不变。在本试验中平衡次数为5次。分析水相及有机相中钒浓度，计算萃合比(即V与TOA的摩尔比)。所得结果如表1所示。

* 该文首次发表于《湿法冶金》，1997年第4期，20～22页。合作者：邱电云、马文骥。

表 1　TOA－盐酸体系萃取钒的萃合比

实验编号	有机相总胺浓度/($mol \cdot L^{-1}$)	原始水相		水相平衡 pH	饱和有机相钒浓度/(V_2O_5 $g \cdot L^{-1}$)	萃合比
		V_2O_5/($g \cdot L^{-1}$)	pH			
1	0.100	13.4	2.9	3.0	21.6	2.3
2	0.100	12.8	3.3	3.4	22.2	2.4
3	0.100	12.5	3.6	3.7	22.5	2.5
4	0.100	11.6	3.8	3.9	23.4	2.6
5	0.100	13.0	3.9	4.0	22.0	2.4

由表 1 可见，在水相平衡 pH 为 3.4～4.0，TOA 萃取钒的萃合比稍有不同，波动在 2.3～2.6，可以认为萃合比为 2.5。

2.2　等摩尔系列法

在水相平衡 pH 为 3.0、相比为 1、保持 $[TOA]_{(o)}+[V_2O_5]_{(a)}=0.2$ mol/L 条件下，改变两相浓度(表 2)，分别进行一次萃取。分相后测定萃余水相中钒的浓度，并计算有机相中钒的浓度。试验结果如图 1 所示。由图 1 可知，在水相平衡 pH 3.0、水相 V_2O_5 原始浓度为 0.14 mol/L 时，有机相中$[V_2O_5]$有最大值。此时有机相中萃取剂的浓度为 0.06 mol/L。故在 pH＝3.0 时，萃合比为 2.34(≈2.5)。这与饱和法得到的萃合比相同。

表 2　水相中 V_2O_5 原始浓度及有机相中萃取剂浓度的关系

编号	1	2	3	4	5	6	7	8
有机相中萃取剂浓度/($mol \cdot L^{-1}$)	0.18	0.16	0.14	0.12	0.10	0.08	0.06	0.04
水相中 V_2O_5 的初始浓度/($mol \cdot L^{-1}$)	0.02	0.04	0.06	0.08	0.10	0.12	0.14	0.16

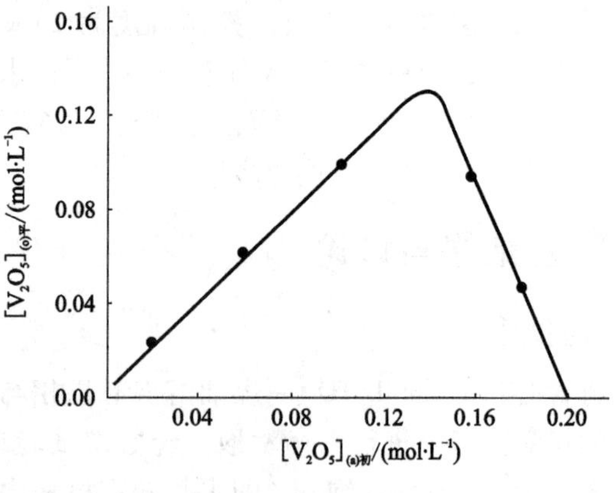

图 1　等摩尔系列关系曲线

在 pH＝3.0 时，溶液中钒主要以 $H_2V_{10}O_{28}^{4-}$ 的离子状态存在[3]，因此，可以认为钒是以 $H_2V_{10}O_{28}^{4-}$ 离子形式被萃取的，其萃取反应式可能为：

$$H_2V_{10}O_{28(a)}^{4-}+4/n(R_3NHCl)_{n(o)} = (R_3NH)_4H_2V_{10}O_{28(o)}+4Cl_{(a)}^- \quad (1)$$

2.3　用斜率法求缔合度(n)

按文献[2]，用斜率法求 n。在水相中加入 NaCl 保持离子强度及 Cl^- 浓度恒定，此时活度系数为常数。由饱和法及等摩尔系列法已知 pH＝3.0 时，萃合比为 2.5，因此，萃取反应按(1)式进行，其浓度平衡常数为：

$$K=\frac{[(R_3NH)_4H_2V_{10}O_{28}]_{(o)}[Cl^-]_{(a)}^4}{[H_2V_{10}O_{28}^{4-}]_{(a)}[(R_3NHCl)_n]_{(o)}^{4/n}} \quad (2)$$

在一定温度下，K 为常数。

又因为分配比

$$D=\frac{[(R_3NH)_4H_2V_{10}O_{28}]_{(o)}}{[H_2V_{10}O_{28}^{4-}]_{(a)}} \quad (3)$$

所以式(2)可改写为：

$$K=D\frac{[Cl^-]_{(a)}^4}{[(R_3NHCl)_n]^{4/n}} \quad (4)$$

$$\text{得 } D=K\frac{[(R_3NHCl)_n]_{(o)}^{4/n}}{[Cl^-]_{(a)}^4} \quad (5)$$

将式(5)等号两边取对数得：

$$\lg D=\frac{4}{n}\lg[(R_3NHCl)_n]_{(o)}+\lg K-4\lg[Cl^-]_{(a)} \quad (6)$$

将有机相中 R_3NHCl 的起始浓度以 $C_{s(o)}$ 表示，有

机相中 V_2O_5 的平衡浓度以 $[V_2O_5]_{(o)}$ 表示，则式(5)经整理后可写成：

$$[(R_3NHCl_n)_{(o)}] = \frac{C_{s(o)}}{n} - \frac{4}{n}\cdot\frac{1}{5}[V_2O_5]_{(o)} = \frac{C_{s(o)} - \frac{4}{5}[V_2O_5]_{(o)}}{n} \quad (7)$$

将式(7)代入式(6)得：

$$\lg D = \frac{4}{n}\lg\left\{C_{s(o)} - \frac{4}{5}[V_2O_5]_{(o)}\right\} - \frac{4}{n}\lg n + \lg K - 4\lg[Cl^-]_{(a)} \quad (8)$$

因 $[Cl^-]_{(a)}$ 恒定，故可令

$-\frac{4}{n}\lg n + \lg K - 4\lg[Cl^-]_{(a)} = K'$（常数），则得：

$$\lg D = \frac{4}{n}\lg\left\{C_{s(o)} - \frac{4}{5}[V_2O_5]_{(o)}\right\} + K' \quad (9)$$

依式(9)，以不同 $C_{s(o)}$ 的有机相分别与相同体积的水相进行一次萃取，测定萃余水相中的钒浓度，从而计算出 $[V_2O_5]_{(o)}$ 及 D。以 $\lg D$ 对 $\lg\left\{C_{s(o)} - \frac{4}{5}[V_2O_5]_{(o)}\right\}$ 作图，得一斜率为 $\frac{4}{n}$ 的直线，由此可求出 n 值。由图2可知直线斜率为2.6，则 $n=1.5$。

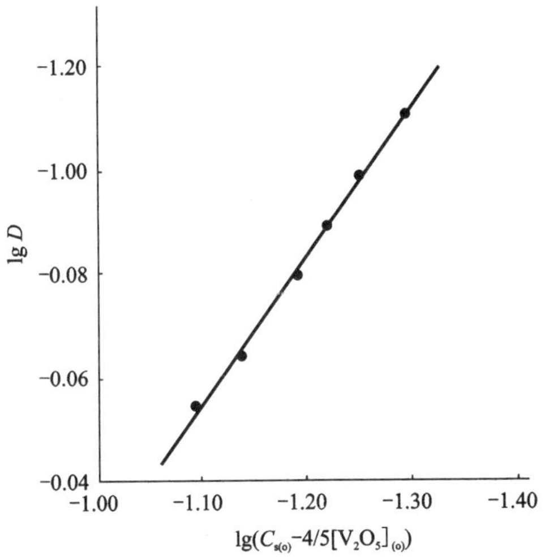

图2　$\lg D - \lg\left\{C_{s(o)} - \frac{4}{5}[V_2O_5]_{(o)}\right\}$ 关系曲线

将 $n=1.5$ 代入式(1)，则得平衡pH为3.0、萃合比为2.5的TOA萃取钒的反应式：

$$3H_2V_{10}O_{28(a)}^{4-} + 8(R_3NHCl)_{3.5(o)} = 3(R_3NH)_4H_2V_{10}O_{28(o)} + 12Cl^-_{(a)} \quad (10)$$

3　小　结

(1)用TOA－煤油溶液为有机相萃取钒，在平衡pH为3时，萃合比为2.5。

(2)TOA萃取钒的反应可以写成：

$$3H_2V_{10}O_{28(a)}^{4-} + 8(R_3NHCl)_{1.5(o)} = 3(R_3NH)_4H_2V_{10}O_{28(o)} + 12Cl^-_{(a)}$$

(3)可以认为磁场未改变胺萃取钒的机理，而只改变了萃取底液的物理性质，可使萃取率有所上升，类似于文献[4]的情况。

参考文献

[1] 马荣骏. 溶剂萃取在湿法冶金中的应用. 北京：冶金工业出版社，1979：278－281.

[2] 陈超球等. 中南矿冶学院学报，1980(2)：20－26.

[3] M T Pope et al. Quart. Rev.，1968：22－57.

[4] 马伟，马荣骏等. 有色金属(季刊)，1996(2)：68－71.

新萃取剂 Moc™ – 100TD 及其对铜的萃取*

摘　要：本文介绍了新萃取剂 Moc™ – 100TD 的性质，研究了其对铜的萃取能力。试验证明：该萃取剂性能良好，对铜的萃取有特效，可以推广应用。

1　前　言

当今在湿法炼铜中，使用的矿石品位越来越低，从低品位铜矿、剥离的废石、尾矿等提取铜的地位日益重要。在处理这些低品位矿物资源中，化学采矿(原地浸出)法、溶剂萃取法和电积法生产铜已公认是一项先进和成功的新技术。在这些先进技术中，溶剂萃取占有非常重要的地位。因此，开拓了许多萃取剂，例如：Lix63、Lix64、Lix70、N530、N510、SME529、Kelex100、Lix54、Lix84、Lix622、Lix984 等都是萃铜的工业萃取剂。最近美国联合化学公司推出了称为 Moc™—100DT 一种新萃取铜的萃取剂，我国对这一新萃取剂还未开始应用，为了使湿法冶金界的同行，对 Moc™ – 100TD 这一新萃取剂有所了解，本文对其进行了介绍，并研究了萃取铜的情况。

2　萃取剂的性质

Moc™ – 100TD 类似于 Lix984，是由 Moc™—45 与 Moc™ – 55D 混合而成。

2.1　Moc™—45

Moc™—45 化学名称为 2 – 羟基 – 5 壬基苯乙酮肟，化学结构式为：

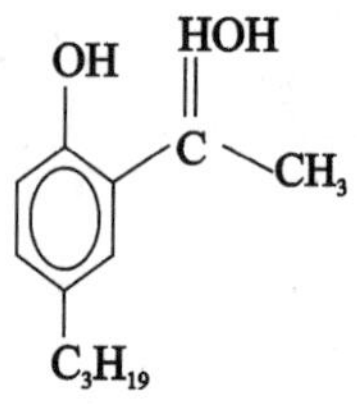

分子式为 $C_{17}H_{27}NO_2$，分子量为 277。它适合于从含铜的弱酸或中等强度酸性溶液中萃取铜。

(1)物理性质

闪点：69℃；密度：0.90 g/mL；颜色：清澈琥珀。

(2)萃取性能

萃取等温点：≥3.75 g/L 铜；萃取速度：二相混合 60 s 时萃取 90% 的铜；铜对铁的萃取比≥2000；两相分离时间≤90 s；反萃值≤0.3 g/L 铜；铜的净转移值：3.40 ~ 3.50 g/L 铜；铜的最大负载值(10% V/V)：4.70 ~ 4.80 g/L 铜；反萃液需含 H_2SO_4 浓度：140 g/L。

2.2　Moc™ – 55TD

Moc™ – 55TD 化学名称为 2 – 羟基 – 5 – 十二碳基水杨醛肟，化学结构式为：

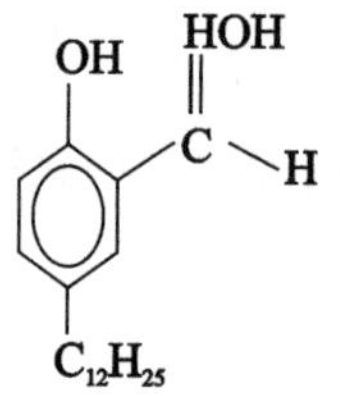

因其中含有十三醇作添加剂，故其分子式为 $C_{19}H_{31}NO_2 + C_{13}H_{27}OH$，分子量为 305。它是一种很强的醛肟类铜萃取剂，适用于在强酸性溶液中萃取铜。

(1)物理性质

闪点：91℃；密度：0.93 g/mL；颜色：清澈琥珀色。

(2)萃取性能

萃取等温点：≥5.0 g/L 铜；萃取速度：二相混合 30 s 时萃取 95% 的铜；铜对铁的萃取选择比≥2000；两相分离时间≤90 s；反萃值≤2.1 g/L 铜；铜的净转移值≥2.9 g/L 铜；铜的最大负载值(10% V/V)：5.5 g/L铜；反萃液需含 H_2SO_4 浓度：170 g/L。

2.3　Moc™ – 100TD

Moc™ – 100TD 是 Moc™—45 和 Moc™ – 55TD 的 1∶1 混合物，相似于汉高公司生产的 Lix984。分子式和结构式可用 Moc™—45 和 Moc™ – 55TD 的分子式及结构式代表，其分子量大约 291。

(1)物理性质

* 该文首次发表于《湖南有色金属》，1996 年第 1 期，第 34 ~ 37 页。

闪点：89℃；密度：0.92 g/mL；颜色：清澈琥珀色。

(2)萃取性能

萃取等温点：≥4.2 g/L 铜；萃取速度：二相混合 30 s 时，萃取 95% 的铜；铜对铁的萃取选择比≥2000；两相分离时间≤90 s；反萃值≤1.2 g/L 铜；铜的净转移值≥3.0 g/L 铜；铜的最大负载值(10% V/V)：5.2 g/L 铜；反萃液需含 H_2SO_4 浓度：160 g/L。

3　Moc™ –100TD 对铜萃取

3.1　水相料液及有机相的制备

水相料液是由我国西南地区某地低品位铜矿石用硫酸浸出获得的。对这种铜矿石进行岩矿鉴定得知，主要金属矿物为黄铁矿、赤铁矿、褐铁矿、黄铜矿、辉铜矿、砷黝铜矿、铜蓝、斑铜矿、孔雀石、金红石等。原生铜矿中铜的占有率约62%，次生铜矿铜的占有率约38%，矿石中主要元素的含量如表 1 所示。

表 1　矿石中主要元素的含量/%

元素	Cu	Fe	S	MgO	Al_2O_3	SiO_3
含量	0.352	5.27	4.78	0.70	9.2	64.50

该矿石应使用堆浸等方法处理为宜，我们为了迅速获得水相料液，使用硫酸加硝酸浸出得到含以下成分的料液：Cu 1.8 g/L，Fe 2.5 ~3.0 g/L，SiO_2 0.1 ~ 0.2 g/L，Al_2O_3 0.2 ~0.4 g/L，pH 约 1。对这种浸出液放置 1 天后进行过滤，获得透明的过滤液作为萃取的水相料液。

有机相组成是 5% Moc™ – 100TD + 95% 200#煤油，煤油经过磺化处理把不饱和烃除去。

反萃取液使用含 180 g/L H_2SO_4 水溶液。

3.2　萃取与反萃取

取水相料液 100 mL 及配制的有机相 100 mL，放入 600 mL 容积的烧杯中，在常温下，用电磁搅拌器搅拌 5 min，然后用分液漏斗分相，测定萃取后液的铜浓度，依测定的铜浓度计算铜的萃取率。萃取后得到的负荷有机相用等体积含 H_2SO_4 180 g/L 的水溶液进行反萃取，反萃取的时间也是 5 min，用分液漏斗分相后，测定反萃液中的含铜量，计算反萃率。萃取与反萃取的结果如表 2 所示。

表 2　萃取与反萃取结果/%

编号	铜的萃取率	铜的反萃率
1	91.5	89
2	90	88
3	91	90

在萃取作业中，水相与有机相分相情况良好，二相界面清晰，没有乳化层及三相存在。表 2 的数据及萃取操作表明：铜的萃取率在 90% 左右，反萃率也接近于 90%，操作中没有乳化及三相等问题发生，可以认为 Moc™—100DT 是一种有特效的铜萃取剂。

3.3　萃取与反萃取平衡等温线

美国联合化学公司提供的 Moc™ – 100TD 新萃取剂的萃取与反萃取平衡等温线如图 1 及图 2 所示。

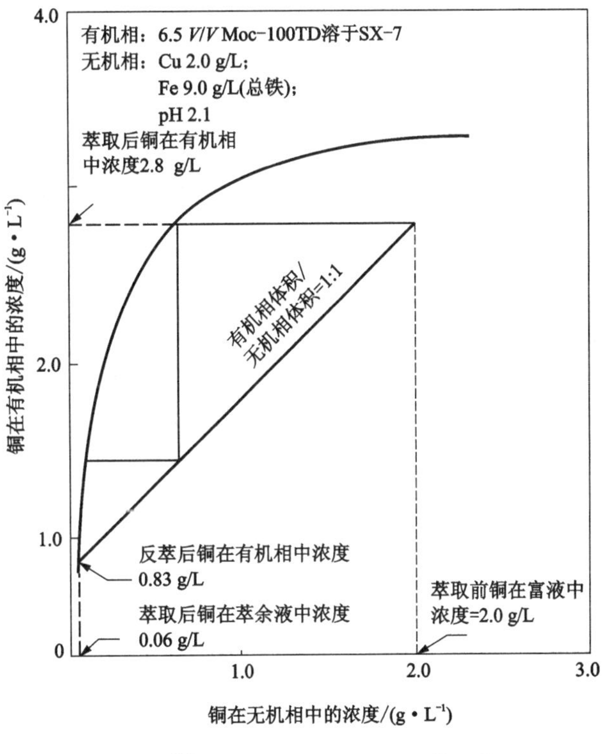

图 1　Moc™ –100TD 萃取剂的平衡萃取等温线

Orfom® SX –7 是 Phillips Mining Chemicals 的产品

图 1 及图 2 表明，在工业实践中，经过二级萃取与一级反萃取，即可获得符合工业要求的萃取率与反萃取率。

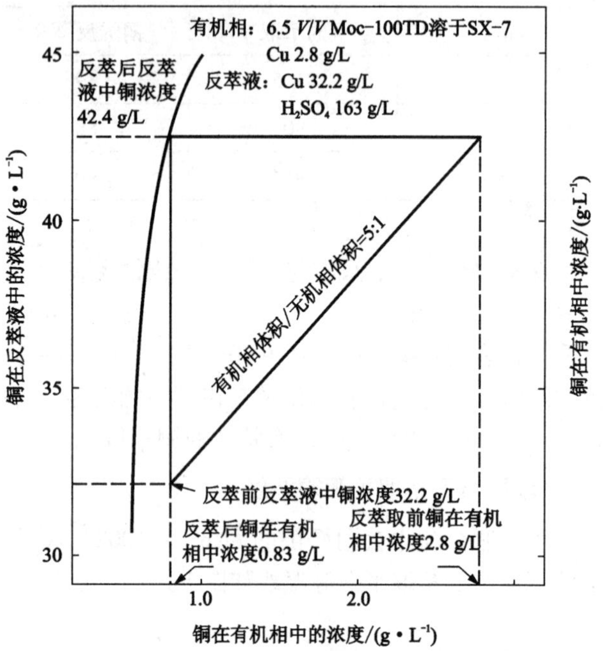

图 2　Moc^{TM} −100TD 萃取剂的平衡反萃等温线

$Orfom^{R}$ SX−7 是 Phillips Mining Chemicals 的产品

4　结　论

综上所述，可以得到以下几点结论。

(1) Moc^{TM} −100TD 有着良好的物理性质及萃取性能；

(2) 萃取与反萃取试验表明，操作顺利，铜的萃取率在 90% 以上，反萃取率接近于 90%。

(3) 可以认为 Moc^{TM} −100TD 是一种有特效的铜萃取剂，可以推广应用。

（本文使用的 Moc^{TM} −100TD 萃取剂由美国联合化学公司提供，在提供过程中，得到了北京有色冶金设计总院牟邦立教授级高工的大力帮助；本文使用的铜矿石及试验具体工作得到了四川会理铜矿的帮助与支持。一并深表感谢。）

新萃取剂 Moc^{TM} -100TD 萃取分离铜镍的研究*

摘　要：本文研究了用新萃取剂 Moc^{TM} -100TD 萃取分离铜、镍的条件，当萃取时间5 min、水相料液 pH≤4.0、萃取剂的浓度为10%、反萃液中含 H_2SO_4 160 g/L 时，可使 Cu(Ⅱ)与 Ni(Ⅱ)得到良好的萃取分离。文中还探讨了萃取机理。萃取一个 Cu(Ⅱ)时，需要两个 Moc^{TM} -100TD 分子，并认为萃取配合物中有一个 Moc^{TM} -45 与一个 Moc^{TM} -55TD 分子。

Separation of Cu/Ni by solvent extraction with a new extractant Moc^{TM} -100TD

Abstract: In this paper, a description is made of the conditions of separation of Cu/Ni by solvent extraction with a new extractant Moc^{TM} -100TD、Cu(Ⅱ) can be well separated from Ni(Ⅱ) at extraction time of 5 min, aqueous solution pH≤4.0, extractant concentration of 10%, H_2SO_4 content of 160 g/L in stripping liquor. The extraction mechanism is discussed as well. It is considered that two Moc^{TM} -100TD molecules are needed to extract one Cu(Ⅱ), and the extraction complex contents a Moc -45 molecule and a Moc -55 molecule.

1　前　言

用萃取法分离与提取铜、镍，前人做过许多工作，常用的萃取剂有 P204、P507、Cyanex272、三辛胺、N235 及季铵盐等。自从发现羟肟类萃取剂是铜的特效萃取剂后，使用羟肟类萃取剂萃取分离铜、镍有了不少报道[1]，用 Lix64N 萃取分离铜、镍已有工业实践[2,3]，最近文献[4]报道了 Lix984 萃取分离铜、镍的研究。新进入市场的工业萃取剂 Moc^{TM} -100TD 对萃取分离铜、镍还未报道，本文结合研究任务，在这方面做了试验研究。

2　Moc^{TM} -100TD 的性质

Moc^{TM} -100TD 是美国联合化学公司新提供的一种工业萃取剂，它与汉高公司生产出售的 Lix984 相似，是由 Moc^{TM} -45 和 Moc^{TM} -55TD 按 1∶1 配成的混合体。

Moc^{TM} -45 的分子式为 $C_{17}H_{27}NO_2$，分子量为 277，Moc^{TM} -55TD 的分子式为 $C_{19}H_{31}NO_2$，分子量为 305，两者混合时添加了部分十三醇。

Moc^{TM} -100TD 的分子量在 291 左右，其物理性质及萃取性能(以萃取铜为表征)如下：

闪点　89℃

密度　0.92 g/mL

颜色　清澈琥珀色

萃取等温点　≥4.2 g/L

萃取速度　30 g 萃取 95%

铜、铁的萃取选择比　≥2000

相分离时间　≤90 s

铜反萃值　≤1.2 g/L

铜的净转移值　≥3.0 g/L

铜的最大负载值(10% *V/V*)　5.2 g/L

反萃液需要的 H_2SO_4 浓度　160 g/L

由以上数据可知 Moc^{TM} -100TD 是铜的特效萃取剂，除在铜的萃取上应用外，还可推广到其他金属的分离和提取。

3　铜、镍萃取分离试验

试验所用料液含 Cu^{2+} 3.12 g/L，Ni^{2+} 3.9 g/L，pH 1.0，有机相为 10% Moc^{TM} -100TD + 90% 200#煤

* 该文首次发表于《有色金属》(冶炼部分)，1997 年第 3 期，10 ~ 12 页。合作者：马文骥，牟邦立。

油。试验在分液漏斗中进行。进行了萃取时间、pH、萃取剂浓度、反萃酸度等条件试验。

3.1 萃取时间的影响

在试验中控制水相料液 pH 为 4.0，相比(O/A)为 1∶1，不同萃取时间得到的结果如图 1 所示。

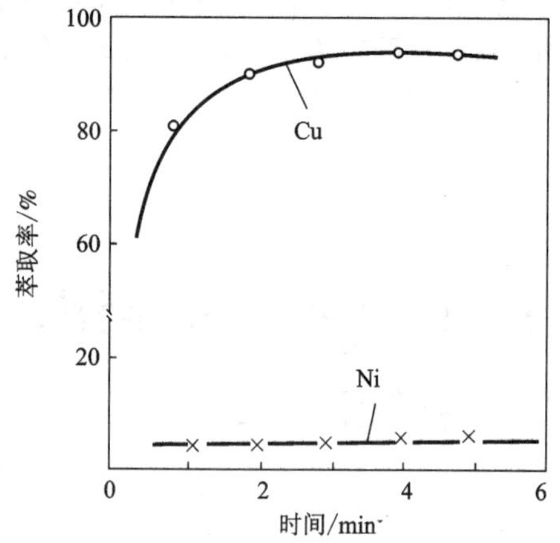

图 1 时间对萃取率的影响

从图 1 可知，萃取时间为 2 min 时，铜的萃取率即可达到 93%，再延长时间，萃取率上升缓慢，4 min 时铜的取率达 95% 以上，之后再延长萃取时间，萃取率基本变化不大。为了充分达到萃取平衡，在以后试验中萃取时间定为 5 min。该结果表明 Moc™ - 100TD 在萃取铜的动力学上有萃取速度快的特征。试验中观察到分相情况良好，静止 2 min 两相可透明清亮地分开。

3.2 料液 pH 的影响

用稀氨水调节料液至试验要求的 pH，相比(O/A)为 1∶1，混合萃取 5 min，结果如图 2 所示。由图 2 可见，Moc™ - 100TD 对铜的萃取率很高，当 pH 为 4.0 时，铜的萃取率已达到 93.4%，而镍的萃取率则很低，不超过 3%。在试验中还发现，当水相 pH 大于 4.0 后，水相变得有些混浊，可能是有水解反应发生，这不利于萃取。故在萃取作业中控制水相 pH≤4.0 为宜。

3.3 萃取剂浓度的影响

水相的 pH 控制在 4.0，相比(O/A)为 1∶1，萃取时间为 5 min，改变萃取剂的浓度，得到的试验结果如图 3 所示。从图 3 可知，萃取剂浓度为 10% 时，铜的萃取率达 93% 以上，当浓度提高到 15% 及 20% 时，铜的萃取率分别达到 97.1% 及 98.4%，而在此范围内镍的萃取率皆在 2.5% 左右。综合考虑萃取剂的用量、成本及铜、镍分离的效果可认为取 10% 的萃取剂

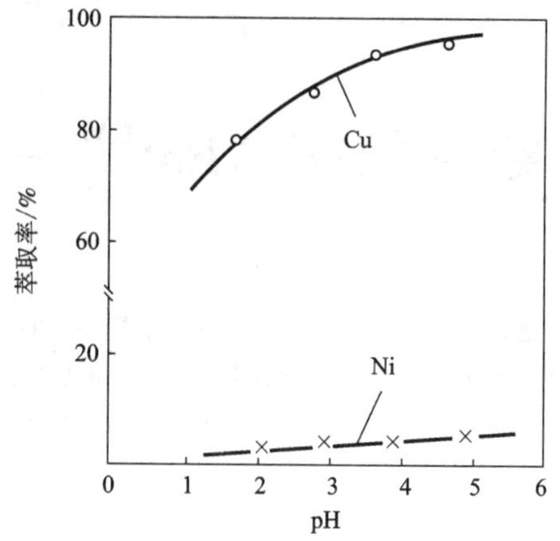

图 2 水相料液初始 pH 对萃取率的影响

浓度是适宜的。

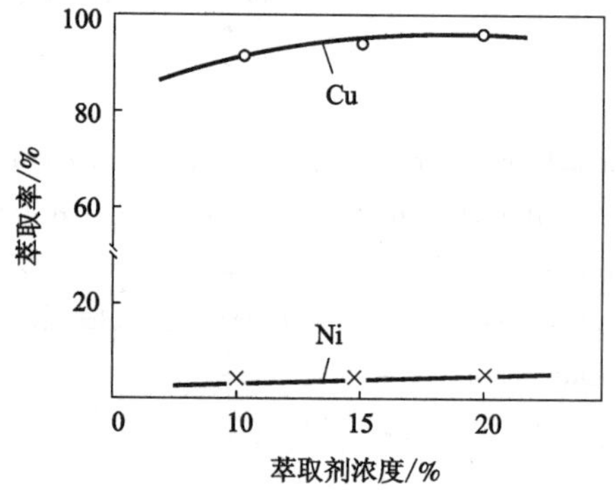

图 3 萃取剂的浓度对萃取率的影响

3.4 反萃取性质的考查

试验时先经萃取，制出含 Cu 3.1 g/L、Ni 86 mg/L 的有机相，以相比(O/A)为 1∶1，反萃取 5 min，改变反萃液中硫酸浓度进行反萃试验，得到的结果如图 4 所示。由图 4 可知，铜和镍的反萃率都是随酸度上升而增加，但铜的反萃率增加很快，而镍的反萃率增加缓慢，当硫酸浓度在 160 g/L 时，铜的反萃取率已在 90% 以上，此时镍的反萃率只有 3% 左右，这已满足了反萃取的要求。

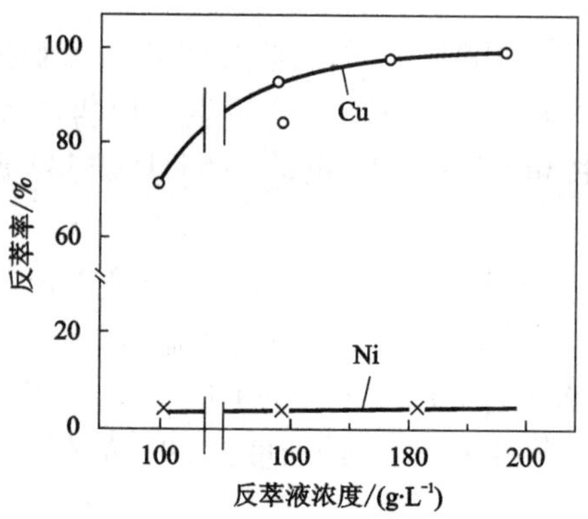

图 4 反萃率与反萃液酸度的关系

4　萃取机理的探讨

在联合化学公司提供资料中，Moc™ - 100TD (HR)萃取铜的反应是：

$$2HR_{(o)} + Cu_{(a)} \rightleftharpoons R_2Cu_{(o)} + 2H^+$$

为了证明这一反应式，我们采用了两种试验方法。

4.1　饱和容量法

配制成10%(V/V)及5%(V/V)的有机相与含Cu 10 g/L的硫酸溶液，按相比(O/A)为1∶1，萃取时间5 min，经3次萃取后，发现水相中铜离子浓度不再降低，这时测定的有机相中铜离子浓度及计算出的有机相中铜离子浓度及计算出的有机相中铜离子与萃取剂的摩尔比如下：

HR浓度/%	有机相中萃取剂摩尔数	有机相中铜离子摩尔数	Cu与萃取剂摩尔比
5%	0.16	0.079	1/2
10%	0.32	0.15	1/2

以上数据表明：一个铜离子与两个HR分子相结合。

4.2　斜率法

设反应式为：

$$Cu^{2+} + xHR_{(o)} \rightleftharpoons R_xCu_{(o)} + xH^+$$

则萃取平衡常数

$$K_{ex} = \frac{[R_xCu]_{(o)}[H^+]^x_{(a)}}{[Cu^{2+}]_{(a)}[HR]^x_{(o)}}$$

依分配比 D 的定义知：$[R_xCu]_{(o)}/[Cu^{2+}]_{(a)} = D$

则 $K_{ex} = D \cdot [H^+]^x_{(a)}/[HR]^x_{(o)}$

取对数得：

$\lg D = \lg K_{ex} + x\lg[HR] - x\lg[H^+]$

在25±1℃下，固定HR及ClO_4^-的浓度，维持一定离子强度，测定不同pH下的D，作$\lg D$与pH关系图，所得直线的斜率约为2(见图5上线)；同样温度下，固定溶液的pH及ClO_4^-的浓度，维持一定离子强度，测定不同$[HR]_{(o)}$下的D，以$\lg D$对$\lg[HR]_{(o)}$作图，所得直线斜率约为2(见图5下线)。

由图5可知一个Cu^{2+}与两个HR相结合。因为Moc™ - 100TD是由Moc™ - 45与Moc™ - 55TD按1∶1组成，故可认为萃取配合物中有一个Moc™ - 45分子与一个Moc™ - 55TD分子，配合物结构式可推想如图6所示。

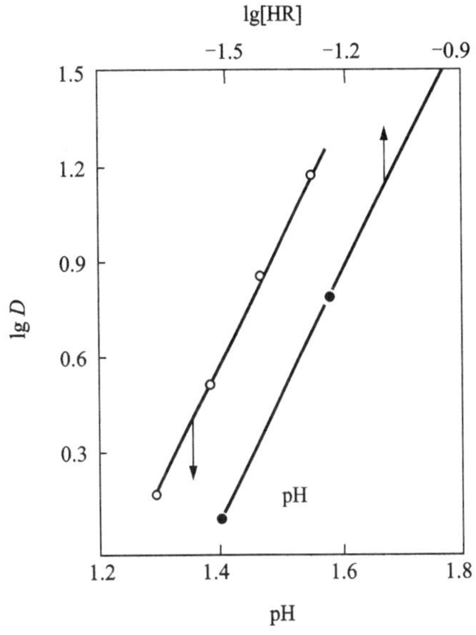

图5　lgD与pH及lg[HR]的关系

上线：$[HR]_o = 1\times10^{-2}$ mol/L；下线：pH = 1.0；$[ClO_4^-]_{(a)} = 0.1$ mol/L；$[Cu^{2+}] = 5\times10^{-3}$ mol/L　$[Cu^{2+}]_i = 5\times10^{-4}$ mol/L

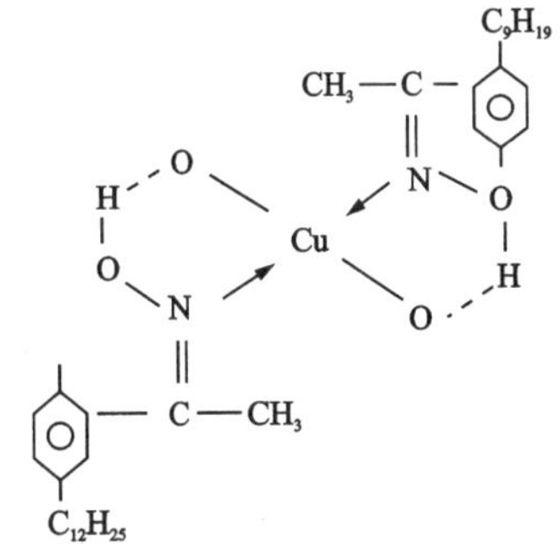

图6　配合物的结构式

5　结　论

(1) Moc™ - 100TD是Cu(Ⅱ)的特效萃取剂，在pH≤4下，Cu(Ⅱ)进入有机相，Ni(Ⅱ)留在水相，使Cu(Ⅱ)与Ni(Ⅱ)得到分离。

(2)探讨了Moc™ - 100TD萃取Cu(Ⅱ)的处理，在萃取配合物中有一个Cu(Ⅱ)离子和两个Moc™ - 100TD分子，由于Moc™ - 100TD是由Moc™ - 45与Moc™ - 55TD分子按1∶1组成，故可认为萃取配合物中有1个Moc™ - 45分子与1个Moc™ - 55TD分子。

参考文献

[1] 朱屯. 湿法冶金，1986(4)：15.
[2] J C Agarwal et al. Eng Min. Jour.，1976，177(12)：74.
[3] R G Bautista. Extractive Metallurgy of Copper，nickel and Cobalt，Vol Ⅰ，825，TMS.
[4] 吴文健等. 矿冶工程，1995(4)：43.

开发研究大洋锰结核的进展*

在人类已开始新技术革命的今天，世界各国对海洋工程的兴趣日益增高。在海洋工程中，大洋底锰结核的开发和利用占有极为重要的地位。目前，锰结核的开发已接近商业阶段，国际上对其争夺也就越来越激烈。

大洋锰结核是含有锰、铜、镍、钴的海洋底的一种储量巨大的矿物资源。据一些科学家估计，大洋锰结核的总储量为3万亿吨，仅太平洋底的储量就有1.7万亿吨，在太平洋底的锰结核中含有：锰4000亿吨、镍164亿吨、铜88亿吨、钴58亿吨。已查明在赤道太平洋北纬6°~20°、西经110°~180°存在着一个东西走向的富矿带，其面积约为1080万km^2，锰结核的可采储量为140亿~150亿t，其中平均金属含量Mn 29.8%、Cu 1.2%、Ni 1.36%、Co 0.2%，相当于陆地的富矿品位，工业价值颇大。

鉴于大洋锰结核的开发非常重要，又是摆在我们面前刻不容缓的研究课题，本文就已发表的资料，介绍与讨论开发锰结核的进展，供有关同志参考。

1 采矿方法[1]

锰结核的采矿方法是建立在海洋调查的基础之上，是锰结核开发中耗资最大和最关键的一项工作。

深海采矿存在着很多技术问题。解决深海采矿中的困难，一直是科学工作者的重要任务。目前已研究出了不少洋底矿产的采掘方法，比较成功的方法有以下几种：

1.1 连续戽斗链(CLB)法

该方法是日本人益田善雄于1976年发明的[2]。其工作原理为：使用长度为水深2倍以上的合成纤维绳，在绳子上按一定间隙(20~50 m)系上笼状的戽斗，合成纤维绳的比重接近于1，使得它们在水中的重量差不多等于零，这样就可使绳子的强度不受自重的影响，当然也可使用钢缆代替合成纤维绳。这种带有戽斗的纤维绳通过海面作业船上的滑轮等设备，在海水中作轮状循环绕转，系在绳上的戽斗就可起到采掘洋底锰结核、并把锰结核提升到船面的作用。

用海洋作业船上的动力驱动绳子，船的进行方向和绳子循环绕转的方向成直角。动力驱动是通过安装在水面作业船的牵引机进行的。该牵引机可带动绳圈，以使戽斗沿着绳圈的一侧下降至海底，沿着绳圈底侧掠过海底并装满结核，再沿着绳圈的另一侧回至水面。

1.2 泵举吸引和气举吸引法

泵举吸引法是1960年米洛(Mero)提出来的[3]，不久米洛又提出了气举吸引法的设想，并由深海探险公司获得了专利权。在这两种方法的设备上进行了许多模拟实验。最终选定了8种设备，在陆地水池中进行模拟试验后，又淘汰了3种设备。用被选定的五种设备在浅海及深海进行了多次试验，最后选定了二种作为开采锰结核的设备。1978年3月泵举吸引式设备在墨西哥湾及夏威夷等处的深海首次试验成功。同年5月气举式吸引式设备也取得了同样的好结果。

这二种深海采矿方法都是按工业性生产采矿方案进行设计的，如图1所示。

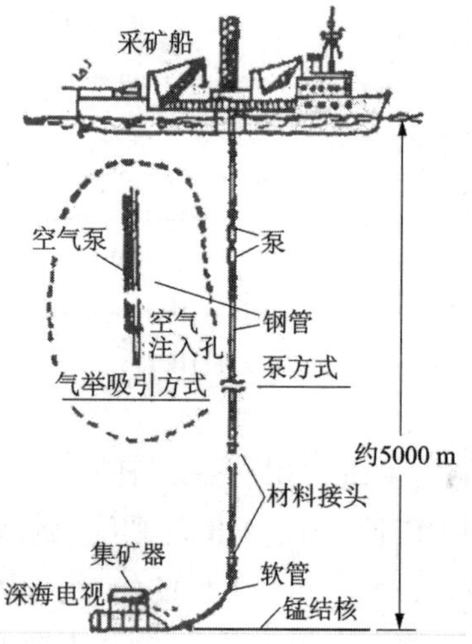

图1 泵举吸引式及气举吸引式锰结核采矿系统

由图1可见，这二种采矿系统的组成都可分为五个重要部分：操作系统、导引装置、集矿器、扬矿器和资料收集器。其中最关键的是集矿器的研制。集矿器有水流式及机械式两种，其工作任务是把泵吸上

*该文首次发表于《有色金属》，1984年第5期，51-55页。

（或用气举上升）的锰结核送入料斗，再从料斗把锰结核送到船上。

除上述较成功的采矿方法外，还有：钢丝绳式；潜水船式；牵引车式；曳航式流体采泥器方式；牵引车－气举吸引方式；爬行车台方式；人工海底车方式；拖网式；轻介质提升方式等采矿方法。这些方法虽未经过大型的试验，但对深海采矿工作者，对不同海洋区域的实际情况，设计更加适宜的采矿设备是大有裨益的。

2　冶炼方法

我们曾系统地介绍过锰结核的冶炼方法[4]，现在主要介绍近几年在冶炼方法上的新发展。

锰结核是一种由胶体颗粒的聚集体组成的复杂矿物，其中锰氧化物和铁氧化物的颗粒十分微细。$\delta-SnO_2$、钡镁锰矿、伯奈斯石、针铁矿、硅酸盐黏土矿、方解石等是构成锰结核的矿物。Ni、Cu、Co、Cd、Zn、Sn、Mo 等微量金属元素通过吸附、晶格置换、离子交换等方式赋存于上述矿物中。正是由于这种赋存特性，想用选矿方法分离和富集 Cu、Ni、Co 等有价金属是不奏效的。现在研究的锰结核处理流程都没有选矿过程。

锰结核的冶炼方法可分为火法及湿法两大类。火法以高温熔炼为基础，例如可将锰结核进行干燥、熔炼、吹炼等火法冶金过程，获得 Ni、Co、Cu 的铜锍及含锰渣[5]。湿法流程主要包括锰结核的破碎、预处理（如还原、氯化、硫酸化焙烧）、浸出、分离（溶剂萃取或离子交换）及电解等工序[6]。

文献[7]介绍了处理锰结核的各种体系：

氨体系有：还原焙烧氨浸出，铜离子氨浸出，高温氨浸出。

氯化物体系目前有四种，即氯化焙烧盐酸浸出，氯化氢还原焙烧酸浸出，离析，熔盐氯化。

硫酸盐体系有：高温高压硫酸浸出；熔炼硫化酸浸出；硫酸还原浸出；还原焙烧硫酸浸出；硫酸化焙烧。

目前公认最有前途的为以下五个流程：

2.1　还原焙烧氨浸出

原则流程示于图 2。

该流程从锰结核到产品的实收率（%）：Ni 88、Cu 77、Co <70。

2.2　铜离子氨浸出

其流程如图 3 所示。该流程从锰结核到产品的实收率（%）为：Ni 88、Cu 70 ~77、Co <70。

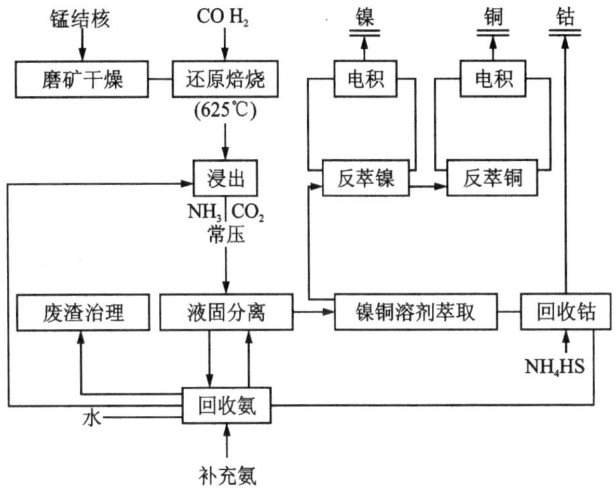

图 2　还原焙烧氨浸流程

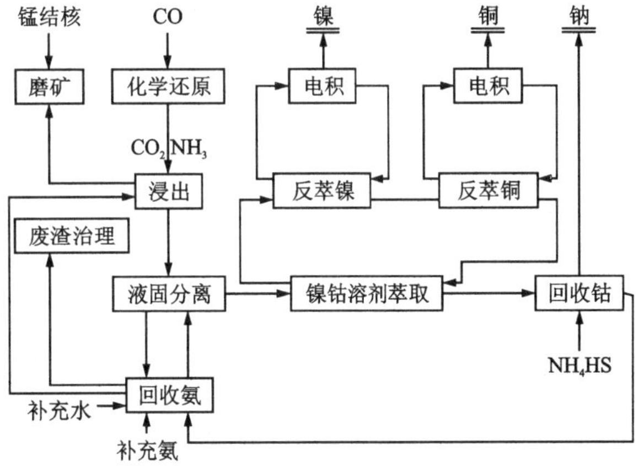

图 3　铜离子氨浸出流程

2.3　高温高压浸出

（245℃，35×10^5 Pa）如图 4 所示，该流程从锰结核到产品的实收率（%）为：Ni 92、Cu 80、Co <67。

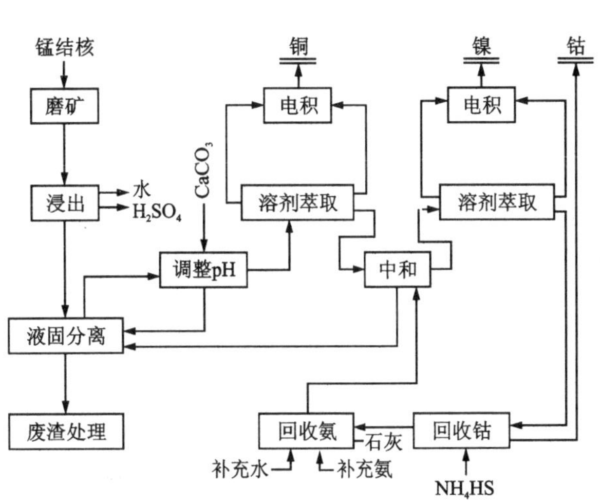

图 4　高温高压硫酸浸出流程

2.4　氯化焙烧盐酸浸出(图5)

该流程从锰结核到产品的实收率(%)为：Ni 94、Cu 83、Co <85。

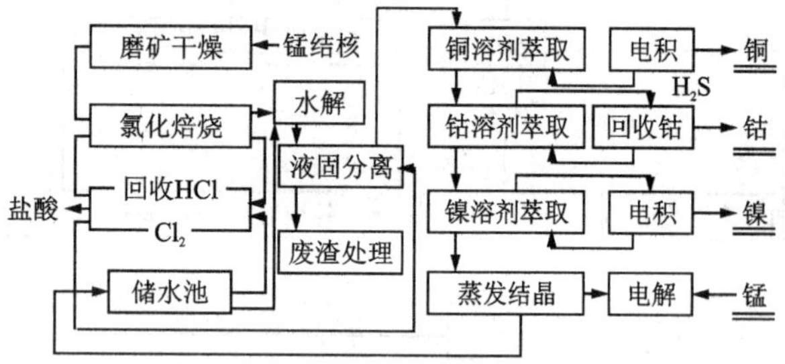

图5　氯化焙烧盐酸浸出流程

2.5　熔炼和硫化浸出

图6所示为原则流程，该流程从锰结核到产品的实收率(%)为：Ni 92、Cu 75、Co <85。

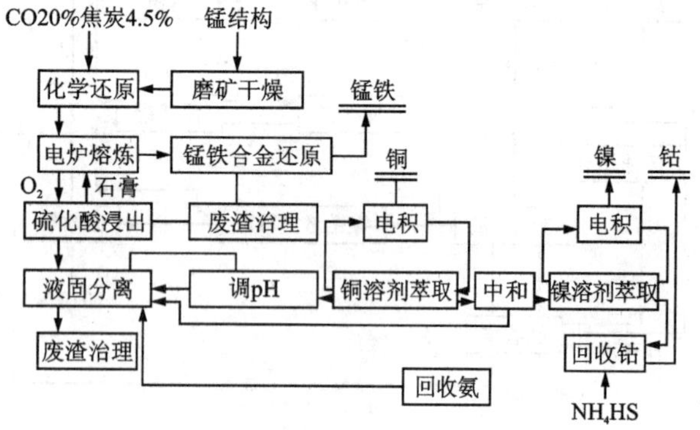

图6　熔炼和硫化浸出流程

上述五个流程各有优缺点，要根据自己具体的情况，研究和选择最合理的流程。

3　经济效益[1]

开发大洋的锰结核是人类社会向前发展的需要和必然结果。因为再过几十年至几百年，陆地上铜、镍、钴、锰的资源就会枯竭，迫使人类必须要向洋底采掘这些金属。

文献[6]估算，到2000年世界金属的消耗量为：镍1390000 t，铜18630000 t，钴53000 t，锰15700000 t，其中需要锰结核生产的金属量为：镍370000 t，铜315000 t，钴41000 t，锰3960000 t。这样算出到2000年各金属对锰结核的依赖程度为：镍26.6%，铜1.7%，钴77.4%，锰25.2%。同样计算方法，到2100年时，各金属对锰结核的依赖程度则为：镍35.3%，铜2.2%，钴102.8%，锰33.4%。由以上数据可知，到2000年和2100年，人类需要的上述四种金属对锰结核的依赖程度是相当大的。

外国科学家认为，如果按每年生产100万t锰结核的规模为计算基础，每吨干锰结核的开采费用为5～20美元，搬运到加工场地的费用为3～11美元，冶炼加工费用为10～20美元，以上各项均取最大费用，则采矿、搬运、冶炼加工每吨锰结核的总费用为51美元。锰结核中金属平均品位为：Mn30%、Co 0.3%、Ni1.5%和Cu1.2%，若按90%的回收率，并以文献[8]提出的金属价格计算(锰每千克1美元、镍每千克4美元、钴每千克7.9美元、铜每千克1.80美元)，则每吨干锰结核回收得到Mn、Ni、Co、Cu的价值为114美元。这样可知每吨干锰结核的利润为63美元。如果再扣除每吨干锰结核6美元的经营开销费和48%的税金27美元，尚可得利润为30美元左右。按年处理200万t干锰结核的规模为基础估算，开采、搬运、冶炼等系统的总投资额约为2亿5千万美元，而每年可获得利润为6000万美元，因此，每年可回收总投资费用的24%。

在考虑经济效益时，还要适当地考虑到其他一些因素。在计算上应该留有余地。如果将来钴的生产大大过剩，多产出的部分只能作为镍的代用品使用。因而，在计算时把钴的价格降低为镍的价值。在这种情况下，从每吨干锰结核回收金属的价值相应地减少到81美元。在扣除了开采、搬运、冶炼处理的费用约51美元的总费用和48%的税金后，则每吨锰结核可获得15美元的净利润。若按每年处理200万t锰结核计算，则每年可得净利润3000万美元。

文献[9]计算出，从200万t干锰结核回收Mn、Cu、Ni、Co的年总收入为7.16亿美元，未扣除税收的资金利润率为24%。若从300万t干锰结核中，不回收锰，只回收铜、镍、钴时，年总收入为4.07亿美元，未扣除税收的资金利润率为11%。

当前几个发达国家在报道开发锰结核的经济效益时，说法不一，有时也散布一些悲观气氛。我们应该保持清醒的头脑，不要被发达国家故意公布的一些数字所迷惑，应该认识到开发锰结核的经济效益是可观的。

锰结核是人类的一种巨大矿物资源，对这些资源的开发和利用已提到议事日程上。几个发达国家的政府均把这项工作列入重点科研项目上。世界各国约有8个跨国财团和100多家公司投资几亿美元积极从事锰结核的开发工作。美国和联邦德国在夏威夷群岛，法国在社会群岛都建有日处理50～100 t规模的冶炼试验厂。

1982 年 12 月有 100 多个国家签署了联合国海洋法公约，公约中明确提出了大洋锰结核是人类共同财富的原则，并规定了由联合国国际海底管理局实行管理开发大洋锰结核的有关工作。还将制订出一套有关开发工作的规章制度[10]。

几个发达国家企图独霸这一巨大海底资源，故在国际上第三世界国家与几个发达国家的斗争是很激烈的。

我国是属于第三世界国家，代表着第三世界的利益。我国政府对大洋锰结核的开发工作十分重视，国家海洋局"向阳红 16 号"海洋科学调查船在西非太平洋底捞获了大量锰结核，1983 年 7 月 10 日满载硕果返回上海港[10]。

为了人类、国家及四次技术革命的需要，我国会积极地进行这项开发研究工作。

参考文献

[1] 王成厚. 大洋锰结核. 北京：海洋出版社，1982：194 - 201.
[2] 益田善雄. 海洋科学，1976，11：48 - 54.
[3] J L Mero. U. S. Pat.，1965，3：169 - 856.
[4] 马荣骏. 有色金属，1980，1：41 - 44.
[5] 伊藤福夫. 日本鉱巢会誌，1983，99(1145)：572 - 583.
[6] 洪边直寒. 日本鉱业 1981 年秋季大会各科研究会报告论文集，G - 4，15 - 18.
[7] W Benjamin et al. IC 8924，U. S. Department of the interior (1983).
[8] J L Mero. Glasby G P (Ed). Marine Manganese Deposite，1977：327 - 356.
[9] J K Amsbaugh. Mater. Eng.，1982，3：57 - 61.
[10] 人民日报. 我国考查船在太平洋底采集锰结核. 19830712，第三版.

海洋锰结核的处理方法*

陆地上的金属矿藏，估计再过几十年至一百年即告枯竭。一些发达国家正在积极探索海洋锰结核资源的开发。

海洋锰结核，又名锰矿瘤或铁锰结核，分布在海底表面。它的大小不一，一般为1～20 cm，大的1 m；最重的一块可达750 kg。其形状多样，颜色较深；结构可分成壳及核，硬度较大(莫氏硬度3～4)，但易碎。平均容重1.95(g/cm^3)，真比重2.1～3.5。

锰结核属于氧化矿，含有锰、铜、钴、镍等元素。其成分因地而异，表1列出了太平洋锰结核的成分。

表1 太平洋锰结核的化学成分/%

元素	最大值	最小值	平均值	元素	最大值	最小值	平均值	元素	最大值	最小值	平均值
Mg	2.4	1.0	1.7	Co	2.3	0.014	0.35	Zr	0.12	0.009	0.063
Al	6.9	0.8	2.9	Ni	2.0	0.16	0.99	Mo	0.15	0.01	0.062
Sc	0.003	0.001	0.001	Cu	1.6	0.028	0.53	Ag	0.006	—	0.003
Ti	1.7	0.11	0.67	Zn	0.08	0.04	0.047	La	0.024	0.009	0.016
V	0.11	0.021	0.054	Ga	0.003	0.0002	0.001	Yb	0.006	0.0013	0.0031
Cr	0.007	0.001	0.002	Sr	0.16	0.024	0.081	Pb	0.36	0.02	0.09
Mn	41.1	8.2	24.2	Y	0.045	0.016	0.033				

已查明锰结核中金属储量为(亿吨)：锰4000、镍164、铜88、钴58，为世界陆地矿山各金属储量的4000～5000倍。一些国家积极勘探海底资源，使探明的锰结核储量，以每年1000万～1600万t的速度增长。

现在美国、苏联、日本、法国、联邦德国、加拿大等国家，都在积极研究开采与冶炼的方法。有的已组成国际联合开采集团，例如海洋采矿联合公司、肯尼柯特联合公司、海洋经营公司、洛党希德联合公司等。这些公司都用深海采矿船进行开采。在今后10～20年将会投入大量资金开发和利用这种资源。

1 湿法处理

1.1 硫酸常压浸出法

通常须将锰结核磨细，为了提高有价金属的浸出率，有时要进行多段浸出。文献报道先在80℃用硫酸溶液浸出镍和铜，浸出渣再用 $FeSO_4$ 或 $FeCl_2$ 酸性溶液浸出钴和锰。这种方法的浸出率为(%)：Mn 91、Ni 84、Co 87、Cu 81。

专利介绍将锰结核碎至<10 mm，在70～90℃浸出0.5～4 h，浸出液残酸浓度应<35(g/L)(最好是8～15 g/L)，然后用Lix或Kelex萃取剂萃取—电积回收铜，萃余液通过含有氨基—碳酸或亚氨基—碳酸类的阳离子树脂固体层，回收镍、钴、锌和部分铝。吸附的金属用盐酸溶液淋洗，淋洗液在搅拌条件下通入氯气，并加入石灰乳，pH控制在3.8～4.0使 $Co(OH)_2$ 和 $Al(OH)_3$ 沉淀；沉淀经煅烧还原回收钴(Al_2O_3 造渣)。除钴及铝后的溶液pH提高到6.5～8.0，沉淀出镍等氢氧化物，经煅烧还原熔炼即获得镍和ZnO(烟尘中)。

用硫酸等无机酸处理锰结核，加入过氧化氢，很容易把锰、镍等有价金属浸出。试验中发现，浸出液稍微加热，过量的过氧化氢分解，使渣易于过滤。

硫酸常压浸出的优点是试剂便宜，设备简单。

1.2 硫酸高压浸出法

硫酸高压浸出法是针对太平洋锰结核中铜、镍、钴结合在 MnO_2 和FeOOH的晶格中，不能选别而提出来的。高压酸浸法能保证选择溶解镍、铜、锌。试验

* 该文首次发表于《有色金属》，1980年第1期，41-44页。

在钛制高压釜中进行。锰结核成分为(%)：Ni 1.1、Cu 0.94、Co 0.23、Zn 0.18、Mn 21.9、Fe 6.9、Mg 2.1、Al 2.8、Ca 2.0 和 Na 2.0。试料首先干燥并破碎至 <1 mm。金属(尤其是钴)浸出率随 H_2SO_4 用量增大、温度提高及浸出时间延长而增加，最佳条件为：H_2SO_4 40(g/100 g 锰结核)；温度 200℃；时间 3 h。浸出率为(%)：Cu 94、Zn 90、Co 67；浸出液成分为(g/L)：Ni 4.3、Cu 3.6、Co 0.6、Zn 0.7、Mn 4.5、Fe 0.3、Mg 8.3、Al 9.2、Ca 0.4、Na 7.2、K 1.6、H_2SO_4 20。浸出液用氨调 pH 至 2，用 Lix64N 萃取回收铜。萃铜余液用氨调 pH 至 6.0，用 Lix64N 共萃钴镍，选择反萃取使之分离。

在 260℃和 35.2(kg/cm^2)进行并流多段高压酸浸得到令人满意的结果。浸出液含 H_2SO_4 5(g/L)左右。随着 H_2SO_4 浓度增大，浸出速率加快。

该法存在的问题是耐腐蚀、耐高压的设备材质未完全解决。

1.3　硫酸盐浸出法

用亚硫酸铁、硫酸铵或硫酸氢铵处理锰结核时，铜、镍和钴都会生成络合物进入溶液。如在 60℃，用 5 mol/L NH_3 - 2 mol/L$(NH_4)_2SO_4$ 高压浸出锰结核，金属浸出率为(%)：Mn 1、Cu 83、Ni 82、Co 85。

有人将磨细的锰结核用含 NH_4HSO_4，pH 1 ~ 3 的水溶液搅拌浸出，同时通入 SO_2，以回收部分锰，并改善镍和铜的溶解动力学。浸出作业后期往溶液中通入 NH_3，使一些金属杂质沉淀。浸出液用肟或喹啉衍生物萃取铜和镍，用 DEHPA 萃取钴和锌。萃余液中通入 CO_2，使锰呈 $MnCO_3$ 沉淀。最后蒸发回收 $(NH_4)_2SO_4$，返回使用。

1.4　盐酸浸出法

专利介绍把含铜锰结核磨细，用新生态的 HCl 气体处理，接着进行水浸出，使金属氯化物与不溶物分离。最后用溶剂萃取法提取有价金属。

还有先把锰结核进行还原处理，然后在常压下用盐酸溶液逆流浸出。镍、铜、钴及大部分铁和锰转化成可溶性的氯化物。此过程中约有一半盐酸消耗在锰的还原上，另一半被氧化成氯气。浸出液用磷酸三丁酯或脂肪胺萃取除铁。有机相中的铁用水反萃取，含铁反萃液经浓缩分解成氧化铁和盐酸，后者可循环使用。除铁后液用置换法沉淀铜、镍和钴，再进一步处理。例如，可用碳酸铵溶解沉淀混合物，再用萃取法分离，铜用电积法回收，钴用沉淀法回收。

最近报道，把磨细的锰结核用氯化氢高温氯化，接着对流浸出，除去氯化铁，用铝置换锰后，用 Lix 分别萃取回收铜、镍、钴。

1.5　氨浸出法

美国肯尼柯特公司将锰结核磨细到 20 目以下，在沸腾炉或多膛炉中用含一氧化碳及氢各 8% 的气体进行还原焙烧，得到铜、镍、钴还原率 90% 以上的富集物，然后用 50 ~ 100(g/L)NH_3 和 30 ~ 60(g/L)CO_2 的 NH_3 - $(NH_3)_2CO_3$ 溶液浸出，并把空气吹入浸出反应器中。经过氧化 - 还原反应，金属以氨络合物溶解。浸出矿浆泵送到多级逆流倾析系统进行固液分离。浸出渣用蒸汽冲洗，回收氨。

含有金属的碳酸铵浸出液，可用 Lix64N 选择萃取铜、镍；或者将铜、镍共萃取后再选择反萃取，试验证明后者(简称 FIX 法)较好，是有前途的方法。也可用离子交换法处理碳酸铵浸出液，用 Lewatit(R) TP207 号树脂得到的淋洗液体积仅为原始溶液体积的 12%，淋洗液含有铜、镍、钴、锌、铁、铝，但不含锰。调 pH 使铁、铝沉淀除去，然后用 Lix 萃取铜；用 TBP 萃取锌；用三 - 异壬基胺萃取钴；最后回收镍。

美国专利报道，细磨的锰结核用甲醇或甲醛在 250 ~ 300℃ 处理(以提高金属浸出率)，然后冷至 100℃，用 NH_3 - $(NH_4)_2CO_3$ 溶液浸出，除铁和锰外其他金属可全部浸出。该法的优点在于试剂便宜及没有设备腐蚀等问题。

1.6　还原 - 浸出法

以含(%)：Mn 26.0、Fe 10.3、Ni 1.12、Co 0.14、Cu 0.62、SiO_2 13.8、$Al_2O_3$3.7、MgO 2.7 的锰结核为原料，于 105℃ 干燥，加入 7% 的煤后，一道细磨至 < 0.59 mm，再制成直径 5 ~ 20 mm 的粒，在竖炉中于 550 ~ 750℃ 还原 30 ~ 60 min。还原料冷却至 100 ~ 400℃，湿磨至 < 0.21 mm，用含 Na_2CO_3 及 $(NH_4)_2CO_3$ 的溶液浸出，固液比为 1∶6。浸出液含(g/L)：Ni 7.8、Cu 4.3、Co 0.90、Fe 0.0035、Mn 1.6；浸出率为(%)：Ni 96、Cu 97 和 Co 90。将含 50(g/L) Na_2CO_3 的水溶液加入浸出液，沉淀铁和锰，使浸液 Fe/Ni 和 Mn/Ni 都 <0.0001。加入 Na_2S 沉淀钴和铜，滤液回收镍。浸出渣与铁、锰沉淀物合并，送去制锰铁。

有人提出将锰结核在 350 ~ 1000℃ 用炭还原 15 min，再用含 2% NH_3 及 0.2%(摩尔分数)的铵盐(如 NH_4Cl、$(NH_4)_2CO_3$ 或 $(NH_4)_2SO_4$)浸出。使铜、镍、钴和钼等进入溶液，分别从溶液和渣中提取有色金属和锰。

1.7　焙烧 - 浸出法

在氯化、还原、氧化、硫酸化等焙烧中，硫酸化焙烧是最有效的方法。首先将锰结核磨细到 -0.2 mm，混以浓硫酸在650℃进行硫酸化焙烧，随后水浸，铁的浸出率为20%左右；镍、钴和锰的浸出率为80%~100%。铜可用铁粉置换；镍和钴用离子交换法提取，而锰可呈硫酸锰结晶或氢氧化物沉淀。

硫酸化焙烧可在回转窑或沸腾炉中实现。有时将细磨的锰结核与黄铁矿或磁黄铁矿混合，在有氧存在的条件下焙烧，可以获得很高的浸出率。

对含 Fe_8S_9 和 FeS_2 等硫化物的锰结核，可以使用氧化-硫酸化焙烧，使硫化铁转变成氧化铁，而有价金属变成硫酸盐。

氧化-硫酸化焙烧也是一种有效方法。把锰结核细磨到 160~400 μm，加入 1.5 倍质量等摩尔的 $(NH_4)_2SO_4$ 和 Na_2SO_4，将混合物干燥，并于 260~427℃焙烧，然后水浸，在焙烧中 $(NH_4)_2SO_4$ 分解成 NH_4HSO_4 和 NH_3。钴、镍、铜和锌都成为氨络合物进入浸出液。铜、镍可用羟肟或喹啉的衍生物萃取。钴和锌则用烷基磷酸萃取。浸出液中通入 CO_2，使锰成为 $MnCO_3$ 沉淀。这种沉淀经热分解产出 CO_2，返回使用。

1.8 其他

有人把锰结核与水混合后，在常温下通 SO_2 进行浸出。过量的 SO_2 可在分解残渣前加热回收，循环使用。如果在600~700℃把 SO_2 通入反应器，也可称为硫酸化焙烧。

有专利介绍三段常温浸出，第一段用4% H_2SO_4 溶液浸出 4 h，浸出率为(%)：Mn 15、Ni 74.8、Co 12.8、Cu 77.1；第二段用含 $FeSO_4 \cdot 7H_2O$ 114(g/L)的溶液浸出 2 h，浸出率为(%)：Mn 28.9、Ni 4.2、Co 24.5、Cu 3.5。然后用萃取-电积法提取金属。

2 火法处理

2.1 造锍熔炼法

造锍熔炼法是使锰结核中的一些有价金属在熔炼中成为锍而与锰渣分离，然后由锍中提取铜、镍、钴，而锰则由渣中提取。

试验的锰结核组成为(%)：Mn 23.2、Cu 0.80、Co 0.22、Ni 1.14、Fe 6.9、Al_2O_3 5.8、MgO 2.9、SiO_2 18.4、H_2O 30。首先经回转窑干燥、脱水、选择性还原。还原剂为煤或燃料油。还原温度1000℃，还原后接着在电炉内熔炼。即在1000℃预热 1 h 后，再把温度提高到1380~1420℃熔炼 1 h，90%以上的钴、镍成为合金。97%的锰进入渣中。往合金中加入黄铁矿进行氧化、硫化吹炼，合金中的锰被氧化，并与 SiO_2 造渣而除去，同时有10%~15%的铁进入渣中，而铜、镍、钴等则生成锍（Cu_2S、NiS、Ni_3S_3、CoS、Co_3S_8）。电炉熔炼得到的锰渣加入石灰石于1620℃在石墨坩埚中熔炼，生成锰铁。这样约有95%的锰得到回收。锰铁的典型成分为(%)：Mn 5.8、Si 6.8、Fe 5.8、Ni + Cu + Co 0.35、S 0.04、P 0.25。锍的产率为锰结核的5%。锍用衬钛高压釜加压浸出，条件是110℃、氧分压10.55(kg/cm^2)、$H_2SO_4$100(g/L)、固液比1/10、时间 2 h。浸出液用石灰中和至pH3.3，二价铁以针铁矿形式除去(残铁 $<$100 kg/g)，其他杂质也随铁渣除去。除铁液约含(g/L)：Ni 40、Cu 24、Co 5、Fe 0.01，可用萃取或其他方法回收。

2.2 熔炼及熔炼-磁选法

美国肯尼柯特公司将锰结核进行空气干燥，在1450℃熔炼，得到渣和金属产品。后者实际上是一种合金，组成为(%)：Cu 12.9、Ni 25.1、Co 3.20、Mo 1.15、Fe 56.0。渣含锰32%左右。然后用湿法从渣及合金中回收有价金属。据称铜回收率在80%以上，镍、钴、铝、锰的回收率均高于90%。

熔炼—磁选法是选冶结合的方法。试验原料含(%)：Mn 22、(Ni + Co + Cu) 2.1、Fe 6，磨细后加入熔剂制团，在1140~1215℃还原。还原料冷却细磨后磁选，得到的磁选精矿含(%)：Ni 17.1、Cu 11.2、Co 2.39、Fe 5.12、Mn 6.4；磁选尾矿含(%)：(Cu + Ni + Co) 0.5、Mn 33，尾矿再浮选。以后用湿法从精矿中回收镍、钴、铜、锰，从尾矿中回收锰。

2.3 离析法

近来也有人研究用离析法处理锰结核，如用离析法处理含(%)：Mn 16.6、Ni 0.44、Cu 0.25、Co 0.31的锰结核，最佳条件为900℃、1~2 h，焦炭和氯化剂的用量为锰结核的6%；氯化剂为 $CaCl_2$ 25%和 NaCl 75%。金属回收率为(%)：Ni 87.7、Co 96.6、Co 81.0、Mn 24.3。目前离析法处理锰结核仅限于小型试验。

2.4 其他

在火法处理锰结核中，还有还原—熔融—硫化—羰化法、碱金属或碱土金属卤化物熔盐分解—分离法、还原卤化—卤化物分离法、氯化挥发等方法。值得重视的是氯化挥发法。该法的主要步骤如下：①将锰结核与 H_2SO_4 和氯化物混合，反应产出氯化氢；②加热使有价金属与氯化氢反应；③冷凝收集氯化物，并浸出；④浸出液用萃取法或离子交换法处理；⑤用电积法制取金属。

3 结　语

锰结核是有色金属的重要资源。近年来，国外对处理锰结核的方法做了大量的研究工作。从锰结核提取有价金属的方法中，湿法占有重要地位。估计在20世纪80年代将有一些方法投入工业生产。

我国拥有广阔的海域，应当组织力量开展海洋锰结核综合利用的研究，为实现四个现代化做出贡献。

用液膜技术分离模拟海洋锰结核浸出液中的钴和镍*

摘　要：本文研究了采用以 EHPNA(P507)为流动载体的 Span－80 表面活性剂膜分离 Co(Ⅱ)、Ni(Ⅱ)的最好效果，其分离系数 $\beta_{Co/Ni}=133$，并且讨论了该液膜分离 Co(Ⅱ)、Ni(Ⅱ)的条件以及从模拟海洋锰结核浸取液中提取 Co(Ⅱ)、Ni(Ⅱ)的效果。

The separation of Co and Ni from a model leach liquor of manganese nodules by a liquid membrane technique

Abstract: The optimum separation results are studied of Co(Ⅱ) and Ni(Ⅱ) by means of Span－80 surfactant with EHPNA (P507) as a carrier. The separation coefficient $\beta_{Co/Ni}=133$. The conditions are analyzed for separating Co(Ⅱ) and Ni(Ⅱ) by the membrane and the results of extraction of Co(Ⅱ), Ni(Ⅱ) from synthetic samples are discussed.

海洋锰结核是重要的海底资源，它含有 70 多种化学元素和 40 多种矿物成分，其中铜、镍、钴的含量均具工业品位，很有开发价值。在陆地资源日渐贫缺的今天，开发海洋锰结核，提取铜、镍、钴已成为各先进国家非常活跃的研究课题。

国外开展海洋锰结核的研究已有几十年了，处理海洋锰结核的方法及进展的综述，文章也很多[1-6]。尽管如此，但从海洋锰结核浸出液中分离提取铜、镍、钴的理想方法，还尚为鲜见，因此，在这方面还需要继续开展研究工作。

液膜分离自 20 世纪 60 年代末 N N Li 发明以来，在许多国家引起了重视和开展了应用研究。我们试图把这种新技术应用于海洋锰结核浸出液中的铜、钴、镍的分离。本文报道了模拟的海洋锰结核浸出液以 EHPNA 为流动载体液膜分离钴和镍的初步结果。

1　实验仪器及试剂

7312—Ⅰ型电动搅拌器(上海标本模型厂)；HT—441 型非接触手持数字转速表(上海转速表厂)；L—7LCE pH 计(日本)；180—80 型原子吸收光谱仪(日本)；制乳装置及玻璃仪器等。

膦酸－2－乙基己基－单－2－乙基己基酯(P507)(天津试剂一厂)；失水山梨醇单油酸酯(Span—80)，化学纯，上海大众药厂；磺化煤油：

$NiCl_2 \cdot 6H_2O$、$CoCl_2 \cdot 6H_2O$、$CuCl_2 \cdot 6H_2O$、$MnSO_4 \cdot H_2O$、$FeCl_3 \cdot 6H_2O$ 等均为分析纯试剂。

2　实验结果

2.1　分离条件的选择

考虑了影响乳状液稳定性的因素(如载体、表面活性剂、内相及制乳方法等)后，影响液膜分离 Co(Ⅱ)、Ni(Ⅱ)的因素主要是外相的 pH、萃取时的机械搅拌速率以及外相溶液的组成。

(1)外相 pH 的影响

所用的液膜是以 P507 作为流动载体，Span—80 作为表面活性剂，其浓度分别为 6%(*V/V*)、4%(*V/V*)，2 mol/L HCl 溶液作内相，在转速为 2000 r/min 搅拌下制成油包水的乳状液，乳状液的油水相体积比为 1∶1，外相溶液中 Co(Ⅱ)、Ni(Ⅱ)的浓度均为 1000 mg/L，萃取时膜相与外相体积比为 1∶5，萃取搅拌速率为 500 r/min。改变外相溶液 pH 时，液膜萃取 Co(Ⅱ)、Ni(Ⅱ)的情况见图 1。实验结果表明在外相

* 该文首次发表于《矿冶工程》，1992 年第 3 期，第 36～38 页。合作者：何宗健，马强。

pH 为 4.2 时 Co(Ⅱ)、Ni(Ⅱ)的分离效果最好。

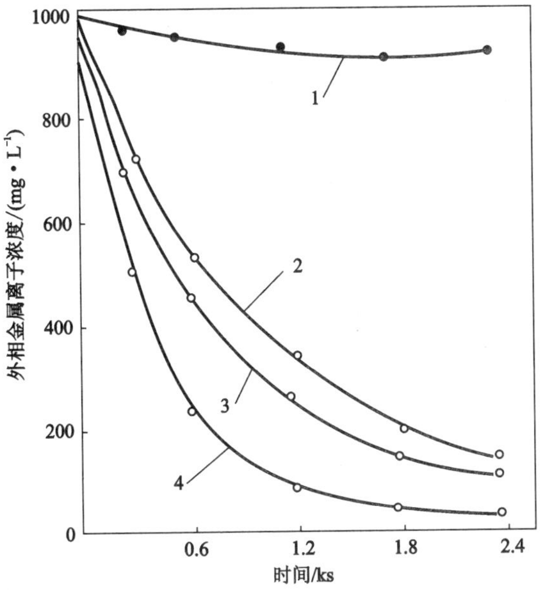

图 1　用液膜萃取 Co(Ⅱ)、Ni(Ⅱ)与外相 pH 的关系

1—pH = 4.2, Ni(Ⅱ); 2—pH = 5.3, Ni(Ⅱ);
3—pH = 4.2, Co(Ⅱ); 4—pH = 5.3, Co(Ⅱ)

(2)外相溶液组成的影响

膜相组成不变，萃取搅拌速率为 500 r/min。改变外相溶液中金属离子的浓度及所含的介质，液膜萃取 Co(Ⅱ)、Ni(Ⅱ)的结果分别见表 1、表 2。表 1 表明 Co(Ⅱ)、Ni(Ⅱ)的浓度为 1000 mol/L、2000 mol/L 时分离效果最好，其分离系数(β)为 216。表 2 表明在以 0.75 mol/L KCl 作外相溶液介质及不添加介质时分离效果较好，前者分离系数(β)为 133，后者分离系数(β)也可达到 75.5。

表 1　不同金属离子浓度的实验结果

外相溶液的组成/(mg·L⁻¹)	外相溶液(pH)	萃取率/%		分离系数，β
		Co	Ni	Co/Ni
Co 1000	4.2	94.5	7.5	216
Ni 2000				
Co 200		72	11	22
Ni 1000				
Co 5000		40	10.6	7.0
Ni 1000				

2.2　合成试样的分离实验

膜相组成不变，2 mol/L HCl 溶液作内相，合成试样的组成为 Mn(Ⅱ)10 g/L、Fe(Ⅲ)1.5 g/L、Cu(Ⅱ)0.9 g/L、Co(Ⅱ)0.7 g/L、Ni(Ⅱ)1.2 g/L，预先处理 Mn(Ⅱ)、Fe(Ⅲ)、Cu(Ⅱ)后，在 pH 分别为 4.2，5.3 条件下分别萃取 Co(Ⅱ)、Ni(Ⅱ)。萃取结果见表 2，数据表明，在合适条件下，液膜萃取 Co(Ⅱ)、Ni(Ⅱ)的萃取率分别为 71.7% 和 61.2%。

表 2　不同介质的实验结果

外相溶液的组成/(mg·L⁻¹)	内相	外相(pH)	萃取率/%		分离系数，β
			Co	Ni	Co/Ni
Co 1000	2 mol/L HCl	4.2	92	8.0	133
Ni 1000		5.3	96	84	4.5
Co 1000	2 mol/L HCl	4.2	86	7.6	75.5
Ni 1000		5.3	94	82	3.4
0.75 mol KCl					
Co 1000	2 mol/L HNO_3	4.2	89	8.2	90.8
Ni 1000		5.3	96	85	3.9
0.75 mol KNO_3					
Co 1000	1 mol/L H_2SO_4	4.2	63	11	13.8
Ni 1000		5.3	74	68	1.3
0.35 mol/L K_2SO_4					

3　结论

(1)采用液膜技术在外相 pH 分别为 4.2、5.3 时分离 Co(Ⅱ)、Ni(Ⅱ)，有最好的效果，$\beta_{Co/Ni} = 133$。

(2)液膜技术从合成试样中提取 Co(Ⅱ)、Ni(Ⅱ)的效率为 71.7% 和 61.2%。可以看出 Co(Ⅱ)、Ni(Ⅱ)的回收率不够高，应该指出，这是单级作业的结果。如果采用多级作业，其回收率可以达到理想的程度，因而这种方法不失为一种具有工业应用前途的新方法。

参考文献

[1] 马荣骏. 有色金属, 1980(1): 41－44.
[2] 马荣骏. 有色金属, 1984(4); 51－55.
[3] Benjamin W. Ic 8924, U. S. Department of Interior, 1983.
[4] 滨边直寒. 日本矿业 1981 年秋季大会各科研究会报告论文集, G—4, 15－18.
[5] 朱希英, 余远鹤. 矿冶工程, 1985, 5(2): 56－59.
[6] 周荷英. 矿冶工程, 1986, 6(1): 51－53.

Research on the mechanism of mass transfer in the separation of Cu(Ⅱ), Co(Ⅱ), Ni(Ⅱ) with liquid membrane*

Abstract: It studied the mass transfer mechanism of liquid membrane containing carrier to extract metal ions in mixed aqueous solution, and gave a theoretical model of liquid membrane extracting metals, especially researched membrane mass transfer of separating Cu(Ⅱ), Co(Ⅱ) with D_2EHPA as a carrier and separating Co(Ⅱ), Ni(Ⅱ) with EHPAN as a carrier. With finite difference method, calculated their separation results, the separation coefficients $\beta_{Cu/Co} = 67.7$, $\beta_{Co/Ni} = 152.8$. Compared the results of experiment with theoretical calculation, analysed the causes of deviation of the two results, it shows that the theoretical model generally represented the mass transfer mechanism of liquid membrane extracting metals.

Introduction

Since liquid membrane technique was invented by N N Li in 1968, experts all over the world have done a lot of work in researching the mass transfer mechanism of liquid membrane extraction. For example, Kazuo Kondo et al[1-3], R Marr et al[9] and Masaaki Tekamoto et al[10] researched kinetic and theoretical model of liquid membrane extracting Cu (Ⅱ). Fan Zheng[4] presented theoretical model of liquid membrane separation. W S Ho et al[5] discussed theoretical model of liquid extraction controlled by diffusion. A M Hochhonser et al[6], T P Matin et al[7] and W Volkel et al[8] discussed model of neglecting partial mass transfer resistance. Researchers for the mass transfer mechanism are much thorough now. Their achievements mark the development of liquid membrane separation technique.

1 Research for the mass transfer mechanism

1.1 The establishment of theoretical model[4-7, 10-11]

In the emulsion membrane extraction system, the elementary steps of metal ions permeation through the liquid membrane are as follows(Fig. 1):

(1) Diffusions of metal ions to emulsion surface in external aqueous phase.

(2) Complex formation between metal ions and chelating agent at the interface of the w/o emulsion drop.

(3) Diffusions of the complex and the chelating agent through the interstitial of oil membrane phase at same time.

(4) At the interface between the membrane and internal phase, the chemical reactions between the complex and H^+, and the metal ions come into internal phase and chelating agent move to the surface of emulsion drop.

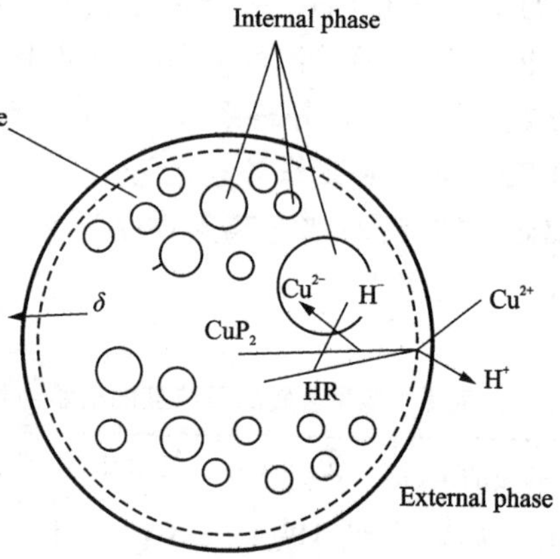

Fig. 1 Construction of the micron drop and the move of metal ion

Assumption of establishing the theoretical model:

(1) Because of the existence of surfactant, there is no connection between the membrane internal phases in emulsion.

(2) Considering reaction and diffusion process in the course of the mass transfer.

* 该文首次发表于 Proc. of ICHM'92, 1992(2): 722 -727, Co - authors: He Zongjian, Ma Qiang.

(3) Within the range of micron drop existed, efficient diffusion coefficient.

$$De = \varphi^2 D \quad (1)$$

(4) Considering the breakage of emulsion in the course of the mass transfer.

We can get the following equations on above basis.

The chemical reactions at water - oil interface are:

$$M^{2+} + 2HR \rightleftharpoons MR_2 + 2H^+$$
$$(A + B \rightleftharpoons C + H)(M^{2+} = Cu^{2+},\ Co^{2+},\ Ni^{2+}) \quad (2)$$

The balance constant of chemical reaction is:

$$K_{ex} = ([MR_2][H]^2/[M][HR]^2)_{eq} = (CH^2/AB^2)_{eq} \quad (3)$$

The rates of forward and reverse chemical reactions are:

$$r_f = K_f[M][HR]/[H] = K_f \cdot AB/H \quad (4)$$

$$r_r = K_r[MR_2][H] = K_r CH \quad (5)$$

The total rate of the interface chemical reactions is

$$R_s = r_f - r_r = K_f AB/H - K_r CH \quad (6)$$

The mass balance equation of metal ions in the external aqueous phase is expressed by

$$(1-\varphi_b)\frac{\partial A_1}{\partial t} = -K_A a_o (A_1 - A_{1i}) + J_\varphi \quad (7)$$

where J_φ is the leakage of metal ions from internal phase to external phase due to the breakage of membrane.

$$J_\varphi = \psi_0 (A_{\rm II})_{r=R_{\rm I}} = (V_b/V_T)(A_{\rm II})_{r=R_{\rm I}} \quad (8)$$

K_A is the mass transfer coefficient of metal ions, and $a_0 = s/v_T$, φ_0 is breakage coefficient of membrane phase.

The mass balance equations of MR and HR in the two interfaces in the emulsion drop are expressed by

$R_1 \leqslant r \leqslant R$

$$\frac{\partial B}{\partial t} = \frac{1}{r^2}\frac{\partial}{\partial r}\left(D_B r^2 \frac{\partial B}{\partial r}\right) \quad (9)$$

$$\frac{\partial C}{\partial t} = \frac{1}{r^2}\frac{\partial}{\partial r}\left(D_C r^2 \frac{\partial C}{\partial r}\right) \quad (10)$$

$0 \leqslant r \leqslant R_1$

$$(1-\varphi)\frac{\partial B}{\partial t} = \frac{1}{r^2}\frac{\partial}{\partial r}\left(D_{eB} r^2 \frac{\partial B}{\partial r}\right) + \frac{6\varphi K_r}{r_\omega}\left(cH_{\rm II} - \frac{K_{ex}A_{\rm II}B^2}{H_{\rm II}}\right) = D_{eB}\left(\frac{\partial^2 B}{\partial r^2} + \frac{2}{r}\frac{\partial B}{\partial r}\right) + \frac{6\varphi K_r}{r_\omega}\left(cH_{\rm II} - \frac{K_{ex}A_{\rm II}B^2}{H_{\rm II}}\right) \quad (11)$$

$$(1-\varphi)\frac{\partial C}{\partial t} = \frac{1}{r^2}\frac{\partial}{\partial r}\left(D_{eC} r^2 \frac{\partial B}{\partial r}\right) - \frac{3\varphi K_r}{r_\omega}\left(cH_{\rm II} - \frac{K_{ex}A_{\rm II}B^2}{H_{\rm II}}\right) = D_{eC}\left(\frac{\partial^2 C}{\partial r^2} + \frac{2}{r}\frac{\partial C}{\partial r}\right) - \frac{3\varphi K_r}{r_\omega}\left(cH_{\rm II} - \frac{K_{ex}A_{\rm II}B^2}{H_{\rm II}}\right) \quad (12)$$

The mass balance equation of metal ions in the internal aqueous phase is

$$\varphi\frac{\partial A_{\rm II}}{\partial r} = \frac{3\varphi K_r}{r_\omega}\left(CH_{\rm II} - \frac{K_{ex}A_{\rm II}B^2}{H_{\rm II}}\right) \quad (13)$$

The initial and the boundary conditions are as follows:

I. C. $A_{\rm I} = A_{\rm I,0}$ for $t = 0$ (14)

$B = B_0,\ C = C_0 = 0,\ A_{\rm II} = A_{\rm II,0} = 0,\ H_{\rm II} = H_{\rm II,0}$ (15)

for $t = 0,\ 0 \leqslant r \leqslant R_1$

B. C.

$$\frac{\partial B}{\partial C} = \frac{\partial C}{\partial r} = 0 \text{ for } r = 0,\ t \geqslant 0 \quad (16)$$

$$D_c\frac{\partial C}{\partial r} = \frac{D_B}{2}\frac{\partial B}{\partial r} \text{ for } r = R \quad (17)$$

$$\begin{aligned} K_A(A_{\rm I} - A_{{\rm I}i}) &= K_H(H_{{\rm I}i} - H_{\rm I})/2 \\ &= K_t(A_{{\rm I}i}B/H_{{\rm I}i} - C_i H_{{\rm I}i}/K_{ex}B_i \\ &= K_B[(B)_{r=R{\rm I}} - B_i]/2 \\ &= K_C[C_i - (C)_{r=R{\rm I}}] \\ &= -D_{eB}(\partial B/\partial r)_r = R/2 \\ &= D_{eC}(\partial C/\partial r)_{r=R{\rm I}} \end{aligned} \quad (18)$$

For the convenience of calculation, we will not take breakage into consideration, and only consider the influence of reaction kinetics over the moving of metal ions in external aqueous phase. Then the mass balance equation of metal ion in the external aqueous phase is

$$\frac{\partial A_{\rm I}}{\partial t} = -\frac{3}{R}\frac{\varphi_b}{{\rm L} - \varphi_b}K_f\left(\frac{A_{\rm I}B}{H_{\rm I}} - \frac{CH_{\rm I}}{BK_{ex}}\right) \quad (19)$$

We assume again that R is approximately equal to R_1. We will adopt the following equations such as (11), (12), (13), (19) in later calculation.

1.2 Estimation of Parameters

According to experimental conditions, we can obtain some parameters of liquid membrane separating Cu(Ⅱ), Co(Ⅱ) with D_2EHPA as a carrier.

$A^{Cu}_{\rm I,0} = 1.6 \times 10^{-2}$ mol/dm^3　$A_{\rm II,0} = 0$

$A^{Ni}_{\rm I,0} = 1.7 \times 10^{-2}$ mol/dm^3　$B_0 = 0.18$ mol/dm^3

$H_{\rm I,0} = 5.0 \times 10^{-3}$ mol/dm^3　$H_{\rm II,0} = 2.0$ mol/dm^3

$\varphi = 0.5$　$\varphi_b = 0.03$

And some parameters of liquid membrane separating Co(Ⅱ), Ni(Ⅱ) with EHPNA as a carrier.

$A^{Cu}_{\rm I,0} = 1.7 \times 10^{-2}$ mol/dm^3　$A_{\rm II,0} = 0$

$A^{Co}_{\rm I,0} = 1.7 \times 10^{-2}$ mol/dm^3　$B_0 = 0.18$ mol/dm^3

$H_{\rm I,0} = 6.3 \times 10^{-3}$ mol/dm^3　$H_{\rm II,0} = 2.0$ mol/dm^3

$\varphi = 0.5$ $\qquad \varphi_b = 0.03$

(1) The value of K_f is obtained as follows. It was found that under this condition $A_{I,0}$ is much lower compared with B_0 ($A_{I,0} = 3.0 \times 10^{-3}$ mol/L), the rate is limited by the diffusion of metal ion through the external aqueous stagnant film if H_I is sufficiently low, and by the reaction at the interface of the emulsion drop if H_I is high. When the reverse reaction is ignored, the extraction rate is expressed as follows.

$$\begin{aligned} -V_I \mathrm{d}A_I/\mathrm{d}t &= K_A S(A_I - A_{I,i}) = K_f S A_{I,i} B_i / H_I \\ &\approx A_I S / (1/K_A + H_I/K_f B_0) \\ &= K_A S A_I \end{aligned} \tag{20}$$

Integration of Eq. (20) gives

$$\begin{aligned} \ln\left(\frac{A_I}{A_{I,0}}\right) &= -[K_A a_0/(1-\varphi_b)]t \\ &= -[3K_A \varphi_b/(1-\varphi_0)R]t \end{aligned} \tag{21}$$

where $\qquad 1/K_A = 1/k_A + H_I/K_f B_0 \qquad (22)$

According to Fig. 2 ~ 5 and equation (22), we can calculate the value of K_f of liquid membrane separating Cu(Ⅱ), Co(Ⅱ) with D_2EHPA as a carrier.

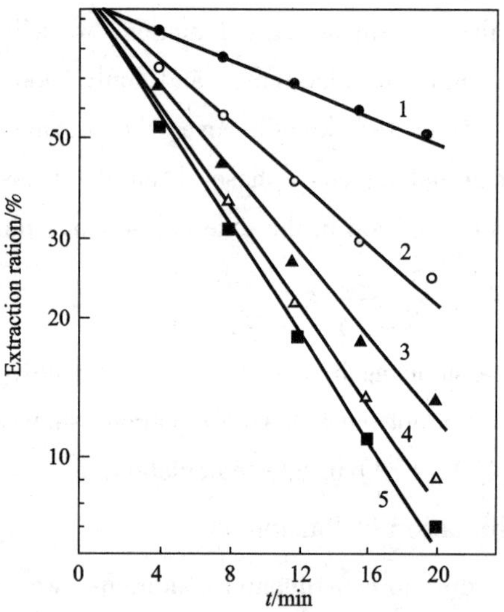

Fig. 2 Determination of K_A of Cu(Ⅱ)$_A$ vs H_I

1—1.0; 2—2.0; 3—2.5; 4—3.0; 5—3.5

And according to Fig. 6 ~ 9 and equation (22), we can calculate the value of K_f liquor membrane separating Co(Ⅱ), Ni(Ⅱ) with EHPNA as a carrier.

$K_f^{Co} = 4.8 \times 10^{-7}$ cm/s $\quad K_f^{Ni} = 7.9 \times 10^{-9}$ cm/s

K_{ex} is determined from the distribution ratio of metal ions between the aqueous and organic phase measured by usual method. The value of K_r is determined by using a Lewis cell under the conditions of interfacial reaction rate controlling. Because of the limitation of this experimental

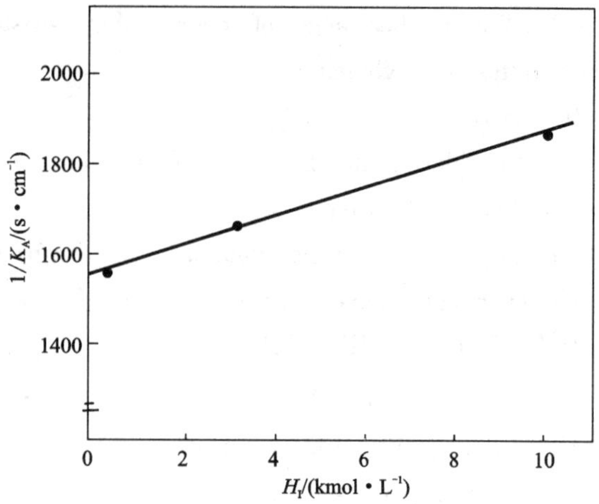

Fig. 3 Plot of $1/K_A$ vs H_I

1—2.0; 2—3.0; 3—3.5; 4—4.0; 5—4.5

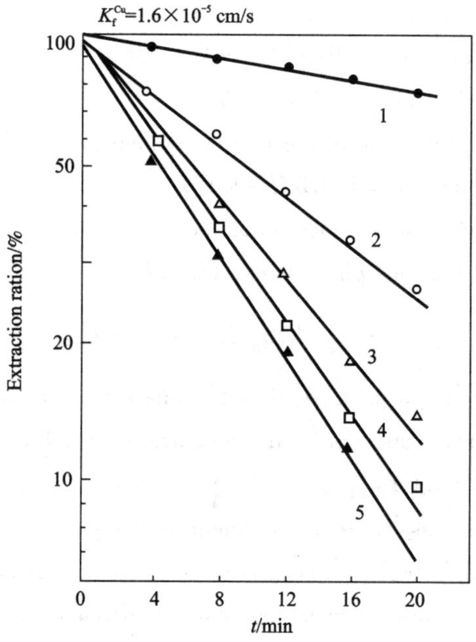

Fig. 4 Determination of K_A of Co(Ⅱ)

1—2.0; 2—3.0; 3—3.5; 4—4.0; 5—4.5

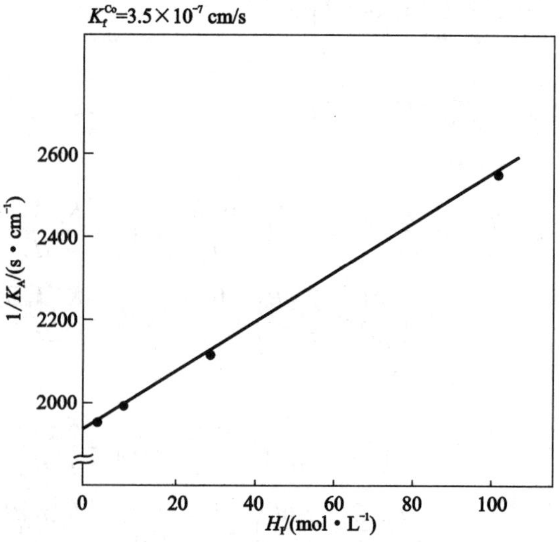

Fig. 5 Plot of $1/K_A$ vs H_I

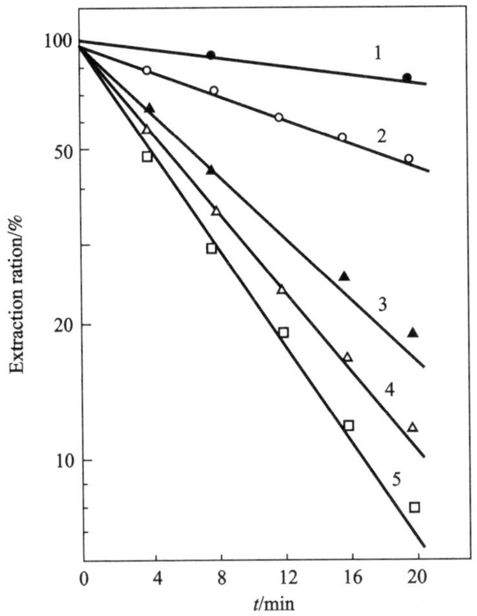

Fig. 6 Determination of K_A of Co(Ⅱ)

1—2.5; 2—3.5; 3—4; 4—4.5; 5—5.0

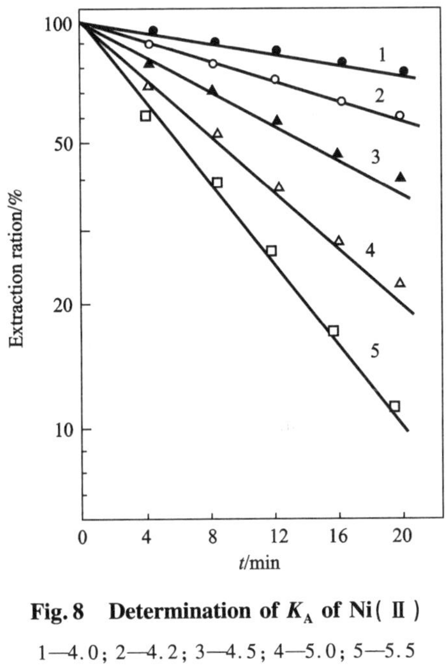

Fig. 8 Determination of K_A of Ni(Ⅱ)

1—4.0; 2—4.2; 3—4.5; 4—5.0; 5—5.5

conditions, the value of K_r will cite experimental parameter.

The diffusibility D_{eC} and D_{eB} will be approximately obtained from equation (23)

$$\ln \frac{C_{ix}}{C_{cod}} = (D')(V_{emulsion}/V_{aqueous})t \tag{23}$$

Some of the parameters see Table 1 and 2.

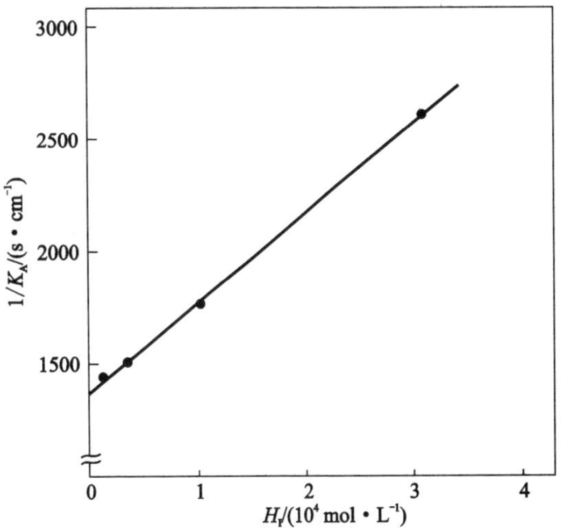

Fig. 7 Plot of $1/K_A$ vs H_I

1—4.0; 2—4.2; 3—4.5; 4—5.0; 5—5.5

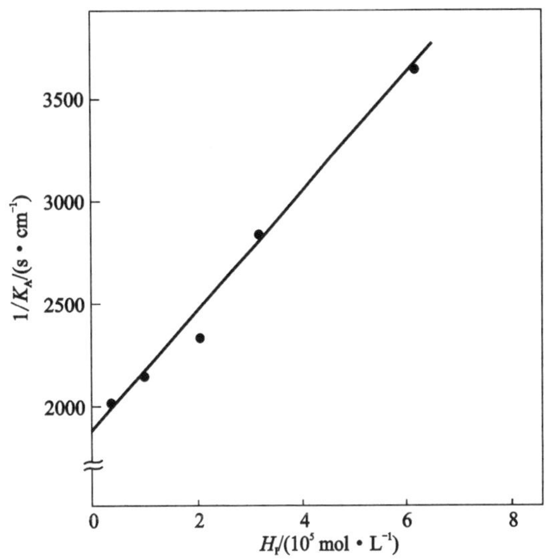

Fig. 9 Plot of $1/K_A$ vs H_I

Table 1 Parameters of liq.—memb.—sept. Cu(Ⅱ), Co(Ⅱ) with D_2EHPA as a carrier

$K_f^{Cu} = 1.6\times10^{-5}$ cm/s	$K_f^{Co} = 3.5\times10^{-7}$ cm/s	
$D_{CuR_2} = 2.73\times10^{-6}$ cm^2/s	$D_{CoR_2} = 1.74\times10^{-6}$ cm^2/s	$D_{HR} = 4.0\times10^{-6}$ cm^2/s
$K_{ex}^{Co} = 8.6\times10^{-3}$	$K_f^{Cu} = 0.044\times10^{-4}$ cm^4	$K_{ex}^{Cu} = 6.9\times10^{-2}$
$R = 3.4\times10^{-2}$ cm	$r_\omega = 1.8\times10^{-4}$ cm	$K_f^{Cu} = 1.1\times10^{-3}$ cm^4/(mol · s)

Table 2 Parameters of liq.—memb.—sept. Co(Ⅱ), Ni(Ⅱ) with EHPNA as a carrier

K_f^{Co} = 4.7×10^{-7} cm/s	K_f^{Ni} = 7.9×10^{-9} cm/s	
D_{CoR_2} = 2.87×10^{-6} cm^2/s	D_{NiR_2} = 1.04×10^{-6} cm^2/s	D_{HR} = 4.2×10^{-6} cm^2/s
$K_{ex}^{Ni}=5.4\times10^{-3}$	$K_f^{Co}=0.024$ cm^4	$K_{ex}^{Co}=8.2\times10^{-2}$
$R=3.4\times10^{-2}$ cm	$r_\omega=1.8\times10^{-4}$ cm	$K_f^{Ni}=4.7\times10^{-3}$ cm^4/(mol·s)

2 Result

With finite difference method, we computed their separation results, their separation coefficients $\beta_{Cu/Co}$ = 67.7, $\beta_{Co/Ni}$ = 152.8.

3 Discussion

We obtained their separation coefficients from experiment: $\beta_{Cu/Co}$ = 54, $\beta_{Co/Ni}$ = 133. But the computed results are: $\beta_{Cu/Co}$ = 67.7, $\beta_{Co/Ni}$ = 152.8. The deviation of the two results is reasonable because the result of calculation comes from theory, it ignored some influences in the course of experiment, and some of the parameters of computation are approximate, so we can think that the result of calculation almost agrees with the result of experiment. Therefore, it shows that the theoretical model approximately represents mass transfer mechanism of liquid membrane extracting metals.

Symbols

A: Concentration of metal ions(mol/dm^3)

B: Concentration of chelating agent(mol/dm^3)

C: Concentration of complex(mol/dm^3)

H: Concentration of hydrogen ion(mol/dm^3)

D_e: effective diffusivity(cm^2/s)

K_{ex}: extraction constant

D: molecular diffusivity(cm^2/s)

K_f, K_r: forward and reverse reaction rate constants respectively(cm/s)

R_s: total rate of interface reaction(mol/(cm^2·s))

K_A, K_H: mass transfer coefficients of metal ion and H through external aqueous stagnant film, respectively (cm/s)

R: radius of W/O emulsion drop(cm)

R_1: $R-\delta$

δ: thickness of oil layer around W/O emulsion drop (cm)

φ: $V_{II}/(V_I+V_{II})$

φ_b: $(V_I+V_{II})/V_T$

Ⅰ, Ⅱ, Ⅲ: external phase, organic membrane phase, internal phase, respectively

V_b: volumetric rate of leakage of internal phase to external phase due to membrane breakage(cm^2/s)

V: volume(cm^3)

V_t: total volume(cm^3)

t: extraction time(s)

References

[1] Kazuo Kondo et al. Journal of Chemical Engineering of Japan, 1979, 12(3): 203.

[2] Zhang Ruihua. Liquid Membrane Separation Technique. Nanchang: Jiangxi People's Publishing House, 1984. (in Chinese)

[3] John W et al. Separation Science and Technology, 1981, 16 (4): 385.

[4] Fan Zheng. Nonferrous Metals. 1985(4): 27. (in Chinese)

[5] W S Ho et al. SICHE Journal, 1982, 28(4): 662.

[6] A M Hochhauser et al. AICHE Symp. Ser., 1975(71): 136.

[7] T P Martin et al. Hydrometallurgy, 1976/1977(2): 315.

[8] W Volke et al. J. Membrane Sci, 1980(6): 19.

[9] R Marr et al. Chem. Ing. Tech., 1980(52): 399.

[10] Masaaki Tekamoto et al. Separation Science and Technology, 1983, 18(3): 735.

[11] Sakeiaga et al. Journal of Mining of Japan, 1986(102): 1176.

[12] N N Li. U. S. Patent 3410, 1968, 12: 794.

[13] Takahashi Katsumutsu et al. Chemical Industry Symposium, 1983, (9): 409.

The behaviour – structure relations in the extraction of cobalt(Ⅱ), nickel(Ⅱ), copper(Ⅱ) and calcium(Ⅱ) by monoacidic organo – phosphorus extractants*

Abstract: The reaction stoichiometries were studied in the extraction of Co(Ⅱ), Ni(Ⅱ), Cu(Ⅱ) and Ca(Ⅱ) by *n* – octyl, 1 – methylheptyl and 2 – ethylhexyl hydrogen styrylphosphonates and di – 2 – ethylhexylphosphoric acid and 2 ethylhexyl hydrogen 2 – ethylhexylphosphonate. The ultraviolet – visible and infrared spectra were recorded for these extractants and their complexes with the above metals. Based on the experimental data, an empirical relationship was established between the structure of the extractants and the extracting behavior: $pH_{1/2} = ApK_a + B\upsilon_{P=O} - C$, where pK_a and $\upsilon_{P=O}$ are the acid dissociation constant of the extractants and the characteristic frequency of infrared absorption for the P =O group, respectively. The values of A, B and C depend on the extracted metals. The analysis of the relationship between the steric effect of substituting groups and extracting power seems to indicate that the steric effect has been implied in the coefficients A, B and C.

Introduction

The separation of Co/Ni from weakly acidic sulphate solutions by the extraction with monoacidic organophosphorus reagents has been the subject of many previous investigations[1]. In these investigations, however, the substituting groups in the extractants are all alkyl rather than aryl. A few studies[2] have appeared dealing with the selectivity – structure relations in the extraction of Co and Ni By monoacidic organophosphorus compounds. Unfortunately, little attention was given to the separation of cobalt from impurity elements(e. g. Cu and Ca) usually present in the aqueous sulphate solution.

Zheng et al[3] have synthesized a series of alkyl hydrogen styrylphosphonates. (Hereafter, sec – alkyl (C_{11-13}) hydrogen styrylphosphonate is denoted by B312). Studies of the removal of impurity elements and the separation of Co/Ni from the leaching liquor of cobalt cakes by the extraction with B312 in kerosene were conducted with the continuous countercurrent mixer – settler. These tests were successful in obtaining the pure extraction products at high recovery of nickel and cobalt.

In this work, on basis of the distribution ratios of metals between two phases and the absorption spectra of the extractants and their complexes, the behavior of organophosphorus monoacids in the extractions of Co(Ⅱ), Ni(Ⅱ), Cu(Ⅱ) and Ca(Ⅱ) were studied. The following series of extractants wcrc used for the study (Table 1).

Table 1　Names, substituents and pK_a values of the extractants 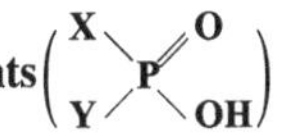

Name	X	Y	pK_a	Purity/%
Di – 2 – ethylhexyl phosphoric acid(HDEHP)	$C_4H_9(C_2H_5)C_2H_3O$—	$C_4H_9(C_2H_5)C_2H_3O$	6.52	99.8
2 – ethylhexyl hydrogen 2 – ethylhexylphosphonate(HEH(EHP))	$C_4H_9(C_2H_5)C_2H_3$—	$C_4H_9(C_2H_5)C_2H_3O$	4.59	99.6
2 – ethylhexyl hydrogen styrylphosphonate(B326)	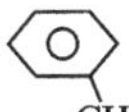 CH=CH–	$C_4H_9(C_2H_5)C_2H_3O$	3.70	99.7

* 该文首次发表于《Solvent Extraction and Ion Exchange》, 1989, 7(6), 937 –950. Coauthers: Qiu Dianyun, Zheng Longao.

continued

Name	X	Y	pK_a	Purity/%
1 – Methylheptyl hydrogen styrylphosphonate(B317)	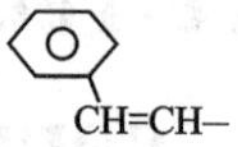	$C_6H_{13}(CH_3)CHO$—	3.84	99.5
n – Octyl hydrogen styrylphosphonate(B308)	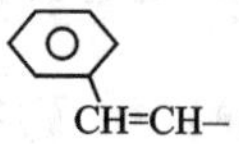	$C_8H_{17}O$—	3.62	99.8

Di – 2 – ethylhexyl phosphoric acid (HDEHP), 2 – ethylhexyl hydrogen 2 – ethylhexylphosphonate (HEH (EHP)), and 2 – ethylhexyl hydrogen styrylphosphonate (B326). They have the same alkoxyl and have different groups attached to phosphorus atom.

n – Octyl hydrogen styrylphosphonate (B308), 2 – ethylhexyl hydrogen styrylphosphonate (B326) and 1 – methylheptyl hydrogen styrylphosphonate (B317) have the same styryl connected to phosphorus atom, and have differently structural alkoxyls containing 8 carbon atoms.

The objective of the present study is to understand the role played by the substituents in these extractants in the various complexes, and to determine the relationship among the acid dissociation constant (pK_a), the characteristic frequency ($\upsilon_{P=O}$) of infrared absorption for the P ═O bond, and the distribution ratio (D) in an extraction. These three parameters can be regarded as a measure of the roles of the substituents.

1 Experimental

The perchlorates used in the experiments were prepared from the analytically pure cobalt oxide, nickel chloride, copper acetate and calcium oxide respectively. *n* – heptane, sodium hydroxide and other reagents were of analytical reagent grade.

HDEHP and HEH (EHP) (Shanghai Reagent Works, Shanghai, China) are commercially available and were used after purification by copper salt crystallization[4a]. B308, B326 and B317 extractants were synthesized in our lab[3] and purified by sodium salt saponification[4b]. Table 1 shows the names, acronyms (of codes), and the acid dissociation constants (pK_a), determined in 75% ethanol at (24 ± 1)℃ by potentiometric titration[5], and the purities established by sodium methoxide titration[6].

The aqueous solutions containing 0.01 mol/L metal perchlorate and 0.5 mol/L sodium perchlorate were mixed with the equal volume solutions of the extractants in *n* – heptane at (26 ± 1)℃ for 30 minutes. The distribution ratio was then evaluated from the concentrations of the metals in the equilibrium aqueous phases. The pH of the aqueous phases was adjusted by addition of sodium hydroxide solution.

UV – 120 – 21 spectrophotometer was used for recording the ultraviolet – visible spectra of the *n* – heptane solutions of the extractants in the presence and absence of extracted metals, and a PE399B infrared spectrometer was employed for recording the infrared spectra of the extractants and the extracted complexes.

2 Results and discussion

Ultraviolet – visible Spectra

No absorption peak was found in the visible region for the solutions of any of the extractants in *n* – heptane, but an absorption peak in the ultraviolet region was observed for HDEHP and HEH(EHP) due to $n-\pi^*$ electron transition in the P ═O group. The ultraviolet spectra for the extractants B326, B317 and B308 showed a fine structure inherent in the spectra of polyene, and the absorption peaks corresponding to group 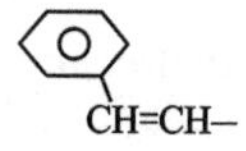 and group P ═O, respectively[7]. Heptane solutions of the extracted complexes of a given metal ion exhibited similar absorption spectra. It is clear that the Co(Ⅱ), Ni(Ⅱ), Cu(Ⅱ) and Ca(Ⅱ) complexes formed with alkyl hydrogen styrylphosphonate have the same configuration as the corresponding metal complexes formed with HDEHP and HEH(EHP). For this reason, Figure 1 only reports the spectra of the extracted complexes of B326. These spectra indicate that Ni(Ⅱ) and Cu(Ⅱ) are present as octahedrally and planar tetragonally coordinated complexes respectively, in the organic phases, and cobalt predominantly present as tetrahedral complexes[8].

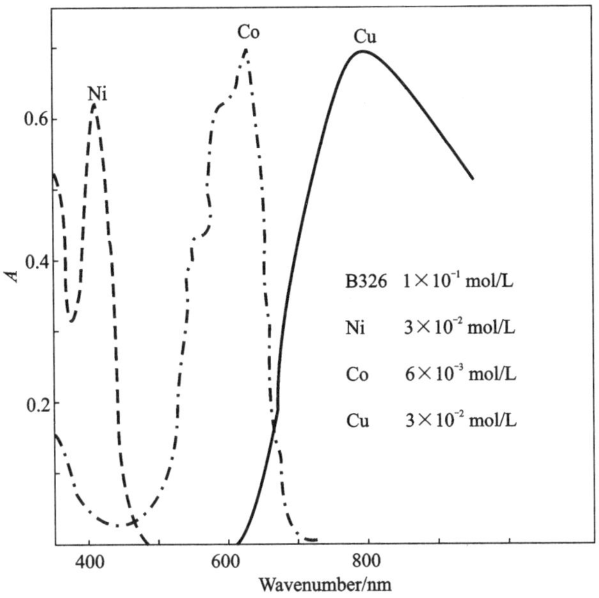

Figure 1 Absorption spectra of Ni (Ⅱ), Co (Ⅱ) and Cu(Ⅱ) complexes formed upon extraction with 2 – ethylhexyl hydrogen styrylphosphonate(B326), in *n* – heptane

The absorption spectra of the *n* – heptane solutions of the extracted cobalt (Ⅱ) complexes showed that in the case of B308, the relative quantities of six – coordinated Co(Ⅱ) complex are higher than those in the case of other extractants. Figure 2 shows the spectra of the *n* – heptane solutions of 0. 1 F B308 containing cobalt of two different concentrations. As can be seen, the increase in cobalt loading from 0. 003 mol/L to 0. 0062 mol/L results in a relative increase in the absorbance at 623 nm and the relative decrease in the absorbance at 545 nm, indicating that the configuration of complex formed with B308 changes from octahedral to tetrahedral with increasing cobalt loading[8]. These observations may be explained by the fact that the *n* – octyl group of B308 produces less steric hindrance than does the 2 – eyhylhexyl group of B326, and styryl of B308a lower steric hindrance than 2 – ethylhexyoxyl of HDEHP[2].

Distribution Ratio

The pH of the equilibrium aqueous phases and the distribution ratios for Co(Ⅱ), Ni(Ⅱ), Cu(Ⅱ) and Ca(Ⅱ) between the selected extractants in *n* – heptane and 0. 5 mol/L aqueous sodium perchlorate solutions ($[Me^{2+}]_{initial}$ = 0. 01 mol/L at (26 ± 1)℃) at a fixed (0. 1 F) and varying(0. 025 – 0. 4 F) concentrations of extractants were determined. By plotting the experimental

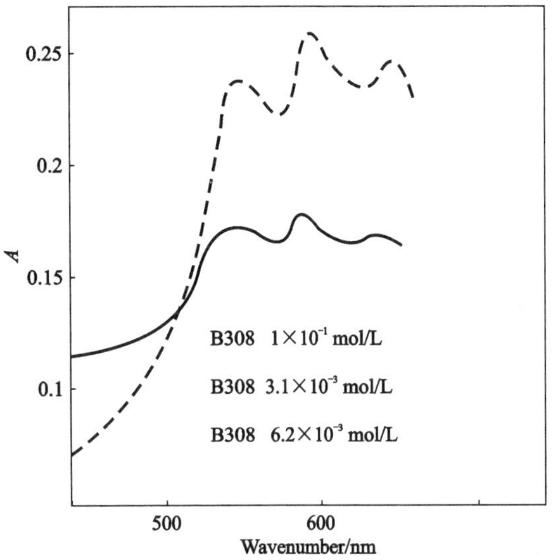

Figure 2 Spectrum of Co · B308 complex in *n* – heptane: effect of cobalt loading

data in the form lg*D* – versus pH the slope values close to 2 were found, and in the form lg*D* – 2pH vs. $\lg[H_2A_2]$ the slope values close to 2 for Co(Ⅱ) and Cu(Ⅱ), and to 3 for Ni(Ⅱ) and Ca(Ⅱ) were found. Measurements of the degree of aggregation by means of vapor pressure osmometry showed that as in the case of HDEHP and HEH(EHP), B308, B326 and B317 in *n* – heptane are dimeric. These results indicate the following extraction stoichiometries for Co(Ⅱ), Ni(Ⅱ), Cu(Ⅱ) and Ca (Ⅱ):

$$Co^{2+} + 2H_2A_2 \rightleftharpoons Co(HA_2)_2 + 2H^+ \quad (1)$$

$$Ni^{2+} + 3H_2A_2 \rightleftharpoons Ni(HA_2)_2(H_2A_2) + 2H^+ \quad (2)$$

$$Cu^{2+} + 2H_2A_2 \rightleftharpoons Cu(HA_2)_2 + 2H^+ \quad (3)$$

$$Ca^{2+} + 3H_2A_2 \rightleftharpoons Ca(HA_2)_2(H_2A_2) + 2H^+ \quad (4)$$

where H_2A_2 represents the dimer of the extractants.

From the plot of lg*D* vs. pH, the values of $pH_{1/2}$ and $\Delta pH_{1/2}$ were obtained and listed in Table 2. the former reflects the extracting power of extractants and the latter the selectivity. The values of $pH_{1/2}$ indicate that in the extraction of a given metal ion, the extracting power of the selected extractants decreases in the order: B308 > B326 > B317 > HDEHP > HEH(EHP). From equation (1) – (4) it follows that the acidity of an extractant is a major factor affecting its extracting power. The values of pK_a in Table 1 show that the acidity of the extractants decreases in the order: HDEHP > B308 > B326 > B317 > HEH(EHP). Obviously, the order of acidities of the selected extractants is inconsistent with that of their extracting power. This is because among the factors affecting the extracting behavior is also the steric hindrance effect of the substituting groups[2].

Table 2 Equilibrium pH of the aqueous phases at 50% extraction

Extractant	$pH_{1/2}$				$\Delta pH_{1/2}$			
	Ni	Co	Cu	Ca	Ni—Co	Co—Cu	Co—Ca	Cu—Ca
B308	3.21	3.06	2.25	1.69	0.15	0.81	1.37	0.56
B326	3.62	3.25	2.45	1.80	0.37	0.80	1.45	0.65
B317	3.88	3.50	2.70	2.12	0.38	0.80	1.38	0.58
HDEHP	4.12	3.85	3.02	2.55	0.27	0.83	1.30	0.47
HEH(EHP)	5.32	4.10	3.57	3.82	1.22	0.53	0.28	-0.25

When the extracted complexes formed with different metals show different configurations, the selectivities of extractants for Co over Ni can be correlated with the steric hindrance of their substituting groups[2]. B308, B326 and B317 are isomers with the ester alkyl group being n - octyl, 2 - ethylhexyl and 1 - methylhexyl, respectively. The values of $\Delta pH_{1/2}^{Co/Ni}$ in Table 2 show that the selectivity of these three extractants for Co(Ⅱ) over Ni(Ⅱ) improves with the increasing steric effect of octyl. Because the steric hindrance of 2 - ethylhexyl in B326 is close to that of 1 - methylheptyl in B317, the difference in their $\Delta pH_{1/2}^{Co/Ni}$ is very small. The much higher selectivity of see - alkyl hydrogen styryl - phosphonate (B312) for Co(Ⅱ) over Ni(Ⅱ) ($\Delta pH_{1/2}^{Co/Ni}$ = 1.0) versus B326 may result from the higher steric hindrance of the long - chain secondary alkyl group in B312 than that of the 2 - ethylhexyl group in B326[3].

From Table 2, the selectivities for Co(Ⅱ) over Ni(Ⅱ) decrease in the order: HEH(EHP) > B326 > HDEHP, although they have the same 2 - ethylhexyoxyl. Higher selectivity of HEH(EHP) than HDEHP can still be explained by the fact that the 2 - ethylhexyl in HEH (EHP) provides a higher steric hindrance than that of 2 - ethylhexyoxyl in HDEHP. Because the styryl group in organophosphorus molecule tends to become coplanar with the phosphoryl despite of the fact that both the 2 - ethylhexyl group in HEH(EHP) and the styryl group in B326 are directly attached to phosphorus atom, it is probable that the styryl in B326 provides a smaller steric hindrance than that of both 2 - ethylhexyl in HEH(EHP) and 2 - ethylhexyoxyl in HDEHP. Therefore, the steric hindrance effect alone appears to be insufficient to explain the higher selectivity of B326 for Co(Ⅱ) over Ni(Ⅱ) than that of HDEHP.

The values of $\Delta pH_{1/2}$ in Table 2 also indicate that the selectivities of B308, B326 and B317 for Cu(Ⅱ) vs. Co(Ⅱ) or for Ca(Ⅱ) vs. Co(Ⅱ) are comparable. It is of interest to note that although both B326 and HEH (EHP) contain a 2 - ethylhexyl and have a alkyl group attached to phosphorus atom, B326 exhibited a higher selectivity for Co(Ⅱ) vs. Cu(Ⅱ) as well as for Ca(Ⅱ) vs. Co(Ⅱ) than that of HEH(EHP), despite a smaller steric hindrance provided by B326 than HEH(EHP). These facts imply that the steric hindrance effect of a substituting group may make different contributions to the selectivity of extractants under different conditions. Moreover, besides an acidity and a steric hindrance effect, the type of bonding between the central ions and ligands as well as coordinative activity of ligands also are among the major factors affecting the extraction behaviour of an extractant.

Infrared Spectra

The characteristic frequency, $v_{P=O}$, of the P=O bond in the infrared spectra of organophosphorus compounds reflects the charge density of the phophoryl oxygen atom, and can be regarded as a measure of its coordinative activity. $v_{P=O}$ depends on the substituting group[9]. Table 3 lists the values of $v_{P=O}$ for the extractants studied, and the shift, $\Delta v_{P=O}$, in $v_{P=O}$ after their complexation with Co(Ⅱ), Ni(Ⅱ) and Ca(Ⅱ).

Table 3　$\upsilon_{P=O}$ for the extractants studied and its shift, $\Delta\upsilon_{P=O}$, after complexation/cm^{-1}

Extractant	$\upsilon_{P=O}$	$\Delta\upsilon^{Co}_{P=O}$	$\Delta\upsilon^{Ni}_{P=O}$	$\Delta\upsilon^{Ca}_{P=O}$
HDEHP	1229	24	13	0
HEH(EHP)	1194	29	28	0
B326	1202	22	23	0
B317	1202	21	22	0
B308	1200	20	21	0

B326, B317 and B308 all have the same value of $\upsilon_{P=O}$, indicating that their difference in structure of octyls has no effect on the coordinative activity of the groups P=O. The fact that three alkyl hydrogen styrylphosphonates all have an almost equal value of pK_a, also suggests that the octyls show a similar polarity effect despite their difference in structure. Their difference in extractive behaviour may be to a great extent attributed to the different steric hindrance of the isomeric octyls.

From Table 3 it is apparent that a shift in $\upsilon_{P=O}$ occurs for each of the extractants upon complextion with CO(Ⅱ) and Ni(Ⅱ), indicating that in these complexes, there are the coordination bonds between the phophoryl oxygen atom and the central ions besides the ionic bonds between hydroxyl oxygen and central ions. Therefore, the extracting power is neither determined solely by the coordinating power of group P=O, nor solely by the acidity of extractants. As shown in Table 3, the values of $\upsilon_{P=O}$ decrease in the order: HDEHP > B326 > HEH(EHP), although there is the same 2-ethylhexyoxyl in their molecules. The coordinating power of their groups P=O decreases in the order: HEH(EHP) > B326 > HDEHP, opposite that of their acidity. Therefore, the order of their extracting power is different from both the order of their acidity and that of their coordinating power.

Empiric relation between the behaviour and structure

For the extraction of Co(Ⅱ), Ni(Ⅱ), Cu(Ⅱ) and Ca(Ⅱ), an empirical linear equation was established by means of stepwise regression analysis and computer-aided curve fitting:

$$pH_{1/2} = A \cdot pK_a + B \cdot \upsilon_{P=O} - C \qquad (5)$$

where $pH_{1/2}$, and $\upsilon_{P=O}$ are the parameters describing extracting power, acidity, and coordinating power of the extractants, respectively. The values of A, B, C and the correlation coefficients for equation (5) are listed in Table 4. Generally speaking, pK_a and $\upsilon_{P=O}$ are the structural parameters which describe the polarity effect of substituting groups in an acidic organophosphorus molecule. Equation (5) expresses quantitatively relationship between the extracting power of the extractants and the polarity effect of substituting groups. Table 4 shows that the values of A, B and C depend on the metal extracted. This may be explained in terms of the difference in characters of metals (e. g. crystal field stabilization energy, electronegativity and ionic radius) and thus the difference in the configurations and in the types of bonding of the respective complexes. In short, the polarity effect of the substituting groups in the extractants makes the different contributions to the extractive behaviour when extracting different metals. Coefficients A and B in equation (5) might be regarded as the sensibility of extracting power to the polarity effect of the substituting groups.

Table 4　The values of A, B, C, and the correlation coefficients for equation(5)

	A	B	C	Correlation coefficient/%
Co(Ⅱ)	1.269	0.03043	38.02	98.19
Ni(Ⅱ)	2.396	0.03758	50.50	99.35
Cu(Ⅱ)	1.586	0.03169	41.51	99.34
Ca(Ⅱ)	2.627	0.04344	60.08	99.91

In equation (5) there seems to be no structural parameter which reflects directly the steric effect of the substituting groups. This, however, is more appatent than real. In fact, each of the coefficients, particularly C, depend on the characters of the extracted metals, as well as on the configurations of the extracted complexes. These observations seem to indicate that the steric effect of the substituting groups has been implied in the coefficients A, B and C. Yuan[2b] introduced a parameter, E_{PA}, for describing the steric effect of the substituting group in the extraction of Ni and Co with monoacidic alkylphosphorus reagents, and found that the values of E_{PA} in the case of Co(Ⅱ) are different from those in the case of Ni(Ⅱ) despite the same substituting group. Equation (5) and Yuan's results show that both steric hindrance effect and polarity effect may make respectively different contributions to the extracting power when extracting different metals.

Table 3 shows that in the extraction of Ca(Ⅱ), $v_{P=O}$ was not shifted. This indicates that the P=O group does not form a chemical bond with Ca(Ⅱ). However as shown in Table 4, in the extraction of Ca(Ⅱ), the $pH_{1/2}$ seems to an extent influenced by the group P=O. This is probably because the uncharged complexes are in want of adding the extractant molecule to maximize the coordination number (with $Ca(HA_2)_2(H_2A_2)$ formed)[10]. Both the low steric hindrance of the substituting groups in the molecules of extractants, and the strong coordinating power will facilitate the addition of molecules of the extractants to an uncharged complex. Although the acidity of B326 is weaker than that of HDEHP, it provides relatively low steric hindrance and has the group P=O with a relatively strong coordinating power. Therefore, the extracting power of B326 for Ca(Ⅱ) is higher than that of HDEHP. On the other hand, although the coordinating power of the group P=O in the B326 is weaker than that in HEH(EHP), the lower steric hindrance and the stronger acidity of B326 will create a higher extracting power than HEH(EHP) for Ca(Ⅱ).

References

[1] (a) G M Ritcey et al. Solvent Extraction, Elsevier, Amsterdam, 1984.
(b) T Kasai et al. Forth Joint Meeting MMTJ – ATME, 1980.
(c) W A Rickelton et al. Solvent Extr. Ion Exch. 1984, 2(6): 815.
(d) L A Zheng et al. Mining and Metallurgical Engineering, China, 1988, 8(3): 63.
[2] (a) P R Danesi et al. Solvent Extr. Ion Exch, 1985, 3(4): 435.
(b) C Y Yuan. Acta Chimica Sinica, 1987, 45: 625.
[3] (a) L A Zheng et al. Chinese Patent, 1985, 145: 837.
(b) L A Zheng et al. Mining and Metallurgical Engineering, 1983, 3(4): 42.
[4] (a) J A Partridge. J. Inorg. Nucl. Chem, 1969, 31: 2587.
(b) D F Peppard et al. J. Inorg. Nucl. Chem, 1959, 12: 60.
[5] D F Peppard et al. J. Inorg. Nucl. Chem, 1965, 27: 667.
[6] W Huber. Titrations in Non – Aqueous Solvents. Academic Press, New York, 1967.
[7] R M Silverstein et al. Spectrometer Identification of Organic Compounds. Wiley, New York, 1974.
[8] (a) F A Cotton et al. Advanced Inorganic Chemistry. 4th edition. John Wiley and Sons, New York, 1980.
(b) D S Flett et al. Proc. Int. Symp. on Complex Metallurgy'78 (London), Inst. Min. Metall., 1978: 48.
[9] W J Chen. Acta Chimica Sinica, 1965, 31(1): 29.
[10] N V Sistkova. J. Inorg. Nucl. Chem, 1968, 30: 1595.

用某些有机磷酸萃取钴的比较研究*

摘　要：本文研究了二(2－乙基己基)磷酸(DEHPA)、2－乙基己基膦酸单2－乙基己基酯(EHPNA)及三种苯乙烯磷酸单酯(B308、B326 和 B317)萃取钴的机理及温度影响，并测定了各萃取剂萃取钴的萃取热焓。

A comparative study of the cobalt extractions by a number of organophorus extractants

Abstract: The reaction mechanism and the effect of temperature have been studied in the cobalt extraction by n – octyl, 2 – ethylhexyl and 1 – methyheptyl hydrogen styrylphosphonates, di – 2 – ethylhexyl phosphoric acid and 2 – ethylhexyl hydrogen 2 – ethylhexyl phosphonate. The enthalpy for cobalt extraction with preceeding extractants was determined.

钴、镍分离，是溶剂萃取法用于普通金属继铜之后最活跃的课题，近二十年来受到了很大的重视。酸性磷萃取剂广泛用于分离钴镍，研究酸性磷萃取剂的萃取机理及温度影响，对于了解金属的萃取顺序及提高萃取分离效率等都有重要意义。

酸性磷萃取剂二(2－乙基己基)磷酸(DEHPA)和2－乙基己基膦酸单2－乙基己基酯(EHPNA)萃取钴、镍的温度影响已有报道[1-2]。随着温度的升高，钴的分配比增加，镍的分配比变化很小，从而提高了钴、镍的分离系数。但是，关于取代基为芳基类的酸性磷萃取剂的萃取性能与温度的关系还未见有人报道。基于钴的重要性，本文考察了三种苯乙烯膦酸单酯(B308，B326 和 B317，其酯基分别为正辛酯、2－乙基己基酯和1－甲基庚基酯)、DEHPA 及 EHPNA 从高氯酸盐介质中萃取钴的萃取机理及温度影响。

1　实验方法

将相比为1∶1的有机相和水相在实验温度下进行萃取平衡，分相后，测定平衡水相的 pH，分析水相金属浓度，利用差减法求出有机相金属浓度，计算分配比 D。

酸性磷萃取剂萃取钴属于阳离子交换机理，在萃取过程中，由于萃取剂 HA 释放 H^+，致使水相 pH 变化，为了保证一定的 pH，用浓氢氧化钠溶液预先皂化部分有机相。DEHPA 和 EHPNA 为市售试剂，并做进一步纯化处理，苯乙烯膦酸单酯为本实验室合成、提纯，其他试剂均为分析纯级。

2　结果及讨论

2.1　酸性磷萃取剂萃取钴的机理

就一般阳离子交换萃取来说，通常采用的萃取反应式有：

$$j\mathrm{Me}^{m+} + nj(\mathrm{H_2A_2}) \xrightleftharpoons{K_{ex}} [\mathrm{Me}(\mathrm{HA_2})_m(n-m)\mathrm{H_2A_2}]_j + mj\mathrm{H}^+$$

式中：Me^{m+} 和 HA 分别代表金属阳离子和萃取剂，由于后者在惰性稀释剂中通常呈二聚体，故为 H_2A_2。

DEHPA 萃取钴、镍达到萃取平衡时，若被萃取的金属离子浓度与起始 DEHPA 浓度之比小于0.1，则 $j=1$[3]。本文利用控制实验条件的方法使 $j=1$。萃合物的形式与稀释剂有关，采用正庚烷为溶剂可避免溶剂对萃取机理的影响。

酸性磷萃取剂萃取钴的机理可表示为：

$$\mathrm{Co}^{2+} + n\mathrm{H_2A_2} \xrightleftharpoons{K_{ex}} \mathrm{Co}(\mathrm{HA_2})_2(n-2)\mathrm{H_2A_2} + 2\mathrm{H}^+$$

＊ 首次发表于《矿冶工程》，1989年第3期，第37～40页。合作者：邱电云，马荣骏，郑隆鳌。

$$K_{ex}=\frac{[H^+]^2[Co(HA_2)_2(n-2)H_2A_2]}{[Co^{2+}][H_2A_2]^n} \quad (1)$$

$$K_{ex}=\frac{[H^+]^2}{[H_2A_2]^n}\cdot D$$

式中：$D=[Co(HA_2)_2(n-2)H_2A_2]/[Co^{2+}]$

于是：$\lg D=\lg K_{ex}+2pH+n\lg[H_2A_2]$ (2)

$\lg D-2pH=\lg K_{ex}+n\lg[H_2A_2]$ (3)

在恒定温度下K_{ex}为常数，为此，控制温度(26±1)℃和萃取剂浓度固定或变化的情况下，测定了HA－正庚烷与0.005 mol/L Co^{2+}－0.5 mol/L $NaClO_4$体系内金属离子的分配比和平衡水相的pH。所得结果利用斜率法作图，得图1及图2。由图1可以看出：lg$D$与pH存在良好的线性关系，DEHPA，EHPNA，B317，B326及B308对应的直线斜率分别为1.88，2.10，1.99，1.89和1.79。图2中对应的各直线斜率分别为2.23，1.84，1.87，1.97和2.10，都接近于2，说明在低负载条件下，各萃取剂对钴的萃取有符合如下机理的阳离子交换反应：

$$Co^{2+}+2H_2A_2 \rightleftharpoons CoA_2\cdot 2HA+2H^+$$

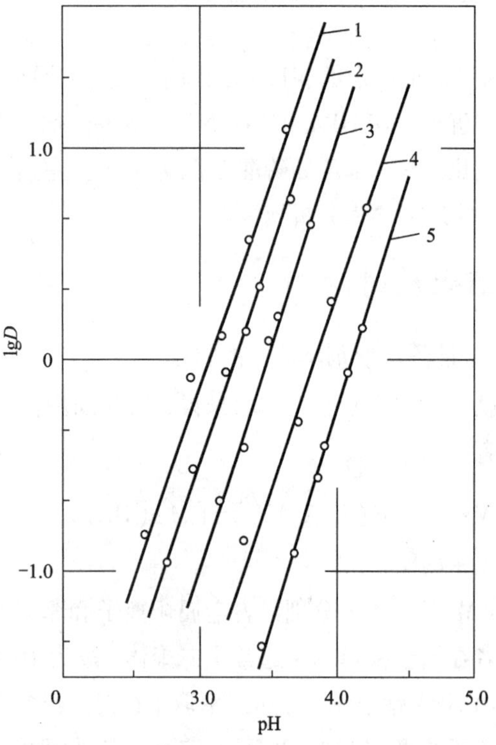

图1 lg$D$－pH图

1—B308；2—B326；3—B317；4—DEHPA；5—EHPNA

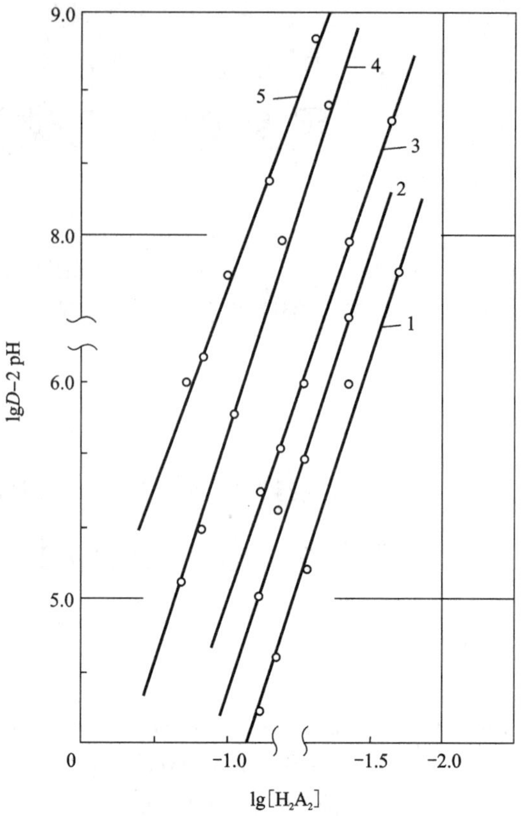

图2 lg$D$－2pH－lg[H_2A_2]图

1—B308；2—B326；3—B317；4—DEHPA；5—EHPNA

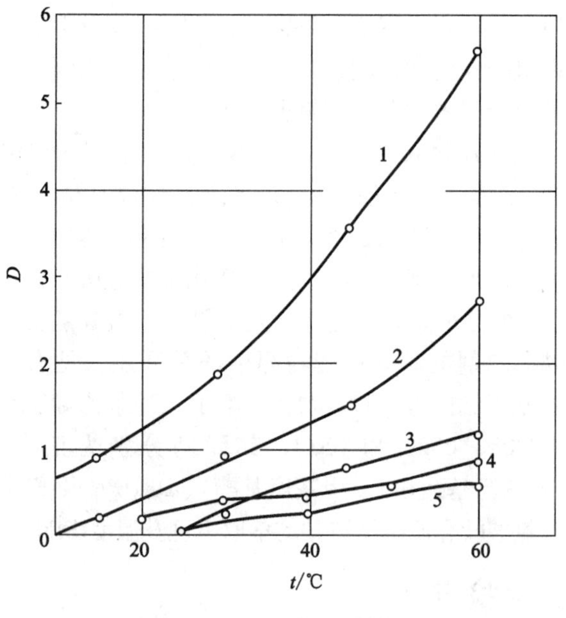

图3 分配比与温度关系

1—DEHPA，pH＝3.92；2—EHPNA，pH＝4.07；3—B308，pH＝2.83；4—B317，pH＝3.08；5—B326，pH＝2.91

2.2 温度对分配比的影响

在15～16℃测定了各萃取剂萃取钴的分配比，并用作图方式描述温度对分配比的影响。图3所示为萃取剂在恒定平衡水相pH条件下，分配比(D)与温度t的关系曲线。这些曲线均表明，萃取剂萃取钴的D均随温度升高而增大，镍的萃取受温度的影响较小，所以，可以利用温度的升高来增大钴、镍的分离能力。工业上已普遍采用在50℃条件下用DEHPA分离钴、镍。由图3看出：苯乙烯磷酸单酯萃取钴具有与

DEHPA、EHPNA 类似的温度效应，但它们受温度的影响弱于 DEHPA 和 EHPNA。

2.3　萃取反应的热效应

由式(1)计算得到不同温度下的萃取平衡常数列入表 1。根据 Vant - Hoff 方程：

$$\ln K_{ex} = -\Delta H^{\ominus}/RT + C$$

绘制了 $\ln K_{ex} - 1/T$ 图(图 4)，并得到萃取反应在 15 ~ 60℃温度区间的平均热焓 $\Delta H^{\ominus}$(表 2)。作为参证，在表中汇集了前人所测几个萃取剂对钴的萃取热焓。

表 1　不同温度下萃取钴的平衡常数

萃取剂(HA)	温度/℃			
	15	30	45	60
DEHPA	6.87×10^{-6}	1.51×10^{-5}	2.36×10^{-5}	4.43×10^{-5}
EHPNA	1.32×10^{-6}	2.93×10^{-6}	6.34×10^{-4}	1.19×10^{-5}
B308	—	7.27×10^{-4}	8.77×10^{-4}	1.12×10^{-3}
B326	2.36×10^{-4}	3.35×10^{-4}	4.62×10^{-3}	6.16×10^{-4}
B317	8.70×10^{-5}	1.50×10^{-4}	2.36×10^{-4}	3.74×10^{-4}

有机相：0.1 FHA—正庚烷；相比：1∶1；水相：0.005 mol/L $Co(ClO_4)_2$—0.5 mol/L $NaClO_4$

表 2　萃取剂萃取钴的萃取热焓

HA	$\Delta H^{\ominus}/(kJ\cdot mol^{-1})$	HA	$\Delta H^{\ominus}/(kJ\cdot mol^{-1})$
EHPNA	38.56	EHPNA	31.29[4] 39.92[5] 40.03[6]
DEHPA	31.53	DEHPA	28.01[4] 26.21[5]
B317	25.17	5601①	68.13[5]
B326	16.63	Cyanex—272②	51.18[7]
B308	12.53		

①5601：$[(CH_3\text{—}CHCH_2)_2CHO]_2P(O)OH$（CHCH₂ 中 CH 上连 CH_3）

②Cyanex—272：$[(CH_3)_3CCH_2(CH_3)CHCH_2]_2P(O)OH$

本文所测得的 DEHPA 和 EHPNA 的 $\Delta H^{\ominus}$ 与前人的报道基本上是一致的。由萃取热效应可得到如下结论，在酸性磷萃取剂中，随着与磷相连的取代基支链化程度增大，萃取热焓相应增加。苯乙烯膦酸单酯具有较低的萃取热焓，从而可证实其位阻较小，这是因为在苯乙烯膦酸单酯中苯乙烯基与磷酰氧存在同平面共轭的原因。三个苯乙烯磷酸单酯萃取热焓差异是由于酰基中烷基结构差异所致。

由于萃取过程中压力 P 和体积 V 的改变很小，所以，萃取热焓 $\Delta H^{\ominus}$ 近似地等于萃取能 $\Delta E^{\ominus}$，即：$\Delta H^{\ominus} = \Delta E^{\ominus} + \Delta(PV) \approx \Delta E^{\ominus}$[8]。由表 2 看出：各萃取剂对钴的萃取热焓(即萃取能)有如下顺序：5601 > Cyanex—272 > EHPNA > DEHPA > B317 > B326 > B308，萃取能愈小，萃取能力愈强。由此可见，苯乙烯膦酸单酯具有较强的萃取钴能力。

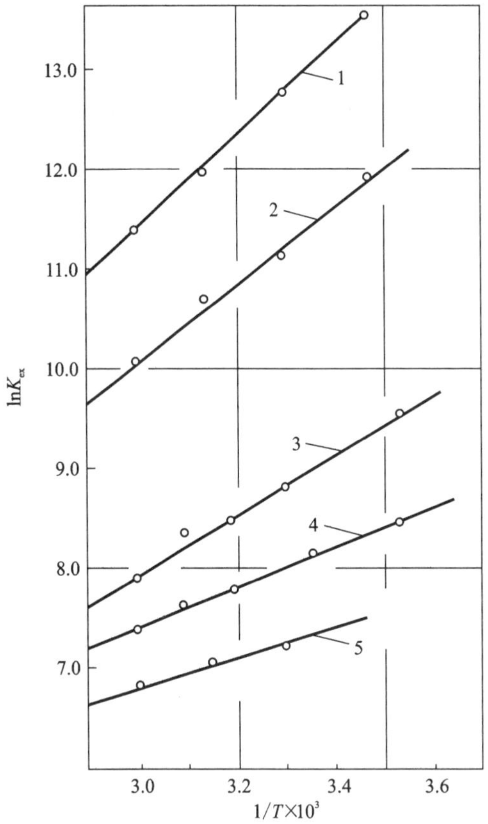

图 4　萃取钴温度效应图

1—EHPNA；2—DEHPA；3—B317；4—B326；5 — B308

3　结　论

(1)新型萃取剂苯乙烯膦酸单酯具有与 DEHPA 及 EHPNA 同样的萃取钴机理。

(2)各萃取剂萃取钴时有相似的温度效应，随着温度的升高，其萃取能力增大。

(3)由钴的萃取热焓得出结论，苯乙烯膦酸单酯具有较强的萃取能力。

参考文献

[1] 沈静兰等. 有色金属(冶炼部分)，1983(2)：47.

[2] 北京矿冶研究总院等. 有色金属(冶炼部分)，1986(1)：25.

[3] M L Brisk et al. J. Appl. Chem.，1969，19(4)：103.

[4] 袁承业等. 有色冶炼，1981(2)：1.

[5] 张德隆等. 有色金属(冶炼部分)，1982(4)：35.

[6] 沈静兰等. 中国金属学会 1983 年湿法冶金物理化学学术会议论文.

[7] Fu Xun et al. Solvent Extraction and Ion Exchange，1987，5(2)：205.

[8] 徐光宪. 萃取化学原理. 上海：上海科学技术出版社，1984.

The recovery of tungsten from alkaline leach liquors by strongly basic anion exchange resin YE32*

Abstract: This paper presents the results of studies on the recovery of tungsten from alkaline leach liquors by using various alkaline anion exchange resins and their selectivity for P, As, Si and Mo, and the influence of pH and various anions on tungsten adsorption. Research results show that the strong alkaline ion exchange resin YE32 has better ion exchange properties, with a capacity for tungsten more than 10% larger, with a consumption of eluant about 20% less, and with the same impurity removal capability, than ion exchange resin 201X7 which is used commercially. The adsorption order of impurities on YE32 from tungsten leach liquor is $SiO_2 < P < As < Mo$. The removal rates of P, As and Si are all over 90%, but a low removal rate for Mo indicates special difficulty in separating that element. Various anions affect tungsten adsorption on YE32 differently, in the order $WO_4^{2-} > SO_4^{2-} > Cl^- > OH^-$, and an adsorbing peak for tungsten appeared in the range of pH value 10 to 20. Obvious effects of the anions on impurity separation coefficient were also observed.

Introduction

Both cation and anion exchange resins were used for tungsten recovery from sodium tungstate liquor, but the latter is preferred. Anion exchange resins employed for tungsten recovery from sodium tungstate leach liquor can remove cation impurities such as Si, P and As. AH－80P macroporous anion exchange resin was studied for tungsten sorption at a pH range of 2.5 to 5.4, and for stripping with high concentration ammonia, but a long contact time of 8 h to 12 h and ammonium tungstate crystal formation during stripping were observed[1]. Study of the recovery of tungsten from sodium tungstate solution by coagel anionic exchange resin Type 201X7 was performed. This technology was subsequently tested and improved on a larger scale, and was applied in production. The application of ion exchange instead of a series of steps, i. e. solution purification, precipitating 'scheelite', decomposition of precipitate with acid, and solution of tungstic acid with ammonia in a typical process, simplified tungsten extraction and increased its recovery. The 201W7, however, has the disadvantages of a lower capacity, a lower exchange rate and a larger eluant consumption. Investigation of macroporous anion exchange resins has shown that the YE32 resin has a tungsten breakthrough capacity more than 30% larger, an eluant consumption over 20% less, and a higher speed of adsorption and desorption for tungsten, when compared with resin 201X7.

1 Adsorption and desorption of tungsten on the two types of resins

Adsorption and desorption of tungsten

The two types of resins were used for the treatment of commercial leach liquor containing 22 g/L WO_3 and 1.2 g/L OH^- in two glass tubes of internal diameters 50 mm and 25 mm respectively. The results are shown in Table 1. It can be seen that the resin YE32 has a breakthrough capacity 32% larger and an eluant consumption 26% less, and improved tungsten extraction from sodium tungstate solution in breakthrough capacity, maximum capacity, eluant volume, relative exchange rate and peak WO_3 concentration of eluate in comparison with the resin 201X7.

Table 1 Adsorption and desorption of tungsten on the two types of resins

Resin	Maximum capacity/ ($g\ WO_3 \cdot L^{-1}$ resin)	Breakthrough capacity/ ($g\ WO_3 \cdot L^{-1}$ resin)	Eluent (V_R)	Relative change rate	Peak concentration in eluate/ ($g\ WO_3 \cdot L^{-1}$)
201X7	100	65	1.26	0.40	230
YE32	110	86	1.00	0.52	520

* 该文首次发表于《Ion Exchange for Industry》editor Streat, Published for the SCI, 1998, 733～384 by EILLS HORWOOD, Publishers Chichester. 合作者: 陈庭章, 周忠华等。

Factors affecting tungsten breakthrough capacity

WO_3 concentration, pH and contact time

A series of single factor experiments were carried out to examine the effect of WO_3 concentration, pH of solution and contact time on tungsten breakthrough capacity for the resin YE32. The experimental results are shown in Figs 1 – 3 respectively.

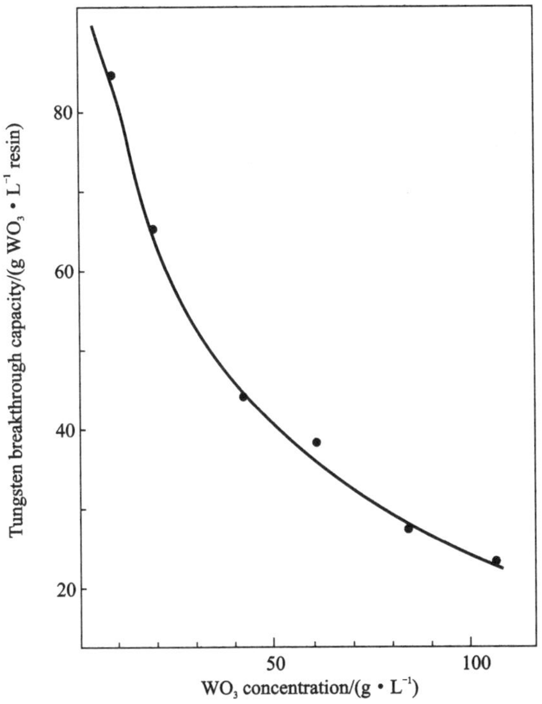

Fig. 1 Effect of WO_3 concentration on tungsten breakthrough capacity

(Contact time: 50 min)

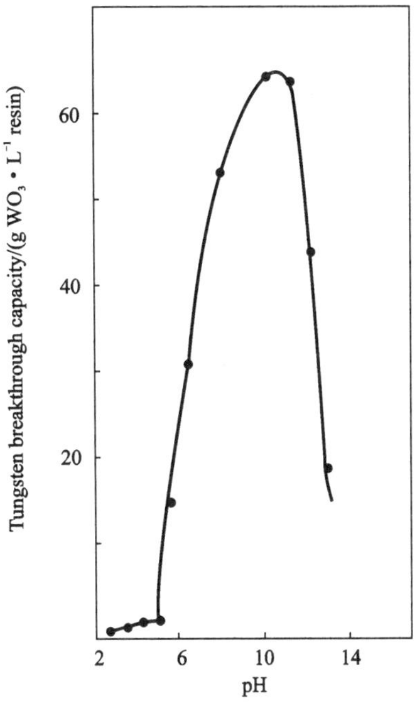

Fig. 2 Effect of pH on tungsten breakthrough capacity

(WO_3 concentration: 21.66 g/L; contact time: 50 min)

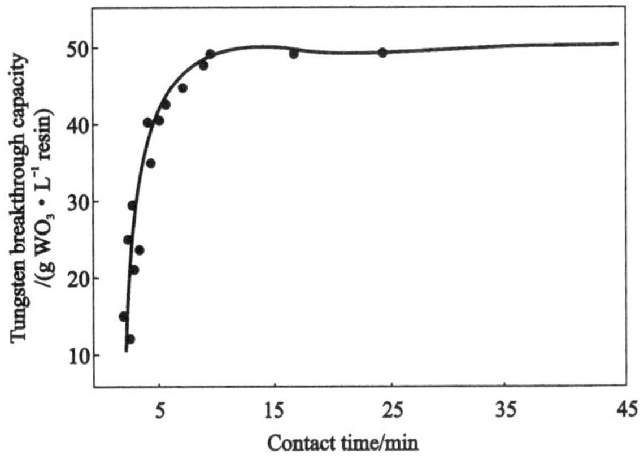

Fig. 3 Effect of contact time on tungsten breakthrough capacity

(WO_3 concentration: 43.32 g/L)

Fig. 1 shows that the breakthrough capacity of tungsten for YE32 decreases steeply with increasing WO_3 concentration. Fig. 2 indicates that the maximum breakthrough capacity of tungsten was recorded at solution pH ranging from 10 to 11. A rising or falling of solution pH beyond the range of 10 to 12 would lead to sharp decrease of the capacity. The decrease of the capacity to almost zero at a solution pH below 4 is likely to be due to the replacement of OH^- by the large group SO_4^{2-}, where SO_4^{2-} has more negative charge and is more competitive than tungsten in anion exchange, and to the different tungsten ion species presented in weak acid solution. Fig. 3 shows that the breakthrough capacity of tungsten increased greatly with the increase of contact time until exchange equilibrium for WO_4^{2-} and Cl^- at the dynamic section was reached in about 12 min. Further increase of contact time showed no effect on tungsten capacity.

Temperature and bed height/diameter ratio (*H/D*)

The effect of temperature on tungsten breakthrough capacity is shown in Fig. 4 Tungsten capacity decreases linearly with increasing temperature, indicating that the adsorption of tungsten on YE32 can evolve heat. There is no need to heat the solution before passing through the bed.

An optimum (*H/D*) value, as an important bed parameter, is essential to increasing WO_3 exchange capacity and improving impurity separation with a given amount of resin, as shown in Fig. 5. Tungsten

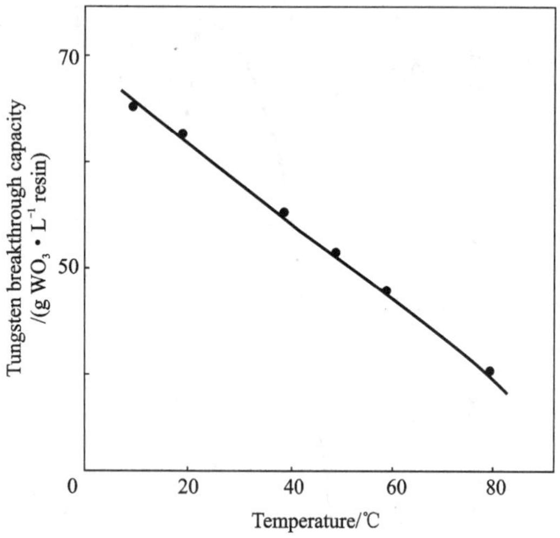

Fig. 4 Effect of temperature on tungsten breakthrough capacity
(WO_3 concentration: 21.66 g/L; contact time: 50 min)

breakthrough capacity increased slightly with increase of the (H/D) value over 7. It decreased markedly as the (H/D) value fell below 5. A feasible (H/D) value of 7 was chosen.

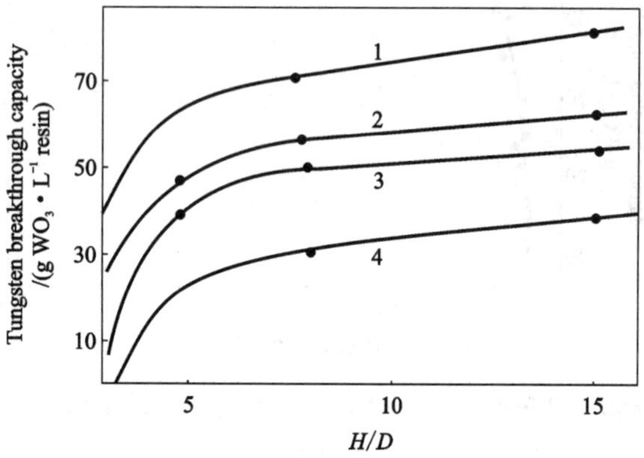

Fig. 5 Effect of (H/D) value on tungsten breakthrough capacity
(WO_3 concentration/(g · L^{-1}): 1—21.66; 2—32.49; 3—43.32; 4—64.98; contact time: 50 min)

Anions

A series of experiments were performed to investigate the effects of various anions (WO_4^{2-}, SO_4^{2-}, Cl^-, CO_3^{2-} and OH^-) and contact time on tungsten breakthrough capacity for the resin YE32 according to an $L_{18}(6^1 \times 3^6)$ orthogonal experimental design method. The experimental results are plotted in Fig. 6. Various anions in solution showed different effects on tungsten capacity, in the order $WO_4^{2-} > SO_4^{2-} > Cl^- > CO_3^{2-} > OH^-$. Tungsten breakthrough capacity decreases greatly with increase of competitive anion adsorption on the resin YE32. Contact time did not show a significant effect on tungsten capacity under conditions in the experimental range.

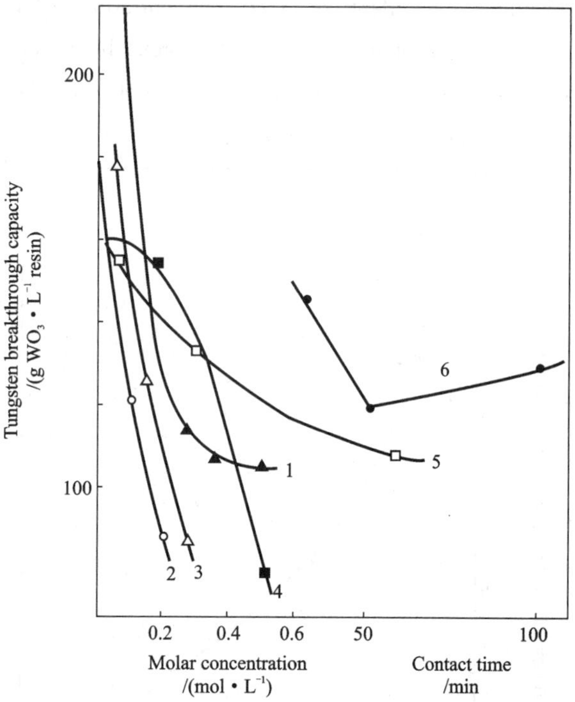

Fig. 6 Effect of anions and contact time on tungsten breakthrough capacity
1—WO_4^{2-}; 2—SO_4^{2-}; 3—Cl^-; 4—CO_3^{2-}; 5—OH^-; 6—Contact time

2 Impurity removal by the two types of resin

Impurity removal effect

Two types of resin in beds of the same size were used to test the adsorption and desorption of impurities As, P, SiO_2 and Mo contained in sodium tungstate liquor. Feed solution and effluents at the three steps of the process were sampled and analysed for impurity content determination. The results are collected in Table 2. This shows that the resins YE32 and 201X7 are both effective for P, As and Si removal, the removal rate reaching about 95%. However, Mo could not be separated effectively. Impurity separation could be improved by extending the adsorption operation after tungsten breakthrough occurred. This resulted from tungsten competition, leading to replacement of impurities loaded on the resin.

Table 2　Rates of impurity removal by YE32 and 201X7 resins

Resin	As			P			Si			Mo		
	Ⅰ[a]	Ⅱ[b]	Ⅲ[c]	Ⅰ	Ⅱ	Ⅲ	Ⅰ	Ⅱ	Ⅲ	Ⅰ	Ⅱ	Ⅲ
201X7	77	92	95	76	86	96	77	92	97	0	9	39
YE32	83	92	96	71	74	93	89	94	95	0	7	29

[a] At tungsten breakthrough point.

[b] At maximum capacity of tungsten.

[c] Total removal rate to stripping.

Factors affecting impurity removal

The effects of various anions (WO_4^{2-}, SO_4^{2-}, Cl^-, CO_3^{2-} and OH^-) and contact time on the removal of impurities As, P, Si and Mo are shown in Figs 3 - 10 respectively according to the $L_{18}(6^1 \times 3^6)$ orthogonal experimental design method. Various impurities differ in their separation coefficients, in the order P > As > Si > Mo. Different anions have different effects on impurity removal, WO_4^{2-} being most effective and OH^- the least; the silicon separation coefficient decreases with the increase of anion concentration. Separation coefficients of As, P and Mo increase with increasing anion concentration to a certain observed maximum value, then decrease.

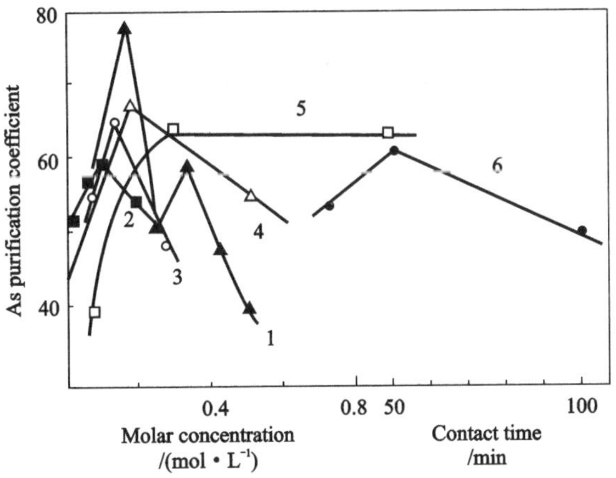

Fig. 7　Effect of anions and contact time on As purification coefficient

1—WO_4^{2-}; 2—SO_4^{2-}; 3—Cl^-; 4—CO_3^{2-}; 5—OH^-; 6—Contact time

Curves of impurity adsorption and stripping

The adsorption and stripping of impurities P, As, SiO_2, Mo and WO_3 on the resins 201X7 and YE32 are depicted in Figs 11 - 14 respectively. From Figs 11 - 14, it can be seen that the order of impurity removal for the

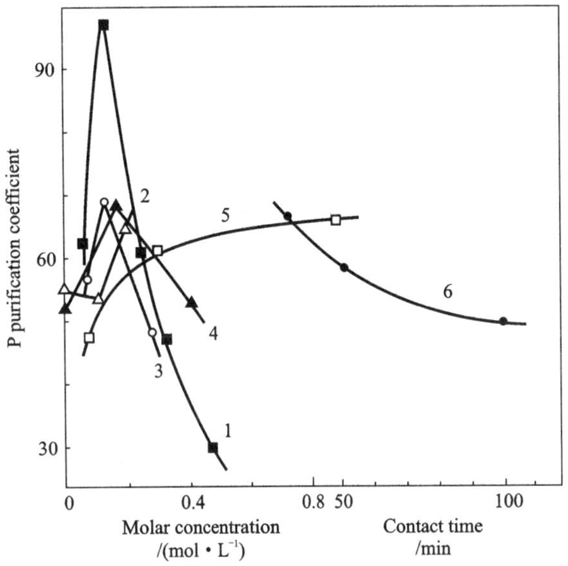

Fig. 8　Effect of anions and contact time on P purification coefficient

1—WO_4^{2-}; 2—SO_4^{2-}; 3—Cl^-; 4—CO_3^{2-}; 5—OH^-; 6—Contact time

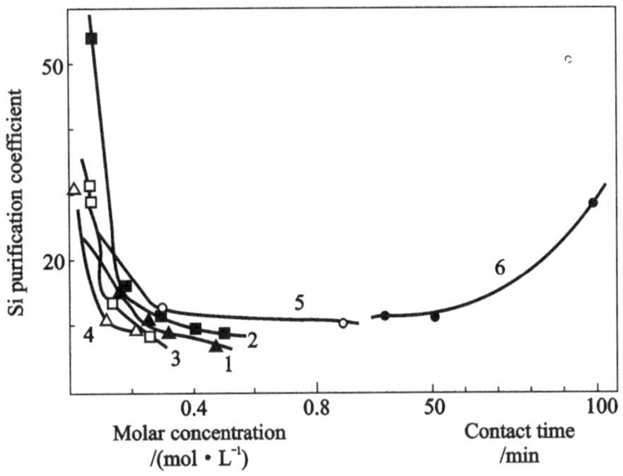

Fig. 9　Effect of anions and contact time on Si purification coefficient

1—WO_4^{2-}; 2—SO_4^{2-}; 3—Cl^-; 4—CO_3^{2-}; 5—OH^-; 6—Contact time

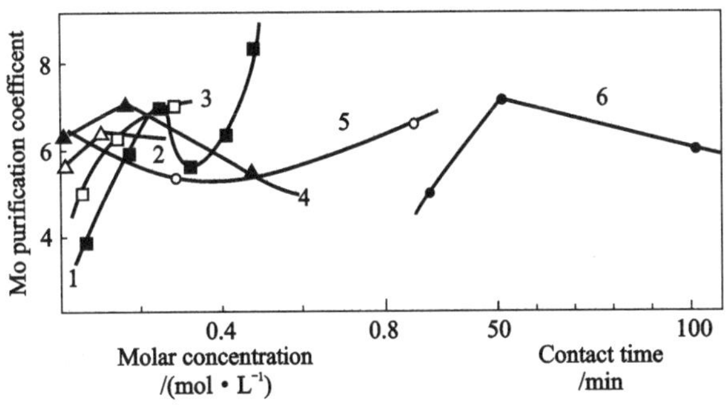

Fig. 10　Effect of anions and contact time on Mo purification coefficient

1—WO_4^{2-}; 2—SO_4^{2-}; 3—Cl^-; 4—CO_3^{2-}; 5—OH^-; 6—Contact time two resins in the sorption operation is $AsO_4^{3-} < PO_4^{3-} < SiO_3^{2-} < MoO_4^{2-}$, which is in accordance with the data given in Table 2. However, a reverse impurity removal order in the stripping operation was observed.

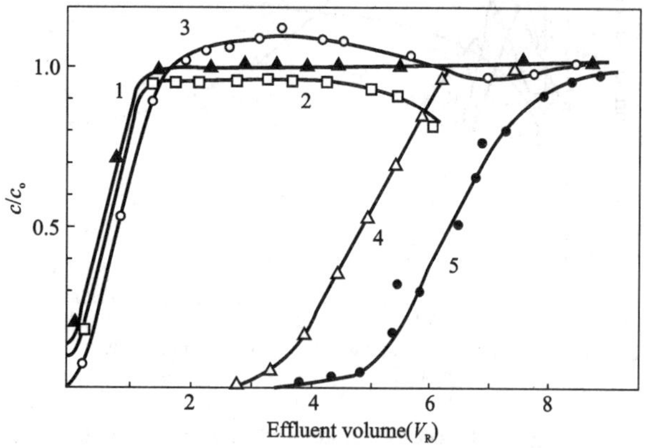

Fig. 11 Sorption curves of resin 201X7

1—As; 2—P; 3—SiO_2; 4—Mo; 5—WO_3

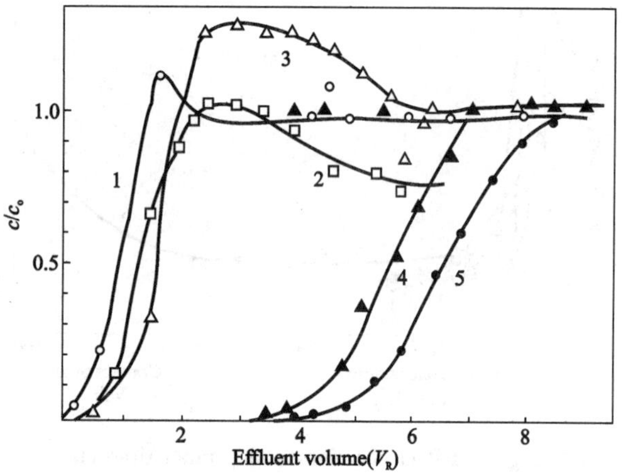

Fig. 12 Sorption curves of resin YE32

1—As; 2—P; 3—SiO_2; 4—Mo; 5—WO_3

In Figs 13 and 14, it can also be noted that the concentrations of impurities and tungsten in the eluate reached their maximum values almost simultaneously. So, it is difficult to separate the impurities from tungsten in the stripping operation, but washing resin with dilute alkali liquor before the desorption can remove these impurities to a certain extent.

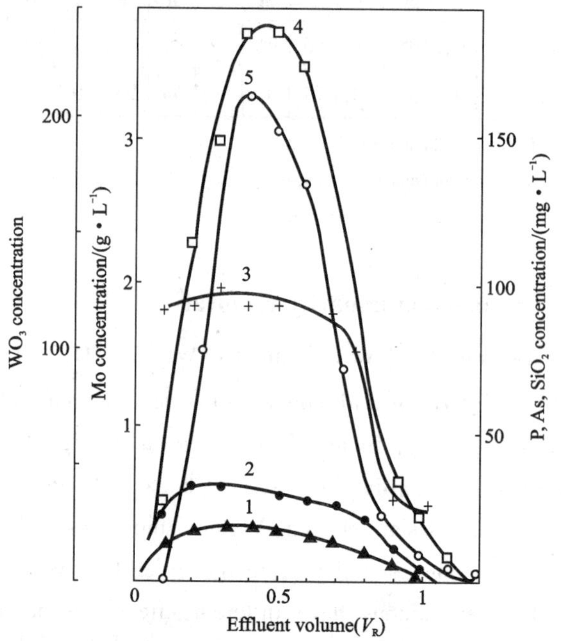

Fig. 13 Stripping curves of resin 201X7

1—As; 2—P; 3—SiO_2; 4—Mo; 5—WO_3

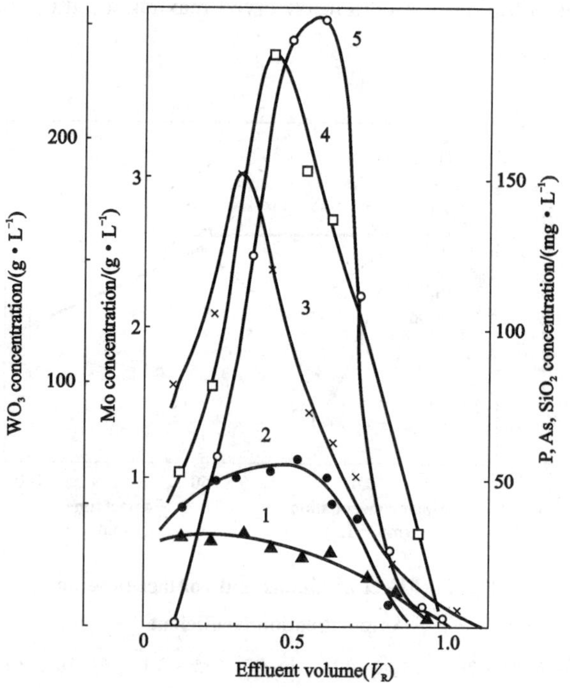

Fig. 14 Stripping curves of resin YE32

1—As; 2—P; 3—SiO_2; 4—Mo; 5—WO_3

3 Stripping of tungsten from the resin YE32

Effect of eluant and contact time on tungsten stripping

NH_4Cl and $NH_3 \cdot H_2O$ were employed to strip tungsten from the resin YE32. The effects of eluant concentration and contact time on tungsten stripping are shown in Fig. 15. The tungsten stripping effect is determined by eluant volume. It can be seen from Fig. 15 that with increase of eluant concentration of NH_4Cl or $NH_3 \cdot H_2O$ the eluant volume tends to decrease greatly until a NH_4Cl concentration of 3.5 mol/L or a $NH_3 \cdot H_2O$ concentration of 4 mol/L is reached. Further increase of eluant concentration shows no significant effect. NH_4OH appears more effective than $NH_3 \cdot H_2O$. Contact times ranging from 1 h to 2 h only slightly affect eluant volume. A further single factor experiment was carried out to examine the effect of contact time on eluant volume under conditions simulating practical operation. The results, shown in Fig. 16, indicate that eluant volume decreases greatly with increase of contact time until about 7 min, and then remains almost constant. Therefore, a contact time of 10 min can guarantee full tungsten stripping.

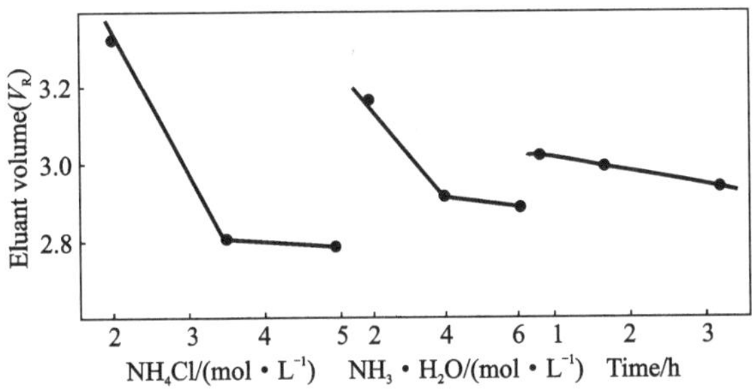

Fig. 15　Effect of eluants and stripping time on tungsten eluant volume

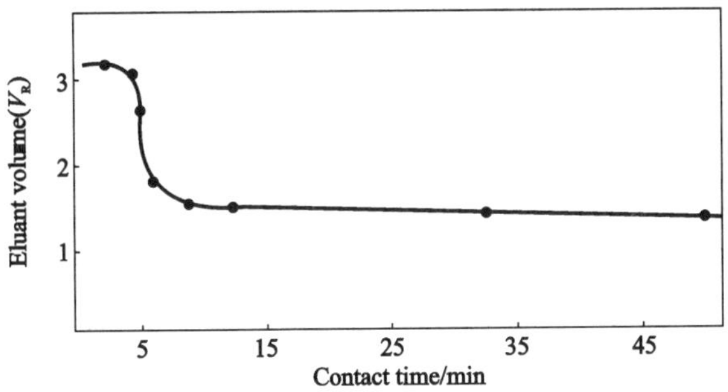

Fig. 16　Effect of stripping time on eluant volume

Effect of temperature on tungsten stripping

The effect of temperature on tungsten stripping is shown in Fig. 17. An elevated stripping temperature could not speed up the stripping process and decrease eluant consumption. Stripping of tungsten, therefore, can be performed at room temperature.

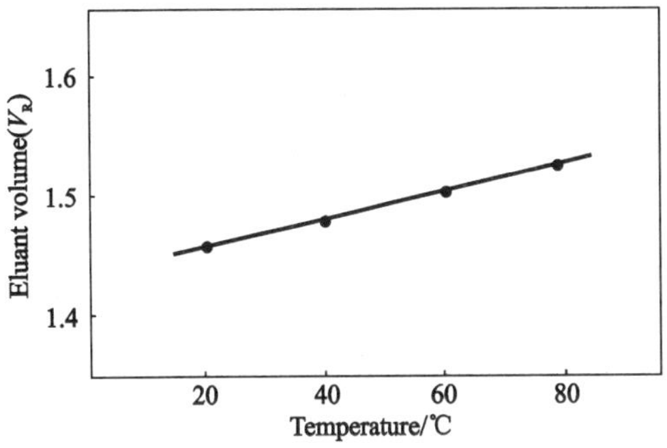

Fig. 17　Effect of temperature on eluant volume

stripping time: 25 min

4 Conclusions

The resin YE32 has a tungsten breakthrough capacity over 20% larger and an eluant consumption at least 20% less than the resin 201X7.

A contact time of 15 min for adsorption and a contact time of 10 min for stripping are proposed. Anions affect tungsten sorption on YE32 according to the order $WO_4^{2-} > SO_4^{2-} > Cl^- > CO_3^{2-} > OH^-$. Maximum tungsten loading on YE32 is reached at solution pH ranging from 10 to 12. Tungsten sorption and stripping change linearly with temperature; these operations can be conducted at room temperature. Most of the As, P and Si in sodium tungstate liquor can be separated by the resin YE32, but Mo removal is specially difficult. The order of impurity sorption on YE32 was observed to be $SiO_2 < P < As < Mo$.

Reference

[1] A G Kholmogorov. Tsvetiye Metalli, 1978, 7: 59 - 62.

锡和锑的溶剂萃取*

近代湿法冶金中，最为突出的应用是溶剂萃取。现今溶剂萃取在铜、镍、钴的湿法冶金中的应用已相当广泛[1]。从1980年国际溶剂萃取会议中有关有色金属的萃取论文来看，溶剂萃取的应用还在不断地发展[2]。

溶剂萃取锡、锑作为主干流程的报道还较少见，但溶剂萃取锡、锑的研究工作已经较多，并且在综合利用工艺流程中，已作为单元过程加以应用。

1 锡的萃取

锡的螯合物萃取研究较多[3]。乙酰丙酮（HAA）在pH=3~9时，可萃取75%的锡。用0.5 mol/L噻吩甲酰三氟丙酮（HTTA）和甲基异丁基酮（MIBK）从>0.5 mol/L HCl溶液中可完全萃取锡。Sn(Ⅱ)与N－苯甲酰苯胺（BPH）形成的螯合物，可以从3 mol/L的无机酸溶液中用氯仿萃取。Sn(Ⅳ)用0.5 mol/L BPH－$CHCl_3$从高浓度的H_2SO_4溶液萃取时，有80%左右的萃取率。Sn(Ⅳ)与N－呋喃甲酰苯胺生成的螯合物可用氯仿萃取。Sn(Ⅱ)与1－(2－吡啶偶氮)－2－萘酚生成的螯合物可用戊醇萃取。用0.04%二乙基氨荒酸二乙基季铵盐与CCl_4（$CHCl_3$），从1~5 mol/L的H_2SO_4溶液中，可以定量地萃取Sn(Ⅱ)，而Sn(Ⅳ)则不被萃取。Sn(Ⅱ)与二乙基二硫代磷酸盐形成螯合物，从0.1 mol/L HCl溶液中被CCl_4定量萃取。用0.22 mol/L二丁基单硫代磷酸与四氯化碳，从0.01 mol/L HCl溶液中萃取99%的锡。

在盐酸溶液中锡可被酮及酯或醚萃取。在高酸度以H_2SnCl_6被酮萃取，当酸度减小时则呈$HSnCl_5$被萃取，当酸度≈2 mol/L时，萃合物组成为[$SnCl_4(H_2O)$]·qs[4]。酮和酯（或醚）从盐酸溶液中萃取Sn(Ⅳ)的情况如图1所示。

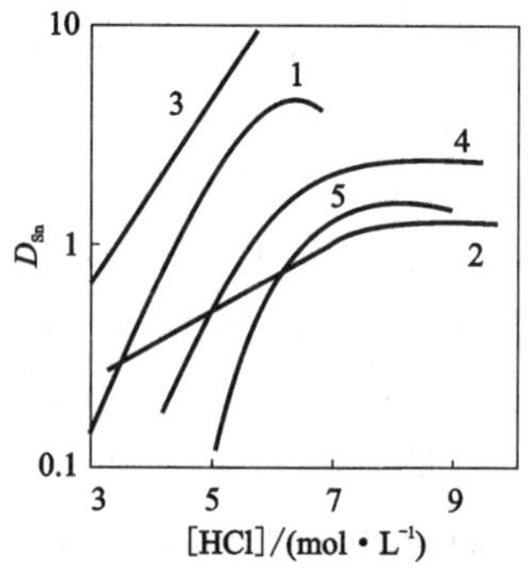

图1 酮酯醇从盐酸溶液中萃取$SnCl_4$

1—甲丁基二醇；2—苯乙基酯；3—甲基异丙酮；4—二丙酮；5—二丁酮

用二乙酮从盐酸溶液萃取Sn(Ⅳ)时，分配比随着盐酸浓度升高而增加。例如，1 mol/L[HCl]，$D_{Sn(Ⅳ)}=0.064$；而5 mol/L[HCl]，$D_{Sn(Ⅳ)}=0.35$。在同样条件下，用二丙酮萃取时，1 mol/L[HCl]，$D_{Sn(Ⅳ)}\approx10^{-4}$；5 mol/L[HCl]，$D_{Sn(Ⅳ)}=0.004$[4]。由此可见二乙酮的萃取能力大于二丙酮的能力。

用酯从盐酸溶液中萃取Sn(Ⅳ)时，生成的萃合物为$HSnCl_5$·qs和H_2SnCl_6·qs[4]。用二乙酯（醚）从溴氢酸和氟氢酸萃取Sn(Ⅱ)和Sn(Ⅳ)的分配比列于表1[5-6]。

表1 用二乙酯（醚）从各种酸中萃取锡
（锡的原始浓度0.1 mol/L）

$[HF]_{original}$/(mol·L⁻¹)	分配比 $D_{Sn(Ⅱ)}$	$[HF]_{original}$/(mol·L⁻¹)	分配比 $D_{Sn(Ⅳ)}$	$[HBr]_{original}$/(mol·L⁻¹)	分配比	
					$D_{Sn(Ⅱ)}$	$D_{Sn(Ⅳ)}$
0.6	0.002	0.55	0.005	1.0	0.46	0.131
1.5	0.007	1.20	0.006	2.0	1.80	0.824
2.5	0.013	2.50	0.006	3.0	3.70	2.780
5.0	0.020	5.40	0.006	4.0	5.30	5.840
10.0	0.029	10.40	0.053	5.0	3.50	3.430
20.0	0.052	20.00	0.055	6.0	0.50	0.820

由表1可知：在氟氢酸中二乙酯（醚）萃取Sn(Ⅱ)和Sn(Ⅳ)的分配比都很小，而在溴氢酸中所得到的分配比较大。

当$[HCl]_{original}$=0.5 mol/L，[$(NH_4)_2SnCl_6$]=0.1 mol/L，用二乙酯（醚）萃取时，随着NH_4CNS浓度上升，分配比急剧增大。例如当[NH_4CNS]=0.1 mol/L时，$D_{Sn(Ⅳ)}=144$；而[NH_4CNS]=5.0 mol/L

＊该文首次发表于《云南冶金》，1982年第5期，第36~43页。

时，$D_{Sn(Ⅳ)}>1000$[7]。

二丁酯和醋酸乙酯萃取 Sn(Ⅳ)的情况列于表 2[4]，可见分配比均较小。

表 2　二丁酯和醋酸乙酯从盐酸溶液中萃取 Sn(Ⅳ)

二丁酯，[Sn(Ⅳ)] =2×10^{-2}～10^{-1} mol/L	[HCl]/(mol·L^{-1})	4	5	11	12		
	$D_{Sn(Ⅳ)}$	2×10^{-3}	2×10^{-2}	0.005	0.01		
醋酸乙酯，[Sn(Ⅳ)] =2×10^{-2}～10^{-1} mol/L	[HCl]/(mol·L^{-1})	1	2	3	4	5	6
	$D_{Sn(Ⅳ)}$	0.014	0.022	0.027	0.028	0.03	0.05

用醋酸戊酯从 HCl 溶液中萃取，当[HCl] > 10 mol/L时，$D_{Sn(Ⅳ)}$仅为 1.75[8]。用二异丙酯从 HI 溶液中萃取时，当[HI] = 3.0 mol/L，$D_{Sn(Ⅳ)}$可达到 37；当[HI] = 5.0 mol/L 时，$D_{Sn(Ⅳ)}$可达到 633[8]。

用胺从盐酸溶液中萃取锡也有一些研究[9-11]。用 20% 三异辛胺 - 四氯化碳从盐酸溶液中萃取 Sn，As 和 Sb 的情况如图 2 所示[9]。

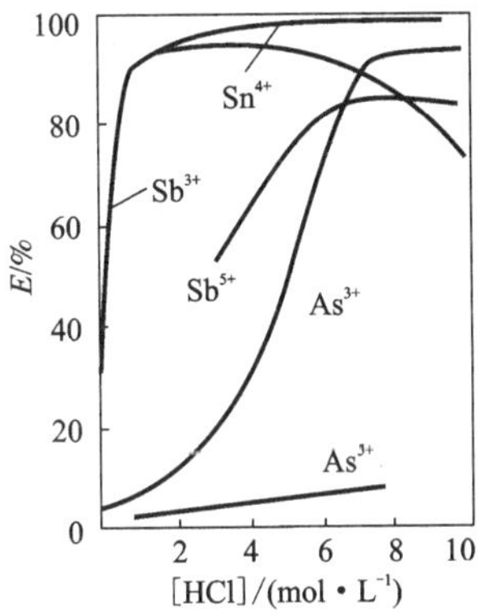

图 2　20% 三异辛胺(在 CCl_4 中)萃取锡锑砷

由图 2 可见 Sn(Ⅳ)的萃取率很高。当[HCl] = 1 mol/L以上时，Sn(Ⅳ)的萃取率可近于 100%。用 0.6 mol/L 三己胺(在二乙烷中)萃取 Sn(Ⅳ)时，[HCl]与 D 的关系见图 3[12]。从该图可看到当[HCl] =1 mol/L 时，D 有一最大值。

用四己胺(在氯乙烷中)和 Amberlit LA - 1(在二甲苯中)从盐酸溶液萃取 Sn(Ⅳ)的情况如图 4 和图 5 所示[10-11]。在[HCl]为 4～5 mol/L，Sn(Ⅳ)有最大的分配比和萃取率。

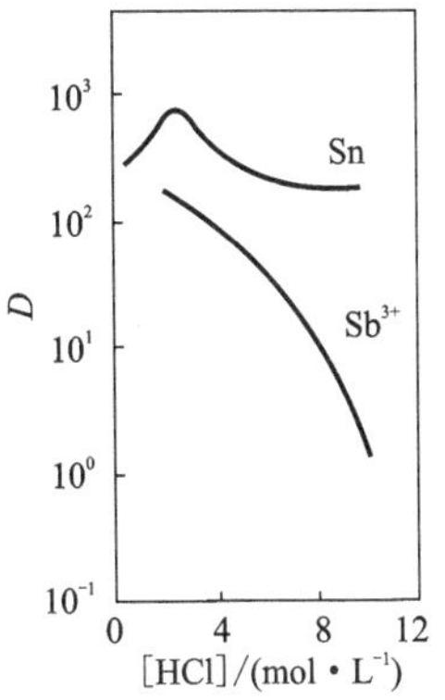

图 3　0.6 mol/L 三己胺(在二乙烷中)萃取锡和锑

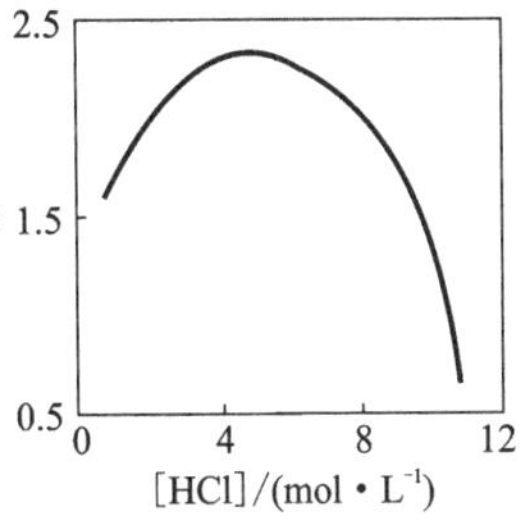

图 4　四己胺(在二氯乙烷中)萃取 Sn(Ⅳ)

$[SnCl_4]=9\times10^{-4}$ mol/L

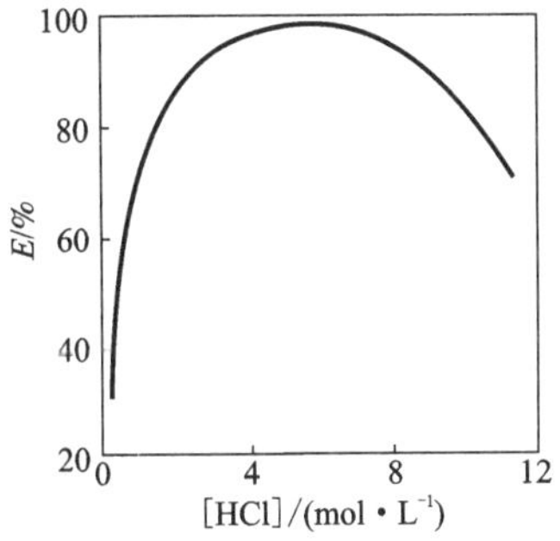

图 5　10%Amberlit LA - 1(在二甲苯中)对 Sn(Ⅳ)的萃取

2　锑的萃取

用 HAA 从稀盐酸中萃取 Sb(Ⅲ)的萃取率仅有 0.05%；Sb(Ⅲ)与铜铁试剂形成的螯合物很易被氯仿萃取；Sb(Ⅲ)和 Sb(Ⅴ)与 N - 苯甲酰胲盐生成的螯合物均能萃入到氯仿中；Sb(Ⅲ)与 8 - 羟基喹啉(HTOX)生成的螯合物，在 pH = 2.5～11，能被 $CHCl_3$ 定量萃取，0.207 mol/L 二丁基二硫代磷酸的四氯化碳溶液可萃取 98% 的 Sb(Ⅲ)[3]。

用 TBP 从盐酸或 NH_4Cl、LiCl 溶液中萃取 Sb(Ⅲ)时，生成的萃合物为 $SbCl_3\cdot2TBP\cdot XH_2O$[12]。TBP，

NH_4Cl 以及 LiCl 浓度与 Sb(Ⅲ)分配比的关系列于表3[12]。由表3可见：LiCl 浓度对 $D_{Sb(Ⅲ)}$ 的影响是显著的。用100% TBP 从盐酸溶液中萃取 Sb(Ⅴ)时，随着[HCl]上升，$D_{Sb(Ⅴ)}$ 的分配比 D 则由 $10^{-0.5}$ 增大到 $10^{2.3}$ 左右[13]。

表3 [TBP]，[NH_4Cl]，[LiCl]与 Sb(Ⅲ)分配比的关系

[TBP]，在 CCl_4 中	[TBP]/(mol·L^{-1})	18.2	27.3	36.4	45.4	54.5	63.6	90.9	
[$SbCl_3$] = 4.92×10^{-5}/(mol·L^{-1})	$D_{Sb(Ⅲ)}$	0.0247	0.0560	0.1010	0.1770	0.2800	0.4190	1.1800	
[NH_4Cl]，100% TBP	[NH_4Cl]/(mol·L^{-1})	3.31	3.88	4.44	5.01	5.58			
[$SbCl_3$] = 4.92×10^{-5}/(mol·L^{-1})	$D_{Sb(Ⅲ)}$	1.49	1.48	1.46	1.41	1.41			
[LiCl]，100% TBP	[LiCl]/(mol·L^{-1})	2.946	4.178	4.917	5.655	5.903	6.871	8.118	8.465
[$SbCl_3$] = 15.48×10^{-5}/(mol·L^{-1})	$D_{Sb(Ⅲ)}$	2.88	7.54	8.62	7.89	8.00	12.10	17.50	20.1

用醇萃取 Sb(Ⅲ)时，萃合物的组成为 $HSbA_4\cdot qs$（式中 $A = Cl^-$，Br^-，I^-）[14-17]。Sb(Ⅲ) - LiCl - 环己醇或辛醇，以及 Sb(Ⅲ) - HCl - 环己醇或辛醇，两个体系中[HCl]或[LiCl]与 D 的关系如图6所示。由图6可见：当[HCl]或[LiCl] > 10 mol/L 后，可得到较大的分配比。

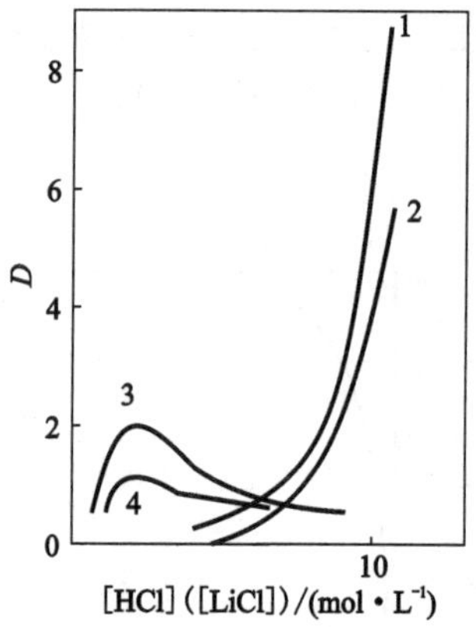

图6 醇从盐酸或氯化锂溶液萃取 Sb(Ⅲ)

1—环己醇从氯化锂溶液萃取；2—辛醇从氯化锂溶液萃取；
3—环己醇从盐酸溶液萃取；4—辛醇从盐酸溶液萃取

用酯萃取 Sb(Ⅲ)，生成萃合物为 $HSbA_4.qs$（式中 $A = Cl^-$，Br^-）[14, 16-17]。用二乙酯（醚）从 HF、HBr 溶液中萃取 Sb(Ⅲ)的分配比很小（见表4）[18-19]。用二异丙酯、二异戊酯萃取 Sb(Ⅲ)时，分配比与原始水相中 Sb(Ⅲ)浓度的关系列于表5[20-21]。醋酸苄基酯和醋酸乙酯在盐酸溶液萃取 Sb(Ⅲ)时，HCl 浓度与分配比的关系如图7所示[15]。

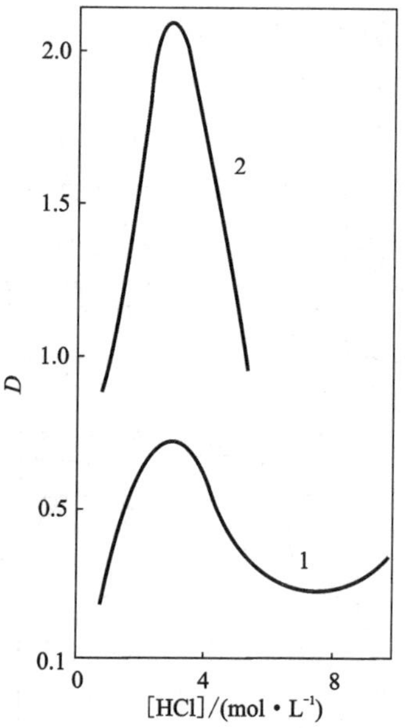

图7 用酯萃取 Sb(Ⅲ)时，盐酸浓度与分配比的关系

1—醋酸苄基酯；2—醋酸乙酯

表4 二乙酯(醚)萃取 Sb(Ⅲ)，[Sb(Ⅲ)]$_{original}$ = 0.1 mol/L

[HF]$_{original}$/(mol·L^{-1})	$D_{Sb(Ⅲ)}$	[HBr]$_{original}$/(mol·L^{-1})	$D_{Sb(Ⅲ)}$
1.0	<0.0005	2.0	0.609
5.0	0.003	3.0	0.287
10.0	0.019	4.0	0.175
15.0	0.040	5.0	0.090
20.0	0.069	6.0	0.065

表5 二异丙酯、二异戊醇萃取[Sb(Ⅲ)]$_{original}$ 与 $D_{Sb(Ⅲ)}$ 的关系

二异丙酯	[Sb]$_{original}$	0.0645	0.1325	0.1883	0.2546	0.3123
[HCl]$_{original}$ 8 mol/L	$D_{Sb(Ⅲ)}$	0.015	0.016	0.016	0.017	0.017

续表

二异戊酯 [HCl]$_{original}$ =11.9 mol/L	$[Sb]_{original}$	1.02×10^{-1}	7.0×10^{-2}	2.0×10^{-3}	1.0×10^{-4}	2.0×10^{-5}
	$D_{Sb(III)}$	0.000	0.000	0.002	0.009	0.014

用酮萃取Sb(Ⅲ)时，生成的萃合物为$HSbA_4\cdot qs$ ($A=Cl^-$, Br^-, I^-)[14, 16-17]。用二乙酮、二丙酮、甲基异丁酮萃取Sb(Ⅲ)的数据列于表6[16]。由该数据可知，用酮从HBr和HI溶液萃取Sb(Ⅲ)，具有较大的分配比。

表6　二乙酮、二丙酮、甲异丁酮萃取Sb(Ⅲ)

二乙酮，$[Sb(III)]_{original}=10^{-4}$ mol/L			
$[HBr]_{original}$ /(mol·L^{-1})	$D_{Sb(III)}$	$[HI]_{original}$ /(mol·L^{-1})	$D_{Sb(III)}$
0.1	0.01	0.1	0.27
0.5	0.28	0.5	约1600
1.0	3.5	1.0	约700
2.0	23.7	2.0	约660
3.0	120	3.0	50
4.0	58		
二丙酮$[Sb(III)]_{original}=10^{-4}$ mol/L			
0.1	10^{-2}	0.1	0.44
0.5	0.32	0.5	67
1.0	0.50	1.0	35
2.0	6.6	2.0	21
3.0	7.3	3.0	9.0
4.0	4.6	4.0	4.5
		5.0	2.8
甲异丁酮$[Sb(III)]_{original}=10^{-4}$ mol/L			
0.1	2×10^{-3}	0.1	1.0
0.5	3.4	0.5	约570
1.0	5.8	1.0	200
2.0	11	2.0	120
3.0	26	3.0	65
4.0	15		

从HCl溶液中用酯萃取Sb(Ⅴ)时，以$HSbCl_5OH$的形态进入有机相；当$[HCl]<6\sim7$ mol/L，用酯(醚)萃取时，则以$HSbCl_6$、$HSbCl_5OH$和$HSbCl_4(OH)_2$进入有机相[17, 22]。二乙酯、二戊酯、二异戊酯、醋酸苄酯萃取Sb(Ⅴ)的数据见表7[23]、表8[17]、表9[21]和表10[22]。

表7　二乙酯萃取Sb(Ⅴ)

$[HBr]_{original}$/(mol·L^{-1})	4.5	5.0	5.5	6.0
$D_{Sb(V)}$	37.4	20.9	11.1	3.90

表8　二戊酯萃取Sb(Ⅴ)

[HCl]/(mol·L^{-1})	$D_{Sb(V)}$	[HCl]/(mol·L^{-1})	$D_{Sb(V)}$
8.85	29.8	6.95	2.46
8.60	26.2	6.49	0.960
8.35	22.1	6.16	0.479
7.96	15.2		
7.62	10.6	5.70	0.129
7.11	4.80	5.27	0.032

表9　二异戊酯萃取Sb(Ⅴ)

[HCl]=9.9 mol/L	
$[Sb(V)]_{original}$/(mol·L^{-1})	$D_{Sb(V)}$
3.92×10^{-1}	172
9.8×10^{-2}	106
4.9×10^{-2}	53.8
4.8×10^{-3}	27.7
5.0×10^{-3}	25.1
1.0×10^{-3}	19.3
1.0×10^{-4}	17.2
5.0×10^{-5}	16.2
2.5×10^{-5}	21.2
[HCl]=11.1 mol/L	
$[Sb(V)]_{original}$/(mol·L^{-1})	$D_{Sb(V)}$
1.96×10^{-1}	105
4.9×10^{-2}	65
2.5×10^{-2}	69
9.8×10^{-3}	42.2
4.9×10^{-3}	23.0
1.0×10^{-2}	19.3
5.0×10^{-4}	27.5

续表

[HCl] = 11.1 mol/L	
$[Sb(V)]_{original}/(mol \cdot L^{-1})$	$D_{Sb(V)}$
1.0×10^{-4}	22.5
5.0×10^{-5}	22.7
2.5×10^{-5}	22.8

表 10 醋酸苄酯萃取 Sb(V)

[HCl] /$(mol \cdot L^{-1})$	$D_{Sb(V)}/(mol \cdot L^{-1})$		
	$[Sb(V)] = 1.5 \times 10^{-2}$	$[Sb(V)] = 1.5 \times 10^{-9}$	$[Sb(V)] = 1.5 \times 10^{-3}$
9.60	259	—	—
9.00	—	—	249
8.90	120	—	—
8.20	—	80	—
7.80	—	66	—
7.25	—	37	—
7.00	29	—	23.4
5.95	2.5	—	—
5.0	0.42	—	1.18
3.95	0.044	—	—
3.40	—	0.014	—
3	0.006	—	0.14
1	0	—	—

二乙酯(或醚)萃取 Sb(Ⅲ)和 Sb(Ⅴ)时，盐酸浓度与萃取率的关系如图 8 所示[24]，由图 8 可知：当 [HCl] > 6 mol/L 以后，Sb(Ⅴ)的萃取率很高，而 Sb(Ⅲ)基本上不被萃取。

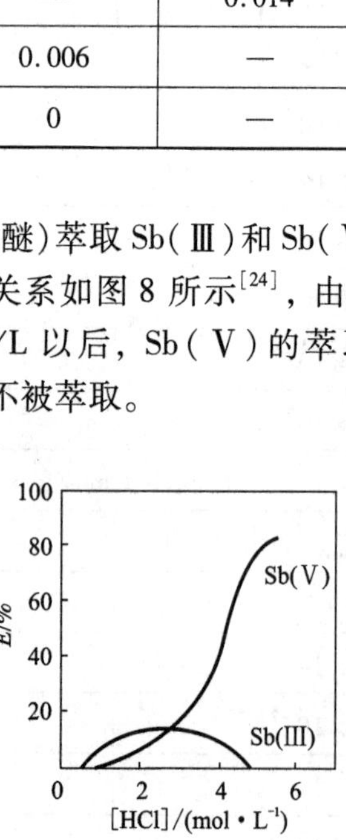

图 8 二乙酯(或醚)从盐酸溶液中萃取 Sb(Ⅲ)和 Sb(Ⅴ)

用三月桂胺从 HCl，HNO_3 和 H_2SO_4 溶液萃取 Sb(Ⅲ)和 Sb(Ⅴ)的情况如图 9 ~ 11 所示[25]。添加有机物对分配比的影响如图 12 所示[25]。稀释剂的影响列于表 11[25]。

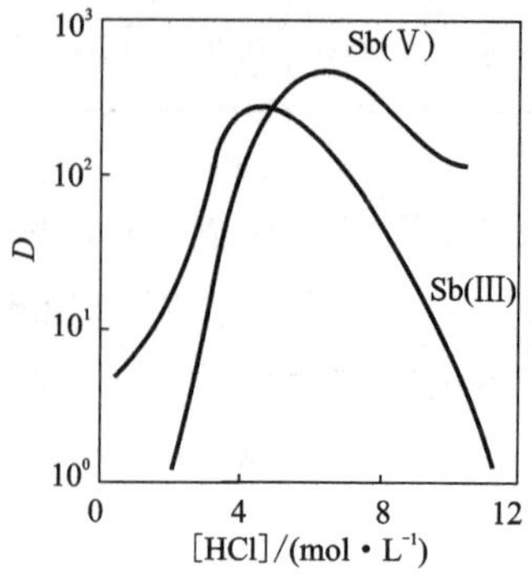

图 9 0.06 mol/L 三月桂胺(在二甲苯中)从盐酸溶液中萃取 Sb(Ⅲ)和 Sb(Ⅴ)

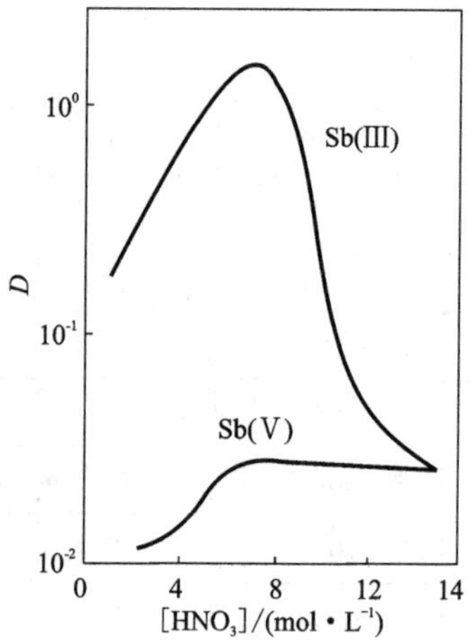

图 10 0.06 mol/L 三月桂胺(在二甲苯中)从硝酸溶液萃取 Sb(Ⅲ)和 Sb(Ⅴ)

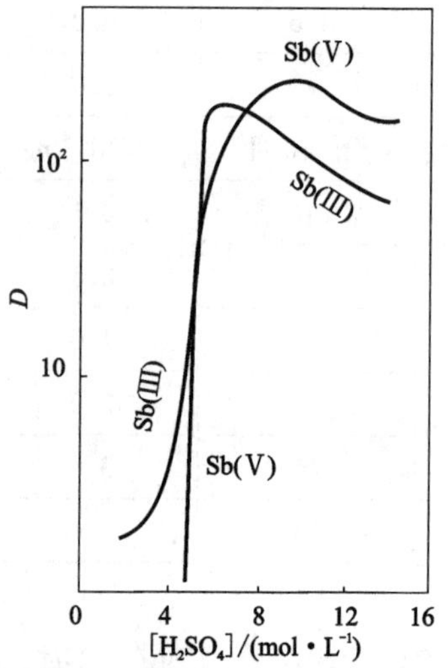

图 11 用 0.06 mol/L 三月桂胺(在二甲苯中)从硫酸溶液中萃取 Sb(Ⅲ)和 Sb(Ⅴ)

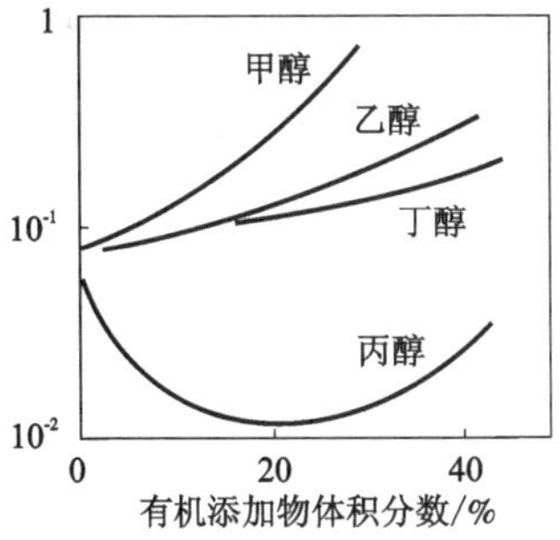

图 12　用三月桂胺萃取 Sb(Ⅴ)时，有机添加物的影响

[HCl] = 1.5 mol/L

表 11　稀释剂对三月桂胺从 HNO_3，HCl 和 H_2SO_4 溶液萃取 Sb(Ⅲ)和 Sb(Ⅴ)的影响

锑的价态及萃取条件	水相	稀释剂	分配比(*D*)
Sb(Ⅲ) 0.3 mol/L 三月桂胺； 温度(21 ±4)℃； 时间 1 h； 相比为 1	4.8 mol/L HNO_3	苯	0.46
		甲苯	0.73
		煤油	0.90
	3.6 mol/L H_2SO_4	苯	4.7
		甲苯	5.0
		煤油	4.8
	2.4 mol/L HCl	苯	24
		甲苯	25
		煤油	乳化、不能分相
Sb(Ⅴ) 0.3 mol/L 三月桂胺； 温度(21 ±4)℃； 时间 1 h； 相比为 1	4.8 mol/L HNO_3	苯	0.008
		甲苯	0.011
		煤油	0.008
	5.4 mol/L H_2SO_4	苯	23.9
		甲苯	29.2
		煤油	27.0
	3.6 mol/L HCl	苯	63.4
		甲苯	66.2
		煤油	乳化、不能分相

最近文献报道[26, 2]捷克已用萃取法分离 Sb 和 Bi。该法是用盐酸浸出含锑烟尘，浸出液加锑使汞沉淀，然后以 40% TBP 萃取锑，使 Sb 和 Bi 分离，萃取液用氨沉淀铋，含锑有机相用 NH_4Cl 溶液反萃取。

参考文献

[1] 马荣骏. 溶剂萃取在湿法冶金中的应用. 北京：冶金工业出版社，1979.

[2] 周忠华. 重金属的萃取——1980 年国际溶剂萃取会议有关论文评述. 冶金工业部长沙矿冶研究所，1981，6.

[3] J Stary. The Solvent Extraction of Metal Chelates，1964；俄文版 1966；徐辉远编译，中文版 1971.

[4] B З Иофа И Др. Радиохимия，1964，6(4)：419.

[5] R Boek et al. Z. anorgan. und allgem. chen，1956，284(4/5/6)：288.

[6] R Bock et al. Z. Analyt. Chem.，1953，138(3)：167.

[7] R Bock et al. Z. Analyt. Chem.，1951，138(1/2)：111.

[8] M Kosaric et al. Mikrochim. Acta，1961，(5)：806.

[9] A Selmer – Olsen. Acta Chem. Second，1966，20(6)：1621.

[10] M Kurs et al. Coll.，25(10)：2642.

[11] G Nakagawa. J. Chem. Soc. Japan Ser. Pure Chem.，1960，81(8)：1255.

[12] S S Khorasani et al. Pakistan J. Sci. and Industr. Res.，1966，9(3)：220.

[13] T Ishimori et al. Bull. Chem. Soe. Japan，1960，33(5)：636.

[14] Ь З Иофа. Докл · AH · CCCP，1969，188(5)：1053.

[15] Ь З Нофа И Др. Радиохимия，1964，6(4)：411.

[16] С И Семенов И Др. Радиохимия，1970，12(6)：892.

[17] Г М Дакар И Др. Радиохимия，1965，7(1)：25.

[18] R Bock et al. Z. Anorgan. und Allgem. Chem.，1956，284(4 –6)：288(1956).

[19] R Bock et al. Z. Analyt. Chem.，1953，138(3)：167.

[20] F C Edwords et al. Analyt. Chem.，1949，21(10)：1204.

[21] M M Приалоа И Др. B KH Зкстрак ция，1962вып. 2：165.

[22] Г М Дакар И Др. Радиохимия，1963，5(4)：428.

[23] R Bock et al. Z. Analyt. Chem.，1953，138(3)：167.

[24] Ю Ю Лурье. Справочник по аналитич еский Химии，1965.

[25] A Alian et al. Talanta，1967，14(7)：659.

[26] V Bumbalek et al. ISEC 80，Proc.，1980(3)：80 – 177.

N1923 萃取回收钛白水解废酸中的钛*
——萃取参数的研究

摘　要：研究了 N1923 萃取回收钛白水解废酸中的钛。试验考察了极性改善剂浓度、萃取剂浓度、相比、温度、震荡平衡时间等因素对钛萃取的影响，测出了钛的萃取等温线。在此基础上进行了串级逆流萃取模拟试验。试验结果表明：伯胺萃取剂 N1923 具有良好的萃钛性能和钛铁分离性能，经三级逆流萃取，钛的萃取率可达97%以上，而 Fe(Ⅱ)基本上不被萃取。

Titanium recovery from hydrolyzed sulfuric acid of titanium dioxide production by solvent extraction with N1923

Abstract: Titanium recovery from hydrolyzed sulfuric acid of titanium dioxide production by solvent extraction with N1923 has been studied. The effects of the concentration of polarity modifier, the concentration of extractant, phase ratio, equilibrium time on the extraction of titanium are investigated, and the isothermal of titanium extraction is measured. Based on the single - stage extraction experiments, the experiments of extraction by batch wise countercurrent multi - stage operation are conducted. The results indicate that primary amine extractant N1923 is of excellent property in titanium extraction and the separation of ti - tanium and iron, the titanium extraction efficiency can reach above 97% through 3 stage countercurrent extraction, while Fe(Ⅱ) is almost not extracted.

钛白是重要的化工原料，在国民经济中占有重要的地位。我国钛白的生产主要采用硫酸法。而硫酸法生产钛白的一个致命缺点是产生的三废量大，其中产生的钛白水解废酸数量尤为惊人。据统计，每生产1 t钛白，要产生钛白水解废酸 8 ~ 10 t[1]。这种废酸不仅含有15% ~20%的 H_2SO_4 和5% ~8%的 $FeSO_4$，还含5 ~ 10 g/L(以 TiO_2 计)的可溶钛。这种废酸的排放不仅对环境造成极大的危害，还浪费其中有价资源。随着环保要求的日益严格，如何处理这种废酸并从中回收有价成分如 TiO_2，H_2SO_4 等成为硫酸法生产钛白的一个重要课题。

本文研究用溶剂萃取法回收钛白水解废酸中的可溶钛。对于硫酸介质中钛的萃取，国外已有不少科技工作者进行了研究[2-6]，然而到目前为止尚未有工业化应用的报道。前人的研究多采用酸性磷型萃取剂(如 D_2EHPA 等)和中性磷型萃取剂(如 TOPO、Cyanex923 等)。酸性磷型萃取剂有钛铁分离性能较差的缺点[2-4]，而中性磷型萃取剂的钛铁分离性能较好，但萃取速度较慢且价格较贵[2,5-6]。为此作者选择另外一种国产常用萃取剂——伯胺类萃取剂 N1923 对萃取回收钛白水解废酸中的钛进行了研究。研究结果表明，该萃取剂具有优越的萃钛性能和钛铁分离性能。

1　实验方法

实验料液为株洲化工厂提供的钛白水解废酸，其中 $\rho(H_2SO_4) = 227.4$ g/L，$\rho(Fe^{2+}) = 44.0$ g/L，$\rho(TiO_2) = 5.57$ g/L。

萃取剂为工业 N1923，密度为815.1 kg/m³，平均分子量为 280 ~ 300；稀释剂为 260 号煤油；仲辛醇为化学纯试剂。萃取前有机相用 1 mol/L H_2SO_4 溶液处理，使之转化为铵盐形式。

除了温度影响试验，试验均在分液漏斗中于康氏振荡器上进行，康氏振荡器的振荡频率为 243 次/min。温度影响试验是将有机相与水相料液置于超

* 本文首次发表于《矿冶工程》，2002 年，第 3 期，第 86 ~ 88 页。合作者：张贵清，张启修，周康根 。

级恒温水浴锅中的烧杯中通过机械搅拌来实现的，温度可控制在 ±0.1℃。

水相中的 Ti 采用铝片预还原 - 硫酸铁铵滴定的氧化还原滴定方法分析，水相中的 Fe(Ⅱ)采用高锰酸钾氧化还原滴定方法分析。有机相中的 Ti 和 Fe(Ⅱ)根据萃取前后水相浓度的变化由差减法计算。

2　实验结果与讨论

2.1　仲辛醇浓度试验

伯胺萃取剂 N1923 在非极性稀释剂中有聚合作用，在用非极性溶剂为稀释剂时通常需添加极性改善剂，故在实验中考察了添加极性改善剂仲辛醇对 Ti 萃取的影响，其结果如图 1 所示。由图 1 可知：Ti 的萃取率随着极性改善剂仲辛醇浓度的增大而降低，即极性改善剂仲辛醇对 Ti 有抑萃作用。这种现象可能是由于仲辛醇与 N1923 相互产生氢键，降低了有机相中自由萃取剂浓度而引起的。由于在有机相中添加极性改善剂仲辛醇会降低萃取剂的萃钛能力，故在后面的试验中不再在有机相中添加极性改善剂仲辛醇。

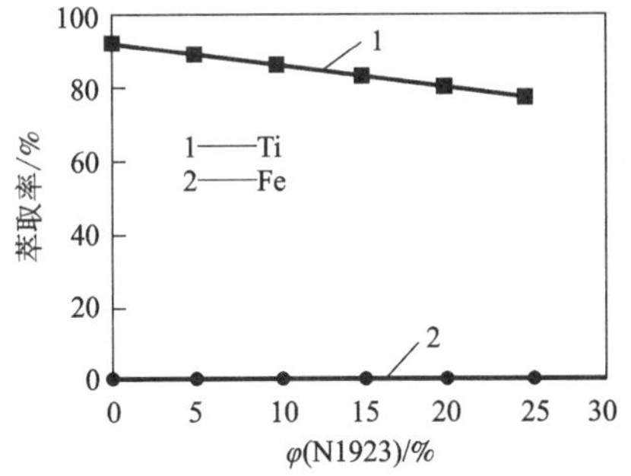

图 1　仲辛醇浓度对萃取过程的影响

$\varphi(N1923)_0=20\%$，O/A = 1∶1，$T=25$℃，$t=20$ min

2.2　萃取剂浓度试验

萃取剂 N1923 浓度(体积分数，下同)对 Ti 萃取的影响见图 2。由图 2 可知：随着 N1923 浓度升高，Ti 的萃取率升高，即 N1923 浓度越高，越利于 Ti 的萃取。但在试验中发现过高的萃取剂浓度不利于分相，故萃取剂浓度不宜过高。综合考虑，萃取剂浓度在 10% ~20% 较为合适。

2.3　钛铁分离效果

由图 1 与图 2 可知：N1923 对钛的萃取能力非常强，而对 Fe(Ⅱ)几乎不萃取，由此可见，N1923 具有很好的钛铁分离性能。

2.4　萃取平衡时间试验

表 1 所示为不同振荡接触时间下的萃钛率。由表 1 可知：萃取反应非常快，3 min 内即可达到平衡。

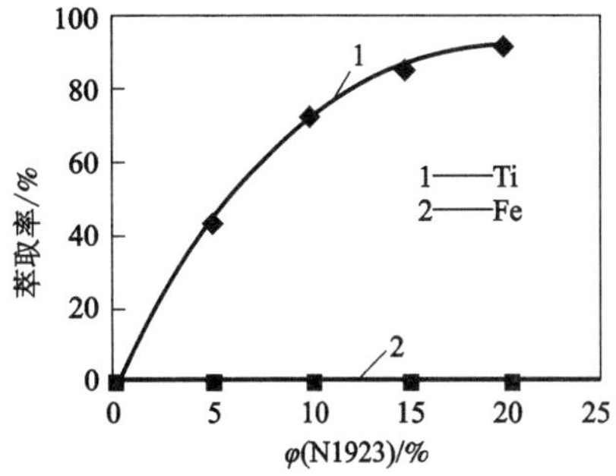

图 2　萃取剂浓度对萃取过程的影响

O/A = 1∶1，$T=30$℃，$t=10$ min

表 1　不同振荡接触时间下的萃钛率

振荡接触时间/min	1	3	5	10	20	30
萃钛率/%	90.48	90.72	90.74	90.70	90.68	90.68

O/A = 1∶1，$T=34$℃，$\varphi(N1923)_0=20\%$

2.5　相比试验

相比对钛萃取的影响如图 3 所示。由图 3 可知：钛的萃取率随着相比的增加而升高，且随着相比的增加，萃取率升高的幅度越来越小。

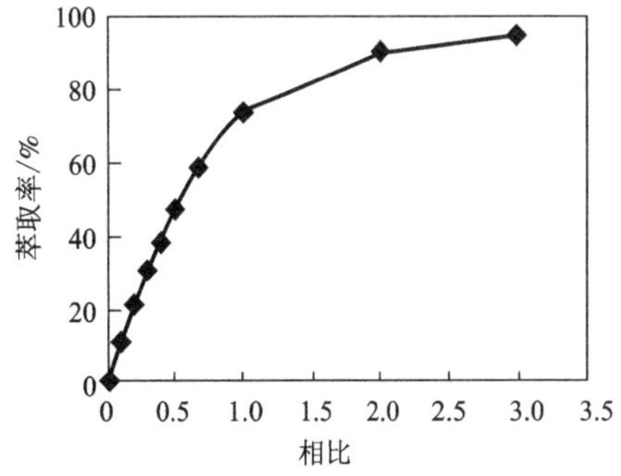

图 3　相比对萃取过程的影响

$\varphi(N1923)_0=10\%$，$T=32$℃，$t=10$ min

2.6　温度试验

温度对钛萃取的影响如图 4 所示。由图 4 可知：钛的萃取率随温度的升高而下降，但幅度很小。由此可知，该萃取反应为一微放热反应，温度对钛的萃取的影响并不显著。

2.7　萃取等温线和饱和萃取容量

采用相比变化法测定了萃取浓度为 10% 的有机相的萃取等温线，见图 5。由图 5 可知：当萃取剂浓度为 10% 时，饱和萃取容量为 5.51 g/L(TiO_2)，即 0.069 mol/L(TiO_2)。根据萃取剂 N1923 的密度和平均分子量可知 N1923 的浓度为 0.291 ~0.271 mol/L。由此可知，当萃取饱和时，N1923 与 Ti 的分子比为 (3.93 ~4.22)∶1，约为 4∶1。因此，在萃合物中 N1923 与 Ti 的分子比应为 4∶1。根据文献[2]，钛在钛白水解废酸中的存在形式应为 TiO^{2+}，由此可以推断

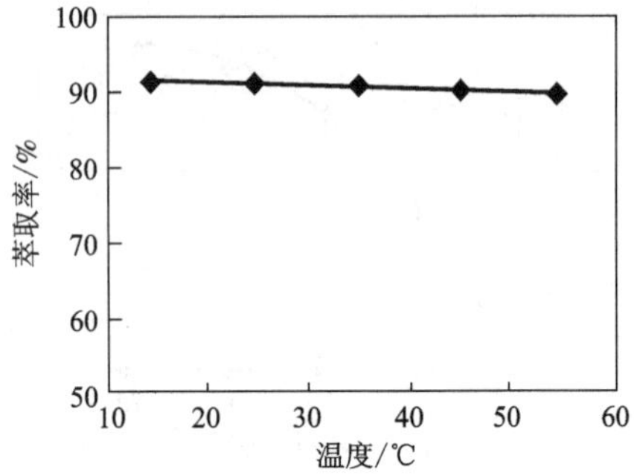

图 4 温度对钛萃取过程的影响

$\varphi(N1923)_0=20\%$, O/A = 1∶1, $t=30$ min

N1923 萃钛的萃取机理可能类似于 N1923 在硫酸介质中萃钍(Ⅳ)或萃铈(Ⅳ)[7],即如式(1)所示:

$$TiO^{2+}+SO_4^{2+}+2(RNH_3)_2SO_{4(O)}\longrightarrow (RNH_3)_4TiO(SO_4)_{3(O)} \quad (1)$$

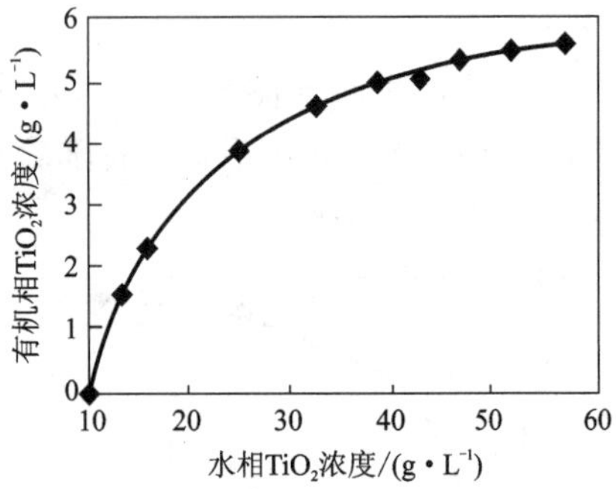

图 5 萃取等温线

$\varphi(N1923)_0=10\%$, $T=32$℃, $t=10$ min

2.8 萃合物的析出现象

在萃取试验中发现,当萃取饱和度较大(>80%)时,两相界面就会出现不溶于有机相的界面污物,估计是萃合物的析出。故在实际萃取操作中应保持有机相中有一定浓度的自由萃取剂,即控制萃取剂的饱和度在80%以下,以消除萃合物析出对实际操作的干扰。

出现上述现象的原因可能是萃合物的极性很强,其在非极性溶剂 260 号煤油中的溶解度很小,当萃取饱和度不大时,有机相中有一定浓度的自由萃取剂,这部分自由萃取剂相当于极性改善剂的作用,增加了有机溶剂的极性,有利于萃合物在有机相中的溶解,故不会产生萃合物的析出;当萃取饱和度较大时,有机相中自由萃取剂浓度减小,有机溶剂极性减小,其对萃合物的溶解性能下降,故会有萃合物的析出。

2.9 串级萃取模拟试验

在以上单级萃取实验的基础上,根据萃取等温线并控制负载有机相的饱和度小于80%,用分液漏斗进行了模拟串级逆流萃取试验。实验结果如表 2 所示。由表 2 可知:通过三级逆流萃取,钛的萃取率可达97%以上,而 Fe(Ⅱ)的萃取率小于0.5%,获得了很好的萃钛和钛铁分离效果。另外由于在设计串级萃取试验时控制负载有机相的萃取饱和度小于80%,故在串级萃取试验时未出现萃合物析出的现象。

表 2 多级逆流萃取试验结果①

序号	级数	相比 O/A	空白有机相②中 $\rho(TiO_2)$ /(g·L⁻¹)	萃余液中 $\rho(TiO_2)$ /(g·L⁻¹)	萃余液中 $\rho(Fe^{2+})$ /(g·L⁻¹)	负载有机相中 $\rho(TiO_2)$ /(g·L⁻¹)	萃钛率 /%	萃铁率 /%
1	3	1.5	0	0.032	43.8	3.69	99.4	0.45
2	3	1.5	0.42	0.140	43.9	3.98	97.5	0.23

①水相料液: $\rho(H_2SO_4)=227.4$ g/L, $\rho(Fe^{2+})=44.0$ g/L, $\rho(TiO_2)=5.57$ g/L; 有机相: 10% N1923 +90% 260 号煤油。

②1 号的空白有机相为新鲜有机相,不含 TiO_2; 2 号的空白有机相为 1 号的反后有机相,含少量 TiO_2。

3 结 论

(1)N1923 是从钛白水解废酸中萃取回收钛的良好萃取剂,该萃取剂具有萃钛能力强和钛铁分离性能好的特点。

(2)N1923 萃钛的平衡速度快,3 min 内即可达到萃取平衡。

(3)N1923 萃钛是一微放热反应,温度对钛的萃取影响很小。

(4)经三级逆流萃取,钛的萃取率可以达到97%以上,而 Fe(Ⅱ)基本不萃取。

参考文献

[1] 裴润. 硫酸法钛白生产. 北京:化学工业出版社,1982.

[2] Kathryn C Sole. Recovery of titanium from the leach liquors of titanfferous magnetites by solvent extraction: Part 1. Review of the literature and aqueous thermodynamics. Hydrometallurgy, 1999, 51: 239 –253.

[3] Islam F et al. Separation and recovery of titanium from iron bearing leach liquors by solvent extraction with di –2 –ethyl –hexyl phosphoric acid: 1. Bangladesh J Sci Res, 1978(13): 83 –89.

[4] Islam M F et al. Solvent extraction of Ti(Ⅳ), Fe(Ⅲ) and Fe(Ⅱ) from acidic sulphate medium with di – o – tolyl – phosphoric –benzene –hex –an –1 –ol system: A separation and mechanism study. Hydrometallurgy, 1985, 13: 365 –376.

[5] Kathryn C Sole. Recovery of titanium from the leach liquors of titaniferous magnetites by solvent extraction: Part 2. Laboratory –scale studies. Hydrometallurgy, 1999, 51: 263 –274.

[6] Shibata Junji et al. Computer modeling of countercurrent multistage extraction from titanium(Ⅳ) – sulfuric acid – cyanex923 system. Technol Report, Kansai Univ, 1993, 35: 59 –67.

[7] 徐光宪. 稀土(上). 北京:冶金工业出版社,1995: 564 –569.

叔胺萃取钨的试验研究*

摘　要：本文在我国首次开展了用叔胺萃取钨的系统研究，在小型试验基础上进行了扩大试验，尤其是详细研究了反萃取的困难，克服了反萃取中产生乳化的关键技术问题，提出了优化技术条件及工艺流程。

The studies of tertiary amine extracting tungsten

Abstract: The pioneering studies on tungsten extraction using tertiary amines were carried out by the present authors. The expanded scale tests were performed on the basis of small－scale tests with an emphasis on thorough studies on the stripping, thus overcoming the emulsification, a crux in the process of the stripping. Finally the optimum process conditions and flowsheet are proposed.

目前我国钨冶炼工业中，大都采用黑钨精矿苏打烧结或苛性钠分解、镁盐净化、人造白钨、钨酸煅烧的经典工艺。上述工艺不合理地人为贫化矿石，流程冗长，劳动强度大，设备腐蚀严重，金属回收率低，产品粒度和纯度难以满足新的要求。为了改变这种落后状态，我们开展了湿法炼钨新工艺的研究。

新工艺由黑钨矿碱压煮分解、叔胺萃取钨、钨酸铵中和结晶3个主要工序组成。用萃取法使钨酸钠一步转成钨酸铵，代替了人造白钨、酸分解及氨溶等工序，不仅容易实现自动化，大大提高了劳动生产率，而且产品质量有所提高；三氧化钨的粒度也可以控制。本文主要叙述了萃取方面的研究工作。

1　小型试验

1.1　试验方法

1)试剂和料液制备

(1)试剂

N235：上海有机所实验工厂和大连油脂化学厂产品。

仲辛醇：北京化工三厂产品。

煤油：200#煤油，或灯用煤油经浓硫酸处理。

硫酸：工业级，株洲化工厂产品。

(2)料液制备

黑钨精矿碱压煮液，用1∶10的硫酸中和煮沸沉硅，加镁块净化除砷、磷，再用稀硫酸酸化至pH 2～3。溶液的WO_3及主要杂质含量见表1。

表1　溶液中WO_3及主要杂质含量/($g \cdot L^{-1}$)

组成	WO_3	SiO_2	P	As	pH
黑钨精矿碱压煮液	±220	±0.08	±0.051	±0.037	余碱±16
处理后的萃取料液	±100	±0.02	±0.006	±0.009	2～3

(3)有机相制备

按体积百分比配制。使用时，经过2.5 mol/L硫酸酸化，再用蒸馏水洗至pH为2～3。

2)操作方法

(1)萃取

按一定相比，在分液漏斗中进行，人工振荡3 min，经澄清分相5 min，分别取水相和有机相样品。

(2)反萃取

采用柱式有机玻璃设备，其示意图如图1所示。设备尺寸：第一级柱内径D 67 mm，有效高度L = 282 mm，L/D = 4.2。

进料自第1级柱体下端两相并流流入。流量由恒液面高度和浮子流量计控制。

* 首次发表于《稀有金属》，1979年第1期，第15～24页。合作者：刘谟喜，谢辟，梁娟秋等。

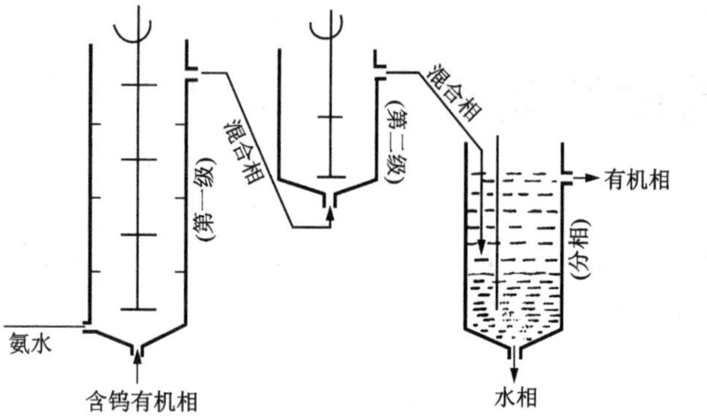

图1　反萃取设备示意图

搅拌方式：在第1级由2个三叶螺旋桨和2个十字平板桨交替安装于杆上进行搅拌。在第2级由2个二叶螺旋桨搅拌。第1级转速900 r/min；第2级转速与第1级相近。

1.2　N235萃取钨的试验结果

用胺萃取钨已有不少报道[1-4]，根据我国工业萃取剂的生产情况，我们采用N235为萃取剂。

在含钨的碱性溶液中，当pH=2时，钨在溶液中主要以$[H_2W_{12}O_{40}]$[6]的形式存在，故以叔胺萃取钨可用以下反应式表示：

$$3(R_3NH)_2SO_4+(H_2W_{12}O_{40})^{6-}\rightleftharpoons (R_3NH)_6(H_2W_{12}O_{40})+3SO_4^{2-}$$

$$6(R_3NH)(HSO_4)+(H_2W_{12}O_{40})^{6-}\rightleftharpoons (R_3NH)_6(H_2W_{12}O_{40})+6HSO_4^{-}$$

N235萃取钨的速度很快，1 min内即达平衡。

温度对本萃取体系的分相有一定影响，常温下分相较慢，提高温度40～50℃，分相明显加快。

基于以上的萃取化学过程，进行了以下的小型试验。

(1)调相剂的选择

为了增加萃合物在有机相中的溶解度，避免在萃取中产生第3相，有机相中需添加调相剂。

调相剂可选用TBP和C_7—C_9醇类(仲辛醇或混合醇)，这2种调相剂的比较列入表2中。根据表2，综合比较，选仲辛醇作调相剂。

(2)平衡pH变化对钨萃取率的影响

试验条件：

料液：不同pH，经净化后的Na_2WO_4溶液，WO_3浓度为85.5 g/L。

有机相：10% N235－10%仲辛醇－煤油(pH为2～3)。

表2　仲辛醇和TBP作调相剂的比较

比较项目＼调相剂	TBP	仲辛醇
分相效果	分相快，有机物和相界清亮	分相较快相界清楚，有机相略浑
生产来源	来自粮食作物	蓖麻油裂解副产物
单价/(元·kg^{-1})	8～10(1978年价)	1.25(1978年价)
产品(WO_3)纯度	磷高(P含量0.007%)	磷低(P含量0.0004%)

相比：(有/水)=1∶1。

萃取的结果如图2所示。

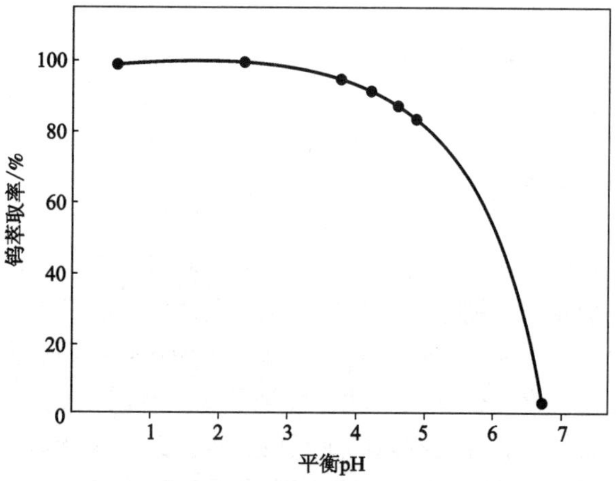

图2　水相平衡pH对钨萃取率的影响

由图2可见：随着pH降低，钨的萃取率逐渐增高：pH≤4有较满意的萃取效率。考虑到酸耗等因素，选取料液pH为2～3，进行钨萃取较合适。

(3)N235浓度对钨萃取率的影响

试验条件：

水相：净化后的钨酸钠溶液，WO_3浓度为118.0 g/L，pH=2.1。

有机相：10% N235－10%仲辛醇－煤油，pH=±2.0。

相比=1∶1。

萃取的结果如图3所示。

由图3可见：当有机相的萃取容量足够时，在给定条件下，单级萃取已有好的萃取效果。当料液浓度为118.0 g/L时，12%浓度的萃取剂已达到99.97%的萃取率。如果料液中钨浓度增高，为了保证有机相有足够的萃取容量，以达到完好的萃取，N235浓度需要相应提高(或者增大相比)。但是当N235浓度高于20%，负载达到饱和时，分相很慢，并出现三相及倒

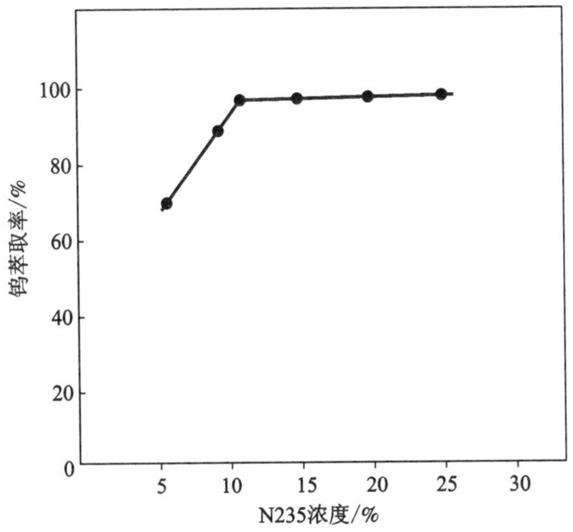

图 3　N235 浓度对钨萃取率的影响

相的现象，所以 N235 浓度过高是不适宜的。

(4)10% 和 20% N235 萃取钨的饱和容量测定

试验条件：用钨浓度为 113 g/L，pH 为 2.1 的工业料液，错流平衡有机相(pH = ±3)直至与它相接触的料液钨浓度恒定。

共接触平衡 5 次，测得

10% N235 - 10% 仲辛醇 - 煤油体系的饱和容量为 105.95 g/L，

20% N235 - 10% 仲辛醇 - 煤油体系的饱和容量为 134.5 g/L。

由饱和容量数据可知，当料液钨浓度为 100 g/L 左右时，N235 浓度为 10% ~20%，相比(有/水)为 1∶1，即可达到完全萃取。

(5)料液中 WO_3 浓度对钨萃取率的影响

试验条件：

料液：净化后不同浓度的钨酸钠溶液，pH = 2 ~3。

有机相：10% N235 -10% 仲辛醇 - 煤油(pH =3)。

相比 =1∶1，pH 平衡为 2.30 ~2.00。

结果如图 4 所示。

由图 4 可见：只要有足够浓度的 N235，钨的萃取是完全的。当有机相萃取容量不够时，则萃取率陡然下降。在实践中需要根据料液中含钨浓度选取相应浓度的 N235。

(6)相比对钨萃取率的影响

试验条件：

料液：净化后的钨酸钠溶液，钨浓度 112 g/L，pH =2.1。

有机相：10% N235 - 10% 仲辛醇 - 煤油(pH 为 2 ~3)。

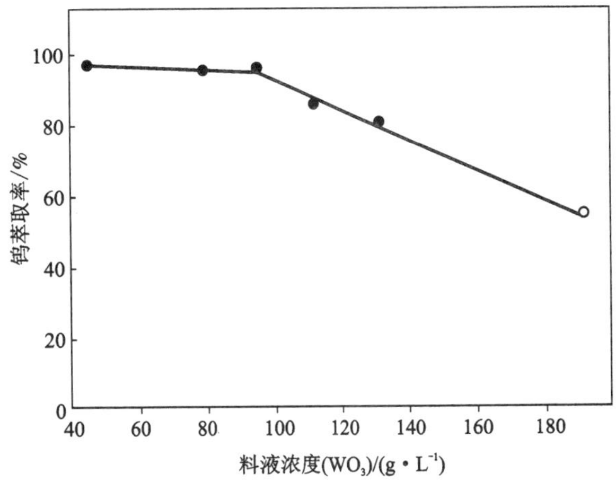

图 4　料液含 WO_3 浓度对钨萃取率的影响

实验结果如表 3 所示。

表 3　不同相比条件下的萃取

相比(有/水)	萃余水相 $WO_3/(g \cdot L^{-1})$	钨萃取率/%
2∶1	<0.05	>99.9
1∶1	20.88	81.4
1∶2	65.00	42.0
1∶3	80.00	28.6
1∶4	82.00	26.8
1∶6	95.00	15.2

由表 3 可见：随相比减小，萃取率下降，考虑到有机相的饱和容量及萃取率，选取相比等于 1 为宜。

1.3　氨水反萃取钨的试验结果

用氨水反萃取钨，可用以下反应表示：

$$(R_3NH)_6(H_2W_{12}O_{40}) + NH_3 \cdot H_2O \rightleftharpoons (NH_4)_2WO_4 + R_3H + H_2O$$

由有机相中的偏钨酸盐转变到水相中的钨酸盐，中间必然形成水溶性很小的仲钨酸铵盐。因而在反萃取中，往往出现沉淀乳化，特别是钨浓度高时，更是如此。

为了消除沉淀乳化，从反萃取动力学角度来考虑，就要使钨转变过程迅速完成。在工艺实践上可选用合适的氨水浓度、合理的反萃设备和有效的搅拌方式来达到。

为了消除沉淀乳化，反萃取又在高钨浓度下操作，在图 1 所示的柱式设备上，进行了并流连续反萃取条件试验。

(1)氨水浓度对反萃取的影响

试验条件：富有机相钨浓度为105.0 g/L，在柱式设备上，用不同浓度的氨水进行反萃取。在反萃中固定相比为2.0±0.1，两相并流连续加入，反萃柱第1级温度为45～56℃，第2级反萃温度为37～42℃。

试验结果列入表4。

表4　在柱式设备中氨水浓度对反萃取的影响

氨水浓度/(mol·L^{-1})	流速/(mL·min^{-1})		反萃后 WO_3 浓度/(g·L^{-1})		反萃现象	
	有机相	水相	有机相	水相	1级和2级	分相槽
2.3	39.4	19.8	0.04	204	乳状有白膜	乳状有白膜和沉淀
2.5	10.8	5.7	0.04	200	清亮无膜	清亮无膜
2.8	33.0	17.0	0.04	190	略有一点点膜	清亮无膜
3.0	27.0	14.5	0.06	208	清亮无膜	清亮无膜
3.2	25.5	13.0	0.03	200	基本无膜	清亮，有一点点膜
3.5	35.4	17.5	0.09	234	有脏膜	有脏膜，成团下掉

由表4可见：柱式设备连续反萃时，氨水浓度2.5～3.2 mol/L较合适，在这种氨水浓度范围内，反萃分相好，反萃完全；当氨水浓度小于2.5 mol/L且大于3.2 mol/L时，分相情况不好；故在给定条件下，须控制氨水浓度为2.5～3.2 mol/L。

(2)温度的影响

试验条件：富有机相钨浓度为110 g/L，用2.5 mol/L氨水反萃取，相比为2∶1。

试验结果如表5所示。

由表5可见：温度对反萃取分相有重要影响。操作温度以45℃左右最好。温度低时(21℃)，即使转速不高，分相也较慢；温度过高有机相及氨挥发较多。

(3)相比的影响

试验条件：富有机相含 WO_3 105.0 g/L，氨水浓度为3.0 mol/L，力图控制水相流速恒定而变动有机相流速。反萃柱第1级温度44～55℃，第2级37～42℃。

试验结果如表6所示。

表5　温度对反萃分相的影响

搅拌转速/(r·min^{-1})	有机相种类	反萃现象	
		常温(21℃)	40～46℃
660	富有机相	分相慢	分相快，两相清亮
775	富有机相	分相很困难	分相快，两相清亮
980	空白有机相	乳化，久久不能分相	分相快，两相清亮

表6　相比对反萃的影响

相比(有/水)	流速/(mL·min^{-1})		反萃后 WO_3 浓度/(g·L^{-1})		反萃现象	
	有机相	水相	有机相	水相	1级和2级	分相槽
1.9	27.4	14.5	0.06	208	清亮、无膜	清亮、无膜
2.0	45.2	22.6	0.08	221	有一点点膜	清亮、无膜
2.15	63.0	29.2	0.02	242	清亮、无膜	清亮、无膜
2.2	57.3	26.3	0.06	225	有一点点膜	有一点点膜
2.38	35.2	14.8	0.03	246	有少量膜	有一点点膜

续表

相比（有/水）	流速/(mL·min⁻¹)		反萃后 WO_3 浓度/(g·L⁻¹)		反萃现象	
	有机相	水相	有机相	水相	1级和2级	分相槽
2.76	45.0	19.7	0.15	261	清亮、无膜	清亮、无膜
2.80	55.0	19.0	—	—	乳化、沉淀	有许多沉淀膜
3.0	52.0	17.2	—	—	乳化、沉淀	乳化、有大量沉淀

由表6可见：当氨水浓度为3.0 mol/L时，相比变动的幅度较窄，相比控制在1.9～2.4为宜。相比过大时，易产生沉淀和乳化。连续运转的实际操作中，多次观察到由于相比控制波动而产生乳化，对操作产生不良影响，因而需要严格控制相比。

在试验条件同上的情况下，作了氨水浓度及相比同时变化的反萃取试验。结果列于表7。

表7　氨水浓度和相比变化对反萃的影响

氨水浓度/(mol·L⁻¹)	相比（有/水）	流速/(mL·min⁻¹)		反萃后 WO_3 浓度/(g·L⁻¹)		反萃现象	
		有机相	水相	有机相	水相	1级和2级	分相槽
3.5	2.0	35.4	17.5	0.09	234	有少量膜	有膜粘壁
3.5	3.0	54.6	18.0	<0.04	363	清亮无膜	清亮无膜
3.5	3.4	47.7	14.5	0.05	370	有沉淀	有膜，有沉淀
3.0	3.0	52.0	17.2	—	—	有大量膜	乳化，有沉淀
3.7	3.0	57.3	18.5	<0.04	370	清亮无膜	清亮无膜
4.0	2.9	57.9	20.2	<0.04	360	清亮无膜	无膜，水相稍混

由表7可见：相比2.9～3.0同相比2.0不一样，合适的氨水浓度提高到3.5～4.0 mol/L。当用3.5 mol/L的氨水作反萃取剂，相比2.0时效果不好，相比3.4时也出现乳化，恰当的相比为±3.0。

依以上结果可见，当相比变化的同时，只要氨水浓度作相应变化，也可顺利操作。

(4)停留时间的影响

试验条件：富有机相钨浓度为110.0 g/L；反萃氨水浓度3.0 mol/L；相比2∶1；停留时间按反萃柱第1级的有效体积950 mL计算(实测)；第1级温度为45～50℃，第2级为37～42℃。试验结果如表8所示。

由表8可见：停留时间可以在较宽范围内变化，短至数分钟，反萃取仍然可以顺利进行。

表8　停留时间对反萃的影响

停留时间/min	相比（有/水）	流速/(mL·min⁻¹)		反萃后 WO_3 浓度/(g·L⁻¹)		反萃现象	
		有机相	水相	有机相	水相	1级和2级	分相槽
27.0	1.90	27.4	14.5	0.06	208	无膜	清亮无膜
14.0	2.00	45.2	22.6	0.08	221	有一点点膜	清亮无膜
11.0	2.20	57.3	26.3	0.06	225	有一点点膜	清亮，有一点点膜
10.0	2.15	63.0	29.2	0.02	242	清亮无膜	清亮，有一点点膜
8.6	1.74	70.3	40.5	0.02	166	清亮无膜	清亮无膜
7.0	1.96	90.0	46.0	0.04	212	有少量膜	清亮无膜

1.4 流程试验

(1)萃取和洗涤

萃取和洗涤采用箱式混合澄清槽。混合室长×宽×高为70 mm×70 mm×200 mm，澄清室长×宽×高为70 mm×210 mm×200 mm。萃取4级，洗涤3级，使用纯水洗涤(以除去机械夹带及Na等杂质)。

有机相：10% N235－10%仲辛醇－煤油。煤油经6 mol/L硫酸洗涤2次。配好的有机相经稀硫酸(1∶10)，按相比(4～5)∶1转型，然后水洗至pH为2左右。

料液/(g·L^{-1})：WO_3 112.31，SiO_2 0.06，P 0.002，As 0.0225。pH 2.5。

萃取相比近于1∶1，有机相及料液流速50 mL/min，萃余液钨浓度<0.1 g/L。洗涤相比近于2∶1，有机相流速50 mL/min，洗水流速25 mL/min。钨浓度<0.1 g/L。

用恒液面的稳压槽和毛细管控制流量。萃取和洗涤在35～40℃下进行。

(2)反萃取

采用如图1所示的类似设备。第1级柱的有效高度(L)=290 mm；柱内径(D)=100 mm；L/D=2.9。在柱的内壁上加筋加环，搅拌方式同条件试验，两相并流加入，进到第1级反萃柱之前，两相经水箱加温，温度在45～50℃。

富有机相：由萃取和洗涤段而来，钨浓度100～110 g/L，流速48～50 mL/min。

反萃剂：2.7 mol/L的氨水，流速25 mL/min。

反萃相比为2∶1。流量控制同萃取段。反萃后有机相中一般WO_3<0.04 g/L。

(3)产品质量

反萃液经中和结晶，煅烧得产品WO_3，光谱分析结果如下/%：

Fe<0.001，Al<0.001，SiO_2<0.001，Mn<0.001，Mg<0.0007，Ni<0.0007，Ti<0.002，V<0.002，Co<0.002，As<0.002，Pb<0.0001，Bi<0.0001，Sn<0.003，Sb<0.001，Ca<0.0005，Mo<0.01。

得到的产品为化学纯度。唯有锡高，这同来自栗木锡矿的矿源有关，其他的矿源不存在这个问题。

2 工业试验

在小型试验基础上，进行了规模200 kg/d WO_3的工业试验。试验中，投入栗木锡矿钨酸钠调酸液15.5 m^3(含WO_3为1701.53 kg)，运转了30个班，生产出钨酸铵溶液4.1132 m^3(含WO_3 1274.53 kg)。

将工业试验情况分述如下。

2.1 流程和工艺条件

根据小型试验结果，拟定工业试验流程如图5所示。

栗木锡矿经碱压煮(苛性钠分解)得到的钨酸钠溶液，用镁盐净化工艺除去杂质Si，P和As后，再用稀硫酸(1.5 mol/L)调至pH至±2，继续用水稀释到含WO_3 100 g/L，作为调酸液送往萃取。

在工业试验中，采用200#溶剂煤油和工业氨水，其他使用试剂同小型试验。工业试验工艺条件见表9。

2.2 设备

萃取采用水平箱式混合澄清槽，反萃采用柱式设备，各设备的规格见表10。

表9 工业试验的工艺条件

工序名称	料液名称	料液成分	pH	温度/℃	流量/(L·min^{-1})	相比(有/水)	级数	要求与说明
萃取段	调酸液	WO_3/100 g/L	2.0～2.5	30～40	1.0～1.2	1.0～1.2	5	萃余液 WO_3<0.1 g/L 1级助清
	酸化有机相	10% N235－12%仲辛醇－煤油	2.0～2.5	30～40	1.0～1.8			
洗涤段	洗水	蒸馏水	中性	30～40	0.5	110.5	4	洗水后 WO_3<0.1 g/L 1级助清
反萃段	反萃剂	4.0～5.0 mol/L氨水	>12.0	40～50	0.3～0.4	3～4	2	反萃液中WO_3>300 g/L， 游离氨0.8～1.5 mol/L， 1级助清
酸化段	稀硫酸	1.5 mol/L H_2SO_4	<1.0	30～40	0.2	5	6	有机相酸化至pH 2，1级助清

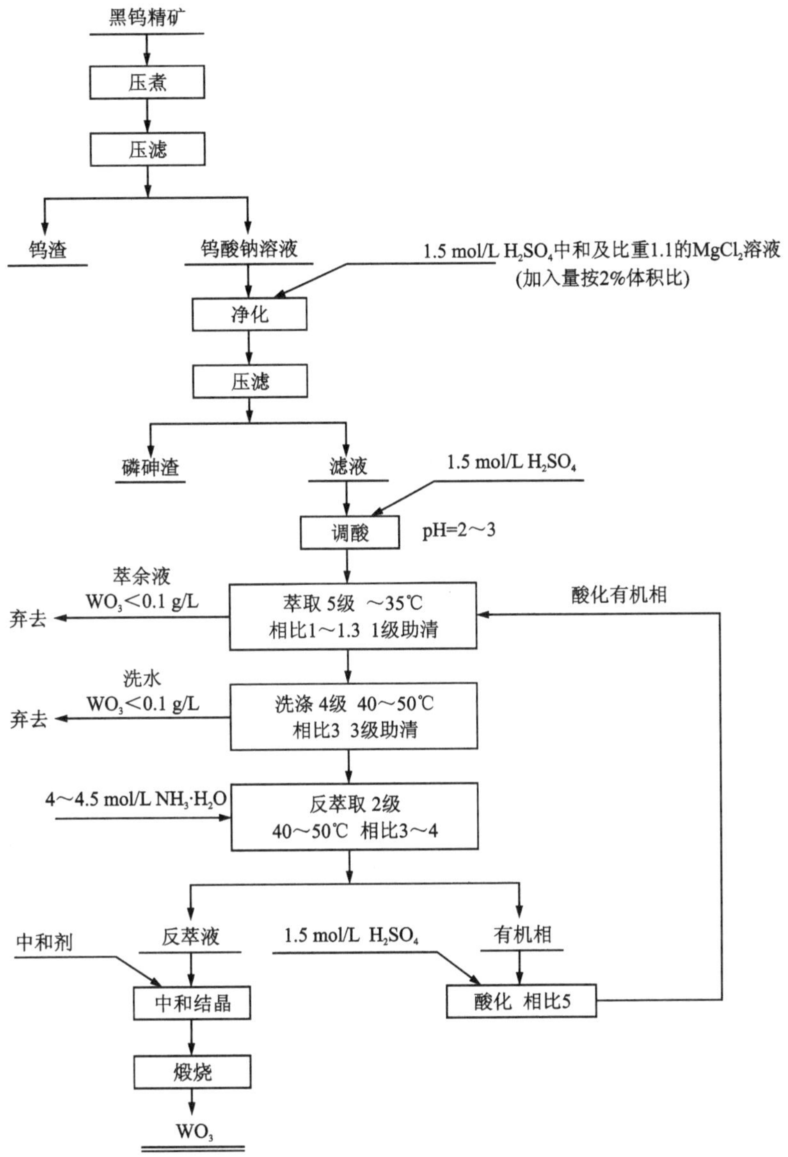

图 5　工业试验流程图

表 10　萃取、洗涤、反萃、酸化设备规格

名称	级数	助清级数	尺寸/mm		设备材料	混合室情况	
			混合室	澄清室		转速/$(r \cdot min^{-1})$	搅拌方式
萃取槽	5	1	130 mm×130 mm×225 mm	130 mm×6650 mm×360 mm	有机玻璃	450～500	十字叶轮
洗涤槽	4	3	130 mm×130 mm×225 mm	130 mm×6650 mm×360 mm		450～500	十字叶轮
反萃取槽	2	1	1 级 200 mm×900 mm	150 mm×1600 mm		900	螺旋和十字叶轮交替
			2 级 200 mm×550 mm			900	
酸化槽	6	1	130 mm×130 mm×290 mm	130 mm×300 mm×520 mm		450～500	十字叶轮

2.3　试验结果及讨论

(1)设备运转稳定情况及典型分析结果

设备经放大，特别是反萃用的柱式设备放大后，控制合适的氨水浓度等工艺操作条件，可顺利得到高钨浓度(>300 g/L)的富水相。运转情况较小设备要好。可以连续长期运转。

待操作稳定并达平衡后，在 8 h 内定时对调酸液、余液、洗后水相、洗后有机相、反萃富水相取样(共 8 次)。混合得到上述各样品的总样。各总样的钨含量及各相进料流量列于表11。另外在萃取段还逐级取了2组平衡样，见表12。从表11和表12可见：余液中钨含量<0.1 g/L，可以弃去。洗后水中钨含量略高些(正式取样为0.3 g/L WO_3，以后达到了0.1 g/L以下。)这是助清不够引起的。反萃后贫有机相中钨含量很低，可直接进入酸化槽，进行酸化转型后，送至萃取段循环使用。

对洗后水、萃余液、反萃后贫有机相取样分析，其中 WO_3 含量的结果如表13所示。

典型分析结果如表14所示。

(2)萃取、反萃取的金属平衡

在平衡状态下，共处理了576.6 L调酸液，得到了228.4 L反萃富水相，其金属平衡列于表15。

表11 各段进出口试样三氧化钨含量

样品名称	萃取					
	调酸液		酸化有机相		萃余液	
	含 WO_3/($g\cdot L^{-1}$)	流速/($L\cdot min^{-1}$)	含 WO_3/($g\cdot L^{-1}$)	流速($L\cdot min^{-1}$)	含 WO_3/($g\cdot L^{-1}$)	流速/($L\cdot min^{-1}$)
平均值	111.7	1.240	0.40	1.560	微	1.240
总样	111.4				微	

样品名称	洗涤					
	洗前富有机相		洗后富有机相		洗后水	
	含 WO_3/($g\cdot L^{-1}$)	流速/($L\cdot min^{-1}$)	含 WO_3/($g\cdot L^{-1}$)	流速/($L\cdot min^{-1}$)	含 WO_3/($g\cdot L^{-1}$)	流速/($L\cdot min^{-1}$)
平均值	90.7	1.56	91.0	1.560	0.35	0.71
总样			91.0		0.35	

样品名称	反萃取				
	反萃剂	富水相		贫有机相	
	流速/($L\cdot min^{-1}$)	含 WO_3/($g\cdot L^{-1}$)	流速/($L\cdot min^{-1}$)	含 WO_3/($g\cdot L^{-1}$)	流速/($L\cdot min^{-1}$)
平均值	0.476	285.03	0.476	0.15	1.560
总样		286.76			

表12 萃取段各级 WO_3 含量/($g\cdot L^{-1}$)

取样时间	一级		二级		三级		四级		五级	
	有机相	余液	有机相	余液	有机相	余液	有机相	余液	有机相	余液
14:00	1.05	0.105	47.25	0.67	82.65	57.5	86.85	90	90.4	105
18:00	0.65	微	17.10	0.5	86.65	52.1	88.10	94	91.0	101.4

表13 洗后水、萃余液、反萃后贫有机相中 WO_3 含量

洗后水 WO_3/($g\cdot L^{-1}$)	萃余液 WO_3/($g\cdot L^{-1}$)	反萃后贫有机相 WO_3/($g\cdot L^{-1}$)	洗脱率/%	萃取率/%	反萃率/%
0.06~0.3	0.10~微	0.1~0.2	0.03~0.2	>99.9	99.9~99.8

表14 典型分析结果

成分/($g\cdot L^{-1}$)	WO_3	SiO_2	P	As	Fe
净化前钨酸钠溶液	223.188	0.08	0.051	0.037	—
净化后钨酸钠溶液	222.513	0.04	<0.001	<0.002	—
调酸液	100.763	0.02	0.0006	0.009	—
洗后富有机相	107.750	0.03	0.0007	0.0078	—

续表

成分/($g \cdot L^{-1}$)	WO_3	SiO_2	P	As	Fe
酸化有机相	0.300	0.01	0.001	0.002	—
反萃后有机相	0.150	0.01	<0.001	<0.002	—
萃余液	0.400	0.01	<0.001	<0.002	—
洗后水	0.085	0.01	<0.001	<0.002	—
反萃富水相	309.560	0.04	0.002	0.034	0.048

表 15　萃取、反萃金属平衡

项目	溶液体积/L	含钨量/($g \cdot L^{-1}$)	钨总量/g		钨的百分数/%	
			进入	产出	进入	产出
调酸液	576.6	111.7	645000		100.00	
反萃富水相	228.4	285.03		65400		101.39
洗后水	35.0	0.35		12.25		0.02
余液	576.6	微		微		
合计				65412.25		
差额				912.25		1.41

由表15可见：基本上达到了平衡要求。另外，从该表可得到全流程的金属实收率在99%以上。

(3)反萃富水相质量

表16所示为反萃富水相、调酸液、洗后水中三氧化钨及磷、砷杂质的含量。反萃富水相经中和结晶、煅烧制得化学纯三氧化钨。三氧化钨经合金小样鉴定试验，性能良好，能达到预期的要求。

表 16　反萃富水相质量

含量/($g \cdot L^{-1}$)	WO_3	P	As
富水相总样	286.76	0.003	0.028
调酸液总样	111.4	0.0012	0.012
洗后水总样	0.3	微	0.012

(4)几个问题的讨论

①叔胺N235用于钨萃取，它具有分配系数大、萃取级数少、反应速度快、萃取效率高等优点。另外叔胺N235具有化学稳定性好，挥发性小，闪点、燃点较高等特点，故是可采用的工业萃取剂。

②反萃过程是用碱(氨水)将钨从负载有机相中反萃到水相中来，即把有机相的偏钨酸盐转到水相成为钨酸铵。反萃取速度快，反萃率高。

因反萃取过程要产生钨形态转变，而且经过仲钨酸铵盐结晶区。所以如何避免在反萃过程中产生结晶沉淀，而又能得到较高钨浓度的反萃液成为走通此工艺的关键。在试验中发现，控制适当氨水浓度、选取合理的反萃设备、采用有效的搅拌，可以解决上述问题。

③反萃后有机相可用纯水洗涤、稀硫酸酸化、或直接稀酸酸化，而返回使用。

④应该指出，叔胺N235萃取钨时，磷、砷同钨形成杂多酸共萃取。用纯水洗涤萃钨有机相，仅能洗去残留的钠离子及机械夹带，对化学结合的砷、磷、硅、铁等杂质，不能洗涤除去。

2.4　萃取—反萃取主要试剂消耗及成本估算

萃取—反萃主要试剂消耗及成本估算见表17。

表 17　主要试剂消耗及成本估算

试剂名称	规格	单价/(元·t^{-1})	单耗	金额/(元·t^{-1})
硫酸	工业(98%)	130.1 t/t	0.384 t/t	49.9
盐酸	工业	11.01	1.08 t/t	118.8
氨水	工业(20%)	200.0	1.15 t/t	230.0
有机相	工业	2185	66.6 L/t	140.0
合计				538.7

注：单价为1979年价格。

若考虑结晶率为93%，用氨水时单位成本为579.25元。若以液氨代替氨水，单位成本将降低为454.5元。应该说明，萃取流程的金属收率比现行流程提高1%～2%，会进一步降低成本。不论是用液氨或是氨水，试剂成本可估算在200～340元/t。比人造白钨的合成和酸分解的现有流程降低成本100余元。

2.5　萃取流程与现行流程对比

因为萃取流程仅能代替现行流程中的白钨合成和酸分解2个工序，所以我们仅就这2个工序粗略对比，如表18所示。

表18　萃取流程与现行流程对比

项目	萃取流程	现行流程
工序	萃取	合成白钨、酸分解
操作	连续	间歇
自动化	易实现	难实现
金属收率/%	98	96
岗位人数/(人·班$^{-1}$)	9	18
电耗/(kW·h·t^{-1})	少	462
劳动强度	轻	大
HCl气	无	大(劳动条件差)
产品纯度	化学纯	工业纯—化学纯
粒度	易控制	难控制
试剂成本/(元·t^{-1})	200～340	486

由表18可见：萃取流程比现行流程具有一系列优点。

3　结论与建议

(1)N235用于萃取钨在工艺上是可行的。用氨水反萃取在适宜条件下可以顺利进行。叔胺萃取对磷、砷、硅等纯化作用较差。

(2)根据小型及工业试验，得到的工艺条件如下：

①黑钨矿经碱压煮得到粗钨酸钠，稀酸中和、水解除硅、镁盐净化除砷、磷，过滤后得净化后的钨酸钠溶液。

②用稀硫酸(1.5 mol/L)酸化净化后的钨酸钠溶液，使pH至2左右，三氧化钨浓度为100～150 g/L，$Fe/WO_3<0.05$。

③有机相组成：10% N235－12%仲辛醇－煤油，稀硫酸(1.5 mol/L)酸化，酸化有机相pH＝2～3，酸度为0.1～0.2 mol/L H_2SO_4。

④萃取3～5级，流量1～1.2 L/min，萃余液中三氧化钨浓度<0.1 g/L。

⑤萃后负载有机相，用纯水进行洗涤；相比为3左右，流量0.3～0.5 L/min。

⑥采用柱式连续并流反萃取：反萃取柱：长度(L)/直径(D)＝45，氨水浓度4～5 mol/L，2级；搅拌方式：十字叶轮加螺旋桨式；搅拌转速900 r/min；反萃相比为3～4。

⑦整个萃取—反萃取在30～40℃下进行。

综合上述条件得到的钨酸铵经中和结晶能制得化学纯的三氧化钨。

(3)建议萃取法的原则流程如图6所示。

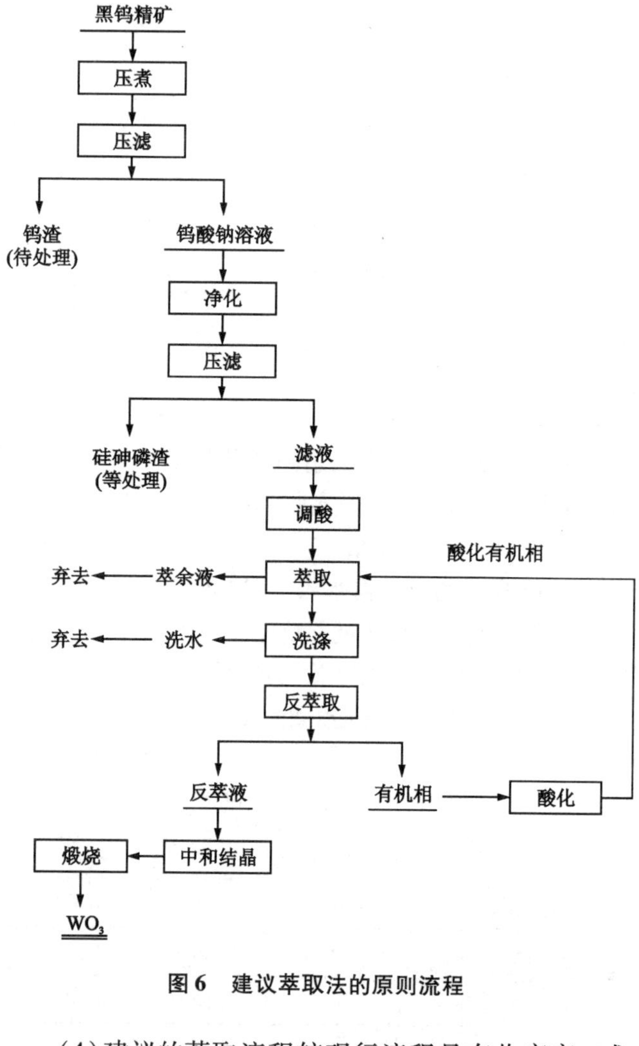

图6　建议萃取法的原则流程

(4)建议的萃取流程较现行流程具有收率高、成本低、产品质量高、易于自动化，改善劳动条件等一系列优点。

参考文献

[1] Цвет. Мет. 1974(3)：38－39.
[2] Цвет. Мет. 1972(3)：38－41.
[3] Canada. Pat. 1971，865：648.
[4] 株洲硬质合金厂技术情报室编. 稀有金属，1973(1)：17－38.
[5] Г. Реми. Курс Неорг. Хим.，1974，182.

从钼精矿压煮液萃取钼、铼*

摘　要：本文推荐了从钼精矿压煮液中用2.5% N235－10%仲辛醇－煤油先萃铼，再用20% N235－10%仲辛醇－煤油萃钼，然后分别制取高铼酸钾和钼酸铵的工艺流程。此流程具有以下优点：①流程短；②收率高，铼萃余液含Re低于1 mg/L，钼萃余液含Mo低于0.5 g/L；③成本低，高铼酸钾单耗值约150元/kg，是现行工艺的1/7，钼酸铵单耗值约5元/kg，是现行工艺的1/2。

钼精矿用氧化焙烧—氨浸—结晶的经典工艺生产钼酸铵存在流程较长、成本较高、劳动条件较差、“三废”难于避免、钼铼收率低等缺点。寻找合理的新工艺，以增加金属收率、降低消耗、提高质量、改善劳动条件和减少环境污染，是一个亟待解决的课题。为此，我们采用压煮—溶剂萃取新工艺：钼精矿经压煮得三氧化钼滤饼和压煮液，滤饼经氨溶制取钼酸铵，压煮液经溶剂萃取—结晶制取钼酸铵和高铼酸钾。经过3年多的努力，完成了压煮—溶剂萃取的小型实验和扩大实验，确定了压煮—萃取制取钼酸铵和高铼酸钾产品的工艺流程，得到了合格的钼酸铵和高铼酸钾产品。小型实验表明，本流程的优点是流程短；铼萃取率高，萃余液含Re由现行工艺20 mg/L降至1 mg/L以下；钼回收率高，由现行工艺80%（从钼精矿到钼酸铵）提高到90%以上（从压煮液到钼酸铵）；成本低，铼由现行工艺1100元/kg $KReO_4$左右下降至150元/kg $KReO_4$左右，钼由现行工艺11元/kg钼酸铵降至5元/kg左右；劳动条件有所改善；三废也较易处理。小型实验得到了扩大实验的证实和完善。

本文叙述压煮液经溶剂萃取—结晶制取钼酸铵和高铼酸钾的小型实验工作。扩大实验及压煮部分另文报道。

1　实验方法

1.1　压煮液及试剂

（1）压煮液

小型压煮试验所得压煮液之混合液：含Re 0.1～0.2 g/L，Mo 8～11 g/L，酸度3.5～5 mol/L。

（2）试剂

N235　工业纯

仲辛醇　四级

煤油　市售

聚醚　南京塑料厂和湖南化工研究所产

1.2　实验方法

沉硅：将聚醚的水溶液或酒精液按量加入压煮液，搅拌数分钟后，放置数小时，过滤，所得清液即为萃取料液。

萃取与反萃取：将料液和有机相置于分液漏斗中，机械振荡数分钟，澄清20 min，取样分析。

结晶：将溶液置于烧杯内进行浓缩、脱色、结晶等操作。

1.3　分析方法

铼的测定：示波极谱法和氯化四苯胂法。

钼的测定：示波导数极谱法、催化极谱法和重量法。

2　实验结果

2.1　压煮液沉硅

压煮液用伯胺、仲胺、叔胺和酰胺等萃取剂萃取铼和钼时，均有不同程度的乳化，以伯胺最为严重。乳化放置数日难以自行消失。为了消除乳化，向压煮液中试添加聚丙烯酰胺、牛胶、氢氟酸、氟化盐或聚醚等。压煮液添加氢氟酸、氟化盐或聚醚后，除伯胺仍乳化外，其他萃取剂均不再产生乳化现象。不再产生乳化的原因可能是压煮液中硅形态的变化和界面张力改变所致。

钼精矿压煮时，部分硅溶于酸，初溶的硅在酸性溶液中是以原硅酸及一价正离子原硅酸形态存在，在一定酸度下，极易聚合成胶态的硅酸：

* 该文首次发表表《稀有金属》，1978年第6期，第16～23页。合作者：陈庭章等。

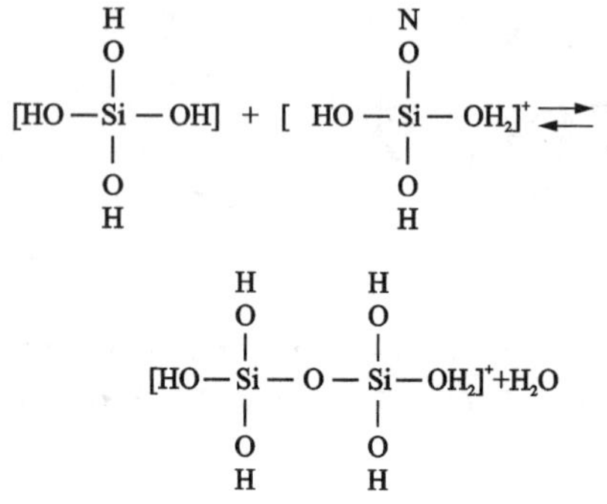

(1)

在氢离子浓度相当高的溶液中，硅的配位数增至6的趋势，即方程(1)右边为：

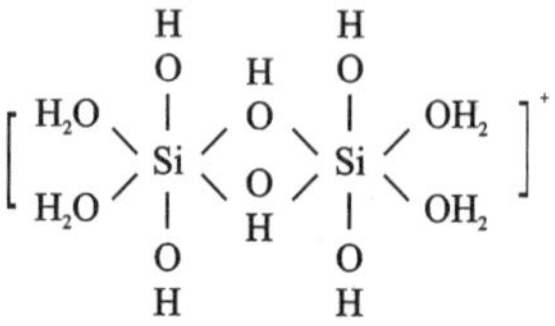

至于较复杂的硅酸盐，酸溶后所得的二硅酸、三硅酸等，也有相同的聚合情况。

此种硅酸的存在及其聚合，势必导致溶液萃取时乳化的结果。要消除硅的乳化，可采取：①抑止硅酸分子自发长大成大分子，令其仅以单分子硅酸形态或使硅酸变为另一种硅的简单形态存在，这种形态的硅是不起乳化作用的。如添加氢氟酸：

$$H_4SiO_4 + 6HF = H_2SiF_6 + 4H_2O \quad (2)$$

②加入絮凝剂，促使硅酸迅速聚沉。添加聚醚即属这种方法。聚醚吸附硅酸分子而凝聚沉淀。其机理大致是桥联作用。硅酸聚沉后，也改变了两相的界面张力。

向压煮液中按式(2)加入理论量氟离子后，用N235和N503萃取时，就不产生乳化。添加HF和NaF对萃取铼和钼的影响甚小，结果见表1。

表1 HF和NaF对萃取铼和钼的影响

有机相组成	压煮液添加的氟化物	E_{Re}/%	E_{Mo}/%
1.2% N235 - 10%仲辛醇 - 煤油	HF(40%)10 mL/L	69.9	2.7
1.5% N235 - 10%仲辛醇 - 煤油	NaF 5 g/L	59.0	2.9
1.5% N235 - 10%仲辛醇 - 煤油	NaF 5 g/L	66.0	4.2

条件：O/A = 1∶5，振荡5 min，室温。

聚醚的种类和用量对压煮液沉硅的影响见表2。由表2可见：聚醚能使大部分硅聚沉而铼钼损失甚小。进入硅渣中的铼和钼均小于1%。硅渣量也很少，渣率约为1 kg/m^{3}液。

表2 聚醚种类和用量对沉硅的影响

聚醚种类	聚醚用量/(10^{-6}g·g^{-1})	沉硅率/%	沉钼率/%	沉铼率/%	渣率/(kg·m^{-3})
湖南化工所	50	57.6	0.37	0.22	1.33
湖南化工所	100	90.2	0.31	0.18	1.1
南塑"22064"	50	69.3	0.13	0.08	0.5

聚醚种类和用量影响铼和钼的萃取甚微，见表3。南塑聚醚用量增加，萃钼略有增长。但必须指出，聚醚沉聚硅若不过滤或把聚醚直接加入萃取剂中进行萃取时，均有乳化产生。因此，聚醚沉硅一定要过滤以除去固体粒子。添加聚醚用量一般50×10^{-6} g/g已足。在强酸性溶液中，聚醚是一种有效的沉硅剂和破乳剂。

表3 聚醚种类和用量对萃取钼铼的影响

聚醚种类	聚醚用量							
	5.0×10^{-5} g/g		1.0×10^{-4} g/g		1.5×10^{-4} g/g		2.0×10^{-4} g/g	
	E_{Re}/%	E_{Mo}/%	E_{Re}/%	E_{Mo}/%	E_{Re}/%	E_{Mo}/%	E_{Re}/%	E_{Mo}/%
湖南化工所	97.3	6.7	97.2	5.2	97.1	6.1	97.1	6.0
南塑"22064"	97.3	1.7	37.2	5.2	97.1	6.2	97.1	6.9
南塑"22070"	97.0	7.6	—	—	—	—	—	—

条件：O/A = 1∶5，振荡5 min，有机相：2.5% N235 - 10%仲辛醇 - 煤油。

虽然添加氟盐在工艺上较简单，钼铼也未损失，但为了不引起二次公害，降低成本，采用聚醚较为合适。

2.2 溶剂萃取工艺的选择

在压煮强酸性溶液中，铼呈高铼酸根阴离子形态存在，钼呈同多酸，杂多酸或水合络阴离子形态存在，故从压煮液中将铂锈分离和富集，乃是回收钼铼的关键。

从溶液中将钼铼萃取分离大致有3种方式：①先萃取钼再萃取铼[1]，即在弱酸性溶液中(pH为2～3)，用28% D_2EHPA先萃取钼，然后用7%～8% TOA

萃取铼；②先萃取铼，再回收钼[2-3]，即用0.05 mol/L季铵盐在pH为10左右萃取铼，使钼留在余液中，再从余液中回收钼；或用30% A101在4～6 mol/L强酸液中萃取铼，使钼留在溶液中；③钼铼共萃取，然后在反萃液中分离钼铼[4-5]，即先用5%叔胺Alamine336共萃取钼铼，再从反萃液中用5%季铵盐Aliquat336萃取铼，使钼留在余液中再回收；或用10% Adogen383共萃钼铼，反萃后将反萃液中和到pH 2.5～3.5将钼结晶出来，然后再从结晶母液中萃取铼。

对钼铼分离进行了广泛的探索，结果见表4。由表4可见：用碱性萃取剂不能优先萃取钼，若用P204则要求将压煮液调pH至2～3，但已产生沉淀，故第1种方式是不合适的；高浓度的N235可将钼铼共萃取，从其反萃液中萃铼和结晶钼也作过探索，都是可行的，故第3种方式是可行的。但鉴于此种方式中季铵盐反萃取的困难性而不采用；采用异戊醇、TBP、酰胺、混合仲胺和低浓度N235，均可优先萃取铼，而使钼留在溶液中，故第2种方式也是可行的。由于异戊醇等萃取剂损耗费将高于低浓度N235，而富集倍数又低于低浓度N235，故选用低浓度N235作铼的萃取剂。

表4　萃取剂种类对萃取分离钼铼的影响

萃取剂	E_{Re}/%	E_{Mo}/%	β_{Mo}^{Re}
100%甲异丁酮	13.8	6.5	2.3
100%异戊醇	63.9	4.7	37.0
100% TBP	91.7	16.3	56.0
50% TBP	86.8	7.5	44.1
25% N235－100%仲辛醇－煤油	96.6	85.3	4.7
1.2% N235－10%仲辛醇－煤油	69.9	2.7	83.5
30% N503－煤油	63.7	3.6	47.0
30% A101－煤油	62.9	3.3	48.2
30%混合仲胺－煤油	62.4	3.1	51.9
10%月桂胺－10% TBP－煤油*	47.0	52.1	0.81
0.8MP204－煤油	4.4	36.9	0.078

条件：压煮液添加HF(40%)10 mL/L，H＋3.5 mol/L，O/A＝1∶5振荡5 min，＊为有机相乳化。

表4还表明，所列萃取剂中高浓度N235能较好地萃取钼。故选用高浓度N235作钼的萃取剂。因此，压煮液回收钼铼采用第2种方式为优。

2.3　铼萃取工艺条件的选择

萃取铼的各种影响因素如下：

(1) N235浓度、相比和溶液酸度

图1～3绘出了N235浓度、相比和溶液酸度对萃取分离钼铼的影响。由图3可见：随N235浓度的增加，相比的增大和溶液酸度的增加，铼钼的萃取有不同程度的增加，而在一定范围内钼铼分离良好。

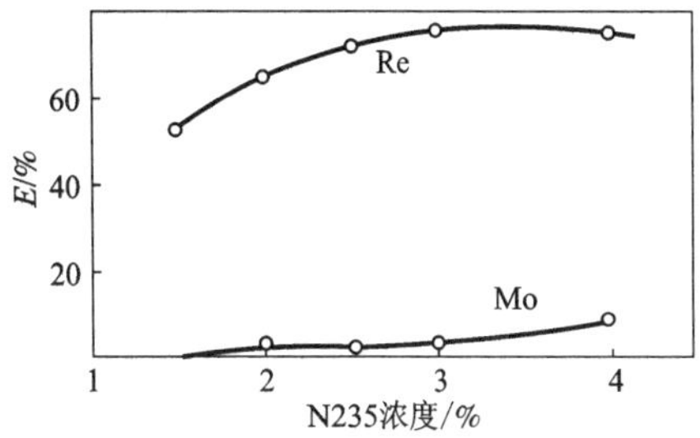

图1　N235浓度对萃取分离钼锌的影响

条件：水相5.0×10⁻⁵ g/g聚醚沉Si过滤液；有机相N235－10%仲辛醇－煤油O/A＝1∶5，振荡5 min

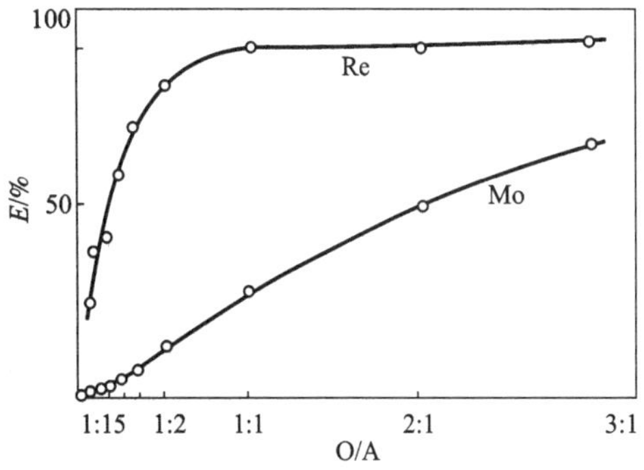

图2　相比对萃取分离钼铼的影响

条件：水相1.0×10⁻⁴ g/g聚醚沉Si过滤液，有机相1.5% N235－10%仲辛醇－煤油振荡5 min

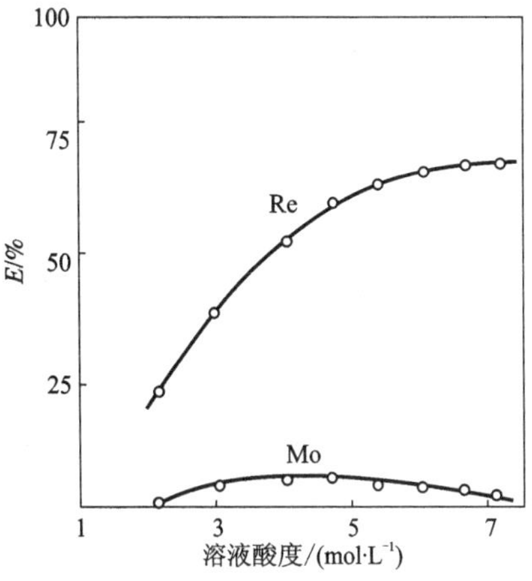

图3　溶液酸度对萃取分离钼铼的影响

条件：水相5.0×10⁻⁵ g/g聚醚沉Si过滤液＋不等量氨水或硫酸；有机相1.5% N235－5%仲辛醇－煤油O/A＝1∶5，振荡5 min

(2)助溶剂

仲辛醇、直链醇(C_{7-9})、TBP、P350 及直链脂肪酸(C_{7-9})等助溶剂，均能消除第 3 相，但分离钼铼以仲辛醇为最好。仲辛醇用量在 10% 以上，即可防止第 3 相产生。随着仲辛醇用量的增加，钼铼分离效果略有改善，见图 4。

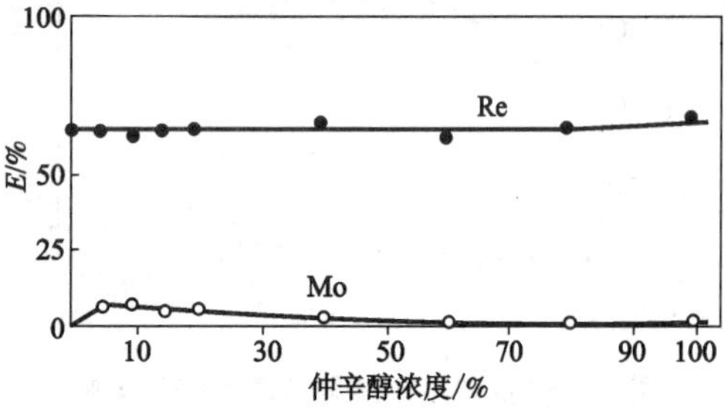

图 4　仲辛醇浓度对萃取分离钼铼的影响

条件：水相 5.0×10^{-5} g/g 聚醚沉 Si 后，有机相 1.5% - 仲辛醇 - 煤油，O/A = 1∶5，振荡 5 min

(3)温度与平衡时间

随着温度由 40℃下降到 5℃，铼萃取率上升 5%，故可在常温下进行铼的萃取。萃取铼 0.5 min 即可达到平衡，反应进行迅速。

(4)氯化钾量

为使含氯化钾高铼酸钾的结晶母液返回萃取，考察了添加氯化钾的影响，结果如表 5 所示。由表 5 可见：溶液中 KCl 的增多，不利于铼的萃取，但对铜铁的萃取影响不明显。

表 5　氯化钾用量对萃取分离钼铼的影响

KCl 用量/($g\cdot L^{-1}$)	E_{Re}/%	E_{Mo}/%	E_{Cu}/%	E_{Fe}/%
1	59.2	0.17	微	微
5	57.9	0.25	—	—
10	53.7	0.78	—	—
50	40.9	0.19	—	—

条件：水相 5.0×10^{-5} g/g 聚醚沉 Si 后液，有机相 1.5% N235 - 10% 仲辛醇 - 煤油 O/A = 1∶5，振荡 5 min

同时，高铼酸钾结晶母液量不到压煮液量的 1/50，对原液成分影响很小，故有可能将结晶母液返回萃铼。

(5)硝酸量

考虑到钼精矿压煮时要添加硝酸，因此，考察了添加硝酸的影响，其结果见图 5。由图 5 可见：硝酸的增加，铼的萃取也随着增加，钼的萃取却有微小下降，这和 TOA 在硝酸液中萃取铼的现象相反[6-7]。这可能是硝酸在硫酸溶液中起盐析作用。因此，不必担心压煮时硝酸量对萃取铼的影响。

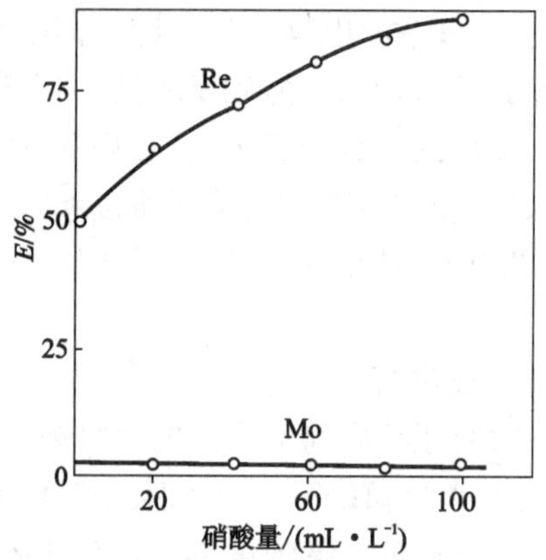

图 5　硝酸量对萃取分离钼铼的影响

条件：水相配制液含 Re122 ~ 254 mg/L，Mo 28.3 g/L，H^+ 约 3.5 mol/L；有机相 1.5% N235 - 3% 仲辛醇 - 煤油，O/A = 1∶5，振荡 5 min

综上所述各因素的影响，铼的萃取条件归纳为：压煮液酸度要大于 3.5 mol/L；在相比为 1∶5 的情况下，铼萃取剂 N235 浓度为 1.5% ~ 2.5%；稀释剂为煤油，无须预先处理，加入 10% 以上仲辛醇以消除三相。

试验表明，在相比 O/A = 10∶1 时，反萃铼是较易的，1 ~ 1.5 mol/L 氨水即可较完全反萃铼，同时钼也被反萃。为了配合结晶条件，一般用 2 mol/L 氨水反萃，使反萃液 pH 大约为 9。

2.4　铼结晶条件的选择

一次粗结晶是将反萃液煮沸赶氨，然后在搅拌下加反萃液 4% 的双氧水，分多次破坏有机相后，冷至 40℃左右，用氨水调 pH 大于 7，每升反萃液加入 60 g KCl(相当于理论量的 16 倍)，搅溶，置冰水浴中冷却结晶过夜。过滤后，一次粗结晶母液返回浓缩，再进行粗结晶或返回萃取铼。一次粗晶体用蒸馏水溶解、煮沸，分数次加入 2% 体积的双氧水脱色，待溶液退至淡黄色后，趁热过滤，再置冰水浴中冷却重结晶过夜。过滤后，得到白色晶体，烘干，即为合格 $KReO_4$ 产品。二次母液返回溶解一次粗晶体或返回一次粗结晶。

2.5　钼萃取工艺条件的选择

萃取钼的各种影响因素如下：

(1)N235 浓度、相比和溶液酸度

图 6、图 7 和表 6 所示分别为 N235 浓度、相比和溶液酸度对萃取钼的影响。随着 N235 浓度的增加，

相比变大和溶液酸度下降，萃取钼增加。

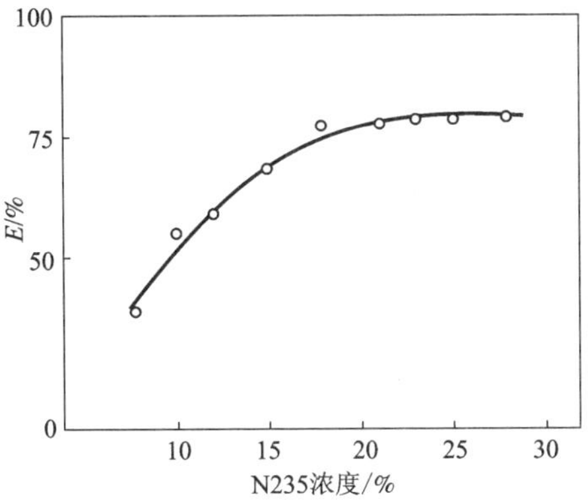

图 6　N235 浓度对萃取钼的影响

条件：3.0×10^{-4} g/g 聚醚沉 Si 后液之萃铼余液；有机相 N235 – 10% 仲辛醇 – 煤油 O/A = 1∶5，振荡 5 min

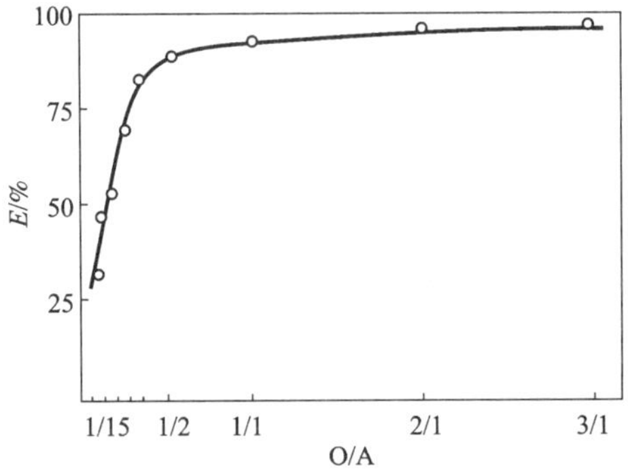

图 7　相比对萃取钼的影响

条件：3.0×10^{-4} g/g 聚醚沉 Si 后液之萃铼余液；有机相 15% N235 – 10% 仲辛醇 – 煤油振荡 5 min

表 6　萃铼余液酸度对萃取钼的影响

酸度/(mol·L^{-1})	3.88	3.70	3.66	3.51	3.13	2.83
E_{Mo}/%	71.7	70.9	71.2	73.4	72.1	78.0

条件：3.0×10^{-4} g/g 聚醚沉 Si 后液萃 Re 余液 + 不等量氨水，有相 15% N235 – 10% 仲辛醇 – 煤油 O/A = 1∶5，振荡 5 min

(2) 助溶剂仲辛醇用量

仲辛醇用量对萃取钼的影响见图 8。随着仲辛醇用量的增加，钼萃取率下降。加 10% 仲辛醇足以消除三相。

综合上述各因素的影响，钼的萃取工艺条件为：铼的萃余液直接萃钼，钼萃取剂为 20% N235 – 10% 仲辛醇 – 煤油。相比为 1∶5。常温下操作。

试验表明，在 O/A = 5∶1 时，用 7 mol/L 氨水可较完全反萃钼，此时反萃液 pH 大于 9。反萃时界面尚有极少量悬浮物产生。温度上升有利于反萃进行，

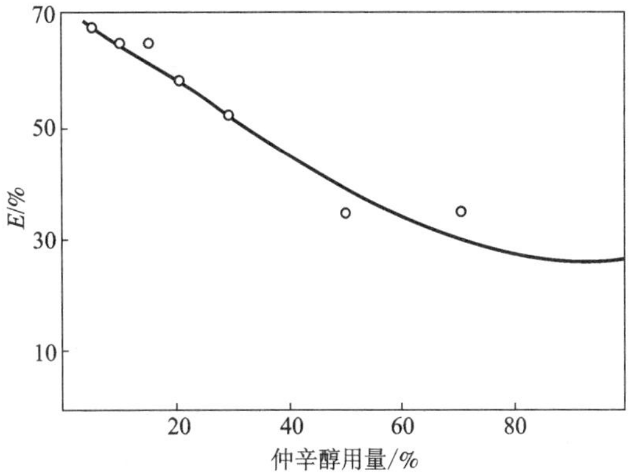

图 8　仲辛醇用量对萃取钼的影响

条件：3.0×10^{-4} g/g 聚醚沉 Si 后液之萃 Re 余液；有机相 15% N235 – 仲辛醇 – 煤油

并能使悬浮物消失。

2.6　钼结晶条件的选择

钼反萃液用活性炭脱色后，浓缩、冷却、结晶，晶体即钼酸铵产品。

2.7　推荐的工艺原则流程

根据以上所述，推荐如图 9 所示的工艺原则流程。

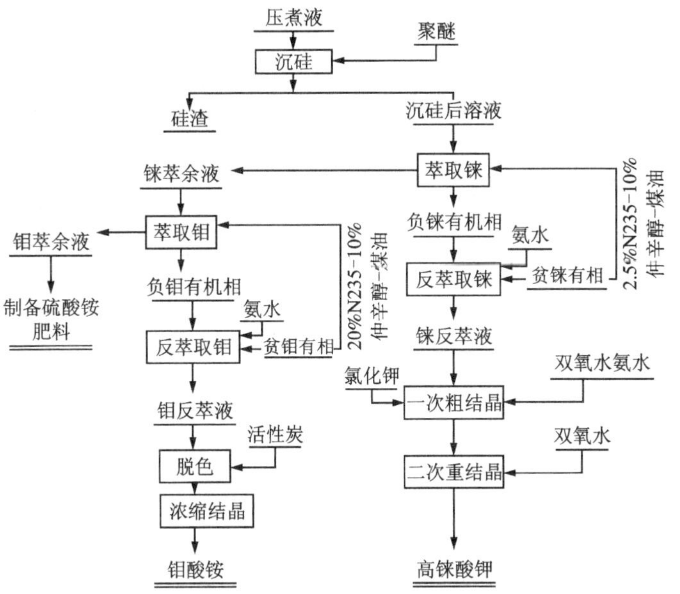

图 9　压煮液萃取钼铼工艺原则流程

2.8　实验室产品质量、技术经济指标

按图 9 所示流程进行了实验室流程实验。萃取铼的料液为压煮液经聚醚 5.0×10^{-5} g/g 沉硅过滤液，萃取钼的料液为铼萃余液。其成分见表 7。铼萃取剂为2.5% N235 – 10% 仲辛醇 – 煤油，钼萃取剂为 20% N235 – 10% 仲辛醇 – 煤油。铼钼均为五级逆流萃取，

反萃取一级，萃取相比 O/A = 1∶5，反萃取相比铼 O/A = 10∶1，钼 O/A = 5∶1。钼结晶 369 号是全部蒸干，370 号蒸至约 30% 体积冷却结晶。其实验结果如表 8 ~ 15所示。从表 8 ~ 15 可见：铼的理论萃取级数需五级。这样，可回收 95% 以上的铼。其高铼酸钾含 $KReO_4$ 大于 99%，符合质量要求。生产 1 kg 高铼酸钾单耗值估算为 150 元左右；钼的理论萃取级数需五级以上。这样，可回收 90% 以上的钼。钼蒸干结晶产品不合格，采用浓缩结晶，钼酸铵含钼可大于 53%，杂质 Si 和 Fe 等尚不符高纯产品要求，但在结晶前可酸沉除去此类杂质，仍易获得高纯产品。1 kg 钼酸铵单耗值估算为 5 元左右。

表 7　萃取铼相料液成分

编号	料液名称	成分/($g \cdot L^{-1}$)		
		Re	Mo	酸度 mol/L
394	萃 Re 液	0.192	9.52	4.49
369	萃 Mo 液	—	9.07	4.94

表 8　铼萃取平衡时各级的化学成分/($g \cdot L^{-1}$)

编号	一级				二级				三级				四级				五级			
	水相		有机相		水相		有机相		水相		有机相		水相		有机相		水相		有机相	
	Re	Mo	Re	Mo	Re	Mo	Re	Mo	Re	Mo	Re	Mo	Re	Mo	Re	Mo	Re	Mo	Re	Mo
394	0.065	9.28	0.968	0.88	0.0194	9.28	0.365	0.82	0.0064	9.28	0.836	0.86	0.0029	9.28	0.0195	0.64	0.0019	9.0	0.0065	0.68

表 9　铼萃取—结晶技术指标和中间产品部分

编号	铼萃取率/%	铼萃余液			负铼有相		铼反萃率%	铼反液成分			一次结晶				二次结晶				$KReO_4$ 直收率/%
											一次结晶率/%	一次母液成分			二次结晶率/%	二次母液成分			
		Re/($mg \cdot L^{-1}$)	Mo/($g \cdot L^{-1}$)	酸度 mol/L	Re/($mg \cdot L^{-1}$)	Mo/($g \cdot L^{-1}$)		Re/($g \cdot L^{-1}$)	Mo/($g \cdot L^{-1}$)	pH		Re/($mg \cdot L^{-1}$)	Mo/($g \cdot L^{-1}$)	pH		Re/($mg \cdot L^{-1}$)	Mo/($g \cdot L^{-1}$)	pH	
394	99	1.09	9.24	4.42	893	0.95	99.8	8.3	6.2	约 9	99.1	137	11.58	6	94.8	6.45	0.86	2 ~ 1	78.3

表 10　高铼酸钾产品质量/%

编号	$KReO_4$	Mo
394	99.23	0.01

表 11　钼萃取平衡时各级含 Mo 量/($g \cdot L^{-1}$)

编号	一级		二级		三级		四级		五级	
	水相	有机相	水相	有机相	水相	有机相	水相	有机相	水相	有机相
369	8.72	33.66	8.33	33.66	6.37	31.83	0.89	25.98	0.72	10.72

表 12　钼萃取技术指标及中间产物成分/($g \cdot L^{-1}$)

编号	钼萃取率/%	钼萃余液/($g \cdot L^{-1}$)	负钼有机相/($g \cdot L^{-1}$)	钼反萃率/%	钼反萃液/($g \cdot L^{-1}$)	pH
369	92.1	0.72	38.9	99.97	138	9.7 ~ 9.3

表 13　钼酸铵产品成分/%

编号	Mo	Fe	Al	Si	Mn	Mg	Ni	Ti	V
369	38.06	0.0029	< 0.0006	> 0.25	< 0.0003	0.030	< 0.0003	< 0.0005	< 0.0015
370	54.86	0.0017	0.0014	> 0.01	0.0003	0.0035	< 0.0003	< 0.0015	< 0.0015

编号	Co	Pb	Bi	Sn	Cd	Sb	Cu	W
369	< 0.0009	< 0.0001	< 0.0001	< 0.0001	< 0.0003	< 0.001	< 0.0003	< 0.1
370	< 0.0009	< 0.0001	< 0.0001	< 0.0001	> 0.0081	< 0.001	< 0.0003	—

表 14　高铼酸钾原材料单耗与单耗值的估算

原材料	格规	单价/(元·kg^{-1})	用量/kg	单耗值/元
压煮液			7 m^3	
聚醚	工业	8.5	0.35	3
氨水	—	0.2	72	15
N235	—	15	0.57	8.55
仲辛醇	—	1.25	2.3	2.88
煤油	—	0.72	19.6	14.11
双氧水	—	3.6	10	36
氯化钾	二级	10	5	50
合计				约 150

表 15　钼酸铵原材料单耗与单耗值的估算

原材料	规格	单价/(元·kg^{-1})	用量/kg	单耗值/元
铼萃余液			0.1 m^3	
氨水	工业	0.2	5.4	1.08
双氧水	—	3.6	0.2	0.72
活性炭	—	2	0.5	1.00
N235	—	15	0.0652	0.98
仲辛醇	—	1.25	0.0328	0.64
煤油	—	0.72	0.224	0.16
合计				4.58

3　结　论

(1)提出了从钼精矿压煮液中用 N235 - 仲辛醇 - 煤油溶剂萃取—结晶法制备高铼酸钾和钼酸铵的工艺原则流程，并经流程实验验证可行。本流程优于现行生产流程，流程短，收率高，铁萃余液含铼可低于1 mg/L，钼萃余液含钼可低于 0.5 g/L，成本低，1 kg高铼酸钾原材料单耗约为 150 元，为现行工艺的 1/8，1 kg 钼酸铵原材料单耗值约为5 元，为现行工艺的 1/2；劳动条件有所改善；“三废”也较易处理。

(2)钼酸铵质量和钼萃余液的处理尚待进一步解决。

参考文献

[1] Извст Выс. Учебных Заедений. Цветн. Метал，1968：3.
[2] 北京第五研究所. 科技简讯. 1974.
[3] 用二烷基乙酰胺从辉钼矿氧化焙烧烟气淋洗液中萃取回收铼. 冶金工业部矿冶研究所试验报告，1974，12.
[4] 美国专利 3739057，1973. 6.
[5] 日本专利号. 10H22 特公昭 50—6405，1975. 3.
[6] Л. В. Ьорисова и ДР. Рений，1974.
[7] 株冶科技，1975.

用二烷基乙酰胺从辉钼矿氧化焙烧烟气淋洗液中萃取回收铼*

铼是石油工业及合成纤维工业中作催化剂的重要原料，在近代尖端技术及电子工业中都有着广阔的应用。铼的资源稀缺，分布极为分散，在自然界中主要微量伴生于辉钼矿中，这给制取较纯的铼造成很大的困难。近年来国内外对于从钼生产流程中提取铼的研究颇为重视。在提取铼的化学工艺中，大家认为溶剂萃取法经济有效。

溶剂萃取法分离铼钼，在工业上应用了几种萃取流程。20 世纪 50 年代法国人提出从焙烧烟气淋洗液中用异戊醇在硫酸介质下分离铼钼，并以此建厂[1]。异戊醇作为萃取剂的主要缺点是水溶性大，化学稳定性差。生产实践证明，每生产 1 kg 高铼酸盐约需消耗 130 kg 异戊醇，金属收率也较低，致使产品成本高。美国矿务局提出用季铵盐在碱性溶液中提取铼[2]。该流程反萃时需用高氯酸，当与有机物接触时易产生激烈反应；同时高氯酸型的有机相循环使用会显著降低铼的分配系数；而采用硫氰酸铵做反萃剂，萃取剂的再生仍较困难。上述各种萃取剂都不够理想。

针对目前铼工业的现状，很需要寻找一个在酸性介质下工作的合适萃取剂。我们合成的弱碱性二取代乙酰胺类萃取剂已在铌、钽[3]及铊[4]的水冶工艺中得到应用，它的水溶性小，来源方便，价格便宜。我们把二烷基乙酰胺应用到铼钼分离上，发现它对铼的选择性高，当与适当的稀释剂配合后效果尤为显著。本报告是用二烷基乙酰胺从辉钼矿氧化焙烧烟气淋洗液中提取铼的实验室条件试验、小型试验及扩大试验的工作总结。

1 试剂及实验方法

1.1 试剂

金属铼粉	光谱纯
钼酸铵	二级
硫酸	二级
异戊醇	三级
磷酸三丁酯	三级
甲异丁酮	三级

辛酮—2 $CH_3-(CH_2)_5-\overset{O}{\overset{\|}{C}}-CH_3$，　实验室合成

二异丁酮	三级

二烷基乙酰胺 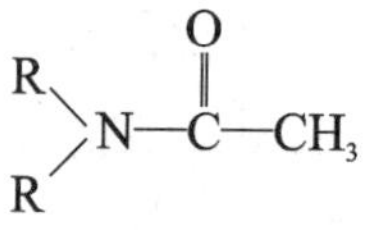

(R=C_{7-9})

煤油	灯用煤油
二乙苯	工业

工业料液：某厂辉钼矿氧化焙烧烟气淋洗液。

1.2 实验方法

按要求将铼钼溶液及硫酸溶液配好，并按一定比例混合后与有机相分别以一定体积放入玻璃分液漏斗中，在室温下振荡 5 min，离心分相后，取水相分析铼，有机相分析钼。

1.3 分析方法

铼的测定：用三氯甲烷萃取高铼酸四苯砷。使与钼分离后，用 1∶1 盐酸反萃取，硫氰酸盐萃取比色测定铼。

产品高铼酸钾用氯化四苯砷重量法测定。

钼的测定：在硫酸－高氯酸－硝酸存在下加热破坏有机物，并使铼以 Re_2O_7 的形式挥发与钼分离后，用硫氰酸盐比色测定钼。

* 该文首次发表于《稀有金属》，1977 年第 2 期，第 41～52 页。合作者：周太立，谢群、钟祥等。

2　实验室条件试验

2.1　萃取剂筛选

考虑到铼钼共生，淋洗液中含有大量的钼，同时钼在水溶液中的离子状态多变，所以在生产铼的工艺中，钼是要分离的最主要杂质，根据生产实践，我们配制了 Mo/Re 比为 30，即 Mo 9.6 g/L，Re 0.32 g/L 的溶液。在烟气淋洗液中通常含有一定浓度的硫酸，所以我们选用硫酸作为介质。为了全面比较，在 3 个酸度下进行了筛选实验。实验结果列于表 1。

表 1　萃取剂筛选

有机相	水相硫酸浓度/(mol·L⁻¹)	萃 Re/%	萃 Mo/%	β_{Mo}^{Re}(分离系数)
二烷基乙酰胺 20% -二乙苯	1.015	74.4	0.628	460
	2.985	82.6	0.750	628
	3.445	85.8	3.89	149
异戊醇	1.015	81.2	2.02	209
	2.985	88.9	5.53	136
	2.925	88.1	12.6	51.4
N235 18% -仲辛醇 20% -煤油	1.015	99.6	90.4	26.5
	2.985	99.3	90.4	15.1
	2.925	95.3	73.9	7.17
* 甲异丁酮(MIBK) 100%	1.000	43.1	0.04	1720
	3.000	64.5	0.0748	2420
* 磷酸三丁酯(TBP) 100%	1.000	96.0	29.7	56.7
	3.000	93.2	33.6	26.9

实验条件：原始水相，* Mo 9.15 g/L + Re 0.325 g/L 其余 Mo 9.4 g/L + Re 0.310 g/L，V_o/V_w = 1∶1。

由表 1 可知：MIBK 对 Re 和 Mo 分离虽很好，但是对铼的萃取率较低；TBP，N235 虽然对铼的萃取率高，但 Re 和 Mo 分离较差。异戊醇，对铼萃取率 > 80%，但水溶性大。在各酸度下铼钼分离较好，而对铼的萃取率也满足要求的是二烷基乙酰胺(2 ~ 3 mol/L H_2SO_4 下萃铼率 82% ~ 85%)，它的水溶性较小，所以选为 Re 和 Mo 分离的萃取剂。

2.2　硫酸浓度对铼钼分离的影响

为寻找水相合适的酸度条件，作了硫酸浓度的影响试验，结果见图 1。

从图 1 可见：在硫酸浓度 0.5 ~ 4.75 mol/L 范围内，随着酸度增加，铼的萃取率相应增加，而钼的萃取率开始稍降，以后逐渐增加。当硫酸浓度在 1.75 mol/L左右时，铼钼分离达最大值。

众所周知，$Re^{(VII)}$ 无论在碱性溶液还是在酸性溶液中，都以 ReO_4^- 阴离子形态存在，硫酸对铼的萃取

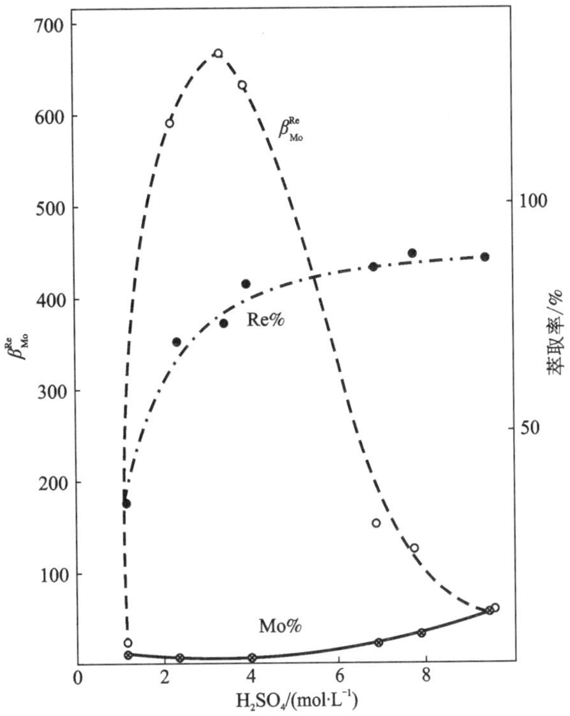

图 1　硫酸浓度对二烷基乙酰胺分离钼铼的影响

实验条件：水相 Mo 9.5 g/L + Re 0.328 g/L；
有机相：二烷基乙酰胺 20% -二乙苯；V_o/V_w = 1∶1。

主要起盐析作用。而钼的情况则较为复杂，随着酸度的增加，钼的形态也从简单的阴离子变到聚合阴离子，再变成含氧的阳离子[5]，当硫酸浓度在 1.75 mol/L 左右时，$Mo^{(VI)}$ 主要以 $[(MoO_2(MoO_3)_{n-1}]^{2+}$ 阳离子形态存在，可能也存在少量的 MoO_4^-(硫酸氧钼的水解产物)和含硫酸根的络合阴离子，随着硫酸浓度的进一步增加，后者也相应增加。

根据上述结果，以后的实验均在 2 mol/L 硫酸下进行。

2.3　水相 Mo/Re 比对铼、钼分离的影响

表 2 说明随着 Mo/Re 比的增大，铼钼分离系数降低，但当 Mo/Re = 100∶1 时，铼钼分离系数仍可达到 433。

表 2　Mo/Re 比对 Re、Mo 分离的影响

Mo/Re	含量/(g·L⁻¹)	萃取率/%		β_{Mo}^{Re}
		Re	Mo	
10∶1	3.18∶0.319	84.6	0.409	1340
20∶1	6.36∶0.319	83.4	0.456	1100
30∶1	9.54∶0.319	80.8	0.628	667
50∶1	15.9∶0.319	76.0	0.503	627
100∶1	31.8∶0.319	70.2	0.541	433

实验条件：有机相 20% 二烷基乙酰胺 - 二乙苯，H_2SO_4 浓度 2 mol/L，V_o/V_w = 1∶1。

2.4　二烷基乙酰胺浓度对铼钼分离的影响

表3表明：随着二烷基乙酰胺浓度的增加，铼的萃取率逐渐增加，但铼、钼分离系数逐渐降低。当浓度为20%至30%时，铼、钼分离比异戊醇好，并且在30%时铼萃取率与异戊醇相当，因而采用30%二烷基乙酰胺的浓度是适宜的。

表3　二烷基乙酰胺浓度对Re、Mo分离的影响

二烷基乙酰胺浓度/%	Re/%	Mo/%	β_{Mo}^{Re}
10	38.1	0.0725	848
15	64.0	0.249	712
20	80.8	0.628	667
25	83.8	0.933	548
30	89.9	1.70	514
35	91.7	2.69	399
40	90.8	3.83	249

实验条件：稀释剂为二乙苯；水相Mo 9.65 g/L，Re 0.308 g/L，H_2SO_4 2.01 mol/L；V_o/V_w =1∶1。

2.5　添加剂及稀释剂对铼、钼分离的影响

为了探求提高铼的萃取率和铼、钼分离系数的途径，我们用胺类、磷酸酯类，酮类做添加剂，结果见表4。

表4　添加剂对Re、Mo分离的影响

有机相	Re/%	Mo/%	β_{Mo}^{Re}
20%二烷基乙酰胺＋10% MIBK＋70%二乙苯	85.0	0.389	1450
20%二烷基乙酰胺＋10% MIBK＋70%煤油	83.3	0.303	1640
20%二烷基乙酰胺＋10%苯乙酮＋70%二乙苯	87.3	0.433	1580
20%二烷基乙酰胺＋10%环己酮＋70%二乙苯	86.2	0.368	1690
20%二烷基乙酰胺＋5% TBP＋75%二乙苯	83.3	0.476	1040
20%二烷基乙酰胺＋1%仲胺＋79%二乙苯	90.0	37.6	14.9
20%二烷基乙酰胺＋0.5% N235＋79.5%二乙苯	88.7	11.9	58.1
*30%二烷基乙基胺＋0.1% N235＋69.9%煤油	86.1	3.94	151
*30%二烷基乙基胺＋0.2% N235＋69.8%煤油	89.3	6.50	120
*30%二烷基乙基胺＋0.3% N235＋69.7煤油	89.3	14.5	49.2

实验条件：水相：Mo 9.25 g/L＋Re 0.30 g/L，H_2SO_4 2.01 mol/L；V_o/V_w =1∶1；* Mo 9.4 g/L＋Re 0.319 g/L；H_2SO_4 4.49 mol/L。

表4说明胺类添加剂的行为不佳，即使加入0.1%（体积）的叔胺也会使钼的萃取显著增加；磷酸酯类虽然能提高β_{Mo}^{Re}和铼萃取率，但不够显著。值得注意的是酮类，加入10%就对β_{Mo}^{Re}和铼萃取有明显的改善。但酮类水溶性大是其缺点。于是我们试验了水溶性较小的二异丁酮及辛酮－2作稀释剂，并使其与煤油及二乙苯作一比较，结果见表5。

表5　稀释剂对Re、MO分离的影响

有机相	Re/%	Mo/%	β_{Mo}^{Re}
20%二烷基乙酰胺＋80%辛酮－2	91.4	0.548	1940
20%二烷基乙酰胺＋80%二异丁酮	94.0	0.423	3690
20%二烷基乙酰胺＋80%二乙苯	80.8	0.628	667
20%二烷基乙酰胺＋80%煤油	79.6	0.576	752
30%二烷基乙酰胺＋70%煤油	89.7	1.37	625

实验条件：水相，Mo 9.65 g/L＋Re 0.308 g/L；H_2SO_4 2 mol/L；V_o/V_w =1∶1。

从表5可见：采用酮类稀释剂能够在提高铼萃取率的同时，维持Mo的萃取率不变，总的效果则是大大提高了铼、钼的分离系数。应该指出：纯的（100%）二异丁酮无论对铼或是对钼都不萃取；纯的辛酮－2对铼的萃取率也不算多，高极性的酮类对铼萃取增大的现象可能是由于它们置换铼萃合物中水分子的能力较大的缘故。

从表5还可以看到，用煤油或二乙苯作稀释剂所得的结果相近。由于有机相负载低，用煤油作稀释剂不会产生三相。鉴于煤油是一种价廉易得的溶剂，在工业上选用它是最为合适的。

2.6　萃取相比对铼、钼分离的影响

图2示出了相比V_o/V_w对萃取率及铼钼分离的影响。

从图2看出随着V_o/V_w减小，铼的萃取率减小，但是随着有机相中铼的负载增加，钼的萃取率减小，

因而β_{Mo}^{Re}增加。图2表明，当V_o/V_w为1∶2至1∶3时，β_{Mo}^{Re}达最大值(2545～2529)，水相体积进一步增加，由于铼分配系数的降低，β_{Mo}^{Re}开始下降。为保证一定的饱和度，而对铼又有足够的萃取率，选择萃取相比为$V_o/V_w=1∶3$是合适的，经过萃取可使铼浓缩3倍。

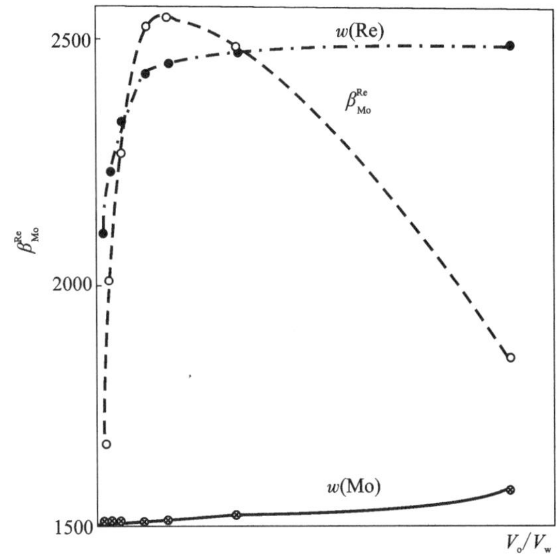

图2　萃取相比对β_{Mo}^{Re}、Re、Mo质量的影响

实验条件：水相：工业料液，Mo 3.45 g/L + Re 0.434 g/L 酸度3.3 mol/L

有机相：30%二烷基乙酰胺-煤油

2.7　铼萃取理论级数

图3示出用浓度递变法得到的30%二烷基乙酰胺-煤油溶液分别在2，2.5和3 mol/L硫酸浓度下萃取铼的等温平衡线，以及$V_o/V_w=1∶3$时的操作线，由图3可见：当要求萃余液中Re含量小于3 mg/L，而进料液中铼含量为0.430 g/L，酸度为2 mol/L时，需要3个理论萃取级。

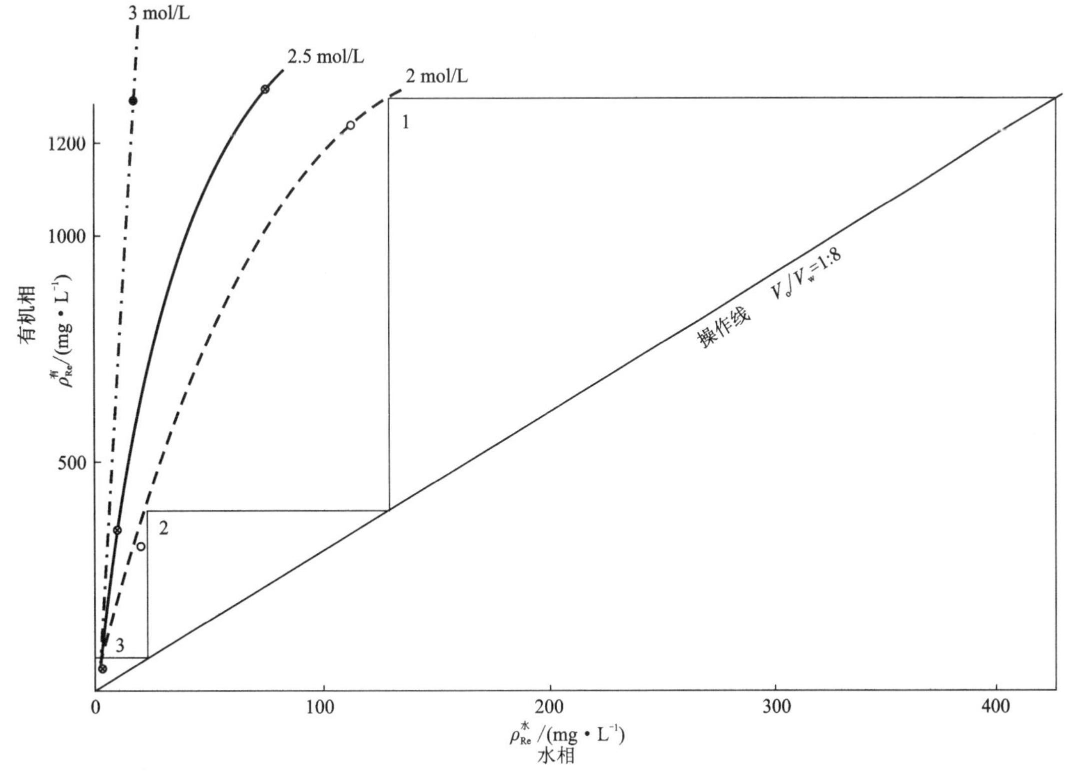

图3　萃取理论级数推算

2.8　反萃取水相条件的选择

为了便于从反萃液中制备高铼酸钾结晶或做成可供制备金属铼粉的高铼酸铵结晶，我们选用氨水作反萃剂，表 6 列出了不同浓度的氨水对 30% 二烷基乙酰胺进行反萃的结果。

表 6　$NH_3 \cdot H_2O$ 浓度对反萃锌的影响

$NH_3 \cdot H_2O/(mol \cdot L^{-1})$	铼反萃率/%	平衡水相 pH
1.09	81.3	4
1.92	87.4	4
2.96	96.7	9

实验条件：负载有机相含 1.38 g/L Re(是当水相料液 Re 0.459 g/L, Mo 3.4 g/L, H_2SO_4 2.2 mol/L，相比 $V_o/V_w=1:3$，经三级逆流萃取得)。反萃相比 $V_o/V_w=5:1$。

表 6 说明，作为弱碱性萃取剂，二烷基乙酰胺的反萃取性能是优越的。当 $V_o/V_w=5:1$ 时，采用 1～1.5 mol/L 的氨水就很易使 Re 转入水相。过浓的氨水会造成乳化。

2.9　反萃取理论级数

图 4 示出用 1 mol/L $NH_3 \cdot H_2O$ 反萃负载有机相的等温线和 V_o/V_w为 5∶1 时的操作线。图中表明经 3 个理论级即可反萃完全。

综合以上实验结果，我们推荐的工艺条件是：

萃取：有机相 30% 二烷基乙酰胺－煤油

工业料液：Re 0.32～0.45 g/L，Mo 3.5～9.6 g/L，酸度 2～2.5 mol/L

相比：$V_o/V_w=1:3$

反萃取：反萃剂：1.0～1.5 mol/L $NH_3 \cdot H_2O$

相比：$V_o/V_w=5:1$

3　小型流程试验

3.1　工业料液的预处理

从淋洗塔出来的溶液是深褐色具有刺鼻臭味并带有悬浮物的液体，在萃取时产生严重乳化，且部分铼呈低价状态使萃取率降低。为了消除还原性物质及某些由烟气带来的挥发性物质(例如有机物)的影响，必须对溶液预先进行处理，我们反复比较了添加凝聚剂，用惰性溶剂捕收，充气浮选分离、氧化等处理方案后，认为把溶液预先进行氧化的方法最为有效。

首先考虑使用氯气作氧化剂，由于料液中有较多量的铁，在操作酸度下铁有可能萃取而引起干扰。于是试用了多种氧化剂，其中$(NH_4)_2S_2O_8$，$Na_2Cr_2O_7$ 及

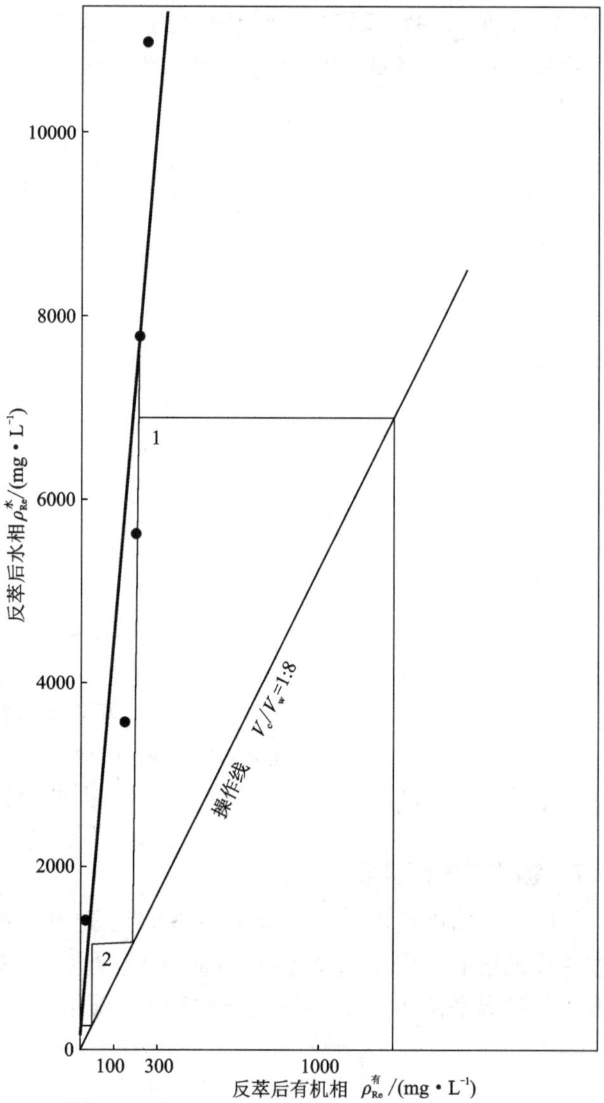

图 4　反萃取理论级数推算

实验条件：负载有机相为表 6 所示，水相为 1 mol/L $NH_3 \cdot H_2O$ 用相比递变法做出

$KMnO_4$ 虽有一定效果，但从价格、环境保护等因素考虑，它们是不可取的。采用 H_2O_2，为了彻底消除乳化所需的量又较多。最后，我们选用了活性二氧化锰(或软锰矿)，效果良好。当液固比为(8～10)∶1 时，在 95～100℃下搅拌氧化，直至溶液的氧化电位达＋760 mV(白金电极对甘汞电极)，或用 1% 二苯胺的浓硫酸溶液检验，颜色从绿变为蓝紫色时为止。所得溶液很容易过滤，处理前后成分对比如下(单位：g/L)：

	$Re^{(VII)}$	Mo	Si	Fe	Mn	H^+浓度 H_2SO_4 + HF(经检验其中含少量 HF)
氧化前	0.432	3.6	1.48	1.22	—	6.00 mol/L
氧化后	0.459	3.40	1.30	6.00	41.5	4.48 mol/L

3.2　流程

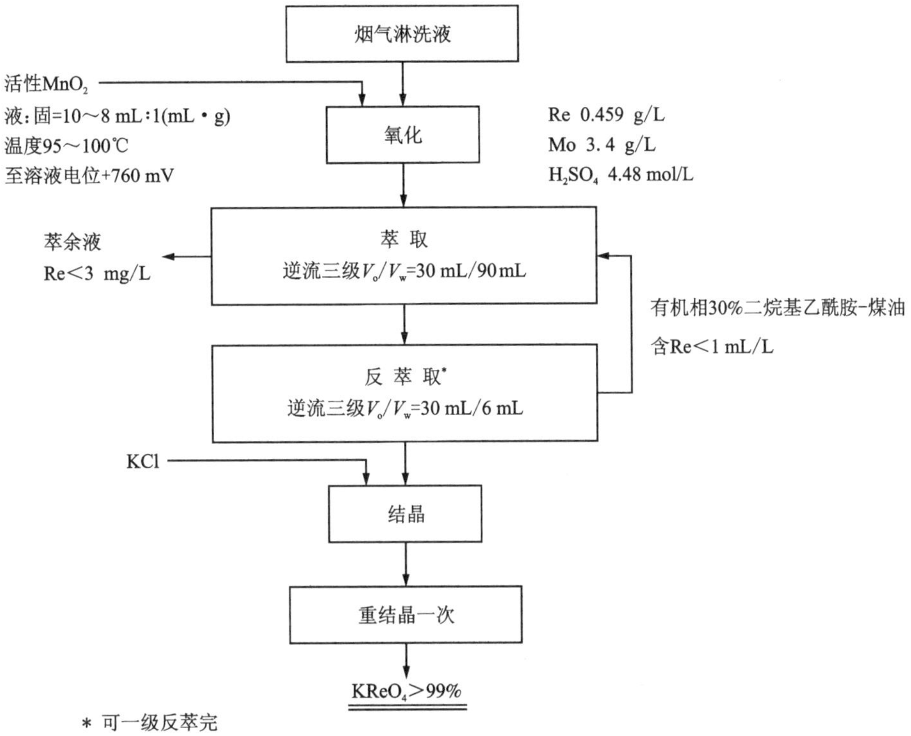

* 可一级反萃完

3.3　萃取过程的金属回收率

经16次循环后有机相性能良好，抽查取样分析结果稳定。萃取和反萃情况见表7。

表7　萃取与反萃取铼的回收率

萃余液含 Re /($mg\cdot L^{-1}$)	反萃后有机相含 Re/($mg\cdot L^{-1}$)	铼萃取率/%	铼反萃率/%
1~3	1	99.0~99.8	99.9

3.4　产品质量

反萃液主要成分分析如表8所示。经过2次结晶，产品高铼酸钾主要杂质含量如下(单位：%)：

Mo	Mn	Fe	Cl
0.005	<0.02	0.047	0.069

表8　反萃液组成

元素	Re	Mo	Mn	Fe
含量/($g\cdot L^{-1}$)	6.54	0.22	0.01	0.11

据此可以肯定 $KReO_4$ 品位在99%以上。

4　扩大试验

根据小型实验的结果，我们在工厂进行了扩大实验。

4.1　工艺条件

1)工业料液的预处理

以辉钼矿氧化焙烧烟气淋洗液为原料。异戊醇双氧水氧化流程萃取时产生大量的乳化层，使萃取过程不能连续操作。我们采用软锰矿对料液进行氧化，可使乳化基本消除，剩下的少量乳化层仅占水相总体积0.07%~0.1%，从而可以在连续萃取设备中运转。由于厂里没有真空过滤设备，为适应现场设备条件，我们也采用了双氧水氧化，但乳化层仍约占水相总体积72%，萃取过程只能间歇进行。

(1)软锰矿氧化料液

从淋洗塔出来的溶液进入带夹套衬铅槽内(锚式搅拌)，加入工业硫酸，调至3.5~4 mol/L，再按固液

=1 kg∶5 L 加入软锰矿*（含锰 38%），在 90 ~ 100℃下氧化 3 h，待溶液冷却后过滤。滤液进入萃取。

（2）双氧水氧化料液

工业双氧水是按淋洗液体积 0.6% ~ 1% 量加入淋洗液中，在 80℃下氧化 2 小时，待溶液冷却后过滤，滤液进入萃取。

2）萃取与反萃取

上述烟气淋洗液经氧化处理后作为原始水相：有机相为 30% 乙酰胺（N503 或 A101）+ 70% 煤油（考虑到萃取剂的来源问题，在以后的实验中均用 N503）；反萃剂为液氨通入离子交换水中配成约 6 mol/L 的氨水。

根据工厂现有设备，采用单级塑料槽（搅拌速度 120 r/min），萃取槽容积 58 L，反萃槽容积 20 L。各段级数分别是：三级萃取，一级水洗（H_2O_2 氧化流程），一级反萃**，反萃后有机相返回萃取。萃取各级搅拌 5 min，澄清 20 min；反萃搅拌 10 min，澄清 40 min。各相每次进槽量：有机相 7 L，原始水相 21 L；自来水 0.7 L；反萃剂 1.4 L。按此处理量的各段相比如下：

段别	萃取段	水洗段	反萃段
有机相/水相	1∶3	10∶1	5∶1

萃取：三级，逆流进行。相比：有机相/水相 = 1∶3。

水洗：软锰矿氧化流程不需要水洗。

双氧水氧化流程，鉴于在萃取时产生乳化，操作不能保持稳定，我们使乳化层随有机相转移。这样，负载有机相中就夹带了一些料液而直接影响 $KReO_4$ 产品的质量。为此，我们进行一级水洗，相比：有机相/水相 = 10∶1，洗水回到萃取槽中进行分馏萃取。但水洗段并不能使乳化层全部消除，待乳化层积累到一定量后需从洗水中排除。

反萃：为了适应在中性或微碱性条件下结晶的要求，把三级逆流反萃改为用约 6 mol/L $NH_3 \cdot H_2O$ 单级反萃，相比：有/水 = 5∶1，富水相 pH 控制到 9 ~ 10，反萃率可达 97%。当操作达到稳定后，在各段取样分析。

（3）结晶

将富铼水相加热赶氨使 pH 降至 7 ~ 8，在搅拌下按其体积的 2% 慢慢加入工业双氧水，待反应完毕，温度降至 30 ~ 40℃后，按其 50 g/L 加入分析纯 KCl，再搅拌 0.5 h 即可放入盐水浴中冷冻到 0℃以下结晶，放置过夜，次日倒出粗结晶的一次母液（一次母液进入离子交换，再次提铼），将粗结晶加入少量水和重结晶水溶解后，在加热下加入双氧水氧化，待溶液颜色退至微黄色后，趁热过滤，滤液再次冷冻重结晶，倒出重结晶水（重结晶水用于下次粗结晶）$KReO_4$ 结晶在 120℃下烘干，即为成品。

* 用电池锰粉或活性好的软锰矿量可少些。

** 为了减少夹带，建议今后生产中的反萃前加一级澄清。

4.2 实验结果

（1）软锰矿氧化料液前后成分

见表 9。

表 9 料液氧化前后成分对照

元素	Re/(g·L^{-1})	Mo/(g·L^{-1})	Fe/(g·L^{-1})	Mn/(g·L^{-1})	H^+/(mol·L^{-1})
氧化前 700 L	0.237	3.10	1.37	0.03	5.1
氧化后 621 L	0.272	3.5	15.50	78.8	5.0

（2）萃取段设备运转稳定情况

操作稳定平衡后，在各段首尾所取的进出口试样的铼含量和各相进料体积列于表 10。

表 10 说明，乙酰胺流程中萃余液在操作稳定后铼含量小于 7 mg/L。就目前异戊醇流程中余液含铼 15 ~ 20 mg/L，以每年抛弃 25 m^3 余液计，如使用乙酰胺体系则可多得到 3 ~ 4 kg $KReO_4$。

（3）富铼水相质量

在本试验中乙酰胺对 Fe、Mn 基本上不萃取。表 11 中列出了实验所得的富水相中 Re、Mo 的含量，并对比了料液、富水相中的 Mo/Re，以说明本流程中分离 Re、Mo 的情况。

（4）产品高铼酸钾质量

2 个流程所得富铼水相共集中成 4 份来制取产品，成分如表 12。

（5）萃取剂使用情况

我们测定了萃取剂在循环使用过程中的损耗，萃取率和反萃率。数据列于表 13。

（6）各段金属铼平衡

①软锰矿氧化流程：

萃取段金属平衡：

可见萃取全程金属实收率为 99% 以上。

结晶段金属平衡：

用 10 L 含 Re 3.61 g/L 的富铼水相进行结晶得到 $KReO_4$ 47 g，纯度为 99.7%，金属平衡列于表 15。

表 10　萃取—反萃各段两相体积与铼含量

项目		料液		萃余废液		萃后富有机		水洗后有机		水洗液		富铼反萃液		反萃后贫有机		萃取率/%	反萃率/%
		含铼/(g·L^{-1})	体积/L	含铼/(g·L^{-1})	体积/L	含铼/(g·L^{-1})	体积/L	含铼/(g·L^{-1})	体积/L	含铼/(g·L^{-1})	体积/L	含铼/(g·L^{-1})	体积/L	含铼/(g·L^{-1})	体积/L		
乙酰胺	软锰矿氧化流程	0.272	21.0	0.001~0.003	20.8	0.834	7.00	—	—	—	—	6.61	1.57	0.026	7.00	98.9~99.9	96.4~97.2
	双氧水氧化流程	0.450	21.0	0.0036~0.007	20.8	1.4	7.00	1.28 1.15	7.00	0.780 0.640	—	5.88	1.57	0.045~0.030	7.00	98.5~99.2	96.5~97.6
异戊醇				0.015~0.020										0.060		≤95	≤94

表 11　铼钼分离情况

元素含量			酸度/(mol·L^{-1})	Re/(g·L^{-1})	Mo/(g·L^{-1})	Mo/Re
乙酰胺	软锰矿氧化	料液	5.0	0.272	3.5	12.87
		富水相		3.61	0.76	0.207
	双氧水氧化	料液	6.4	0.450	5.5	12.2
		富水相		5.88	2.00	0.34

表 12　产品高铼酸钾质量

流程＼项目	总试样	$KReO_4$纯度/%	杂质含量/%					
			Mo	Cl	Fe	Mn	CaO	MgO
软锰矿氧化流程	1	>99	0.0014	0.0118	0.0010	0.0030	0.0005	0.0011
	2	>99						
双氧水氧化流程	3	>99	0.0010	0.0043	0.0002		0.005	0.0010
	4	>99						

表 13　萃取剂使用情况

项目		原液中金属含量		萃取剂循环次数	废液中铼含量/(g·L^{-1})	铼的萃取率/%	贫有机相中金属含量		铼的反萃率/%	萃取剂在每次循环中的损耗率/%
		Re/(g·L^{-1})	Mo/(g·L^{-1})				Re/(g·L^{-1})	Mo/(g·L^{-1})		
乙酰胺	软锰矿氧化	0.272	3.5	7	0.0010	99.90	0.0263	0.0020	96.78	1.510
				11	0.0011	99.64	0.0287	0.0020	96.49	
	双氧水氧化	0.150	5.5	14	0.0044	99.12	0.0304	0.0030	97.75	1.770
				19	0.0066	98.54	0.0370	0.0010	97.27	
		0.175	5.85	21	0.0086	98.20	0.0437	0.0020	97.25	
异戊醇		0.345	6.45							15.00
		0.3~0.4	3.5~9.6	15						

表 14 萃取段金属平衡

项目	体积/L	铼含量/(mg·L^{-1})	铼总量/mg	铼回收率/%
料液	378	272	102816	100.00
废液	375	2	750	0.730
富水相	28.503	3610	102896	100.073
合计			103646	100.800
差额			830	0.800

表 15 结晶段金属平衡

项目	体积/L	铼含量/(mg·L^{-1})	铼总量/mg	铼回收率/%
富水相	10	3610	36100	
一次母液	9.2	455*	4186	11.59
重结晶水	0.68	2400	1630	4.52
$KReO_4$	47 g		30173	83.58
合计			35989	99.69
差额			-111	-0.31

*在 -4℃下结晶。

结晶段铼回收率为 99.69%，直收率为 88.1%。从萃取到结晶直收率为 99%×88.1%=87.22%。

②双氧水氧化流程

萃取全程：操作稳定平衡后我们处理了 105 L 氧化料液。萃取全程金属直收率为 98.9%。

表 16 双氧化氧化流程

项目	体积/L	铼含量/(mg·L^{-1})	铼总量/mg	铼回收率/%
料液	105	450	47250	100.00
废液	104	5.00	520	1.1
富水相	7.88	5880	46334.4	97.8
取样			893.1	1.89
合计			47747.5	
差额			497.5	1.05

③结晶段：用 5 L 含 Re 5.88 g/L 的富水相进行结晶，得到 $KReO_4$ 34.2 g(纯度 99.29%)金属平衡列于表 17。

表 17 结晶段金属平衡

项目	体积/L	铼含量/(mg·L^{-1})	铼总量/mg	铼回收率/%
富水相	5.00	5880	29400	100.00
一次母液	4.43	895*	3965	
一次洗水	0.250	4550	1138	17.35
重结晶水	0.198	9172	1816	6.18
$KReO_4$	34.2 g		11900	74.45
合计			28819	98.0
差额			-581	-2

*在 -2℃下结晶。

结晶段铼回收率为 98%，直收率为 82.65%。从萃取到结晶直收率为 98.9%×82.65%=81.5%。

4.3 试剂单耗与成本

从表 18 看出：软锰矿氧化流程所处理的是历年来罕见的贫溶液，生产 1 kg 高铼酸钾其试剂成本为 326.78 元，如果处理的是含铼 0.450 g/L 的溶液则其试剂成本可降到 189.74 元/kg $KReO_4$，比双氧水氧化流程低 9.3%。

4.4 结论

(1)进行了用乙酰胺-煤油溶液从辉钼矿氧化焙烧烟气淋洗液中萃取铼的小型流程试验及扩大实验，提出了软锰矿氧化流程与双氧水氧化流程。

(2)试验结果表明：乙酰胺体系对铼钼分离的效果良好，高铼酸钾产品质量全部合格，萃取全程金属实收率为 95.3%~97.1%。从焙烧至高铼酸钾结晶，金属回收率比原工艺提高约 2%，富集倍数由原 8 倍增至 14 倍，提高了设备生产能力。

(3)乙酰胺煤油溶液气味小，经长期循环使用化学性能稳定，损耗比异戊醇体系减少 90%。

(4)为实现萃取过程连续化自动化，建议烟气淋洗液采用软锰矿或电池锰粉氧化流程。如厂内改变设备困难，在现有设备的条件下，可使用双氧水氧化流程。

表 18　试剂单耗与成本核算

项目 流程	名称	规格	单价 /(元·kg^{-1})	单耗 /(kg·kg $KReO_4$)	金额 $KReO_4$/(元·kg^{-1})
软锰矿氧化流程	工业料液			2744 L 按含铼 237 mg/L 计算	
	软锰矿		0.16	549	87.80
	液氨	工业	0.40	22.8*	9.12
	KCl	二级	10	10.1	101.00
	有机相	30% N503 + 70% 煤油	5.8	10.1	58.66
	硫酸	工业	0.13	289	37.60
	双氧水	工业	3.6	9.1	32.60
	合计				326.78(189.74**)
双氧水氧化流程	工业料液			1450 L 按含铼 450 mg/L 计	
	液氨	工业	0.40	13.8*	5.52
	KCl	二级	10	6.51	65.10
	有机相	30% N503 + 70% 煤油	5.8	7.10	41.24
	双氧水	工业	3.6	27	97.30
	合计				209.16

* 理论消耗只需此量 1/2，吸收设备简陋致使氨耗过高。

* * 以处理含铼 450 mg/L 的溶液推算的。

参考文献

[1] M L Jungfleiseh et al. Rhenium. Elsevier Pub. Co, 1962, 13.

[2] P E Clerchward et al. J. Metals, 1963, 15(9): 648.

[3] 株洲六〇一厂，冶金部矿冶所. N，N 二混合烷基乙酰胺萃取分离钽铌试验——平衡实验，综合流程试验与扩大生产试验报告. 有色金属，1970(12): 11.

[4] 株洲冶炼厂，冶金部矿冶所. 用 A101 和 A404 萃取铊(小型试验及工业试验报告). 有色金属，1974(11): 36.
冶金部矿冶所，湖南水口山矿务局. 用溶剂萃取法从铅烧结烟尘中回收铊. 有色金属，1975(4): 23.

[5] C Копач, ЖНХ, 1973, 18(8): 2215 – 2219.

Recovery of molybdenum and rhenium by solvent extraction*

Abstract: There are some methods for recovery of Mo and Re from molybdenite. Among them the treatment of concentrate by pressure leaching and consequent solvent extraction to obtain Mo and Re from leach liquor shows merits of simple flowsheet, high recovery of metal and low cost. It is given the results of investigation of solvent extraction of Mo and Re with one and the same solvent N235, a mixed trialkyl amine, but of different concentrations, i. e. extracting Re primarily with low concentration solvent and then Mo with high concentration solvent, then the loaded phases are stripped separately with ammonia. Ammonium perrhenate and molybdate are crystallized from stripping solutions by common way.

Introduction

The traditional process for production of Mo and Re compounds consisting of oxidizing roasting of molybdenite and recovering Re from washes of flue gases shows defects in low recovery of metals, high cost, and atmosphere pollution by SO_2. A new method should be developed to overcome these defects and more economically and effectively recover Mo and Re. The digestion of molybdenite under pressure gave ideal decomposition of raw materials. The problem remained was effective extraction of Mo and Re. Solvent extraction was thought to be the most attractive solution. So the systematic study had been proceeded on these lines.

1 The choice of solvent

In strongly acidic leach liquor Re and Mo occur as anions. Their separation by solvent extraction may be carried out according to such ways as (a) primary extraction of Mo and the Re[1], i. e. extraction of Mo from weakly acidic solution with 28% DEHPA, then extraction of Re with 7% - 8% TOA; (b) extraction of Re before that of Mo[1], i. e. extraction of Re with 25% DBBP—cyclosol and subsequent extraction of Mo from the raffinate with 5% DEHPA—2% Alamine 304—5% TBP—kerosene, or extraction of Re from strongly acidic solution (4 mol/L H^+) with extractant A 101, leaving Mo in aqueous phase; and (c) coextraction of Mo and Re, then separation of them in stripping solution[4,6], i. e. extraction of Mo and Re with 5% Alamine 336, then reextraction of Re from stripping solution with 5% Aliquat 336 and recovering Mo from raffinate; or coextraction with 10% Adogen 383, neutralization of stripping solution to pH 2. 5 - 3. 5 to crystallize solybdate and extraction of Re from mother liquor of crystallization; or coextraction of Mo and Re with about 4% TOA + 1. 5% Aliquat and selective stripping these metals.

From this brief review it was clear that there were a lot solvents promising for extraction of Mo and Re and the most suitable one for extraction from strongly acidic leach liquor should be selected by experimental comparison.

2 Experimental

The analysis of leach liquor of molybdenite from metallurgical plant is shown in table 1.

Table 1 The analysis of leach liquor/($g \cdot L^{-1}$)

Mo	Re	SiO_2	Fe	Al_2O_3	Cu	CaO	MgO	NO_2	Total acidity/($mol \cdot L^{-1}$)
8.7	0.19	0.45	5.5	2.5	0.5	0.45	1.3	5.25	4.5

* 马荣骏发表于《Proc of ISEC'83》, Colorado USA, August 26 - September 2, Metallurgical Extraction Processes。合作者：陈庭章，袁初生，周忠华。

All solvents, diluent and other reagents used were commercial products. Extractions were proceeded in mixer – setter (but screening tests – in separating funnels) at ambient temperature. The contact time was generally five minutes. Re was analysed by polarographic and tetraphenyl arsonic chloride methods, Mo was analysed by special polarographic and gravimetric methods. Impurities in products were determined by quantitative spectrometry.

The extraction tests from leach liquors were accompanied by emulsification in all cases. The emulsion thus formed could not be broken by setting for days. The addition of fluoride or coagulant to leach liquor might break emulsion. Fluorides made higher silicates depolymerized and simple silicates did not enhance emulicfication. Additives HF and NaF had little effect on extraction of Mo and Re (see table 2).

3 Results

Screening tests.

Table 2　The effect of HF and NaF on the extraction of Mo and Re

Composition of organic phase	Quantities of added fluorides	$E_{Re}/\%$	$E_{Mo}/\%$
1.2% N235 – 10% aliphatic alcohol – kerosene	HF (40%) 10 mL/L	69.9	2.7
1.5% N235 – 10% aliphatic alcohol – kerosene	NaF 5 g/L	66	4.2

Phase ratio: O/A = 1∶5

The added coagulant to leach liquor bridged silicates together to form precipitate. Table 3 and 4 show the effect of added coagulants on the precipitation of silicates and on the extraction.

Table 3　The effect of coagulant on precipitation of silicates

Kind of coagulant	Added quantities of coagulant/10^{-6}	Precipitation of silicates/%	Precipitation of Mo/%	Precipitation of Re/%
A	50	57.6	0.37	0.22
A	100	90.2	0.31	0.018
B	50	69.3	0.13	0.08

Table 4　The effect of coagulant on extraction of Mo and Re quantities of added coagulant ($\times 10^{-6}$)

Kind of coagulant	Quantities of added coagulant							
	50×10^{-6}		100×10^{-6}		150×10^{-6}		200×10^{-6}	
	$E_{Re}/\%$	$E_{Mo}/\%$	$E_{Re}/\%$	$E_{Mo}/\%$	$E_{Re}/\%$	$E_{Mo}/\%$	$E_{Re}/\%$	$E_{Mo}/\%$
A	97.3	6.7	97.2	5.2	97.1	6.1	97.1	6.9
B	97.3	1.7	97.2	5.2	97.1	6.2	97.1	6.9
C	97.0	7.6	—	—	—	—	—	—

phase ratio: O/A = 1∶5. organic phase: 2.5% N235 – 10% aliphatic alcopol – kerosene.

It is found from table 3 and 4, the addition of 100×10^{-6} coagulant could collect and precipitate the majority of silicates, losses of both Re and Mo were less than 0.5% and there was little effect on extraction of Mo and Re. There appeared a little increase in Mo extraction with the quantity of added coagulant B the precipitation of silicates without consequent filtration or direct addition of coagulant to organic phase did arouse emulsification during extraction. Fluorides were more expensive and might cause secondary pollution. The addition of coagulant, therefore was prefered.

Solvents promising separation of Mo and Re in leach liquor were widely examined. The results are shown in table 5.

Table 5 shows that basic solvents could not preferentially extract Mo: DEHPA extracted Mo only at pH 2 – 3 as the precipitation happened, so preforeation extraction of Mo was inappropriata. The coextraction of Mo and Re with high concentration N235 followed by the reextraction of Re with quarternary ammonium salt and crystallization of molybdate from stripping solution appeared to be feasible. But the difficulty of stripping Re from quartenary ammonium salt hindered its adoption. The prior extraction of Re with low concentration N235, mixed secondary amines or acetamine was found to be possible, but only low concentration N235 was selected due to its low amount needed in USA, low evaporation loss and high degree of concentrating Re. From table 5 it may also be found, that Mo might be fairly extracted with high concentration N235. Therefore, recovery Mo and Re from pressure leaching liquors with one and the same solvent N235.

Table 5 The extraction and separation of Mo and Re with different solvents

Solvent	$E_{Re}/\%$	$E_{Mo}/\%$	β^{Re}_{Mo}	Notes
MIBK	13.9	6.5	2.3	
Isoamyl alcohol	63.9	4.7	37	
TBP	91.7	16.3	56	
50% TBP	86.8	7.5	44.1	
25% N235 – 10% aqliphatic alcohol – kerosene	96.6	85.3	4.7	N235—a mixture of tertiary amines with average mol. wt. near that of TCA
1.2% N235 – 10% aqliphatic alcohol – kerosene	69.9	2.7	83.5	
30% N503 – kerosene	63.7	3.6	47	
30% A101 – kerosene	62.9	3.3	48.2	
30% mixed Secondary amine – kerosene	62.4	3.1	51.9	
10% lauryl amine – 10% TBP – kerosene	47.0	52.1	0.81	the organic phase formed emulsion
0.8 MDEHPA – kerosene	4.4	36.9	0.078	

Factors affecting the extraction of Re

Figures 1, 2 and 3 give the effects of concentration of N235, the phase ratio and the acidity of aqueous phase on the extraction and separation of Mo and Re. In extraction of Mo and Re increased with the rise of solvent concentration and phase ratio. With the increase of acidity of leach liquors the extraction of Re increased and that of Mo decreased. Thus the separation factor of Re from Mo enlarged. This was in agreement with the extraction mechanism of Re and also owing to the competition of HSO_4^- ion that decreased the extraction of Mo. The third phase would appear during extraction without addition of dissolvent. The aliphatic alcohol could diminish the third phase and alightly improve the separation of Re from Mo, see Fig. 4. Because HNO_3 was added at pressure leaching of molybdenite as calalyst, the effect of this acid on extraction process had been studied. The results are shown in Fig. 5.

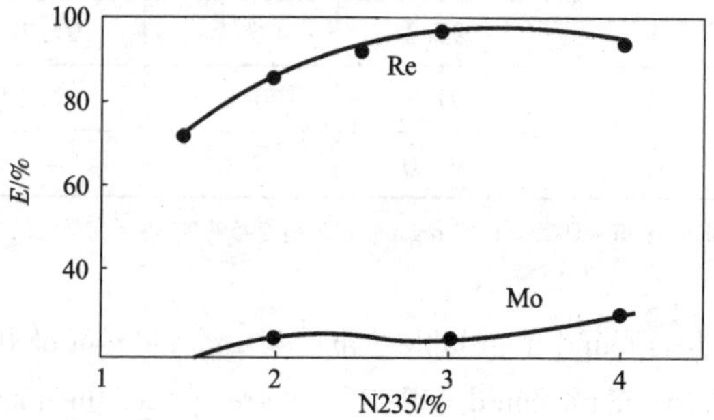

FIg. 1 The effect of concentration of N235

The extraction of Re increased and that of Mo

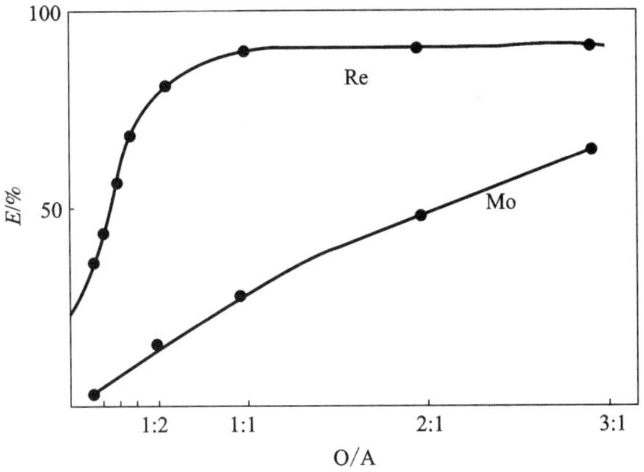

Fig. 2　The effect of phase ratio

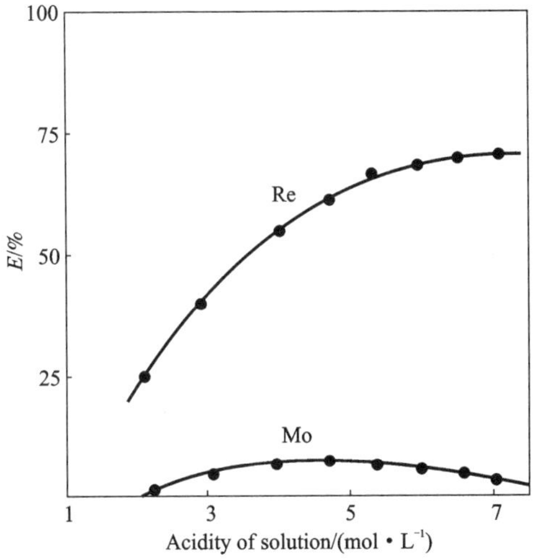

Fig. 3　The effect of acidity

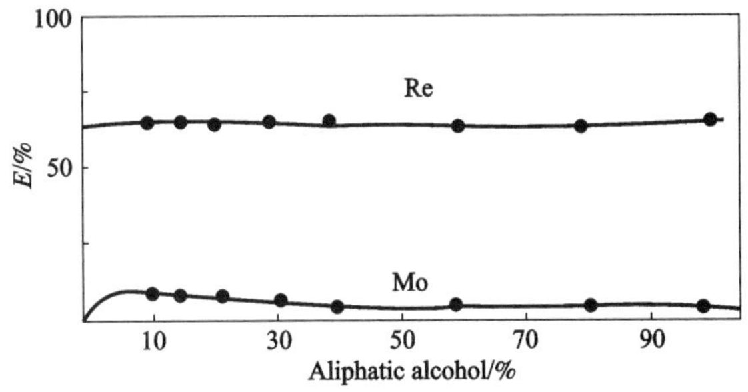

Fig. 4　The effect of concentration of aliphatic alcohol

slightly decreased with the rise of HNO_3 concentration. This phenomenon differed from the extraction of Re from HNO_3 media by TOA[7]. In the former case HNO_3 in H_2SO_4 media behaviored probably, as salting - out agent.

The extraction of Re increased for 5% as the temperature lowered from 40℃ to 5℃. Therefore, the

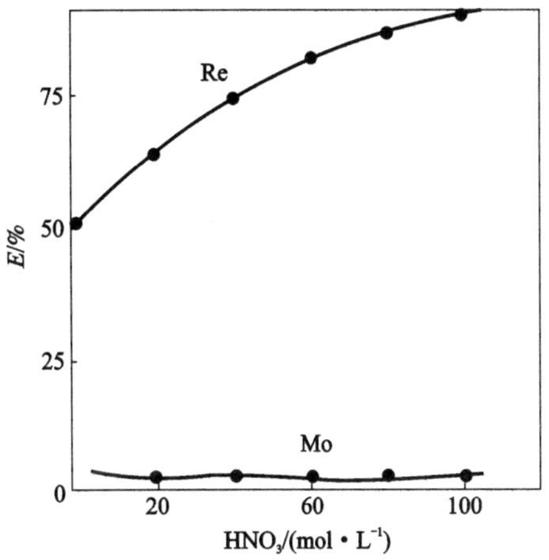

Fig. 5　The effect of HNO_3 on extraction

Aqueous: Simulated, containing Re 122 - 134 mg/L, Mo 28.3 g/L, H^+ 3.5 mol/L

Organic: 1.5% N235—3% aliphatic alcohol - kerosene O/A = 1∶5

extraction of Re at ambient temperature is reasonable. The equilibrium of Re extraction might be attained in half minute, and this fact indicated that the phase contact appeared to be the controlling step of extraction reaction. The stripping of Re and Mo contamination were easily acomplished with 5 mol/L ammonia at phase ratio O/A = 10∶1. The loaded as well as stripped organic phases needed not scrubbing in circulation. The stripping solution of Re was evaporated to crystallize perrhanate.

Factors affecting the extraction of Mo

The plots of N235 concentration and phase ratio vs Mo extraction are shown in Fig. 6 and 7. Table 6 gives the effect of aqueous acidity on extraction of Mo.

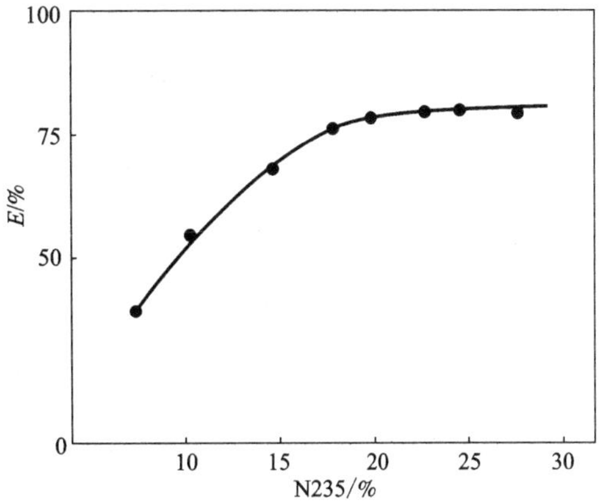

Fig. 6　The effect of N235 concentration on Mo extraction

Aqueous phase: leach liquor after removing silicates and extraction of Re

organic phase: N235 - 10% aliphatic alcohol - kerosene

ratio: O/A = 1∶5

Table 6 The effect of acidity of raffinate after Re extraction on Mo extraction

acidity of raffinate/(mol·L^{-1})	3.88	3.70	3.66	3.51	3.13	2.83
E_{Mo}/%	71.7	70.9	71.2	73.4	72.1	78

Aqueous phase: the same in Fig. 6, but with different additions of ammonia.
Organic phase: the same in Fig. 7, phase ratio: O/A = 1:5

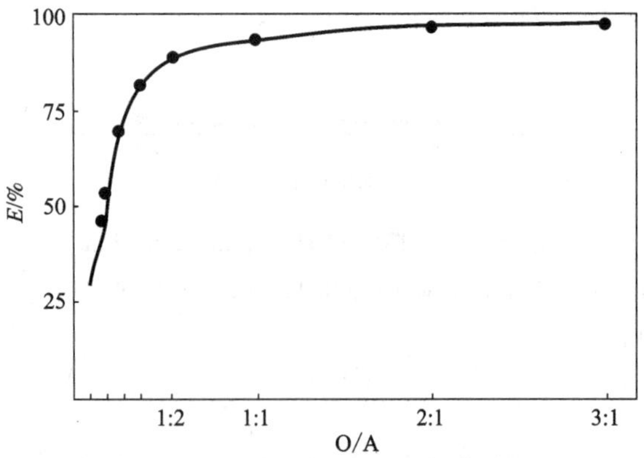

Fig. 7 The effect of phase ratio on Mo extraction

Aqueous phase: the same in Fig. 6
Organic phase: 15% N235—10% aliphatic alcohol - kerosene

The extraction of Mo increased with the increase N235 concentration and phase ratio and with the decrease of aqueous acidity. The last effect was thought to be due to HSO_4^- ion competition.

Fig. 8 shows the effect of aliphatic alcohol on Mo extraction.

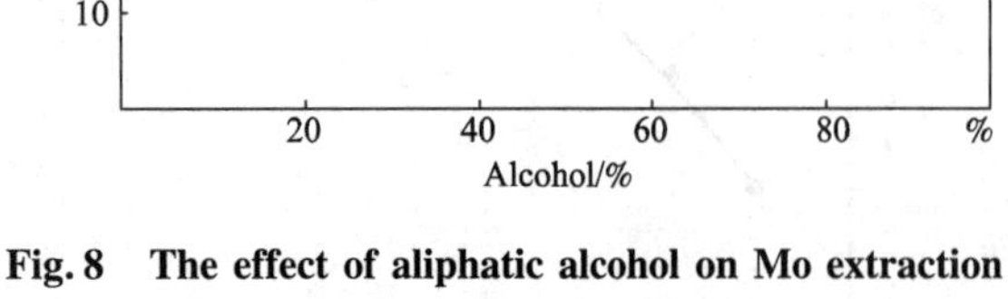

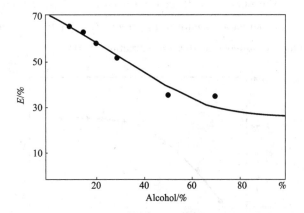

Fig. 8 The effect of aliphatic alcohol on Mo extraction

Aqueous phase: the same in Fig. 6
Organic phase: 15% N235 - aliphatic alcohol - kerosene

Aliphatic alcohol helped dissolve the third phase, but reacted with N235 and thus lowered its Mo extraction capacity.

In this process Fe and Cu were not extracted even in presence of chloride ions. So the separation of Mo and Fe was satisfactory. The organic phase loaded by Mo needed scrubbing with 1.6 - 1.8 mol/L ammonia to pH about 4.5 at O/A = (5 - 6):1, and the contacted with 9 ~ 10 mol/L ammonia to complete stripping.

4 The process flowsheet

A procedure scheme for recovery of metals was proposed and tested in counter - current way by means of laboratory mixer settler. The results obtained are shown in Table 7 - 10.

The flowsheet of extraction of Mo and Re from pressure leaching liquor see Fig 9.

With six extraction stages the Re yield achieved higher than 99%, Re content in raffinate was less than 1 mg/L and the separation factor of Re and Mo was over 9000. Six stages could extract more than 95% of Mo and its content in raffinate was less than 0.5 g/L. Both Re and Mo might be stripped to more than 99.5% with two stages. The chemical properties and technological performance of solvent was stable in prolonged operation. The unit consumption of solvent was 2.5 L/m^3 feed solution for Re and 0.64 L/m^3 feed solution for Mo. The purity of perrhenate and molybdate prepared from each stripping solution by ordinary methods is obvious from Table 11 and 12. These compounds meet satisfy the demands of industrial application and are in large scale production.

Table 7　Stagenise analysis of Re at equilibrium

Extraction/($g \cdot L^{-1}$)									Stripping/($g \cdot L^{-1}$)	
1	2	3	4	5	6	7	8	9		
0.045	0.012	0.005	0.0025	0.0019	0.001	0.0004	0.0003	0.0003	0.00857	0.0024

Table 8　Stagenise analysis of Mo at equilibrium

Extraction/($g \cdot L^{-1}$)							Stripping/($g \cdot L^{-1}$)	
1	2	3	4	5	6	7	1	2
5.19	2.33	1.16	0.78	0.58	0.44	0.39	0.47	0.087

Table 9　Technical date and Re content in the intermediate products

E_{Re}/%	Raffinate/($g \cdot L^{-1}$)	Re－loaded solvent/($g \cdot L^{-1}$)	Re stripping/%	stripping solution/($g \cdot L^{-1}$)	pH
99.78	0.0003	1.10	99.78	10.2	about 9

Table 10　Technical date and Mo content in the intermediate products

E_{Mo}/%	Raffinate/($g \cdot L^{-1}$)	Mo－loaded solvent/($g \cdot L^{-1}$)	Mo stripping/%	stripping solution/($g \cdot L^{-1}$)	pH
95.94	0.4	26.61	99.66	160.5	9－10

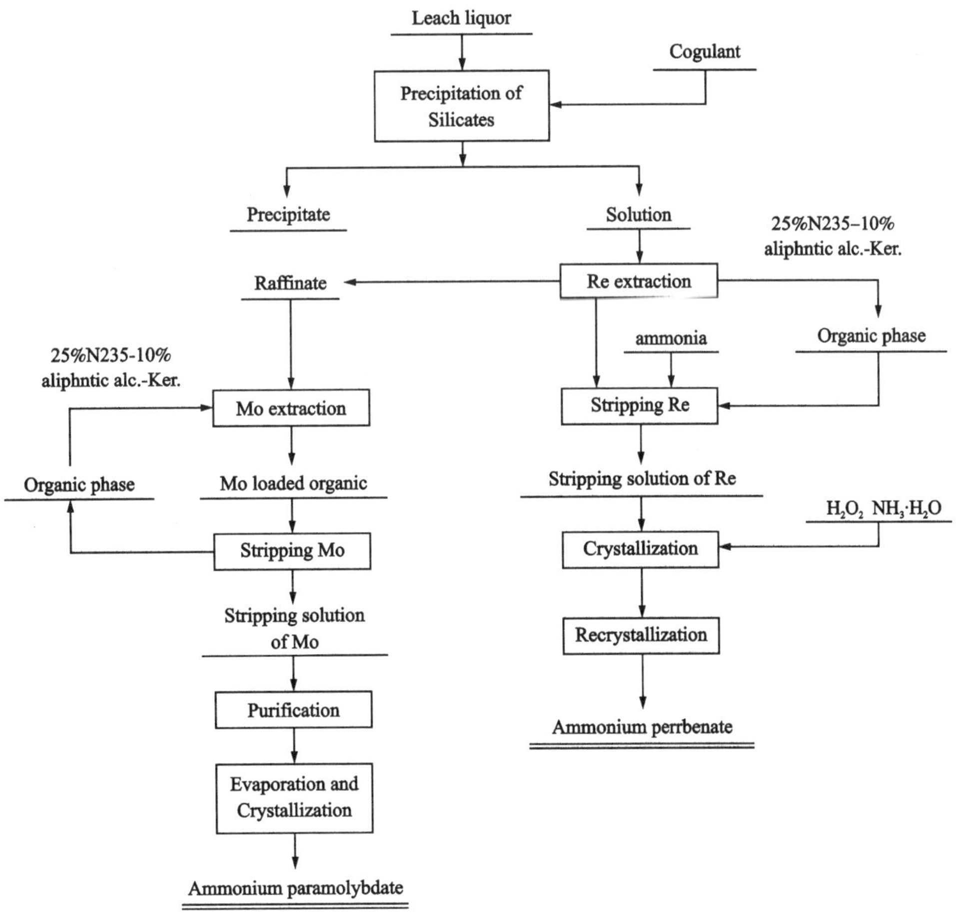

Fig. 9　The flowsheet of extraction of Mo and Re from pressure leaching liquor

Table 11 The analysis of ammonium perrhenate product(%)

NH_4ReO_4	Cd, Be, Mn, Ti, Co	Cu, Mg, Fe	Ba, Mo, Pb, Sn, Ni, Pt	Sb, Ca	K	Na
99.99	each $<2\times10^{-5}$	each $<5\times10^{-5}$	each $<4\times10^{-4}$	each $<1\times10^{-4}$	$<2\times10^{-4}$	$<2.5\times10^{-5}$

Table 12 The analysis of ammonium paramolybdate product(%)

Mo	P	Pb, Cd, Bi, S	Fe, Si, Al	Sb	Co, Mn, Mg, Ni, Cu	Ti, V	W	HB
55.15	<0.0005	each <0.0001	each <0.0006	<0.001	each <0.0003	0.0015	0.1	1.04

References

[1] A H Зеликнвн et al. Учебных заведенин: Шыети. Металлургця, 1973.

[2] Plterson H D. U. S. Patent 3751555, 1973, 8.

[3] L Karagiozov et al. Hydrometallurgy, 1979(4): 51 -55.

[4] Bllsworth W et al. U. S. Patent 3739057, 1973, 8.

[5] 特许公报, 昭 50—6405, 1975, 3.

[6] Taili Z et al. Hydrometallurgy, 1982(8): 379 -388.

[7] Л В Ьорисова и лр. Ренин, 1974.

用溶剂萃取技术从含微量金的废液中回收金*

摘　要：研究用溶剂萃取技术从含微量金的废液中回收金。试验结果表明：含氧萃取剂及二烷基乙酰胺(A101)均是萃金的有效萃取剂。用A101为萃取剂，二乙苯为稀释剂，金的回收率达97%以上，并获得含金99.99%的商品金锭。处理后的废水可并入常规的污水处理厂处理，符合环保要求。

Recovery gold from waste solution containing trace gold by solvent extraction

Abstract: The gold recovery from the waste solution containing trace gold by the technology of solvent extraction is investigated. The experimental results indicate that oxyextractants and A101 are effective to extract gold. The gold recovery is as high as 97% with the A101 as extractant and diethylbenzene as diluent, and the gold product with the purity of 99.99% is obtained. The wastewater can be disposed in the normal wastewater treatment system.

金不但是工业中独特的原材料，而且在货币流通中也起着极为重要的作用，所以冶金界历来对金的提取与回收颇为重视。从含微量金的废液中提取与回收金，是废水资源化和环保要解决的问题。溶剂萃取法回收是从某些金矿及冶炼厂所产含微量金的废水中提取金的有效方法之一。

1　料液及萃取剂

试验所用原料为金矿山、冶炼厂及金器加工所产生的废液，成分比较复杂。收集到的样品Ⅰ及样品Ⅱ的成分如表1所示。

把样品Ⅰ及Ⅱ混合后，得到萃取料液成分为Au 147 mg/L，含其他元素(g/L)：Fe 4.6，Cu 0.9，Pb 1.0，Zn 1.1，As 0.85，Cl^- 4.8，CN^- 0.35。用浓HCl把废液调到含HCl 3.0 mol/L，作为萃取水相。

文献[1-2]指出，用于萃取金的萃取剂种类较多，例如酯类、醚类、酮类有机化合物有很好的萃金性能。在工业萃取剂中，TBP(磷酸三丁酯)、TOPO(三辛基氧化膦)及TOA(三辛胺)等都能萃取金。

从易得、价廉及对金有良好的萃取性能出发，在实验室中选择了乙酸丁酯、二异丙醚、二乙醇二丁醚(DBC)、甲基异丁基酮(MIBK)及二烷基乙酰胺(A101)为萃取剂，萃取剂的性质如表2所示。

表1　样品Ⅰ及Ⅱ的成分

成分	Au /($mg\cdot L^{-1}$)	Fe /($g\cdot L^{-1}$)	Cu /($g\cdot L^{-1}$)	Pb /($g\cdot L^{-1}$)	Zn /($g\cdot L^{-1}$)	As /($g\cdot L^{-1}$)	Cl^- /($g\cdot L^{-1}$)	CN^- /($g\cdot L^{-1}$)
样品Ⅰ	260	4.2	0.6	0.5	1.3	1.0	6.0	0.4
样品Ⅱ	53	5.7	1.4	2.1	0.8	0.7	3.5	0.3

* 该文首次发表于《有色金属》(季刊)，2003年第1期，34~36页。合作者：罗电宏。

表 2 试验用的几种萃取剂性质

名称	乙酸丁酯	二异丙醚	二乙二醇二丁醚（DBC）	甲基异丁基酮（MIBK）	二烷基乙酰胺（A101）
化学式	$CH_3COO(CH_2)_3CH_3$	$(CH_3)_2CHOCH(CH_3)_2$	$C_{12}H_{26}O_3$	$(CH_3)_2CHCH_2COCH_3$	$CH_3CON(C_{7\sim9}H_{15\sim19})_2$
分子量	116.16	102.18	194.0	100.16	290.4
沸点/℃	125.6	68.3	254.6	115.1	180～220
折光率(20℃)	1.3942	1.3682	1.423	1.3958	1.4552
密度/(g·mL^{-1})	0.8796	0.7135	0.883	0.8006	0.8667
水溶性/%	0.68	0.94	0.3	2.04	0.058

2 萃取剂的选择

文献[1]列出了含氧萃取剂对金的萃取能力，如表 3 所示。

由表 3 可见：含氧萃取剂在盐酸溶液中能很好地萃取金。选择的乙酸丁酯、二异丙醚、二乙二醇二丁醚、甲基异丁基酮及二烷基乙酰中，前 3 者均为含氧萃取剂，而最后一种为含氮的中性萃取剂。把这些萃取剂按相比(O/A)1∶1，在室温(20±5)℃，进行萃取，萃取时间为 5 min，静止分相后分析水相中的含金量，结果如表 4 所示。

表 3 含氧萃取剂对金的萃取

萃取剂与稀释剂	水相酸度/(mol·L^{-1} HCl)	萃取率/%
100% DBC	1～7	>99
50% 甲基乙基酮－50% 甲苯	1	>99
50% MIBK－50% 甲苯	7～8	>99
66.7% MIBK－33.3% 乙酸酯	7	>99
50% MIBK－50% 乙酸酯	7	>99
100% MIBK	0.1～6	>99
100% 异丙醚	7	>99
100% 乙醚	6	>99
100% 乙酸乙酯	1.2	>99
100% 乙酸丁酯	7～8	>99

表 4 试验所用萃取剂对金的萃取

萃取剂及稀释剂	萃取率/%
100% 乙酸丁酯	>97
100% 二异丙醚	>97
100% DBC	>98
100% MIBK	>98
20% A101－80% 二乙苯	>98

由表 4 可知：针对本研究的水相料液，DBC、MIBK 及 A101，都是萃取金很有效的萃取剂。MIBK 是市场上的成品，很容易购买到，而 DBC 及 A101 需要自己合成，但合成方法很简单。从水溶性看，A101 的水溶性最小，DBC 的水溶性居中，而 MIBK 的水溶性最大。还要注意到，A101 使用二乙苯为稀释剂，其毒性相对而言较大，在萃取作业中一定要注意密封防护问题。从萃取机理上看，含氧萃取剂(乙酸丁酯、二异丙醚、DBC、MIBK)及含氮萃取剂(A101)均属于锌盐萃取机制，萃取配合物分别为：$[CH_3COOHCH_2CH_2CH_2CH_3]^+ \cdot AuCl_4^-$；$[(CH_3)_2CHOHCH(CH_3)_2] \cdot AuCl_4^-$；$[R_2C—O:H]^+ \cdot AuCl_4^-$；$[R_2CHCH_2COHCH_3]^+ \cdot AuCl_4^-$；$[R_2NHCO—R]^+ \cdot AuCl_4^-$。

根据各地的具体情况，选取 MIBK，DBC，A101 中任一种萃取剂萃取金，都是适宜的。

3 A101 萃取金的条件试验

3.1 盐酸浓度的影响

在室温下，用 15% A101＋80% 二乙苯为萃取剂，相比 1∶1，萃取时间 5 min，对含 Au 147 mg/L 的水相进行萃取，变化水相 HCl 浓度，得到的结果如图 1 所示。由图 1 可知：水相 HCl 浓度为 3 mol/L 较适宜。

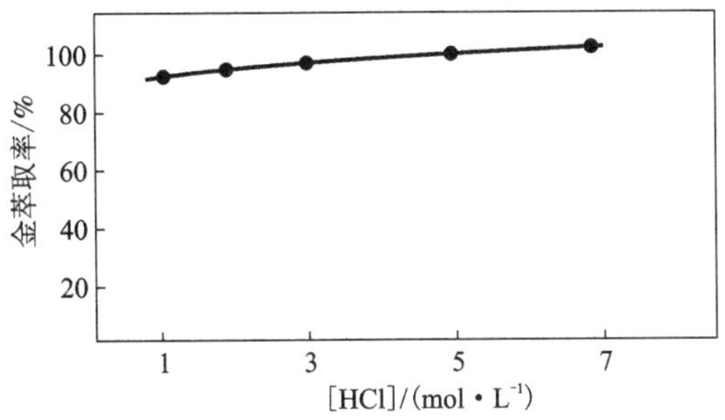

图 1　水相 HCl 浓度对 Au 萃取率的影响

3.2　萃取剂浓度的影响

把萃取剂的浓度配成 A101 5%，10%，15%，20%，25%，30%，稀释剂为二乙苯，在室温下，相比 1∶1，萃取时间 5 min，对含 Au 147 mg/L，3 mol/L HCl 的料液进行萃取，结果如图 2 所示。

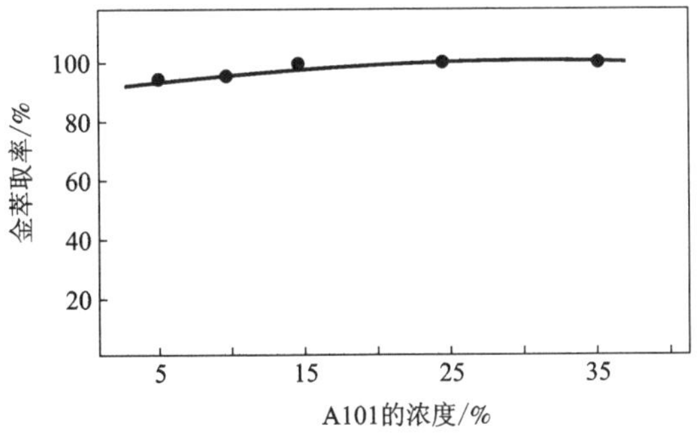

图 2　萃取剂浓度对萃取金的影响(二乙苯为稀释剂)

依图 2 所示的结果及综合考虑，可选用萃取剂浓度为 15%。

3.3　萃取相比的影响

以 15% A101 －85% 二乙苯为有机相，对含 Au 147 mg/L，HCl 3 mol/L 的水相于室温下进行萃取，萃取时间 5 min，改变相比(O/A)，结果如图 3 所示。

由图 3 可知：在相比 1∶1 时萃取率大于 98%，到 1∶5 时萃取率仍在 96% 以上，为使有机相中 Au 得到较大的富集，选取相比为 1∶5。

3.4　萃取时间的影响

通过多次的萃取平衡试验，证明萃取 2～3 min 均达到了萃取平衡。在理论分析上知道，凡是成为锌盐萃取配合物的萃取，其萃取速度均较快，试验结果与理论上判断是一致的，为了充分保证达到萃取平衡，选取萃取时间 5 min。

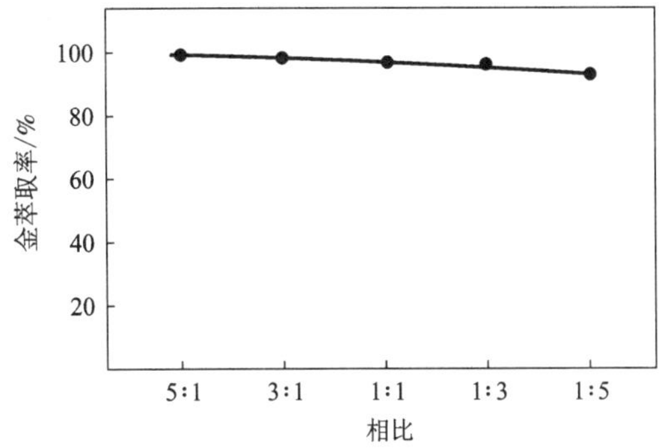

图 3　相比对萃取金的影响

3.5　反萃剂选择及反萃取条件

由文献[2]知道，对在有机相为 $AuCl_4^-$ 的配合物，多进行还原反萃。草酸、抗坏血酸、甲醛、醌、二氧化硫、亚硫酸钠、硫酸亚铁、氯化亚铁等溶液均可作为还原反萃剂。其中草酸还原反萃有选择性好、速度快等优点，故选用草酸溶液为从有机相还原反萃金的反萃剂。草酸还原反萃取反应如下：

$$2[R_2NHCOR]AuCl_4 + 3H_2C_2O_4 = 2[R_2NCOR] + 2Au + 8HCl + 6CO_2\uparrow$$

影响反萃取的因素有草酸浓度、溶液酸度和温度。经试验优化确定的反萃条件为：草酸浓度 2～3 mol/L，溶液 pH 保持在 1 以下，反萃温度控制在 70～80℃，添加适量的 NaOH 溶液可加快反萃速度。在这样的条件下，反萃时间为 3 h，即可反萃完全。

4　建议的工艺流程

综合试验结果，建议从含微量金的废液中用溶剂萃取技术回收金的工艺流程如图 4 所示。

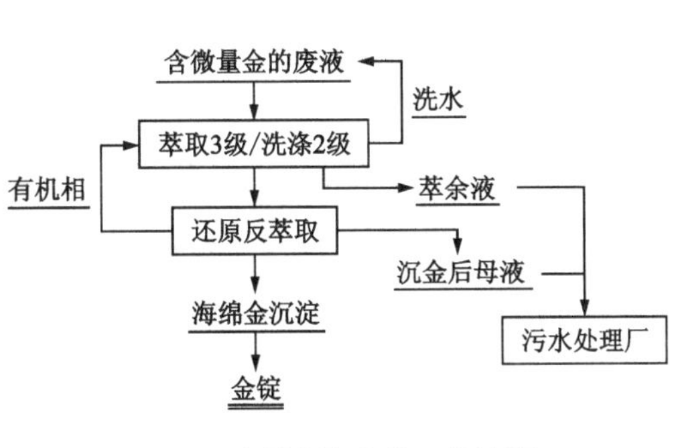

图 4　溶剂萃取金的工艺流程

萃取水相：含微量金的废液，含 Au 147 mg/L，HCl 浓度为 3.0 mol/L。有机相：15% A101 ＋85% 二乙苯。萃取条件：3 级萃取，相比(O/A)为 1∶5，萃取温度 20 ~ 25℃，每级萃取时间 5 min。反萃取条件：1 级反萃，相比(O/A)为 1:1，温度 70 ~ 80℃，反萃时间 3 h，反萃液为 3 mol/L $H_2C_2O_4$，加适量的 NaOH 溶液。

按以上工艺条件，进行了台架试验，至海绵金的回收率大于 97%。反萃后经过滤得到海绵金，用 3 mol/L HCl 溶液洗涤，再用去离子水及甲醇洗涤、烘干后，进行铸锭，得到品位 99.99% 商品金锭。

5 结论

1)用溶剂萃取技术从含微量金的废液中回收金是可行的，并可使废液并入污水厂处理。

2)萃取金可用含氧萃取剂及二烷基乙酰胺，用 A101 为萃取剂，金的回收率达 97% 以上，并获得 99.99% 的商品金锭。

参考文献

[1] 马荣骏. 溶剂萃取在湿法冶金中的应用. 北京：冶金工业出版社，1979：362.

[2] 李培铮等. 黄金生产加工技术大全. 长沙：中南工业大学出版社，1995：556.

细菌浸矿及其对锰矿浸出的研究进展*

摘　要：根据文献资料归纳总结了细菌浸出的原理、浸矿菌种、培养、驯化等一些关键问题，并重点对细菌浸出锰的研究进展做了阐述，最后指出了细菌浸出锰矿是一个重要的发展方向，应该对其进行大力研究，以达到工业应用的目的。

Development of bacterial leaching and its application on manganese ore leaching

Abstract: According to the literatures, this paper summarizes some key issues of bacterial leaching such as bioleaching theory, leaching bacteria, cultivation, and domestication. It also describes in detail the study progress of bacterial leaching of manganese. Finally, it is pointed that the bacterial leaching manganese is an important direction of research, which should be vigorously carried out in order to achieve industrialized applications.

细菌浸矿是微生物冶金中最重要的内容，因为这一技术有一系列优点，例如投资和生产费用低，可用于处理低品位多金属矿、设备简单、能耗低、无污染，还符合绿色冶金、清洁生产的要求，故而成为湿法冶金的发展方向。目前该技术的研究工作得到了很大的扩展，已在 20 多个国家 30 多个矿山得到工业应用。用细菌浸矿的研究报道有黄铁矿、砷黄铁矿、难处理金矿、铜、铀、镍、钴、钼、钨、铂族金属、锂、钒、锑、锡、铋、锰等矿。其中，对难处理金矿已建立了 Blox 工艺、Bactech 工艺、Newmout 工艺、Geobiotics 工艺，对浮选铜精矿也建立了 Geobiotics 工艺，得到工业化的应用[1-3]。

鉴于我国具有大量的低品位锰矿资源，细菌浸矿有望成为处理这类锰矿的重要方法。本文对细菌浸矿及细菌浸出锰矿的研究进展进行系统、扼要地阐述，希望引起锰业同行的重视。

1　细菌浸矿的原理[1-2]

从宏观物理化学出发，一直认为细菌浸矿的机理有直接作用和间接作用 2 种[4-5]。直接作用是细菌附于硫化矿物，并把矿物氧化为硫酸，释放出金属离子。间接作用则是 Fe^{3+} 和 H^+ 在化学作用下溶解硫化矿、产出元素硫和 Fe^{2+}，随后它们又由细菌氧化为硫酸和 Fe^{3+}，硫酸和 Fe^{3+} 与矿物作用，溶出金属离子。这 2 种作用的方式可用以下化学反应表示：

直接作用　$MeS + 2O_2 + H_2 \xrightarrow{\text{细菌}} H_2SO_4 + Me^{2+}$

间接作用　$MeS + Fe^{3+} \longrightarrow Me^{2+} + Fe^{2+} + S^0$

$$S^0 + 2O_2 + H_2 \xrightarrow{\text{细菌}} H_2SO_4$$

$$4Fe^{2+} + O_2 + 4H^+ \xrightarrow{\text{细菌}} 4Fe^{3+} + 2H_2O$$

其中硫由初始产物到最终产物，提出了 2 种化学反应历程，即硫化硫酸盐历程和多硫化物历程。

硫化硫酸盐历程可以简单表示为：

$$MeS + O_2 \begin{cases} \rightarrow S_3O_6^{2-} \rightarrow S_2O_3^{2-} \rightarrow S_4O_6^{2-} \rightarrow S_8 \rightarrow SO_4^{2-} \\ \rightarrow Me^{2+} \end{cases}$$

多硫化物历程也可以简单表示为：

$$MeS \xrightarrow[Fe^{3+}\quad Fe^{2+}]{2H^+\quad Me^{2+}} [H_2S^{*+} \rightarrow HS^* \rightarrow H_2S_n] \rightarrow SO_4^{2-}$$

直接作用和间接作用都不能很好地解释细菌浸出的实际问题，随着研究工作的深入，又用电化学及生物化学解释细菌浸出的化学过程。

由于细菌浸出中硫化合物的降阶过程伴随着与附着菌外细胞质(EPS)内某些物质相配合的 Fe^{3+} 离子的

---

* 该文首次发表于《中国锰业》，2008 年第 1 期，1 ~6 页及 16 页。

还原，可认为 EPS 离子参与了这一反应。细菌具有氧化亚铁离子的极高活性，不可能使整体溶液中发生亚铁离子的积累。在此基础上，细菌浸出中各主要氧化还原反应的电化学电位及细胞质中可能的电子转移途径如图 1 所示。其中，E_{OX}代表细胞质内 O_2/H_2O 对的氧化还原电位，为 +0.82 V(SHE)；E_{SOX}代表附着菌可利用的主要硫化合物(初始硫化合物)或沉积硫组元的氧化电位；E_{EP}代表 Fe^{3+}/Fe^{2+} 在 EPS 层中离子的氧化还原电位(接近于溶液的氧化还原电位)[6]。

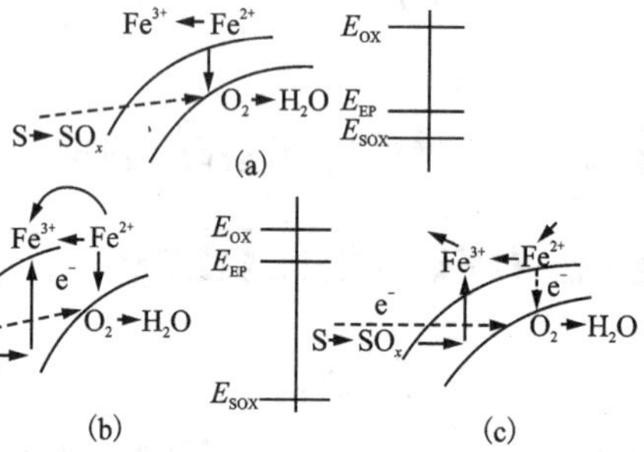

图 1　附着菌浸出硫化矿物时主要氧化还原反应的氧化电位及电子转移

当 E_{EP}较低时，大多数溶解的铁离子以二价态存在，电化学反应模式如图 1(a)所示。此时 E_{EP}和 E_{OX}之间差值较大，细菌的主要活性作用是氧化二价铁离子。三价铁还原的电子转移，以及电子不通过 EPS 层直接从硫化矿物转移到氧分子的转移都很小。

当溶解的大多数二价铁已被氧化为三价时，情况与上不同，如图 1(b)所示。此时 E_{EP}比 E_{SOX}高很多，从而造成三价铁还原电化学反应的良好动力学条件，有利于电子从表面硫化合物中转移。如果向细胞内细胞质空间充分供应氧，由上述反应产生的配合态二价铁继续转变为三价态，从而使硫化矿进一步氧化，这种情况如图 1(b)所示。另一方面，如果氧的供应不充分，表面硫化合物的氧化只能通过从总体溶液中三价铁离子的供应完成，如图 1(c)所示。

根据图 1 所示的电化学反应模型，附着菌的浸出行为很大程度上取决于细胞周质中 Fe^{3+}/Fe^{2+} 的浓度比，而该浓度比又取决于溶液中的氧化还原电位及溶解铁离子的浓度。这与实验中观察到的事实相符合。

可把各种硫化物氧化作用的生物化学步骤总结于图 2 中[7]。

第 1 步是硫和硫化物与细胞巯基群的反应(如谷胱甘肽)，并形成硫化物 - 巯基复合物。硫离子在硫化物氧化酶催化下氧化成亚硫酸盐。亚硫酸盐氧化并通过 2 条途径生成高能磷酸键：一种是通过细胞色素连接的亚硫酸盐氧化酶将亚硫酸盐氧化为硫酸盐，并

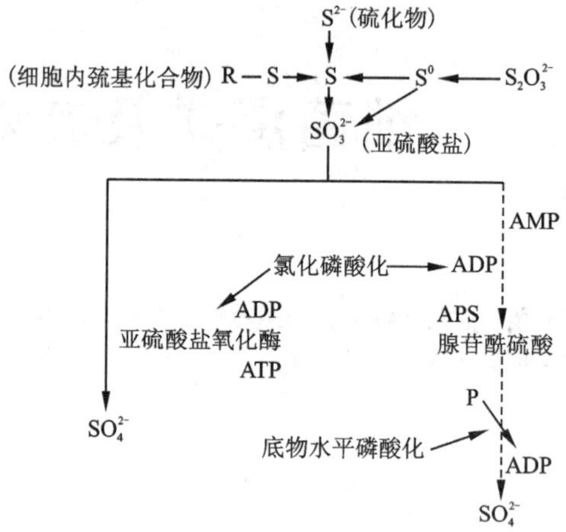

图 2　硫杆菌对不同硫化合物的氧化步骤

经氧化磷酸化作用进行电子传递形成腺苷三磷酸(ATP)。这一途径是亚硫酸盐氧化的主要途径，在硫杆菌中普遍存在；第 2 种途径是亚硫酸与 AMP 反应，有 2 个电子转移并形成腺苷酰硫酸(APS)，经细胞色素系统电子转移给 O_2，氧化磷酸化产生高能磷酸键。此外，底物水平的氧化磷酸化，APS 与 P_i 反应并转化为腺苷二磷酸(ADP)和硫酸。在腺苷酸激酶的作用下，2 个 ADP 可转化为 1 个 ATP 和 1 个腺苷多磷酸(AMP)。这样，2 个亚硫酸根离子经这一系统的氧化作用，最终形成 3 个 ATP，2 个由氧化磷酸化形成，1 个由底物水平磷酸化产生。某些硫杆菌中存在这一途径。

从 Fe^{2+} 到 Fe^{3+} 的有氧氧化是浸矿细菌(如氧化亚铁硫杆菌)获得能量的一种方式。在这一过程中，只有很少的能量可以利用。多数氧化铁的细菌同时氧化硫，且多为专性嗜酸菌，这在一定程度上是由于只有在酸性条件亚铁离子对化学氧化是稳定的。

氧化亚铁硫杆菌氧化铁的生物能具有生物化学意义，因为 Fe^{3+}/Fe^{2+} 具有正的还原电势(pH = 2 时为 0.77 V)。这种菌的呼吸链包括细胞色素 c、细胞色素 a_1，及一种含铜的铁硫菌蓝蛋白。由于 Fe^{3+}/Fe^{2+} 对的还原电位较高，到氧(0.5 O_2/H_2O，E_0 = +0.82 V)的电子途径很短，不足以还原和电子传递链中任何其他组分，研究已证明，氧化亚铁硫杆菌是利用环境中已存在的质子梯度产生能量。由于任何生物的细胞质必须保持在中性，氧化亚铁硫杆菌内 pH 约为6，而其周围环境的 pH 约为 2，细胞质膜两侧的 pH 差异，造成了可用于合成 ATP 的质子动力势。为了保证孢内中性的 pH，质子通过转运质子的 ATP 酶进入细胞，并在这一过程中，驱动 ADP 的磷酸化。显示了 Fe^{2+} 的氧化是一个消耗质子的反应过程。

[illegible]研究表明，氧和质子生成水的反应发生在细胞质膜[illegible]内侧，而 Fe^{2+} 的氧化反应发生在细胞质膜的外侧[illegible] Fe^{2+} 传出的电子在周质空间被铁硫菌蓝蛋白接受[illegible]图 3 所示）。铁硫菌蓝蛋白对酸稳定，在 pH = 2 时[illegible]最适合的活力。铁硫菌蓝蛋白的电子被传给高电势[illegible]与膜结合的细胞色素 c，最后到达终端氧化酶[illegible]细胞色素 a_1，然后将电子供给氧分子，加上细胞质[illegible]的 2 个质子形成水。

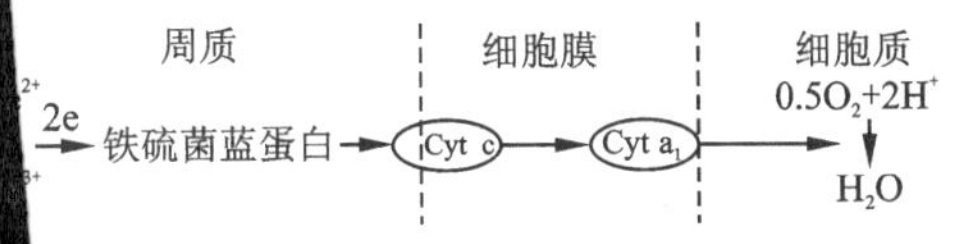

[illegible]图 3　亚铁离子为能源时细菌内的电子传递

从[illegible]菌内部分子水平上生物化学过程的研究揭示硫化矿[illegible]菌氧化浸出机理，需要解决的基本问题包括：细[illegible]的基因结构，基因的哪个特定片段参与了反应，是[illegible]样的反应历程，特定基因的克隆和测序，以及如何[illegible]响或改变特定基因的作用等。至今为止，对这些问[illegible]的研究还刚刚开始，因此，细菌浸矿生物化学机理[illegible]需要进行大量的研究工作。

2　浸[illegible]细菌、培养基及驯化

在细菌[illegible]矿中能否成功及产业化应用，最关键的问题是细菌。[illegible]已有报道的细菌可归纳如下：

2.1　中温菌

这类细菌的生存温度为 25 ~ 40℃，[illegible]有氧化亚铁硫杆菌（*T. Ferrooxidans*，简称为 *T. f*），氧[illegible]硫杆菌（*T. Thiooxidans*，简称为 *T. t*）和氧化亚铁微螺[illegible]（*L. Ferrooxidans*，简称为 *L. f*）。

2.2　中等嗜热菌

这类细菌的生存温度在 45 ~ 50℃，1976 年 R S Gdovova 等[8]发现了第 1 个物种，命名为 *Sulfobaeillus thermosulfooxidans*，还发现了 *themotolerans* 和 *asporogenes*。1992 年他又分离出一种 *L. Themoferroxidans*。以后 Hallberg 等[9]又提出了 Galdus 菌及菌株 BC_{13}。

2.3　高温细菌

嗜酸嗜高温古细菌是微生物进行的 1 个独立分支，有 4 个菌属能氧化硫化物：即硫化叶菌、氨基酸变性菌、金属球菌和硫化小球菌[10]。

培养基是细菌获取营养、能源的源泉。不同的微生物有不同的营养要求，因此，要根据不同微生物的营养需要配置不同的培养基。自养型细菌以简单的无机物为营养物质。这类菌有较强的合成能力，能从简单无机物质如 CO_2 和无机盐合成本身需要的糖、蛋白质、核酸、维生素等复杂的细胞物质。

异养型细菌以复杂有机物质为营养物质，其合成能力较弱，不能以 CO_2 作为唯一的能源，其培养基中至少有 1 种有机物质如葡萄糖，有的需要 1 种以上的有机物。

现在使用的培养基有 9 K、Leathen、ONM、Colmer 及 Wakesman 5 类，可根据细菌的性质选择使用。

细菌驯化是细菌浸矿中 1 项重要工作。它是在人为逐步改变外界环境的情况下，通过细菌本身优胜劣汰的过程演变，使那些活力较强并逐渐发生变异的细菌存活下来，形成适应新环境的新菌株。浸矿细菌进行驯化培养有 2 个主要目的：提高细菌对特定矿石的适应性（如吸附能力等）；提高细菌对金属离子或盐浓度等环境条件的耐受能力。驯化多是采用逐步提高培养基或浸出液中金属离子浓度的办法，使细菌对高金属离子浓度具备适应性，可在实验室用摇瓶实验完成。

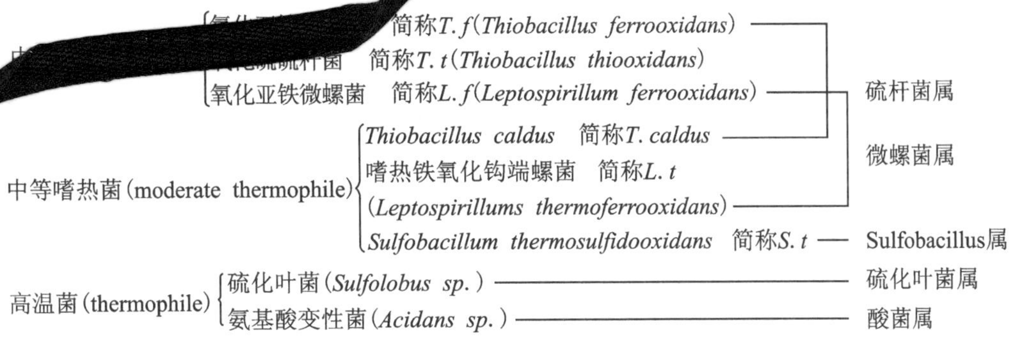

3 细菌浸出锰矿的研究进展

锰的最重要资源为氧化锰矿，其次是硫酸锰矿、硅酸锰矿、菱锰矿、锰方解石等。我国贫锰矿占锰矿资源的90%以上。多数贫锰矿成分复杂、结构特殊。处理这类锰矿资源，细菌浸出是有效的方法。

锰的化合物性质表明，二氧化锰不溶于硫酸，为了使锰矿中存在的 MnO_2 溶出，必须使 Mn(Ⅳ)还原为 Mn(Ⅱ)或氧化成 Mn(Ⅵ)。因此细菌浸出中的细菌应具有氧化作用或还原作用的能力。

3.1 异养性细菌浸出锰矿[1]

某些微生物能够将四价锰还原为易溶于水的低价锰(Mn^{2+})，或者细菌产生有机酸使氧化锰转变为离子状态或金属有机配合物进入溶液。

美国的佩海斯于1958年用芽孢杜菌对内华达州和明尼苏达州含锰3% ~5%的4个贫矿进行锰的浸出研究，平均锰浸出率为97.5%。

印度阿格特和迪沙帕德于1977年用分离到的芽孢杆菌属、假单孢菌属和节杆菌属的3种细菌进行了浸出果阿及安得拉邦矿石的摇瓶小型实验。矿石粒径0.2 mm，前者含锰品位为42%，后者为44.6%，分别在1 L三角瓶中加入50 g锰矿，50 mL营养肉汤(pH =6.6)及250 mL蒸馏水，再加入1 g菌种(湿重)，浸出90 d，3种培养基无明显变化，芽孢杆菌属和假单孢菌浸出90 d，浸出率各为90%；节杆菌浸出40 d，浸出率为90%。扩大到柱浸(柱高12 cm、直径5 cm)，先充入水洗一级的石英砂300 g于玻璃柱中以促进渗滤，矿样放入柱中，节杆菌培养物1 g(湿重)作为接种，浸出14 d后，果阿锰矿的锰浸出率为85.5%，安得拉邦锰矿为71.3%。试验规模扩大至槽浸，用矿量100 kg，接入节杆菌种和500 L水，浸出14 d，锰浸出率为78.4%。

可从许多可溶性微藻类中廉价得到糖和衍生物，而细菌可以依靠这些产物生长，因此有人进行了利用可溶性微藻类光合作用物供给浸锰的细菌生长的研究。结果表明，纯培养和混合培养物浸出锰，比单纯提供糖给细菌的浸出锰量增加50%。因此认为用混合细菌可容易地使碳酸盐和氧化矿中的锰溶解，若能解决营养需要及进一步提高浸出率，生物浸锰即可实现工业化。

Rusin 等[11] 研究了用 *Bacillus polymyxa P* 与 *B. circulaus MBX* 细菌从含锰铁矿中浸出锰。浸出渣中的Ag在后续氰化浸出中的浸出率可达90%以上。在用 *B. circulaus* 的连续浸出中，矿浆密度为15%，99.8% Mn与86%的银被浸出，而残留于浸出渣中的银还可由氰化浸出总银量的8.5%。

3.2 自养型细菌浸锰[1]

日本的今井和民等人从1962年就用氧化硫硫杆菌浸出贫二氧化锰矿(其中有部分碳酸锰)，在细菌浸出液中加入硫磺粉作细菌能源基质，使锰矿石中的锰呈可溶性的硫酸锰溶浸出来，锰浸出率达97%。

田野达男等人于1965年、1967年研究了添加金属硫化物对氧化硫硫杆菌浸出二氧化锰效果的影响。在500 mL振荡瓶中加入培养基80 mL，种菌液20 mL，500 mg化学试剂二氧化锰代替低品位锰矿，分别加入FeS，CuS，ZnS，$FeSO_4$ 和 $Fe_2(SO_4)_3$，浸出3 d，结果是：加FeS浸出液中增加硫酸量为0.7 mg/100 mL，为对照的2倍，浸出锰浓度由0.017%增加到0.011%，为对照的6.5倍。FeS的作用在于它生成的 H_2S 使不溶于溶液的 Mn^{4+} 还原成水溶性的 Mn^{2+}。当细菌在含有1% MnO_2 和0.1% FeS中培养10 d时，培养液中的锰的浓度约为0.5%，锰浸出率90%。加ZnS对锰浸出更有效，溶液中锰的浓度为0.185%，为对照的10倍。CuS对锰浸出和细菌生长似乎无影响。$FeSO_4$ 的效果与FeS相同，浸出锰量随 $FeSO_4$ 或FeS的添加量大致呈比例上升。加 $Fe_2(SO_4)_3$ 效果不明显。他们同时研究了用离子交换膜浓缩锰和电解回收锰，发现细菌抗电压80~110 V，抗电流4 A/dm^2，由此断定活性细菌的锰浸出稀溶液可以用电解法处理。在上述试验基础上，进行了细菌浸出锰矿连续提取高浓度锰液的研究，锰浸出率达97%以上，并提出了氧化硫杆菌浸出二氧化锰的机理。

钟慧芳等[12]对我国陕西省天台山磷锰矿的细菌浸出进行了研究。该矿储量大，品位低，嵌布粒度极细，结构复杂，属难选矿，采用常规选矿方法达不到磷锰分离和富集锰的目的，而且选矿成本高。细菌浸出的工艺分2步，第1步用氧化亚铁硫杆菌TM菌株以黄铁矿(产地为镇安和略阳)作能源基质，氧化后产生 Fe^{3+} 离子和硫酸溶液，称为菌生黄铁矿浸矿剂，并以此作为浸矿剂浸出锰矿。用TM菌株对黄铁矿氧化浸出35 d，溶液中铁的浓度为21 g/L，为无菌时的60倍，pH由4.9下降到1.6。试验表明，不同来源的黄铁矿均可作为能源基质，如表1所示。

表 1　TM 菌对不同来源黄铁矿的氧化作用(浸出 8 d)

产地	pH	铁浸出速率 v /($g\cdot L^{-1}\cdot d^{-1}$)	浸出液产生的硫酸根质量浓度 /($g\cdot L^{-1}$)	矿床类型
略阳黄铁矿	1.6	0.5	41.76	热液矿床
镇安黄铁矿	1.0	1.19	54.83	沉积矿床
白河黄铁矿	0.7	2.10	—	沉积矿床
西乡黄铁矿	0.8	1.44	—	沉积矿床

第 2 步用第 1 步得到的菌生黄铁矿浸矿剂去浸出锰矿。浸出结果表明，在 70℃温度下浸出 3 h，锰浸出率为 90.85%，每吨锰粉仅需加硫酸 115 kg。而在相似条件下用硫酸浸出时，虽然也可以达到类似的浸出率，但每吨锰矿的硫酸耗量高达 740 kg。采用菌生黄铁矿浸矿剂可节省 84.46% 的硫酸，在规模为每次 85 ~ 100 kg 锰矿的半工业试验中，经初步成本核算，细菌法比硫酸法的成本低 30% 左右。

孟运生等[13]用经过驯化培养的 TM 菌浸出贫锰矿。细菌的初始浓度为 15.5 mL。同时做无菌对照试验，试验结果见图 4。

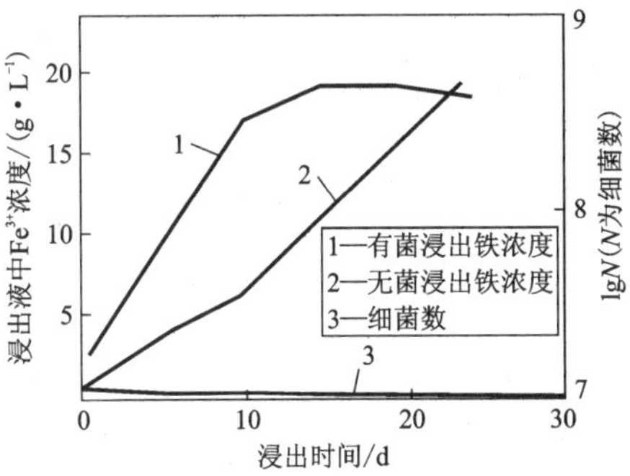

图 4　TM 菌对黄铁矿的氧化作用

从图 4 可知：TM 由于适应了固态基质，生长曲线几乎不经过液态基质生活的细菌所需的延长期。细菌量由开始的 10^6 mL 在较短的时间内便增至 10^7 ~ 10^8 mL，细菌浸出的铁量急剧增加。浸出 25 d，无菌条件下浸出的铁的质量浓度仅 0.52 g/L，而细菌氧化的黄铁矿浸出的铁的质量浓度为 19.8 ~ 22.6 g/L。可见用空气来氧化黄铁矿是极其缓慢的，细菌则具有显著的加速作用。

菌生黄铁矿浸矿剂搅拌浸锰矿试验结果如下。用菌生高铁浸矿剂进行搅拌浸锰的条件试验，获得浸锰的最佳参数：Fe^{3+} 质量浓度为 25 g/L，矿浆浓度 10%，温度 60℃，搅拌时间 2 h，pH 为 1.7 ~ 1.8。

用菌生黄铁矿浸矿剂在最佳参数下搅拌浸出锰矿石，试验结果见表 2。

表 2　实验室菌生黄铁矿浸矿剂浸锰试验结果

浸矿剂编号	浸矿剂(Fe^{3+}) /($g\cdot L^{-1}$)	锰浸出率 /%
1	21.2	62.16
2	19.4	58.49
3	22.4	64.92

由表 2 可知：用菌生黄铁矿浸矿剂搅拌浸出贫锰矿，锰的浸出率在 60% 左右，而且浸出率随浸矿剂 Fe^{3+} 质量浓度的升高而增大。细菌氧化黄铁矿获得浸矿剂过程中，仍有铁矾出现，从而导致 Fe^{3+} 部分损失。因此为了获得更高的浸出率，应加强细菌对黄铁矿的氧化作用，同时缩短浸矿时间。

Hiroshi Nakazawa 等用元素硫及黄铁矿作基质培养驯化的氧化铁硫杆菌浸出大洋结核(壳)时发现：随着元素硫被细菌氧化为硫酸盐，矿浆 pH 降低，结核(壳)中的镍、铜先溶出，然后钴、锰也被浸出；镍的溶出速度取决于元素硫的含量和初始细菌的数量；使用耐铜细菌或适应性驯化培养可以缩短浸出钴的诱导期；使用黄铁矿代替元素硫作基质，钴的浸出速度显著加快，黄铁矿还可作为大洋结核中二氧化锰的还原剂。结果表明：用细菌浸出大洋结核(壳)是可行的方法。

李浩然等[14]研究了用氧化亚铁硫杆菌加还原剂从大洋锰结核中浸出锰。锰结核由“大洋一号”在东太平洋采得，其成分为：Co 0.26%，Ni 0.84%，Cu 0.89%，Mn 21.08%，Fe 10.2%。摇瓶试验温度一般为 30℃，leathen 培养基加还原剂，接种细菌，摇床转速 160 r/min。研究了各种因素对浸出率的影响。

(1)还原剂种类：试验了硫酸亚铁、黄铁矿、硫酸亚铁加黄铁矿 3 种不同的还原剂，这些物质既是 Mn(Ⅳ)的还原剂，也是细菌的能源物质，其中黄铁矿的效果最好。

(2)黄铁矿与锰结核的质量比为 1∶1 最好。

(3)矿浆浓度为 40 g/L 较适宜。

(4)pH：pH 维持在 2，浸出率最高。

(5)温度：最适宜温度为 30℃。

在优化条件下：leathen 培养基，用黄铁矿作还原剂，黄铁矿与锰结核质量比为 1∶1，锰结核粒度 -147 μm，矿浆浓度 40 g/L，温度 30℃，接种量 25%，摇床转速 160 r/min，浸出 6 d，Mn 浸出率接近 100%。

在上述条件下(只有矿浆浓度改为 5%)浸出陆地软锰矿与硬锰矿，浸出 9 d，锰的浸出率分别为 95.6% 与 96.8%。

在浸出锰的同时，锰结核中其他的金属也同时被浸出[15]，在矿浆浓度 5%，pH = 2，接种量 15%，锰结核与黄铁矿质量比为5∶1，温度30℃，用leathen培养基，9 d浸出率为Co 95.92%，Ni 93.95%，Cu 53.35%，Mn 93.97%，Zn 66.13%，Mo 15.13%，Fe 24.73%。

L Henry[16]研究了一种海生假单孢菌（采自太平洋深海处）还原 MnO_2 的机理。该菌株能在有氧或无氧条件下还原 MnO_2，以醋酸或葡萄糖为电子供体。他提出的还原机理如图5所示。

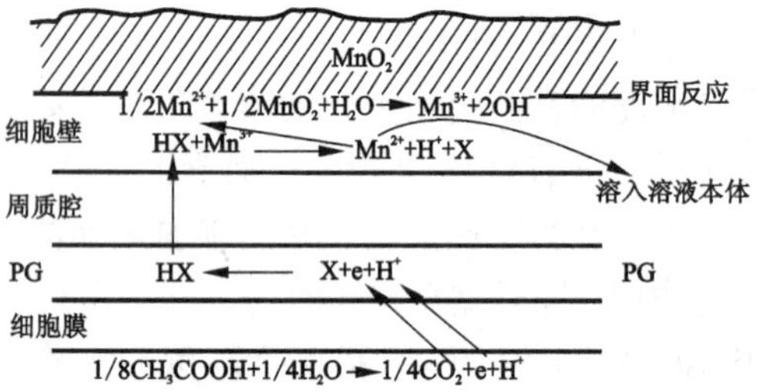

图5　MnO_2 还原时电子传输

在此机理图中，醋酸氧化放出电子，供给细胞膜上的电子传输链，在此传输链的末端，电子传给周质间隔中的载体X，后者又传到细胞壁，还原 Mn^{3+} 生成 Mn^{2+}，所生成的 Mn^{2+} 一部分在界面处去还原 MnO_2 生成 Mn^{3+}，另一部分则溶解入溶液。

该机理也适用于有氧条件下用假单孢菌BⅢ 88还原 MnO_2 的过程。有氧与无氧条件下的区别仅在于：在有氧条件下醋酸或葡萄糖氧化放出电子部分传给 MnO_2 使其还原，另一部分则传给 O_2。

用自养微生物如氧化亚铁硫杆菌浸出 MnO_2 时，加入黄铁矿或硫磺粉作为细菌能源基质，此时，细菌的作用是参与硫与黄铁矿的氧化，按前面所讲述的机理，氧化过程生成 Fe^{2+} 与低价硫的中间化合物，在黄铁矿伴生时，为硫代硫酸根，这些生成的 Fe^{2+} 与硫代硫酸根作为还原剂去还原 MnO_2。

$$MnO_2+2Fe^{2+}+4H^+ = Mn^{2+}+2Fe^{3+}+2H_2O$$

$$2MnO_2+S_2O_3^{2-}+6H^+ = 2Mn^{2+}+3H_2O+CO_2$$

有的微生物，如真菌，其代谢产物中含有机酸，这些有机酸可以作为溶剂与配合剂去溶解氧化矿中的金属氧化物如NiO、ZnO等而达到浸出目的。

4　结　语

1）细菌浸矿是湿法冶金的新方向，也是处理低品位锰矿及大洋结核的重要方法。

2）结合我国锰矿资源的特点，应大力开展细菌浸出锰矿的研究工作，其中既要开展工艺研究，也要进行基础理论研究，例如测定浸矿细菌的DNA序列，培养工程浸矿细菌，深入到基因深层次的研究，是非常必要的。

3）在已有研究工作的基础，进一步进行补充完善，使细菌浸出锰矿早日实现工业应用，以便达到减少污染、改善环境和有效利用资源的目的。

参考文献

[1] 杨显万等. 微生物湿法冶金. 北京：冶金工业出版社，2003.

[2] 方兆珩. 细菌冶金过程原理. 北京：冶金工业出版社，2005.

[3] 马荣骏等. 21世纪生物冶金展望. 邱定蕃. 有色金属科技进步与展望——纪念《有色冶金》创刊50周年专辑. 北京：冶金工业出版社，1999.

[4] H Tributech. Direct versus indirect bioleaching. Hydrometallurgy, 2001, 59: 177.

[5] W Sand et al. Biochemistry of bacterial leaching—direct vs. indirect bioleaching. Hydrometallurgy, 2001, 59: 159.

[6] G S Hansford et al. Chemical and electrochemical basis of bioleaching processes. Hydrometallurgy, 2001, 59: 135.

[7] M T马迪根等（杨文博等译）. 微生物生物学. 北京：科学出版社，2001.

[8] 武汉大学等. 微生物学（第2版）. 北京：高等教育出版社，1987.

[9] K B Hallberg et al. Characterization of *thiobacillus caldus sp. nov.* a moderately thermophilic ocidphile. Microbiology, 1994, 140: 3 451.

[10] Jack Barret et al. Metal extraction by bacterial oxidation of minerals. New York, London, Toronto, Sydney, Tokyo Singapore, Ellis Horwood, 1993.

[11] P Rusin et al. Enhanced recovery of silver and other metals from refractory oxide ores through bioreduction. Mining Eng., 1992, 45: 1 467.

[12] 钟慧芳等. 细菌浸锰及其半工业试验. 微生物学报，1990，30(3)：228.

[13] 孟运生等. 贫锰矿细菌浸出试验研究. 湿法冶金，2002，4(21)：184.

[14] 李浩然等. 微生物浸出深海多金属结核中有价金属. 有色金属，2000，52(4)：74.

[15] 李浩然等. 微生物催化还原浸出氧化锰矿的研究. 有色金属，2001，53(3)：3.

[16] L Henry. A possible mechanisms for the transfer of reducting power to insoluble mineral oxide in bacterial respiration. Torma AE, Way JE, Laksmann Ⅵ eds. Biohydrometallurgical technologies, Vol. Ⅱ. Warrendate, Pensylvania, TMS press, 1993: 415.

酰胺型 A101 萃取剂及其应用*

摘　要：本文叙述了在独立自主、自力更生的原则指引下，研制成功酰胺型萃取剂，以及应用于稀有金属的提取和分离的许多有成效示例。二烷基乙酰胺是属于以羰基为官能团的弱碱性萃取剂，其特点是容易合成，物理化学性能好，选择性高。现已成功地应用于铌钽分离，铊的提取，钼铼分离和萃取镓，在有关工厂生产实践中效果良好。

近年来，我们合成了酰胺型 A101 萃取剂，并已成功地应用于多种稀有金属的分离和提取。

酰胺型 A101 萃取剂是以羰基为官能团的弱碱性萃取剂，实践证明，具有容易合成、性能稳定、选择性高、成本低廉等优点。能在无机酸溶液中萃取呈络阴离子状态的金属，在分离铌、钽，提取铊，分离钼、铼和萃取镓等上获得了良好的效果，还可望推广应用到其他一些金属的提取上去。

1　性能试验

在我国湿法冶金中，已作为工业萃取剂应用的二烷基乙酰胺，有 A101 等。其物理常数经测定如下：

相对分子质量	290.4
折光率 n^{25}	1.4552
黏度 η^{25}18.13×10^{-3}Pa·s	相对密度 D_4^{25}0.8667
沸点 182～220℃	表面张力(22℃) 30.9×10^{-5}N/cm
水中溶解度(26.2℃)	0.058 mL/L H_2O

可以看到其水溶度小和沸点高，有利于工业应用，黏度虽大，但在使用中可加稀释剂调整至要求程度。

在考察化学稳定性时，曾使之多次与浓酸或浓碱反复作用，结果降解很小。在萃取分离铌、钽中也证实，A101 循环使用一个月后，总胺含量仅增加 0.07%，为数可忽略不计。

酰胺类萃取剂经过毒性试验，可以认为是属于无急性毒害的萃取剂。

在二烷基乙酰胺中，由于导入了—NRR′基团，使其水溶性和挥发性减小，闪点升高，较之酮、醇等有更强的抗氧化能力。在二烷基乙酰胺的氮原子上烷基碳链加长或芳基取代，可使其萃取能力减小。但烷基 α 位上支链化(即仲碳原子)，则使其萃取能力稍有加强。羰基邻位 α 碳原子支链化，由于空间位阻效应而使萃取剂的萃取能力变小，当萃取剂对金属的配位数高时，这一效应尤其显著。

二烷基乙酰胺的萃取机理与甲基异丁基酮一样，对金属呈锌盐机理萃取。A101 萃取钽、铌和铊时，萃合物中金属与萃取剂的摩尔比为 1∶1。在工艺操作条件下，萃取反应可写为：

$$CH_3CONR_2 + HNbF_6 == [CH_3CONR_2H^+][NbF_6^-]$$

$$CH_3CONR_2 + HTaF_6 == [CH_3CONR_2H^+][TaF_6^-]$$

$$CH_3CONR_2 + HTlCl_4 == [CH_3CONR_2H^+][TlCl_4^-]$$

用作图法和连续递变法测定 A101 萃取铼的萃合物组成时，结果得到萃合物中萃取剂的分子数为 2，可以认为呈如下结构的离子缔合物：

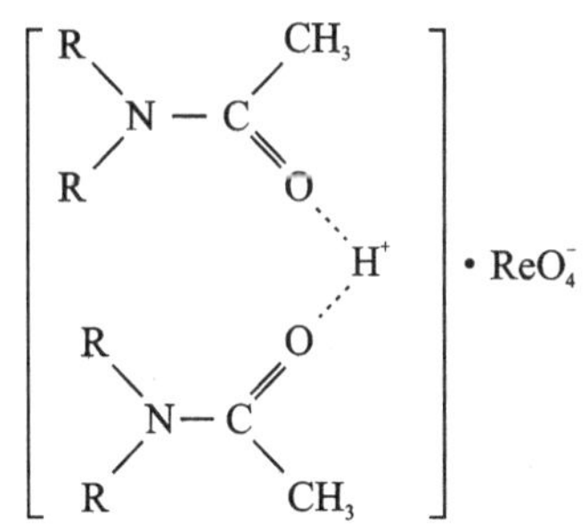

仍可认为呈锌盐机理萃取。

研究二烷基乙酰胺萃取金属卤络酸得知，随着金属卤络酸酸性的增加，萃取反应有如下变化：

以上反应说明了氮原子在萃取中的作用，故在一定条件下，可把二烷基乙酰胺看成具有弱螯合能力的萃取剂。

该文首次发表于《金属学报》，1977 年第 4 期，282～287 页。合作者：周太立及萃取组的同志。

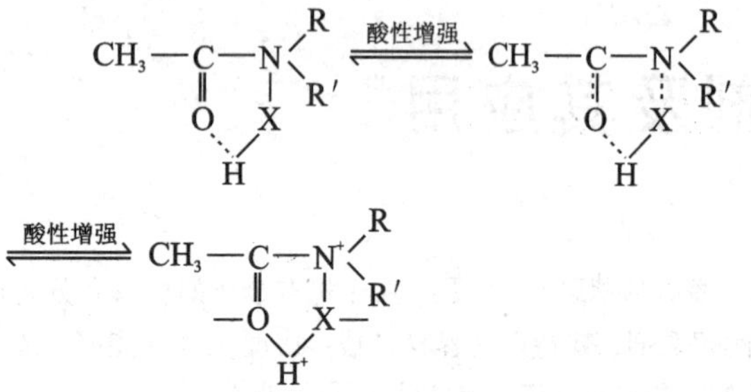

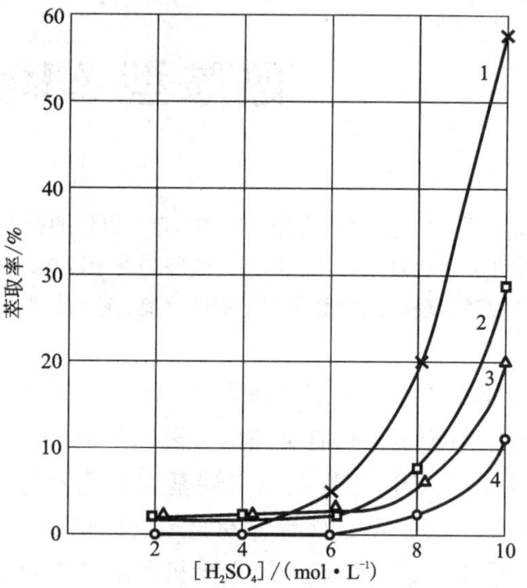

图 2　H_2SO_4、HF 浓度对钨萃取率的影响

1—4.5 mol/L HF; 2—3.5 mol/L HF;

3—1.0 mol/L HF; 4—0.5 mol/L HF

2　对金属离子的萃取分离试验

以 40% A101—二乙苯为有机相，在有机相与水相的相比等于 1∶1 时，硫酸、氢氟酸浓度对从含 Nb_2O_5 50 g/L + WO_3 5 g/L 溶液中萃取铌与钨的影响示于图 1 和图 2。

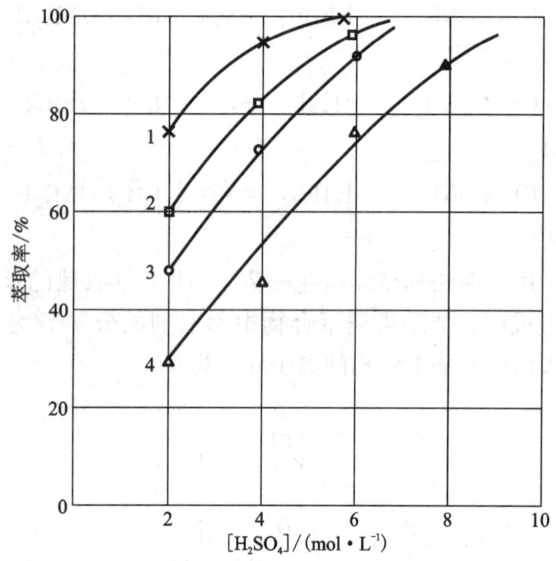

图 1　H_2SO_4、HF 浓度对铌萃取率的影响

1—4.5 mol/L HF; 2—3.5 mol/L HF;

3—2.5 mol/L HF; 4—1.0 mol/L HF

在 5.8 mol/L HF + 3.0 mol/L H_2SO_4 浓度萃取时，铌的分配比(D_{Nb})为 13.8，钨的分配比(D_W)为 9.04×10^{-3}，铌钨的分离系数(β_W^{Nb})为 1530；而在用甲基异丁基酮于相应条件下萃取，上述数值分别为 4.88，8.9×10^{-3} 和 548。当上述组成的有机相，与含 Nb_2O_5 50 g/L + Ta_2O_5 5 g/L + HF 5.0 mol/L + H_2SO_4 3.0 mol/L 的水相等体积萃取后，有机相再用蒸馏水在相比为 1 的条件下反萃取时，铌的反萃率为 99.8%，钽的反萃率为 12.2%，钽铌的分离系数(β_W^{Nb})为 3920；而甲基异丁基酮在相应条件下萃取，上述数值分别为 99.9%，14.0% 和 5280。这就说明，虽然甲基异丁基酮对分离铌钽的效果较好，但如兼顾铌钨分离，采用 A101 有明显的优点。此外，A101 在 HF - H_2SO_4 体系中对钛、锰、铁等杂质基本上不萃取。

其次，从盐酸溶液中萃取金(Ⅲ)、汞(Ⅱ)、铊(Ⅲ)、铼(Ⅶ)，有突出的效果。例如，用 20% N - 苯基 N - 正辛基乙酰胺 - 二乙苯为有机相，在有机相与水相的相比为 1∶2 时，从盐酸溶液中，萃取铊(Ⅲ)、铅(Ⅱ)、镉(Ⅱ)、铋(Ⅲ)的情况，可见图 3。用 15% A101 - 二乙苯为有机相，在有机相与水相的相比为 1∶2 时，从盐酸溶液中萃取镓的情况，可见图 4。

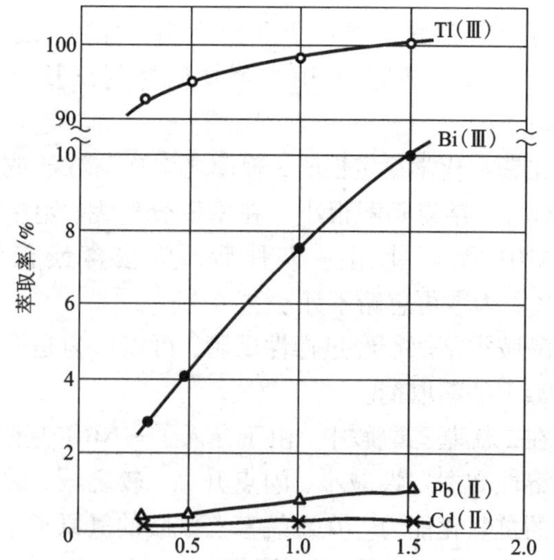

图 3　盐酸浓度对金属萃取率的影响

至于从硫酸溶液中的萃取，可举铼、钼分离作例

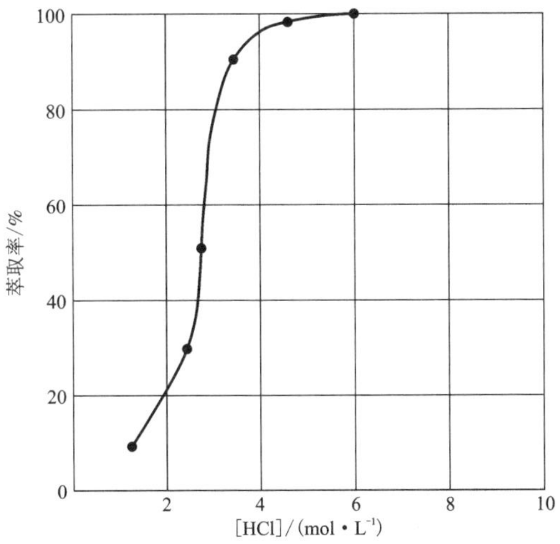

图 4　盐酸浓度对镓萃取率的影响

子。当水相中 Mo/Re = 30∶1，硫酸浓度为 2.75 mol/L 时，铼、钼分离系数达到最大值 β_{W}^{Nb} = 667（见图 5）。

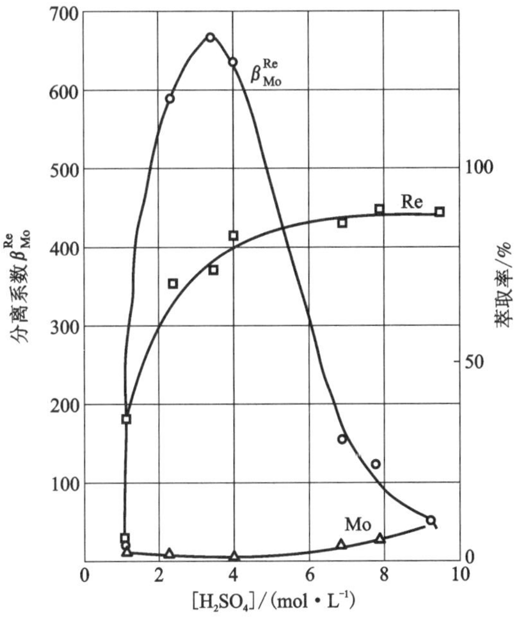

图 5　硫酸浓度对萃取分离铼钼的影响

3　应用于提取稀有金属的实践

酰胺型 A101 新萃取剂已经成功地用于萃取分离铌、钽，在铅锌系统中提取铊和镓，在焙烧烟气淋洗液中回收铼，现简述如下：

1）铌钽分离

几年来的生产实践表明，用 A101 萃取体系提取分离铌、钽，不但简化了工艺流程，而且能处理高铌、钽比（Nb_2O_4/Ta_2O_5 = 7∶1 ~ 10∶1）、高钛（含 TiO_2 30%）、多钨[$WO_3/(Ta \cdot Nb)_2O_5$ > 10%]和高磷（P_2O_5 20%）的原料，产品成本也有很大的降低，基本上解决了我国复杂的钽铌精矿资源的利用问题。

采用 A101 萃取体系以后，主要由于其水溶性很小，萃取剂单耗很低，每千克产品仅有 0.022 ~ 0.062 kg。与 TBP 体系相比，产品质量有很大的提高，成本相对下降 20%，金属回收率提高 1% ~ 3%。

用 A101 萃取分离铌、钽的工艺流程初步拟定如图 6 所示。

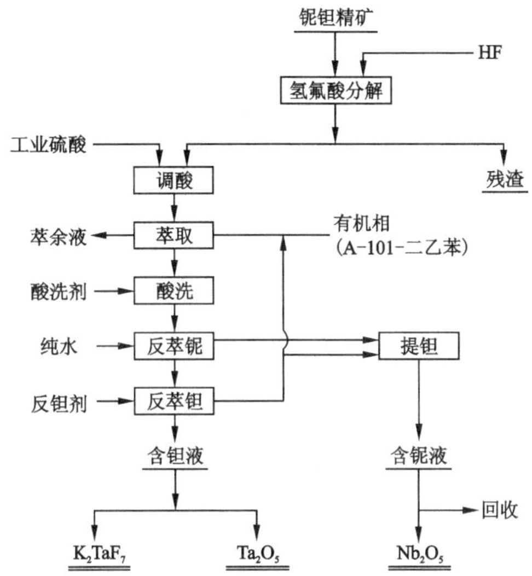

图 6　A101 萃取体系生产铌、钽的原则流程

经过几年的发展，A101 萃取分离铌、钽的体系已用于矿浆萃取，并可直接从矿石分解液中制备高纯氧化铌。

2）铼提取

对于铼的提取，现拟改用二烷基乙酰胺萃取，从辉钼矿焙烧烟气淋洗液中生产高铼酸钾的工艺列出流程如图 7 所示。

按图 7 所示流程改进后的流程进行生产，金属回收率高，比原来的总回收率提高 2%；萃取剂损耗少，比异戊醇萃取工艺流程有机相损失减少 90%；生产成本低，产品原辅材料的单耗比异戊醇萃取体系减少 70% 以上；操作时气味小，基本上消除了乳化，容易实现连续作业。

3）回收铊

（1）从铅、锌冶炼副产品中回收铊。为了不再沿用化学溶解—沉淀法的陈旧工艺，也为了改进溶剂萃取法如 TBP，D_2EHPA，MIBK 等常用萃取剂的缺点，与有关工厂研究用 A101 和 N－苯基 N－正辛基乙酰胺萃取铊的新流程（图 8），并进行了用 A101 萃取法制取高纯铊的试验。

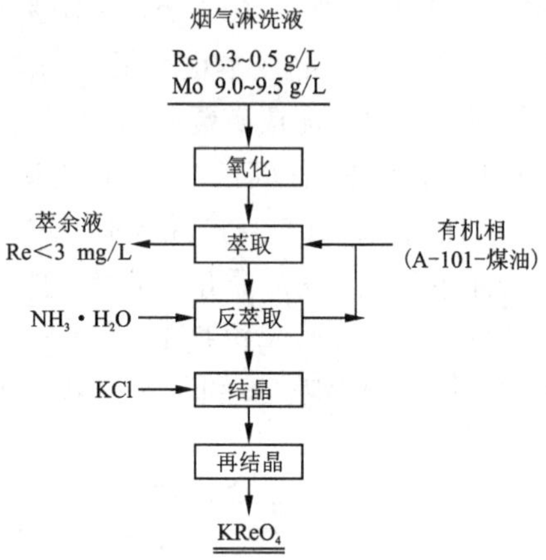

图7　用二烷基乙酰胺从烟气淋洗液中萃取回收铼的工艺流程

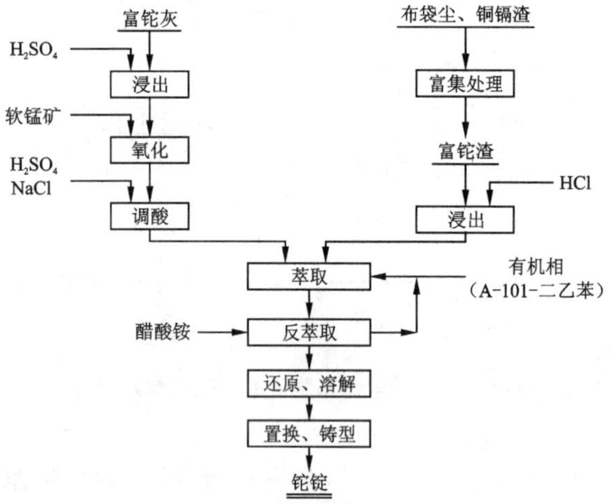

图8　用A101萃取法生产铊的工艺流程

(2)从锌冶炼副产品中回收铊。收集布袋尘和铜镉渣，经过富集处理，得到富铊渣，用盐酸浸出可得每升含铊20 g左右的溶液。以此作为水相料液，用A101－二乙苯溶液作为有机相进行萃取。经盐酸洗涤除去杂质，醋酸铵溶液反萃。萃余液中含铊每升0.003～0.05 g，反萃液中每升含铊60 g左右，萃取率可达99%以上，反萃取率是98%～99%。反萃液经亚硫酸钠还原，浓硫酸溶解，锌置换得海绵铊，在苛性钠保护下熔铸，即成品位为99.99%的铊锭。铊的总回收率为97%。

(3)从铅烧结烟尘中回收铊。铅精矿氧化烧结过程中得到的含铊烟尘，经反射炉富集，得到含铊2%左右的富铊灰，用硫酸浸出，软锰矿氧化，调整氯离子浓度和酸度，所得含Tl^{3+} 5 g/L的溶液作为水相料液，用A101－二乙苯作为有机相进行萃取。按上述相同手续也可以获得纯铊锭。总回收率为84%。

(4)制取高纯铊。用前述生产工业铊的醋酸铁反萃液，以盐酸调整酸度，用含Tl^{3+} 20～30 g/L的溶液为水相，经萃取、反萃、还原、浓硫酸溶解、电解、铸型等步骤，便可获得99.999%的高纯铊。分析典型产品中20种杂质的总和小于0.001%。各杂质含量分别为(10^{-6})：Ca<1；Pb<0.9；As, Cd, Hg, Zn, Al, Mg, Fe和P都<0.5；Cu和Sn都<0.3；Co, In, Ni, Ga, Au, Ag, Bi和Mn都<0.1。

此工艺的工序简单，萃取剂损耗小，成本低，无毒性，劳动条件好。

4)镓和其他金属

在湿法炼锌系统中回收镓，采用A101萃取剂进行萃取，有极好的收效。其技术操作条件为：

有机相：A101－二乙苯。

萃取料液(g/L)：Ga 0.63，As 26.21～27.58，Fe 3.38～3.65，Cu 3.69～3.75，Cd 1.02～1.42，Zn 18.3～20.83，Pb 0.41～0.43。

萃取率>99.5%，反萃取率99.2%，直收率>98.7%。

The amide type extractant A101 and its application to the separation of niobium and tantalum, and molybdenum and rhenium *

Abstract: The amide type extractant A101 and its application in solvent extraction and separation of metals is described in this paper. Dialkyl acetamide is a weakly basic extractant with carbonyl as its functional group. It has the characteristics of easy preparation, good physico-chemical properties and highly selective extraction. So far it has been successfully used in the separation of Nb and Ta, Mo and Re, and the extraction of Tl and Ga. Good results have been achieved in production practice.

Introduction

The industrial anion extractants used in hydrometallurgy are ethers, ketones, alcohols, amines etc. The ethers, such as ethyl ether, are now very rarely used owing to their high volatility, low flash point and toxicity. Among the ketones, MIBK is extensively used since it offers good results for the separation of many metals. However it also has its drawbacks, such as high volatility, high aqueous solubility, and high toxicity. The higher alcohols are usually used as additives to eliminate any third phase in solvent extraction. The use of sec-octyl alcohol, iso-amyl alcohol etc. as extractants is also described in the literature[1-2]. In comparison with ethers and ketones, sec-octyl alcohol and isoamyl alcohol have higher flash points, lower aqueous solubility and are better in removing iron from hydrochloric acid solution. But they have higher viscosity and give poor separation of many metals, and thus it is difficult to meet the needs of production processes. The basicity and extraction power of amines are very strong, but their selectivity is not good, and it is difficult to strip some metals.

To meet the needs of production practice, we developed the amide type extractant A101 in 1967. This has been successfully used to separate and recover many metals. A101 is a weakly basic extractant with carbonyl as its functional group. It was proved in production practice that it has the advantages of easy synthesis, high stability, high selectivity and low cost. It could be used for the extraction of metal ions as anion complexes from acid solution. In addition to the separation of Nb and Ta, Mo and Re, and the extraction of Tl, Ga etc., it might be utilized in some other fields.

On the basis of A101, the Shanghai Institute of Organic Chemistry developed N503 (di-methyl-heptyl acetamide) in 1971—1972 with a new line of synthesis and then successfully applied it in Nb-Ta production and the removal of phenol from waste water. The latter application of dialkyl acetamide might be an important contribution to the protection of the environment.

1 The physico-chemical properties of A101

The physical constants of A101 are as follows: mol. wt., 290.4; boiling point, 180 – 220℃; refractive index n^{25}, 1.4552; relative density D_4^{25}, 0.8667 kg/L; viscosity η^{25}, 1.813 Pa · s; surface tension (22℃), 0.0309 N/m; aqueous solubility (26.2℃), 0.05 g/L; flash point 145.2℃ (closed cup method).

As compared with other extractants used for Nb and Ta, A101 has small solubility in water and a high boiling point and flash point [Solubility (g/L) in water at 20℃: MIBK, 20; TBP, 0.6; sec-octyl alcohol, 0.8. boiling point/℃: MIBK, 115.8; TBP, 289; sec-octyl alcohol, 175. flash point/℃: MIBK, 23; TBP, 145; sec-octyl alcohol, 73]. Although its viscosity appears high, it can be modified by adequate dilution.

* 该文首次发表于《Hydrometallurgy》, 8(1982), 379 ~388。合作者: 周太立、钟祥、黄卓枢、周忠华等。

The $N-\overset{\overset{\displaystyle O}{\|}}{C}-C$ of dialkyl acetamide molecules is planar, and O and C both have a p-orbit perpendicular to this plane. N has a lone electron pair. A large π-bond of bond order 1 is formed between O, C and N[4-5]. Due to the introduction of the—NRR′ group into the structure of acetamide, its water solubility and volatility are decreased and flash point and stability increased. In comparison with ketones and alcohols, dialkyl acetamide has much stronger antioxidizing ability and stability against acids and alkalis. During the production of Nb and Ta, the total amine content of A101 increased by only 0.07% after one month of recycling operations. This confirmed that the degradation of A101 is negligible.

If the carbon chain of alkyl on the nitrogen atom of dialkyl acetamide were lengthened or substituted by aromatic radicals, its extractability would be reduced. But the branching of alkyl at its α-position (i. e. becoming secondary) would increase the extractability slightly. The branching at the α-carbon atom near the carbonyl group, however, would decrease the extractability owing to the effect of steric inhibition, which is especially pronounced as the ratio of extractant ligands to metal ion is high. This phenomenon might be explained by the inhibition of inner rotation of the C(O)—N bond in substituted acetamide.

Because of the density shift of the electron cloud in dialkyl acetamide molecules from the N to O atom, the protonation of acetamide in acid solution occurs on the O atom of the carbonyl, thus having a mechanism of oxonium extraction. In the extraction of Nb, Ta and Tl with A101 under production conditions the ratio of metal to extractant in the extracted species is 1. The extraction reaction might be expressed as

$$CH_3CONR_2 + HNbF_6 = [CH_3CONR_2H^+][NbF_6^-]$$

$$CH_3CONR_2 + HTaF_6 = [CH_3CONR_2H^+][TaF_6^-]$$

$$CH_3CONR_2 + HTlCl_4 = [CH_3CONR_2H^+][TlCl_4^-]$$

Determined by the standard slope analysis method and method of continuous variation[6] the molecular ratio A101/Re in the extracted species of rhenium is 2. The extracted species might be considered as ion association compounds, i. e. also an oxonium salt mechanism[7]. From the investigation of extracting halogen complex acids with dialkyl acetamide[8], it is known that the protonation of the O atom would lead to an increase of the double bond characteristics of the C—N link. With increase of acidity of the metal halogen complex acid the metal complex anion might interact with the somewhat positively charged N atom. The change in the extraction reaction is shown as follows:

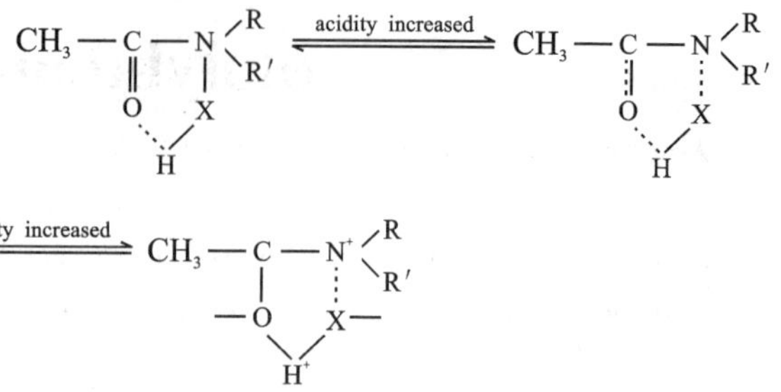

Therefore, we may consider the dialkyl acetamide as a weakly chelating extractant under certain conditions.

The toxicity test (e. g. in the toxicity test of extractant N503 for white mice the median lethal dose, LD_{50}, is 8.2 g/kg) shows that these amides are extractants of low toxicity.

2 The extraction and separation of metal ions with A101

When Ta and Nb are extracted from HF – H_2SO_4 solution, the saturated capacity of A101 is higher than MIBK and sec-octyl alcohol. For the purpose of decreasing the viscosity of the loaded organic phase, 40% A101 is used in the production of Ta and Nb (saturated loading capacity is 142.6 g Nb_2O_5 per liter organic phase). The organic phase is composed of 40% A101 diethyl benzene. When the phase ratio O/A is 1∶1, the effect of H_2SO_4 and HF concentration on the extraction of Nb and W from solution containing Nb_2O_5 (50 g/L) WO_3 (5 g/L) is shown in Figs 1 and 2, respectively. The corresponding curves for MIBK and sec-octyl alcohol are also presented in the figures for comparison.

It can be seen from Figs 1 and 2 that the extraction of Nb and Ta with 40% A101 is similar to that with MIBK and higher than sec-octyl alcohol, but the extraction of W is lower than MIBK and much lower than sec-octyl alcohol. During extraction with 40% A101 diethyl benzene at an acidity of 5 – 8 mol/L HF and 1.5 mol/L H_2SO_4, the distribution coefficients of Nb and W are 13.8 and 9.04×10^{-3}, respectively; the separation coefficient of Nb and W is 1530. Under the same conditions, the above corresponding values for MIBK are 4.88, 8.9×10^{-3} and 548, respectively, and those of sec-octyl alcohol are 2.33, 0.052 and 44.8, respectively.

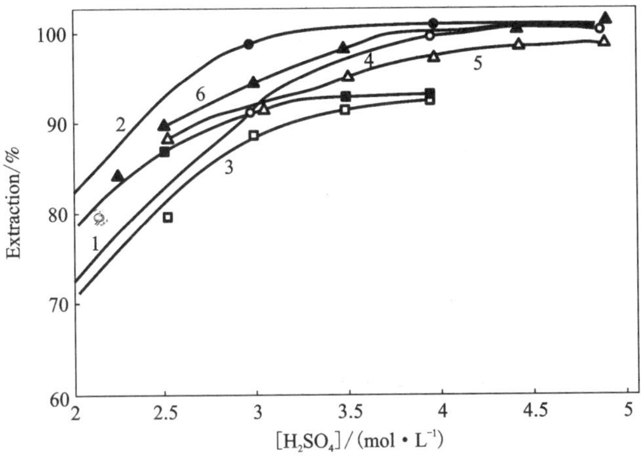

Fig. 1　Effects of HF and H_2SO_4 concentration on extraction of Ta and Nb with different extractants

1—Extractant: 40% A101 diethyl benzene, feed solution: Nb_2O_5, 50 g/L + WO_3, 5 g/L 1 − 5 mol/L HF, extracting Nb; curve 2: ●, 7 mol/L HF, extracting Nb. ■, □, Extractant: sec-octyl alcohol, feed solution: $(Nb, Ta)_2O_5$, 64.4 g/L + WO_3, 6.18 g/L. Curve 3: □, 5 mol/L HF, extracting Ta and Nb; curve 4: ■, 6 mol/L HF, extracting Ta and Nb. ▲, △, Extractant: MIBK, feed solution: $(Ta, Nb)_2O_5$, 96.85 g/L + WO_3, 0.55 g/L. Curve 5—△, 5 mol/L HF, extracting Ta and Nb; 6—▲, 6 mol/L HF, extracting Ta and Nb.

A101 is also better than sec-octyl alcohol in the separation of Nb and Ta. The organic phase of 40% A101 is contacted with and equal volume of aqueous phase containing Nb_2O_5, 50 g/L; Ta_2O_5, 5 g/L; HF 5 mol/L; and H_2SO_4, 3 mol/L; then stripped with and equal volume of distilled water. The stripping efficiency of Nb is 99.8% and that of Ta is 12.2%; the separation coefficient is 3920. The ratio of Ta_2O_5/Nb_2O_5 in the Nb stripping liquor is 1.2%. But when the loaded sec-octyl alcohol prepared by contacting with solution containing Ta_2O_5, 51.95 g/L; Nb_2O_5, 48.1 g/L and HF, 2.65 mol/L is stripped with water at O/A = 2 : 1, the stripping efficiency for Nb and Ta is 95.2% and 33.2%, respectively, and the separation coefficient of Ta and Nb is only 39. In considering the separation of both Nb and W from Ta the use of A101 has obvious advantages. Moreover, A101 extracts only slightly such impurities as Ti, Mn, Fe, in the HF H_2SO_4 system. Therefore, it is very suitable for treating our abundant domestic complex materials containing Ta and Nb.

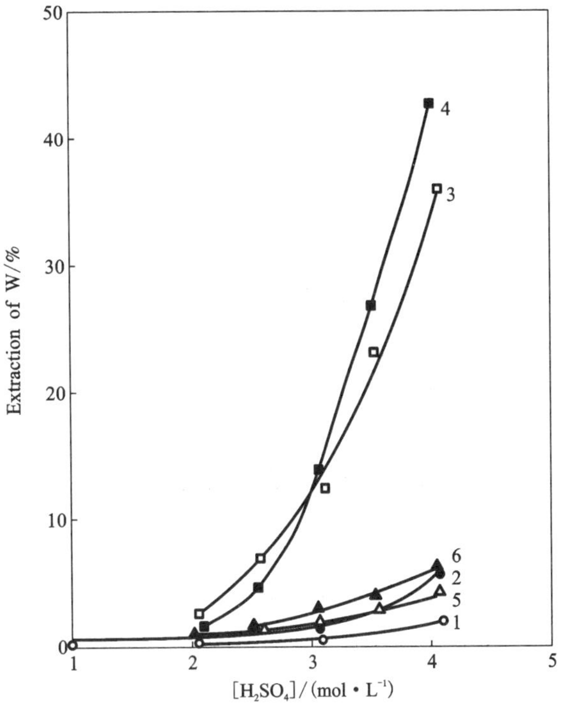

Fig. 2　Effects of HF and H_2SO_4 concentration on extraction of W with different extractants

(Symbols and composition of feed solutions are the same as given in Fig. 1)

A101 and some of its homologues show outstanding results in the extraction of Au(Ⅲ), Hg(Ⅱ), Tl(Ⅲ) and Re (Ⅲ) from hydrochloric acid solution[7,9]. For example, using 20% N-phenyl-N-*n*-octyl acetamide—diethyl benzene as the organic phase, at O/A = 1 : 2, Tl(Ⅲ), Pb(Ⅱ), Cd(Ⅱ) and Bi(Ⅲ) are extracted from hydrochloric acid solution as shown in Fig. 3. The extraction of Ga from hydrochloric acid solution with 15% A101 diethyl benzene as the organic phase and O/A = 1 : 1 is shown in Fig. 4.

As to extraction from sulphuric acid solution, the separation of Re and Mo may be taken as an example (see Fig. 5). When the Mo/Re ratio is 20 and H_2SO_4 concentration is 1.75 mol/L in the aqueous phase, the separation coefficient of Re and Mo is a maximum β_{Mo}^{Re} = 667. In the case of extraction with isoamyl alcohol under the same conditions as above, the separation coefficient of Re and Mo is less than 200.

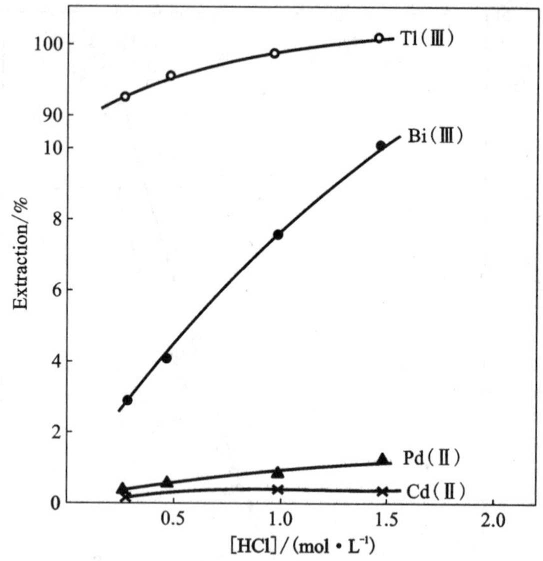

Fig. 3 The extraction of some metals from HCl solutions

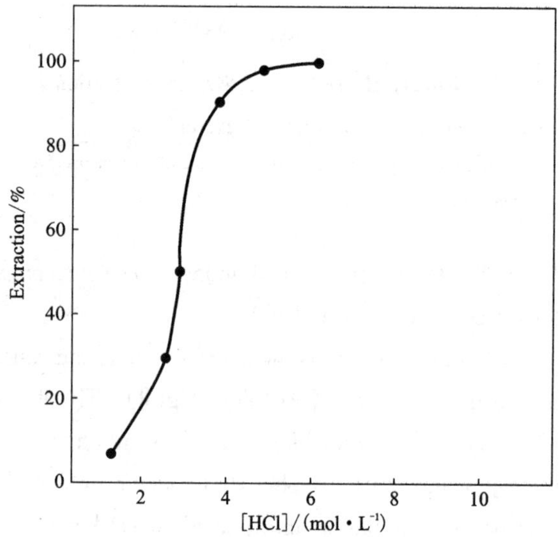

Fig. 4 Effect of HCl concentration on extraction of Ga

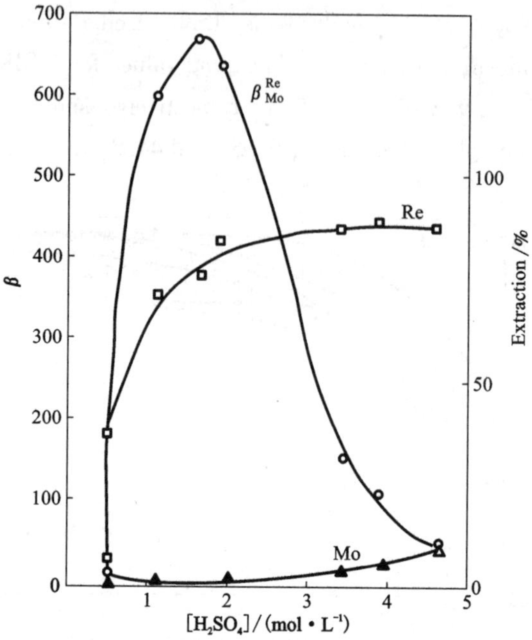

Fig. 5 Effect of H_2SO_4 concentration on extraction and separation of Re and Mo

3 Practical applications of A101 in extraction of rare metals

Separation of Nb and Ta

The principle flowsheet is shown in Fig. 6. As proved by more than ten years production practice, the A101 extraction system is capable of treating raw materials containing Nb and Ta with widely varying ratio (Nb_2O_5/Ta_2O_5 is 1 to 10), high content of Ti (TiO_2 to 30%), high content of W (WO_3/$(Ta, Nb)_2O_5$ to 100%) and high content of P (P_2O_5 to 20%). This could essentially resolve the problems of utilization of domestic complex Nb and Ta mineral resources.

Since the aqueous solubility of A101 is very small, its unit consumption in extraction processes is extremely low at 0.022 – 0.062 g/g. Among the current extraction systems for Ta and Nb, the unit consumption of A101 is the least (the amount of extractant used for producing 1 g Ta or Nb compound is: TBP, 0.2 g; sec-octyl alcohol, 0.23 g; MIBK, 0.8 g), while the relative cost of materials consumption is also the lowest (A101, 100; sec-octyl alcohol, 135; MIBK, 186; TBP, 214). The application of A101 instead of TBP has led to an improvement in product quality, a simplification of the process, an increase in labour productivity by a factor of four and a decrease in unit cost by 20% at a plant in our country.

The A101 system used for extraction and separation of Ta and Nb had been applied to slurry solvent extraction in 1973. It can produce high purity Nb_2O_5 from ore leach liquor, thus meeting the requirements for preparation of Nb compound single crystals, while the cost might be only $\frac{1}{2}$ to $\frac{1}{5}$ that of usual processes.

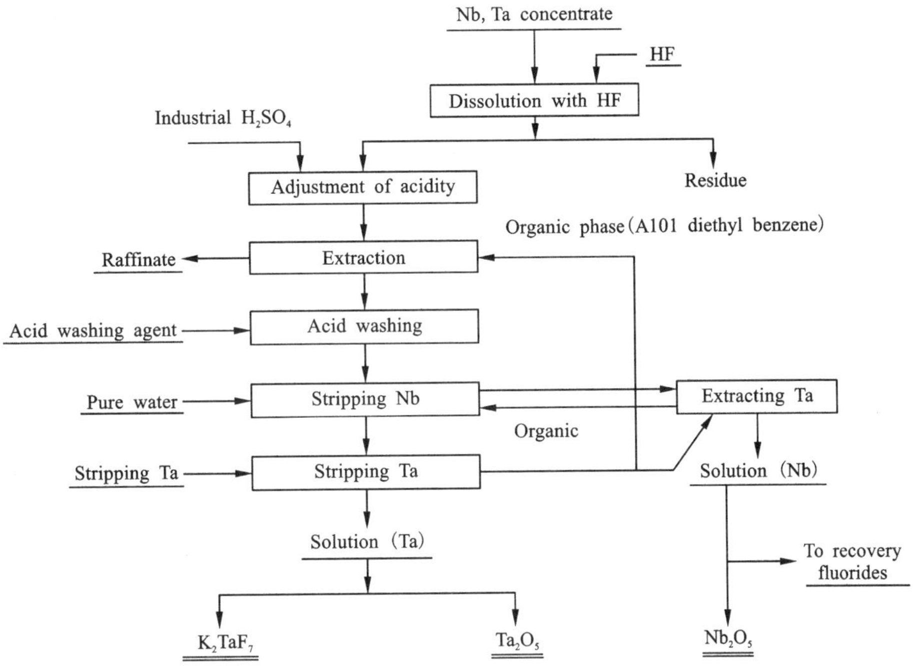

Fig. 6 Principle flowsheet for production of Ta and Nb with A101 extraction system

Extraction of Re

The flowsheet is shown in Fig. 7. Potassium perrhenate is prepared from the molybdenite roasting gas scrubbing solution by using dialkyl acetamide for extraction. The results of pilot scale tests showed that the use of dialkyl acetamide can increase the total metal recovery by 2% and decrease the loss of extractant from 130($g/g\ KReO_4$) to 10.1 and the relative cost of unit consumption from 1000 to 269 in comparison with the original isoamyl alcohol system. It has little smell in operation. The undesirable emulsification had essentially been eliminated and continuous operation was carried out smoothly.

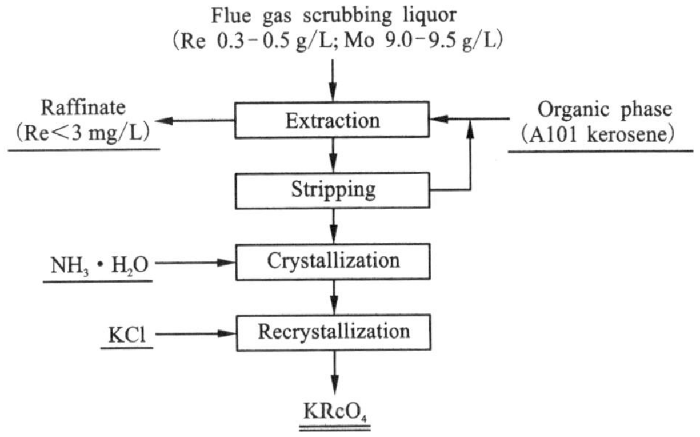

Fig. 7 Flowsheet of extracting Re with dialkyl acetamide from flue gas scrubbing liquor

Extraction of Tl

The A101 solvent extraction system has been used in the production of Tl since 1974 (see Fig. 8).

(a) Recovery of Tl from by-products of hydrometallurgical zinc plant

After treatment of the bag dust and Cu Cd cake, enriched thallium cake can be obtained, the hydrochloric acid leaching solution of which is then extracted with A101 diethyl benzene, and the loaded organic solution is finally washed with hydrochloric acid and stripped with ammonium acetate. The extraction efficiency is more than 99%, and the stripping efficiency is 98% - 99%. The stripped solution is reduced with sodium sulphite to precipitate Tl. The precipitate is dissolved in concentrated H_2SO_4, from which Tl is cemented with Zn. The purity of obtained Tl bar is 99.99%. The total recovery of Tl is 97%, which is 30% higher than the old process, and the labour productivity is increased by 2.5 fold.

(b) Recovery of Tl from lead sintering dust

The Tl-containing dust from the process of sintering of lead concentrates is smelted in a reverberatory furnace to obtain an enriched Tl dust, which is then leached with H_2SO_4 and the solution is extracted with A101 diethyl

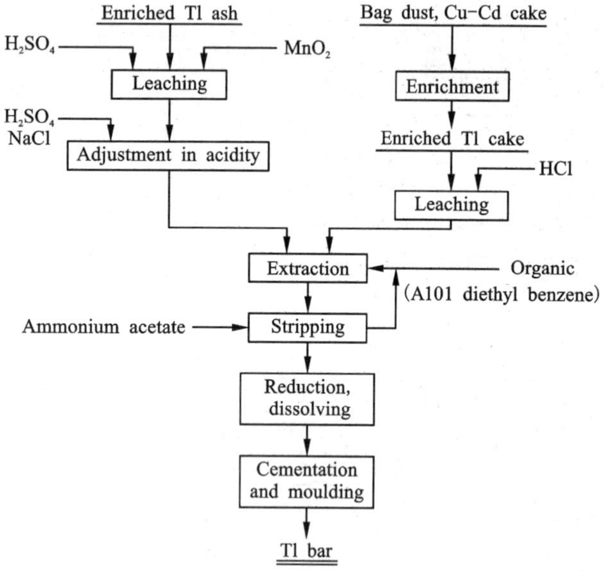

Fig. 8 Flowsheet of Tl production by extraction process

benzene after adjustment of chloride ion concentration and acidity. Pure Tl bar could be obtained by a similar process to that given above. In comparison with the old process, the total recovery of the new process is increased by 26%, the cost of unit consumption per kg Tl decreases by 80% and the labour productivity increases by four fold.

(c) Preparation of high purity Tl

The high purity 99.999% Tl can be obtained from the ammonium acetate stripping liquor of Tl through adjustment in acidity, extraction, stripping, reduction, dissolution in concentrated H_2SO_4, electrolysis and moulding. The sum of 20 impurities in typical products is less than 0.0001%. The process for preparation of high purity Tl by extraction with A101 diethyl benzene is also better than old processes with respect to hygienic conditions.

Extraction of Ga and other metals

In the recovery of Ga from a hydrometallurgical zinc system, good results have also been achieved in the extraction of Ga from high content of As (27 g/L), high content of Zn (20 g/L) hydrochloric acid solution containing Ga, 0.63 g/L by use of A101. The extraction efficiency is 99.5%, stripping efficiency 99.2% and the direct recovery 98.9%. The consumption of A101 in treating 1 L feed solution is 2.5 – 3.0 g.

Dialkyl acetamide has been used to extract Sn from hydrochloric acid solution in our country, showing good results in the separation of Sn from Zn, In, Bi and Cd. It was also used to extract Li from $MgCl_2$ solution.

Dialkyl acetamide could form extracted compounds (molecular ratio being 1) with many phenols. The distribution factor is very high and the loaded organic phase containing phenol could be easily stripped with alkali.

References

[1] Chufarova I G et al. Tr. Inst. Khim. 1969, 14(3): 351. Akad. Nauk SSSR, Ural. Filial, 1970(20): 117(both in Russian).

[2] Tribalat S. Ann. Chim. (Paris), 8(1953)642 – 52. U. S. Patent 2, 855, 294, 1958.

[3] Sidgwick N V. The Organic Chemistry of Nitrogen, Clarendon Press, Oxford, 1966: 67.

[4] Stewart W E et al. Chem. Rew., 1970, 70(5): 517.

[5] Siddall Ⅲ T H et al. J. Phys. Chem., 1970, 74(20): 3580.

[6] Marcus Y et al. Ion Exchange and Solvent Extraction of Metal Complexes, Wiley-Interscience, London, 1969: 478.

[7] Lab. of Zhu Zhou Smelter. Zhuyekeji, 1975: (1) 8 (in Chinese).

[8] Li Shuse et al. Chem. Acta, 1975, 33(1): 11(in Chinese).

[9] Lab. of Zhu Zhou Smelter. Hunan Metallurgy, 1974(3): 33 (in Chinese).

一些取代酰胺萃取钽铌的研究*

我国在钽铌生产实践中所用的酰胺类 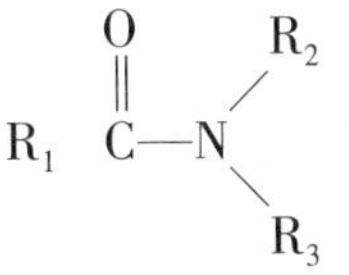 萃取剂，按其本质来说，是一类以羰基作络合官能团的弱碱性萃取剂。几年来的工厂实践表明：它具有稳定性高、水溶性小、挥发性小、选择性好(特别适合我国常见的含钨量很高的钽铌矿石)等优点[1]。由于其结构上具有3个可改变的基团(R_1，R_2，R_3)，而且其萃取能力及物理性能又可从改变浓度来加以调节。因此，它显得比酮、醚、酯等更具有优越性。

为了更好地在工业上应用取代酰胺类弱碱性萃取剂，我们合成了数种从原料来源及结构上均较具代表性的酰胺，测定了有关的物理性能及对钽铌等的萃取行为。本文是实验室工作的报告。

1 萃取剂的制备及其物理性质

试验中所用的酰胺均用三级试剂在实验室合成，N，N二烷基代酰胺是从烷基仲胺经醋酐酰化或苯甲酚氯酰化而得。N苯基N烷基乙酰胺是先由苯胺与溴代烷反应制备成仲胺后，再乙酰化而得。上述反应可简单表示为：

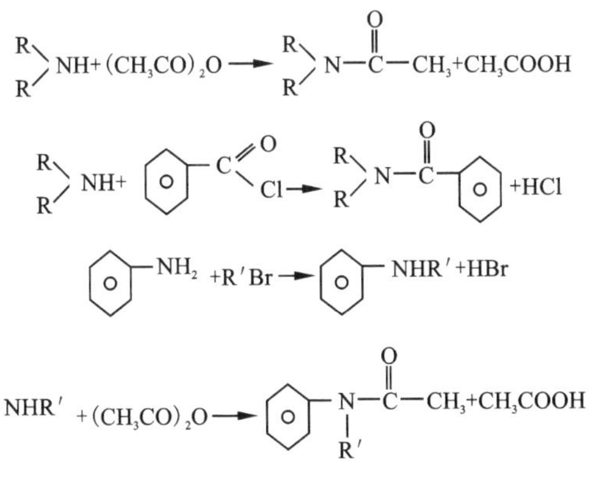

产物经水洗至接近中性，干燥脱水后进行减压蒸馏。测得的物理化学常数列于表1。表1中还列出了甲基异丁基酮与辛酮-2的数据。前者是目前萃取钽铌通用的萃取剂，后者是由国产原料仲辛醇合成的价格便宜的酮类萃取剂，但其水溶性比前者的小。

2 铌钨分离

在氢氟酸-硫酸溶液中，钽铌与杂质的分离情况，通常可用铌与钨的分离作代表。为便于在生产上进行比较，有机相均用40%(体积)酰胺的二乙苯溶液，甲异丁酮与辛酮-2用100%，而水相仍用生产上通用的游离HF 5~6 mol/L，H_2SO_4 3 mol/L酸度。两相振荡混合并离心分离后，取有机相做钨，水相做铌分析，所得结果列于表2。

从表2数据可见：①N原子上取代烷基的碳链越长，其萃取能力越弱，反之亦然。例如6较1弱、4较2弱。②N原子上取代烷基支链化使萃取能力提高。例如5较4强、7较6强。③N原子上芳基取代较之相应的烷基取代碱性减弱。例如2较1、4较6、5较7弱。④苯甲酰胺较相应的乙酰胺萃取能力低，例如3较1弱。⑤关于铌钨分离情况比较复杂，N，N二正丁基苯甲酰胺可能由于空间位阻的关系，选择性较好。总的情况是酮类的分离能力要比酰胺的差。

3 钽铌分离

采用接近生产的高酸(游离HF 5 mol/L，H_2SO_4 3 mol/L)溶液共萃钽铌，所得有机相用蒸馏水反萃取铌，结果见表3。

从表3数据可见：①就对钽或铌的萃取而言，酰胺的结构与其萃取能力的关系与前节1~4的情况相类似。②钽铌分离的情况较复杂，但以甲异丁酮的分离能力较好。这就说明了目前普遍应用它的原因。辛酮-2的选择性较差。

为了检验上述规律，并且定性地寻找合适的钽铌

* 该文首次发表于《有色金属》，1975年第1期，48~52页及57页。合作者：周太立，谢群，钟祥等。

分离水相酸度条件，我们进行了反相纸上色层试验。在裁成长×宽为17 cm×20 cm的长方条层析滤纸上(杭州新华滤纸厂，3号层析滤纸)，分别浸涂上不同的酰胺(30%体积)二乙苯有机相，在红外灯下照干后，在原点上滴入6 μL的钽铌溶液(Ta_2O_5 50 g/L，Nb_2O_5 50 g/L，按络合钽铌量加入HF酸)，稍干后在有机玻璃层析箱中用上行法展开。结果发现当展开剂为0.75 mol/L H_2SO_4时，无论钽点或铌点均有严重的拖尾现象，这就说明钽铌出现水解。当展开剂为1 mol/L HF+0.75 mol/L H_2SO_4时，在许多情况下铌点出现复斑，可能表明有H_2NbOF_5及$HNbF_6$存在。而当展开剂为2 mol/L HF+0.75 mol/L H_2SO_4或2 mol/L HF+1 mol/L H_2SO_4时复斑消失(图1、表4)。

表1 取代酰胺的物理性质

名称	N，N二正丁基乙酰胺	N苯基N正丁基苯甲酰胺	N，N二正丁基苯甲酰胺	N苯基N正辛基乙酰胺	N苯基N正混合基乙酰胺*	N，N二正混合基乙酰胺*	N苯基N(1-甲庚基)乙酰胺	N，N二(1-甲庚基)乙酰胺**	辛酮-2	甲基异丁基酮
相对分子质量	171.2	191.1	233.1	247.2	250.8	290.4	247.2	283	128.2	100.2
沸点/℃	126~128	156~158	174~177	163~171	160~190	182~220	144	155±5	65~70	116~116.2
折光率 n^{25}	1.4438	1.5218		1.4990	1.4995	1.4552	1.5033	1.4550		1.3956^{20}
相对密度 D_4^{25}	0.8772	0.9817		0.9490 18.35 (100%)	0.9513	0.8667 18.13 (100%)	0.9487	0.8514~0.8542	0.8174	0.7978^{20}
黏度 η^{25} /(10^{-3}Pa·s)	3.68	11.18		2.13 (40%二乙苯液)		2.09 (40%二乙苯液)	22.69	19.50	1.55	
表面张力(22℃) /(10^{-5}N·cm^{-1})	30.3	35.9	34.1	34.5	34.3	30.9	30.1		25.6	$23.3^{23.7℃}$
在水中溶解度 /(mL·L^{-1}H$_2$O)	$1.24^{25.6℃}$	$0.52^{25.3℃}$	$0.277^{25.1℃}$	$0.0335^{25.5℃}$		$0.058^{26.2℃}$	$0.036^{25.8℃}$		$1.25^{30℃}$	
在水中溶解度 /(g·L^{-1}H$_2$O)	$1.09^{25.6℃}$	$0.51^{25.3℃}$		$0.032^{25.5℃}$		$0.050^{26.2℃}$	$0.034^{25.8℃}$		$1.03^{30℃}$	$18.2^{25℃}$

注：* 表中的正混合基均指7~9碳的直链烷基，以后同。

** 系中国科学院有机化学研究所产品。

表2 铌钨分离

序号	有机相	萃Nb率/%	D_{Nb}	萃W率/%	D_W	$\beta_W^{Nb}=\frac{D_{Nb}}{D_W}$
1	40% N，N二正丁基乙酰胺	99.1	113	3.73	0.0387	2920
2	40% N苯基N正丁基乙酰胺	95.6	21.7	1.44	0.0146	1490
3	40% N，N二正丁基苯甲酰胺	95.0	18.9	0.392	0.00394	4800
4	40% N苯基N正辛基乙酰胺	85.7	5.99	0.266	0.00267	2240
5	40% N苯基N(1-甲庚基)乙酰胺	90.8	9.89	1.07	0.0108	916
6	40% N，N二正混合基乙酰胺	93.3	13.8	0.896	0.00904	1530
7	40% N，N二(1-甲庚基)乙酰胺	96.4	26.7	0.945	0.00954	2800
8	100%辛酮-2	69.0	2.23	1.51	0.0153	146
9	100%甲异丁酮	83.0	4.88	0.882	0.00890	548

注：条件：水相Nb_2O_5 50 g/L；WO_3 5 g/L；游离HF 5.8 mol/L、H_2SO_4 3 mol/L，相比(V_o/V_w)=1∶1，28℃。

表 3　钽铌分离

序号	有机相	反 Nb 率/%	D_{Nb}	反 Ta 率/%	D_{Ta}	$\beta^{Ta}_{Nb}=\frac{D_{Ta}}{D_{Nb}}$
1	40% N，N 二正丁基乙酰胺	89.2	0.122	1.20	82.3	676
2	40% N 苯基 N 正丁基乙酰胺	91.0	0.0985	1.73	56.9	578
3	40% N，N 二正丁基苯甲酰胺	99.8	0.00216	10.3	8.67	4000
4	40% N 苯基 N 正辛基乙酰胺	99.9	0.000944	21.2	2.68	2840
5	40% N 苯基 N(1－甲庚基)乙酰胺	87.4	0.144	8.96	10.2	708
6	40% N，N 二正混合基乙酰胺	99.8	0.00184	12.2	7.2	3920
7	40% N，N 二(1－甲庚基)乙酰胺	99.3	0.00677	3.77	25.5	377
8	100% 辛酮－2	99.6	0.00420	54.5	0.835	199
9	100% 甲异丁酮	99.9	0.00116	14.0	6.12	5280

条件：上述有机相与 Nb_2O_5 50 g/L，Ta_2O_5 5 g/L，游离 HF 5 mol/L、H_2SO_4 3 mol/L 的水相，以相比(V_o/V_w)＝1∶1，在26℃下萃取一次，所得有机相用蒸馏水以相比(V_o/V_w)＝1∶1，在28.5℃下反萃取一次，取有机相做铌分析，水相做钽分析。

表 4　取代酰胺的反相纸上色层行为

序号	有机相	2 mol/L HF＋0.75 mol/L H_2SO_4		2 mol/L HF＋1 mol/L H_2SO_4	
		R_f(Nb)	R_f(Ta)	R_f(Nb)	R_f(Ta)
1	30% N，N 二正丁基乙酰胺	0.30	0.021	0.34	0.033
2	30% N 苯基 N 正丁基乙酰胺	0.37	0.022	0.36	0.021
3	30% N，N 二正丁基苯甲酰胺	0.44	0.022	0.38	0.021
4	30% N 苯基 N 正辛基乙酰胺	0.67	0.050	0.52	0.042
5	30% N 苯基 N(1－甲庚基)乙酰胺	0.28	0.021	0.28	0.021
6	30% N，N 二正混合基乙酰胺	0.51	0.042	0.43	0.036
7	30% N，N 二(1－甲庚基)乙酰胺	0.38	0.021	0.37	0.021
8	30% N 苯基 N 正混合基乙酰胺	0.51	0.057	0.44	0.056

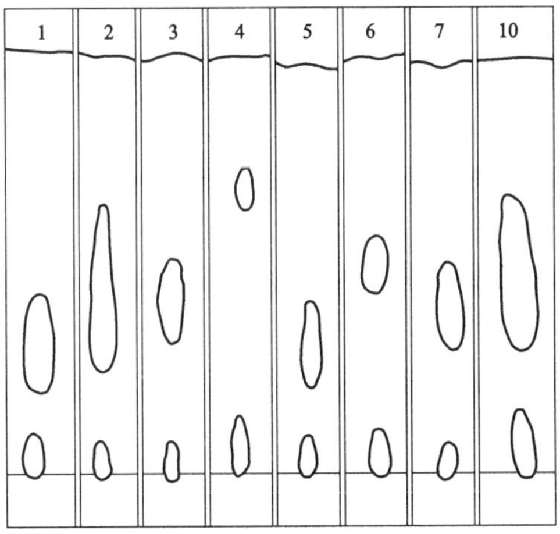

图 1　钽铌分离图谱

固定相：参看表 4 有机相编号；

展开剂：2 mol/L HF＋0.75 mol/L H_2SO_4；

显色剂：5% 8－羟基喹啉液(5 g 8－羟基喹啉溶于 95 mL [48% 甲醇＋48% 氯仿＋4% 水]混合溶剂中；

显色条件：纸条取出后，红外灯下照干，在氨气中薰 5 min，喷洒5% 8－羟基喹啉液，把纸条照干，在 120℃ 烘箱中烘0.5 h，待钽点出现后，放于热水中漂洗过量的 8－羟基喹啉，照干后于紫外灯下铌呈黄色荧光，钽呈橙黄色。

酮类萃取剂由于水溶性大，层析斑点严重扩散，反相纸上色层分离无法进行。

从表 4 与图 1 可以看出：反相纸上色层结果与萃取平衡化学分析的结果基本上相符。钽铌分离的较好水相酸度条件为 2 mol/L HF＋0.75 mol/L H_2SO_4。序号 10 的有机相可能由于萃取剂馏分较宽，纯度亦未经严格鉴定，所以斑点不够集中，影响了钽铌分离效果。

4　反钽试验

通常，富钽的酰胺有机相是用中和的方法将钽反苯取下来，有机相的酸度对钽的反萃取率有很大的影响。为了探讨各酰胺用蒸馏水反萃取钽的可能性，我们采用较接近生产实际的方法进行下述的对比试验；有机相经一次萃取钽铌，并用 H_2SO_4 溶液反萃铌后，再用蒸馏水反萃取钽。所得结果列于表 5，表中同时列入甲异丁酮的反萃取数据比较。

由于 N 苯基 N 正辛基乙酰胺的分子量较 N，N 二正混合基乙酰胺的分子量小，而前者的相对密度又比后者的大，因此前者 30%（体积）的物质的量浓度（1.15 mol/L）约与后者 40%（体积）的物质的量浓度（1.19 mol/L）相当（参看表 1）。表 5 的结果表明：30% N 苯基 N 正辛基乙酰胺的二乙苯溶液用等体积的蒸馏水一次反萃，钽的反萃率即达 75.8%，比 100% 甲异丁酮的反萃率还要高。这就说明在逆流多级的混合澄清器中用蒸馏水反萃钽是完全可能的。30% N，N 二正混合基乙酰胺的反钽率虽然不错，但其物质的量浓度较低，影响有机相的饱和容量。从所得的反钽水溶液中，在一定的条件下加入 KCl，析出钽氟酸钾结晶，其中氮的含量均在 0.002% 以下。

5　饱和容量试验

对不同浓度的酰胺二乙苯溶液做了饱和容量试验，水相是 Ta_2O_5 395.6 g/L，游离 HF 5 mol/L、H_2SO_4 8 mol/L，按每种不同浓度的有机相以相比（V_o/V_w）=1∶2 同原始水相平衡 3 次，取最后一次平衡的有机相及水相分析。实验结果见表 6。

表 6 的结果表明：酰胺的萃取值（即 1 g 萃取剂所能萃取钽的物质的量）接近 1，30% N 苯基 N 正辛基乙酰胺或 N 苯基 N 正混合基乙酰胺的容量与 40% N，N 二正混合基乙酰胺的接近。应该指出的是：前者的黏度要比后者的小，而分相较快。这对高负载的有机相来说是十分重要的。

6　水解稳定性

为了检查酰胺类萃取剂的化学稳定性，以 N，N 二正混合基乙酰胺为代表进行了 2 组试验。

（1）将未加稀释的酰胺与 10 mol/L H_2SO_4 以相比（V_o/V_w）=1∶1，在 75℃ 下平衡振荡 8 h，降解酰胺用水洗数次后用 pH 9 的 $(NH_4)_2SO_4$ 洗 2 次，再用水洗至接近中性，用 HCl 滴定酰胺中的总胺量。

（2）将未稀释酰胺依次以相比 V_o/N_w = 2∶1，在 30℃ 下与（a）4 mol/L HF + 10 mol/L H_2SO_4；（b）$(NH_4)_2SO_4$ 100 g/L；（c）1.5 mol/L 氨水接触，每次振荡 10 min，澄清 20 min 以上，循环 20 次以后，降解酰胺同上法处理。结果见表 7，表 7 中同时列入 TBP 相应的数值。

表 5　钽的反萃取

有机相	反钽前有机相中 Ta_2O_5 含量/($g \cdot L^{-1}$)	反钽平衡水相 Ta_2O_5/($g \cdot L^{-1}$)	一次反钽率/%
40% N，N 二正混合基乙酰胺	55.8	13.6	24.4
30% N，N 二正混合基乙酰胺	23.3	18.3	78.5
40% N，N 二(1-甲庚基)乙酰胺	56.1	7.8	13.9
30% N 苯基 N 正辛基乙酰胺	38.5	29.2	75.8
30% N 苯基 N 正混合基乙酰胺	35.2	24.0	68.2
100% 甲异丁酮	39.1	21.7	55.5

注：条件：上述有机相与 Ta_2O_5 60 g/L，游离 HF 5 mol/L、H_2SO_4 3 mol/L 的水相以相比（V_o/V_w）=1∶1 萃取一次，有机相用 0.75 mol/L H_2SO_4 以相比（V_o/V_w）=1∶1 反萃取一次，反萃后有机相再用蒸馏水以相比（V_o/V_w）=1∶1 反萃取钽，取反钽前有机相及反钽平衡水相分析。

表 6　不同浓度酰胺二乙苯溶液的饱和容量

有机相	饱和容量 Ta_2O_5/($g \cdot L^{-1}$)	第三次平衡水相 Ta_2O_5/($g \cdot L^{-1}$)	物质的量
40% N 苯基 N 正辛基乙酰胺	387.4	395.8	0.85
30% N 苯基 N 正辛基乙酰胺	201.3	393.4	0.78
20% N 苯基 N 正辛基乙酰胺	163.8	397.2	0.96
40% N 苯基 N 正混合基乙酰胺	289.0	400.5*	0.86
30% N 苯基 N 正混合基乙酰胺	220.0	410.0*	0.89
20% N 苯基 N 正混合基乙酰胺	152.4	409.0*	0.91
40% N，N 二正混合基乙酰胺	234.4	408.8*	0.88
30% N，N 二正丁基苯甲酰胺	三相		

注：* 原始水相是 419.2 g/L，HF 5 mol/L、H_2SO_4 4 mol/L，其他操作相同。

表7　N，N二正混合基乙酰胺的降解

	试验1		试验2	
	原始	降解后	原始	降解后
酰胺中总胺质量分数/%	8.6	10.5	8.2	8.9
TBP中酸性物质的质量分数/%	0.064	2.0	—	—

原始酰胺中含8.6%的总胺主要为叔胺，从升温试验1的结果可见：酰胺净降解1.9%与TBP接近。经萃取、洗涤、碱处理循环20次后总的化学损耗约0.7%。而在生产实践中进一步证明，比这个数值还要小，例如40%酰胺+60%二乙苯运转1个月后总胺含量仅增加0.07%[1]。甲异丁酮的损失主要由于水溶性，在此未加对比。

7　讨论

上述有关酰胺的萃取能力可从核磁共振的研究找到解释[2]。C(O)—N键旋转的位垒高度受电子和空间效应影响。虽随着N上烷基加大使氮独对电子位移入C(O)—N键增加，但在乙酰胺中由于空间效应占优势，使N上烷基加大而位垒降低，亦即降低羰基氧上电子成键能力。另一方面，N原子上连上苯环使羰基上单键特性减小，从而降低羰基氧给电子能力，亦即降低萃取剂碱性。

Grififht的水溶液拉曼光谱研究指出：在5 mol/L HF中钨主要以带水合的$[WO_2F_3(H_2O)]^-$离子存在，而铌及钽则分别主要以$[NbOF_5]^{2-}$及$[TaF_6]^-$ + $[TaF_7]^{2-}$形式存在[3]。酮类由于其溶剂能力，取代水合钨氟离子中水分子的能力显然比惰性溶剂二乙苯的能力强。这就说明：酰胺二乙苯体系比酮类有较大的铌钨分离能力。因此我们认为：用前者来处理我国常见的含钨高的钽铌矿石将更为适当。

从选择性角度考虑，N，N二正丁基苯甲酰胺、N苯基N正辛基乙酰胺、N，N二正混合基乙酰胺及N，N二(1－甲庚基)乙酰胺(序号分别为3、4、6、7见表2～4)均较好，但前者(序号3)由于在高负载时出现三相，而序号6及7的化合物又存在用蒸馏水反萃钽不理想的缺点，因此还应当注意的是N苯基N正辛基乙酰胺(序号4)。对于工业萃取剂来说，不仅要考虑它的选择性，而且还应考虑反萃取情况，因为反萃取条件往往与获得金属的质量有直接的关系。

对于N苯基N正混合基乙酰胺(序号10)而言，与N苯基N正辛基乙酰胺(序号4)相类似，同样具有钽反萃取容易，相对分子质量较小，容量较大的优点，但前者在反相纸上色层分离钽铌的结果表明斑点不集中。这可能是由于辛基以下短碳链存在的影响，也可能存在非酰胺的杂质。是否这样需进一步研究。

最后还应指出：虽然有人曾经指出某些酰胺易于被硝酸分解[4]，但经我们实践证明在一定操作温度及酸度下它们是非常稳定的。

参考文献

[1] 长沙矿冶研究所. N，N二混合基乙酰胺萃取分离钽铌. 有色金属，1974(12).
[2] T H Siddall Ⅲ et al. J. Phys. Chem. 1970，74：3550.
[3] W P Griffith et al. J. C. S.，(A)，1967：675.
[4] T H Siddall Ⅲ. USAEC，1961：541.

用 N, N 二混合基乙酰胺萃取分离铌钽*

铌、钽是 2 种重要的稀有金属，其中铌用作高温合金、超导材料及新型单晶材料。钽是现代电子技术中制造高效电容器的重要材料，对国防及现代技术具有重要的意义。

目前从矿石分离生产铌、钽，主要用甲异丁酮萃取与磷酸三丁酯萃取体系。生产实践表明，用磷酸三丁酯虽能生产铌钽产品，但存在产品含有害杂质磷高、铌钽分离以及它们与杂质钨钛分离较差、难以处理复杂原料的缺点；而甲异丁酮则水溶性大，易燃易挥发，对含钨高的复杂原料也不相宜。在毛主席关于“打破洋框框，走自己工业发展道路”的光辉思想照耀下，我们从 1965 年开始进行新型萃取体系的探索。1967 年 4 月采用 N, N 二混合基乙酰胺（$CH_3-\overset{O}{\overset{\|}{C}}-NR_2$，其中 R 为 7 ~ 9 碳直链烷基，简称乙酰胺，下同）与二乙苯萃取体系，经扩大试验验证，于 1969 年投入生产。生产实践表明，乙酰胺萃取剂是一种行之有效的萃取剂，其原料取自石油副产品，来源容易，价格低廉。乙酰胺萃取体系应用于铌钽萃取，其一般的物理、化学性能良好，不但可简化流程，并能处理高铌钽比（Nb_2O_5/Ta_2O_5 = 7 : 1 ~ 10 : 1）、高钛（含 TiO_2 30%）、多钨（$WO_3/(Ta、Nb)_2O_5$ 10% ~ 18%）的复杂原料和含磷（P_2O_5）达 20% 的原料，简化了工序操作；成本也有很大的降低，基本上解决了利用我国复杂钽铌精矿资源的问题。

本文仅就有关乙酰胺萃取分离铌钽的平衡实验、综合流程试验及某些生产试验的结果作一介绍。

1　萃取剂与有机相

N, N 二混合基乙酰胺的合成，是在不断搅拌下往二体积混合仲胺（生产 N－235 的中间体）中缓慢地加入一体积醋酐，注意勿使温度超过 80℃，然后放置过夜，用水洗产物至中性，酰化反应式为：

$$R_2NH + (CH_3-CO)_2O \longrightarrow CH_3-\overset{O}{\overset{\|}{C}}-NR_2 + CH_3COOH$$

所得酰胺的物理常数见表 1。

从表 1 可知：此酰胺沸点、闪点高，挥发性小，比重小，尤其是它的水溶性很低，因而在循环萃取过程中损耗低。纯酰胺黏度颇大，但用二乙苯稀释后黏度大大降低，分相很快，满足了生产要求，而用煤油作稀释剂则会产生第 3 相。当用 40% 乙酰胺 + 60% 二乙苯作有机相时，在生产操作条件下，Nb_2O_5 的饱和容量达 142.6 g/L，较适合生产的要求。

表 1　N, N 二混合基乙酰胺的物理常数

项　　目	数　　据	备　　注
化学式	$CH_3-\overset{O}{\overset{\|}{C}}-N\begin{matrix} C_nH_{2n+1} \\ C_nH_{2n+1}\end{matrix}$　　$n = 7 \sim 9$	混合碳链
平均相对分子质量	290.4	冰点下降法
沸点/℃（毫米汞柱）	182 ~ 222(3)	
闪点/℃	145.2	闭口法
折光率 n^{200}	1.4583	
相对密度 d_4^{25}	0.8667	
黏度 η^{25}/厘泊	100% 乙酰胺 18.1	
	40% 乙酰胺 60% 二乙苯 2.09	
溶解度/（$g \cdot L^{-1} H_2O$）	0.05(26.2℃)	

* 马荣骏首次以“长沙矿冶所冶金室萃取组”署名发表于《有色金属》，1974 年第 2 期，11 ~ 18 页。合作者：周太立、钟祥、谢群等。

2　平衡试验结果

为了寻求合适的操作条件，进行了一系列平衡试验，其主要结果如下。

2.1　铌钨分离

萃取时钽铌与杂质的分离情况可用铌钨分离作标志。图1、图2及表2所示，为硫酸、氢氟酸浓度对铌、钨萃取的影响。说明随硫酸浓度的提高，铌、钨萃取率增加。硫酸浓度小于4 mol/L时，铌萃取迅速增大；硫酸浓度大于4 mol/L时，钨的萃取激增。随氢氟酸浓度增加，铌的萃取逐渐上升，而钨的萃取在下降一段之后重新上升。但硫酸的影响要比氢氟酸显著。为保证有机相有足够的萃取量和铌钨分离效果好，水相酸度宜取：H_2SO_4 3～3.5 mol/L，HF ±5 mol/L，总 H^+ 浓度11～12 mol/L。

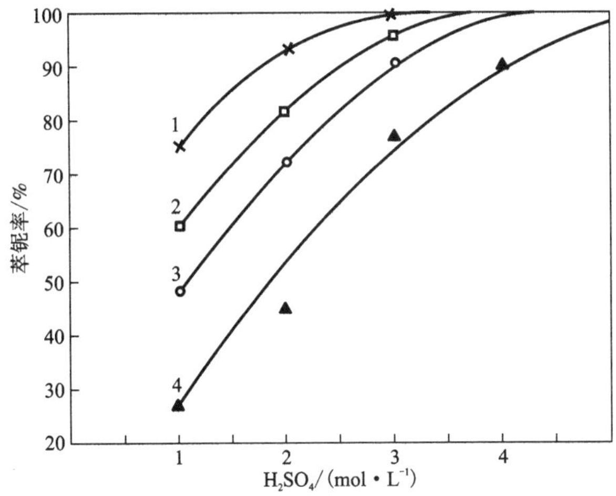

图1　H_2SO_4 和 HF 浓度对铌萃取率的影响

1—9 mol/L HF；2—7 mol/L HF；3—5 mol/L HF；4—2 mol/L HF

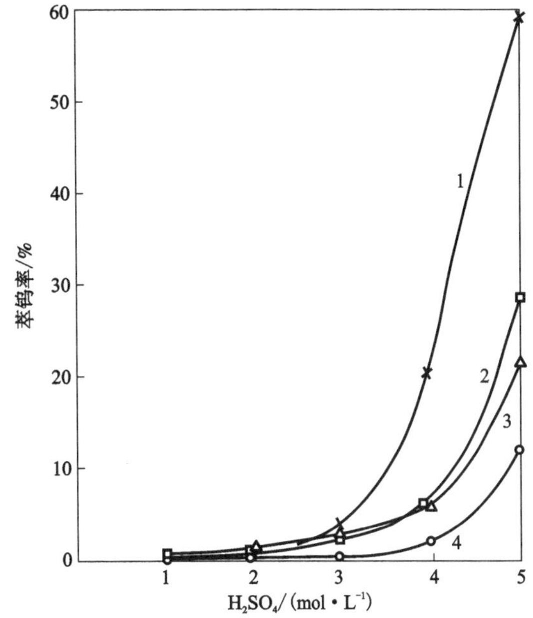

图2　H_2SO_4 和 HF 浓度对钨萃取率的影响

1—9 mol/L HF；2—7 mol/L HF；3—2 mol/L HF；4—mol/L HF

2.2　萃取钽铌的机理

为了探求在生产所用的酸度条件下（HF 5 mol/L，H_2SO_4 3 mol/L），乙酰胺萃取钽铌的机理，我们用饱和法及斜率法测定萃合物中铌或钽与萃取剂的摩尔分数关系，结果表明它等于1。因此，我们认为在工艺操作条件下，萃取反应可简写为：

$$CH_3CONR_2 + HNbF_6 = [CH_3CONR_2H^+][NbF_6]$$

$$CH_3CONR_2 + HTaF_6 = [CH_3CONR_2H^+][TaF_6^-]$$

表2　硫酸、氢氟酸浓度对铌钨分离的影响

有机相	水相			铌萃取率/%	铌分配比(D_{Nb})	钨萃取率/%	钨分配比(D_W)	铌钨分离系数 $\beta=\frac{D_{Nb}}{D_W}$
	金属浓度	HF/(mol·L⁻¹)	H_2SO_4/(mol·L⁻¹)					
40%乙酰胺+60%二乙苯	Nb_2O_5 (30 g/L) + WO_3 (5 g/L)	2	1	27.00	0.3742	0.75	0.0075	49.89
			2	43.15	0.7590	1.38	0.0140	54.21
			3	75.52	3.103	2.69	0.0276	112.4
			4	88.63	7.795	5.83	0.0619	125.9
			5	97.00	32.33	20.11	0.2517	128.4
		5	1	48.20	0.931	0.180	0.0018	516.3
			2	71.33	2.494	0.22	0.0022	1131
			3	90.58	9.615	0.33	0.0033	2904
			4	98.52	66.38	1.61	0.0163	4057
			5	99.67	297.8	11.68	0.1322	2253

续表

有机相	水相			铌萃取率/%	铌分配比(D_{Nb})	钨萃取率/%	钨分配比(D_W)	铌钨分离系数 $\beta=\frac{D_{Nb}}{D_W}$
	金属浓度	HF/(mol·L^{-1})	H_2SO_4/(mol·L^{-1})					
40%乙酰胺+60%二乙苯	Nb_2O_5(30 g/L)+WO_3(5 g/L)	7	1	60.24	1.515	0.727	0.0073	207.5
			2	81.34	4.359	0.843	0.0085	512.3
			3	97.78	44.05	1.004	0.0102	4340
			4	99.50	199.0	5.52	0.0584	3480
			5	99.86	714.2	27.59	0.3810	1875
		9	1	73.93	2.988	0.271	0.0027	1098
			2	93.01	13.31	0.461	0.0046	2875
			3	98.91	91.16	3.333	0.0345	2642
			4	99.81	511.4	19.50	0.242	2113
			5	99.84	612.5	57.50	1.353	452.7
100% TBP	同上	7	6	96.44	27.09	2.477	0.0254	1056

注：条件：按 $V_o/V_w=1:1$，25℃下单级平衡。

表3 硫酸、氢氟酸浓度对铌钛分离的影响

有机相	水相			铌萃取率/%	铌分配比(D_{Nb})	钛萃取率/%	钛分配比(D_{Ti})	铌钛分离系数 $\beta=\frac{D_{Nb}}{D_{Ti}}$
	金属浓度	HF/(mol·L^{-1})	H_2SO_4/(mol·L^{-1})					
40%乙酰胺+60%二乙苯	Nb_2O_5(50 g/L)+TiO_2(25 g/L)	5	3	97.83	45.08	0.0686	9.65×10^{-4}	64360
		7	3	99.38	160.3	0.0784	7.83×10^{-4}	204700
		9	3	99.75	399	0.0986	9.87×10^{-4}	404200
		9	2	97.92	47.07	0.0855	8.56×10^{-4}	54990
		9	4	99.95	2061	0.1875	1.88×10^{-3}	1096000
100% TBP	同上	9	3	98.97	96.56	0.1250	1.25×19^{-3}	7722

注：条件：$V_o/V_w=1:1$，25℃下单级平衡。

2.3 铌钛分离

表3列出硫酸、氢氟酸浓度对铌钛分离的影响。

从表3可见：乙酰胺分离铌钛能力极好，提高 H_2SO_4 及HF浓度均使 β 迅速增加，H_2SO_4 的影响更大。

2.4 酸洗试验

为除去萃入有机相中的微量杂质——主要是钨，进行了如下试验。

(1)不同组成酸洗剂的洗涤效果见表4。

(2)HF浓度对洗涤效果的影响见表5。

由表4和表5可知：增加酸洗剂的总酸度或在总酸度不变时提高硫酸比例，钽铌损失减少，但单用硫酸洗钨效果欠好。固定硫酸浓度增加酸洗剂中HF比例，也能降低钽铌损失，且开始时洗钨效果有所增加，但超过一定值后反而变差，以8 mol/L H_2SO_4 +2 mol/L HF效果为最好。酸洗液中含有一定数量的钽铌，可以直接与调酸液合并返回萃取。

2.5 钽铌分离：铌的反萃取

不同反铌剂的钽铌分离能力：反铌剂选择，见表6。

从表6可见：以上4种反铌剂都有很好的铌钽分离效果。1 mol/L H_2SO_4 最好，纯水较次。但纯水作为最廉价的反铌剂仍有其实际意义。例如：含量为 Nb_2O_5 59.8 g/L，Ta_2O_5 40.0 g/L，H^+ 5.08 mol/L 的酸洗后有机相，用纯水按 $V_o/V_w=3:2$，六级逆流反萃，反铌液用 $V_o/V_w=1:10$ 的有机相提钽，结果钽中含铌小于0.01%，铌中含钽小于0.1%。

表 4　不同组成的酸洗剂的洗涤效果

酸洗剂		2 mol/L H_2SO_4 +4 mol/L HF	3 mol/L H_2SO_4 +2 mol/L HF	4 mol/L H_2SO_4	4 mol/L H_2SO_4 +1 mol/L HF
洗后有机相中 WO_3 含量 $WO_3/(Ta+Nb)_2O_5$/%		0.016	0.012	0.048	0.008
酸洗液	酸度/N	11.5	11.3	11.9	12.6
	$(Ta+Nb)_2O_5/(g \cdot L^{-1})$	216.7	212.3	203.4	161.2
铌钽损失/%		36.9	36.2	34.8	27.4

注：试验条件：萃取后有机相 $(Ta+Nb)_2O_5$ 117 g/L，WO_3 0.14 g/L，H^+ 浓度为 3.78 mol/L。酸洗剂：见表 4。按 $V_o/V_w=1:0.2$ 逆流四级洗涤，平衡后取样。

表 5　HF 浓度对洗涤效果的影响

酸洗剂组成	$H_2SO_4/(mol \cdot L^{-1})$	4	4	4	4	4
	$HF/(mol \cdot L^{-1})$	0	1	2	3	4
洗钨效率	洗 WO_3/%	95.36	95.96	95.56	94.62	93.69
	洗后有机相中 WO_3 含量 $WO_3/(Ta+Nb)_2O_5$/%	0.0037	0.0031	0.0032	0.0038	0.0045
钽铌损失	酸洗液浓度 $(Ta+Nb)_2O_5/(g \cdot L^{-1})$	149.4	136.8	127.8	117.9	110.4
	钽铌损失/%	22.87	21.07	17.46	14.83	13.64

注：试验条件：萃取后有机相[$(Ta+Nb)_2O_5$ 138.6 g/L，Nb_2O_5 91.1 g/L，WO_3 0.084 g/L，H^+ 浓度为 3.75 mol/L]。酸洗剂：见表 5。按 $V_o/V_w=1:0.2$，10℃下进行单级洗涤。

表 6　不同反钽剂的钽铌分离能力

反铌剂	反铌率/%	分配比(D_{Nb})	反钽率/%	分配比(D_{Ta})	分离系数(β_{Nb}^{Ta})
纯水	98.20	0.0183	1.83	52.19	2852
0.25 mol/L H_2SO_4	97.69	0.0236	0.97	102.1	4302
0.5 mol/L H_2SO_4	97.67	0.0238	0.39	255.1	10720
50 g/L $(NH_4)_2SO_4$	99.32	0.0068	2.74	35.5	5220

注：试验条件：有机相：萃取后有机相，含 $(Ta+Nb)_2O_5$ 75.8 g/L，Ta_2O_5 7.35 g/L，$Nb_2O_5/Ta_2O_5=9:1$，H^+ 浓度为 2.7 mol/L，按 $V_o/V_w=1:1$，用各种反铌剂单级反铌。

2.6　反萃取钽条件的选择

反萃取钽条件的选择见表 7。

从表 7 可知，纯水反钽效率很低。氟离子浓度对反钽率影响很大，其次是碱度的影响。考虑到[F^-]过高会给以后 Ta_2O_5 的洗涤（去 F^-）增加工作量，碱度过高易造成反钽对钽局部沉淀，故反钽剂选择在[F^-]15 ~30 g/L（0.75 ~1.5 mol/L），pH 7 ~9 的范围，这在生产上很易实现——加氨沉钽的母液[F^-]40 ~60 g/L，pH 9，用纯水稀释一倍即可。也可用加 NaOH 调 pH 的方法代替加氨的操作。加 KOH 调 pH 的方法由于反钽时产生大量的沉淀造成有机相乳化严重而不宜采用。

根据这些结果推荐的工艺条件是：

有机相：40% 乙酰胺 +60% 二乙苯。

矿石分解调酸液：$(Ta+Nb)_2O_5$ 100 ~250 g/L，H_2SO_4 3 ~3.5 mol/L，H^+ 浓度为 11 ~12 mol/L。

酸洗剂：4 mol/L H_2SO_4 +2 mol/L HF（工业级）。

反铌剂：纯水。

反钽剂：[F^-]15 ~30 g/L，pH =7 ~9。

3　综合流程试验

共处理了 4 m^3 调酸液。

3.1　设备

采用水平箱式混合澄清槽，其规格见表 8。

表7　不同反钽剂的反钽效果

反钽剂组成	结　果	
	反萃后水相情况	反钽率/%
纯水(pH = 7)	清	11.6
1 mol/L NH_4F(pH = 6.8)	清	83.9
1 mol/L NH_4F + 0.05 mol/L $NH_3 \cdot H_2O$(pH = 7.7)	清	87.5
1 mol/L NH_4F + 0.10 mol/L $NH_3 \cdot H_2O$(pH = 8.0)	清	88.3
1 mol/L NH_4F + 0.20 mol/L $NH_3 \cdot H_2O$(pH = 8.3)	清	89.9
1 mol/L NH_4F + 0.50 mol/L $NH_3 \cdot H_2O$(pH = 8.7)	清	93.7
1 mol/L NHF + 1.0 mol/L $NH_3 \cdot H_2O$(pH > 9)	沉淀	94.4
0.5 mol/L NH_4F + 0.10 mol/L $NH_3 \cdot H_2O$(pH = 8.2)	清	74.6
1.5 mol/L NH_4F + 0.10 mol/L $NH_3 \cdot H_2O$(pH = 7.9)	清	91.5
2.0 mol/L NH_4F + 0.10 mol/L $NH_3 \cdot H_2O$(pH = 7.8)	清	92.4
*1 mol/L[F^-](加 NaOH 调 pH 至 9.0)	清	99.1
*0.5 mol/L[F^-](加 NaOH 调 pH 至 9.0)	清	77.0
*1 mol/L[F^-](加 KOH 调 pH 至 9.0)	大量沉淀，乳化严重	99.1

注：试验条件：有机相含 Ta_2O_5 24.8 g/L，[H^+]0.6 mol/L，按 V_o/V_w = 1∶0.2 用不同反钽剂单级反萃。

* 有机相含 Ta_2O_5 34.8 g/L，[H^+]0.7 mol/L，按 V_o/V_w = 1∶0.5 单级反萃。

表8　水平箱式混合澄清槽规格

名　称	级数	尺寸规格			设备材料	混合情况	
		混合室 /(mm × mm × mm)	澄清室 /(mm × mm × mm)	混合室/澄清室		方式	转速
萃取酸洗槽	14	65 × 65 × 260	65 × 200 × 200	1∶4	低压聚乙烯	十字叶轮机械搅拌	500 (r/min)
反铌提钽槽	14	65 × 65 × 260	65 × 200 × 260	1∶4	有机玻璃		
反钽槽	8	65 × 65 × 260	65 × 200 × 260	1∶4	有机玻璃		

3.2　工艺条件

(1)萃取段 8 级。有机相：40% 乙酰胺加 60% 二乙苯，流量 100 ~ 120 mL/min。原液成分见表 9。流量 50 ~ 150 mL/min。

(2)其他各段：见表 10。

3.3　产品质量

先后取 Nb_2O_5 样 56 个，Ta_2O_3 样 50 个做化学分析，同时抽查 8 个 Nb_2O_5 样与 5 个 Ta_2O_5 样做光谱分析，结果见表 11。

表9　调酸液成分

$(Ta+Nb)_2O_5$ /(g·L⁻¹)	Ta_2O_5 /(g·L⁻¹)	Nb_2O_5/Ta_2O_5	TiO_2 /(g·L⁻¹)	Fe_2O_3 /(g·L⁻¹)	WO_3 /(g·L⁻¹)	HF* /(mol·L⁻¹)	H_2SO_4* /(mol·L⁻¹)
178.5	52	2.43	—	20	20	10.1	4.3
262	56	3.68	10.5	28	13	11.4	3.4
193.0	38	4.1	6.5	14.5	18.0	10.1	4.725
274	38	5.5	5.5	10.0	15	8.4	3.85
223.9	32	8	8.0	12.4	14	8.5	3.5
100.7	7.5	13.2	—	2.9	5.5	6.3	5

注：* 为使矿石分解完全，用酸较多，原液酸度较高。

表 10 各段工艺条件

段名	料液名称	料液成分	料液流量 /($mL \cdot min^{-1}$)	级数	备 注
酸洗	酸洗剂	4 mol/L H_2SO_4 +2 mol/L HF(工业)	10~24	6	酸洗液串流至萃取段萃取
反铌	反铌剂	纯水	80~130	12	
提钽	提钽有机相	40% +60% 二乙苯	5~20	1~2	提钽有机相与酸洗后有机相合并反铌
反钽	反钽剂	$[F^-]$20 g/L pH=8~9	10~40	8	用纯水稀释沉钽母液

表 11 Ta_2O_5、Nb_2O_5 质量情况

含量/%		Ta_2O_5	Nb_2O_5	TiO_2	Fe_2O_3	WO_3	P	SiO_4
化学分析	Nb_2O_5	<0.1		<0.0065	<0.0063	0.005	0.0045	0.012
	Ta_2O_5		<0.01	<0.01	<0.0058	<0.0042	0.0045	<0.0067

含量/%		Mo	Zr	Cu	Al	Ca	Mg	Ni	Cr	Co	Mn
光谱平均结果	Nb_2O_5	<0.0046	<0.003	0.00037	0.0033	<0.0033	0.00023	<0.0022	<0.0021	<0.0013	<0.005
	Ta_2O_5	0.0021	0.0006	0.000072	—	—	0.00021	0.0003	<0.0015		<0.0002

4 生产性试验

4.1 条件

(1)矿石原料与调酸料液。矿石比较复杂多变，其中一部分矿石的组成为/%：$(Ta+Nb)_2O_5$ 55，Ta_2O_5 5，Fe_2O_3 22，WO_3 10，TiO_2 3.85。另一部分矿石组成则为/%：$(Ta+Nb)_2O_5$ 60，Ta_2O_5 5.8，Fe_2O_3 20，WO_3 1.6，TiO_2 4.9。此外还有少量的其他铌钽精矿。矿石先后投料制成调酸料液，其一般含量范围为/($g \cdot L^{-1}$)：$(Ta+Nb)_2O_5$ 200~250，Nb_2O_5/Ta_2O_5 ~10/1，TiO_2 8~10，Fe_2O_3 30~40，WO_3 10~40，总 H^+ 浓度 13~15 mol/L，H_2SO_4 浓度为 2~3 mol/L。

(2)有机相。使用40%乙酰胺+60%二乙苯。由混合仲胺与醋酐合成乙酰胺，配加二乙苯后经离子交换去除叔胺而成。

(3)萃取设备。水平箱式混合澄清槽。混合室尺寸 130 mm×130 mm×350 mm；混合室/澄清室(体积)=1/4。机械搅拌。设备材料同前述。

(4)工艺流程与操作条件。工艺流程见图3。

萃取分离操作条件如下：萃取八级，有机相流量 1.2~1.6 L/min；调酸料液流量由钽铌金属含量及有机相容量确定。酸洗六级，流量比(有/水)=1∶0.2~1∶0.3。反铌十级，流量比(有/水)=1∶1~1∶1.2。提钽四级，流量比(有/水)=(0.2~0.5)∶1。反钽七级，流量比(有/水)=1∶0.2~1∶0.4。

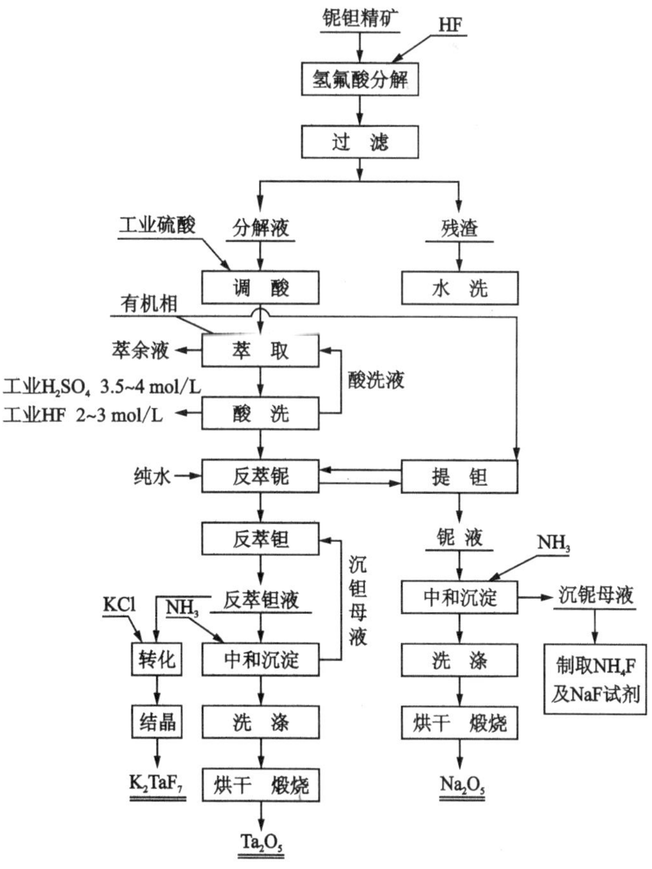

图 3 乙酰胺二乙苯体系生产钽铌流程

4.2 技术经济指标

(1)产品质量。产出 Nb_2O_5 124 批，Ta_2O_5 47 批，质量情况统计如表 12 所示。

同时所产的 1.5 t K_2TaF_7 中一级品率达 98%，一、二级品合格率 100%。

(2)金属回收率。从矿石投料到 Nb_2O_5，Ta_2O_5 及 K_2TaF_7 的金属回收率分别为 92.86%，93.43% 及 96.22%。

(3)材料单耗与成本。见表 13。

从表 13 可见：乙酰胺体系萃取剂单耗很低(折算成仲胺的单耗仅 0.018～0.052 kg/kg 产品)。这主要是由于萃取剂水溶性很低所致。

表 12 质量情况

产品	杂质含量	Ta_2O_5	Nb_2O_5	TiO_2	Fe_2O_3	SiO_2	WO_3	P	F^-	一级品率/%	合格率/%
Nb_2O_5	最高值/%	0.5	—	0.01	0.004	0.05	0.05	0.018		86.7	100
	最低值/%	<0.10	—	0.004	<0.005	0.005	0.004	0.004	<0.02		
Ta_2O_5	最高值/%	—	0.03	<0.01	0.016	0.01	0.004	0.008		88.7	100
	最低值/%	—	<0.01	<0.01	<0.005	0.005	0.004	0.004	<0.02		

表 13 原、辅材料单耗及成本

产品		Nb_2O_5		Ta_2O_5		K_2TaF_7	
名　称	单价/(元·kg^{-1})	单耗/(kg·kg^{-1})	金额/(元·kg^{-1})	单耗/(kg·kg^{-1})	金额/(元·kg^{-1})	单耗/(kg·kg^{-1})	金额/(元·kg^{-1})
60%工业氢氟酸	4.10	2.82	11.56	1.70	6.97	0.96	3.94
工业硫酸	0.13	4.54	0.59	2.66	0.35	1.55	0.20
工业液氨	0.50	2.10	1.05	1.24	0.62	0.27	0.14
工业盐酸	0.11	0.48	0.05	0.29	0.03	0.16	0.62
工业液碱	0.16	1.42	0.23	0.85	0.14	0.48	0.08
40%二级氢氟酸	10.25	—	—	—	—	0.391	4.01
二级氯化钾	10.00	—	—	—	—	0.447	4.47
三级乙醇	4.4	—	—	—	—	0.078	0.33
三级硝酸	3.5	0.157	0.55	—	—	—	—
工业混合仲胺	6.1	0.052	0.32	0.030	0.18	0.018	0.11
工业醋酐	2.5	0.153	0.38	0.091	0.23	0.051	0.13
工业二乙苯	3.5	0.066	0.23	0.037	0.13	0.023	0.08
生产 1 kg 产品所需总试剂费/元		14.96		8.65		13.51	

5　讨论

（1）乙酰胺类萃取剂系从仲胺经醋酐酰化而得，因此原料仲胺的质量对所得的有机相的物理、化学性能——对萃取分离效果有很大的影响。我们曾经研究分析了有机相的物理化学性能与多种影响因素的关系，其中仲胺成分的影响为：

①伯胺。原料仲胺中的伯胺经酰化成一取代酰胺，其黏度为对应二取代酰胺的 4 ~ 5 倍，不利于分相。同时，实验表明，一混合基乙酰胺的存在将使萃钨能力大大增加。

②长碳链仲胺。被酰化后分子较大黏度也大，从一些数据看，取代基增加 3 ~ 4 个碳，黏度亦增为原来的 4 倍左右。同时由于其浓度减少和空间效应的影响，萃取容量较小。

③叔胺。叔胺碱性强对钨易萃取，原料中叔胺易造成产品中钨不合格。

根据几年生产实践，我们认为原料仲胺的规格应为：仲胺含量不小于 95%，碳链 7 ~ 9，其中伯胺小于 5%，叔胺小于 1%。

（2）关于金属钽中氮的问题。由 K_2TaF_7 的钠还原钽粉中氮含量较高（0.04% ~ 0.06%），经检验证明是由于采用含 NH_4^+ 的沉钽母液作反钽剂，生成 $(NH_4)_2TaF_7$ 混入 K_2TaF_7 晶体中所致。采用 NaF 代替 NH_4F_7 反钽工艺相似，所得 K_2TaF_7 晶体中氮的含量小于 0.005%。所需的 NaF 可以从车间副产品中获得。

（3）关于二乙苯的毒性。二乙苯是一种性能优良的稀释剂（D^{25}0.864，沸点 180℃），作为一种芳烃其毒性应比乙苯小。作为从苯而来的合成树脂的中间体，其含量为 97% ~ 99%，杂质约为 1% 主要为乙苯。另一方面，根据对从事萃取作业的职工与从事非萃取作业的职工连续多年的体检情况看来，并未发现二乙苯严重中毒的病例或其他异常现象。

用酰胺型萃取剂 A101 和 A404 萃取铊*

株洲冶炼厂在铅锌生产中回收铊的流程是用沉淀—溶解法[1]。该法操作繁琐，劳动生产率低，劳动条件差。尤其是在硫酸化焙烧时，由于大量杂质存在，转化不彻底，铊的回收率低，设备损坏快。

溶剂萃取法提取金属具有劳动生产率高、劳动条件好、回收率高、成本低，易于连续化等优点。B·H·Лексин[3]对比了铟、铊、铼生产中通用的最好方法与萃取法，指出萃取法可提高设备效率 15% ~25%，基建投资降低 10% ~15%。

选择萃取剂是提取铊的重要环节。И·A·Кузин 等[4]建议用 TBP 从铅、锌工业溶液中萃取三价铊。但 TBP 萃取时易产生乳化和三相，因此要求料液中金属浓度不能大于 2.5 g/L。这就限制了设备的利用率。И·C·Лебин 等[5]提出了用 2－乙基己基磷酸从锌－镉生产的中间产品中提取铊的原则流程。也有用醚[6]和胺[7]萃取铊的报道。J·Gerlach 等[8]研究了用甲基异丁基酮(MBIK)从烟道尘浸出液中萃取铊等金属。

但上述萃取剂对提取铊都不够理想。所以，我们自己合成了萃取剂 A101 和 A404。这两种萃取剂都属于酰胺型，前者是 N，N 二混合基乙酰胺，后者是 N 辛基乙酰苯胺。这类萃取剂具有闪点高、挥发性小、水溶性小、选择性强、成本低、原料来源方便、合成容易等优点。株洲硬质合金厂使用 A101 提取 Nb－Ta 的生产实践证明，这类萃取剂具有一系列优良的性能[2]。

本文研究了用 A101 和 A404 从盐酸溶液中萃取铊的工艺流程。试验用的原料是株洲冶炼厂多膛炉布袋尘浸出液氧化中和渣的盐酸溶液，其成分为/($g \cdot L^{-1}$)：Tl 21.9，Pb 1.54，Cd 4.20，Fe 1.22，Mn 28.88，Zn 34.0。

萃取剂是 A101 和 A404。稀释剂为二乙苯。有机相的浓度以体积分数表示。反萃取剂采用醋酸铵水溶液。

1 小型试验

1.1 盐酸浓度的影响

试验条件：[A101] = 15%，[A404] = 20%，用二乙苯稀释，相比(有/水) = 1∶2，室温，振荡混合 5 min。试验结果绘于图 1。

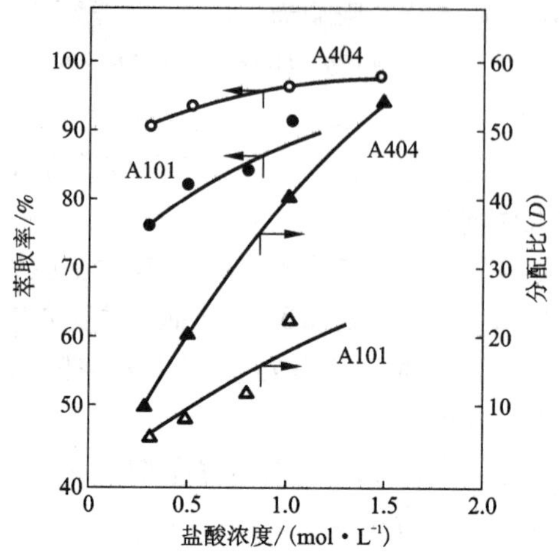

图 1 酸度对铊萃取的影响

图 1 说明：铊的分配比和萃取率随原始水相盐酸浓度增加而增加。当盐酸浓度为 1 mol/L 时，2 种萃取剂对铊的萃取率都大于 90%。

为了考察杂质在萃取中的行踪，测定了在不同酸度下，A404 对杂质的萃取率。试验条件是 20% A404，80% 二乙苯，有机相/水相 = 1∶2，室温，振荡混合 5 min。试验一致。结果见图 2。

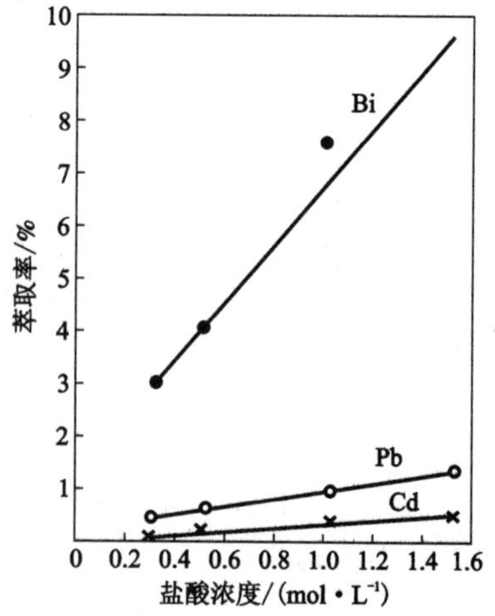

图 2 盐酸浓度对杂质萃取率的影响

* 该文首次发表于《有色金属》1974 年第 11 期，36 ~42 页。合作者：周太立、郑隆鳌、谢群、钟祥等

图 2 表明：原始水相盐酸浓度在 1 mol/L 时，铅和镉的萃取率都较小，只有千分之几，而铋的萃取率可达 7.5%。但铋在原始水相中浓度很低，因此铋进入有机相的绝对值仍然很小。若在更低的酸度下进行萃取，杂质的分离效果固然会稍有增强，但三价铊会水解和还原沉淀，致使萃取作业发生困难。我们用优选法作了酸度试验，求出最佳酸度为 0.95 mol/L。从铊的萃取率要高，杂质的萃取率要低，以及便于操作等方面综合考虑，选取料液盐酸浓度 1 mol/L 为宜。

1.2　萃取剂浓度的影响

试验条件：萃取剂浓度由 10% 至 40%，用二乙苯稀释，原始水相盐酸浓度 1 mol/L，相比（有/水）= 1∶1，室温，振荡混合 5 min。试验结果见图 3。

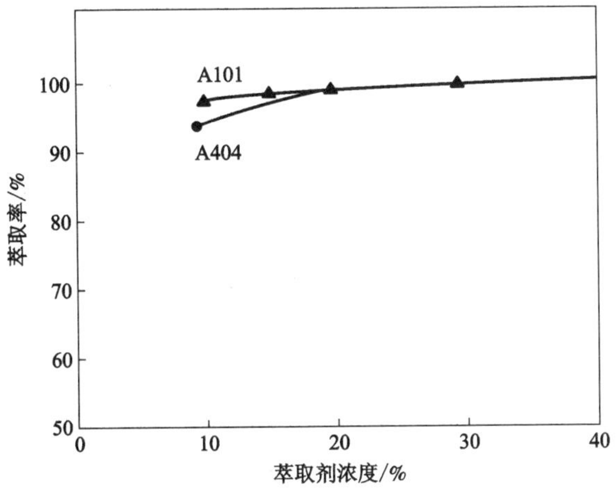

图 3　萃取剂浓度对铊萃取率的影响

由图 3 看出：15% A101 和 20% A404 的萃取率分别为 99.8% 和 99.6%，萃余液含铊在 100 mg/L 以下。

从萃取剂的结构来看，烷基有推电子的作用，芳基有吸电子的作用，A101 比 A404 碱性要强些，A101 的萃取能力应该大于 A404。以上的试验数据与结构上的推测一致。

1.3　相比的影响

试验条件：20% A404，以二乙苯稀释，原始水相盐酸浓度为 1 mol/L，室温，振荡混合 5 min。试验结果绘于图 4。

由图 4 的结果可知：当相比小于 1∶3 时，有机相富集铊的程度虽然增高，但萃取率由相比为 1∶2 时的 95.1% 减少至 81.9%。同时，由于有机相中铊浓度增加，造成萃取剂的物理性能变坏。当相比为 1∶1 时，铊的萃取率虽然高至 99.6%，但有机相中铊的浓度和原始水相一样，没有得到富集。因此，应以相比 1∶2 为宜。

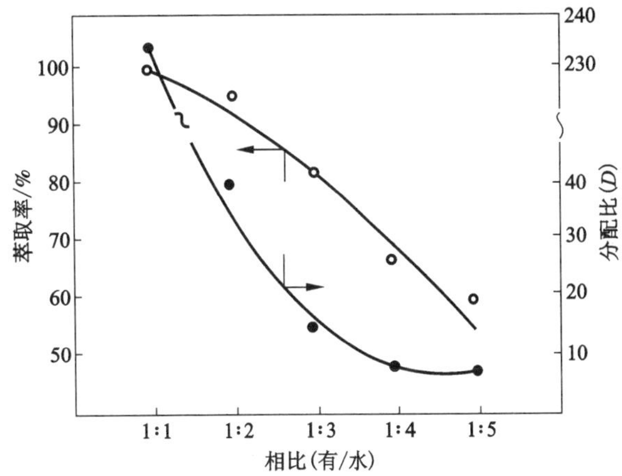

图 4　相比对萃取铊的影响

1.4　洗涤杂质的条件

有机相中萃取的和机械夹带的杂质，可以用稀盐酸洗涤除去。

试验条件：以 20% A404 按相比（有/水）1∶2 与原始盐酸浓度为 1 mol/L 的铊料液充分混合，静止分层后的有机相作为本试验的萃后有机相。酸洗相比（有/水）为 2∶1，室温，洗涤振荡 5 min。

从图 5 的试验结果看出：洗涤时洗液酸度越低，除去杂质的程度越好。但铊的洗脱率也随之增高。而且由于酸度低，铊的水解和还原的可能性也越大。

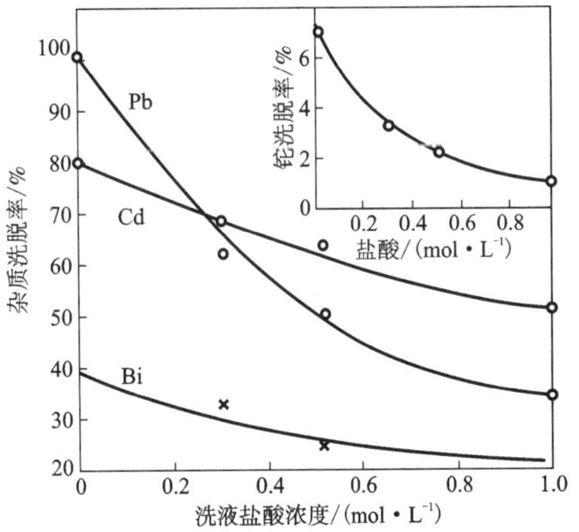

图 5　洗液盐酸浓度对杂质及铊的洗脱率影响

从图 5 可看出：洗涤条件以洗液为 0.5 mol/L HCl，相比为 2∶1 较好。在此条件下，铅、镉、铋的洗脱率分别为 50%，63.6% 和 25%。铊的洗脱率为 2.15%。洗涤水相中含铊为 1 g/L 左右。在连续逆流萃取时，可与铊料液合并，使洗液进入萃取段，以免造成铊的损失。

1.5　萃取理论级数

15% A101 和 20% A404 对原始盐酸浓度为 1 mol/L 的铊料液萃取等温线，和该条件下有机相/水相为 1∶2 时的操作曲线绘于图 6。由此得到 15% A101 的理论萃取级数为 3。20% A404 萃取理论级数为 2。萃余液含铊量小于 100 mg/L。

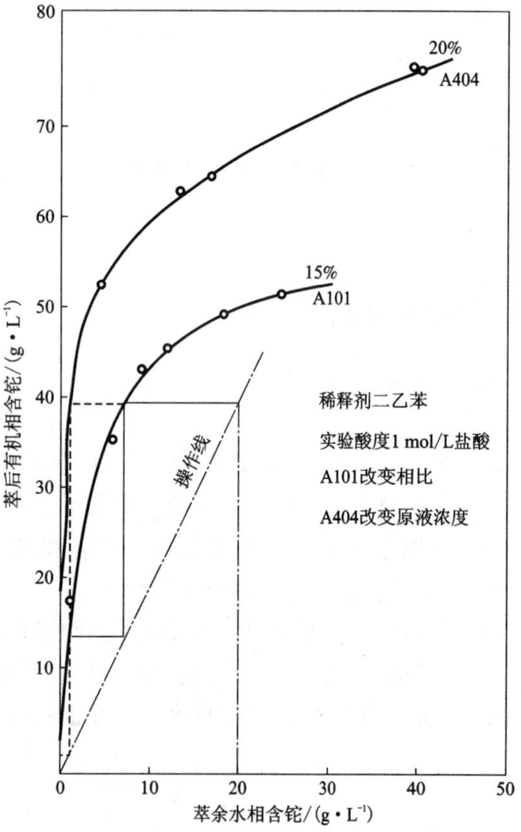

图 6　萃取理论级数推算

1.6　反萃取条件

当相比(有/水)为 1∶1 时，不同浓度醋酸铵的水溶液对萃后经酸洗有机相的反萃结果列于表 1。

当醋酸铵浓度为 2 mol/L 时，变化相比(有/水)对 20% A404 和 15% A101 的反萃取率列于表 2。

表 1　醋酸铵浓度对反萃取铊的影响

醋酸铵浓度 /(mol·L^{-1})	反萃取率/%	
	20% A404	15% 101
0.5	83.8	81.6
1.0	94.5	96.6
1.5	95.1	98.3
2.0	98.4	98.5
2.5	—	约 100
3.0	97.7	—

表 2　相比对反萃取铊的影响

相比 (有/水)	反萃率/%	
	20% A404	15% A101
1∶1	98.4	98.5
2∶1	94.5	92.6
4∶1	72.4	75.0
6∶1	46.5	66.6

由表 1 和表 2 可见：用 2 mol/L 醋酸铵、有机相/水相为 2∶1 时，反萃取率分别达到 94.5% 与 92.6%。反萃液铊浓度比铊料液增高约 4 倍。因此选取反萃相比 2∶1 为好。

当相比(有/水)为 2∶1、醋酸铵浓度为 2 mol/L 时，变化醋酸铵溶液的 pH，对 15% A101 反萃取铊的影响绘于图 7。

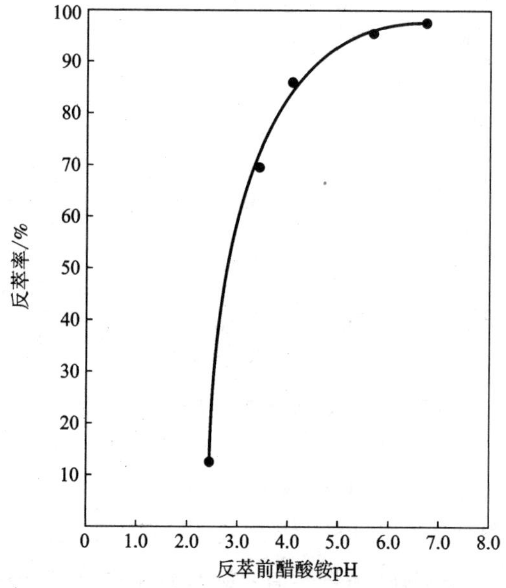

图 7　反萃前醋酸铵 pH 对铊反萃率的影响

图 7 表明：当 2 mol/L 酸醋铵溶液 pH 为 4.6 ~ 5.8时，铊的反萃取率可达 95% ~97%。如果 pH 高于6，三价铊可能水解。

1.7　反萃取理论级数

15% A101 和 20% A404 的反萃取等温曲线和有机相/水相为 2∶1 时的操作曲线绘于图 8。由图 8 得到的反萃取理论级数为 2。

1.8　萃合物的组成

为了探讨萃合物组成，进行了用斜率法求萃合物中萃取剂分子数的试验。试验条件及结果列于表 3。

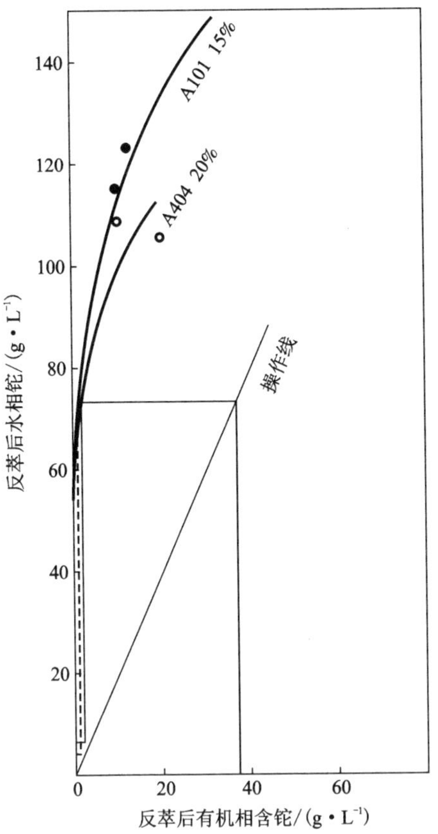

图 8　反萃取理论级数推算

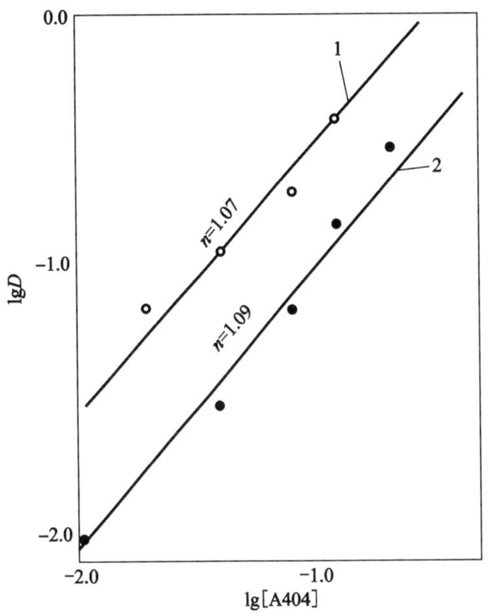

图 9　A404 对纯氯化铊的萃取

$[Tl]=7.4\times10^{-3}$ mol/L

1—1.92 mol/L HCl; 2—1.09 mol/L HCl

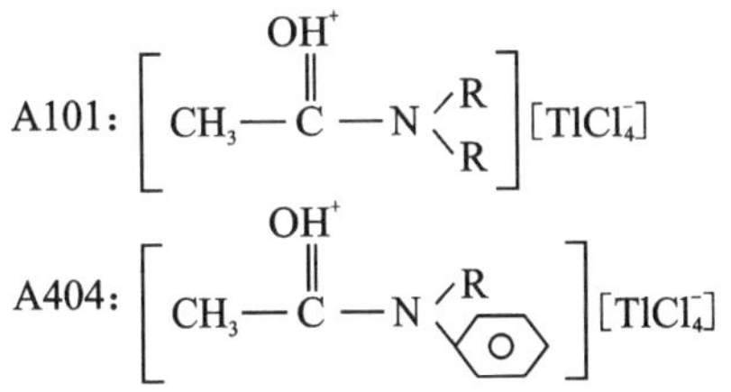

表 3　用 A404 萃取纯氯化铊

萃取剂浓度 A404 /(mol·L⁻¹)	原始水相[Tl] $=7.4\times10^{-3}$ mol/L [HCl] = 1.09 mol/L		原始水相[Tl] $=7.4\times10^{-3}$ mol/L [HCl] = 1.92 mol/L	
	有机相含铊 /(g·L⁻¹)	分配比 (*D*)	有机相含铊 /(g·L⁻¹)	分配比 (*D*)
0.01	0.0013	0.0088	—	—
0.02	—	—	0.10	0.069
0.04	0.0044	0.0300	0.16	0.116
0.08	0.0100	0.0704	0.26	0.203
0.12	0.0200	0.1510	0.44	0.400
0.20	0.0368	0.3190	—	—

注：试验条件：温度(25 ± 0.5)℃、相比 = 1∶1、平衡振荡 10 min、稀释剂为二乙苯。

从表 3 所列数据，以分配比(*D*)与萃取剂浓度的对数绘出图 9。在图 9 中 2 条直线的斜率各为 1.07 及 1.09。因此，在萃合物中只有 1 个分子的萃取剂。

文献[9]评述了酰胺的共振特性，明确了在萃取中起作用的是羰基而不是氮原子。又知三价铊在盐酸中呈 $HTlCl_4$ 状态存在。故可认为酰胺类萃取剂对铊成为鎓盐萃取。其反应可简写如下：

2　扩大试验

以株洲冶炼厂的工业料液为原始水相(盐酸浓度 39.4 g/L，成分同前)。15% A101 - 二乙苯溶液为有机相。按小型试验选取的条件进行了扩大试验。以其对稀散金属的规模看即为工业试验。

试验中以 0.5 mol/L 盐酸水溶液为洗涤剂。将醋酐(工业级)溶于蒸馏水后，通入氨气，配制成 pH 5 ~ 6 的 2 mol/L 醋酸铵溶液为反萃剂。

设备采用箱式水平混合 - 澄清萃取槽，进行多级逆流连续萃取。萃取槽的混合室尺寸为 45 mm × 45 mm × 125 mm，澄清室尺寸为 45 mm × 225 mm × 125 mm。采用的各段级数是：七级萃取，六级洗涤(酸洗水经六级洗涤后进入到萃取段)，酸洗后有机相经两级助清。六级反萃取，反萃取后有机相返回高位槽重复使用。各相流量是：有机相 40 mL/min，原始水相 70 mL/min，洗涤剂 25 mL/min，反萃剂 25 mL/min，按此流量各段相比(有/水)为：萃取段 4∶7 + 2.5，洗涤段 4∶2.5，反萃段 4∶2.5。

在操作稳定平衡后，于各段取样分析，结果分述于下：

2.1 萃余液和反萃有机相中含铊量

取样分析结果列于表4。

表4 萃余液和反萃有机相中含铊量

取样次数	萃余液含铊 /(g·L⁻¹)	反萃后有机相含铊 /(g·L⁻¹)	萃取率 /%	反萃率 /%
28	0.003～0005	0.01～0.48	99.7～99.9	98～99

表4说明：萃余液含铊小于50 mg/L，符合工厂要求，可以废弃。反萃后有机相可以直接返回作原始有机相使用。萃取率和反萃率均较理想。

2.2 设备运转稳定情况

各段首尾所取的进出口试样铊含量(g/L)和各相进料流量(mL/min)列于表5。

根据表5的数据，单位时间内各段金属平衡及全程平衡计算如下：

萃取段：铊料液+反萃后有机相+酸洗水相=萃后有机相+萃余水相铊料液+反萃后有机相+酸洗水相=21.9×0.07+0.44×0.04+0.70×0.025=1.533+0.0176+0.0175=1.568 g

萃后有机相+萃余水相=39.1×0.04+0.003×0.095=1.564+0.000285=1.564 g

无名损失=1.564－1.568/1.568=－0.24%

洗涤段：萃后有机相=酸洗有机相+酸=洗水相

萃后有机相=39.1×0.04=1.564 g

酸洗有机相+酸洗水相=38.7×0.04+0.70×0.025=1.548+0.0175=1.566 g

无名增加=1.566－1.564/1.564=+0.09%

反萃段：洗后有机相=反萃液+反萃后有机相

洗后有机相=38.7×0.04=1.548 g

反萃液+反萃后有机相=61.2×0.025+0.44×0.044=1.530+0.0176=1.5476 g

无名损失=1.5476－1.548/1.548=－0.02%

全程：料液=反萃液+萃余水相

铊料液=21.9×0.07= =1.533 g

反萃液+萃余水相=61.2×0.025+0.003×0.095=1.5300+0.000285=1.530 g

无名损失1.530－1.533/1.538=－0.19%

萃取、洗涤、反萃取整个过程的金属回收率可由全程金属平衡计算，是99.8%。但由于运转中的波动及其他操作原因，根据表所列的28次取样数据计算的金属回收率为98%～99%。

2.3 反萃液质量

表6对比了料液和反萃液中各杂质的含量。表7列出了反萃液的几个例行分析样中铅、镉含量。

由表6、表7的数据可见：主要杂质经萃取、洗涤后，与铊分离的效果较好。

表5 各段进出口试样铊含量(g/L)和进料流量(mL/min)

铊料液		反萃后有机相		酸洗水相		萃后有机相		萃余水相		酸洗有机相		反萃液	
含铊	流量	含铊	流量	含铊	流量	含铊	流量	含铊	流量	含铊	流量	含铊	流量
21.9	70	0.44	40	0.70	25	39.1	40	0.003	95	38.7	40	61.2	25

表6 料液和反萃液中杂质含量

元素含量	Tl /(mg·L⁻¹)	Pb		Cd		Bi		Fe	
		mg/L	%	mg/L	%	mg/L	%	mg/L	%
料液	21900	1250	4.3	4400	15.3	16	0.05	1220	4.2
反萃液(1)	59000	2.8	0.0047	1.7	0.0028	0.2	0.0003	1.7	0.0028
反萃液(2)	61200	2.5	0.0040	2.0	0.0033	1.0	0.0016	1.1	0.0017

注：表中百分数是表示该元素占金属铊的相对含量。

表7 反萃液分析样中Pb、Cd含量

编 号	1	2	3	4	5	6
Tl/(g·L⁻¹)	51.96	85.60	82.13	55.59	65.00	64.23
Pb/(mg·L⁻¹)	3.1	<2	2.5	2.5	2.7	2
Cd/(mg·L⁻¹)	1.9	<3	<1	6	2.2	2

2.4　海绵铊的置换与熔铸

反萃液直接用锌板置换得海绵铊的金属直收率为94%，部分产品纯度在99.99%以上，还有部分产品纯度为99.96%～99.98%。造成达不到99.99%的原因，可能与所用锌板含铅高有关(使用的是二级锌板，含Pb 0.015%)。由反萃液直接置换，还需进一步探讨。

为了解决质量问题，用亚硫酸钠还原反萃液中的三价铊，得氯化亚铊沉淀。将此沉淀溶于浓硫酸中，然后用锌板置换熔铸。这一步金属的直收率在95%以上。经氢氧化钠覆盖熔化铸型后，所得金属铊品位为99.99%以上。金属铊的杂质含量为/%：Cu 0.0001，Ag 0.001，Bi 0.0002，Pb 0.001，Cd 0.0004，Zn 0.0005，In 0.0001，Fe 0.0008，Al 0.0005。

值得指出的是：用亚硫酸钠还原反萃液产出的氯化亚铊，能较迅速彻底地溶解于浓硫酸，与通常的沉淀法中硫酸化焙烧很不相同。同时，由于反萃液中杂质含量已经合格，硫酸溶液不再需碳酸钠中和去杂质，可直接进行置换、压团和熔铸。

2.5　技术经济指标

萃取率99.7%～99.9%。反萃率98%～99%。置换熔铸的金属回收率95%以上。每千克铊的成本估计为14元。

3　结语与讨论

(1)通过小型试验确定，处理多膛炉布袋尘所得的盐酸溶液，可按相比(有/水)为1∶2，用二乙苯稀释的20% A404或15% A101萃取；接着按相比(有/水)为2∶1，用0.5 mol/L盐酸水溶液洗除杂质；然后按相比(有/水)为2∶1，用2 mol/L醋酸铵溶液反萃取。为了降低成本，2 mol/L醋酸铵溶液可由醋酐(工业级)以水稀释后，通氨气中和至pH为5～6制备。

(2)根据小型试验选取的条件及扩大试验验证，从Pb－Zn中间产品工业溶液中萃取铊的工业流程如图10所示。

本流程与通常沉淀法的经济技术指标对比列于表8。

表8　溶剂萃取法与沉淀法的经济技术指标对比

项目	材料费和电费/元	劳动生产率/(kg·人$^{-1}$·班$^{-1}$)	直接回收率/%	总回收率/%
沉淀法	20	0.10	40	60～70
本流程	14	0.25	91	97～98

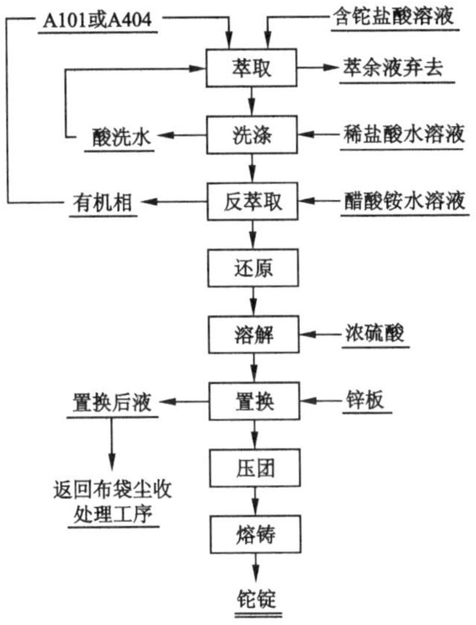

图10　工艺流程图

本流程中的浓硫酸溶解比沉淀法中硫酸化焙烧要简便、彻底，从而改善了劳动条件和减轻了对设备的腐蚀。

(3)本流程除适用于从布袋尘回收铊外，还可以用铊渣为原料回收铊。处理铊渣的步骤如下：将铜镉渣进行酸浸出，有97%的铊进入镉上清液中。在用锌粉置换镉时，当控制残镉在0.2～0.5 g/L时，96%的铊仍留在置换镉的后液中。然后把置换镉的后液用硫酸酸化至pH＝3.5～4.0，徐徐加入锌粉，过程进行到终点pH＝5.2～5.4，在此条件下，95%以上的铊被置换而入铊渣。将铊渣用酸浸出，经高锰酸钾氧化、中和获得中和渣。中和渣用盐酸溶解后，即可按本流程进行萃取。

参考文献

[1] 株洲冶炼厂. 从多膛炉布袋尘氧化锌中回收铊. 有色金属，1973(10)：38.
[2] 冶金部长沙矿冶研究所、株洲硬质合金厂. N，N二混合基乙酰胺萃取分离钽铌试验——平衡试验、综合流程试验与扩大试验报告，1970.
[3] В. Н. Лексин и др. Цветн. Металлы，1964(1)：80.
[4] И. А. Кузин и дро. Иссле. в области Химин и Технолотин Минеральных Солей и Окислов. АН. СССР. Сбор. Статей 1965：251－288.
[5] И. С. Левин и др. Цветн. Метэллы，1970(3)：47.
[6] П. И. Артюхин и др. ДАН СССР，1966(1)：99.
[7] A R Selemer Olsen. Acta Chemica Scandinavica，1966，20(6)：1621.
[8] J Gerlach et al. Metall，1967(7)：700.
[9] W E Stewart et al. Chem. Rev，1970(5)：517.

用 Moc^{TM}—100TD 新萃取剂萃取 La(Ⅲ)及 Ce(Ⅲ)的研究*

摘　要：本文研究了用 Moc^{TM}—100TD 新萃取剂在氯化钠水溶液中萃取 La(Ⅲ)与 Ce(Ⅲ)，结果表明：分相时间很快，使用正辛烷为稀释剂比用煤油效果好；在低 pH 时，对 Ce(Ⅲ)的萃取能力大于对 La(Ⅲ)的萃取能力，因此，有可能使 La(Ⅲ)与 Ce(Ⅲ)得到萃取分离。确定了萃取时生成的萃合物为 MeR_3。求取出 La 的 $\lg K_{ex} = -16.03 \pm 0.4$，Ce 的 $\lg K_{ex} = -15.94 \pm 0.4$。可认为 Moc^{TM}-100TD 是比 Lix70，Kelex100 和 SME529 萃取 La(Ⅲ)及 Ce(Ⅲ)更有效的萃取剂。

Studies on the extraction of La(Ⅲ) and Ce(Ⅲ) with a new extractant of Moc^{TM}—100TD

Abstract: In this paper the author has studied the extraction of La(Ⅲ) and Ce(Ⅲ) in aqueous solution of sodium chloride with a new extractant of Moc^{TM}—100TD. The results show that the phase separation is very fast, *n*-octane is better than kerosene as a diluent and the extracting efficiency of Moc^{TM}—100TD for Ce(Ⅲ) is higher than that for La(Ⅲ) at lower pH, so it is possible to separate La(Ⅲ) and Ce(Ⅲ). The complex formed during the extraction is found to be MeR_3. The equilibrium constants of La and Ce derived are $\lg K_{ex} = -16.03 \pm 0.4$ and $\lg K_{ex} = -15.94 \pm 0.4$, respectively. It can be considered that the Moc^{TM}—100TD is a more effective extractant for La(Ⅲ) and Ce(Ⅲ) than Lix70, Kelex100 and SME529.

Moc^{TM}—100TD 是美国联合化学公司(AlliedSignal Chemicals Inc.)提供的一种新萃取剂，它与 Lix 系列萃取剂一样均属肟类萃取剂，其特效性能是从湿法冶金的堆浸液或原地浸出液中萃取铜。20 世纪 90 年代以来，有人进行了用 Lix70 从氯化钠水溶液中萃取 La(Ⅲ)与 Ce(Ⅲ)的研究[1]，结果令人满意。本文根据新萃取剂 Moc^{TM}—100TD 优于 Lix70 的萃取性能出发，研究了 Moc^{TM}—100TD 萃取 La(Ⅲ)和 Ce(Ⅲ)的一些行为，获得了使用 Moc^{TM}—100TD 萃取 La(Ⅲ)和 Ce(Ⅲ)比 Lix70 更好的结果，从而开辟了应用 Moc^{TM}—100TD 新萃取剂萃取 La(Ⅲ)及 Ce(Ⅲ)的新途径。

1　实验部分

实验使用的 Moc^{TM}—100TD(以 HR 表示)是由美国联合化学公司提供。这种萃取剂相当于汉高公司(HenKel Corp.)出产的 Lix984，同属于萃取铜的特效萃取剂。Moc^{TM}—100TD 萃取剂是 Moc-45TD 和 Moc-55TD 按体积 1∶1 配成的混合体。Moc-45TD 学名为 2-羟基-5-壬基苯乙酮肟(2-hydroxy-5-didecylsalicylald oxime)，结构式为

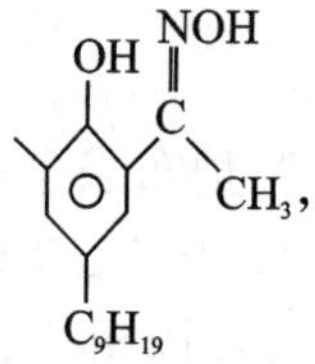

，相对分子质量为 277。Moc-55TD 学名为 2-羟基-5-十二碳基水杨醛肟(2-hydroxy-5-nonyl-acetrophenone oxime)，结构式为

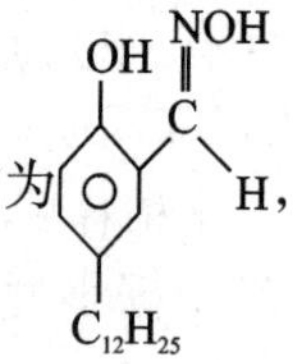

，相对分子质量为 305。这两种萃取剂 1∶1 混合体组成的 Moc^{TM}—100TD 呈琥珀色液体，密度 0.91～0.92 g/cm³，闪点(Pensky—Martin Closed Cup 法)90℃，相对分子质量为 291 左右。

实验使用了 2 种稀释剂：200#煤油和正辛烷，为了排除由稀释剂引起的杂质干扰，200#煤油经磺化后进行蒸馏处理，正辛烷使用了分析纯级试剂。其他试剂如

* 该文首次发表于《稀土》，1995 年第 5 期，1～5 页。

La、Ce 的氯化物，NaCl、HCl 等也均使用分析纯级试剂。

实验是在分液漏斗常温(20～25℃)下进行，水相离子强度保持在 0.5 左右。有机相与水相体积比为 1∶1(各 50 mL)，摇动平衡时间为 3 min。

分析使用原子发射光谱法测定水相及有机相中的金属浓度。

2　实验结果与讨论

(1)萃取平衡与分相时间

实验中发现，在 1 min 左右就达到萃取平衡，把二相混合时间由 1 min 延长至 10 min，萃取率没有增加，这表明萃取动力学速度很快。用本研究工作使用的测试方法，测得有机相及水相所含 La(Ⅲ)及 Ce(Ⅲ)的数据，数量平衡良好。在较高的 pH(≥6.5)时，未发现 La 和 Ce 的氢氧化物沉淀。

不同浓度 Moc™—100TD 及不同 pH 下得到的相分离时间(t_s)如图 1 及图 2 所示。

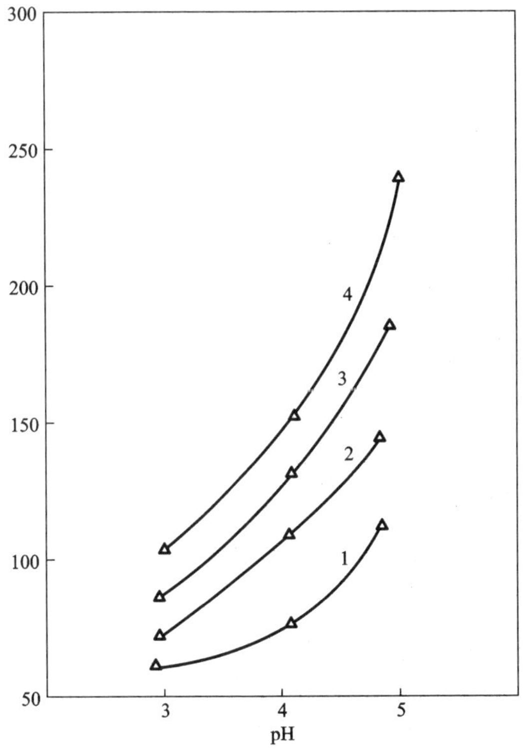

图 1　萃取 La 的分相时间(t_s)与水相 pH 的关系

1—0.05 mol/L[HR]；2—0.1 mol/L[HR]；3—0.2 mol/L[HR]；4—0.5 mol/L[HR]；水相[La]＝0.001 mol/L；煤油为稀释剂

由图 1 及图 2 可知：萃取 La(Ⅲ)与 Ce(Ⅲ)的相分离时间都是随着有机相中萃取剂的浓度增加而延长；La(Ⅲ)及 Ce(Ⅲ)萃取后的相分离时间，在实验

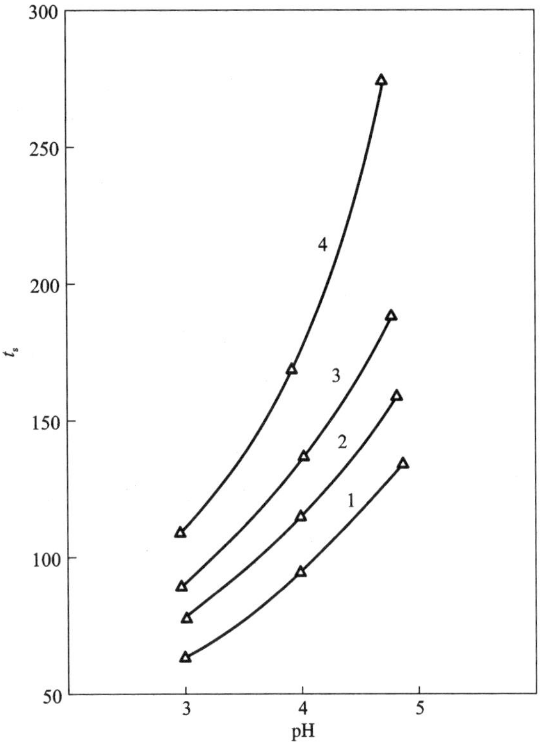

图 2　萃取 Ce 的分相时间(t_s)与水相 pH 的关系

1—0.05 mol/L[HR]；2—0.1 mol/L[HR]；3—0.2 mol/L[HR]；4—0.5 mol/L[HR]；水相[Ce]＝0.001 mol/L；煤油为稀释剂

的萃取剂浓度范围内，都是随着 pH 上升而增加；在相同的萃取剂浓度及相同 pH 下，萃取 Ce(Ⅲ)后的相分离时间大于萃取 La(Ⅲ)后的相分离时间。在实验中还发现，以煤油为稀释剂萃取 La(Ⅲ)时，当水相 pH≥6 后，萃取后的水相稍有混浊，但当使用正辛烷为稀释剂，在水相 pH≥6 后，未发现萃取后的水相有混浊现象，并且其相分离时间也显得快一些。可见使用正辛烷为稀释剂优于用煤油作稀释剂。稀释剂不同表现出来的相分离时间快慢差异，可能是萃取体系的物理性质如界面张力不同而造成的。

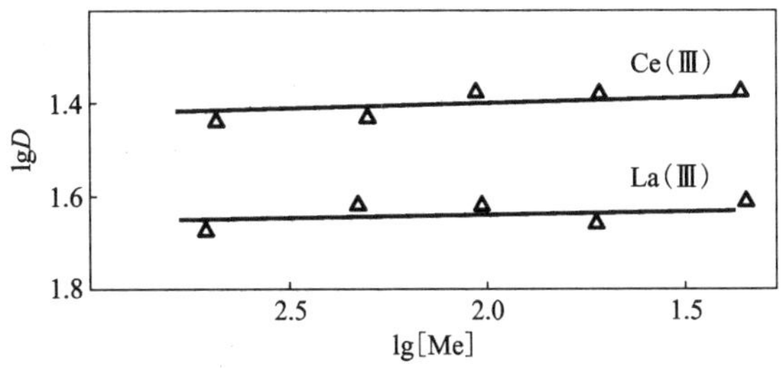

图 3　分配比(D)与水相金属初始浓度[Me]的对数关系

[HR]＝0.001 mol/L；水相 pH 对 La 为 5.0，对 Ce 为 4.6

(2)萃取金属浓度的影响

研究了仅改变水相萃取金属的起始浓度(其他条件固定不变)对萃取 La(Ⅲ)及 Ce(Ⅲ)的影响。实验

中使用的萃取剂浓度为 0.20 mol/L，水相 pH 萃取 La(Ⅲ)为5.0，萃取 Ce(Ⅲ)为4.6。实验获得的 lg*D*(分配比)与 lg[Me](萃取金属的起始浓度)的关系如图3 所示。萃取 La(Ⅲ)与 Ce(Ⅲ)的 lg*D* 与 lg[Me]都得了水平的直线关系，La 的 lg*D* = -1.621，Ce 的 lg*D* = -1.403，这样的结果说明了分配比 *D* 不随水相金属浓度变化而变化，也表明在有机相中萃取 La 和 Ce 形成的萃合物以单分子状态存在。

(3)萃取 pH 的影响

考查了 Moc™—100TD 以煤油或正辛烷为稀释剂时，La 和 Ce 的萃取率与 pH 的关系。实验时萃取剂的浓度[HR]变化范围为0.05 ~0.5 mol/L，La(Ⅲ)与 Ce(Ⅲ)在水相中的起始浓度[Me]为1 mmol/L。获得的萃取率与 pH 的关系如图4 和图5 所示。

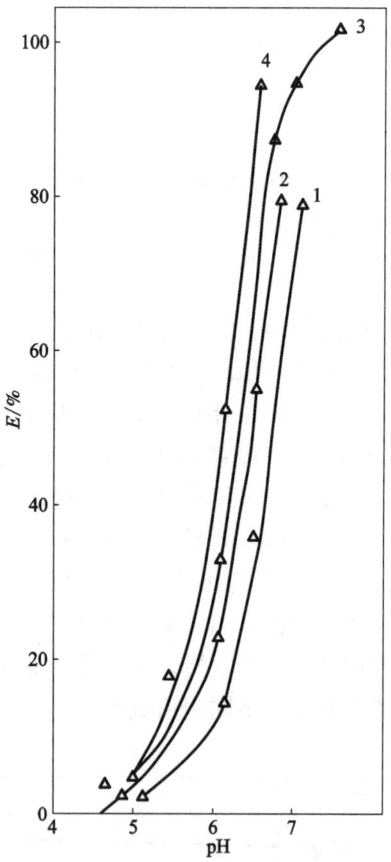

图4　La 的萃取率(*E*)与水相 pH 的关系

1—0.05 mol/L[HR]；2—0.1 mol/L[HR]；3—0.2 mol/L[HR]；4—0.5 mol/L[HR]；1,4—煤油为稀释剂；2，3—正辛烷为稀释剂；[Me] =1 mmol/L

由图4 和图5 可见：萃取铈比萃取镧更容易一些，因此在适当的低 pH 下，有可能使 La(Ⅲ)和 Ce(Ⅲ)达到萃取分离。对数据进一步处理得到在不同萃取剂浓度下的 lg*D* 与 pH 的关系，如图6 及图7 所示，图上的直线斜率都大于2，而接近于3，这表明

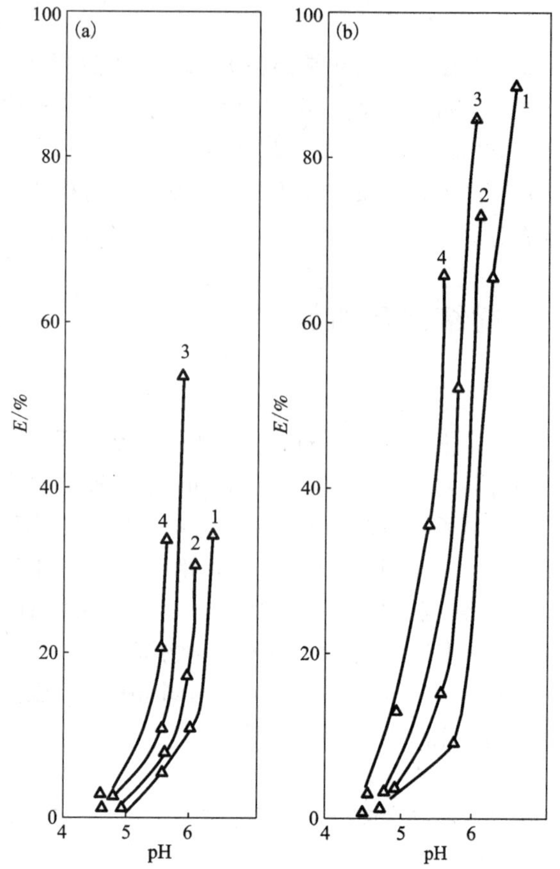

图5　Ce 的萃取率(*E*%)与水相 pH 的关系

(a)煤油为稀释剂；(b)正辛烷为稀释剂

1—0.05 mol/L[HR]；2—0.1 mol/L[HR]；3—0.2 mol/L[HR]；4—0.5 mol/L[HR]；([Me] =1 mmol/L)

Moc™—100TD 萃取 La(Ⅲ)与 Ce(Ⅲ)时与 pH 存在着立方关系，即可认为 La(Ⅲ)与 Ce(Ⅲ)在萃取反应中析出3 个氢离子。

(4)萃取剂浓度的影响

在恒定 pH 下，获得的 La(Ⅲ)与 Ce(Ⅲ)的萃取剂浓度与分配比的 109[HR]—lg*D* 曲线如图8 及图9 所示。用斜率法求得图上的直线斜率接近于3，表明萃取时 La(Ⅲ)或 Ce(Ⅲ)与 HR 是生成 MeR_3 配合物。为了进一步证明这个结论，在恒定 pH =6.0，(萃取 La(Ⅲ))及 pH =5.5(萃取 Ce(Ⅲ))下，用有机相萃取剂的浓度为0.05 mol/L[HR]及金属浓度[Me] =1 mmol/L 的水相，多次进行萃取，即饱和容量法测得有机相中[HR]/[Me] =3，又表明1 个 La 或1 个 Ce 原子与3 个 Moc™—100TD 分子生成配合物，即萃合物为 HR_3。

(5)萃取反应

由以上的实验揭示了有机相中 Moc™—100TD 萃取 La(Ⅲ)与 Ce(Ⅲ)生成的萃合物为 MeR_3，其反应

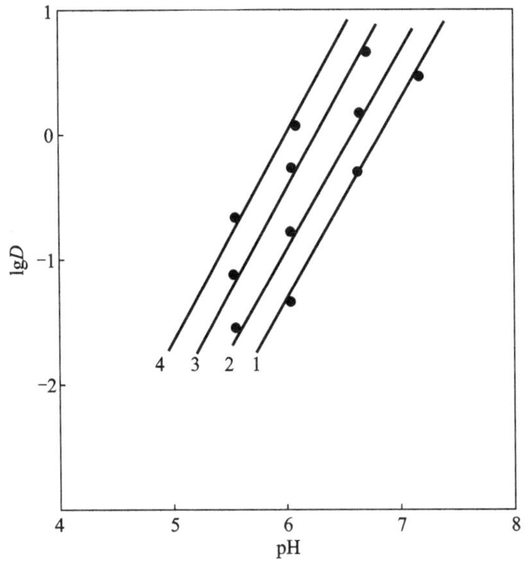

图 6　萃取 La 时 pH 与 lg*D* 的关系

1—0.05 mol/L[HR]；2—0.1 mol/L[HR]；3—0.2 mol/L[HR]；4—0.5 mol/L[HR]；煤油为稀释剂；[Me] = 1 mmol/L

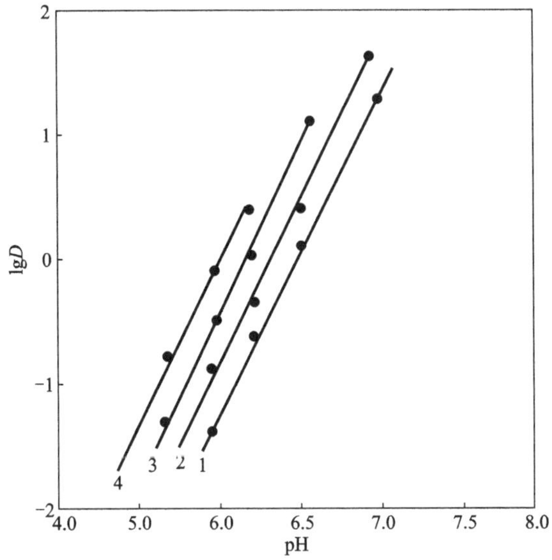

图 7　萃取 Ce 时 pH 与 lg*D* 的关系

1—0.05 mol/L[HR]；2—0.1 mol/L[HR]；3—0.2 mol/L[HR]；4—0.5 mol/L[HR]；水相[Ce] = 0 正辛烷为稀释剂；[Me] = 1 mmol/L

式可以表示为：

$$Me^{3+}_{(a)} + 3HR_{(o)} \rightleftharpoons MeR_{3(o)} + 3H^{+}_{(a)} \quad (1)$$

式(1)的平衡常数 K_{ex} 为：

$$K_{ex} = \frac{[MeR_3]_{(o)}[H^+]^3_{(a)}}{[Me^{3+}]_{(a)}[HR]^3_{(o)}} \quad (2)$$

按定义萃取时的分配比 D 为：

$$D = \frac{[Me]_{(o)}}{[Me]_{(a)}} \quad (3)$$

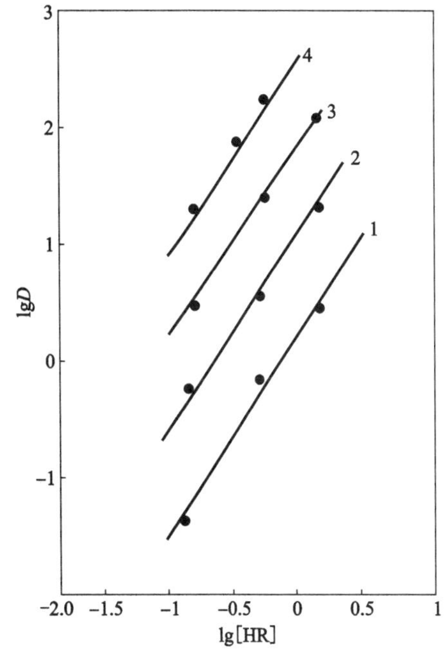

图 8　萃取 La 时萃取剂浓度与 lg*D* 关系

1—pH 为 5.2；2—pH 为 5.5；3—pH 为 6.0；4—pH 为 6.25；5—pH 为 6.5；正辛烷为稀释剂；[Me] = 1 mmol/L

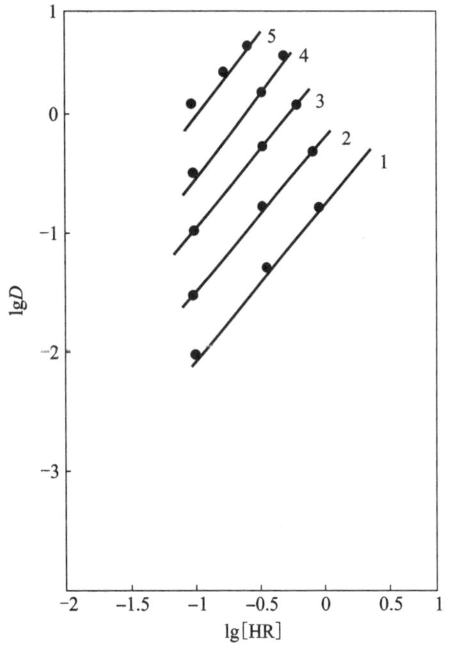

图 9　萃取 Ce 时萃取剂浓度与分配比的对数关系

1—pH 为 5.75；2—pH 为 6.0；3—pH 为 6.25；4—pH 为 6.5；正辛烷为稀释剂；[Me] = 1 mmol/L

故 K_{ex} 的对数可以写成：

$$\lg K_{ex} = \lg D - 3pH - 3\lg[HR] \quad (4)$$

当在萃取率为 50% 的 pH 0.5 时，$\lg D = 0$，则式(4)成为：

$$\lg K_{ex} = -3pH - 3\lg[HR] \quad (5)$$

用作图法可求得萃取 La(Ⅲ)时，$\lg K_{ex}=-16.03\pm0.4$；萃取 Ce(Ⅲ)时，$\lg K_{ex}=-15.94\pm0.4$。可知用 Moc™—100TD 萃取 La(Ⅲ)及 Ce(Ⅲ)的 $\lg K_{ex}$值均大于文献[1-3]上用 Lix70，Kelex100 及 SME529 萃取 La(Ⅲ)和 Ce(Ⅲ)的 $\lg K_{ex}$值，表明 Moc™—100TD 萃取 La(Ⅲ)和 Ce(Ⅲ)比 Lix70，Kelex100 及 SME529 更为有效。

3 结 论

(1)用 Moc™—100TD 萃取 La(Ⅲ)及 Ce(Ⅲ)时，达到萃取平衡及相分离的速度很快。

(2)用正辛烷为稀释剂比用煤油效果好。

(3)在低 pH 下，对 Ce(Ⅲ)的萃取能力大于对 La(Ⅲ)的萃取能力，因此，在适当的低 pH 下，有可能使 La 与 Ce 得到萃取分离。

(4)在有机相中生成的萃合物为 MeR_3，求取出萃取 La(Ⅲ)的 $\lg K_{ex}=-16.03\pm0.4$，萃取 Ce(Ⅲ)时，$\lg K_{ex}=-15.94\pm0.4$。可知 Moc™—100TD 是比 Lix70，Kelex100 萃取 La(Ⅲ)和 Ce(Ⅲ)更为有效的萃取剂。

对北京有色冶金设计总院牟邦立教授级高工在索取 Moc™—100TD 中的帮助及对湖南稀土所、中南工业大学测试中心在分析测试中的帮助，致以衷心地感谢。

参考文献

[1] Abbruzzese C et al. Hydrometallurgy, 1992, 28: 179.
[2] Urbanki T S et al. Hydrometallurgy, 1990, 25: 185.
[3] Urbanki T S et al. Hydrometallurgy, 1992, 28: 1.

在磁场作用下用乙酰胺(A101)萃取稀土元素*

摘 要：研究了在磁场作用下，于盐酸溶液中，用乙酰胺(A101)萃取稀土元素。讨论了磁场的作用及萃取机理，并分析了磁场作用及使萃取率上升的原因。研究结果认为：在磁场作用下稀土的萃取率稍有升高，萃取机理不变。萃取率的上升是因体系物理性质发生变化而造成的。磁场作用对分配比的影响与稀土元素的磁矩大小无规律性关系。

Extraction of rare earths by A101 within magnetic field

Abstract: The extraction of rare earths by A101 in HCl solution within magnetic field was studied. The principle of extraction was discussed and the effect of magnetic field on extractability was analyzed. The data illustrated the extractability was slightly increased in the magnetic field, which could be explained by the same extraction principle. It is the change of physical properties of system that makes the extractability increase. The magnetic field does not have periodical relationship with the distribution ratio and magnetic length of rare earths.

中国的稀土矿资源位居于世界首位，对稀土的提取、分离及应用，中国的科研人员做了许多工作，其中用溶剂萃取法提取与分离稀土元素的研究较多，例如用磷酸三丁酯(TBP)、甲基膦酸二甲庚酯(P350)、二(2-乙基己基)磷酸(P204)及2-乙基己基膦酸2-乙基已酯(P507)在提取与分离稀土中已有了成熟的工业应用。从进一步发展溶剂萃取在稀土提取与分离中的应用出发，本文研究了在磁场作用下，用乙酰胺(A101)对稀土的萃取，这样的工作在现有文献中还未见报道，可认为有一定的新意与应用参考价值。

在我们以前的研究工作[1]中，曾研究了在磁场作用下，用TBP萃取As(Ⅴ)、用三辛胺萃取钒及用乙酰胺萃取As(Ⅴ)，故本文也是磁场作用在溶剂萃取中应用的一项扩展。

1 实验

1.1 料液

(1)稀土元素氧化物购于上海试剂公司，其纯度≥99.9%；

(2)HCl、NH_4Cl纯度均为GR级；

(3)把稀土元素氧化物溶解到盐酸溶液中，然后调配至所需的酸度与稀土元素的浓度。

1.2 萃取剂与稀释剂

A101由本实验室合成，其合成方法是在玻璃杯中在不断地搅拌下往2份体积混合仲胺(生产三烷基胺N235的中间产品，C=7~9)中缓慢加入1体积醋酐，其反应如下：

$$R_2NH + (CH_3CO)_2O \rightarrow CH_3-\overset{\overset{\displaystyle O}{\|}}{C}-NR_2 + CH_3COOH \qquad (1)$$

用水将上述反应物中的CH_3COOH洗除，一直洗到中性，便获得A101。A101的物理常数如下。

相对分子质量，290.4；沸程，182~220℃/400 Pa；折光率(n^{25}D)，1.4552；密度，0.8667 g/cm^3；黏度(η^{25})，18.13 mPa·s；表面张力，30.9×10^{-3} N/m(22℃)；水中溶解度，0.058 mL/L水(26℃)；酸性，pH≈7；红外光谱，1641 cm^{-1} (ν_C = O)，^{1}HNMR(CCl_4，HMDS为内标)，δ—0.79~0.84(6H，m，2×CH_3)，0.84~1.1[6H，m，2×$(CH_2)_{6\sim8}CH_3$]，

* 该文首次发表于《稀有金属与硬质合金》，2002年第3期，14~16页。合作者：罗电宏。

1.1～1.3 [20H, S, $(CH_2)_{6\sim8}$], 1.87 (3H, S, $CH_3-\underset{\underset{O}{\|}}{C}-$)。

这种萃取剂，具有闪点高、挥发性小、水溶性小、成本低、原料来源方便、合成容易的优点。

稀释剂为二乙苯(GR 纯度)。

有机相是用二乙苯把 A101 稀释到实验所要求的浓度。

1.3　实验设备

实验设备有萃取平衡瓶、分液漏斗、恒温水浴、振荡器及磁场设备。

1.4　实验方法

把配制好的水相及有机相，以相比为 1∶1 装入萃取平衡瓶中，再把萃取平衡瓶放入恒温水浴中，恒温水浴置于振荡器上，最后将振荡器放在磁场中，开动振荡器控制萃取时间，达到时间后停止振荡。取下萃取平衡瓶将其中溶液倒入分液漏斗中，静止 10 min 后，分相取样，测定水相中稀土金属(RE)的浓度。

2　结果与讨论

2.1　磁场对 A101 萃取稀土的影响

在外加磁强度为 0.5 T 的条件下，进行萃取实验。萃取条件是：有机相中 A101 浓度为25%，稀释剂为二乙苯；水相中 RE^{3+} 浓度为0.02 mol/L，HCl 浓度为控制水相 pH＝4.9～5.1，盐析剂为 NH_4Cl，在水相中浓度为2.5 mol/L；萃取相比(O/A)为1∶1，萃取时间5 min，萃取温度(29±1)℃。

实验得到的 RE^{3+} 萃取率列入表 1 中，计算出来的分配比(D)与稀土元素的原子序数的关系绘成图 1，由表 1 及图 1 的数据可知，在磁场作用下，除 La 和 Y 萃取率基本不变外，A101 萃取稀土元素的能力都有一定的提高。

表 1　磁场作用对稀土元素萃取率的影响

萃取元素	萃取率/%	
	有磁场	无磁场
La	61.5	61.1
Ce	72.2	68.5
Pr	75.4	71.3
Nd	80.5	75.8
Sm	84.3	80.2
Eu	84.7	80.3
Gd	75.4	70.8
Tb	85.3	81.5
Dy	85.8	82.0
Ho	84.9	80.8
Er	79.4	74.5
Tm	58.1	55.2
Yb	55.4	51.3
Lu	61.1	58.7
Y	67.1	67.0

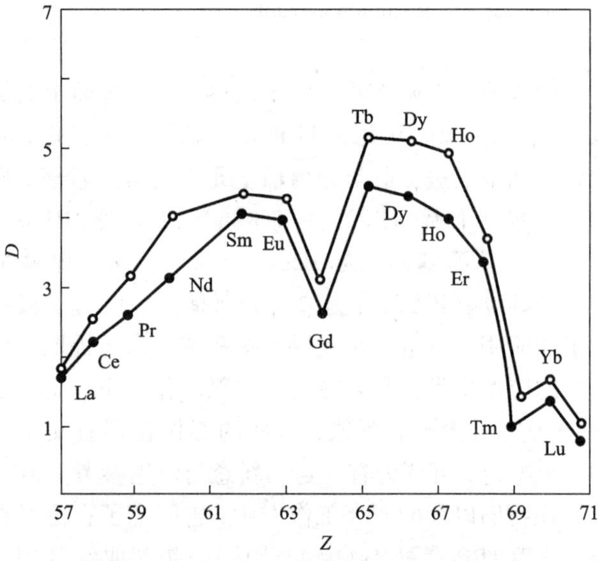

图 1　A101 在盐酸溶液中萃取稀土元素的分配比 D 与稀土元素原子序数 Z 的关系

○——有磁场作用；●——无磁场作用

2.2　萃取机理

在研究乙酰胺的共振性中，已明确了起作用的官能团是羰基不是氮原子，以后研究乙酰胺萃取金属卤络酸得知，随着金属卤络酸的酸性增强，萃取反应有如下变化[2]：

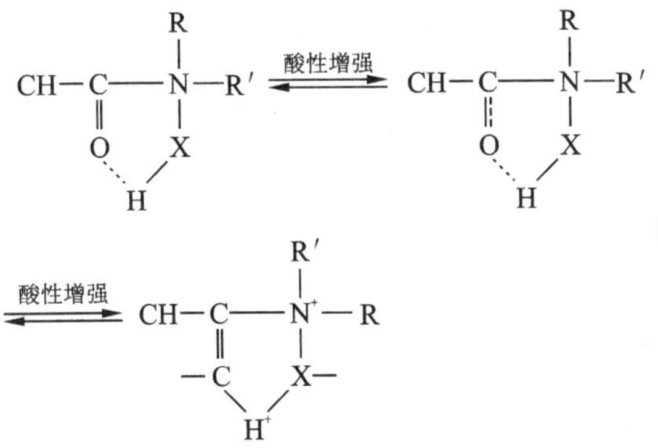

(2)

以上反应说明了氮原子在萃取中也有了贡献，所以虽然已肯定乙酰胺是以羰基为络合官能团的弱碱性萃取剂，但在一定条件下，又可把乙酰胺视为具有螯合能力的萃取剂。

依据碱性强弱和萃取金属的实验数据，A101 的萃取能力大于 TBP，而小于 N235，其萃取机理可认为呈鎓盐形式萃取，这已在萃取 Nb，Ta，Tl，V 和 Re 中，得到了证实[2]。

稀土氧化物在盐酸溶液中主要呈 $RECl_3$ 存在。我们通过 A101 在有无磁场作用条件下，萃取 RE^{3+} 进行 $\lg D_{RE} - \lg[A101]$ 作图，得到的斜率均近于 1，故认为有无磁场作用，其萃取机理一致，并可把萃取反应写成：

$$RE^{3+} + 4HCl + R_2NCOCH_3 \longrightarrow [HR_2NCOCH_3]^+[RECl_4]^- + 3H^+ \qquad (3)$$

2.3　磁场的作用

文献[3]指出凡是含有 $d^{1\sim9}$ 或 $f^{1\sim13}$ 结构的原子或离子都有原子矩而属于顺磁物质。稀土元素属 f 区元素，稀土元素原子的外层 $(6s)^2(5d)^1$ 电子是传导电子，在金属晶体中的晶格点上也是以三价离子状态存在的。由此，我们知道在稀土元素中，除镧和镥属反磁物质外，其他稀土元素都属顺磁物质。由实验及计算得到稀土元素的磁距与原子序数的关系，有相同的结果，如图 2 所示[3]。由图 2 可知：铽、镝、钬、铒原子的磁矩最大，而钐的磁矩最小，镧和镥属反磁性物质，不存在磁矩。

由图 1 和图 2 可知：有无磁场作用，稀土元素分配比与原子序数的关系曲线形状基本相同；稀土元素磁矩与磁场作用对萃取稀土元素的分配比没有规律关系。我们得到的这种结果与文献[4]用 P350 在硝酸溶液萃取稀土元素的结果相同，即磁场作用对萃取稀土元素的影响与稀土元素的磁矩无明显的规律关系。在磁场作用下稀土元素萃取率上升的原因，与我们过

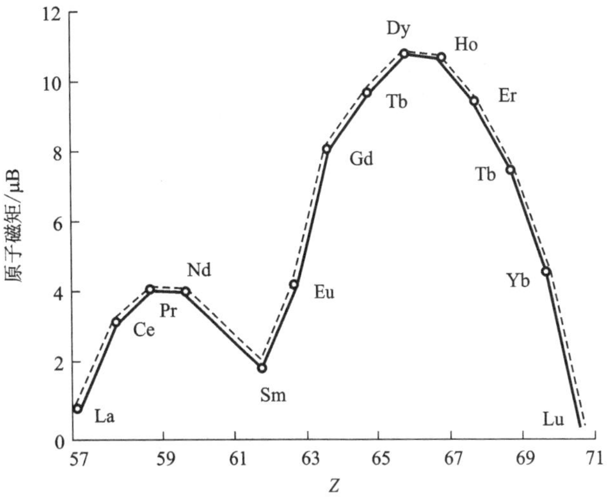

图 2　三价稀土元素原子磁矩与原子序数的关系[3]

$\mu_B = (9.274\,015\,4 \pm 0.000\,003\,1) \times 10^{-24}\,A \cdot m^2$

——为实验值；┈┈为计算值

去的工作[1]结果一致，可认为磁场存在，不改变萃取机理，元素萃取率的增大，主要是由于磁场的存在改变了萃取体系的物理性质造成，即溶液的表面张力及黏度减小促进了对稀土的萃取。

3　结语

(1) A101 在盐酸溶液中萃取稀土元素，在有磁场作用下的稀土元素萃取率比无磁场作用下有一定的提高。

(2) 用 A101 在盐酸溶液中萃取稀土元素可初步认为稀土元素呈离子缔合物进入到有机相中，属鎓盐萃取机理，磁场的存在不改变萃取机理。

(3) 在磁场作用下，A101 萃取稀土元素与稀土元素的磁矩大小无规律性关系。稀土元素萃取能力提高的原因是由于在磁场中萃取体系物理性质发生了变化。

参考文献

[1] 马荣骏. 湿法冶金新研究. 长沙：湖南科学技术出版社，1999：77.

[2] 马荣骏. 湿法冶金新进展. 长沙：中南工业大学出版社，1996：145.

[3] 稀土编写组. 稀土. 北京：冶金工业出版社，1978：44

[4] 陈洲溪. 磁场对有机溶剂萃取稀土元素的影响. 湖南冶金，1984(2)：1.

用液膜萃取从稀土浸出液中提取稀土的研究*

摘　要：本文研究了低品位稀土矿模拟渗浸液中稀土的富集及其与杂质 Al^{3+} 的分离状况，采用新型液膜分离技术提取试样中的稀土，得出了优化的液膜分离体系，探讨了在该液膜体系提取稀土过程中 Al^{3+} 的迁移情况，及低压交流电破乳的可行性。

Liquid membrane extraction of rare earth form simulated leaching solution

Abstract: The paper studies the concentration of rare earth from simulated leaching solution of low grade rare earth ores and their separation from impurities, Al^{3+}. Extraction of rare earths from the sample is carried out using new liquid membrane separation technique, obtaining the optimized liquid membrane separation system. The authors discuss the migration of Al^{3+} and the feasibility of emultion's destruction resulting from low-voltage alternating current in the process of rare earth extraction of the liquid membrane system.

在我国蕴藏着丰富的低品位稀土矿，与其他稀土矿床相比，具有规模大、中重稀土配分高、易采选、提取工艺简单、回收率高等优点，有较高的经济价值。在低品位稀土矿山，目前主要采用电解质溶液浸出处理矿石，最近也有用电解质溶液原地浸出提取稀土元素。无论池浸还是原地浸出，对浸出液处理都是采用草酸或碳酸铵沉淀稀土。而本文讨论的则是用新型的液膜萃取方法富集稀土。

液膜分离技术的高度定向性、特效选择性和极大的渗透性，是其他分离技术所无法比拟的。目前国际上对液膜分离技术的研究十分活跃，在废水处理、化工、湿法冶金等许多领域展示出广阔的应用前景[1]。

1　基本原理

液膜种类有乳状液膜、支撑液膜、静电式准液膜等。本试验中采用的是乳状液膜，其成膜过程是，在高速搅拌下，往装有膜相溶剂（表面活性剂、溶剂、载体）的容器内缓慢加入内相溶液。这些溶液分散成细小液滴，膜相包封其外，形成稳定的乳状液。

下面的化学方程式和图 1 表示了液膜法提取稀土传质过程。膜外相界面上发生提取反应：

$$RE^{3+} + 3[HA]_2 \rightleftharpoons RE[HA_2]_3 + 3H^+ \qquad (1)$$

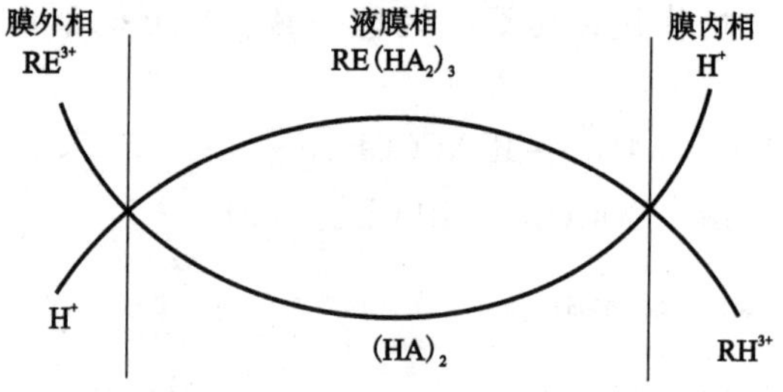

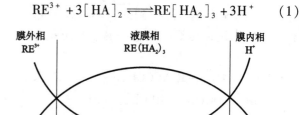

图 1　液膜法提取稀土的传质过程

膜内相界面上发生解吸反应：

$$RE[HA_2]_3 + 3H^+ \rightleftharpoons RE^{3+} + 3[HA]_2 \qquad (2)$$

当乳状液分散在稀土料液中时，稀土离子（RE^{3+}）很快与乳珠表面的载体（如：P204）络合并通过膜相向另一侧扩散，在乳珠内相界面与酸（如：HCl）作用发生解吸，RE^{3+} 进入内相而得到富集，P204 返回乳珠表面继续上述过程。

2　试验与结果

2.1　液膜萃取稀土试验

稀土料液自配，其中$[RE^{3+}]$ = 1.45 g/L，$[Al^{3+}]$

* 该文首次发表于《矿冶工程》，1997 年第 3 期，47 ~ 50 页。合作者：文献、喻庆华。

=0.2 g/L，[SO_4^{2-}] =1.9%。这样的浓度组成与实际浸出母液的组成相近。

采用单因子循环法来探讨提取稀土的最佳条件，并考察此条件下主要杂质的分离效果。

1)最佳制乳条件的确定

一般来说，稀土的萃取剂都可用作液膜的流动载体，目前较好的稀土液膜载体有 P204，P507。表面活性剂的选择必须综合考虑稀土传输速度、膜稳定性、分离效果和破乳等。在液膜提取稀土的研究中[2]，筛选出两种较好的表面活性剂 Span80 和兰 - 113B。内相解吸剂一般选择来源丰富、价廉易得的无机酸(如：HCl，NHO_3，H_2SO_4)。煤油和磺化煤油在稀土的溶剂萃取中是良好的溶剂，与稀土的萃取剂有良好的互溶性，故用作膜溶剂。

综合考虑以下因素：膜溶剂(煤油、磺化煤油)的选择；流动载体(P204，P507)和表面活性剂(Span80、兰 - 113B)的选择及用量；内相解吸剂的选择。采用单因子循环法分别进行条件试验：高速制乳，然后用乳状液膜提取稀土，测定稀土的萃取率。

得到的最佳制乳条件为(体积分数)：P204 5%，兰 - 113B5%，磺化煤油 90%，内相 HCl 溶液，油水比为 2∶1，转速为 4200 r/min，时间为 15 min。

2)内相解吸剂酸度的影响

根据式(2)，增大解吸酸浓度有利于稀土的迁移。因而，在其他条件均和前面相同时，选取不同的解吸剂(HCl)浓度进行了试验。萃取条件是：水乳比为 20∶1、转速 500 r/min，时间 40 min，料液初始浓度 1.45 g/L 及 pH 为 4.0。试验结果见图 2。

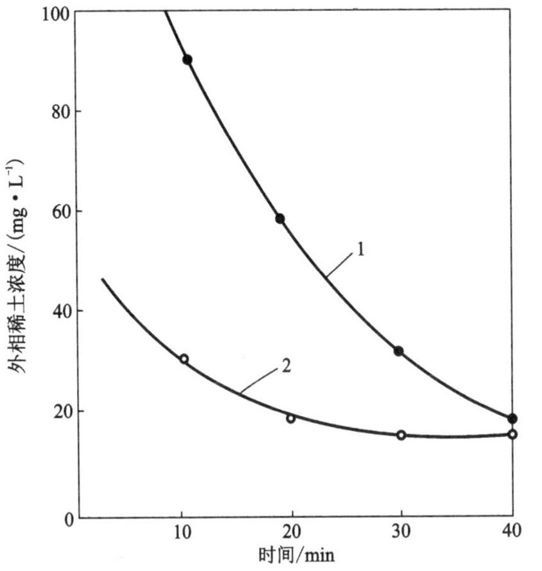

图 2　液膜提取稀土与解吸酸浓度的关系

1—6 mol/L HCl；2—4 mol/ L HCl

试验证明，6 mol/L HCl 作为解吸酸效果较好。但是，进一步提高酸的浓度，效果变差。表面活性剂的耐酸性有一定的限度，过高的酸度将会导致膜的稳定性下降，溶胀增加[3]。

3)乳水比的影响

乳水比对液膜的稳定性及传质速率有影响。在前述试验条件下，选取不同的乳水比进行了试验。结果见图 3。

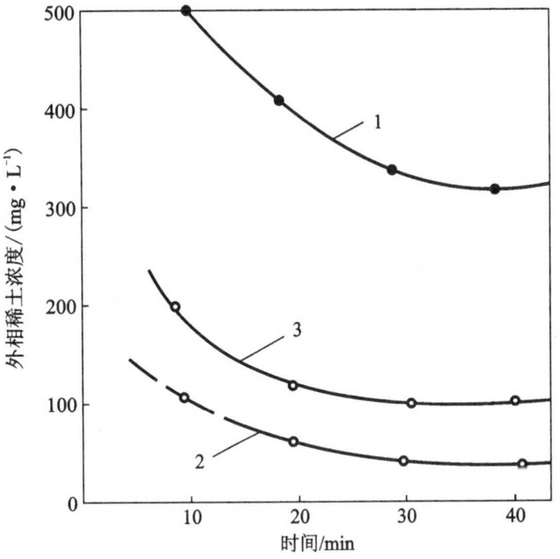

图 3　液膜提取稀土与乳水比的关系

浮水比：1—1∶30；2—1∶20；3—1∶10

由图 3 可以看出：在其他操作条件相同时，乳水比越大，稀土料液和乳液的接触面积越大，稀土的分离效果也越好，但乳液消耗过多，乳液的溶胀也增大。图 3 曲线 2、3 的萃取效率接近，实际生产中希望在不影响提取效率的前提下尽量降低乳水比，以便提高处理能力和减少处理费用，提高经济效益。因此，乳水比为 1∶20 较为适宜。

4)缓冲液的影响

据文献[4]报道，加入缓冲液可以提高稀土的萃取率。为了验证加入缓冲液对本液膜萃取稀土体系的影响，做了以下 2 组试验。

(1)HAc - NH_4Ac(pH =6.0)缓冲溶液对稀土提取的影响：制乳方法与前面相同。萃取开始后，在 1 L 稀土料液中，缓慢滴加缓冲溶液(边加边观察，以液膜不破裂为宜)。共加入 10 mL，料液 pH 稳定在 2.5。

(2)HAc - NaAc(pH =4.0)缓冲溶液对稀土提取的影响：制乳方法与前面相同。萃取开始后，在 1 L 稀土料液中，缓慢滴加缓冲溶液(边加边观察，以液膜不破裂为宜)。共加入 100 mL，料液 pH 维持在 2.2 ~2.5。

经取样分析，测得萃取率与时间的关系曲线，如图4所示。

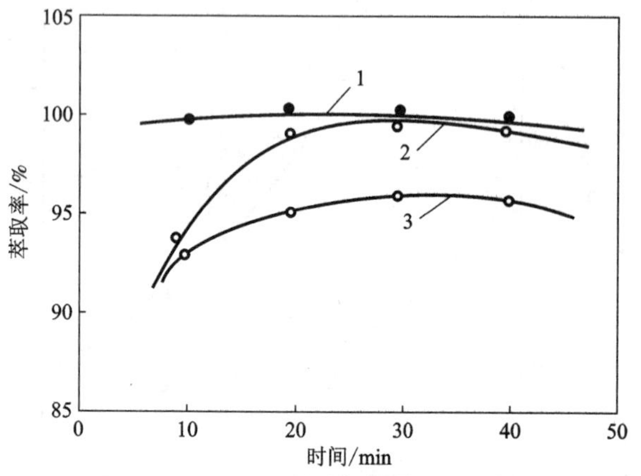

图4　液膜提取稀土与添加缓冲溶液的关系

1—加入 pH = 6.0 缓冲液；2—加入 pH = 4.0 缓冲液；3—未加缓冲液

很明显，加入缓冲溶液后，萃取率显著上升，将近100%。从式(1)中也可以看出：缓冲溶液中和外相中的 H^+，促使反应右移，从而增大了提取效率。但是，缓冲液的添加速度难以控制，往往会引起局部碱度过浓，使液膜破裂；另外，也增加了生产成本。

5)提取过程中 Al^{3+} 的分离程度

在低品位稀土矿中，稀土吸附在铝硅酸粘土矿的表面，因此，在用电解质溶液渗浸时，相当多的铝随着稀土进入渗浸液，成为稀土料液中的主要杂质。

文献[5]表明，在硫酸溶液作介质的条件下(水相最初 pH = 3.0)，用 P204－煤油有机相萃取铝时，其分配比 $D_{Al} = 0.05$，而在同一条件下萃取稀土时，分配比 $D_{RE} = 1.28$。因此，在理论上铝与稀土的分离是可行的。

选取前面确定的最佳条件进行试验，分别测得当料液初始 pH 为3.0和4.0时，液膜分离过程中外相溶液[Al^{3+}]，如表1所示。

表1　提取稀土过程中 Al^{3+} 的分离程度

原始料液			不同时间外相中[Al^{3+}]/(g·L^{-1})			
初始 pH	[REO]/(g·L^{-1})	[Al^{3+}]/(g·L^{-1})	10 min	20 min	30 min	40 min
3.0	1.45	0.20	0.20	0.20	0.20	0.20
4.0	1.45	0.20	0.20	0.20	0.20	0.20

从表1可以看出：在液膜提取稀土过程中，外相溶液中的[Al^{3+}]保持0.20 g/L，与原始料液相同。这说明，Al^{3+} 没有被萃取到稀土富液，达到了稀土与铝的完全分离。

2.2　破乳试验

1)破乳方法

在前面的试验研究中，稀土已被富集到乳状液中，只是完成了液膜提取过程的第一步。要得到高浓度的稀土溶液，必须将乳状液破坏。破乳法分为2大类：化学法和物理法。

化学法是往乳状液中加入一种去稳定剂，促使乳状液膜破裂，油水分离。此法的缺点是破乳药剂污染了液膜溶剂，影响了液膜的回收利用。物理法包括静电凝聚法、超声波破乳法等。

在以往的研究中，常采用高压电破乳[6]。在本试验中，进行了低压电破乳的试验。

2)乳状液组成

制乳条件：膜相：5% P204，5%兰－113B，90%磺化煤油；内相：6 mol/L HCl；油(膜相)∶水(内相)比 = 2∶1；采用搅拌制乳，制乳转速约4200 r/min。萃取条件：处理料液；稀土浓度1.45 g/L：[Al^{3+}] = 0.20 g/L，体积1 L，乳水比 = 1∶20；萃取时间：40 min；萃取转速：500 r/min。将萃取后的溶液静置，有机相与水相分层，将所得有机相置于150 mL烧杯中，进行破乳试验。

3)破乳试验装置

试验采用220 V交流电源，经0～250 V交流调压器后输出，直接用于破乳。选用石墨电极，用夹板固定，电极间距可调。破乳试验装置见图5。

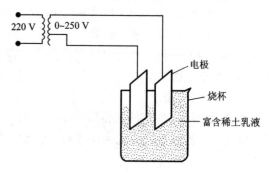

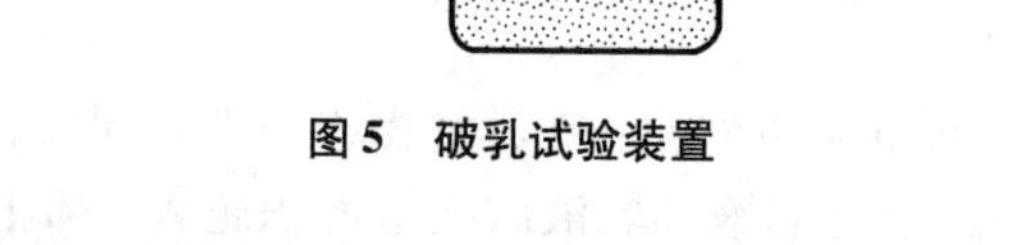

图5　破乳试验装置

4)破乳试验结果

当电极间距为10 mm时，电压为0～250 V时均不能破乳；当电极间距为6 mm，电压为115 V时，电场强度为192 V/cm时，5 min破乳完成，测得溶液温度为70℃；当电极间距为6 mm，电压为185 V时，电场强度为325 V/cm时，3 min破乳完成，测得溶液温度为70℃，在此破乳条件下测定了水相中稀土离子的浓度，结果见表2。

表2　破乳试验结果

编号	RE^{3+}萃取率/%	乳液中REO理论含量/g	萃取后乳液体积/mL	破乳后水相体积/mL	破乳后水相[REO]/($g \cdot L^{-1}$)	破乳后水相REO量/g	破乳后RE^{3+}回收率/%
1	98.1	1.422	83.7	50.0	28.41	1.420	99.90
2	98.4	1.427	84.0	50.3	28.33	1.425	99.99

由表2可见：破乳后稀土离子的回收率达99.9%。这说明，采用低压电破乳是行之有效的。在交流电场作用下，电极上的电荷极性每秒变化数次，同时引起水滴形状和电荷极性的相对变化，形成一种振荡现象，从而引起液体温度的上升。温度的升高能加速膜的破裂，从而提高破乳效率。

3　结论

(1)研究了应用液膜技术从低品位稀土矿渗浸液中提取稀土、分离杂质铝的最佳条件。

(2)以P204为流动载体、兰－113B为表面活性剂、磺化煤油为膜溶剂、HCl为内相解吸剂制成的液膜，对稀土的提取效果最好，且杂质铝留在膜外相，没有进入内相稀土富液，达到稀土与铝的完全分离。

(3)采用低压交流电破乳稀土离子的回收率达99.9%，说明该方法是可行的，扩大了静电凝聚法破乳的应用范围。

参考文献

[1] 喻庆华等. 湖南冶金，1981(4)：27.
[2] 张瑞华等. 江西冶金，1987(6)：19.
[3] 刘振芳等. 膜科学与技术，1990，10(3)：38.
[4] 刘振芳等. 稀土，1988(2)：3.
[5] 马荣骏. 溶剂萃取在湿法冶金中的应用. 北京：冶金工业出版社，1979.
[6] 王向海等. 稀土，1992，13(2)：30.

稀土碳酸盐的组成、结构与应用*

摘　要：本文论述了稀土的正碳酸盐、碱式碳酸盐、碳酸氧化物的组成与结构，并对其应用也作了简单的评述。

Composition, structure and application of rare earth carbonate

Abstract: In this paper a description is made of the composition and structure of ortho-carbonate, basic carbonate and carbonic acid-oxide of rare earth. Furthermore, their application is discussed.

稀土元素的碱性较强，可以形成稀土碳酸盐。在制备稀土碳酸盐时，通常有以下几种方法：

(1)均相沉淀法；

(2)碱金属或铵的碳酸盐或酸式碳酸盐沉淀法[1]；

(3)二氧化碳高压法；

(4)水热法；

(5)凝胶法；

(6)氢氧化物－二氧化碳法。

各种方法得到稀土碳酸盐在组成结构上也存在着一定的差异。为了加深对稀土碳酸盐的认识，本文对稀土碳酸盐的组成与结构进行了阐述，并对其应用也进行了简单的评述。

1　正碳酸盐的组成与结构

在自然界，以稀土碳酸盐存在的矿物主要有镧石(La, Ce)$(CO_3)_3 \cdot 8H_2O$，水菱钇石 $Y_2(CO_3)_3 \cdot nH_2O(n=2\sim3)$，水菱铈石(La, Ce)$(CO_3)_3 \cdot 4H_2O$，这3种矿物不仅化学组成不同，而且结构类型也不相同，虽然均属正交晶系，但空间群与晶格常数不同[2]。

表1列出了各种稀土碳酸盐的组成与结构类型及制备方法[2-13]。

表1　稀土碳酸盐的组成与结构类型及制备方法

元素	组　成	结构类型	制备方法
La	$La_2(CO_3)_3 \cdot 8H_2O$	镧石型	方法(1),(2)(5),(6)
	$La_2(CO_3)_3 \cdot 5.5H_2O$		方法(1)
	$La_2(CO_3)_3 \cdot 5H_2O$		方法(2)
	$La_2(CO_3)_3 \cdot 4H_2O$		方法(2)
	$La_2(CO_3)_3 \cdot 3H_2O$		方法(2)
Ce	$Ce_2(CO_3)_3 \cdot 8H_2O$	镧石型	方法(1),(6)
	$Ce_2(CO_3)_3 \cdot 6H_2O$		方法(2)
	$Ce_2(CO_3)_3 \cdot 5H_2O$		方法(2)
	$Ce_2(CO_3)_3 \cdot 4H_2O$		方法(2)
Pr	$Pr_2(CO_3)_3 \cdot 8H_2O$	镧石型	方法(2),(5),(6)
	$Pr_2(CO_3)_3 \cdot 3H_2O$		方法(2)
Nd	$Nd_2(CO_3)_3 \cdot 8H_2O$	镧石型	方法(2),(4),(6)
	$Nd_2(CO_3)_3 \cdot 4.54H_2O$	镧石型	方法(5)
	$Nd_2(CO_3)_3 \cdot 3H_2O$		方法(2)
	$Nd_2(CO_3)_3 \cdot 2\sim3H_2O$	水菱钇石型	方法(1),(2),(4)
	$Nd_2(CO_3)_3 \cdot 2H_2O$		方法(2)

* 该文首次发表于《有色金属科学技术进展》，中南工业大学出版社(1994年)，818页。合作者：柳松。

续表 1

元素	组　成	结构类型	制备方法
Sm	$Sm_2(CO_3)_3 \cdot 3H_2O$	水菱钇石型	方法(1),(2),(4),(6)
	$Sm_2(CO_3)_3 \cdot 2\sim3H_2O$	水菱钇石型	方法(1),(2),(5)
	$Sm_2(CO_3)_3 \cdot 2H_2O$		方法(1)
Eu	$Eu_2(CO_3)_3 \cdot 3H_2O$		方法(2),(4),(6)
	$Eu_2(CO_3)_3 \cdot 2H_2O$		方法(1)
Gd	$Gd_2(CO_3)_3 \cdot 13H_2O$		方法(2)
	$Gd_2(CO_3)_3 \cdot 5H_2O$		方法(2)
	$Gd_2(CO_3)_3 \cdot 3H_2O$		方法(2),(4),(6)
	$Gd_2(CO_3)_3 \cdot 2\sim3H_2O$		方法(1),(5)
	$Gd_2(CO_3)_3 \cdot 2H_2O$		方法(1)
Tb	$Tb_2(CO_3)_3 \cdot 4H_2O$		方法(2)
	$Tb_2(CO_3)_3 \cdot 3H_2O$		方法(2),(6)
	$Tb_2(CO_3)_3 \cdot 2H_2O$		方法(1)
Dy	$Dy_2(CO_3)_3 \cdot 8H_2O$		方法(2)
	$Dy_2(CO_3)_3 \cdot 4H_2O$		方法(2)
	$Dy_2(CO_3)_3 \cdot 3H_2O$		方法(2),(6)
	$Dy_2(CO_3)_3 \cdot 2\sim3H_2O$	水菱钇石型	方法(1)
	$Dy_2(CO_3)_3 \cdot 2H_2O$		方法(1)
Ho	$Ho_2(CO_3)_3 \cdot 4H_2O$		方法(2)
	$Ho_2(CO_3)_3 \cdot 3H_2O$		方法(2),(6)
	$Ho_2(CO_3)_3 \cdot 2\sim3H_2O$	水菱钇石型	方法(1)
	$Ho_2(CO_3)_3 \cdot 2.25H_2O$	单斜晶系	方法(6)
	$Ho_2(CO_3)_3 \cdot 2H_2O$		方法(1)
Y	$Y_2(CO_3)_3 \cdot 5H_2O$		方法(2)
	$Y_2(CO_3)_3 \cdot 4H_2O$		方法(2)
	$Y_2(CO_3)_3 \cdot 2\sim3H_2O$	水菱钇石型	方法(1),(2),(4),(5),(6)
	$Y_2(CO_3)_3 \cdot 3H_2O$		方法(2)
Er	$Er_2(CO_3)_3 \cdot 8H_2O$		方法(2)
	$Er_2(CO_3)_3 \cdot 4H_2O$		方法(2)
	$Er_2(CO_3)_3 \cdot 3H_2O$		方法(6)
	$Er_2(CO_3)_3 \cdot 2\sim3H_2O$	水菱钇石型	方法(1)
Tm	$Tm_2(CO_3)_3 \cdot 4H_2O$		方法(2)
	$Tm_2(CO_3)_3 \cdot 3H_2O$		方法(2),(6)
Yb	$Yb_2(CO_3)_3 \cdot 6H_2O$		方法(6)
	$Yb_2(CO_3)_3 \cdot 5H_2O$		方法(2)
	$Yb_2(CO_3)_3 \cdot 4H_2O$		方法(2)
	$Yb_2(CO_3)_3 \cdot 2H_2O$		方法(2)
Lu	$Lu_2(CO_3)_3 \cdot 6H_2O$		方法(6)
	$Lu_2(CO_3)_3 \cdot 4H_2O$		方法(2)

2　复盐

在水溶液中，过量的碱金属或铵的碳酸盐沉淀稀土可形成复盐，而且随着稀土浓度和沉淀剂浓度的增大，形成复盐的趋势增大。

表 2 列出了各种稀土碳酸盐的组成及晶体所属的晶系[3-5, 11-14]。

表 2　复盐的组成及结构

元素	组　成	结构类型
La	$NH_4La(CO_3)_2 \cdot 2H_2O$	
	$NaLa(CO_3)_2 \cdot 6H_2O$	
	$3Na_2CO_3 \cdot 2La_2(CO_3)_3 \cdot 20H_2O$	
	$KLa(CO_3)_2 \cdot 1.5H_2O$	
	$KLa(CO_3)_2 \cdot 6H_2O$	
	$KLa(CO_3)_2 \cdot 3H_2O$	
	$KLa(CO_3)_2 \cdot 2\sim3H_2O$	单斜晶系
Ce	$NH_4Ce(CO_3)_2 \cdot 3H_2O$	
	$NaCe(CO_3)_2 \cdot 2H_2O$	
	$3Na_2CO_3 \cdot 2Ce_2(CO_3)_3 \cdot 24H_2O$	
	$2Na_2CO_3 \cdot Ce_2(CO_3)_3 \cdot 2H_2O$	
	$NaCe(CO_3)_2 \cdot 6H_2O$	
	$KCe(CO_3)_2 \cdot 1.5H_2O$	
Pr	$NH_4Pr(CO_3)_2 \cdot 2H_2O$	
	$NaPr(CO_3)_2 \cdot 6H_2O$	
	$3Na_2CO_3 \cdot 2Pr_2(CO_3)_3 \cdot 22H_2O$	
	$KPr(CO_3)_2 \cdot 6H_2O$	单斜晶系
	$KPr(CO_3)_2 \cdot 3H_2O$	单斜晶系
	$K_5Pr(CO_3)_4 \cdot 3H_2O$	
Nd	$NH_4Nd(CO_3)_2 \cdot 2H_2O$	
	$NaNd(CO_3)_2 \cdot 6H_2O$	四方晶系
	$3Na_2CO_3 \cdot 2Nd_2(CO_3)_3 \cdot 22H_2O$	
	$KNd(CO_3)_2 \cdot 6H_2O$	单斜晶系
	$KNd(CO_3)_2 \cdot 3H_2O$	单斜晶系
	$K_5Nd(CO_3)_4 \cdot 5H_2O$	
Sm	$NH_4Sm(CO_3)_2 \cdot 8H_2O$	
	$NaSm(CO_3)_2 \cdot 8H_2O$	
	$NaSm(CO_3)_2 \cdot 6H_2O$	四方晶系
	$KSm(CO_3)_2 \cdot 6H_2O$	单斜晶系
	$KSm(CO_3)_2 \cdot 3H_2O$	单斜晶系
	$K_5Sm(CO_3)_2 \cdot 3H_2O$	

续表 2

元素	组　成	结构类型
Eu	$NaEu(CO_3)_2 \cdot 6H_2O$	
	$KEu(CO_3)_2 \cdot 6H_2O$	单斜晶系
	$KEu(CO_3)_2 \cdot 3H_2O$	单斜晶系
Gd	$NaGd(CO_3)_2 \cdot 6H_2O$	四方晶系
	$Na_3Gd(CO_3)_3 \cdot nH_2O$	
	$KGd(CO_3)_2 \cdot 3H_2O$	单斜晶系
	$KGd(CO_3)_2 \cdot 4H_2O$	单斜晶系
Tb	$NH_4Tb(CO_3)_2 \cdot 3H_2O$	
	$NaTb(CO_3)_2 \cdot 6H_2O$	
	$KTb(CO_3)_2 \cdot 4H_2O$	单斜晶系
Dy	$NH_4Dy(CO_3)_2 \cdot H_2O$	
	$NaDy(CO_3)_2 \cdot 6H_2O$	四方晶系
	$Na_3Dy(CO_3)_3 \cdot nH_2O$	
	$KDy(CO_3)_2 \cdot 4H_2O$	单斜晶系
Ho	$NaHo(CO_3)_2 \cdot 6H_2O$	
	$KHo(CO_3)_2 \cdot 4H_2O$	单斜晶系
	$Na_5Ho(CO_3)_4 \cdot 9H_2O$	
Y	$NH_4Y(CO_3)_2 \cdot H_2O$	
	$NaY(CO_3)_2 \cdot 6H_2O$	四方晶系
	$NaY(CO_3)_2 \cdot 2H_2O$	
	$KY(CO_3)_2 \cdot 4H_2O$	
Er	$Na_5Er(CO_3)_4 \cdot 8H_2O$	
	$KEr(CO_3)_2 \cdot 4H_2O$	单斜晶系
Tm	$NH_4Tm(CO_3)_2 \cdot 2H_2O$	
	$NH_4Tm(CO_3)_2 \cdot 3H_2O$	
	$NaTm(CO_3)_2 \cdot 6H_2O$	
	$Na_5Tm(CO_3)_4 \cdot 2H_2O$	
	$KTm(CO_3)_2 \cdot 4H_2O$	单斜晶系
Yb	$NaYb(CO_3)_2 \cdot 6H_2O$	
	$Na_5Yb(CO_3)_4 \cdot 2H_2O$	
	$Na_5Yb(CO_3)_4 \cdot 3H_2O$	
	$Na_5Yb(CO_3)_4 \cdot 11H_2O$	
	$Na_5Yb(CO_3)_4 \cdot 18H_2O$	
	$KYb(CO_3)_2 \cdot 4H_2O$	
	$K_5Yb(CO_3)_4 \cdot 5H_2O$	

续表 2

元素	组　成	结构类型
Lu	$NH_4Lu(CO_3)_2 \cdot 3H_2O$	
	$NaLu(CO_3)_2 \cdot 4H_2O$	
	$Na_5Lu(CO_3)_4 \cdot 2H_2O$	
	$Na_5Lu(CO_3)_4 \cdot 11H_2O$	
	$Na_5Lu(CO_3)_4 \cdot 18H_2O$	
	$KLu(CO_3)_2 \cdot 4H_2O$	单斜晶系
	$K_5Lu(CO_3)_4 \cdot 5H_2O$	

3 碱式碳酸盐

稀土的正碳酸盐在沸水中水解，生成碱式碳酸盐；在常温下，以 K_2CO_3 作沉淀剂可以得到碱式碳酸盐。稀土碱式碳酸盐晶体通常通过水热法在高温高压下获得：稀土碱式碳酸盐晶体的分子式是 $ReOHCO_3$（La…Er），$R_2(OH)_4CO_3$（Ho…Yb）。稀土碱式碳酸盐属六方或正交晶系[3]。

4 稀土的碳酸氧化物

稀土正碳酸盐和草酸盐在热分解过程中可以形成稀土的碳酸氧化物。通过水热法可以获得 $Re_2O(CO_3)_2$ 或 $Re_2O_2CO_3$，在 90～120℃时，通过均相沉淀法可获得 $Re_2O(CO_3)_2 \cdot nH_2O$ 晶体（Re = La，Ce，Nd，Sm）[6]。其他化合物有 $Re_2O_{2+x}(CO_3)_{1-x}$（x 可为分数）[3]。

5 镧系收缩对稀土碳酸盐的影响

根据沉淀理论，极性强的物质如 $BaSO_4$，$PbSO_4$ 等在溶液中易形成晶型沉淀，而极性弱的物质如 $Al(OH)_3$，$Fe(OH)_3$ 等易形成无定形沉淀，从镧到镥，随着原子序数的增大，离子半径逐渐减小，金属的碱性逐渐减弱，从而碳酸盐的极性逐渐减弱，使得形成晶型沉淀的趋势减小。

对于正碳酸盐，镱和镥的晶体仍未制得；对于镧、铈、镨，制得的晶体属镧石型结构；对于钐、钆、铽、镝、钬、钇、铒，制得的晶体属水菱钇石型结构；而对于钕，在常温下（20～30℃）用 Na_2CO_3 作沉淀剂，在水溶液中得到的是复盐，在40℃以上制得的晶体属水菱钇石型结构[6]。用凝胶法在常温下可制得镧石型结构的碳酸钕晶体[2]。

对于复盐，在 NaAc - HAc 缓冲溶液中，以 Na_2CO_3 作沉淀剂，镧与铈得到是镧石型结构的正碳酸盐与复盐的混合物：在相同条件下，钕、钐、钆、铽、钇得到的却是属于四方晶系的复盐，而对于铒与镱，得到的则是无定形产物[14]。

对于碱式盐，在水溶液中以 K_2CO_3 作沉淀剂，在相同实验条件下，形成碱式盐的条件不同，对于钕 $n(CO_3^{2-}):n(Re^{3+})$ 必须大于 4，而对于铕只需大于 2，对于镱，等于 1.5 就可形成碱式碳酸盐。

以上现象说明镧系收缩现象对稀土碳酸盐的形成与性质有着极其重要的影响。

6　稀土碳酸盐的应用

我国特有的风化 - 淋积型稀土矿，其浸出液中稀土含量较低，通常采用草酸作沉淀剂来回收稀土，然而由于草酸昂贵、有毒及稀土草酸盐的溶解度较大，因此以碳酸氢铵作沉淀剂是一个呼声很高的方法。在福建上杭县湖洋稀土矿已通过中试且正式开始生产，在湖南某矿山也已做过工业试验，得到的结构令人满意。

对于稀土溶剂萃取分离过程中的反萃液，日本已在 La，Ce，Pr，Nd 与 Sm，Gd 富集液中采用苏打粉或碳酸铵作沉淀剂沉淀稀土，卢能迪提出用碳酸氢铵沉淀 La，Ce 与 Pr，Nd 富集液中的稀土；吴志华等提出用“碳酸钠加助沉剂”沉淀少铕氯化稀土。日本则在制取混合稀土氧化物与单一稀土氧化物过程中采用碳酸铵、碳酸钠或碳酸氢铵作沉淀剂沉淀稀土元素。

稀土碳酸盐易溶于酸，可作为生产稀土盐类的原料；碳酸稀土颗粒微细，可作 Si_3N_5 等陶瓷稳定剂、烧结助剂的原料；另外在氧化铝电解时加入碳酸稀土共熔电解可生产稀土铝合金和稀土铝中间合金。

7　结束语

稀土碳酸盐随着制备方法、条件的不同而有不同的化学组成、结构类型和性质，而且各国科学研究工作者得到的结论往往不相一致。即使相同体系、相同条件，实验的重现性也不好，这既说明了稀土碳酸盐体系的复杂性，也说明了沉淀过程中条件控制的苛刻。尽管稀土碳酸盐体系，人们研究得较多，但仍有许多问题有待解决，值得科技工作者作深入而细致的探索研究。

参考文献

[1] 柳松等. 稀有金属与硬质合金，1995(1)：24 - 27.

[2] Wakita H et al. Bull Chem. Soc.，1972，45：2476. Wakita H et al. Bull Chem. Soc.，1978，51：2879.

[3] Karl A. Gschneider. Handbook on the Physics and Chemistry of Rare Earth，Amsterdam，North-Holland Physics Publishing，1984，8：233.

[4] Mellor J W. A Comprehensive Treatise on Inorganic and Theoretical Chemistry. London，Longmans. 1924，5：664 - 707.

[5] 中山大学金属系. 稀土物理化学常数. 北京：冶金工业出版社，1978.

[6] Nagashima K et al. Bull. Chem. Soc. Jap.，1973，46：152.

[7] Sastry R L N et al. J. Inorg. Nucl. Chem.，1066，28：1165.

[8] Tareen. J A K et al. J. Crystal Growth.，1980，49：761.

[9] Charles R G J. Inorg. Nucl. Chem.，1965，27：1487.

[10] Salutsky M L. J. Amer. Chem. Soc.，1950，72：3306.

[11] ГопуБ. А. М. из^{В}. АН СССР Неорг Матер.，1965，1：1166.

[12] ЦЕИНКИ. Н. Ж. Неорг. Химии.，1968，13：669. ЦЕИНКИ. Н. Ж. Неорг. Химии.，1970，15：2257.

[13] ДЕИНЕКАГ. Ж. Неорг. Химии.，1972，17：1291.

[14] Mochizuki A et al. Bull. Chem. Soc. Jap.，1974，47：755.

$RE^{3+}-NH_4^+-CO_3^{2-}$ 体系的研究*

摘 要：以碳酸氢铵为沉淀剂，制得片状的碳酸镧晶体和由微晶聚集而成的球状碳酸钇晶体，经鉴定它们分别属于正交与三斜晶系。同时制备了复盐 $NH_4La(CO_3)_2\cdot 1.6H_2O$ 及 $NH_4Y(CO_3)_2\cdot 0.8H_2O$ 的晶型沉淀。

Study on $RE^{3+}-NH_4^+-CO_3^{2-}$ system

Abstract: By using ammonium bicarbonate as a precipitant, plate shaped crystals of lanthanum carbonate belonging to orthorhombic system and spherical aggregate of crystallites of yttrium carbonate belonging to triclinic system have been synthesized. Crystalline hydrate double carbonates, $NH_4La(CO_3)_2\cdot 1.6H_2O$ and $NH_4Y(CO_3)_2\cdot 0.8H_2O$ have been prepared too.

用碳酸氢铵取代草酸从含稀土料液中沉淀回收稀土，稀土回收率高，成本低，对环境污染小，克服了草酸沉淀法的草酸价格昂贵、成本高、回收率低、污染环境等弊端，因而越来越受到重视。但是，有关 $RE^{3+}-NH_4^+-CO_3^{2-}$ 体系的研究较少[1-4]。作者系统地研究了稀土碳酸盐的合成及过程机理[5]。本文主要研究 $La^{3+}-NH_4^+-CO_3^{2-}$ 和 $Y^{3+}-NH_4^+-CO_3^{2-}$ 体系晶形稀土碳酸盐和复盐的制备。

1 试验部分

1.1 试剂、测试分析方法

试剂：La_2O_3 和 Y_2O_3 由湖南稀土金属材料研究所提供，纯度均大于 99.9%；HCl，NH_4HCO_3 和 $(NH_4)_2CO_3$ 为分析纯。

测试分析方法：X 射线衍射分析采用 RAX－10 型 X 射线衍射仪；用 JSM－35C 扫描电子显微镜观察稀土碳酸盐的形貌；溶液 pH 采用 DF－808 数字 pH/离子计测量；稀土溶液中稀土含量用 EDTA 配位滴定法测定，碳酸氢根含量用 HCl 滴定法测定（甲基橙作指示剂）；稀土碳酸盐中稀土元素含量用草酸盐重量法分析，CO_2 用燃烧吸收法测定，结晶水用灼烧法测定。

1.2 试验步骤

用适量的盐酸溶解稀土氧化物，控制稀土溶液的 pH＝5.0。取 0.02 mol/L $RECl_3$ 溶液 200 mL 置于烧杯中，在搅拌下加入 200 mL 不同浓度的 NH_4HCO_3 溶液，继续搅拌 2 h。溶液放置 2 天后过滤，测定滤液的 pH。沉淀用蒸馏水反复洗涤，空气中风干，于硅胶干燥器中干燥 7 天，即得稀土碳酸盐。

2 试验结果与讨论

2.1 $RECl_3-NH_4HCO_3$ 体系反应方程式的确定

表 1 和表 2 所示分别为 $LaCl_3-NH_4HCO_3$、$YCl_3-NH_4HCO_3$ 体系的试验结果。

由表 1 和表 2 可以看出：在 $n(NH_4HCO_3)/n[LaCl_3(YCl_3)]$ 为 2～4，1 mol 的 RE^{3+} 与 3 mol 的 HCO_3^- 反应，生成稀土的正碳酸盐。在试验过程中观察到有大量气体产生，可能是 RE^{3+} 与 NH_4HCO_3 产生下列反应：

$$nH_2O+2RE^{3+}+6NH_4HCO_3 = RE_2(CO_3)_3\cdot(n+3)H_2O\downarrow+6NH_4^++3CO_2\uparrow$$

2.2 稀土碳酸盐的结构与形貌

试验 I－4、Y－4 所得到的稀土碳酸盐的化学组成如下：

$$n(La_2O_3):n(CO_2):n(H_2O)=1.00:3.01:8.06$$

$$n(Y_2O_3):n(CO_2):n(H_2O)=1.00:2.97:2.79$$

---

* 该文首次发表于《矿冶工程》，1997 年第 1 期，59～61 页。合作者：柳松。

表 1 $LaCl_3$ 与 NH_4HCO_3 的反应结果

序号	$n(NH_4HCO_3)$:$n(LaCl_3)$	溶液成分/(10^{-3}mol·L^{-1})		沉淀组成 $n(La_2O_3)$:$n(CO_2)$	溶液 pH
		La^{3+}	HCO_3^-		
Ⅰ-1	2.0∶1	3.3	—	1.00∶3.00	5.40
Ⅰ-2	2.5∶1	1.7	—	1.00∶3.01	5.40
Ⅰ-3	2.8∶1	0.6	—	1.00∶2.99	5.41
Ⅰ-4	3.0∶1	—	—	1.00∶3.01	5.48
Ⅰ-5	3.2∶1	—	1.9	1.00∶3.01	7.26
Ⅰ-6	3.5∶1	—	4.8	1.00∶3.02	7.45
Ⅰ-7	4.0∶1	—	9.8	1.00∶3.02	7.51

表 2 YCl_3 与 NH_4HCO_3 的反应结果

序号	$n(NH_4HCO_3)$:$n(YCl_3)$	溶液成分/(10^{-3}mol·L^{-1})		沉淀组成 $n(Y_2O_3)$:$n(CO_2)$	溶液 pH
		Y^{3+}	HCO_3^-		
Y-1	2.0∶1	3.3	—	1.00∶2.98	5.40
Y-2	2.5∶1	1.5	—	1.00∶2.95	5.41
Y-3	2.8∶1	0.5	—	1.00∶2.94	5.42
Y-4	3.0∶1	—	—	1.00∶2.97	6.62
Y-5	3.2∶1	—	1.8	1.00∶3.02	7.22
Y-6	3.5∶1	—	4.2	1.00∶3.08	7.42
Y-7	4.0∶1	—	9.1	1.00∶3.09	7.49

图 1 所示为合成的稀土碳酸盐的扫描电镜照片，碳酸镧为片状晶体，碳酸钇为由微晶聚集而成的球状颗粒。X 射线衍射图谱如图 2 所示。水合碳酸镧的结构属镧石型，经计算属正交晶系，其晶格参数为 $a=0.8487$ nm，$b=0.9564$ nm，$c=0.4486$ nm；水合碳酸钇的结构属水菱钇石型，经计算属三斜晶系，其晶格参数为 $a=1.9076$ nm，$b=2.2312$ nm，$c=0.7823$ nm，$\alpha=94.493°$，$\beta=91.397°$，$\gamma=112.663°$[5]。

2.3 复盐的合成

把 1.5 g 碳酸镧(试验Ⅰ-4 合成)和 3 g 碳酸钇(试验 Y-4 合成)晶体分别置于 250 mL 2 mol/L 的 $(NH_4)_2CO_3$ 溶液中，放在振荡器上振荡 1 天，静置 30 天后过滤，沉淀用蒸馏水反复洗涤，空气中风干 7 天，于硅胶干燥器中干燥后进行化学分析和 X 射线衍射分析。

由碳酸镧得到的物质成分为 $La_2O_3 \cdot 3.22CO_2 \cdot 0.44NH_3 \cdot 6.8H_2O$；碳酸钇得到的物质成分为 $Y_2O_3 \cdot 3.55CO_2 \cdot 1.1NH_3 \cdot 2.68H_2O$，它们的 X 射线衍射图谱如图 3 所示。由图 3 可见：这些物质是正碳酸盐与复盐的混合物，还可以看到，镧的复盐在混合物中含量较少，而钇的碳酸复盐在混合物中含量较多。镧、钇的复盐的化学组成分别为 $NH_4La(CO_3)_2 \cdot 1.6H_2O$ 和 $NH_4Y(CO_3)_2 \cdot 0.8H_2O$。镧所得的混合物由 1.0 mol $La_2(CO_3)_3 \cdot 8H_2O$ 与 0.56 mol $NH_4La(CO_3)_2 \cdot 1.6H_2O$ 组成；钇所得的混合物由 1.0 mol $Y_2(CO_3)_3 \cdot 2.8H_2O$ 与 2.4 mol $NH_4Y(CO_3)_2 \cdot 0.8H_2O$ 组成。

$NH_4La(CO_3)_2 \cdot 1.6H_2O$ 在图 3(a)中有 7 个衍射峰，其 d(nm)分别为 0.5221，0.4763，0.4337，0.3215，0.2884，0.2811，0.2636；$NH_4Y(CO_3)_2 \cdot 0.8H_2O$ 的 X 射线衍射数据列于表 3 中。

2.4 讨论

根据沉淀理论，极性强的物质在水溶液中易形成晶型沉淀，极性弱的物质易形成无定形沉淀。从镧到镥，随着原子序数的增大，离子半径逐渐减小，金属的碱性逐渐减弱，从而碳酸盐的极性逐渐减弱，使得形成晶型沉淀的趋势减小。

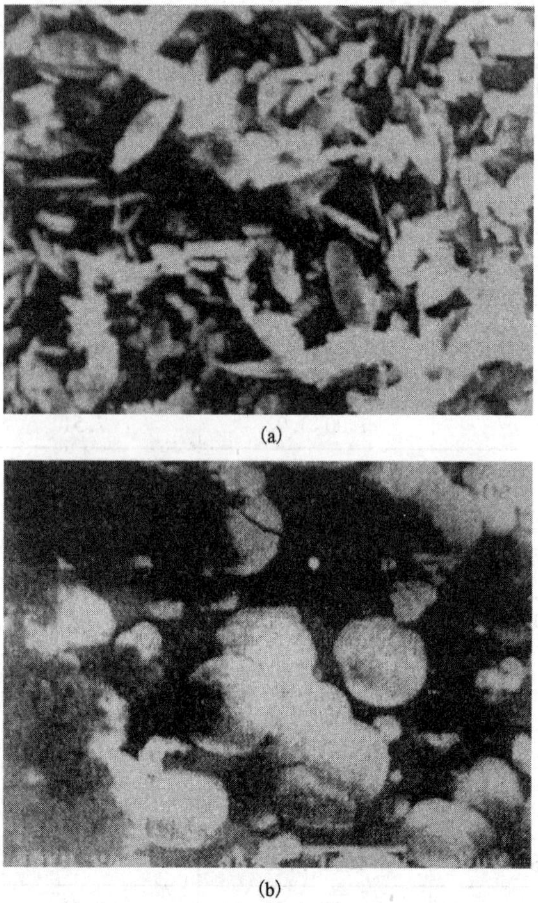

图 1　稀土碳酸盐的扫描电镜照片

(a)碳酸镧(×1000)；(b)碳酸钇(×240)

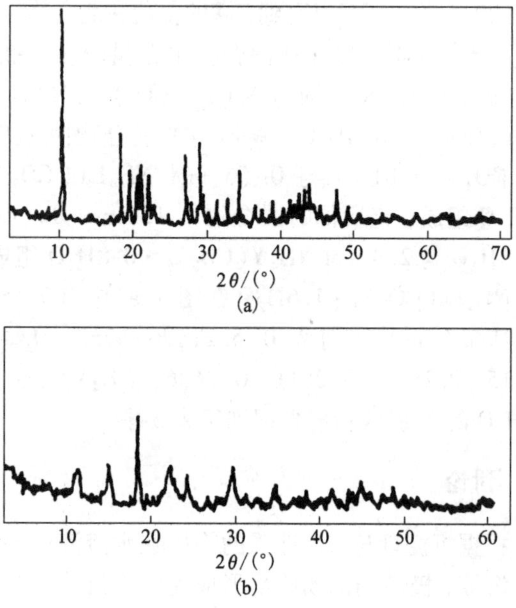

图 2　稀土碳酸盐的 X 射线衍射图

(a)碳酸镧；(b)碳酸钇

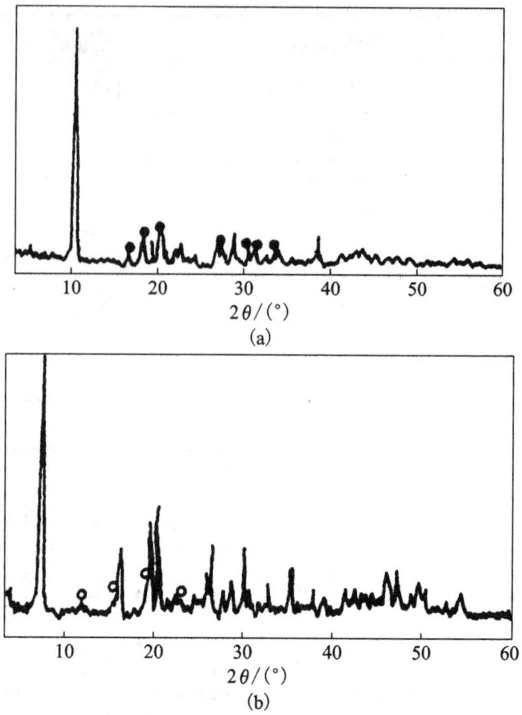

图 3　稀土复盐的 X 射线衍射图

(a)镧，● 镧的复盐；(b)钇，○ 钇的正碳酸盐

镧的碱性较强，形成的碳酸盐晶体为形状极佳的片状晶体，其 X 射线衍射图中的衍射峰强度大且多，说明其晶粒较大；而碳酸钇则由微晶组成，其衍射峰强度小且少。由于较弱的碱性，钇比镧更易形成复盐。

表 3　$NH_4Y(CO_3)_2 \cdot 0.8H_2O$ 的 X 射线衍射数据

d/nm	I/I_0	d/nm	I/I_0
1.2439	100	0.2706	8
0.5451	18	0.2515	10
0.4502	23	0.2350	7
0.4321	28	0.2158	6
0.3928	5	0.2107	7
0.3405	11	0.1961	7
0.3337	19	0.1946	10
0.3190	6	0.1913	12
0.3083	8	0.1824	8
0.2934	18		

3　结论

（1）RE^{3+} 与 NH_4HCO_3 的反应可能为：

$$2RE^{3+} + 6NH_4HCO_3 + nH_2O = RE_2(CO_3)_3 \cdot (n+3)H_2O \downarrow + 6NH_4^+ + 3CO_2 \uparrow$$

（2）碳酸镧为片状晶体，属正交晶系；碳酸钇为由微晶聚集而成的球状颗粒，属三斜晶系。

（3）镧可形成复盐 $NH_4La(CO_3)_2 \cdot 1.6H_2O$，钇可形成复盐 $NH_4Y(CO_3)_2 \cdot 0.8H_2O$。

参考文献

[1] Голуб А М. Майдукоьб Т П. Изв. АН СССР Неорг. Матер., 1965, (1): 1166.

[2] Целик И Н. Ж. Неорг. Химии, 1968, 13(3): 669.

[3] Пейнека ГФ. Ж. Неорг. Химии, 1972, 17(5): 1291.

[4] 李平等. 中国稀土学报, 1987, 5(1): 21.

[5] 柳松. 稀土碳酸盐的合成及过程机理研究. 东北大学, 1995.

混合稀土碳酸盐晶型沉淀的制备*

摘 要：以碳酸氢铵为沉淀剂制备了3种混合稀土碳酸盐晶型沉淀。研究了搅拌、[NH_4HCO_3]/[REO]、温度、稀土配分、稀土离子浓度和晶种对沉淀过程的影响，发现前4种因素影响程度较大。通过实验得出了形成晶型碳酸盐的最佳工艺条件。X射线衍射和扫描电子显微镜的研究结果表明，混合稀土碳酸盐的晶体结构和形貌与其稀土配分密切相关。

Preparation of mixed rare earth carbonates crystalline precipitation

Abstract: Three kinds of mixed rare earth carbonates crystalline precipitation were prepared by using ammonium bicarbonate as precipitant. The influence of various parameters, such as stirring, temperature, [NH_4HCO_3]/[REO] ratio, the distributions of rare earth elements, rare earth ion concentration and seeds were studied systematically. The first four parameters have great effects on the precipitation process. The optimal process conditions in the preparation of rare earth carbonates crystalline precipitation have been proposed. The results of XRD and SEM show that the crystal structure and morphology of mixed rare earth carbonates are related to the distributions of rare earth elements.

我国蕴藏着丰富的低品位稀土矿，由于其具有较高的经济价值而受到国家的重视。通常用硫酸铵或氯化铵浸出矿石，其浸出液用草酸来回收稀土。由于草酸昂贵且有毒，因此用碳酸氢铵作沉淀剂来回收稀土是一个呼声很高的方法[1]。但是由于常规的碳酸稀土体积庞大、很难过滤、纯度不高，在工业上难以推广应用，而这是由于所生成的碳酸稀土是无定形沉淀的缘故。因此是否能稳定地生成碳酸稀土晶型沉淀是碳酸氢铵新工艺成败的关键。本文针对这个问题，对稀土碳酸盐晶型沉淀的合成作一些探索。

1 试验部分

1.1 原料

我们采用轻稀土型、中钇富铕型和重稀土型三种低品位稀土矿。为方便起见，分别用符号A，B，C表示。三种低品位稀土矿的稀土配分列于表1。

表1 低品位稀土矿稀土配分/%

	轻稀土(La ~ Nd)	重稀土(Eu ~ Lu)
A	74.5	25.5
B	52.0	48.0
C	8.1	91.9

稀土浸出液为3种低品位稀土矿的氯化铵渗浸液。在搅拌条件下，往浸出液中缓慢加入氨水和碳酸氢铵。当溶液pH达到4.6~4.8时，除杂完成，金属杂质总浓度小于1 mg/L。A，B，C矿浸出液稀土浓度分别为4.3 g/L，1.8 g/L和1.6 g/L。

1.2 实验过程

在不断搅拌的条件下，往稀土浸出液中加入适量的碳酸氢铵，继续搅拌一段时间，沉淀静置一段时间，过滤并用蒸馏水反复洗涤，硅胶干燥器中干燥，然后对沉淀进行分析。

1.3 分析测试

稀土溶液中稀土含量用EDTA配合滴定法测定，稀土碳酸盐中稀土元素含量用草酸盐重量法分析，CO_2用燃烧吸收法测定，结晶水用灼烧法测定。

测试仪器：日本理学RAX-10(d/max-A)型自动X射线衍射仪，JSM-35C扫描电子显微镜。

2 结果与讨论

2.1 晶型碳酸稀土的形成

往稀土浸出液中加入碳酸氢铵后，一般会形成体

---

*该文首次发表于《中国有色金属学报》，1998年第8卷第2期，331~334页。合作者：柳松。

积庞大的絮状沉淀，絮状沉淀经过放置后逐渐结晶，沉淀体积逐渐减小，颗粒逐渐增大，这个过程可称为晶态化过程。无定形沉淀完全结晶成为晶体所需要的时间，我们称之为晶态化时间。

难溶物质在水溶液的沉淀过程涉及成核、晶体生长、聚沉和陈化等过程，沉淀物的性质由这些过程所决定[2-3]。稀土碳酸盐的晶态化过程实际上是一个陈化过程，而陈化行为主要是 Ostwald 熟化和亚稳相的转化。稀土碳酸盐能否由无定形态经过陈化作用而变为晶体与实验的条件密切相关。下面探讨搅拌条件、[NH_4HCO_3]/[REO]（物质的量之比）、温度、稀土配分、稀土离子浓度、晶种对沉淀过程的影响。

(1)搅拌条件的影响

实验考察了搅拌时间为(min)5，10，15，30，60，120，180，240，300，360 和 480 时的稀土碳酸盐的沉淀过程。搅拌时间若小于 10 min，形成无定形沉淀，搅拌时间只有大于 10 min 才能形成晶型沉淀；随着搅拌时间的增加，晶态化时间减小，但不很明显，尤其在超过 4 h 后基本无影响。因此搅拌时间不宜超过 4 h。另外发现搅拌速度对沉淀过程基本无影响。

(2)[NH_4HCO_3]/[REO]的影响

实验考察了[NH_4HCO_3]/[REO]分别为 2.5，3.0，3.2，3.3，3.4，3.6，3.8，4.0，5.0 和 6.0 时的稀土碳酸盐沉淀过程。在以上实验中，均能形成晶型沉淀。其值为 3.3～4.0，稀土沉淀率大于 99% 且晶态化时间短。

(3)温度的影响

实验考察了温度为(℃)2，5，10，20，30，40，50，60，70，80 和 90 时的稀土碳酸盐沉淀过程。在以上实验中，均能形成晶型沉淀。若温度低于 10℃，晶态化时间大大延长。随着温度的增加，晶态化时间减短，但不很明显，尤其在超过 80℃ 后基本无影响。因此温度不宜超过 80℃。

(4)稀土配分的影响

3 种不同组成的稀土浸出液，形成晶型沉淀的难易程度不同。其中轻稀土型最易，重稀土型次之，中钇富铕型最难。例如，在 25℃，[NH_4HCO_3]/[REO] =3.4∶1，搅拌 1 h 的条件下，3 种稀土碳酸盐的晶态化时间分别为 12，22 和 46 h。

(5)晶种和稀土离子浓度的影响

形成稀土碳酸盐晶型沉淀，无需加入晶种，即使加入晶种，对实验结果也影响不大。另外稀土浓度对沉淀过程基本无影响。

根据以上实验结果，得到了形成晶型碳酸稀土的最佳工艺条件（见表2）。

表 2　形成晶型碳酸稀土的最佳工艺条件

	A	B	C
温度/℃	10～80	20～60	10～70
[NH_4HCO_3]/[REO]	3.3～4.0	3.4～3.6	3.4～3.8
搅拌时间/h	0.25～4	1～3	0.5～3

2.2　稀土碳酸盐的组成

稀土碳酸盐的组成列于表 3。由表 3 可以看出，我们所制备的稀土碳酸盐为正碳酸盐。稀土碳酸盐经 900℃ 灼烧 2 h，稀土氧化物含量大于 98%，完全达到了商品要求。另外稀土碳酸盐易溶于酸，可以不经灼烧而直接酸溶，然后萃取分离。

表 3　稀土碳酸盐的组成

	$n(REO_2O_3):n(CO_2):n(H_2O)$
A	1.00∶2.94∶6.65
B	1.00∶2.92∶5.42
C	1.00∶2.91∶3.23

2.3　稀土碳酸盐的结构与形貌

图 1 所示为稀土碳酸盐的 X 射线衍射图。轻稀土型和中钇富铕型碳酸盐晶体结构相似，它们与镧石型稀土碳酸盐晶体结构相近[4-5]，但轻稀土型的衍射峰更多且强度更大，说明其晶粒较大。重稀土型晶体结构与水菱钇石型稀土碳酸盐结构相类似[5-6]。

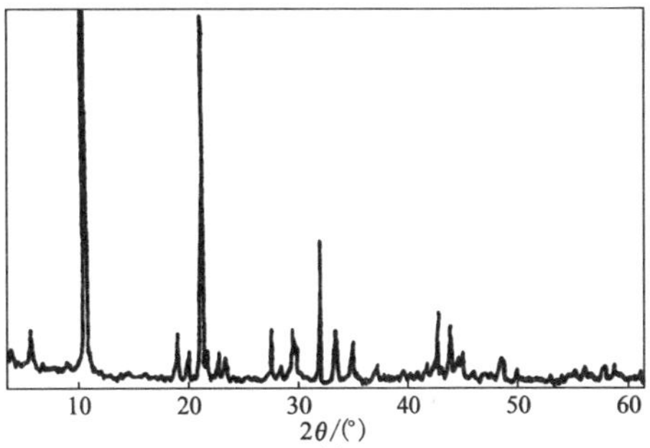

(a)

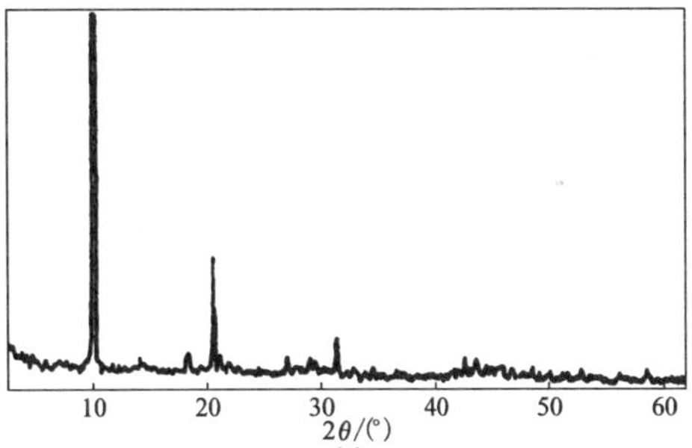

(b)

图 1　混合稀土碳酸盐的 X 射线衍射图

(a)轻稀土型；(b)中钇富铕型

图2所示为稀土碳酸盐的扫描电镜照片。轻稀土型碳酸盐为片状晶体，有不少晶体叠加在一起；中钇富铕型也为片状晶体，但晶体表面黏附着许多小颗粒；重稀土型是由许多微晶聚集而成的球状晶体。

由此可知，稀土碳酸盐的晶体结构和形貌与稀土配分有关。

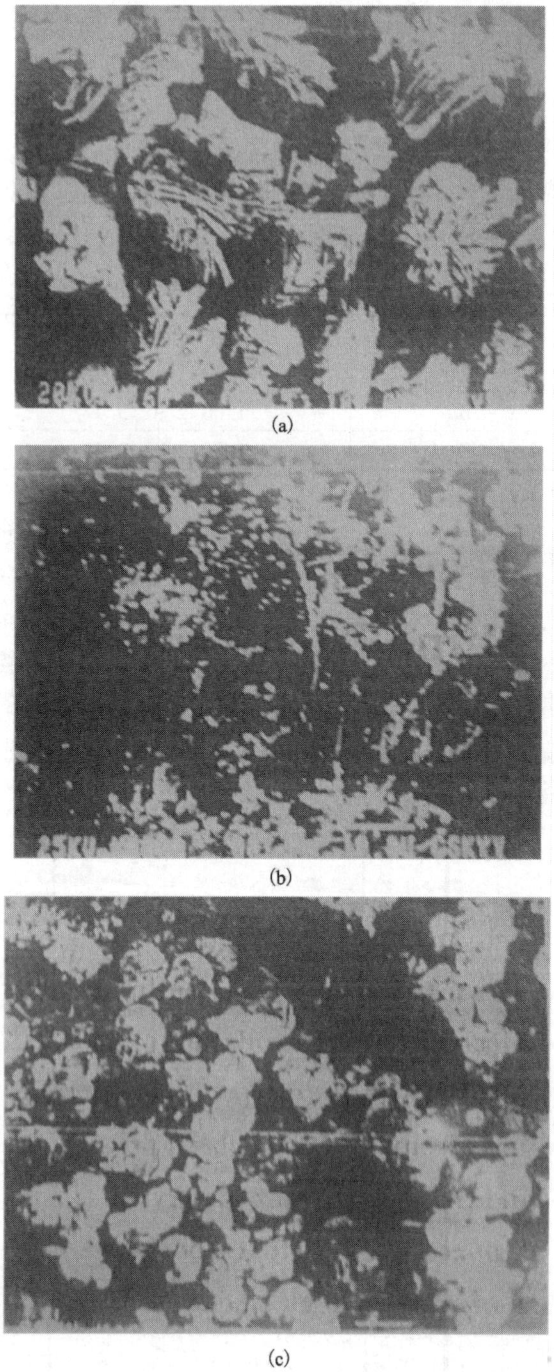

(a)

(b)

(c)

图2　混合稀土碳酸盐的电镜照片

(a)轻稀土型×160；(b)中钇富铕型×2000；(c)重稀土型×120

3　结论

(1)以碳酸氢铵为沉淀剂，成功地制备了混合稀土碳酸盐晶型沉淀。

(2)温度、搅拌、[NH_4HCO_3]/[REO]和稀土配分对沉淀过程影响较大。

(3)通过实验得出了3种不同稀土配分的稀土浸出液形成晶型碳酸稀土的最佳工艺条件。

(4)混合稀土碳酸盐的晶体结构和形貌与稀土配分密切相关。

参考文献

[1] 贺伦燕等. CN86100671A, 1987.
[2] Furedi-Milhofer H. Pure & Applied Chemistry, 1981, 53: 2041.
[3] 柳松等. 稀有金属与硬质合金, 1996, 2: 50.
[4] Liu Song et al. Proceeding of the International Symposium on Metallurgy and Materials of Non-ferrous Metals and Alloys. Shenyang: Northeastern University. 1996: 322.
[5] Wakita H Bull. Chem. Soc. Jap., 1978, 51: 2879.
[6] Liu Song et al. Indian J. Chem., 1996, 35: 992.

晶型稀土碳酸盐的制备及其在提取稀土中的应用*

摘 要：本文概述了晶型稀土碳酸盐的几种制备方法，并对其在提取稀土中的应用进行了阐述。

Preparation of crystalline rare earth carbonates and their application in rare earth extraction

Abstract: This paper reviews several methods for the preparation of crystalline rare earth carbonates, and describes their application for rare earth extraction.

一百多年前，人们就在实验室里成功地合成了稀土碳酸盐，并频繁地研究了它们的光谱学与热性质，然而X射线研究却进行得极少，这显然是由于稀土碳酸盐的晶体生长比较困难[1]。本文针对这个问题，对晶型稀土碳酸盐的制备方法及其在提取稀土中的应用前景作一简单介绍。

1 晶型稀土碳酸盐的制备方法

晶型稀土碳酸盐的制备方法，大致分为以下6类。

1.1 均相沉淀[2-10]

沉淀剂有三氯醋酸和尿素。

(1)三氯醋酸作沉淀剂

在稀土氯化物溶液(或硝酸盐)中加入三氯醋酸，加热数天，可得到极好的晶型产品。其反应式如下：

$$2Re(C_2Cl_3O_2)_3+(x+3)H_2O \xlongequal{} 3CO_2 + 6CHCl_3+Re_2(CO_3)_3\cdot xH_2O \quad (1)$$

若加热时间短，所得产品往往是无定形的；若温度在40℃以下，则反应极慢。Shinn D B[5]用此法生长出0.16 mm×0.15 mm×0.15 mm的$La_2(CO_3)_3\cdot 8H_2O$单晶，并求出了晶格常数。Wakita H[7]制成了$La_2(CO_3)_3\cdot 8H_2O—Ce_2(CO_3)_3\cdot 8H_2O$与$La(OH)CO_3-Ce(OH)CO_3$固溶体。

(2)尿素作沉淀剂

在稀土氯化物溶液中加入尿素，控制温度在50～150℃，反应一个星期，可得到较好的晶型产品，其反应如下：

$$3(NH_2)_2CO+2ReCl_3+(6+n)H_2O \xlongequal{} Re_2(CO_3)_3\cdot nH_2O+6NH_4Cl \quad (2)$$

1.2 水热生长法[11]

把Y_2O_3或$Y(OH)_2$胶体与甲酸溶液混合，在34.47 MPa压力、130～190℃温度条件下，可获得水碳钙钇石型$Y_2(CO_3)_3\cdot nH_2O$单晶。把Y_2O_3与草酸或草酸盐混合，在高温高压下，也可得到晶型稀土碳酸盐。

1.3 二氧化碳高压法[12-13]

稀土的甲酸盐、乙酸盐、丙酸盐、丁酸盐、稀土氯化物与苯胺的混合物，分别在CO_2 1.38～6.21 MPa的高压气氛下，反应2～15 h，可制得晶型稀土碳酸盐。

1.4 凝胶法[14]

把硅酸钠分别与Na_2CO_3，$(NH_4)_2CO_3$，NH_4HCO_3和$NaHCO_3$混合制备成凝胶。当凝胶制成后，在其上部加入氯化稀土溶液。此方法在一试管中进行。

把硅酸钠置于U形管中，在其每边分别加入反应试剂。

以上2种方法所得的产品基本一致。好形态的晶

* 该文首次发表于《稀有金属与硬质合金》，1995年第1期，24～27页。合作者：柳松。

体需 12 ~ 16 周才能形成。由此方法可得到边长为 2.5 mm 的稀土碳酸盐单晶。

1.5 氢氧化物 $-CO_2$ 法[3, 15]

往含有稀土氢氧化物悬浮物的溶液中通入 CO_2，可制得晶型稀土碳酸盐。其反应式如下：

$$2Re(OH)_3 + 3CO_2 = Re_2(CO_3)_3 + 3H_2O \quad (3)$$

1.6 碳酸盐沉淀法[6,9,16-20]

沉淀剂主要是 Na_2CO_3，$NaHCO_3$，$(NH_4)_2CO_3$ 和 NH_4HCO_3。其过程如下：在搅拌下，往稀土氯化物溶液中加入 2 倍理论量的沉淀剂，继续搅拌 30 min，沉淀静置一个星期即可获得致密的晶型产品，以酸式碳酸盐作沉淀剂通常比用正碳酸盐所得到的晶体更好。其反应分别如下：

(1) Na_2CO_3 作沉淀剂

$$3Na_2CO_3 + 2ReCl_3 = Re_2(CO_3)_3 + 6NaCl \quad (4)$$

(2) $NaHCO_3$ 作沉淀剂

$$6NaHCO_3 + 2ReCl_3 = Re_2(CO_3)_3 + 3CO_2 + 3H_2O + 6NaCl \quad (5)$$

(3) $(NH_4)_2CO_3$ 作沉淀剂

$$3(NH_4)_2CO_3 + 2ReCl_3 = Re_2(CO_3)_3 + 6NH_4Cl \quad (6)$$

(4) NH_4HCO_3 作沉淀剂

当 pH <7 时，主要放出二氧化碳。

$$Re^{3+} + NH_4HCO_3 \longrightarrow ReOH^{2+} + NH_4^+ + CO_2\uparrow \quad (7)$$

$$Re^{3+} + 2NH_4HCO_3 \longrightarrow Re(OH)_2^+ + 2NH_4^+ + 2CO_2\uparrow \quad (8)$$

当 pH >7 时，生成稀土碳酸盐沉淀而放出氨气

$$2Re(OH)_2^+ + 3NH_4HCO_3 + (x-4)H_2O \longrightarrow Re_2(CO_3)_3 \cdot xH_2O + 2NH_4^+ + NH_3\uparrow \quad (9)$$

在风化淋积型稀土矿的 $(NH_4)_2SO_4$ 浸出液中，在加入晶种的情况下，可用 NH_4HCO_3 作沉淀剂，制得晶型混合稀土碳酸盐。

Moehizuki A 等[9]在 pH = 5 的 NaAc - HAc 缓冲溶液中，制得晶型 $ReNa(CO_3)_2 \cdot 6H_2O$ 复盐。

Nagashima K 等[6]用方法 1 与方法 6 制得一系列稀土碳酸盐，其结果如图 1 所示。

用各种方法制得的稀土碳酸盐，其结构类型与结晶水数目不尽相同，例如有的属正交晶系，有的属单斜晶系，结晶水数目为 2 ~ 8，这主要是与合成条件有关。值得一提的是，Yb 与 Lu 的晶型正碳酸盐迄今仍没有制备出来。有关晶型稀土碳酸盐形成过程的动力学与机理，人们研究得极少，这值得科技工作者做深入细致的研究。

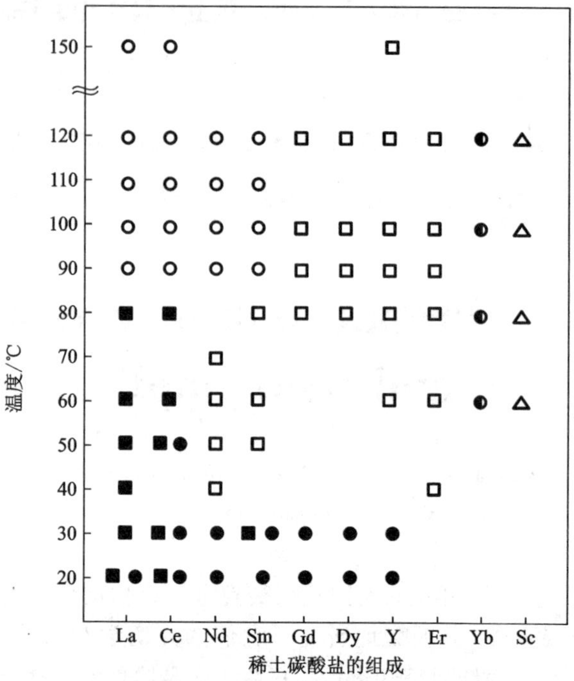

图 1 稀土碳酸盐的组成及结构类型与温度的关系

○—单氧碳酸盐型；●—复盐；◐—无定形；

□—水碳钙钇石型；■—碳镧石型；△—氢氧化物

2 晶型稀土碳酸盐法在提取稀土中的应用

工业上提取稀土的重要矿物原料有独居石、氟碳铈矿、磷钇矿及风化淋积型矿。从这些原料中提取稀土的方法，因矿物性质及组成不同而异，例如前 3 种需要选矿后，对精矿进行湿法处理；而后一种矿则不需选矿可直接进行湿法处理；在各种湿法处理方法中基本上都有浸取和沉淀 2 个基本过程，由于草酸能与稀土生成溶解度较小的草酸盐(溶解度 0.41 ~3.3 g/L)，所以在沉淀过程中，大多使用草酸作稀土的沉淀剂，其反应可以写成：

$$Re_2(SO_4)_3 + 3H_2C_2O_4 \longrightarrow Re_2(C_2O_4)_3\downarrow + 3H_2SO_4 \quad (10)$$

碳酸稀土的溶解度仅为 $10^{-3} \sim 10^{-4}$ g/L，显然比草酸稀土溶解度低得多，再加上作为沉淀剂的碳酸氢铵是一种价廉易得的商品，它的价格大致是草酸的 1/10。从稀土的收率和经济上考虑，使用碳酸氢铵作沉淀剂有利得多。

江西大学[18]提出的用 NH_4HCO_3 作沉淀剂回收稀土的技术获得了专利。实践证明在使用 NH_4HCO_3 作沉淀剂沉淀稀土时有 3 大困难，阻碍了它在工业上的

实施：一是沉淀得到的碳酸稀土体积庞大；二是用碳酸氢铵作沉淀剂时得到的浆液很难过滤；三是沉淀得到的碳酸稀土纯度不高，主要是杂质铝随同稀土一齐进入沉淀物中。因此，该技术多年来未能得到广泛推广。

长沙矿冶研究院、江西大学针对上述问题开展了研究[19-21]。结果表明，严格控制沉淀条件，可以得到晶型碳酸稀土，并可除去铝杂质。经进一步X射线衍射证明，通常得到的碳酸稀土是无定形的沉淀(见图2)；经严格控制沉淀条件得到的碳酸稀土是晶型沉淀(见图3)，沉淀颗粒粒度较大，为5~10 μm，得到的混合稀土碳酸盐沉淀经煅烧后，含Re_2O_3的品位可在93%以上。

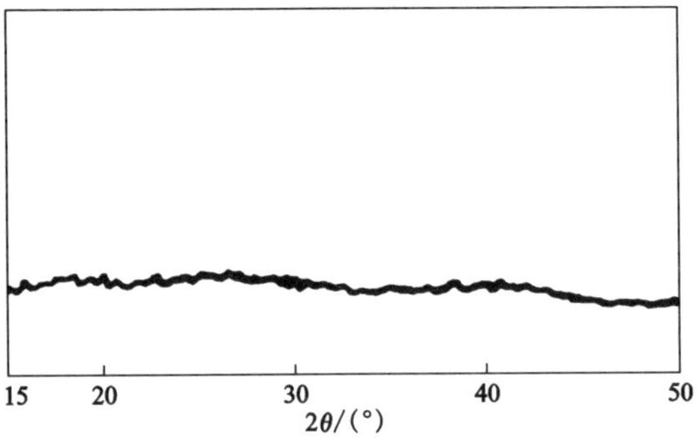

图2　普通碳酸稀土X射线衍射图

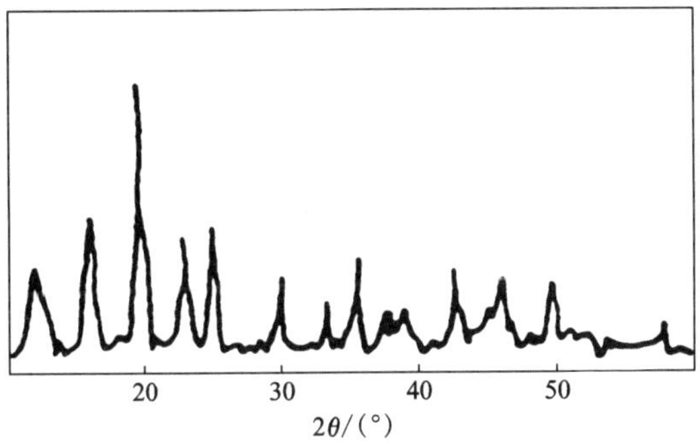

图3　晶型碳酸稀土X射线衍射图

目前进一步的工作已证明，随着溶液中稀土组分及沉淀条件的不同，沉淀颗粒的形状也不相同，有的是球状，有的是针状。沉淀过程中各因素对沉淀粒度、形状的影响，本实验室正在进行研究。

3　结语

稀土碳酸盐的制备方法较多，如严格控制沉淀条件，可用NH_4HCO_3作沉淀剂获得合乎要求的晶型稀土碳酸盐沉淀，并可望在稀土工业中获得广泛应用。

参考文献

[1] Gschneidner Karl A. Handbook on the Physics and Chemistry of Rare Earth. Amsterdem: North-Holland Physics Publishing, 1984, 8: 233.
[2] Salustry M L et al. J. Am. Chem. Soc., 1956, 72: 3306.
[3] Salstry R L N et al. J. Inorg. Nucl. Chem., 1966, 28: 1165.
[4] Charles R G J. Inorg Nucl Chem., 1965, 27: 1487.
[5] Shino D B et al. Inorg. Chem., 1968, 7: 1340.
[6] Nagashima K et al. Bull Chem. Soc. Jap., 1973, 46: 152.
[7] Wakita H et al. Bull Chem. Soc. Jap., 1972, 45: 2476.
[8] Wakita H et al. Bull Chem. Soc. Jap., 1979, 52: 428.
[9] Mochizuki A et al. Bull Chem Soc. Jap., 1974, 47: 755.
[10] Tareen J A K et al. J. Crystal Growth, 1980, 49: 761.
[11] Jareen J A K et al. J. Crystal Grouth, 1980, 50: 527.
[12] Head E L. US 3446574, 1969.
[13] Head E L. US 3401008, 1968.
[14] Wakita H. Bull Chem. Soc. Jap., 1978, 51: 2879.
[15] Pannetier Guy. Bull Soc. Chem. Fr., 1965, 5: 318.
[16] 李先柏等. 稀土, 1993, 14(5): 7.
[17] 喻庆华等. 中国稀土学报, 1993, 11: 171.
[18] 江西大学. CN86100671, 19870805.
[19] 喻庆华等. 矿冶工程, 1990(4): 42.
[20] 贺伦燕等. 稀有金属与硬质合金, 1993(4): 18.
[21] 喻庆华等. 稀土, 1993, 14(4): 14.

Synthesis and structure of hydrated lanthanum carbonate*

Abstract: Crystalline lanthanum carbonate was synthesized using ammonium bicarbonate as the precipitant. The X-ray diffraction data were indexed in the orthorhombic system with cell parameters $a = 0.8487$ nm, $b = 0.9564$ nm and $c = 0.4486$ nm. The structure is closely related to those of the lanthanite type rare earth carbonates in the literature. The IR data for lanthanum carbonate show the presence of two different carbonate groups. In the process of thermal decomposition of lanthanum carbonate to oxide, an intermediate $La_2O_3 \cdot CO_2$ phase was detected.

Rare earth carbonates of various compositions have been reported as a result of numerous synthesis and thermal analyses[1-6]. Many of the results reported and the accompanying discussions are, however, contradictory. The inconsistencies are due in part to preparatory difficulties and to a lack of structural data as well.

The most convenient method for the preparation of rare earth carbonates is the precipitation compounds by alkali carbonates or bicarbonates from solution containing the metal salt. However, the precipitates generally appear amorphous when subjected to X-ray diffraction examination.

In this study, a crystalline product of high quality has been synthesized using ammonium bicarbonate as the precipitant. The product is characterized by X-ray powder diffraction, IR and TG methods.

1 Experiment

To a constantly-stirred 10 mL portion of 0.1 mol/L lanthanum chloride solution contained in a beaker, was added a solution of twice the molar equivalent ammonium bicarbonate at 25℃. The total volume of the mixed solution was adjusted to 100 mL and was maintained at 25℃ for one week. The precipitate was then filtered off, washed with water repeatedly, air-dried and subjected to analysis. Chemical analyses were carried out on lanthanum carbonate prepared by the prescribed methods. X-ray powder diffraction pattern was obtained using a Siemens D500 X-ray diffractometer and Cu – Kα radiation with a scan rate of 2°/min. The IR absorption spectrum was recorded using a FTIR – 740IR spectrophotometer and KBr pellets. The thermal decomposition process of lanthanum carbonate was investigated with the Dupont 9900 thermal analyzer, 10 mg sample in shallow platinum crucibles was heated in air at a heating rate of 10℃/min. Precipitate morphology was assessed from micrographs taken with JSM – 35 scanning electron microscope.

2 Results and discussion

The results of the chemical analyses of lanthanum carbonate are:

$$n(La_2O_3):n(CO_2):n(H_2O) = 1.00:3.01:8.06$$

This suggests that lanthanum carbonate synthesized is hydrated normal carbonate.

Fig. 1 shows a micrograph of precipitate that are plate shaped crystals. The X-ray powder diffraction pattern and powder data of lanthanum carbonate are shown in Fig. 2 and Table 1, respectively. The data were similar to those of lanthanite type rare earth carbonate, indexed in the orthorhombic system with cell parameters $a = 0.8487$ nm, $b = 0.9564$ nm, $c = 0.4486$ nm. There is a good agreement between the observed and calculated values of d.

* 该文首次发表于《J. of South China University of Technology》, 1997 年第 10 期, 23 ~ 26 页。合作者: 柳松。

Fig. 1　Micrograph of lanthanum carbonate(×1000)

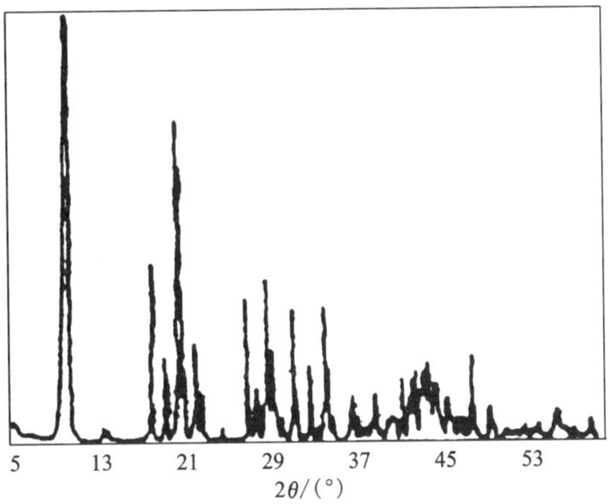

Fig. 2　X-ray powder diffraction pattern of lanthanum carbonate

Table 1　X-ray diffraction data for lanthanum carbonate

d_{obs}/nm	d_{calc}/nm	*hkl*	I/I_0
0.8461	0.8487	100	100
0.4777	0.4782	020	4
0.4485	0.4486	001	2
0.4243	0.4244	200	8
0.4164	0.4166	120	3
0.3965	0.3966	101	2
0.3876	0.3879	210	1
0.3270	0.3272	021	3
0.3174	0.3174	220	1
0.3081	0.3083	201	1
0.3052	0.3053	121	3
0.3014	0.2984	130	2
0.2937	0.2934	211	1
0.2829	0.2829	300	3
0.2703	0.2713	311	2
0.2591	0.2591	221	3
0.2437	0.2435	320	1
0.2392	0.2391	040	1
0.2301	0.2301	140	1
0.2216	0.2216	231	1
0.2169	0.2169	102	2
0.2140	0.2140	321	1
0.2071	0.2071	410	3
0.2047	0.2048	141	1
0.1977	0.1975	122	2
0.1941	0.1942	212	1
0.1915	0.1914	331	1
0.1890	0.1890	241	2
0.1832	0.1832	222	1
0.1732	0.1729	312	1
0.1692	0.1691	341	1
0.1645	0.1644	431	1
0.1566	0.1566	511	1

Orthorhombic cell; a = 0.8487 nm; b = 0.9564 nm; c = 0.4486 nm.

The IR spectrum is shown in Fig. 3, the result is given in Table 2 and the notation of absorption bands are given according to Fujita[7]. The IR spectra of lanthanite type rare earth carbonates are similar to those obtained in this work[1-2]. Since there are more than six normal vibrational bands for carbonate group and non-degenerate r_8 are clearly split in the IR spectra obtained here, there must be two nonequivalent carbonate groups in the unit cell.

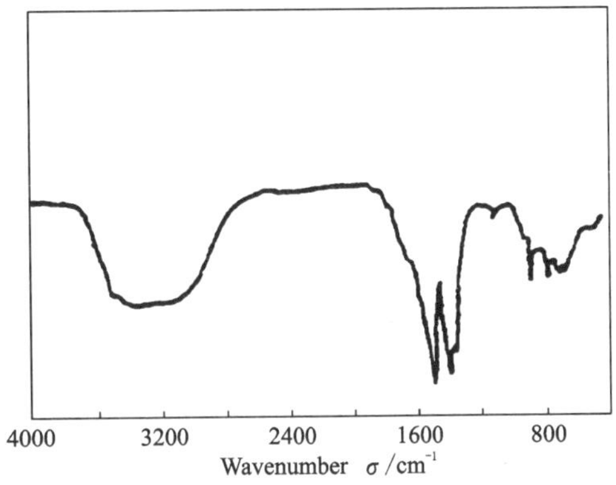

Fig. 3　IR spectrum of lanthanum carbonate

Table 2 IR spectrum results for lanthanum carbonate (Fujita notation)

γ_5/cm^{-1}	1473.6	
γ_1/cm^{-1}	1375.2	1337.8
γ_2/cm^{-1}	1074.7	
γ_8/cm^{-1}	878.4	850.2
γ_3/cm^{-1}	745.9	
γ_6/cm^{-1}	679.6	653.1
Additional bands/cm^{-1}	3000 ~ 3500(H_2O)	1622(HOH bending)

The thermogravimetric curve (TG) and data for lanthanum carbonate are shown in Fig. 4 and Table 3 respectively. Initially there is loss water, which corresponds to the formation of anhydrous carbonate. Decomposition of the carbonate starts at about 400℃ and $La_2O_3 \cdot CO_2$ is formed at about 510℃. The latter decomposes to an intermediate stage by 660℃ and La_2O_3 is formed around 800℃.

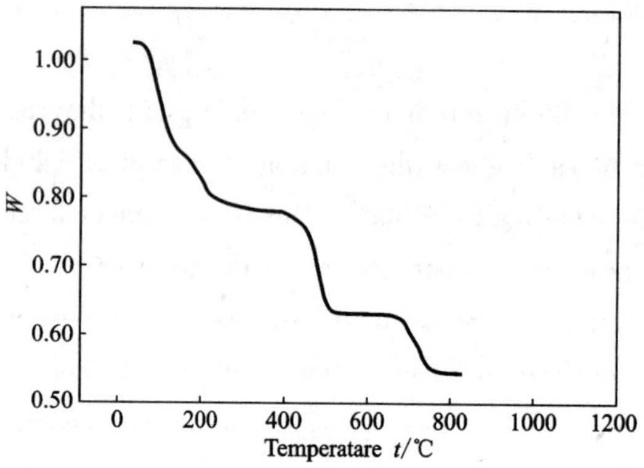

Fig. 4 TG curve of lanthanum carbonate

Table 3 TG data for lanthanum carbonate

t/℃	w_{calc}	w_{obs}
25	0	0
400	0.7607	0.7612
510	0.6145	0.6182
660	0.6145	0.6156
800	0.5414	0.5430

References

[1] Caro P E et al. The infrared spectra of rare earth carbonates. Spectrochim Acta, 1972, 28: 1167.

[2] Pannetier G et al. Thermal decomposition of lanthanum carbonate octahydrate. Bull. Soc. Chim. Fr, 1965, 5: 318.

[3] Shinn D B et al. The crystal structure of lanthanum carbonate octahydrate. Inorg. Chem., 1968, 7(7): 1340.

[4] Wakita H. The synthesis of hydrated rare earth carbonate single crystals in gels. Bull. Chem. Soc. Japan, 1978, 51: 2879.

[5] Nagashima K et al. The synthesis of crystalline rare earth carbonates. Bull. Chem. Soc. Japan, 1973, 46: 152.

[6] Wakita H et al. A synthetic study of the solid solutions in the systems $La_2(CO_3)_3 \cdot 8H_2O$ - $Ce_2(CO_3)_3 \cdot 8H_2O$ and $La(OH)CO_3$ - $Ce(OH)CO_3$. Bull. Chem. Soc. Japan, 1979, 52: 428.

[7] Fujita J et al. Infrared spectra of metal chelate compounds. J. Chem. Phy., 1962, 36: 339.

Synthesis of hydrated lutetium carbonate *

Abstract: Crystalline lutetium carbonate was synthesized from the corresponding chloride using ammonium bicarbonate as precipitant. The chemical analyses suggest that the synthesized lutetium carbonate is a hydrated basic carbonate or oxycarbonate. The X-ray powder diffraction data are presented. The IR data for the compound show the presence of two different carbonate groups. There is no stable intermediate carbonate in the process of thermal decomposition of the lutetium carbonate.

Carbonates of rare earths of various compositions have been reported as a result of numerous syntheses and thermal analyses.[1-12] Many of the results reported and accompanying discussions concerning their compositions and properties are contradictory, however. The inconsistencies are partly due to preparatory difficulties and to a lack of structural data.

Caro et al[4] obtained $Lu_2(CO_3)_3 \cdot 6H_2O$ by vigorously stirring a water suspension of the powered oxide in a CO_2 atmosphere. This compound, however, appears amorphous as viewed by its X-ray diffraction pattern.

The most convenient method for the preparation of rare earth carbonates is by precipitating the compounds using alkali carbonates or bicarbonates from a solution containing the metal salt. In this way, a crystalline lutetium carbonate has been obtained when using ammonium bicarbonate as precipitant. The product has been characterized by X-ray powder diffraction and IR methods.

1 Experimental

To 10 mL of 0.5 mol/L lutetium chloride in water was added 1.0 g of ammonium bicarbonate at 25℃. The solution was maintained at 25℃ for one week. The precipitate was then filtered off, washed repeatedly with water, air-dried and subjected to analysis. The yield was 84.3%.

The lutetium chloride solution was checked for Lu^{3+} content by EDTA titration. Lutetium carbonate was analyzed by combustion analysis (CO_2 and H_2O) and also by ignition of lutetium carbonate in the air to Lu_2O_3.

The X-ray powder diffraction pattern was obtained using a Siemens D500 X-ray diffractometer with Cu Kα radiation with a scan rate of 4°/min; the error in measuring the diffraction angle was 0.001°. The IR absorption spectrum was recorded using a FTIR - 740IR spectrophotometer and a KBr disc. The thermal decomposition process of lutetium carbonate was investigated with a Dupont 9900 thermal analyzer using 10 mg samples in shallow platinum crucibles which were heated in air at a heating rate of 10℃/min. Precipitate morphology was assessed from a micrograph taken with a JSM - 35 scanning electron microscope.

2 Results and discussion

The results of the chemical analyses of lutetium carbonate was: $n(Lu_2O_3):n(CO_2):n(H_2O) = 1.00:2.01:6.35$. This suggests that the synthesized lutetium carbonate is a hydrated basic carbonate or oxycarbonate. The molar ratios, $n(Lu_2O_3):n(CO_2):n(H_2O)$ are not whole numbers. This apparent anomaly may be attributed to admixed amorphous particles and to the instability of the carbonates[3].

Fig. 1 shows a micrograph of the precipitate indicating the presence of plate-shaped crystals mixed with a large number of small particles. The X-ray powder diffraction pattern and powder data of the carbonate are shown in Fig. 2 and Table 1, respectively. As far as we know from the literature, this is the first report of X-ray powder data for a hydrated lutetium carbonate.

Herberg[13] gave the frequencies for the four modes of the free carbonate ion: 1063 cm^{-1}, 879 cm^{-1}, 1415 cm^{-1}, 680 cm^{-1}, when the first two modes were non-degenerate. The splitting of the non-degenerate bands is generally an indication of nonequivalent carbonate groups in a given structure[14].

* 该文首次发表于《Acta. Chem. Scam.》1997, 51(9), 893 ~ 895。合作者: Liu Song。

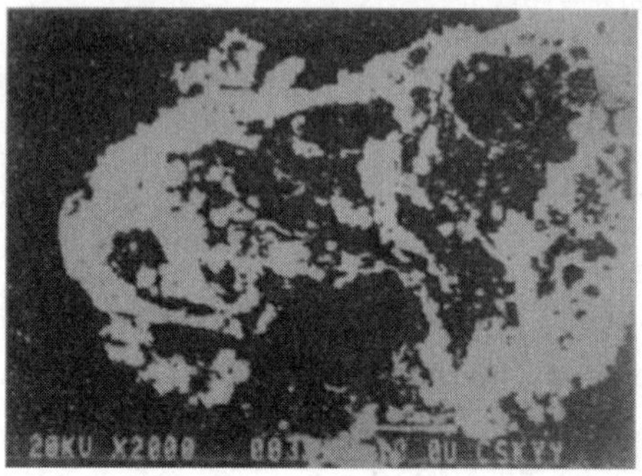

Fig. 1 Micrograph of lutetium carbonate(×2000)

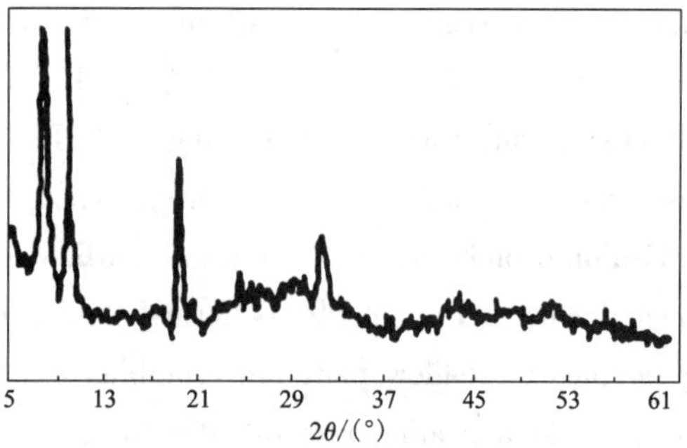

Fig. 2 X-ray powder diffraction pattern of lutetium carbonate

Table 1 X-Ray diffraction data for lutetium carbonate

d/Å	I/I_0
10.5716	93.7
8.4064	100
8.1697	37.9
4.3899	59.7
4.1725	23.8
3.5037	31.1
2.7334	38.3

The IR spectrum is shown in Fig. 3 and the results are given in Table 2. The notation of the absorption bands is given according to Fujita[15]. Since there are more than six normal vibrational bands for the carbonate group and the non-degenerate γ_2 is distinctly split, there must be two nonequivalent carbonate groups (bidentate and unidentate) in the unit cell.

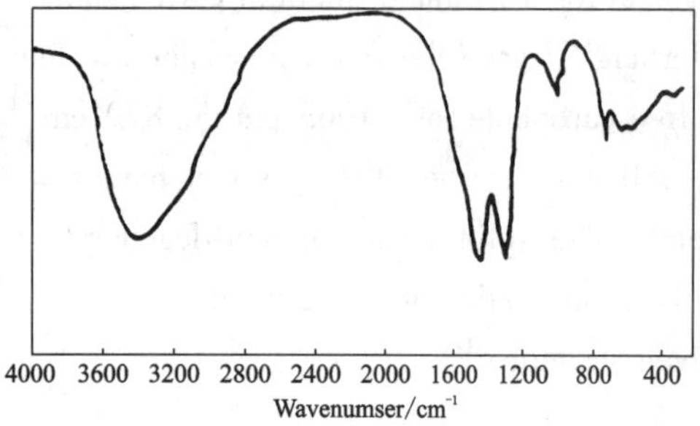

Fig. 3 IR spectrum of lutetium carbonate

Table 2 IR spectrum results of lutetium carbonate (Fujita notation)

γ_5/cm^{-1}	1544	
γ_1/cm^{-1}	1394	
γ_2/cm^{-1}	1084	1045
γ_8/cm^{-1}	840	
γ_3/cm^{-1}	756	
γ_6/cm^{-1}	693	
Additional bands/cm^{-1}	3507(H_2O)	1622(HOH bending)

The thermogravimetric curve (TG) for lutetium carbonate is shown in Fig. 4. The thermal decomposition of lutetium carbonate contains dehydration and decarbonation processes. There is no evidence for the formation of any stable intermediate carbonates, and the end product is Lu_2O_3.

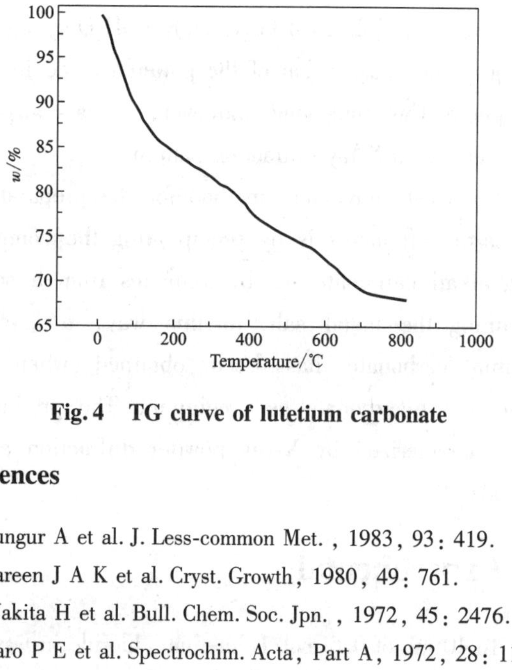

Fig. 4 TG curve of lutetium carbonate

References

[1] Sungur A et al. J. Less-common Met., 1983, 93: 419.
[2] Tareen J A K et al. Cryst. Growth, 1980, 49: 761.
[3] Wakita H et al. Bull. Chem. Soc. Jpn., 1972, 45: 2476.
[4] Caro P E et al. Spectrochim. Acta, Part A, 1972, 28: 1167.
[5] Charles R G. J. Inorg. Nucl. Chem., 1965, 27: 1498.
[6] Sastry R L N et al. J. Inorg. Nucl. Chem., 1966, 28: 1165.
[7] Pannetier G et al. Bull. Soc. Chim., 1965, 5: 318.
[8] Shinn D B et al. Inorg. Chem., 1968, 7: 1340.
[9] Salutsky M L et al. L. J. Am. Chem. Soc., 1950, 72: 3306.
[10] Wakita H Bull. Chem. Soc. Jpn., 1978, 51: 2879.
[11] Nagashima K et al. Bull. Chem. Soc. Jpn., 1973, 46: 152.
[12] Wakita H et al. Bull. Chem. Soc. Jpn., 1979, 52: 428.
[13] Herzberg G. Molecular Spectra and Molecular Structure, H. Infrared and Raman Spectra of Polyatomic Molecular, Van Nostrand, New York, 1945, 179.
[14] Turcotte R P et al. Inorg. Chem., 1969, 8: 238.
[15] Fujita J et al. J. Chem. Phys., 1962, 36: 339.

Synthesis and structure of hydrated europium carbonate *

Abstract: Crystalline europium carbonate was synthesized by using ammonium bicarbonate as precipitant. The X-ray diffraction data were indexed in the monoclinic system with cell parameters $a = 11.983$ Å, $b = 9.300$ Å, $c = 8.429$ Å and $\beta = 107.643°$. The structure is closely related to those of tengerite type rare earth carbonates in the literature. The IR data for europium carbonate show the presence of two different carbonate groups. In the process of thermal decomposition of europium carbonate to oxide, intermediate $Eu_2O_3 \cdot CO_2$ phase was detected.

Rare earth carbonates of various compositions have been reported as a result of numerous syntheses and thermal analyses[1-12]. Many of the results reported and the accompanying discussions are, however, contradictory. The inconsistencies are due in part to preparatory difficulties and to a lack of structural data.

The most convenient method for the preparation of rare earth carbonates is the precipitation of compounds by alkali carbonates or bicarbonates from solution containing the metal salt. However, the precipitates generally appear amorphous when subjected to X-ray diffraction examination.

In this study, a crystalline product of high quality has been synthesized by using ammonium bicarbonate as precipitant. The product is characterized by X-ray powder diffraction and IR methods.

To a constantly stirred 10 mL portion of a 0.1 mol/L europium chloride solution contained in beaker, we added a solution of twice the molar equivalent of ammonium bicarbonate at 25℃. The total volume of the mixed solution was adjusted to 100 mL and was maintained at 25℃ for one week. The precipitate was then filtered off, washed with water repeatedly, air-dried and subjected to analysis.

Chemical analyses were carried out on europium carbonate prepared by the prescribed methods. The X-ray powder diffraction pattern was obtained using a Siemens D500 X-ray diffractometer and Cu Kα radiation with a scan rate of 2°/min. The IR absorption spectrum was recorded using a FTIR-740IR spectrophotometer and KBr pellets. The thermal decomposition process of europium carbonate was investigated with a Dupont 9900 thermal analyzer, 10 mg sample in shallow platinum crucibles was heated in air at a heating rate of 10℃/min. The precipitate morphology was assessed from micrographs taken with a JSM-35 scanning electron microscope.

The results of the chemical analyses of europium carbonate are:

$$n(Eu_2O_3):n(CO_2):n(H_2O) = 1.00:2.95:2.82$$

These suggest that the synthesized europium carbonate is hydrated normal carbonate.

Fig. 1 shows a micrograph of the precipitate consisting of spherical crystals. The X-ray powder diffraction pattern and the powder data of europium carbonate are shown in Fig. 2 and Table 1, respectively. The data were similar to those of tengerite type rare earth carbonates, indexed in the monoclinic system with cell parameters $a = 11.983$ Å, $b = 9.300$ Å, $c = 8.429$ Å and $\beta = 107.643°$. There is a good agreement between the observed and calculated values of d.

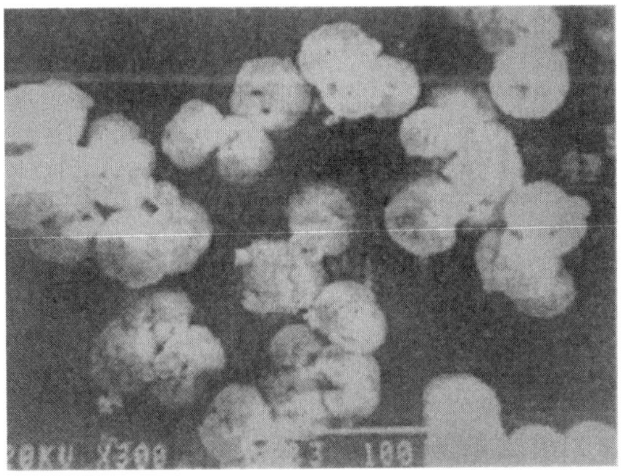

Fig. 1　Micrograph of europium carbonate(×300)

* 该文首次发表于《J. of Crystal Growth》, 1996 年第 169 期, 190 ~ 192 页。合作者: 柳松。

Table 1 X-ray diffraction data for europium carbonate

d_{obs} /Å	d_{calc} /Å	hkl	I/I_0	d_{obs} /Å	d_{calc} /Å	hkl	I/I_0
7.651	7.648	$10\bar{1}$	32	2.235	2.235	$32\bar{3}$	20
5.712	5.716	101	44	2.154	2.154	141	43
	5.710	200			2.153	240	
4.650	4.650	020	100	2.057	2.060	$20\bar{4}$	20
3.926	3.931	002	79		2.058	$50\bar{3}$	
	3.924	$30\bar{1}$		2.001	2.001	042	42
3.608	3.607	121	53		2.000	$34\bar{1}$	
	3.606	220		1.903	1.905	303	14
3.080	3.079	301	8		1.903	600	
3.000	3.002	022	77	1.860	1.860	050	29
	2.999	321		1.810	1.810	024	25
2.728	2.732	212	14		1.808	$62\bar{2}$	
	2.729	410			1.807	$15\bar{1}$	
	2.725	131		1.764	1.763	323	18
	2.724	230			1.761	620	
2.567	2.567	321	33	1.719	1.718	$34\bar{3}$	17
2.433	2.435	222	14	1.670	1.670	143	7
	2.433	420			1.669	541	
	2.434	0320		1.638	1.639	$30\bar{5}$	8
	2.433	$33\bar{1}$			1.638	$60\bar{4}$	
2.325	2.324	113	18				
	2.325	040					

Monoclinic cell: $a = 11.983$ Å, $b = 9.300$ Å; $c = 8.429$ Å; $\beta = 107.643°$.

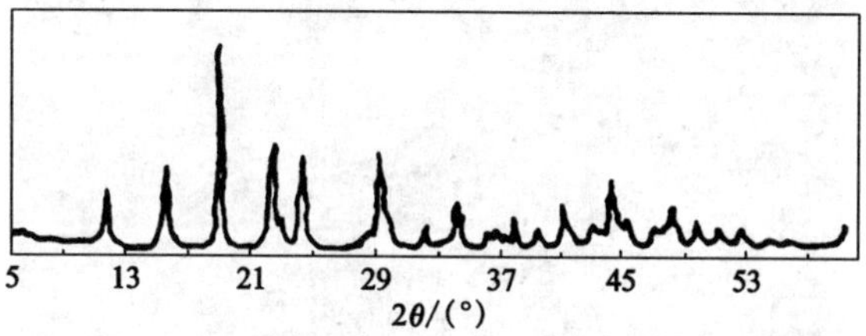

Fig. 2 X-ray powder diffraction pattern of europium carbonate

The IR spectrum is shown in Fig. 3 and the result is given in Table 2. The notation of absorption bands is given according to Fujita[13]. The IR spectra of tengerite type rare earth carbonates are similar to those obtained in this work[1-4]. Since there are more than six normal vibrational bands for the carbonate group and the non-degenerate γ_2 mode is clearly split in the IR spectra obtained here, there must be two nonequivalent carbonate groups in the unit cell.

Table 2 IR spectrum results for europium carbonate (Fujita notation)

γ_5/cm^{-1}	1499		
γ_1/cm^{-1}	1433	1415	
γ_2/cm^{-1}	1086	1059	944
γ_8/cm^{-1}	839		
γ_3/cm^{-1}	754		
γ_6/cm^{-1}	683		
Additional bands/cm^{-1}	3405(H_2O)	1622 (HOH bending)	

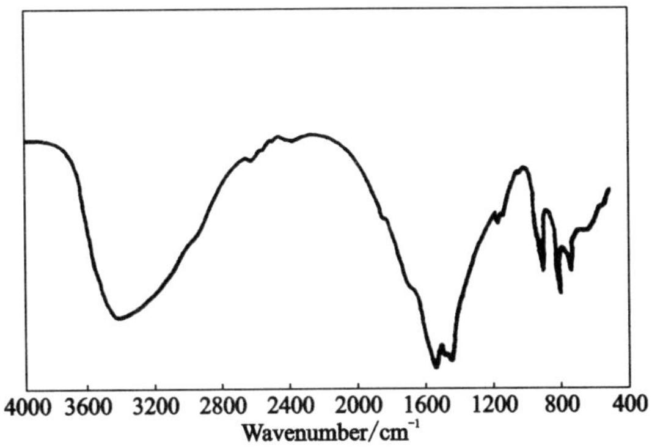

Fig. 3　IR spectrum of europium carbonate

The thermogravimetric curve (TG) for the europium carbonate is shown in Fig. 4. Initially there is loss water, which corresponds to the formation of anhydrous carbonate. Decomposition of the carbonate starts at about 400℃ and $Eu_2O_3 \cdot CO_2$ is formed at about 550℃. The latter decomposes to an intermediate stage at about 580℃ and Eu_2O_3 is formed around 850℃.

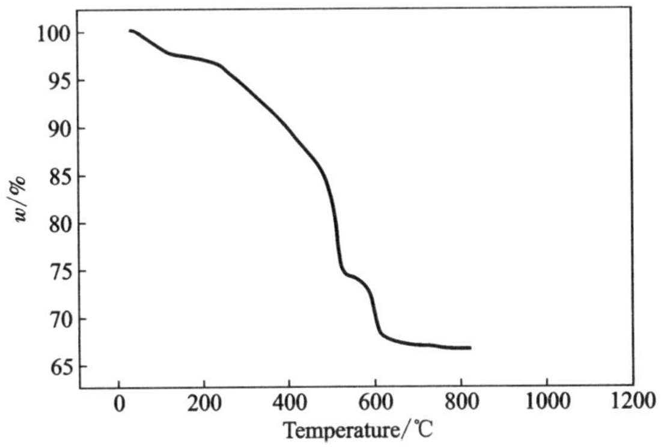

Fig. 4　TG curve of europium carbonate

References

[1] A Sungur et al. J. Less-Common. Met., 1983, 93: 419.
[2] J A K Tareen et al. J. Crystal Growth, 1980, 49: 761.
[3] H Wakita et al. Bull. Chem. Soc. Jpn., 1972, 45: 2476.
[4] P E Caro et al. Spectrochim. Acta, 1972, 28: 1167.
[5] R G Charles. J. Inorg. Nucl. Chem., 1965, 27: 1498.
[6] R L N Sastry et al. J. Inorg. Chem., 1966, 28: 1165.
[7] G Pannetier et al. Bull. Soc. Chem. France, 1965, 318.
[8] D B Shinn et al. Inorg. Chem., 1968, 7: 1340.
[9] M L Salutsky et al. J. Am. Chem. Soc., 1950, 72: 3306.
[10] H Wakita. Bull. Chem. Soc. Jpn., 1978, 51: 2879.
[11] K Nagashima et al. Bull. Chem. Soc. Jpn., 1973, 46: 152.
[12] H Wakita et al. Bull. Chem. Soc. Jpn., 1979, 52: 428.
[13] J Fujita et al. J. Chem. Phys., 1962, 36: 339.

Synthesis and structure of hydrated terbium carbonate *

Abstract: Crystalline terbium carbonate has been synthesized using ammonium bicarbonate as a precipitant. The X-ray diffraction data have been indexed and these indicate a monoclinic system with cell parameters $a = 18.745$ Å, $b = 14.244$ Å, $c = 15.329$ Å and $\beta = 95.263°$. The structure is closely related to those of tengerite type rare earth carbonates reported in the literature. The IR data for terbium carbonate show the presence of two non-equivalent carbonate groups.

Rare earth carbonates of various compositions have been reported as a result of numerous syntheses and thermal analyses[1-12]. Many of the results reported and the accompanying discussions are, however, contradictory. The inconsistencies are in part due to preparatory difficulties and a lack of structural data.

The most convenient method for the preparation of rare earth carbonates is the precipitation of the compounds by alkali carbonates or bicarbonates from solution containing the metal salt. However, the precipitates generally appear amorphous when subjected to X-ray diffraction studies.

In this study, a crystalline product of high quality has been synthesized using ammonium bicarbonate as precipitant. The product is characterized by X-ray powder diffraction and IR methods.

1 Experimental

To a constantly-stirred solution of terbium chloride (10 mL, 0.1 mol/L) contained in a beaker, was added a solution of ammonium bicarbonate (0.2 mol/L) at 25℃. The total volume of the solution as adjusted to 100 mL and maintained at 25℃ for one week. The precipitate was then filtered, washed with water repeatedly, air-dried and subjected to analysis.

Chemical analyses were carried out on terbium carbonate prepared by the prescribed methods. X-ray powder diffraction pattern was obtained using a Siemens D500 X-ray diffractometer and Cu Kα radiation with a scan rate of 2°/min. The IR absorption spectrum was recorded using a FTIR - 740IR spectrophotometer and KBr pellets. The thermal decomposition process of terbium carbonate was investigated with a Dupont 9900 thermal analyzer, heating the sample (10 mg) in a shallow platinum crucible in air at a heating rate of 10℃/min. Precipitate morphology was assessed from micrographs taken with a JSM - 35 scanning electron microscope.

2 Results and discussion

The results of the chemical analyses of terbium carbonate shows the ratio to be $n(Tb_2O_3) : n(CO_2) : n(H_2O) = 1.00 : 2.91 : 2.90$.

These suggest that the terbium carbonate synthesized is hydrated normal carbonate.

Fig. 1 shows a micrograph of the precipitate. It indicates the precipitate. It indicates the presence of spherical aggregates of crystallites. The X-ray powder diffraction pattern and powder data of terbium carbonate are shown in Fig. 2 and Table 1, respectively. The data are similar to those of tengerite type rare earth carbonates, indexed in the monoclinic system with cell parameters $a = 18.745$ Å, $b = 14.244$ Å, $c = 15.329$ Å and $\beta = 95.263°$. There is a good agreement between the observed and calculated values of d.

The IR spectrum is shown in Fig. 3. The notation of absorption bands are given according to Fujita et al. (Table 2)[13]. The IR spectra is similar to those of tengerite type rare earth carbonates reported in the literature[1-4]. Since there are more than six normal vibrational bands for carbonate group and non-degenerate γ_2 and γ_8 are clearly split in the IR spectra obtained here, there must be two non-equivalent carbonate groups in the unit cell.

* 该文首次发表于《Indian J. of Chemistry》, Vol35A, 1996, 992 ~ 994. Coauthor: Liu Song。

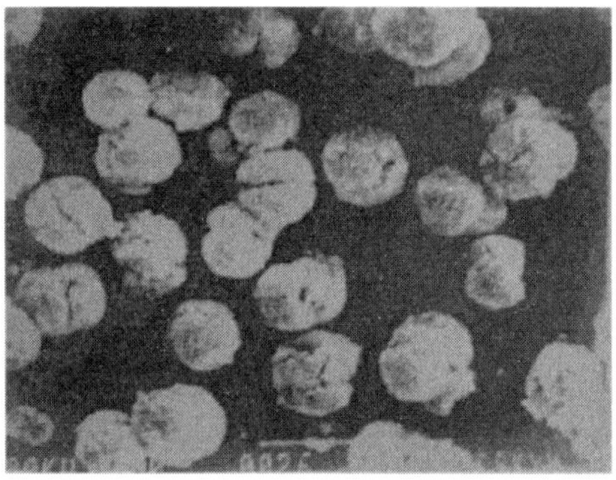

Fig. 1　Micrograph of terbium carbonate(×390)

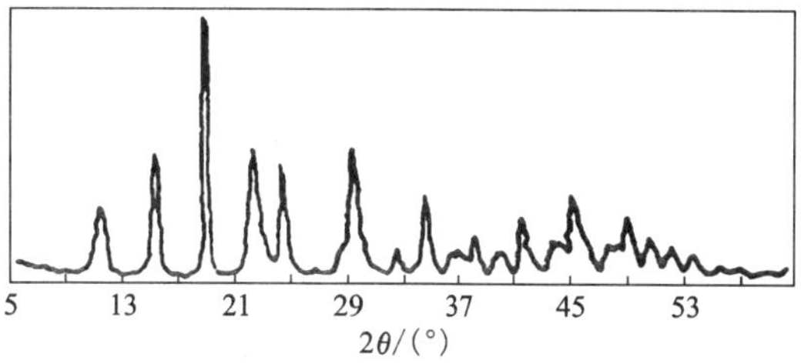

Fig. 2　X-ray powder diffraction pattern of terbium carbonate

Table 1　X-ray diffraction data for europium carbonate

d_{obs}/Å	d_{calc}/Å	hkl	I/I_0	d_{obs}/Å	d_{calc}/Å	hkl	I/I_0
7.606	7.632	002	49	2.135	2.136	$44\bar{5}$	33
	7.656	201			2.136	$7.4\bar{1}$	
5.671	5.659	202	78		2.135	740	
	5.680	212		2.039	2.041	146	24
	5.662	220		2.034	2.031	$32\bar{7}$	3
4.608	4.619	302	95		2.034	$54\bar{5}$	
	4.602	130			2.035	070	
3.896	3.894	$22\bar{3}$	100	1.985	1.985	$90\bar{3}$	63
	3.903	420			1.983	$62\bar{6}$	
	3.902	132			1.988	$13\bar{7}$	
3.577	3.572	$32\bar{3}$	55		1.986	$65\bar{3}$	
2.976	2.978	$60\bar{2}$	91		1.983	$46\bar{3}$	
	2.975	034		1.882	1.881	108	12
	2.980	432			1.880	$91\bar{4}$	
2.705	2.705	433	12		1.881	$43\bar{7}$	
	2.704	$44\bar{2}$			1.883	833	
2.545	2.544	006	53		1.882	$93\bar{2}$	
	2.545	711		1.845	1.846	913	30
	2.545	252			1.843	028	
2.399	2.399	206	20		1.844	427	
	2.399	$31\bar{6}$			1.844	337	
	2.396	026			1.844	471	
	2.402	623		1.794	1.794	905	22
	2.396	542			1.792	$101\bar{3}$	
2.383	2.382	$62\bar{4}$	11		1.793	$102\bar{2}$	
	2.384	451			1.797	247	
2.307	2.310	604	17		1.794	$84\bar{4}$	
	2.308	$81\bar{1}$		1.749	1.748	716	12
2.216	2.217	820	20		1.749	$82\bar{6}$	
	2.214	245			1.749	138	
	2.215	444			1.751	$76\bar{2}$	
	2.217	$26\bar{2}$			1.749	761	
	2.218	360					

Monoclinic cell: a = 18.745 Å, b = 14.244 Å; c = 15.329 Å; β = 95.263°.

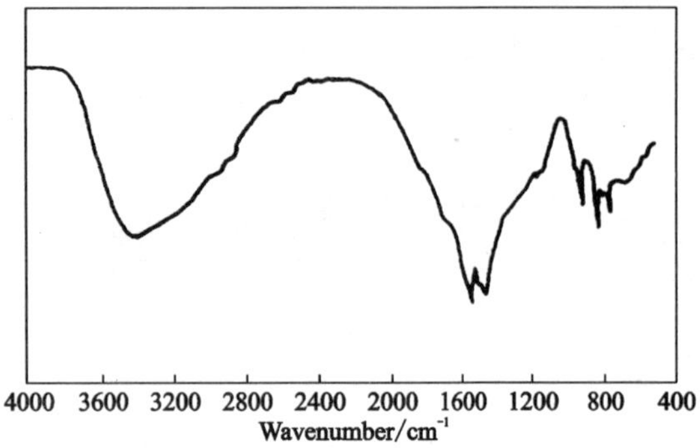

Fig. 3 IR spectrum of terbium carbonate

Table 2 IR spectrum results for terbium carbonate (Fujita notation)

γ_5/cm^{-1}	1503	
γ_1/cm^{-1}	1445	1419
γ_2/cm^{-1}	1087	1061
γ_8/cm^{-1}	861	835
γ_3/cm^{-1}	758	
γ_6/cm^{-1}	718	684
Additional bands/cm^{-1}	3424(H_2O)	1622 (HOH bending)

The thermogravimetric curve (TG) for terbium carbonate is shown in Fig. 4. The end product is Tb_4O_7 with no evidence for the formation of any stable intermediate carbonates.

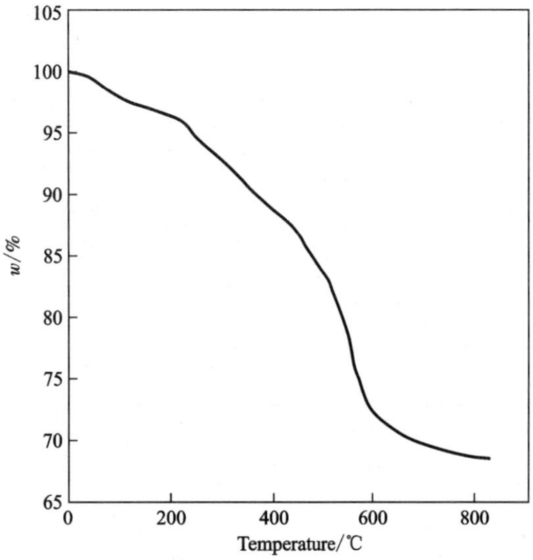

Fig. 4 TG curve of terbium carbonate

References

[1] Sungur A et al. J. Less-Common. Met., 1983, 93: 419.
[2] Tareen J A K et al. Cryst Growth, 1980, 49: 761.
[3] Wakita H et al. Bull. Chem. Soc. Japan, 1972, 45: 2476.
[4] Caro P E et al. Spectrochim Acta, 1972, 28: 1167.
[5] Charles R G. J. Inorg Nucl. Chem., 1965, 27: 1498.
[6] Sastry R L N et al. J. Inorg. Nucl. Chem., 1966, 28: 1165.
[7] Pannetier et al. Bull. Soc. Chim. Fr., 1965, 5: 318.
[8] Shinn D B et al. Inorg. Chem., 1968, 7: 1340.
[9] Salutsky M L et al. J. Am. Chem. Soc., 1950, 72: 3306.
[10] Wakita H Bull. Chem. Soc. Jpn., 1978, 51: 2879.
[11] Nagashima K et al. Bull. Chem. Soc. Japan., 1973, 46: 152.
[12] Wakita H et al. Bull. Chem. Soc. Japan., 1979, 52: 428.
[13] Fujita J et al. J. Chem. Phy., 1962, 36: 339.

Synthesis and structure of hydrated neodymium carbonate*

Abstract: Crystalline neodymium carbonate was synthesized using ammonium bicarbonate as a precipitant. The X-ray diffraction data can be indexed in the orthorhombic system with cell parameters $a = 2.4474$ nm, $b = 3.3701$ nm and $c = 0.9277$ nm. The structure is closely related to those of the lanthanite-type rare-earth carbonates. The IR data for the neodymium carbonate shows the presence of two different carbonate groups. In the process of thermal decomposition of the neodymium carbonate to oxide, and intermediate $Nd_2O_3 : CO_2$ phase was detected.

Introduction

Carbonates of rare-earth of various compositions have been reported as a result of numerous synthesis and thermal analyses[1-12]. Many of the results reported and the accompanying discussion, such as composition and properties of rare-earth carbonates, are contradictory, however. The inconsistencies are partly due to preparatory difficulties and to a lack of structural data.

The usual method for the preparation of rare-earth carbonates is through precipitation by alkali carbonates or bicarbonates from a solution containing the rare-earth metal salt. However, the precipitates generally appear amorphous when subjected to the X-ray diffraction examination.

The authors have found that ammonium bicarbonate is a good precipitant[13-16]. In our earlier papers, we have studied the synthesis and structure of hydrated europium, terbium, ytterbium and lutetium carbonates. In this communication, we are now investigating the synthesis and structure of crystalline neodymium carbonate using ammonium bicarbonate as a precipitant. The product is characterized by X-ray powder diffraction and IR methods.

1 Experimental procedure

Neodymium chloride (1.0 mol/L) and ammonium bicarbonate (1.0 mol/L) solutions were prepared from neodymium chloride and ammonium bicarbonate in glass-distilled water. These solutions were checked for Nd^{3+} and HCO_3^- content by EDTA and HCl titration. Dilute solutions were prepared as required and filtered through sintered glass before use. The purity of the materials is 99.9%. The experimental temperature was kept at (25 ± 0.2)℃ by a thermostat.

The neodymium carbonate was synthesized by the addition of 10 mL 0.3 mol/L aqueous ammonium bicarbonate to a constantly stirred 10 mL portion of 0.1 mol/L neodymium chloride solution contained in a glass beaker in 10 s. The solution was stirred with a magnetic stirrer at about 500 r/min. The total volume of the mixed solution was adjusted to 100 mL and was maintained at (25 ± 0.2)℃ for one week. The precipitates were then filtered off, washed with water repeatedly, air-dried and subjected to analysis.

Neodymium carbonates were analyzed by combustion analysis (CO_2 and H_2O) and also by ignition of neodymium carbonates in air to Nd_2O_3. The X-ray powder diffraction pattern was obtained using a Siemens D500 X-ray Diffractometre with Cu K_α radiation with a scan rate of 2°/min. The IR absorption spectrum was recorded using an FTIR - 740IR Spectrophotometer and a KBr disc. The thermal decomposition process of neodymium carbonate was investigated with a Dupont 9900 Thermal-analyzer using 10 mg samples in shallow platinum crucibles which were heated in air at a heating rate of 10℃/min. Precipitate morphology was assessed from a micrograph taken with a JSM - 35 scanning electron microscope.

* 该文首次发表于《J. Crystal Growth》, 1999, 203, 454 ~457。合作者：柳松，蒋蓉英等。

2 Results and discussion

The results of the chemical analyses of neodymium carbonate are:

$n(Nd_2O_3):n(CO_2):n(H_2O) = 1.00:2.94:7.90.$

This suggests that the neodymium carbonate synthesized is hydrated normal carbonate.

The neodymium carbonate consists of plate shaped crystals (Fig. 1). The X-ray powder diffraction pattern and diffraction data of the neodymium carbonate are shown in Fig. 2 and Table 1, respectively. The data correspond to those of the lanthanite-type rare-earth carbonates[1-2], and all the peaks can be indexed in the orthorhombic system with a method proposed by de Wolff and programmed by Visser[17]. The cell parameters are $a = 2.4474$ nm, $b = 3.3701$ nm and $c = 0.9277$ nm. There is reasonable agreement between the observed and the calculated values of d.

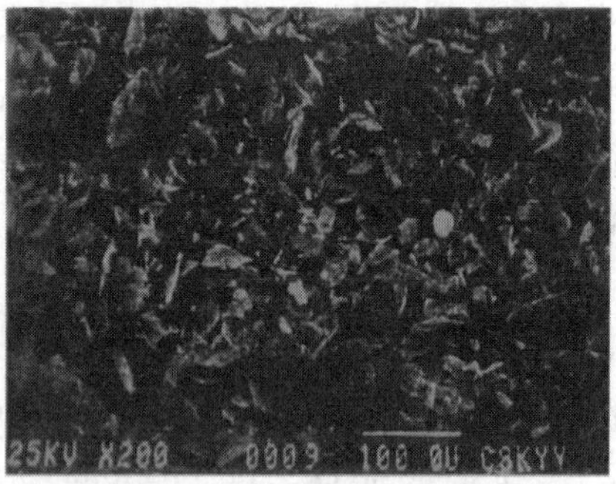

Fig. 1 Micrograph of neodymium carbonate(×200)

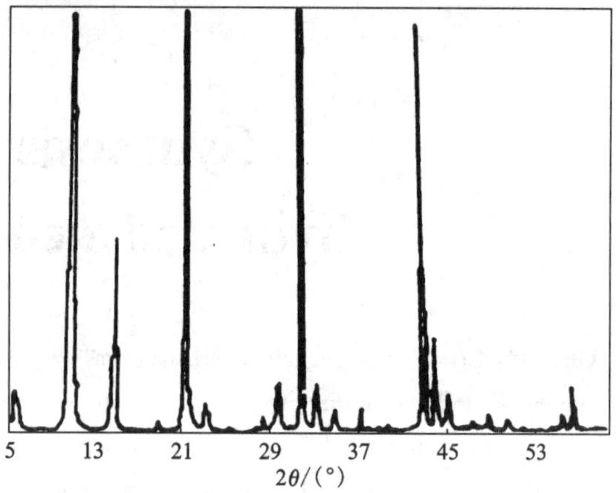

Fig. 2 X-ray powder diffraction pattern of neodymium carbonate

Herberg[18] gave the frequencies for the four modes of the free carbonate ion: 1063 cm^{-1}, 879 cm^{-1}, 1415 cm^{-1} and 680 cm^{-1}, when the first two modes nondegenerate. The splitting of the nondegenerate bands is generally an indication of nonequivalent carbonate groups in a giver structure[19].

The IR spectrum of the neodymium carbonate is shown in Fig. 3 and the peak positions are given in Table 2. The notation of absorption bands are given according to Fujita[20]. Since there are more than six normal vibrational bands for carbonate group and nondegenerate γ_8 are clearly split in the IR spectra obtained here, there must be two nonequivalent carbonate groups (bidentate and uidentate carbonates) in the unit cell.

Table 1 X-ray diffraction data for neodymium carbonate (orthorhombic cell: $a = 2.4474$ nm; $b = 3.3701$ nm; $c = 0.9277$ nm)

d_{obs}/nm	d_{calc}/nm	h	k	l	I/I_0	d_{obs}/nm	d_{calc}/nm	h	k	l	I/I_0
1.6199	1.6850	0	20	0	1	0.2055	0.2054	5	13	2	1.3
0.8405	0.8425	0	4	0	100		0.2056	4	15	1	
0.6036	0.6043	1	4	1	2.5	0.2007	0.2004	2	8	4	0.5
0.4212	0.4223	1	3	2	17	0.1927	0.1929	7	1	4	0.1
	0.4212	0	8	0			0.1928	4	8	4	
0.3854	0.3856	2	4	2	0.2		0.1925	10	8	2	
	0.3851	5	4	1			0.1925	11	8	1	
0.3142	0.3141	1	10	1	0.2		0.1925	6	15	1	
0.3018	0.3018	1	2	3	0.3	0.1868	0.1867	12	0	2	0.2
	0.3022	2	8	2			0.1869	5	15	2	
	0.3019	5	8	1		0.1814	0.1814	13	5	0	0.2
	0.3020	4	9	1		0.1659	0.1658	5	6	5	0.3
0.2812	0.2813	8	3	1	6.8		0.1657	9	7	4	
	0.2810	0	5	3			0.1660	11	8	3	
	0.2808	0	12	0			0.1660	6	15	3	

Continued

d_{obs}/nm	d_{calc}/nm	h	k	l	I/I_0	d_{obs}/nm	d_{calc}/nm	h	k	l	I/I_0
0.2693	0.2692	1	6	3	1.0	0.1633	0.1632	5	7	5	0.5
	0.2689	6	6	2			0.1634	14	1	2	
0.2570	0.2571	3	6	3	0.3		0.1633	12	10	2	
0.2417	0.2415	7	7	2	0.3		0.1632	11	13	2	
0.2261	0.2258	2	2	4	0.1		0.1632	15	0	0	
	0.2261	1	3	4							
0.2109	0.2111	2	6	4	4.3						
	0.2019	9	7	2							
	0.2108	8	11	1							
	0.2106	0	16	0							

Table 2　IR spectrum for neodymium carbonate (Fujita notation)

γ_5/cm^{-1}	γ_1/cm^{-1}	γ_2/cm^{-1}	γ_8/cm^{-1}	γ_3/cm^{-1}	γ_6/cm^{-1}	Additional bands/cm^{-1}
1485	1378	1079	889	751	678	3000 ~ 3500 (H_2O)
	1339		847		656	1620 (HOH bending)

The thermogravimetric curve (TG) for the neodymium carbonate is shown in Fig. 4. Initially the is loss water, which corresponds to the formation anhydrous carbonate. Decomposition of the carbonate starts at about 420℃ and $Nd_2O_3 : CO_2$ is formed at about 490℃. The latter decomposes to an intermediate stage by 580℃ and Nd_2O_3 is formed around 700℃.

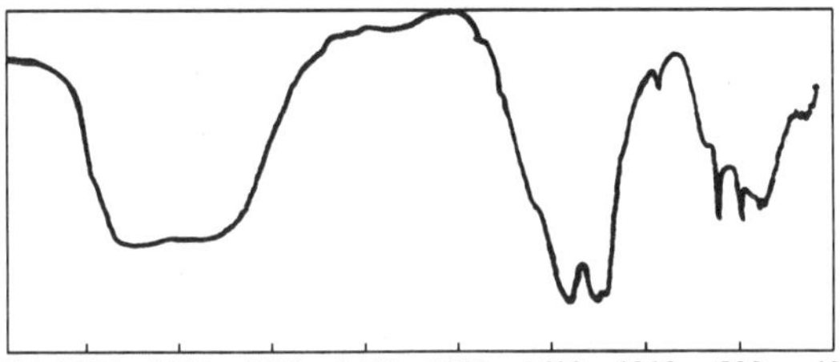

Fig. 3　IR spectrum of neodymium carbonate

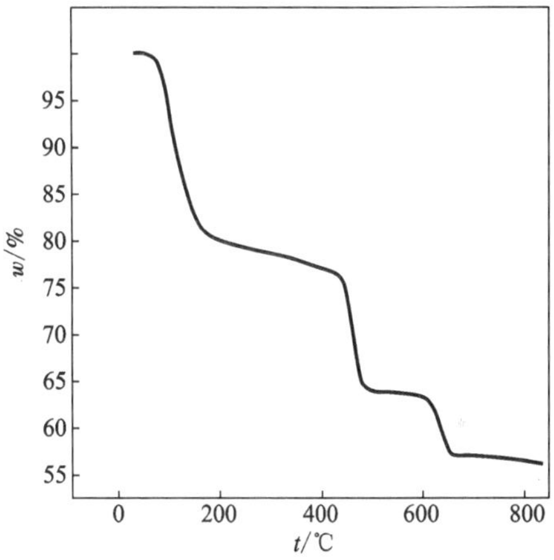

Fig. 4　TG curve of neodymium carbonate

Acknowledgements

The authors acknowledge financial support from Guangdong Provincial Natural Science Foundation of China.

References

[1] P E Caro et al. Eyring, Spectrochim. Acta A, 1972, 28: 1167.
[2] H Wakita. Bull. Chem. Soc. Jpn., 1978, 51: 2879.
[3] K Nagashima et al. Bull. Chem. Soc. Jpn., 1973, 46: 152.
[4] A Sungur et al. J. Less-Common. Met., 1983, 93: 419.
[5] D B Shinn et al. Inorg. Chem., 1967, 7: 1340.
[6] H Wakita et al. Bull. Chem. Soc. Jpn., 1972, 45: 2476.
[7] R G Charles. J. Inorg. Nucl. Chem., 1965, 27: 1498.
[8] R L N Sastry et al. J. Inorg. Nucl. Chem., 1966, 28: 1165.
[9] H Wakita et al. Bull. Chem. Soc. Jpn., 1979, 52: 428.
[10] J A K Tareen et al. J. Crystal Growth, 1980, 49: 761.
[11] G Pannetier et al. Bull. Soc. Chem., 1965, 5: 318.
[12] M L Salutsky et al. J. Am. Chem. Soc., 1950, 72: 3306.
[13] S Liu et al. J. Crystal Growth., 1996, 169: 190.
[14] S Liu et al. Indian J. Chem. Cryst., 1996, 35: 992.
[15] S Liu et al. Acta. Chem. Scan, 1997, 51: 893.
[16] S Liu et al. React. Inog. Met-Org. Chem., 1997, 27: 1183.
[17] J W Visser. J. Apl. Cryst. 2, Part 3, 1969: 85.
[18] G Herzberg. Molecular Spectra and Molecular Structure, Ⅱ. Infrared and Raman Spectra of Polyatomic Molecular, Van Nostrand, New York, 1945: 179.
[19] R P Turcotte et al. Inorg. Chem., 1969, 8: 238.
[20] J Fujita et al. J. Chem. Phys., 1962, 36: 339.

Synthesis of a crystalline hydrated basic ytterbium carbonate, $Yb_2O_3 \cdot 2.17CO_2 \cdot 6.17H_2O$ *

Abstract: Crystalline ytterbium carbonate, $Yb_2O_3 \cdot 2.17CO_2 \cdot 6.17H_2O$, was synthesized using ammonium bicarbonate as precipitant. The results of chemical analyses suggest that the ytterbium carbonate synthesized is a hydrated basic carbonate or oxycarbonate. X-ray power diffraction data is given. The IR data for this ytterbium carbonate shows the presence of two different carbonate groups. There is no stable intermediate carbonate in the process of thermal decomposition of ytterbium carbonate.

Introduction

Rare earth carbonates of various compositions have been reported as a result of numerous syntheses and thermal analyses[1-12]. Many of the results reported and the accompanying discussions concerning their compositions and properties are contradictory, however. The inconsistencies are due, in part, to preparative difficulties and to a lack of structural data. That is to say, crystalline carbonates of rare earth elements are not easy to synthesize.

Caro et al[1] obtained $Yb_2(CO_3)_3 \cdot 6H_2O$ by vigorously stirring a water suspension of ytterbium oxide powder under a CO_2 atmosphere; Wakita et al[2] prepared $YbOHCO_3 \cdot 4H_2O$ by the hydrolysis of ytterbium trichloroacetates. But these samples appear amorphous when subjected to X-ray diffraction examination. Charles[3] also obtained $Yb(CO_3)_{1.06}(OH)_{0.88}\ 1.7H_2O$ by the hydrolysis of ytterbium trichloroacetates that hadn't been examined by X-ray diffraction.

The most convenient method for the preparation of rare earth carbonates is the precipitation by alkali carbonates or bicarbonates from solutions containing the metal salt. The authors have found that ammonium bicarbonate is a good precipitant. In our earlier papers, we have studied the synthesis and structure of hydrated europium and terbium carbonates[13-14]. In this communication, we are now investigating the synthesis of crystalline ytterbium carbonate using ammonium bicarbonate as precipitant. The product was characterized by X-ray powder diffraction and IR methods.

1 Experimental

To constantly-stirred 10 mL of 0.5 mol/L ytterbium chloride solution (5 mmol, 1.40 g) contained in beaker, was added 1.0 g (12.66 mmol) ammonium bicarbonate at 25℃. A white precipitate appeared and gas bubbles started to form rapidly. The solution was maintained at 25℃ for one week. The resulting precipitate was then filtered, washed with water repeatedly, air-dried and subjected to analysis. Yield: 2.533 g (84.35%). Formula: $Yb_2O_3 \cdot 2.17CO_2 \cdot 6.17H_2O$. Chemical elements contents/(%): Yb_2O_3, 65.61; CO_2, 15.90; H_2O, 18.49.

The ytterbium chloride solution was checked for Yb^{3+} content by EDTA titration. Ytterbium carbonate was analyzed by combustion analysis (CO_2 and H_2O) and also by ignition of the ytterbium carbonate in air to Yb_2O_3.

X-ray powder diffraction patterns were obtained using a Siemens D500 X-ray diffractometer and Cu Kα radiation with a scan rate of 4°/min. The IR absorption spectrum was recorded using a FTIR - 740 IR spectrophotometer and KBr pellets. The thermal decomposition process of ytterbium carbonate was investigated with a Dupont 9900 thermal analyzer, using 10 mg samples in shallow platinum crucibles which were heated in air at a heating rate of 10℃/min. The morphology of the precipitate was assessed by micrographs taken with a JSM - 35 scanning electron microscope.

* 该文首次发表于《Synth. React. Inorg. Met. - org - Chem》. 1997, 27(8), 1183 ~ 1190. Coauthor: Liu Song.

2 Results and discussion

Crystalline ytterbium carbonate was synthesized using ammonium bicarbonate as precipitant. According to results of the chemical analyses and experimental phenomena, the reaction equation can be expressed as follows:

$$2YbCl_3 + 6NH_4HCO_3 + 3.17H_2O \longrightarrow Yb_2O_3 \cdot 2.17CO_2 \cdot 6.17H_2O + 3.83CO_2 + 6NH_4Cl$$

The results of the chemical analyses suggest that the ytterbium carbonate is a hydrated basic carbonate or oxycarbonate, i. e. $Yb_2(OH)_{1.66}(CO_3)_{2.17} \cdot 5.34H_2O$ or $Yb_2O_{0.83}(CO_3)_{2.17} \cdot 6.17H_2O$. It is very difficult to distinguish between the two. The molar ratios, $n(Yb_2O_3):n(CO_2):n(H_2O)$ are not whole numbers. This apparent anomaly may be attributed to admixed amorphous particles and to the instability of the carbonates[2]. Concerning the instability of rare earth carbonates, Shinn et al[4] mentioned two bonding positions of carbonate ions in the lanthanite structure, one coordinates as a unidentate ligand and one as a bidentate ligand. Water molecules behave similarly; some coordinate to a metal ion and some do not, therefore, some of the carbonate ions and water molecules may be expected to be rather easily lost from the structure.

Fig. 1 shows a micrograph of the precipitates that are plate shaped crystals mixed with a large number of small particles. The X-ray powder diffraction pattern and powder data of ytterbium carbonate are shown in Fig. 2 and Table 1, respectively. As far as we can discover in the literature surveyed, this is the first reported X-ray powder data for hydrated ytterbium carbonate.

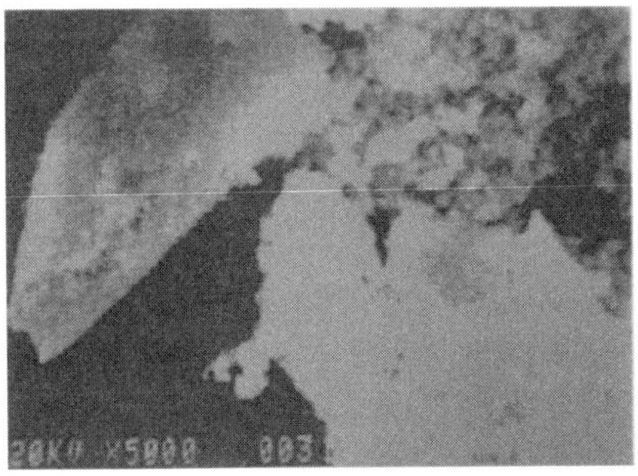

Fig. 1 Micrograph of ytterbium carbonate, $Yb_2O_3 \cdot 2.17CO_2 \cdot 6.17H_2O$ (×5000)

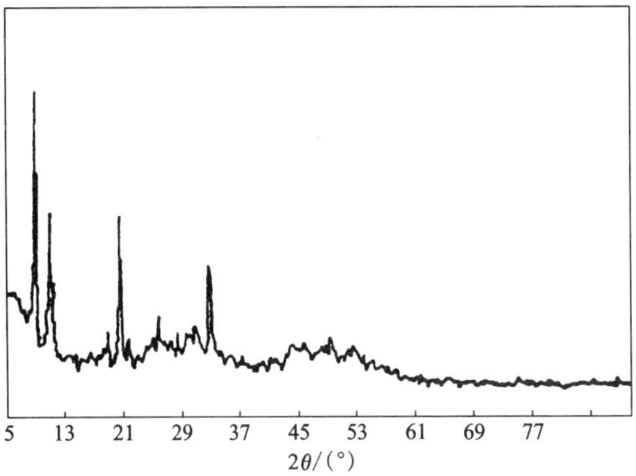

Fig. 2 X-ray powder diffraction pattern of ytterbium carbonate, $Yb_2O_3 \cdot 2.17CO_2 \cdot 6.17H_2O$

Table 1 X-ray diffraction data of ytterbium carbonate, $Yb_2O_3 \cdot 2.17CO_2 \cdot 6.17H_2O$

d/Å	10.4744	8.3970	8.1999	4.7977	4.3964
I/I_0	100	73.8	35.2	22.4	53.2
d/Å	4.1799	3.5095	3.1981	2.7403	
I/I_0	19.8	24.6	22.0	41.6	

The IR spectrum is shown in Fig. 3 and the result is given in Table 2 and the notation of the absorption bands is according to Fujita[15]. Since there are more than six normal vibrational bands for the carbonate group and the non-degenerate γ_2 is split in the IR spectra obtained here, there must be two non-equivalent carbonate groups in the unit cell. But for hydrated ytterbium carbonates synthesized by the hydrolysis of ytterbium trichloroacetates[2-3,5], there is no evidence to show that there are non-equivalent carbonate groups in the unit cell by IR.

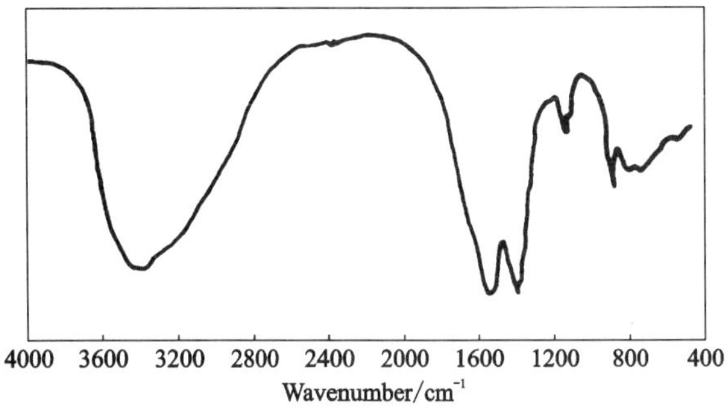

Fig. 3 IR spectrum of ytterbium carbonate, $Yb_2O_3 \cdot 2.17CO_2 \cdot 6.17H_2O$

Table 2 IR spectrum of ytterbium carbonate, $Yb_2O_3 \cdot 2.17CO_2 \cdot 6.17H_2O$ (Fujita Notation)

γ_5/cm^{-1}	γ_1/cm^{-1}	γ_2/cm^{-1}	γ_8/cm^{-1}	γ_3/cm^{-1}	γ_6/cm^{-1}	Additional bands/cm^{-1}
1544	1390	1082	840	753	693	3505(H_2O)
		1059				1622(HOH bending)

The thermogravimetric curve (TG) for ytterbium carbonate is shown in Fig. 4, which corresponds to the results in the literature[3]. The thermal decomposition of ytterbium carbonate consists of dehydration and decarbonation processes. There is no evidence for the formation of any stable intermediate carbonates and the end product is Yb_2O_3.

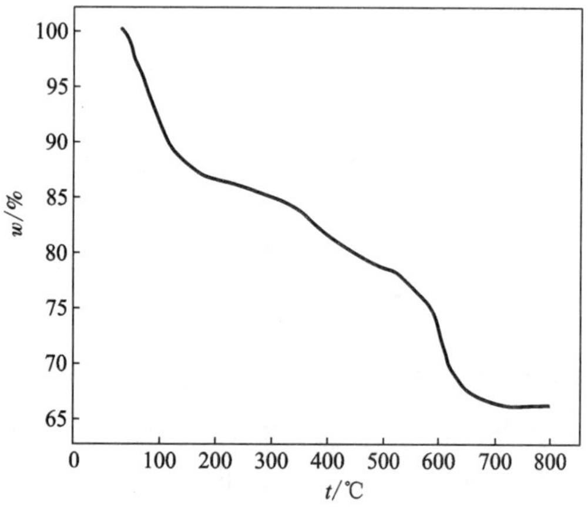

Fig. 4 TG curve of ytterbium carbonate, $Yb_2O_3 \cdot 2.17CO_2 \cdot 6.17H_2O$

3 Conclusion

From the foregoing investigations, it may be seen that crystalline hydrated basic ytterbium carbonate can be synthesized using ammonium bicarbonate as precipitant. Ytterbium carbonate is a hydrated basic carbonate of oxycarbonate. There are two nonequivalent carbonate groups in the unit cell. There is no stable intermediate carbonate in the process of thermal decomposition of ytterbium carbonate. But the crystallinity of the hydrated ytterbium carbonate synthesized is relatively lower because of admixed amorphous particles. It is worthwhile researching ytterbium carbonates. If single crystals can be synthesized, the structure and properties of ytterbium carbonate may be revealed thoroughly. Further investigation is desirable.

References

[1] P E Caro et al. Spectrochim. Acta, Part A, 1972, 28: 1167.
[2] H Wakita et al. Bull. Chem. Soc. Jpn., 1972, 45: 2476.
[3] R G Charles. J. Inorg. Nucl. Chem., 1965, 27: 1498.
[4] D B Shinn et al. Inorg. Chem., 1967, 7: 1340.
[5] K Nagashima et al. Bull. Chem. Soc. Jpn., 1973, 46: 152.
[6] A Sungur et al. J. Less-Common Met., 1983, 93: 419.
[7] J A K Tareen et al. J. Crystal Growth, 1980, 49: 361
[8] R L N Sastry et al. J. Inorg. Nucl. Chem., 1966, 28: 1165.
[9] G Pannetier et al. Bull. Soc. Chim. Fr., 1965, 5: 318.
[10] M L Salutsky et al. J. Am. Chem. Soc., 1950, 72: 3306.
[11] H Wakita. Bull. Chem. Soc. Jpn., 1978, 51: 2879.
[12] H Wakita et al. Bull. Chem. Soc. Jpn., 1979, 52: 428.
[13] L Song et al. J. Crystal Growth, 1996, 169: 190.
[14] L Song et al. Indian J. Chem., Part A, 1966, 35: 992.
[15] J Fujita et al. J. Chem. Phy., 1962, 36: 339.

Precipitation and characterization of cerous carbonate*

Abstract: The precipitation of cerous carbonate was studied using ammonium bicarbonate as precipitant. The good crystalline cerous carbonate was prepared by aging it in a suitable condition. The aging kinetics was investigated using the SEM method. The size and morphology of cerous carbonate were found to depend on the stirring time and the concentration ratio of cerous chloride to ammonium bicarbonate. The results of the chemical analyses suggest that cerous carbonate is synthesized as the normal carbonate. The X-ray power diffraction data indicate that the structure is closely related to those of lanthanite-type rare-earth carbonates. The IR data for cerous carbonate show the presence of two different carbonate groups. The thermal decomposition of cerous carbonate contains the processes of dehydration, decarbonation and oxidation of Ce^{3+} to Ce^{4+}.

Introduction

Carbonates of rare earth of various compositions have been reported as a result of numerous synthesis and thermal analyses[1-13]. Many of the results reported and the accompanying discussion, such as composition and properties of rare-earth carbonates, are however contradictory. The inconsistencies are partly due to preparatory difficulties and to a lack of structural data.

Charles et al[1] prepared $Ce(CO_3)_{1.04}(OH)_{0.92}$ $0.7H_2O$ by the hydrolysis of cerous trichloroacetates; Caro et al[2] obtained $Ce_2(CO_3)_3 \cdot 8H_2O$ by vigorously stirring a water suspension of cerous oxide powers under a CO_2 atmosphere; Nagashima et al[3] synthesized crystalline cerous carbonate precipitates by heating the solutions containing cerous carbonates for one week; Matijcvic ct al[4] prcparcd $Cc_2O(CO_3)_2 \cdot H_2O$ by aging a solution of cerous nitrate in the presence of urea at elevated temperatures.

The most convenient method for the preparation of rare-earth carbonates is the precipitation by alkali carbonates or bicarbonates from solutions containing the metal salt. The authors have found that ammonium bicarbonate is a good precipitant. In our earlier papers, we have studied the synthesis and structure of hydrated europium, terbium, ytterbium, lutetium and neodymium carbonates[14-18]. In this paper, we are investigating the precipitation of cerous carbonate from aqueous solution using ammonium bicarbonate as precipitant. In addition, the product synthesized is characterized by X-ray powder diffraction and IR methods.

1 Experimental procedure

Cerous chloride (1.0 mol/L) and ammonium bicarbonate (1.0 mol/L) solutions were prepared from cerous chloride and ammonium bicarbonate in glass-distilled water. These solutions were checked for Ce^{3+} and HCO_3^- content by EDTA and HCl titration. Dilute solutions were prepared as required and filtered through sintered glass before use. The purity of the materials is 99.9%. The experimental temperature was kept at (15 ± 0.2)℃ by a thermostat.

The precipitation of cerous carbonates was achieved by the addition of 50 mL aqueous ammonium bicarbonate to equal volumes of cerous chloride solution contained in a glass beaker (200 mL) in 2 s. The precipitation was carried out under two sets of conditions: (a) no stirring was applied; (b) the initial mixing process was followed by mechanical agitation with a flat-bladed stirrer (two 15 mm) long flat perpendicular blades rotating at 650 r/min).

The morphology and grain size of the precipitates was assessed from micrographs taken with a JSM-35 scanning electron microscope. At given time periods, a drop of the suspension of cerous carbonate was placed on an electron microscope grid, and the excess mother liquid was immediately sucked off with a piece of filter paper, then the grid was put into a vacuum oven for 1 h at 40℃ and subject to SEM analysis. Moreover, a light microscope was also employed to examine the morphology of the precipitates.

Cerous carbonate was analyzed by combustion

* 该文首次发表于《J. Crystal Growth》, 1999, 206, 88~92。合作者: 柳松, 蒋蓉英等。

analysis (CO_2 and H_2O) and also by ignition of cerous carbonate in air to CeO_2. The X-ray powder diffraction pattern was obtained using a Rigaku RAX – 10 X-ray diffractometer with Cu Kα radiation with a scan rate of 4℃/min. The IR absorption spectrum was recorded using a FTIR – 740IR Spectrophotometer and using a FTIR – 740IR Spectrophotometer and using KBr disc. The thermal decomposition process of cerous carbonate was investigated with a Dupont 9900 thermol analyzer using 10 mg samples in shallow platinum crucibles which were heated in air at a heating rate of 10℃/min. The conductivity of solution was examined with DDS – 11A conductivity meter.

2 Results and discussion

2.1 Precipitation of cerous carbonate

In general, colloidal precipitates appeared and gas bubbles formed immediately after mixing the reagents. The precipitates seemed to be amorphous and settled down after a few minutes. After standing in contact with the mother liquid, the precipitates changed into shining crystalline scales gradually with the increase of aging time. From the moment of 3 s after having mixed the reagents, the conductivity of the reacting mixture remained constant, which indicates that the composition of the mixture is invariable. From the above experimental phenomena, it can be concluded that the change from the initial colloidal precipitates into crystalline precipitates resulted from the aging of the cerous carbonate particles.

The micrographs of the cerous carbonate particles were taken at different times of aging obtained by the addition of 50 mL of 0. 024 mol/L aqueous ammonium bicarbonate to 50 mL portion of 0. 008 mol/L cerous chloride solution without stirring the solution. Prior to aging (the sample was withdrawn 3 s after the moment of mixing), the cerous carbonate particles are very small with an average grain size of 0. 1 μm. After 1 h, some star-like, platelike and spherical-like particles are present. As aging time is increased further, the number of smaller particles is reduced and the size of the particles appeared to increase. Finally, after 10 h, only larger plate-like particles are found. After over 10 h (up to 1 month), the morphology of the particles is unchanged in the main. A plot of average grain size of cerous carbonate particles versus aging time is shown in Fig. 1.

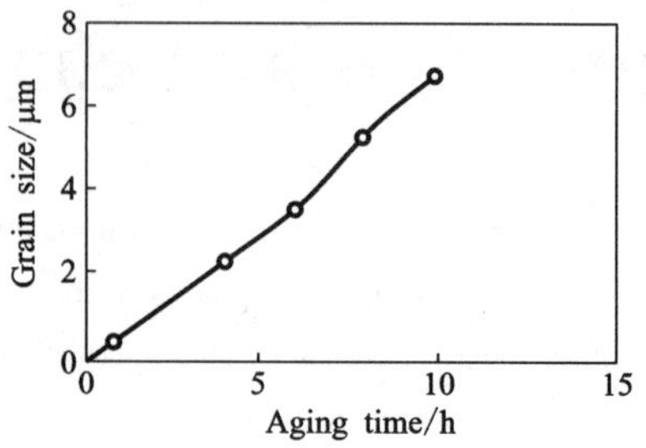

Fig. 1 Average grain size of cerous carbonate particles as a function of aging times

The concentration of $CeCl_3$: 0. 008 mol/L; the concentration of NH_4HCO_3: 0. 024 mol/L; no stirring

From the foregoing investigations, it may be seen that within a certain aging time period, the cerous carbonate precipitates undergo the expected transformation that the initial amorphous precipitates into good crystalline particles. Therefore, in this paper, the time that elapses between the creation of the amorphous precipitates and the achievement of good crystalline precipitates will be called the "amorphous-crystalline transient period" t_t. The further aging of the good crystalline precipitates after t_t hardly affect its morphology. For example, t_t equals to 10 h for the above-mentioned investigated system.

In order to gain some insight into the precipitation of cerous carbonate from aqueous solution, we have examined the effect of stirring time, the concentration ratio of ammonium bicarbonate to cerous ion (abbreviated as R) and the concentration of cerous chloride.

With the increase of stirring time, t_t shortens and the size of the precipitation particles is reduced. When the stirring time is 3 min and 30 min, t_t is 5 h and 1 h and the average grain size is 4. 5 μm and 2. 7 μm, respectively. The addition of an excessive amount of ammonium bicarbonate has a great effect on the precipitation. When R is 3. 25(stirring 30 min), t_t is 10 h and the particles are slightly smaller, i. e., 2. 6 μm. When R is 3. 5 (stirring 30 min), the precipitates are in an amorphous state even after standing in the mother liquid for three days. Variations of the concentration between 0. 001 mol/L and 0. 004 mol/L affect the precipitation to a slight degree.

2.2 Characterization of cerous carbonate

The good crystalline cerous carbonate can be synthesized using ammonium bicarbonate as precipitant from the forgoing investigation. The product is prepared by adding a solution of 0.024 mol/L ammonium bicarbonate to an equal volume of 0.008 mol/L cerous chloride solution and aging for 10 h without stirring the solution, it was filtered off, washed with water repeatedly, air-dried and subjected to analysis.

The results of the chemical analyses of cerous carbonate are:

$$n(Ce_2O_3):n(CO_2):n(H_2O) = 1.00:2.94:7.84$$

This suggests that the cerous carbonate synthesized is hydrated normal carbonate.

The X-ray powder diffraction data of cerous carbonate are similar to those of lanthanite-type rare earth carbonate[5-7, 18].

Herberg[19] gave the frequencies for the four modes of the free carbonate ion: 1063 cm^{-1}, 879 cm^{-1}, 1415 cm^{-1}, 680 cm^{-1}, when the first two modes are nondegenerated. The splitting of the nondegenerated bands is generally an indication of nonequivalent carbonate groups in a given structure[20].

The IR spectrum of cerous carbonate is shown in Fig. 2 and the peak positions are given in Table 1. The notation of absorption bands is according to Fujita[21]. Since there are more than six normal vibrational bands for carbonate group and nondegenerated γ_8 are clearly split in the IR spectra obtained here, there must be two nonequivalent carbonate groups (bidentate and unidentate carbonates) in the unit cell.

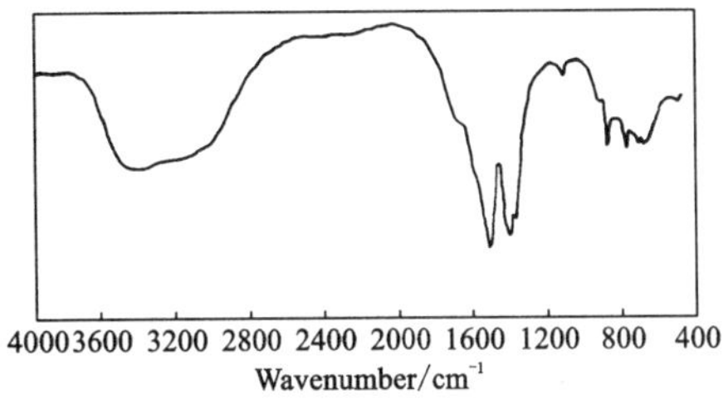

Fig. 2　IR spectrum of cerous carbonate

The thermogravimetric curve (TG) for cereous carbonate is shown in Fig. 3. Initially there is a loss of water, which corresponds to the formation of the anhydrous carbonate. Continuous raising of the temperature leads to the loss of the CO_2 molecules and the oxidation of Ce^{3+} to Ce^{4+}. The end product is CeO_2.

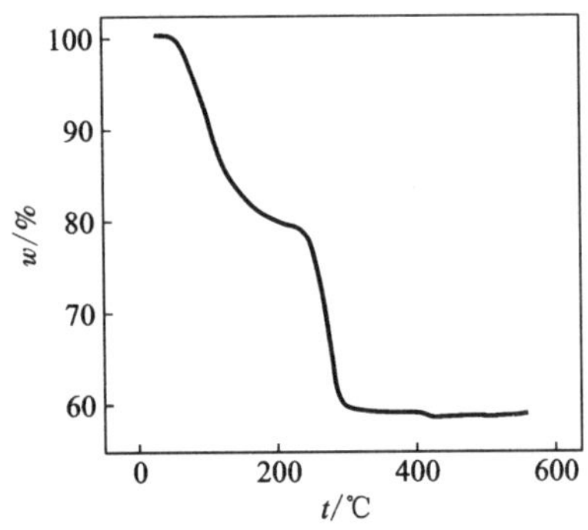

Fig. 3　TG curve of cerous carbonate

Table 1　IR spectrum for cerous carbonate (Fujita notation)

γ_5/cm^{-1}	γ_1/cm^{-1}	γ_2/cm^{-1}	γ_8/cm^{-1}	γ_3/cm^{-1}	γ_6/cm^{-1}	Additional bands/cm^{-1}
1476	1375	1078	878	749	679	3000 ~ 3500 (H_2O) 1622 (HOH bending) 460 (Ce – O stretching)
	1339		848		654	

Acknowledgements

The authors acknowledge the financial support from Guangdong Provincial Natural Science Foundation of China.

References

[1] R G Charles. J. Inorg. Nucl. Chem., 1965, 27: 1498.
[2] P E Caro et al. Spectrochim. Acta A, 1972, 28: 1167.
[3] K Nagashima et al. Bull. Chem. Soc. Japan, 1973, 46: 152.
[4] E Matijevic, W P Hsu. J. Colloid Interface Sci, 1987, 118: 506.
[5] D B Shinn, H A Eick. Inorg. Chem., 1967, 7: 1340.
[6] G Pannetier, J Nataf, A Deireigne. Bull. Soc. Chem., 1965, 5: 318.
[7] H Wakita. Bull. Chem. Soc. Japan, 51(1978)2879.
[8] R L N Sastry, S R Yoganarisimhan, P N Mehrota et al. J. Inorg. Nucl. Chem., 1966, 28: 1165.
[9] H Wakita, S Kinoshita. Bull. Chem. Soc. Japan, 1979, 52: 428.
[10] J A K Tareen, T R N Kutty, K V Krishnamurty. J. Crystal Growth, 1980, 4: 761.
[11] H Wakita, K Nagashima. Bull. Chem. Soc. Japan, 1972, 45: 2476.

Studies on mathematical model for in situ leaching of ionic type rare earth ore *

Abstract: In situ leaching is a novel mining and metallurgical technology used in extraction of uranium, copper, ionic rare earth and other ores. In leaching process, determination of waterhead is important for intensifying leaching, avoiding pollution, etc. In this paper, a mathematical model for calculating waterhead was established based on principle of hydrology and characteristics of ionic rare earth leaching. Good agreement between calculated results and experimental results in a rare earth mine in Jiangxi province indicates that the model is effective and helpful for design and production of in situ leaching of ionic rare earth.

Introduction

In situ leaching is a new mining and metallurgical technology widely used in extraction of uranium and copper, and Chinese scientists also applied it in mining of unique ionic type rare earth ore[1-6]. Compared with traditional mining and metallurgical method, in situ leaching has many advantages such as simple operations, low labor intensity, little harm to environment, etc. However, its complex leaching process and mechanism made it necessary to use mathematical model to help better understand its mechanism and optimize the technology, and much work has been done in this aspect[2-3, 5, 8-9].

Ionic rare earth ore found in south China at the end of 1960s was a precious mineral with high economic value. The ionic ore contained all the rare earth elements and was especially rich in medium and heavy element, and enjoyed many advantages such as uniform mineralization, low radioactivity, etc., therefore it was regarded as the best rare earth ore in the world.

The rare earth ore was exposed and was in form of slack sand or powder, and the metals were absorbed on ore surface as ions and can be exchanged with acid, basic, salt or other electrolyte. All these made mining, ore dressing and metallurgy of the precious ore quite simple, and its production developed quite quickly[5, 7].

The prevalent extraction technology was pool leaching, which included stripping and leaching ores afterwards and could not fully recover rare earth. It was estimated that total utilization rate of rare earth was only 10% - 20%. Furthermore, ecological environment was seriously damaged: 2000 - 3000 of crude ore had to be stripped for production of one ton of rare earth oxide (REO) and vegetation was destroyed. To solve the problem, a new technology of in situ leaching was tried and succeeded, which enjoyed advantages of simple procedures, low labor intensity, high product quality, minimal harm to environment, etc., and was worth populating[3].

During in situ leaching process, an important question is to know the waterhead change in leaching process, so as to determine leaching range, optimize design to intensify leaching, minimize loss of leaching solution to increase recovery rate and avoid affection to environment[3]. In this paper, a mathematical model for calculating change of waterhead in leaching of rare earth was established based on principle of hydrology. The calculated results were found to be in good agreement with experimental results in an ionic rare earth mine in Jiangxi province, which showed that the model was helpful for design and production of in situ ionic rare earth leaching.

1 Establishment of mathematical model

The chemistry of leaching of ionic rare earth ore was basically simple: leaching solution was injected into orebed and contacted with absorbed ionic rare earth. Since cation in solution was more active, the rare earth ions were exchanged and entered solution. The process

* 马荣骏首次交流于 ICHM'98，并收入该会议的论文集，《Proc-of ICHM'98》，1998，No. 3 ~5，37 ~41 页。合作者：李扬、李先柏。

could be depicted as follows:

$$2(\text{Kaolin})^{3-}\cdot RE^{3+}+3(NH_4)_2^{+}(SO_4)^{2-}\longrightarrow$$

$$2(\text{Kaolin})^{3-}\cdot(NH_4)_3^{+}+RE_2^{3+}(SO_4)_3^{2-}$$

However, the movement of solution was much more complicated. The leaching solution was injected into orebed and moved in unsaturated rock to form vadose field around incomplete wells, which changed from unsaturated and unsteady state to saturated and steady state. In the initial stage of solution injection, solution permeated in all directions under action of negative capillary pressure, and coefficient of permeation was not a constant but a function of water content, but solution flow still conformed to Darcy Law. The permeation zone was divided into three parts: (1) saturated zone at the core, where solution flowed under action of gravity; (2) permeation zone next to zone (1), where solution extended from orebed of high humidity to that of low humidity in the form of water film; and (3) wet zone at the periphery. With increase of volume of injected solution, the boundaries of each zone enlarged. When leaching solution arrived at the water resisting layer at the bottom of orebed, no downward permeation was allowed, therefore lateral permeation increased to form characteristic permeating cylinder in shape of lateral funnel, and extended outward. The speed of extension decreased gradually to zero with time to reach steady state. Affected by inclined floor, the permeating cylinder was unsymmetric funnel[3].

Considering the characteristics of in situ leaching of ionic rare earth ore, mathematical model for determining waterhead in leaching area in production was established based on the following hypotheses and disposals:[3, 10-12]

(1) Hypotheses of steady flow

The currently prevalent method for solution of groundwater flow is unsteady flow theory, which considers the change of waterhead with time and is quite complex. In leaching of rare earth, however, balance in volume of injected and collected solution and long production cycle made it unnecessary to consider the fluctuation of waterhead in calculation, and steady flow hypotheses, which was much simpler, was employed.

(2) Introduction of imaginary well

Different from leaching of uranium, in extraction of ionic rare earth, incomplete vertical wells and horizontal pipes were respectively used for injecting and collecting solutions, which made it difficult to directly apply formulas for flow of groundwater toward incomplete wells. Based on principle of equivalence, horizontal pipes were equivalent to imaginary complete vertical wells for solution collecting in the model to simplify calculation.

(3) Calculation of influential radius and change of waterhead

The steady flow formulas should be used in situations of horizontal roof and floor, however the leaching area was rolling country, where slope of 20° - 30° was formed between roof or floor and horizontal plane, and it was improper to use them directly. In the model, formula for calculation of influential radius for pumping wells in inclined floor reasoned by Chen Yusun was adopted and modified, an eccentric factor was also introduced to calculate waterhead change to reflect unsymmetrical funnel resulted from inclined floor:

Ⅰ. Formula of calculation of influential radius

In leaching of ionic rare earth, the slope of inclined plane is so high (15° - 30°) that the solution flow should be treated as three dimensional instead of two dimensional in approximation. Based on principle of discharge balance and Darcy Law, the flow of leaching solution can be depicted by equation (1):

$$\frac{\partial^2 S}{\partial X^2}+\frac{\partial^2 S}{\partial Y^2}-\frac{1}{h}\frac{\partial S}{\partial Y}-\beta S=\frac{1}{\alpha}\frac{\partial S}{\partial t} \tag{1}$$

where X, Y are rectangular coordinates, S is change of waterhead, and h is average of waterhead. α, β are two complex functions depending on dip angle of floor, coefficient of permeability of K, h, etc. And influential radius R equals to $8.3/\gamma$, where γ is an alimentation factor depending on dip angle of floor and h.

In expression of R, effect of inclined floor was considered by introducing dip angle of floor, however, some important parameters such as K was not included, which obviously would affect influential radius greatly. Therefore, based on characteristics of orebed of ionic rare earth, the formula was modified and expressed as follows:

$$R=8.3/\gamma\cdot K\cdot\varepsilon\cdot C\cdot P \tag{2}$$

$$P=e^{-\gamma\cdot(X-X_0)} \tag{3}$$

where ε is porosity, and C is a constant. P is eccentric factor and X, X_0 are coordinates of observing point and well in X direction, respectively.

Ⅱ. Calculation of change of waterhead

Based on characteristics of flow of groundwater to

incomplete wells, solution flow was divided into planar radial movement zone and spatial movement zone, and solved respectively. In both zones, waterhead change was supposed to vary linearly. In addition, an eccentric factor was again introduced to reflect the unsymmetry of funnel of waterhead change, and the final form is expressed as :

$$S_w = S'_w \cdot e^{-\gamma \cdot (X - X_0)} \qquad (4)$$

where S'_w is change of waterhead calculated by applying formula of flow of ground water to incomplete wells.

Furthermore, in leaching of ionic rare earth ore, the irregular shape of leaching area and heterogeneity of orebeds made it necessary to apply finite element method in the model.

2 Results and discussion

In situ leaching was done in an ionic rare earth ore in Jiangxi province, and calculated and experimental results of waterhead in leaching area were shown in Table 1.

Table 1 Calculated and experimental results/m

No.	Coordinate		Waterhead	
	X	Y	Cal.	Exp.
1	5.20	7.76	6.95	6.54
2	15.70	7.23	9.73	7.50
3	13.56	10.78	10.29	9.58
4	22.78	11.45	10.33	11.12
5	25.46	9.64	10.93	10.34
6	32.24	10.79	10.42	9.47
7	8.69	15.56	7.83	7.24
8	16.20	18.21	9.54	11.70
9	25.13	18.33	11.30	9.76
10	31.97	17.57	11.91	11.42
11	15.67	23.15	9.14	9.08
12	23.57	24.69	11.49	14.23
13	28.84	22.09	11.94	11.14
14	32.19	23.87	10.76	9.37
15	17.92	28.22	9.93	10.94
16	23.12	27.97	11.34	13.06
17	20.78	34.11	11.06	12.32
18	28.56	36.85	12.93	15.06

In Table 1, it can be seen that calculated and experimental results are generally in good agreement. Directly affected by precipitation, evaporation, water absorption by plants and other effects, waterhead in leaching process is not a definite value but varies in a certain range, and the experimental results are just the average of varying values. Therefore, the approaching of the results indicated that the model can well depict the change of waterhead in leaching process.

Fig. 1 depicted calculated waterhead in leaching field, with the coordinate X, Y and the waterhead Z, and Fig. 2 approaching of the results indicated that the model can well depict the change of waterhead in leaching process.

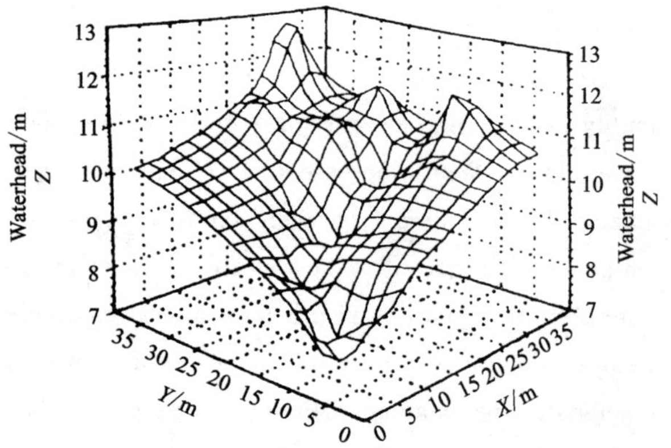

Fig. 1 Waterhead in leaching area

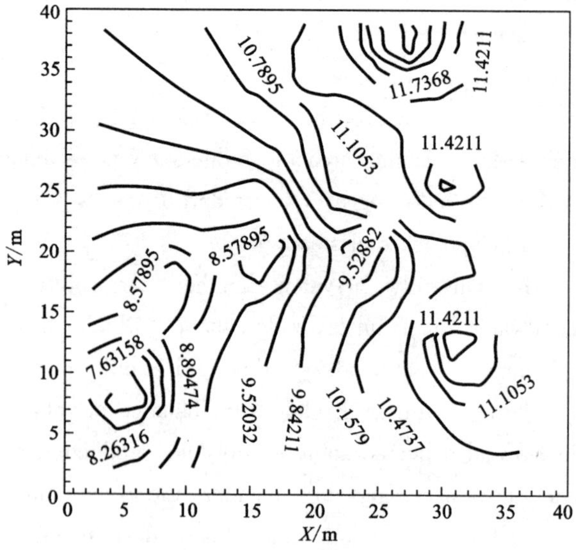

Fig. 2 Contour of waterhead

Fig. 1 depicted calculated waterhead in leaching field, with the coordinate X, Y and the waterhead Z, and

Fig. 2 is corresponding contour of waterhead. From the two figures, it is clear that affected by inclined floor, waterhead decreased along slope to form characteristic unsymmetrical lateral funnel in mining of rare earth, which is quite different from symmetric one obtained in horizontal floor.

Figures of waterhead and corresponding contour based on observed data are not available since the number of the data is too small, but good agreement of calculated results with observed one indicated that the figures would be similar. This also shows a prominent advantage of mathematical model: after verification of its effectiveness, waterhead at any point of leaching area can be easily calculated, and no drilling of many observing wells is necessary.

In future improvement of the model, the following aspects should be paid attention to: (1) In treatment of injection wells, it is better to introduce weighted factor to show different affections of collection pipe on different points in leaching area; (2) Due to the difficulty of correctly measuring and determining representative values of K, it is better to introduce some variable parameters in calculation of influential formula to reflect the change of K in orebed during leaching process.

Summary

A mathematical model was developed for determining waterhead change in situ leaching of rare earth. Steady flow hypothesis, imaginary wells, eccentric factor and other hypotheses and disposals were employed considering the characteristics of orebed and leaching production, and good agreement between calculated results and experimental results in an ionic mine in Jiangxi Province indicated that the model was effective and useful for in situ leaching of rare earth.

References

[1] Zhou Peilin, Wang Huiying. Solution Mining. Changsha: Central South University of Technology Press, 1990. (in Chinese)

[2] Ma Rongjun. New Technology of Copper Hydrometallurgy, Hunan Science Press, 1985. (in Chinese)

[3] Li Yang. MS Dissertation. Changsha Research Institute of Mining and Metallurgy, 1997. (in Chinese)

[4] Wu Lingyi. Uranium Mining, 1982 (3): 13 - 19. (in Chinese)

[5] Yang Ronggen. Design and Research of Non-ferrous Metallurgy, 1988(2): 27 - 32. (in Chinese)

[6] Yu Qinghua, Qiu Dianyun, Ma Rongjun, Zhou Zhonghua. Mining and Metallurgical Engineering, 1990, 10(1): 13 - 15. (in Chinese)

[7] Jue Weiming. Uranium Mining, 1992 (3): 68 - 73. (in Chinese)

[8] R H Jacobson, J Waskofski, Wang Xiwen, Wang Haifeng. Uranium Mining, 1991, 10(1): 26 - 32. (in Chinese)

[9] Paul M Bommer. Robert S Schetcher. Society of Petroleum Engineering Journal, 1979(12): 393 - 400.

[10] Xue Yuqun, Zhu Xueyu. Hydrology of Groundwater, Geology Press, 1979. (in Chinese)

[11] Chen Yusun. Groundwater Movement and Resource Evaluation. Beijing: Chinese Construction Industry Press, 1986. (in Chinese)

[12] Li Qingyang, Wang Nengchao, Yi Dayi. Numerical Analysis. Beijing: Central South University of Technology Press, 1986. (in Chinese)

Research progress of in situ leaching and its mathematical model *

Abstract: In situ leaching is a novel interdisciplinary technology for extraction of minerals. This paper gave a detailed review of research progress on in situ leaching of rare earth, uranium, copper and its mathematical model, and put forward some suggestions for its development.

Introduction

In situ leach mining is a method known by people for a long time, however, it was not until the recent twenty years that it was widely used in industry[1-4]. Nowadays, in situ leaching has developed into a novel interdisciplinary technology combining the knowledge of mining, ore dressing and metallurgy, and is widely used in mining of uranium and copper ores. Scientific workers in China have also applied it to extract the unique ionic rare earth ore for the first time. Today, scientists worldwide are actively doing research on in situ leaching and try to apply it in mining of gold, manganese, molybdenum, phosphatic rock and other ores[3-7].

In situ leaching is a quite complicated process affected by many physical and chemical factors, and mathematical model is a useful tool for forecasting complex situations in leaching, which can imitate the process in which leaching solution flowed and leached metal values underground, thus be helpful for understanding the mechanism of in situ leaching, optimizing the technology, controlling leaching range, intensifying leaching process, increasing recovery rate and avoiding environmental pollution. A lot of work has been done on mathematical model for in situ leaching[1-3, 5, 7-9].

1 In situ leaching of ionic rare earth ore

The ionic rare earth ore in south China contains 0.1% -0.3% of uniformly mineralized rare earth oxide (REO), with 60% - 95% in ionic phase, which includes all the rare earth elements and is especially rich in medium and heavy ones, and has low radioactivity. Therefore, it is regarded as the best rare earth ore in the world[10-12].

Ionic rare earth ore is exposed, slack powder or sand, and rare earth are absorbed on surface of ores in ion state and can be directly exchanged with acid, base, salt or other electrolytic solutions. Consequently, the mining, beneficiation and metallurgy of ores are quite simple and production of rare earth developed quickly. However, the current extraction technology of pool leaching, which includes digging ores, then leaching the ores in pool, can not fully recover ionic rare earth, and does great harm to environment. To solve the problem, in situ leaching technology was tried.

In 1991, Ganzhou Metallurgy Institute, Changsha Research Institute of Mining and Metallurgy and Changsha Mine Research institute together undertook a national key research program titled "Research on technology of in situ leaching of ionic rare earth ore", and made great success. In 1994, an industrial test of in situ leaching was carried out in an ionic rare earth mine in Longnan of Jiangxi Province and results showed that cost per ton product of the new technology decreased by 6000 yuan compared with that of traditional pool leaching, and recovery rate was 76%. In 1995, another industrial test was done in Xunwu of Jiangxi Province, in which recovery rate of leaching solution and rare earth reached 81.5% and 71.33%, respectively. In January 1996, the project passed expert appraisal, and the technology was regarded as mature, reliable, operable,

* 马荣骏首次交流于ICHM'98，并收入该会议的论文集，《Proc. of TCHM'98》，1998，No.3~5，213~216页。合作者：李扬、李先柏、马伟。

and leading in the world.

These tests show that in situ leaching technology enjoys many advantages, such as high efficiency, low labor intensity, low production cost (decreased by 2000 – 4000 yuan per ton of REO), high quality (product grade is 3% – 5% higher that of traditional technology), high recovery rate of rare earth (surpassing 75%) and high resource utilization ratio (three times higher than that of traditional method). Furthermore, content of rare earth in pregnant solution averaged 2.5 g/L, which was twice of that in pool leaching and was beneficial to the following precipitation stage. As to affection on environment, the new technology would not seriously damage environment since it is unnecessary to strip surface soil, dig and move ore, and it is estimated that using the technology can avoid destruction of vegetation of 150 m^2 and save room of more than 150 m^2 for depositing tailings producing one ton of REO, and it is unnecessary to restore ecology. All these have clearly shown that the new technology is quite worth populating[10-12].

2 In situ leaching of uranium and copper ore

The research on in situ leaching of uranium and copper began in 1960s[2,6,7-9], and in 1970s. it had been applied in industrial production of uranium. Till 1980, 10% of uranium in America was produced by in situ leaching. However, at that time the new technology was still premature, and many important questions have to be resolved, such as control of ground fluid, selection of leaching agent, selective oxidation and leaching, disposal of coprecipitation in later stage of leaching and restoration of leaching area[6-8].

Entering 1990s, the technology has matured, and been widely used in extraction of uranium. Today average uranium recovery rate by in situ leaching is so high that 65% – 75% of estimated reserve of uranium can be recovered using suitably designed leaching wells, and leached area has also been successfully restored.

In America, in situ leaching has become a major technology applied in uranium production due to its prominent advantage. In 1994, about 1588 of uranium was produced in America, of which 1089 was obtained by in situ leaching, and the other 454 the byproduct of phosphate industry, and none by traditional method.

In former soviet union, the technology also developed very quickly. In 1990, 35% of uranium was produced by in situ leaching. In former soviet, the technology was mainly used in mining of ore bed of low grade (0.03% – 0.05%), complex geological, hydrological and mining conditions with depth of 40 – 600 m. Acidic or basic leaching was applied under different geological conditions. The typical technical parameters are as follows: in acidic leaching, recovery rate of uranium was 70% – 75%, sometimes 80% – 85%; the consumption of acid per ton ore was 5 – 15 kg; in basic leaching, recovery rate was 60% – 70%, and the consumption of leaching agent and oxidant per ton of ore was 0.3 – 3 kg and 0.5 – 1 kg, respectively. The recovery rate of in situ leaching was 15% – 20% lower than that of hydrometallurgy, but considering loss in traditional recovery method and reclaim of uranium from waste ores by in situ leaching, its total recovery rate was near even higher than that of traditional mining and hydrometallurgy[13].

In China, research on in situ leaching began in early 1970s[1,9]. Testing of drilling and in situ leaching was done in 1971, and in 1979. Another test was done in NO.501 mine. No.6 research institute of nuclear industry ministry carried out several tests of in situ leaching of uranium, and succeeded in No.381 mine in 1985, which was the first successful example of extracting uranium by in situ leaching in China. In the test, sulfuric acid was used as leaching agent and peroxide of hydrogen and ferric the oxidant; content of uranium in pregnant solution reached 50 – 150 mg/L, and recovery rate of hydrometallurgy and that of uranium surpassed 96% and 61.2%, respectively; furthermore, radioactive waste produced was only 1 – 2 kg/kg uranium, far less than that in traditional production (1000 kg/kg uranium).

In June of 1992. In situ leaching project "512" passed appraisal and all targets were attained: uranium content in pregnant solution was kept at 30 – 40 mg/L. And product quality was up to the first grade. The success of the project indicates that the technology of in situ leaching of uranium has entered into stage of industrial application in China. In addition, Chinese scientists helped to apply the technology in Pakistan, and good results were achieved[9,14].

In situ leaching of copper was reported in America, former Soviet Union, Canada and Japan. In mines in former Soviet Union and Zambia, in situ leaching of copper was successfully done. In 1986, in situ leaching of copper was initiated in San Manual Mine of America, then economically developed in 1989, and production cost of electrodeposed copper by in situ leaching was only 0.77 dollars/kg in 1994. The current development in in situ leaching of copper is to introduce bacterial metallurgy technology. Under the action of bacterial, even chalcopyrite can be effectively leached. In China tests of in situ leaching of copper began in 1960s, and in 1990s, it has been paid more attention to: Changsha mines research institute did experiments of in situ leaching in Dongxiang copper mine, and passed ministerial appraisal in 1996[3, 15].

3 Mathematical model of in situ leaching

In comparison with traditional method, in situ leaching enjoys a prominent advantage of simple procedures: by injecting leaching solution into inflow wells (or spraying solution), and withdrawing solution from production wells (or collecting solution by other methods) pregnant solution containing solved metals is obtained, and further processing of the pregnant solution can give metallurgical or chemical products. However, the leaching process and mechanism are far more complex, which is concerned with different disciplines of hydrogeology, geochemistry, chemical thermodynamics, chemical dynamics, etc. To fully study and optimize the technology, it is necessary to combine experimental analog and mathematical model of leaching process and unify their results. Therefore, scientific workers of in situ leaching worldwide have done a great deal of work in mathematical model of in situ leaching.[5, 9, 12, 16-18]

The mathematical models of in situ leaching can be mainly divided into two types: (1) solution flow model considering underground flow of leaching solution and (2) solution leaching model considering chemical reactions of leaching solution with ores.

(1) Solution flow model[5, 9, 12, 16-21]

This type of model is based on the principle of hydrology, and depicts the underground flow of leaching solution, therefore can provide important references for optimal well design (selection of well distances, layout of wells, etc.), control of direction and velocity of solution, intensification of leaching and minimization of loss of leaching solution so as to protect environment, increase recovery rate of metals, and reduce cost of production.

The theoretical basis of this type of models are: (1) Mass conservation law; (2) Darcy law by French hydrologist Darcy, and the models are mainly solved by the following three methods: analytic method, simulation method and numerical method.

Analytic method is a traditional way of studying groundwater flow. In 1856, Darcy law was advanced and on its basis, steady flow formula of single well-Dupuit formula was established and used for nearly a century. In 1935, This reasoned a formula for calculation of unsteady flow and opened a new era in hydrogeological calculation. From 1935 to 1950, the method experienced great development, but when applied in system of large scale aquifer, it showed obvious limitation: based on the hypotheses of heterogeneous and regular aquifer, the method can be applied only in isotropic, homogeneous aquifer of simple geometric shape, and is unable to deal with complex hydrogeological conditions in practical production. Therefore, analytical method is now applied only to testify accuracy and effectiveness of numerical method or provide initial value for it, and seldom used to solve practical problem.

To overcome its limitation, resistance network analogue method was introduced based on similarity between Darcy law and Ohm law and the principle of discretability of continuous medium. Resistance network model simulating steady flow was brought forth in late 1940s, and resistance-capacitance network simulating unsteady flow was developed in the 1950s. By early 1960s, electrical analog model had become a useful tool of solving problems of large range aquifer. In the middle of 1960s, mixed model was put forward, which was composed of a digital computer and an electrical resistance model. At that time, electrical analog method was prevalent in study of groundwater, which overcame many inherent limitations of analytic method and could deal with complicated practical situations, furthermore, the preparatory work for solution was relatively simple and the process could be directly and visually displayed.

However, the solution is not general and can hardly be used in problems concerning phreatic water, and has gradually been replaced with numerical method.

The development of computer technology made it possible to apply a better solution of numerical method. In 1965, Stallmann first introduced numerical method developed in analog of oil field into calculation of ground water, which was further divided into three types: (1) finite-difference method; (2) finite element method; (3) boundary element method. Finite-difference method was the first applied mathematical method. In early 1960s, it was used in calculation of ground water. At first, orthogonal lattice and relaxation method was mostly used. In 1968, alternate implicit difference method was introduced, and in the same year, Stone and others put forward strong implicit method. The finite element method was first advanced by Chinese mathematician Feng Kang and others in 1965, and in 1966 Zienkiewicz applied it in calculation of two-dimensional steady flow; in 1968 Javende and others further used it to solve unsteady flow, and in 1976 Gupin and Tanji applied three-dimensional isoparametric element method to simulate groundwater flow. Boundary element method was developed in the middle of 1970s, and is still in improvement. Xie Chunhong of Nanjing university in China and others have done deep research on its application in solving goundwater flow. Numerical method can solve complex problems of groundwater flow under different conditions (including phreatic water), and has a good adaptability. With the help of computer, its solution is speedy, highly accurate and precise. In addition, the model is programmable and can be easily revised to deal with different problems. In fact, the populance of computer has quickly made it a major method for solution of groundwater.

The solution flow model is only concerned with hydrological aspect of leaching, and failed to consider the effect of chemical reactions in leaching process on flow of solution. Therefore, it is necessary to complement chemical parameters to apply the model in practical production.

(2) Solution leaching model[5, 12, 16-18]

This kind of model considers the process of in situ leaching from the aspect of dynamics of chemical reaction, and the mathematical simulation is done by solving a group of equations depicting chemical reactions of balanced system. The model can also be divided into unstable state model, reaction zone (stable state model, etc.), which mainly aims at forecasting leaching results with acceptable accuracy, such as the amount of recovered metal (metal recovery rate), etc. and deeply understands important phenomena affecting in situ leaching. Since it can study the effect of different factors on leaching by numerical simulation, the results are better than that of experiment simulation in which only one operational condition can be changed.

The theoretical basis of the model is composition balance equation considering chemical reactions and diffusion, and it is usually solved by explicit or implicit difference method.

In order to forecast experimental results or real situations with suitable accuracy, this type of model used some variable parameters which can hardly be determined except by experiment, furthermore, difficulty of obtaining repeatable results in lab due to complexity of in situ leaching process, and high cost of large scale controlled experiments made experimentally examined models quite rare. Therefore, it is difficult to use the model to extrapolate, scale up or forecast different real situations quantitatively, or directly apply it in production. However, good results can be obtained for verifying many important phenomena in in situ leaching using it.

4 Conclusions and suggestions

Undoubtedly, in situ leaching is an effective interdisciplinary technology concerned with metallurgy, mining and ore dressing, and should be carefully studied. Apart from research on its application in mining of uranium and copper ore, effective measures should be taken to widely apply the technology to extract ionic rare earth ore in China.

In the application of in situ leaching, work in following aspects is important:

(1) Research on technology of intensified in situ leaching

Great attention should be paid to study physiochemical and dynamic properties of interaction between solution and ore bed, including some special method of intensifying leaching, such as: accelerating leaching and exchange of substances, improving interaction between leaching solution and ores to increase dynamic velocity by using bacteria, or pressing, pumping, applying electrical field, etc.

(2) Deep research on conditions of geology, hydrology and orebody

Detailed prospecting should be done to understand geological conditions of ore bed so as to reduce blind area in leaching and minimize leakage of leaching solution. It is necessary to accurately determine leaching range and stop leakage to collect more pregnant solution, therefore increase the recovery rate of metals and protect environment.

(3) Research on selection of leaching agent and additives

In leaching of uranium and copper, suitable acid or basic leaching agent should be applied respectively since ores are inherently acid or basic. In addition, effective additives should be added to leaching solution to intensify oxidation or increasing dynamic velocity of leaching and suppress leaching of impurity to make aftertreatment easier.

(4) Research on perfecting, complete-set forming of leaching equipment

In research and development stage, selection of equipment can be various, but in application stage, it is better to finalize design of equipment and standardize it to make its application more convenient. For example, the drilling, pressing, pumping sampling and other equipment should be mobile and can be repeatedly used.

(5) Research on scientific, reliable and practicable mathematical model

Mathematical model is a useful tool for forecasting complicated situations in in situ leaching, which can be used not only to summarize and analyze all the factors and data in leaching process, provide references for determination of optimal leaching velocity and total recovery rate, but also to control leaching range and scientifically forecast cost and profit of project. Therefore, it is extremely necessary to study application of mathematical model in in situ leaching.

References

[1] Zhou Peilin, Wang Huiying. Solution Mining. Changsha: Central South University of Technology Press, 1990. (in Chinese)

[2] Roshan B, Bhappa Bapulof. Design and Research of Non-Ferrous Metallurgy, 1974, 14(5): 47 - 58. (in Chinese)

[3] Ma Rongjun. New Technology of Copper Hydrometallurgy. Changsha Hunan Science Press, 1985. (in Chinese)

[4] Zhang Qiang. Non-ferrous Metals in Xinjiang, 1996(2): 9 - 10. (in Chinese)

[5] B A Glabonekof. Research on Geological Technology of Solution Mining. Beijing: Nuclear Energy Press, 1991. (in Chinese)

[6] Wu Lingyi. Uranium Mining, 1982 (3): 13 - 19. (in Chinese)

[7] Lian Zhichang. Uranium Mining, 1980, 3: 6 - 11. (in Chinese)

[8] A D Hill, I H Silberberg, M P Walsh. Society of Petroleum Engineering Journal (Aug.), 1980: 221 - 227.

[9] Jue Weiming. Uranium Mining, 1992 (3): 68 - 73. (in Chinese)

[10] Yu Ganhua, Qiu Dianyun, Ma Rongjun, Zhou Zhonghua. Mining and Metallurgical Engineering, 1990, 10(1): 13 - 15. (in Chinese)

[11] Yang Ronggen. Design and Research of Non-ferrous Metallurgy, 1988(2): 27 - 32. (in Chinese)

[12] Li Yang. MS Dissertation. Changsha Research Institute of Mining and Metallurgy, 1997. (in Chinese)

[13] J I Skorovarov. Uranium Mining, 1991 (1): 37 - 38. (in Chinese)

[14] Chen Xiangbiao. Uranium Mining, 1991 (1): 13 - 17. (in Chinese)

[15] K L Willey, D S Ramey, M J Rex. Mining Engineering, 1994(8): 991 - 994.

[16] R H Jacobson, J Waskofski, Wang Xiwen, Wang Haifen. Uranium Mining, 1991, 10(1): 26 - 32. (in Chinese)

[17] Paul M Bommer, Robert S Schetcher. Society of Petroleum Engineering Journal, 1979(12): 393 - 400.

[18] R S Schetcher, Paul M Bommer. Society of Petroleum Engineering Journal, 1982(2): 132 - 140.

[19] Xue Yuqun, Zhu Xueyu. Hydrology of Groundwater. Beijing: Geology Press, 1979. (in Chinese)

[20] Sun Nezheng. Mathematical Model of Groundwater and Numerical Method, Geology Press, 1981. (in Chinese)

[21] Zhang Hongren. Development of Hydrology of Groundwater, Geology Press, 1992. (in Chinese)

水合稀土碳酸盐的红外光谱*

摘　要：以碳酸氢铵为沉淀剂合成了15种稀土碳酸盐晶体。化学分析的结果表明，轻稀土碳酸盐（镧、铈、镨、钕）为八水合正碳酸盐；部分中重稀土碳酸盐（钐、铕、钆、铽、镝、钬、铒、钇）为低水合正碳酸盐；重稀土铥、镱、镥的碳酸盐为碱式盐或碳酸氧化物。红外吸收光谱分析的结果表明，碳酸根离子的非简并振动吸收的频率γ_2和γ_8发生了分裂，有6个以上的振动吸收峰，这说明稀土碳酸盐晶胞中存在着非等价的碳酸根离子，即双齿配位与单齿配位的碳酸根。

IR of hydrated rare earth carbonates

Abstract: Fifteen crystalline hydrated rare earth carbonates were synthesized using ammonium bicarbonate as precipitant. The results of the chemical analyses suggest that lanthanum, cerous, praseodymium and neodymium carbonates are normal rare earth carbonate octahydrates; samarium, europium, gadolinium, terbium, dysprosium, holmium, erbium and yttrium carbonates are normal rare earth carbonate lowerhydrates; and thulium, ytterbium and lutetium carbonates are hydrated basic carbonates or oxycarbonates. The results of the IR indicate that since there are more than six normal vibrational bands for carbonate group and the non-degenerate γ_2 and (or) γ_8 is split, there must be two nonequivalent carbonate groups (bidentate and unidentate carbonates) in the unit cell for all rare earth carbonates.

对于稀土碳酸盐，人们已研究得较多；但是各国学者所合成的稀土碳酸盐在组成、结构和性质上相差较大，这主要是由于稀土碳酸盐易形成无定形沉淀的缘故[1-4]。

以碳酸氢铵为沉淀剂合成稀土碳酸盐晶体是一种简单易行的方法[5-6]。本文以氯化稀土为原料，以碳酸氢铵为沉淀剂合成了稀土碳酸盐晶体，并以傅立叶红外光谱仪对其进行了系统的研究。

1　试验部分

1.1　原料

氯化稀土（0.1 mol/L）和碳酸氢铵溶液（0.3 mol/L）分别由氯化稀土和碳酸氢铵溶于水配制而成。

1.2　实验过程

在不断搅拌的条件下，分别往50 mL 0.1 mol/L的氯化稀土溶液中加入50 mL 0.3 mol/L的NH_4HCO_3溶液，继续搅拌8 h，静置沉淀24 h，过滤并用蒸馏水反复洗涤，硅胶干燥器中干燥，然后对沉淀进行测试分析。

1.3　分析测试

稀土碳酸盐中稀土元素含量用草酸盐重量法分析，CO_2用燃烧吸收法测定，结晶水用灼烧法测定。

测试仪器：日本理学RAX－10（d/max－A）型自动X射线衍射仪，FTIR－740红外光谱仪。

2　结果与讨论

2.1　稀土碳酸盐的组成

化学分析的结果如下：

RE_2O_3（RE＝La，Ce，Pr和Nd）：CO_2：H_2O＝1：3：8；

RE_2O_3（RE＝Sm，Eu，Gd，Tb，Dy，Ho，Er和Y）：CO_2：H_2O＝1：3：（2～3）；

RE_2O_3（RE＝Tm，Yb和Lu）：CO_2：H_2O＝1：2：6。

以上结果说明得到的轻稀土碳酸盐（镧、铈、镨、钕）为八水合正碳酸盐；部分中重稀土碳酸盐（钐、

* 该文首次发表于《科学技术与工程》，2007年，第7期，1430～1433页。合作者：柳松。

铕、钆、铽、镝、钬、铒、钇)为低水合正碳酸盐；重稀土铥、镱、镥的碳酸盐为碱式盐或碳酸氧化物。

2.2　稀土碳酸盐的结构

经X射线衍射分析发现，稀土碳酸盐的晶体结构有3种类型：轻稀土碳酸盐(镧、铈、镨、钕)的结构属镧石型；部分中重稀土碳酸盐(钐、铕、钆、铽、镝、钬、铒、钇)的结构属水菱钇石型；重稀土铥、镱、镥的碳酸盐的结晶程度较低，无法找到结构与之相近的天然矿物。

图1所示为以上3种类型的X射线衍射图，分别以铈、钇和镱的碳酸盐为代表。

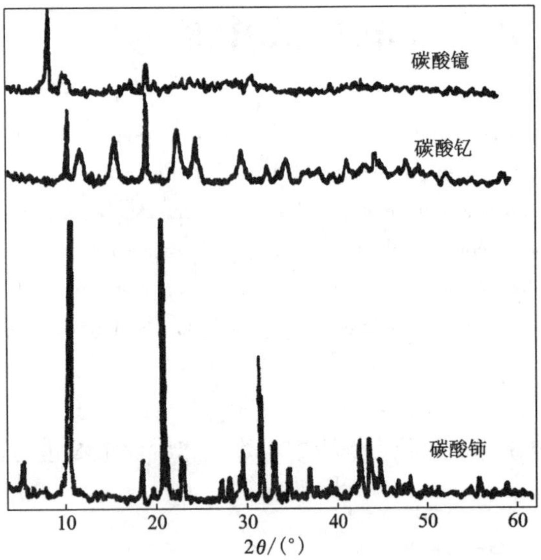

图1　稀土碳酸盐的X射线衍射图

2.3　IR分析

自由的碳酸根离子的振动吸收频率有4个：1063 cm^{-1}、879 cm^{-1}、680 cm^{-1}和1415 cm^{-1}，其中头2个频率是非简并的[7]。自由的碳酸根离子在1063 cm^{-1}处的吸收，是非红外活性的；但晶体场中的碳酸根离子在1063 cm^{-1}处的吸收，则显现出来。对于碳酸根离子，若在1063 cm^{-1}处有吸收及简并振动，吸收频率出现分裂的现象，则表明2碳酸根离子中存在着偶极子，这样碳酸根离子的对称性就会降低。非简并振动吸收的频率(1063 cm^{-1}和879 cm^{-1})若发生分裂，通常表明存在着非等价的碳酸根离子。

图2所示为稀土碳酸盐的红外吸收光谱图，表1所示为按Fujita注释的振动吸收频率数据[8]。在形成配合物的碳酸盐中，简并的振动吸收频率1415 cm^{-1}和680 cm^{-1}会发生分裂。对于1415 cm^{-1}，分裂为γ_5和γ_1；对于680 cm^{-1}，分裂为γ_3和γ_6。

由图2和表1可知：在稀土碳酸盐的红外吸收光谱中，非简并振动吸收的频率γ_2和γ_8发生了分裂，及有六个以上的振动吸收峰，这说明稀土碳酸盐晶胞中存在着非等价的碳酸根离子，即双齿配位与单齿配位的碳酸根。

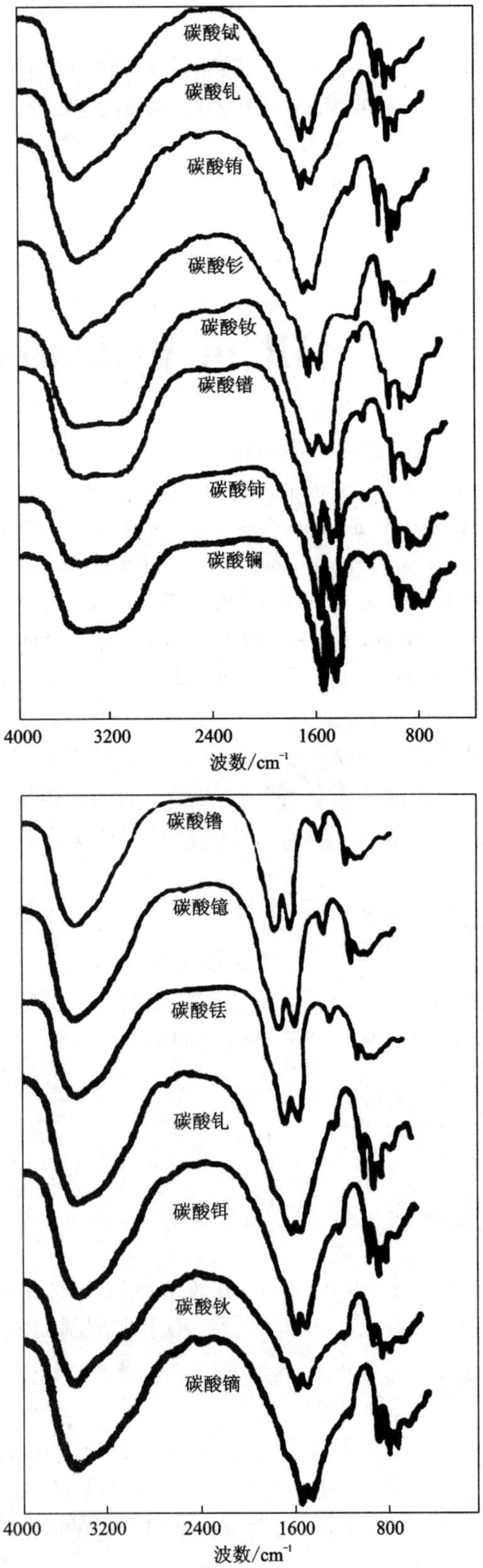

图2　稀土碳酸盐的红外吸收光谱图

表 1 稀土碳酸盐的红外吸收光谱数据(Fujita 注释)

	γ_5	γ_1	γ_2	γ_8	γ_3	γ_6	另外的频率/cm^{-1}
碳酸镧	1474	1375	1075	878	746	680	3000 ~ 3500(H_2O)
		1337		850		653	1622(HOH 弯曲)
碳酸铈	1476	1375	1078	878	749	679	3000 ~ 3500(H_2O)
		1339		848		654	1622(HOH 弯曲)
碳酸镨	1478	1375	1079	885	749	699	3000 ~ 3500(H_2O)
		1340		847		677	1622(HOH 弯曲)
碳酸钕	1485	1378	1079	889	751	678	3000 ~ 3500(H_2O)
		1339		847		656	1622(HOH 弯曲)
碳酸钐	1484	1441	1169	839	752	681	3422(H_2O)
		1409	1110(弱)				1622(HOH 弯曲)
			1083				
			1052(弱)				
碳酸铕	1499	1443	1086	839	754	683	3405(H_2O)
		1415	1059				1622(HOH 弯曲)
碳酸钆	1503	1445	1086	838	757	716(弱)	3424(H_2O)
		1419	1059			683	1622(HOH 弯曲)
碳酸铽	1503	1445	1087	861	758	718(弱)	3424(H_2O)
		1419	1061	835		684	1622(HOH 弯曲)
碳酸镝	1508	1445	1089	861	760	719(弱)	3424(H_2O)
		1423	1061	835		685	1622(HOH 弯曲)
				835			
碳酸钬	1511	1452	1090	861	761	684	3422(H_2O)
		1423	1050	834			1622(HOH 弯曲)
碳酸铒	1512	1455	1092	861	762	686	3406(H_2O)
		1426	1062	835			1622(HOH 弯曲)
碳酸钇	1514	1457	1092	862	762	725	3407(H_2O)
		1430	1066	847		687	1622(HOH 弯曲)
				837			
碳酸铥	1523	1400	1082	844	754	689	3407(H_2O)
			1045(弱)				1622(HOH 弯曲)
碳酸镱	1544	1390	1082	840	753	693	3405(H_2O)
			1059(弱)				1622(HOH 弯曲)
碳酸镥	1544	1394	1084	840	756	693	3407(H_2O)
			1045(弱)				1622(HOH 弯曲)

另外，在频率 3400 cm^{-1}、1622 cm^{-1} 附近均有峰出现，这分别是结晶水中氢氧的伸缩与弯曲振动峰，其中轻稀土碳酸盐在(3000 ~ 3500) cm^{-1} 处有一宽而散的峰，说明其结晶水中氢键作用较强。

3 结论

以碳酸氢铵为沉淀剂合成稀土碳酸盐晶体是一种简单易行的方法。我们所制备的稀土碳酸盐是结晶较好的晶体。化学分析的结果表明，轻稀土碳酸盐(镧、铈、镨、钕)为八水合正碳酸盐；部分中重稀土碳酸盐(钐、铕、钆、铽、镝、钬、铒、钇)为低水合正碳酸盐；重稀土铥、镱、镥的碳酸盐为碱式盐或碳酸氧化物。X射线衍射分析的结果表明，轻稀土碳酸盐(镧、铈、镨、钕)的结构属镧石型；部分中重稀土碳酸盐(钐、铕、钆、铽、镝、钬、铒、钇)的结构属水菱钇石型；重稀土铥、镱、镥的碳酸盐的结晶程度较低。红外吸收光谱分析的结果表明，碳酸根离子的非简并振动吸收的频率 γ_2 和 γ_8 发生了分裂及有6个以上的振动吸收峰，这说明稀土碳酸盐晶胞中存在着非等价的碳酸根离子，即双齿配位与单齿配位的碳酸根。

参考文献

[1] Nagashima K, Wakita H, Mochizuki A. The synthesis of crystalline rare earth carbonates. BullChem Soc Jpn, 1973; 46: 152 - 156.

[2] Charles R G. Rare earth carbonates prepared by homogeneous precipitation. J Inorg Nucl Chem, 1965, 27: 1498 - 1493.

[3] Wakita H, Nagashima K. Synthesis of tengerite type rare earth carbonates. BullChem Soc Jpn, 1972, 45: 2476.

[4] Sungur A, Kizilyalli M. Synthesis and structure of $Gd_2(CO_3)_3\ nH_2O(n=2\sim3)$. J less Common Met, 1983, 93: 419 - 423.

[5] Liu S, Ma R, Jiang R et al. Precipitation and characterization of cerous carbonate. J Cryst Growth, 1999; 206: 88 - 92.

[6] 丁家文，李永绣，黄婷等. 镧石型碳酸钕的形成及晶种对结晶的促进作用. 无机化学学报，2005，21(8)：1213 - 1217.

[7] Herzberg G. Molecular spectra and molecular structure, Ⅱ. infrared and Raman spectra of polyatomic molecular. New York: D V an Nostrand C FoInc, 1945: 179 - 181.

[8] Fujita J, Martell A E, Nakomato K. Infrared spectra of metal chelate compounds V Ⅲ. Infra red spectra of Co (Ⅲ) carbonate complexes. J Chem Phy, 1962, 36: 339 - 345.

实验条件对减压膜蒸馏法脱除水溶液中 MIBK 的影响*

摘　要：本文采用平板式减压膜蒸馏技术对水溶液中 MIBK 的脱除进行了研究，分别考察了料液温度、料液流量及减压侧压力对 MIBK 的脱除及效率的影响。

Removal of MIBK from aqueous solution by vacuum membrane distillation (VMD)

Abstract: In this paper, the removal of MIBK from aqueous solution by flat VMD was studied. The influence of temperature, pressure in the permeate side and flow velocity on the removal of MIBK and removal efficiency were studied, respectively.

MIBK 全名是甲基丁基甲酮，在工业上被广泛用作萃取剂，它具有相对密度小、易分层、萃取饱和容量大、选择性好等优点。但由于其相对分子质量小，相对于其他与水不相混溶有机物而言，其在水中溶解度较大，25℃时在水中溶解质量分数为 1.7%，而且挥发性大。因此应用 MIBK 作萃取剂，反萃液中不可避免溶解有 MIBK，这不但污染劳动场所环境，而且将不同程度影响最终产品质量。本文对减压膜蒸馏技术脱除水溶液中 MIBK 进行了研究。

1　减压膜蒸馏技术及分离机理

减压膜蒸馏的膜器有中空纤维式、管式及平板式等。从商业角度考虑，中空纤维式及管式具有应用价值，这是因为单位体积设备可以获得更大的膜面积，通用的是平板式，因它拆卸清洗方便[1]。

减压膜蒸馏所用的膜为疏水性多孔膜。在料液侧，膜直接与所处理的料液接触，料液流经膜面时，其中挥发性组分部分汽化，同时由于膜材料的疏水性，只要膜两侧的压差不超过液体透过临界压力，液体是不能透过膜孔的；另一方面，利用真空泵使减压侧压力低于料液侧挥发性组分平衡蒸气压，于是在传质推动力即压差的作用下，蒸汽透过膜孔进入减压侧。减压膜蒸馏就是利用料液中不同组分挥发性的不同而达到分离的目的。

2　实验部分

2.1　实验装置

实验装置如图 1 所示。膜器为减压膜蒸馏的核心部分，膜为聚四氟乙烯(PTFE)平板微孔膜，孔径 0.1 μm，膜厚 60 μm，空隙率 55%，膜有效面积 0.02 m^2。为了使膜在压力下不至于破裂，膜由一层多孔聚四氟乙烯烧结毡及一块聚氟乙烯板支撑。

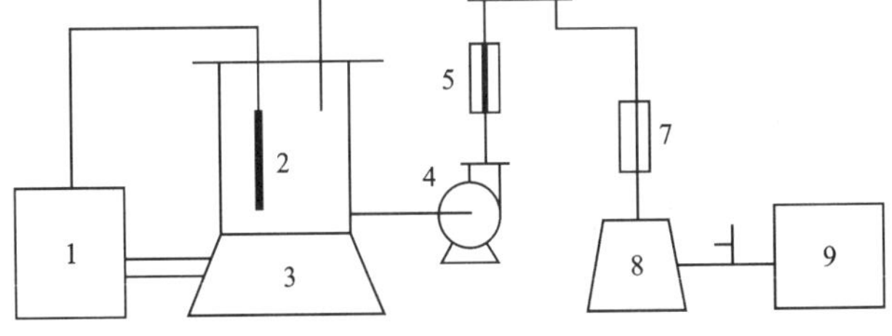

图 1　实验设备连接图

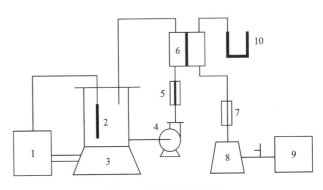

1—温度控制器；2—料液循环槽；3—加热器；4—循环泵；5—流量计；6—减压膜蒸馏器；7—冷凝器；8—接收瓶；9—真空泵；10—压力计

* 该文首次发表于《水处理技术》，2002 年，第 1 期，22 ~ 24 页。合作者：唐建军、周康根、张启修等。

2.2 实验方法

实验使用的料液由分析纯 MIBK 与去离子水配制而成，初始浓度一般是 0.05～0.06 mol/L。实验条件除有说明外为：料液体积 2 L，料液流量 250 L/h，操作温度 52.5℃，减压侧压力 90 mmHg。实验过程中均是每隔一定的时间取样分析料液中 MIBK 浓度变化情况，而 MIBK 的分析方法是基于碘仿实验，采用碘量法分析。本次研究主要考察了料液温度、减压侧压力及料液流量对 MIBK 的脱除及效率的影响。

2.3 数据处理方法

减压膜蒸馏应用于易挥发性有机物的分离，考虑的并不单纯是蒸馏总通量，另外还要考虑的一个重要参数是分离因子 T，其定义如下：

$$T=[W_2\times(1-W_1)]/[W_1\times(1-W_2)]$$

其中：W_1 为料液中挥发性组分质量分数；W_2 为蒸馏液中挥发性组分质量分数。

考虑到减压侧蒸汽冷凝比较困难，实验室规模下 W_2 计量难以准确，而且本次研究主要以考察水中 MIBK 的脱除为主，我们定义脱除因子 U 来判断分离效率。其定义如下：

$$U=[(C_0V_0-C_iV_i/C_0V_0]/[(V_0-V_i)/V_0]$$

其中：C_0 为料液起始 MIBK 浓度，mol/L；C_i 为实验结束料液 MIBK 浓度，mol/L；V_0 为料液起始体积，mL；C_i 为实验结束料液体积，mL。

可以证明脱除因子其实反映的是蒸馏液相对于料液中易挥发性组分 MIBK 起始浓度的增浓程度。另外需特别指出的是在本次研究中，脱除因子 β 的计算均是基于 60 min 的实验结果。

3 结果及讨论

3.1 温度的影响

温度对 MIBK 的脱除及效率的影响如图 2 所示（减压侧压力 80 mmHg）。图中浓度是以 C_i/C_0 的形式表示，其中 C_0 是指 MIBK 起始浓度。

从图 2 可以看到：温度升高，料液中 MIBK 的脱除加快，却导致脱除因子的降低。温度升高，料液中挥发性组分的平衡蒸气压升高，因此膜面两侧压差增大，使得 MIBK 及水的蒸馏均加快；另一方面，由于浓度极化效应，MIBK 蒸馏加快的幅度不如水那么明显，这样导致脱除效率降低。

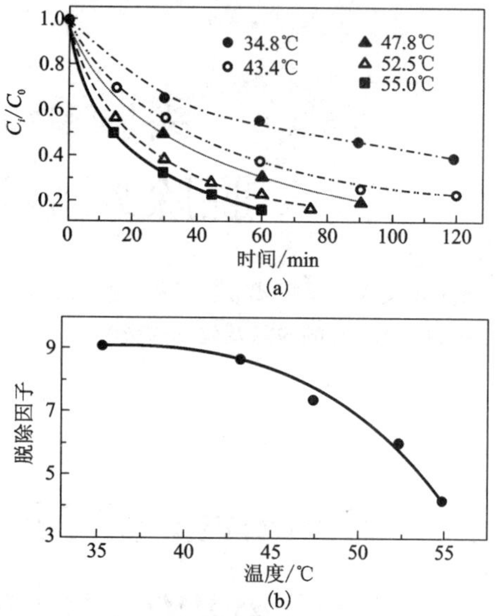

图 2 温度的影响

(a)对 MIBK 脱除影响；(b)对脱除效率影响

3.2 减压侧压力的影响

在减压膜蒸馏过程中，减压侧压力不能过低以免超过液体透过临界压力，另一方面，又必须要维持膜面两侧一定的压差，以使分离过程得以进行。本次研究考察了减压侧压力分别为 80 mmHg，90 mmHg，100 mmHg，110 mmHg 条件下对 MIBK 的脱除及效率的影响（如图 3 所示）。

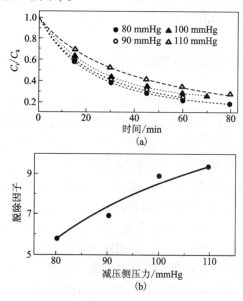

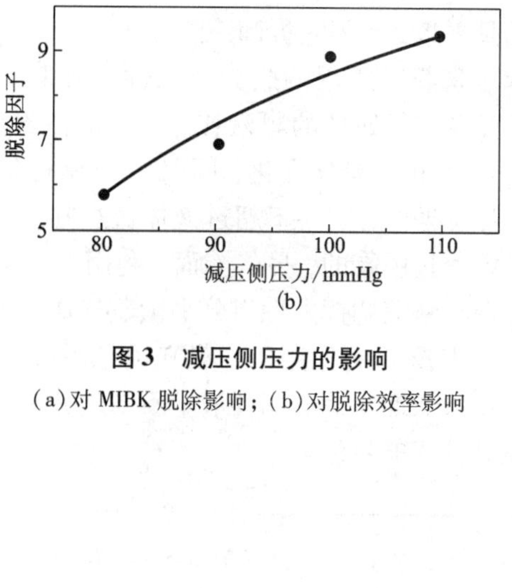

图 3 减压侧压力的影响

(a)对 MIBK 脱除影响；(b)对脱除效率影响

* 1 mmHg = 133.32 Pa。

从图 3 可以看到：在一定范围内，减压侧压力的降低对 MIBK 脱除影响不大，然而却导致脱除因子明显降低。实验结果与 Bandini[2] 利用减压膜蒸馏脱除水溶液中挥发性有机物浓度（VOC）的实验结果一致，关于其原因，Bandini 认为，当减压侧压力增加以至于大于操作条件下纯水平衡蒸气压，这时水的通量急剧降低，而 VOC 的通量则影响不大，于是导致减压侧中 VOC 浓度更高。

3.3　料液流量的影响

料液流量对 MIBK 的脱除及效率的影响如图 4 所示。

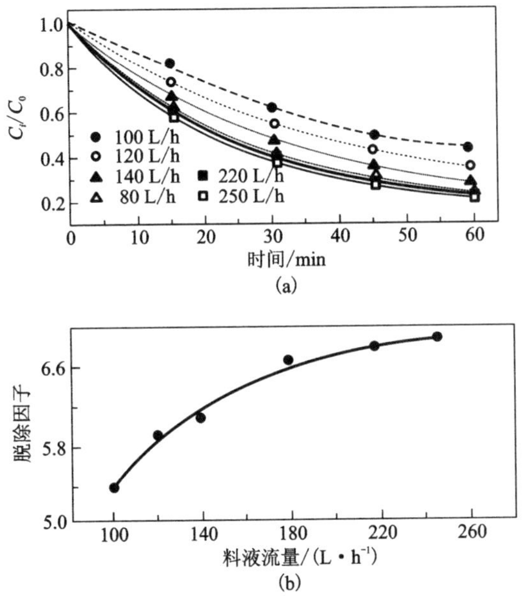

图 4　料液流量的影响

（a）对 MIBK 脱除影响；（b）对脱除效率影响

从图 4 可以看到：随着料液流量的增加，MIBK 脱除加快，同时脱除因子也增大，特别是在料液流量较低时更为明显。料液流速增加，温度极化效应减弱，显然有利于水及 MIBK 的蒸馏；同时，随着流速增加，浓度极化效应也减弱，这有利于 MIBK 的蒸馏。因此随着流速的增加，脱除因子增大。

4　结束语

通过减压膜蒸馏法脱除水溶液中 MIBK 的初步研究，得出结论如下：

减压膜蒸馏法可以实现对水中 MIBK 的脱除及进一步的回收；

增加温度或降低减压侧压力均可使 MIBK 的脱除加快，但同时脱除因子降低；

增加料液流量，促使 MIBK 的脱除加快及脱除因子增大，特别是在料液流量较低时更为明显；

相对于水的蒸馏而言，料液流量对 MIBK 的蒸馏影响更大。

参考文献

[1] K Schneider, W Holz, R Wollbeck. Membranes and modules for transmembrane distillation. J Membr Sci, 1988, 39: 25－42.

[2] S Bandini, G C Sarti. Heat and transport resistance in VMD per drop. AIChE J, 1999, 45(7): 1422－1433.

第二部分

环境保护

我国钢铁工业废水治理概况及其展望*

在工业、农业及人民生活用水中，工业用水量占很大比例，而黑色冶金工业又是工业用水中的大户。我国大中型黑色冶金企业每年用水量可达90多亿立方米。仅重点钢铁企业每年排放的废水量就有30多亿立方米。由于黑色冶金企业规模大，多数都是大中型企业，其用水量之多是可以理解的。如武钢、鞍钢、本钢、上钢的用水量均在2亿立方米，而马钢、攀钢、包钢等单位的用水量也超过1亿立方米，所以钢铁企业在所在地用水中占据举足轻重的作用。正因用水量大，废水的排放量也就随之相应变大。因此，加强对黑色冶金企业用水管理、废水的排放以及增加水的复用率，具有重要的意义。

在20世纪80年代初，我国对黑色冶金工业生产用水曾有过预测。并做出了相应规划，如表1所示，部分钢铁企业用水情况如表2所示。

表1 我国黑色冶金企业用水量的预测及规划[1]

项目	钢产量/(10^4t)	2000年水的复用率/%	吨钢耗水量/t
预测值	8194.7（实际在亿吨左右）	89	38
规划值	8000以上（实际在亿吨左右）	90	44

表2 我国部分钢铁企业用水情况[2]

企业名称	总用水量/($m^3 \cdot t^{-1}$钢)	新水用量/($m^3 \cdot t^{-1}$钢)	复用率/%
宝钢	167.6	5.26	98.86
鞍钢	202.4	20.87	99.69
首钢	308.0	31.90	89.54
马钢	262.3	129.49	50.64
杭钢	341.7	214.68	37.17

由表1和表2所列数据可知，钢产量的预测值与规划值均大大偏低，而水的复用率未完全达到目标，吨钢耗水量距要求还有差距。因我国水资源的紧缺状况日益加剧，对黑色冶金企业而言，还是任重道远，需要不断地在用水、节水及废水排放上做出努力。我们应该看到，由于党和国家非常重视环境保护问题，尤其是在近10多年来，在可持续发展的战略方针指引下，抓紧了工业废水的治理工作。对大多数原有钢铁企业实行了技术改造，新厂建设中做到了"三同时"，在水用量及废水治理、复用上有了明显的改善。据不完全统计，重点钢铁企业废水治理设备的配套已达到80%以上，作为重点的焦化废水治理设施配套率已达到90%，但由于管理上的薄弱和一些技术问题，在脱氮的治理上尚未普及。由最近统计数据可知，目前我国钢铁工业废水的治理率约为85%，废水排放达标较低，而在几种主要废水达标率上相差较大，轧钢废水达标率大于80%，而焦化废水达标率在70%左右，高炉煤气洗涤水的达标率为40%左右。这种状况，使得我们针对治理问题，还要刻不容缓地加大力度和增加措施。

1 黑色冶金企业废水的来源及性质

黑色冶金企业废水来源于采矿、选矿、烧结、炼铁、炼钢、轧钢及炼焦等过程中随生产过程不同废水的性质有着很大不同。现对各种过程产生的废水及水质分述于下。

1.1 矿山采矿及选矿废水的水量及水质

矿山废水主要来自采矿场矿坑和堆场酸性水，以及选矿中排出的废水，根据矿体特性，废水中主要污染物有悬浮物、选矿药剂、酸、铁及根据矿石成分不同而含有的硫化物及重金属离子。

采矿中产生的酸性水，由于矿山气象条件、水文地质条件以及采矿方法不同，其水量及水质差异较

---

* 该文首次发表于《全国首届膜分离技术在冶金中应用研讨会论文集》，1999年，64~69页。由中国有色金属学会、中国膜工业协会及中南大学印刷。

大。特别是在雨季，堆石场的水量往往增大好多倍。酸性水的pH为2~4，有时在矿山废水中还含有硝基苯类有机化合物。

选矿厂排出大量废水。通常浮选厂每吨原矿耗水量为3.5~4.5 m^3，浮选、磁选厂每吨原矿耗水量为6~9 m^3，重选—浮选厂每吨原矿耗水量为27~30 m^3。废水中主要污染物为悬浮物，其含量为500~2500 mg/L。由于水量大，废水中污染物浓度高，往往废水对土壤造成严重污染。

矿山废水的处理方法较多，主要有中和法、沉淀法和氧化法等。以选矿废水为例，处理前后污染物及水质变化情况列于表3中。

表3　选矿污水处理前后水质分析

项目	进水/($g \cdot L^{-1}$)	出水/($g \cdot L^{-1}$)	工业废水最高允许排放量/($mg \cdot L^{-1}$)
pH	7.74	7.39	6~9
Hg	0.0046	0.0035	0.05
As	0.031	0.010	0.5
Cu	0.028	0.014	0.5~1.0
Cd	0.002	未检出	0.1
Pb	未检出	来检出	1.0
Zn	0.034	0.032	2.0~5.0
Cr^{3+}	0.0048	0.0034	0.5
CN^-	0.0046	0.0070	0.5
SO_4^{2-}	16.50	16.10	
DO	8.19	8.29	
COD	2.00	0.35	150(一级)　150(二级) 150(三级)
BOD_5	0.46	0.36	30(一级)　60(二级) 80(三级)
硬度	24.00	22.40	
SS	502.4	48.50	70(一级)　200(二级) 400(三级)

由于现在多数选矿厂采用了混凝沉淀闭路循环系统，用水量与排水量都有了一定的改变。

1.2　原料场废水

废水来源主要是：电机及破碎设备的冷却水；皮带机冲洗水；汽车冲洗水；料场排水。废水中主要污染物为悬浮物，其含量可高达1000~1500 mg/L。原料场的废水治理较简单：

(1)冷却水的废水经降温后，添加防垢剂、防腐剂、使水质稳定，即可循环使用；

(2)皮带冲洗水，废水的悬浮物含量较高。一般均采用平流式沉淀处理，或采用混凝沉淀处理，污泥运往渣场，处理后的水可循环使用。

(3)汽车冲洗废水经自然沉淀后，可再用。

1.3　烧结废水

主要有以下几种废水：

(1)胶带机冲洗水，大约每吨烧结矿产出冲洗水0.058 m^3，其中主要含悬浮物，其量可达5000 mg/L，处理后要求含悬浮物至600 mg/L以下，循环使用。

(2)冷却系统排污水，大约每吨烧结矿产出污水0.03~0.04 m^3，需进行水质稳定处理后再用。

(3)煤气水封阀排水，水中含有酚类等污染物，定期用槽车送焦化厂，与焦化废水合并处理。

(4)湿式除尘废水，现在大多数烧结厂已改用干式除尘装置，但我国还有一些厂仍采用湿式除尘设备，故而产生湿式除尘废水。废水产量约每吨烧结矿产生0.65 m^3的废水，悬浮物含量高达500 mg/L。烧结废水可用絮凝沉淀法处理，经沉淀法处理后，澄清水循环使用，污泥送渣场。

1.4　炼铁废水

炼铁中产生如下不同来源的废水：

(1)高炉炉缸直接喷洒水

这种废水是向高炉炉缸、炉底、外壁直接喷洒的冷却水及冲洗水，排污水量为0.0035 m^3/t铁，其中含悬浮物为100 mg/L左右，由集水井流入沉淀池，澄清后便可再用。

(2)高炉煤气洗涤水[3]

这是直接和煤气相接触进行清洗和冷却而形成的废水，每吨铁循环用水量为2.7 m^3，含有大量的铁矿粉、焦炭粉等悬浮物，还含有酚、氰、硫化物、锌等。悬浮物的含量2500 mg/L，废水经沉淀处理后循环使用，也可用作高炉冲渣水的补充水。

(3)高炉冲渣水

每生产1 t铁，大约产生320 kg熔渣，这种熔渣经渣沟流入水淬池，用压力水喷射而水淬，经渣水分离后，渣为水泥原料，水中含有400~700 mg/L的悬浮物，大约每生产1 t铁，产出这种冲渣水2.3 m^3，经沉淀降温后可循环使用。

(4)铸铁机用水

铸铁机的铸模、溜槽及铁板、铁块直接喷洒水冷却而产生的废水，这种水温度较高，且含有铁渣、石灰、石墨片等杂质，悬浮物含量为 300～3500 mg/L，大约每吨铸铁可产出这种废水 200 m^3，经沉淀、降温后，可循环使用。

1.5　炼钢废水

在炼钢废水中有：

(1)转炉烟气除尘废水

转炉烟气除尘废水来源于转炉烟气的直接喷射除尘，一般采用二级文氏管除尘系统，二级文氏管排水直接送一级文氏管使用，一级文氏管排水流入沉淀净化工序，一级文氏管，对每生产 1 t 钢而言，要产出 1196 m^3 的废水。其中含悬浮物 5000～15000 mg/L。

(2)钢水真空脱气废水

这种废水来源于冷凝器，冷凝器内水与真空脱气的废气直接接触，使废气迅速冷却，提高真空效果。这种废水循环使用，每吨脱气钢产生废水 5.86 m^3，其中含悬浮物 120 mg/L，水温 44℃左右。

(3)转炉渣冷却废水

这种废水来源于浅盘喷水冷却，排渣车喷水冷却和冷却槽的冷却水，由于水与渣直接接触，悬浮物达 1650 mg/L，每吨渣约产生这种废水 0.35 m^3，沉淀后可循环使用。

1.6　热轧废水

热轧废水来自轧机、轧辊及辊道的冷却及冲洗水，冲洗铁皮、方坯及板坯的冷却水，还有火焰清理机的除尘用水，产生的废水量取决于轧机及生产的产品。对大型工厂而言，热轧循环废水量为 36 m^3/t 钢锭，废水中含氧化铁皮 1000～5000 mg/L，油类 50～500 m/L。

这类废水采用铁皮坑、沉淀池、水力旋流沉淀池等设施处理，最后除去悬浮物、沉淀池上的浮油，收集后，送往油水分离装置[4]。

1.7　冷轧废水

冷轧废水来源于连轧机的轧辊冷却、乳化液及清洗剂的更换，平整机的冷却及横切机、重卷机的冲洗水，废水中主要含有悬浮物 60～2000 mg/L，矿物油 10000 mg/L，乳化液 20000～100000 mg/L，COD 20000～50000 mg/L。

冷轧含乳状油废水的治理重点是破乳。破乳的方法有加热、化学絮凝浮上及超滤等，例如宝钢含油废水先在两个容积为 500 m^3 的乳化液贮槽内，于加油条件下静止澄清，上浮油刮到贮槽一端，用带式撇油机取出，然后进入废油分离槽。沉于槽底的油泥由偏心螺杆泵送入浓缩池，最后用超滤装置进行油水分离，得到的油及水再用[4]。

1.8　钢材制品的酸洗液

酸洗液有硫酸、盐酸及硝酸—氢氟酸洗液。

(1)在含硫酸的废水中常有酸洗液和酸洗废水之分。硫酸酸洗液主要由 H_2O，$FeSO_4$ 和 H_2SO_4 3 种成分组成，其中 H_2O 约占 73%，$FeSO_4$ 占 17%～23%，H_2SO_4 占 5%～10%。此外有时还含有微量的油污及杂质。冲洗钢材的酸洗废水，也含有 $FeSO_4$ 及 H_2SO_4，由于其浓度低，如符合外排标准，不做处理，即可复用。表 4 列出了酸洗废液和酸洗废水的成分与水量。

表 4　酸洗废水的组成及水量

项目	$FeSO_4$/%	H_2SO_4/%	水量
酸洗液	13～15	8～13	55～72 kg/t 钢材
酸洗废水	0.2～0.5	0.2～0.4	为酸洗废液的 20～50 倍

(2)盐酸酸洗废液的组成主要是 HCl，$FeCl_2$ 和 H_2O 等，其含量随酸洗工艺、操作制度、钢材品种和规格不同而异，一般含 $FeCl_2$ 100～140 g/L，含游离 HCl 30～40 g/L。

(3)硝酸—氢氟酸酸洗废液，这是生产不锈钢的厂家所用的酸洗液，其废液组成如表 5 所示。酸性废水的处理最常用的是中和法，在中和法中又有投药中和，过滤中和及酸碱废水相互中和等方法，各种方法的适用条件，主要优缺点列于表 6。

表 5　国内厂家硝酸—氢氟酸洗液及废液的组成

厂家	酸洗液		酸性废液				
	HNO_3/%	HF/%	NO_3^-/(mol·L^{-1})	F^-/(mol·L^{-1})	Fe^{2+}/(mol·L^{-1})	Cr^{3+}/(g·L^{-1})	Ni^{2+}/(g·L^{-1})
贵池钢厂	7～15	3～5	1.66	1.63	20.21	3.98	2.48
大冶钢厂	8～12	4～6	1.70	2.67	21.50	4.27	3.58
太钢七轧厂	15	3～5	1.20	0.80	20.00～40.00	3.00～4.00	2.00～2.50
上钢五厂	7～15	3～5	2.20	1.66	29.00	5.70	4.80

表 6　酸性废水不同中和处理方法的比较

处理方法	适用条件	主要优点	主要缺点
酸碱废水相互中和	1. 各种酸性废水； 2. 废水中酸碱浓度基本一致	1. 节省中和药剂； 2. 设备少管理简单	1. 废水流量及浓度波动较大时，处理效果难以保证； 2. 废水酸、碱浓度不足以相互中和时，需投加中和剂补充处理
投药中和	1. 各种酸性废水； 2. 酸性废水重金属与杂质较多的废水	1. 适应性强； 2. 对含重金属盐的废水经处理，可以将金属离子沉淀下来； 3. 处理后出水可达标排放，要求 pH 为 6.5～8.5	1. 管理复杂； 2. 当投石灰或电石渣时，泥渣量大； 3. 经常处理费用高
普通过滤中和	适用于较洁净的单纯含盐酸及硝酸的废水，并不含有大量悬浮物和油脂，及重金属盐、砷、氟等物质	1. 设备简单，劳动强度低； 2. 水量与浓度变化不超过允许范围，不需调整加料； 3. 泥渣量较少；	1. 对进入滤池的废水含硫酸浓度有限制； 2. 处理后的废水 pH 较低，需补充处理或稀释后才能排放，金属离子难以沉淀； 3. 处理设备不能超负荷运行； 4. 滤速小，效率低
升流式等速膨胀过滤中和	适用条件同上，但可用于含硫酸废水，硫酸浓度不得大于 2 g/L	1. 设备简单，劳动强度低； 2. 水量与浓度变化不超过允许范围，不需调整加料； 3. 泥渣量较少； 4. 滤速较大，设备较小，效率高	1～3 条同上，但滤料粒径要求严格(0.5～3 mm)
升流式变速膨胀过滤中和	适用条件同上，但可用于含硫酸废水，硫酸浓度不得大于 2 g/L	1. 设备简单，劳动强度低； 2. 水量与浓度变化不超过允许范围，不需调整加料； 3. 泥渣量较少； 4. 滤速较大，设备较小，效率高 由于下部滤速大，上部滤速小，滤料膨胀均匀，大颗粒不结垢，小颗粒不流失	1～3 条同上，但滤料粒径要求严格(0.5～3 mm)
滚筒过滤中和	可中和高浓度(2%)硫酸废水及其他酸性废水	1. 滤料粒径、形状不受严格限制(<150 mm 即可)； 2. 可处理高浓度硫酸废水，进水酸度高低只影响处理水量，不影响出水 pH； 3. 废水含悬浮物或纤维素，可不经沉淀池，直接进入滚筒中和处理	1. 设备庞大，结构复杂，投资大； 2. 运转时噪声大，设备需防腐

除以上简单方法外，对碱酸废液的处理还有氧化铁红法、冷却结晶法，对盐酸废液处理方法有喷烧热分解法、蒸发结晶法，对硝酸—氢氟酸混合废液还有离子交换法、溶剂萃取法等，这些方法的特点，一是消除污染，二是变废为宝，达到综合利用的目的。

我们研究成功了适合于中小型企业的补氧催化法，获得了聚合硫酸铁及 $FeCl_3$，可作净水剂使用，效果比较好[5-7]。

1.9　钢铁厂的炼焦废水

焦化厂在备煤、炼焦、回收、焦油精制等各主要车间均有废水产生，其中最主要的是炼焦产生的含酚废水。我国部分钢铁企业的含酚废水的水质，如表 7 所示，含酚废水的污染物含量如表 8 所示。

由表 7 及表 8 可知在焦化废水中含有大量酚、氰、硫化物、硫氰酸盐、氨及其他碳氢化合物，其特点是废水量大，污染严重。在处理这类废水时，考虑的原则：利用余热；回收废水中的酚；处理后的废水复用。

对含酚高的废水，要先回收酚，然后再处理废水。回收酚的方法有：蒸汽脱酚、吸附脱酚、化学脱酚和溶剂萃取脱酚。

对含酚低的废水，须进行二级或三级处理，目的是除去少量的酚、氰、油类及悬浮物，其处理方法有生化处理法和化学处理法，具体的方法有活性污泥法、生物滤池法、生物转盘法及氧化塘法。现举一实例，如：

我国一个年产冶金焦270万t的焦化厂，有65孔大型焦炉6座，产品以冶金焦为主，此外还产出焦油、硫酸铵等30余种副产品，该厂产出的焦化废水量约312 m^3/h，废水的排放情况见表9[8]。

采用了萃取脱酚，黄血盐脱氰，生物脱酚，使全部焦化废水得到处理，最后总排出口的出水中含酚1 mg/L，含氰化物0.5 mg/L，COD <100 mg/L，油类<10 mg/L。因此，大大降低了焦化厂废水对环境的污染。

表7　我国部分焦化厂废水水质

厂　名	$BOD_5/(mg\cdot L^{-1})$	$COD/(mg\cdot L^{-1})$	$BOD_5/COD\times100\%$
马鞍山焦化厂	338.27	1128.96	29.96
北京焦化厂	693.8	1160	59.8
首都焦化厂	290~634	500~1200	52.5~58
宣钢焦化厂	350~450	600~1200	37.5~58.3
鞍钢化工总厂	1565.4	3234.7	48.39

表8　含酚废水的污染物含量/$(mg\cdot L^{-1})$

成　分	冷凝水	氨　水	蒸馏废水
NH_3(总)	500~800	8500~1500	20~4500
NH_3(游离)	200~6000	8000~1200	201~1000
CO_2	2400~3900	3000~14000	—
H_2S	300~900	1000~5000	2~50
HCN	55	200~2000	0~20
HCNS	50	700~1200	0~800
酚	700~3200	2000~3000	50~2500
吡啶碱	200~500	100~200	—
脂肪酚	—	3400~5600	20~600
pH	9~9.5	9~9.5	5~11.5

表9　某炼焦厂酚氰废水排放情况

项　目	产出量/$(t\cdot h^{-1})$	废水浓度/$(mg\cdot L^{-1})$		外排气/$(kg\cdot h^{-1})$	
		酚	氰	酚	氰
剩余氟水	57	1100	190	62.7	10.83
经冷废水	200~250	183	168.1	36.6	33.62
粗苯分离水	25	100	55	3.88	1.38
精苯分离水	3	24.4	12.16	0.05	0.04
焦油蒸馏	2	400	34	0.8	0.57
工业萘	2	300	33.8	0.6	0.7
古马隆	0.5	—	—	—	—
地下酚水	30~50	189	15	—	—
合计	312	—	—	123.8	46.65

2 展望

工业发达国家经过几十年的努力，一些先进钢铁企业水的复用率已达95%以上[9]，在提高复用水率的同时，把废水中的主要污染物作为资源回收利用，也取得了显著成效。我国根据可持续发展的方针要求，不但要追赶世界钢铁企业的先进水平，而且应该向领先地位奋斗。

黑色冶金企业对废水的治理原则是走综合治理的道路，所谓水污染综合治理，即是采用各种可行的措施防治水的污染，其中最主要的几项为：

(1)预防为主，防止新污染，每个企业都要合理规划加强自身水污染物防治的规划，把单纯的治理与资源回收结合起来，要把资源流出降到最小程度，达到废物量小量化的要求。

(2)加强管理，要从提高全员环境意识入手，用技术、经济、行政、法律等手段进行监督、考核与奖惩，严禁虚假的作风与行为泛滥。

(3)提高废水的复用率，节省水资源、保护水环境，把生产过程产生的污染性质和程度不同的废水，分别经过适当处理，其目的不仅是消除污染，还要返回原来的生产过程中，不能复用的则可转送到另一个可以接受的生产工序使用，实行统筹安排，合理组织，使企业所补充的新鲜水量达到最小程度，也使废水的有用资源得到开发利用。

我们归纳一下，当今黑色冶金企业废水治理的发展趋势是：

(1)发展和采用无污染工艺与技术，开展清洁生产，如改湿法炼焦为干法，转炉改湿法除尘为干法，防止产生废水，加强污染防治。加大节约用水的力度。

(2)开发适合钢铁工业特点的节能型水处理技术，并以此为条件来评价废水的处理方法。目前力求发展生物处理技术，尽量把高新材料与高新技术用于废水治理，这些是废水治理的主要方向。

(3)发展和采用成套循环用水技术，把废水主要污染物作为资源回收，实现水的循环利用。

(4)开展新方法与新设备的研究。发展和采用循环用水技术所必需的计量、监控、自控设备，全面实行计算机专家系统的管理。

参考文献

[1] 李家瑞等. 工业企业环境保护. 北京：冶金工业出版社，1992.

[2] 马荣骏. 工业废水的治理. 长沙：中南工业大学出版社，1991.

[3] 马荣骏. 湖南冶金，1991(1)：26－30.

[4] 马荣骏. 湖南冶金，1996(6)：35－39.

[5] 赵湘骥等. 环境求索，1992(1)：16－19.

[6] 赵湘骥等. 矿冶工程，1995(2)：33－36.

[7] 马荣骏. 湿法冶金新研究. 长沙：湖南科学技术出版社，1999：69－74.

[8] 武汉钢铁公司. 工业污染防治及其技术经济分析. 北京：冶金工业出版社，1999.

[9] 中国金属学会冶金环境专业委员会. 1997年冶金工业废水处理学术研讨会论文集，1997，4.

黑色冶金厂二氧化硫污染模式及排放量的计算*

摘　要： 二氧化硫在空气中的浓度是衡量污染的重要指标，正确推算和预测它在大气中浓度的时空分布，并弄清其迁移转化规律是至关重要的问题。本文阐述了作为污染源的黑色冶金厂二氧化硫的污染模式，弄清了 SO_2 迁移转化及时空分布规律，并提出了计算黑色冶金厂中 SO_2 排放量的计算公式。

The pollution model of sulfur dioxide from smeltery and to calculation the quantities of SO_2

Abstract: The concentration of sulfur dioxide in the air is an important indicator of air pollution. In this paper the temporal and spatial distribution of SO_2 as a pollution source emitted from ferrous metal smelteries as well as its pollution model and its regularities of migration and conversion are clarified. Finally a formula for calculating the amounts of SO_2 emitted from a ferrous metal smeltery.

SO_2 是黑色冶金厂污染大气的主要污染物，各国皆把它在大气中的浓度作为衡量污染的重要指标。为了有效地治理和控制 SO_2 的污染，必须正确地推算和预测它在大气中浓度的时空分布。因此，弄清其迁移转化规律就成了至关重要的问题。

当今已使用一些数学模式来模拟 SO_2 在大气中的扩散。而在推算和预测其浓度时，也有了一些典型的扩散模式。

鉴于上述模式，本文特较系统地阐述了有关污染模式及其排放量的计算。

1　体源模式

在此模式中主要是计算本地污染的体源模式，即是指体源对源本身所占面积内造成的污染。

设某一体源块为底面边长 L、厚度 h 的四方体。在单位时间，该块体所排污染物总浓度为 Q，单位体积内污染物质（源强）为：$q=\frac{Q}{L^2\cdot h}$。该体源内任一源体积 dx，dy，dz 的源强则为：$q\cdot dx\cdot dy\cdot d\bar{z}$。

图 1 所示为源体的示意图，其中 x 轴与平均风向一致，体源底面积中心点为 M，体源强 $q\cdot dx\cdot dy\cdot d\bar{z}$ 在 M 点造成的浓度可根据连续点源计算公式（即高斯烟羽计算公式）求得。

设 M 点浓度为 dc，即

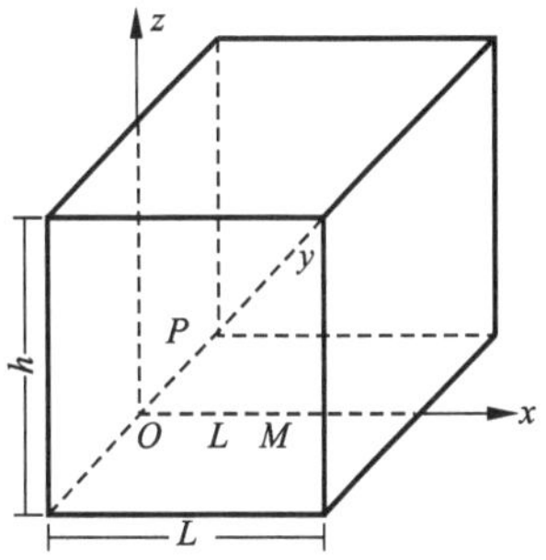

图 1　体源块的示意图

$$dc=\frac{q\cdot dx\cdot dy\cdot d\bar{z}}{\pi\sigma_x\sigma_y\bar{u}}\cdot\exp\left[-\left(\frac{y^2}{2\sigma_y^2}+\frac{\bar{z}^2}{2\sigma_z^2}\right)\right]\quad(1)$$

式中：σ_y，σ_z 分别为横、垂直扩散系数；$\bar{u}$ 为平均风速；$\bar{z}$ 为体源块所在的高度。

该体源对 M 点的浓度有贡献部分，应当是 M 点上风方向那一部分，而其下风方向的体源部分，则不会污染 M 点。因此依式（1），对上风方向的体源部分求积分，就可得到所有对 M 点有贡献的体源共同影响的浓度总值，即 M 点浓度为

$$C_{x,y,0}=\int_0^l\int_{-p}^p\int_0^h\frac{q}{\pi\sigma_x\sigma_y\bar{u}}\cdot\exp\left[-\left(\frac{y^2}{2\sigma_y^2}+\frac{\bar{z}^2}{2\sigma_z^2}\right)\right]dxdyd\bar{z}\quad(2)$$

因为 σ_y，σ_z 只是距离 x 的函数，故上式可改写为

$$C_{x,y,0}=\frac{q}{\pi\bar{u}}\int_0^l\left[\left[\int_{-p}^p\frac{1}{\sigma_y}\cdot\exp\left(-\frac{y^2}{2\sigma_y^2}\right)dy\right]\right.$$

* 该文首次发表于《湖南冶金》，1989 年，第 4 期，29 ~ 36 页。

$$\left[\int_0^h \frac{1}{\sigma_z}\cdot\exp\left(-\frac{z^{-2}}{2\sigma_z^2}\right)d\bar{z}\right]dx \tag{3}$$

p 与 l 是同量级的，在区间$[-p, p]$之间积分可看作是在$[-\infty, \infty]$区间积分，对 y 积分后：

$$C_{x,y,0} = \frac{2q}{\bar{u}\sqrt{2\pi}}\int_0^{lh/a}\int_0^{\bar{z}}\exp\left(-\frac{t^2}{2}\right)dtdx \tag{4}$$

令 $T=\dfrac{h}{\sigma_z}$，则

$$C_{x,y,0} = \frac{q}{\bar{u}}\int_0^l \frac{2}{\sqrt{2\pi}}\int_0^T\exp\left(-\frac{t^2}{2}\right)dtdx$$

$$= \frac{q}{\bar{u}}\int_0^l \Phi(T)\,dx \tag{5}$$

其中：$\Phi(T) = \sqrt{\dfrac{2}{\pi}}\int_0^T\exp\left(-\dfrac{t^2}{2}\right)dt$。由于 σ_z 是 x 的函数，所以 $\Phi(T)$ 也是 x 的函数。若用数值积分来表示，则

$$C_{x,y,0} = \frac{q}{\bar{u}}\sum_0^n \Phi[T(n\Delta l)]\Delta l \tag{6}$$

实际计算本地污染时，污染源块面积都是一平方公里，其厚度(h)在 3 种情况下不同：①城市内人口密集，楼房多，且与大小工厂交织在一起，在各个高度都排放 SO_2，体源厚度可取 60 m；②郊区工厂少，以居民生活燃煤排放 SO_2 为主，并有农田、菜地等把居民区隔开，源分布也不均匀，为此可把每平方公里的源集中在边长 600 m、厚 1 m 的体积中，作为郊区体源处理；③在工业区，将点源以外的污染源作源处理，其厚度可取为 5 m。这样，应用式(6)就可计算出上述三区每平方公里面积上的本地污染值。

2 烟流模式[2-3]

高斯烟流模式具有计算简单、运算量小，所以是目前经常使用的扩散模式之一。

若烟囱的有效排放高度为 H_e 的连续点源所排放出的气体或气溶胶(粒子直径约为 20 微米)被地面全部反射时(即没有沉降或反应发生)，在点$(x, y, \bar{z})$的浓度 $C_{(x,y,z)}$ 可表示为

$$C_{(x,y,z,H)} = \frac{q}{2\pi\bar{u}\sigma_y\sigma_z}\cdot F(y)\cdot F(z) \tag{7}$$

式中：q 为源强；C 为污染物浓度；$\bar{u}$ 为平均风速；σ_y，σ_z 分别为用浓度分布标准差表示的 y 和 $\bar{z}$ 轴向上的扩散参数；H_e 为烟囱的有效高度，即烟流中心距地面的高度(此处取地表 $\bar{z}=0$)。

$$F(y) = \exp\left[-\frac{y^2}{2\sigma_y^2}\right] \tag{8}$$

$$F(z) = \exp\left[-\frac{(\bar{z}-H_e)^2}{2\sigma_y^2}\right] + \exp\left[-\frac{(\bar{z}+H_e)^2}{2\sigma_z^2}\right] \tag{9}$$

式(7)适用于假定在烟流移动方向上忽略扩散条件。若烟的释放是连续的或是释放时间不少于从源到考察位置的运行时间(x/u)时，这种假设条件就能成立。

为了估计地面浓度，即 $\bar{z}=0$ 时，式(7)可以简化为

$$C_{(x,y,z,H)} = \frac{q}{\pi\bar{u}\sigma_y\sigma_z}\cdot\exp\left[-\frac{y^2}{2\sigma_y^2}\right]\cdot\exp\left[-\frac{H_e^2}{2\sigma_z^2}\right] \tag{10}$$

为了计算烟流中心线上($y=0$)的浓度，(10)式可进一步简化为

$$C_{(x,y,z,H)} = \frac{q}{\pi\bar{u}\sigma_y\sigma_z}\cdot\exp\left[-\frac{H_e^2}{2\sigma_z^2}\right] \tag{11}$$

由式(7)～(11)所计算出来的污染物浓度是在某一时间间隔中的平均值，其时间间隔与 σ 和 $\bar{u}$ 所代表的时间间隔相同。

3 烟团模式[1, 3]

烟团模式是用一系列的瞬时源(烟团)来趋近连续源的，认为连续烟团是由一个接一个烟团连接起来的。每个烟团在移动过程中的运动方向随其所在位置上的风向改变而改变。这样在不均匀的风场中，烟团运行的路径会发生弯曲。

设编号为 k 的 SO_2 排放源，每间隔 τ 时间排放一个烟团，其 SO_2 的排放量为 Q_k(mg)，烟团初始排放位置(x_k, y_k)。由 t_0 时刻开始排放，到 $t_0+N\tau$ 时刻止，共排放了 N 个烟团。按其排放时间先后的顺序编号为：

$m=1, 2, 3, \cdots, N$

编号为 m 的烟团是在 $t_0+(m-1)\tau$ 时间排放的，到 $t_0+N\tau$ 时间止，它所经历的各步长的完成时间为：

$t_0+m\tau$，$t_0+(m+1)\tau$，$\cdots$，$t_0+N\tau$

时间序号用 n 表示，$n=m, m+1, \cdots, N$。到 $t_0+N\tau$ 时间，序号为 m 的烟团在 x 方向和 y 方向的位移分别为 ξ_m 和 η_m，则：

$$\xi_m = \tau\sum_{n=m}^{N}[u_{i,j,t_0}+(n-1)\tau] \tag{12}$$

$$\eta_m = \tau\sum_{n=m}^{N}[v_{i,j,t_0}+(n-1)\tau] \tag{13}$$

式中：$u_{i,j,t_0}+(n-1)\tau$ 和 $v_{i,j,t_0}+(n-1)\tau$ 分别表示在网格$(i\cdot j)$上 $t_0+(n-1)\tau$ 时间在 x 方向和 y 方向的风速分量。在 $t_0+N\tau$ 时，编号为 k 的排放源在空间某一点 $A(x,y,\bar{z})$造成的浓度为

$$C_{x,y,z,t_0+N\tau} = \sum_{m=1}^{N} \frac{Q_k}{(2\pi)^{3/2}\sigma_x(T)\sigma_y(T)\sigma_z(T)}$$

$$\cdot \exp\left\{-\left[\frac{\left[x - x_k - \tau\sum_{n=m}^{N} u_{i,j,t_0} + (n-1)\tau\right]^2}{2\sigma_x^2(T)}\right.\right.$$

$$\left.\left.+\frac{\left[y - y_k - \tau\sum_{n=m}^{N} v_{i,j,t_0} + (n-1)\tau\right]^2}{2\sigma_y^2(T)}\right]\right\}$$

$$\cdot \left\{\exp\left[\frac{(H-Z)^2}{2\sigma_z^2(T)}\right] + \exp\left[-\frac{(H+Z)^2}{2\sigma_z^2(T)}\right]\right\} \quad (14)$$

式中：T 为烟团扩散时间，$T=(N-m+1)\tau$。H 为烟气排放有效高度（烟囱几何高度加烟团抬升高度）。由于烟团空间位置不断变化，其位置上的风速 $u_{i,j}$，$v_{i,j}$也在变化，即不同时间、不同位置烟团运行方向有所改变，因此其轨迹会发生弯曲。

若令空间坐标值 $z=0$，则得编号为 k 的排放源对点 $A(x, y, z)$ 在地面投影点 $A'(x, y, 0)$ 造成的浓度为

$$C_{k(x,y,o,t_0+N\tau)} = \sum_{m=1}^{N} \frac{2Q_k}{(2\pi)^{3/2}\sigma_x(T)\sigma_y(T)\sigma_z(T)}$$

$$\cdot \exp\left\{-\left[\frac{\left[x - x_k - \tau\sum_{n=m}^{N} u_{i,j,t_0} + (n-1)\tau\right]^2}{2\sigma_x^2(T)}\right.\right.$$

$$+\frac{\left[y - y_k - \tau\sum_{n=m}^{N} v_{i,j,t_0} + (n-1)\tau\right]^2}{2\sigma_y^2(T)}$$

$$\left.\left.+\frac{H^2}{2\sigma_z^2(T)}\right]\right\} \quad (15)$$

式(15)即为点源地面浓度计算公式。

对 SO_2 的衰减，可以如下计算：

设某个烟团本身所含 SO_2 的质量为 Q_k，由于转化为硫酸盐，向地面沉积和湿沉降等过程，烟团内 SO_2 含量随时间的衰减率为

$$\frac{\mathrm{d}Q_k}{\mathrm{d}t} = -\beta Q_k \quad (16)$$

式(16)中 β 为衰减系数，$\beta=\beta_t+\beta_a+\beta_w$，其中：$\beta_t$ 是 $SO\rightarrow SO_2$ 的转化率；β_a 为地面吸收系数；β_w 为降水冲刷系数。

假若该烟团所经历的扩散时间为 T，则经过 T 时间后，烟团内 SO_2 含量可由式(16)导出：

$$Q_k = Q_{ko}\exp(-\beta T) \quad (17)$$

式中：Q_{ko} 为烟团排放初始 SO_2 含量。因此，考虑了 SO_2 在大气中的衰减过程中，地面浓度式(15)应乘以 $\exp(-\beta T)$。由于 $T=(N-m+1)\tau$ 则有

$$C'_k = C'_k\exp[-\beta(N-m+1)\tau] \quad (18)$$

对于 k 个污染源同时对地面上同一点，造成的 SO_2 浓度为

$$C_{x,y,z,t_0+N\tau} = \sum_{k=1}^{k} C'_k$$

对混合层顶多次反射的影响，可作如下计算：近地面层大气由于夜间地面辐射冷却出现辐射逆温层，大城市的城区，由于人口密集，人为活动破坏了近地层逆温，形成混合层。即近地层为逆减温度层结，而高空有一稳定层盖子，污染物只能在地面与逆温层底之间的通道中输送、扩散，而无法突破逆温层底向高空扩散。此时计算 SO_2 浓度分布采用烟团多次反射的模式。混合层上下边界被认为都是不可穿透的，是全反射面，烟团到达此界面后即反射。考虑到 SO_2 衰减因子，其计算公式为

$$C_{k(x,y,o,t_0+N\tau)} = \sum_{m=1}^{N} \frac{Q_k\exp[-\beta(N-m+1)\tau]}{(2\pi)^{3/2}\sigma_x(T)\sigma_y(T)\sigma_z(T)}$$

$$\cdot \exp\left\{-\left[\frac{\left[x - x_k - \tau\sum_{n=m}^{N} u_{i,j,t_0} + (n-1)\tau\right]^2}{2\sigma_x^2(T)}\right.\right.$$

$$\left.\left.+\frac{\left[y - y_k + \tau\sum_{n=m}^{N} v_{i,j,t_0} + (n-1)\tau\right]^2}{2\sigma_y^2(T)}\right]\right\}$$

$$\cdot \sum \exp\left[-\frac{(H-2PD)^2}{2\sigma_z^2(T)}\right] \quad (19)$$

式中：D 为混合层的厚度，反射次数 $P=0$，±1，±2，±3，…，一般 P 取到 ±4 就足以满足要求。式(19)计算比较复杂，在一定条件下，可做如下简化：

（1）当烟团边界尚未达混合层时，规定烟团边界为当其浓度为中心浓度的1/10时。当烟团扩散增大，边界刚刚达到混合层顶时，其扩散参数为 $\sigma_z(t_1)=0.47(D-H)$。即烟团排放 t_1 时后，其边界达到混合层顶。因此，当烟团运行时间 $T\leqslant t_1$ 时，不可能出现多次反射，故而仍用点源式(18)计算。

（2）当烟团内垂直方向浓度均匀分布时，若烟团扩散时间 $T<2t_1$，由于烟团经过多次反射以后，已使污染物垂直的浓度分布近似均匀，则可用下式计算：

$$C_{k(x,y,o,t_0+N\tau)} = \sum_{m=1}^{N} \frac{Q_k\exp[-\beta(N-m+1)\tau]}{2\pi D\sigma_x(T)\sigma_y(T)}$$

$$\cdot \exp\left\{-\left[\frac{\left[x - x_k - \tau\sum_{n=m}^{N} u_{i,j,t_0} + (n-1)\tau\right]^2}{2\sigma_x^2(T)}\right.\right.$$

$$\left.\left.+\frac{\left[y - y_k - \tau\sum_{n=m}^{N} v_{i,j,t_0} + (n-1)\tau\right]^2}{2\sigma_y^2(T)}\right]\right\} \quad (20)$$

4 单箱模式[2-3]

箱式模式的基本出发点是根据气箱内污染物的守

恒，并认为污染物是均匀的混合体。

设所取的箱顺风方向长度为L，宽为y，取混合层顶为箱顶，混合层高度为H(见图2)。根据污染物的守恒关系，讨论污染物在二维空间上交换时，则有下式成立：

$$\frac{\mathrm{d}\overline{C}}{\mathrm{d}t}=\frac{q}{H}+\frac{\overline{u}}{L}(C_{\mathrm{in}}-C_{\mathrm{out}})-\frac{\overline{C'W'}}{H} \tag{21}$$

式中：$\overline{C}$为箱内污染物平均浓度；t为时间；q为箱内单位时间、单位面积上从箱底排入污染物的量；C_{in}为箱上风风向上污染物的浓度；C_{out}为箱下风风向上污染物的浓度；$\overline{C'W'}$为单位时间内、单位面积上从箱顶排出污染物的量。

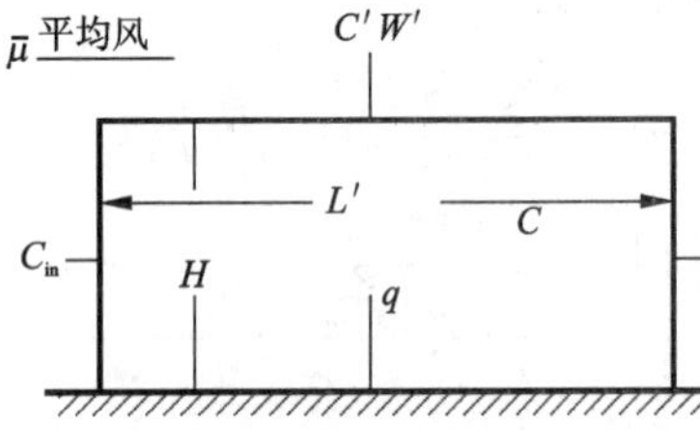

图2 箱式模式中污染物的交换示意图

这样把多个箱子排列起来，分别计算出每个箱子的平均浓度，以这些浓度的分布描述某地污染物的浓度分布。因为单箱模式计算出一个地区的污染物浓度是粗糙的，故多采用多箱模式。多箱模式可以是单层多箱，也可以是多层多箱，视条件及需要而定。

5 原始模式[2,4]

根据守恒关系可推导出一些大气流动和热力学的平衡方程，这些方程是连续性的，如运动方程、热扩散方程、状态方程等。对这些方程，根据流体的流动状态、源与漏的变化，以及所考虑的大气尺度，经过一些假设和简化后，可得到一些对某些量取时间平均后的简化方程式，其组成的方程式组称之为原始模式。

用有限差分法求解偏微分方程是一种很重要的方法。在原始模式的求解处理中，也常使用有限差分法。

将时间和空间坐标离散化为：

$$X_i=i\Delta X=ih \tag{22}$$

$$t_j=j\Delta t=iK \tag{23}$$

式中：$K=\Delta t$叫做时间步长；$h=\Delta x$叫做x方向上的步长。式(22)及式(23)平行线构成的长方形网格覆盖了整个$X-t$平面。网格交点称为网格结点，以结点上的浓度数值来描述浓度分布。

下面举例说明显示差分，可分为2种。

中心差分：

$$\frac{\partial C}{\partial X}\doteq\frac{C_{i+1}^j-C_{i-1}^j}{2\Delta X} \tag{24}$$

$$\frac{\partial^2 C}{\partial X^2}\doteq\frac{C_{i+1}^j-2C_i^j+C_{i-1}^j}{\Delta X^2} \tag{25}$$

向后差分：

$$\frac{\partial C}{\partial X}\doteq\frac{C_i^j-C_{i-1}^j}{2\Delta X} \tag{26}$$

$$\frac{\partial^2 C}{\partial X^2}\doteq\frac{C_i^j-2C_{i-1}^j+C_{i-2}^j}{\Delta X^2} \tag{27}$$

设有方程：

$$\frac{\partial C}{\partial t}+u\frac{\partial C}{\partial X}=K\frac{\partial^2 C}{\partial X^2} \tag{28}$$

$$C(X_i,0)=C_i^0 \tag{29}$$

$$C(0,t_j)=C_j^0 \tag{30}$$

方程式中u和K假定是给定常数，用向后差分表述式(28)，则得到：

$$\frac{C_i^{j+1}-C_i^j}{\Delta t}+u\frac{C_i^j-C_{i-1}^j}{\Delta X}=K\frac{C_i^j-2C_{i-1}^j+C_{i-2}^j}{\Delta X^2} \tag{31}$$

解得C_i^{j+1}为

$$C_i^{j+1}=C_{i-2}^j\left(\frac{K\Delta t}{\Delta X^2}\right)+C_{i-1}^j\left(\frac{u\Delta t}{\Delta X}-\frac{2K\Delta T}{\Delta X^2}\right)+C_i^j\left(1+\frac{K\Delta t}{\Delta X^2}-\frac{u\Delta t}{\Delta X}\right) \tag{32}$$

当$i=1, 2, 3, \cdots, N-1$时，加上边界条件就可得到C_i的线性代数方程组。

今令：$\frac{K\Delta t}{\Delta X^2}=\alpha$，$\frac{u\Delta t}{\Delta X}-\frac{2\Delta t}{\Delta X^2}=\beta$，$1+\frac{K\Delta t}{\Delta X^2}-\frac{u\Delta t}{\Delta X}=\gamma$，

则式(32)变为

$$C_i^{j+1}=C_{i-2}^j\alpha+C_{i-1}^j\beta+C_i^j\gamma \tag{33}$$

式中：C_i^{j+1}为在t_{j+1}时刻时间坐标格点i处的SO_2浓度值；C_{i-2}^j，C_{i-1}^j，C_i^j分别为时间t_j时，空间坐标格点$i-2$，$i-1$，i处SO_2浓度值。

再令$C(X-1,t_j)=C_{-1}^j=C_0^j$

则式(33)，当$j=1, 2, \cdots, m$时，则有：

$$\left.\begin{aligned}&\text{对 } i=1 \quad C_1^{j+1}=C_{-1}^j\alpha+C_0^j\beta+C_1^j\gamma\\&\text{对 } i=2 \quad C_2^{j+1}=C_0^j\alpha+C_1^j\beta+C_2^j\gamma\\&\text{对 } i=3,\cdots,n \quad C_3^{j+1}=C_1^j\alpha+C_2^j\beta+C_3^j\gamma\end{aligned}\right\} \tag{34}$$

式中：n为长度x方向所划分的段数；m为时间区间划分成Δt的微段数。

这种把扩散微分方程转化成差分方程求其数值解的方法，即使在风速和扩散系数的分布是很复杂的情况下，也可以用此模式求得SO_2浓度的分布。它适用扩散特性的研究，用计算机计算很方便。

6 污染预测的统计模式[2,4]

(1)多元线性回归模式

统计模式是目前预测 SO_2 浓度的一种很实用的方法，而其中最常使用的是建立线性回归模式。从一元回归能很容易地推广到多元线性回归。而后者的分析原理与一元的基本相同，只是计算较复杂，需要使用电子计算机。

回归模式是用浓度实测值求出回归系数，并假定这些系数不发生变化，而进行预测的。

多元线性回归有如下的形式

$$Y = b_0 + b_1X_1 + \cdots + b_mX_m + \varepsilon \tag{35}$$

式中：Y 为因变量；$X_1 \sim X_m$ 为 m 个自变量；$b_0 \sim b_m$ 为 $m+1$ 个待定系数；ε 为随机误差项，其数学期望$E\varepsilon = 0$。

通过进一步假设 ε 遵从正态 $N(0, \sigma^2)$ 分布，σ^2 是未知待定参数。

(2)逐步回归分析法

逐步回归分析法是一种巧妙地运用统计检验的方法，借助于电子计算机进行大量运算，逐步地引入和剔除已引入的自变量，经过反复筛选，最终保留与因变量 Y 关系密切的自变量，从而建立回归式的统计算法。

在给出一个对自变量重要性的检验方法基础上，首先建立起一个自变量的模式：

$$Y = b_0^{(1)} + b_1^{(1)}X_{k1} \tag{36}$$

然后再增加一个变量 X_{k2}。识别出模式。

$$Y = b_0^{(2)} + b_1^{(2)}X_{k1} + b_2^{(2)}X_{k2} \tag{37}$$

比较 X_{k1} 和 X_{k2} 的偏残差平方和，进行检验。若都是重要的，则 2 个变量都引入。若其最小者检验结果不显著，则将它剔除，再增加一个新变量，重复上述工作，进行到 S 步，得到模式为

$$Y = b_0^{(S)} + b_1^{(S)}X_{k1} + \cdots + b_P^{(S)}X_{kP} \tag{38}$$

因为每次最多只能引入一个变量，同时还可以剔除其他的变量，故 $P \leqslant S$，这样直到再也不能引入，同时再也不能剔除为止。在每步中进行检验时，每次都应在给定小概率 a 之后去查临界值 F_α。但是在逐步回归计算时，N 都较大，F_α 较稳定，所以都事先给定一个 F_α，其值愈大，剔除的自变量愈多，所保留的自变量也就愈重要，否则相反。

7　SO_2 排放量的计算[1]

黑色冶金厂的 SO_2 来源主要是：冶金厂本身产生的；冶金厂附近一些工厂产生的；居民区产生的。这 3 种 SO_2 的来源皆是由于燃料煤、燃料油及焦炭中的硫在燃烧过程中产生的。因此在计算其排放量时，要认真调查核实上述 3 种情况的燃料用量。

在燃料煤中平均含硫量($\bar{S}_c$)可按下式计算：

$$\bar{S}_c = \frac{\sum (q_i + S_i)}{\sum q_i} \times 100\% \tag{39}$$

式中：$\bar{S}_c$ 为燃料煤中的平均含硫量；q_i 为某种燃料煤的数量；S_i 为某种燃料煤的含硫量。

燃料油平均含硫量可由生产厂家查取。在我国通常可取原油平均含硫量为 1.5%，重油取 0.3%。

在计算中还要考虑燃料的燃烧率和 SO_2 的排放率，前者在手册中可查到，后者，对煤取 80%，对焦炭取 90%，对燃料油取 95%。

有了以上数据按下式能很容易地计算 SO_2 的排放量：

$$Q_{SO_2} = [Q_1\bar{S}_c\eta_1\eta'_1 + Q_2\bar{S}'_c\eta_2\eta'_2 + 0.015Q_3\eta_3\eta'_3 + 0.03Q_4\eta_4\eta'_4]A \tag{40}$$

式中：Q_{SO_2} 为 SO_2 的排放量；Q_1，Q_2，Q_3，Q_4 分别代表燃料煤、焦炭、原油、重油的使用量；$\bar{S}_c$，$\bar{S}'_c$ 为煤、焦炭中的平均含硫量；η_1，η_2，η_3，η_4 分别为煤、焦炭、原油、重油的燃烧率；η'_1，η'_2，η'_3，η'_4 分别为煤、焦炭、原油、重油产生 SO_2 排放率；A 为硫换算成 SO_2 的系数。

式(40)可计算冶金厂及其附近工厂的 SO_2 排放量。对居民区 SO_2 排放量按下式计算(即可计算网格中 SO_2 排放量)：

$$S_{(x,y)} = \sum \left[A\bar{S}_c\eta_c \left(Q_{cj}^m + Q_{cj}^d + Q_{cj}^c \frac{\sigma_{i(j)(x,y)}}{\sum\limits_M \sum\limits_N \sigma_{i(j)(m,n)}}\right] + A\bar{S}_c\eta_c(Q_c^a + Q_c^b) + A\bar{S}_o\eta_o(Q_o^a + Q_o^b) + A\bar{S}_k\eta_k(Q_k^a + Q_k^b)_{x,y} \tag{41}$$

式中：$S_{x,y}$ 为网格 x，y 内 SO_2 的排放量；A 为燃料中含硫量换算成 SO_2 的系数；$\bar{S}$ 为燃料中平均含硫量；η 为燃料中 SO_2 的排放率；Q 为耗用燃料量；$\sigma_{i(j)(x,y)}$ 为某地处于(x，y)网格内的面积；$\sum\limits_M \sum\limits_N \sigma_{i(j)(m,n)}$ 为某地处于不同网格内面积之和；c，o，k，i，j 分别表示煤、油、焦炭、街道和乡镇；m，d，a，b，c 分别表示市场、居民、大厂、中厂和小厂。

参考文献

[1] 中国科学院大气物理所. 上海宝山钢铁厂环境影响评价报告书，1984，12.

[2] 孟繁坚等. 环境系统工程导论. 北京：北京出版社，1987：105－139.

[3] Livnil G R. Environmental Systems Engineering, Mc Graw-Hill Inc, 1973.

[4] 黄淑贞. 环境预测和评价. 北京：原子能出版社，1986：66－87.

环境评价中的河流水质模型*

摘　要：本文阐述与讨论了同冶金企业有密切关系的河流水质模型。

The water quality model of river at environmental evaluation

Abstract: This paper presents the water quality model of river, which is closely related to the environmental evaluation of metallurgy enterprises.

水质模型在环境评价中是一项极为重要的内容，利用它可以进行排污总量的控制、水质预报、水质规划、水质管理，并可使水质监测达到既经济又合理的目的。

水质模型中可分为地面水质模型和地下水质模型，地面水质模型中又有河流、河口、湖泊以及水体温度模型之分。本文阐述与讨论同冶金企业有密切关系的河流水质模型。

1　河流水质模型简介[1-3]

河流水质模型是描述水体中污染物质随时间和空间迁移转化规律的数学方程(微分的、差分的、代数的等)。它可以提供河流中污染物的数量与河流水质之间的关系，进而可为该河流的水质评价、预测及影响分析等提供依据。目前河流的水质模型已成为环境质量影响评价与规划中的有力工具。

环境科学工作者对河流的水质模型进行了许多研究工作，至今已提出了许多不同的模型，按其不同的方法，大致可分类如下：

(1)按时间特性：可分为动态模型和稳态模型；

(2)按空间维数：可分为零维、一维、二维、三维水质模型；

(3)按水质的组分：可分为一组分和多组分水质模型；

(4)其他还可分为水质－生态模型；确定性模型和随机模型；集中参数模型和分布参数模型，线性模型和非线性模型等。

建立模型一般要按以下5个步骤进行。

(1)概念化：选择适当的模型变量，确定变量之间的相互影响与变化规律，写出描述这些关系的数学方程；

(2)考察模型的一般特性：考察模型的平衡特性、稳定性和灵敏性；

(3)确定模型参数：模型中含有的一些拟取常数值的参数要用经验公式、实验室试验或数学方法等加以确定；

(4)模型的检验：对上述得到的模型用独立于确定时所用数据的新观测数据与模型的计算相比较，如果达到预期精度，则所建立的模型是成功的，否则要重复上述过程另建新模型；

(5)模型的应用：使用所建立的模型去解决提出的问题，若能得到圆满解决，则建立的模型是成功的。

2　污染物的一维迁移模型

(1)水量平衡的连续性方程

根据图1，经过推算，可得到如下的水量平衡连续性方程：

$$\frac{\partial A}{\partial t}=\frac{-\partial Q}{\partial x}+b(P_S-E_S)+(\tilde{q}-\tilde{q}_b) \tag{1}$$

* 该文首次发表于《湖南有色金属》，1990年，第2期，53~56页，及第4期，36~41页。

式中：A 为河床过水的断面积，m^2；t 为时间，s；Q 为流量，m^3/s；b 为水面宽度，m；x 为水体厚度，m；P_S 为降水量，$m^3/(s \cdot m^2)$；E_S 为蒸发量，$m^3/(s \cdot m^2)$；$\tilde{q}$ 为从侧向进入的分布流量，$m^3/(s \cdot m^2)$；$\tilde{q}_b$ 为渗流量(如果是负值就表示有地下水渗入)，$m^3/(s \cdot m^2)$。

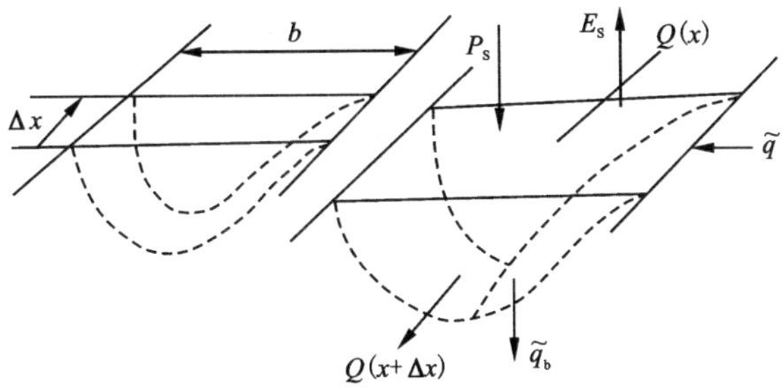

图1　水量平衡的计算体单元

$Q(x)$ 和 $Q(x+\Delta x)$ 分别为从上游进入薄片水体的流量和向下游流出薄片水体的流量(m^3/s)

在一般情况下，可将 P_S，E_S 和 $\tilde{q}_b$ 忽略，这时式(1)变为

$$\frac{\partial A}{\partial t}+\frac{\partial Q}{\partial x}=\tilde{q} \tag{2}$$

式中符号的意义与式(2)相同。式(1)和式(2)皆是水量平衡的连续性方程。

(2)污染物的一维迁移方程

污染物的一维迁移方程如下式所示：

$$\frac{\partial(A_C)}{\partial t}=-\frac{\partial(Q_C)}{\partial t}+S_e+bS_S+AS_V \tag{3}$$

式中：A 为河床过水的断面积，m^2；C 为污染物的浓度，g/L；Q 为流量，m^3/s；S_e 为 qC_i。C_i 为该分布流量中污染物的浓度，g/L；S_S 为单位时间内单位面积上的源和漏，$g/(m^3 \cdot s)$；S_V 为单位时间内单位体积上的源和漏，$g/(m^3 \cdot s)$。

式(3)为推流时的污染物迁移方程，它的应用很普通，但是在应用中还要考虑分子扩散、紊流扩散和弥散等作用，故有如下3种情况。

1)考虑分子扩散时，则式(3)变为

$$\frac{\partial(A_C)}{\partial t}=-\frac{\partial(Q_C)}{\partial t}=\frac{\partial}{\partial x}\left(\varepsilon_m A\frac{\partial c}{\partial x}\right)+SA \tag{4}$$

式中：ε_m 为分子扩散系数；S 为表示除扩散以外的全部源和漏，mg/L·s。

2)在式(4)的基础上，又考虑了紊流扩散，则式(4)变为

$$\frac{\partial(A_C)}{\partial t}=-\frac{\partial(Q_C)}{\partial t}=\frac{\partial}{\partial x}\left[(\varepsilon_m+\varepsilon_T)A\frac{\partial c}{\partial x}\right]+SA \tag{5}$$

式中：ε_T 为紊流扩散系数。

3)在式(5)的基础上再进一步考虑弥散时，则式(5)变为：

$$\frac{\partial(A_C)}{\partial t}=-\frac{\partial(Q_C)}{\partial t}=\frac{\partial}{\partial x}\left[(\varepsilon_m+\varepsilon_T+D)A\frac{\partial c}{\partial x}\right]+SA \tag{6}$$

式中：C 为整个断面的平均浓度；D 为弥散系数；S 为总的源和漏

$$S=\frac{S_e}{A}+\frac{S_S}{f}+S_v$$

$S_e=\tilde{q}C$(q 为从侧向进入的分布流量，C 为该分布流量中污染物的浓度)；f 为过水断面的平均浓度。

(3)三维迁移方程

首先应该说明，还有二维迁移方程，我们在此只讨论三维迁移方程。

按图2可写出三维迁移方程：

$$\frac{\partial c}{\partial t}+\sum_i\frac{\partial c}{\partial x_i}=\sum_i\frac{\partial}{\partial x_i}\left[(\varepsilon_m+\varepsilon_{T,i})\frac{\partial c}{\partial x_i}\right]+S \tag{7}$$

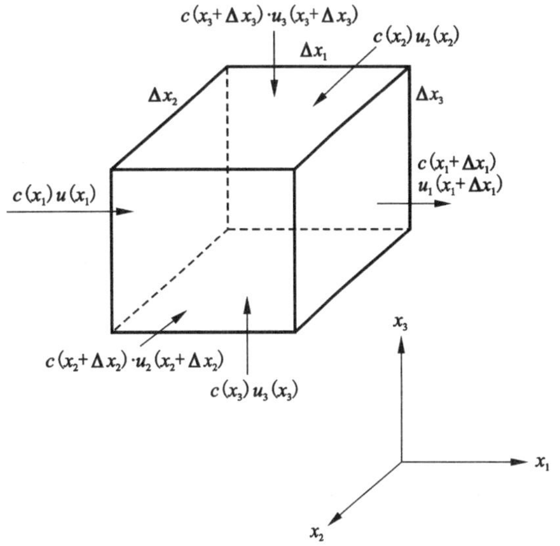

图2　三维控制体积单元

对上式说明如下：在式(7)中 c，u 和 $\varepsilon_m+\varepsilon_{T,i}$ 是3个坐标 x_1，x_2 和 x_3 的函数；在式(7)中没有出现弥散系数 D 的原因是因为它只能在一个三维方程经过截面平均才能得到；式(7)可用来描述任何水体中污染物的迁移过程，对于不同的水体只是该式中参数值和解方程时的边界条件有所不同，而方程式的形式无明显差别。

(4)确定 D 的方法

1)示踪法

把示踪物水团看作空间坐标的函数，以示踪物水

团的速率来度量弥散系数，即：$D=\frac{1}{2}\frac{\partial}{\partial t}\sigma_x^2$ 在2个测点 x_1 和 x_2 处观测示踪物水团，示踪物水团通过2个测点的平均时间分别为 $\bar{t}_1$ 和 $\bar{t}_2$，2个测点间主流的流速为 u，则可用示踪物水团的时间分布来计算 D：

$$D=\frac{u^2}{2}(\sigma^2\bar{t}_2-\sigma^2\bar{t}_1)\frac{1}{\bar{t}_1-\bar{t}_2} \tag{8}$$

式中：σ 为示踪物最高浓度50%处的2点距离。

2）Elder 公式

$$D=5.93fu_* \tag{9}$$

$$u_*=\sqrt{gf_i}$$

式中：g 和 f 的意义同前，i 为河底坡度。

3）Holley Harleman 公式

$$D=8.72nuf^{5/6} \tag{10}$$

式中：n 为 Maning 粗糙系数，$m^{-1/3}/s$。

4）Fischer 公式

Fischer 给出了以下公式：

$$D=-\frac{1}{A}\int_0^b q'(y)\mathrm{d}y\int_0^y\frac{1}{D_y f(y')}\mathrm{d}y'\int_0^{y'}q''(y'')\mathrm{d}y'' \tag{11}$$

式(11)可用以下近似积分公式计算：

$$D=-\frac{1}{A}\sum_{K=2}^{n}q_{K'}\Delta y_K\left[\sum_{j=2}^{K}\frac{\Delta y_i}{D_{y_i}f_i}\left(\sum_{i=1}^{i-1}q'_i\Delta y_i\right)\right] \tag{12}$$

式中：$q'(y)=\int_0^{f(y)}[u(z,y)-\bar{u}]\mathrm{d}y$；$D_{y_i}=f_i=0.23fue$；$ue=\sqrt{gf_i}$；$\bar{u}$ 为断面平均流速；z 为垂直方向坐标；y 为横坐标；D_y 为横向紊流混合系数。

3 水质模型[1,3-5]

（1）生化需氧量（BOD）的模型

假定BOD反应是一级反应，即认为在任何时候反应速率都和剩余的有机物数量呈正比，用 L 代表有机物转化成 H_2O 和 CO_2 时的需氧量，则

$$\frac{-\mathrm{d}L}{\mathrm{d}t}=K_1L \tag{13}$$

当 K_1 为常数时，可得到：

$$L(t)=L_0\mathrm{e}^{-Ki} \tag{14}$$

假定 Y 是时间间隔 (O,t) 内所用掉的氧量，则：

$$Y(t)=L_0-L(t)=L_0(1-\mathrm{e}^{-Ki}) \tag{15}$$

式中：L_0 为初始的BOD值；K_1 为耗氧系数。

在实验室中测得的 K_1 常与河流中的 K_1 不同。Bosko 提出了在实验室里确定的 K_1 与河流中的实际耗氧速率之间有如下关系：

$$K_{1,R}=K_{1,L}+n_a\frac{u}{f} \tag{16}$$

式中：u 为河流流速，m/s；f 为平均水深，m；$K_{1,L}$ 为实验室测得的耗氧速率常数，d^{-1}；$K_{1,R}$ 为河流中的耗氧速率常数，d^{-1}；n_a 为河床的活度系数，它决定于河流坡度，在坡度为0.47～9.47 m/km，n_a 在0.10至0.60之间。

耗氧速率常数与温度有关，它随温度上升而增大，通常要用下式进行修正：

$$K_1(T)=K_1(20)\theta^{(T-20)} \tag{17}$$

式中：T 为温度；θ 在1.047到1.140之间。

（2）细菌的生长模型

在有营养物存在时，细菌的生长和随营养物耗尽时细菌的衰减可用下式描述：

$$\frac{\mathrm{d}B}{\mathrm{d}t}=\mu B+P_BB \tag{18}$$

式中：B 为细菌的浓度；μ 为细菌的比生长率；P_B 为细菌的比死亡率。

比生长率 μ 是营养物浓度 S_F 的函数，可用下式求取：

$$\mu=\hat{\mu}\frac{S_F}{K_S+S_F} \tag{19}$$

式(19)中的 $\hat{\mu}$ 是当 S_F 很大时细菌所能达到的最大比生长率，K_S 是半速度常数。

对于高基质浓度的情况，微生物生长是零级反应（参见图3），可把细菌浓度和基质浓度联系起来：

$$-\frac{\mathrm{d}S_F}{\mathrm{d}t}=\frac{1}{Y_C}\frac{\mathrm{d}B}{\mathrm{d}t} \tag{20}$$

式(20)的解是：

$$B-B_0=-Y_C(S_F-S_{F,0}) \tag{21}$$

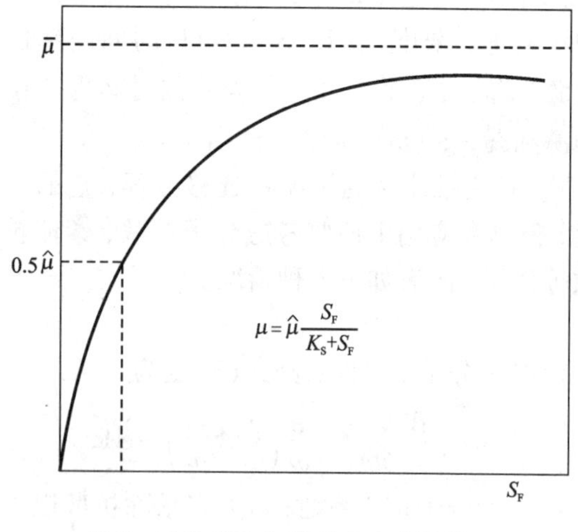

图3 比生长率和营养物浓度的关系

当 S_F 足够大时，可以忽略比死亡率，即可写出基质浓度与细菌生长之间的关系式：

$$-\frac{dS_F}{dt}=\frac{1}{Y_C}\hat{\mu}B\frac{S_F}{K_S+S_F} \tag{22}$$

（3）溶解氧（DO）的模型

1）Streeter-phelps 模型

在河流中消耗水中溶解氧的主要过程是：BOD 反应，硫化作用，污泥的氧化，藻类的呼吸，曝气（复氧）和光合的复氧过程。

在分析河流水质时，用来描述上述过程的最简单和使用最广泛的模型为 Streeter-phelps 模型。这个模型的假设条件是：DO 浓度仅取决于 BOD 反应与复氧过程，而且把 BOD 的降解假定为一级反应；水中溶解氧的减少只是由 BOD 降解引起的，而且与 BOD 降解有相同的速率；复氧速度与氧亏成正比（所谓氧亏是可能达到的饱和溶解度 C_S 与实际的溶解氧浓度 C 之间的差值）。由上述条件得出的 Streeter-phelps 模型为：

$$\frac{\partial L}{\partial t}+\mu\frac{\partial L}{\partial x}=D\frac{\partial^2 L}{\partial x^2}-K_1L \tag{23}$$

或 $$\frac{\partial C}{\partial t}+\mu\frac{\partial C}{\partial x}=D\frac{\partial^2 C}{\partial x^2}-K_1L+K_2(C_S-C) \tag{24}$$

2）Streeter-phelps 模型的几种修正形式

Streeter-phelps 模型的假设之一是水中氧的消耗速率与 BOD 的降解速率相等，这种假设是不正确的，由于沉淀作用的影响，河流里 BOD 的减少速率会高于水中氧的消耗速率，或者由于再悬浮作用使 BOD 的减少速率低于氧的消耗速率，因此提出了以下几种修正式。

Thomas 修正式：

$$\frac{\partial L}{\partial t}+\mu\frac{\partial L}{\partial x}=D\frac{\partial^2 L}{\partial x^2}-(K_1+K_3)L \tag{25}$$

式中：K_3 是考虑了沉淀、絮凝、冲刷和再悬浮等影响因素的一个系数，它既可大于零，也可以小于零。

Dobbins 修正式：

在式（25）的右侧再增加一项$\frac{S_L}{A}$，则方程式为：

$$\frac{\partial L}{\partial t}+\mu\frac{\partial L}{\partial x}=D\frac{\partial^2 L}{\partial x^2}-(K_1+K_3)+\frac{S_L}{A} \tag{26}$$

式（26）即为 Dobbins 修正式。新增加的$\frac{S_L}{A}$项可以描述所有没有被包括在别的项里的外界对 BOD 的影响。

Camp-Dobbins 修正式：

有时还要考虑生物的呼吸及光合作用，而引进了一个常数项（$P-R$），这一项是光合作用产氧速率 P 与藻类呼吸耗氧的速率 R 之间的差值。这时溶解氧的方程式为：

$$\frac{\partial C}{\partial t}+\mu\frac{\partial C}{\partial x}=D\frac{\partial^2 C}{\partial x^2}-K_1L+K_2(C_S-C)+(P-R) \tag{27}$$

O'eonnor 修正式：

O'eonnor 建议用 2 个独立的 $P(x, t)$ 和 $R(x, t)$ 来分别描述光合作用和呼吸过程，并假定它们是时间的函数。使 $L=L_C+L_N$（总 BOD 是碳化物 BOD 与氮化物 BOD 之和）。

则：$$\frac{\partial L}{\partial t}+\mu\frac{\partial L}{\partial x}=D\frac{\partial^2 L}{\partial x^2}-(K_C+K_3)L_C+\frac{S_{L0}}{A} \tag{28}$$

3）参数的估算

①耗氧系数 K_1 的估算

a. 用野外观测资料推求 K_1

$$K_1=\frac{1}{\Delta t}\ln\frac{C_{上}}{C_{下}} \tag{29}$$

式中：Δt 为污染物随水流从上断面迁移到下断面的时间，d；$C_{上}$，$C_{下}$ 为上、下断面实测 BOD 的浓度，mg/L。

b. 用实验室试验资料推求 K_1

应用一套 BOD 的数据，使用最小二乘法，可以找出 BOD 和 K_1 的最终值。

在几次试验中，由于试验值对应试验时间在单对数纸上作图点比较分散，于是设法拟合一条直线，使试验值离开均值的偏差平方和达到最小，这一条直线即为最佳拟合线，其斜率即为耗氧系数 K_1，而截距为 BOD 的最终值。

复氧系数 K_2 的估算：

a. 差分复氧系数公式

$$K_2=K_1\frac{\overline{C}}{\overline{D}}=\frac{\Delta D}{2.3\Delta tD} \tag{30}$$

式中：K_1，K_2 为耗氧系数和复氧系数，d^{-1}；ΔD 为上、下断面亏氧之差，mg/L；$\overline{C}$，$\overline{D}$ 为上、下断面 BOD 和亏氧的均值，mg/L；Δt 为流经上、下断面的时间差，d。

b. Streeter-phelps 复氧系数经验公式

$$K_2=C\frac{\mu^n}{H^m} \tag{31}$$

$C=\frac{\mu}{\sqrt{RX}}$，C 称为谢才系数。

式中：R 为水力学半径，$R=\frac{A}{X}$；X 为断面的湿周长；A 为水面比降；n 为粗糙系数，一般取 $n=\frac{1}{6}$；m 为经验系数，一般取 $m=2$。

c. O'connor-Dobbins 复氧系数经验公式

对深度小而流速大的河流，公式为

$$K_2 = \frac{480E_M^{1/2}I^{1/4}}{H^{5/3}} \quad (32)$$

对深度大而流速小的河流，公式为

$$K_2 = \frac{127(E_M\mu)^{1/2}}{H^{3/2}} \quad (33)$$

式中：E_M 为分子扩散系数，cm^2/m，E_M 的大小与温度有关，其计算公式为：

$$E_M = 2.037(1.037)^{(T-20)} \times 10^{-5}$$

d. Isaacs 复氧系数经验公式

$$K_2(20℃) = C\frac{\mu}{H^{3/2}} \quad (34)$$

式中：C 是与断面形状与粗糙度有关的系数，通常取 $C = 2.833$。

4）基本 Streeter-phelps 模型的解

考虑弥散时的稳态解（温度 T 是常数），这时的 BOD 方程是：

$$D\frac{d^2L}{dx^2} - \mu\frac{dL}{dx} - K_1L = 0 \quad (35)$$

假设有一条无限长的河流，它在 $x=0$ 处有一个排放 BOD 的污染源，边界条件为 $L_{(0)} = L_0$，$L(\infty) = 0$，则在 $x=0$ 和 $x=\infty$ 之间式(35)的解是：

$$L = L_0 e^{\frac{ux}{2D}(1-\sqrt{1+4Dk_1/u^2})} = L_0 e^{\beta_1 x} \quad (36)$$

式中：$\beta_1 = \frac{ux}{2D}\left(1-\sqrt{1+4Dk_1/u^2}\right)$ (37)

对 D_0 的方程为：

$$D\frac{d^2c}{dx^2} - \mu\frac{dc}{dx} - K_2c = K_1L_0e^{\beta_1 x} - K_2C_S \quad (38)$$

对于边界条件为 $C_{(0)} = C_0$ 和 $C(\infty) = C_S$ 的情况，则得到下式的解：

$$C = C_S - (C_SC_0)e^{\beta_2 x} + \frac{K_1L_0}{K_1-K_2}(e^{\beta_1 x} - e^{\beta_2 x}) \quad (39)$$

式中：$\beta_2 = \frac{ux}{2D}\left(1-\sqrt{1+4DK_2/u^2}\right)$

不考虑弥散时的稳态解：

对 BOD：$L = L_0e^{-\frac{K_1}{\mu}x}$ (40)

对 DO：$C = C_S - (C_S - C_0)e^{-\frac{K_2}{\mu}x}$

$$+ \frac{K_1L_0}{K_1-K_2}(e^{-\frac{K_1}{\mu}x} - e^{-\frac{K_2}{\mu}x}) \quad (41)$$

临界溶解氧浓度：

$$C_C = C_S\frac{L_0}{F}\left\{F\left[1-(F-1)\frac{C_S-C_0}{L_0}\right]\right\}\frac{1}{1-F} \quad (42)$$

式中：$F = \frac{K_2}{K_1}$。

在式(42)中，如 L_0 相当大，则 C_C 可能成为负值，显然是不合理的，为此 Shastry 等人提出一个求取临界溶解氧的非线性模型：

$$\frac{\partial L}{\partial t} + \mu\frac{\partial L}{\partial x} = -\tilde{K}_1LC \quad (43)$$

$$\frac{\partial C}{\partial t} + \mu\frac{\partial C}{\partial x} = -\tilde{K}_1LC + K_2(C_S - C) \quad (44)$$

式(44)中 $\tilde{K}$ 是一个常数，不会产生负的溶解浓度值。

5）关于底泥与呼吸耗氧，以及光合与硝化作用的影响

底泥和呼吸耗氧，可以用零级反应描述底泥的耗氧，即在 DO 方程里附加一个漏项 $-S_C$，S_C 是一个不变的速率，如果令 S_C 为深度 f 的函数，即定义 $S_L = S_C/f$，则能对模型有所改善，其中 S_C 是个常数。

用上述类似的方法，以一个常数速率 $-R$ 来模拟呼吸作用的耗氧。

为了描述光合作用，可以在 DO 方程中引入一个源项 P，它在白天表现为类似正弦函数的变化，而在夜间则等于零：

$$P = \begin{cases} P_{max}S_{in}\left(\frac{\pi(t-t_{sr})}{t_{ss}-t_{sr}}\right) & , t_{sr} < t < t_{ss} \\ 0 & , t_{sr} > t > t_{ss} \end{cases}$$

式中：t_{ss} 为日落时间，h；t_{sr} 为日出时间，h；P_{max} 为光合作用最大产氧率，mg/d。

氮的硝化作用，氮硝化作用是 BOD 降解的第二阶段，通常可用 O'connor 提出的模型描述（是 O'connor 修正模型）。

对硝化作用更深入的理解至少应分为 2 个过程：还原性的无机氮消耗溶解氧；亚硝酸氮的硝化消耗溶解氧。为此提出了 2 个数学模型：

$$\frac{-dC_{N_1}}{dt} = \frac{K_{N_1}M_{N_1}C_{N_1}}{K_{S_1}+C_{N_1}} \quad (45)$$

式中：K_{N_1} 为氮硝化的反应速度常数；M_{N_1} 为氮氧化细菌的浓度；K_{S_1} 为氮硝化的半速度常数。

$$\frac{-dC_{N_2}}{dt} = \frac{dC_{N_1}}{dt}\frac{K_{N_2}M_{N_2}C_{N_2}}{K_{S_2}+C_{N_2}} \quad (46)$$

由于亚硝基氮氧化，亚硝基氮细菌的数量随时间而增加，可用下式描述：

$$M_{N_2} = M_{N_2}^0 + \alpha_{N_2}(C_{N_2}^0 - C_{N_2}) + \alpha_{N_1}(C_{N_1}^0 - C_{N_1}) \quad (47)$$

式中：K_{N_2} 为亚硝酸氮硝化的速度常数；M_{N_2} 为亚硝酸氮细菌浓度；K_{S_2} 为亚硝酸氮氧化的半速度常数；α_{N_2} 为亚硝酸氮细菌的产量常数，$\alpha_{N_2} = 0.084$。

4 模糊数学在水质模型中的应用

（1）模糊数学的水质模型[6]

在对水环境系统的水质评价时，水体各污染元素构成了一个众多因子的论域 M，为使评价有一个较为明确的结论，根据水的用途和特征划分为五级水质标准。用这些标准可以逐个刻画各元素隶属于各级标准的程度，这些属隶程度可用隶属函数来表示，而隶属系数则构成了单因素评价的一个模糊矩阵 $\tilde{\boldsymbol{R}}$。这个模糊矩阵 $\tilde{\boldsymbol{R}}$ 表示从被考虑的污染元素到评定等级的一种模糊转化关系。

设某污染物在五级水质中的标准数值分别为 A，B，C，D 和 E，实测值 x_i 和 y_j 则为某污染物对于 j 级水的隶属度($j=1,2,3,4,5$)。

其计算公式如下：

$$Y_1\text{ 级}=\begin{cases}1 & x_i\leqslant A\\ -\dfrac{M}{(B-A)}(x_i-B) & B>x_i>A\\ 0 & x_i\geqslant B\end{cases}$$

$$Y_2\text{ 级}=\begin{cases}\dfrac{M}{(B-A)}(x_i-A) & B>x_i>A\\ -\dfrac{M}{(C-B)} & C>x_i>B\\ 0 & x_i\geqslant C,\ x_i\leqslant A\end{cases}$$

$$Y_3\text{ 级}=\begin{cases}\dfrac{M}{(C-B)}(x_i-B) & C>x_i>B\\ -\dfrac{M}{(D-C)}(x_i-D) & D>x_i>C\\ 0 & x_i\geqslant D,\ x_i\leqslant B\end{cases}$$

$$Y_4\text{ 级}=\begin{cases}\dfrac{M}{(D-C)}(x_i-C) & D>x_i>C\\ -\dfrac{M}{(E-D)}(x_i-E) & E>x_i>D\\ 0 & x_i\geqslant E,\ x_i\leqslant C\end{cases}$$

$$Y_5\text{ 级}=\begin{cases}1 & x_i\geqslant E\\ -\dfrac{M}{(E-D)}(x_i-D) & E>x_i>D\\ 0 & x_i\leqslant D\end{cases}$$

式中：M 为某一实数值，使 $1>Y_j>0$。

(2)综合评价

在综合评价中，被考虑的各元素又构造一个论域 v，在论域 v 上只能模糊地刻划被考虑元素在评价中所起的作用，这种考虑各元素在综合评价中影响的各种轻重程度的过程称之为加权处理。

在实际中可以采用最大矩阵元法中的置信水平 λ 来作为污染物的权重，可从主要污染作用出发，系统地、综合地表征水体的污染程度，其算法如下：

把各断面上各元素的实测值用某种用途的水质标准进行标准化处理，然后按下式求出各矩阵元，组成一个对角线为1的模糊矩阵 $\underset{\sim}{\boldsymbol{W}}$

$$\gamma_{ij}=\sum_{k=1}a_{ik}a_{jk}/M \tag{48}$$

式中：a_{ik}，a_{jk} 分别表示第 i 和第 j 样本的 K 项指标变量的参数值，M 取一实数，使 $0\leqslant\gamma_{ij}\leqslant1$。

$i,j=1,2,3,\cdots,n,\ i\neq j$

$k=1,2,3,\cdots,m$

$x_i\leqslant D$

根据最大矩阵元原理，取矩阵 $\underset{\sim}{\boldsymbol{W}}$ 中各行的最大值 λ_1 作置信水平，即 $\overset{n}{\underset{j=1}{V}}(\gamma_{ij})=\lambda_i$。

各影响因素的权系数由下式获得：

$$W_i=\frac{\lambda_i}{\sum\lambda_i} \tag{49}$$

各权系数又可构成一个模糊矩阵 $\underset{\sim}{\boldsymbol{A}}$，模糊矩阵 $\underset{\sim}{\boldsymbol{A}}$ 可定量体现对水质造成影响的各污染物影响程度的大小，在计算时，如果把 i，j 与 k 置换，所得的模糊矩阵 $\underset{\sim}{\boldsymbol{A}}'$ 还可定量体现各点对水域整体造成影响程度的大小顺序。

将单因素评价中的模糊矩阵 $\underset{\sim}{\boldsymbol{R}}$ 与权系数的模糊矩阵 $\underset{\sim}{\boldsymbol{A}}$ 进行矩阵复合运算，便可得出综合评价结果(模糊矩阵的复合运算，类似于普通矩阵相乘，只是将"+"改变为"∨"(即最大)，将"·"改为"∧"(即最小)。

(3)应用实例

长沙矿冶研究院环保所[7]借助于模糊数学进行了涟源钢铁厂涟水水质模糊评价的探索。在其工作中首先用降半梯形分布法确定隶属函数，求出各水质项目对各级水的隶属度 $\lambda_{ij}[\mu(C_i)]$：

$$\mu(C_i)=\begin{cases}1 & 0\leqslant C_i\leqslant E_1\\ \dfrac{E_2-C_i}{E_2-E_1} & E_1\leqslant C_i\leqslant E_2\\ 0 & E_2\leqslant C_i\end{cases} \tag{50}$$

式中：E_1，E_2 为相邻两级水的标准值；C_i 为 i 项项目的实测浓度。

列出模糊矩阵 $\underset{\sim}{\boldsymbol{R}}$

$$\underset{\sim}{\boldsymbol{R}}=\begin{bmatrix}\gamma_{11}\cdots\cdots\gamma_{i1}\\ \gamma_{1j}\cdots\cdots\gamma_{ij}\end{bmatrix}$$

工作中：$i=1\sim20$，$j=1\sim3$。

按下式计算评价结果 $\underset{\sim}{\boldsymbol{D}}$

$$\underset{\sim}{\boldsymbol{D}}=\underset{\sim}{\boldsymbol{A}}\cdot\underset{\sim}{\boldsymbol{R}}$$

该工作中的"$\dot{*}$，$\overset{+}{*}$"算子采用"·"、"V"，即用 $M(\cdot,V)$ 模型计算：

$$d_j=\overset{m}{\underset{i=1}{V}}a_i\cdot\gamma_{ij} \tag{51}$$

$$\underset{\sim}{D}=\left(\frac{d_1}{V_1}+\frac{d_2}{V_2}+\cdots+\frac{d_i}{V_j}\right) \tag{52}$$

评价项目油、COD、BOD_5、酚、氰化物、铜、铅、镉、汞、铬、砷、锌、硫化物、氯、pH、DO 等 16 个。

根据上述步骤，按各项目的实测值计算出 $\underset{\sim}{A}$ 和 $\underset{\sim}{R}$，进一步计算得到：

$\underset{\sim}{D}=(0.073, 0.129, 0.06)$

归一化后，$\underset{\sim}{D}=(0.28, 0.49, 0.23)$即涟源钢铁厂的涟水水质对于一、二、三级水的隶属度分别为 0.28，0.49，0.23，应近于二级水质。

5 结语

在环境评价中，建立水质数学模型是一项极为重要而又复杂的工作。因为地面水和地下水这 2 大类的水质模型各成系统。地面水中又有河流、河口、湖泊等具体情况，还有水体温度等因素，这就给水质模型带来了不同对象的特点。本文所讨论的仅仅是河流中的水质模型。

因为影响水质模型的因素众多，一般建立起的数学公式都比较复杂，因此公式求解都需要借助于计算机运算。

当今环境科学工作者对水质模型已进行了许多研究，提出了许多模型公式，今后仍会不断努力，使建立起来的模型更符合实际需要。

参考文献

[1] W·金士博. 水环境数学模型. 北京：中国建筑工业出版社，1987.

[2] S Kinaldietal. Modeling and Control of River Quality. Mc GrawHill, New York, London, 1979.

[3] 孟繁坚等. 环境系统工程导论. 北京：轻加工出版社，1987.

[4] B Patter. Systems Analysis and Simulation. London, 1971.

[5] L Rich. Environmental Systems Engineering. Mc GrawHill, New York, London, 1973.

[6] 孙幼平等. 中国环境科学，1988，8(3)：72.

[7] 冶金部长沙矿冶研究院环保所. 涟源钢铁厂"七五"改、扩建工程环境影响报告书，1988，9.（内部资料）

离子交换及其在废水处理中的应用*

摘　要： 本文阐述了离子交换法处理废水的优点，介绍了十余种树脂在废水处理中的应用，并总结了离子交换法处理废水的概况。

Ion exchange methods and their application to wastewater treatment processes

Abstract: This paper presents the advantages offered by ion exchange methods for wastewater treatment, and the applications of more than a decade of resins to this method. Finally this paper surveys the present status of development of this method for wastewater treatment.

废水处理是环保中一项重要任务。环保界的国内外工作者研究了不少废水处理方法。目前应用及研究的一些废水处理方法中，离子交换法具有可深度净化、效率高及能达到综合回收等优点，因而占有十分重要的地位[1-2]。

本文介绍了几类离子交换树脂，并对其在废水处理中的应用进行了简述。

1　吸附树脂[2-3]

吸附树脂也称为树脂吸附剂，它们在制造时未经过官能团反应，因而不带有能交换的功能基团。它们与活性炭、硅胶、氧化铝等无机吸附材料有相似的吸附、解吸机理。这类树脂按其结构可分为非极性、中等极性、极性及强极性4种类型。目前市场上出售的美国Amberlite XAD(1～5)和日本Diaion HP(10～50)系列产品，均属于大孔径的吸附树脂。

在废水处理中，吸附树脂常用于活性炭不易再生的情况下，用它们分离、回收、吸附一些物质。由于这类树脂的吸附能力是随着被吸附分子的亲油性而增加的，所以特别适用于废水中酚、油、三硝基甲苯(TNT)等有机物的脱除，也适用于农药、印染、造纸废水的处理。例如，使用Amberlite XAD－8型吸附树脂处理造纸及印染废水时，BOD可降低40%，COD可降低60%，脱色率可达75%～90%。

2　螯合树脂[1-2]

螯合树脂是带有螯合能力的基团，对特定离子具有特殊选择能力的树脂。这类树脂与金属离子既有生成离子键，又有形成配价键的能力。

按树脂官能团分类主要有：FDTA类、肟类、8－羟基喹啉类、吡咯烷酮类及3(5)　甲基吡唑等。

目前已合成了多种螯合树脂，其中最主要的是带有胺基羧酸类官能团的树脂。如美国的Dowex A－1、IRC－718，日本的Diaion CR－10，苏联的K－1、K－2等应用最为普遍。这些树脂对Cr^{3+}，In^{3+}，Hg^{2+}，Co^{2+}，Hg_2^{2+}，Ca^{2+}，Ni^{2+}等具有特殊的选择性。如用多胺基的螯合树脂处理含/$\times10^{-6}$：Mn 15，Cu 28，Cd 0.2，SO_4^{2-} 3200的矿山废水时，经30 h的吸附后，排放水中达到/$\times10^{-6}$：Mn <0.005，Cu <0.003，Cd <0.005，SO_4^{2-} <0.03，可见效果特佳。这些年在市场上出售了能选择吸附汞的螯合树脂，这种树脂可使处理后的水中，汞含量小于5 mg/L。

* 该文首次发表于《矿冶工程》，1989年，第1期，55～58页。

3 氧化还原树脂[1, 3]

氧化还原树脂是指带有能与周围的活性物质进行电子交换、发生氧化还原反应的一类树脂，这类树脂也称为电子交换树脂。对这类树脂可举出一个典型例子：

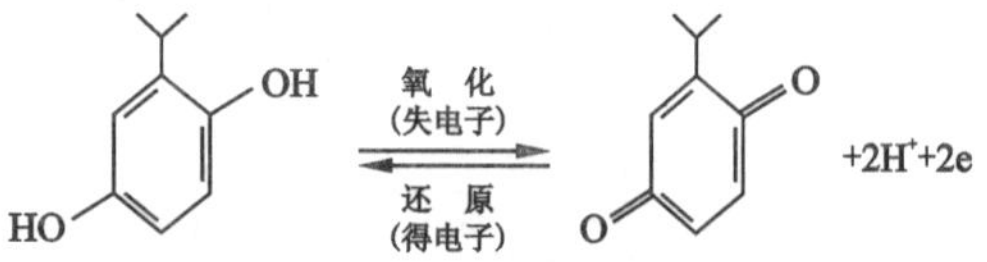

现在含有这类树脂的商品有：Serdoxit PA，Duolite S－10，Amberite XE_{239}，Eu5，Eu12，Eo－11等。这类树脂在废水处理中，可将高毒性的 Cr^{6+} 还原成较低毒性的 Cr^{3+}。在纤维印染、彩色照相及工业废水的生化处理上都使用了氧化还原树脂。

4 两性树脂[2]

将2种性质相反的阴、阳离子功能基(如：一至四胺、磺酸、膦酸、羧酸等)连接在同一树脂骨架上，就构成了两性树脂。在树脂结构中，这类树脂骨架上的2种功能基距离很近，在与溶液里的阴、阳离子进行交换后，只要使其通过水，稍稍改变体系的酸、碱条件即可发生相反的水解反应，使树脂恢复原型，而可重复使用。

应该说明，这类树脂骨架上的2种功能基是以共价键连接的，而蛇笼树脂中2种聚合物仅机械地绞缠在一起，这是它们的区别。

由于这类树脂内部2种功能基很接近，在络合能力上与螯合树脂相似，对许多金属具有特殊的选择性。

苏联合成了一系列两性树脂。例如 AHKY 代表弱碱－强酸性系列树脂；ABKY 代表强碱－强酸性系列树脂，AHKБ 代表弱碱－弱酸性系列树脂；ABKБ 代表强碱－弱酸性系列树脂。这些牌号的两性树脂，在处理废水中得到了广泛的应用。

5 蛇笼树脂[4]

这类树脂与两性树脂相似，在同一个树脂颗粒内带上阴、阳交换功能基的2种聚合物。一种是以交联的阴离子树脂为笼，而以线型的聚丙烯酸为蛇，另一种是以交联的多元酸为笼，而以线型的多元碱为蛇。这2种情况都像把蛇关闭于笼网中，故形象地称它们为蛇笼树脂。这类树脂的结构可以表示如下：

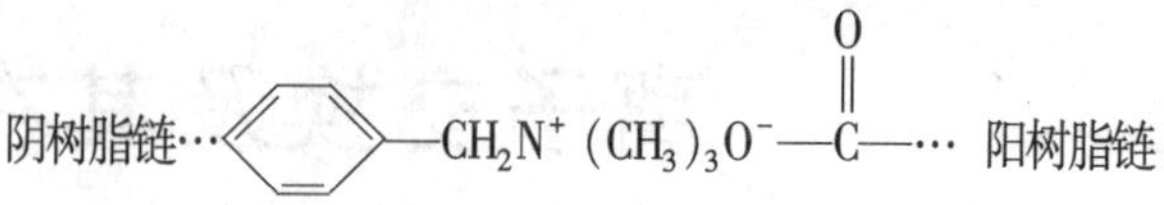

这类树脂的2种功能基可以互相接近，几乎相互吸引中和，但遇到溶液中的离子时，还能起交换反应。

这类树脂的应用原理是离子阻滞，即利用蛇笼树脂中所带阴、阳2种功能基截留阻滞处理溶液中强电解质(盐)而排斥有机物(乙二醇)，使有机物在流出液中首先出现，所以叫阻滞法。

蛇笼树脂的再生是用水，而不需使用药剂。

美国 Dow 化学公司生产的 Retardation11A_8 即是蛇笼树脂，它应用于废水脱盐、从有机物中分离出无机盐(如除去糖类、乙二醇、甘油等极性有机物中的盐)、2种无机盐的分离等方面。

6 萃淋(萃取)树脂[1－3]

萃淋(萃取)树脂是将液体萃取剂，如磷类(TBP、D_2EHPA)、胺类(N_{263}、TOA)、肟类(Lix64N、Lix84、Lix984等)、8－羟基喹啉的衍生物(Kelex100、120)等萃取剂吸附包藏在各种多孔的吸附树脂骨架里制成的。这类树脂可以吸附许多金属离子。

萃淋树脂肟类萃取剂可以举出如下3种例子：

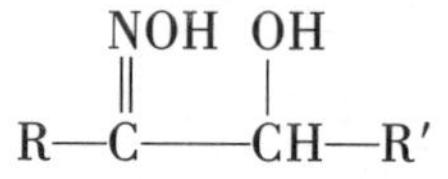

(Lix63)

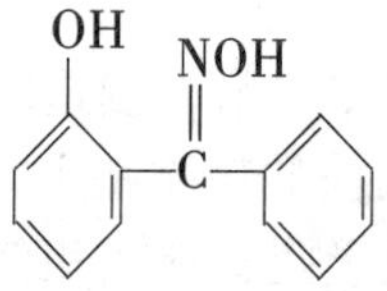

(Lix64)

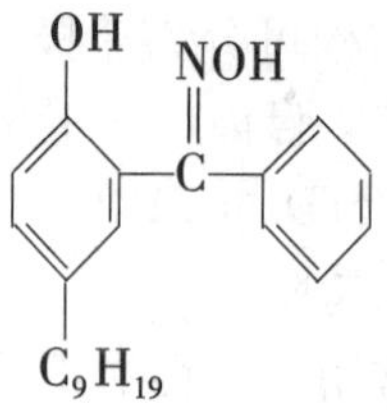

(Lix65N)

由吸附树脂 XAD－2、XAD－4 吸附 Lix65N 制成的萃淋树脂对 Cu^{2+}，Ni^{2+}，Zn^{2+} 等的吸附选择系数都很高。

这类树脂在废水处理中有如下用途：

(1)除去废水中微量有害金属离子；

(2)除去废水中放射性元素；

(3)除去废水中有害的有机物；

(4)综合回收废水中的有价金属。

目前在工业上已应用萃淋树脂脱除废水中的铀、钍、钚、铜、锌、钒、铁及有机物，并达到了综合回收的目的。

7　碳化树脂[2]

这是一类近期才发展起来的新树脂。它是将离子交换树脂置于惰性气体保护下，于600～900℃高温碳化制得。这类树脂的吸附性能居于吸附树脂和活性炭之间，有很高的机械强度，再生也方便。碳化树脂的生产、应用发展很快，目前国内外均有商品出售，如国内有 TDX－01、TDX－02、TDX－02B 等；美国有 Amberlite200 系列及 Amberite IRC－120H 等系列产品。这种树脂主要用于除去废水中的有机物，如脱酚及除去芳香化合物、多卤代化合物、表面活性剂等均有良好的效果。最近对一种碳化树脂的吸附性能测定得到：对氯乙烯的吸附量为 42～47 mg/g；对氯仿的吸附量为 12～24 mg/g，对苯酚的吸附量为 32～100 mg/g；对尿毒酸的吸附量为 8～18 mg/g。

8　磁性树脂[2]

这类树脂是在树脂颗粒上机械地黏上 $\gamma-Fe_2O_3$ 制成的。在外磁场的作用下，树脂沉降速度加快，而便于分离。沉降的树脂一经搅拌后又可以很容易地重新分散。近年来，日本专利报道，使用 Diaion 磁性树脂处理 pH＝5.9、含 H_3BO_4 1.5 g/L 的废水，处理后水溶液中硼含量可降至 0.1×10^{-6} 以下。由于这类树脂在使用时，需要一个外磁场，因此在实际应用中受到了一定的限制。

9　热再生树脂[2]

热再生树脂属于两性类树脂，在同一种树脂颗粒中带有弱酸性和弱碱性 2 种功能基。这类树脂在室温下可以吸附盐类，而当温度升到 70～80℃时，吸附的盐便可解吸出来。美国专利报道，利用热再生树脂可连续除去水中溶解的氨和有机胺。这类树脂除应用于废水处理外，还应用于海水淡化。市场销售的产品有：美国的 Amberlite XD－2、Amberlite XD－4、Amberlite XD－5；澳大利亚的 Sirolite TR－10、Sirolite 20 等。

10　粉状树脂[4]

在离子交换树脂中，有一类粒度为 10 μm 左右，称为粉状树脂。这类树脂在水中大约有 20% 以悬浮状态存在。其特点是在许多体系中都能够稳定分散，交换速度比一般树脂快 5～15 倍。目前商品有：Amberlite XE 254－257、Amberlite IRF、Amberlite XAD、Diaion IMA、Wofatit PK202 等。这类树脂易制造，成本低，但不易再生。用其处理废水兼有过滤作用，目前用于核工业的水处理中。

除上述十种之外，其他还有交换纤维、交换膜、光活性树脂、硼树脂、加重树脂等一些特种树脂。它们在废水处理中，虽然应用还不广，但均具有特殊的用途。

离子交换法在废水处理中，得到了广泛的应用。表 1 列出了用离子交换法处理废水的大概情况。由该表可见，在许多部门的废水处理中都应用了离子交换法。由于离子交换法处理废水有一系列优点，估计今后还会得到进一步的应用与发展。

表 1　离子交换法处理废水的概况

厂　矿	处理的废水	脱除或吸附的物质
黑色及有色矿山	矿山废水	脱除重金属离子、除氰及除去浮选药剂
黑色冶金厂	冷却水、轧钢废水、酸洗水、炼焦废水	脱酚及降低 COD、BOD，除酸及除去重金属离子
有色冶金厂	湿法冶金产生的废水	脱除 Cu^{2+}，Co^{2+}，Ni^{2+}，Hg^{+}，As^{3+}，As^{5+}，Mn^{2+}，Fe^{3+}，Fe^{2+} 等金属离子
电镀厂	电镀废水	脱除 Cr^{6+}，Cr^{3+}，Zn^{2+}，Ni^{2+}，Cu^{2+}，CN^{-} 等离子
制革厂	制革废水	回收丹宁，降低 BOD、COD，脱盐
造纸厂	造纸废水	回收碱，脱色，降低 BOD 及 COD
印染厂	印染废水	除去染料，脱色及降低 BOD 及 COD
无机化工厂	化工生产中的废水	脱除酸碱，除去氨，PO_4^{3-}，SO_4^{2-}，Cl^{-}，NO_3^{-} 等

续表

厂　矿	处理的废水	脱除或吸附的物质
食品、味精厂	生产食品、味精的废水	除去 COD, BOD 等
制药厂	制药生产的废水	各种药物的吸附
农药厂	生产农药产生的含氯废水	除 Cl^-，吸附水中含氯农药 DDT, DDD, DDE 等
核燃料工厂	生产铀、钍等的废水	除去 U, Th 等放射性元素，降低废水的比放
原子反应堆及原子能发电厂	前后处理的废水	降低废水的排放

参考文献

[1] 马荣骏. 云南冶金，1988(1)：48－56，1988(2)：43－49，1988(3)：45－46.

[2] 钱庭宝. 离子交换剂应用技术. 天津：天津科技出版社，1984.

[3] G H Osborn. Synthetic Ion Exchanger, 1961：96.

[4] R Kunin. Ion Exchange Resins, Krieger, Pub. Co. N. Y., 1973.

膜分离及其在废水治理中的应用*

摘　要：本文介绍了膜分离技术，阐述了这一新技术在冶金、电镀、印染、造纸，电泳及放射性废水处理中的应用。

Technology of membrane separation and its application to wastewater treatment processes

Abstract: This paper presents the membrane separation technology and its applications to the metallurgy, electroplating, dyeing, papermaking, electrophoresis and radioactive wastewater treatment.

1 概述[1]

膜分离是指利用特殊的薄膜，使溶液中的离子、分子、悬浮物与水分离的一种处理技术。属于膜分离的有扩散渗析、电渗析、反渗析、超滤、液膜分离及生物膜分离等方法。

扩散渗析是用离子交换膜隔开浓度不同的溶液，某些溶质从浓度高的一侧扩散到浓度低的一侧，从而达到分离、回收某些溶质的目的，现在这项技术主要用于酸碱回收及金属离子的分离。

电渗析是把只能选择性地通过阳离子和选择性地通过阴离子的2种交换薄膜，按一定方式组装起来，对不同离子进行分离浓缩的一种方法。这种方法可用于含离子态污染物(如金属离子、氰化物、放射性元素等)废水的处理，也可对有价元素回收，并使水加以回用。电渗析在运行中是否良好，主要取决于膜的好坏，生产电渗析用膜的主要有日本、美国和苏联等国家，一般认为日本生产的膜性能更好。对电渗析用膜的要求是：电阻要小、离子选择透过性要高、水的渗透和电解质的扩散要小。膜的交换基团有磺酸、季铵、叔胺、仲胺等几类。至今对膜已进行了许多科研与生产工作，膜的定型生产牌号众多，在国外几个大公司的牌号有：NEOSEPTA，AiCpleX，Selemion，AMFion，Zonac，Nepton等。

反渗析是利用半透膜透水不透盐的特性，向废水侧施加压力(2000～10000 kPa)，使分子透过半透膜，而溶质被膜阻截达到分离和浓缩溶质的目的，并可实现有价溶质和水的回用。

反渗析膜的透过理论有：①氢键论；②扩散－细孔流动理论；③选择吸附细孔流动理论；④细孔理论；⑤溶解扩散理论。前4种理论属于构造模型，后一种理论则属于现象理论模型。现在使用最多的反渗析膜为醋酸纤维素膜。

超滤与反渗析所使用的薄膜结构大体相同，而且都是靠加压使水分子透过，同时截留污染物。但超滤膜较疏松，只能截留分离呈分子状态的溶质及细小悬浮物，它使用的压力也较低(50～700 Pa)。

扩散渗析、电渗析、反渗析及超滤等方法所采用的膜都是呈固态，膜的两侧要承受较大的压力，要求这种膜有较高的强度。在实践中，受膜强度的限制，渗析速度就要降低，因而分离效果受到影响。为了改进这一缺点，提出了采用一层厚度很薄的液体膜即液膜进行分离作业，这一方法称为液膜分离技术。这是近代非常受人重视的一种分离技术。目前已经确定了2种类型的液膜工艺，一种是支撑液膜，它由细孔聚合物薄膜或多孔聚合物空心纤维体，用一种在适当的稀释剂中的萃取剂浸渍而成；另一种则是液态表面活性膜，它由溶剂、表面活性剂和萃取剂所组成。液态表面活性膜分离技术由制乳、萃取和破乳3个基本步

* 该文首次发表于《矿冶工程》，1990年，第1期，64～68页。

骤组成。现在液膜分离技术在废水处理中已得到了应用。它是最吸引人的一种新方法。

生物膜是生长在固定支承物表面上，由好氧微生物(主要是菌胶团细菌)与其从废水中所吸附、截留的有机物、无机物和悬浮物所组成的黏膜。当废水流过生物膜时，利用生物氧化作用和液固相物质交换的原理，使有机废水达到净化的目的。操作实践中使用接触氧化法或生物转盘技术。生物膜法在废水治理中已得到了实际应用。

2　在冶金废水治理中的应用

冶金废水是当今环境中最大的污染源之一，它的特点是废水量大，而且有的废水中含有无机和有机的多种有害物。冶金工业废水可分为矿山废水和冶金废水。在矿山废水中主要包括矿坑酸性水和选矿废水，这类废水中含有多种金属离子，呈酸性，悬浮物多，污染物中有时还含有氰化物、选矿药剂等。这类废水的排放量很大，水流时间长，排水点也较分散。在冶金废水中有黑色冶金废水和有色冶金废水，有色冶金废水的特点主要含各种有色金属离子和稀有金属离子。因冶炼对象不同，排放的废水量大而分散，有时含有毒性的元素，如Hg，As，Cr，Be，Tl和氰化物等，危害性很大。在黑色冶炼和加工厂主要有高炉废水、炼钢废水、炼焦废水、酸洗废水和酸洗水。黑色冶金废水比有色的量大，对环境的污染也颇为严重。

在上述废水治理中，有中和法、还原法、硫化法、置换法、离子交换法、萃取法、浮选法、铁氧体法等。近些年的发展证明，膜分离法处理冶金工业废水的优越性日趋明显，从而可能成为一个得到广泛工业应用的方法。

液膜分离既可除去废水中的无机物，也可除去有机物。所以，矿山废水可以用液膜进行有效处理，尤其是支撑液膜发展成熟，在处理矿山废水上得到了应用。

用电渗析法处理酸洗废水，不仅使硫酸得到重复利用，在阴极上还可以回收铁，在用电渗析法研究治理含4% H_2SO_4 和15% $FeSO_4$ 的酸洗废液时，采用了阳膜双室电渗析槽，在3.5 V电压和12 ~ 15 mA/cm^{2}的电流密度下，回收1 t酸的电耗为2300 kW·h。再把2% H_2SO_4 浓缩到18%的研究中，确定了在温度为55℃，电流密度为63 mA/cm^2 的最佳条件下，回收1 t酸的最小电耗为1600 kW·h。日本人田村等[2]用铁为阴极、铅为阳极，以DMT阴离子膜构成双室电渗析槽处理含铁酸洗液，结果阴极上铁的沉积率在70%以上，阳极室生成硫酸的电流效率达到了95%。

现在电渗析法已成为处理酸洗废液的成熟工业方法。

酚是炼焦废水中最有害的污染物，含酚废水的治理在冶金界也一直被列为重要研究课题。近几年来，人们认识到液膜法，有可能成为处理含酚废水的最好方法。用这一技术处理含酚废水，无论含酚量高还是低均能奏效。液膜分离法的除酚能力，由(200 ~ 1000)$\times 10^{-6}$降到10×10^{-6}以下，而花费的成本比其他方法要低2/3左右。可举一脱酚实例如下：废水中酚的浓度为1000×10^{-6}，乳膜由异烷烃、Span-80组成，乳膜包封的内相为NaOH溶液(浓度为0.2% ~ 0.5%)。得到的脱酚结果为：处理5 min可脱除70%左右的酚；处理30 min可脱除95% ~98%的酚[3-4]。

3　在电镀废水治理中的应用[3,5]

电镀工业，产生大量的废水，给环境造成严重的污染。因此，对电镀废水的治理一向是环保工作的重要任务之一。

电渗析、反渗析和超滤是处理电镀工业废水的重要方法。液膜法处理电镀废水也显示了优异的效果，很有可能成为广泛采用的工业方法。概括起来使用膜分离技术治理电镀废水具有如下优点：①可以实现电镀废水按电镀槽液成分的要求进行浓缩；②在处理过程中所需能量少，能耗较低；③不向系统中添加其他物质，过程中不产生污泥和残渣，也不产生二次污染；④对一些产生沉淀的电镀废水，使用超滤法能很容易地使水与沉淀物分离，并可分别回收与回用；⑤设备结构紧凑，占地面积小，可连续作业，易于操作和控制。

由于镀镍废水的pH近于中性，所以可以使用醋酸纤维和芳香聚酰胺膜进行分离。最早是在Toronto工厂进行了试验。试验采用了9.3 m^2 醋酸纤维素膜卷式反渗析装置，对三级逆流漂洗废水进行处理。首先将废水pH调节为4.5 ±0.5，然后在31.4 kg/cm^{2}压力下进行反渗析处理。浓缩液返回镀槽，透过液返回一级漂洗槽，得到的各种离子的分离率分别为：Ni^{2+} 99.7%；SO_4^{2-} 99.6%；Cl^- 98.5%，但H_3BO_3只达到了41.7%，总有机碳为79.9%。膜的透水率为1.7 ~2.0 mL/(cm^2·h)，镍的收率为98.3%，水的收率为88%。运转中膜表面因氢氧化铁等污染，会引起透水率下降，可用5%柠檬酸等对膜面清洗，这样可使膜的性能得到恢复。

由于反渗析法处理镀镍废水技术上的可靠性和优

越的经济效益而被广泛采用。1979 年美国环保局统计，在美国已有 106 套反渗析装置用于处理镀镍废水。对 5 家工厂的实际调查表明，反渗析设备的投资可在 1.2 ~2.8 a 全部回收。

镀铬废水的 pH 低且具有氧化性，因此处理镀铬废水时，要求使用耐氧化和具有抗酸性的反渗析膜。若采用醋酸纤维素膜，必须将废水 pH 调为 4 ~7，此时对 Cr^{6+} 分离率大于98%，透水性良好，膜的寿命在 12 个月以上。用非醋酸纤维素膜处理镀铬漂洗水的工作目前仍处于研究阶段。

采用醋酸纤维素膜处理硫酸铜溶液可以获得很高的分离率与透水率。但在处理焦磷酸铜时，由于存在焦磷酸向正磷酸转变等问题，反渗析法处理焦磷酸铜漂洗水的效果不佳。对氰化镀铜漂洗水的处理可采用 B -9 中空纤维膜。B -10 中空纤维膜处理镀黄铜漂洗水获得了良好的结果。

醋酸纤维膜或 PBIL、NS100 等反渗析膜对含有柠檬酸的镀金漂洗水均无良好效果。对氰化钾金溶液用醋酸纤维膜处理时，金的分离率为 35% ~50%。B -10中空纤维膜可使金的分离率达到 80%；用 PBIL 膜则达到了 97% 以上。

氰化镀锌、镀镉的漂洗水，由于 pH 很高，而无法用醋酸纤维膜处理。使用 B -9 中空纤维膜锌分离率为 98% ~99%，TDS 去除率为 90% ~97%。当使用 NS -100 管式膜时，锌的分离率为 98%，氰的分离率为 96.0% ~99.4%，TDS 的去除率为 92.9% ~98.3%，使用 NS -101 膜时，锌的分离率为 99%，TDS 的去除率为 75%。

对氰化镀镉漂洗水，在使用 B -9 中空纤维膜时，镉的分离率为 78% ~99%，氰为 10% ~83%，TDS 为 92% ~98%。透水率随着进料浓度的提高而急剧下降。

我国从 20 世纪 80 年代初已开始应用反渗析法处理镀镍废水，研制出了聚砜酰胺式膜，使用醋酸纤维素管式膜处理镀镉废水也获得了成功。使用液膜法处理电镀工业废水，回收铜、镍、铬、锡等很有效果，使用这种方法治理电镀废水在我国开始起步，并逐步扩大应用范围。当然这方面的科研工作还要大力开展。

4　在印染及高浓度有机废水治理中的应用

纺织印染废水属于含有一定毒性的有机性废水。废水中含有大量可溶性有机物，并且有一定的颜色。这类废水除了污染严重外，由于有颜色，在外观上也给人造成不愉快的感觉。因此一直列为废水治理的重点对象。对这样的废水，在生物化学处理法中，生物膜法是一种很有效的方法。

国外对生物膜法进行了大量的研究工作，采用最早，而且至今仍然采用的是生物过滤法。经过变革目前已采用生物转盘法及接触氧化法。这类方法在美国、联邦德国、日本使用较多。由于此类方法具有曝气效率高、可控制污泥生长、工作稳定、运转灵活、动力消耗低等优点，得到了广泛应用。目前新开发的空气驱动生物转盘的各种性能都优于机械驱动生物转盘。联邦德国正在研制压氧生物转盘，将进一步展示生物转盘的优势。

应该指出，从 20 世纪 70 年代中期开始，在生物膜法处理印染废水的研究中，主要集中于塔式生物滤池及生物转盘这 2 种高负荷装置上。在塔式生物滤池中主要研究塔体的结构比例，布水方法，填料类型，处理能力及有关设计参数。在生物转盘中主要研究盘片的形状、盘片的材质、受力轴的结构形式及计算，氧化槽的形状、修理效果、停留时间等。我国对属于生物膜法的塔式生物滤池气浮法处理毛纺印染废水进行了研究。废水的主要指标为：COD 300 mg/L、BOD 100 mg/L、SS 100 mg/L、总铬含量 0.5 ~1.0 mg/L、色度 64 倍、pH =6 ~6.5。这样的废水经处理后，水质达到国家排放标准，BOD_5 出水浓度平均为 18.3 mg/L，COD 平均浓度为 94.8 mg/L，处理费用 0.08 元/m^3 废水。用生物转盘法处理漂炼、染色、印花废水，当废水中 COD =400 ~1200 mg/L、pH =8 ~10，色度为 150 ~250 倍时，经生物转盘处理得到的指标为：COD 除去率 55% ~70%，去色率 30% ~50%。

由于 PVA（聚乙烯醇）化学性能较稳定，含有 PVA 的废水中 BOD 不高，但 COD 值则较高，用一般生物氧化法很难使 PVA 降解，故国外多采用化学聚凝法、蒸发法和超滤法。在这 3 种方法中，超滤法设备简单，操作方便，不仅回收 PVA，而且可以重新回用。Springs Mills 公司和日本合成化学公司采用 Abcor 公司的 HFM 卷式超滤组件处理 PVA 废水都获得了好结果[6]。

用膜法进行 PVA 的回收，在美国有 2 个工厂、在日本有 1 个工厂进入了实际的生产运转。随着纺织工业的发展，PVA 浆料的需求量与日俱增，为了减少消耗，PVA 的回收成了颇为重要的问题，回收 PVA 不仅增加经济效益，也有利于环境保护。

工业中的含油和脱脂废水在人们的日常生活中来源也较广泛，如何处理这类废水，也是环保中应关注的问题。

油在废水中通常以浮油、分散油和乳化油3种状态存在，前2种油可以用机械方法分离，后一种油不能用机械方法分离，使用膜分离法具有很好的效果。采用膜分离法对含油废水的处理具有以下优点：不产生沉淀，也不产生油泥；不管废水中油分变动幅度多大，膜的透过流速和透过水质是不变的，从而使得管理方便；设备投资少，比其他方法经济。

当仅用超滤膜对乳化油废水进行处理时，由于低分子物会透过膜，致使COD与BOD的分离率不高，因此超滤法与反渗析法常联合使用，这样获得的效果非常好，油的分离率可达99.9%，BOD和COD的去除率也可达96% ~98%。

在金属表面处理的脱脂液中通常含有5~10 g/L的油。采用超滤膜可以将脱脂液中的油浓缩而回收。使用管式超滤器对乳化废液进行处理时，油的分离率可达99.8%以上，COD的去除率也在98%以上。

利用超滤膜可从精制羊毛废水中回收羊毛脂，也可用这种方法对纤维油剂进行回收。使用Dorr-olirer公司的Ioporx-24(氯乙烯和丙烯晴的共聚物)作为超滤膜，可使料液浓缩6倍。使用聚砜超滤膜可使纤维油剂的分离率在98%以上。

综上所述可知，膜分离法治理印染、有机废水是颇为有效的方法。

5　在造纸、电泳漆及放射性废水治理中的应用

(1)造纸废水

造纸废水排放量大、带色、BOD高，纤维悬浮物多，有时含二价硫，并具有硫醇类恶臭气味，是当代严重的公害之一。

用膜法处理造纸废水能达到对废水中某些成分的浓缩回收和利用。例如，把木质素由1%浓缩到10%加以回收，而透过的处理水可回用于漂洗。反渗析可以对木质素、盐类有相当高的分离率，且能够完全脱色，透过水可以回用。但目前反渗析法处理造纸废水的成本较高，还未得到广泛应用。

用电渗析法处理碱法草浆黑液进行研究，结果表明，碱的回收率可达70% ~80%。在造纸黑液用电渗析回收碱的研究中，也得到了碱回收率达到90%的好结果。

(2)电泳漆废水

电泳漆技术在汽车工业、农具等方面得到了很大的发展，致使电泳漆废水的量不断增大，因而对电泳漆废水的处理，成了环保中的重要问题。超滤法处理这类废水大有前途，20世纪70年代美国在这方面已实现了工业化。最近的发展是超滤和反渗析组合处理电泳漆废水，可将树脂涂料全部回收，透过液再回用，对NaCl的分离率为90% ~92%，废水中固体物分解率可达96.0% ~98.6%，透过液中固体物的浓度仅为13~33 mg/L，它可作为终段洗水使用。最近报道，用膜技术处理电泳漆废水具有明显的经济效益。

(3)放射性废水

原子能工业产生的放射性废水，对人类的健康有着严重影响，必需加以处理。

反渗析法可以处理含有表面活性剂的放射性废水。例如用NaCl分离率为50%的管式膜，处理含有放射性元素的淋洗废水和洗净废水时，能除去98%以上的磷酸、97%的固体物、99%的放射强度；废水体积可以浓缩到原来的1/35~1/30，盐分可浓缩100倍。有的研究工作证明，用动态膜处理具有^{90}Sr，β和γ线放射性水时，在前段^{90}Sr与β线的分离率分别为82%和78%，而γ线从25.9×10^{10} Bq降到14.8×10^{10} Bq；在后段，^{90}Sr的分离率为99.96%，β线的分离率为99.8%。

超滤膜处理原子反应堆废水很有效。日本原子能发电站建立的超滤膜封闭装置，对^{60}Co和^{54}Mn有很高的分离率。采用醋酸纤维素内压管式反渗析装置处理放射性废水，β线的去除率达90% ~99%，脱盐率为95%，透水率在95%以上。实验证明，使用超滤-离子交换联合法处理放射性废水效果更好。

参考文献

[1] Norman N. Li et al. Separation Technology. Proc. of the Foundation Conf. Schloss Elmav, West Germany, New York, 1987.
[2] 田村等. 工业化学杂志, 1966, 69(8): 1435.
[3] 张颖等译. 液膜分离技术. 北京: 原子能出版社, 1985: 288-301.
[4] 马荣骏. 湖南有色金属, 1985(4): 27-31, 1985(5): 23-26, 1986(1): 30~34.
[5] 高以恒等. 工业水处理, 1986(6): 3-7, 1987(1): 7-12, 1987(2): 12-14, 1989(3): 17-19.
[6] J J Porter et al. Chem. Tech., 1976(6): 402.

运用动力学模型研究盐度对厌氧生物的抑制作用*

摘 要：分别用未经盐驯化的污泥和经 10 g/L 及 20 g/L 盐驯化过的污泥对废水中化学耗氧量的降解性能进行对比研究，并研究盐度对厌氧生物的抑制特性。研究结果表明：用未经盐驯化的污泥处理含盐水样，当水样中含盐量小于或等于 20 g/L 时，盐对厌氧生物降解葡萄糖的抑制类型是反竞争型；当水样中含盐量达到 30 g/L 时，抑制类型属混合竞争型；用经 10 g/L 和 20 g/L 盐驯化的污泥处理含盐废水，当处理的废水含盐量与驯化污泥的盐浓度相同或相近时，驯化污泥对此环境呈现较好的适应性；反之，当用驯化污泥处理与驯化污泥盐浓度相差较大的废水时，驯化污泥对微生物降解产生一定的抑制作用，且浓度相差越大，抑制作用越明显。

Application of dynamics model to salinity inhibiting anaerobe

Abstract: The removal of chemical oxygen demand of wastewater by anaerobic sludge cultivated without or with 10 g/L and 20 g/L salt was comparatively studied, and the characteristic of salt inhibition to anaerobic microorganisms was deeply investigated. The experimental results show that in the treatment of saliniferous wastewater by sludge cultivated without salt, when the influent salinity is below 20 g/L, the salt inhibition type of anaerobic microorganisms biodegradation glucose wastewater is anti-competitive; when the influent salinity arrives at 30 g/L, the salt inhibition type is mix-competitive. Treating the wastewater with sludge cultivated by 10 g/L and 20 g/L salt, when the influent salinity is similar to that of sludge, the sludge cultivated by salt would be better adapted in the environment with salt; otherwise, when the influent salinity is different from that of sludge, it would inhibit anaerobic microorganisms biodegradation, and the greater the salinity difference the more obvious the inhibition.

我国沿海城市多为淡水资源匮乏的地区，随着城市发展步伐的加快，淡水资源短缺已成为阻碍沿海城市经济发展的一个重要因素。为了缓解淡水资源短缺所带来的问题，丰富的海水资源被大量地引入使用，如海水用作工业冷却水、工业生产用水、农业灌溉用水及城市生活用水[1-2]。但无论海水用于哪一方面，最终都将排入城市污水处理厂。海水与淡水有着显著的差别，海水含盐量一般约为 3.5%，为河水含盐量的 293 倍，盐类离子 Na^+，K^+，Ca^{2+}，Mg^{2+}，SO_4^{2-} 和 Cl^- 的浓度也均显著高于河水中的相应值[3-5]。这些盐类离子对活性污泥具有一定的抑制作用，故用于处理该类污水的活性污泥必须经过特殊的驯化才能达到预期的效果[6-11]。

为此，本文作者利用含盐度高的葡萄糖水样，对未经盐驯化和经不同盐度驯化的污泥中厌氧生物的抑制特性进行了实验研究，同时结合 Monod 方程，推导在不同盐度的水样和厌氧污泥的条件下反应过程的动力学方程，并探讨盐度对厌氧生物处理的抑制程度及抑制机理。

1 实验材料与方法

1.1 污泥的驯化方法

将种泥置于(36 ± 2)℃恒温水浴内，并维持种泥的 pH 为 7 ~ 8，在不同盐度的溶液中逐步进行培养、活化(驯化液与其相对应的处理水样在温度和 pH 上基本保持一致)。培养液中的盐度按每次 5 g/L 递增，

* 该文首次发表于《中南大学学报》(自然科学报)，2005 年，第 4 期，599 ~ 604 页。合作者：何静、曾光明等。

每次增加盐度后，待化学厌氧量(COD)降解率恢复到原来的80%以上、出水碱度与挥发性脂肪酸(VFA)的浓度比大于2、且VFA浓度低于8 mmol/L时，再次增加盐度；如此反复，直到增加到所需的盐度为止(每次驯化时间大约为45 d)[12-17]。

1.2 废水来源

本实验所用废水(或营养液)为葡萄糖、氯化铵和磷酸二氢钾按COD与N及P的质量浓度比为200∶5∶1配制而成的溶液[18-19]。废水中的无机盐含量用废水中所含NaCl(食用盐)的浓度计，所用水为蒸馏水。

1.3 实验方法

在不同实验瓶中分别加入相同浓度的基质(自配葡萄糖营养液)、不同浓度的盐分以及经不同盐度驯化的污泥，定时取样分析各反应瓶内基质的剩余量，得到不同盐度下各反应瓶内基质中厌氧生物的降解过程曲线及其拟合方程，计算得到不同盐度对厌氧生物降解该基质的抑制动力学常数和动力学方程，并进一步确定抑制机理[14]。本实验在常温常压下进行，pH控制为7~8。

2 厌氧生物抑制动力学模型分析

2.1 厌氧生物抑制动力学模型

由Monod方程[20, 23]得：

$$v = v_{\max}\frac{\rho_1}{K_s + \rho_1} \tag{1}$$

$$v = -\frac{d\rho_1/dt}{\rho_2} \tag{2}$$

式中：v 和 $v_{\max}$ 分别为有机底物的比降解速度和最大比降解速度，d^{-1}；ρ_1 为反应器内有机底物的质量浓度，mg/L；K_s 为存在抑制物质时的饱和常数，mg/L；ρ_2 为微生物的质量浓度，mg/L。

2.2 动力学参数的求解

在该实验中，基质为中等浓度，进水基质质量浓度(ρ_0)保持不变，并通过定期测量微生物浓度、及时排泥来保持微生物质量浓度(ρ_2)基本稳定，通过改变水力停留时间(t)，使得反应物在反应器中完全混合，即进水基质质量浓度(ρ_0)和出水基质质量浓度(ρ_e)相等，利用兰维弗-伯克作图法，将式(1)取倒数得：

$$\frac{1}{v} = \frac{K_s}{v_{\max}}\frac{1}{\rho_e} + \frac{1}{v_{\max}} \tag{3}$$

以 $1/v$ 对 $1/\rho_e$ 作图可得一条直线。由直线的截距和斜率即可求出 $v_{\max}$ 和 K_s[20]。

Monod方程也可用下式来描述[21]：

$$-\frac{d\rho_1}{dt} = \frac{K\rho_2\rho_1}{K_s + \rho_1} \tag{4}$$

在该实验中，产甲烷菌的世代时间为4 d左右，故可将微生物浓度视为常数，式(1)中的 $v_{\max}$ 也可视为常数，则式(4)变为：

$$-\frac{d\rho_1}{dt}\frac{1}{\rho_2} = v = \frac{K\rho_1}{K_s + \rho_1} = \frac{v_{\max}\rho_1}{K_s + \rho_1} \tag{5}$$

其中：K 为存在抑制物质时的基质最大比去除速率，d^{-1}。由式(5)可知，K 与 $v_{\max}$ 相等。

另外，生物抑制效应通常与是否有抑制物质时动力学常数(K 和 K_S)的变化有关，其形式可表示为：

$$K = K_0[K^*] \tag{6}$$

$$K_s = K_{s0}[K_s^*] \tag{7}$$

式中：K^* 和 K_s^* 分别为 K 和 K_s 的抑制项系数；K_0 为不存在抑制物质时的基质最大比去除速率；K_{s0} 为不存在抑制物质时的饱和常数。

通过比较 K，K_s 和 K_0，K_{s0}，可推知抑制类型：

(a)对于竞争型，有 $K = K_0$，$K_s > K_{s0}$，$K^* = 1.0$，$K_s^* > 1.0$；

(b)对于非竞争型，有 $K < K_0$，$K_s = K_{s0}$，$K^* < 1.0$，$K_s^* = 1.0$；

(c)对于反竞争型，有 $K < K_0$，$K_s < K_{s0}$，$K^* < 1.0$，$K_s^* < 1.0$；

(d)对于混合型，有 $K < K_0$，$K_s > K_{s0}$，$K^* < 1.0$，$K_s^* > 1.0$。

根据上述方法确定的抑制物质的抑制类型，可以分析其抑制机理，进一步采用动力学稳态处理法，即可求出该抑制类型下的基质厌氧生物降解的抑制动力学常数 K_1。

3 实验结果及分析

3.1 未经盐驯化的污泥厌氧生物降解有机物受盐度抑制的动力学实验

对未经盐驯化的污泥厌氧生物降解有机物受盐度抑制的动力学实验结果，按式(3)进行线性化处理，结果如图1所示。根据拟合直线的斜率和截距，求得不同盐度时，厌氧生物降解葡萄糖反应的动力学常数 K(或 $v_{\max}$)和 K_s，并根据式(6)和式(7)计算抑制系数 K^* 和 K_s^*，结果见表1。由表1可知：

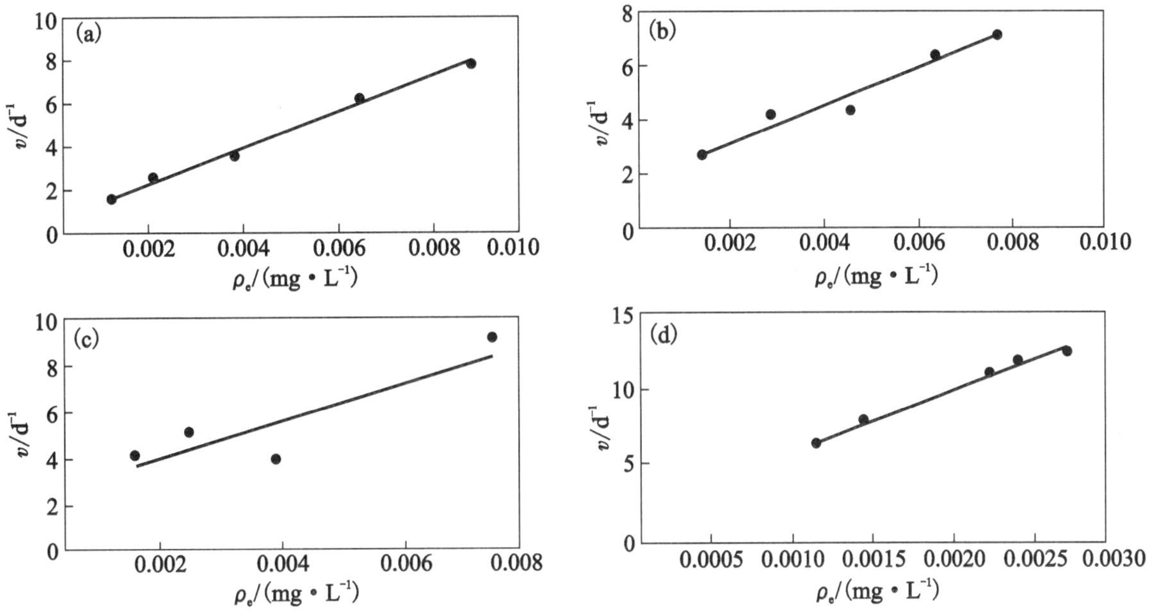

图1　盐抑制未经盐驯化污泥厌氧生物降解葡萄糖反应动力学实验结果

葡萄糖溶液中盐的质量浓度/(g・L⁻¹)：(a)0；(b)10；(c)20；(d)30

表1　盐抑制未经驯化污泥厌氧生物降解葡萄糖反应动力学实验结果

	水样含盐量/(g・L⁻¹)			
	0	10	20	30
拟合方程	$y=767.14x+0.8146$	$y=768.02x+1.3892$	$y=770.21x+2.8985$	$y=3521.4x+3.0112$
相关系数 R^2	0.9983	0.9798	0.9063	0.9961
ρ_2/(mg・L⁻¹)	2066.8	2076.5	2002.8	2042.8
K 或 v_{max}/d⁻¹	1.228	0.72	0.345	0.332
K^*		0.586	0.281	0.270
K_s/(mg・L⁻¹)	942.1	553.0	265.7	1169.4
K_s^*		0.587	0.282	1.241

a. 当水样中含盐量小于或等于20 g/L时，抑制系数 $K^*<1$，$K_s^*<1$，此时抑制剂(盐)对厌氧生物降解葡萄糖反应的抑制类型是反竞争型。根据酶的抑制作用机理可知，其抑制程度取决于底物浓度，且随底物浓度的增加而增大，但由于抑制剂与酶的结合降低了酶的催化点活性，因而使得动力学系数 K 和 K_s 下降。

采用稳态法可以推导反竞争抑制作用的动力学方程：

$$v=\frac{v_{max}\rho_1/\left(1+\frac{i}{K_i}\right)}{K_s/\left(1+\frac{i}{K_i}\right)+\rho_1}=\frac{v_{max}\rho_1}{K_s+\rho_1/\left(1+\frac{i}{K_i}\right)} \tag{8}$$

其中：i 为抑制剂(盐)浓度，mg/L；K_i 为抑制常数，该值越小，其抑制作用越强。对式(8)求解得 K_i = 7 584.2 mg/L，K_i 较小，表明其对葡萄糖厌氧降解的抑制程度较大。所以，当水样中含盐量小于或等于20 g/L时，按式(8)可得盐对厌氧生物降解葡萄糖反应的反竞争抑制动力学方程：

$$v=\frac{v_{max}\rho_1}{K_s+\rho\left(1+\frac{i}{K_i}\right)}=\frac{1.228\rho_1}{942.1+\rho_1\left(1+\frac{i}{7\,584.2}\right)} \tag{9}$$

b. 当水样中含盐量为30 g/L时，抑制系数 $K^*<1$，$K_s^*>1$，故可推知此时盐对厌氧生物降解葡萄糖反应的抑制类型是混合型，其反应平衡方程式为[16]：

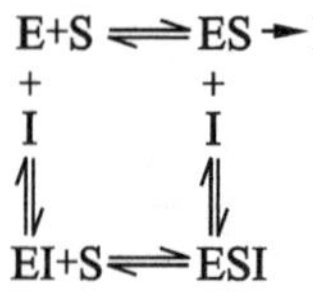

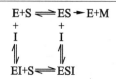

在混合抑制作用中，底物(S)对酶(E)的亲和力小于酶对抑制剂(I)的作用而形成无活性的ESI，不能分解出产物。此外，无论I的浓度多大，都会有一部分酶与I结合成亲和力的EI，故I的浓度增加会导致反应速度减慢甚至趋向于零。由此可见，当水样含盐量高于或等于30 g/L时，生物体中酶与抑制剂的作用增强，与底物结合力减弱，不利于厌氧生物降解水中的有机污染物。

3.2　盐抑制经10 g/L盐驯化的污泥厌氧生物降解葡萄糖的动力学实验

将经10 g/L盐驯化的污泥处理含不同盐度的葡萄糖水样的实验数据经过线性化处理后，结果见表2。由表2可知：K^*和K_s^*均小于1.0，故其抑制类型属于反竞争型。

a. 用10 g/L盐驯化的污泥处理不含盐水样时，基质最大比去除速度$v_{max}=0.715\ d^{-1}$，远小于未经盐驯化污泥处理同样水样所得的$v_{max}=1.228\ d^{-1}$。用一定盐度驯化的污泥处理无盐废水时，盐度的变化对葡萄糖的降解产生了一定的抑制作用，抑制类型属于反竞争型。

b. 用10 g/L盐驯化的污泥分别处理含盐量为10 g/L，20 g/L和30 g/L的水样时，v_{max}分别为1.433 d^{-1}，0.588 d^{-1}和0.477 d^{-1}，比用无盐污泥驯化的污泥处理所得到的v_{max}(分别为0.586 d^{-1}，0.281 d^{-1}和0.270 d^{-1})大，表明处理含盐废水时，用一定盐度对污泥进行驯化，可提高污泥的有机物降解能力。

3.3　盐抑制经20 g/L盐驯化的污泥厌氧生物降解葡萄糖的动力学实验

对经20 g/L盐驯化的污泥处理含不同盐度的葡萄糖水样的实验数据进行线性化处理，其结果见表3。由表3可知，$K^*<1.0$，$K_s^*>1.0$，故其抑制类型属于混合型。

表2　盐抑制经10 g/L驯化污泥厌氧生物降解葡萄糖反应动力学实验结果

	水样含盐量/(mg·L^{-1})			
	0	10	20	30
拟合方程	$y=721.56x+1.3981$	$y=720.98x+0.6978$	$y=721.97x+1.7017$	$y=2198.8x+2.0982$
相关系数R^2	0.9968	0.9858	0.9879	0.9788
ρ_2/(mg·L^{-1})	2068.0	2085.5	2051.5	2030.2
K或v_{max}/d^{-1}	0.715	1.433	0.588	0.477
K^*	0.499	—	0.410	0.333
K_s/(mg·L^{-1})	515.9	1033.2	424.5	1048.8
K_s^*	0.500	—	0.411	1.015

注："—"表示没有明显的效果。

表3　盐抑制经20 g/L驯化污泥厌氧生物降解葡萄糖反应动力学实验结果

	水样含盐量/(mg·L^{-1})			
	0	10	20	30
拟合方程	$y=1159.8x+1.6128$	$y=733.21x+1.1325$	$y=732.89x+1.0847$	$y=1598.9x+1.8725$
相关系数R^2	0.9926	0.9889	0.9686	0.9656
ρ_2/(mg·L^{-1})	2068.3	2038.0	2008.5	2058.9
K或v_{max}/d^{-1}	0.620	0.883	0.922	0.534
K^*	0.672	0.958		0.579
K_s/(mg·L^{-1})	719.1	647.4	675.7	925.8
K_s^*	1.064	0.958		1.370

a. 用 20 g/L 盐驯化的污泥处理不含盐水样时，随着污泥驯化盐度的增加，厌氧处理无盐废水的基质最大比去除速度 v_{max} 逐渐减小，这说明无盐废水不适合用被盐驯化过的污泥处理。

b. 当用 20 g/L 盐驯化的污泥处理含 10 g/L 盐水样时，经一定盐度驯化过的污泥处理含盐废水的效果优于未经盐驯化过的污泥，但当驯化污泥的盐度高于废水中的盐度时，其降解能力反而下降。

c. 当水样中含盐量为 20 g/L 和 30 g/L 时，其基质最大比去除速度均大于用未经盐和经 10 g/L 盐驯化污泥处理同样水样的基质最大比去除速度，说明用 20 g/L 盐驯化污泥处理含盐量大于(或等于)20 g/L 废水时，污泥的降解能力较强。

4　结论

(1)用未经盐驯化过的污泥处理含盐水样，当水样中含盐量小于(或等于)20 g/L 时，盐度对厌氧生物降解葡萄糖反应的抑制类型是反竞争型；当水样中含盐量达到 30 g/L 时，盐度对厌氧生物降解葡萄糖反应的抑制类型属于混合竞争型。

(2)当处理废水的含盐量与驯化污泥的盐量相同或相近时，微生物的降解呈现较好的适应性；反之，当处理废水的含盐量与驯化污泥的盐量相差较大时，则会对微生物的降解产生一定的抑制作用，而且浓度相差越大，抑制作用越明显。

参考文献

[1] 文湘华，占新民，王建龙等. 含盐废水的生物处理研究进展. 环境科学，1999，20(3)：104－106.

[2] 尤作亮，蒋展鹏，祝万鹏. 海水直接利用及其环境问题分析. 给水排水，1998，24(3)：64－67.

[3] 何健，陈立伟，李顺鹏. 高盐度难降解工业废水生化处理的研究. 中国沼气，2000，18(2)：12－16.

[4] 雷中方. 高浓度钠盐对废水生物处理系统的失稳影响综述. 工业水处理，2000，20(4)：6－10.

[5] Kerrn J P. Biological phosphorus release and uptake under alternating anaerobic and anoxic conditions in a fixed-film reactor. Water Research, 1994, 28(12): 1253－1255.

[6] Speece R E. Nickel stimulation of anaerobic digestion. Water Research, 1983, 17(6): 667－683.

[7] Li Yanxin. Stimulation effect of trace metals on anaerobic digestion of high sodium content substrate. Water Treatment, 1995, 4(10): 145－154.

[8] Mezrioui N. A microcosm study of the survival of *Escherichia coli* and *salmonella typhimurium* in brackish water. Water Research, 1995, 29(2): 459－465.

[9] Stewart M S, Ludwing H F. Effects of varying salinity on the extended aeration process. Sewage and Industrial Wastes, 1962, 34(11): 1161－1177.

[10] Gauthier M J, Flatau G N, Breittmayer U A. Protective effect of glycine betaine on survival of *Escherichia coli* cells in marine environment. Wat Sci Tech, 1991, 24(2): 129－132.

[11] Yucel T R, Eckenfeleder W W J. The effect of inorganic salts on the activated sludge process performance. Water Research, 1979, 13(1): 99－104.

[12] Kargi F, Dincer A R. Salt inhibition effects in biological treatment of saline wastewater in RBC. Environmental Engineering, 1999, 125(10): 966－971.

[13] Smythe G, Matelli G, Bradford M et al. Biological treatment of salty wastewater. Environment Progress, 1997, 16(3): 179－183.

[14] Aspe E, Marti M C, Roeckel M. Anaerobic treatment of fishery wastewater using a marine sediment inoculums. Water Research, 1997, 31(9): 2147－2160.

[15] Gumersindo F, Manuel S, Ramon M et al. Sodium inhibition in the anaerobic digestion process: Antagonism and adaptation phenomena. Enzyme and Microbial Technology, 1995, 17(2): 180－188.

[16] Thongchai P, Chadrut A. Impact of high chloride wastewater on an anaerobic process with and without inoculation of chloride acclimated seeds. Water Research, 1999, 33(5): 1165－1172.

[17] Omil F, Ramon J. Characterization of biomass from a pilot plant digester treating saline wastewater. Journal of Chemistry and Biotechnology, 1995, 63(4): 384－392.

[18] Woolard C R, Irvine R L. Treatment of hypersaline wastewater in the sequencing batch reactor. Water Research, 1995, 49(4): 1159－1168.

[19] Woolard C R. Biological treatment of hypersaline wastewater by a biofilm of halophilic bacteria. Water Environmental Research, 1994, 66(3): 230－235.

[20] 张自杰，周帆. 活性污泥生物学与反应动力学. 北京：中国环境科学出版社，1989.

[21] Kim I S, Young J C, Tabak H H. Kinetic of acetogenesis and methanogenesis in anaerobic reactions under toxic conditions. Water Environmental Research, 1994, 66(2): 119－132.

[22] 黄勇，杨铨大，王宝贞等. 活性污泥生物反应动力学模型研究. 环境科学研究，1995，8(4)：23－28.

[23] 许根俊. 酶的作用原理. 北京：科学出版社，1983.

冶金工业中含油废水的处理*

1 含油废水的来源、特征及危害

1.1 来源及特征[1]

黑色冶金企业的初轧厂中直接用水冷却运转设备及轧件，冷轧及连轧厂中的轧辊冷却水、撇渣水、平整机用水，无缝钢管厂的管坯穿孔、减径、锯切等的冷却水，钢管厂的管坯和钢管在输送中产生氧化铁皮需用大量的冲洗水，以及涂有多种成分润滑剂的芯棒随坯进入连轧机和运转设备本身的漏油等，都会产生含油废水或含铁皮及夹杂物的废水。

有色金属加工中的冷却水与轧钢一样，是含油废水的主要来源；运转中设备的漏油，也使地面冲洗水成为含油废水。当今镍、钴、钽、铌、锆、铪、稀散、稀土金属的提取分离中，都使用溶剂萃取技术，在萃余液中总是夹带有机溶剂，尤其当萃取过程发生乳化现象时，分相不好，含量大增，从而产生大量的含油废水。

含油废水的特征随工业、工序不同而有差异。轧钢废水含油量多为 10～2000 mg/L；溶剂萃取工序的萃余液(一般为废水)在正常情况下，在 10 mg/L 以下，但不正常操作时，可达 5 g/L 以上。来自机修厂的含油废水多呈乳化液，由 80%～90% 以上的水和 10%～20% 的油组成。在设备运转中有些润滑剂渗入其中也成乳化液，含油量高达 50 g/L 以上。

1.2 形态及危害

(1)上浮油。进入水体的油大部分上浮在水面。从测试得知，当油珠粒径大于 100 μm 时，上浮较快，并以连续相的油膜飘浮水面。

(2)分散油。当油珠粒径为 10～100 μm 时，它会悬浮分散在水中，且通常不稳定，如将其长期静置，就会聚集合并成较大的油珠而上浮水面；如加以快速搅拌，也可打碎变小，而成为乳化液状态。

(3)乳化油。油珠粒径小于 10 μm，以油包水的细颗粒形式存在，形成稳定的乳化液，油和水成为均相体系。

(4)溶解油。油类以分子状态或化学方式分散在水中，二者形成稳定的均相体系。

(5)固体吸附油。在水中的油吸附或黏附在固体悬浮物表面。

水体被油污染后，其外观、色、味都会发生变化，影响使用价值。实践证明，含油废水影响鱼类的生殖，甚而造成鱼类死亡。含油废水灌溉农田，会使土壤油质化，影响农作物对养分的吸收，导致减产。油类中一些有毒物质也能被农作物吸收，残留或富集在植物或食物中。更应强调指出，油类及其分解产物存在着苯并芘、苯并蒽及其他多环芳烃等有毒及致癌物质，当其被水生物吸收、富集，会造成后者畸变；此外，分散油珠也会被水生生物黏附或吸收，并通过食物链的作用，进入人体，使肠、胃、肝、肾等组织发生病变，使人致癌，危害人体健康。

2 物理法处理含油废水

2.1 重力分离法

(1)上浮法。该法主要是油珠在上浮力作用下，缓慢上升。隔油池为自然上浮装置，其种类较多，常用的有平流式(AIP)、平行板式(PPI)、倾斜板式(CPI)及小型隔油池等。

(2)机械分离法。该法是采用机械设备，使含油废水造成局部涡流、曲折碰撞或用狭窄通道来聚并细小油滴，加大油珠粒径，以相对密度差分离之。在使用中把机械分离和上浮分离结合起来，可以得到较好的效果。因此，在黑色冶金企业中多有应用。

(3)离心分离法。该法是借助于离心力，使相对密度大的水与相对密度小的油分开。

---

* 该文首次发表于《湖南冶金》，1991 年，第 6 期，35～39 页。

2.2　过滤法

这是利用颗粒介质滤床的截留、惯性碰撞、筛分、表面黏附、聚并等机理，把水中的油除去。常用滤料有石英砂、无烟煤、玻璃纤维、高分子聚合物等。过滤法主要除去分散油和乳化油，一般用作含油废水的二级处理或深度处理。

2.3　粗粒化法

该法是利用油－水两相对聚合材料的亲合力不同而达到分离的目的，其机理认为是润湿聚结、碰撞聚结、截留、附着等联合作用的结果。所用材料可以是亲油疏水的纤维状或管板状的聚丙烯、涤纶、尼龙、聚苯乙烯、聚氨酯、蜡球等，也可以是石英砂、煤粒等。最近日本开发使用一种亲、疏油性纤维制的复合板，它既有高的吸油聚结性能又有拨油性能，表现出良好的油水分离效果。

粗粒化法可把水中 5～10 μm 的油珠完全分离，对 1～2 μm 的油珠有最佳的分离效果。我国已研制了不同牌号的粗粒化油水分离器，并批量生产，供用户使用。现在已有厂家使用这类设备处理萃余液，回收有机相。

2.4　膜分离法

该法主要是指反渗透（RO）、超滤（UF）和渗析等方法。这是利用一张（或一对）多孔薄膜对液－液分散体系中两相与固体膜表面亲合力不同而达到分离的目的。利用多孔疏水膜（亲油膜）可从含油（或有机物）的乳化液中把油分离出来。

反渗透膜的厚度一般为 100～200 μm。特点之一是膜的孔径小（10 nm 以下），二是耐高压。用经过处理的反渗透膜来处理含油废水，能把油全部除去。常用的有醋酸纤维膜、芳香聚酰胺膜等。

超滤膜与反渗透膜相似，但耐压能力要求不严格，它的孔径也可大一些，通常是小于 0.1 μm，比油珠的直径（0.1～3.0 μm）小，因此，用它处理含油废水时，水可透过膜，油珠则被截留。经过超滤处理的水几乎达到不含油的程度，而且微小的油滴也能除去。

膜分离是一类有发展前途的技术，随着新型膜材料的研究与开发，这类方法会得到广泛的应用。

3　物理化学法处理含油废水

3.1　吸附法

这是利用多孔固体吸附剂对含油废水中溶解的油及其他溶解性有机物进行吸附的方法，在冶金工业中主要用于含油废水的深度处理。

通常采用的吸附剂有活性炭、活性白土、磁铁砂、纤维、高分子聚合物及吸附树脂等，其中广泛使用的是活性炭。用活性炭处理含油废水时，可使水中的油降至 5 mg/L 以下。由于活性炭有价格高、再生复杂等缺点，近年来对活性黏土研究较多，并逐步在工业上应用。

该法适用于处理水质较好、含油浓度低（一般≤10 mg/L）的废水。

3.2　气浮法

此法是利用油珠吸附于水中的微气泡上，使油随气泡上浮而达到油、水分离的目的。这种方法多用于处理靠重力难以上浮的分散油、乳化油和细小悬浮固体物的分离。在此法中又分加压、叶轮和扩散曝气气浮法。

为了提高气浮效果，在处理中都加入无机或有机高分子絮凝剂，故除油属物理化学过程。

叶轮和扩散曝气气浮法是把进入水中的空气打碎成小气泡，再加上合理地使用药剂，可使处理后的水中含油达到 5 mg/L 左右。加压气浮法是将处理量 30%～100% 废水加压到表压 0.3～0.6 MPa，通过压缩空气，使空气溶解于水中，再把它送入气浮池。溶于水中的空气在正常大气压下，析出大量平均直径为 80 μm 的气泡，油珠黏附其上，并随之上升到水面，使油水分离。此外，也可用沸腾、化学反应或发酵等办法产生气泡，把油珠带到水面，使之分离。

4　生物化学法处理含油废水

生物化学法是使废水中部分油类及有机物成为营养物质，被微生物吸收转化合成为微生物体内的有机成分，或增殖成新的微生物，其余部分油类及有机物被生物氧化成简单的无机或有机物质，如 CO_2，H_2O，N_2 和 CH_4 等，使废水含油得到净化。

生物化学法以微生物对氧的需求不同，分为好氧和厌氧 2 大类。目前常用的有以下几种方法。

4.1 好氧活性污泥法

该法是以细菌为主体的菌胶团悬浮物质(活性污泥),在有氧存在下吸附、吸收、氧化分解转化废水中的油类及有机物质的过程。为了保证此法的效率,除了充分供氧和一定污泥浓度外,还要适当的营养物质含量和温度,废水中也要有一定的氮、磷等成分,而表示可生物降解的有机物含量的BOD_5不能过高或过低,否则出水水质不佳。

该法的工艺流程包含有曝气、沉淀和活性污泥回流等过程。为了提高供氧效率,采用逐步、加速、延时、纯氧、富氧、深层(井)等曝气方式。

现今好氧活性污泥法往往与其他方法联合使用,仅用于冶金含油废水的深度处理。

4.2 厌氧发酵

这是用厌氧发酵分解油类及有机物,并产生沼气的一类方法。厌氧发酵比好氧污泥法有着一系列优点,例如不需充氧,能耗低,污泥产量和所需氮磷元素少,运行费用低,并可获得大量沼气等。

当今各国都在积极研究厌氧装置,其共同追求的是:维持生物量足够高、厌氧污泥停留时间(SRT)长、容积负荷率高和水力停留时间(HRT)短的高效反应装置。

现在已有厌氧滤池、升流式和垂直折流式厌氧污泥床、厌氧附着膜膨胀床和流化床、厌氧接触器、两相厌氧消化器、挡板式厌氧反应器等一系列厌氧发酵设备。在冶金工业的含油废水处理中的深度净化时才会使用。

4.3 生物膜法

用好氧微生物附着生长在固体填料表面,形成胶质相连的生物黏膜。在处理含油废水过程中,水中油及有机物被生物膜所吸附,并且不断分解除去,同时,生物膜本身也不断进行新陈代谢而更新。

现在的生物滤池、生物转盘、生物接触氧化和生物流化床等装置都是应用生物膜的机理。这些装置在处理石油生产含油废水时应用较多。其中生物转盘、接触氧化法在冶金工厂中有时也有应用。

4.4 氧化塘法

在天然或人工建造的浅水池塘或沟渠中,利用好氧微生物分解转化水中油类及有机物的方法称为氧化塘法。通常系采用水面自然复氧和藻类光合作用复氧,但也有人工机械曝气复氧的。本法已被世界很多国家采用。

5 电化学法处理含油废水

5.1 电解法

该法又分为2种,适合小规模处理。

(1)电解凝聚吸附法。该法是利用溶解性电极电解乳化油废水。用可溶性阳极(一般以铝制作)析出的金属阳离子发生水解作用,生成氢氧化物吸附、凝聚乳化油和溶解油,然后沉降除去油类有机物。据国外报道,使用三相交流电解法处理高浓度含油废水,很有效果。

(2)电解上浮法。该法是利用不溶性阳极电解乳化油和溶解油废水。通过电解分解和初生态的微小气泡的上浮作用,使乳化油破坏,并使油珠附着在气泡上,上浮到水面除去。

5.2 电磁吸附分离法

这是使磁性颗粒与含油废水相混掺,在吸附过程中利用油珠的磁化效应,再通过磁性过滤装置将油去除。此技术尚处于试验阶段。

5.3 电火花法

这是用交流电去除废水中乳化油和溶解油的方法。其装置由2个同心排列的圆筒组成,内筒同时兼作电极,另一电极是1根金属棒,电极间填充微粒导电材料,废水和压缩空气同时送入反应器下部的混合器,再经多孔栅板进入电极间的内圆筒。筒内的导电颗粒呈沸腾床状态,在电场作用下,颗粒间产生电火花,在其和废水中均匀分布的氧作用下,废水中的油被氧化和燃烧分解。除油后的水由内筒经多孔顶极进入外筒,并由此排出。

这是一种新技术,已有了中试装置。

6 乳化液含油废水的处理方法[2]

轧钢等工序产生的乳化含油废水一般具有下列特点:含油量高(2% ~5%)、油珠细小(0.1 ~2.0 μm),并含有大量有机物。现今冶金工厂一般是采用二级处理,即第一级除油,第二级净化。

6.1 破乳方法

破乳可采用加药、电解及超滤等方法。后两法前已简述。而加药法的具体情况见表1所列。

表1　4种加药破乳方法的使用情况

方法	药剂名标	投药量	处理后水质	沉渣	油质	优缺点
盐析法	氯化钙、氯化镁、硫酸钙、硫酸镁、氯化钠	二价药1.5%～2.5% 一价药3%～5%	油质好，便于再生；投药量高，水中含盐量大			
凝聚法	聚合氯化铝或明矾	投加0.4%～1.0%	清晰透明，含油量15～20 mg/L，耗氧量2000 mg/L	絮状沉渣很少	黏胶状及絮状	投药量少，一般工厂均适用；油质较差，再生较难
混合法	综合使用盐析法和凝聚法中的药剂	投盐0.3%～0.8% 投凝聚剂0.3%～0.5%	同盐析法	絮状沉渣很少	稀糊状	投药量中等，破乳能力强，适应性广
酸化法	废硫酸、废盐酸、石灰(待分离油后用于中和)	约为废水的6%	清晰透明，含油量20 mg/L以下，耗氧量低于其他方法	约为10%	棕红色清亮	水质好，含油量低，还可以废治废；但沉渣较多

6.2　净化方法

乳化液废水经破乳后，通常COD和BOD还高于国家排放标准，需要进一步处理，实践证明，使用生化法、臭氧法和吸附法均可达到目的。

7　各种处理方法的比较[3]

表2分列出了各种处理方法的优缺点。

由于含油废水成分复杂，含油量及油在水中存在的形式不同，而且还常常和其他废水相混杂，故处理中使用单一的方法往往效果不佳。因此，在实际应用时常把几种方法组合起来，形成多级处理工艺。各企业可按照含油废水的具体情况，设计合理的工艺，获得最佳效果。

表2　处理含油废水各种方法的适用范围及优缺点

方法	适用范围及粒径/μm	优　缺　点
重力分离法	乳油、分散油、油－固体物>60～150	处理量大、效果稳定、运行费低、管理方便；上浮法占地面积大、静止时间长、难连续，离心法效率高，但耗动力
粗粒化法	分散油、乳化油>10～20	设备小型化、少而简单，效率高，操作简便；易堵塞，长期使用效果下降，材料需再生；进水含油量100 mg/L较合适
过滤法	分散油、乳化油>10	处理后的水质好，设备简单，投资少，操作方便，无浮渣；长期使用效果下降，要求经常进行反冲洗
气浮法	乳化油、油－固体物>10～20	效果好，工艺成熟，占地面积较小；药剂量大，产生浮渣
膜分离法	乳化油、溶解油<60	出水质量好，设备紧凑；膜孔易堵，操作费用高，仅适合小规模处理
吸附法	溶解油<10	出水质量好，占地面积小，投资高，吸附剂需再生
凝聚法	乳化油>10	效果好，操作简便；占地面积大，药剂用量大，产生渣
活性污泥法	溶解油<10	出水水质好，投资少，操作费用较高，进水要求严格
生物滤池法	溶解油<10	适用性强，运行费用低，基建投资较大
氧化塘法	溶解油<10	效果好，投资少，管理方便；占地面积大
电解法	乳化解>10	除油效率高，耗电量大，装置复杂；电解过程中有H_2产生(易爆炸)
电火花法	乳化油、溶解油<10	效率高，适应性广，占地面积小；耗电量大，导电材料要求高
电磁吸附法	乳化油>10	效率高，方法简单；磁种要求高，造价高

参考文献

[1] 马荣骏. 工业废水的治理，长沙矿冶研究院环保所，1989：3－24.
[2]《环境工作者实用手册》编写组. 环境工作者实用手册，北京：冶金工业出版社，1986.
[3] 徐根良等. 水处理技术，1991(1)：1－12.

高炉煤气洗涤水的治理*

1 高炉煤气洗涤水的主要组成及特点

高炉煤气洗涤水的成分很不稳定，非但不同的高炉有差异，即使同一座高炉，在不同的情况下，也有不同的结果。

美国高炉洗涤水在处理前的主要成分/(mg · L^{-1})：悬浮物 81 ~ 164；总 CN 0.301 ~ 18.5；酚 0.095 ~ 3.02；氨 1.91 ~ 227；氟化物 0.64 ~ 17.7；pH 6.6 ~ 10.2。

我国各钢铁厂荒煤气的温度在 350℃ 以下，含尘量为 5 ~ 60 g/m^3，其组成为/%：CO 23 ~ 30，CO_2 9 ~ 12，N_2 55 ~ 60，H_2 1.5 ~ 3，O_2 0.2 ~ 0.4，烃类 0.2 ~ 0.5，以及少量的 SO_2，NO_x。首钢 4 座高炉总容积 4159 m^3，小时荒煤气发生量 64 万 m^3，洗涤水总用量 3500 ~ 4000 m^3/h。其水质状况是：水温 55 ~ 60℃，挥发酚微量，悬浮物 400 ~ 4000 mg/L，氟化物 0.025 mg/L，硫化物 0.095 mg/L；总硬度 36 德国度，暂硬 9.8 ~ 12 德国度；pH 7.5 ~ 8.0。杭钢有高炉 1 × 342 m^3 和 2 × 255 m^3，洗涤水的成分/(mg · L^{-1})：悬浮物 436 ~ 558，Ca^{2+} 3.9 ~ 4.2，Cl 150 ~ 155，总碱 7.3 ~ 8.3，总锌 188 ~ 337，总硬度 6.5 ~ 7.0。

高炉煤气洗涤水中其他成分的变化，主要依赖于高炉工作条件对其化学作用，其中主要影响因素有：炉料的碱度、矿石带入的成分及炉料成分的变化、炉顶温度等。当然洗涤水的理化性质与原用水也有着密切的关系。另外，高炉炉顶煤气压力小，洗涤水的温度高，则其 CO_2 含量就少，反之则含量就高。

根据上述可知，高炉煤气洗涤水不宜于直接排放。在当今力求提高水的复用率要求下，多数厂家都进行了循环使用。与普通循环水的共同点是：由于水温升高，蒸发浓缩，CO_2 逸散而有结垢生成；由于水中游离无机酸和 CO_2 的作用，产生化学腐蚀；金属和水接触也会产生电化学腐蚀。它们的不同点是：循环水中不生长藻类，没有生物细菌的繁殖。循环回用中最重要的是，保持水质稳定。只有这样，才能进行正常的循环使用，达到回用的要求。

2 国内外高炉煤气洗涤水的处理方法

美国洗涤水处理技术如表 1 所示。

表 1 美国高炉煤气洗涤水处理技术[1]

处理技术	质量分数/%
去除粗颗粒	6.5 ~ 7.1
氯化铁絮凝	2.8
氢氧化钙絮凝	4.3
聚合物絮凝	25.3 ~ 29.9
澄清池	19.3 ~ 23.9
浓缩池	53.7 ~ 65.1
污泥沉淀池	12.6 ~ 16.0
用酸中和	16.3
筛分	9
碱式氯化	2.2
转效点氯化	6.7
冷却塔	28.3
系统处理后再中央水处理	3.4
单独中央水处理	14.4 ~ 14.8

澳大利亚主要方法是浓缩池和澄清池，在反应器—澄清池中加入石灰和聚合物；英国主要是澄清池；法国多为沉淀池；日本川崎钢铁公司采用充气方法，加入聚合电解质。

我国湘钢研究和使用了旁路软化和药剂处理，首钢采用沉淀池软化澄清等，宝钢是化学沉淀处理，在国内外属比较先进的方法。

宝钢高炉煤气洗涤水中除有铁、SiO_2、Cr_2O_3、CaO、碳、锌、铅等物质外，还有酚、氰等有毒物，其处理方法的关键是水质稳定措施，属新日铁专利技术。它包括加苛性钠、高分子助凝剂、防垢剂等。将煤气清洗的“二文”的供水水质控制在规定的范围内，

* 该文首次发表于《湖南冶金》，1991 年，第 1 期，26 ~ 30 页。

使悬浮物和锌含量分别小于 100 mg/L 和 10 mg/L，这样就可排除水质障碍，保证系统的正常运行，并达到环保标准[2]。

在水质稳定上主要是防止结垢，目前采用的方法主要有以下几种。

2.1 酸化法

该法是向洗涤水中加入硫酸，使 $CaCO_3$ 转化为 $CaSO_4$，以此缓解结垢，减少排污。但这并不都有效，因为这只能缓解由于 $CaCO_3$ 引起的结垢。另外，由于加酸，还会加重设备的腐蚀，所以，该法不是一种理想的方法。

2.2 碱化法

该法是把炼铁厂烟道废气通入洗涤水中，以增加 CO_2 含量，使 Ca^{2+} 以溶解度不大的 $Ca(HCO_3)_2$ 形式存在，从而防止 $CaCO_3$ 结晶析出成垢。但 $Ca(HCO_3)_2$ 很不稳定，极易分解而逸失，故该法也非良方。

2.3 吹脱 CO_2 法

有的高炉煤气洗涤水在进入沉淀之前进行曝气处理。即用压缩空气向洗涤废水吹气鼓泡，吹脱其中溶解的 CO_2，以破坏成垢物质的溶解平衡，促使其结晶析出，并在沉淀池中随同悬浮物一道除去。许多实验与实践证明，曝气需在 30 min 以上才有明显效果。该法的缺点是很麻烦，故而一些工厂不予采用。

2.4 渣滤法

该法是用粒化后的高炉渣作为滤料，使煤气洗涤水通过而得到净化。过滤水一般都很清澈，其暂硬显著下降，从而可缓解结垢。该法不足之处是所需滤池较大且多(过滤、清渣和准备各一)，致使推广受到限制。

2.5 加药法

这是当今采用较多的方法。该法的关键是选择适当的阻垢剂及缓蚀剂，且必须特效、价廉，不产生污染等。不同种类的阻垢剂及缓蚀剂对不同的水质有不同的稳定效果，需经实验选择。目前研究与应用的阻垢剂有：

(1)聚丙烯酸及其钠盐。这是目前应用最为广泛的聚羧酸型水处理药剂，与其他水处理药剂如 ATMP、HEDP 等联合使用效果很好。国内已有工业生产和商品出售。

(2)水解聚马来酸酐。这是 20 世纪 70 年代开始使用的。实践证明，当洗涤水中 Ca^{2+} 浓度 300 mg/L、pH 8.0、温度 50℃时，加入 4 mg/L 的聚马来酸酐，阻垢效果高于 80%。由于它可耐较高温度，所以一般用作高温循环水的阻垢剂。现国内已有工业生产与商品出售。

(3)PAE。这是一种聚羧酸型阻垢分散剂，是丙烯酸及其酯类的共聚物。与 DCI－01 联合使用效果良好。我国有成品出售。

(4)IN－4 分散性阻垢剂(与 N－7319 相同)。这是一种羧酸型产品，为我国南京化工学院武进水质稳定剂厂的系列产品之一，它相当于美国 NalCO 公司的系列产品。

缓蚀剂有无机和有机之分，按机理分类，见表 2 所列。

另外还有 JN－1，JN－2，JN－3 等系列缓蚀剂，均有商品提供，如表 2 所示。

表 2 缓蚀剂及其类型

类型	缓蚀剂	保护膜的特性
钝化膜	铬酸盐，亚硝酸盐，钼酸盐，钨酸盐	致密、较薄(3～30 nm)，与金属结合紧密
沉淀膜	磷酸盐，锌盐，巯基苯骈唑，苯骈三氮噻唑	多孔，较厚，较致密，与金属结合不太紧密
吸附膜	有机胺，硫醇类，某些表面活性剂，木质素，葡萄糖酸盐	在非清洁表面吸附性差

3 高炉洗涤水的化学及化学模型

在洗涤设施中，荒煤气与洗涤水接触会发生一系列化学反应，主要有以下 2 种。

(1)CaO 和 MgO 或 K_2O 和 Na_2O 等与溶解在洗涤水中的 CO_2 作用生成相应的碳酸氢盐类。这类似于碱性氧化物的碱化作用。如果碱度高，就会出现沉淀，从而发生结垢；反之就会出现强酸度，对设备腐蚀。

(2)氯化物及氨可在洗涤水中溶解。在荒煤气中凝聚的 NH_4Cl 和 $ZnCl_2$ 等蒸气，除少部分被带走外，还有溶解和部分扩散于水中。

上述第 1 种反应是最重要的，通过几个操作参数变化，即改变炉料的碱性成分和渣的质量分数，可使碱度变小。第 2 个反应或多或少呈酸性，其高低与各种氯化物和硫酸盐的浓度有关，一般 pH 为 5.5～9，低于 4.5 的情况很少出现。

在洗涤装置外部的闭路洗涤水系统中，也有下列2类反应发生。

(1)溶解的 CO_2 逸散，使洗涤装置的出口处 pH 升高，温度越高越明显，并可导致羟基碳酸锌及碳酸氢钙在沉淀池中沉淀。

(2)CO_2 部分逸散穿过空气冷却器，在设备的衬里上产生羟基碳酸锌和碳酸钙沉淀。

根据以上所述创立了碳酸钙结垢的理论，认为主要由于水中重碳酸盐、碳酸盐和二氧化碳之间的平衡遭到破坏所致，即

$$Ca(HCO_3)_2 \rightleftharpoons CaCO_3\downarrow + CO_2 + H_2O$$

反应是可逆的。当水中游离 CO_2 少于平衡需要量时，则产生沉淀；反之，则对设备产生腐蚀作用。

洗涤水的水化学可用以下反应来描述：

$$CO_2 + H_2O \rightleftharpoons H^+ + HCO_3^-$$

$$CaO + 2H_2CO_3 \rightleftharpoons Ca(HCO_3)_2 + H_2O$$

$$MgO + 2H_2CO_3 \rightleftharpoons Mg(HCO_3)_2 + H_2O$$

$$ZnO + 2H_2CO_3 \rightleftharpoons Zn(HCO_3)_2 + H_2O$$

荒煤气中的 CO_2 溶于水中形成 HCO_3^-，它与 H_2O 生成 H_2CO_3 并发生上述反应。由于 CO_2 在洗涤水流入沉淀池的过程中有损失，以及在沉淀池中的逸散和冷却塔上的吹脱，使其在水中的浓度降低，导致碳酸氢盐平衡破坏，由下列反应产生相应的盐类沉淀。

$$Ca(HCO_3)_2 \rightleftharpoons CaCO_3\downarrow + CO_2\uparrow + H_2O$$

$$Mg(HCO_3)_2 \rightleftharpoons MgCO_3\downarrow + CO_2\uparrow + H_2O$$

$$Zn(HCO_3)_2 \rightleftharpoons ZnCO_3\downarrow + CO_2\uparrow + H_2O$$

$$Zn(HCO_3)_2 \rightleftharpoons Zn(OH)_2\downarrow + 2CO_2\uparrow$$

$$3Zn(OH)_2 + ZnCO_3 + H_2O \rightleftharpoons Zn_4CO_3(OH)_6 \cdot H_2O\downarrow$$

以上反应中的碳酸盐在过饱和情况下析出，形成晶体，沉积在金属表面，形成结晶坯，其他结垢物质则以此为晶核，互相聚附，逐渐扩大，最后形成硬垢层。

现在已用数学模型来评价高炉煤气洗涤水的水化学，其中最重要的为 MINEQL 模型和 EPRI 模型。后者考虑了11种溶解成分和49个平衡关系，但没有考虑洗涤水中重金属离子和某些阴离子。由于它适用于各种温度范围的循环冷却水系统，因此很有应用价值。该模型最初被用来评价钙、镁、硅固体物的相对饱和程度，也用来评价不同地点的平衡 CO_2 分压，以及水循环系统内部温度。

MINEQL 模型也是具有重要价值的，其数据库中包括许多种成分及其生成常数。它主要用于评价在解吸—吸附试验和模拟现场的条件下，金属可能产生沉淀的程度，也可用于评价 EPRI 模型未于考虑的固体物相对饱和程度。应该说明，这个模型只适用于25℃的条件下，为了评价洗涤水中固体物的饱和程度，需要将其加以修改，使之适用于不同温度。此外，改变该模型的离子强度计算，以便在获得平衡溶液后，运用戴维斯方程式，以叠加法估算活度系数；将焓数数据库用于 MINEQL 模型可计算生成常数 K。现已确定，在非25℃时，可用下式计算：

$$\ln(K/K_1) = (\Delta H_t^{\ominus}/R)[(1/T_1) - (1/T_2)]$$

式中：$\Delta H_t^{\ominus}$ 为反应的标准焓；R 为气体常数；T 为温度，K。

用上式可以得出 CO_2 和 NH_3 气体以及68种络合物和62种固体物的焓，并可得到大多数有关组分的焓数据，包括大部分固体铅和锌。但该式估算不出模型中铅、锌热动力学数据。上述2个模型还不能明确地阐述各种添加剂如阻垢剂和聚合物絮凝的热力学数据。

4 洗涤水回用及水质稳定讨论

现在美国已有3家工厂回用率达到100%。在可获得数据的其他国家工厂中，回用率平均达到82.9%。但这包括了未循环利用的工厂，若将其除外，则平均达92.4%，其中西欧为92%，澳大利亚89.5%，中国台湾99%，日本91.3%，南非96.6%。我国回用率也在不断地提高。

提高洗涤水回用率的先决条件是，必须解决水质稳定的问题，为此要进行全面处理。即指要控制悬浮物、成垢盐、腐蚀、微生物、水温等。因此，必须很好地解决下述重要问题。

4.1 水量平衡问题

水平衡就是要做到供水量与排水量相当，使后者达到最小限度。在高炉煤气洗涤水的循环工艺系统中，通常洗涤系统为二级洗涤器——文氏洗涤器及洗涤塔，其供水系统有二级并联或串联供水。后者应先供给第二级洗涤器，然后加压，再供给第一级洗涤器。这是由于二者工艺条件、介质性质是不相同的。荒煤气经第一级洗涤器后，其含尘量已大大降低，除尘效率达90%以上。因此，第二级洗涤器出来的洗水中含尘量已很少，直接加压供给第一级洗涤器是完全可行的。在设计洗涤系统时，如果设计得当，措施完整，串联比并联供水的水耗量要小。在制定水平衡时，对排出污水的问题也要进行综合、经济、全面的考虑。例如，可允许排出一部分污水，则可将其送去作为冲渣水，使之消耗在冲渣蒸发过程中，这是经济

合理的。可见，通过全面规划、综合平衡，才能做到合理的水平衡。

4.2　温度平衡问题

荒煤气温度都在150℃以上，有的甚至超过400℃，洗涤以后温度应在40℃以下，方能满足作为能源煤气的要求，而冷却煤气和净化煤气都要在洗涤系统中完成。水在洗浮煤气的同时本身温度也会升高。为了循环使用洗涤水，必须使其温度满足洗涤煤气的要求。实践表明，清洗煤气，若水温相对高些，则表面张力小些，有利于润湿其中的灰尘，从而把灰尘捕捉起来。作为冷却煤气，当然是水温低些好。因此，不少洗涤系统中设有冷却塔，以平衡水温。关于是否设置冷却塔，应视整个生产工艺而定。当煤气洗涤后，还要用于余热发电时，洗涤水就不需要经过冷却塔处理。而当洗涤以后，没有任何使煤气温度得到降低的措施，安设冷却塔是必要的。但是，在二级洗涤系统中，只把第二级洗涤器的水进行冷却是比较经济合理的。总之，在确定温度平衡时，要因地制宜，进行全面考虑。

4.3　悬浮物平衡问题

要想使高炉煤气洗涤水得到循环使用，必须把洗涤后的洗水中大量的悬浮物除去，而沉淀池则是有效设施。资料表明，不同工厂的洗涤水中悬浮物的组成与粒度差别很大，即使同一工厂，也是不断变化的。因此，要求处理洗涤水的沉淀池适应范围要大，一般要求上层出水悬浮物含量小于150 mg/L，这时沉淀速度应按不大于0.25 mm/s考虑，相应的沉淀池单位面积负载为1～1.25 $m^3/(m^2 \cdot h)$。如果加入聚丙烯酰胺絮凝剂，可加速沉降过程；假若与铝盐或铁盐合用，沉降速度还可进一步提高到3 mm/s以上。单位面积水力负荷若为2 $m^3/(m^2 \cdot h)$，相应的上层水悬浮物含量小于80 mg/L。我国大中型高炉煤气洗涤水悬浮物的处理实践证明，采用普通的辐射式沉淀池效果比较好，而带有絮凝槽的也很有效。

4.4　溶解盐类的平衡问题

这是水质稳定中要解决的主要问题。在荒煤气的洗涤过程中，由于蒸发使原来水中的溶解盐类的浓度因浓缩而升高。而且由于与水直接接触，又溶入了一些可溶性物质，这样就使之不断浓缩。正是基于这个原因，洗涤水在循环过程中会出现严重的结垢现象。国内外炼铁厂高炉煤气洗涤水系统的水垢成分及含量是/%：ZnO 40～50，Fe_2O_3 20～25，Ca和其他25～40。这说明，不但要解决洗涤水中Ca^{2+}和Mg^{2+}的成垢，还要解决锌、铁沉淀问题。

我们知道，从炉顶引出的荒煤气具有一定的压力，在洗涤过程中，成垢盐类与CO_2一道溶解在水中。后者溶解使水的pH下降，前者在酸性条件下会达到溶解平衡。锌是一种两性金属，在酸性条件其盐类的溶解度远远大于中性条件，在有大量CO_2存在与加酸的情况下，其溶解度都较大。在冷却塔中，由于喷淋和强制通风，使水强烈曝气，溶解在水中的CO_2被吹脱，使盐类物质的溶解平衡遭到破坏，超过溶度积的就会析出，形成水垢。这就是高炉煤气洗涤水成垢的主要特性。我国一些厂家的经验是：在洗涤废水进入沉淀池之前投加碱性物质，人为地调控废水的pH，促使发生化学沉淀。与此同时，还投加助凝剂或凝聚剂，以加速悬浮物的沉淀速度。而在洗涤水回用前，再投加所需的水稳定剂，消除水在循环利用过程中可能发生的水垢，保持水质稳定，这样，就能保证洗涤水回用率的提高。

参考文献

[1] 冶金部建筑研究总院冶金环保研究所. 冶金环保情报，1989(4)：1-61.
[2] 冶金部宝钢环保技术编委会. 宝钢环保技术(第四分册)，1987：30-34.

轧钢废水的治理*

1 初轧厂的废水治理

初轧厂的废水来源于设备的直接和间接冷却。前者用水由于与设备、制品、周围环境直接接触，不仅温升高，而且受到氧化铁皮、油脂类污染，因而是含铁皮废水和含油废水的主要来源。

间接冷却用水因不与被冷却的设备直接接触，故仅是水温的升高，而无水质的污染。

1.1 初轧机的冷却废水

(1)初轧机轧辊、辊道、钢坯连轧机等设备的直接冷却水，经冷却后，一般进入铁皮坑。该污水含悬浮物约3000 g/L。再进入沉淀池经初步沉降分离后，水中悬浮物量通常都在60 mg/L以下，大部分可循环使用，其余部分可用于冲铁皮或送热火焰清理机高压冲洗溶渣。

为了清除沉淀池中的铁皮，应该设有铁皮收集器。具体做法是将池中铁皮用潜水泵抽上来，送往水力旋流器进行分离，粗铁皮从其下部排出，并由链式刮板输送机送到移动漏斗，再转送至固定漏斗，然后用汽车运走回收；细铁皮和水由上部排出后流入泥浆槽。

为了清除沉淀池中的浮油，在铁皮收集器上设有喷水泵和驱油装置，用装在沉淀池平台上的除油泵将油送至浓缩槽使油上浮。

(2)设备的间接冷却水水温一般大于40℃，经冷却塔后下降到30℃左右。由于不存在污染问题，故可循环使用。

1.2 热火焰清理机除尘废水

这种废水含灰量大，颗粒细，自然沉降满足不了用户对水质的要求，因此，将其与沉淀池泥浆过滤水合并进入浓缩槽，再加入凝聚剂澄清处理。当悬浮物平均含量在50 mg/L以下时，可循环使用。

1.3 含油废水

该废水先入油分离槽进行油水初步分离，分离所得的含油废水用废油再生装置器回收油，而含油较低的污水则再进一步油水分离，循环使用。

2 无缝钢管厂的废水

2.1 污循环水

一般无缝钢管厂有污水和净水2个循环系统，各系统的水量由生产规模而定。通常采用的处理方法为：循环水→氧化铁皮沟→重力旋流沉淀池→水平沉淀池→砂过滤器→冷却塔。

由于污循环水在90%以上，量较大，为确保循环水系统正常运行，在处理设施中，均采取水质稳定控制措施(包括杀菌、灭藻、凝聚等作业)。

在工业冷却水循环系统中，当铁细菌、硫酸盐还原菌、真菌、藻类等水微生物和水生物繁殖生长时，在金属表面会形成含有大量油脂的生物黏泥，而油脂又为水中各种生物、微生物的繁殖、生长提供了良好条件。

先进一些的无缝钢管厂都采用非氧化型抗微生物药剂，例如Nalco7320。它具有渗透和分散特征，可除黏泥，又能有效地控制各种水中微生物的生长。但其浓的产品具有强烈的腐蚀性，因此，操作人员要特别注意，应佩戴好防护用具。操作时先将浓的Nalco7320药剂倒入容量为1000 L的溶解槽中，加水稀释并经搅拌溶解后，用计量泵加到冷却塔入口总管道中。在正常运行时，每周要分次添加所需要的药剂量。最有效的投药量应由实验确定。

在污循环水系统中，常含有难以沉淀的带正电荷的细小氧化铁皮等杂质，为了将其除去，应在水平沉淀池进口管道上投加凝聚剂。我国的多数厂家是添加3号絮凝剂，但日本及我国上海宝钢则加入一种新的

* 该文首次发表于《湖南冶金》，1992年，第6期，42~45页。

凝聚剂——Nalco625[1]。这是一种液体的高分子凝聚剂，为带有长链的阴离子型化合物。当它加入到污循环水中时，能很快形成网状骨链，细小的氧化铁皮及悬浮物会被长链的网包裹，结成大颗粒的絮凝体而迅速下沉，从而可使沉淀池的水质提高。

2.2 排污水

排污水中含有较多的油及油脂，其 COD 值均在 100 mg/L 以上，而排放标准规定不得超出 40 mg/L。

处理时，排污水先进入化学凝聚池，加入 $FeSO_4$ 及 NaOH，充分搅拌混合并停留一段时间，然后放入中间沉淀池进行初步沉淀。沉淀一定时间后，再进入设有反应室及曝气池的活化设备。在反应室要加入磷酸、尿素和 NaOH。曝气池室内设有曝气机进行曝气，此时也可以加入 NaOH 调节 pH，使出水的 COD 值符合标准后外排。操作中产生的泥浆除一部分排往循环系统的水平沉淀池外，其余可再生活化回用，此即国内统称的活性污泥法。

2.3 磷化污水

这种污水是在工具接头和管接头的脱脂磷化机组中，由脱脂槽、冷热水清洗槽、磷化槽间断排出的。

脱脂槽排出的污水可送到分离槽处理，在槽中加入分离剂(如 B20 等)并搅拌混合，反应和沉淀一段时间，将沉泥压滤脱水，之后污泥可定期运走处理。经处理的水在达到外排标准时即可外排。

冷热水清洗槽排出的水及磷化废水均可进入中和池。该池分 3 个格室：第 1 个加一定量的石灰乳溶液，调整 pH 至 12；第 2 个加一定量的盐酸溶液，将 pH 调到 9 ~ 9.5；第 3 个通入压缩空气搅拌使污水与加入的药剂进一步混合后流入斜板沉淀池。在该池的入口处按 2 mg/L 加入絮凝剂。混凝沉淀过的污泥送入板框压滤机脱水，处理后的水即可外排。

2.4 乳化液废水

在无缝钢管生产中，各种车丝机、水压机、锯床等设备每年都产生大量的乳化液废水。图 1 所示流程可有效地治理这种废水，使其 COD 量达到排放标准规定值以下。处理中产生的废乳化油和油渣，可用槽车送去回收油。

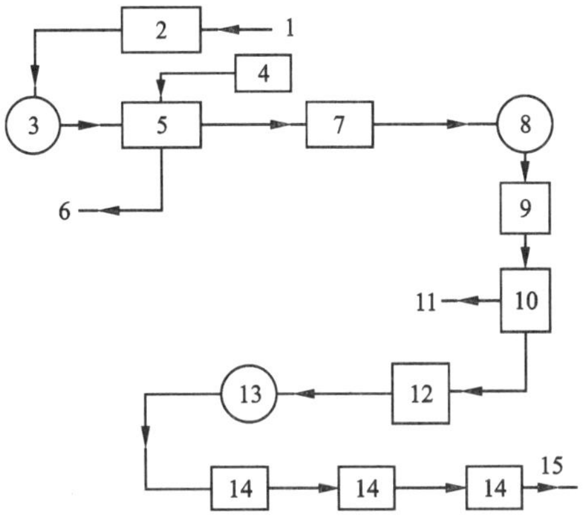

图 1 乳化液废水处理流程

1—来自各车间的乳化液；2—沉淀池；3—提升泵；4—溶药槽；5—反应槽；6—自动刮油及排油；7—贮水槽；8—加压泵；9—电解槽；10—气浮槽；11—自动刮渣及排渣；12—贮水槽；13—加压泵；14—活性炭吸附塔；15—处理后的废水排入厂内地下水道

3 冷轧厂废水

冷轧厂废水的特点是有不同性质和浓度的酸、碱、油，且其化学成分复杂(含有铬、氯、锌、铅、砷、铁、硫氰化铂及一些有机物)。

3.1 含油废水

该废水可采用静置、超滤浓缩、离心分离处理。静置可在一定容积的贮槽进行。为了提高分离效果，槽内设有蒸汽加热器，以便油滴上浮于水面。刮泥机上部的刮板将浮于水面的稳定油集中于贮槽一端，再用带式撇油机取出，废油送入最终分离槽；底部的油泥则送入浓缩池。贮槽中部是含油 1% 左右的乳化液含油废水，是主要的处理对象，可用超滤和离心使油与水分离。所得含油小于 10 mg/L 的清液，可循环使用；而含油 50% 的浮化液，则送入最终分离槽，通入蒸汽加热到 90℃，使油水进一步分离。得到的浮油进入废油贮槽，乳化液及槽底的油再用离心机处理，其废水可考虑再用，而分离出来的油则送入废油贮槽，进一步回收得到净化油。

3.2 含铬废水

含铬废水有 2 种，一种是含铬 1 ~ 2 g/L 的高浓度废水；另一种为含铬 180 ~ 200 mg/L 漂洗水。

浓铬废水可以用离子交换法处理，采用阳离子交换树脂，去除其中全部阳离子，而铬酸则可循环使用。

稀铬废水包括热镀锌涂层机组和电镀锌机组的含铬漂洗水，浓铬废水离子交换的再生废液以及实验室等处的废水，可用化学还原法进行处理。目前通常采用中和法，先形成不溶性盐，再沉淀分离。但由于铬酸或重铬酸均为强氧化剂，不能直接进行处理，故中和前必须先将废液中的 Cr^{6+} 还原成 Cr^{3+} 再中和沉淀[1]。

不论是浓铬还是稀铬废水，经处理后含铬要在2 mg/L以下才能符合要求。

3.3 硫氰化钠废水

这种废水来自煤气清洗及加压机组，每天的排出量依生产规模而定。废水中含 NaSCN 约 300 mg/L，其 COD 值较高。处理这类废水较宜的方法为氧化法。

废水进入氧化池进行间歇氧化处理，用次氯酸钠作氧化剂，并同时加入盐酸及石灰乳，氧化反应在pH =5的条件下进行。药剂投加量由氧化池内的 pH 计和带自动清洗功能的氧化还原电位计控制。反应终了时氧化还原电位会发生突变，表明有了过量的氧化剂存在，这时要加入废酸还原过量的次氯酸钠。为保证反应充分进行，池内应设有搅拌装置。

3.4 中和与净化废水

经过处理后的酸碱废水进入中和池。其目的是：为满足大多数水生物及农作物生长的要求，水的 pH 应控制在5.8 ~8.6；作为生物或混凝沉淀处理前的预处理；除去废水中某些金属离子，使之生成氢氧化物沉淀。

中和池的 pH 控制在 8 ~8.5。中和后的水进入混凝槽，加入有机高分子混凝剂净化处理。这是冷轧废水处理的最后一道工序，其废水可直接排放。

3.5 污泥的浓缩脱水处理

污泥的浓缩通常在浓缩池中进行，目的是降低其含水率，以减少脱水费用。对污泥浓缩池的计算，目前尚无统一的方法。通常是做间歇沉降试验来确定面积，使池的大小能保证污泥含固率在5%左右。

浓缩后的污泥(含水率达95%左右)再作脱水处理，所使用的设备有：真空、带式和离心过滤机及板框压滤机，其中最后一种费用最低。在添加助滤剂的条件下，使用该机脱水，可获得含水率65% ~70%的滤饼。

污泥处理的主要对象是含铬污泥。目前采用的是固化法，它不仅可化害为利，大大减少处理费用，还可节省用地，实现综合利用。

对有机污泥则采用焚烧法处理，其优点是得到的热能可加以利用。

4 废酸

轧钢过程中有硫酸和盐酸二类酸洗废水产生。现今处理盐酸废水系以热分解为主，具体的方法有：

(1)鲁特纳(Rutner)法(见图2)；

(2)鲁奇(Lurgi)法；

(3)开米伊特(Chemirite)法；

(4)PEC(Pennsylvania Engineering Corporation)法；

(5)滑动床(Sliding Bed)法。

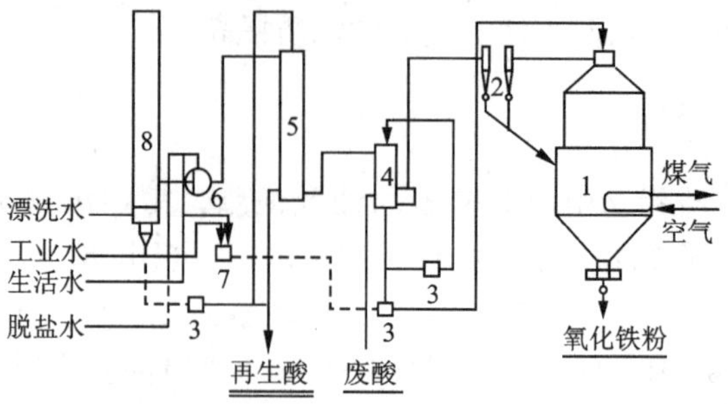

图2 鲁特纳法再生盐酸的工艺流程

1—喷雾焙烧炉；2—旋风除尘器；3—压缩泵；4—预浓缩器；5—吸收塔；6—排风机；7—事故水箱；8—排气烟囱

上述5 种方法原理基本相同，都由贮槽、反应炉、除尘器、预浓缩器、吸收塔、排气风机、氧化铁系统等主要设备组成。盐酸再生时，酸与铁的回收率均能达到99%左右，可使环境污染问题基本得到解决。各种再生方法的主要区别是氧化铁的质量和有效利用的数量。

鲁特纳法和 PEC 法生产的氧化铁，能全部用于磁性材料工业，可生产软磁或硬磁铁氧体。鲁奇法生产的氧化铁经特殊研磨后，可生产硬磁铁氧体。开米伊特法生产的氧化铁，经特殊处理工艺后，同时可获得35% ~40%的优质和普通氧化铁，剩下的20% ~30%氧化铁却还不能利用。滑动床法生产的氧化铁，据报道也能用于磁性材料工业。

盐酸废液处理还可生产 $FeCl_3$ 和聚合氯化铁作为混凝剂使用。

硫酸废液，目前可生产 $FeSO_4$、铁红和聚合硫酸铁。聚合硫酸铁是重要的混凝剂，其制备原理是：在酸性条件下，硫酸亚铁经催化氧化转化为具有一定碱化度的硫酸高铁，即聚合硫酸铁。这在我国已有工业生产。应用证明，它对含有悬浮物的废水是一种有效、价廉的混凝剂[2]。

参考文献

[1] 冶金部宝钢环保技术编委会. 宝钢环保技术(第六分册)，1987(4)：29 -40，64 -102.

[2] 马荣骏. 工业废水的治理. 长沙：中南工业大学出版社，1991：161 -166.

冶金轧钢酸洗废水的利用*

摘　要： 本文叙述了利用轧钢酸洗的硫酸酸洗废液及盐酸酸洗废液制备聚合硫酸铁及三氯化铁的新工艺。该工艺有操作容易、无二次污染、能耗及生产成本低的优点。

Utilization of pickling water from steel rolling

Abstract: This paper describes a new process of preparing liquid polymeric ferric sulphate and ferric chloride using waste pickling liquor from steel rolling mill. The new process features easy operation, no secondary pollution, low energy consumption and low cost.

众所周知，在轧钢厂的酸洗作业中，使用硫酸或盐酸进行酸洗。全国轧钢酸洗水及机械工业钢材酸洗水总量在数百万吨以上，如果长期大量排放，不仅浪费了资源，而且会造成严重污染，危害动植物的生存和人类的生活。

现在虽然有热分解(喷烧)、中和、补氯氧化及电渗析等方法处理酸洗废水，但这些方法存在着设备投资大、浪费原材料、二次污染及能耗大等不同的缺点。故应寻找能克服这些缺点，适于以综合利用为目的的新方法[1]。

长沙矿冶研究院受湘潭钢铁厂的委托，利用该厂的硫酸酸洗废水及盐酸酸洗废水进行了制备液体聚合硫酸铁及三氯化铁的研究，研究成功了能获得合格产品的新方法。这种新方法具有操作容易、无二次污染、能耗小、产品成本低等一系列优点。

1　原理[2-4]

制备聚合硫酸铁是利用向硫酸酸洗废水中添加催化剂及助催化剂，氧气氧化的原理，其反应如下：

$$FeSO_4 + NaNO_2 + H_2SO_4 \longrightarrow Na_2SO_4 + NO + Fe(OH)SO_4$$

$$FeSO_4 + NO \longrightarrow Fe(NO)SO_4\text{(黑褐色配合物)}$$

$$Fe(NO)SO_4 + O_2 + H_2O \longrightarrow Fe(OH)SO_4 + NO$$

$$Fe(NO)SO_4 + O_2 + H_2SO_4 \longrightarrow NO + H_2O + Fe_2(SO_4)_3$$

此外在气相中还有：

$$NO + O_2 \longrightarrow N_2O_3$$

$$NO + O_2 \longrightarrow NO_2$$

$$FeSO_4 + N_2O_3 + H_2O \longrightarrow Fe(OH)SO_4 + NO$$

$$FeSO_4 + N_2O_3 + H_2SO_4 \longrightarrow Fe_2(SO_4)_3 + NO + H_2O$$

$$FeSO_4 + NO_2 + H_2SO_4 \longrightarrow Fe_2(SO_4)_3 + NO + H_2O$$

反应体系中还有副反应：

$$NO_2 + H_2O \longrightarrow HNO_3 + NO$$

$$HNO_3 + H_2SO_4 \longrightarrow NO_3^- + HSO_4^- + H^+$$

由上述反应可知，因为 NO_x 的参与，亚铁被氧化的历程发生了改变，从而降低了反应活化能，使得在酸性条件下，原来稳定的很难被氧分子氧化的亚铁，变成容易被氧化的黑褐色配合物 $Fe(NO)SO_4$。与此同时，由于副反应的存在，会导致体系中 NO_x 减少，使催化氧化反应变慢，除了向溶液中添加 $NaNO_2$ 外，还要添加助催化剂 PNS(11)，它防止了体系中 NO_x 的减少，保证反应顺利快速进行。

制备三氯化铁的反应与上述类似，添加催化剂及助催化剂到盐酸酸洗废水中，通入氧气进行氧化，生

* 该文首次发表于《1997 年冶金工业废水处理学术讨论会的论文集》，1997 年 4 月，威海，178－184 页。合作者：马强、杨镜泉、周志良、赵湘骥等。

成的中间黑色配合物为 Fe(NO)Cl_2，其他反应均类似，只是在诸反应中的 SO_4^{2-} 变成 Cl^- 而已。

2　生产聚合硫酸铁的工艺

2.1　设备

制备聚合硫酸铁的设备连接图如图 1 所示，主体设备可用搪瓷反应釜，其他附属设备也均简单，易于制造，或直接从市场购买。

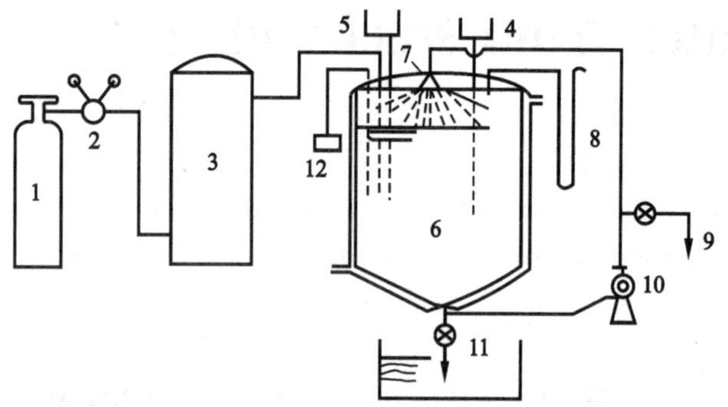

图 1　生产聚合硫酸铁及三氯化铁的设备工艺流程

1—氧气瓶；2—氧气表；3—缓冲罐；4—催化剂计量槽；5—废酸液计量槽；6—反应釜；7—喷洒头；8—U 形压力计；9—取样阀；10—循环泵；11—产品储槽；12—温度控制器

2.2　工艺参数

通过一系列条件试验，得到的最终工艺参数为：

(1) 原材料为硫酸酸洗废水，其中含 Fe^{2+} 不低于 100 g/L，pH 为 0.5～1.0（实际轧钢酸洗水中含 Fe^{2+} 17%～18%，H_2SO_4 10%，需用工业硫酸亚铁进行适当调整配制）。

(2) 反应压力：0～2000 Pa

(3) 反应温度：30～60℃

(4) 反应时间：3～4 h

(5) 催化剂添加量：0.4%

(6) 助催化剂添加量：$(50 \sim 100) \times 10^{-6}$

3　生产三氯化铁工艺[5]

(1) 设备同图 1。

(2) 适宜的操作工艺条件。

轧钢厂盐酸酸洗废水中，一般氯化亚铁的含量为 10%～25%，盐酸含量为 3%～10%。

首先要对盐酸酸洗废水的成分进行调整，调整的方法如下：

若 $C - 56M + 8 < 0$　表明酸洗废水中盐酸量过大，需加铁屑中和。

若 $C - 56M + 8 = 0$　表明酸洗废水成分无需调整。

若 $C - 56M + 8 > 0$　表明酸洗废水中盐酸量不足，需补充盐酸。

按下面公式计算铁屑或盐酸的补充量：

铁屑补充的计算公式为

$$W_{Fe} = \frac{V \cdot (56M - C - 8)}{3000}$$

盐酸补充量的计量公式为

$$W_{HCl} = \frac{V \cdot (C - 56M + 8)}{560}$$

式中：C 为盐酸酸洗废水中含 Fe^{2+} 浓度，g/L；M 为盐酸酸洗废水中盐酸的物质的量浓度，mol/L；V 为盐酸酸洗废水的体积，L；W_{Fe} 为需要向盐酸酸洗废水中加入的铁屑量，kg；W_{HCl} 为需要向盐酸酸洗废水中补充的工业级（含 HCl 31%）的盐酸量，L。

最佳工艺条件为：反应压力 0～2000 Pa，温度 60～70℃，反应时间 2 h，催化剂添加量为 0.2%，助催化剂为 $(50 \sim 100) \times 10^{-6}$。

4　产品质量及性能

4.1　聚合硫酸铁

产品为红棕色液体，得到的产品质量指标如下：

(1) 碱化度（B）

碱化度的定义为羟基与铁的摩尔分数：

$$B = \frac{[OH]}{[Fe]} \times 100\%$$

产品根据 $Fe(OH)_nSO_{4(3-n)/2}$ 分子式测定的碱化度应在 10%～16%。需要说明，碱化度是一项综合特征参数，它直接决定着产品的化学结构形态和许多特性，例如聚合度、混凝能力、稳定性等都与碱化度有关。

(2) 总铁含量，以 Fe^{3+} 计，不低于 100 g/L。亚铁为微量。

(3) 转化率，指亚铁转化高铁的百分率，不低于 99.5%。

(4) pH 为 0.5～1.0。

(5) 相对密度不低于 1.26（室温）的红棕色液体。

以上质量的聚合硫酸铁是有效的净水剂，可作为商品出售。

4.2　三氯化铁

三氯化铁的指标如下：

(1)外观：红棕色液体

(2)相对密度：≥1.25(25℃)

(3)三氯化铁含量：≥37%(≥320 g/L)

(4)氯化亚铁含量：≤0.3%

(5)残余盐酸：≤0.3%

(6)水不溶物(沉淀物)：≤0.3%

以上质量的产品符合工业级液体三氯化铁的指标要求，可作为净水剂或化工原料。

5　结语

(1)以钢铁企业的酸洗废水制备聚合硫酸铁或三氯化铁，体现了变废为宝的目的，酸洗废水的综合利用率可达到100%，具有明显的环境、经济和社会效益。

(2)工艺流程简单，操作容易，生产成本低，无二次污染，是应该推广的好方法。

(3)产品质量符合要求，制得聚合硫酸铁及三氯化铁，既可作为净水剂使用，也可作为化工原料出售。

参考文献

[1] 马荣骏. 工业废水的治理. 长沙：中南工业大学出版社，1991.

[2] 赵湘骥. 聚合硫酸铁的研制及其特征的研究. 长沙矿冶研究院，1991.

[3] 赵湘骥，马荣骏等. 环境求索，1992(2)：16－19.

[4] 赵湘骥，马荣骏等. 矿冶工程，1995(2)：33－36.

[5] 无污染法用盐酸酸洗废液制备净水剂三氯化铁的新工艺研究，1995，6(长沙矿冶研究院内部试验报告).

液体聚合硫酸铁的制备及其性能研究

摘　要：本文介绍了以钢铁厂硫酸酸洗废液为原料，以 PNS(Ⅱ)为助催化剂，在常温常压下制备液体聚合硫酸铁的新工艺，并对聚合硫酸铁与其他无机混凝剂在水处理应用中的性能进行了比较，结果表明，聚合硫酸铁具有诸多优越性。

A study of the behaviour and the preparation of liquid iron polysulfite

Abstract: Liquid iron polysulfite was prepared at the ambient temperature and atmospheric pressure using the pickle from iron and steel works as a raw material and PNS(Ⅱ) as a catalysis aid, and a comparison was made between the polysulfite and other inorganic coagulants in their performances of wastewater treatment. The results showed that the former offered a number of advantages.

聚合硫酸铁是日本20世纪70年代开发、20世纪80年代初推广应用的一种新型高效无机高分子混凝剂。本文作者在借鉴国内外有关文献的基础上，进行了研究试验，成功地开发了以硫酸酸洗废液为主要原料，生产液体聚合硫酸铁的新工艺。这不仅能彻底治理钢铁厂硫酸酸洗废液对环境的污染，而且聚合硫酸铁产品是工业用水和多种工业废水的高效水处理剂。本新工艺的开发，体现了“变废为宝，以废治废”的特点，是解决我国大量硫酸废液的一条重要途径。

1　液体聚合硫酸铁的制备原理

日本于1976年发表了以 $FeSO_4 \cdot 7H_2O$ 和 H_2SO_4 为原料的催化氧化法制备聚合硫酸铁的专利，所用催化剂为亚硝酸盐。其反应式为：

$$FeSO_4 + NaNO_2 + H_2SO_4 \longrightarrow Na_2SO_4 + NO + Fe(OH)SO_4 \quad (1)$$

$$FeSO_4 + NO \longrightarrow Fe(NO)SO_4\text{（黑褐色络合物）} \quad (2)$$

$$Fe(NO)SO_4 + O_2 + H_2O \longrightarrow NO + Fe(OH)(SO_4)_3 \quad (3)$$

或 $$Fe(NO)SO_4 + O_2 + H_2SO_4 \longrightarrow NO + H_2O + Fe_2(SO_4)_3 \quad (4)$$

此外，在气相中还有如下反应，

$$2NO + \frac{1}{2}O_2 \longrightarrow N_2O_3 \quad (5)$$

$$2NO + O_2 \longrightarrow 2NO_2 \quad (6)$$

$$2FeSO_4 + N_2O_3 + H_2O \longrightarrow 2Fe(OH)SO_4 + 2NO \quad (7)$$

或 $$2FeSO_4 + N_2O_3 + H_2SO_4 \longrightarrow Fe_2(SO_4)_3 + 2NO + H_2O \quad (8)$$

$$2FeSO_4 + NO_2 + H_2O \longrightarrow 2Fe(OH)SO_4 + NO \quad (9)$$

或 $$2FeSO_4 + NO_2 + H_2SO_4 \longrightarrow Fe_2(SO_4)_3 + NO + H_2O \quad (10)$$

反应体系中还有副反应，

$$3NO_2 + H_2O \longrightarrow 2HNO_3 + NO \quad (11)$$

$$HNO_3 + H_2SO_4 \longrightarrow NO_3^- + HSO_4^- + 2H^+ \quad (12)$$

由上述可知，因 NO_x 的参与，亚铁被氧化的历程发生改变，从而降低了反应活化能，使得在酸性条件下，原来稳定的很难被氧分子氧化的亚铁，变得容易被氧化。与此同时，由于副反应的存在，导致反应体系中 NO_x 减少，催化氧化速度减慢，这就要寻找一种有效地抑制 NO_x 硝酸盐化的方法。

* 该文首次发表于《环境求索》，1992年，第1期，16～19页。合作者：赵湘骥、杨镜泉。

2　试验装置

试验装置如图 1 所示。

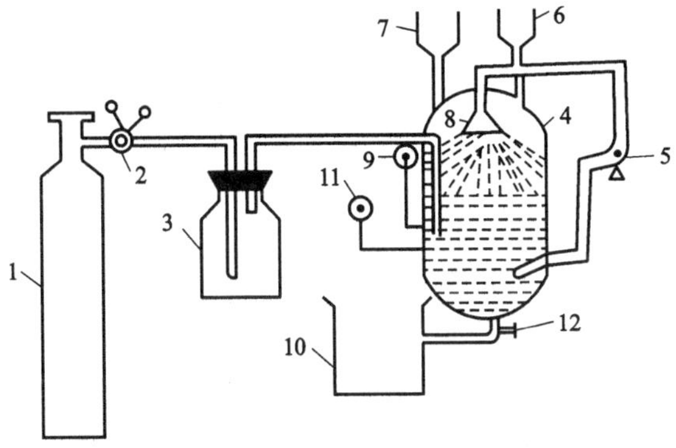

图 1　试验装置示意图

1—氧气瓶；2—氧气表；3—缓冲瓶；4—反应器；5—循环泵；6—加料斗；7—酸加入槽；8—喷洒头；9—压力计；10—产品贮槽；11—酸度控制器；12—控制阀

3　工艺技术参数

通过一系列试验研究，确定最佳的工艺技术参数如下：

(1)原材料(废酸液)含亚铁(Fe^{2+})不低于 100 g/L，(不足部分补工业硫酸亚铁)，酸度为 pH =0.5 ~1.0。

(2)反应压力为 0 ~2000 Pa。

(3)反应温度为 20 ~60℃。

(4)反应时间为 3 ~4 h。

(5)催化剂添加量为 0.4%，助催化剂添加量为 (50 ~100) $\times 10^{-6}$。

4　主要技术关键的探索

(1)助催化剂的选择

根据聚合硫酸铁的制备原理，抑制 NO_x 硝酸盐化的副反应作用是一关键技术，为寻找有效的抑制剂或称助催化剂，作者进行了系统的研究试验，最终筛选出一种高效的复合助催化剂 PNS(Ⅱ)，其配方的原料价廉、易得。助催化剂的应用(见表 1)，大大加快了液体聚合硫酸铁制备的速度，并减少了催化剂亚硝酸的用量。

(2)反应的最佳条件

1)反应温度

反应温度对制备液体聚合硫酸铁的影响见表 2，以 20 ~60℃为宜。温度过低，反应速度缓慢，温度过高，反应的中间产物 $Fe(NO)SO_4$ 变得不稳定，易发生分解，因而不利于聚合硫酸铁的生成。

表 1　助催化剂的作用和用量

助催化剂	助剂用量 $/10^{-6}$	催化剂用量 /%	反应时间 /h	聚铁生成率 /%	备　注
复合型助催化剂 PNS(Ⅱ)	30	0.4	4	93.5	催化剂分 2 次加入
	40	0.4	4	98.0	催化剂分 2 次加入
	50	0.4	4	99.5	催化剂分 2 次加入
	70	0.4	3.6	99.6	催化剂分 2 次加入
	100	0.4	3.5	99.5	催化剂分 2 次加入
不加助催化剂		1.5	16	89.3	催化剂分 6 次加入

表 2　反应温度对聚合硫酸铁生成的影响

温度 /℃	反应时间 /h	聚铁生成率 /%	备　注
10	5.1	99.1	褐棕色油状液
20	4.0	99.5	褐棕色油状液
40	3.8	99.6	褐棕色油状液
50	3.6	99.5	褐棕色油状液
60	3.5	99.5	褐棕色油状液
70	3.1	99.6	出现部分黄色沉淀物

2)反应压力

反应体系保持微弱正压，即 0 ~2000 Pa 的压力为宜。据反应动力学原理，反应物浓度愈高，反应速率愈快。由此不难看出，通入的氧气量越大，即反应体系的压力越高，越有利于加快反应速度。但从副反应：

$$3NO_2 + H_2O = 2HNO_3 + NO \qquad (13)$$

可知，反应体系压力愈高，愈会加快氮氧化合物的硝酸盐化，不利于主反应的进行。因此，选择 0 ~2000 Pa 的微弱正压是合理的。

3)反应酸度

聚合硫酸铁是具有一定碱化度的硫酸高铁聚合物。具有良好水处理效果的聚合硫酸铁，其碱化度为10% ~16%。聚合硫酸铁产物的碱化度与其制备反应的酸度有关，试验(见图2)表明，制备聚合硫酸铁的反应酸度控制在 pH =0.5 ~1 为宜。

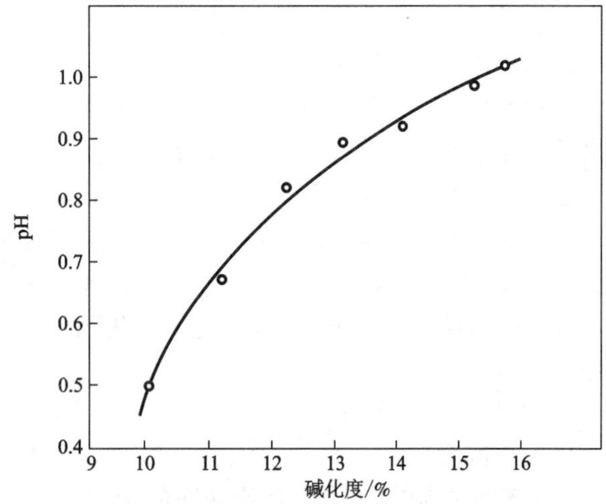

图2 pH与碱化度的关系

4)气液间的良好混合

由于体系的反应是在气液间进行，这就要求使用一种有效的搅拌方式，使得气液充分混合。经试验研究(见表3)，以喷淋式气液混合的搅拌方式，效果最佳。

表3 搅拌方式对合成聚合硫酸铁(简称PES)的影响

搅拌方式	反应时间/h	PES生成率/%	备　注
螺旋桨式	3.8	98.8	存在密封的困难
鼓气式(气体循环泵)	3.8	67.5	设备简单,操作方便,但效果不佳
喷淋式(液体循环泵)	3.8	99.6	设备简单,操作方便,效果好

5 pH弛豫现象

一些学者曾经对Fe(Ⅲ)的氯化盐、硝酸盐、高氯酸盐的聚合铁溶液在成熟过程中的pH变化作了观察试验，结果发现这些溶液随着成熟时间的增长pH有不同程度的降低，即出现pH弛豫现象。

作者对新制备好的聚合硫酸铁溶液在成熟过程中pH变化进行了观察试验，结果见图3。从图3可看出，聚合硫酸铁溶液在成熟过程中亦存在pH弛豫现象，且在成熟期的初始阶段，溶液的pH变化幅度相对要大一些。在此需指出的是，由于在制备聚合硫酸铁的溶液中Fe(Ⅲ)浓度和碱化度等会有所不同，可能其形态分布状态亦不同，从而其pH弛豫程度有所不同。了解这一特性，有利于把握聚铁的产品质量。

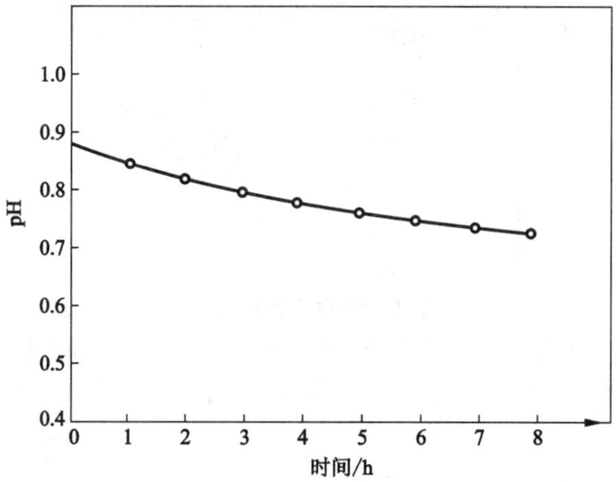

图3 pH弛豫现象

Fe(Ⅲ): 153 g/L, 碱化度: 13.6%

6 液体聚合硫酸铁的优越性

(1)腐蚀性小

作者曾用$FeCl_3$和聚合硫酸铁对2种不同型号的钢材在室温条件下作了定量腐蚀试验，其结果列于表4。

表4 聚合硫酸铁和$FeCl_3$的腐蚀性对比试验/[$g·(m^{-2}·h^{-1})$]

材质	PES 腐蚀50 h	$FeCl_3$ 腐蚀50 h
SS41	0.0 0.0	79.4 78.8
S45C	0.0 0.0	74.1 73.5

表4的结果表明，聚合硫酸铁对2种不同型号的钢材几乎没有腐蚀性，而氯化铁则有全面的腐蚀现象发生。因此，使用聚合硫酸铁，能使设备维修周期大大延长，运转费用也大幅度下降，可取得较好的综合经济效益。

(2)适用的pH范围广

一般地，铝盐混凝剂使用pH为6.0 ~8.5，亚铁盐 pH 为 8.0～11，而聚合硫酸铁和 $FeCl_3$ 一样，使用 pH 在 4.0～11 内均具有良好的效果。

（3）良好的混凝性能

聚合硫酸铁是一种无机高分子化合物，具有立体的聚合结构，在水解时很快形成多核心、多分支的水解产物，能有效去除水体中的 COD、BOD、SS、硫化物和部分重金属离子。作者用不同混凝剂对含高岭土 500 mg/L 的配制水和垃圾废水中 COD、色度作混凝试验，结果分别列于图 4～图 6。

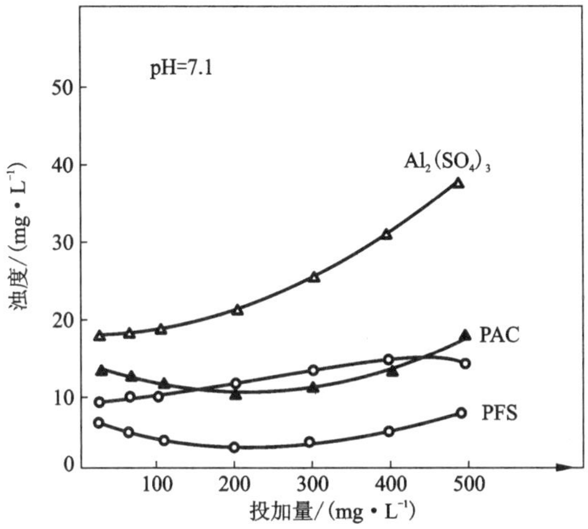

图 4　高岭土混凝试验结果

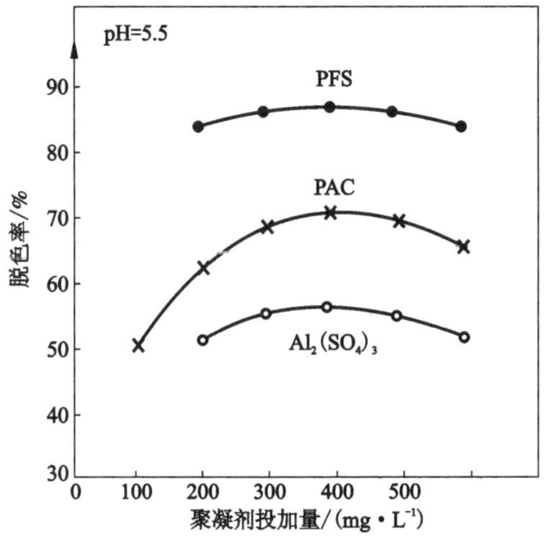

图 5　聚凝剂投加量与色度去除率关系

从图 4 可看出，聚合硫酸铁的混凝效果优于其他无机混凝剂。

从图 5 得知，聚合硫酸铁脱色率最高。

从图 6 看出，对于污水中的 COD 去除，铁盐优于铝盐，而聚合硫酸铁又优于 $FeCl_3$ 和 $Fe_2(SO_4)_3$。

（4）优越的脱臭性能

大量的工业污水和城市废水污泥产生的恶臭已成为当前环境治理中的一大难题。而聚合硫酸铁能有效地以 Fe_2S_3 固定方式来去除污水和污泥中的恶臭，其脱臭性能与其他盐类的比较见表 5。

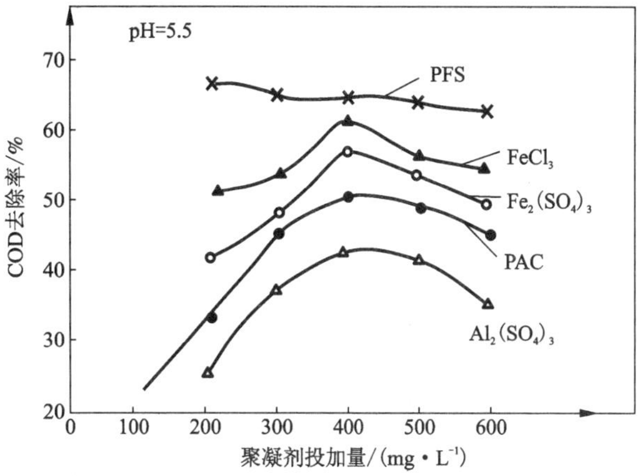

图 6　聚凝剂投加量与 COD 去除率关系

［PFS：聚合硫酸铁的简称，PAC：聚合氯化铝的简称］

表 5　聚凝剂的脱臭效果比较

聚凝剂	添加量/(mg·L^{-1})（以 Fe^{3+}、Al_2O_3 计）	H_2S /(mg·L^{-1})	臭气
原水	0	178	大
PES	200	9	小
$FeCl_3$	200	35	中
PAC	200	118	大
$Al_2(SO_4)_3$	200	136	大

（5）良好的脱水性能

对某啤酒厂废水生化剩余污泥进行脱水试验比较，结果见表 6。聚合硫酸铁用于污泥脱水，不仅能使滤饼的含水率降低，而且显著节省了投药费用。此外，发现聚合硫酸铁对污泥的性质改变不敏感，使污泥脱水作用的稳定性增强。

（6）快速的沉降和稳定的气浮性能

聚合硫酸铁生成的絮凝体沉降速度快，一般可达 0.5～0.8 mm/s，而铝盐生成的絮凝体的沉降速度只有 0.3 mm/s。采用聚合硫酸铁作絮凝剂时，其沉淀池负荷大于其他无机絮凝剂，处理设施占地面积小，投资少，能耗低，有利于生产中采用。聚合硫酸铁产生的絮凝体不仅沉降速度快，而且对微气泡有强烈的吸附作用，也很适用于气浮法处理。

表6 PFS和PAC污泥脱水试验(每立方米污泥)

混凝剂	原污泥含水/%	投药量/kg	消石灰/kg	压滤时间/h	泥饼含水/%	药剂费/元
PAC	94~96	12.6	9.6	3	63~68	1.73
PFS	94~96	5.7	4.9	3	61~66	0.63

此外，从国内外的使用情况看，在大范围的pH内使用聚合硫酸铁，处理水的残留铁量少。

鉴于聚合硫酸铁与其他无机混凝剂相比，具有上述的优点，因此，聚合硫酸铁在冶金、石油、食品加工、造纸、印染、焦化、屠宰等工业废水与城市污水的处理，以及高浓度乳化液的快速破乳方面的应用，均获得很大的成功。聚合硫酸铁用于活性污泥脱水亦有明显的效果。

7 结语

1)以钢铁硫酸酸洗废液(或钛白工业的硫酸废液)制备聚合硫酸铁的新工艺，实现了钢铁厂的硫酸废液综合利用率达100%，全面体现了“变废为室，以废治废”的特点，有较好的环境效益、经济效益和社会效益。

2)高效助催化剂的配制成功，是液体聚合硫酸铁制备技术上的突破。本法在常温、常压下生产聚合硫酸铁，具有催化剂用量少、反应时间短、工艺简单、操作简便、生产成本低等优点，便于工业生产推广。

3)聚合硫酸铁与其他无机混凝剂在水处理应用中的性能比较试验结果表明，聚合硫酸铁具有药剂耗量少、处理效果好、适用的pH范围宽、水中残余铁离子少、产生的污泥脱水性能优良及对水处理设施腐蚀性小等优点，是一种有发展前景的无机高分子混凝剂。

参考文献

[1] 李光谱.上海环境科学，1987，6(4)：8.
[2] 杨锐泉，周志良，赵湘骥.新型高效净水絮凝剂——聚合硫酸铁.湖南省环境工程学术会议论文集，1990.
[3] 胡德录.冶金环保情况(酸洗环保技术专题)，1988(1)：45.
[4] Dousma J et al. J. Colloid and Interface Sci，1978，64：154.
[5] Dousma J et al. J. Colloid and Interface Sci，1976，56：527.
[6] Hsu P H，Ragon S E. J. Soil. Sci.，1972，23：17.
[7] Hsu P H. Clays Clay Miner，1973，21：267.

固体聚合硫酸铁的制备及其特性研究*

摘 要：本文叙述了用真空减压蒸发法制备固体聚合硫酸铁的新工艺，对产品成分、红外光谱、差热曲线以及其溶解性和稳定性等特性进行了测试研究。研究表明，固体聚合硫酸铁与液体产品一样也具有良好的混凝性能和脱水效果。

Preparation and characteristics of solid polyferric sulfate

Abstract: In this paper a new process was described for preparing solid polyferric sulfate by means of vacuum depression vaporization. The product obtained was characterized by IR spectroscopy and differential thermal analysis, and its composition, solubility, stability, etc. were researched. A comparison with liquid products indicated that solid polyferric sulfate also displayed a higher coagulability and dewatering of hydrolyzed residues.

聚合硫酸铁是当今废水处理中一种重要的无机高分子混凝剂。现在国内外开发生产的均为液体聚合硫酸铁，在应用运输上很不方便，故推广应用受到限制。我们在以硫酸酸洗废液为原料，开发生产液体聚合硫酸铁的基础上[1]，进行了固体聚合硫酸铁的研制，并对其特性进行了研究。试验结果表明，本文提出的固体聚合硫酸铁制备工艺可行，获得的固体聚合硫酸铁与液体聚合硫酸铁一样，在处理废水中具有优良的混凝性能。这一研究工作的成功，对拓宽聚合硫酸铁的推广应用将会有积极的促进作用。

1 试验工艺流程及原理

试验设备工艺流程示于图1。本工艺的实验原理是借助于减压下的沸腾蒸发，使溶剂与溶质（聚铁）达到分离的目的。在沸腾状态下的水分或其他具有挥发性的溶剂被汽化移除，而溶液中溶质数量不变，直至蒸干而获得聚合硫酸铁。这一过程实质上是一个热量传递过程，要使该过程顺利进行，必须满足2个条件：一是使溶液表面上的空间蒸汽分压小于一定温度下的饱和蒸气压；二是要供给热量，以补充蒸发潜热和浓缩热的需要。

聚合硫酸铁溶液在常压下的沸点高于100℃，而

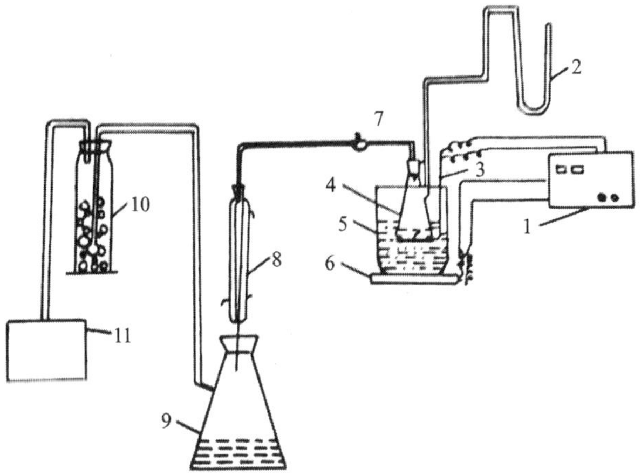

图1 固体聚合硫酸铁的制备流程

1—电子继电器；2—U形压力计；3—控温温度计；4—浓缩瓶；5—水浴槽；6—电炉板；7—三通阀；8—冷凝管；9—抽滤瓶；10—干燥瓶；11—真空泵

在以前的工作[1]中，当温度高于60℃时，聚合硫酸铁溶液不稳定，溶液中的聚合硫酸铁会发生结构的变化，并进而生成沉淀物，这是必须避免的。为了使聚合硫酸铁溶液能在低于60℃下蒸发，在实验中采用了减压蒸发的技术，利用真空泵不断地抽真空，使按工作[1]制成的液体聚合硫酸铁溶液蒸发浓缩，最后获得

* 该文首次发表于《矿冶工程》，1995年，第2期，33～36页。合作者：赵湘骥，杨镜泉。

固体聚合硫酸铁产品。

2 工艺的重要参数

本工艺的重要参数是温度和真空度。在本实验选定的真空泵下，测得体系的负压为9.6×10^4(最初)～9.93×10^4 Pa(最终)，在这个真空度范围内，溶液的温度恒定于50℃下，可以顺利地实现聚合硫酸铁溶液的沸腾蒸发。在制备液体聚合硫酸铁时曾查明[1]，只要温度控制在60℃以下，聚合硫酸铁的性能不会发生改变。在实际操作中，尽可能把水浴的温度提高一些，这样就可选择真空度低一些，即真空泵的功率小一些即可达到实际需要。在控制溶液达到沸腾状态的一定真空度下，适当地提高溶液温度，还可加快溶液的蒸发速度，有利于蒸发浓缩的进行。

基于上述观点，选择了让溶液在55℃沸腾蒸发所需真空度的真空泵(2×Z－05型)，使体系的负压为9.6×10^4～9.9×10^4 Pa，水浴温度控制在60℃的工艺条件，成功地得到固体聚合硫酸铁产品。

应该指出，由于溶液的饱和蒸气压与溶液的组成和浓度有关。因此，对所需真空度的选择，还应根据具体情况而调整。所控制溶液的温度与真空度之间也要有一个适当的配合。再有，夹套蒸汽加热、真空沸腾、在减压下蒸发的设备等工业上已有定型生产，其结构简单，操作方便，工业化易于实现。

3 固体聚合硫酸铁产品特性

(1)固体产品成分分析

本试验研究采用某钢铁厂由硫酸酸洗废液生产的液体聚合硫酸铁(密度：1.45 g/cm³，总铁为165 g/L)为原料制备固体产品。从外观上看，固体聚合硫酸铁呈棕黄色，其视密度为2 g/cm³左右，成分分析结果列于表1。

表1 固体聚合硫酸铁产品的分析结果

成分	含量/%	成分	含量/%
总铁	20.19	Mn	0.133
Fe^{2+}	0	Cr	0.0006
SO_4^{2-}	47.91	Ni	0.0004
NO_3^-	0	Co	<0.0001
Pb	0.0014	Bi	<0.0001
Zn	0.0094		

(2)固体聚合硫酸铁的红外光谱分析

Fe(Ⅲ)聚合物的结构研究已有一些报道[2-4]，较一致的看法认为它是由O或OH桥连接铁的六配位多核高聚物，具有八面体结构。采用红外光谱对固体聚合硫酸铁进行了结构分析。

制得的固体聚合硫酸铁的红外光谱分析的结果见图2。图3所示为田宝珍等[4]由实验所得聚合氯化铁的红外光谱图。通过比较，图2和图3出现的特征峰基本一致。从图2和图3可见，中心位置约3390 cm^{-1}和1630 cm^{-1}的两峰分别为OH伸缩振动及H—O—H弯曲振动。3100～3600 cm^{-1}和1600～1700 cm^{-1}两个波数范围的峰形均发生畸变，从单峰变为重峰或多元峰的重叠。这说明聚合硫酸铁内结合的羟基和水分子的复杂性，每一个峰和凸点均代表具有特定能量的氢键，是结构内以不同强度的键合方式键合的O—H和H—O—H振动。例如表面羟基与整体羟基、吸附水与配位水的振动具有相邻的不同的波数。这些细微的区别只有高灵敏和高分辨的傅里叶红外光谱仪才能区分开。波数为670 cm^{-1}的峰为Fe—O—H弯曲振动，1000 cm^{-1}的峰为Fe—OH—Fe弯曲振动。此外，与图3相比，图2所示在1000～1400 cm^{-1}多几个峰，这可能是由产品中夹混的杂质所致。因为试验中的固体聚合硫酸铁是以硫酸酸洗废液为原料生产的液体聚合硫酸铁制备而成，其中夹混着不少其他杂质。

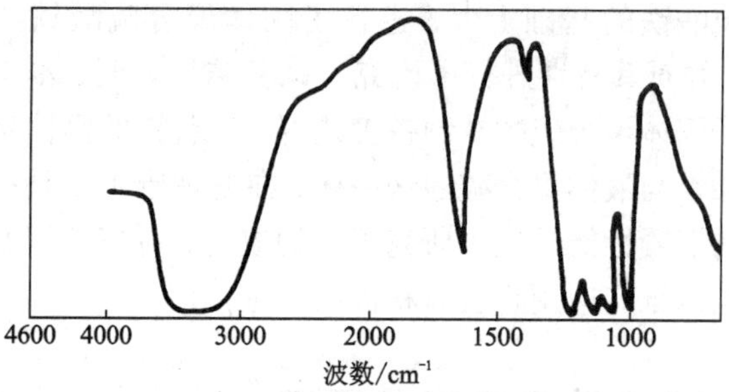

图2 固体聚合硫酸铁的红外光谱

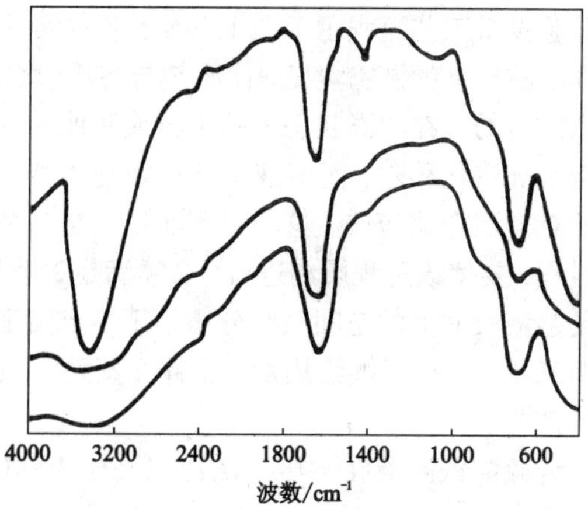

图3 固体聚合氯化铁的红外光谱[4]

红外光谱测试结果表明制得的固体聚合硫酸铁为羟基桥连的铁(Ⅲ)的聚合物，聚合物内有配位水分子存在。

(3)固体聚合硫酸铁的差热分析

固体聚合硫酸铁的差热曲线见图4。参阅文献[5]，对固体聚合硫酸铁的差热分析曲线特征的热效应作如下解释：100～370℃为强的吸热效应，呈复谷形式，分别对应于排除游离水、吸附水、配位水和结构水以及少量游离 H_2SO_4 分解的 H_2O 和 SO_3。600～700℃的最强的吸热谷为硫酸铁分解成 Fe_2O_3 和 SO_3，400～550℃出现一个较弱的吸热谷，这可能是夹混的杂质引起的。

(4)固体产品的溶解性及稳定性

将制备的固体聚合硫酸铁重溶于水中，能完全溶解，且所得溶液外观与原来的液体聚合硫酸铁无异。

固体聚合硫酸铁吸水性强，故产品必须密封存放，以防吸水变黏。

(5)固体与液体聚合硫酸铁应用效果比较

为了检验固体聚合硫酸铁的混凝效果，本文作者对固体与液体聚合硫酸铁的混凝与脱水的试验进行比较。结果见表2～表4。

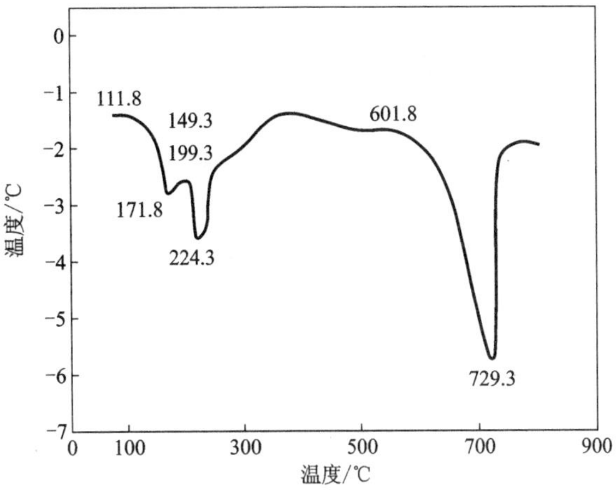

图4　固体聚合硫酸铁差热曲线

从表2～表4的结果可知，与液体聚合硫酸铁一样，固体聚合硫酸铁具有良好的混凝性能和脱水效果。

表2　固体与液体聚合硫酸铁去除COD效果试验比较

药剂	铁投加量/(mg·L⁻¹)	废水编号	COD①/(mg·L⁻¹)		去除率/%	最终pH
			原水	处理水		
固体PFS	80	1	439.3	59.4	86.5	6.2
	100	2	522.0	92.24	82.33	7.0
	200	3	1443.0	128.5	85.87	7.5
液体PFS	80	1	439.3	54.6	87.63	6.2
	100	2	522.0	93.78	82.03	7.0
	200	3	1443.0	140.4	85.14	7.5

注：①化学耗氧量。

表3　固体与液体聚合硫酸铁去除SS结果

药　剂	铁投加量/(mg·L⁻¹)	SS①/(mg·L⁻¹)		去除率/%	最终pH
		原水	处理水		
固体PFS	300	733	12.0	98.36	8.4
液体PFS	300	733	11.3	98.46	8.4

注：①悬浮物。

表4　固体与液体聚合硫酸铁用于活性污泥脱水试验结果

药剂	污泥含水/%	铁投加量①/kg	泥饼含水/%
固体PFS	96～98	3.5	65～70
液体PFS	96～98	3.5	65～70

注：①处理1 m^3 污泥加入量。

4 结论

(1)由液体聚合硫酸铁制得固体产品，技术可行，整个工艺流程简单，耗能较低。固体聚合硫酸铁的成功制备将为聚合硫酸铁的存贮、运输及推广应用提供很多便利。

(2)固体聚合硫酸铁的红外光谱测定分析结果证实了固体聚合硫酸铁系以羟基桥连的Fe(Ⅲ)的聚合物，聚合物内有配位水分子存在。同时，红外光谱和差热曲线分析都说明了聚合物内结合的羟基和水分子的复杂性。

参考文献

[1] 赵湘骥等. 环境求索, 1992(1): 16-19.
[2] SPiro T G et al. J. Amer. Chem. Soc., 1966, 88: 2721.
[3] Sommer A, Spiro T G. Biol. Chem., 1973(2): 295.
[4] 田宝珍等. 环境化学, 1990, 9(6): 70.
[5] 黄伯龄. 矿物差热分析鉴定手册. 北京: 科学出版社, 1987.

硫化法与磁场协同处理含砷废水的研究*

摘 要：采用硫化法与磁场协同处理含砷废水，提高了硫化渣的絮凝沉降速度和过滤速度，并提高了硫化剂的利用率。经磁场处理后，溶液的电导率增加，电势降低。机理分析表明，磁化处理使水的结构发生了变化，改善了水的渗透效果。

Treatment of As-containing waste water by synergetic use of sulfidation and magnetic field effect

Abstract: As-containing waste water was treated by synergetic use of sulfidation and magnetic field effect. The results show that their synergetic use in treatment of the As-containing waste water can not only improve the settling velocity and filtration rate of flocs of sulfide residues, but also increase the utilization ratio of sulfidizer. In addition, the structure of the water is changed by the effect of magnetic field, resulting in the improvement of its penetration efficiency.

随着人们对水质的要求越来越高，各国都对水中砷等有害物质的含量加以严格规定。采用钙盐和铁盐沉淀法除砷，所得到的渣不易被利用，而深埋又会造成地下水污染。随着砷的开发利用，从溶液中回收砷得到充分重视。对于高砷废水[ρ(As) >3 g/L]，先进行砷的回收，再进行深度沉淀，是目前较合理的处理方法。其中利用 S^{2-} 与砷形成硫化砷的沉淀法，即将 Na_2S 或 H_2S 投入高砷溶液，得到三硫化二砷(As_2S_3，雌磺)，因硫化砷易于用来生产商用的氧化砷，而具有经济效益。近几年来，日本、中国相继采用该方法进行了工业生产，但沉淀率低和渣中含水量高，因此该方法仍有待进一步完善[1-2]。

近年来，磁场处理污水技术已被广泛应用。本文研究了磁场效应对硫化法沉砷过程的影响，并对其机理进行了探讨。

1 实验原料、仪器及方法

1.1 原料

含砷废水：ρ(As(Ⅲ)) =8 g/L，$\rho(SO_4^{2-})$ =30 g/L；硫化剂：$Na_2S \cdot 9H_2O$(AR 级)。

1.2 主要仪器

磁化器，78-1 型磁力加热搅拌器，DDS-11A 型电导率仪，RAX-10 型 X 射线衍射仪，TSM-2 型扫描电镜。

1.3 实验方法

(1)磁场处理过程。使含砷溶液以 2 mL/s 的速度流过磁感应强度为 0.4 T 的磁场，测定溶液的电导率等参数的变化，测定 5 组数据，取平均值。

(2)磁场效应对沉砷硫化剂用量的影响。配制 $w(Na_2S)$ =50% 的溶液，以 2 mL/s 的速度加入到废水中，利用电位差计测量溶液的电势变化，同时取样分析反应过程中的砷的含量，测定 5 组数据，取平均值。

(3)絮凝沉降测试。每次分取 80 mL 经磁场处理的硫化砷溶液，慢慢倒入 100 mL 的量筒中，进行絮凝沉降测试。溶液经过滤并离心甩干后测定渣中含水量。测定 5 组数据，取平均值。对得到的硫化渣进行扫描电镜测试。对未经磁场处理的硫化砷溶液进行同样的絮凝沉降，做含水量、扫描电镜测试。

* 该文首次发表于《矿冶工程》，1998 年第 3 期 44～46。合作者：马伟、申殿邦。

2 实验结果和讨论

2.1 磁场对硫化沉砷效果的影响

根据药剂加入速度对反应影响的实验结果[2]，确定硫化剂(S^{2-})加入速度为1.5 g/h。图1所示为硫化沉砷过程中溶液中砷的质量浓度与硫化剂用量的关系。经磁场处理后，溶液中砷的质量浓度降低到0.018 g/L以下，而未经磁场处理的溶液，砷的质量浓度为0.21 g/L。

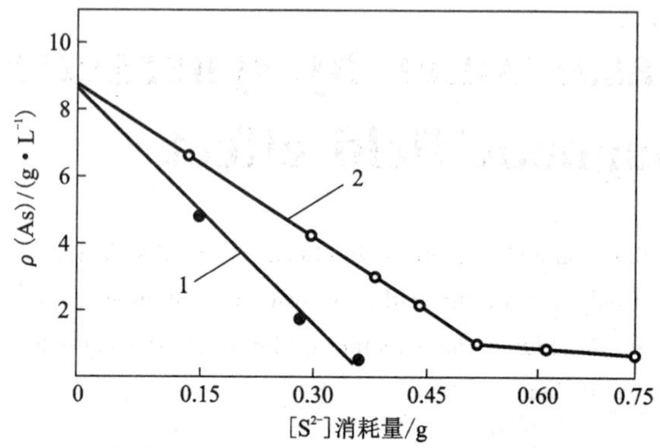

图1 溶液中砷的质量浓度与硫化剂用量的关系

1—经磁场处理；2—未经磁场处理

2.2 磁场对生成硫化砷沉淀反应速度的影响

图2所示为经磁场处理和未经磁场处理时硫化过程砷的质量浓度变化$\Delta\rho$与反应时间t的关系。可见，$\Delta\rho$与t呈直线关系，即$\Delta\rho=\rho_0-\rho_t=kt$，式中$k$为该温度下化学反应速度常数。相同温度下未经磁场处理时，反应速度常数为$k=2.5\times10^{-3}$g/(L·s)，而经磁场处理后，反应速度常数$k_m=3.33\times10^{-3}$g/(L·s)。

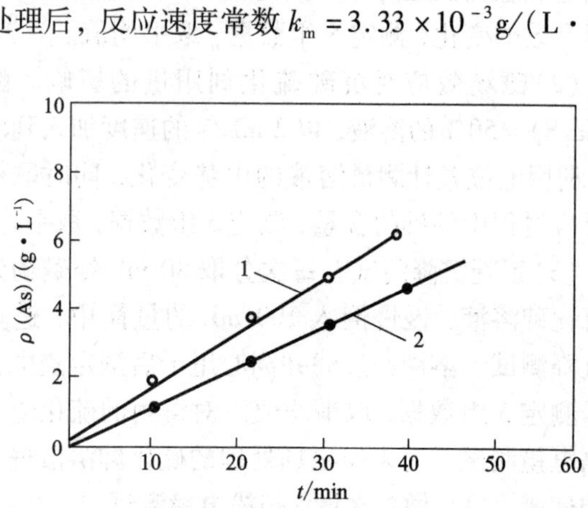

图2 溶液中砷的质量浓度变化Δρ与反应时间t的关系

1—经磁场处理；2—未经磁场处理

2.3 絮凝沉降速度和溶液性能

将经磁场处理和未经磁场处理的硫化砷废液摇匀，分别置于100 mL量筒中，测定沉降速度，结果见图3。表1列出了磁场效应对含砷废水电导率和硫化砷废液电势的影响。可见，经磁场处理后，硫化砷渣的沉降速度加快，溶液的电导率增加，电势降低。

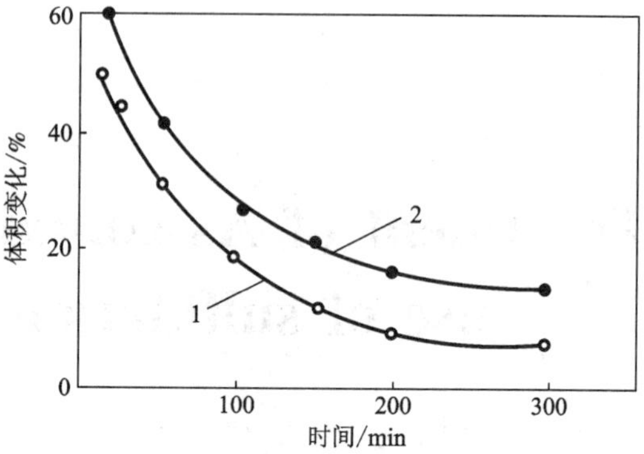

图3 磁场对絮凝沉降速度的影响

1—经磁场处理；2—未经磁场处理

表1 磁场对溶液电导率和电势的影响

磁场条件	电导率/(μS·m⁻¹)	电势/mV
未经磁场处理	0.22	420
经磁场处理	0.27	400
变化率/%	22.73	-4.76

2.4 滤渣性能检测

经磁场处理后，硫化砷废液的过滤速度比未经磁场处理的过滤速度快1倍。过滤后在没有水滴滴下时，用离心机甩干1 h，取样分析渣的含水量。未经磁场处理时，滤渣中水的质量分数为54.5%；经磁场处理后，滤渣中水的质量分数为42.4%。用扫描电镜测试滤渣的粒度并观察颗粒形状，发现未经磁场处理时的硫化砷渣是不规则的片状结构；经磁场处理后的渣也是片状结构，但粒度明显增大。

3 机理探讨

经磁场处理后，硫化砷的絮凝沉降速度加快，溶液的电导率增加，电势降低。这说明溶液中离子强度发生了变化。磁场对带电粒子作用的洛仑兹力可表示为[3-5]：

$$F = Q(v \times B) \quad (1)$$

式中：F 为洛仑兹力；Q 为电量；v 为速度；B 为磁感应强度。洛仑兹力是磁场与以一定流速流经磁场的各种电荷的相互作用而产生的[5]。这种力可能改变离子间以及粒子的作用方式，改变离解与化合，影响沉淀颗粒间的平衡。由硫化砷的平衡可知，电势的降低能促进硫化砷的析出。从图 1 和图 2 可知：反应速度增加，这证实洛仑兹力促进了质子从弱酸 HS^- 和 AsO_2^- 中的离解。磁场作用之所以改变了水合离子和一些分子的反应速度，是基于有利于简单离子 As^{3+} 和 S^{2-} 间直接反应生成 As_2S_3 的原则，同时减少了硫化氢气体的析出。值得指出的是，磁场对硫化砷渣沉降的影响与加入硫化剂后溶液的酸度有关，当酸度过低时（$pH < 1.5$），继续加入硫化剂时会出现砷渣的反溶。

Svobodo[6]研究了磁场作用下的絮凝过程，如假设有 2 个等同的半径为 a 的球体，可推得颗粒间附加的磁性作用 V_m 为：

$$V_m \approx -(32\pi^2 a^2 x^2 B^2)/(9\gamma^3 \mu) \quad (2)$$

式中：μ 为真空导磁率；x 为颗粒的体积磁化率；B 为磁感应强度。按 DLVO 理论，在外磁场中絮体间相作用的总能量 V_t 为

$$V_t = V_a + V_e + V_b + V_s + V_m \quad (3)$$

式中：V_a 为伦敦－范德华作用；V_e 为双电层作用；V_b 为桥联作用；V_s 为吸附层叠加作用。

可见，附加的磁作用 V_m 与粒子的磁性无关，即不论是抗磁性还是顺磁性的颗粒，磁场作用都是促进 As_2S_3 颗粒间的凝聚，正如图 3 和电镜观测到的那样。

许多学者认为，众多水分子可以通过氢键形成以四面体结构互相连接而成比较大的集团。但在外磁场引起能量变化时，系统局部的能量降低，内聚能减少，使得大集团拆散，单个水分子增多，渗透性能改善[7]。Abbona[8]等学者也指出，磁场能够降低水分子间的约束力，从而改善渣的脱水性能。

4　结论

（1）硫化和磁场的协同处理，有利于含砷废水的净化和砷的回收，提高了硫化剂的利用率。

（2）经磁场处理后，提高了硫化砷废水的絮凝沉降速度和净化深度，同时改善了过滤效果，降低了渣中的水分含量。

（3）对于硫化砷废水，磁场处理所表现出的作用不仅有化学方面的也有物理方面的。处于一定位置的粒子可能通过磁场获得能量，内聚能减少，使得大集团拆散，单个水分子增多，渗透性能得到改善。

参考文献

[1] Ahamad H M, Dixit S G. Wat Res., 1992, 66(6): 845.
[2] 马伟，马荣骏等. 中国有色金属学报，1997，7(1)：33.
[3] Ronald G et al. Wat Res., 1995, 29(3): 933.
[4] John Donaldson, Sue Grimes. New Scientist, 1988, 18: 43.
[5] Lundager Madsen H E. Journal of Crystal Growth, 1995, 152: 94.
[6] Svoboda J. International Journal Processing, 1981, 8: 377.
[7] 卢贵武. 物理，1997，11：679.
[8] Abbona F, Franchini M A. Journal of Crystal Growth, 1994, 143: 256.

硫化砷渣氯化铜浸出及还原回收单质砷的实验研究*

摘　要：本文研究以硫化砷渣为原料，水法回收单质砷的方法，着重研究氯化铜浸出砷的过程影响因素，探索用氯化亚锡还原砷盐酸溶液得到了约89%的单质砷。

硫化法处理含砷废水是冶炼厂和化工厂中应用较多的一种方法。沉淀下来的硫化砷渣中含砷量很高，加之砷是一种剧毒元素，有必要进行回收。目前多以氧化砷和砷酸铜的形式回收，但氧化砷和砷酸铜也是有毒的产品，用途逐渐受到限制，生产过程以及贮藏和运输过程中也会造成严重的环境污染[1]。单质砷的毒性很小，易于储藏。在各种合金以及新材料中的应用能提高产品的性能，单质砷的提取逐渐受到人们的重视。火法提砷利用碳还原、蒸馏等方法可以得到单质砷，也有报道用氢气还原砷化合物得到高纯砷[2]。众所周知，砷是一种极易挥发的物质，火法提炼中不仅影响砷的效率，也会造成严重的大气污染。水法回收单质砷是在溶液中进行，可避免砷的挥发。以硫化砷渣为原料，拟定用氯化铜浸出，得到砷盐酸溶液，利用氯化亚锡还原得到了单质砷的方法。以此方法进行实验研究和探索，并对产品进行测定分析，无论从经济效益，还是环境效益都具有重要的意义。

1　实验

1.1　实验仪器及试剂

仪器：pH－10B型酸度仪，CS50超级恒温箱，浆式搅拌器以及DT－853型光电测速计等。

试剂：硫化砷渣（自制），主要成分/%：As：43.21，S：51.20，Cu：1.6，Sb：0.7，其他1.29，氯化铜、氯化亚锡、盐酸为AR纯。

1.2　工艺流程及原理

主要工艺流程如图1所示。

基本原理（主要反应式）：

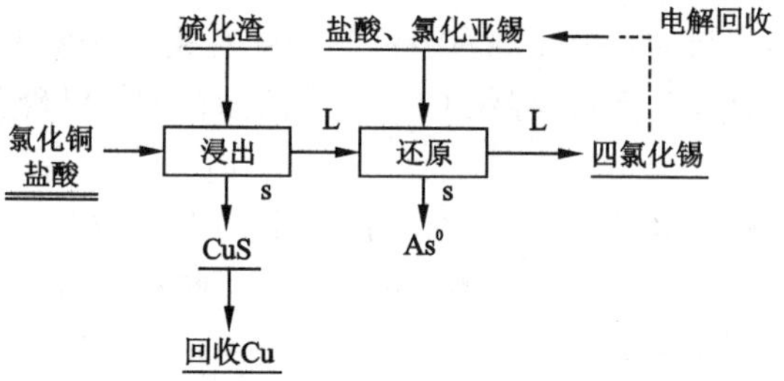

图1　主要工艺流程图

在酸性条件下

$$As_2S_3 + 3CuCl_2 = 3CuS\downarrow + 2AsCl_3 \quad (1)$$

或：
$$As_2S_3 + 3CuCl_2 + 3H_2O = 3CuS\downarrow + As_2O_3 + 6HCl \quad (2)$$

CuS渣与溶液分离除去，溶液中As^{3+}以AsO_3^{3-}或As^{5+}以AsO_4^{3-}（个别As^{3+}被氧化成As^{5+}）：加入氯化亚锡有如下反应

$$2H_3AsO_3 + 6HCl + 3SnCl_2 = 2As\downarrow + 6H_2O + 3SnCl_4 \quad (3)$$

$$2H_3AsO_4 + 10HCl + 5SnCl_2 = 2As\downarrow + 8H_2O + 5SnCl_4 \quad (4)$$

$SnCl_4$用电解法回收$SnCl_2$，已有文献报道[2]。

2　实验结果与讨论

2.1　浸出过程

2.1.1　pH的选择

用化学计量1.2倍的氯化铜与1∶1盐酸、1∶2盐酸混合及添加NaOH调节pH，液固比取6∶1（mL/g）、温度控制为343.15 K、搅拌速度300 r/min，浸出2 h，结果见图2。

* 马荣骏发表于《环境工程》，1998年，第1期，49～51页。合作者：马伟、申殿邦。

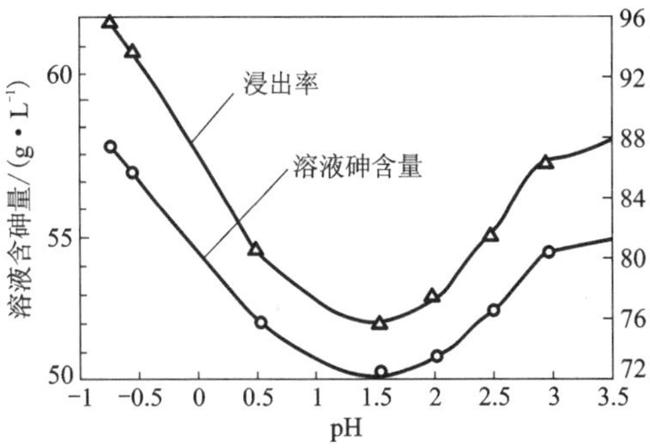

图 2　pH 与砷浸出率的关系

砷的浸出率随酸性增大而增加，在 pH 为 1.5 左右时浸出率不高，随 pH 增大即 NaOH 的加入浸出率又有所提高。考虑到将在盐酸体系中回收单质砷，因而选择在较强的酸性下进行浸出。为了降低 CuS 渣中的砷含量，$CuCl_2$ 溶液可预先浸出硫化铜渣后，再浸出硫化砷渣，硫化铜渣中的砷可降至 0.5% 以下。

2.1.2　氯化铜用量的选择

氯化铜浸出主要发生置换反应，以化学计量系数表示，用 1∶1 盐酸溶液，液固比为 10∶1(mL/g) 在 343.15K 的温度下，搅拌速度 300 r/min，浸出 2 h。结果如图 3 所示。

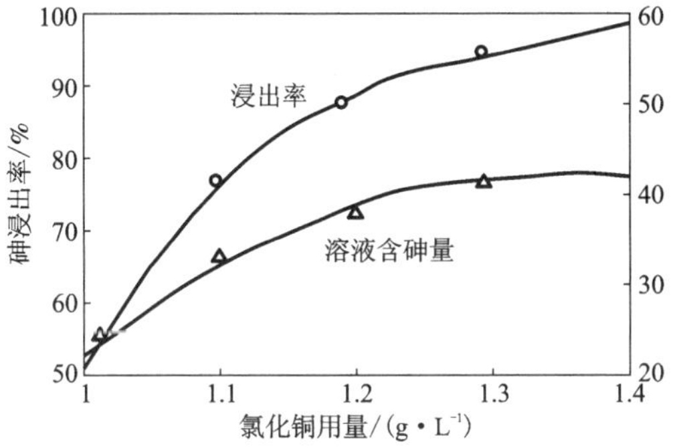

图 3　浸出率与氯化铜用量的关系

随氯化铜用量的增加砷浸出率也随之增加。考虑到浸出液中的[Cu^{2+}]浓度，氯化铜用量不宜过多。控制浸出液[Cu^{2+}]在 0.5 ~ 1.0 g/L 比较合适，氯化铜用量是化学计量系数的 1.2 倍左右。

2.1.3　液固比的选择

恒温 343.15 K，用 1∶1 的盐酸溶解氯化铜（过剩系数为 1.2），在 300 r/min 转速下，搅拌 2 h，测得的浸出率见图 4。

浸出率随液固比的增加而增大，达到 10∶1 时浸出率大于 95%，而且溶液中的砷浓度在 40 g/L 左右，也有利于砷还原回收。

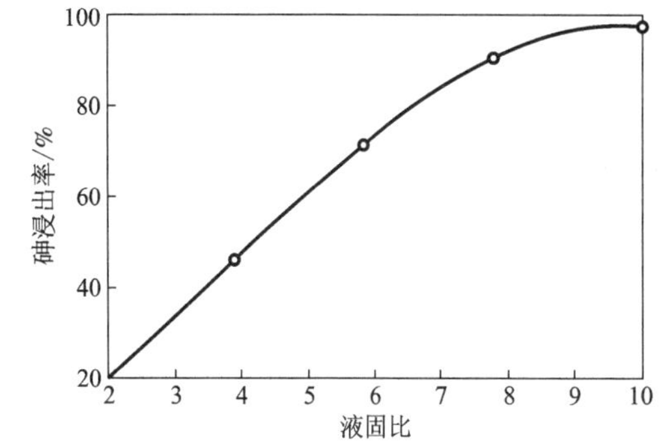

图 4　液固比与浸出率的关系

2.1.4　搅拌速度的选择

液固比 10∶1，温度 343.15K、浸出时间为 2 h，氯化铜用量同 2.1.3，测得不同搅拌速度的浸出结果见图 5。

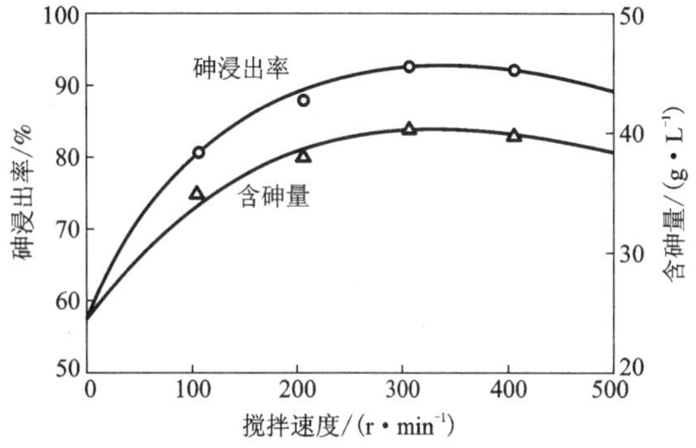

图 5　搅拌速度与浸出率的关系

在 300 r/min 搅拌速度下，达到了良好的浸出效果。再加大搅拌速度时影响不大，而在 500 r/min 以下，浸出率反而减小。是因为硫化渣的颗粒随溶液一起运动有同步趋向，影响二者之间的接触。

2.1.5　浸出时间的选择及利用磁场效应的强化实验

在 343.15 K，其他条件同上，搅拌速度为 300 r/min 将料液未经磁场作用与将料液以 2 mL/min 的流速流经 0.5 T 的永磁磁场进行处理后在不同时间浸出效果进行对比，实验结果见图 6。

随浸出时间的延长提高了浸出率，在 2 h 左右浸出率达到 90% 以上。磁场处理后的料液浸出率有所提高，浸出速度加快。

2.2　单质砷的提取

在 343.15K，磁场作用强化浸出硫化砷渣，得到含砷溶液，冷却至室温析出大量的 As_2O_3 晶体，抽取部分上清液返回，加入浓盐酸调至酸度为 10 mg/L，砷浓度为 97.6 g/L，铜 1.52 g/L，加入化学计量的 1.1 倍的 $SnCl_2$，在 300 r/min 速度搅拌下，反应 3 h，

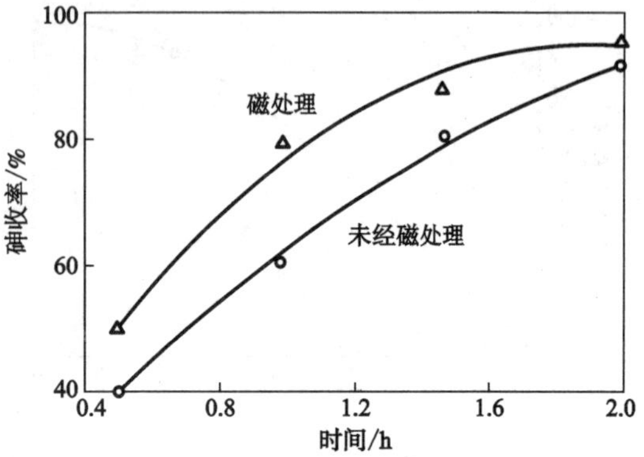

图 6　未经磁处理与磁处理砷浸出率随时间的变化

温度恒温于 323.15 K，过滤得到棕黑色粉末。

干燥后分析棕黑色固体的主要成分为/%：

As^0：77.28，Sn：13.20，Cu：2.6。

再将经草酸和盐酸稀溶液洗涤后得到的粉末干燥后主要成分为：

As^0：89.28，Sn：5.61，Cu：1.6。

利用电镜及 EDRX 分析其粉末表面成分为/%：

As^0：94.62，Sn：0.00，Cu：0.21，Cl：3.17。

分析认为：用氯化亚锡还原得到近于90%的单质砷，主要杂质为含有锡的氯化物，表面上吸附部分可以用草酸、盐酸溶液洗涤掉，内部呈包裹状态的需要用其他方法加以处理。而溶液当中的铜离子在还原时作为诱导剂，可加速还原反应[3]，并且用洗涤法可以洗涤掉大部分，对砷的质量影响较小。

3　结论和建议

(1)氯化铜浸出硫化砷渣得到较高砷浓度的盐酸溶液，得到的硫化铜渣经二次浸出后含砷低于0.5%，进行回收铜。

(2)溶液中的残余铜离子作为还原单质砷的诱导剂提高了还原速度。

(3)磁场效应在一定条件下(pH＜1.5)有利于砷的浸出。

(4)用氯化亚锡还原砷的盐酸溶液可以得到单质砷和四氯化锡，四氯化锡可利用已有的电解技术回收氯化亚锡。

湿法回收单质砷减少砷化合物的污染是一种处理砷渣的有效途径。对于 $SnCl_2$ 还原工艺，无论从经济上还是产品质量及方法上尚需进一步完善。

参考文献

[1] 寺山恒久.资源と素材学会志[日].1989，8：42.
[2] 肖若珀.砷的提取、环保和应用方向.广西金属学会，1992，12：213－217.
[3] 冯屏树.砷的分析化学.中国环境科学出版社，1980：30－40.

高炉出铁场烟尘的治理*

摘　要： 叙述了高炉出铁场烟尘的治理的必要性，介绍了国外大型高炉出铁场烟尘的治理概况以及我国的治理技术，并对今后治理的发展方向进行了分析。

高炉出铁场的烟尘问题于20世纪60年代被提到议事日程。20世纪70年代，工业发达国家的高炉向大型化发展，使出铁场的烟尘污染更为突出，其治理也就成了重要的新课题[1-2]。

1　治理的必要性及特点

大型高炉具有2~3个出铁口，因此需设2~3个出铁场。高炉出铁时，出铁场有一半面积散出烟尘、有害气体和辐射热。一般而言，每冶炼1 t铁水，可向出铁场散发出2~3 kg烟尘和2 kg左右的CO，致使出铁场操作区含尘浓度高达10~50 mg/m^3，由于该区的热辐射强度在16.73~62.73 J/cm^2，故其温度也高达40~60℃。以我国的宝钢为例，日产生铁高达万吨，每天出铁14次，每次120 min，一天出铁时间超过20 h。一个出铁口出完，另一个出铁口又开始出铁，几乎连续进行，出铁场的烟尘不断地散发，每昼夜散发烟尘高达25 t，形成一个相当高的集中污染源。

高炉出铁场烟尘从出铁口、渣口、铁水沟、渣沟、撇渣器和摆动流嘴等许多部位同时散发，各位置烟尘含尘量为(mg/m^3)：

开始出铁时出铁口处	800
撇渣器后的铁沟上方	320
正常出铁时出铁口处	530
斜出铁口前方	360
主铁沟	580
摆动流嘴前方	500
撇渣器上方	790
铁水罐上方	230

这些烟尘的特点是粒度细，一般大于100 μm的占15%，10~100 μm 18%，2~10 μm 10%，1~2 μm 24%，小于1 μm 32%。烟尘的化学成分为：Fe_2O_3 45%~70%，SiO_2 10%~14%，C 15%~35%，Al_2O_3 1.2%~0.9%，CaO 0.5%~1.0%，MgO 0.2%~0.4%，还含有大量的CO气体。如此细的尘粒飘浮停留在大气中，扩散范围大。

总而言之，高炉出铁场具有出铁时间长、烟尘污染分散范围广、尘粒微细、对环境污染大、时间长等特点，严重危害工人健康，必须高度重视，给予有效的治理。

2　国外部分大型高炉出铁场烟尘治理概况

鉴于高炉出铁场烟尘污染的严重性，各工业大国对治理工作非常重视。国外部分大型高炉出铁场烟尘的治理情况列于表1。

2.1　日本的治理简况

日本是研究治理出铁场烟尘最早的国家，无论是治理技术、设备投资，还是节约能源、烟尘综合利用上目前都处于领先地位。

该国的治理工作是从一、二次烟尘和节能3个方面进行的。

2.1.1　一次烟尘治理

在出铁口、铁水罐上设置局部排气罩，在渣铁沟、撇渣器、摆动流嘴及出铁口等处设置密闭罩盖。再设局部排气点。在实践中由于罩盖结构和排气量等均不能满足生产操作和烟尘排放标准的要求，因此，又改革了渣、铁沟罩盖及排气罩结构，增加了排气量，由5400~9600 m^3/min，增大到15000~29000 m^3/min，并且选择了大气量除尘器的形式，目前以反吹风大型袋式除尘器为主。

2.1.2　二次烟尘的治理

日本认为，出铁场仅设一次烟尘治理还不能控制微粒污染，故多采用了垂幕来治理二次烟尘，也有部分钢铁厂在出铁场封闭层架上设置屋顶除尘设施，如安装尾顶静电除尘器或排气系统等。

* 该文首次发表于《湖南冶金》，1994年，第3期，50~54页。合作者：邱电云。

表1 国外大型高炉出铁场烟尘治理情况

厂家高炉	炉容/m^3	出铁口/出铁场	烟尘排气量/($m^3\cdot min^{-1}$)		备 注
			一次烟尘	二次烟尘	
日本新日铁					
大分 1#	4153	4/2	4800×2	垂幕,6500×2	每个出铁场1个垂幕,幕宽19.6 m,距出铁口16.8 m
大分 2#	5070	5/3	14500×2	垂幕,10000×2	
君津 3#	4060	4/2	7000+1100	—	
君津 4#	4930	4/2	12500×2,110℃	垂幕,25000	
户新 1#	4140	4/2	15000	垂幕,15000	1、2次排气后风机全为备用
名古屋新 1#	4000	4/3	11000×2	屋顶除尘,13000	设正压反吹布袋除尘器
日本钢管					
福山 4#	4197	3/2	5400	屋顶除尘,10000	设反吹布袋收尘器
福山 5#	4617	3/2	15000	屋顶除尘,10000	设反吹布袋收尘器
扇岛 1#	4050	4/3	20000	屋顶除尘,10000	设反吹布袋收尘器
川崎千叶 6#	4540	4/2	10000×2	1700	设反吹布袋收尘器
住友鹿岛 2#	4080	4/4	6600	屋顶除尘	设反吹布袋收尘器
鹿岛 3#	5050	4/4	6600×2	屋顶除尘, 15000×2	设反吹布袋收尘器
神户加古川 3#	4500	4/2	—	屋顶静电除尘,25000	设反吹布袋收尘器
苏联克里沃罗格钢铁 9#	5020	4/环形	主沟,7000	工作区空气淋浴	自然通风,换气70次/h
苏联功利玻维茨钢厂 5#	5580	4/环形	—	—	
联邦德国古斯蒂森施维尔根 1#	4870	4/2	5750×2,80℃	—	
意大利塔兰托 5#	4128	—	11300, 出铁口侧吸罩	铁水沟设置盖,铁水流槽设局部罩排烟	
法国敦刻尔克 4#	4526	4/2	流嘴排烟量3000	垂幕,15000 风幕改为垂幕	
荷兰艾莫伊登 7#	4363	3/2	—	—	
英国雷特卡 1#	4573	4/2	6500×2	垂幕,4800×2	
巴西土巴罗 1#	4415	4/2	10000×2	—	

2.1.3 节能

日本各钢铁厂对节能的问题特别重视，尤其是在烟气净化设施上，如主风机的电动机功率都在1000~2000 kW，起动负荷很大。大多数钢铁厂装设了液力耦合器或变频变压装置，实现了降速启动或变频变压启动，并在不出铁时低速运转来降低电耗。

2.2 美国的治理简况

美国约有180座高炉。20世纪70年代建的高炉，大多采用了与日本相似的烟尘治理技术。他们在实践中认识到，日本的"污染全面控制"，耗资巨大，能耗高。因此，现在仅3座大型高炉采用了这一治理技术，而其余90%以上的高炉则采用了部分污染物控制法，即通过精料和提高焦炭质量，改善主沟、铁渣沟衬里材料，改造主沟和渣沟外形尺寸，以减少铁水外露面积，并在此基础上，再在出铁口与主沟部位四周设置可伸缩的幕帘，幕帘内高悬伞形罩，或在出铁口设置局部风罩。采用该法的排气量可比全面控制法低一倍。每吨铁水处理烟尘的成本(污染物控制部分)可从4~5美元降到1美元，而收集的烟尘量约为总量的70%。

近些年来，美国结合本国实际情况，又进一步开展了除尘研究工作。在美钢联埃德加索姆逊1#高炉上采用主沟局部排气罩及撇渣器处倒置U形吹吸式罩，开发了"非捕集式的排烟技术"，并已申请了专利。这项技术的应用可以大幅度地节省建设投资和运行费用。

最近，美国琼斯拉夫林公司的3个炼铁厂，既不采用污染全面控制，也不采用部分污染控制，而是在铁水沟、渣铁沟和铁渣罐的炽热液体金属表面层设置惰性悬浮抑制材料，如焦粉、蛭石和稻壳等覆盖层，用隔绝空气中的氧气与液态铁渣面接触的方法，来抑制烟尘的形成。此外，由于沟道所用的耐火材料也会产生烟尘，故他们对此也进行了改革。把该控制技术称之为"惰性污染控制"。经154炉的出铁实践证实，此控制技术的优点是：基建投资少，安装周期短，操作费及运行费低，烟尘排放量减少，工人操作条件得到改善，并且还提高了生铁的收得率。

2.3　联邦德国的治理简况

联邦德国出铁烟尘的治理技术与美国相同，出铁场只设一次烟尘控制，没有二次烟尘治理设施，各厂的高炉出铁场烟尘的治理情况如表2所示。以蒂森公司施维尔根厂为例，其1#高炉设有4个出铁口和2个出铁场，在撇渣器、摆动流嘴等处设有抽风罩，总抽风量0.70 Mm^3/h，用1台正压大型反吹袋式除尘器净化，净化后的含尘量为10 mg/m^3。

表2　联邦德国主要高炉出铁场烟尘治理情况

厂家高炉	炉容/m^3	一次烟尘排气量/($Mm^3 \cdot h^{-1}$)	除尘设备	净化效率/%
施维尔根1#	4870	0.7	滤袋除尘器	90
汉博恩4#	2250	0.58	滤袋除尘器	>89
鲁尔奥特6#	2560	0.30	滤袋除尘器	<97
莱茵豪森1#	2829	0.32	湿洗涤器	90
胡金根A#	2440	0.84	干式静电除尘器	约92
帕那－隆尔兹吉特A#	3760	0.84	布袋除尘器	99

胡金根厂的B#高炉吸收了A#高炉的经验，虽然仍采用烟尘源就地局部控制的一次治理设施，但改造了铁沟及渣沟盖的结构，使之互相咬接，并可互换使用，主铁水沟和摆动流嘴都设有烟罩，还对撇渣器的烟罩形状结构作了改进，收到了更好的效果。

2.4　英国与法国的治理情况

英国有52座高炉，其中1000 m^3以上的有23座，出铁场的除尘技术与美国及联邦德国类似，仅在铁沟、渣沟、出铁口、摆动流嘴处有一次除尘措施。英国唯一的一座具有先进水平的高炉是自己设计的雷特卡厂的1#高炉(4573 m^3)，日产生铁1×10^4 t，4个出铁口，2个出铁场，在出铁口与主沟上，因有机械设备活动，不设排烟罩，而在主沟与撇渣器上设盖板，并在该区域内设垂幕，以排除堵铁口的烟尘。在铁沟、渣沟和摆动流嘴处加有密闭罩，进行抽风。每个出铁场的总排气量为1500 m^3/min，烟气温度为100～130℃，主风机的功率为18000 kW，抽出的烟气用大型袋式除尘器净化。

法国出铁场烟尘治理技术是污染全面控制和局部控制二种方式。如最大的于齐诺尔钢铁公司敦刻尔克厂的4#高炉(4000 m^3)，原采用污染全面控制的方式，后改建为污染源就地局部控制。改建前后的烟尘浓度大为降低(见表3)，环境得到改善。

表3　敦刻尔克4#高炉出铁场改造前后空气中的含尘浓度/($mg \cdot m^{-3}$)

出铁情况	出铁场空气中平均含尘浓度		
	改造前	改建后	标准
无风时	12	1	8
刮风时	15	3	8

2.5　苏联的治理情况

苏联过去建的一些高炉，在出铁场处，仅设有一次烟尘治理设施。20世纪70年代以后建的大型高炉，改进了高炉结构，强化了冶炼过程，使炼铁技术达到了较高水平，同时，在改善出铁场劳动卫生条件和防止污染环境上，也有较大的提高。他们提出了一套适合该国具体条件的技术方案。如克里沃罗格钢铁厂9#高炉(5000 m^3)，昼夜出铁24次，日产铁量1.1×10^4t，高炉有4个对称的出铁口，出铁场为多边形，采取了如下除尘措施：①设有一次除尘系统，对主沟、摆动流嘴设有局部的抽风罩，撇渣器到摆动流嘴之间加有罩盖；②利用厂房余热及出铁场的良好自然通风条件，在侧墙上设有上、中、下3层进孔，屋顶有环形天窗，自然通风次数可达50～70次/h；③出铁场工作地点设有空气淋浴式局部送风系统，保证工人有良好的操作条件。

3　我国高炉出铁场除尘技术的发展

我国绝大部分高炉出铁场的烟尘治理情况仍处于20世纪50—60年代水平，基本上没有治理措施，场内的渣铁沟完全敞露，又无隔热措施，厂房为敞开结构，房顶设有自然通风的天窗，操作岗位以喷雾风扇进行局部通风降温。据资料报道，我国620 m^3以下的中、小型高炉出铁场区的粉尘浓度一般为21.7～38.5 mg/m^3，1000 m^3以上的大型高炉为9.4～81.2 mg/m^3，均超过环保标准2～16倍。出铁场中CO的浓度，中小高炉为60～213 mg/m^3，大型高炉为98.74 mg/m^3，超过卫生标准，因此必需大力关注和解决出铁场烟尘的治理问题。

自20世纪80年代以来，宝钢、首钢等单位，在高炉出铁场烟尘的治理上都做出了新贡献。

3.1 宝钢1#高炉出铁场的烟尘治理

宝钢1#高炉（4063 m^3），有一套完善、成熟、有效的出铁场除尘技术，它为我国几个大的钢铁公司提供了借鉴。

该高炉出铁场除尘由一次、二次2个系统组成，一次除尘系统主要处理从主沟、撇渣器、铁渣罐、残铁罐摆动流嘴、泥炮口处产生的烟尘，烟尘的总排气量为17 km^3/min。二次除尘系统主要处理在开堵铁口时产生的大量烟尘，该系统由出铁口烟罩和垂幕罩组成。垂幕罩是日本新日铁公司的专利，它由出铁口前方和左右两侧3块活动幕帘组成，帘高15 m，控制范围18 m×20 m，顶部有一个10 m×14 m的垂幕罩，二次烟尘的总排气量也为17 km^3/min。一、二次烟尘抽出的烟气，经风压机入大型正压式反吹袋式除尘器净化，除尘效率达99%以上，排出的气体符合环保的要求。

3.2 首钢高炉出铁场烟尘治理

首钢新2#高炉（1327 m^3）在冶炼工艺上引用国内外的先进技术，在出铁场的烟尘治理上效仿日本的技术，设置了全面的除尘设施。

该高炉有2个出铁口，2个出铁场。在出铁场的铁沟、渣沟、铁口、铁水罐等处设有罩盖和排风。此外，还在出铁口和主沟上部设有10 m×5 m垂幕，垂幕顶部安有伞形抽风罩。将一、二次除尘合并成一个系统，总抽风量为0.50 Mm^3/h，其中垂幕抽风量为0.175 Mm^3/h。烟气通过风道进入2台1728 m^3脉冲袋式除尘净化器，然后由2台引风机送入烟囱。排气含尘浓度为17.75～39.36 mg/m^3，达到了世界同类高炉的先进水平。

首钢在3#、4#高炉大修时，出铁场只设一次烟尘治理，排气量为0.56 Mm^3/h，混合烟气温度为60℃，配备2台CFX－4500型负压袋式除尘器，1983年投产，达到了预期效果。

由于宝钢、首钢的带动作用，目前我国其他的大钢铁公司都在积极对高炉出铁场的烟尘治理采取措施。

4 治理的发展方向

当前高炉出铁场烟尘的治理技术，可归纳成：①局部控制法，即采用靠近尘源的罩子捕集出铁口、主沟、撇渣器、铁渣沟、残铁罐及摆动流嘴等处产生的烟气，用袋式或静电除尘器净化。②垂幕或活动烟罩全面控制法，即由出铁口罩、垂幕和垂幕罩组成全面控制系统。正常出铁时使出铁口罩排烟，开、堵铁口时将垂幕降至距离出铁场平台适当高度处，并由出铁口罩同时将烟气抽出，然后送去净化。③屋顶排气全面控制法，该法不使用垂幕，而将出铁场厂房顶部封闭贮留异常排烟，利用机械抽风或烟气的自然抽力排风换气，然后使烟气进入屋顶除尘装置——袋式除尘器或电除尘器。④抑制排放法，该法在出铁口及主铁沟四周设置可升降的围帘，围帘内设有伞形排气罩或在出铁口处设置局部排气罩。这种方法在美国使用较广，据统计该国单出口的140座高炉中，有90%以上采用这种方法。

此外在美国和苏联还发展了一种称为惰性污染控制的新方法。该方法是采用某种惰性气体（氮气、蒸气）或焦粉、蛭石及稻壳等材料覆盖液体铁渣表面，形成一保护层，隔断大气，抑制尘气的形成和排放。应用结果表明，采用这种方法可减少烟尘40%～50%，而投资仅为排气排烟方式的1/4。乌克兰的研究单位，对此已申报了4项发明专利。我国也应积极开发这种新技术。

经济合理地进行出铁场烟尘治理是共同追求的目标，结合我国的具体情况，应该注意和开展的工作是：

（1）综合权衡各污染控制方面的特点和效果。由上述可见，出铁场烟尘治理的全面污染控制、部分污染控制和惰性污染控制技术中，除后者在我国尚无实践外，前二者都有了初步经验。根据已得到的经验，在选用出铁场烟尘治理技术时，应结合我国的国情与经济实力，并综合考虑治理技术、环保要求、能源消耗、回收粉尘及其综合利用等因素，不能照搬国外的治理装备。

（2）要研究适合我国国情的治理技术。全面污染控制和部分污染控制都是在出铁场烟尘生成之后才进行防治的，其烟尘量大，需要采用大风机和除尘器。一次烟尘治理是防治发生源，二次烟尘治理是防治逸散的烟尘，是属于堵截技术。惰性污染控制则是以抑制烟尘形成为出发点的防治技术，可以认为是治本的方法，该方法还可为炼铁和后续的炼钢工艺提供综合效益，应该大力研究和积极发展。同时，随着社会的发展和科学技术的进步，还应不断地探索和开发更为有效的新方法。

参考文献

[1] 武汉钢铁公司. 工业污染防治及其技术经济分析. 北京：冶金工业出版社，1991：232.

[2] 中国金属学会冶金环保学会. 高炉系统除尘技术研讨会文集，1993，9：1－25，238.

炼钢烟尘的湿法处理*

摘　要：鉴于炼钢烟尘作为二次资源利用日益重要，本文研究了湿法处理炼钢烟尘。文中考察了炼钢烟尘的特性，分析化验了炼钢烟尘的组成，进行了常压酸浸及高压酸浸试验，提出了湿法处理炼钢烟尘的原则流程。

近年来对钢铁企业中所产烟尘的处理，已越来越受到重视。为了解决这一问题，先后提出了造球烧结法、竖炉法、回转窑法、熔渣处理法、氯化法等10余种火法处理方案。随着湿法冶金的发展，也有人将其用于处理炼钢烟尘的研究，并逐步使人们认识到这是一种较为有效的方法。

本文研究了酸浸炼钢烟尘的条件，并提出了高温压力浸出的建议流程。

1　炼钢烟尘的特性及试验原料组成

在炼钢过程中，各种炉子吨钢平均产烟尘量为：

炼钢炉	吨钢平均产烟尘量/kg
平炉	0.2～0.3
吹氧平炉	3～6
串连工作的炼钢炉	9～11
顶吹转炉	17～22
底吹转炉	4～7

炼钢烟尘的化学组成依原料不同波动较大，一般的含量为/%：总Fe 50～65，CaO 1.0～2.0，SiO_2 1.0～2.0，C 1.5～2.5，Zn 0.2～3.5，Mn 0.4～0.8，Al_2O_3 3～6，Pb 0.05～5.0，P 0.07～0.08，S 1.0～2.0，Cd 0.01～0.03。

烟尘的某些物理性质如表1所列。

本研究所用原料有3种，其组成列于表2。

试验原料中锌和铅的物相如表3所示。

表1　炼钢烟尘的物理性质

粒度	mm	<0.05	0.05～0.063	0.063～0.10	0.10～0.11	0.11～0.20	0.20～0.40
	%	60	12～15	15～17	3～5	30～40	1～2
堆密度/($g \cdot cm^{-3}$)		0.2～0.85～4.0		比表面积/($m^2 \cdot g^{-1}$)		1.1～1.7	

表2　试验所用原料组成/%

试样编号	Fe	Zn	Cu	Pb	Cd
1	63.9	3.3	0.07	0.08	0.020
2	54.8	14.0	0.08	1.04	0.013
3	32.2	34.9	0.09	4.80	0.030

表3　试验原料中锌、铅的物相/%

项目	试样编号	硫酸盐	硅酸盐	硫化物	铁酸盐	金属
锌的物相	1	0	44.54	0.88	51.44	—
	2	0.023	40.64	6.91	20.66	—
	3	0.13	20.10	1.50	8.01	—

*该文首次发表于《湖南冶金》，1988年，第5期，85～88页。

续表

项目	试样编号	硫酸盐	硅酸盐	硫化物	铁酸盐	金属
铅的物相	1	15.20	35.16	1.15	21.05	17.24
	2	17.51	36.21	2.21	34.06	1.67
	3	18.26	45.81	1.76	27.85	1.77

2　湿法处理炼钢烟尘的方法简介

对湿法处理炼钢烟尘的要求，应解决以下 3 个问题：

(1)利用烟尘中的铁，使之成为炼铁原料；

(2)烟尘中的有价金属(Zn，Pb 等)应得到回收；

(3)能改善烟尘所造成的环境污染。

针对上述目的，湿法处理作为现代方法之一，国外进行了不少研究工作，其中尤以日本更多。

湿法处理可概括为酸法及碱法两类。酸法是借助于含酸溶液对烟尘直接浸出或者使烟尘经过预处理后再进行处理。文献[1]首先用酸性溶液对平炉和电炉的烟尘进行了浸出，其目的是溶解其中的有色金属氧化物。之后不溶物送烧结工序，滤液经蒸发以 $ZnSO_4 \cdot 7H_2O$形式回收锌。

有人用硫酸溶液浸出烟尘后，进行压滤，得到的含锌滤液用 $CaCl_2$ 溶液处理，分离除去石膏，溶液再用 $Ca(OH)_2$ 中和，以获得 $Zn(OH)_2$[2]。也有人把滤液用碱中和处理同样获得 $Zn(OH)_2$ 和 $Pb(OH)_2$，水洗后煅烧得 PbO－ZnO 的混合物[3]。

日曹公司[4]对平炉和转炉烟尘用 10% ~20% H_2SO_4 溶液浸出，控制最终 pH 在 5 左右，这样可避免铁进入溶液。经过滤后，残渣作为炼铁原料，滤液添加锌粉搅拌，使铜、砷和镉等被置换沉淀。沉淀物熔融制成锌基合金，溶液用次氯酸钠使其中的锰氧化成 MnO_2 沉淀析出，再经稀酸处理，水洗、干燥后作商品出售。除锰后溶液用碱中和，得 $Zn(OH)_2$。

日本东邦公司每年有电炉炉尘 45 万 t，其处理方法是[5]：先用直径 2.5 m、长 38 m、转速 0.16 ~1.6 r/min 的回转窑于 100℃ 的氧化气氛下处理 1 h，使锌、铅、镉挥发，余下炉料送去炼铁。挥发物经洗涤、浓缩、干燥处理后得到含 Pb 35% 和 Zn 24% 的固体物，再用 H_2SO_4 浸出得 $PbSO_4$ 渣和 $ZnSO_4$ 溶液，后者送电解或蒸发制取 $ZnSO_4 \cdot 7H_2O$。

在钢铁厂的酸洗废液中含有 20% ~30% $FeCl_2$ 和 5% ~10% 的游离盐酸。这种溶液可分别用氯气、次氯酸盐或硝酸等氧化剂处理，使其中 Fe^{2+} 氧化成 Fe^{3+} 后，再用以浸出烟尘，这样，既处理了烟尘，又解决了废酸的利用问题[6]。

碱法一般是用 pH 为 7 ~12 的稀碱溶液浸出[7]，并在温度高于 30℃下，添加 0.02% ~2.0% 的表面活性剂，以促进杂质(氯化物和氟化物)的溶解，这样可使处理后的锌渣得到改善。使用 CO_2 饱和溶液浸出炼钢烟尘也进行过研究[3]。例如：含 Zn 3% 的烟尘用此溶液浸出 30 min，约有 60% 的锌进入溶液，之后往溶液中鼓入空气 5 min，便可得到锌沉淀。

文献[9]报道，使用结构式为 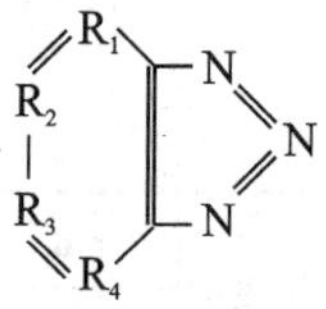

的 1－羟基苯并三哇化合物或其衍生物(R_1 ~R_4 可为氢原子、烷基、羟基、砜、硝基或甲氧基)的 0.01% ~5.0% 的水溶液，在添加 0.001% ~1.0% 的表面活性剂的条件下处理含锌烟尘。在作业中，先用氨水把含有表面活性剂的 1－羟基苯并三唑水溶液调整 pH 至 8.5 ~10 后，加入烟尘，在加热的条件下搅拌浸出，浸出液送锌电解。废电解液调整 pH 至 7，使 1－羟基苯并三唑锌化物结晶析出。结晶物再用 pH 9 ~10.5 的碱性液溶解，得氢氧化锌沉淀，滤液返回使用。

3　试验及其结果

首先对烟尘进行了常温酸浸试验，其条件是：H_2SO_4 60 ~100 g/L，液∶固 =6.5∶1，温度 60 ~95℃，时间 9 h，所得结果列于表 4。

表 4　常压酸浸试验结果

原料	试验编号	工艺条件				金属元素	不同时间的浸出率/%					
		游离酸	液固比	温度/℃	时间/h		30 min	60 min	90 min	2 h	4 h	9 h
1#	1	100	6.5∶1	95	9	Fe	100	100	100	100	100	100
						Zn	100	100	100	100	100	100
						Cu	70.9	70.8	76.1	76.1	76.1	81.5
2#	2	60	6.5∶1	95	9	Fe	87.0	100	100	100	100	100
						Zn	100	100	100	100	100	100
						Cu	65.5	77.0	78.1	78.1	78.1	78.1
	3	20	6.5∶1	95	9	Fe	60.1	60.1	63.4	63.4	63.4	63.4
						Zn	—	—	—	—	—	60.2
						Cu	—	—	—	—	—	48.8
	4	40	6.5∶1	95	9	Fe	63.7	63.7	63.7	63.8	63.6	63.2
						Zn	—	—	—	—	65.7	63.4
						Cu	—	—	—	—	82.1	82.1
	5	20	6.5∶1	60	9	Fe	60.2	60.1	60.2	60.2	69.0	69.0
						Zn	—	—	—	—	60.0	60.1
						Cu	—	—	—	—	79.2	80.6
3#	6	60	5.5∶1	95	9	Fe	60.9	74.1	74.1	74.1	78.3	78.6
						Zn	88.2	88.2	83.6	83.6	86.7	86.7
						Cu	37.3	37.3	47.2	47.2	49.7	49.7
	7	100	5.5∶1	70	9	Fe	88.9	88.9	100	100	100	100
						Zn	97.2	98.9	100	100	100	100
						Cu	63.4	63.4	71.4	72.3	72.9	72.9
	8	100	5.5∶1	95	9	Fe	100	100	100	100	100	100
						Zn	100	100	100	100	100	100
						Cu	68.3	68.3	73.3	78.3	78.3	78.3

从表 4 可知：3 种原料都有相同的结果，即锌、铜的浸出率很高，但浸出液中铁含量也非常大，为 30～60 g/L(其中 30%～50% 是 Fe^{2+})。如此多的铁进入溶液，不但对其利用不利，而且给下步处理带来许多困难。因此，进行了加压试验。

试验在加压容器中进行。只对温度进行控制和测定，而压力则使其任随温度升高而变化。

升高温度的加压试验结果如图 1 和图 2 所示。

图 1 表明，锌和铁的浸出率都随温度升高而增大，到 110℃左右出现最大值。若有氧化剂存在，则最大值可在 100℃左右出现。再升高温度，锌的浸出率不变，而铁的浸出率则下降。由图 2 可看出，随着浸出时间增加，铁含量是下降的。

通过一系列试验，确定出最好的浸出条件为：温度 160℃、时间 1～2 h，固∶液＝1∶10，游离硫酸浓度 60～100 g/L。此时，锌的浸出率为 95%～100%，铜的浸出率在 90% 以上，而铁的浸出率则在 10% 以下。例如，在上述条件下，用 100 g/L H_2SO_4 对 150 g 试料浸出 1 h，得残渣 115.5 g，其中含/%：Zn 0.53，Cu 0.02，Pb 5.36，Fe 39.15。锌的浸出率达 99.1%，而铁的浸出率为 6.3%。

为了回收浸渣中的铅，曾探索了在 700℃温度下，对残渣焙烧 4 h 的试验，得到焙烧料的组成为/%：Fe 62.17，Pb 5.86，Cu 0.03，Zn 0.58，总 S 2.35。对该

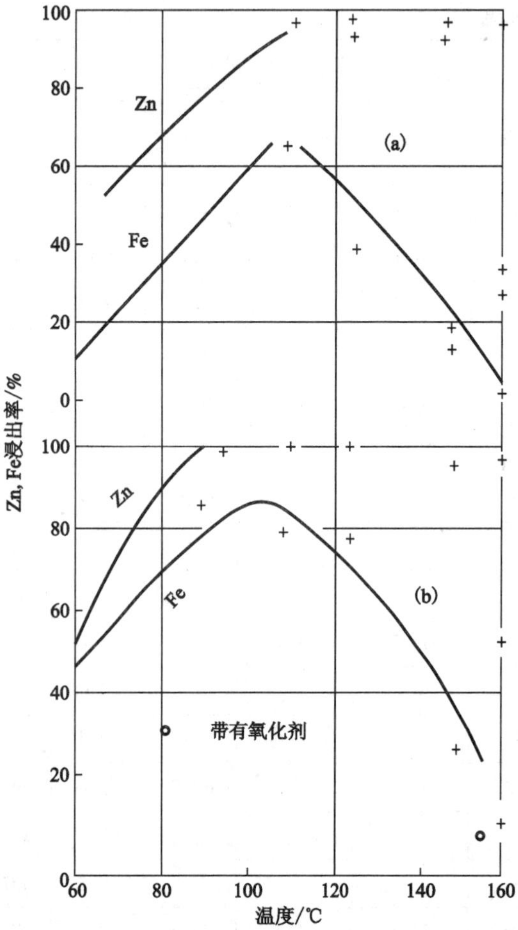

图 1　不同浓度酸溶液浸出炼钢烟尘时温度与浸出率的关系

条件：H_2SO_4 80 g/L(a)；100 g/L(b)；液固比 10∶1；时间 4 h

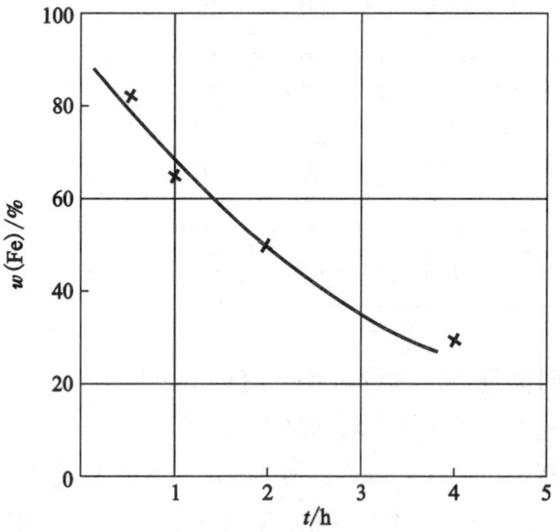

图 2　浸出液含铁量与时间的关系

条件：H_2SO_4 100 g/L；液固比 10∶1；温度 150℃

焙烧料加入一种活性浸出剂 B 浸出铅，可发生如下反应：

$$Na_4B + PbSO_4 \xlongequal{} Na_2PbB + Na_2SO_4$$

共进行 4 次试验，铅浸出率最高达 99% 以上(见表 5)。

表 5　浸出渣用活性浸出剂 B 浸出铅的试验结果

试验编号	浸出时间/h	铅浸出率/%	浸渣组成/%				
			Fe	Pb	Cu	Zn	总 S
1	4	98.8	63.76	0.02	0.04	0.72	0.12
2	3	99.3	62.07	0.03	0.05	0.62	0.26
3	2	99.7	64.15	0.02	0.05	0.72	0.17
4	1	98.4	63.56	0.04	0.05	0.65	0.21

4　建议流程

通过以上试验，建议对炼钢烟尘湿法处理的流程如下：

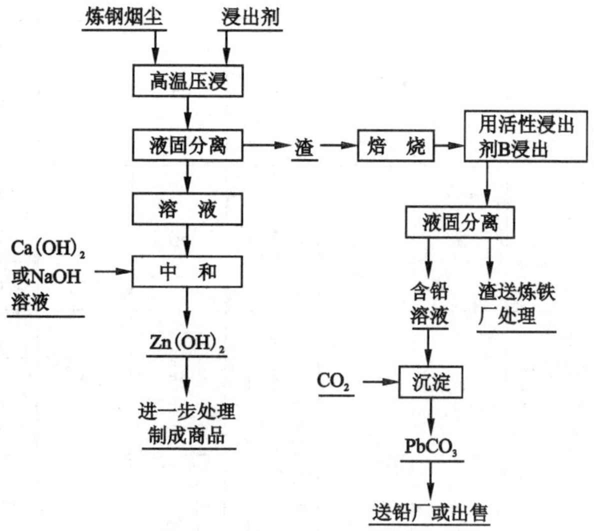

图 3　炼钢烟尘的湿法处理流程

参考文献

[1] 日本专利，特公昭，4976704，19740724.
[2] 日本专利，特公昭，513202，19750517.
[3] 日本专利，特公昭，4959004，19740607.
[4] 日本专利，特公昭，5526692，19800715.
[5] 伊薄右秀. 昭和 54 年度秋季大会分科研究讲演集. 最近の非铁制炼技术，京都市，昭和 54 年 10 月 13 ~ 15 日(1979，36 – 39).
[6] 日本专利，特公昭，553415，19800125.
[7] 日本专利，特公昭，5282628，19770124.
[8] US4 069315，19780117.
[9] 日本专利，特公昭，5619386，19810507.

热酸浸出湿法炼锌中铁矾渣的处理方法*

摘　要： 本文扼要介绍了铁矾渣的组成和性质，以及综合利用铁矾渣的意义。对国内外目前采用的铁矾渣处理方法进行了讨论。

Treatment method of jarosites residue in hot acid leaching for hydrometallurgy of zinc

Abstract: In this paper the chemical composition and properties of jarosite residues was presented, and the significance of its comprehensive utilization and the processes for its treatment at home and abroad were discussed.

世界上80%的锌由湿法炼锌产出，而热酸浸出铁矾法又是湿法炼锌居首位的方法。这种方法具有有价金属回收率高、铁可从含有Zn，Cu，Ni，Co和Ge等有价金属的浸出液中选择性分离，铁矾渣的液固分离性能好，工艺操作简单等优点。但它也有铁矾渣量大、铁矾渣中含锌量较高（6%左右）、成分复杂、占用渣场面积大、并严重污染环境等缺点。因此，世界上许多国家都大力开展了关于铁矾渣开发利用的研究工作，以回收渣中有价成分，解决渣的堆存及其污染环境的问题。我国在研究成功热酸浸出铁矾法炼锌技术以后，多数新建湿法炼锌厂采用这种方法。目前已有柳州市有色冶炼总厂等7~8个厂家，总的电锌生产能力为18万~20万t，投入的锌精矿35万~40万t。按渣率40%计算，年产铁矾渣量达14万~16万t。铁矾渣的处理方法的研究，已成当务之急。为了加快国内开发利用铁矾渣研究工作的进展，本文对国内外有关方面研究工作的现状和现有的铁矾渣处理方法进行分类介绍与讨论。

1　铁矾渣的组成及其性质

铁矾渣的分子式为[$AFe_3(SO_4)_2(OH)_6$]，式中A可为K^+，Na^+，NH_4^+和H_3O^+等，在我国收集得到的几个厂家的铁矾渣化学组成列于表1中。

这几种铁矾渣皆为淡黄色，随着铁含量及氧化程度的不同，其颜色会加深变红。从对铁矾渣的筛析结果情况来看，其粒径最大为5.5~8.5 μm，最小0.5~0.6 μm，但以1.5~3.5 μm的为主，约占60%以上。真相对密度约为1.1，假相对密度3.2左右，经物相分析表明，铁矾渣中的锌主要以$ZnSO_4$形态存在，而铁主要以三价铁矾状态存在。

铁矾渣的X射线及热分析(DTA)如图1及图2所示。

表1　国内几家炼锌厂的铁矾渣成分/%

工厂名称	元素									
	Zn	Fe	Cu	Cd	As	Sb	Pb	Ca	SiO_2	Ag/($g\cdot t^{-1}$)
柳州市有色冶炼总厂①	4.78	26.90	0.18	0.05	1.23	0.18	0.63		1.15	119
广西来宾冶炼厂	6.01	31.59	0.30	0.32	1.16	0.42	0.52	0.007	1.24	150
西北铅锌冶炼厂①	3.33	31.06	0.04	0.04	0.059	0.11	1.65			20.0
西昌冶炼厂①	3.23	28.14	0.11	0.29	1.04	0.33	1.44	0.005	1.58	137

注：①经过酸洗后的数据。

*该文首次发表于《湖南有色金属》，1994年，第3期，158~162页。合作者：邱电云。

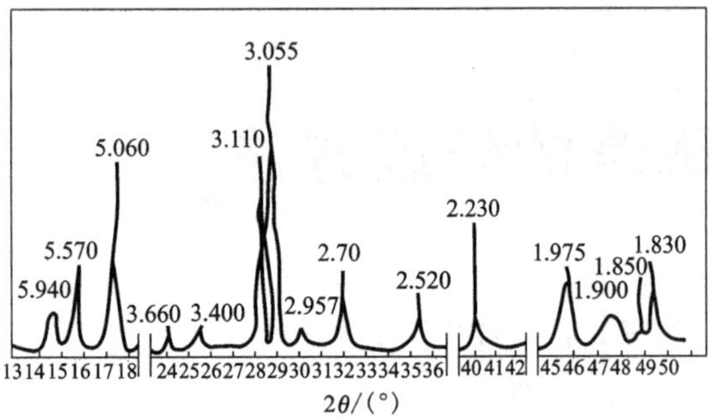

图 1 铁矾渣的 X 射线分析

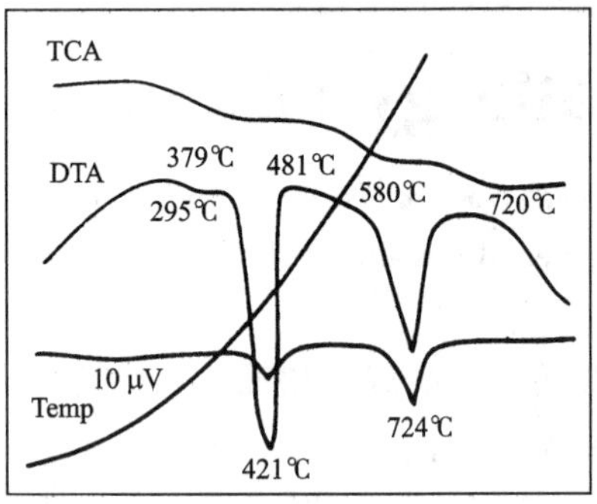

图 2 铁矾渣差热及热重分析

黄钾铁矾属六方晶系，与明矾石的构造相同，在铁矾除铁工艺中得到的铁矾渣，虽然含有少量铁酸锌，但在加热过程中产生复合热反应，还保持着纯黄钾铁矾的曲线，第一个吸热效应于380℃左右开始，吸热峰为420℃，而至480℃左右结束，并出现X－Fe_2O_3的弥散射线，在热重线上表现出相应的质量损失，表明晶体破坏，OH^-已去除，而X－Fe_2O_3开始形成，第二个吸热峰为580～720℃，在X射线照片上X－Fe_2O_3的衍射线更为明显，并产生相应的质量损失，这表明硫酸铁发生分解形成了Fe_2O_3晶体。根据以上分析和参考文献报道，铁矾渣有如下的热性质：

$$Na_2Fe_6(SO_4)_4(OH)_{12} \xrightarrow[-Q]{380\sim480℃} Na_2SO_4 \cdot Fe_2(SO_4)_3 + 2Fe_2O_3 + 6H_2O$$

$$Na_2SO_4 \cdot Fe_2(SO_4)_3 \xrightarrow[-Q]{580\sim720℃} Na_2SO_4 + Fe_2O_3 + 3SO_2\uparrow$$

2 铁矾渣处理方法

铁矾渣的处理方法可分为火法及湿法两大类。

2.1 火法

(1)热分解法

根据铁矾渣的热性质，铁矾渣在加热升温过程中发生热分解，不同温度分解的产物不同。

$$KFe_3(SO_4)_2(OH)_6 \xrightarrow{\geqslant380℃} KFe(SO_4)_2 + Fe_2O_3 + 3H_2O$$

$$6KFe(SO_4)_2 \xrightarrow{460℃} 2K_3Fe(SO_4)_2 + 2Fe_2O_3 + 8SO_2\uparrow + 5O_2\uparrow$$

$$2K_2Fe(SO_4)_2 \xrightarrow{700℃} Fe_2O_3 + 3K_2O + 4SO_2\uparrow + O_2\uparrow$$

$$NaFe_3(SO_4)_2(OH)_6 \xrightarrow{\geqslant350℃} NaFe(SO_4)_2 + Fe_2O_3 + 3H_2O$$

$$4NaFe(SO_4)_2 \xrightarrow{\geqslant670℃} 2Na_2SO_4 + 2Fe_2O_3 + 6SO_2\uparrow + 3O_2\uparrow$$

$$NH_4Fe_3(SO_4)_2(OH)_6 \xrightarrow{\geqslant290℃} FeOHSO_4 + (FeO)_2SO_4 + NH_3\uparrow + 3H_2O$$

$$8FeOHSO_4 \xrightarrow{\geqslant480℃} 2Fe_2O_3 + 2Fe_2(SO_4)_3 + 2SO_2\uparrow + 4H_2O + O_2\uparrow$$

$$3(FeO)_2SO_4 \xrightarrow{\geqslant515℃} 2Fe_2O_3 + Fe_2(SO_4)_3$$

$$2Fe_2(SO_4)_3 \xrightarrow{>650℃} 2Fe_2O_3 + 6SO_2\uparrow + 3O_2\uparrow$$

从以上反应可知，钾铁矾、钠铁矾在分别加热至700℃和670℃以上时，它们会逐步分解，放出SO_2和H_2O等气体，最终的分解产物为Fe_2O_3及相应的碱金属硫酸盐，铵铁矾在加热至650℃时，逐步分解放出NH_3，SO_2和H_2O气体，最终产物也是Fe_2O_3。

根据铁矾渣的热性质，可拟定出以下的热分解工艺流程，如图3所示。

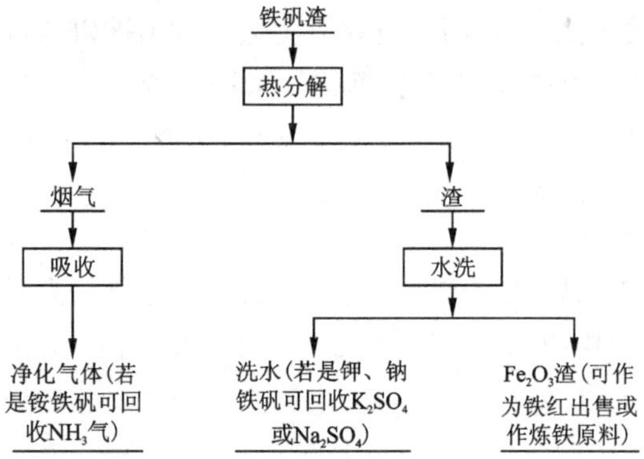

图 3 热分解工艺流程

我们在来宾冶炼厂的热酸浸出铁矾渣炼锌研究中，结合回收铟，对铁矾渣进行了热分解研究。热分解是在回转窑内进行的，在400～700℃温度范围内进行了试验，查明在530～590℃温度下热分解，如果控制好热分解时间，得到的热分解物料经浸出，得到含铟、锌、钠的溶液，可有效回收铟、锌、钠，而得到的渣则成为铁红，其成分为/%：Fe 70±、Zn 0.63、Cu 0.019、Cd 0.0079、Na 0.12、PbO 1.1，产品中铁的物相为：FeS 痕、$Fe_2(SO_4)_3$痕、Fe^{2+}痕，总铁70%左右，大部分呈Fe_2O_3状态存在，可作为铁红商品出售。

（2）碱烧结法

文献[3]研究了加碱烧结法处理铁矾渣，在铁矾渣中加入纯碱后，其分解反应如下：

$$4FeOHSO_4 + Na_2CO_3 = 2NaFe(SO_4)_2 + Fe_2O_3 + 2H_2O + CO_2\uparrow$$

$$(FeO)_2SO_4 + Na_2CO_3 = Na_2SO_4 + Fe_2O_3 + CO_2\uparrow$$

$$2NaFe(SO_4)_2 + 3Na_2CO_3 = 4Na_2SO_4 + Fe_2O_3 + 3CO_2\uparrow$$

总的热分解反应为：

$$2NH_4Fe_3(SO_4)_2(OH)_6 + 4Na_2CO_3 = 3Fe_2O_3 + 4Na_2SO_4 + 7H_2O + 4CO_2\uparrow + 2NH_3\uparrow$$

研究表明，温度在600～740℃对铁红含铁量影响不大，焙烧1 h可达到要求，但碱用量、焙烧温度和时间对铁红中砷含量具有明显影响，如图4所示。

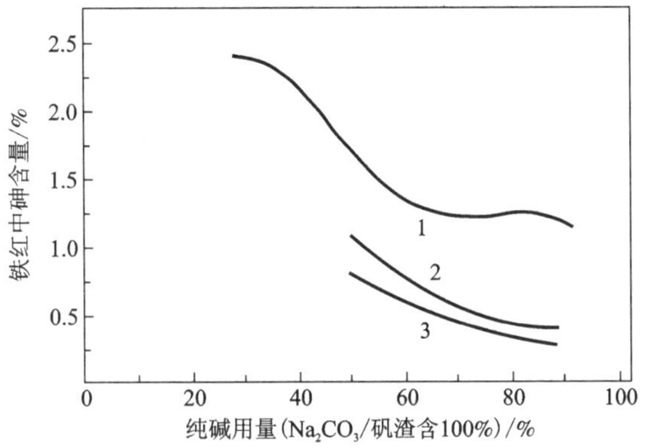

图4　纯碱用量及温度对铁红中含砷的影响

1—640℃；2—700℃；3—740℃

温度高、时间长、碱用量大均可降低铁红中的砷含量，文献[3]认为在700～740℃，纯碱用量为铁矾渣量的60%～70%，焙烧1 h可使铁红中砷量控制到小于0.5%，得到焙烧产物可达到作为铁红、水泥或炼铁原料的目的。

若把纯碱改为K_2CO_3则可得到铁红及硫酸钾产品。

（3）其他方法

在联邦德国阿亨有色金属研究所，研究了电炉熔炼法，把铁矾渣放在电炉中，在加有还原剂的条件下，可使有价的有色及部分稀有金属挥发进入到烟尘中，再从烟尘中对它们进行回收，热分解出来的Fe_2O_3则还原成铁产品。另外还有人设想了铁矾渣硫酸化焙烧法，其主要过程是使铁矾渣硫酸化焙烧，铁矾渣中的有价金属及碱金属则转化为硫酸盐，而铁以氧化物存在，经浸出后，可将氧化铁与有价金属及碱金属的硫酸盐分离，然后分别加以利用。

2.2　湿法

湿法处理铁矾渣的报道还少见，根据铁矾渣的性质及综合利用的要求，我们可以想到的有：铁矾渣的高温水解法、加氨分解法及氯化浸出法等。

在铁矾渣的高温水解时可考虑铁矾渣的加压水解法和铁矾渣与铁酸盐的混合高压处理法，前者依据的反应是：

$$2AFe_3(SO_4)_2(OH)_6 \longrightarrow A_2SO_4 + 2Fe_xO_y + 4H_2SO_4 + 2H_2O$$

（式中$A = Na^+, K^+, NH_4^+$等）

在200℃以上时，上述反应可以向右进行，使铁矾渣进行水解，得到A_2SO_4、氧化铁及H_2SO_4溶液。后一方法是将铁矾渣与铁酸盐的混合矿浆进行高温高压处理，铁矾渣和铁酸锌中的铁、锌按下式反应分别生成硫酸锌和赤铁矿：

$$3ZnFe_2O_2(s) + 2AFe_3(SO_4)_2(OH)(s) = 3ZnSO_4(aq) + A_2SO_4(aq) + 6Fe_2O_3 + 6H_2O$$

铁矾渣的加氨分解法是在常压下，将铵铁矾加入到水中搅拌并通氨，这时97%～99%的铵铁矾分解，氨以$(NH_4)_2SO_4$形式由溶液中回收，非水溶性铁渣则可作为炼铁原料，这一方法的重要反应是：

$$2NH_4Fe_2(SO_4)_2(OH)_6 + 6NH_4 = 3Fe_2O_3 + 4(NH_4)_2SO_4 + 3H_2O$$

$$2NH_4Fe_2(SO_4)_2(OH)_6 + 3FeSO_4 + 12NH_3 = 3Fe_2O_3 + 7(NH_4)_2SO_4$$

氯化浸出法，是以氯化物形式提取和回收渣中的有价金属，同时得到富铁渣再进一步处理。

3　结论

（1）国内外已研究的方法还不能在工业上实施，还需进行大量工作，才有可能解决铁矾渣的处理问题。

（2）铁矾渣处理方法的基本要求是能综合利用，工艺简单，而且不产生二次污染。

（3）在当前，不管是国外，还是国内，对铁矾渣处理已成为刻不容缓的问题，有关厂家应投入人力物力开展铁矾渣处理方法的研究工作。

参考文献

[1] 长沙矿冶研究院等. 矿冶工程，1981(4)：18－28.

[2] 吉木文甲(日)，张缓庆译. 非金属矿物学. 北京：科学出版社，1962.

[3] 宁顺明. 焙烧法处理黄钾铁矾渣的研究. 长沙矿冶研究院第三届青年学术会议论文集，1992：152－155.

微电解法处理制糖及啤酒工业废水*

摘　要：用微电解法对制糖及啤酒等食品工业废水进行了处理。在焦炭粒与铁屑构成的微电池的作用下，废水中难生化的有机污染物被分解成为容易生化分解的小分子有机物。同时，铁屑腐蚀产生吸附能力很强的 $Fe(OH)_2$ 及 $Fe(OH)_3$ 活性胶体絮状物可以将废水中的悬浮物和微电池反应产生的不溶物及一些有机物质吸附，以共沉淀形式或载带吸附形式除去。试验证明：当进水 pH = 4 ~ 5，铁屑用量 12%，反应时间为 10 min 时，静态小试微电解法的除污能力在 70% 以上；微电解法与 UASB 台架组合流程的除污能力达到 90% 以上。

Treatment of wastewater from sugar refining and beer making industries by micro-electrolysis

Abstract: Wastewater from food industries such as sugar-refining and beer-making are processed by micro-electrolysis. Organic pollutants which are difficult to decomposed biochemically can be decomposed into biochemically-decomposed small molecular organic matters by the effect of micro-battery consisting of iron filings and carbon granules. At the same time, the iron filings are corroded to form active colloidal flocci of $Fe(OH)_2$ and $Fe(OH)_3$, which can absorb suspended matters, insoluble matters produced by the reaction of micro-battery and some organic matters, thereby removing them by co-precipitation or carrier adsorption. The small static tests show that at pH = 4 – 5, a iron fillings ratio of 12% and a reaction time of 10 min, above 70% pollutants can be removed by micro-electrolysis and above 90% pollutants can be removed by the combined flowsheet of microelectrolysis and UASB.

随着人民生活水平的提高，食品工业迅速发展，随之而来的废水处理已经成为环保的一个突出问题[1]。本文作者结合工作任务，对制糖及啤酒等食品工业废水的处理进行了研究。目前，制糖及啤酒工业废水的处理方法较多，通过详细调研，认为微电解法是一种行之有效的方法，该法具有简单及“以废制废”等优点[2-8]。

1　微电解法原理

1.1　铁屑微电池的形成及反应

铁屑是铸铁、钢等的加工废弃物，其成分为纯铁、碳化铁及一些杂质，浸入电解质溶液中将构成无数个腐蚀微电池。在微电池中，纯铁为阳极，碳化铁为阴极。如混入焦炭粒，焦炭粒与铁屑接触进一步形成大原电池，使铁屑在受到微电池腐蚀的基础上，又受到大原电池的腐蚀，从而加快电化学反应的进行。微电池及大原电池发生如下电化学反应：

阳极：$Fe - 2e \longrightarrow Fe^{2+}$　$E(Fe^{2+}/Fe) = -0.44\ V$

阴极：$2H^+ + 2e \longrightarrow 2[H] \longrightarrow H_2$

$E(H^+/H_2) = 0.00\ V$

当有氧气存在时：

$O_2 + 4H^+ + 4e \longrightarrow 2H_2O$　$E^0(O_2/H_2O) = 1.23\ V$

$O_2 + 2H_2O + 4e \longrightarrow 4OH^-$　$E^0(O_2/OH^-) = 0.4\ V$

阴极反应产生的活性[H]可以与废水中许多组分(如硝基化合物等)发生还原反应；一些易氧化的有机物如醇、醛和酚等可以在阳极上发生如同强氧化剂引起的氧化反应。例如酚可以在阳极上直接氧化分解；存在于酿酒及制糖工业废水中的单宁水解后产生的没食子酸是多元酸，可以通过阳极氧化分解。另外，微电池反应在电解液中进行，虽然酿酒和制糖废水的导

* 该文首次发表于《矿冶工程》，2003 年，第 6 期，43 ~ 45 页。合作者：朱超英、罗电宏。

电性不强，但在酸性条件下，随着铁屑的不断腐蚀，Fe^{2+}浓度不断增加，废水的导电性不断增强，将有效促进电化学反应的进行。

1.2　微电池的电场效应

微电池的电流流动致使其周围存在电场效应，废水中的带电粒子在电场作用下定向移动而聚集沉淀，从而使一些污染物去除。

1.3　铁屑的还原作用

铁为活化金属，其电极电位较小($E^0 = 0.44$ V)，容易失去电子，因此，它可以还原一些容易取得电子的难分解有机物如硝基化合物、亚硝基化合物等。还原产物容易降解，使废水的可生化性得到提高。该作用可以用以下反应为例说明：

$$C_6H_5NO_2 + 3Fe + 6H^+ \longrightarrow C_6H_5NH_2 + 2H_2O + 3Fe^{2+}$$

1.4　铁离子的絮凝作用

在酸性条件下，铁屑腐蚀产生 Fe^{2+}，Fe^{2+} 又可被氧化成 Fe^{3+}。提高 pH，Fe^{2+} 及 Fe^{3+} 生成具有强吸附性能的 $Fe(OH)_2$ 及 $Fe(OH)_3$ 絮状沉淀物。反应式为：

$$Fe^{2+} + 2OH^- \longrightarrow Fe(OH)_2$$

$$4Fe^{2+} + O_2 + 2H_2O + 8OH^- \longrightarrow 4Fe(OH)_3$$

$Fe(OH)_2$ 及 $Fe(OH)_3$ 絮状物是活性胶体絮凝剂，具有很强的吸附能力，可以将废水中的悬浮物和微电池反应产生的不溶物及一些有色物质吸附，以共沉淀形式或载带吸附形式除去。

2　试验

2.1　试验原料

试验所用废水取自某地制糖厂和啤酒厂，其成分见表1。

表1　制糖及啤酒废水的成分

废水种类	SS /(mg·L^{-1})	BOD_5 /(mg·L^{-1})	COD /(mg·L^{-1})	pH
甘蔗制糖废水	900～1050	500～900	—	—
甜菜制糖废水	1000～1100	800～1000	—	—
啤酒厂废水	800～1000	800～1200	1000～1300	5～7

铁屑取自某机械加工厂，使用前用洗衣粉水浸泡除油，然后用稀盐酸活化。

2.2　静态小型试验

将除油后的铁屑置于250 mL烧杯中，加入待处理废水，调pH至酸性，搅拌反应一段时间，用精密pH计测定pH，通入空气，加石灰调pH至10左右，沉降后取上清液测定COD和BOD等成分。试验结果见图1～图3。

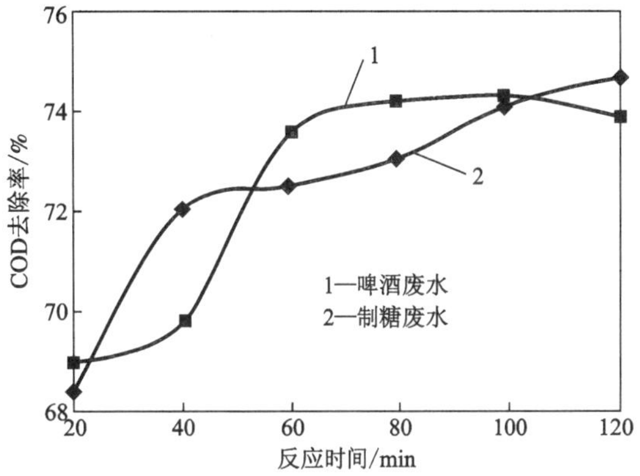

图1　反应时间对COD去除率的影响

废水 pH＝4～5，铁屑用量12%

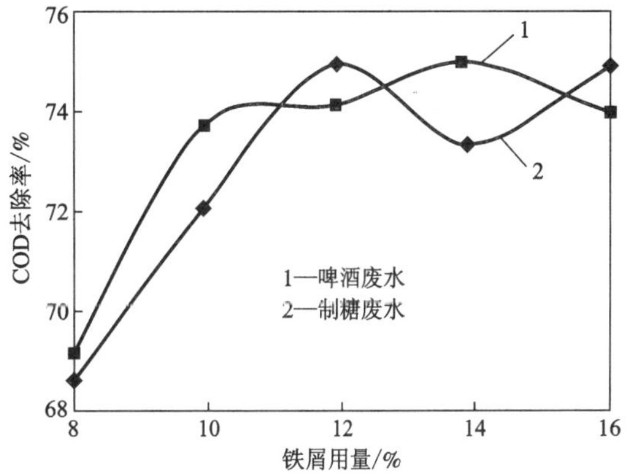

图2　铁屑用量对COD去除率的影响

废水 pH＝4～5，反应时间100 min

试验表明：反应时间、铁屑用量和pH对COD去除率的影响很大。反应时间越长，铁屑用量越大，COD去除率越高。pH在酸性区域时，COD去除率较高，在碱性区域时，pH的不断增加会导致COD去除率不断降低，这可能是由于在碱性区域铁屑腐蚀产生 Fe^{2+} 的量降低所致。最佳条件为：pH＝4～5，铁屑用量12%，反应时间100 min。

需要说明的是：影响BOD去除率的规律与COD相似，只是在相同条件下，BOD的去除率略低于COD。

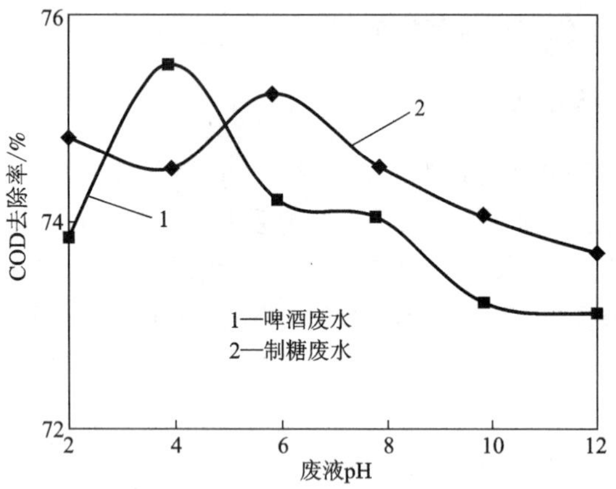

图3 废水 pH 对 COD 去除率的影响

铁屑用量 12%，反应时间 100 min

2.3 动态台架试验

台架组合试验流程如下：

废水→调节槽→铁屑微电解器→UASB→污泥反应器→沉淀→出水

↓

空气

待处理废水为糖厂及啤酒厂废水按 1∶1 混合而成，处理规模为 1 m^3/d。连续运行 10 d 的试验结果如表 2 所示。

表2 废水处理后得到的 SS、COD、BOD 去除率/%

天数	SS 去除率	COD 去除率	BOD 去除率
1	90	92	90
2	91	93	91
3	92	94	90
4	91	93	91
5	92	94	92
6	90	95	90
7	92	95	93
8	91	95	91
9	93	92	92
10	90	94	92

连续 10 d 运行结果表明：SS、COD、BOD 去除率均在 90% 以上。微电解法与 UASB 组合流程对比单一的微电解法和 UASB 流程除污能力大幅提高，这是由于微电解法工艺中产生的吸附能力很强的$Fe(OH)_2$及 $Fe(OH)_3$ 活性胶体絮状物可以去除大部分污染物，而且在微电解法的作用下，制糖及啤酒厂废水中难生化的污染物变成了容易生化去除的小分子物质，这部分污染物通过 UASB 工艺极易除去。

3 结论

(1)铁屑微电解法处理酿酒及制糖废水静态小试的最佳条件为：进水 pH 4～5，铁屑用量 12%，反应时间 100 min。在该条件下，SS 去除率可达到 70%～75%，COD、BOD 去除率均在 70% 以上。

(2)台架连续试验表明：铁屑微电解法与 UASB 法组合使用，可以将 SS、COD、BOD 的去除率提高至 90% 以上，处理后的废水达到了排放标准。

参考文献

[1] 李家瑞. 工业企业环境保护. 北京：冶金工业出版社，1992：147－159.

[2] 王福源. 工业有机废水的电解处理. 化工环保，1992，12(3)：146－149.

[3] 杨凤林. 铁屑在处理工业废水中的应用. 工业水处理，1989，9(6)：7－10.

[4] 汤心虎. 铁屑腐蚀电池在工业废水治理中的应用. 工业水处理，1998，18(6)：4－8.

[5] 童庆松. 电化学技术在净化环境中的应用. 环境保护，1994(6)：34－36.

[6] 贾金平. 活性炭纤维电极法处理草浆造纸黑液的应用研究. 上海环境科技，2000(3)：120－123.

[7] 孙家寿. 钢厂废水电化学处理研究. 矿山环保，1999(1)：22－24.

[8] 路长青. 电化学氧化处理废水中有机污染物技术进展. 南京化工大学学报，1996，18(增刊)：117－121.

铀、钍、稀土生产中放射性的污染与危害*

铀、钍两种元素是自然界三大放射性衰变系列，即铀系、锕系和钍系的母体。铀和钍在衰变过程中产生一系列的放射性核素，其中既有固体放射性核素，也有气体放射性核素。从辐射类型讲，放出 α、β、γ 三种射线，这些放射线基于其穿透能力和计量多少，不同程度地影响人的血相变化，危害人体健康。

本文阐述铀、钍、稀土生产厂的放射性污染及危害问题。

1　铀、钍、稀土生产的原料、工艺及放射性废物

铀在地壳中的平均含量为 4 g/L 岩石。铀的原生矿物为：①沥青铀矿（$kUO_2 \cdot 1UO_3 \cdot mpbo$），铀含量为 40% ~76%，主要成分 UO_2 占 27.55% ~59.3%，UO_3 占 22.33% ~52.8%，PbO 占 1.61% ~17.07%，几乎不含 ThO_2，稀土含量不超过 1%；②晶质铀矿（$k(U \cdot Th)O_2 \cdot 1UO_3 \cdot mpbo$），主要成分 UO_2 占 39.10% ~48.87%，UO_3 占 28.58% ~32.40%，PbO 占 10.95% ~16.42%，ThO_2 占 2.15% ~10.60%，RE_2O_3 占 2.08% ~4.02%；(3) 铀的复杂氧化矿，其中以钦铀矿（$(U \cdot Ge \cdot Fe \cdot Y \cdot Th)_3 \cdot Ti_5O_{16}$）、黑稀金矿（$(Y \cdot U) \cdot (Nb \cdot Ti)_2O_6$）、复稀金矿（$(Y \cdot O \cdot Th) \cdot (Nb \cdot Ti)_2O_6$）为代表。铀的次生铀矿有：①残余铀黑，其中含铀 UO_3 大于 9.8% ~40.4%，UO_2 微量约 11.7%，ThO_2 小于 3%；②铀云母类矿物及铀含水氧化物。

稀土元素在地壳中平均含量为 0.01%，已知的矿物有 250 种以上，但只有 50 ~60 种被认为是稀土元素的独立矿物，其中稀土含量在 5% ~8%，绝大部分稀土矿物中均含有一定数量的钍和铀。独居石是稀土元素的磷酸盐（Ce、La）PO_4，其中含有类质同象杂质 ThO_2（4% ~12%）和 Y（5% 左右）。独居石精矿的成分大致为：RE_2O_3（50% ~ 65%，CeO_2（20% ~ 30%），ThO_2（3.0% ~10%）和 U_3O_8（0.15% ~0.3%）。

目前提取铀的矿石，一般不经过选矿处理，而提取稀土及钍的氟碳铈镧矿、氟碳钙铈矿、磷钇矿、黑稀金矿、褐钇钶矿等则经选矿后才作为原料使用。还应指出：在我国发现的离子吸附型稀土矿，由于易于提取，直接把原矿作为提取稀土的原料。

铀、钍、稀土的生产皆产生大量放射性废物，在磨矿工序中会产生粉尘，在浸出、固液分离、萃取、沉淀等工序会产生一些废液和废渣。另外在操作车间还可能产生一定量的气溶胶于空气中。这些废物都会放出 α、β、γ 射线，影响人的身体健康，故而要求对铀、钍、稀土生产工艺流程中的废物严加管理，进行妥善的治理，不可随便排放与丢弃。

2　污染与危害

铀、钍、稀土在冶炼生产中产生的放射性污染是不可忽视的，其污染物大致可通过三条途径危害人们的身体健康：①γ 射线穿透能力很强，可以穿过人的衣服，损伤人的机体；②呼吸污染空气，将气溶胶粉尘等污染物吸进人的肺内照射肺组织；③通过食物及人体的皮肤污染进入人体形成内照射。

废渣带来的污染应给予充分的注意，因为废渣量有时很大，其中含铀量较多，例如表 1 列出了包头矿及其独居石矿处理过程中的一些情况，说明了渣的排放量每年都有数千万吨，其中含有几百至上千吨的铀及钍，如果管理不善，长期流失，其污染将是非常严重的。

表 1　包头矿及其独居石精矿处理
产生废渣中铀、钍含量、α 比放及排放量

产生的渣	ThO_2/%	U/%	α 比放 /($Bq \cdot g^{-1}$)	年排放量 /万 t
包头矿				
尾矿	0.053 ~ 0.069	0.0013 ~ 0.006	29.2 ~37.0	285
高炉渣	0.055 ~ 0.094		40.7	70

---

* 该文首次发表于《矿冶工程》，1990 年第 4 期，63 –66。

续表

产生的渣	ThO_2/%	U/%	α比放/($Bq\cdot g^{-1}$)	年排放量/万 t
二次渣	约0.013		5.55~15.5	7
全溶渣	0.99~1.5		1147~1961	200
水溶渣	0.1~1.0		—	500
独居石精矿				
酸溶渣	约3.41	约0.5	5550~20350	300
污水渣	2~6	0.06		800
全溶渣	22~26	0.8~0.9	548	
电解渣	0.001	0.76	47.0	
尾矿			74.0	

铀、钍、稀土的生产工艺属于湿法冶金过程，其中的溶解、浸出、净化、过滤、萃取、离子交换、沉淀等工序都会产生一些放射性废液。这种废液有操作过程中跑冒滴漏水，也有过程固有产出的废液。在水冶工艺中，采用酸法浸出时，每处理1 t矿石通常可产4 m^3废液；当用减法浸出时，每处理1 t矿石，约产生1.2 m^3 废液。一般而言，铀、钍、稀土冶炼厂在冶炼、精制、加工等过程中产生的含有铀、钍、镭废水，不像反应堆后处理产出的废水对人身危害那么大，但是其量较大，如果长期不给予恰当的处理，也会对环境造成严重污染。这一类废水按其放射性强度分类属于低放射性废水(T_3)及中放射性强度废水(T_2)，其放射性强度之比在 $10^{-5}\sim10^{-9}$ci/L时，要经过治理才能排放。

对大气的污染主要是粉尘和气溶胶，衰变时产生的氡、铀、钍的衰变子体，即氡和氙，它们在大气中形成短寿命子体。这些子体除了直接危害生产人员的健康外，还会通过通风扩散进入居民区，对附近的居民健康产生影响。

文献报道[1]，在正常地区室内、室外氡子体加氙子体α潜能标准浓度分别在650 MeV和200 MeV，而其中氡子体的α潜能为氙子体的1/10。在表2列出了我国几家稀土生产厂的氡、氙子体的潜能值，由该表可见氡及氙子体的总潜能值已超过了正常地区的标准值，可知大气受到了污染。表3列出了我国稀土厂矿外围的γ照射率，可见这些γ照射率的平均值，远远大于我国天然本底测量值(室内：16.1 μSv/h，室外：12.2 μSv/h)[2]。

表2 几种稀土厂矿环境中氡、氙子体α潜能值/($MeV\cdot L^{-1}$)[3]

厂矿		氡子体均值	氙子体均值	氡子体+氙子体
白云铁矿	采矿场	243	557	800
	破石场	720	10860	11580
包钢选矿厂		331	2538	2869
稀土选冶厂		336	3140	3476
湖南稀土所	室内	195	988	1183
	室外	175	230	403
	废渣场	299	624	923
桃江冶炼厂	厂区	174~4010	880~40356	1054~44366
	生活区	130~313	83~743	213~1056
珠江冶炼厂		319	1182	1501
阳江稀土厂		332	2745	30377

表3 稀土工业区γ照射率/($\mu Sv\cdot h^{-1}$)[3]

厂矿	测量值范围	算术均值
白云铁矿	40~365	133
包头选矿厂	20~144	78
包头稀土冶炼厂	23~560	114
跃龙化工厂	30~5000	797
珠江冶炼厂	20~9025	1562
桃江冶炼厂	12~2500	1000
广西稀土厂	28~10000	1671
阳江稀土厂	50~2000	1000

还要特别强调指出：铀、钍、稀土的废渣是一个大氡源，氡将不断地从废渣中释放出来，向周围扩散而污染大气，使工作人员及周围居民遭受吸入氡气的危害，尤其当废渣存放和管理不善时，流失或掺入建材，进入住房均可使室内氡气明显增高，严重地危害人体的健康。根据流行病学资料估计，尽管废渣析出的氡气向周围扩散很快得到稀释，但它是一个长期污染源，可引起居民肺癌发病率增加。当居民距废渣源0.16 km时，氡引起的肺癌发病率比正常地区高一倍，只有当距离至1.6 km时，释放的氡才不会对居民造成危害。

对铀、钍、稀土冶炼厂的工人实地调查研究表明，放射性废渣、废水及废气的危害作用，主要表现在：①作业人员各种恶性肿瘤死亡病例增加，特别是白血病死亡数明显增加，死亡者均与γ射线的外照射有关；②作业人员血液中的染色体畸变率高于一般工业的工人，采矿工人高于维修工人，而且畸变率随工龄增长而增加，这都可以理解为由 γ 射线外照射所造成；③作业人员常见的职业损伤为呼吸道疾病和皮肤病，其患病率分别在 11.1% ~47% 和 23.9% ~58.2%，长期外周血象观察到，血小板和血红蛋白有下降的趋势，而且维持在正常值的下限水平。近代医学证明，小剂量的电离辐射人体会引起致癌、遗传效应及血液某些指标的改变。

3　放射性废物的治理方法

针对铀、钍、稀土在生产过程中产生的废物，由于其放射性的危害，对其治理的研究已进行了许多工作，并已有合理的治理方法。各厂矿要根据自己的具体条件，选择恰当的方法。兹把铀、钍、稀土厂矿处理废物的方法分为固体废物、废水、大气的治理，简要介绍于下。

3.1　固体废物

在铀、钍、稀土生产中的主要固体废物是渣，而大部分是浸出渣，根据生产厂的具体情况，可选择如下方法处理：

3.1.1　包装、堆积或埋藏

如果渣的放射性强度不高，可用包装箱包好，于偏僻的山区旷野，在修筑专门的仓库中保存起来，也可埋藏。

3.1.2　进行化学处理或送到铀、钍矿山

有办法处理的含铀、钍品位较高固体放射性废物，可用酸、碱进行浸出，由浸出液中再回收铀、钍，而剩下的残渣，可用埋藏的办法处理。如果固体放射性废物含铀、钍的品位较低，或接近于原矿品位时，也可送往矿山，使其与原矿一起再进行处理。

3.2　废水

对放射性废水的处理方法已有很多，归纳起来基本上可划分为三大类：

(1)物理法。属于这类的方法有自然沉降、过滤、蒸发浓缩、稀释及反渗透等方法。

(2)化学或物理化学法。属于这类的方法有化学沉淀、离子交换和电渗析等方法。

(3)生物法。属于这类的方法有细菌、微生物吸收分解、生物池及生物曝气等方法。

目前，我国含铀、钍废水的处理方法主要有稀释、化学沉淀、离子交换及电渗析等方法，其中以化学沉淀和离子交换法为主。

在江西研究的稀土生产放射性废水的治理中，采用了化学沉淀法[4]。该法是向废水中加入 Ba^{2+} 载体，以 $Ba(Ra)SO_4$ 共沉淀的形式将镭载带下来，其他的放射性核素则通过加 Fe^{3+}、Ca^{2+}，并提高 pH，使其呈氢氧化物的吸附沉淀形式，使 U、Th 从废水中载带除去，该过程的主要反应是：

$$Ra^{2+} + Ba^{2+} + SO_4^{2-} = Ba(Ra)SO_4\downarrow$$

$$Th^{4+} + 4OH^- = Th(OH)_4\downarrow$$

$$2UO_2SO_4 + 3CaO = CaU_2O_7 + 2CaSO_4\downarrow$$

$$Fe^{3+} + 3OH^- = Fe(OH)_3\downarrow$$

其中氢氧化铁沉淀物的表面积最大，可有效地吸附微量放射性核素。实践结果表明，以硫酸铁、氯化钡、硫酸和石灰等作沉淀剂，调节废水 pH 至 9 ~10，采用二段沉淀工艺，可成功地处理稀土水冶过程中产生的放射性废水，经化学沉淀处理后，废水中放射性浓度从 10 ~100 Bq/L 降至 0.1 ~0.66 Bq/L，对 α 总去除率为 99.1%，对 β 为 99.2%，再经过稀释后，pH 和放射性强度均可达到排放标准。

采用离子交换法处理含铀、钍、稀土废水已是相当成熟的方法。在采用这种方法时，第一步是选择吸附能力强的交换树脂，另外是选择合适的设备及确定优化的操作参数。我国水口山柏坊铜矿已成功地使用离子交换法处理含铀废水多年，他们不但解决了污染问题，而且还回收了铀，达到了环境效益与经济效益的统一。这是应该大力提倡的方法。

值得注意的是用液膜法处理含铀、钍废水时，该法在今后必将成为广泛应用的有效新方法。

3.3　大气

大气的污染治理对象主要是放射性灰尘和放射性气溶胶。

如果在单体设备中产生放射性气体，最好要用专门的淋洗或吸附装置进行处理。对整体车间加强通风及排风，用稀释排除的方法即可达到净化大气的目的。在设计通风设施时，要根据车间的最大等效日操作量，确定每小时的换气次数，一般换气次数在 3 ~10 次/h 的范围波动。

参考文献

[1] 张智蔫. 中华放射医学与防护杂志，1985，5(3)：219.
[2] 王其亮. 中华放射医学与防护杂志，1985，5(增刊)：74.
[3] 曾新元. 环境科学，1988，(2)：51 -54.
[4] 江西省劳卫所. 化工环保，1990，(1)：18 -20.

第三部分

冶金新材料

金属材料价键理论的发展与应用*

摘　要：价键理论是指固体或分子中原子的价电子结构和原子与原子之间形成的键以及两者关系的理论。它是从原子和原子结构层次，深入了解材料的一种重要理论，能帮助人们设计满足需要的新材料。本文根据收集到的资料，对价键理论及其应用进行扼要地归纳与阐述。

Development and application of metallic material valence-bond theory

Abstract: Valence-bond theory is about the valence structure and formed bond among the atoms in solid matter or molecule, it is very important for understanding the material from the atomic structure level. The valence bond theory and its applications is summarized and described based on the references.

价键理论起源于1916年美国科学家G. N. Lewis[1]提出的电子配对理论。1927年德国科学家W. Heitler与F. L. London[2]第一个用量子力学处理H_2分子，揭示了共价键的本质。1930年前后Pauling[3]和Slater[4]等把这个理论发展成为一种全面的键理论，称为价键理论。金属的价键理论实质是用电子配对法来处理金属键。这一理论在金属材料中有着重要的指导作用，它能帮助人们从电子和原子结构层次了解晶体结构，以此寻找需要的金属新材料。由于价键理论的重要性，国内外科学家在这方面做了大量的工作，本文对其发展与应用做扼要地归纳与阐述。

1　键价理论的基本知识

1.1　基本概念

价键理论是在Pauling离子晶体电价规则基础上发展起来的，它继承了电价规则中“原子的价分配在原子所连诸键上”的基本概念，同时允许原子所连诸键的键价做不均匀的分配。价键理论的基本框架图如图1所示。价键的主要内容包括以下几个方面：

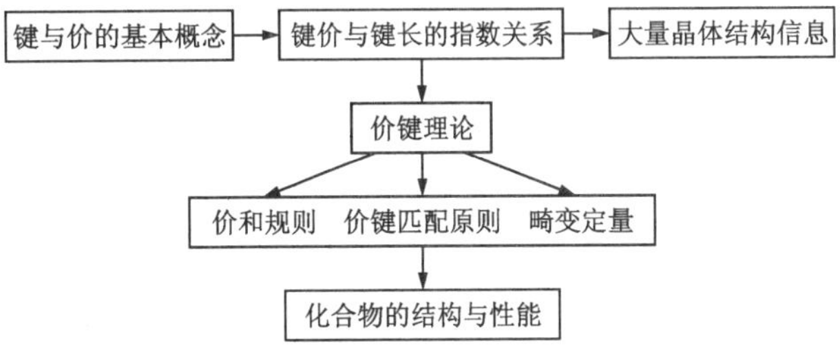

图1　价键理论的基本框架图

(1)在价键理论或价键法则中，反应中保持不变的最基本的实体称作原子。由广义(Lewis)酸(阳离子)与广义碱(阴离子)组成的离子性化合物，荷正电者为正价，荷负电者为负价。

(2)化学计量要求离子性(或酸碱)化合物的总正价与总负价的绝对值相等。即化合物整体保持电中性。

(3)原子以化学键与其近邻原子键合，键连原子数称为该原子的配位数，此数亦为该原子参与化学键的成键数。

(4)价键理论认为，原子的价将分配在它所参与的诸键上，使每个键均有一定的键价，符合价和规

* 该文首次发表于《有色金属》(季刊)，2009年第4期，5－13页。

则。这一概念是价键理论最核心的内容。

(5)价键与键长等各种键的性质密切相关。其中最重要的是价键与键长间的指数关系。

1.2　价键与键长间的指数关系

化学键的键长是键强、弱的一个量度。键价理论中键价的高低也是键强、弱的一个量度，价键高键强、价键低键弱。显然，长键应与较低键价对应，而短键则与较高的键价对应[6-8]。加拿大 I. D. Brown 等学者为键长-键价提出了式(1)和式(2)的指数关系式[5]，式中 S_y 为原子 i 和 j 之间的键价，R_y 为原子 i 和 j 之间的键长，R_0，N 和 B 统称为键价参数，其中 R_0 是 $S_y=1$ 时的 R_y 值，可称为单价键长，B 和 N 决定键价与键长曲线的斜率，它们都是每一化学键所特有的参数，一般根据气态确定的实验键长数据拟合得到。N 为大于 1 的正数，N 越大，S_y 随 R_{ij} 的变化就越敏感。这一指数关系为沟通价键与晶体结构的键长信息提供了渠道，是价键法则发展的基础。计算价键用的价键参数可从文献[6-8]查找。

$$S_y=\exp[(R_0-R_y)/B] \tag{1}$$

$$S_y=(R_y/R_0)-N \tag{2}$$

式(3)为价键理论的基本规律。价和规则表述为每个原子所连诸键的价键之和等于该原子的原子价。这一规则显然是“原子的价将分配在它所参与的诸键上”的逆定理。原子价为 V_i 的 i 原子形成 j 个键的价键和满足式(3)。

$$V_i=\sum S_{ij} \tag{3}$$

价键匹配原则表述为稳定结构中阳离子的酸强与阴离子的碱强近乎相等。这一原则将酸碱化合物的稳定性与结构中酸强与碱强的匹配程度联系起来。酸强、碱强匹配者结构稳定，匹配较差者则结构不稳定，对于两者不匹配者则难以生成化合物。

价键理论中畸变定理的内容是在配位多面体中，只要中央原子的价键和的值保持不变，个别键长对平均值的偏离将增加平均键长。

2　几种重要的价键理论

2.1　Pauling 的金属价键理论

Pauling 在 20 世纪 30 年代提出了解释金属结合力的观点。金属结合起源于相邻原子间价电子所形成的共价键，可以把这种键看成是未饱和的共价键。由于金属一般价电子少，配位数高，电子不够全面供应，金属原子不足以在所有相邻原子间形成共价键，只有轮流和周围的原子形成单电子和双电子结合的共价键，所以可认为是未饱和的共价键。Pauling 认为这种键是无序分布，每一个原子平均只参与一个结合键，而电子在这些键中共振，能量降低，使得晶体的稳定性提高。所以，金属被认为是金属的不同原子之间形成一个电子和两个电子共价结合的各种结构，而金属键就是这些不同结构之间的电子共振。

Pauling[9-10]从化学的观点系统研究了金属的价与键的问题，认为金属价(即金属参与键合的未配对电子数)与金属的熔点、沸点、硬度等性能有关。通过金属本身的一些性质，可以近似地指出金属的价数。从钾开始的元素周期中，如果假定钾的金属价为一，钙的金属价为二，那么可以看到在价数与性质之间存在着一种预期的联系。金属钙比金属钾有更高的硬度、强度与密度，它的熔点、沸点、熔化热函与蒸发热函也比钾高，一般来说它们的这些性质恰好与这样的假定相符。Pauling 根据元素的金属价和金属中原子间距和实验数据以及经验公式(4)，推出一套较完整的金属半径[10]。式中 $D(n)$ 为键距，$D(l)$ 为单键键距，即 $n=1$ 的 $D(n)$ 值，n 为键数，即共价键上的共价电子对数，等于金属的价除以配位数。

$$D(n)=D(l)-0.600\lg(n) \tag{4}$$

随着金属共振价键理论的发展[11-13]，Pauling 采用更加可靠的方法，通过对键数和共振能的校正，重新修订实验的原子间距计算出了金属的价和金属半径如表 1 所示。它所用经验公式为式(5)，式中 v 为共振结构数。

$$D(n)=D(l)-0.770\lg\{n[1+0.064(v-1)]\} \tag{5}$$

总之，式(4)与式(5)是确定金属价与晶体结构键长关系的经验公式，正如 Pauling 所述，虽然经验公式不太准确，但是从公式中得出有关电子构型、键数、金属和金属间化合物的价等结论是比较可靠的。

2.2　Engel-Brewer 金属价键理论

Engel 和 Brewer[14-17]修正和发展了 Pauling 的金属价键理论，不仅把金属原子的价电子结构与金属及其合金的键合能关联起来，而且把原子的价电子结构与金属的晶体结构关联起来。其理论可归纳为两条规则：

(1)金属或合金的键合能取决于每个原子能够键合的未成对电子的平均数。如果增加电子所放出的键合能能够补偿所需的激发能，则具有较多未成对电子的激发电子组态比基态电子组态更为重要。如图 2 所示，该图称为 Born-Hober 循环，其中能量关系式如式

(6)所示，式中 E_{sub} 是升华能，E_{bond} 是键合能，E_{prom} 是激发能。

$$E_{sub} = E_{bond} - E_{prom} \quad (6)$$

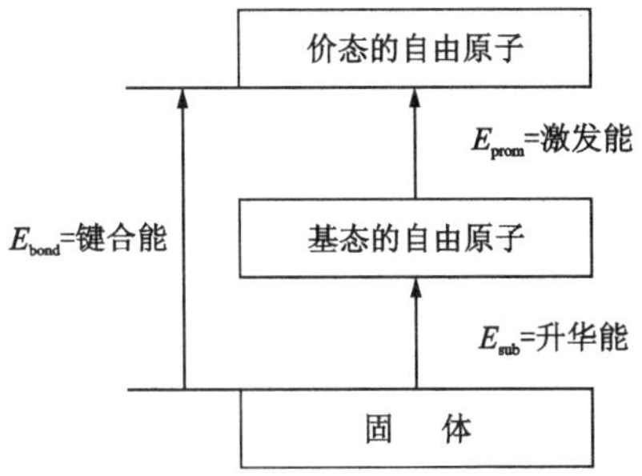

图 2　Born-Haber 循环

(2)金属的晶体结构取决于键合中每一原子的 s 和 p 轨函的平均数，也就是取决于其“准备好键合”态中原子的未成对的 s 和 p 电子平均数；当键合中 s 和 p 电子数之和小于或等于 1.5 时，出现体心立方晶体结构(bcc)。当键合中 s 和 p 电子数之和在 1.7 ~ 2.1 时，出现六方密堆晶体结构(hcp)；当键合中 s 和 p 电子数之和在 2.5 ~ 3.0 时，出现立方密堆晶体结构(ccp)；当键合中 s 和 p 电子数之和接近于 4 时，出现的是非金属的金刚石结构。根据金属升华能的实验值和不同价态能级相对基态能级激发能的实验值，结合公式(6)，Brewer 确定了金属的价电子组态[18-21]，见表 2。从表 2 看出，Engel-Brewer 规则用来说明金属晶体结构的周期性基本是成功的。

表 1　元素的金属价和金属半径[13]

Li	Be	← 金属价 →										B	C
1	2	← 金属的单键半径(0.1 nm) →										3	4
1.196	0.905	← 配位数为12金属半径(0.1 nm) →										0.836	0.772
1.547	1.126											0.975	0.816
Na	Mg											Al	Si
1	2											3	4
1.155	1.381											1.293	1.176
1.901	1.602											1.432	1.258
K	Ca	Sc	Ti	V	Cr	Mn	Fe	Co	Ni	Cu	Zn	Ga	Ge
1	2	3	4	5	6	6	6	6	6	5.5	4.5	3.5	4
2.001	1.755	1.515	1.384	1.310	1.260	1.250	1.250	1.230	1.224	1.245	1.307	1.258	1.225
2.352	1.976	1.654	1.466	1.354	1.282	1.272	1.272	1.252	1.246	1.276	1.368	1.366	1.307
Rb	Sr	Y	Zr	Nb	Mo	Tc	Ru	Rh	Pd	Ag	Cd	In	Sn
1	2	3	4	5	6	6	6	6	6	5.5	4.5	3.5	2.5
2.167	1.931	1.659	1.515	1.417	1.371	1.338	1.315	1.323	1.323	1.412	1.466	1.442	1.418
2.518	2.152	1.798	1.607	1.461	1.393	1.360	1.337	1.375	1.345	1.443	1.527	1.550	1.594
Cs	Ba	La	Hf	Ta	W	Re	Os	Ir	Pt	Au	Hg	Tl	Pb
1	2	3	4	5	6	6	6	6	6	5.5	4.5	2	2
2.361	1.996	1.726	1.503	1.418	1.378	1.352	1.328	1.335	1.365	1.410	1.466	1.508	1.513
2.712	2.217	1.865	1.585	1.462	1.400	1.374	1.350	1.357	1.387	1.441	1.527	1.729	1.734

表2 金属价电子组态[18]

Li	Be											
1	2											
2s	$2s^2$											
2s	$2s^2p$											
Na	Mg											Al
1	2	← 金属价 →										3
3s	$3s^2$	← 金属的单键半径(0.1 nm) →										$3s^23p$
3s	$3s^3p$	← 配位数为12金属半径(0.1 nm) →										$3s^3p^2$
K	Ca	Sc	Ti	V	Cr	Mn	Fe	Co	Ni	Cu	Zn	
1	2	3	4	5	6	5	4	5	6	5	2	
4s	$4s^2$	$3d4s^2$	$3d^24s^2$	$3d^34s^2$	$3d^54s$	$3d^54s^2$	$3d^64s^2$	$3d^74s^2$	$3d^84s^2$	$3d^{10}4s$	$3d^{10}4s^2$	
4s	3d4s	3d4s4p	$3d^24s4p$	$3d^44s$	$3d^34s$	$3d^64s$	$3d^74s$	$3d^74s4p$	$3d^74s^4p^2$	$3d^84s^4p^2$	$3d^{10}4s^4p$	
Rb	Sr	Y	Zr	Nb	Mo	Tc	Ru	Rh	Pd	Ag	Cd	
1	2	3	4	5	6	7	6	7	6	5	2	
5s	$5s^2$	$4d5s^2$	$4d^25s^2$	$4d^45s$	$4d^55s$	$4d^55s^2$	$4d^75s$	$4d^85s$	$4d^{10}$	$4d^{10}5s$	$4d^{10}5s^2$	
5s	4d5s	4d5s5p	$4d^25s5p$	$4d^45s$	$4d^55s$	$4d^55s5p$	$4d^65s5p$	$4d^65s5p^2$	$4d^75s5p^2$	$4d^85s5p^2$	$4d^{10}5s5p$	
Cs	Ba	La	Hf	Ta	W	Re	Os	Ir	Pt	Au	Hg	
1	2	3	4	5	6	7	6	7	6	5	2	
6s	$6s^2$	$5d6s^2$	$5d^26s^2$	$5d^36s^2$	$5d^46s^2$	$5d^56s^2$	$5d^66s^2$	$5d^76s^2$	$5d^96s$	$5d^{10}6s$	$5d^{10}6s^2$	
6s	5d6s	5d6s6p	$5d^26s6p$	$5d^46s$	$6d^56s$	$6d^56s6p$	$5d^66s6p$	$5d^66sp^2$	$5d^76s6p^2$	$5d^86s6p^2$	$5d^{10}6s6p$	

2.3 Hume-Rothery 电子浓度理论[22-23]

Hume-Rothery 在 1926 年首先提出，当一价金属金、银、铜和二价、三价、四价金属组成合金(如 Cu - Zn, Cu - Al, Cu - Sn)时，相对应的相具有相同的价电子浓度(晶体结构中价电子总数对原子总数的比值)。

例如 Cu - Zn 系的 β 相相当于 CuZn 化合物，Cu - Al系的 β 相相当于 Cu_5Sn 化合物，它们的价电子浓度都是 21/14。γ 相(Cu - Sn 系及 Cu - Al 系内的 δ 相)的价电子浓度都是 21/13。ε 相的价电子浓度都是 21/12。这个称为 Hume-Rothery 的电子浓度规律，合金相称为电子化合物。

过渡族金属或其他第一族金属(所谓第一类金属)与周期表中第二至第五族金属(第二类金属)都能形成电子化合物。进一步研究发现，具有相同价电子浓度的相也具有一定的结构，见表3。

第一类金属包括 Mn, Fe, Co, Ni, Rh, Pd, Ce, La, Pr, Cu, Ag, Au, Li, Na；第二类金属包括 Be, Mg, Zn, Cd, Hg, Al, Ga, In, Si, Ge, Sn, Pb, As, Sb。

对于金属的价电子数一般均取门捷列夫周期表中族的号数。过渡族金属在不同的电子化合物中具有不同的价(零价、一价和二价甚至负价等)。为了满足相同的结构具有相同的电子浓度规律，一般过渡族金属电子化合物中常取零价。金属的价电子数见表4。

2.4 固体与分子经验电子理论

2.4.1 概述

1978 年，余瑞璜在能带理论和 Pauling 金属价键理论基础上，对 78 个元素和由它们形成的上千种化合物和合金的研究，创建了"固体与分子经验电子理论"，即"EET(Empirical Electron Theory in Solid and Molecule)"理论或"余氏理论"[24-25]。该理论发表后，引起了我国的物理学家、化学家和材料学家的关注，并对此理论进行了广泛的基础和应用研究，使该理论更加丰富和完善。目前，余氏理论主要应用于材料价电子结构的理论计算与探讨；材料微观及宏观性质的计算和预测；相变的普遍规律及本质认识；合金的成分设计。

表 3　电子化合物的结构与电子浓度的关系

价电子浓度	21/14			21/13	21/12
结构	bcc	β - Mn	hcp	γ - 黄铜	hcp
合金	CuBe	Cu_5Si	Cu_3Ga	Cu_5Zn_8	$CuZn_3$
	CuZn	AgHg	Cu_5Ge	Cu_5Cd_8	$CuCd_3$
	Cu_3Al	Ag_3Al	AgZn	Cu_5Hg_8	Cu_3Sn
	Cu_3Ga	Au_3Al	AgCd	Cu_9Al_4	Cu_3Ge
	Cu_3In	$CuZn_3$	Ag_3Al	Cu_9Ga_4	Cu_3Si
	Cu_5Si	—	Ag_3Ga	Cu_9In_4	$AgZn_3$
	Cu_5Sn	—	Ag_3In	$Cu_{31}Si_8$	$AgCd_3$
	AgMn	—	Ag_5Sn	$Cu_{31}Sn_8$	Ag_3Sn
	AgZn	—	Ag_7Sb	Ag_5Zn_8	Ag_5Al_3
	AgCd	—	Au_3In	Ag_5Cd_8	$AuZn_3$
	Ag_5Al	—	Ag_5Sn	Ag_5Hg_8	$AuZn_3$
	Ag_3In	—	—	Ag_9In_4	$AuCd_3$
	AuMg	—	—	Au_5Zn_8	Au_3Sn_3
	AuZn	—	—	Au_5Cd_8	Au_5Al_3
	AuCd	—	—	Au_9In_4	—
	FeAl	—	—	Mn_5Zn_{21}	—
	CoAl	—	—	Fe_5Zn_{21}	—
	NiAl	—	—	Co_5Zn_{21}	—
	NiIn	—	—	Ni_5Be_{21}	—
	PdIn	—	—	Ni_5Zn_{21}	—
	—	—	—	Ni_5Cd_{21}	—
	—	—	—	Rh_5Zn_{21}	—
	—	—	—	Pd_5Zn_{21}	—
	—	—	—	Pt_5Be_{21}	—
	—	—	—	Pt_5Zn_{21}	—
	—	—	—	$Na_{31}Pb_8$	—

表 4　形成电子化合物的金属的价电子数

类别	族别	元素	价电子数
第一类	过渡族金属	Mn, Fe, Co, Ni, 稀土金属	变价(0, 1, 2, 负价)
第二类	第一主族	Li, Na	1
	第一副族	Cu, Ag, Au	1
	第二主族	Be, Mg	2
	第三主族	Al, Ga, In	3
	第四主族	Si, Ge, Sn, Pb	4
	第五主族	As, Sb	5
	第二副族	Zn, Cd, Hg	2

2.4.2 原子状态的描述

EET 认为，在分子和固体中，原子的状态由原子的价态和尺寸两个因素表征。一个确定的原子状态意味着该原子具有确定共价电子数、晶格电子数、单键半径值。对于原子磁距不为零的原子来说，确定原子状态必须确定磁电子数。原子状态的基本概念如下：

(1)哑对电子。在价电子层中，由两个自旋相反的电子占据同一轨道，在原子结合时，仍保持在原来的原子内不发生公有化，这样一种满轨道的电子对被称为哑对电子。哑对电子不参与原子间的结合，但它影响其他电子的结合行为。EET 中哑对电子数用 n_d 表示。

(2)磁电子。磁电子指的是价层的一种半满轨道(单占轨道)中的电子，它在原子间相互结合时保持在原来的原子内不发生公有化。由于这种电子是原子磁矩的主要来源，故称为磁电子。在 EET 中磁电子数用 n_m 表示。

(3)共价电子。共价电子是价电子层中单占轨道的一种电子。在原子间相互结合时它们将与附近的其他原子中一个单占轨道中自旋与其相反的价电子相互配对，共同占据这两个原子公有的轨道，形成两个成键原子共有的电子对。这种公有化的电子对是原子间结合的主要基础。形成共价结合的分子或固体中原子的价数就是原子的共价电子数。在 EET 中将共价电子数用 n_c 来表示。

(4)晶格电子。晶格电子是 EET 理论中的一个新概念，指的是在多个原子组成的固体体系内，处于由 3 个、4 个甚至 6 个以上的原子围绕的空间内的价电子。这些电子既不是分布于它们所属的原子内，也不是处于成键两原子的连线上，而是位于一个比较广阔的由 3 个或更多个原子围成的空间。它们对原来原子轨道的占据可以是填满的，也可以是单占的。由于它们在晶格间隙空间内自由地分布(游荡)，原来在同一轨道上的一对电子可能分布在同一能带内的不同能级上，即使在原来的原子中它们处于同一轨道内，但在晶体中它们较远离原来的原子，因此在晶体能带内对这一对电子已没有彼此必须自旋相反的要求。晶格电子来自价电子中的“s”电子，有时它也可以由等效于“s”的“p”电子构成。晶格电子数用 n_l 表示。

(5)相同的两个原子形成共价单键(原子间只有 1 对共用电子)的键距值的一半为该原子的单键半径，用 $R(1)$ 表示。对于一种给定元素的原子，当它与其他原子形成共价键时，不论在哪种分子或晶体中，它的单键半径都是确定不变的(定值)，因此单键半径可以作为表征原子尺度的一个特征量。

2.4.3 EET 理论中几个基本假设

(1)关于分子和固体中原子状态假设。在固体与分子中，每个原子一般由两个原子状态杂化而成，这两种状态分别叫作 h 态和 t 态，其中至少有一个在基态或靠近基态的激发态，这两个状态都有它们自己的共价电子数 n_c、晶格电子数 n_l、单键半径 $R(1)$。

(2)关于不连续状态杂化的假定。在一定情况下，状态杂化是不连续的，若以 C_t 表示 t 态在杂化状态中的成分，则在多数结构中 C_t 将可近似地由式(7)给出，其中 l, m, n 和 l', m', n' 分别表示 h 态和 t 态的 s, p, d 亚层上的共价电子数和晶格电子数。K 为状态杂化中间常数，τ 代表时间，当 s 是晶格电子时，$\tau=0$，否则 $\tau=1$；当 h 态的价电子全部是晶格电子时，式(7)不适用。此时，式(7)变成式(8)，式中各符号的意义与式(7)相同。

$$K=[(\tau l'+m'+n')/(\tau l+m+n)]\cdot[(l'+m'+n')/(l+m+n)]^{1/2}\cdot\{[1\pm(3m)^{1/2}+(5n)^{1/2}]/[l'\pm(3m')^{1/2}+(5n')^{1/2}]\};\ Ct=1/(1+K^2) \tag{7}$$

$$K=[(l+m+n)/l]\cdot\{(l'+m'+n')/[l'^{1/2}\pm(3m')^{1/2}\pm(5n')^{1/2}]\} \tag{8}$$

(3)关于键距的假设。除特殊情况外，在结构中两个相近原子 u 和 v 之间总是有共价电子对存在。这个共价电子对的数目用(n_α)来表示，而这两个原子的间距叫做共价键距，用符号 $D^{uv}(n_\alpha)$ 表示。根据 Pauling 的研究，$D^{uv}(n_\alpha)$，$R^u(l)$，$R^v(l)$ 和 n_α 之间有式(9)所示关系，式(9)中 u 和 v 可以是同样的，也可以是不同的原子，n_α 可以是整数也可以是分数，α 代表不同的键，$\alpha=A, B, C, D, \cdots, N$，它们代表结构中所有不可忽略的键。$\beta$ 为经验常数，其值的选择一律按式(10)条件决定，式(10)中 n_α^M 为该结构中所有键上最大共价电子对数，ε 为该原子的势能。

$$D^{uv}(n_\alpha)R^u(l)+R^v(l)=\beta\lg n_\alpha \tag{9}$$

$$\beta=0.710(n_\alpha^M<0.25\ 或\ n_\alpha^M>0.75);\ \beta=0.600(0.300\leqslant n_\alpha^M\leqslant0.700);\ \beta=(0.710-2.2\varepsilon)[n_\alpha^M=0.25+\varepsilon\ 或\ n_\alpha^M=0.750-\varepsilon(0<\varepsilon<0.050)\tag{10}$$

(4)关于等效价电子假设。对于 B 族元素，含过渡金属以及 Ga，In，Tl，在固体中这些原子有一部分外层 d 电子在空间扩展很远，以至于它们对共价键距的影响等效于最外层的 s 或 p 电子的作用；对于 Cu，Ag 和 Au，其 p 电子的空间取向在晶格空间不同单体中混乱地分布，以至于它们的平均结果与 s 电子等效。然而，这些等效电子的相角分布以及它们对结合能的贡献仍保持原来的特性。

2.4.4 键距差(BLD, Bond Length Difference)方法

计算分子与固体的价电子结构，就是要求出在指

定的分子和固体内各类组成原子的原子状态以及由组成原子形成共价键络和伴随而生的晶格电子分布。EET 理论中所用的方法是键距差（BLD）法。用 BLD 方法计算的前提条件是要知道其晶体结构各个参数，即晶体结构类型、晶格常数和原子坐标参数的具体数值。

如果给定的体系以及组成原子的原子状态正确，则原子状态参数 $R(1)$ 和 n_α 所确定的各共价键距值与由实验测得的原子间距值一致。然后通过由实验测得的一个结构单元内的全部共价键距值与由指定的原子状态下计算的各个相应的“理论键距”进行比较，就可以判定所给定的原子状态是否符合客观实际，它是理论与实验值是否一致的定量衡量标准。余氏根据所有原子状态半径都大于 0.005 nm 这一事实，选取理论键距和实际键距之差 $|\Delta D| \leqslant 0.005$ nm 作为 BLD 分析的判据。在一级近似下，从理论上确定了晶体中原子可能出现的杂化状态。实际上原子所处的杂化状态还需用磁矩、导电性、熔点、结合能等特征参量进一步确定，因可选参数太多，不易被广泛接受。

2.5　金属材料的系统科学[26, 28-29]

谢佑卿教授经过多年的探索和创新，用整体论与还原论结合的思维方式，发展了金属材料理论，研究材料科学的跨尺度关联，建立了金属材料系统科学框架[26-29]，使金属材料科学向系统科学的发展迈出了重要的一步。该框架包括自由原子理论、纯金属理论、合金物理与化学、合金统计热力学以及合金应用技术系统。

2.5.1　自由原子及纯金属理论

（1）自由原子理论。自由原子理论是用第一原理方法研究自由原子的结构，建立基态自由原子的电子结构周期表，阐明了元素周期表的本质。原子状态以 s，p，d，f 轨道电子占据数描述，对自由原子光谱和固体中 X 射线谱给予了科学解释和预言。自由原子理论是纯金属理论的基础，并成为晶体中原子状态描述方法和设计的依据。

（2）纯金属理论。研究纯金属采用两种理论方法，即价键理论的单原子（one atom，OA）方法和第一原理方法。OA 理论是谢佑卿在分析能带理论和余瑞璜发展的 Pauling 价键理论之后，建立了把“能”和“形”统一的金属理论。其要点有三个方面：

①纯单质的原子状态由多种主要激发态原子杂化形成。每一种激发态原子采用自由原子状态的方法描述，即 s，p，d，f 轨道电子占据数描述。它们的分布遵守 Pauling 不相容原理。依据它们的不同作用分为共价电子、磁电子、近自由电子和非键电子。

②与原子状态相关联的“晶格常数方程”“固体中多原子相互作用的新势能函数”和确定晶体原子状态单原子自洽法[42]是 OA 方法的主体。通过纯金属的晶格常数和结合能的实验值以及三态杂化来确定纯金属的价电子结构。

③将物理学中 Debye（D）比热理论、Grüneisen（G）热膨胀理论、磁学分子场（M）理论和纯单质热力学（T）理论（简称 DGMT）整合于框架中，使之成为金属材料系统科学框架中的有机组成部分。用它来计算纯金属的性能。

应用 OA 方法可获得各金属元素 fcc，hcp 和 bcc 等晶体结构稳定和亚稳晶体的原子状态 X，原子势能 ε，原子体积 v，结合能 E_c，晶格常数 α，体弹性模量 B，Debye 温度 θ_D，热膨胀系数 λ，热容 c_p 和 Gibbs 自由能 G 等系统信息。目前，OA 方法已成功应用到 Fe，Co，Ni 等金属元素的研究上。

2.5.2　合金物理与化学

合金物理与化学理论是金属材料系统科学框架的中枢，它使合金的电子结构、晶体结构、热力学性质和物理性质相互关联，并确定基本原子团簇序列、特征原子序列和相应的特征晶体序列的基本信息，依据这些基本信息进行材料设计和性能计算。包括三个相互关联的合金设计模型[30-38]。

（1）基本原子团簇交迭（BCO，Basic Clusters Overlapping）模型。合金系中每一种基本格子类型存在一组由中心原子和不同最近邻配位原子构成基本原子团簇序列 $B_A^0 \cdots B_i^A \cdots B_l^A$ 和 $B_0^B \cdots B_i^B \cdots B_l^B$，简称为 B－序列，它们载有合金中原子在空间排列图形的基本信息（B_i^A 和 B_i^B 分别是以 A 和 B 为中心原子，最近邻配位有 i 个 B 原子，$(I-i)$ 个 A 原子构成基本团簇，I 为配位数）。

（2）特征原子排列（Characteristic Atoms Arranging，CAA）模型。由 B－序列中的中心原子组成特征原子序列 $A_0^A \cdots A_i^A \cdots A_l^A$ 和 $A_0^B \cdots A_i^B \cdots A_l^B$，简称为 A－序列。A－序列载有所有基本原子团中心特征原子的原子状态 Ψ_i^α、势能 ε_i^α 和体积 v_i^α（α = A，B 原子）信息，描述了因邻近原子组态的不同造成原子的状态、能量和体积的分裂。

（3）特征晶体混合（Characteristic Crystals Mixing，CCM）模型。由各同种相同特征原子 A_iA 和 A_iB 聚合成的特征晶体序列 $C_0^A \cdots C_i^A \cdots C_l^A$ 和 $C_0^B \cdots C_i^B \cdots C_l^B$，简称为 C－序列。特征晶体是特征原子的状态 Ψ_i^α、势能 ε_i^α 和体积 v_i^α 关联的“虚拟晶体”。它为计算原子的势能、动能和体积，以及晶体的物理性质和热力学性质

随温度的变化提供一条简易可行的新途径。

2.5.3 合金统计热力学及合金应用技术系统

(1)将 BCO，CAA 和 CCM 模型应用到合金统计热力学，提出合金相的 Gibbs 自由能函数一般式，如式(11)所示，式中 x_i^A，x_i^B，G_i^A，G_i^B 分别是 A 和 B 组元的第 i 种特征晶体的原子浓度和 Gibbs 自由能，i 从 0 变到 I，I 是合金相的晶体结构的配位数，T 是绝对温度，S_m 是各种特征晶体混合熵。成功用其计算了 Ag－Cu，Au－Cu 和 Ta－W 相图[39-42]。

$$G = \sum x_i A G_i^A + \sum x_i^B G_i^B - TS_m (i = 0 \sim I) \quad (11)$$

(2)合金应用技术系统。合金应用技术系统由合金相特征原子排列设计(CAAD，Characteristic Atom Arranging Design)技术和相图计算(CALPHAD)方法两部分组成。获得了合金系统中基本格子的信息后，应用 CAAD 技术，可以设计各种结构类型的金属间化合物和有序无序合金，并计算出它们的相关性能。应用 CALPHAD 方法，由特征晶体相加定律可求得这些有序及无序合金的 Gibbs 自由能和其他热力学性质，运用相图计算方法，最终绘制合金系相图。

3 价键理论的应用

经过数十年的发展，价键理论已成为确定晶体结构的有用工具。这个理论的特点体现在三个方面：①基本概念清晰，易于使人接受。②它使鲍林电价规则走向了定量化。③所用数据是以实例晶体结构信息(即以 X 射线提供的数据为依据)。由于该理论具有可信性及可行性，使它广泛应用于确定冶金材料的晶体结构及相图研究。

总结起来，价键理论已应用于：①轻原子位置的确定[43]；②等电离子的区分(如 Al^{3+} 和 Si^{4+})[44]；③快速验证各种结构方案的合理性[45-46]；④晶体结构建模[47]；⑤预言键的拓扑关系[48]和键长[49]；⑥用于研究离子导电玻璃中的离子迁移[50-52]；⑦计算有效原子价，区分金属的氧化态[46]；⑧可靠地给出导电的通道[53]；⑨计算配位场中简单重叠模型的电荷系数[54]；⑩推导价键模型的规则[55]及价键模型[56]；⑪确定完整的晶体结构[57]。

我国的一些科学工作者在价键理论的研究与应用上做出一些出色的工作，如碱金属和碱土金属晶体结合能的计算[58]，La 系稀土金属结合能的计算[59]，相图的研究与计算[40,60-62]，一些相和晶体的价电子结构分析[63-69]，铜、锌、金、银和铂、铑、铱的电子结构和物理性质[70-77]，晶体晶格参数[42]和材料设计等[27]。

4 结语

综上所述，通过第一原理法可确定材料的价键结构。该法是将构成材料的多粒子系统，理解为电子和原子核组成的多粒子系统，根据量子力学基本原理，采取合理地简化和近似求解多粒子系统的量子力学薛定谔方程最后得到材料的价键结果[78-80]。经过发展，此理论成为物理学家惯用的能带理论。能带理论揭示材料的导电性、磁性和比热等物理性质的本质，同时在指导半导体材料设计上发挥了重要作用。此外，研究材料价键结构上另一重要的理论就是价键理论。对价键理论做出了扼要的评述可知，价键理论实用性强，揭示了化合物几何构型的本质，在指导无机和有机金属化合物材料设计方面发挥着重要的作用。可以预计该理论可使人们进一步认识材料的晶体结构，推动新材料的设计与应用。

参考文献

[1] Lew is G N. The atom and molecule. J Am Chem. Soc, 1916, 38(4): 762－765.

[2] Heitler W, London F. Interaction of neutral atoms and homopolar binding according to the quantum mechanics. Z Phys, 1927, 44(3): 455－472.

[3] Pauling L. The Nature of the Chemical Bond Ithaca. New York: Comell University Press, 1939: 1－40.

[4] Slater J C. Molecular levies and valence bonds. Phys Rev, 1931, 38(5): 1109.

[5] Brown I D. The Chemical Bond in Inorganic Chemistry: The Valence Bond Model. New York: Oxford University Press, 2002: 16－45.

[6] Brown I D. Structure and Bonding in Crystals(Vol. 2). New York: Academic Press, 1981: 12－54.

[7] Brown I D, Altermatt D. Bond-valence parameters obtained form a systematic analysis of the inorganic crystal structure database. Acta Cryst B, 1985, 41(2): 244－247.

[8] Brese N E, O'keeffe M. Bond-valence parameters for solids. Acta Cryst B, 1954, 47(2): 192－197.

[9] Pauling L. Atomic radius and interatomic distances in metals. J Am Chem Soc, 1947, 69(4): 541－553.

[10] 鲍林 L. 化学键的本质. 卢嘉锡译. 上海: 上海科学技术出版社, 1966: 1－60.

[11] Pauling L. The resonating valence-bond theory of metals and intermetallic compounds[C]//Proc Roy Soc. London, 1949,

A 196: 343 - 362.

[12] Pauling L. The metallic orbital and the nature of metals. J Solid State Chem, 1984, 54(1): 297 - 307.

[13] Pauling L, Kamb B. A revised set of values of single-bond radii derived from the observed interatomic distance in metals correction for number and resonance energy//Proc Natl, Acad Sci. USA, 1986, 89: 3569 - 3571.

[14] N Engel. Properties of metallic phases as function of number and kind of bonding electrons. Powder Met. Bull. , 1954, 7 (1): 8 - 18.

[15] Brwer L. Bonding and structure of transition metals. Science, 1968, 161(1): 115 - 122.

[16] Brewer L. Thermodynamic Stability and Bond Character in Rotation to Electronic Structure and Crystal Structure in Electronic Structure and Alloy Chemistry of Transition Elements. New York: Interscience Publishers, John Wiley, 1963: 16 - 45.

[17] Brewer L. A most striking confirmation of the engelmetallic correlation. Acta Metall, 1967, 15(3): 553 - 556.

[18] Raju S, Mohandas E, Raghunathan V S. Engel-brewer electron correlation mode: A critical discussion and revision of concepts. Mater Trans J I M, 1996, 37(1): 195 - 202.

[19] Rudman P S, Stringer J, Iaffee R I. Phase Stability of Metals and Alloys. New York: Me Grow-Hill, 1967: 39 - 61, 241 - 249, 344 - 346, 560 - 568.

[20] Walter J L, Jakson M R, Sims C T. Alloying. ASM International, Metals Park, 1988: 1 - 28.

[21] Brewer L. A bonding model for strong deneralized lew is acid-base interactions in intermetallics. Pure Appl Chem, 1988, 60(1): 281 - 286.

[22] Hume-Rothery W, Coles B R. The Transition metals and alloys. Adv Phys, 1954, 3(1): 149 - 242.

[23] Hume-Rothery W, Raynor G V. The Structure of Metals and Alloys. London: Institute of Metals, 1954: 35 - 60.

[24] 余瑞璜. 固体与分子经验电子理论. 科学通报, 1978, 23 (4): 211 - 225.

[25] 张瑞林. 固体与分子经验电子理论. 长春: 吉林科技出版社, 1954: 1 - 100.

[26] 谢佑卿. 金属材料学系统科学. 长沙: 中南工业大学出版社, 1998: 1 - 120.

[27] 谢佑卿, 唐仁政, 卢安贤等. 材料设计的回顾与思考. 材料导报, 1995, (2): 1 - 7.

[28] 谢佑卿. 金属材料科学发展的历程与人类思维方式的演变. 材料导报, 1998, 12(4): 6 - 12.

[29] 谢佑卿. 金属材料系统科学框架. 材料导报, 2001, 15 (4): 12 - 15.

[30] Xie Y Q. Atomic energies and Gibbs energy function of Ag - Cu alloys. Science in China E, 1998, 41(2): 146 - 156.

[31] Xie Y Q. Atomic volume and volume function of Ag - Cu alloys. Science in China E, 1998, 41(2): 157 - 168.

[32] Xie Y Q. Electronic structures of Ag - Cu alloys. Science in China E, 1998, 41(3): 225 - 236.

[33] Xie Y Q. Electronic structures of Ag - Cu alloys. Trans Nonferrous Met Soc China, 2004, (6): 1041 - 1049.

[34] Xie Y Q. Atomic states, potential energies, volumes, stability and brittleness of ordered Fcc $TiAl_3$-type alloys. Physical B, 2004, 353(1): 15 - 33.

[35] Xie Y Q. Influences of xTi/xAl on atomic states, lattice constants and potential energy planes of ordered Fcc TiAl-type alloys. Physical B, 2004, 344(1): 5 - 20.

[36] Xie Y Q. Atomic states, potential energies, volumes, brittleness and phase stability of ordered fcc Ti_3Al-type alloys. Physical B, 2005, 362(1): 1 - 17.

[37] Xie Y Q. Atomic states, potential energies, volumes, stability and brittleness of ordered fcc $TiAl_{12}$-type alloys. Physical B, 2005, 366(1): 17 - 37.

[38] 谢佑卿. 合金物理与化学框架. 材料导报, 2001, 15(8): 3 - 6.

[39] Xie Y Q. Phase diagram and thermodynamic properties of Ag - Cu alloys. Science in China E, 1998, 41 (4): 348 - 356.

[40] 李小波, 谢佑卿, 余方新. 用特征晶体模型计算 Ta - W 相图. 稀有金属, 2005, 29(3): 302 - 307.

[41] 余方新, 谢佑卿, 李小波等. 用特征晶体模型研究 Au - Cu热力学性质. 稀有金属, 2005, 29(6): 937 - 940.

[42] 谢佑卿, 马柳莺. 晶体价电子结构的理论晶格参量. 中南矿冶学院学报, 1985, (1): 1 - 10.

[43] Waltersson K. A method, based upon bond-strength calcolations for finding probable lithium sites in crystal structures. Acta Cryst A, 1978, 34(4): 901 - 905.

[44] Adams S, Ehses K H, Spilker J. Proton ordering in the Peierls-distorted hydrogen mgybdenum bronze $H_{0.33}$ MoO_3: Structure and physical properties. Acta Cryst B, 1993, 49 (4): 958 - 967.

[45] Withes R L, Schnid S, Thompson J G. Compositionally and/or displacively flexible systems and their underlying crystal chemistry. Progress in State Chemistry, 1998, 26 (1): 1 - 96.

[46] Santoro A, Natali Sora J, Huang Q. Bond valence of $BaRuO_3$. J Solid State Chem, 2000, 151(1): 245 - 252.

[47] Brown I D. Modeling the structures of La_2NiO_4. Z Kristallogr, 1992, 199(2): 255 - 272.

[48] Urusov V S. Extended bond-valence model as a tool for designing topology of inorganic crystal structures. Z Kristallogr, 2001, 216(1): 10 - 21.

[49] Hunter B A, Howard C J, Kim D J. Bond valence analysis of tetragonal zirconias. J Solid State Chem, 1999, 146(2): 363 - 368.

[50] Adams S, Swenson J. Determining ionic conductivity form structural model of fast ionic conductors. Phys Rev Lett, 2000, 84(6): 4144 - 4147.

[51] Adams S. Migration pathways in Ag - based superionic glassed and crystals investigated by the bond valence method. Phys Rev B, 2000, 63(1): 1 - 11.

[52] Swenson J, Adams S. Application of the bond valence method to revers Monte Carlo produced structural models of superionic. Phys Rev B, 2001, 64(1): 1 - 10.

[53] Liebau F. Determination of conduction paths of semiconducting electrons by bond-valence calculations. Z Kristallogr, 2000, 215(2): 381 - 383.

[54] A lbuquerqure R Q, Rocha G B, Malta O L. On the charge factors of the simple overlap model for the ligand field in lanthanide coordination compounds. Chem Phys Lett, 2000, 331(2): 519 - 525.

[55] Preiser C, Lösel J, Brown I D. Long-range coulomb forces and localized bonds. Acta Cryst B, 1999, 55(3): 698 - 711.

[56] Urusov V S. Semi-empirical groundwork of the Bond-Valence model. Acta Cryst B, 1995, 51(3): 641 - 649.

[57] Santoro A, NataliSora I, Huang Q. Bond-Valence analysis of the structure of $(Ba_{0.875}Sr_{0.125})RuO_3$. J Solid State Chem, 1999, 143(1): 69 - 73.

[58] 吕振家，王绍镪. 碱金属和碱土金属晶体结合能的计算. 科学通报，1979，24(3): 742 - 745.

[59] 徐万东，张瑞林，余瑞璜. 过渡金属化合物晶体结合能的计算. 中国科学(A辑)，1988，3(2): 323 - 330.

[60] 郑伟涛，张瑞林，余瑞璜. Ag - Cu，Au - Cu 二元合金形成能和高温相图的研究. 科学通报，1989，34(9): 705 - 711.

[61] 郑伟涛，余瑞璜，张瑞林. Cu - Au 二元合金有序 - 无序相平衡的研究. 科学通报，1991，36(2): 179 - 181.

[62] 吴非，余瑞璜，张瑞林. Fe - Mn 合金相图的电子理论计算. 中国科学(A辑)，1990，20(8): 889 - 896.

[63] 余瑞璜. 铝 - 镁二元金相 α、δ 相以及 $\gamma - Al_{12}Mg_{19}$ 相的价电子结构分析. 吉林大学自然科学学报，1979，6(4): 54 - 75.

[64] 余瑞璜. α - Fe，γ - Fe 和 Fe_4N 的价电子结构和磁矩结构分析——α - Fe→γ - Fe 相变、高温氮表面硬化、渗碳体石墨化及其他材料的电子理论. 金属学报，1982，18(3): 337 - 349.

[65] 余瑞璜. CrO_3，$\delta - CrO_2$，Cr_2O_3，$\alpha - Al_2O_3$ 熔点、沸点和在水中及其他溶液中溶解度的电子理论. 结构化学，1984，8(3): 193 - 196.

[66] 张瑞林，金冶，余瑞璜. 铁 - 碳，铁 - 氮系中几种固溶体研究Ⅲ，ε - Fe - N 固溶体的价电子结构与晶格常数——成分曲线. 吉林大学自然科学学报，1984，20(1): 63 - 72.

[67] 张瑞林，吴尚才，余瑞璜. 由 $Nd_2Fe_{14}B$ 的晶体直接给出其价电子的分析. 中国科学(A辑)，1988，18(2): 197 - 203.

[68] 邢胜娣，余瑞璜. 金属化合物 Ti_3Al 的价电子结构及其力学性能. 吉林大学自然科学学报，1985，(1): 62 - 69.

[69] 袁祖奎，余瑞璜. Fe - Cr σ 相价电子结构分析. 金属学报，1985，21(2): A 140 - 146.

[70] 彭红建，谢佑卿，陶辉锦. 金属 Pd 的原子状态和物理性质. 中国有色金属学报，2006，16(1): 100 - 104.

[71] 彭红建，谢佑卿，陶辉锦. 金属 Pt 的电子结构和物理性质. 材料导报，2006，16(1): 121 - 123.

[72] 彭浩，谢佑卿，彭坤等. 用 DX - X α 法与用单原子理论计算单质铁电子结构及性质的比较. 中国有色金属学报，2001，3(3): 477 - 480.

[73] 谢佑卿，杨昕昕，彭坤. 贵金属铑和铱的电子结构和物理性质. 贵金属，2001，22(4): 7 - 12.

[74] 谢佑卿，张晓东. 金属 Cu 的电子结构和物理性质. 中国科学(A辑)，1993，8(4): 875 - 880.

[75] 谢佑卿，张晓东. 金属 Ag 的电子结构和物理性质. 中国科学(A辑)，1992，4(2): 418 - 422.

[76] 谢佑卿，张晓东. 金属 Au 的电子结构和物理性质. 中国有色金属学报，1992，2(1): 51 - 55.

[77] 吕维洁，谢佑卿，张迎九等. 金属锌的电子结构及物理性质. 中南工业大学学报，1997，28(1): 60 - 63.

[78] 罗电宏，马荣骏. 金属电子理论在合金材料研究中的应用. 有色金属，2004，56(4): 45 - 50.

[79] PettiforD G，Cotrell A H. 合金设计的电子理论. 胡魁英，胡壮麒译. 沈阳：辽宁科技出版社，1997: 1 - 65.

[80] 张邦维，胡望宇，舒小林. 嵌入原子方法理论及其在材料科学中的应用. 长沙：湖南大学出版社，2003: 51 - 69.

金属电子理论在合金材料研究中的应用*

摘　要： 随着物理及化学学科的进步以及先进测试手段的出现，金属电子理论有了进一步的发展，并已在合金材料中得到应用。本文根据收集的资料，介绍并分析金属电子理论在合金材料中的应用情况。金属电子理论今后会得到更一步的发展，并会在合金材料中得到更广泛的应用。

Application of electron theory on metal to alloy material investigation

Abstract: As the development of physics and chemistry as well as the advanced measuring techniques, a great progress of the electron theory on metal is made and is applied to alloy material investigation. Based on the collection of the related information, the applications of the metal electron theory to the specific alloy material researching are described and analyzed. The electron theory on metals will be further progressed and be widely adopted in alloy materials developments.

随着物理学科的发展，量子力学已成为揭示宏观及微观物理现象本质的有力工具。目前在材料物理方面又建立起计算材料分支学科。合金材料的许多基本物理性质是由电子结构决定的，故致力于开展了金属电子理论研究。金属电子理论的建立也借助了量子力学的方法。可以肯定，电子理论的发展给合金材料提供了理论及一些预测的依据，会进一步加快其发展速度。本文就当前材料物理中的电子理论及其在合金材料中的应用进行阐述及讨论。

1　电子理论

1.1　从头计算方法

从头计算方法或称为 Hartree-Fock 方法[1,4-5]，已成为近代物理、化学中一些理论计算的重要工具，也是电子理论的重要计算手段。该方法引入了3个假设：非相对论近似即求解用非相对论 Schodinger 方程，而不是相对论中的 Dirac 方程；在考察电子运动时，假设核是静止的；把多个电子体系的波函数写成 Slater 行列形式，单个电子方程的解即为单个电子状态的波函数。

假设粒子的相互作用与粒子的自旋无关，体系的波函数可表示为式(1)。

$$\psi=(N!)^{-1/2}D|\psi_1(r_1)\cdots\psi_N(r_n)| \tag{1}$$

式中：ψ 为体系的波函数；N 为原子核数；D 为键能；ψ_N 为波函数正交归一化的单粒子波函数。

体系的能量平均值如式(2)所示。

$$\overline{H}=(\varphi,H_\varphi)=-\frac{h}{2m}\sum_i\int d_z\varphi_i(r)\nabla\varphi_i(r)+\frac{1}{2}\sum_{i\neq j}\iint d_zd_z\varphi_j(r')v(r,r')\varphi_i(r)\varphi_j(r')-\frac{1}{2}\sum_{i\neq j}\sum\iint d_zd_z\varphi_i(r)\varphi_j(r')v(r,r')\varphi_i(r)\varphi_j(r') \tag{2}$$

按变分原理，在归一化条件下，取得的值见式(3)和式(4)。

$$-\frac{h}{2m}\nabla^2\varphi_i(r)+\frac{1}{2}\int d_z\cdot u(r,r')\varphi_i(r')=\varepsilon_i\varphi_i(r) \tag{3}$$

$$u(r,r')=\delta(r-r')\sum_j\int d_z\cdot v(r,r'')|\varphi_j(r'')|-\sum_j v(r,r')\varphi_j(r')\varphi_j(r) \tag{4}$$

式(3)称为 Hartree-Fock 方程，求其解，可得出分

* 该文首次发表于《有色金属》(季刊)，2004年第4期，45～50页。合作者：罗电宏。

子轨道函数和能量。因该式仍为复杂的偏微分积分方程，直接求解较困难。为此，通常把单电子波函数用选定的完全基函数集合展开，把 Hartree-Fock 方程转变为一组代数本征方程，称之为 Hartree-Fock-Roothaan 方程。求解该代数方程组可得到单电子波函数用基函数展开的系数及基本特征值，再适当选取基函数，通过有限项展开式，按一定精确度要求，逼近精确的分子轨道。虽然 Hartree-Fock-Roothaan 方程，仍是非线性方程，但可用迭代法求解，比微分方程求解容易，但是这样求出的解是近似值。

最常用和最方便的试探波函数形式是采用一组固定线性独立函数的线性组合。基于用原子轨道构成完备的量子力学基本假定，把分子轨道写成一组原子轨道的线性组合，称之为 LCAO-MO(Linear Combination of Atomic Orbitals)。

假设分子中有 N 个原子核和 n 个电子，根据 Hartree-Fock 方程，每个空白轨道可容纳两个自旋取向不同的电子，把基函数展开的行列式波函数代入 Schodinger 方程，可得到式(5)所示的非线性代数方程。

$$\sum (F_{uv} - \varepsilon_i S_{uv}) C_{vi} = 0 \tag{5}$$

式中：F_{uv}为能量中的作用力；ε_i 为基能量；S_{uv}为与电子密度有关的指数；C_{vi}为有关系数。

式(5)为 Hartree-Fock-Roothaan 方程，该方程可用迭代法求解，求得体系总状态函数并计算所需要的物理量。

1.2 密度泛函数理论[1-3]

密度泛函数理论是研究多粒子系统基态的重要方法，建立在 Hohenberg 和 Kohn[6-7]关于均匀电子气理论的基础上，基本思想是原子、分子等固体的基态能量及物理性质，假定可用粒子密度函数来描述，这一理论包含如下的理论及模型。

Thomas-Fermi 模型。Thomas 和 Fermi[3,7-8]假设仅考虑电子-核吸引和电子-电子排斥的经典静电作用，忽略了交换关联作用，可以得式(6)。

$$E_{TF}[n(r)] = C_f\int n^{\frac{5}{3}}(r)\mathrm{d}r - z\int n(r)\mathrm{d}r + \frac{1}{2}\iint \frac{n(r_1)n(r_2)\mathrm{d}r_1\mathrm{d}z}{\varepsilon | r_1 - r_2 |} \tag{6}$$

式(6)中 E_{TF}为能量函数；C_f 为相关系数。该式代表了原子的 Thomas 理论中的能量泛函数，通过变分法，可得到基态能量的近似值。由于该模型过于简化，难以对材料性质做出准确预测。

Kohn 的密度泛函理论，经研究与推导，Kohn 等人得到了 Kohn-Sham 方程，见式(7)。

$$\{ -\frac{1}{2}\nabla^2 + V_{KS}[n(r)]\}\varphi_i(r) = E\varphi_i(r) \tag{7}$$

式(7)表达了重要的密度泛函数理论。在该式中电核密度用单电子波函数求得，见式(8)。

$$n(r) = \sum_{i-1}^{N} | \varphi_i(r) |^2 \tag{8}$$

单电子的有效势如式(9)和式(10)所示。

$$V_{KS}[n] = v(r) + \int\left(\frac{n(r')}{| r - r' |}\right)\mathrm{d}r + V_{XC}(n) \tag{9}$$

$$V_{XC} = \frac{\mathrm{d}[n\varepsilon_{XC}(n)]}{\mathrm{d}n} \tag{10}$$

式(7)说明，具有相互作用的多电子体系，在形式上可以用局域有效势场中运动的电子来处理，所有的相互作用都体现在 V_{KS}中。

Kohn-Shan 方程是用无相互作用粒子模型代替有相互作用粒子模型，并且将相互作用的复杂性纳入交换关联相互作用泛函数 $\varepsilon_{xc}(n)$中，与 Hartree-Fock 相似，虽有误差，但能被接受。

在密度泛函数理论中，主要是解式(7)~式(10)，现已有不少求解的方法，例如 LMTO (Linearized muffin-tin orbital) 法、FLAPW (Full potentials linearized angmented plane wave)方法、DVC (Disperse variation)方法等。

2 电子理论在合金材料中的应用

2.1 在缺陷能量及形成能上的应用[1-3]

现今已建立和发展了研究材料缺陷的电子结构及处理微观结构与宏观物性的相关机制和模型，即王崇愚等人建立的单一原理，基本思想是把体系中任一原子看成是嵌入到由其周围电荷在该位置叠加的有效介质中。考虑到在有效介质理论中，电荷密度的表述是不能反映局域原子空间位形的瞬时状态，其电荷密度加入了周围原子具有空间位置状态时的电荷密度加权平均。但电荷密度能反映晶体结构及微观结构中原子空间相对位置的特征，故可对晶体局域缺陷结构、原子空间相对位置的变化进行有效的处理，由此建立了体系能量函数，如式(11)所示。

$$E_b = \sum_i E_i^{em}(\overline{ni})[\triangle n_i] + \sum\left\{\int r_i v_{Hartree}(r)\mathrm{d}r\right\}\overline{ni}(r) + \sum_i \int v_i\{(\sum_n e_n[n] - \sum_n e_n \cdot (\sum_k e_k - \sum_k e_k))\}\mathrm{d}r \tag{11}$$

式中：n_i 为有效介质电荷密度；E_i^{em} 为原子的埋置能

量；式中第二项为静电能项，$\int r_i V_{Hartree}(r)\mathrm{d}r$ 为 H 势积分；第三项为动能修正项，e_n 及 e_k 为电子系统中，不含和含有空位的电子能量。

以电荷密度为泛函数能量的原子相互作用体系，可得到式(12)所示的能量多项式。

$$P_i^{ep}(\bar{n}_i) = E_i^{em}(\bar{n}_p)[\Delta n_i + \left\{\int r_i V_{Hurtree}(r)_i \mathrm{d}r\right\} n_i + \Delta E_i^k = \sum_n C_n P_n(\bar{n}_n) \tag{12}$$

式(12)中 $P_n(\bar{n}_n)$ 由正交函数递推式给出，对应于原子间相互作用势的原子间作用力表示为式(13)。

$$F_{pi}^e = \frac{\partial E_i^{ep}(\bar{n}_i)}{\partial r} \tag{13}$$

由此运用上述方法以及格式函数法或电子结构计算与原子间相互作用以及分子动力学等方法相结合，就可研究微合金元素及结构缺陷－杂质复合体的量子效应，也可以对原子结构、电子结构以及电子激发效应等在合金材料中的各种复杂物理现象进行研究。

在缺陷能量方面的应用有许多实例。

(1)文献[8]建立了 Ni Σ 11[$\overline{110}$]/[$\overline{113}$]，Σ 3[111]/[$\overline{120}$]，Σ 5[001]/(210)和 Σ 19a[110]/[$\overline{311}$]弛豫晶界原子结构，计算了 Ni 晶界及晶体的格位能、晶界能、Ni 的空位形成能和体弹性模量等，计算的结果表明 Ni 空位形成能和体弹性模量分别为 1.39 eV 和 1.98 GPa，与实验值一致。

(2)应用原子间相互作用能表达式研究了掺杂 Ni Σ 11[$\overline{110}$]/[$\overline{113}$]面界，计算了晶界区杂质与基体 Ni 原子间的相互作用能。结果表明，相互作用能的大小与杂质类型和杂质位置相关，并发现 B 能强化晶界的结合能[9]。

(3)研究了 B 和 Zr 掺杂对 Ni_3Al Σ 5[001]/(210)及晶界的影响，发现 B 减弱了邻近基体原子间的相互作用力，强化了晶界和抑制晶间断裂的作用。掺入 Zr 置换 Al，导致相应晶位间原子相互作用力增强，尤其是强化了近邻晶体 Ni 原子间的相互作用[10]。

(4)研究了轻杂质(B，C，H，O，P，S)在 Ni 原子中的电子效应。计算结果表明，B，C，N，H 及 O 倾向于占据间隙位置，P 和 S 则择优为置换方式，B 和 C 的界面偏聚倾向明显强于 P 和 S[11]。

(5)王福合等建立了 H 处于间隙的晶界模型，分别计算了 H 原子处于 Σ 13[001]/(320)晶界上不同位置的形成能，结果如表 1 所示。用离散变分法对多晶的 Ni_3Al 合金氢脆问题进行了研究，结果见图 1。由于 H 原子聚集于晶粒边界和 Ni 原子的间隙中，导致了 Ni_3Al 发生晶间断裂[11-12]。

在缺陷形成能方面也有诸多应用实例。

(1)Soderlind 等[12]分别用 LDA 和梯度近似下的 FP－LMTO 方法研究了 V，Cr，Fe，Nb，Ta 和 W 等 7 个 bcc 金属的空位，计算空位形成能与实验值相近。

(2)Satta 等[13]用 DFT－LDA 平面波势法计算出了 bcc 金属，Ta 的空位形成能和迁移能分别为 3.0 eV 和 0.8 eV，与实验结果相符。

(3)Bester 等[14]研究了 DO_3－Ni_3Sb 的点缺陷，计算的 Ni_3Sb 理想化学配比和富 Sb 合金的原子缺陷的有效形成能结果与实验结果吻合。

(4)Korzhavyi 等[15]采用局域密度近似法计算了 3d，4d 和 5d 过渡金属及贵金属的空位形成能和空位形成体积，图 2 为 3d，4d 和 5d 过渡金属和贵金属下的基位形成能。由图 2 可见，计算结果与实验结果相符。图 3 为 4d 金属包含 s、p、d 和 f 轨道基函数，得到的空位形成能，结果与 KKR 格林函数法计算结果相符。

表 1　Ni_3Al 晶界中 H 处于不同位置时的杂质形成能 E_{imp}

模型	H 占位	X_0	X_1	X_2	X_3	X_4	X_5
A	NN	Al_1	Ni_1	Ni_1	$Ni_{1.6.13}$，Al_{11}	Ni_{23}	Ni_{23}
	d_{NN}/nm	0.159	0.163	0.149	0.179	0.168	0.166
	E_{imp}/eV	－2.646	－4.172	－4.322	－3.107	－4.052	－3.388
B	NN	Ni_1	Ni_1	$Ni_{1.11}$	$Ni_{1.11.13}$，$Al_{6.8}$	Ni_{23}	Ni_{41}
	d_{NN}/nm	0.159	0.158	0.162	0.179	0.146	0.166
	E_{imp}/eV	－3.960	－3.392	－5.792	－3.351	－5.626	－3.947

注：X_0 是 Ni_3Al 晶体中掺杂位置；X_1～X_5 是 Ni_3Al Σ13[001]/(320)晶界中的掺杂位置；NN 表示最近邻位置的距离；d_{NN} 表示 H 与最近邻位置的距离。

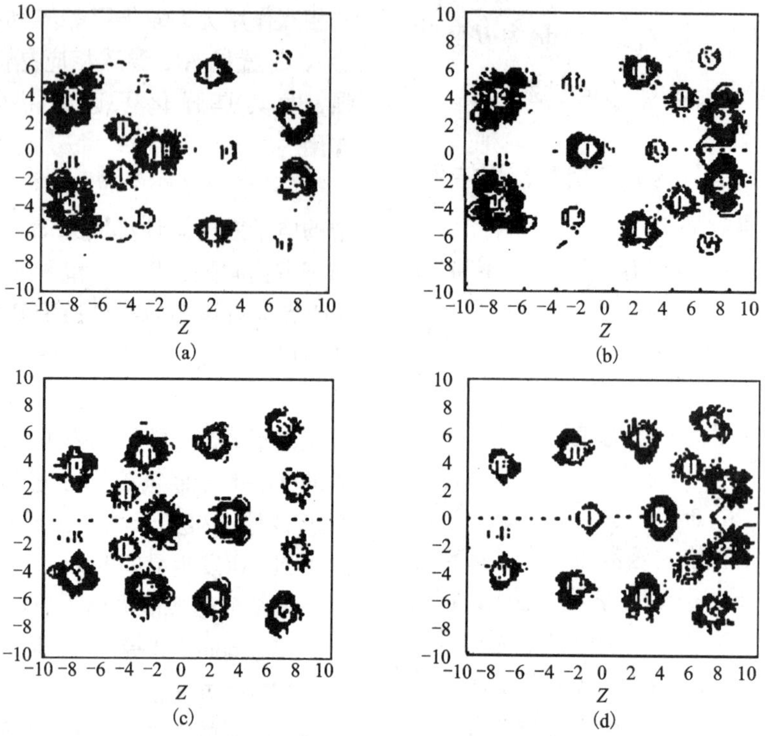

图 1　$Ni_3Al\sum 13[001]/(320)$ 晶界中掺杂与不掺杂 H 原子时的差分电荷密度

(a), (c)—掺杂 H; (b), (d)—不掺杂 H; 数字—在该位置时的差分电荷密度; GB—晶界

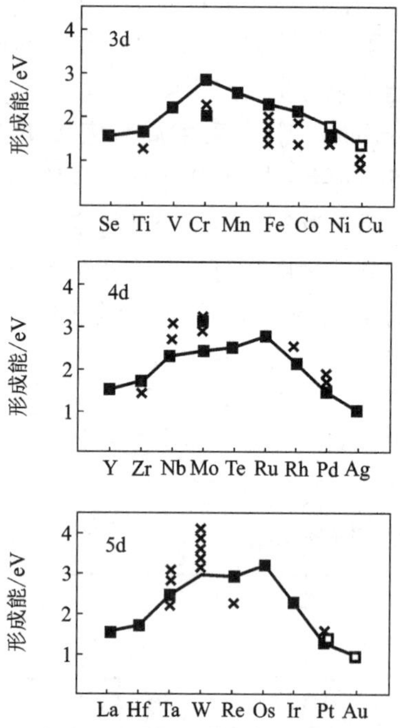

图 2　3d, 4d 和 5d 金属和贵金属的空位形成能计算结果

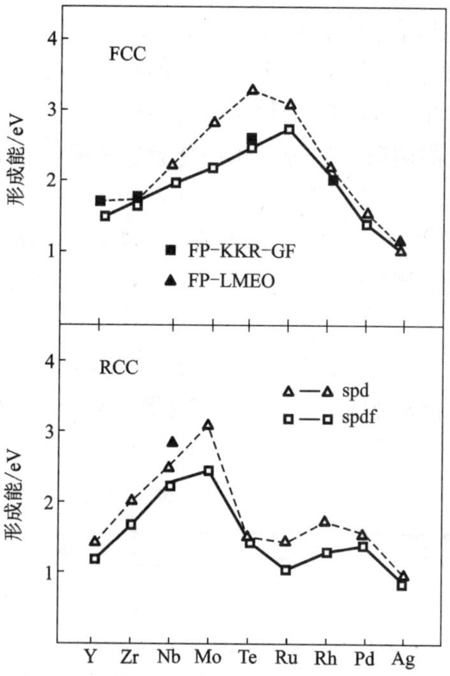

图 3　用两种立方晶体结构计算的 4d 金属空位形成能

(5) Harfor 等[16]用泛函数理论计算了 Pd 和 Al 沿[121]和[110]方向的堆垛层曲线。使用堆垛层曲线获得的应力结果与实验相符。

(6) Hong 等采用 LMTO 法计算了 B_2NiAl 两个最简单的反相畴边界(APB)能量，实验结果见表 2[1]。

表 2 数据证明了 APB 能量为 800 mJ/m^2，随着 APB 之间距离增加，APB 能量逐渐降低，由于 APB 能量很高，故认为 <111> 方向不易滑动，这与实际结果是一致的。

表 2　计算的 B_2NiAl 的反相畴边界(APB)能量/($mJ \cdot m^{-2}$)

超晶格中的层数	1/2 <111> {110}	1/2 <111> {112}
4	1130	1050
6	1000	950
8	880	890
10	880	885

2.2　在相结构及稳定上的应用

在相结构及稳定性上，应用电子理论也出现了不少研究成果。

(1) Moroni 等[17]应用电子理论研究了 FeSi 金属间化合物相的稳定性、结构及电子性质，表明了理想化学配比和金属间结合物稳定晶体结构与实验相图测得的结果相同，结果如图 4 所示。图 5 中，B_{20} 相为 FeSi 稳定结构，α 和 β 相为 $FeSi_2$ 的稳定结构，也与实验结果相吻合。

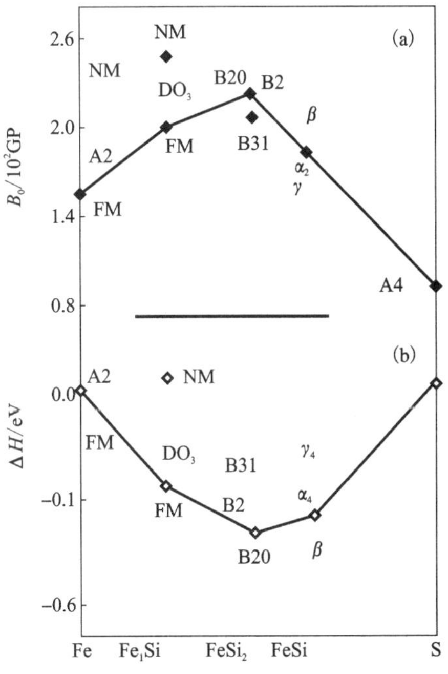

图 4　Fe - Si 金属间化合物的结合性能

平衡体积模量 B_0(a)，形成热 ΔH(b)，体稳定结构用实线连接

(2) Lechermann 等[18]使用电子理论统计力学的方法，研究了空位对相图的影响，如图 6 所示。图 6 的无空位(实线)和有空位的 NiAl 相呼。空位对相图的影响有 3 个方面：首先是当浓度偏离理想化学配比时，由空位来稳定 B_2 结构；其次是发现了一个 $NiAl_2$ 新相，这个新相来源于第三近邻 Ni 空位的有序化，也可认为是 DO_3 结构中由于空位有序化使得一个晶格

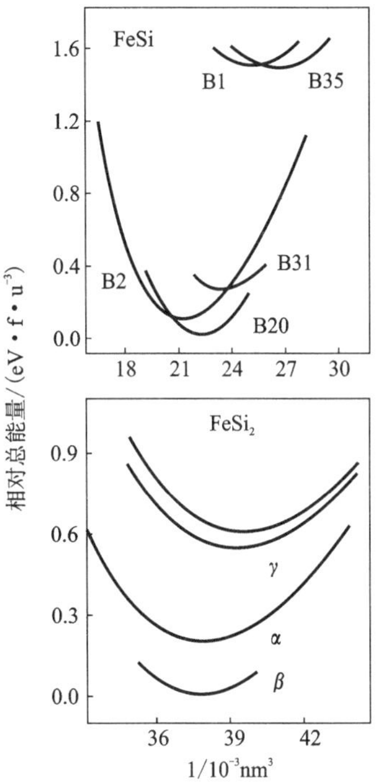

图 5　FeSi 和 $FeSi_2$ 的能量与平衡体积关系体

稳定结构(FeSi 的为 B_{20}，$FeSi_2$ 的为 α 和 β 相)用实线表示，不稳定结构的用虚线表示

为全空位；再次是由于空位存在导致 B2 - A2 相变温度降低。由图 6 还可知道 DO_3 相和相应的混合相不管是否存在空位，都有同样的边界线。

(3) Moriarty 等[1]计算出了 Al_2CO_3 平衡状态下的结合能为 4.36 eV，形成焓为 0.32 eV，体模量为 105 GPa，与实验值有较好的吻合。

(4) Ozolins 等[19]计算了 Cu - Au，Ag - Au，Cu - Ag和 Ni - Au 合金的相稳定性，正确地预测了 Ag - Au和 Cu - Au 会形成稳定的化合物。

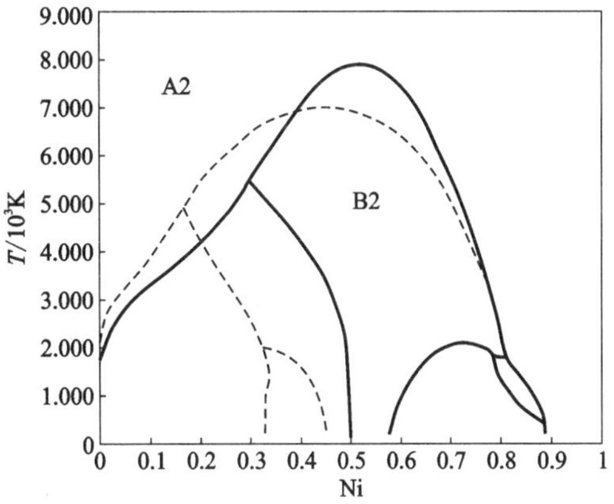

图 6　无空位(实线)和有空位(虚线)的 NiAl 相图

3 结语

尽管电子理论还存在不少局限性，但近年来在合金材料中获得了有效的应用。今后，随着测试手段及计算技术的不断发展，对微观物质结构的研究会不断深入，电子理论也会进一步完善，在合金材料中的应用也会得到更大发展，起到有效的指导作用。

参考文献

[1] 张邦维，胡望宇，舒小林. 嵌入原子方法理论及在材料科学中的应用. 长沙：湖南大学出版社，2003：51－64.

[2] G Pettifor D，Cotrell A H. 合金设计的电子理论. 陈英，胡壮麒译. 沈阳：辽宁科学技术出版社，1997：47－55.

[3] 肖慎修，王崇愚，陈天朗. 密度泛函理论的离散变分法在化学和材料物理学中的应用[M]. 北京：科学出版社，1998：170－280.

[4] 廖沐真，吴国是，刘洪霖. 量子化学从头计算方法. 北京：清华大学出版社，1984：67－105.

[5] 徐光宪，黎乐民. 量子化学(下册). 北京：科学出版社，1989：1088－1170.

[6] Hobenberg P, Kokn W. Inhomogeneous electron gas. Phys Rev, 1964, 136: 864－867.

[7] Kokn W, Sham L. Self-consistent equations including exchange and correlation effect. Phys Rev, 1965, 140: 1133－1137.

[8] Wang Chongyu, Yu Tao, Duan Menbi et al. A first principles interatomic potential and application to the grain boundary in Ni. Phys Lett, 1995, 197A(5/6): 449－452.

[9] Wang Chongyu. Defect diffusion forum. J Phys, 1995, 79: 125－129.

[10] Wang Fube, Wang Chongyu, Yong Jinlong. The effect of boron on electronic structure of grain boundaries in Ni_3Al. J Phys Condens Mater, 1996, 8(30): 5527－5531.

[11] Wang Chongyu, Zhao Dongliang. Effects of impurities movement of dislocation. Mater Res Soc Proc, 1994, 318(571): 571－574.

[12] Soderling P, Yang L H. First principles formation energies of monovacancies in bcc transition metals. Phys Rev, 2000, B64(4): 2579－2583.

[13] Satta A, Willaime F. First-principles study of vacancy formation and migration energies in tantalum. Phys Rev, 1999, B60(10): 7001－7004.

[14] Bester G, Meyer B, Fahnle M. Atomic defects in Do_3－NiSb: An ab initio study. Phys Rev, 1998, B57(18): 11019－11022.

[15] Korzhavyi P A, Abrikosov I A, Johansson A V. First-principles calculations of the vacancy formation energy in transition and noble metals. Phys Rev, 1999, B59(18): 11693－11696.

[16] Harrford J, Sydow B, Wahnstrom G. First-principles interatomic potentials for transition-metal aluminides: Theory and trends across the 3d series. Phys Rev, 1997, B56(13): 7905－7908.

[17] Moroni E G, Wolf W, Hafner R. Cohesive structural and electronic properties of Fe－Si compounds. Phys Rev, 1999, B59(20): 12860－12864.

[18] Lechermann F, Fahnle M. Abinitio statistical mechanics for alloy phase diagrams and ordering phenomena including the effect of vacancies. Phys Rev, 2001, B63(1): 12104－12108.

[19] Ozolin V, Wolverton C, Zmger A. Cu－Au, Cu－Ag and Ni－Au intermetallics: First-principles study of temperature-composition phase diagrams and structures. Phys Rev, 1998, B57(11): 6427－6431.

湿法制备纳米级固体粉末材料的进展*

摘　要：纳米级固体粉末材料的研究与开发是当前材料领域中的热点课题。在纳米级固体粉末材料的制备方法中，湿法占有非常重要的地位。根据收集到的资料及研究结果，对湿法制备纳米级固体粉末材料做了比较详细的介绍与评述。

Progress in preparation of nanometer-sized solid powder materials by hydromethod

Abstract: The research and development of nanometer-sized solid powder materials are a topic of general interest in the material field at present. Hydromethod plays an important role in preparation of nanometer-sized solid powder materials. A detailed description about the hydromethod preparation of nanometer-sized solid powder materials is made.

纳米级固体粉末材料（Nanometer-sized solid powder materials）首先由 Gleiter 教授合成。这种材料的粒度通常认为应该小于 100 nm。在这个尺寸下，无机固体粉末表现出尺寸小、表面、光子、量子及宏观量子隧道等效应。例如，由纳米晶粒制成的纳米陶瓷，其晶粒尺寸与陶瓷强度有如图 1 所示的相关性[1]。图 1 表明，晶粒尺寸的减小，可使陶瓷材料的力学性能有数量级的提高。这是由于晶粒尺寸减小，材料中晶界数量大大增加，可能分布于晶界处其他物质的数量减少和晶界变薄，使晶界物质对材料性能的负影响减小；其次是由于晶粒的细化，使材料不易造成产品断裂，有利于提高材料的断裂韧性。晶粒的细化也有助于晶粒间的滑动，因此，使材料具有塑性行为。正因为纳米级固体粉末材料的出现，使无机材料的性能有了大幅度的改善，因而关于纳米级固体粉末材料的制备、开发与研究，已成为当前材料科学中非常热点的课题之一。当今制备纳米级固体粉末材料的方法，可归纳于图 2。

在图 2 所示的湿（液）、固、气三大类方法中，湿法简单易行，对其研究、应用最多。本文仅对湿法制备纳米级固体粉末材料进行详细介绍与评述。

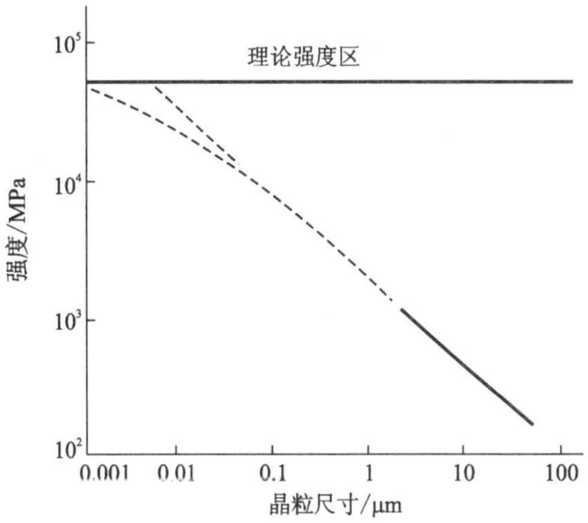

图 1　陶瓷的晶粒尺寸对陶瓷力学性能的影响

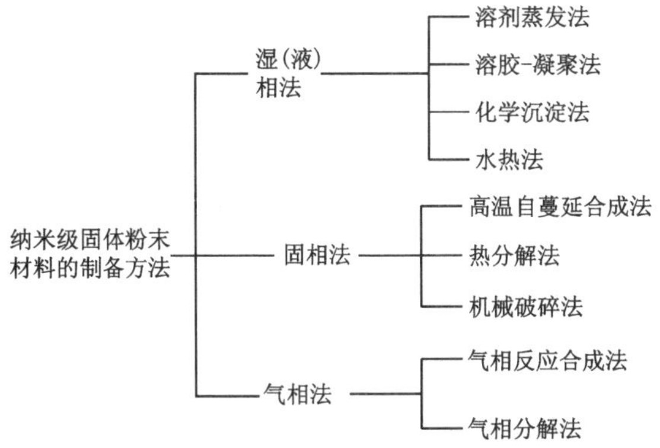

图 2　纳米级固体粉末材料的制备方法

* 该文首次发表于《湿法冶金》，2001 年第 1 期，1～8 页。合作者：邱电云。

1　溶剂蒸发法(Solvent evaporation)

溶剂蒸发法包括喷雾干燥(Spray Drying)、冷冻干燥(Freeze Drying)和喷雾热分解(Spray Pyrolysis)等几种方法[2]。喷雾热分解法是用喷雾干燥器将溶液或悬浮液分散成小液滴，并迅速喷入高温区使溶液蒸发，以减少成分分解和偏析，同时在瞬间完成前驱体的煅烧过程，得到均匀分散的氧化物粉末。它的最大优点是制粉周期短，实用性强，近年来已有应用。例如，用该方法制备了纳米级 ZrO_2[3] 和 $ZrO_2Y_2O_3$[4, 5]。另外冷冻干燥法也得以应用。这种方法是将共沉淀胶体雾化喷入到液氮中快速冷却，然后在真空中使水分子从固态冰中以升华方式被脱除。该方法的优点是可较好地消除干燥过程中的团聚现象。因为含水的物料在结冰时，可以使固相颗粒保持在水中时的均匀状态。冰升华时，由于没有水的表面能力作用，颗粒之间不会过分靠近，从而避免了团聚的产生。文献[6]介绍，以工业纯氯氧化锆、化学纯硝酸镁和化学纯氨水为原料，先用中和沉淀法制备氢氧化锆凝胶，水洗除氯离子后，将其分散于硝酸镁水溶液中，然后进行冷冻干燥，可制得含 $Mg(NO_3)_2$ 的氢氧化锆粉末，再经煅烧后得到立方 ZrO_2(w(MgO) = 10%)纳米级粉末。这种粉末的 XRD 图谱见图 3。图 3 表明，冷冻干燥法与化学沉淀法一样，ZrO_2 以立方相存在，MgO 进入了 ZrO_2 晶格。可见，以这种方法制备 Zr－Mg 氧化物纳米级粉末是可行的。

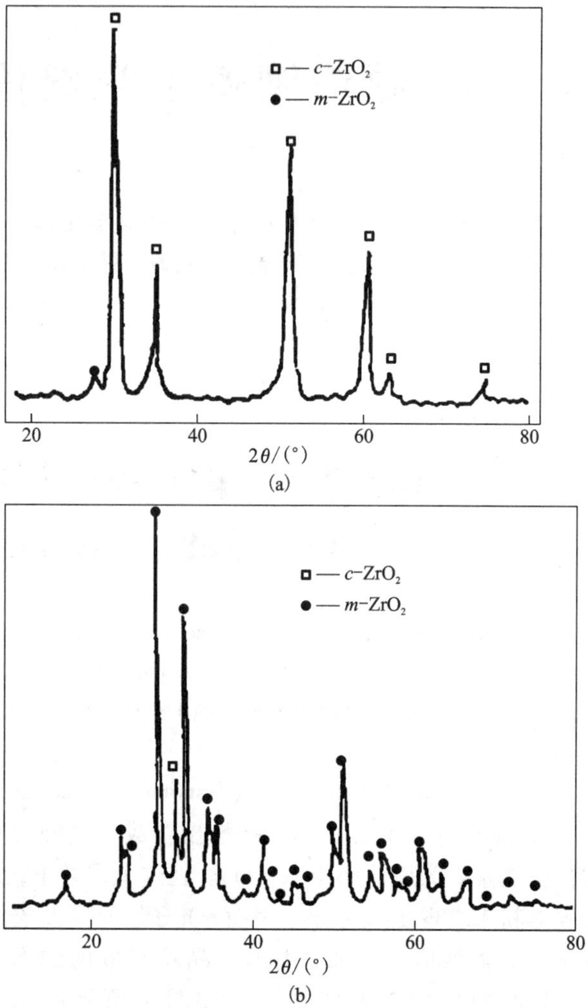

图 3　ZrO_2(w(MgO) = 10%)粉末的 XRD 图谱(800℃，煅烧 1 h)

(a)冷冻干燥法；(b)化学沉淀法

2　溶胶凝胶法(Sol-gel)

溶胶凝胶法制备纳米级粉末材料的过程是，首先将各种成分在溶液和溶胶状态下均匀混合，再经缩聚反应获得凝胶，然后将凝胶干燥、研磨和煅烧，即制成纳米级金属氧化物粉末。该法的最大优点是粉末的组分均匀，颗粒间具有分散性[7, 8]。传统胶体法(Conventional Colloid)是通过仔细控制沉淀反应，使初始形成的胶体不致于团聚成大颗粒而沉淀。曾用该法制备了 UO_2 和 ThO_2 球形颗粒粉末，但在凝胶的干燥和煅烧阶段，仍有可能形成团聚结构[7]。金属醇盐水解法是利用金属醇盐的水解和聚合反应得到无机高分子聚合体，其颗粒大小(2～5 nm)处于胶粒尺寸范围内。由于使用有机醇作介质，表面张力很小，不易形成氢键，因此粉末的团聚强度低[7]，这是该法的优点。近年来研究制备 ZrO_2 和 Y_2O_3 纳米粉末的报道较多[11－14]，但是由于该法原料昂贵、操作复杂，在推广应用上受到了限制，目前仍处于实验室研究阶段。络合溶胶法(Complexing Sol Gel)的特点是用某种络合剂与金属离子反应生成可溶性络合物，经缓慢蒸发溶剂而得到溶胶。由于该法可使用廉价的无机盐作原料，而且工艺简单，克服了醇盐法的缺点，近年来颇受重视[8, 15]。如用柠檬酸制备 $Pb_2Sr_2Y_{1-x}Ca_xCu_3O_{8+W}$ 超导体[16]，$BaTiO_3$[17]，$SrFe_{12}O_{19}$[18] 和 $Zr_{0.98}Mo_{0.02}O_{2-\delta}$ 等；用肼合成掺杂 Cr_2O_3 的 3Y－T2P[19] 和掺杂 Al_2O_3(Al_2O_3 的物质的量占 25%)的 Y－TZP(ZTA)[20]；用尿素合成 $Y_3Al_5O_{12}$(YAG)[21]；用甘氨酸[22] 或丙酸[23] 制备 $YBa_2Cu_3O_7$；用乙二胺四乙酸(EDTA)制备 Bi(Pb)－2223等高 T_c 超导材料[24, 25]、CaHAP 生物陶瓷和 PZT(钛锆酸铅)陶瓷[26, 27]等。

3　化学沉淀法(Chemical Precipitation)

化学沉淀法属湿法中最广泛应用的方法之一。该法是在含有多种可溶性阳离子的盐溶液中，加入沉淀剂(OH^-、CO_3^{2-}、$C_2O_4^{2-}$、SO_4^{2-} 等)，形成不溶性化合物沉淀(如氢氧化物、碳酸盐、草酸盐、硫酸盐等)，将得到的沉淀物再经热分解或煅烧，便可得到氧化物粉末。

化学沉淀法中，从化学沉淀反应、晶粒生长到凝胶体的漂洗、分散、干燥、煅烧的每一个阶段都对颗粒生长有影响。从沉淀机理分析，为了从溶液中析出大小均匀的固体颗粒，必须使成核和生长这两个过程分开，以便使已形成的晶核同步长大，并在生长过程中不再有新核形成。如图4所示，在整个成核和生长过程中，溶液与沉淀物质的浓度是变化的。在阶段Ⅰ，浓度尚未达到成核所需要的过饱和浓度 c_{min}，因此无晶核生成；当溶液中浓度超过 c_{min} 后便进入开始成核阶段Ⅱ；阶段Ⅲ是晶体生长阶段。为使成核与生长尽可能分开，必须使成核速率尽可能大，而生长速率则应该适当地小。

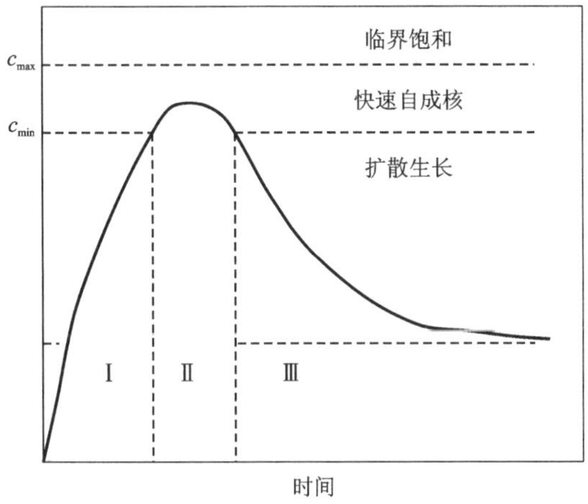

图4　从溶液中析出沉淀时溶质浓度的变化

图5表示沉淀物生长时，扩散层内溶质浓度的变化情况。

如果是扩散速度控制沉淀物生长，则可导出在生长过程中，颗粒半径分布的标准偏差 Δr 的变化速率表达式[28, 29]：

$$\frac{d\Delta r}{dt}=\frac{2VDV_m^2c_\infty}{RT}\cdot\frac{\Delta r}{r_a}\left(\frac{2}{r_a}-\frac{1}{r_b}\right)\tag{1}$$

式中：Δr 为生长颗粒半径分布的标准偏差；V 为固/液表面张力；D 为溶质在溶液中的扩散系数；V_m 为溶质的摩尔体积；c_∞ 为平面固相的溶解度；r_a 为沉淀颗

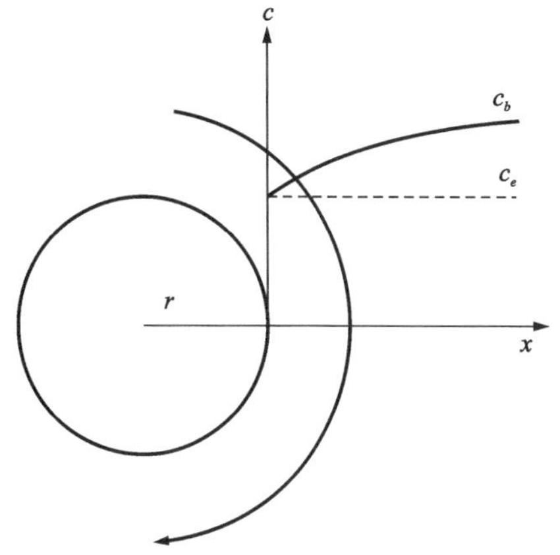

图5　在扩散层附近溶质浓度的变化

粒的平均半径；r_b 为对应于溶解度为 c_b 的沉淀物颗粒半径；c_b 为远离颗粒的溶液中溶质的浓度；R 为气体常数。

如果沉淀颗粒生长受溶质在沉淀颗粒表面发生的化学反应控制，则有如下两个公式成立：

$$\frac{dr}{dt}=K_1V_m(c_b-c_e)\tag{2}$$

$$\frac{dr}{dt}=K_1r^2\tag{3}$$

式中：K_1 为沉淀反应平衡常数，c_e 为张力作用下的溶解度。其中公式(2)表示颗粒生长速度与颗粒半径无关，公式(3)则表示颗粒越大其生长速率也越大。这两种情况都会导致有较宽的粒度分布。

在沉淀法诸多控制因素中，反应物的浓度及 pH 对纳米级粉末性质及形貌的影响最大。图6及图7表明了反应物浓度与 pH 对 ZrO_2 和 Y_2O_3 粉末煅烧性能的影响。由此可知，在用该法制备纳米级固体粉末材料时，需通过实验优化出适宜的反应物浓度及应该控制的沉淀过程 pH。

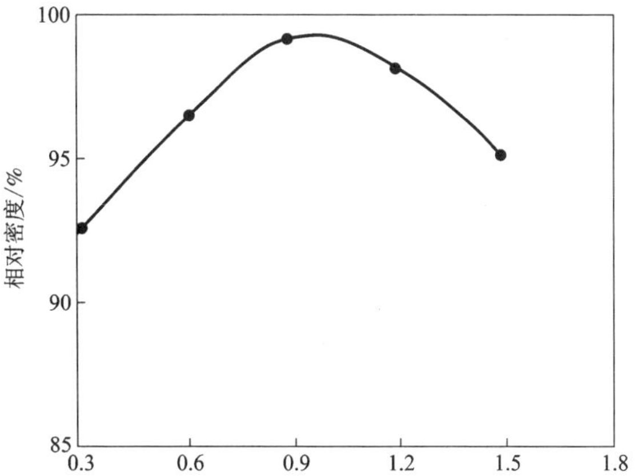

图6　反应物浓度对粉末烧结性能的影响

(煅烧温度1500℃；煅烧时间2 h)

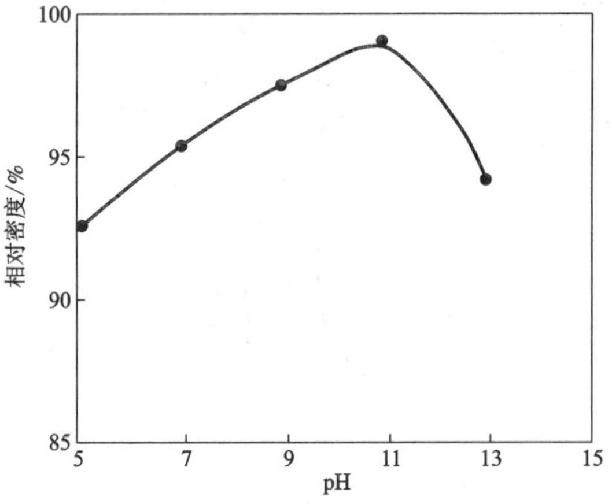

图 7 沉淀过程中 pH 对粉末烧结性能的影响

（煅烧温度 1500℃；煅烧时间 2 h）

化学沉淀法是当前常用的生产纳米级固体粉末的方法。由于该法是从溶液中选择沉淀出所需组分，并经充分洗涤，因此粉末的纯度可以保证。又由于溶液中各组分在分子或原子水平上均匀混合，只需控制优化反应物浓度和过程的 pH，即可确保获得粉末的纯度和均匀性。正是由于这些优点，在研究与生产中应用较多[30-35]。

4 水热法(Hydrothermal)

水热法是在密闭容器(高压釜)中，用水溶液作为反应介质，通过对反应容器加热，形成一个高温高压反应环境，使得通常难溶或不溶的物质溶解并且重结晶，生成氧化物晶态粉末[36]。根据使用设备的差异，又可分为普通水热法和特殊水热法。所谓特殊水热法是指在水热条件反应体系中，再添加其他的力场，如直流电场、磁场、微波场等。水热法也是当前制备纳米级粉末的一种重要方法，不但在实验室有大量研究和应用，而且已实现了工业化的纳米级粉末的生产。

从水热物理化学角度看，在这种方法中除发生化学反应外，还涉及了相平衡、溶解度与温度、加热反应热力学等问题。在一般情况下，化合物在水中的溶解度都很小，所以，常在体系中加入低熔点的盐或酸、碱等添加剂。由于水溶液在水热条件下的黏度较常温常压下低 2 个数量级，所以这种体系有利于扩散，故而反应速度较快。

水热法制备超细或纳米级粉末需经历以下步骤：①原料在水热介质中溶解，即以离子、分子或离子团的形式进入溶液；②体系中存在十分有效的热对流，以及溶解区和生长区之间存在浓度差，使溶解的离子、分子或离子团被输送到生长区；③离子、分子或离子团在生长界面上的吸附、分解与脱附；④吸附物质在界面上运动，直到晶体粉末生成。得到的晶体形貌与生长条件是密切相关的，通常反应温度和压力越高，晶体生成速度越大。在现今研究中提出的负离子配位体生长基元模型合理地解释了实际情况。该模型认为：溶解到溶液中的离子、分子或离子团之间发生反应，形成具有几何构型的聚合体，即生长基元。生长基元的大小和结构与水热反应条件有关。在一个水热反应体系里，同时存在多种形式的生长基元，它们之间存在着动态平衡。哪种生长基元越稳定，它在体系中出现的几率也就越大。从结晶学的观点看，生长基元的正离子是与满足一定配位数的负离子相结合的，故又称为负离子配位生长基元模型。目前这是将晶体的形貌、结构和生长条件统一起来，并被公认为合理的一个模型。

近年来水热法制备纳米级粉体的技术已相当成熟[37]，水热法的设备也有了很大的改进与发展。未来这一方法的研究与应用将会得到更广泛的发展。

5 湿法中各种方法的比较与团聚问题

湿法中几种方法比较列入表 1。经综合分析可见：沉淀法与水热法有较高的性能和价格比，被认为具有一定的先进性，并且效益较好。

表 1 常用的制备纳米级粉末的方法比较

方法	化学沉淀法	溶胶凝胶法	水热法
纯度/%	>99.5	>99.5	>99.5
组成控制	纯度高，均匀	纯度高，均匀	纯度高，均匀
粉末尺寸/nm	<100	<100	<100
尺寸分析	好	好	好
晶体的形貌控制	一般	一般	一般
团聚情况	有(用醇洗可减少团聚)	有(用醇洗可减少团聚)	很小
生产成本	居中	居中	稍高
性能/价格	稍高	居中	高

在湿法中存在的最大问题是颗粒的团聚。这一问题一直困扰着湿法的应用与发展。围绕着团聚机理以及解决团聚问题已开展了许多研究工作[9]。

溶液中生成固体微粒后，由于 Brown 运动的驱使，微粒之间互相接近。若微粒没有足够的动能来克服阻碍微粒发生碰撞形成团聚体的势垒，则两个微粒将聚在一起形成团聚体。阻碍二个微粒互相碰撞形成团聚体的势垒(V_b)可表示如下。

$$V_b = V_a + V_e + V_c \quad (4)$$

式中：V_a 来源于范德华力，为负值；V_e 为起源于静电排斥力，为正值；V_c 为起源于微粒表面吸附有机大分子的形位贡献，其值可正可负。

从式(4)可知，为使 V_b 变大，应使 V_a 变小，V_e 变大，V_c 应是大的正值。V_a 同微粒的种类、大小和溶液的介电性能有关，V_e 大小可通过调节溶液的 pH、反离子浓度、温度等参数来实现。V_c 的大小取决于微粒表面的有机大分子特性(如链长、亲水、亲油基团特性等)和有机大分子在溶液中的浓度，只有酸度适当才能使 V_c 为正值。团聚和离散两个过程处在动态平衡状态，改变式(4)中的参数，可以使团聚与离散平衡，并从一个平衡状态达到另一个平衡状态。

形成团聚结构的第二个过程是在固液分离过程中发生。在溶液中生长出固相微粒后，需要把溶液从微粒粉料中排除掉。随着最后一部分溶液的排除，在表面张力作用下，固相颗粒之间不断靠近，并最后团聚在一起。如果溶液是水，最终残留在颗粒间的微量水，通过氢键会将颗粒与颗粒黏在一起。如果是盐类溶液，其中含有的微量盐类杂质(如氯化钠、氢氧化物等)则会形成“盐桥”，使得颗粒相互黏连牢固。这种团聚过程是不可逆的，团聚体一旦生成就很难彻底分离开。

产生团聚的第三个过程是在煅烧过程中形成团聚体。这是由于已形成的团聚体因局部烧结而结合牢固。颗粒间的这种局部烧结造成的团聚，会加大恶化粉料的成形和煅烧性能。这是在制备纳米级固体粉末时要尽量避免的。

目前解决团聚问题的研究较多。Jones 和 Norman 首次报道了用有机醇洗涤 $Zr(OH)_4$ 胶体可减少团聚[30]；1990 年，Kalisgewski 等详细研究了用醇洗涤胶体对团聚强度的影响机理，并指出，由于胶粒表面羟基(—OH)被乙氧基团($—OC_2H_5$)取代而不形成氢键，且乙醇分子阻碍胶粒之间靠近，因此在干燥和煅烧过程中不会形成 Zr—O—Zr 化学键，乙醇洗涤法解释了避免团聚发生的主要原因。图 8 及图 9 表明了 ZrO_2 纳米粉末用水和乙醇洗涤时，形成团聚和减少团聚现象的机理。在制备纳米级氧化铝粉的研究中，也采用了乙醇洗涤法，证明团聚现象确实得到改善，如图 10 及图 11 所示[37]。并由此可知，制备 ZnO_2，TiO_2，HfO_2 纳米级粉末时，用乙醇洗涤法能有效地减少团聚现象的产生。

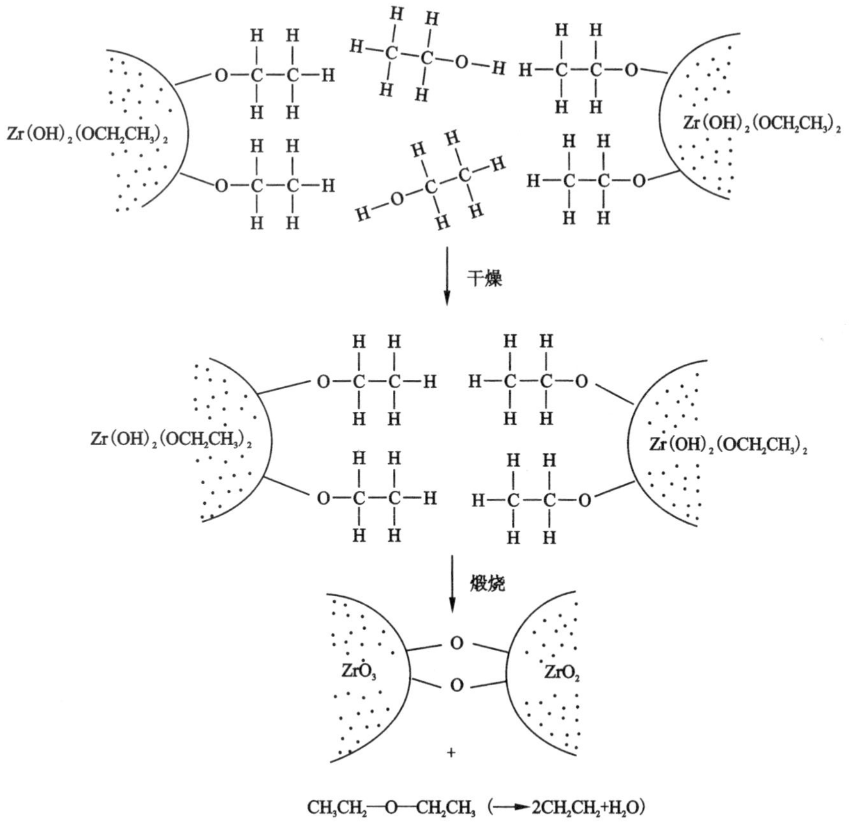

图 8　乙醇洗涤 ZrO_2 粉末防止形成硬团聚的机理

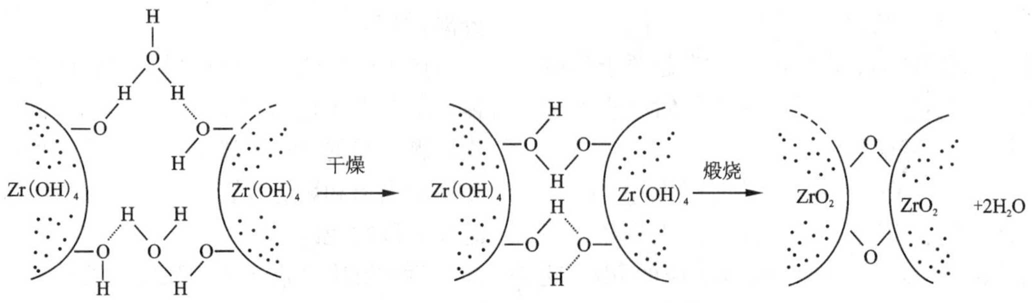

图 9 水洗 ZrO_2 粉末在干燥和煅烧过程中形成硬团聚示意图

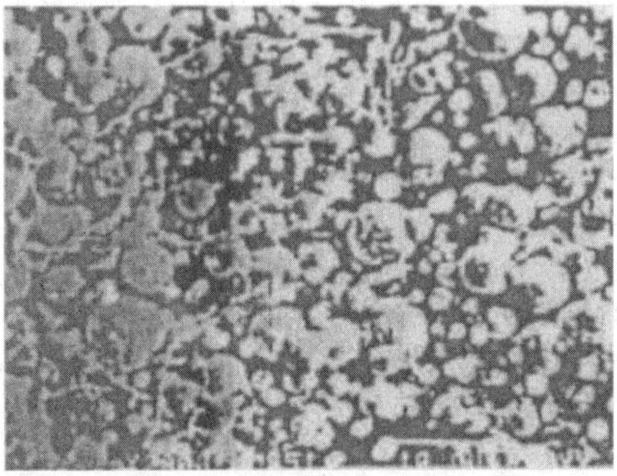

图 10 $\alpha-Al_2O_3$ 粉末的 SEM 图

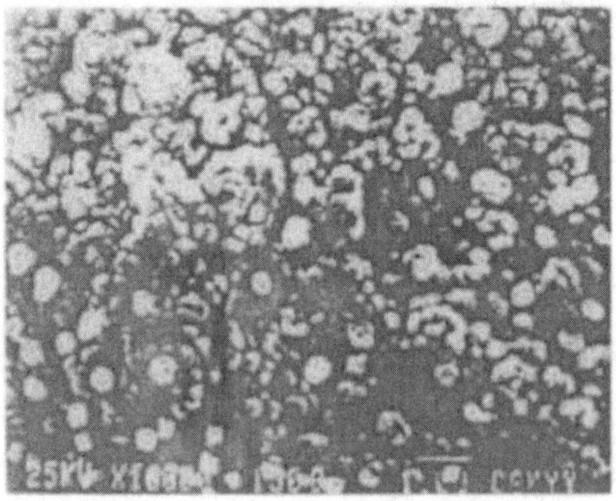

图 11 $\gamma-Al_2O_3$ 粉末的 SEM 图

应强调的是，以湿法制备纳米级固体粉末材料，至关重要的是解决团聚问题，至今尚不清楚有彻底解决这一问题的好方法。对团聚产生的原因以及为避免团聚现象产生所采取的措施，即团聚产生的机理和解决团聚的方法，仍需做进一步的研究。

6 结语

以湿法制备纳米级固体粉末材料简单易行。为完善这种方法并扩大其应用范围，应对这种方法的机理与技术条件做进一步研究。

参考文献

[1] 郭景坤，徐跃萍. 纳米陶瓷及其进展. 硅酸盐学报，1992，20(3)：286－291.

[2] 施剑林. 现代无机金属材料工艺学. 长春：吉林科学出版社，1993.

[3] Zhang S C, Messing G L, Borden M. Synthesis of solid, spherical zirconia particles by spray pyrolysis. J AmCeram Soc, 1990, 73(1): 61－67.

[4] Dai Xiaming, Li Qingfeng, Tang Yuying. Study of phase formation in spray pyrolysis of ZrO_2 and $ZrO_2 \cdot Y_2O_3$ Powders. J Am Ceram Soc, 1993, 76(3): 760－762.

[5] Messing G L, Zhang S C, Jayanthi G V. Ceramic powder synthesis by spray pyrolysis. J Am Ceram Soc, 1993, 76(11): 2707－2709.

[6] 刘继富，吴厚政，谈家琪等. 冷冻干燥法制备 MgO－ZrO_2 超细粉末. 硅酸盐学报，1996，24(1)：105－108.

[7] 李懋强. 湿化学法合成陶瓷粉料的原理和方法. 硅酸盐学报，1994，22(1)：85－91.

[8] 丁子上，翁文剑. 溶胶凝胶技术制备材料的进展. 硅酸盐学报，1993，21(5)：443－450.

[9] 戴健，温延琏，吕之奕. 醇盐水解法制备的纳米级稳定锆细粉. 无机材料学报，1993，8(2)：51－56.

[10] Uchiysms K, Ogihara T, Ikemoto T et al. Preparation of monodispersed T－doped ZrO_2 powders. J Mater Sci, 1987, 22: 4343－4347.

[11] Okub T, Hidetoshi Nagamoto. Low temperature preparation of nanostructured zirconia and YSZ by Sol-Gel processing. J Mater Sci, 1995, 30: 749－757.

[12] Rivas P C, Martinez J A, Caracoche M C, et al. Perturbed

angular correlation study of zirconias produced by the Sol-Gel method. J Am Ceram Soc, 1995, 78(5): 1329 - 1334.

[13] 章天金，彭芳明，唐超群等. 溶胶凝胶工艺合成 ZrO_2 超微粉末的研究. 无机材料学报，1996，11(3)：435 - 440.

[14] Hebert V, His G, Guille J et al. Preparation and characterization of precursors of Y_2O_3 stabilized ZrO_2 by metal organic compounds. J Mater Sci, 1991, 26: 5184 - 5188.

[15] 丁子上，翁文剑，杨娟. 化学络合法在溶胶凝胶过程中的应用. 硅酸盐学报，1995，23(5)：571 - 579.

[16] Mahesh R, Nagarajan R, Rao C N R. Synthesis of Pb based cuprate superconductors by the Sol-Gel method. J Solid State Chem, 1992, 96: 2 - 6.

[17] Tsay J D, Fanf T T. Effect of temperature and atmosphere on the formation mechanism of barium titanate using the citrate process. J Am Ceram Soc, 1996, 79(6): 1693 - 1696.

[18] 张密林，周铭，辛艳凤等. 柠檬酸法合成 $SrFe_{12}O_{19}$ 超微粉末. 硅酸盐学报，1996，24(6)：685 - 688.

[19] Hirano S, Yoshinaka M, Hirota K et al. Formation, characterization and hot isostatic pressing of Cr_2O_3 doped ZrO_2(0.3 mol% Y_2O_3) prepared by hydrazine method. Am Ceram Soc, 1996, 79(1): 171 - 176.

[20] Goto K, Hirota K, Yamaguchi O. Formation and sintering of 75% alumina 25% zirconia (2% ~ 35% Yttria) composite powder prepared by the hydrazine method. J Mater Sci, 1996, 31: 204 - 208.

[21] Kingsley J J, Supesh K, Patil K G. Combustion synthesis of fine particle rare earth orthoaluminates and yttrium aluminum Garnet. J Solid State Chem, 1990, 88: 435 - 442.

[22] Kourtakis K, Robbins K, Gallagher P K. Synthesis of $Ba_2YCu_2O_7$ by the SCD method using amino acid solid reducing agents. J Solid State Chem, 1990, 84: 88 - 92.

[23] Kourtakis K, Robbins K, Gallagher P K. Powder by anionic oxidation (NO_3^-) reduction ($RCOO^-$, where R is H, CH_3 and CH_3CH_2). J Solid State Chem, 1989, 83: 230 - 236.

[24] Rouessac V, Wang J, Provost J et al. Rapid synthesis of the Bi(Pb) - 2233 110k superconductor by the EDTA Sol-Gel Method. J Mater Sci, 1996, 36: 3387 - 3390.

[25] Roos J R, Deiaey L et al. Sol-Gel preparation of High T_c Bi - Ca - Sr - Cu - O and Y - Ba - Ca - O superconductors. J Appl Phys, 1989, 65(8): 3277 - 3279.

[26] Wang H W, Hall D A, Sale F R. Phase homogeneity and segregation in PZT powders prepared by thermal decomposition of metal EDTA complexes derived form nitrate and chloride solutions. J Am Ceram Soc, 1992, 75(1): 124 - 130.

[27] 方右龄，赵文宽，张雷. EDTA 凝胶法制备 PLZT 超微粉的研究. 无机化学学报，1996，12(3)：267 - 271.

[28] Sugimoto T. Preparation of monodispersed colloidal particles. Adv Colloid and Interface Sci, 1987, 28: 65.

[29] 马荣骏，柳松. 沉淀过程的理论和应用的新进展. 中国稀土学报，1998，16(专辑)：555 - 561.

[30] Jones S L, Norman C J. Dehydration of hydrous zirconia with methanol. J Am Ceram Soc, 1988, 71(4): C190 - C191.

[31] 仇海波，高谦，冯楚德等. 纳米氧化锆粉体的共沸蒸馏法制备及研究. 无机材料学报，1994，9(3)：365 - 370.

[32] 高濂，乔海潮. 乳浊液法制备超细氧化锆粉体. 无机材料学报，1994，9(2)：217 - 220.

[33] Jabee N, Mardan A. Effect of water removal on the textural properties of resorcinol/formaldehyde gels by azeotropic distillation. J Mater Sci, 1998, 33: 5451 - 5453.

[34] Benedetli A, Fagherazzi G, Pinna F. Preparation and structural characterization of ultrafine zirconia powders. J Am Ceram Soc, 1989, 72(3): 467 - 468.

[35] Guo Gongyi, Chen Yuli. Effect of preparation methods and condition of precursors on the phase composition of yttria stabilized zirconia powders. J Am Ceram Soc. 1992, 75(5): 1294 - 1296.

[36] 施尔畏，夏长泰，王步国等. 水热法的应用与发展. 无机材料学报，1996，11(6)：193 - 206.

[37] 马荣骏，邱电云，马文骥. 湿法制备纳米级氧化铝粉. 湿法冶金，1999，(2)：31 - 35.

湿法制备纳米级粉末的晶体生长理论探讨*

摘　要：根据文献及研究中的体会，归纳总结了用湿法制备纳米级粉末晶体过程中晶体的生长理论问题。晶体生长理论对晶体制备工艺有着重要的意义。在文中，作者阐述及探讨了晶体生长过程的研究情况，介绍了已有晶体生长的理论及晶体生长理论的研究发展趋势。

A study of crystal growth principles in nano powder manufacturing by wet process

Abstract: This paper summarizes the problems that occur in nano powder crystal growth by wet process, which is significant to produce powder crystal. In this study, research status of the crystal growth, existed crystal growth principles, and the development trend of these crystal growth principles are discussed.

用湿化学法（简称湿法）制备纳米级氧化物粉末已受到人们的关注。湿法又包括沉淀法（又可分为直接沉淀法、均匀沉淀法和共沉淀法）、水热法、溶胶－凝胶法和微乳法。在这些方法中都存在着控制晶体生长，使产品达到纳米级粒度和设想形貌等问题。因此，了解与掌握晶体生长的规律与机理具有特殊的意义。根据主要参考文献[1,2]对晶体生长的理论问题进行了粗浅的归纳与探讨，以引起广大同行对这个问题的共同关注并积极进行深入的研究。

1　晶体生长过程的研究现状

晶体生长过程具有多样性和复杂性。随着研究手段的不断进步，在研究层次上不断向深度发展，从最初的晶核生成及生长、晶体结构和生长形态的研究及经典的热力学分析发展到研究生长界面和质量、热输运和界面反应等问题，虽然现在已形成了不少理论和理论模型，但对晶体生长过程的了解以及满足实践上的要求仍存在很大的差距。

人们已经认识到，对晶体生长的过程研究必须从宏观及微观两个方面入手，一方面要进行高层次地对生长界面的结构、界面附近液体结构、界面的热、质输运和界面反应进行研究，另一方面还要在动力学、热力学上进行系统、深入的研究。

在过去，人们的研究重点放在晶核与晶粒的生长速率上，例如希望晶核生长且速度要快，而晶粒生长速度要慢，以便使颗粒具有纳米级的要求。现在已在晶体生长机制上有了晶体颗粒或生长基元与晶体颗粒之间的空位生长机制的研究。认为在晶体形成过程和溶液中、结晶物质沉淀时，晶粒之间互相碰撞，使晶粒有短暂的接触机会把晶粒联结进来，促使晶体生长。并且在溶液中有强离子作用时，晶粒会快速结合自由选择最佳方向；反之若晶粒在离子作用强度较低的溶液中结合时，在其结合过程中，会有一个短暂的时间来调整晶粒之间的取向。在弱离子作用的溶液中，随着双电层厚度的增加，双电层的作用会使晶体有一个慢速的结合过程，从而有足够的时间来调整晶粒间的取向，或者双电层将两个晶体颗粒分开，又或者只有一些具有合适取向的晶粒，克服容器中的热动力而相互结合。这种晶体生长的定位机制把晶体或基元的定位生长划分为完全结合、完全结合伴随着小角度的旋转、部分结合及没有明显的结合等 4 种情况[3]。

在已出现的台阶生长机制认为[4]，在饱和度较小的条件下，晶体光滑面可以二维生长或位错方式生长，当环境相过饱和度进一步降低时，晶体光滑面只

* 该文首次发表于《湿法冶金》，2002 年第 4 期，164～174 页。合作者：罗电宏。

能按位错生长方式生长。在晶体生长中，当螺型位错的位错线在晶体光滑面上露头时，位错线的露头点可以形成晶体生长台阶。这一台阶为晶体生长提供了连续生长的台阶源。如此，在晶体光滑面上便会形成一组由台阶组成的生长蜷线。而组成生长蜷线的台阶列具有以下几个特征[5]：①在同一生长蜷线中各个台阶具有相同的高度；②同一生长蜷线中台阶列的距离远大于台阶高度；③同一台阶列中邻近的台阶之间具有较强的相互作用，使台阶列运动表现出较好的协调性；④晶体生长的过饱和度低时，台阶列的间距与生长界面－环境相过饱和度成反比。

进而人们把台阶生长的过程描述为，结晶分子首先从环境相向晶体生长的固液界面扩散，然后在晶体表面上吸附，被吸附的结晶分子通过在晶体上扩散向台阶方向运动，在台阶上的结晶分子与纽结结合而形成晶体分子。台阶生长不仅与环境相的饱和度和过饱和度有关，而且与台阶的宽度有关[6]，其中有下列规律存在：①当 $2\lambda_s < x_0$（λ_s 为颗粒扩散距离，x_0 为台阶宽度）时，台阶阶步是垂直的，这时台阶面上生长基元有一定的结合方式。当生长基元在表面上吸附量较少时，每一个生长基元与一个结点相联，并结合到晶体表面上，随着晶体表面吸附生长基元浓度增加，生长基元之间的相互作用使得它们之间的取向与台阶面纽结的方向相反，并产生新纽结。这些新增加的纽结为生长基元与晶面的结合提供了更多的结合点；②当 $2\lambda_s \gg x_0$，台阶阶步不是垂直的，台阶会有下列情况出现，即当生长基元与纽结快速结合时，所有的生长基元均能叠合在台阶面上，当生长基元与纽结的结合速度慢时，它开始在纽结点上聚集。

在研究中，晶体形态是由晶体生长时各个面之间的生长速率决定的。在晶体生长过程中，生长速度较快的面逐渐消失或变小，而生长速率较慢的面最后被保留下来[7]。基于上述原因，可通过控制不同晶面的生长速率来控制晶体的最终状态。具体措施是要寻找和使用合适的添加剂（活化剂或钝化剂），要求使用的添加剂仅对所期望的晶面生长速率产生影响，而对其他晶面不发生影响或影响很小。这样就可以用添加剂来控制晶体的形象，并且可以预测晶体形态和改变晶体生长的习性。

关于添加剂在晶体表面上的活动，一般认为有如下 3 个阶段：①从环境相向晶体表面扩散，并暂时被晶体表面捕获；②添加剂分子在晶体表面上迁移，在晶体表面上与阶步及纽结结合。对钝化剂，其分子之间的距离（d）是一个重要参数，它与晶体表面吸附位和环境相过饱和度有如下关系[8]：当溶液的过饱和度 e 大于 1，而相邻两个钝化剂分子之间的距离 d 大于晶体表面相邻两个吸附位的距离 x 时，钝化剂对晶体没有影响，晶体会持续生长；当 $e=1$，$d=x$ 时，晶体则停止生长；当 $e<1$，$d<x$ 时，晶体也停止生长。

依上述可见，活化剂、钝化剂在晶体生长过程中都是作用于晶体与环境相的界面上，因此，研究和控制添加剂分子的关键是了解其在晶相与环境之间的界面上的迁移，具有特殊的意义。

我国学者施尔畏、仲维卓等[9]对晶体生长提出了更为清晰的主张，认为晶体生长过程是晶体－环境相（蒸气、溶液、熔体）界面向环境相中不断推移的过程，也就是由包含组成晶体单元的母相从低秩序相向高度有序晶相的转变。从微观角度来看，晶体生长过程可以看作一个“基元”过程。所谓“基元”是指结晶过程中最基本的结构单元。从广义上说，“基元”可以是原子、分子，也可以是具有一定几何构型的原子（分子）聚集体。所谓的“基元”过程包括以下主要步骤：

（1）基元的形成：在一定的生长条件下，环境相中物质相互作用，动态地形成不同结构形式的基元。这些基元不停地运动并相互转化，可随时产生或消失。

（2）基元在生长界面上的吸附：由于对流，热力学无规则运动或原子间吸引力，基元运动到界面上并被吸附。

（3）基元在界面上的运动：基元由于热力学力的驱动，在界面上迁移运动。

（4）基元在界面上结晶或脱附：吸附在界面上的基元经过一定的运动，可在界面某一适当位置结晶并长入固相，或者脱附重新回到环境相中。

掌握晶粒生长过程的目的是希望在用湿法制备纳米级粉体时能有效地控制晶体粒径和形貌，达到预期要求，使纳米级粉体能充分体现出纳米粒子的特性。

2　晶体生长理论

对晶体生长理论的研究较多，目前具有重要价值的晶体生长理论包括晶体平衡形态理论、界面生长理论、周期键链（Periodic Bond Chain）理论（简称 PBC 理论）及界面相理论模型。这些理论各有其内涵，简述如下。

2.1　晶体平衡形态理论

晶体平衡形态理论基于晶体内部结构和热力学分析。先后提出的有 Bravais 法则，Gibbs-Wulff 晶体生长规律及 Frank 运动学理论。

2.1.1　Bravais 法则

该法则首先提出了①晶体最终应为面网密度最大的晶面所包围；②晶面的法线方向生长速率(R)与面网间距成反比；③生长速率快的晶面族在晶体形态中消失[10]。后来，又对该法则作了进一步完善，考虑到晶体结构中螺旋轴和滑动面对最终形态的影响，形成了 BFDH 法则(或称 Donnay-Harker 原理)[11]。BFDH 法则较 Bravais 法则有了较大改进，但它只能预测同种晶体的一种形式(即晶体的理想形态)，还不能解释在不同条件下同种晶体有不同生长形态的现象。Bravais 法则和 BFDH 法则共同的缺陷是它们只能给出晶体内部结构与生长形态之间的关系，忽略了生长条件对形态的影响。

2.1.2　Gibbs-Wulff 生长定律

这一定律从热力学角度出发，考虑了晶体生长过程中与环境相的平衡条件，提出了晶体生长的最小表面能原理，认为晶体在恒温和等容的条件下，如果晶体的总表面能最小，则晶体形态为晶体的平衡状态。在晶体趋向平衡状态时，它会调整自己的形态使其达到最小的总表面自由能，反之就不会形成平衡形态。还认为某一晶面族的线性生长速率与该晶面族比表面自由能有关，这一关系称为 Gibbs-Wulff 晶体生长定律：

$$\frac{\sigma_1}{\gamma_1}=\frac{\sigma_2}{\gamma_2}=\cdots=\frac{\sigma_i}{\gamma_i}=\text{常数}$$

式中：σ_i 和 γ_i 分别代表晶体的表面自由能和面网间距。

在上述基础上，又进一步提出了利用界面能极图求取晶体平衡形态的方法[12]。

该定律在实际应用中，由于表面自由能很难得知，使计算产生了困难，只能运用于平衡态或接近于平衡态时，较小线度晶体生长形态的预测。对于较大线度的晶体，由于存在着过饱和度的差异，难以趋向于平衡状态。另外，它未能解释晶体形态的多样性，从而具有一定的局限性。

2.1.3　Frank 运动学理论

这一理论提出了在晶体生长或溶解过程中不同时刻的晶体外形的两条定律，即所谓运动学的第一定律和第二定律[13]。

第一定律为：晶面法向生长速率只能是倾角 θ 的函数，对给定倾角 θ 的晶面，其生长或溶解具有直线轨迹。第二定律是：在制作晶面法线方向生长速率倒数的能极图时，倾角为 θ 的晶面生长轨迹平行于该方向能极图的法线方向。运动学理论的进一步发展提出了台阶运动理论，成功地解释了台阶并合现象[14]。

在实际中，应用 Frank 运动定律计算晶体生长形态必须先得到法向生长速率与晶体取向之间的关系，这就有很大的困难，大大限制了它的应用。台阶运动理论虽然注意了环境相的作用，但仍不能预测界面上何处能吸附杂质，也不能预测环境相变化对晶体形态的影响。

2.2　界面生长理论

2.2.1　界面结构模型及生长动力学

界面结构模型及生长动力学把晶体生长过程看作是生长界面不断向外推移的过程。经典的 4 种界面结构模型是：

(1)1927 年，由 W Kossel 建立的完整光滑突变界面模型[15]。该模型认为，晶体是理想完整的，并且界面在原子层次上没有凹凸不平的现象，固相与流体之间是突变的。可知这是最理想化的情况，与实际晶体生长情况有很大不同。

(2)1949 年，由 F A Frank 建立的非完整光滑突变界面模型[16]。这一模型认为，晶体是理想不完整的，其中存在一定数量的位错，如果一个纯螺型位错和光滑的不同界面相交，在晶面上就会产生一个永不消失的台阶源。在生长中，台阶将逐渐变成螺旋状，使晶面不断向前推移。

(3)1959 年，由 K A Jacksen 建立的粗糙突变界面模型[17]。该模型提出了晶体生长界面的单原子层。单原子层中包含的全部晶相与流体相的原子都位于晶格位置上，并遵循统计规律分布。

(4)1966 年，由 D E Temkin 建立的弥散界面模型[18]。该模型认为，界面由多层原子构成，可在平衡状态下，根据界面的相变熵大小推算界面宽度，还可根据非平衡状态下界面自由能变化，由界面相变熵及相变驱动力确定界面结构的类型。

界面结构模型及生长动力学理论的局限性是将晶体结构过于简单化，没有考虑环境相的结构；把环境相看作均匀的连续介质，没有考虑浓度变化及不均匀等因素的影响；把界面上吸附的基元限定为单个原子，无法解释多元体系的生长过程；动力学规律的推导也不严谨，假定的条件太多。

2.2.2　粗糙化相变理论

W K Burton 等[19]提出，存在一个界面由基本光滑转为粗糙的温度(T_R)，在此温度以上，界面由基本光滑转变成粗糙。H J Leamy 等[20]采用了弥散界面模型，应用 Monte-Carlo 方法，对简单晶体界面进行了计算机模拟，认为当某一温度(T)大于 T_R 时，台阶失去它们的特性，棱边自由能变为零，晶体生长没有二维成核势垒，呈线性生长规律。Van Der Eerden[20, 21]又做了进一步研究，完善了粗糙化相变理论。该理论的缺点是计算粗糙化相变温度存在较大困难。

2.3　周期性键链理论(PBC 理论)

这一理论是 P Hartman 和 W G Perdok[22~26]提出的，用附着能代表表面自由能(在结晶过程中，一个结构单元结合到晶体表面所释放的能量)。由于成键时所需时间随键能增大而减小，因而晶面的法向生长速度将随晶面附着能的增大而增大，进而建立了 4 种定性判断晶面生长速度的方法。认为晶体中存在一系列强键不间断地连贯成键链，并呈周期性重复，这种规律简称为 PBC 理论。PBC 的方向由 PBC 矢量来表征，根据相对于 PBC 矢量的方位，将晶体中可能出现的晶面分为 3 种类型，如图 1 所示。

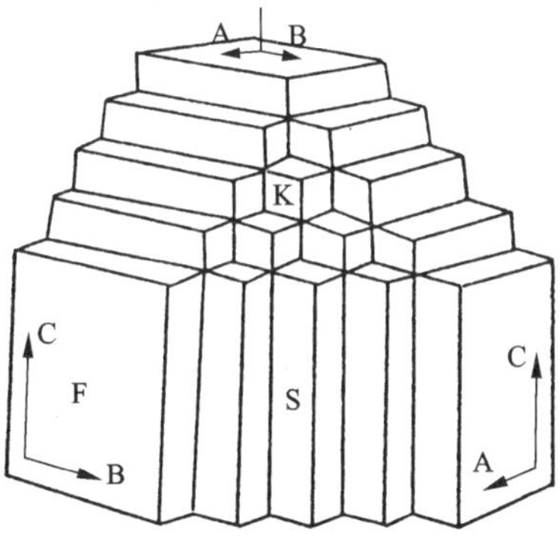

图 1　PBC 理论中的 3 类晶面

F 面是含两个或两个以上共面的 PBC 矢量平面，K 面是不含 PBC 矢量的平面，S 面是只含一个 PBC 矢量的平面。PBC 矢量的确定有直观法和计算机法。P Hartman[27]进一步完善了 PBC 理论，称为现代 PBC 理论。在现代 PBC 理论中，建立了定量计算晶面生长速率的方法，并由此可预测晶体的理论生长习性。这一理论近年来得到了人们的重视，应用也较多。

无论 PBC 理论还是现代 PBC 理论，仍然没有把环境和生长条件对晶体生长形态的影响统一到理论中，显然存在着局限性。

2.4　负离子配位多面体生长基元模型

仲维卓等[9]提出了负离子配位多面体生长基元模型(以下简称模型)，将晶体生长形态、晶体内部结构、晶体生长条件及晶体结构缺陷作为统一体研究，为晶体生长理论研究开辟了新途径。

该模型有 2 个基本假设：①假设存在生长基元，认为溶质与溶剂相互作用形成具有一定几何结构的聚集体，这些聚集体称为生长基元。生长基元是多种多样的，它们之间存在着动态平衡。晶体生长过程是生长基元在界面上的叠合；②假设结构一致，即在界面上叠合的生长基元必须满足取向的要求，生长基元结构单元与相应晶体结构单元在结构上是一致的。

模型具有以下特点：①晶体内部结构因素对晶体生长的影响有机地体现于生长基元的结构及界面叠合过程中；②利用生长基元的维度以及空间结构形式的不同来体现生长条件对晶体生长的影响；③所建立的界面结构便于考虑生长体系中离子吸附及生长基元叠合的难易程度对晶体生长的影响。

负离子配位多面体生长基元模型与其他理论或模型相比，考虑到的影响晶体生长的因素更为完全，更接近于晶体生长实际情况。利用这个模型，成功地解释了一些氧化物晶体(如 ZnO 等)的生长习性，特别是解释了一些极性晶体的生长习性。但是，该模型目前还处于定性描述阶段，要发展为一个完整的晶体生长理论还要进行大量的工作。

2.5　界面相理论模型

王大伟及李国华深入系统地总结与分析了晶体生长理论[2]，提出了界面相理论模型，如图 2 所示。

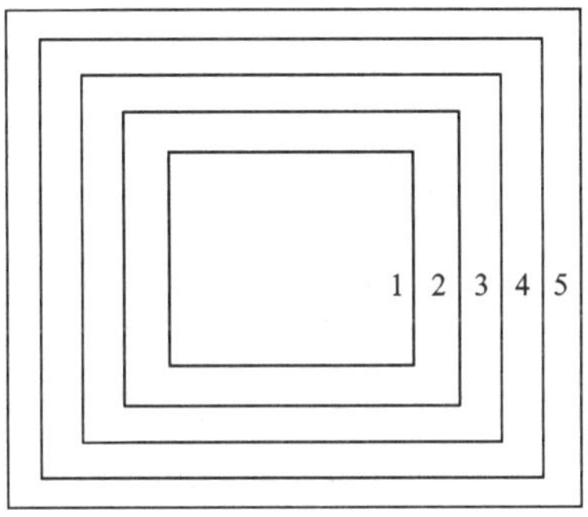

图 2　晶体生长界面相理论模型示意图

1—晶体相；2—界面相；3—吸附相；
4—过渡相；5—环境相

他们认为晶体在生长过程中，位于晶体相和环境相之间的界面相可划分为 3 个有机组成部分，由晶体相到环境相依次为界面层、吸附层和过渡层。其中，界面层是晶体相的表面相或表面层；吸附层是固相与液相的分界层，是狭义的界面相；过渡层是环境相的表面相。在晶体生长过程中，电荷、质量和能量的输运是通过界面相来完成的，任何物质要由环境相的组分变为晶体相的组分，必须依次由环境相的主相输运到环境相的表面相－界面相的过渡层，然后由过渡层输运到吸附层中，再由吸附层输运到界面层中，最后从界面相的界面层－晶体相的表面相转变为晶体相的主相；反之亦然。在晶体生长过程中，环境相性质首先是引起环境相的表面相－界面相的过渡层性质改变，并最终影响晶体的生长和发育过程；同样，晶体相性质改变首先是引起晶体相的表面相－界面相的界面层性质改变，通过界面层性质的变化来影响吸附层的性质，由于吸附层性质改变而影响过渡层性质的改变，最终影响晶体的生长和发育。

该理论模型尚处于初步的定性阶段，要得到公认，还有待大量研究来证实。

3 晶体生长理论发展趋势

综上所述，晶体生长理论在100多年间，经历了晶体平衡形态理论、界面生长理论、PBC理论和负离子配位多面体生长基元模型4个阶段，目前又提出了界面相理论模型。晶体平衡形态理论虽然是从晶体内部结构、应用结晶学和热力学的基本原理来探讨晶体的生长，但是过于注重晶体的宏观和热力学条件，而没有考虑晶体的微观条件和环境相对于晶体生长的影响，实际上是晶体的宏观生长理论；界面生长理论重点讨论晶体与环境的界面形态在晶体生长过程中的作用，没有考虑晶体的微观结构，也没有考虑环境相对于晶体生长的影响；PBC理论虽然考虑了晶体的内部结构——周期性键链，但仍然没有考虑环境相对于晶体生长的影响；负离子配位多面体生长基元模型考虑了晶体的内部结构、晶体与环境相的界面结构和环境等因素，并能很好地解释极性晶体的生长习性，但是仍然有许多不尽如人意之处，尤其是将晶体相和环境相分隔开来，无法综合考虑晶体相和环境相对于晶体生长的联合作用，即忽视了晶体生长体系中，除了晶体相和环境相之外，还应有第三相——界面相的存在。界面相理论模型强调了界面相的存在与作用，但这种强调是否能被公认，还要进一步验证。

从晶体平衡形态理论到负离子配位多面体生长基元模型，晶体生长理论在不断地发展并趋于完善，主要体现在以下几个方面：从宏观到微观，从经验统计分析到定性预测，从考虑晶体相到考虑环境相，从考虑单一的晶体相到考虑晶体相和环境相。今后必定朝着定量化，并综合考虑晶体和环境相，以及微观与宏观之间的相互关系对晶体生长影响的方向发展[2]。

新提出的界面理论模型，只是初步定性的假定，如要得到公认，还需要大量的研究工作来证实。

4 结束语

依上所述，目前对晶体生长的研究还处于深入阶段，已出现的晶体生长理论也是处于定性阶段，而且每种理论都有一定的局限性，与实际需要有较大差距。我们知道，理论研究的目的在于指导实践，目前用湿法制备纳米级粉体工艺中亟待解决的问题是控制颗粒的生长、颗粒的均匀化以及团聚等。如何根据晶体生长理论来解决工艺问题，还缺乏深入的研究。今后对晶体生长理论研究要在这些至关重要的问题上继续开展工作。

有理由相信，随着研究技术和方法的发展，对晶体生长过程及晶体生长理论的认识会更加深入，并能用于准确地指导工艺实践。

参考文献

[1] 邢燕青，施尔畏．晶体生长理论研究现状与发展．无机材料学报，1999，14(3)：321－332.
[2] 李国华．纳米TiO_2(金红石锐钛矿)粉体晶相控制研究与晶体生长界面模型．中南大学，2001，79－85，93.
[3] Collier A P. Aligment mechanisms between particles in crystalline aggregate. Journal of Crystal Growth, 2000, (208): 513－519.
[4] 罗豪苏，仲维卓．晶体生长的台阶运动一个基本特点．人工晶体学报，1995，24(1)：41－44.
[5] 罗豪苏，仲维卓．晶体的台阶生长及稳定性．人工晶体学报，1994，23(3)：211－214.
[6] Prywer J. On the mechanism of crystal growth from solution. Journal of Crystal Growth, 1998, 192: 200－214.
[7] Prywer J. Theoretical analysis of changes in habit of growth rates of individual faces. Journal of Crystal Growth, 1999, (197): 27－285.
[8] Sangwal K. Kinetic effects of impurities on the growth of single crystals from solution. Journal of Crystal Growth, 1999, (203): 197－212.
[9] 施尔畏，仲维卓．关于负离子配位多面体生长基元模型．中国科学(E辑)，1998，28(1)：37－45.
[10] Chneer C J. Crystal from an structure. Pennsylvania: Hutchinson& Ross Inc. 1977.
[11] Donnay J D H. A new law of crystal and morphology. Amer Mineralogist, 1937, (22): 446－450.
[12] Frank F C. Growth and perfection of crystals. New York: John Willey, 1958: 393.
[13] Frank F C. Growth and perfection of crystals. New York: John Willey, 1958: 411.
[14] Cabrera N. Growth and perfection of crystals. New York:

John Willey, 1958: 393.

[15] Kossel W. Extenoling the law of bravais. Nach Ges Wiss Gottingen, 1927: 135 - 143.

[16] Frank F C. Discussions of the faraday society. London: Butter Worth Scientific Publication, 1959: 67.

[17] Jakson K A. Liquid Metals and Solidification. Chio Soc Met Novelty, 1958: 74.

[18] Temkin D E. Crystallization processes. New York: Consultants Bureau, 1960: 15 - 22.

[19] Burton W K. The growth of crystals and the equilibrium structure of their surfaces. Phil Trans Soc, 1951, (243): 209.

[20] Leamy H J. The equilibrium properties of crystal surfaces steps. J Cryst Growth, 1974, (24/25): 499 - 502.

[21] Van der Eerden. Progr Cryst Growth Charact(I). Pegamon Press Ltd., 1978: 219 - 254.

[22] Hartman P. Proc koninkl nederl and akad wrtenschap. Acta Crast, 1952(B55): 34 - 36.

[23] Hartman P. On the relations between structure and morphology of crystals (I). Acta Crast, 1955, (8): 49 - 52.

[24] Hartman P. On the relations between structure and morphology of crystals(II). Acta Crast, 1955, (8): 521 - 524.

[25] Hartman P. On the relations between structure and morphology of crystals(II). Acta Crast, 1955, (8): 525 - 529.

[26] Hartman P. Crystal Growth. Amsterdam: North-Holland Pub Co, 1973: 367 - 402.

[27] Hartman P. Morphology of crystals. Tokyo: Terra Scientific Pub Co, 1987: 271 - 319.

对超细粉末团聚问题的探讨*

摘　要：根据文献资料及研究中的体会，讨论了超细粉末的团聚问题。阐述了团聚的种类、产生团聚的原因及减少团聚的一些措施。

The discussion on agglomeration of ultrafine powder

Abstract: This paper reviews agglomeration problems of ultrafine powder. The different kinds of and causes of agglomeration are presented. The effective methods to reduce agglomeration are demonstrated as well.

在我们以前的工作[1]中，曾简述了制备超细粉末时的团聚问题。由于超细粉末形成团聚结构，会破坏超细粉末的超细性与均匀性，进而影响粉末的性能，所以在制备超细粉末过程中应尽量减少团聚状态的产生与存在。

鉴于在制备超细粉末过程中团聚问题的重要性，本文对团聚的种类、形成原因及减少团聚的一些措施进行了阐述与讨论。

1　超细粉末团聚的种类

所谓超细粉末，通常是指微米至纳米级的粉末。在制备这样的粉末时，皆有粉末团聚产生。在粉体形成的团聚中，按团聚的成因，又分为软团聚与硬团聚，图1及图2为原始颗粒、硬团聚和软团聚的存在状态及结构[2]。

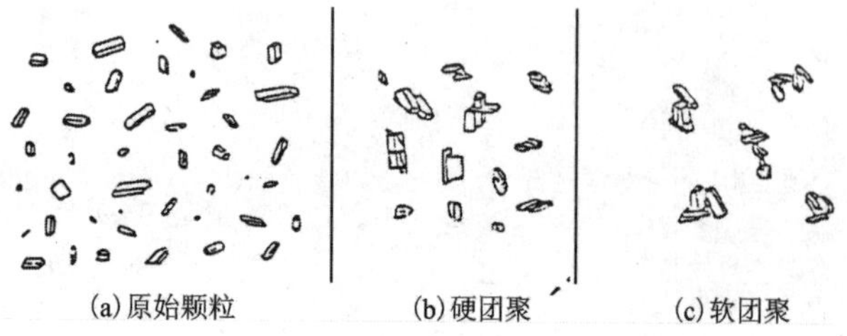

图1　干粉颗粒的状态

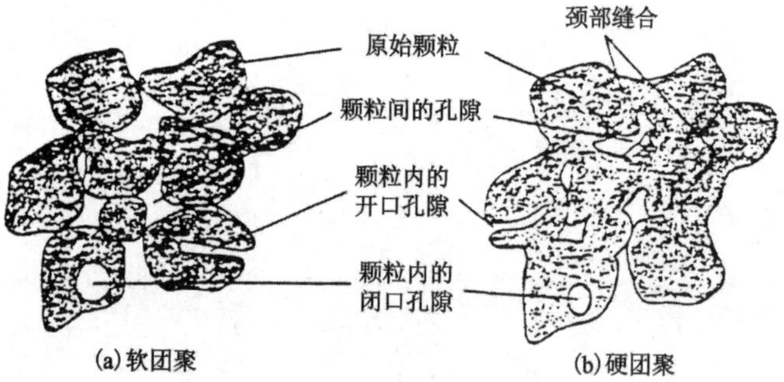

图2　软团聚和硬团聚的结构

软团聚主要是由粉末颗粒间的范德华力和库仑力造成的，这种团聚可通过一些化学作用或施加机械能的方法，使其大部分消除。硬团聚是团聚体内的颗粒之间，由除范德华力和库仑力之外的化学键以及颗粒之间的液相桥（liquid bridge）或固相桥的强烈结合而产生的。无论硬团聚或软团聚，都与颗粒表面张力有关，图3为粉末间存在的吸引力与排斥力。

如图3所示，液相中的颗粒之间存在着范德华引力、双电层固相排斥力、液相桥和溶剂化层交叠，固相中存在着固相桥和烧结颈。颗粒在液体介质中的相互作用是非常复杂的，除了范德华力和库仑力外，还有溶剂化力、毛细管力、憎水力、水动力等，它们与液体介质相关，又直接影响着团聚的程度。

颗粒在液体介质中，由于吸引了一层极性物质，

---

*该文首次发表于《湿法冶金》，2002年第2期，57～61页。合作者：罗电宏。

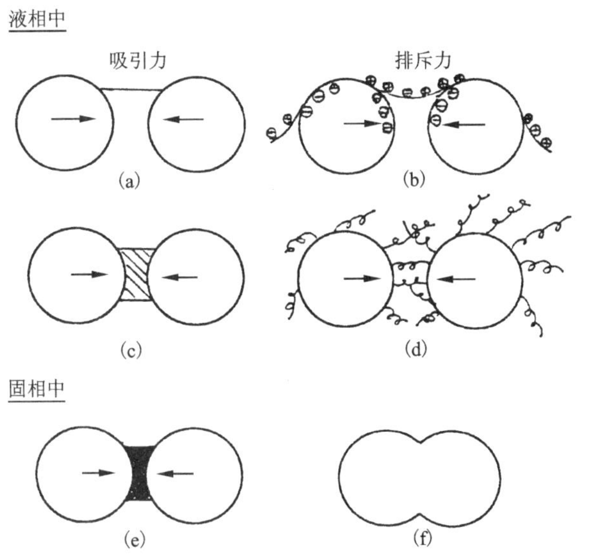

图 3　各种物相状态下颗粒间的相互作用力

(a)范德华引力；(b)双电层的交叠；(c)液相桥；(d)溶剂化层的交叠(或高分子链的交叠)；(e)固相桥；(f)烧结颈

会形成溶剂化层。在颗粒互相接近时，溶剂化层重叠，便产生排斥力，即溶剂化层力。如果颗粒表面被介质良好润湿，两个颗粒接近到一定的距离，在其颈部会形成液相桥。液相桥存在着一定的压力差，使颗粒相互吸引，进而成为存在于颗粒间的毛细管力。憎水力是一种长程作用力，其强度高于范德华力。它与憎水颗粒在水中趋向于团聚的现象有关。水动力普遍存在于固相高的悬浮液中，当两个颗粒接近时，产生液液间的剪切应力并阻止颗粒接近，当两颗粒分开时，它又表现为吸引力，其作用相当复杂。

在固相中，团聚的生成主要是由固相桥与烧结颈造成的，如图 3(e)及图 3(f)所示。如果凝胶颗粒表面紧密接触，更容易产生硬团聚现象。

2　对超细粉末制备过程中形成团聚的分析

在制备超细粉末过程中，液相反应、干燥及煅烧等阶段都会产生颗粒的团聚。下面对此做简要分析。

2.1　液相反应阶段

在液相析出固相的经典理论中，仅考虑了成核和晶粒生长两个因素。实际上，在伴随成核和晶粒生长两个过程中，还存在核与颗粒或颗粒与颗粒间的相互团聚而形成较大的颗粒。如果颗粒聚结生长速度随颗粒半径增大而降低，最终也可形成大小均匀的颗粒集合体。小颗粒聚结到大颗粒表面之后，有可能通过表面反应、表面扩散或体积扩散而“溶合”到大颗粒之中，形成一个较大的单体颗粒；也可能只是在颗粒之间局部接触“溶合”，形成一个大的多孔颗粒。若“溶合”速度很快，即“溶合”反应所需时间小于相邻颗粒二次有效碰撞的间隔时间，则会聚结形成一个整体颗粒，反之则会形成多孔的颗粒聚结体。颗粒的软、硬团聚体的结构如图 2 所示。

在液相中生成的固体颗粒，颗粒之间的靠近是由布朗运动驱动的。若颗粒有足够的动能，而这种动能可克服阻碍颗粒发生碰撞所形成团聚体的势垒时，则两个颗粒能聚集在一起形成团聚体。通常把阻碍两个颗粒互相碰撞形成团聚体的势垒(V_b)表示为

$$V_b = V_a + V_c + V_e$$

式中：V_a 来源于范德华力，为负值；V_b 来源于颗粒表面吸引的有机大分子的特性，其值可为正，也可为负；V_c 来源于静电排斥力，为正值。

从上式可知，要减少颗粒的团聚，必须使 V_b 变大，为此，应使 V_a 变小，V_e 变大，V_c 应是大的正值。V_a 与颗粒的种类、半径及液相介质的电性有关。V_e 的大小可通过调节液相的 pH、反离子浓度、温度等参数来实现。V_c 的正与负以及其值的大小，是由吸附在颗粒表面上的有机分子的特性，如链长、亲水性或亲油性及有机大分子在液相中的浓度决定的。在适当浓度下，调解液相的 pH 可使 V_c 为正值。颗粒在液相中的团聚过程是可逆的，即团聚和分散两个过程有一个平衡状态，通过改变环境条件，可使其由一个平衡状态转变为另一个平衡状态。

2.2　干燥阶段

干燥可视为固液分离过程。这个阶段是排除颗粒之间的液体，此过程中颗粒会形成硬团聚。目前解释硬团聚形成的原因有晶桥理论、氢键或化学键作用理论和毛细管吸附理论。

(1)晶桥理论。该理论认为，在颗粒粉体的毛细管中存在着气液界面，随着最后一部分液体的排除，在界面张力的作用下，由于存在表面羟基和因溶解沉淀而形成的“晶桥”，使得颗粒与颗粒之间变得更加紧密。随着时间的延长，这些“晶桥”互相结合，变成大的团聚体[3]。如果液相中含有其他金属的盐类物质(如氢氧化物)，还会在颗粒间形成结晶盐的固相桥[见图 3(e)]，从而形成团聚体。

(2)氢键或化学键作用理论。氢键作用理论认为，如果液相为水，最终残留在颗粒间的微量水会通过氢键的作用，由液相桥将颗粒紧密地黏在一起[见图 3(c)]。化学键理论认为[4]，存在于凝胶表面的非

架桥羟基是产生硬团聚的根源。相邻胶粒表面的非架桥羟基发生的反应可表示为

$$Me-OH+HO-Me\longrightarrow Me-O-Me+H_2O$$

可用此式来解释产生团聚的原因。

(3)毛细管吸附理论。这种理论认为，凝胶中的吸附水受热蒸发时，颗粒的表面部分裸露出来，水蒸气则从孔隙的两端逸出，由于有毛细管力的存在，在水中形成静拉伸压力 P，P 值正比于 $V_{sv}-V_{si}$（见图4），进而会导致毛细管孔隙壁收缩（见图5）。因此，可认为 P 是造成硬团聚的原因[5]。

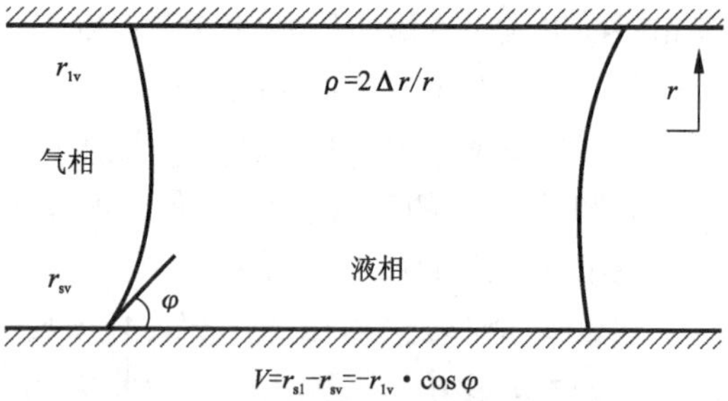

图4 含水的圆柱形孔隙剖面图

γ 为孔隙半径：γ_{sv}，γ_{sl}，γ_{lv} 分别为固气，固液和液气界面能；φ 为润湿角；p 是液体中的静压强

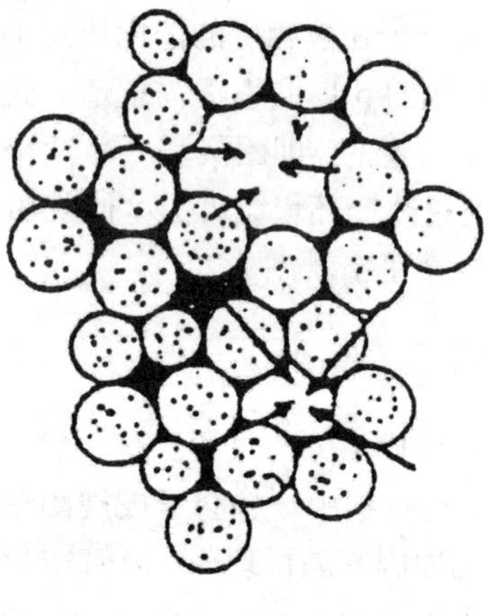

图5 湿凝胶干燥过程中的毛细管力

2.3 煅烧阶段

超细粉体具有很大的比表面积和很高的活性。在一定温度下，颗粒之间会紧密接触而发生烧结，形成烧结颈而产生硬团聚[见图3(f)]。温度过高是造成煅烧阶段产生硬团聚的主要原因。

3 控制团聚的措施

制备超细粉末的各阶段都要注意团聚问题。减轻或防止团聚的方法有如下几种。

3.1 液相反应阶段

(1)利用双电层的作用。液相中的超细粉体由于吸附水溶液中的 H^+ 或 OH^- 而使表面带有一定量的电荷，带电表面附近溶液中则会出现电量相等而电性相反的电荷扩展层，即形成双电层结构。颗粒相互靠近时，双电层交叠，会产生排斥力[见图3(b)]。排斥力的大小是Zeta电位的函数。Zeta电位越大，排斥力越大，颗粒的分散力越强。当Zeta电位等于零时，表面处于中性，称为等电点(PZC)。调整溶液的pH，当pH > PZC时表面带负电荷，反之表面带正电荷。因此，在操作中要控制反应体系的pH大于PZC，使颗粒表面带负电荷，产生排斥力，这样，在远离等电点的pH下操作，双电层的作用可控制颗粒团聚。

(2)采用分散剂。使用分散剂是抑制团聚的最好措施。分散剂的种类较多，其中有亲溶液的高分子有机物、表面活性剂及一些络合物。它们在液相中有两个作用：一是吸附作用，降低界面的表面张力；二是胶团化作用。利用它们在固液界面的吸附作用，形成一层液膜，阻碍颗粒间相互接触，同时降低界面的表面张力，从而减小毛细管的吸附力，并且还能通过库仑力及空间位阻作用[见图3(d)及图6]，防止颗粒接触及产生排斥力，抑制团聚体形成[6]。分散剂作用的效果取决于其种类和浓度。较常用的分散剂有醇类、酮类有机物、胺盐和明胶等。

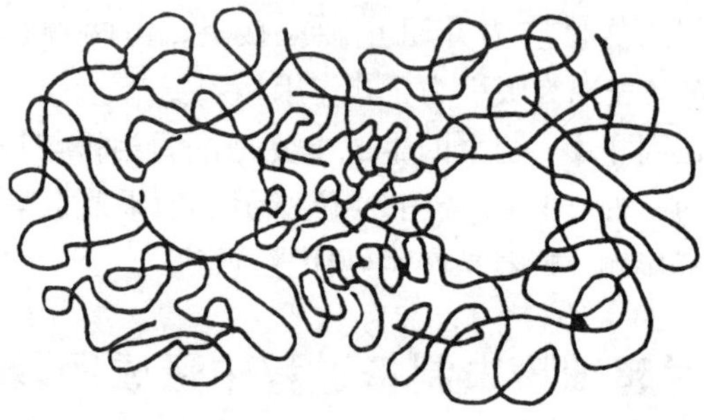

图6 空间位阻作用示意图

3.2 干燥阶段

在干燥阶段抑制团聚可从两个方面进行：一是在干燥前加入分散剂，使颗粒分离；二是要用适当方法将水脱除，避免颗粒间因水的存在生成氢键。例如，在实践中用乙二醇作分散剂，对用乙二醇多次洗涤湿法得到的湿凝胶进行烘干，可得到分散的干凝胶。其道理是乙二醇的官能团取代了颗粒表面的羟基，还有一定的空间位阻效应，使硬团聚减少，如图7所示。

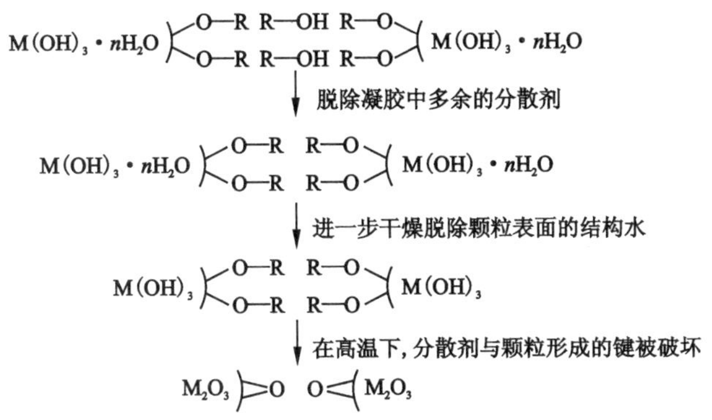

图7　采用乙二醇消除硬团聚的机理模型

M = Fe, La, Nd, Sm, Gd 等元素

3.3　煅烧阶段

在煅烧阶段防止团聚最重要的是选择合适的煅烧温度。煅烧温度过高易产生硬团聚，使细颗粒变大，而温度过低会有残留的未分解的氢氧根存在，妨碍颗粒的紧密堆积[7]，影响生坯的密度和生坯的致密化。

4　结语

(1)在制备超细金属化合物粉末时，粉体会产生团聚，影响粉末的性质，因此控制和减少团聚现象的产生至关重要。制备过程中的各阶段都要采用适当的方法避免或减少团聚的产生。

(2)文中所阐述的团聚原理及控制团聚的方法可供参考。在具体的体系中，对于团聚问题，必须在实践中进行研究和选择合适的控制方法。

参考文献

[1] 马荣骏，邱电云. 湿法制备纳米级粉末材料的进展. 湿法冶金，2001，20(1)：1－8.

[2] 杨金龙，吴建锐. 陶瓷粉末颗粒测试、表征及分散. 硅酸盐通报，1995，(5)：67－77.

[3] Maskra A. Agglomeration during the drying of fine silica powders. Part Ⅱ. The role particle solubility. J Am Ceram Soc, 1997, 80(7): 1715－1722.

[4] Jones S L. Dehydration of hydrous zirconia. J Am Ceram Soc, 1988, 71(4): 190－191.

[5] Scheret G W. Drying gels(Ⅰ). General theory. J NonCryst Solids, 1986, 87(1－2): 199－225.

[6] Sug imato T. Preparation of monodisperse colloidal particles. Adv in Colloid and Interfac Sci, 1987, 28: 65－108.

[7] Coble R L. Sitering crystalline solids(Ⅰ). Intermediate and final state diffusion models. J Appl Phys, 1961, 32(5): 787－792.

人造金刚石及其合成理论探讨*

摘　要：人造金刚石在工业中的应用显得日益重要从而受到广泛关注。本文阐述了人造金刚石的发现、发展简史及其性能和结构，介绍了人造金刚石合成理论的几种主要学说，并指出了各学说所存在的局限性及其理论研究动态。

Investigation on synthetic diamond and its synthetic theory

Abstract: Synthetic diamond has become more and more important in industry application. The paper describes its discovery, developing history, propertities and structure. The synthetic, theories, their limitation and research trends also are described.

人造金刚石作为超硬材料，在工业上的应用日益广泛，它对超硬材料的学科发展也起到了重要作用。本文旨在对人造金刚石及其合成机理做简要阐述与讨论，以促进其研究工作的开展。

1　金刚石的发现及发展简史

1938 年 Rossini 等首次研究绘制出了碳相图，他们根据热力学计算，确定了石墨 - 金刚石的转化线，这是一项创造性的工作，为石墨制造金刚石奠定了理论基础。

20 世纪 50 年代初美国的 G. E. 公司对人造金刚石展开了研究，经过多次试验，终于在 1954 年获得了第一颗人造金刚石，而 F. P. Bundy、H. J. Hall 和 H. M. Strong 成为人造金刚石的发明者。以后美、英、日、德等发达国家，对人造金刚石的研究与生产都有了进一步的发展。

我国对人造金刚石的研究于 20 世纪 60 年代初开始。1963 年由中国科学院、郑州磨料磨具研究所、北京通用机械研究所组成的试验组，成功地合成了我国的第一个人造金刚石。

20 世纪 80 年代至 90 年代，无论在国内或国外，人造金刚石日益成为重要的新型材料，其生产及应用均形成了产业化规模。

2　金刚石的性能与结构

金刚石是碳元素的一种存在形式[1]，它是由碳原子中 2s 轨道电子与 2p 轨道电子杂化成 4 个完全相同的 sp^3 杂化轨道结合而成的。碳原子间以共价键结合，键长为 1.54×10^{-10} m，具有很强的结合力与方向性。

从结构上看，金刚石晶体属于面心立方结构，而其结构中不同的晶面组合，可以形成不同晶形的金刚石。金刚石的生成条件不同，也会使金刚石具有不同的平面体、曲面体和平面 - 曲面组合体。根据文献[2]，可列出金刚石的形态如图 1 所示。

金刚石是当今最硬的物质，不论以何种晶体存在，都有着优良的机械物理性能，其强度、硬度、韧性和耐磨性均很突出。无论天然金刚石还是人造金刚石都有很高的导热系数和很小的热膨胀系数。在金刚石中，碳原子间以共价键的形式结合，有着很高的化学稳定性，在较宽的温度范围内，不与酸或碱反应。正是由于这些优良的性能，金刚石被广泛地应用于各种精密仪器的加工中。

* 该文首次发表于《稀有金属与硬质合金》，1997 年第 4 期，40 ~ 42 页。合作者：邱电云。

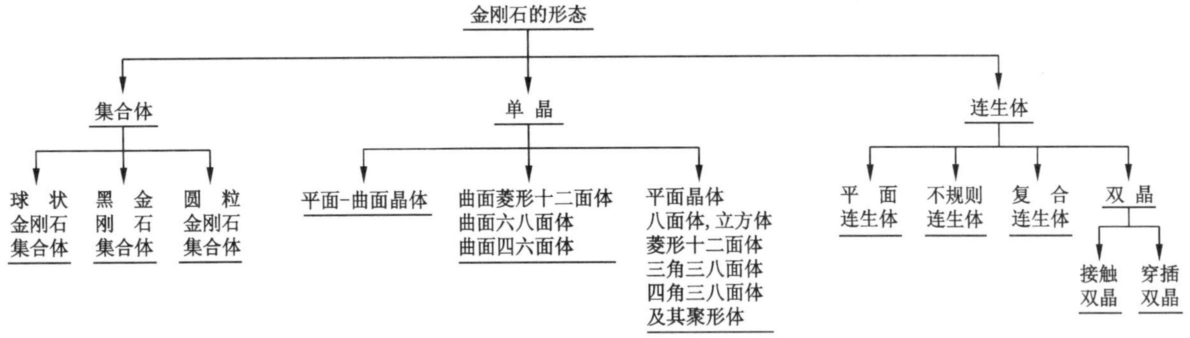

图1　金刚石的晶形分类

3　人造金刚石的合成理论

自人造金刚石研制成功后，对其合成机理的研究一直备受人们关注，但由于至今还无法直接观察石墨向金刚石转化的历程，所以还不能彻底揭示合成中的内部过程，而只是根据实验现象，进行理论分析，提出一些理论和学说。目前被人们归纳的学说主要有以下几种。

3.1　溶剂-催化学说

根据实验现象，人们从假设出发，提出了溶剂-催化学说。这一学说主要认为：触媒材料在金刚石合成中不仅起到了对碳原子的溶剂作用，而且还在石墨向金刚石转化的过程中起着催化作用。H. M. Strong[3]提出，溶剂触媒的加入，可降低金属与金刚石之间的表面能，从而有利于碳原子借助金属外延生长金刚石。溶剂-催化学说有很多解释方法，例如有人认为[4]，在高温高压条件下，熔融金属的电子极为活跃，在金属原子插入石墨时，会有带正电荷的金属离子一同插入，从而使插入了金属原子的石墨结构碳原子集团带有正电荷，形成带正电荷的胶体溶液。在直流电场作用下，胶体中的胶粒发生电泳现象，促进了碳原子溶入溶剂触媒后，先与触媒金属之间形成中间羰基化合物或中间络合物，然后再分解为金属和金刚石，从而实现石墨向金刚石的转化。可见，溶剂-催化学说是由某些个别现象提出的假设和模型，理论尚不完整。

3.2　溶剂学说

溶剂学说认为，参与石墨向金刚石转化的触媒，仅仅是碳素溶剂在静态高温高压条件下，石墨中的碳原子溶入熔融金属直接达到饱和后，在金刚石稳定区析出其晶核，并逐渐生长成为金刚石。有人进而提出[6]，在静态高温高压条件下，随着碳原子向熔融金属中的溶解，熔融触媒金属对金刚石过饱和，而对石墨等碳素原料欠饱和，因此石墨等碳素元素不断被溶解，而金刚石则不断析出与生长。有关计算表明：石墨在熔融镍中的溶解度是金刚石的1.046倍，当石墨在熔融镍中饱和时，则金刚石在熔融镍中处于过饱和状态，应有金刚石析出。溶剂学说虽然得到一些科学工作者的支持，但对一些金属和其氧化物都能溶解碳而不能作为触媒材料合成金刚石，以及无定形碳较易溶解，但不能合成金刚石的事实还无法解释。

3.3　直接转变学说

直接转变学说认为，石墨中碳原子间无需断键和解体，只要在外界压力和原子间内部力的作用下，石墨碳原子会沿 c 轴方向互相压缩和靠近，进而转化为金刚石。为了证明这一学说，A A Giardini[7]提出了转变模型，而荀清泉等[8]又进一步提出在触媒作用下的石墨向金刚石转化的模型，这样能较好地解释无定形且石墨化低的碳素难以形成金刚石，而石墨化高的石墨则较易形成金刚石等现象。文献[9]用量子力学方法计算了石墨向金刚石转化的转化率与温度、压力的关系，进而证明了这一学说解释上述现象的正确性。但该学说还存在着无法清晰地解释只有在较高温度条件下，才能使石墨转化为金刚石以及触媒法合成的金刚石具有一般晶体结晶习性与形态等现象的原因。有人采用爆炸法和静压法，在高温高压下成功地将石墨转化成金刚石，这为直接转化学说提供了有利依据。可以认为，直接转化学说是在无触媒作用下，石墨转化为金刚石的主要机理假说。

除上述三种主要学说外，还有动力学效应、催化效应等理论观点。当今的金刚石生产都是在具有触媒材料的条件下完成的，研究触媒作用的机理，实际上是金刚石合成过程的机理。虽然上述学说对合成金刚石具有一定的指导作用，但尚不能圆满解释合成中所遇到的一些难点，需要不断地探索、补充和完善。

4 合成金刚石理论研究的动态

目前在合成金刚石中，主要的研究问题是：金刚石转化的相图研究、不同触媒体系的研究、触媒材料形态的研究及触媒材料作用机理的研究。这些理论研究虽都有一定的进展，但暂还不能充分揭示人造金刚石在合成中的内在规律。最近参考消息[10]报道了德国研究人员已采用称之为“碳洋葱”的小碳球，用灸烤的方法制造出了人造金刚石。斯图加特的马克斯·普朗克金属研究所的人员发现，把“碳洋葱”加热到700℃，即可在核心生成小金刚石。他们在《自然》杂志上撰文认为，这种使碳转化为金刚石的新方法，可能形成石墨向金刚石直接转变的新理论。对此，我们可以认为这是直接转变学说的新证据和新进展。

在合成金刚石战线上的研究者，应该深入探索直接转化学说的内在规律，不断考察触媒在合成金刚石过程中的作用，以便真正了解合成金刚石中的机制。

参考文献

[1] Kroto H et al. Nature, 1985, 318: 162.
[2] 王松顺. 人造金刚石工艺学. 郑州：河南科学技术出版社，1986.
[3] Strong H M. J Chem Phys, 1967, 46: 3437.
[4] Xegocee л в Кон журн, 1979, 41: 750.
[5] Боконн Б. Кристанне, 1969, (4): 147.
[6] Пнтвнн Ю А Неорган Матернал, 1968, (4): 175.
[7] Giardini A A et al. Amer Miner, 1962, 47: 1393.
[8] 苟清泉. 人造金刚石合成机理的研究. 成都：成都科技大学出版社，1986.
[9] 邵丙璜等. 物理，1979，(8)：205.
[10] 参考消息. 1996, 8, 7, 第7版.

银基电接触材料研究与应用的进展*

摘　要： 鉴于银基电接触材料在电力系统、电器工业中的重要性，综合近年多种文献资料与研究体会，对此类材料的研究与应用进展进行了扼要归纳与阐述。

Progress in the research and application of silver-based electrical contact material

Abstract: In view of the importance of silver-based electrical contact material in electrical power system and electrical appliance industry, the progress in the research and application of the above material was summarized and discussed based on the literatures and research experience.

电接触元件负担着电器的接通、分断、导流、隔离工作，其性能好坏直接影响着电器的可靠性、稳定性、精确性和使用寿命，而保证电接触元件性能优良的关键是其材料的制备。因此，对电接触材料的研究与应用已成为电力、自动化、通信、精密电子仪器等领域的重要课题。

在电接触材料中，研究与应用最广的为银基电接触材料。由于银基电接触材料具有独特的优良性能，用其制备的电接触元件得到了广泛的应用[1-8]。

为了促进银基电接触材料的研究与应用，笔者对此类材料的研究与应用进展进行了扼要地归纳与总结。

1　银基电接触材料的性能要求及分类

1.1　银基电接触材料的性能要求

用银基电接触材料制备的电接触元件是各种电器的核心组成部分，故要求其具有良好的导电性、导热性及耐侵蚀、抗熔焊、易加工等机械性能。理想的银基电接触材料，应满足以下几方面要求[1,2]：

（1）具备低的电阻率和蒸气压、高的热导率、熔点、沸点、溶化热和升华热，并且热稳定性好、热容量大、电子逸出功高，以保证起弧电压高和电流低。

（2）室温及高温强度大、硬度高，塑性与韧性好。

（3）耐电弧烧损，接触电阻低且稳定，熔焊及金属转移的倾向小。

（4）具有良好的耐蚀性能，在大气中不易氧化、碳化、硫化及形成不易导电的化合物或盐渣膜层。

（5）易于焊接，即采用钎焊或其他方法易于将其固定到触座、触极上。

1.2　银基电接触材料的分类

银基电接触材料种类繁多，分类方法不一，通常可按下列四种方法进行分类[1-3]：

（1）按材料的组成可分为：①纯银；②银基固溶体合金；③Ag/金属间化合物复相合金；④Ag/金属烧结合金；⑤Ag/金属氧化物材料；⑥Ag/非氧化物复合材料。

（2）按工作状态可分为：①开闭接触材料（主要在开关电器中承担接通、截流、分断和隔离），要求接触电阻低、操作可靠和使用寿命长；②固定接触材料（在线路系统中承担母线和导线的固定连接），要求能长期耐大气腐蚀，保持良好接触；③滑动接触材料（用于电力机车通电和仪表电信装置中电位器等的滑动连接），要求摩擦因数小和使用寿命长。

（3）按功能特性和使用条件可分为：①以高电导率为特征的弱电流用 Ag 和 Ag 合金；②以耐电弧、高电导率为特征的轻、中负荷用 Ag/MeO 和 Ag/非金属氧化物复合材料；③以耐磨耗、接触电阻低且稳定为特征的滑动接触材料。

（4）按使用条件的负荷强弱划分，银基电接触材料的具体分类情况见表 1[1-7]。

* 该文首次发表于《稀有金属与硬质合金》，2008 年第 4 期，28～36 页。

表 1　按电流负荷强弱对银基电接触材料的分类

材料类型	材料组成	
	弱、中负荷(≤105 kW)	高负荷(>105 kW)
Ag 和 Ag 合金	Ag; Ag-Pd, Ag-Cd 等	Ag-RE 合金, Ag-Sn-RE 合金, Ag-Zr-RE 合金
Ag/金属或 Ag 合金	Ag/Ni(1%~5%), Ag/Ni(10%~30%)	Ag/W(30%~70%)
Ag/金属复合材料	Ag/Ir(1%~10%), Ag/Mo(10%~30%) Ag/W(10%~30%), Ag/Cd/Ni(10%), Ag/RE/Ni(10%)	Ag/Mo(30%~70%) Ag/Ni(10%~40%)
Ag/MeO 复合材料	Ag/CdO(5%~15%), Ag/In_2O_3(5%~10%), Ag/SnO_2(5%~12%), Ag/MoO_3(5%~19%), Ag/Fe_2O_3(5%~15%)	Ag/CdO(15%~20%) Ag/SnO_2(12%~17%)
Ag/非氧化物复合材料	Ag/C(1%~10%)	Ag/C(10%~20%), Ag/WC(30%~80%)

注：材料的成分含量除有特殊说明外，均为质量分数，全文同。

2　主要的银基电接触材料

现今，已研究出的电器用电接触材料有数百种，但形成产业化和实际应用的不过几十种，且可归纳为四个系列：即 Ag/C 系列、Ag/WC 系列、Ag/Ni 系列和 Ag/MeO 系列。

2.1　Ag/C 系列电接触材料

对于电器使用的电接触元件，不但要求其电接触电阻较低，还要求其具有抗熔焊性，并保证在应急情况下使电流分断，如自动开关、铁路信号继电器、温度调节器等低压电器对电接触材料就有这种要求。为此开发了 Ag/C 的烧结材料[5]，有研究认为在银基中掺入 3%~5% 的 C(以石墨形式加入)，可使材料软化，并使金属接触面积减少，从而使电接触材料在实际使用时不发生熔焊。这种材料的硬度低，但电弧烧蚀量极大(在电流较大的情况下，可将石墨含量提高到 10%~20%)。对于石墨的作用，有人认为是由于石墨强度低，在基体和石墨之间不存在冶金连接。有关石墨粒度和工艺特点对 Ag/C 电接触特性的影响研究结果显示[9,10]，石墨粒度的减小会导致因电弧作用而造成的损失量增加，但其抗熔焊性有所增强。

2.2　Ag/WC 系列电接触材料

Ag/WC 系列电接触材料具有良好的抗电弧及抗熔焊性，应用较广，但在接触压力、断开力、接点间隙小的工作条件下，存在损耗、飞溅增多，熔焊、绝缘性下降，温升加大等问题。为此，在 Ag/WC 系中添加石墨，在电弧作用下石墨形成还原气氛，可防止 WC 氧化，抑制温度升高；石墨还起到润滑作用，提高抗熔焊性；但石墨会使接点损耗增大，绝缘性下降。同时添加 1%~11% 的碳和 5%~60% 的铁族金属时，石墨在电弧作用下仍可形成还原性气氛，防止碳化物及铁族金属氧化，降低接触电阻和结合强度，增强抗损耗性，减少飞溅，提高绝缘性，从而使材料具有更高的抗熔焊性、抗损耗性和绝缘性，并且温升降低。Ag/WC 系电接触材料的主要缺点是接触电阻不稳定，通过添加 Cd、Zn、Mg 及铁族元素，可解决此问题[11]。

2.3　Ag/Ni 系列电接触材料

早在 1939 年，大负荷继电器就已使用 Ag-Ni 材料，且这种合金电接触材料至今仍被延用[12]。Ag-Ni 接点材料的接触电阻低而稳定，加工性能良好，抗电损耗性强，但抗熔焊性比 Ag/MeO 系材料差。这种材料的抗电损耗性及抗熔焊性受 Ni 含量影响，若 Ni 含量太高，则接触电阻增大，通电性能下降，不能用作大容量的电接点。Ag-Ni 触点最大优点在于其工艺性[3]，即无需附加焊接用银层(即覆层)，故可节省 Ag 达 40%。因此，迄今为止人们仍在追求这种材料的应用。之前，人们曾研究过 Ag-Ni-C 这种成分的触点材料，它的抗熔焊性能较好，但电弧烧损速率也较大。P Winger[10] 在此材料中加入少量的石墨(0.15%~1%)，其抗熔焊性明显变好。对 Ag-Ni 电接触材料，添加难熔金属(W、Mo、Cr)或难熔金属碳化物以及其他金属氧化物如 CuO、ZnO、SnO_2 等，均可提高其抗熔焊性和耐腐蚀性[11,13,14]。

2.4　Ag/MeO 系列电接触材料

Ag/MeO 是电接触材料中研究与应用得最多的，下面特介绍几种重要的 Ag/MeO 电接触材料[12-14]。

2.4.1　Ag/CdO 电接触材料

Ag/MeO 电接触材料中最典型的是 Ag/CdO 材料[1-5]。它具有耐损蚀性好、抗熔焊能力强、接触电阻低且稳定、使用性能良好等优点，广泛应用于电流从几十安到数千安，电压从几伏到上千伏的多种电器，曾被称为万能触点。其主要应用领域有：汽车接触器、彩电启动开关、家用电器开关、凸轮开关、光控开关、室内恒温器、断流容量大的继电器以及航天、航空工业用各种开关等。Ag/CdO 材料中，CdO 的含量一般为 8% ~12%，对于抗熔焊性要求特别高的应用场合，也可以使用 CdO 含量高达 15% 的材料。

Ag/CdO 是一种弥散强化型复合材料，主要通过硬的弥散颗粒来强化基体，CdO 颗粒的另一作用是防止接触时发生熔焊和熄灭电弧。其作用机理是因为 CdO 颗粒在电弧的高温（>900℃）高压下发生分解，产生 Cd 蒸气和 O_2，可以冷却基体材料并熄灭电弧。CdO 的分解温度比 Ag 的熔点低，且 CdO 在相当低的温度下就可升华，在 800℃时开始显著挥发。CdO 的存在一方面提高了材料表面熔融的黏度，可防止 Ag 被电弧吹离。另一方面 CdO 相当于夹杂物聚集于固-液界面，从而提高了 Ag/CdO 材料的使用寿命。

在 Ag/CdO 的生产和使用过程中不可避免地向大气排放 Cd 蒸气和微小颗粒，给环境造成极大污染，对生产者和使用者的健康构成极大危害，故许多国家已限制 Ag/CdO 材料的使用。因此，研制和开发具有环保功效、良好电接触性能的新型材料就成为该领域的热门课题。

2.4.2　Ag/SnO_2 电接触材料

Ag/SnO_2 电接触材料是第二相 SnO_2 颗粒弥散分布于银基体中的金属基复合材料，对其研究始于 1981 年[12-22]。Ag/SnO_2 除了具有一般 Ag/MeO 材料的特点外，还具有较高的稳定性、抗熔焊性和低的材料转移等特性，但其抗电弧侵蚀机理与 Ag/CdO 有所不同：SnO_2 颗粒在银熔池中能使熔融金属的黏度增大，因而不易飞溅，使电弧侵蚀减少。实际情况表明，经电弧多次作用后，SnO_2 成分仍能在接触表面保留，使电接触材料的抗电弧和抗熔焊性能不会显著下降，故使用寿命长。可以说，Ag/SnO_2 材料是可以和 Ag/CdO相媲美的新型电接触材料。德国 Degussa 和 Doduco 两大电接触元件生产公司在 20 世纪 50 年代就采用混粉法研究 Ag/SnO_2 材料，但性能都不理想。20 世纪 70 年代后期则有了新的突破，Degussa 公司的 Behrens 采用粉末烧结挤压工艺制造 Ag/SnO_2 材料时，发现通过添加少量 W_2O_3 可使其电弧侵蚀量减少 50% 且使用寿命提高一倍，而抗熔焊性和温升仍与 Ag/CdO 相当。日本自 1972 年提出限制使用 Ag/CdO 触点材料之后，积极开展“少镉、代镉”电接触材料的研究，研制并大量生产在 Ag-Sn 合金中添加 Bi、Mn、Cu 等一种或多种元素的 Ag/SnO_2 电接触材料。所制造的触点具有耐侵蚀性好、接触电阻低等特点。同时，美国、俄罗斯、法国、韩国等也展开了 Ag/SnO_2 电接触材料的研制和产品开发工作。我国研制 Ag/SnO_2 电接触材料较早的是桂林电器科学研究所，该所在 20 世纪 80 年代就已采用内氧化法研制该材料，但是由于工艺和设备等原因，效果一直不理想，直到近年才有所突破，并可小批量生产。到 20 世纪 90 年代中期，国内许多单位也纷纷加入对该材料的研究开发行列，如昆明贵金属研究所、天津市电工合金厂、上海合金材料总厂等。但材料塑性差、难加工等问题仍未得到根本解决。目前国内还没有一家厂商能大批量生产 Ag/SnO_2 电接触材料及其制品。

Ag/SnO_2 材料是现今研究最多且公认最具有前景的新型电接触材料[17-22]。经过多年的探索，Ag/SnO_2 材料在某些性能方面超过了 Ag/CdO，一些发达国家已有许多公司和工厂采用。

2.4.3　Ag/ZnO 电接触材料

Ag/ZnO 电接触材料是近二十年来，采用合金内氧化法或粉末冶金法研究开发的一种新型电接触材料[23]。ZnO 的热稳定性比 CdO 高，熔点为 1975℃，所以 Ag/ZnO 具有抗大电流冲击、分断性能好、燃弧时间短、耐电腐蚀、无毒等特点，是分断电流为 3000 ~5000 A 低压电器的首选材料，特别适合制造尺寸规格较大的触点，目前已在 DW17 型（ME）断路器上得到良好的应用[16, 23]。

2.4.4　Ag/SiO_2 电接触材料

Ag/SiO_2 系电接触材料中，氧化物和银基体主要以机械混合物的形式存在，所以其电阻率与纯银相似，且由于氧化物质点很小，氧化物每一微小的接触点又分离为若干个接触点，因而有利于降低接触电阻。Ag/SiO_2 电接触点的接触电阻不因焦尔热、电弧作用、环境气氛影响而产生显著变化，保持了较好的稳定性[1]。Ag/SiO_2 材料的抗熔焊性和抗电侵蚀性也优于 Ag-Pd 合金。Ag/SiO_2 材料中具有高度弥散的氧化硅质点，在电弧的高温作用下，虽然接触表面局部形成熔融状态，但由于 SiO_2 等氧化物粒子悬浮在融体中，增加了熔融液的黏度，从而抑制了金属液滴的飞溅[24]。

2.4.5 其他 Ag/MeO 电接触材料

除了上述几种 Ag/MeO 电接触材料外，Ag/CuO，Ag/NiO，Ag/RE_2O_3，Ag/Fe_2O_3/ZrO_2 等也是 Ag/MeO 电接触材料中的研究热点[25-27]。法国已经研制出了 Ag/NiO 材料，其接触电阻、抗熔焊性、电弧侵蚀率等方面近似 Ag/CdO 材料，已在部分电器上获得了实际应用。日本所研究的 Fe_2O_3 含量为 0.5% ~20% 的电接触材料，具有硬度高、断流性和耐电弧特性好等特点，可用于断路器中。俄罗斯则将 Ag/CuO 材料应用到交流接触器上并已获得良好效果，Ag/CuO 材料在直流接触器和小容量断路器中也有良好的表现，特别是含有石墨的 Ag/CuO 材料，具有良好的耐烧损性，提高了触点在额定电流负荷下的寿命。含有少量 MgO、NiO 的银基电接触材料由于其良好的耐热性和耐回火性能，已在电信器件中用作高质量的簧片材料、机械负载和高热负载的触点。

几种主要 Ag/MeO 电接触材料的性能参数列于表 2[28]。

表 2 几种主要 Ag/MeO 电接触材料的性能

电接触材料	氧化物含量/%	密度 /(g·cm^{-3})	硬度 /(MN·m^{-2})	电导率 /(10^6 S·m^{-1})
Ag/CdO	10	10.02	850	59
	15	9.75	880	45
	20	9.60	830	39
Ag/CuO	10	9.82	820	42
	15	9.51	850	38
Ag/SnO_2	10	9.85	840	45
	15	9.48	880	38
	20	9.26	880	32
Ag/ZnO	15	9.12	830	38
	20	8.69	820	37
Ag/NiO	5	10.12	600	52
	10	9.75	670	45

3 银基电接触材料制备工艺的研究

银基电接触材料性能的优劣与制造工艺密切相关，所选择的制造方法既影响其物理性能，又影响其接触性能如腐蚀速率、电弧运动和抗熔焊特性等。对于不同电器用的电接触材料，应根据不同工艺特点选择合适的方法。银基电接触材料中最有发展前途的是 Ag/SnO_2，下面以其制备工艺为例进行具体介绍[26-33]。

3.1 粉末冶金法

粉末冶金法的制备工艺分为两类：烧结工艺和挤压工艺。烧结工艺是将粉末直接压制成最终形状并烧结；挤压工艺是在粉末成形后进行烧结、挤压和(或)轧制，将所得半成品最终加工成电接触材料。通常根据制粉工艺的不同，又可将粉末冶金法分为传统粉末冶金法、反应喷雾法和机械合金法。

3.1.1 传统粉末冶金法

传统粉末冶金法制粉是采用 Ag 粉和 SnO_2 粉机械混合的方式。该法优点在于可以添加任意类型和任意量的添加剂，因此可根据特殊性能要求如焊接强度或耐热度等进行最优化选择。该法所制得 Ag/SnO_2 电接触材料的组织结构均匀，但 SnO_2 颗粒较大(粒度为 3 ~5 μm)，故造成接触电阻大、温升高、耐电弧腐蚀性较差，严重影响了触点材料的机械物理性能和电性能；此外，材料的硬度、密度均相对于采用内氧化法所制备的要低，因此在研究中需进一步解决 SnO_2 的粒度问题。

3.1.2 反应喷雾法

德国 Doduco 公司研究了“反应喷雾”粉末冶金工艺，并采用反应喷雾法制得掺杂的 SnO_2 粉末。其生产过程为将含有所需粉末元素的水溶液(如锡的氯化物、锡的醋酸盐等)进行热分解，具体做法是将此种溶液喷入热反应容器中，水分蒸发、反应后粉末即从液滴中产出。采用此法可通过改变反应参数，最终获得所需的化合物粉末。反应喷雾法生产的 SnO_2 粉末颗粒成分分布极为均匀。将这种 SnO_2 粉末与 Ag 粉混合、冷压、烧结，即制造成新型 Ag/SnO_2 WPX 触点材料，不仅提高使用寿命，而且电性能方面也令人满意。德国 Inovan Gmbh & Co 公司对喷雾法作了进一步改进，即将含 Ag，Sn 等的硝酸盐溶液加入一垂直的高温(900℃)反应炉中，溶液经雾化、蒸发、分解后，在炉底收集得到 Ag/MeO 粉末(MeO 包括 SnO_2，In_2O_3 和 CuO 等氧化物)。采用这种方法可制备具有不同组成和微结构的电接触材料。反应喷雾法中的雾化反应需要高压设备，因而投资大，成本较高。

3.1.3 机械合金化法

机械合金化(Mechanical Alloying，简称 MA)技术是由 J S Benjamin 及合作者在 20 世纪 70 年代初为研制氧化物弥散强化镍基高温合金而发展起来的一种制备合金粉末的技术[15]。它是一种采用高能球磨技术，在固态下合成平衡相、非平衡相或混合相的工艺，可以达到元素间原子级水平的合金化。近年来，这一技术在电接触材料制备中取得了一定的研究成果[31, 32, 34]。张国庆等[35]采用MA工艺制备了Ag/SnO_2电接触材料，并研究了MA工艺的作用机理：第一阶段以氧化锡颗粒破碎为主，作用时间较短，第二阶段以颗粒分布均匀为主；此外，通过调整MA工艺，获得了显微组织结构均匀、具有适当力学性能和良好加工性能的金属基复合材料。Lee G G等[31]也通过MA工艺制备了Ag/SnO_2复合粉，经电镜观察发现纳米SnO_2颗粒均匀弥散分布在较细的银基体内，并利用热挤压技术制备了致密纳米SnO_2颗粒弥散强化细晶Ag/SnO_2电接触材料，该材料性能良好。Joshi P B[16]采用MA法制备的Ag/MeO_2电接触材料，与采用常规粉末冶金工艺制备的Ag/CdO和Ag/SnO_2电接触材料相比，具有硬度高、密度几乎与其理论密度相当、电导率高、氧化物在银基体中弥散均匀分布等优良性能。

Zoz H等[36]通过将Ag_3Sn和Ag_2O高能球磨，借助于反应

$$Ag_3Sn + 2Ag_2O \longrightarrow 7Ag + SnO_2$$

制备了纳米SnO_2高度弥散分布于银基中的Ag/SnO_2电接触材料。王俊勃等[37]利用高能球磨技术热压烧结工艺制备出的纳米复合Ag/SnO_2电接触材料中，纳米SnO_2粒子弥散均匀分布于银基体上，消除了传统方法不可避免的第二相聚集及在晶界连续析出等缺陷，使材料的电接触性能改善且综合性能良好。

综上所述，MA法制备Ag/MeO_2触点材料，工艺简单、清洁而且经济，材料性能尤其是电性能有较大的提高。

3.2　化学共沉淀法

20世纪60年代中期，人们开始大量研究化学共沉淀法制备Ag/CdO粉末，即在硝酸银和硝酸镉溶液中共沉淀出碳酸银及碳酸镉或银和镉的氢氧化物，或者用银、镉的草酸盐经分解得到颗粒很细且均匀混合的Ag/CdO粉末，使材料性能得到了较大的提高。

采用化学共沉淀法制备Ag/SnO_2复合粉末的工艺变化多样，各具特色，即因氧化物种类及颗粒大小、沉积体系及还原过程不同而在具体方法上存在较大差异。有的是在含悬浮SnO_2颗粒的$AgNO_3$溶液中，使$AgNO_3$以氧化银的形式沉积在SnO_2颗粒上，得到氧化银/氧化锡混合粉，将混合粉加热使氧化银分解为银，从而制得Ag/SnO_2复合粉。此方法在添加剂的选择上存在较大限制，因为在氧化银的沉积条件下，溶液中的添加剂很难沉积出来。另一方法可任意选择添加剂及添加量，其沉积过程为：将含悬浮SnO_2的$AgNO_3$溶液喷射到含还原剂（水合肼）的容器中，或者将水合肼喷射到含悬浮SnO_2的$AgNO_3$溶液中，还原制备成复合粉，经过粉碎、压磨后得到分布均匀、流动性好的粉末。但该法所采用的还原剂水合肼对人体健康和环境有害，且在沉积过程中所产生的大量微细银颗粒不能与氧化物颗粒相结合，故不能得到均匀一致的复合粉，在进一步处理过程中还会产生大量的粗大银簇。还有一方法是在持续不断的强烈搅拌下，将银盐和还原剂按化学计量比同时加到含悬浮SnO_2的溶液中，银盐立即被还原包覆在SnO_2颗粒表面。其特点是银盐和还原剂均有多种选择，如硝酸银、醋酸银、碳酸银、抗坏血酸、柠檬酸、草酸等。所得复合粉末均匀性好，特别适合$Ag/SnO_2/In_2O_3$复合粉末的生产[38]。此外，进一步开发的双喷湿化学共沉淀法制粉工艺，粉末处理全过程已实现了全封闭式操作[39]。国内研究的化学镀包覆法，是在TiO_2掺杂纳米SnO_2粉末的水溶液中滴加水合肼后，加入到含适量$AgNO_3$的水溶液中，充分搅拌，同时加入少量氨水，得到银包覆材料[21]。该方法的特点是：①将绝缘SnO_2通过掺杂Ti元素改性成导电SnO_2，降低了材料电阻尤其是高温电阻；②在包覆反应中引入超声能量，可使SnO_2更加均匀弥散分布于反应悬浮液中，从而使SnO_2颗粒能最大限度地弥散分布在银基体中。

化学共沉淀法的缺点在于SnO_2颗粒的粒度均匀性差，在粉末制备过程中存在着酸、碱、盐的污染问题。最近杜作娟[7]研究了采用水热还原法制备Ag/SnO_2复合粉末，解决了粒度均匀性问题，获得的复合体性能良好。

3.3　合金内氧化法

20世纪70年代中期，日本中外电气株式会社成功地研制出$Ag/SnO_2/In_2O_3$内氧化电接触材料[40]。合金内氧化法工艺比较成熟，是制造Ag/MeO系电接触材料的有效方法。我国常规Ag/CdO电接触材料的制造工艺也是采用内氧化法。

合金内氧化法的典型制造工艺为：熔化→铸锭→压成片状→部分内氧化→切边→轧制→半成品→充压→成品。Ag－Sn合金内氧化工艺通常是在氧压为0.02～3.0 MPa，温度在700～850℃下进行。Ag/SnO_2不能采用与Ag/CdO相同的内氧化法制造，因为Sn在氧中会生成一层氧化膜，阻止氧进一步向Sn内部扩散，必须通过第三种成分来“激活”，以抑制锡氧化膜的生长。而In是最为适宜的第三种成分，其“激活”效果最好。研究指出，Ag－Sn－In合金中In的浓度越高，氧扩散得越快，但因In的价格昂贵，一般仅

加入1.5%~4.0%，经氧化后形成$Ag/SnO_2/In_2O_3$。

合金内氧化法制取的材料具有微细晶粒结构，在金属基体中析出均匀弥散的氧化物粒子将使合金的密度、强度和硬度提高，增强了合金的耐电弧烧蚀和抗熔焊能力。但此法的缺点是：①试样的氧化是由表面向中心扩散，氧化物的颗粒较粗大，不能获得稳定的电接触性能；②在电接触材料中心存在"贫氧化物区"，而在晶界处有氧化物沉淀析出；③在银基体中添加元素因溶解度有限，添加量受到限制，即使在可能固溶的范围内，内氧化工序仍需较长时间；④所制备材料较脆，不能进行轧制，只能用其他方法做后续处理。

日本住友金属矿业公司研究的高压内氧化工艺是在氧压大于10 MPa、温度高于1200 K条件下，对Ag-Sn二元合金进行高压氧化[32,33]，其优点是可使合金中Sn的摩尔分数达6%~10%，从而达到二元合金内氧化的目的。

采用高氧分压可以有效降低氧扩散速度，使银基体内氧化物颗粒弥散分布，同时在高氧分压下，添加元素难以向表面扩散，甚至添加高浓度元素的材料表面也不会出现氧化物致密层，因此在材料中心部位不会呈现氧化物稀薄层。但所制备材料的缺点是：①氧化物呈波状析出，降低了材料的耐侵蚀性；②其电导率比低压内氧化材料的低(原因在于高压内氧化时，氧在材料中过量扩散，呈过饱和固溶体形式)；③接触电阻不太稳定；④在较高温度下也具有很高的硬度，给成形加工造成困难。日本住友公司的研究表明，高压氧化后对材料进行热处理，可有效增加材料的电导率，从而使该材料的电性能明显优于常规银基材料。

文献[41]为了避免上述高压氧化法出现的缺点，提高电接触材料的使用性能，将含银的原材料粉末成形、烧结、致密化后进行高压内氧化(氧气分压为5~50 MPa，温度为200~900℃)，然后进行较高温度的热处理(400~960℃)。这样，即使在添加了高浓度元素进行内氧化时，也不会发生内氧化物的波状析出，从而使该材料的耐侵蚀性能显著改善，并使Ag/MeO电接触材料的导电率提高60%以上。而该工艺缺点是流程较为复杂。

3.4 预氧化合金法

预氧化合金法是一种将粉末冶金法和合金内氧化法结合在一起的新工艺，同时兼有这两种工艺的优点，而且克服了二者的不足。该工艺利用快速凝固的特点，使金属氧化物质点细小(约1 μm)、均匀地分布在银基体中，微观结构不出现偏析，具有耐腐蚀高、抗熔焊性强、寿命长、塑性好、材料利用率高等优点，并且由于Sn和In等的氧化物弥散分布于银基体中，每一个内氧化颗粒都与富银相相连，增大了流动性，提高了材料的电导率。此外，由于这一工艺从快速凝固和雾化合金粉末开始，然后进行热等静压，相对减少了加工步骤，并且微细颗粒内氧化时间大为减少。因此，预氧化合金工艺在经济效益方面颇具吸引力，但所制得材料的硬度、密度不如合金内氧化法工艺制备的材料高[42,43]。

3.5 反应合成法

反应合成技术是制备Ag/SnO_2电接触材料的一种新方法[44-46]，其制备工艺为：配料→压制→反应合成(烧结)→挤压→拉拔成丝材。在原料锭坯烧结过程中，发生原位化学反应，并通过控制原料状态、反应气氛、反应温度、反应速度等工艺参数来控制SnO_2颗粒的含量、分布和大小。

由于该技术是将粉末冶金与内氧化技术结合在一起，其材料制备过程与粉末冶金法相当，材料合成技术则与内氧化法相近。这种反应合成技术制备的Ag/SnO_2电接触材料，SnO_2颗粒是在银基体内部通过原位反应获得新鲜、洁净的颗粒表面，故有与银基体通过化学键结合的可能性，解决了SnO_2颗粒与银基体的界面相容性问题，并且SnO_2颗粒的弥散随加工过程完成，利于材料的后续加工。因此，该法所制得Ag/SnO_2电接触材料与传统粉末冶金法制备的Ag/SnO_2电接触材料相比，其加工性能大为改善，解决了原来难于加工的问题；而与内氧化法制备的Ag/SnO_2电接触材料相比，其电阻率降低，较好地解决了电阻率高及适用范围窄的问题。该法拥有原料准备简单、工艺流程短、生产过程无污染、产品质量高等优点，颇具工业化生产前景。

4 银基电接触材料的应用及发展趋势

4.1 主要应用

目前，获得深入研究并广泛应用的银基电接触材料主要有Ag，Ag/C，Ag/Ni，Ag/W，Ag/Mo，Ag/Cu，Ag/Fe，Ag/Cd，Ag/CdO，Ag/SnO_2，Ag/ZnO等系列产品。由于Ag及其合金优良的导电性能和良好的加工性以及抗氧化性，使得银基电接触材料适宜于在各种功率条件下工作，并广泛用于大、中负荷电器中。各类银基材料主要产品的性能与应用如表3所示，其中Ag/MeO系电接触材料是应用量最大的产品。

表 3　主要银基电接触材料的性能与应用

材料	密度 /($g·cm^{-3}$)	电阻率 /(10^{-8} Ω·m)	硬度	用　　途
纯银	10.49	1.61	HV90	用于无线电、通信用微型开关及小电流电器等领域
细晶银 /Ag - Ce 合金	10.5	1.80	HB37	用于小负荷电器，通常适用于工作电流 10 A 以下的低压电器，如通用继电器、热保护器、定时器等，且几乎所有应用纯银的场合都可由它来代替
Ag/C	8.5	2.75	HB25	适用于中等电流的滑动接点元件，如小型转子的电刷等
Ag/Cd	10.4	2.90	HV35	多用于灵敏的低压继电器，如空气断路器、启动器等
Ag/Cu	10.2	1.90	HV60	用于高压和大电流继电器，如空气断路器、启动器等
Ag/Fe	10.0	2.20	HB68	适用于启动频繁的重负荷交流接触器等
Ag/Mo	10.5	2.00	HB76	用于重负荷的开关、继电器、空气断路器、大电流开关等
Ag/Ni	10.1	1.80	HB50	常与 Ag/CdO 等配对使用，用于低压电器，如汽车开关、交流及直流继电器、指令开关、接触器、光控开关、温控器及洗衣机的定时器等
Ag/NiC	9.15	3.30	HV75	兼具银镍和银石墨的优点，广泛应用于万能式断路器及智能型万能断路器
Ag/W	11.9	2.30	HV60	用于重负荷的开关、继电器、空气断路器、大电流接点等
Ag/CdO	10.0	2.10	HV85	适用于中等和大功率接触器、继电器，如航空继电器等
Ag/SnO_2	9.7	2.10	HV100	作为 Ag/CdO 的替代产品，用途广泛
Ag/ZnO	9.6	2.10	—	在 3000 ~ 5000 A 的断电流条件下，具有比 Ag/CdO 更理想的抗电弧侵蚀能力，可部分替代 Ag/CdO 材料

4.2　发展趋势

电接触材料已经历了 150 多年的发展。在所有的金属中，Ag 的导电率最高、导热性最好，在大气条件下不被氧化，能保持稳定的接触电阻，并且具有良好的加工性能。因此，银基材料是电子电器工业中应用最广、最经济的贵金属电接触材料[47]。但纯银的硬度低、不耐磨、抗硫化能力差，在直流电下工作有材料转移倾向。为了克服上述缺点，人们研究了大量具有较高力学性能和耐磨性能，而电学性能变化不大的银基合金材料和银基复合材料。就断开接点材料而言，中等负荷的最具有代表性的 Ag/CdO 材料于 1930 年问世，并于 20 世纪 70 年代达到高潮。Ag/Ni 材料于 1939 年问世，重负荷用的 Ag/W 材料于 1953 年问世。20 世纪 50 年代，Degussa 公司和 Doduco 公司率先采用混粉法生产出 Ag/SnO_2。20 世纪 70 年代中期，日本中外电气株式会社成功研制出 Ag/SnO_2/In_2O_3 内氧化触点材料。20 世纪 70 年代后期，Degussa 公司改用粉末烧结氧化挤压工艺制备了 Ag/SnO_2，从而得到了使用寿命及抗熔焊性能与 Ag/CdO 相当的电接触材料。1977 年日本提出限制使用 Ag/CdO 材料，引起了各国的重视，进一步促进了无公害 Ag/SnO_2 材料的深入研究[48]。20 世纪 70 年代末，我国昆明贵金属研究所研制出 Ag - Ce 合金并获得了广泛应用，推动了 Ag - RE 电接触材料的发展[49, 50]。20 世纪 70 年代末，德国人 Stochel 对纤维状和层状结构的复合材料进行了深入研究，采用包覆复合法制备出了 Ag/Ni 纤维复合材料[13]。

综合现有资料，可以认为在已应用的银系电接触材料中应以 Ag/MeO 系为主，其中最重要的为 Ag/CdO，Ag/ZnO 及 Ag/SnO_2；Ag/ZnO 仍存在研究与应用的潜力，而 Ag/SnO_2 则是最近几年发展起来的一个新品种。由于 Ag/SnO_2 在性能上优于 Ag/CdO 电接触材料并且无毒，符合绿色无毒环保型电接触材料的要求，已成为电接触材料研究、应用的重点[30]。近年来纳米技术的不断发展，为 Ag/SnO_2 电接触材料提供了研究与应用的发展新方向[38, 51]。因此，应对纳米复合银基电接触材料进行更为深入的研究[37, 52]。

参考文献

[1] 堵永国，张万军. 常用触点材料的物理性能. 电工材料，2002，(1)：37 - 41.
[2] 邵文柱，崔玉胜. 电接触材料的发展与现状. 电工合金，1999，(1)：11 - 35.
[3] Michal R. Metallurgical aspects of silver-based contact materials for air-break switching devices. IEEE Trans，1990，13(2)：112 - 115.
[4] 陈文革，谷臣清. 电接触材料制造、应用与研究进展. 上海电器技术，1997，(2)：12 - 17.
[5] 钱宝光，耿浩然，郭忠全等. 电接触材料的研究与应用. 机械工程材料，2004，(3)：9 - 11.
[6] 程礼椿. 电接触理论基础. 北京：机械工业出版社，1988.
[7] 杜作娟. 水热还原法制备银氧化锡复合粉体及其性能研究[D]. 长沙：中南大学，2006.
[8] 宁远涛，赵怀志. 银. 长沙：中南大学出版社，2005.
[9] Wigert R，Allen S，Bevingtom R. Effects of graphite particle

size and processing on the performance of silver graphite contacts. IEEE Trans, 1992, 15(2): 154 - 158.

[10] Winger P, Bevington R. The effect of graphite addition on the performance of silver-nickel contacts. IEEETrans, 1991, 14(3): 95 - 98.

[11] 马战红，陈敬超，周晓龙等. 几种金属元素对银基电接触材料的影响作用. 材料导报，2002，16(11)：26 - 28.

[12] 程礼椿. 添加物对 Ag/SnO_2 电接触材料运行性能的影响作用. 电工合金，1995，(2)：7 - 15.

[13] Shen Y S. A historic review of AgMeO materials electric contacts. IEEE Trans, 1986, 9(6): 71 - 73.

[14] 谢明，郑福前，胡建松等. 银镍重触头材料生产新工艺. 贵金属，1997，18(增刊)：532 - 535.

[15] 王绍维. 新电接触材料 $AgSnO_2$ 的发展和应用. 低压电器，1992，(1)：15 - 19.

[16] Jachi P B. Improved P/M silver-zinc oxide electrical contacts. The Inter J of Powder Metallurgy, 1998, (4): 63 - 74.

[17] Amitabh V. Processing and properties of silver-tin oxide-indium oxide electrical contact materials. The Inter J of Powder Metallurgy, 1991, (1): 51 - 53.

[18] Muniesa J. Silver-tin oxide materials used in low voltage switching devices. Electrical Contacts, 1990, (1): 39 - 41.

[19] Chang H. Novel method for preparation of silver-tin oxide electrical contacts. J of Materials Engineering and Performance, 1992, (1): 225 - 228.

[20] Lorrain N, Chaffion L, Carry C et al. Kinetics and formation mechanisms of the nanocomposite powder Ag - SnO_2 prepared by reactive milling. Materials Science and Engineering, 2004, (367): 1 - 4.

[21] 堵永国，白书欣，张家春等. 一种全新 $AgSnO_2$ 触点材料的设计与制备. 电工合金，2000，(1)：15 - 22.

[22] 方鸿发，高广中. 欧洲低压开关电器电接触材料开发与应用. 上海电器技术，1992，(11)：39 - 41.

[23] Stroyuk A L, Shvalagin V V, Kuchmi S Ya. Photochemical synthesis, spectral optical and electrophsical properties of composite nanoparticles of ZnO/Ag. Theoretical and Experimental Chemistry, 2004, (2): 98 - 101.

[24] 龚家聪，钱喜瑞. $AgSiO_2$ 系电接触材料. 贵金属，1991，12(1)：59 - 61.

[25] Zhou X L, Chen J C, Cao J C et al. Fabrication research of silver-copper oxide composite reactive synthesis. Rare Metal Materials and Engineering, 2006, (5): 814 - 817.

[26] 程礼椿，李震彪，邹积岩. 制造工艺与添加物对银金属氧化物电接触材料运行性能的影响与作用(Ⅱ). 低压电器，1994，(3)：48 - 52.

[27] 程礼椿，邹积岩，李震彪. 制造工艺与添加物对银金属氧化物电接触材料运行性能的影响与作用(I). 低压电器，1994，(2)：52 - 57.

[28] 徐世华. $AgSnO_2$WP(Ⅱ)电接触材料在引进西门子电接触中的应用. 低压电器，1994，(4)：54 - 56.

[29] 张万胜. 不同工艺制造的 $AgSnO_2$ 电接触材料性能比较. 电工合金，1997，(4)：29 - 34.

[30] 杜作娟，杨天足，古映莹等. $AgSnO_2$ 电接触材料制备方法进展. 材料导报，2005，19(2)：39 - 42.

[31] Lee G G, Toshiyuki O, Koji H et al. Synthesis of silver alloy with tin dioxide dispersed by mechanical alloying. J of the Japan Society of Powder and Powder Metallurgy, 1996, (6): 795 - 798.

[32] 张万胜. 新工艺制备的 $AgSnO_2$ 系材料. 电工合金，1997，(2)：15 - 19.

[33] Ohta M. 新型银 - 金属氧化物电接触材料. 电工合金，1994，(1)：46 - 48.

[34] 雷景轩，马学鸣，余海峰等. 机械合金化制备接触材料进展. 材料科学与工程，2002，20(3)：457 - 460.

[35] 张国庆，邓德国，祁更新等. 机械合金化对银基陶瓷颗粒合金材料的作用. 贵金属，2000，21(2)：4 - 9.

[36] Zoz H, Ren H, Spath H. Improved Ag - SnO_2 electrical contact material by mechanical alloying. Metall, 1999, (8): 423 - 425.

[37] 王俊勃，李英明，王亚平. 纳米复合银基电接触材料的研究. 稀有金属材料与工程，2004，33(11)：1213 - 1217.

[38] 陈仲，廖宏彬，高后秀等. 欧洲电接触产业发展状况. 电器工业，2003，(12)：30 - 31.

[39] 马战红，陈敬超，周小龙等. 银基电接触产品的发展状况. 昆明理工大学学报，2002，27(2)：17 - 20.

[40] 林文松，方宁象，林炳. Bi 对 Ag - Sn 合金粉末内氧化机制的影响. 粉末冶金技术，2002，20(4)：200 - 204.

[41] 杨志远. 银 - 氧化物烧结电接触材料及其制造方法. 电工合金，1999，(1)：43 - 47.

[42] Amitabh V, Amitava R. 银氧化锡氧化铟电接触材料的加工及其特性. 电工合金，1992，(1)：43 - 48.

[43] 刘辉，藏颖，谭光讯等. 离心雾化制备预氧化银金属氧化物电接触材料. 电工合金，1993，(3)：18 - 21.

[44] 陈敬超，孙加林，张昆华等. 反应合成法制备银氧化锡电接触材料. 机电元件，2001，21(3)：17 - 21.

[45] 陈敬超，孙加林，杜焰等. 反应合成银氧锡电接触材料导电性能研究. 稀有金属材料与工程，2003，32(12)：1053 - 1056.

[46] 陈敬超，孙加林，杜焰等. 反应合成 $AgSnO_2$ 电接触材料组织与性能的研究. 电工材料，2003(3)：3 - 11.

[47] 吴春萍，陈敬超，周晓龙等. 银基电接触材料. 云南冶金，2005，34(1)：46 - 52.

[48] 张万胜. 电触头材料国外基本情况. 电工合金，1995，(1)：1 - 20.

[49] 谢明，郑福前，魏军等. Ag10NiRE 合金电接触材料. 贵金属，1997，18(4)：5 - 11.

[50] 林德仲. 电接触材料 Ag - Sn - Ce 合金研究. 贵金属，1989，10(4)：28 - 35.

[51] 龚家聪. 国外银基粉冶电接触材料的研究近况. 贵金属，1988，9(4)：60 - 64.

[52] 郑冀，李松林，高后秀等. 纳米氧化锡银基电接触材料的研究. 稀有金属材料与工程，2003，32(10)：829 - 831.

电极用超细铜粉的制备及其研究进展*

摘　要：对电极用超细铜粉的制备方法进行了介绍和评述。指出球形超细铜粉有助于制备优质电极，超细铜粉通过表面改性可以显著提高抗氧化性。

Preparation and research progress of ultrafine copper powder for electrode

Abstract: The preparation method of ultrafine copper powder for electrode is introduced and evaluated. The spherical ultrafine copper powder is helpful to prepare high quality electrode and the oxidation resistance of ultrafine copper powder can be improved significantly by surface modification.

超细铜粉在导电浆料、电池材料、催化材料等领域得到了广泛应用，但不同的应用领域对铜粉的要求不同，故而研究制备一些特殊超细铜粉成为人们非常关注的课题。本文对电极用超细球形铜粉及铜粉改性的研究进展进行阐述。

1　电极用超细铜粉的制备

超细铜粉现可用作内电极，也可用作外电极的制作材料。电极用超细铜粉制备方法很多，可以概括为物理方法和化学方法。

1.1　物理方法

物理方法是通过外部物理力的作用将大块物质粉碎成微细颗粒的方法，该类方法的最主要特征是在制备中没有新物质的生成。典型的有蒸发冷凝法、雾化法、高能球磨法等。

蒸发冷凝法[1~3]是在真空或惰性气体中，利用激光、电阻加热、电弧、电频感应或等离子体等，将原料加热汽化，然后骤冷，使之凝结成为粉体。

早在1963年Uegda用此法制备了金属的超细粒子[4]。我国青岛化工学院杜芳林[5]也用此法制备了铜、铬、铁等超细粉体。制备的粉体粒子的粒径可控制在30~50 nm。制备的粉体结晶度高，但设备比较复杂，生产率较低，成本也较昂贵。

雾化法，是先将金属熔融成为液体，然后将熔体金属雾化成分散的小液滴，再迅速将液滴冷凝成粉体。该法制成的粉体在微米级以上，能耗大且设备要求很高。

高能球磨法是利用球磨机研磨、撞击将原料制成粉体。该法工艺简单，但制备的粉体尺寸不均匀，形貌不规则，粒度不能达到微米级及亚微米级的要求。

1.2　化学法

化学法是利用化学反应生成粉体的离子和分子，经过成核、长大等过程得到超细粉体，其中具体方法有微乳液法、电解法、气相沉积法（CVD）、醇盐水解法、沉淀法、液相还原法、水热合成法等。

微乳液是由水或水溶液与一种不与水相互溶的有机液体所构成的分散体系，其中分散相以微液滴的形式存在，反应可以分别包括两种反应物的微乳液混合，使微乳液滴发生碰撞，反应生成沉淀。也可以是一种反应物微乳液与另一种反应物相互作用生成沉淀。由于微乳液极其微小，其生成的沉淀颗粒也非常微小，从而形成均匀的粉体。另外在反相微乳液体系中，微小水滴被表面活性剂和助表面活性剂所组成的界面膜包围，形成一个超微空腔，进行反微乳液的萃取制成超细粉体[6]。

* 该文首次发表于《矿冶工程》，2008年第6期，54~57页。合作者：胡敏艺。

电解法是工业生产铜粉的常用方法，这一方法的缺点是制备铜粉粒度较粗、分布也不均匀、形貌多呈枝晶状。气相沉积法(CVD)是以金属、金属化合物为原料，通过热源、电子束、激光辐射或等离子体作用，使之汽化，进而在气相中进行化学反应，并控制产物的凝聚生长，最终制得粉体。这种方法制备的粉体颗粒均匀、纯度高、粒度小、分散性好、活性也高，但有工艺难控制与成本高的缺点。

醇盐水解法是利用金属醇盐水解，产生金属氧化物、氢氧化物或水合物沉淀。经过洗涤、干燥、脱水制成超细粉体。该法得到的产品纯度高，但金属盐本身的制备成本较高，限制了它的应用。

沉淀法是最古老的方法之一，由于方法简单，目前在制备粉体材料中始终占有一定的地位[7-9]。该法制备的粉体粒度均匀、致密度高，但存在团聚等问题。液相还原法是目前实验室和工业上广泛应用的方法[10-12]。这种方法是在溶液中通过还原剂对液体的原料组成还原来制备粉体。该法投资少、成本低、工艺简单、反应易控制，粉体的粒度、纯度、形貌均能达到要求，但在液固分离中有时存在困难。

应当指出，因对电极用超细铜粉有特殊要求，尤其是制备多层陶瓷电容器电极的铜粉性质要求严格，故目前的制备方法主要是气相法、热分解法和液相法。

Tony Addona 等人[13]采用气相法制备了电极用超细铜粉，其步骤是：金属物料在汽化室中加热汽化，然后进入粒子生成室，生成的金属粒子经热处理后进入收集室，得到的铜粉呈球形，粒径为0.1～1.5 μm，铜粉的 SEM 照片如图 1 所示。从该图可见，粉体呈规则球形，但存在粒度分布不均匀的缺点。

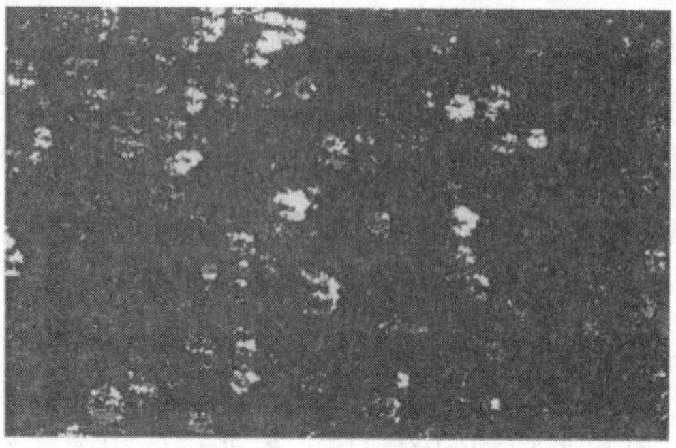

图 1　气相法制备的铜粉

Roseband 等人[14]采用热分解 $Cu(HCOO)_2$ 制备了亚微米级铜粉，其 SME 照片如图 2 所示，所得铜粉并非呈球状，而且产生严重的团聚现象。

Cien Yuhuang 等人[15]使用液相还原法，把乙二胺滴加到 CuCl－KCl 的水溶液中，得到粒径为0.34～1.14 μm 的单分散球形晶态铜粉(见图 3)。

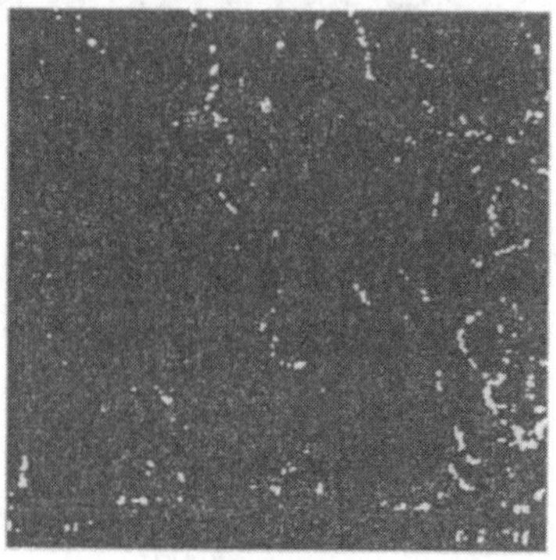

图 2　热分解法制备的铜粉

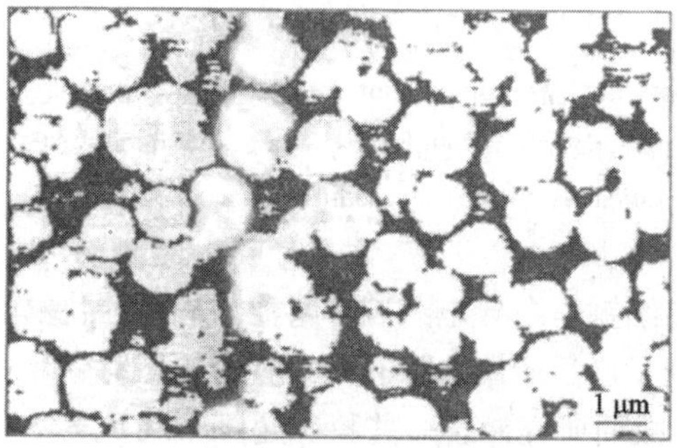

图 3　液相法制备的铜粉

还有一些研究者[16-22]使用不同的还原剂，也得到了相似的结果。图 4 是 Wu Songping[23]使用不同的还原剂得到的铜粉的 SEM 照片，由该图可见，还原剂不同得到的铜粉形貌有差异，但铜粉的粒径大致均匀。形貌虽呈不太规则的球形，但分散性好，可满足电极用铜粉的要求。

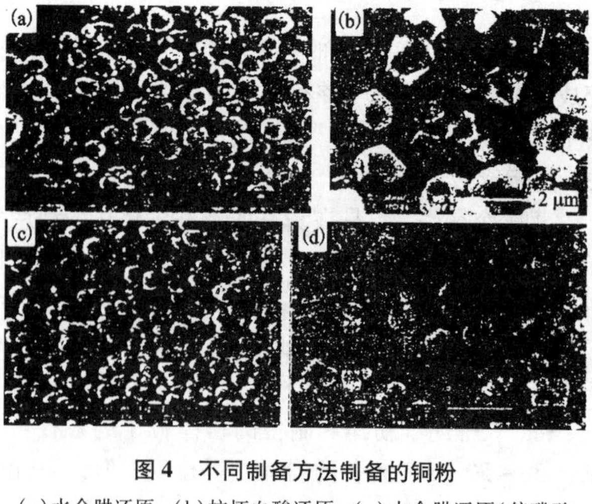

图 4　不同制备方法制备的铜粉

(a)水合肼还原；(b)抗坏血酸还原；(c)水合肼还原(偏磷酸钠作分散剂)；(d)水合肼还原铜氨配离子

胡敏艺[24]在还原法中采用葡萄糖预还原－氢还原制备铜粉及两步还原法制备铜粉，前者得到的铜粉呈方形，后者得到的铜粉为球形，均可满足作为电极用铜粉的要求。

综上所述，可把几种不同方法制得超细铜粉的性质列出于表1中。

表1　不同方法制得的超细铜粉性质

制备方法	形貌	纯度	振实密度	粉体粒径分布	抗氧化性与结晶度
气相法	球形有团聚	>99%	高	较宽	结晶度较高，但其中径粒易氧化
氢气还原球形 Cu_2O	规则球形	含碳和氧较高	较低	很窄	结晶度较低，抗氧化性较弱
氢气还原方形 Cu_2O	规则立方体形	较高	较低	很窄	结晶度较低，抗氧化性较弱
水合肼液相还原法	类球形	较高	较高	窄	结晶度较高，抗氧化性较强

2　超细铜粉的形貌控制

在铜粉的使用中，铜粉的形貌是一个重要问题，一般均要求铜粉形貌呈球形或准球形，而作为多层陶瓷电容器电极用的铜粉则必须是粒径均匀、分散性良好的球形粉末[25-26]，因为球形铜粉有助于产生精细的烧结表面，并可防止产生叠层结构缺陷。

如上节所述，在超细铜粉的制备方法中，气相法制备的铜粉通常为规则的球形，然而气相法所制备铜粉粒径分布通常较宽，而且很难使粒径分布得到改善。此外气相法对设备要求较高，投资较大。液相法制备的铜粉通常为类球形或多面体形。当制备亚微米级或纳米级铜粉时，在反应和干燥过程中常常发生团聚、氧化和固液分离困难[27-29]的现象。此外固相热分解法也用于制备铜粉[30]，但所得的铜粉由于经历较高温度处理而发生硬团聚。实际上，铜粉的形貌、粒径及粒径分布由前驱体氧化亚铜决定，因此铜粉的粒径和形貌就可间接地通过氧化亚铜的制备来控制。据文献报道，通过不同的制备方法及控制不同的条件，可以制备不同粒径及形貌的氧化亚铜粉末[31-33]。有些方法可以制备粒径相当均一的球形氧化亚铜粉末。目前对无机晶体成核与生长机理研究得较为充分，发展了多种晶体成核与生长机理和控制技术[34]，已对粒径和形貌具有相对成熟的控制技术[35]。相比之下，对溶液中金属晶体的成核与生长机理的研究很少，其粒径与形貌控制技术还不够成熟。但对一些无机物粉末粒径与形貌控制，已有成熟经验，将其用于金属粉末的粒径控制与形貌转化应该是有效的。文献[36]的方法避免了直接在液相中制备铜粉，制得的铜粉无团聚，而且不需对铜粉进行固液分离，简化了制备过程。该工艺是用葡萄糖还原Cu(Ⅱ)，先制备出 Cu_2O 球形粉末，然后在240℃条件下用氢气还原球形 Cu_2O 粉末，得到了分散性良好的球形铜粉。这种球形铜粉具有良好的导电性和稳定性。铜粉粒径大小和粒径分布决定于前驱体 Cu_2O 粒子大小和粒径分布。还原前后粒径略有收缩。铜粉的平均粒径一般为1.18 μm左右，振实密度为2.1 g/mL左右(见图5)，能很好地满足电极用铜粉的要求。

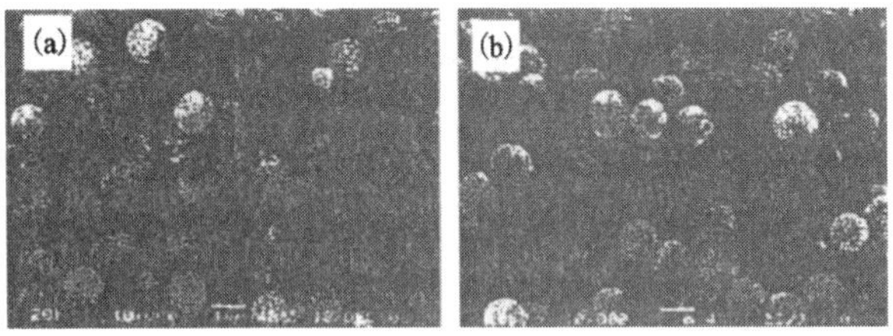

图5　用球形氧化亚铜还原得到的球形铜粉形貌对比

(a)还原前 Cu_2O 的球形形貌；(b)还原后得到球形铜粉形貌

3　超细铜粉的表面改性

尽管铜粉具有良好的导电性和价格上的优势，但与传统贵金属MLCC电极材料Pd、Ag相比存在一个明显的缺点：超细铜粉易被氧化，而且粒径越小越易氧化，研究表明在常温下大于500 nm的铜粉空气中可以稳定存在，小于500 nm的在空气中便发生氧化[37]，且在高温下更容易被氧化。从金属物理的角度可知，铜原子在晶格中排列越规范，缺陷越少，其自由能越低，化学活性就越小，因此制备高结晶度的铜粉是提高铜粉抗氧化性的重要措施。提高铜粉抗氧化性的另一条途径是铜粉的表面改性，即在铜粉表面包覆一层其他物质，保护铜粉在烧结过程中不被氧化，烧结后铜粉通过接触导电和隧道效应导电测试，其导电性与未包覆前相比没有显著下降。目前常用的改性方法是将铜粉表面包覆一层银，这样的双金属粉既具有良好的导电性又具有较高的抗氧化性，且成本增加不大。Xu Xinrui[38]采用电镀银技术在铜粉表面包覆一层银以提高铜粉的抗氧化性，铜粉抗氧化性随包覆银层质量的增加而提高，银质量达到20%后，表面形成了一层连续而均匀的银层。将此镀银铜粉制成薄膜，暴露在空气中，在150℃条件下，薄膜电阻几乎不随时间的变化而增加时，表明在此情况下镀银铜粉具有良好的抗氧化性。

另一类改性方法是在铜粉表面包覆一层无机物，例如 SiO_2、Ba－TiO_2 等，据日本专利报道[39]，铜粉表面包覆一层 SiO_2 和 B_2O_3 后，初始的氧化温度提高了100～120℃，初始烧结温度超过600℃。Zhao Bin 等人[40]对铜粉采用磷化处理后发现，纳米铜粉氧化温度提高到220℃，微米铜粉氧化温度提高到350℃，比处理之前提高了100℃。经 XRD 分析，铜粉表面沉积了一层不溶性的磷酸盐。含硫原子的有机物亦能较好地钝化铜粉表面[41]，钝化剂分子内硫原子(软碱)具有很强的表面吸附能力，能与铜粉表面的 Cu^+ 和 CuO(软酸)形成稳定的配位键。在浓度很低时，由于分子吸附在那些以最大自由力场吸引它们的各点上，因此仍具有优良的抗氧化效果。

超细铜粉的改性是今后铜粉扩展应用的主要途径。

4 结语

现今对超细铜粉制备已开展了不少研究工作，但从发展和需要的角度来看，在以下几方面还应大力开展研究工作：①开辟简单有效生产且符合高技术需要的铜粉，如电极用铜粉的新工艺；②研究控制铜粉粒度、形貌的规律；③开展更多铜粉表示改性的研究。

参考文献

[1] 匡洞庭，周桂江，刘广舜等. 超微粒子制备方法进度. 大庆石油学院学报，2000，24(2)：31－36.

[2] 赵斌，刘志杰，程起林等. 金属超细粉体制备方法的概述. 金属矿山，1999(4)：30－38.

[3] 段波，赵兴中，李星国等. 超细粉体制备技术的现状与展望. 材料工程，1994(6)：5－12.

[4] 竺培显，孙勇，方占昆等. 气化法制备金属超细粉末的有关问题探讨. 昆明理工大学学报，2001，26(6)：110－118.

[5] 杜芳林，崔作林，张志琨等. 负载型纳米非贵金属催化剂上 Co 的氧化. 分子催化，1997，11(3)：209－215.

[6] 马荣骏，罗电宏. 溶剂萃取新进展及其在新世纪中的发展方向. 矿冶工程，2001(3)：6－11.

[7] 马荣骏，柳松. 沉淀过程的理论和应用新进展. 中国稀土学报，1998(8)：555－561.

[8] 柳松，马荣骏. 水溶液中的沉淀过程. 稀有金属与硬质合金，1996(2)：50－54.

[9] 柳松，马荣骏. 混合稀土碳酸盐沉淀制备. 矿冶工程，1998(3)：44－46.

[10] 刘飚，官建国，王琦等. 多元醇还原制备纳米 Co 粉及其磁性的研究. 功能材料，2005，36(7)：1122－1128.

[11] 张宗涛，赵斌，胡黎明等. 高分子保护化学还原法制备纳米银粉. 华东理工大学学报，1995，24(4)：423－429.

[12] 钱玲，吕功煊. 可控粒径纳米 Rh 的液相还原法制备及其在甲醇重整制氢反应中的应用. 高等学校化学学报，2005，26(3)：480－487.

[13] Addona T, Auger P, Celik C et al. Nickel and copper powders for high-capacitance MLCC manufacture. Passive Component Industry, 1999(1): 14－19.

[14] Rosenband V, Gany A. Preparation of nickel and copper submicrometer particles by pyrolysis of their formats. Journal of Materials Processing Technology, 2004, 153－154: 1058－1061.

[15] ChienYu Huang, Sheen S R. Synthesis of nanocrystalline and monodispersed copper particles of uniform spherical shape. Materials Letters, 1997, 30: 357－361.

[16] 廖戎，孙波，谭红斌. 以甲醛为还原剂制备超细铜粉的研究. 成都理工大学学报，2003，30(4)：417－421.

[17] 刘志杰，赵斌，张宗涛等. 以抗坏血酸为还原剂的超细铜粉的制备及其热稳定性. 华东理工大学学报，1996，22(5)：548－553.

[18] 楚广，唐永建，刘伟等. 纳米铜粉的制备及其应用. 金属功能材料，2005，12(3)：18－21.

[19] 康仕芳，刘爱民，张猛. 化学沉淀法制备超细粉体过程行为. 化学工业与工程，2005，22(5)：346－349.

[20] Yong Caizhang, Rong Xing, Xiao Yahu. A green hydrothermal route to copper nanocrystallites. Journal of Crystal Growth, 2004, 273: 280－284.

[21] Sinha A, Sharma B P. Preparation of copper powder by glycerol process. Materials Research Bulletin, 2002, 37: 407－416.

[22] Hai Taozhu, Can Yingzhang, Yan Shengyin. Rapid synthesis of copper nanoparticles by sodium hypophosphite reduction in ethylene glycol under microwave irradiation. Journal of Crystal Growth, 2004, 270: 722－729.

[23] Songping Wu, Haoli Qin, Pu Li. Preparation of fine copper powders and their application in BME－MLCC. J of University of Science and Technology, 2006, 13(3): 250－258.

[24] 胡敏艺. 多层陶瓷电容器电极用超细铜粉的制备与表面改性研究. 长沙：中南大学，2007.

[25] Detlev F, Flennings K. Dielectric materials for sintering in reducing atmospheres. J Eur Ceram Soc, 2001, 21: 1637－1643.

[26] 杨邦朝，冯圣哲，卢云. 多层陶瓷电容器技术现状及未来发展趋势. 电子元件与材料，2001，20(6)：17－24.

[27] 蒋渝，陈家刈，刘颖等. 多层片式陶瓷电容器 MLC 研发进展. 功能材料与器件学报，2003，9(1)：100 - 107.

[28] Bernard J, Houivet D, El Fallah J et al. $MgTiO_3$ for Cu base metal multilayer ceramic capacitors. J Eur Ceram Soc, 2004, 24: 1877 - 1883.

[29] Amit Sinha, Sharma B. Preparation of copper powder by glycerol process. Mater Res Bull, 2002, 37: 407 - 414.

[30] Pollut M, Marinel S, Roulland F et al. Low temperature sintering of $B_2O_3/LiNO_3$, added $BaMg_{1/3}Ta_{2/3}O_3$ ceramics. Mater Sci Eng, 2003, B 104: 58.

[31] 陈爱东，刘玉红. $Ba_2Ta_9O_{20}$陶瓷的低温烧结及其在 MLCC 中的应用. 电子元件与材料，2004，23(7)：13 - 20.

[32] Tony Addona, Pierre Auger, Cesur Celik et al. Nickel and copper powder for high-capacitance MLCC manufacture. Passive Component Industry, 1999(11 - 12): 13 - 19.

[33] Rosenband V, Gany A. Preparation of nickel and copper submicrometer particles by pyrolysis of their formatter. J Mater Proc Techn, 2004, 153 - 154: 1062 - 1064.

[34] Arvind Sinha, Swapan Kumar Das, Vijaya Kumar T V, et al. Synthesis of nanosized copper powder by an aqueous route. J Mater Synth Proc, 1999, 7(6): 373 - 380.

[35] Chienyu Huang, Shyang Roeng Sheen. Synthesis of nanocrystalline and monodispersed copper particles of uniform spherical shape. Mater Lett, 1997, 30: 357 - 363.

[36] 胡敏艺，周康根，王崇国等. MLCC 电极用铜粉的研究进展. 材料导报，2006，20(12)：311 - 318.

[37] 赵斌，刘志杰，蔡梦军等. 超细铜粉的水合肼还原法制备及其稳定性研究. 华东理工大学学报，1997，23(3)：372 - 379.

[38] Xu Xinrui, Luo Xiaojun, Zhunang Hanrui et al. Electroless silver coating on fine copper powder and its effects on oxidation resistance. Mater Lett, 2003, 57: 3987 - 3993.

[39] 岡田美洋，平田晃嗣，板根堅之. 耐酸化性および烧结性に优れに导电ペースト用铜粉ボよぴその制造法. JpnPat, 2004149817, 20040527.

[40] Zhao Bin, Liu Zhijie, Zhang Zongtao et al. Improvement of oxidation resistance of ultrafine copper powder by phosphating treatment. J Solid State Chem, 1997, 130: 157 - 163.

[41] 汪琳，曹鹏，熊翔. 金属粉末表面稳定化处理的研究. 粉末冶金工业，1997，7(3)：11 - 17.

TiO_2 的光催化作用及其研究进展(Ⅰ)*

摘　要：对新型光催化剂 TiO_2 所具有的活性强、氧化性能好、节能、成本低、无毒等优异性能进行了介绍，并对其性质、结构、催化性能、影响因素、掺杂改性及研究和应用，做了扼要阐述。

The photochemical catalysis function and latest research of TiO_2 (Ⅰ)

Abstract: Presentation is made of the excellent properties(such as high activity, good oxidability, energy-saving, low cost and non-toxic) of new TiO_2 photocatalyst. The paper briefly describes its nature, structure, catalysis performance, influence factors, doping modification, research and the applications.

在众多半导体材料中，由于 TiO_2 具有优良的生物和化学特性及催化活性高、氧化性能好、成本低、无毒等优点，被认为是最具潜力的半导体光催化材料。近年来发现纳米粉末具有优异的表面效应和量子尺寸效应。因此，纳米 TiO_2 作为光催化剂更加为人们所重视，成为了研究和应用的热点。鉴于 TiO_2 作为光催化剂的重要作用，本文的第一部分中对其结构性能、催化机理进行扼要阐述。

1　TiO_2 光催化剂的离子结构及性能

TiO_2 在自然界中存在三种晶体结构：金红石型、锐钛矿型和板钛矿型，其中金红石型和锐钛矿型 TiO_2 具有较高的催化活性，尤以锐钛矿型光催化活性最佳。两种晶型结构如图1所示[1]。三种晶体结构均由相同的[TiO_6]八面体结构单元构成，但八面体的排列方式、连接方式和晶格畸变的程度不同。其连接方式包括共边和共顶点两种情况，如图2所示。锐钛矿型 TiO_2 为四方晶系，其中每个八面体与周围8个八面体相连接(4个共边，4个共顶角)，4个 TiO_2 分子组成一个晶胞。金红石型 TiO_2 也为四方晶系，晶格中心为Ti原子，八面体棱角上为6个氧原子，每个八面体与周围10个八面体相联(其中有两个共边，八个共顶角)，两个 TiO_2 分子组成一个晶胞，其八面体畸变程度较锐钛矿要小，对称性不如锐钛矿相，其Ti—Ti键长较锐钛矿小，而Ti—O键长较锐钛矿型大。板钛矿型 TiO_2 为斜方晶系，6个 TiO_2 分子组成一个晶胞。这三种晶型的结构参数如表1所示[2]。三种晶相以金红石相最稳定，而锐钛矿和板钛矿在加热处理过程中会发生不可逆的放热反应，最终都将转变为金红石相。图3为 TiO_2 的相图，图中的 TiO_2 - Ⅱ具有 $\alpha-PbO_2$ 结构，为人工合成的结构。而金红石、锐钛矿和板钛矿相结构则是天然存在的。锐钛矿和板钛矿在一定高温下都将转变为金红石相。由锐钛矿相向金红石相的相变过程是一个形核-长大的过程，即金红石首先在锐钛矿相表面形核，随后向体相扩展。相变是一个逐步实现的过程，不断地发生着键的断裂和原子重排，锐钛矿相中的{112}面变为金红石相的{100}面，Ti、O原子发生协同重排，大部分Ti原子通过6个Ti—O键中的两个键断裂迁移到新的位置形成金红石相，故氧离子的迁移形成点阵空位可促进相变，而Ti间隙原子的形成则会抑制相变。锐钛矿和板钛矿向金红石相变温度范围为500~700℃，而且相变温度受到颗粒尺寸、杂质等影响。尤其是杂质和热

* 该文首次发表于《稀有金属与硬质合金》，2006年第2期，40~43页及34页。

处理气氛会导致形成不同的缺陷结构而影响到晶相转变的温度和速度，使金红石相不能向锐钛矿相或板钛矿相转化。由于晶体结构的不同，金红石相、锐钛矿相和板钛矿相所表现出来的物理化学性质也有所不同，如表 2 所示[3]。

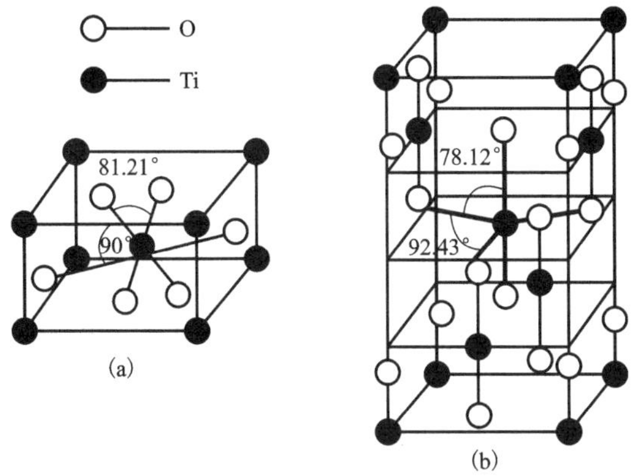

图 1　TiO_2 的晶体结构

(a)金红石型；(b)锐钛矿型

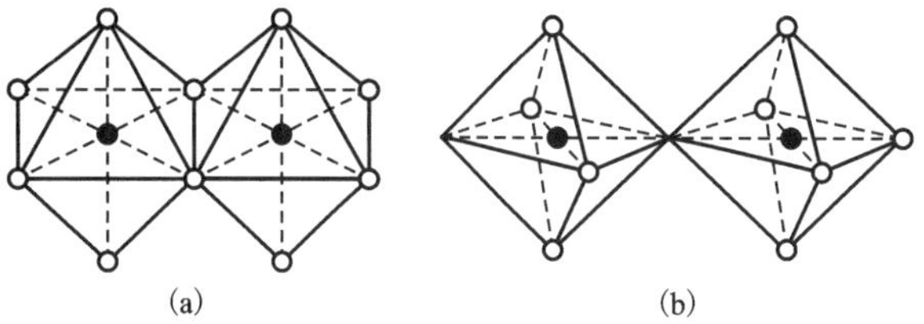

图 2　TiO_2 结构单元的连接方式

(a)共边方式；(b)共顶点方式

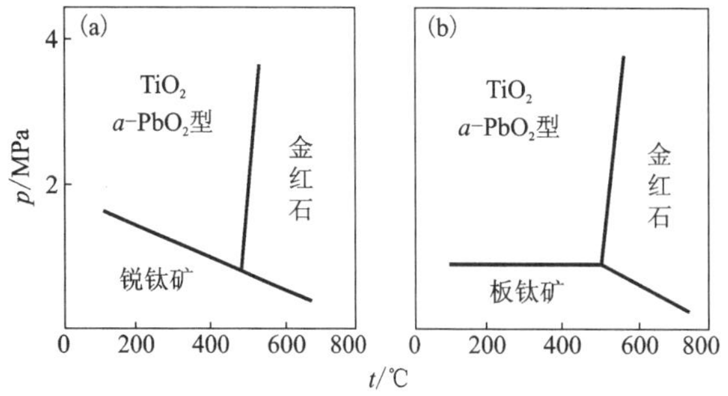

图 3　TiO_2 - Ⅰ及 TiO_2 - Ⅱ的相图

(a)TiO_2 - Ⅰ；(b)TiO_2 - Ⅱ

表 1　不同晶型 TiO_2 的结构参数

晶体结构	空间群	晶系	点阵参数 /nm	密度 /(g·cm^{-3})	原子间距/nm	
					Ti—O	Ti—Ti
锐钛矿型	$I4_1/amd$	四方	$a=0.37852$ $c=0.25134$	3.893	0.1934 0.1980	0.397 0.300
金红石型	$P4_2/mnm$	四方	$a=0.45933$ $c=0.29592$	4.249	0.1949 0.1980	0.357 0.396
板钛矿型	$Pbca$	斜方	$a=0.5455$, $b=0.9181$	4.133	6 个 T—O 均不相等	

表 2　不同晶型 TiO_2 的物理化学性质

晶体结构	ΔH_{298} /(kJ·mol^{-1})	S_{298} /(kJ·mol^{-1})	熔点 /℃	熔化热 /(kJ·mol^{-1})	折射率 (589.3 nm, 25℃)	介电常数 (ε)	硬度 (Mds 标度)
板钛矿	—	—	(变成金红石)	—	$\eta_\alpha=2.5831$, $\eta_\beta=2.5843$, $\eta_r=2.7004$	78	5.5～6.0
锐钛矿	-912.5	49.92	(变成金红石)	—	$\eta_w=2.5612$, $\eta_s=2.4800$	48	5.5～6.0
金红石	-943.5	50.52	1855	64.9	$\eta_w=2.6124$, $\eta_s=2.8933$	110～117	7.0～7.5

2　TiO_2 的光催化机理

半导体之所以具有光催化活性是由于经一定波长的光激发后，导带上的电子受到激发而跃迁产生激发电子，同时在价带上产生空穴。这些电子和空穴具有一定的能量，而且可以自由迁移，当它们迁移到催化剂时，则可与被吸附在催化剂表面的化学物质发生化学反应，并产生大量具有高活性的自由基。然而，这些光生电子和空穴都不稳定，易复合并以热量的形式释放。事实表明，光催化效率主要决定于两种过程的竞争，即表面电荷载流子的迁移率和电子 - 空穴复合率的竞争。如果载流子复合率太快（<0.1 ns），那么，光生电子或空穴将没有足够的时间与其他物质进行化学反应。而在半导体 TiO_2 中，这些光生电子和空穴具有较长的寿命（大约为250 ns），这就有足够的时间让电子和空穴转移到晶体的表面，在 TiO_2 表面形成不同自由基，最常见的是OH—自由基[4]。Martin等通过电子自旋共振（ESR）和激光火焰光分析测量实验后，提出了 TiO_2 光催化剂的光催化反应机理[5]，具有如下反应过程：

首先在紫外光照下（$h\lambda \geq 3.2$ eV），TiO_2 半导体上会产生光生电子和空穴

$$TiO_2 + h\lambda \longrightarrow TiO_2(e^- + h^+)$$

在极短的时间（ps）内，光生电子迁移到 TiO_2 的表面，被表面所吸附的物质捕获，从而导致了 Ti^{3+} 中心的形成

$$Ti^{4+} + e^- \longrightarrow Ti^{3+}$$

TiO_2 表面吸附的氧气分子是非常有效的电子捕获剂，它可以有效地阻止大量 Ti^{3+} 的产生，或者阻止一个电子从 Ti^{3+} 转移到吸附氧而形成 O_2^- 阴离子自由基

$$O_2 + e^- \longrightarrow O_2^- \quad O_2 + Ti^{3+} \longrightarrow O_2^- + Ti^{4+}$$

而吸附在 TiO_2 表面上的水分子（H_2O）及氢氧根离子（OH^-）被 TiO_2 价带空穴氧化而形成氧化剂，即形成 OH^-。

$$Ti^{4+} - O_2^{2-} - Ti^{4+}OH_2 + h^+ \longrightarrow \{Ti^{4+} - O_2^- - Ti^{4+}\} - OH + H^+$$

$$Ti^{4+} - O_2 - Ti^{4+}OH + h^+ \longrightarrow \{Ti^{4+} - O_2^- - Ti^{4+}\} - OH$$

以上反应发生时间都在纳秒内，同时光生电子和空穴也将发生如下反应

$$e^- + h^+ \longrightarrow E$$

$$e^- + \{Ti^{4+} - O_2^- - Ti^{4+}\} - OH \longrightarrow Ti^{4+} - O_2^- - Ti^{4+} - OH^-$$

$$h^+ + Ti^{3+} \longrightarrow Ti^{4+}$$

因此，纳秒时间对被捕获的电子与空穴的复合以及发生光催化氧化还原反应，都是至关重要的。如何增加电子和空穴的捕获剂的数量，抑制光生电子与空穴的复合，稳定 OH^- 等对光催化反应非常重要。

另外，半导体颗粒的尺寸也会影响光催化反应的效率，当半导体粒子的粒径小于某一临界值时，量子尺寸效应变得显著，载流子就会显示出一定的量子行为，如导带和价带变成分立能级，能隙变宽，价带电位变得更正，导带电位变得更负，这样提高了光生电子和空穴的氧化－还原能力，同时也提高了半导体光催化氧化有机物的能力。

3 影响 TiO_2 光催化性能的因素

在实际应用中，光催化效率是一个非常重要的指标。影响 TiO_2 光催化效率的因素很多，不仅与 TiO_2 自身的晶体结构、表面缺陷等因素有关，而且一些外界因素如光强、温度、溶液和pH、溶液中的杂质以及氧含量等，都会影响其光催化率。

3.1 TiO_2 晶型的影响

在 TiO_2 的三种晶型中，金红石型和锐钛矿型都具有一定的光催化性能。与金红石相相比锐钛矿具有更高的光催化活性，其原因表现在：

（1）两种晶型在结构上存在差异致两者的质量密度和电子能带结构有所不同。锐钛矿型 TiO_2 的密度为3.894 g/cm^3，稍小于金红石型 TiO_2 的密度（4.250 g/cm^3）。锐钛矿型的禁带宽度 E_g 为3.2 eV稍大于金红石型 TiO_2（$E_g = 3.1$ eV）。锐钛矿型 TiO_2 的导带位较正，阻碍了氧气的还原反应。

（2）锐钛矿相晶格中含有较多的缺陷和位错，能产生更多的氧空位来捕获电子，光生电子和空穴较容易分离。而金红石型 TiO_2 的晶型结构最为稳定、结晶度较好、缺陷小、光生电子和空穴易复合，从而不利于光催化活性的提高[6]。

（3）在高温热处理过程中，锐钛矿相向金红石相转变后表面会发生脱羟基反应，导致金红石相表面的羟基化程度低于锐钛矿相，而表面的羟基能用于俘获空穴，产生羟基自由基，同时吸收氧气（用于捕获光生电子）和有机物分子等。

（4）由锐钛矿相向金红石相转变过程中晶粒有所长大，使表面积下降，从而降低光催化活性。目前，对不同晶型 TiO_2 的光催化活性还存在争议。Bichky等人认为单一的锐钛矿相和金红石相的光催化活性均较差，而为混合晶相时具有更高的催化活性[7]。这可能是由于两种晶型共存时相当于两种半导体复合，使得光生电子和空穴发生有效分离。

3.2 颗粒粒径的影响

颗粒粒径直接影响光催化活性。粒径越小，光催化剂的比表面积越大，单位面积上发生反应的几率增大，越有利于提高光催化效率。当颗粒粒径在1～10 nm时，量子尺寸效应变得明显，导致带隙变宽，从而提高光生电子和空穴的氧化－还原能力。量子化程度增大有利于催化活性的提高，但是粒子越小，比表

面积越大，光生电子和空穴的复合机会也会增多，若复合达到一定的程度，会出现光催化活性随量子化增加而下降的现象[8]。因此，在实际应用中必须选择一个合适的粒径范围。

3.3　光强度的影响

Ollis 等认为，纳米 TiO_2 的降解率与光强度成正比，即在光催化反应过程中，光催化剂的光催化活性随光生载流子(包括电子和空穴)的增多而成正比例增强[9]。然而，Al-Sayye 等认为：随着光的强度加大，其降解率与光强成二次方变化[10]。在研究纳米 TiO_2 光催化降解对溴苯酚的反应率与辐射光强度时得到如图4 的关系。从图中可见，光催化反应速率 r 随辐射光强度 I 的变化分为三个阶段。在第一阶段，随着辐射光强度不断增长，催化反应速率与光强度成正比关系；当辐射光强度继续增大后，其催化反应速率与光强成0.5 次方变化；而当其进一步增强时，光催化反应速率趋于常数，不再随光强的增大而增大。产生该现象的主要原因可能是由于氧的缺少，使催化剂表面上的电子不能很好地与之结合，因此不能及时将被吸附在催化剂表面的对溴苯酚除去。大量的对溴苯酚覆盖在催化剂表面上致使反应速率不再加快。另外，过多的反应产物占据了催化剂的活性中心位置也会导致这种现象的产生。

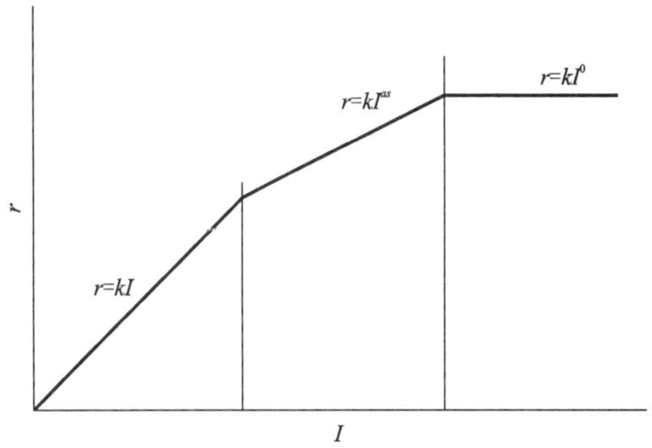

图4　纳米 TiO_2 光催化反应速率与光强度的关系

3.4　催化剂浓度的影响

纳米 TiO_2 光催化降解的初始速率与催化剂质量 m 成正比关系。当 m 高于某一临界值时，其反应速率趋于均衡，而不再随 m 的变化而变化。Chen 等通过大量实验发现：当 TiO_2 浓度为0.1 ~5.0 g/L 时，其催化降解有机物的效率最佳[11]。在用纳米 TiO_2 降解 $C_{10}H_7SO_3Na$ 的实验中发现：当 TiO_2 光催化剂的浓度为2.0 g/L 时，光催化降解率最大。当其浓度较小时，随着 TiO_2 颗粒的增加使更多的光子被吸收，从而使得光催化降解反应速率变小；但是 TiO_2 过多，则会因悬浮颗粒 TiO_2 对光的散射作用增强，致使辐射光强度在溶液中明显衰减，使光激发的空穴数目减少，从而降低光催化剂的降解速率。

3.5　温度及溶液 pH 的影响

光催化降解有机物反应对温度敏感程度较低。但水溶液 pH 却在很大程度上会影响胶体粒子的大小、催化剂表面电荷以及 TiO_2 能带位置。文献[12]研究了对溴苯酚的 pH 与光催化降解对溴苯酚的关系。研究表明，当 pH 为7 即处于中性环境时，光催化效率最大。而当溶液 pH 小于或大于7 时，光催化降解对溴苯酚的效率会降低，这是因为在酸性或碱性条件下，将分别发生下述反应而产生了氢离子：

$$TiOH_2^+ \rightleftharpoons TiOH + H^+ \quad (1)$$

$$TiOH \rightleftharpoons TiO^- + H^+ \quad (2)$$

因此，当溶液呈酸性或碱性时，都会使上述反应发生平移，导致催化反应率降低，进而影响到光催化剂对有机物的降解能力。

3.6　溶液中杂质离子的影响

如溶液中存在大量的杂质离子，如 Cl^-，Br^-，SO_4^{2-}，NO_3^-，CO_3^{2-}，PO_4^{3-} 等。当这些离子接近纳米 TiO_2 表面时不仅会阻碍光催化剂降解反应的进行，而且也会影响到溶液中 pH 的变化。实验表明：在 pH = 3 的溶液中 Cl^- 极大地阻碍了催化剂对有机物质的降解作用。根据方程(1)，在酸性环境中催化剂表面主要为 $TiOH_2^+$ 和 TiOH 所占据，由于 Cl^- 和其他一些有机化合物发生竞争从而降低光催化效率；在较高的 pH 即碱性环境下，如方程(2)所示，产生的 TiO^- 会排斥 Cl^-，使 Cl^- 不易靠近催化剂的表面而使催化率下降；但在中性环境下，杂质离子对催化剂降解有机物的效率最佳。

参考文献

[1] Burdett J K et al. Structural-electronic relationships in inorganic solids: Power neutron diffraction studies of the rutile and anatase polymorphs of titanium dioxide at 15 and 295 K. J Am Chem Soc, 1987, 109(12): 3 639.

[2] Shannon R D et al. Topotaxy in the anatase-rutile transformation. Am Minera, 1964, 1707: 49.

[3] 高濂等. 纳米氧化钛光催化材料及应用. 北京：化学工业出

版社, 2002: 34.
[4] Fujishima A et al. Titanium dioxide photocatalysis. J Photochem Photobiol(C: Photochem Rev), 2000, 1: 1.
[5] Martin S T et al. Time-resolved microwave conductivity (TRMC) 1 TiO_2 photoactivity and size quantization. J Chem Soc Trans Faraday Soc, 1994, 90: 3315.
[6] Tanaka K et al. Effect of crystallinity of TiO_2 on its photocatalytic action. Chem, Phys Lett, 1991, 187 (1 - 2): 73.
[7] Bickley I B et al. A structural investigation of titanium dioxide photocatalysts. J Solid State Chem, 1991, 92: 178.
[8] 曹茂盛等. 纳米材料导论. 哈尔滨: 哈尔滨工业大学出版社, 2001.
[9] Ollis D F. Solar-assisted photocatalysis for water purification: Issues, data, questions, in photochemical conversion and storage of solar energy. Kluwer: Academic Publishers, 1991: 593.
[10] Al-Sayyed G et al. Semiconductor-sensitized photodegradation of 4 - chlorophenol in water. Journal of photochemistry and photobiology(A: Chemistry), 1991, 58: 99.
[11] Chen D et al. Photocatalytic kinetics of phenol and its derivates over UV irradiated TiO_2. Applied catalysis, (B: Environmental), 1999, 23: 143.
[12] 周武艺等. 纳米 TiO_2 能光催化降解有机物的机理及其影响因素的研究. 中国陶瓷工业, 2003, 10(5): 26, 54

TiO_2 的光催化作用及其研究进展(Ⅱ)*

摘　要：对新型光催化剂 TiO_2 所具有的活性强、氧化性能好、节能、成本低、无毒等优异性能进行了介绍，并对其性质、结构、催化性能、影响因素、掺杂改性及研究和应用，做了扼要阐述。

The photochemical catalysis function and latest research of TiO_2 (Ⅱ)

Abstract: Presentation is made of the excellent properties (such as high activity, good oxidability, energy-saving, low cost and non-toxic) of new TiO_2 photocatalyst. The paper briefly describes its nature, structure, catalysis performance, influence factors, doping modification, research and the applications.

在前文扼要介绍新型光催化剂 TiO_2 的性质、结构、催化性能及其影响因素的基础上，本文重点阐述提高 TiO_2 光催化作用的方法、掺杂改性、掺杂 TiO_2 光催化作用的机理及应用。

1　提高 TiO_2 光催化活性的方法

由于 TiO_2 光催化剂局限于紫外光区域，对太阳光的利用率较低，因此，提高 TiO_2 光催化活性显得尤为重要。在提高 TiO_2 光催化作用的研究方法中，主要有两种途径：①通过对 TiO_2 的光改性，如采用表面螯合与衍生、过渡金属离子掺杂、半导体偶合、非金属元素掺杂和染料敏化等方法，延长光生电子和空穴的复合时间，提高光生电子和空穴的寿命，从而提高光量子效率；②通过制备纳米级 TiO_2 掺杂，提高纳米 TiO_2 颗粒的量子尺寸效应，使其在可见光区也能发挥光催化作用。

1.1　TiO_2 的改性

1.1.1　表面螯合和衍生

表面螯合和衍生可提高 TiO_2 的光催化活性。螯合剂在催化剂表面与 TiO_2 螯合，可进一步提高界面电荷的迁移速率，使吸收波长外移，并在近紫外和可见光区发生响应，从而提高了对光的利用率。常见的表面螯合剂如 EDTA 以及其他螯合剂能够使 TiO_2 的导带边缘向更负方向迁移。表面衍生则可提高界面电子迁移率[1]。例如四硫化邻苯菁钴(Ⅱ)是一种有效的光电子捕获剂，它可促进 TiO_2 表面的氧化还原反应，通过共价键与 TiO_2 表面隧道配位连接。当光生电子产生后，电子迁移到该捕获剂上并形成超氧阴离子自由基。使用邻苯铁(Ⅲ)菁改性的二氧化钛($FePc/TiO_2$)较未改性的 TiO_2 极大地提高了对对胺苯酸、对硝基苯酸、对氯苯氧乙酸、水杨酸以及苯胺的降解率[2]。光催化活性的提高主要是由于邻苯铁(Ⅲ)菁和 TiO_2 协同相互作用产生羟基自由基(·OH)。Moser 等人研究苯衍生物(如邻苯二甲酸)表面配位胶体 TiO_2 体系的光催化性能时，发现该体系能有效地将导带上的电子转移到溶液中受体上(如 O_2)，并解释了 TiO_2 表面配位体系有效增强界面电子转移速率的原因[1]。可将导带上电子捕获机理表示为：

$$Ti^{4+} + e^- \longrightarrow Ti^{3+} \quad E_t \geqslant 0.3\ eV \tag{1}$$

$$A + e^- \longrightarrow A^- \tag{2}$$

$$A + Ti^{3+} \longrightarrow A^- + Ti^{4+} \tag{3}$$

其中反应(1)速度大约为几纳秒(ns)，较反应(2)中电子直接传递给受体的速度慢，一般要经历反

* 该文首次发表于《稀有金属与硬质合金》，2006 年第 3 期，24～29 页。

应(3)才能完成电子的转移。电子转移过程的自由能表达式如下所示：

$$\Delta G_f = E^0_{(A/A^-)} - E_{TiO_2} + E_t \quad (4)$$

当界面表面的 Ti(Ⅳ)吸附的水分子被配体取代后，表面陷势阱(E_t)可能减小，若配体的 Lewis 碱性足够强，表面的电子陷势阱可能消失，从而提高界面导带上的电子迁移速率。

1.1.2　过渡金属离子掺杂

过渡金属离子掺杂可在 TiO_2 晶格中引入缺陷或改变结晶度，从而影响电子和空穴的复合。由于过渡金属元素多为变价，在 TiO_2 中掺杂少量过渡金属离子可使其形成为光电子-空穴对的浅势捕获阱，延长电子和空穴的复合时间，从而达到提高 TiO_2 的光催化活性的目的。不仅如此，由于多种过渡金属离子具有比 TiO_2 更宽的光吸收范围，可将吸收光进一步延伸到可见光区，有望实现以太阳光为光源。但是，并非所有的过渡金属离子掺杂都可以提高 TiO_2 的催化活性。Choi 等研究了包括 19 种过渡金属离子及 Li^+，Mg^{2+}，Al^{3+} 等 3 种离子分别掺杂纳米 TiO_2 时发现：当掺杂原子量为 0.1% ~0.5% 时，Fe^{3+}，Mo^{5+}，Ru^{3+}，Os^{3+}，Re^{5+}，V^{4+} 及 Rh^{3+} 掺杂离子能大大地提高光催化氧化性能。但是，掺杂 Co^{3+} 和 Al^{3+} 会降低对 CCl_4 和氯仿的光催化氧化活性[3]。在研究了 Co，Cr，Cu，Fe，Mo，V 和 W 等 7 种过渡金属掺杂纳米 TiO_2 光催化剂降解 4-硝基苯酚后发现：①掺杂 TiO_2 的光催化活性与单一粉末的特殊性能没有直接关系，掺杂后光催化剂的活性取决于其本身的物理化学性质和电子特性等因素。②掺杂后的样品均不同程度地对吸收光外移，即向可见光区移动。除了 W 外，其他几种过渡金属掺杂后的光催化活性均低于纯 TiO_2。③TiO_2 粉末与 TiO_2 胶体的光催化活性不同，这是由于其表面化学不同的缘故。由于大颗粒对光的反射作用较强，而导致光的有效利用率降低[4]。Gratael 等人也发现，掺杂 Fe、V 和 Mo 后的 TiO_2 胶体，其电子和空穴的寿命极大提高[5]。④对于不同的有机物，光催化剂可能表现出不同的降解效率。

贵金属过渡元素掺杂也是一个研究热点。贵金属和半导体具有不同的费米(Fermi)能级，当两者连接在一起时，电子会不断地从半导体向金属迁移，一直到二者的费米能级相等时为止。贵金属沉积也会改变半导体的表面性质，提高光催化剂的光催化活性。

从以上研究可以看出：一些金属离子的掺杂提高了 TiO_2 的光催化活性，而有些金属离子的掺杂则降低了 TiO_2 的光催化活性。掺杂金属能否提高 TiO_2 的光催化活性，需具备以下两个条件：①掺杂金属要具有合适的能级，能使电子由导带迅速转移至被吸附物溶液中；②当进行光催化反应时，掺杂金属在 TiO_2 表面应表现出良好的化学稳定性[6-8]。

1.1.3　半导体复合

半导体复合是指两种不同能带宽度的半导体所进行的复合。由于不同半导体的价带、导带和带隙能不一致而发生交叠，从而提高了光生电子和空穴的分离率，扩展纳米 TiO_2 的光谱响应，从而表现出具有较单一半导体更好的稳定性和催化活性。

Vogel R 等将 CdS 引入宽禁带半导体 TiO_2 中形成了复合半导体光催化剂，由于这两种半导体的导带、价带的带隙不一致而发生交叠，从而提高光生电荷分离率，扩展了 TiO_2 的光谱响应。CdS-TiO_2 偶合体系电荷转移过程如图 1 所示[9]。研究 ZnO/TiO_2 复合光催化剂降解 4-硝基酚后发现：不同光催化剂表面的羟基化作用程度差别不明显。在碱性玻璃上用溶胶-凝胶法制备了双层(上层为 TiO_2，下层为 SnO_2)的光催化剂薄膜，这种膜对气相反应(如气相 CH_3CHO 的氧化反应)表现出较高的光催化活性。这主要是由于电子从 TiO_2 转移到底层的 SnO_2，提高了光生电子和空穴的分离能力[10]。

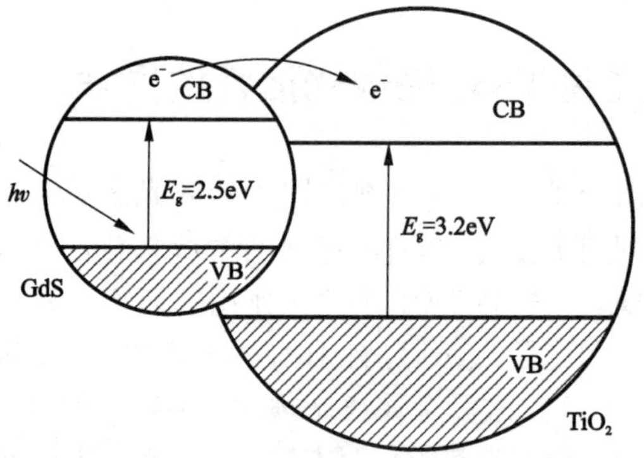

图 1　CdS-TiO_2 电荷转移示意图

1.1.4　有机染料对 TiO_2 的敏化

表面敏化是指光催化剂表面经物理或化学吸附一些有机物，经一定波长的光激发后产生光生电子，然后注入到半导体光催化剂的导带上，从而在 TiO_2 中产生载流子的过程。由于 TiO_2 的带隙较宽，只能吸收紫外光区光子。通过激发光敏剂把电子注入到半导体的价带上，可以提高光激发过程的效率，从而扩展了光催化剂激发波长的响应范围，使之有利于降解有机化合物。研究表明，一些普通染料(如赤鲜红 B、曙红、酞花氰类)、叶绿素、腐殖酸以及钌的吡啶类配合物等常被用作敏化剂。敏化剂对半导体的激发、电荷转移和敏化剂再生过程如图 2 所示[11]。其具体过程为：首先，染料被吸附在半导体的表面，然后在光激发下吸附染料分子吸收光子而被激发产生光生电子；激发态染料分子将电子注入到半导体的导带上，再将电子转移到被吸附于表面上的氧分子所产生的氧气负离子。在可见光照射下用 4，4′－乙二酸－2，2′－二吡啶钌敏化 TiO_2 来降解 CCl_4，结果表明 CCl_4 的去氯率随着氧含量的增多而降低，这是由于导带电子竞争的结果。Bae 等研究证明，钌复合敏化剂和贵金属改性的 TiO_2 在可见光下，可提高对有机物的降解率[12]。

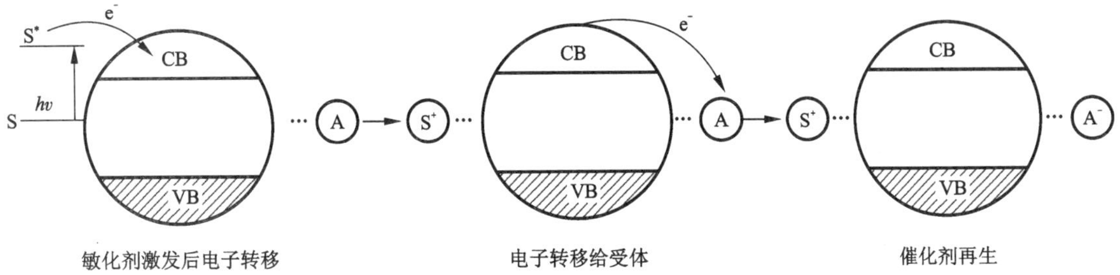

图 2　半导体敏化过程电荷转移示意图

敏化剂在一定波长光的作用下可激发一个电子跃迁到分子的三线激发态或单线激发态中。当半导体的导带能级较激发态敏化剂的氧化电势更负时，激发态敏化剂的电荷将会注入到半导体的导带上，随后导带电子转移还原吸附在其表面的受体上，这个受体可作为氧化还原电子使敏化剂再生，其反应式为：

$$e^- + O_x \longrightarrow O_x^- \tag{5}$$

$$S_x^+ + O_x^- \longrightarrow S_x + O_x \tag{6}$$

如果没有氧化还原电子存在，敏化半导体体系中电荷转移后敏化分子被氧化降解。

1.2　纳米 TiO_2 的掺杂及其光催化机理

1.2.1　非金属元素掺杂改性纳米 TiO_2

Asahi 认为掺杂提高 TiO_2 在可见光区响应程度须满足三个条件：①掺杂剂能在 TiO_2 的带隙中产生能级以利于吸收可见光。②掺杂剂的最小导带（CBM）能（包括那些非纯态时的最小带能）应与 TiO_2 的一样高，甚至要高于 H_2/H_2O 电势以保证光催化活性。③掺杂剂的带隙应与 TiO_2 的带隙相互交叠，以便在光生载流子的存在寿命内，将其传递至催化剂表面的反应中心位置上。目前，有关非金属元素掺杂纳米 TiO_2 的报道较少。将钛酸四异丙脂［$Ti(i-OCH_4)_4$］混合 NH_4F-H_2O 溶液通过水解合成了 F^- 掺杂 TiO_2 纳米光催化剂，F^- 掺杂后提高了锐钛矿晶体的含量，抑制了板钛矿的形成，并阻碍了锐钛矿相向金红石相的转变，此外，还使吸收光外移[13]。当 F/Ti 的原子比为 1 时，其光催化活性最佳，这是由于为了补偿电荷平衡 F^- 掺杂使得 Ti^{4+} 转变为 Ti^{3+}，其转变过程可用下式表示：

$$(1+x)TiO_2 + xF^- \longrightarrow Ti_{2x}^{3+}Ti_{1-x}^{4+}O_{2+x}^{2-}F_x^- + xO^{2-} \tag{7}$$

由于 TiO_2 是一种 n 型半导体，Ti^{3+} 表面态在 TiO_2 带隙里形成了一个亚能级，Ti^{3+} 表面态能够捕获光生电子然后将其转移一并吸附在 TiO_2 表面的氧气分子上。因此，一定数量的 Ti^{3+} 表面态的存在使得光生电子和空穴的复合率降低，从而提高了 TiO_2 的光催化活性。Ti^{3+} 与 F^- 掺杂 TiO_2 中和电荷载体的动力学过程如图 3 所示[13]。

研究中还发现在锐钛矿型 TiO_2 的晶体中引入了 F^- 后，TiO_2 粉末和薄膜的光催化活性大大提高。

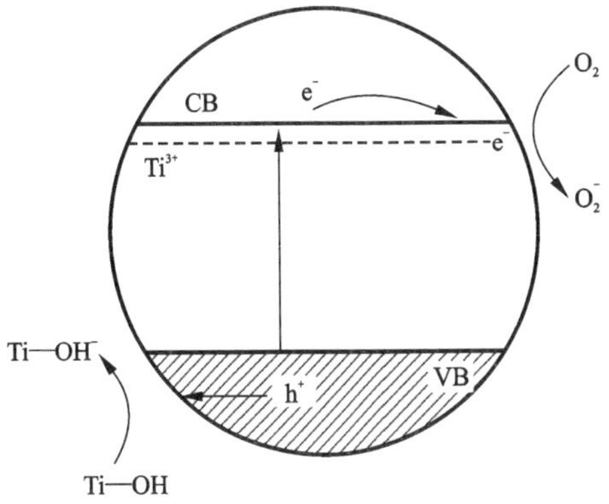

图 3　Ti^{3+} 与 F^- 掺杂 TiO_2 中电荷迁移动力学过程示意图

1.2.2 稀土元素离子掺杂纳米 TiO_2

稀土元素具有相似的电子结构特点，即在内层的4f轨道内逐一填充电子，通常为+3价，其离子最外层电子排布为 $4f^n6s^26p^6$。由于外层电子的屏蔽效应使得稀土元素与其化合物的性质相似，但由于4f电子填充的数目不同又使两者的性质具有某些差异。从电子结构看，5d空轨道提供了较好的电子转移轨道，可以作为 TiO_2 光催化作用时所产生光生电子的转移场所。形成氧化物时，正离子外层d和s轨道电子的空态(d^0s^0)形成交叠导带具有半导体性质。因此，用稀土元素掺杂 TiO_2 有利于提高光催化剂的催化活性。国内外有关稀土掺杂纳米 TiO_2 的报道较多。Lin等报道了 Y^{3+}，La^{3+} 和 Ce^{4+} 掺杂纳米 TiO_2 降解丙酮，发现 Y^{3+} 和 La^{3+} 的掺杂使 TiO_2 的光催化活性提高，而 Ce^{4+} 的掺杂反而使其降低[14]。Ranji等的研究表明，氧化物 Ln_2O_3($Ln^{3+}=Eu^{3+}$，Pr^{3+}，Yb^{3+})/TiO_2 复合催化剂较纯 TiO_2 对有机污染物的降解能力强得多，这是由于被降解有机物质与稀土离子之间的协同效应进一步提高了催化剂的催化活性。Xu等人系统研究了 Sm^{3+}，Ce^{3+}，Er^{3+}，Pr^{3+}，La^{3+}，Gd^{3+} 和 Nd^{3+} 掺杂纳米 TiO_2 的光催化活性，发现相同条件下掺杂质量分数为0.5% Gd^{3+} 的 TiO_2 对 NO_2^- 光催化氧化能力最强[15]。根据产生氧空位缺陷方式的不同，掺杂稀土离子与 TiO_2 晶格的作用可分为两类：一类是单一价态以+3价为主的稀土掺杂离子，如 Gd^{3+}，Y^{3+}，La^{3+} 等，它们通过扩散进入晶格取代 Ti^{4+} 产生缺陷，从而促进相变和金红石相的晶粒增长，并提高了 TiO_2 光催化剂的催化活性。另一类是以可变价态的稀土离子如 Ce^{4+}，Tb^{3+}，Eu^{3+} 等，它们比较容易在 TiO_2 晶格表面发生氧化还原反应，然后通过扩散产生氧空位或晶隙钛，从而影响了相变，导致光催化剂 TiO_2 的光催化活性也发生相应变化。由于稀土离子的半径一般都大于 Ti^{4+} 半径，因此，当掺杂离子扩散进入 TiO_2 晶格中后会引起较大的晶格畸变和膨胀，这种晶格畸变或膨胀为逃离晶格的O原子和吸附 O^- 提供额外的空穴和电子捕获途径，从而提高了 TiO_2 的光催化性能。

1.2.3 掺杂纳米 TiO_2 的催化机理

掺杂纳米 TiO_2 的光催化机理可表示如下：

(1)电子-空穴的产生

$TiO_2 + h\nu \longrightarrow e^- + h^+$

$M^{n+} + h\nu \longrightarrow M^{(n+1)+} + e^-$

$M^{n+} + h\nu \longrightarrow M^{(n-1)+} + h^+$

(2)载流子的捕获

$Ti^{4+} + e^- \longrightarrow Ti^{3+}$

$M^{n+} + e^- \longrightarrow M^{(n-1)+}$

$M^{n+} + h^+ \longrightarrow M^{(n+1)+}$

$OH^- + h^+ \longrightarrow OH$

(3)电荷的迁移

$M^{(n-1)+} + Ti^{4+} \longrightarrow M^{n+} + Ti^{3+}$

$M^{(n+1)+} + OH^- \longrightarrow M^{n+} + OH$

(4)光生电子和空穴的复合

$e^- + h^+ \longrightarrow TiO_2$

$Ti^{3+} + OH \longrightarrow Ti^{4+} + OH^-$

$M^{(n-1)+} + h^+ \longrightarrow M^{n+}$

$M^{(n-1)+} + OH^- \longrightarrow M^{n+} + OH$

$M^{(n+1)+} + e^- \longrightarrow M^{n+}$

$M^{(n+1)+} + Ti^{3+} \longrightarrow M^{n+} + Ti^{4+}$

(5)催化剂表面电荷的传递

e^-(或 Ti^{3+}，$M^{(n-1)+}$) $+ O \longrightarrow O^-$

h^+(或·OH，$M^{(n+1)+}$) $+ R \longrightarrow R^+$

其中：M^{n+} 表示杂质金属离子；OH^- 表示 TiO_2 催化剂表面的羟基；·OH表示 TiO_2 催化剂表面羟基自由基；O是电子受体；而R是电子的施体。用以上的机理模型可以解释各种掺杂 TiO_2 的光催化机理。

还应指出的是，TiO_2 光催化剂的制备技术对其光催化活性具有重要影响。不同制备方法最终获得的光催化剂其表面状态、颗粒尺寸、颗粒形貌以及结构等都不会一致，所表现出来的光催化活性也不同。故制备 TiO_2 光催化剂应对制备方法加以认真选择。

2 TiO_2 光催化剂的应用

2.1 废水中有机物的光氧化处理

在 TiO_2 粒子的表面上因水分子和 OH^- 捕获了光生空穴而产生了羟基自由基，这些自由基的氧化性能很强，可以与有机物中的碳结合，破坏双键、芳香链使其裂解产生 H_2 分子，使有机物分子转变为无毒副作用的 CO_2 和 H_2O。光催化剂 TiO_2 在有机物的光催化降解中得到了广泛应用，表1列出了一些有机物被其光催化处理的研究情况。

2.2 气体有机物的光催化氧化处理

TiO_2 光催化剂也可被用于气相化学污染物的氧化。Deng等研究了 TiO_2 光催化剂对正己烷的气相氧化，结果表明纳米 TiO_2 颗粒的比表面积是影响其光催化气相氧化的主要因素[17]。此外，很多文献都报道了在水或气体中有机物可以完全被氧化。一般来说，均相光催化氧化碳氢化合物使其完全被氧化的过程可用式(8)来表示：

$$C_xH_yCl_z + [x + 0.25(y - z)]O_2 \longrightarrow xCO_2 + zH^+ + 0.5(y - z)H_2O + 0.5zCl_2 \quad (8)$$

表1　以 TiO_2 为光催化剂的光催化氧化技术在废水处理中的应用[16]

废水类型	处理对象	催化剂及其附载形式
染料废水	甲基蓝，罗丹明 B，水杨酸	TiO_2 负载于沙粒
	甲基橙	TiO_2 纳米晶粒
	罗丹明－6G	TiO_2/SiO_2
	活性染料水溶液	TiO_2，WO_3
	酸性红，羟基偶氮苯，溶剂红，染料中间体 H 酸	TiO_2 悬浊液
	分散深蓝，分散大红	TiO_2
	酸性蓝，刚果红，黄金性酸	TiO_2 负载于玻璃纤维
	亚甲基蓝	TiO_2 粉末
	中性黑	TiO_2 负载于水泥
	一品红，铬蓝 K，铬黑 T	纳米结构 TiO_2 膜
农药废水	除草剂	TiO_2，ZnO
	二氯二苯三氯乙烷(DDT)	TiO_2，TiO_2/Pt 等悬浊液
	三氯苯氧乙酸，2，4，5－三氯苯酚	TiO_2 悬浊液
	敌敌畏(DDVP)，敌百虫(DTHP)	TiO_2 负载于玻璃纤维
	有机磷农药	载钛多孔玻璃
	苯酚，咪蚜胺	TiO_2 和 CMC－Na 混合载于玻璃
	邻氯苯酚	TiO_2 负载于沙粒
	苯酚	ZnO 粉末
表面活性剂废水	十二烷基苯磺酸钠(阴离子型)	TiO_2 悬浊液，TiO_2 薄膜
	氯化卞基十二烷基二甲基胺(阳离子型)	TiO_2 薄膜电极，TiO_2 悬浊液
	壬基聚氧乙烯(非离子型)，乙氧基烷基苯酚	TiO_2 悬浊液
含卤代物废水	三氯乙烯	TiO_2/SiO_2
	三氯代苯	TiO_2 负载于 Ni－聚四氟乙烯
	三氯甲烷，四氯化碳，3，3′－二氯联苯，四氯联苯，氟代烯烃，氟代芳烃	TiO_2 悬浊液
	4－氯苯酚	TiO_2 薄膜电极
	氟里昂	金属或金属氧化物掺杂 TiO_2
	十氟代联苯，五氟苯酚	TiO_2，SiO_2，TiO_2/Al_2O_3
油类废水	水面漂浮油类及有机物污染物	TiO_2 粉末黏附于木屑，纳米 TiO_2 偶联于硅铝空心球，空心玻璃球负载 TiO_2 薄膜
无机污染物废水	CN^-	TiO_2 悬浊液
	$Au(CN)_4^-$	H_2O_2/TiO_2
	I^-，SCN^-	TiO_2/SnO_2
	$Cr_2O_7^{2-}$	TiO_2 悬浊液，ZnO/TiO_2
	Hg，CH_3HgCl	TiO_2(以甲醇为空穴捕获剂)

2.3 重金属及其他特殊化合物的去除

在环境应用领域中，除了有机物的光催化氧化外，TiO_2 对无机化合物的光催化还原也是一个重要的研究方向。这是由于光激发在 TiO_2 表面产生的光生电子是很好的氧化还原剂，它可以氧化还原一些化学物质，如无机化合物以及重金属离子(如氨、叠氮化合物、氰化合物在 TiO_2 表面的光化学转变)。研究用纳米 TiO_2 催化剂来处理含氰废水时发现 CN^- 首先被光催化氧化成了 OCN^-，再进一步反应生成了 CO_2，N_2 和 NO_3^-。用 TiO_2 光催化剂，在处理 $Au(CN)_4^-$ 溶液中发现 CN^- 被还原为 NH_3 和 CO_2。纳米 TiO_2 对 Cr^{6+} 具有明显的光催化还原作用，在含 Cr^{6+} 溶液的 pH 为 2.5 时，光照 1 h 后，Cr^{6+} 被还原为 Cr^{3+}，其效率达到了 85%。同样，Hg^{2+}，Ag^+，Pb^{2+} 和 Cu^{2+} 等也可被 TiO_2 光催化剂有效除去。用 TiO_2 光催化技术来处理电镀工业废水不仅可以降解氰化物，而且可以将重金属离子还原为金属从而加以回收。

2.4 光催化抗菌消毒

在人们生活的环境中存在各种有害的微生物(如细菌、有害病毒等)，对人类生活产生不良影响。家居环境中一些潮湿的场地(如厨房、卫生间等)微生物容易繁殖，导致空气菌浓和物品表面菌浓增大，长此以往则对人们的身体健康产生严重威胁。纳米 TiO_2 光催化剂具有很好的抑制或杀灭细菌、病毒、真菌以及癌细胞等微生物的作用。因此，近年来用纳米 TiO_2 作为抗菌材料日益受到重视。Kikuchi 等人研究了 TiO_2 对大肠杆菌的降解作用，发现在紫外光照下，1 h 后可将大肠杆菌全部杀死，而没有 TiO_2 作用时，4 h 后仍然有 50% 的大肠杆菌存活率[18]。研究用 TiO_2 对 O－157 内毒素的降解杀毒作用时，发现在紫外光照射下，2 h 后内毒素大部分被降解，4 h 后则几乎被完全降解。TiO_2 对微生物的作用机理与光催化降解有机物的机理是不同的。它对微生物细胞的作用有两种不同的生化机理：一种机理认为紫外光激发 TiO_2 和细胞直接作用，即光生电子和空穴直接与细胞壁、细胞膜或细胞的组成成分发生化学反应。由于光生电子和空穴具有非常强的氧化能力，直接氧化细胞壁、细胞膜和细胞内的组成成分导致细胞的死亡。另一种机理则认为光激发 TiO_2 与细胞间接发生反应，即光生电子或光生空穴与水或水中的溶解氧反应生成 OH^- 和 HO_2 等活性基团，这些活性基团再与细胞壁、细胞膜和细胞内的组成成分发生生化反应，如构成生物体的重要成分三磷酸腺苷(ATP)与活性氧反应而耗尽或失活，从而导致细胞的死亡。另外，这些活性氧类还可以导致 DNA 链中碱基之间的磷酸二酯键的断裂，引起 DNA 分子单键或双键断裂，破坏 DNA 双螺旋结构，从而破坏微生物细胞的 DNA 复制和紊乱细胞的新陈代谢。纳米 TiO_2 颗粒尺寸越小，杀灭细菌的效果越好。纳米 TiO_2 对绿脓杆菌、大肠杆菌、金黄色葡萄球菌、沙门氏菌、芽杆菌和曲霉菌等都具有很强的杀灭能力[19]。

2.5 光催化治理癌症

自 20 世纪 80 年代中期开始，纳米 TiO_2 就被用于抗肿瘤研究。日本科学家 Fujishima 等人在日本率先研究发现 TiO_2 在紫外光照射下可以杀死 Hele 肿瘤细胞，随后开展了一系列研究，对不同条件下杀死肿瘤的影响因素进行了探讨，发现使用极化 TiO_2 微电极可选择性杀死单个肿瘤细胞[20]。Cai 等将肿瘤细胞移植到老鼠身上，当肿瘤长到 0.5 cm 后，将含有 TiO_2 的溶液注入到肿瘤部位，2～3 天后，将肿瘤部位的皮肤切开，并用紫外光照射，13 天后发现明显抑制住了肿瘤的生长[21]。利用纳米 TiO_2 的光催化作用还可能在医学临床上用于治疗消化系统的胃、肠肿瘤，呼吸系统的咽喉、气管肿瘤，泌尿系统的膀胱、尿道肿瘤和皮肤癌等[22]。用纳米 TiO_2 光催化治理癌症的优点表现在：①除紫外光不需要其他的外界能量；②TiO_2 能够在大范围的表面物上产生强氧化反应而杀死癌细胞；③纳米 TiO_2 颗粒能够被正常组织内的巨噬细胞所吞噬而对人体无害；④不会引起白细胞减少等副作用。

参考文献

[1] Moser J et al. Surface complexation of colloidal semiconductors strongly enhances interfacial electron-transfer rates. Langmuir, 1991, 7(12): 3012.
[2] Ranjit KT et al. Iron (Ⅲ) phthalocyanine-modified titanium dioxide: A novel photocatalyst for the enhanced photodegradation of organic pollutants. J Phys Chem B, 1998, 102(47): 9397.
[3] Choi W et al. The role of metalion dopants in quantumsized TiO_2: Correlation between photoreactivity and charge-carrier recombination dynamics. J Phys Chem, 1994, 98 (51): 13669.
[4] Paola A D et al. Preparation of polycrystalline TiO_2 photocatalysts impregnated with various transition metal ions: Characterization and photocatalytic activity for the degradation of 4 - nitrophenol. J Phys Chem, 2002, 106(3): 637.

[5] Gratael M, et al. Electron paramagnetic resonance studies of doped TiO_2 colloids. J Phys Chem, 1990, 94(6): 2566.
[6] Borgarello E, et al. Visible light induced water cleavage in colloidal solutions of chromium-doped titanium dioxide particles. J Am Chem Soc, 1982, 104(11): 2996.
[7] Martin S T, et al. Photochemical mechanism of sizequantized vanadium-doped TiO_2 particles. J Phys Chem, 1994, 98(51): 13695.
[8]王艳芹等. 掺杂过渡金属离子的 TiO_2 复合纳米粒子光催化剂 - 罗丹明 B 的光催化降解. 高等学校化学学报, 2000, 21(6): 958.
[9] Vogel R, et al. Quantum-sized PbS, CdS, Ag_2S, Sb_2S_3 and Bi_2S_3 particles as sensitizers for various nanoporous wide-bandgap semiconductors. J Phys Chem, 1994, 98(12): 3183.
[10] Tada H, et al. A patterned-TiO_2/SnO_2 bilayer type photocataylst. J Phys Chem B, 2000, 104: 4585.
[11] Ranjit K Y, et al. Lanthanide oxide-doped tianium dioxide: Effective photocatalysts for the degradation of organic pollutants. J Mater Sci, 1999, 34: 5273.
[12] Bae E Y, Highly enhanced photoreductive degradation of perchlorinated compounds on dye-sensitized metal/TiO_2 under visible light. Environ Sci Technol, 2003, 37(1): 147.
[13] Jimmy C, et al. Effects of F-doping on the photocatalytic activity and microstructures of nanocrystalline TiO_2 powders. Chem Mater, 2002, 14: 3803.
[14] Lin J, et al. An investigation on photocatalytic activities of mixed TiO_2 - rare earth oxides for the oxidation of acetone in air. J Photochem Photoboi A: Chem, 1998, 116: 63.
[15] Xu A W, et al. The preparation characterization and their photocatalytic activities of rare-earth-doped TiO_2 nanoparticles. J Catal, 2002, 207: 151.
[16] 尹晓敏等. 纳米二氧化钛光催化剂在废水处理中的应用. 纳米科技, 2005, (5): 10.
[17] Deng X Y, et al. Gas-phase photo-oxidation of organic compounds over nanosized TiO_2 photocatalysts by various preparations. Appl Catal B, 2002, 39(2): 135.
[18] Kikuchi Y, et al. Photocatalytic bactericidal effect of TiO_2 thin films: Dynamic view of the active oxygen species responsible for the effect. J Photochem Photoboi A: Chem, 1997, 106: 51.
[19] 高濂等. 纳米氧化钛光催化材料及应用. 北京: 化学工业出版社, 2002: 282.
[20] Fujishima A, et al. Behavior of tumor cells on photoexcited semiconductor surface. Photomed Photobiol, 1986, 8: 45.
[21] Cai R, et al. Induction of cytotoxicity by photoexcited TiO_2 particles. Cancer Res, 1992, 52: 2 346.
[22] Ruar J M. Biocompatibility evaluation bitro part I: Morphology expression and proliteration in human and rat cstecblasts. J Central South University of Technology, 2001, 8(1): 1.29

富勒烯碳分子的结构、性质与应用*

摘　要：介绍了富勒烯碳分子的结构、性质、制备方法及其应用情况。由于富勒烯碳分子及其纳米管具有一系列特殊性能，可以预期其研究与应用将会得到迅速发展。

Fullerenes: Structure, properties and application

Abstract: This paper describes the structure, properties and applications of fullerenes. Since fullerenes and their nanotubes have a series of special properties, their research and application are expected to advance rapidly.

1985 年 Krogo 和 Smalleg 等[1]用激光照射石墨，通过质谱法检测出 C_{60}分子，从此打破了人们认为碳元素只存在于石墨型及金刚石型结构中的概念。C_{60}的外形像足球，每个碳原子处在由 12 个正五边形和 20 个正六边形组成的球顶点上。其他如 C_{70}，C_{72}，C_{76}，C_{80}，C_{84}，C_{120}，C_{240}等分子也都具有封闭的圆球型和椭球型外形以及对称性，很像建筑师 Buckminster Fuller 设计出来的圆形屋顶，因此，命名这类分子为 Bucky ball，Buckminster Fullerenes，Buckminsterenes Fullerenes 等，现在多数人都称这类碳分子为富勒烯(Fullerenes)[2-5]。富勒烯已引起了化学及材料等领域的高度重视，故其研究进展特别迅速。

本文根据收集到的资料，对富勒烯碳分子作一简单介绍，以便进一步引发对它的研究和应用，促进其更加快速发展。

1　富勒烯碳分子的结构与性质

由于 C_{60}的发现与成功合成，人类对碳元素的认识有了重大飞跃，从而开创了对碳元素研究的新高潮。

富勒烯碳分子是人类发现的一类新型全碳分子(all-carbon molecule)，C_{60}是其中的一种。每一个富勒烯分子都有 $2\times(10+M)$（M 是六元环的数值）个碳原子，相应构成 12 个五元环和 M 个六元环，这种构造是欧控定理的一个简单结果。从 C_{20}开始(除去 C_{22})，任何一个偶数的碳原子簇都可形成一个富勒烯结构。从分子结构中知道，只有遵循五元环分离原则，这种分子才能稳定存在，换言之，从张力和电子学的观点来看，所有的五元环均被六元环分开的结构比有相邻五元环的结构更加稳定，由于 C_{60}的 20 个六元环刚好将 12 个五元环完全分开，因而 C_{60}是最小的且最稳定的富勒烯分子，如图 1 所示。从图 1 可看出，C_{60}是对称性最高的富勒烯分子。

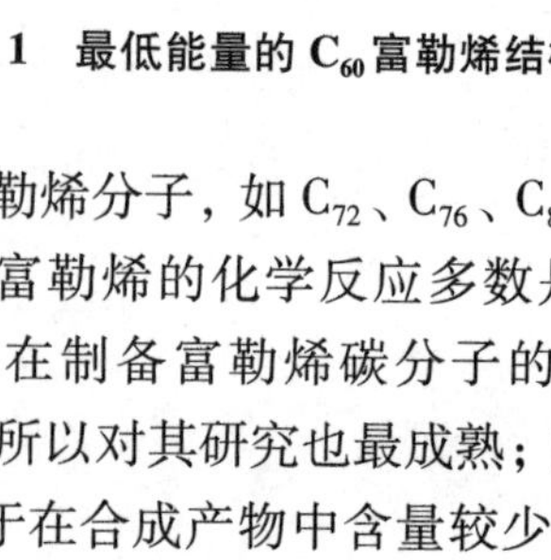

图 1　最低能量的 C_{60}富勒烯结构

其他的富勒烯分子，如 C_{72}、C_{76}、C_{84}等均与 C_{60}类似。有关合成富勒烯的化学反应多数是通过先合成 C_{60}而实现的，在制备富勒烯碳分子的反应产物中，C_{60}含量最高，所以对其研究也最成熟；而其他一些富勒烯分子，由于在合成产物中含量较少，对其研究受到限制，今后还需要进行大量的研究来认识它们的物理、化学性质。

* 该文首次发表于《矿冶工程》，2000 年第 4 期，4～6 页。合作者：邱电云。

在 C_{60} 的结构中，60 个半杂化的 p 轨道互相重叠，在笼内外形成大 π 键，因此，最初认为 C_{60} 具有“超芳香性”，球状的 C_{60} 是封闭的没有悬挂键，不能发生像苯类化合物那样的取代反应，它具有一定的化学惰性，后来又用计算化学证明，C_{60} 是由 12500 个碳分子极限式参与共振所得到的杂化体，故而是稳定的。又经深入研究得知，在 12500 个碳分子参与的共振极限式中，所有的五元环都避免了双键存在的共振极限式，从而进一步认识到：

(1) C_{60} 碳笼上的五元环对整体的共振结构是不利的，它大大限制了 π 电子云的离域，从而在 C_{60} 分子中不存在一个完全离域的共振 π 电子体系，它与芳香性相关的一些活性可以排除。因此，C_{60} 比人们最初预料的要更为活泼。

(2) 在 C_{60} 上连接两个六元环的键（6/6 键）比连接六元环的五元环的键（6/5）要短，在所有可能的结构中，C_{60} 最低能量凯库勒结构式（图 1）是所有的双键都位于键合两个六元环位置，而单键则键合五元环和六元环，因此，可以认为 C_{60} 是融合五径向烯和环已三烯亚单元的建造共轭 π 体系结构，由于曲面会造成价键张力，在分子内只能测得微弱的环电流，它更倾向于短电子多烯烃的反应特性。

(3) C_{60} 是个电负性分子，它容易还原但不易于氧化，具有三重简并的最低空轨道和五重简并的最高轨道，这反映了在实验上，C_{60} 可以可逆地由 1 价还原至 6 价。

(4) 在 C_{60} 内，高度角锥化的 $sp^{2.28}$ 杂化的碳原子大分子引起大量的张力能，大约是其生成焓（ΔH_f）的 80%（C_{60} 的 $\Delta H_f = 10.16$ kcal/mol），因而是最小的且最稳定的富勒烯分子。但在热力学上 C_{60} 比石墨和金刚石的稳定性要差。C_{60} 固体的结构与制备工艺密切相关，直接在有机溶剂中生成的 C_{60} 单晶和薄膜主要是面心立方结构。在低温下，晶体中的 C_{60} 分子仍处于高温相的面心立方位置，但 C_{60} 分子以旋转有序状态存在，图 2 为 4 个 C_{60} 分子的旋转对称示意图。

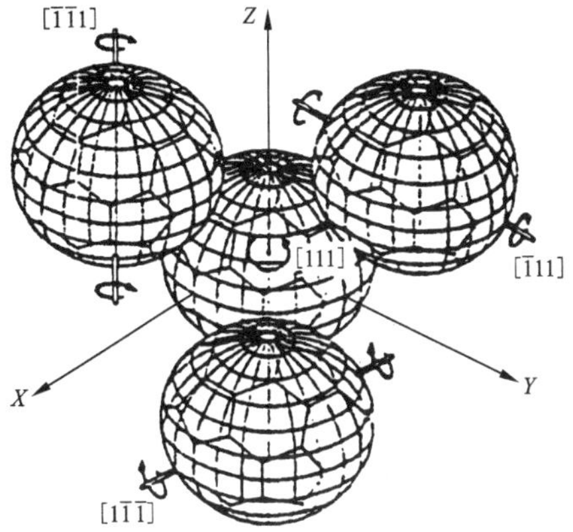

图 2　处于某些特殊取向的一个原胞中四个 C_{60} 分子

C_{60} 分子的二次轴平行于立方的棱，处于 000，$\frac{1}{2}\frac{1}{2}0$，$\frac{1}{2}0\frac{1}{2}$，$0\frac{1}{2}\frac{1}{2}$ 的分子分别绕 $[111]$ $[11\bar{1}]$ $[\bar{1}\bar{1}1]$ $[\overline{111}]$ 轴旋转一定角度

C_{60} 分子中的五边形刚好平行且对应于另一个分子的（6/6）键，如图 3（a）所示。对 C_{60} 单晶和粉末进行更深入的研究，发现 C_{60} 分子沿 <111> 方向的旋转存在第二个能量极小旋转角（73°），这表明一个 C_{60} 分子的六边形面刚好平行于另一个分子的（6/6）键，如图 3（b）所示。

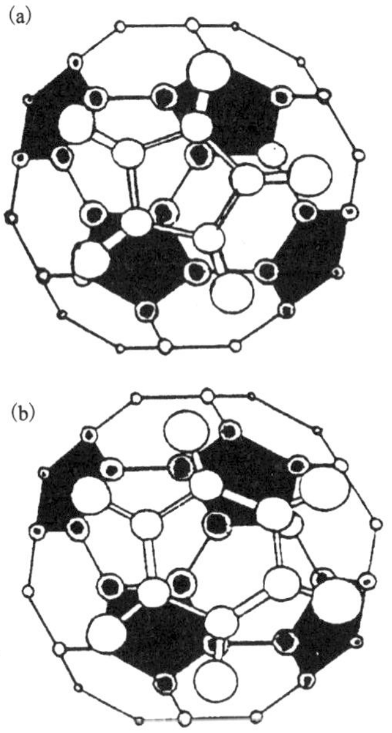

图 3　两个 C_{60} 分子相邻的两个组态

（a）旋转角为 23°，C_{60} 分子中的五边形面平行相邻 C_{60} 分子的（6/6）短键，对称性为 SC，$Pa\bar{3}$；（b）旋转角为 73°，C_{60} 分子中的六边形面平行相邻 C_{60} 的（6/6）短键，对称性为 SC，$Pa\bar{3}$；○表示上一个 C60 分子，⊙表示下一个 C_{60} 分子

C_{60} 晶体存在高温相和低温相，其相的转变是通过晶体中 C_{60} 分子的旋转对称性的改变而实现的。这就是 C_{60} 晶体有序–无序的相变。随着 C_{60} 晶体降温速度不同，会导致一些物理性质的异常，这种现象称为 C_{60} 晶体中的玻璃化转变。

2　富勒烯碳分子的制备方法

关于富勒烯碳分子的制备方法，归纳起来有如下几种[6-9]。

2.1　激光蒸发石墨法

在激光超声装置上用大功率脉冲激光轰击石墨表面，使之产生碳碎片，在一定的氦气流携带下进入环形集结区，经气相热碰撞成含富勒烯碳分子的混合物。通过该方法制备的产物中富勒烯质量分数很低，只有在原位 MS 设备中才能检测到它的存在。

2.2 高频加热蒸发石墨法

该法是 Peter 和 Jansen 发明的，它们利用高频炉在 2700℃ 和 150 kPa 条件下，以及在 N_2 保护下加热石墨，得到富勒烯碳分子。用这种方法获得的样品中，富勒烯烟灰的质量分数达到 8% ~12%，是制备 C_{60} 的一种较好方法。

2.3 电弧放电法

电弧放电法是目前使用最广泛的方法，1990 年 Kratschmer 与 Huttman[6] 首次使用石墨电弧放电法制得富勒烯质量分数为 1% 的炭黑(soots)，1991 年 Diederich[7] 等优化了工艺，在最佳工艺条件下，可得到富勒烯质量分数为 15% ~35% 的炭黑。

此外，还有用苯燃烧法[8] 和煤燃烧法制备富勒烯碳分子，因这些方法存在缺点，未能得到广泛应用。

在富勒烯碳分子的制备中，特别要注意的是分离过程。制备出来的含有 C_{60} 和 C_{70} 富勒烯分子的烟灰用甲苯或二甲苯等有机溶剂提取后，还要采用重结晶法、色谱法、络合提取法等进行分离纯化，才能获得纯的富勒烯碳分子。

3 应用

C_{60} 和 C_{70} 等富勒烯碳分子由于其独特的结构，而呈现出独特的性能。目前已发现 C_{60} 和 C_{70} 等富勒烯分子及其衍生物，在光、电、磁等方面有一系列优异的性能，尤其是由 C_{60} 制备出来的纳米管具有广阔的应用前景。

3.1 在材料方面的应用

碳纳米管不仅是十分理想的一维材料，也是制备新型一维材料的模板，利用碳纳米管的毛细管可以将某些元素装入碳纳米管内，制成具有特殊性质(如磁性，超导性)的一维量子线。另外，碳纳米管的化学活性比石墨要低，因此可以做成纳米尺寸的试管，用其研究在微观领域内化学反应的机制或合成新材料。还可用不同物质对碳纳米管进行包覆，从而获得新型的一维材料。用碳纳米管作为反应媒介，在一定条件下转化生成新型材料，如用碳纳米管制备 TiC，NbC，Fe_3C，SiC，BC 等纳米棒[10]。

文献[11]在 1991 年报道了掺钾 C_{60} 薄膜的超导性，确定了超导相为 K_3C_{60}，其超导转变温度(T_c)高达18 K，引起了物理学家和材料学家的极大兴趣；后来又相继发现了 Rb_3C_{60} 的 T_c 为 28 K[12]，Rb_2CsC_{60} 的 T_c 为 31 K[13]，$RbCs_2C_{60}$ 的 T_c 为 33 K[14]，这对高温超导体的研究及开发应用产生了重要作用。由于掺杂可给富勒烯碳化合物带来新性能，所以掺杂方面的研究及应用，已是该领域的重要研究方向。

最近还发现了碳纳米管可以作为储氢材料[14]，因此很有可能制备出新一代的高性能燃料电池。

3.2 在微电子学方面的应用

目前已知不同的碳纳米管，甚至同一根 C_{60} 纳米管中的不同圆柱状碳原子层会产生不同的导电性。因此，它可作为金属性材料，也可作为半金属性材料，例如，可以用 C_{60} 纳米管制成同轴电缆；也可以把一个金属性 C_{60} 纳米管嵌套在另一个半金属性的 C_{60} 纳米管内形成具有屏蔽层的纳米导线。

现已理论计算证明，两个不同结构的 C_{60} 纳米管可以通过引入碳原子的五元环或七元环连接起来，这样就可使一个呈金属性的 C_{60} 纳米管与另一个半金属性的 C_{60} 纳米管连接在一起，形成一个异质结，这种异质结相当于现今电子学中的肖特基结(Schottky barrir)。

同时利用 C_{60} 纳米管的特殊结构和性能，用其制造记忆元件、光学器件、磁学器件及逻辑电路，已完全可能[15]。

许多科学家预言，对富勒烯碳分子的研究具有极其重要的理论意义和潜在的应用价值。在化学、材料学、电子学、生物学、医药科学界等各领域中，富勒烯的研究已成为一大热点，因此，可以预测在不远的将来，富勒烯学的研究必将得到蓬勃发展。

参考文献

[1] Kroto H et al. Nature, 1985, (318): 162.
[2] Haddon RC et al. Nature, 1991, (350): 46.
[3] Ruoff RS et al. J Phys Chem, 1991, (95): 3457.
[4] Ettl R et al. Nature, 1991, (353): 142.
[5] Diederich F et al. Science, 1991, (254): 3457.
[6] Kratschmer W et al. Chem Phys Lett, 1990, 170(2): 167.
[7] Diederich F. Science, 1991, (252): 548.
[8] Cataldo F A. Carbon, 1993, 31(3): 529.
[9] Pang LS K et al. Nature, 1991, (352): 480.
[10] Dai H et al. Nature, 1995, (375): 769.
[11] Hebard A F. Nature, 1991, (350): 600.
[12] Rosseinsky M J et al. Phys Rev Lett, 1991, (66): 2830.
[13] Tanigaki K et al. Nature, 1991, (52): 222.
[14] Dillon A C et al. Nature, 1997, (386): 377.
[15] Dresselhaus M S et al. Science of Fullerences and Carbon Nonotubes. Academic Press, San Diego, California, 1996: 903.

湿法制备纳米级氧化铝粉*

摘 要：在粉末材料的应用中发现，随着粉末颗粒的减小，当达到纳米级时会产生光、电、表面、体积等效应，即在光、电、磁、热力学和化学反应等许多方面表现出一系列的优异性能，因此，纳米级粉末材料成为材料领域追求的新目标。根据作者的研究工作与文献资料，对用湿法制备纳米级氧化铝粉末进行了较为系统的阐述，并指出了其应用前景。

制备纳米级氧化铝粉的方法主要有气相法、液相法和固相法。气相法的优点是反应条件易控制，反应产物易精制，只要控制反应气体和其稀薄程度就可得到少团聚或不团聚的超细粉末。这种方法的缺点是产率低，粉末的收集较难；固相法中铝粉燃烧法是最经典的方法，这种方法虽然可制得粒径小于40 μm的氧化铝粉，但设备复杂，且具危险性，粉末的收集也有难度，应用前景不大。我们以前的工作已指出[1]，液相法中采用沉淀法制备纳米级氧化铝粉是当前的新进展。本文所说的湿法即是液相法中的沉淀法。这一方法的优点是设备简单、操作条件及产品组成易控制、产率较大、粉末收集也较容易，还可以根据要求掺杂其他元素。制备纳米级氧化铝粉末的方法见表1。

表1 纳米级氧化铝粉末的制备方法

合成方法	具体方法	产物 Al_2O_3 的主要特点
固相法	热分解法 燃烧法	20～60 nm，$\alpha-Al_2O_3$； 4～20 nm，$\gamma-Al_2O_3$
气相法	MOCVD法 电弧蒸发法 电子束加热法 激光蒸发法	10～80 nm，$\gamma-Al_2O_3$； 球形，$r\leqslant 50$ nm，$\gamma-Al_2O_3$； 4～6 nm 团聚体，$\alpha-Al_2O_3$； 10 nm，$\alpha-Al_2O_3$
湿法（液相法）	直接沉淀法 均匀沉淀法 共沉淀法 醇盐水解法	4～20 nm 或 40～150 nm 团聚体，$\alpha-Al_2O_3$ 或 $\gamma-Al_2O_3$

综上所述，在制备纳米级 Al_2O_3 的方法中，湿法（即液相法）是最为适当的方法。本文就湿法中的醇铝水解法及沉淀法进行重点介绍。

1 沉淀法制备纳米级氧化铝粉

在一定pH下，Al_2O_3 或 $AlCl_3$ 溶液都可沉淀出氢氧化铝 $Al(OH)_3\cdot nH_2O$。氢氧化铝是一种两性化合物，既能与酸反应生成铝盐，也能与碱作用生成铝酸盐。氢氧化铝的溶解度与pH的关系如图1所示。

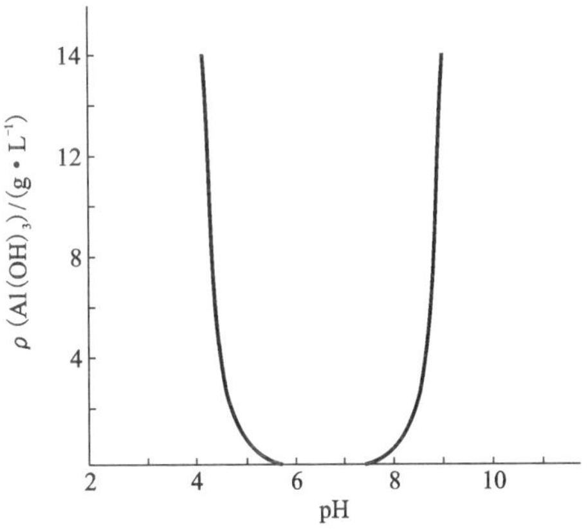

图1 $Al(OH)_3$ 的溶解度与pH的关系

在中和沉淀作业中得到的 $Al(OH)_3\cdot nH_2O$ 经过煅烧便可获得 Al_2O_3 粉末。用沉淀法制备 Al_2O_3 粉末的工艺流程如图2所示。

图2中，沉淀料液可使用净化除杂的 $Al_2(SO_4)_3$ 或 $AlCl_3$ 溶液，沉淀剂可用纯氨水或纯 $(NH_4)_2CO_3$，得到的 $Al(OH)_3\cdot nH_2O$ 的纯度是决定煅烧后所得氧化铝粒度及晶型的重要影响因素。要想获得超细的氧化铝粉末，必须在中和沉淀时控制 $Al(OH)_3\cdot nH_2O$ 晶粒的生长、聚沉等过程，因此，要合理控制溶液中 $Al_2(SO_4)_3$ 或 $AlCl_3$ 的质量浓度，溶液的温度、pH、中和沉淀剂的加入速度及搅拌速度等条件。文献[2]指出，用分析纯氨水作中和剂，溶解在硫酸溶液中的工

* 该文首次发表于《湿法冶金》，1999年第2期，31－35页。合作者：邱电云，马文骥。

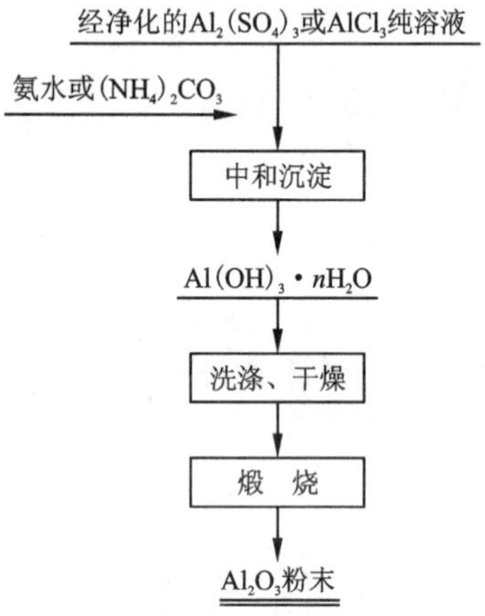

图 2 沉淀法制备 Al_2O_3 粉末流程

中和沉淀时，控制溶液中 $Al_2(SO_4)_3$ 或 $AlCl_3$ 的质量浓度，溶液的温度、pH 及搅拌速度等条件

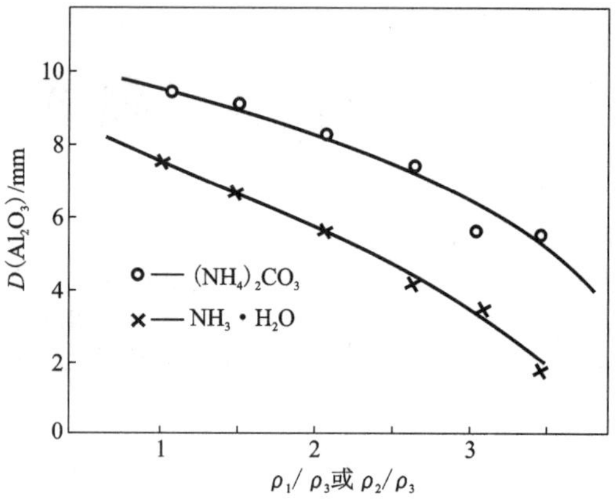

图 3 $Al(OH)_3$ 平均粒径与中和剂和 $AlCl_3$ 质量浓度比的关系

ρ_1—$(NH_4)_2CO_3$ 的质量浓度；ρ_2—$NH_3 \cdot H_2O$ 的质量浓度；ρ_3—$AlCl_3 \cdot 6H_2O$ 的质量浓度

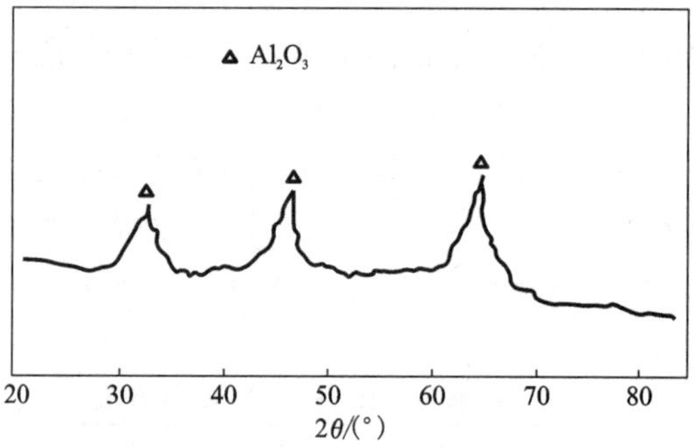

图 4 纳米级 $AlCl_3$ 粉末的 XRD 图谱

业氢氧化铝作沉淀料液，采用分段沉淀法除杂质（主要为铁），当 pH≥5 时，Fe^{3+} 转变成 $Fe(OH)_3$ 析出。除去铁后，再提高溶液 pH，沉淀析出 $Al(OH)_3 \cdot nH_2O$。得到的 $Al(OH)_3 \cdot nH_2O$ 在 1300℃下煅烧，便得到超细 $\alpha-Al_2O_3$ 粉末。试验证实，当用 $(NH_4)_2CO_3$ 作沉淀剂时，控制 $\rho[(NH_4)_2CO_3]/\rho(AlCl_3 \cdot 6H_2O) \geqslant 2.5$ 时，所得到的 Al_2O_3 粉末粒度最小。这时把 $(NH_4)_2CO_3$ 滴加到 $AlCl_3$ 溶液中，CO_3^{2-} 与 Al^{3+} 迅速反应生成核，进而形成细颗粒沉淀。在此过程中，$(NH_4)_2CO_3$ 的质量浓度要控制在 10～20 g/L，而 $AlCl_3 \cdot 6H_2O$ 的质量浓度要控制在 15～25 g/L，在这种条件下沉淀析出的 $Al(OH)_3 \cdot nH_2O$ 在 500℃下煅烧后可得到纳米级的 $\gamma-Al_2O_3$ 粉末。

鉴于中和剂质量浓度与料液中 Al^{3+} 质量浓度的重要性，改变中和剂与料液中 Al^{3+} 的质量浓度，在其他条件不变的情况下，试验测得 ρ(中和剂)/ρ(铝)与制备的 Al_2O_3 平均粒径的关系，如图 3 所示。由图 3 可知，在 $\rho[(NH_4)_2CO_3]/\rho(AlCl_3 \cdot 6H_2O)$ 或 $\rho(NH_3 \cdot H_2O)/\rho(AlCl_3 \cdot 6H_2O)$ 大于 2.5 时，所得 Al_2O_3 平均粒径较小。

试验中得到的 $Al(OH)_3 \cdot nH_2O$ 在 500℃温度条件下煅烧后，所得为 $\gamma-Al_2O_3$ 粉末，其粒径在 5～10 nm，XRD 分析结果如图 4 所示。如果 $Al(OH)_3 \cdot nH_2O$ 在 1200～1300℃煅烧，得到的是 $\alpha-Al_2O_3$ 粉末。

2 醇铝水解法制备纳米级氧化铝粉

醇铝在工业上常作为催化剂，在制药工业中作中介物，在化学工业中作为醛或酮的选择性还原剂。它的制备方法可用以下两个反应表示：

$$2Al + 6ROH \xrightarrow{HgCl_2 \text{ 或 } I_2} 2Al(OR)_3 + 3H_2\uparrow$$

$$AlCl_3 + 3NH_3 + 3ROH \longrightarrow Al(OR)_3 + 3NH_4Cl$$

式中：R 代表烷基；C = 2～4。

用醇铝水解法制备 Al_2O_3 会因条件不同而得到不同的产物，既可获得 AlO(OH)非晶质及晶体粉末，也可获得透明的溶胶。

醇铝水解法制备纳米级 Al_2O_3 前驱体氢氧化铝的工艺原则流程如图 5 所示。

在制备工艺中，加入分散剂，使凝胶粒子表面改性，以避免凝胶粒子团聚。使用的分散剂多为表面活性剂，如 Tween 80，Span 20、Span 40、Span 80、Span 85，羟丙基纤维素等。这些表面活性剂具有不同的亲水/疏水平衡常数（HLB 值），它们的加入能有效地破坏羟桥网络结合，阻止胶粒团聚，可以达到乳化溶液和分散胶粒的目的。

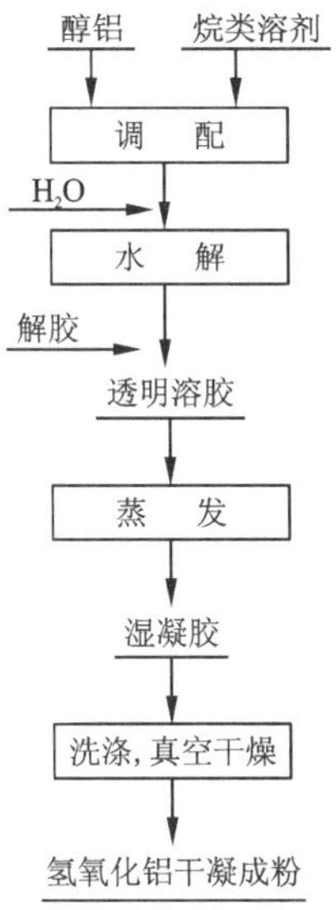

图 5　醇铝水解法制备纳米级 Al_2O_3 前驱体氢氧化铝凝胶的工艺流程

水解时，温度 80℃，搅拌 50 min，$\rho(H_2O)/\rho(Al(OEt)_3)=100$；解胶时，控制 $\rho(HCl)/\rho(Al(OEt)_3)=0.1$

试验得到的氢氧化铝凝胶在 500℃煅烧，可以得到粒径范围在 5～20 nm 的 $\gamma-Al_2O_3$ 粉末。

3　纳米级 Al_2O_3 的晶体结构

氧化铝的晶体有多种晶型，已知的 α，γ，θ，κ，δ，η，χ，ρ 等[3]，其中较为稳定的主要是 $\alpha-Al_2O_3$ 和 $\gamma-Al_2O_3$，其他的晶型属中间相，不具重要性。制备方法或同一方法的控制条件不同，得到的晶型也不一样。在湿法冶金中，用沉淀法及醇铝水解法制得的是 $\alpha-Al_2O_3$ 和 $\gamma-Al_2O_3$，具透射电镜形貌如图 6 及图 7 所示。

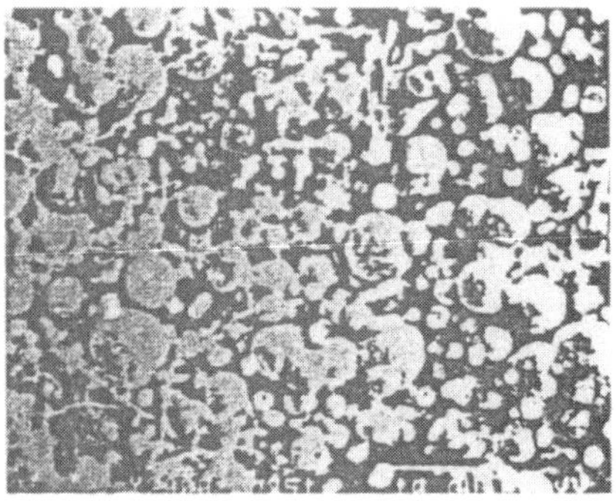

图 6　$\alpha-Al_2O_3$ 粉末的 SEM 图

图 8 为 $MgAl_2O_4$ 尖晶石的晶体结构[4]。氧离子呈面心立方紧密排列，镁离子占据 1/8 的四面体空隙，铝离子占据 1/2 的八面体空隙。单位晶胞中包含 8 个由氧离子形成的面心立方骨架，其中有 64 个四面体空隙和 32 个八面体空隙。整个晶胞由 a、b 块组成。在该图中，八个面心立方用 A、B 表示，在 a 块中 Mg^{2+} 占据两个四面体空隙，b 块中无 Mg^{2+}。a、b 块中，Al^{3+} 占据 1/2 的八面体空隙，并在一对 a、b 块中的位置不重复。

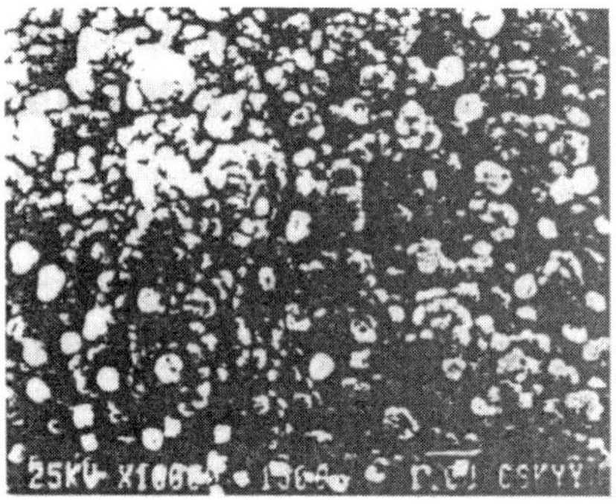

图 7　$\gamma-Al_2O_3$ 粉末的 SEM 图

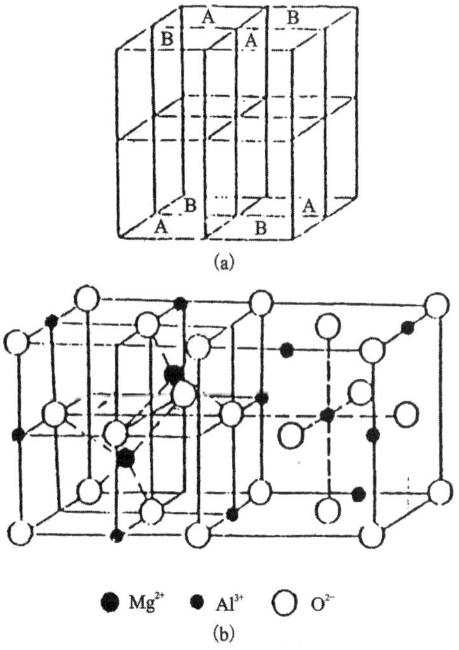

图 8　尖晶石（$MgAl_2O_4$）的晶体结钩

$\gamma-Al_2O_3$ 的结构与尖晶石的结构完全相似，为立方尖晶石型，属于面心立方点阵排列，Al^{3+} 分布在尖晶石中的 8 个四面体空隙和 16 个八面体空隙，相当于用 2 个 Al^{3+} 取代 3 个 Mg^{2+}，所以也称它为缺尖晶石结构，其分子式可用 $Al_{2/3}Al_2O_4$ 表示。

$\alpha-Al_2O_3$ 是氧化铝的高温相，其结构相同于刚玉结构，如图 9 所示。在 $\alpha-Al_2O_3$ 结构中，氧离子呈六方紧密堆积，铝离子占据2/3的八面体空隙，即在每一晶胞中有4个铝离子进入空隙。

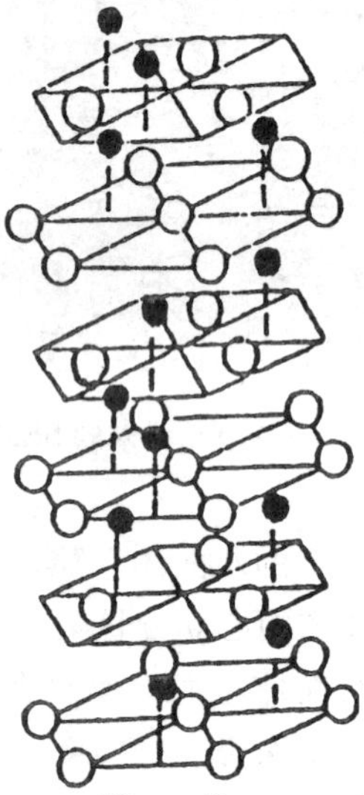

图9 $\alpha-Al_2O_3$ 晶体结构

4 应用

纳米级 Al_2O_3 属于特殊的陶瓷原材料。自20世纪80年代中期 Gleitter 等制得纳米级 Al_2O_3 粉末以来，人们对这一高新材料的认识不断加深，同时发现了它的许多特性，并逐渐地将这些特性应用于冶金、机械、化工、电子、医学、航空等领域。当前纳米 Al_2O_3 的新用途具体在如下几个方面：

(1)在低温塑性氧化铝陶瓷中得到广泛应用。因为纳米级 Al_2O_3 粉末具有超塑性，解决了陶瓷由于低温脆性限制了其应用范围的缺点。

(2)在微电子工业中具有广阔的前景。电子元件微晶是现代电子工业发展趋势。多层电容器的电子陶瓷元件的厚度要求小于10 μm，多层基片的厚度小于100 μm，而且要有良好的物理结构，常规的1 μm Al_2O_3 粉末难以达到要求，只有纳米级 Al_2O_3 粉末才具有超细、成分均匀、单一分散的特点，能满足微电子元件的要求。

(3)在弥散强化材料上得到了广泛的关注。Al_2O_3 常作为结构材料的弥散相，以增强基体材料的强度。材料的屈服应力与弥散粒子间距成反比，粒子间距越小，屈服强度越大。当弥散相含量一定时，粒子越小，粒子数也就越多，而粒子间距也就愈小，对材料屈服强度的提高也就越有利。现在已把超细氧化铝粉末分散在金属铝中，使铝的强度得到了很大提高。

综上所述，纳米级 Al_2O_3 制备的成功，对微电子工业及新材料工业的发展产生了重要的作用。美国、日本、德国等一些工业发达国家，在微电子工业及陶瓷材料中，纳米级 Al_2O_3 的用量在急剧上升。

参考文献

[1] 马荣骏，柳松. 沉淀过程的理论和应用的新进展. 中国稀土学报，1998，16(增刊)：555-560.
[2] 李小斌，陈斌，杨天足等. 高纯超细氧化铝粉末的制备. 稀有金属与硬质合金，1993(增刊)：414-416.
[3] 李晓民. 微粉与新型耐火材料. 北京：冶金工业出版社，1997.
[4] 王零森. 特种陶瓷. 长沙：中南工业大学出版社，1994.

特殊形貌氧化锌开发及应用*

摘　要：本文结合氧化锌晶体结构及生长习性，详细介绍了氧化锌晶须、氧化锌纳米粉、带、线等特殊形貌氧化锌研究开发及其应用现状。

Development and application of special morphological ZnO

Abstract: The development and application of special morphological ZnO, such as ZnO whiskers, ZnO nanobelts and ZnO nanopowders and ZnO nanowires, on the basis of ZnO crystal structure and growth characteristics is reviewed.

氧化锌作为一种重要无机化工原料，广泛应用于橡胶、涂料、塑料、石化、电子等行业。近年来随着电子信息、能源等高技术产业蓬勃发展，氧化锌作为优良的半导体与发光材料，其应用领域进一步扩大。与此同时，人们发现与开发了氧化锌晶须、纳米氧化锌带等特殊形貌新产品，本文将在简要分析氧化锌晶体结构及形态基础上，详细介绍氧化锌晶须、氧化锌纳米粉、带、线等特殊形貌氧化锌开发及其应用现状。

1　氧化锌晶体结构及形态

氧化锌一般为六方晶系，空间群为 $c_{6v}^{4} = P6_3mc$，即 Zn 原子按照六方紧密堆积，每个 Zn 原子周围有 4 个氧原子，构成$[Zn-O_4]^{6-}$四面体，四面体之间以顶角相互连接，四面体的 1 个面与 $+c(0001)$ 面平行，四面体的 1 个顶角指向 $-c(000\bar{1})$ 面[如图 1(a)所示]。Zn 在 c 轴方向呈不对称分布，即它不是位于 2 个氧原子层的中间，而是偏靠近于 $+c$ 方向[如图 1(b)所示]，因此氧化锌是极性分子，具有明显极性生长习性。氧化锌的结晶形态为六方单锥类，对称型为 L^6P，L^6 为 z 轴，显露晶面为六方单锥 $p\{10\bar{1}1\}$，$p\{10\bar{1}\bar{1}\}$，六方柱 $m\{10\bar{1}0\}$，单面 $c\{100\bar{1}\}$[如图 1(c)所示][1,2]。实际上，由于制备工艺条件差异导致晶粒生长物理化学条件各不相同，因而显露不同晶面，相应地显示针状、长短状、短柱状、柱状和球状等表观形态，得到不同形貌的氧化锌产品。

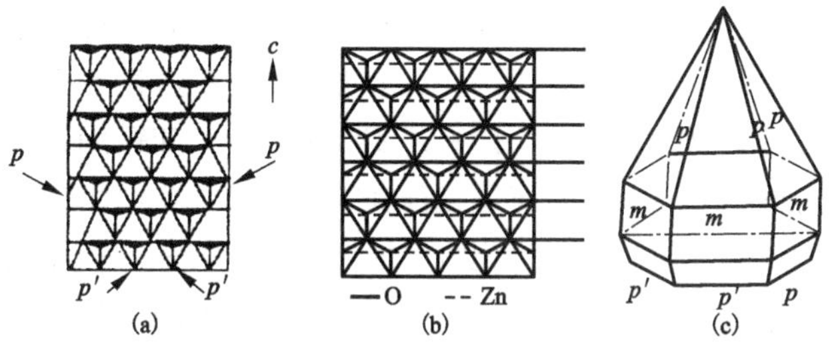

图 1　ZnO 晶体结构

(a)c、p、p'面与 $Zn-O_4$ 取向关系；(b)$Zn-O_4$ 四面体在{1120}面投影

2　氧化锌晶须及其应用

晶须，一般是指具有较大长径比(大于 10)的单晶纤维材料，晶须晶体结构比较完整、内部缺陷少，其强度和模量均接近其完整材料理论值，是力学性能优异的新型复合材料补强增韧剂。

氧化锌晶须有两种基本形态：即单针纤维状晶须和四针状晶须，如图 2 所示。单针纤维状晶须是简单一维晶体[3]，四针状氧化锌晶须则呈立体四针状，即有一核心，并从核心径向方向伸展出四根针状晶体，相

* 该文首次发表于《中国稀土学报》，2002 年第 20 卷专辑，495－497 页。合作者：肖松文。

邻针之间夹角约为109°，每根针根部直径为0.5～10 μm，长10～150 μm，宏观上为白色松软状物质，是目前晶须家族中唯一具有规整三维空间结构的晶须。

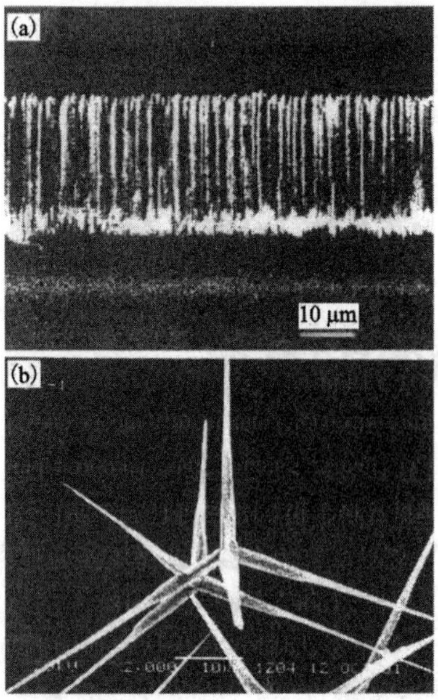

图2　氧化锌晶须SEM形貌图

(a)单针纤维状晶须；(b)四针状晶须

四针状氧化锌晶须经典制备方法是锌粉机械化学预氧化——高温氧化法[4]，该法最先由日本松下电器公司于20世纪80年代末开发成功，1990年采用该工艺建成世界上第一座氧化锌晶须生产厂(50 t/月)[5]，此后该公司又针对汽化氧化焙烧炉以及非晶须产品回收利用等问题进行了一系列技术改进，提高了晶须产品质量和产率[6-8]。该工艺的关键是预氧化锌粉高温受控汽化氧化，而锌粉机械化学预氧化形成致密表面膜，则是汽化氧化时控制锌蒸气扩散速度的工艺基础[9-10]。作者针对松下工艺存在的机械化学预氧化时间过长等问题，作出了适合中国国情的创新[11]。此外，国内外有关单位开发了一系列新工艺，其中西南交通大学开发了锌粉直接汽化氧化法，该法主要特征在于锌粉不进行预氧化处理，通过添加焦炭或利用空气热胀冷缩原理调节炉内空气含量等措施，控制锌蒸气扩散与晶须生长过程[12-14]。

单针状氧化锌晶须除了作为金属、陶瓷与高分子复合材料的补强增韧剂外，因其良好的导电和透光性，还用作工程塑料导电添加剂和吸波隐声材料；四针状晶须则因其呈三维立体空间分布，由它组成的复合材料呈各向同性，性能远优于单一纤维状晶须组成的复合材料，具有增强耐磨防爆、减震降噪以及吸波等优良综合性能，广泛用作工程塑料、橡胶、树脂复合增强剂，减震、降噪复合材料制品添加剂，以及吸波隐声材料等[15]。

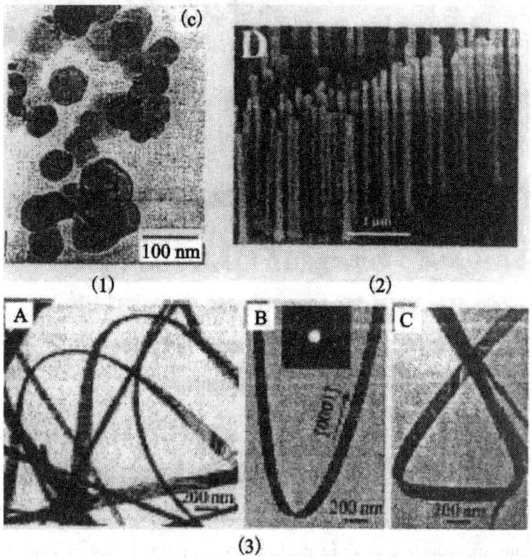

图3　纳米氧化锌系列产品SEM形貌

(1)纳米粉；(2)纳米线；(3)纳米带

3　纳米氧化锌及其应用

纳米氧化锌，指三维空间中至少一维处于纳米尺度(1～100 nm)范围的氧化锌产品，根据其维度或形貌差异，具体可分为氧化锌纳米粉(零维)、纳米棒(一维)、纳米线(一维)、纳米带(二维)。氧化锌纳米粉颗粒直径1～100 nm，其形貌一般呈短针状或球状[16]；氧化锌纳米线(棒)则在二维方向上为纳米尺度，长度上比上述两维方向尺度大得多，甚至为宏观量，长径比小的称为纳米棒，大的称为纳米线(丝)。由Michael H等人合成的氧化锌纳米线直径为20～150 nm(70～100 nm)，长2～10 μm[17]，而纳米带则首先由王中林教授等三位美籍中国科学家于2001年初发现，并采用高温固相气化合成，其厚度为5～10 nm，带宽为30～300 nm，长度可达几毫米，是迄今唯一被发现具有结构可控且无缺陷的宽带半导体准一维带状结构材料[18]，以上产品形貌如图3所示。

在纳米氧化锌系列产品中，目前对纳米氧化锌粉研究最深入，其制备方法主要有均匀沉淀、水热合成——凝胶、气相分解等。其中均匀沉淀法具有工艺简单、操作简便、对设备要求不高、产品粒度和组成无关等优点，目前该法已经实现产业化生产，国内江苏、陕西已经采用该法建立千吨级纳米氧化锌粉生产线。

在应用方面，纳米氧化锌粉具有活性高、杀菌强、吸波性能好等优点，主要作为微米级或亚微米级氧化锌粉替代升级产品，广泛应用于防晒型化妆品、抗菌添加剂、吸波屏蔽材料、催化剂及橡胶添加剂、压电材料等。同时氧化锌纳米带具有比碳纳米管更独特和优越的结构与物理性能，用来研究一维功能和智能材料中光、电、热输送过程的理想体系，是制作纳米传感器和光电元件的理想材料。

参考文献

[1] 仲维卓，华素坤. 晶体生长形态学. 北京：科学出版社，1999：165－167.

[2] 王步国，仲维卓，施尔畏等. ZnO 晶体的极性生长习性与双晶形成机理. 人工晶体学报，1997，26(2)：102－107.

[3] Hidetoshi Saitoh, Minoru Satoh, Norio Tanaka et al. Homogeneous growth of zinc oxide whiskers. Jpn J Appl Phys. 1999, 38 (12A): 6873－6877.

[4] Matsushita Electric Industrial Co Ltd. Zinc oxide whiskers having a tetrapod crystalline form and method for making the same. EP325797Al, 19890802.

[5] Zinc oxide whisker plant Japan (50 t/m). Jpn Chem Week, 1990, 31(1563): 2.

[6] Matsushita Electric Industrial Co Ltd. Method for manufacturing zinc oxide whiskers. US 5158643, 19921017.

[7] Matsushita Electric Industrial Co Ltd. Method for manufacturing zinc oxide whiskers. US 5158643, 19921017.

[8] 松下电器产业株式会社. JP692797, 19940405.

[9] Motoi Kitano, Takeshi Hamabe, Sachiko Maeda. Growth of large tetrapod-like ZnO crystals I: Experimental considerations on kinetics of growth. Journal of Crystal Growth, 1990, 102: 965－973.

[10] Motoi Kitano, Takeshi Hamabe, Sachiko Maeda. Growth of large tetrapod-like ZnO Crystals Ⅱ: Morphological considerations on kinetics of growth. Journal of Crystal Growth, 1991, 108: 277－284.

[11] 长沙矿冶研究院. 氧化锌晶须的连续生产工艺方法及其装置. CN1321798A, 20011104.

[12] 西南交通大学. 碳还原剂控制氧化锌晶须生产工艺方法. CN1101952A, 19950426.

[13] 西南交通大学. 一种氧化锌晶须制备方法. CN1206756A, 19970203.

[14] 西南交通大学. 氧化锌晶须连续生产工艺及装置. CN1224777A, 19990804.

[15] 吕越峰，吴华武. 四脚状氧化锌晶须的制备、性能及应用. 化学通报，1996，(11)：15－18.

[16] 刘超峰，胡行方，祖庸. 以尿素为沉淀剂制备纳米氧化锌粉体. 无机材料学报，1999，14(3)：391－396.

[17] Michael H Huang, Samuel Mao, Henning Feick et al. Room temperature ultraviolet nanowire nano-lasers. Science, 2001, 292: 1897－1899.

[18] Pan Zhenwei, Dai Zurong, Wang Zhanglin. Nano-belts of semiconducting oxides. Science, 2001, 291: 1947－1949.

四针状氧化锌晶须制备及其形貌控制*

摘　要：本文简要介绍了四针状氧化锌晶须性质及其应用，在分析氧化锌生长机理基础上，详细讨论了汽化氧化合成氧化锌晶须时控制晶须形貌的方法。

Growth mechanism and morphological control of tetrapod-form ZnO whiskers

Abstract: In this paper, the properties and application of tetrapod-form ZnO whiskers were introduced in briefly, and the morphological control was discussed on the basis of growth mechanism of tetrapod-form ZnO whiskers, which synthesis by vaporization oxidizing process.

1　氧化锌晶须性质及其应用

四针状氧化锌晶须最先由日本松下电器公司开发成功[1]，它与传统晶须不同，呈立体四针状，即有一核心，并从核心径向方向伸展出四根针状晶体，相邻针之间夹角约为109°，每根针根部直径0.5～10 μm，长10～150 μm，如图1所示，宏观上为白色松软状物质，是目前晶须家族中唯一具有规整三维空间结构的晶须。

四针状晶须呈三维立体空间分布，可在基体材料中达到三维分布的均一化，由它组成的复合材料呈各向同性，性能远优于单一纤维状晶须组成复合材料。此外，该晶须是良好的半导体，振实密度大(5.78)，具有良好耐磨防爆、减震降噪、以及吸波等优良性能，可以广泛用作工程塑料、橡胶、树脂复合增强剂，减震、降噪复合材料制品添加剂，以及吸波隐声材料等。

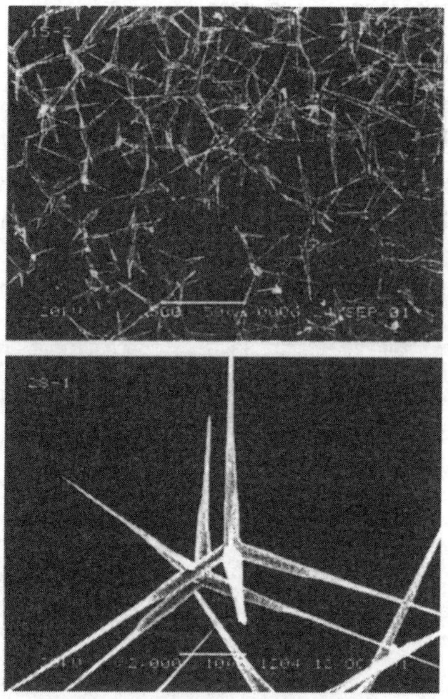

图1　四针状氧化锌晶须SEM形貌图

2　氧化锌晶须的晶体结构与生长机理

氧化锌四针状晶须与普通氧化锌一样，属于六方晶系纤锌矿结构，图2为其晶体结构与X射线衍射谱图，但其在成核与生长机理方面，与普通氧化锌存在显著差异。有人认为晶须成核生长与{1122}面孪晶及其畸变有关，但未能得到实验支持[3,4]；而Shiojiri和Kaito等人研究发现四针状晶须微小颗粒(20 nm)呈立方晶型闪锌矿结构，从而提出：晶须生长的晶核为闪锌矿型八面体氧化锌，其发生堆垛位错而在四个

* 该文首次发表于《中国稀土学报》，2002年第20卷专辑，492～494。合作者：肖松文，杨忠成等。

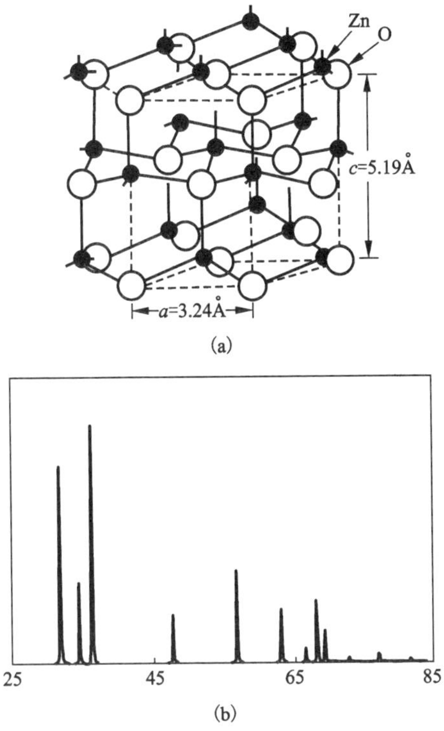

图 2　四针状氧化锌晶须晶体结构与 X 射线衍射谱图

(a)晶体结构；(b)X 射线衍射谱

{111}面上生长出 4 个纤锌矿型针须，针须按照轴螺旋位错的 VS 生长机理生长，最后形成完整四针状晶须[5]，此观点很好地得到了实验现象验证与支持[6-7]。图 3 示出了晶须由八面体晶核向六边形针须转变的晶面变化，图 4 所示为晶须八面体晶核、生长中间态及针须截面形貌。

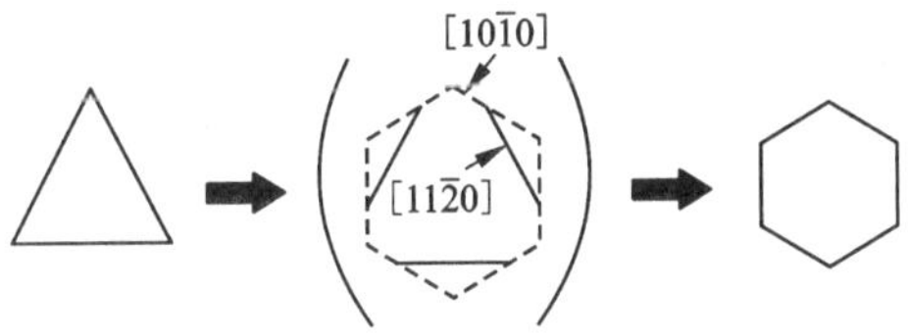

图 3　晶须由八面体晶核向六角形针须生长转变晶面变化

3　氧化锌晶须制备工艺及其形貌控制

3.1　氧化锌晶须制备工艺

四针状氧化锌晶须经典制备方法是锌粉机械化学预氧化——高温汽化氧化法[1]，该法最先由日本松下电器公司于 20 世纪 80 年代末开发成功，1990 年采用该工艺建成世界上第一座氧化锌晶须生产厂（50 t/月）[8]，此后该公司又针对汽化氧化炉以及非晶须产品回收利用等问题进行了一系列技术改进，提高了晶须产品质量和产率[9-11]，该工艺的关键是预氧化锌粉高温受控汽化氧化，而锌粉机械化学预氧化形成致密表面膜，则是汽化氧化时控制锌蒸气扩散速度的前提条件[6-7]。作者针对松下工艺存在的机械化学预氧化时间过长等问题，作出了适合中国国情的创新[12]。此外，国内外有关单位开发了一系列新工艺，其中西南交通大学开发了锌粉直接汽化氧化法，该法主要特征在于锌粉不进行预氧化处理，通过添加焦炭或利用空气热胀冷缩原理调节炉内空气含量等措施，控制锌蒸气扩散与晶须生长过程[13-15]。

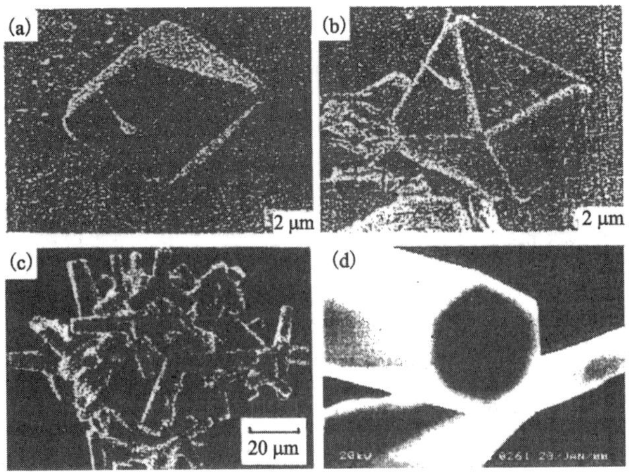

图 4　八面体晶核、晶须生长中间态及针须截面形貌

3.2　氧化锌晶须制备中形貌控制

根据氧化锌晶须生长机理，采用锌粉机械化学预氧化—高温气相氧化工艺制备氧化锌晶须时，可以将晶须生长分为八面体晶核形成和针须生长两个阶段。晶须生长动力学研究表明两个阶段反应都受扩散控制，但其控制因素并不相同，前一阶段主要受 Zn^{2+} 扩散控制，后一阶段主要受 O_2 扩散控制[5]。因此在晶须生长不同阶段，相应调节反应工艺条件参数，确保八面体晶核成核与针须定向生长是氧化锌晶须制备的关键，具体调节参数包括反应气氛（O_2 浓度）、温度、时间、气流速度等。

锌粉机械化学预处理及添加晶型导向剂是确保晶须定向生长的两项重要措施。锌粉机械化学预处理有两个重要作用，首先立方晶型氧化锌系以高压稳定相存在，机械球磨预处理有利于八面体晶核形成[16]。此外，锌粉机械化学预氧化形成的表面致密氧化膜在高温汽化氧化时，尤其是晶核形成阶段可以有效控制锌蒸气扩散，降低锌过饱和度。分子筛催化剂在反应前后发生了相变，反应前为立方晶型，反应后转变为六方晶系，刚好与晶须生长相应两个阶段晶型相同，基于外延成核原理，反应开始时催化剂诱导 ZnO 在其上形成八面体晶核，反应中又诱导六方晶型 ZnO 针须形成，从而有效控制晶须生长过程，确保晶须定向生长。

4 结论

(1)四针状氧化锌晶须具有独特立体四针状形貌，具有优良增强耐磨、防爆、减震降噪以及吸波等性能，应用前景较为广泛。

(2)氧化锌晶须的生长晶核为立方晶型八面体氧化锌，生长过程分为八面体晶核形成与针须生长两个阶段；在锌粉高温汽化氧化制备氧化锌晶须时，锌粉进行机械化学预处理与添加晶型导向剂是确保晶须定向生长的两项重要措施。

参考文献

[1] Matsushita Electric Industrial Co Ltd. Zinc oxide whiskers having a tetrapod crystalline form and method for making the same. EP325797A1, 19890802.

[2] 吕越峰，吴华武. 四针状氧化锌晶须的性能及应用. 化学通报，1996，(11)：15 - 18.

[3] M L Fuller. Twinning in zinc oxide. J Appl phys. 1944，15：164 - 170.

[4] H Iwanaga，M Fujii，S takenuchi. Growth model of tetrapod zinc oxide particles. Journal of Crystal Growth，1993，134：275 - 280.

[5] Makoto shiojiri，Chihiro kaito. Structure and growth of ZnO smoke particles prepared by gas evaporation technique. Journal of Crystal Growth，1981，52：173 - 177.

[6] Motoi Kitano，Takeshi Hamabe，Sachiko Maeda. Growth of large tetrapod-like ZnO crystals Ⅰ：Experimental considerations on kinetics of growth. Journal of Crystal Growth，1990，102：965 - 973.

[7] Motoi Kitano，Takeshi Hamabe，Sachiko Maeda. Growth of large tetrapod-like ZnO Crystals Ⅱ：Morphological considerations on kinetics of growth. Journal of Crystal Growth. 1990，108：277 - 284.

[8] Zinc oxide whisker plant Japan (50 t/m). Jpn Chem Week，1990，31(1563)：2.

[9] Matsushita Electric Industrial Co Ltd. Method for manufacturing zinc oxide whiskers. US5158643. 19921017.

[10] Matsushita Electric Industrial Co Ltd. Method for manufacturing zinc oxide whiskers. EP378995A，19900725.

[11] 松下电器产业株式会社. JP6 - 92797，19940405.

[12] 长沙矿冶研究院. 氧化锌晶须的连续生产工艺方法及其装置. CN1321798A，20011104.

[13] 西南交通大学. 碳还原剂控制氧化锌晶须生产工艺方法. CN1101952A，19950426.

[14] 西南交通大学. 一种氧化锌晶须制备方法. CN1206756A，19970203.

[15] 西南交通大学. 氧化锌晶须连续生产工艺及装置. CN1224777A，19990804.

[16] Zhu Yongfa，Sun Yangming. Study of the oxygen adsorption and initial oxidation on polycrystalline zinc by AES line shapes and EELS. Surface Science，1992，275：357 - 364.

锂离子电池及其正极材料的研究进展*

摘　要： 根据收集到的文献，介绍锂离子电池的原理与性能，综述正极材料制备方面的研究成果。

Lithium ion battery and its positive electrode material

Abstract: The principle and performance of the lithium ion battery are described and the achievements in manufacture of the positive electrode materials are reviewed.

锂离子电池在目前是最佳的绿色环保理想电源，受到科技及工业界高度重视，并得到了广泛应用。根据报道的资料及所了解的情况，综述锂离子电池及其正极材料的发展过程与趋势，供相关人员参考。

1　锂离子二次电池的工作原理[1]

锂离子电池的工作原理如图1及图2所示，用化学式可以表示为式(1)。式(1)表示正极材料为 $LiMO_2$，负极材料为碳，电解质为 $LiClO_4$、EC(乙烯碳酸酯)及 DEC(二乙烯碳酸酯)所组成的锂离子电池。

$$(-)C_n \mid LiClO_4 + (EC + DEC) \mid LiMO_2(+) \quad (1)$$

在电池中正极反应为式(2)，负极反应为式(3)，电池总反应为式(4)。

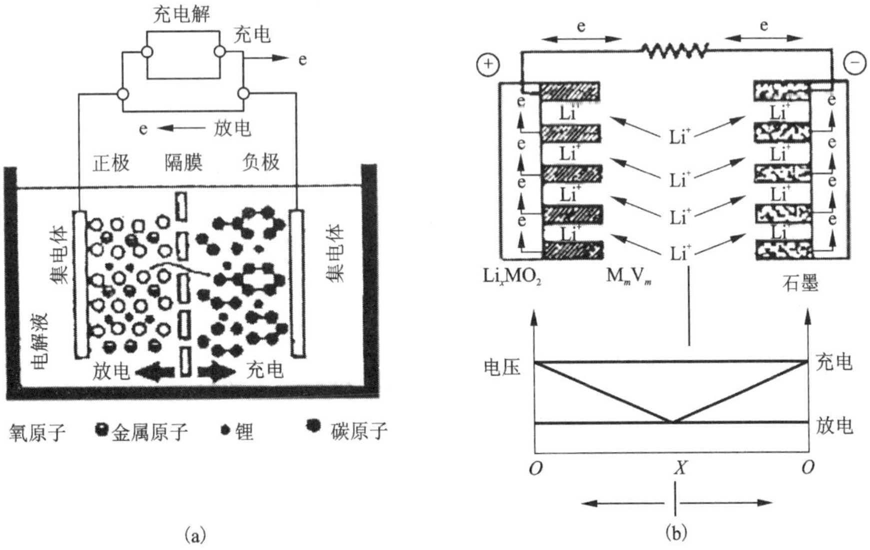

图1　锂离子电池原理示意图

* 该文首次发表于《有色金属》(季刊)，2008年第1期，1～6页。

$$LiMO_2 \leftrightarrow Li_{1-x}MO_2 + xLi + xe(\text{放电}\leftrightarrow\text{充电}) \quad (2)$$

$$nC + xLi^+ + xe \leftrightarrow Li_xC_n(\text{放电}\leftrightarrow\text{充电}) \quad (3)$$

$$LiMO_2 + nC \leftrightarrow Li_{1-x} + MO_2 + Li_xC_n(\text{放电}\leftrightarrow\text{充电}) \quad (4)$$

图1、图2及式(1)～式(4)中所表示的电池是最典型的锂离子电池。这种电池开始研究于20世纪80年代，到20世纪90年代初成功地研究出以石油焦为负极，$LiCoO_2$为正极的锂离子电池，同一时期又推出了以碳为负极的锂离子电池，接着又有以聚糖醇热解碳(PFA)为负极的锂离子电池的报道，1993年美国贝尔电讯公司首先推出了聚合物锂离子电池(PLIB)。之后商业上有两种锂离子电池———即聚合物锂离子电池(PLTB)和液态锂离子电池(LIB)，产量直线上升，至今估计其年产量在数亿只以上。

锂离子电池是一种浓度差电池，在充电时Li^+从正极材料的晶格中脱出，经过电解质后嵌入到负极材料的晶格中。放电时，Li^+从负极材料晶格中脱出，经过电解质嵌入到正极材料晶格中，锂离子在整个充放电过程中，往返于正负极之间形成摇椅式，故也称这类电池为“摇椅式电池”。

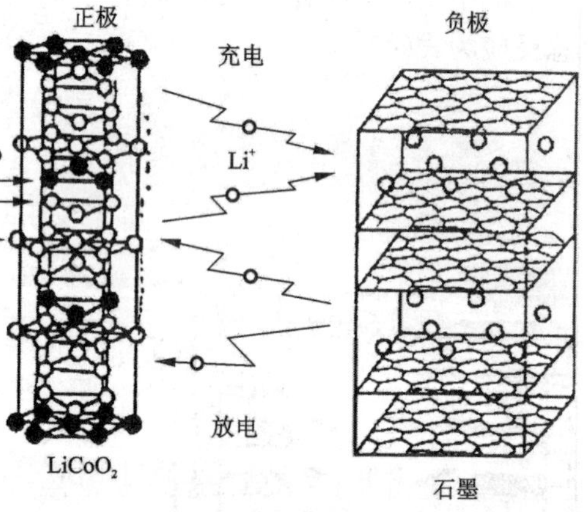

图2 锂离子电池充放电反应示意图

2 锂离子二次电池的特性[1]

表1列出了锂离子电池与其他一些二次电池性能的比较，可以看到锂离子电池具有如下优点：①工作电压高。通常单体锂离子电池的电压为3.6 V，是Ni－Cd电池的3倍。②寿命长。锂离子电池的寿命可达到1200次以上，远远高于其他电池。③自放电小，无记忆效应，对环境无污染，综合性能优于其他电池。④允许工作温度范围宽，具有优良的高低温放电性能，可在－20～60℃工作，这是其他类电池所不及的。⑤体积小、质量轻、比能量高，锂离子电池的比能量是Ni－Cd电池比能量的3倍以上，与同容量Ni－Cd电池相比，体积可减小3%，质量降低50%，有利于小型化，便于成为携带式的电子设备使用。

锂离子电池虽然优点突出，但是还存在一些缺点。①成本高。正极材料中用到钴。由于钴的价格不断波动升高，由20万～30万元/t，最高价曾升高到80万～90万元/t，造成了锂离子电池的成本昂贵。②在放电速率较大时，锂离子电池容量下降较大。③电池中电解液及电极材料对水分有较大的不良敏感，从而影响电池的性能。

3 锂离子二次电池的正极材料

通常把锂离子电池正极材料写成$LiMO_2$，M可以是Co，Ni，Mn，Fe等金属，正极材料有$LiCoO_2$，$LiNiO_2$，$LiMnO_2$，$LiMn_2O_4$，$LiFePO_4$，$LiVO_2$及一些掺杂的化合物。

3.1 对正极材料的要求[2]

由于锂离子电池在充放电过程中，正极发生式(2)所示的反应，所以正极材料应满足如下要求。

①电池反应要具有较大的吉布斯自由能(ΔG)以保证提供较高的电池电压。②电池充放电过程中ΔG变化要小，以使输出电压接近常数。③正极材料应有低的氧化电位，即相对于金属锂要有较高的电位。④正极材料应有良好的导电性，材料中锂离子扩散系数(D_u)应尽可能高，使电池适用于高倍率充放电，以便满足动力型电池的要求。⑤正极材料应尽可能轻，又能贮存大量的锂以保证具有较大的容量。⑥正极材料应含有锂，使其起到锂源的作用。在全部操作电压范围内应结构稳定，不溶于电解液，也不能与电解液发生反应。⑦正极材料的结构在电极反应过程中变化要很小，以保证具有良好的可逆性。⑧从环保及商业方面考虑，电极材料应低毒或无毒，不污染环境，且价格要便宜。

为满足以上要求，科技人员一方面在努力对现有阴极材料进行改性，以提高其电化学性能，另一方面要大力开发新的正极材料。

表 1　锂离子电池与一些二次电池的性能比较

技术参数	工作电压 /V	质量比能量 /(W·h·kg^{-1})	体积比能量 /(W·h·h^{-1})	充放电寿命 /次	自放电 /%	环境污染	记忆效应	成本价格
Pb/$PbSO_4$	2.0	35	65	150～400	6	有	有	低
Cd/Ni	1.2	50	150	500	25～30	有	有	低
MH/Ni	1.2	65	200	30～35	30～35	无	无	中
Li－ion	3.6	100～160	270～360	>1000	6～9	无	无	高

3.2　应用及开发的新正极材料

锂离子电池的正极材料不但提供锂源，而且作为电极材料参与电化学反应。常用作锂离子电池正极的活性材料及金属锂的化合物电位表示于图 3 及图 4[3]。由图 3 及图 4 可见，作为正极材料的大多数为过渡金属化合物，而且以氧化物为主，目前应用最多的是钴系，研究中最多的是镍系、钒系、锰系、铁系，也开展了对许多新型无机化合物和有机化合物作为正极材料的研究。

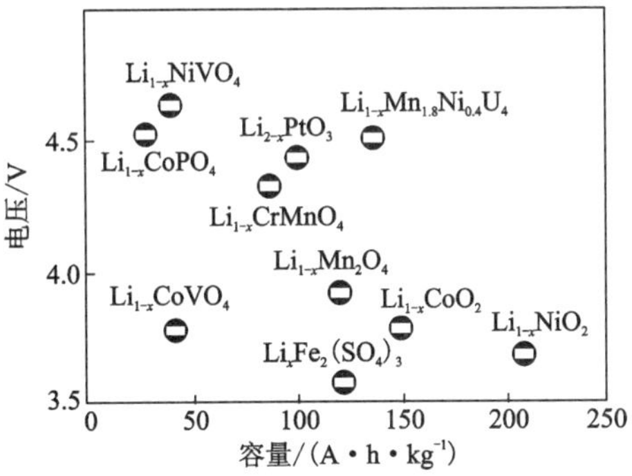

图 3　锂离子二次电池用的氧化物

(1) 钴酸锂($LiCoO_2$)正极材料。钴酸锂是目前性能最稳定、应用最广泛的正极材料。由 Miznshima 等人[4]于 1980 年研究提出，后由日本索尼(Sony)公司以 $LiCoO_2$/C 体系率先实现商业化。图 5 为层状 $LiCoO_2$ 结构示意图。这种正极材料有良好的稳定性、电压高、效率稳、比能量高，还有适合大电流充放电及容易制备等优点。虽然价格较高，但是是目前应用最为广泛的正极材料。由于早已商业化，现在对该材料有关的研究主要集中在掺杂改性上，以期得到容量更高、循环性能更好、成本低的钴系锂离子正极材料。

(2) 镍酸锂($LiNiO_2$)正极材料。这种正极材料的晶体结构如图 6 所示，是一种具有应用前景的正极材料，理论容量为 274 mA/(h·g)，实际容量可达 190～210 mA/(h·g)，工作电压范围为 2.5～4.1 V，

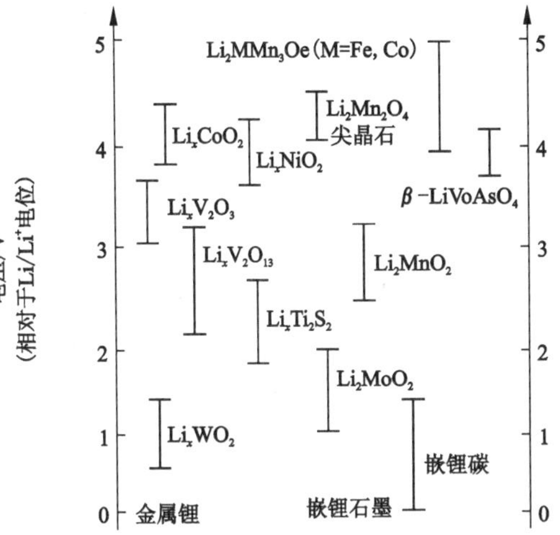

图 4　锂离子电池正极材料及放电电位(相对于 Li^+/Li)

不存在过充电和放电的限制，具有良好的稳定性，自放电率低等优点。但存在的问题是：①工业制备化学计量的 $LiNiO_2$ 非常困难；②$LiNiO_2$ 不稳定，易分解，可能出现安全问题；③实际工作电压较低(2.5 左右)。正因为这些缺点，使 $LiNiO_2$ 的应用受到了限制。目前正研究掺入 Co，Al，Ga，Ti，Mg，Mn 等离子部分取代 Ni 离子，以改善其性能[5]。

(3) $LiMnO_2$ 正极材料。锂锰氧化物主要有尖晶石型 $LiMn_2O_4$ 和层状 $LiMnO_2$。$LiMn_2O_4$ 在充放电过程中，会发生由立方晶系到四方晶系的相变，导致容量严重衰减，目前在研究通过掺杂等方式，改善其电化学性能。

$LiMnO_2$ 理论容量高达 286 mA/(h·g)，在空气中稳定，是一种有吸引力的正极材料，其缺点是在高温不稳定，在充放电过程中容易向 $LiMn_2O_4$ 型转变，也在进行掺杂研究，改善其性能。这两种锰系正极材料具有安全性好，原料锰的资源丰富、价格低廉及无毒性等特点。国内外科研人员对其进行了广泛掺杂研究，也有通过掺杂使其性能得到改善的报道[6]。

(4) 锂钒氧化物正极材料。由于这种正极材料的容量高、成本低、无污染，因而受到重视。VO_2，V_2O_3，V_6O_{13}，V_4O_9，V_3O_7 等氧化物都具有一定的嵌

锂特性，它不但能形成层状嵌锂化合物 Li_xVO_2 和 $Li_{1+x}V_3O_8$[7] 又能形成尖晶石型 $Li_xV_2O_4$[8]。因为锂钒氧化物有着较高的比能量，因此具有较大的开发潜力。

(5)磷酸铁锂($LiFePO_4$)正极材料。这种正极材料的充放电反应为式(5)所示。1997 年 B Goodenough 首先研究这种正极材料并报道了其特性[9]，它具有橄榄石结构。由于 $LiFePO_4$ 具有原料来源广、价格低廉、无毒性、环境兼容性好等优点，如果能在锂离子电池中得到应用，应有很好的前景。它最大的特点是适应于电动车(电动汽车、电动自行车)等所需的大型移动电源，因此，引起了国际电化学研究者的关注，并进行了许多研究工作。值得注意的是，对其进行表面包复碳[10-11]、掺杂改性获得了较好的效果，可以预期，随着优化合成工艺及对材料改性的深入研究，该材料有可能成为实用的正极材料。

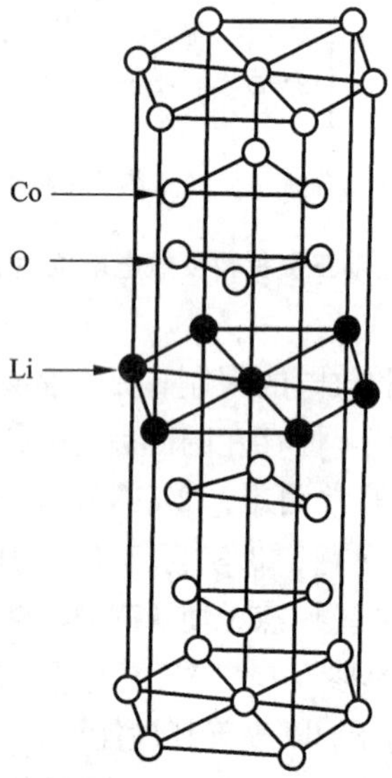

图 5 层状 $LiCoO_2$ 的结构示意图

$$LiFe(\text{Ⅱ})PO_4 \leftrightarrow Fe(\text{Ⅲ})PO_4 + Li^+ + e(\text{放电} \leftrightarrow \text{充电}) \quad (5)$$

(6)磷酸锰锂($LiMnPO_4$)正极材料。这种材料也为橄榄石结构，理论容量与 $LiFePO_4$ 相同，缺点是合成可逆充放的活性正极材料非常困难，导电性极差。因此，虽然对它也有掺杂改性的研究[12]，但还未达到理想要求，欲使其实际应用，还要进行大量的研究工作。

(7)导电聚苯胺正极材料。一些聚合物具有良好的导电性能，在众多共轭高分子材料中，聚苯脂(Polyaniline，简称 PAn)其单体价格低廉、合成工艺简单、导电性能优良、空气热稳定性高等，因而作为正极材料的选择目标，并进行了研究工作[13]。结果表明这种材料是很有希望作为锂离子电池正极材料，特别有可能作为全塑固体电池的电极材料。此外，除聚丙胺外其他导电聚合物如聚乙炔、聚苯、聚吡咯和聚噻吩等通过掺杂也有希望作为正极材料[14]。

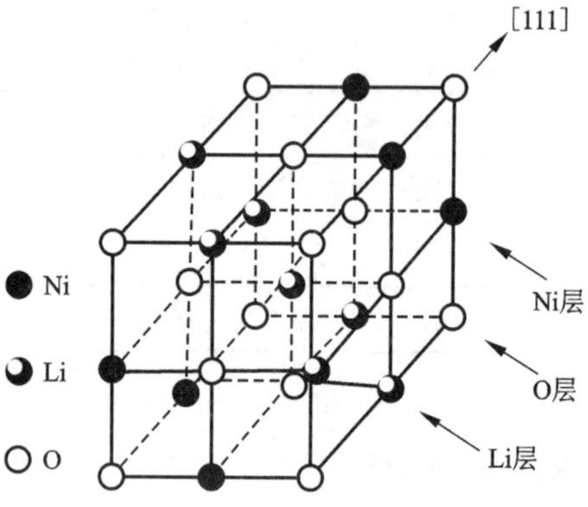

图 6 $LiNiO_2$ 的晶体结构

(8)有机硫化物正极材料。在有机硫化物作为正极材料的研究中主要针对有机二硫化物、有机多硫化物和有机硫化物复合正极材料(如聚苯胺与 2，5－二巯基 1，3，4－噻二唑)进行研究。最近国内外研究注意力集中在有机二硫化物上，并取得了很好的效果[15]，其理论能量密度高达 1500 ~ 3500 W·h/kg，实际能量密度达到了 830 W·h/kg，具有低价无毒的特点，有望成为新一代锂离子二次电池的正极材料。

(9)其他正极材料。根据报道[16]，目前已研究了钡镁锰矿型纳米锰氧化物，钡镁锰矿与水羟锰矿型复合层状纳米锰氧化物及其混电极材料。例如 AA 型锂离子电池容量达到 600 mA·h/g，首次充电容量高于 $LiCoO_2$。尽管如此，要实际应用还有许多问题需要解决，但是应关注新的变化趋势。

4 锂离子二次电池正极材料的制备方法

正极材料的合成方法可分为固相合成法和软化学合成法。

固相合成法是将含钴、镍、锰、钒的化合物与锂盐按一定配比混匀，在给定的温度下，通空气焙烧一定时间，冷至室温、粉碎、筛分便可制得产品[17]。

根据焙烧温度不同，焙烧在 400℃ 以上称为高温固相法，低于 400℃ 的焙烧则称为低温固相法。在低温固相法中，除控制焙烧温度为低温的方法外，又出现了机械化学法和微波焙烧法。

机械化学法是制备高分散性化合物的有效方法，

它通过机械力的作用，不仅使颗粒破碎，增大反应物的接触面积，而且可使物质晶格中产生缺陷、位错、原子空位及晶格畸变等，有利于离子的迁移，同时还可使新生成物表面活性增大，表面自由能降低，促进化学反应，使一些只有在高温较为苛刻条件下才能发生的化学反应在低温下也能进行[18]。

微波焙烧法是近年来发展起来的陶瓷材料的制备方法。该方法的特点是将被合成的材料与微波场相互作用。微波被材料吸收，并转化成热能，这样就可从材料内部开始对其整体加热，实现快速升温，从而大大缩短了合成时间。通过调节功率等参数，可控制产品的物相结构，易于进行工业化生产[19]。

目前利用固相法可以生产合格的钴酸锂、镍酸锂、锂锰氧、锂钒氧、磷酸铁锂等正极材料。

软化学合成法有很多优点，它可以制备高性能的产品，产品的形貌和微观结构可以人为控制，生产出来的正极材料产品具有结晶程度高、粒度均匀、粒径小和比表面积大等特点。属于软化学法的有：溶胶－凝胶(Sol-gel)法，共沉淀法及水热法。

溶胶－凝胶法是一种胶体化学的粉体制备方法，将制备所需的各组分溶胶，经过成胶，胶化等工艺过程制得凝胶，再经烘干、煅烧后，便可获得粉末产品[20]。

共沉淀法通常用于制备复合正极材料。如将过量的沉淀剂 NaOH 加入按要求配比的钴镍盐中，就可生成 $Ni_{1-x}Co_x(OH)_2$ 沉淀。这种沉淀物经洗涤除去杂质再与 LiOH 混合烧结，即可制得 $LiNi_xCo_{1-x}O_2$[21]。故在研究或生产改性的复合阴极材料的时候多用此法。

水热法是通过原料化合物与水在一定温度和压力下进行反应，而生成化合物粉体产品的一种制备方法。如将 $Co(NO_3)_2$、LiOH 和 H_2O 按比例组成混合溶液，置于高压釜中，在 150～250℃ 条件下反应 0.5～2.4 h，便可得到 HT－$LiCoO_2$[22-23]。该法具有过程简单，制备物物相均一，粉体粒径小的优点，缺点是制备多组分的正极材料或扩大制备量时困难较大。

5　展望

随着全球经济和科学技术迅速地发展，电源在国民经济中起着极为重要的作用。为了实现可持续发展对电源提出了更高的要求。由于集成电路发展迅速，电子仪器不断小型化，轻量化。在化学电源中，电源要具有体积小、质量轻、比容量高、使用寿命长和无污染的特点。为了符合空间技术、国防军工技术、电动车及环境上的要求，目前开发和使用的锂离子电池中，由于金属锂比容量高(3830 A/(h·kg))，而且电极电位极低($-3.045V$ vs H_2/H^+)，因而将锂作为负极与相应的正极材料构成电池，其具有能量密度高、电压高、放电电压平衡、工作温度范围宽、低温性能好、贮存寿命长等优点。所以在开发、应用的研究中，锂离子电池倍受青睐，成为重要的发展方向。在锂离子电池中，对阴极材料研究也成为热点。近些年来，锂离子电池阴极材料的开发、应用和研究虽然有了长足的进步，但还有不少问题需要解决。例如，液态锂离子电池(LIB)的正极材料，由于钴价昂贵，因此，寻求价格低、而电化等性能更好的阴极材料应是首先的研究课题，在聚合物锂离子电池(PLIB)中，合成更好更有效的自由基聚合物正极材料也是迫切需要大力研究的工作。应该认识到，随着开发研究工作的不断深入，锂离子电池的正极材料会得到更好的发展。此外，在研究和生产正极材料的一些方法中，湿化学法占有重要地位，呼吁湿法冶金工作者要积极参加这项工作，这是极其有意义的。

参考文献

[1] 郭炳坤，徐微，王先友等. 锂离子电池. 长沙：中南大学出版社，2002：34－140.

[2] Lipkowski J, Rhilip N R. The Electrochemistry of Novel Materials. New York: VCH Publisher Inc, 1994: 116－117.

[3] 雷永家，万待群，石永康. 新能源材料. 天津：天津大学出版社，2002：1－143.

[4] Mixushma K, Jones P C, Wisema P J et al. Li_xCoO_2 $(0 < x < 1)$, a new cathode material for batteries of high energy density. Mat Res Bull, 1980, 15(2): 783－790.

[5] Gao Y A, Yokovleva M V. Novel $LiNi_{1-x}Ti_x/2Mg_x/2O_2$ compounds as cathode materials for safer lithium-ion batteries. Electrochem Solid State Lett, 1998, 1(3): 117－119.

[6] 刘景，温兆根，吴梅梅等. 锂离子电池正极材料的研究进展. 无机材料学报，2002，17(1)：1－7.

[7] Wdsley A D. Crystal chemistry of nonstochimatetric quinguevalent vanadium oxides crystal structure of $Li_{1-x}V_3O_8$. Acta Crystallogram, 1957, 10(1): 261－267.

[8] Picciotto A L, Thackeray M M, Pictoia G. An electrochemical study of the lithium vanadate system $Li_{1+x}V_2O_4$ and $Li_{1-x}VO_2$. Solid State Ionics, 1988, 30: 1364－1370.

[9] Padhi A K, Nanjundaswamy K S, Goode J B. Nough phospho-olivnes positive electrode materials for rechargeable lithium batteries. J Electrochem Soc, 1997, 144(4): 1188－1194.

[10] Rayet N, Goodennough J B, Bener S et al. Approaching theoretical capacity of a $LiFePO_4$ at room temperature at high rates//The Electrochemical Society and the Electrochemical

Society of Japan Meeting. Vol 99 - 2. Honolulu HI, 1999: 17 - 22.

[11] Chung S Y, Blocking J T, Chiang Y M. Electronically conductive phospho-olivines as lithium storage electrode. Nature Mater, 2002, 2(4): 123 - 128.

[12] Yamada A, Chung S C. Crystal chemistry of the olivine-type $Li(Mn_yFe_{1-y})PO_4$ as possible 4V cathode materials for lithium batteries. Electrochem, Soc, 2001, 148: A960 - A967.

[13] David M J, Mark A, Drag J et al. Organic batteries reversible n-and p-type electrochemical doping of polyocetylesse$(CH)_x$. JCS Chem Comm, 1981: 317 - 321.

[14] Trinida F, Montemayor M C, Fatas E. Performance study of $Zn/ZnCl_2$, NH_4Cl/pdyaniline/carbon battery. J Electrochem Soc, 1991, 138(11): 3186 - 3189.

[15] 苏育志. 聚有机二硫化物储能材料的电化学性能的研究. 化学通报, 2001, (2): 95 - 101.

[16] 吴川, 吴峰, 陈实等. 锂离子电池正极材料研究进展. 电池, 2000, 30(1): 36 - 38.

[17] Ermete A, Ekaterina Z. Lithiation of spinel cobalt oxide by solid state reaction of Li_2CO_3 and Co_3O_4: An EPR study. Materials Letters, 1998, 35(5/6): 380 - 382.

[18] Franger S, Cra F Ls, Bourbon B et al. $LiFePO_4$ synthesis routes for enhanced electrochemical performance. J Electrochem Soc, 2002, 5(10): A231 - A233.

[19] Higuchi M, Katayama K, Azuma Y et al. Synthesis of $LiFePO_4$ cathode material by microwave processing. Power Sources, 2003, (191 - 121): 258 - 261.

[20] Romos S N, Tomar S M. Syntheses of lithium intercalation materials for rechargeable battery. International J of Hydrogen Energy, 2001, 26(2): 159 - 163.

[21] Julion C, Farh L E, Rongan S. Studies of $LiNi_{0.6}Co_{0.4}O_2$ cathode material prepared by the citric acid-assisted sol-gel method for lithium batteries. J of Sol-gel Science and Technology, 1999, 15(1): 63 - 72.

[22] Caurant D, Baffier N. Synthesis by a soft chemistry route and characterization of $LiNi_xCo_{1-x}O_2$ ($0 \leqslant x \leqslant 1$) cathode materials. Solid State Ionics, 1996, 91(1/2): 45 - 54.

[23] Kanasaku T, Kouda T. Novel synthesis rout of A_xCoO_2 (A = Li, Na) through the ion-exchange reaction of CoOOH by the hydrothermal method. Molecular Crystals and Liquid Crystals, 2000, (341): 171 - 176.

锂离子电池负极材料的研究及应用进展*

摘 要：锂离子电池是应用最为广泛和最有发展前景的新能源，对该电池材料的研究是极为重要的课题。相对而言，正极材料研究较多，负极材料研究较少，其实正、负极材料对锂离子电池具有同样的重要性，为了引起科研人员的关注，对锂离子电池负极材料的研究与应用进行了归纳与评述。

Progress of research and application on negative electrode material for lithium ion battery

Abstract: The lithium ion battery is now the most ideal and optimal power resource, it is very important to find suitable electrode materials. Much more of the researches have been spent on the positive electrode materials than that of negative electrode materials. Actually, both positive and negative electrode materials are equally important to lithium ion battery. The application and research progress on the negative electrode materials are summarized and reviewed in order to providing the references to relative researchers.

锂离子电池(Lithium Ion Battery，缩写为LIB)，又称为"摇椅电池"(Rocking Chair Batteries，缩写为RCB)是当今安全性能较高的电池能源，也是应用最广和最有发展前景的能源之一。因它对环境友好，又有绿色能源的美称，对其研究颇多。在LIB中研究较多的是正极材料，对负极材料的研究相对较少。其实负极与正极材料对锂离子电池具有同等的重要性[1-3]。为了引起科研人员对锂离子负极材料的关注，本文扼要地归纳与总结了锂离子电池负极材料的研究与应用情况。

1 锂离子电池的组成及常用的材料

锂离子电池由4部分组成，即正极、负极、隔膜及电解液，组成及使用的材料如表1所示。

在正、负极材料的选择上，正极材料必须选择高电位的嵌锂化合物，负极材料必须选择低电位的嵌锂化合物。LIB使用的负极材料如表1所示。

在LIB负极材料中，最常用且应用最多的是碳材料。碳材料又可分为天然鳞片石墨、人造石墨和无序碳三类。

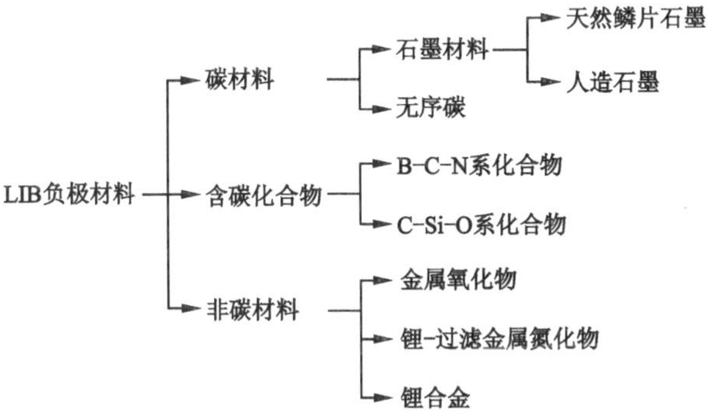

表1 锂离子电池的组成及其使用的材料

组成		使用材料
正极	活性物质	$LiCoO_2$, $LiNiO_2$, $LiMn_2O_4$
	导电材料	乙炔黑
	黏结剂	聚四氟乙烯(PETT),聚乙烯醇(PVA)
	集流体	铜箔

* 该文首次发表于《有色金属》(季刊)，2008年第2期，38~45页。

续表

组成		使用材料
负极	活性物质	碳材料
	导电材料	乙炔黑
	黏结剂	PETT, PVA
	集流体	铜箔
电解质	溶剂	碳酸乙烯酯(EC)
		碳酸丙烯酯(PC)
		碳酸二甲酯(DMC)
		碳酸二乙酯(DEC)
		二甲氧基乙烷(DME)
	溶质	$LiClO_4$, $LiPF_6$, $LiBF_4$
	固体电解质	聚氧化乙烯(PEO)
隔膜		聚丙烯微孔膜

2　LIB 负极碳材料

碳材料是发现最早(1926 年)用于负极的材料。到 20 世纪 80 年代进一步发现锂在碳材料中嵌入反应的电位接近锂的电位，不容易与有机溶剂反应，并具有很好的循环性能，故认为是最佳、也是应用最为广泛的锂离子电池的负极材料。

目前，开发和使用的锂离子电池负极材料主要有石墨、软碳(Soft Carbon)、硬碳(Hard Caobon)等。在石墨中有天然石墨、人造石墨、石墨碳纤维。在软碳中常见的有石油焦、针状焦、碳纤维、中间相碳微球(Mesocarbon Microbends，缩写 MCMB)等。硬碳是指高分子聚合物的热解碳。常见的有树脂碳、有机聚合物热解碳、碳黑等。

2.1　石墨材料

天然石墨可分为无定型土状石墨与高度结晶鳞片石墨，前者不能用作负极材料，后者可用于负极材料中，但需要经过结构改造或表面改性才能使用。

2.1.1　天然鳞片石墨

天然鳞片石墨含碳量高，石墨晶高层间距为 0.3345 nm 左右，具有良好的层状结构。锂离子能嵌入石墨层间形成 Li_xC_6 石墨层间化合物(GIC)($1<x<1$)，一阶 GIC－Li_xC_6 理论容量为 372 mA·h/g。这种石墨作为负极材料的改性有以下几种方法。

(1)机械研磨。Kohs W 等[4]将纯净的天然石墨进行研磨，获得了 3R 型含量为 26% 的 26β 石墨。将其与上面纯净石墨经过 >2000℃ 的高温处理后，获得了 2H 型含量为 100% 的 100α 型石墨。首次充、放电曲线得知 100α 型库仑效率(55%)明显低于 26β 型(80%)。从放电容量与循环次数的实验可知，在首次循环中，100α 型的放电容量低于 26β 型的放电容量，而且 100α 型循环性能较差，衰减较快。

Kohs W 认为 26β 型石墨非常无序的表面邻近层以及颗粒内部石墨烯平面的弯曲和错位等缺陷使其在电解液中充电时阻止了溶剂分子的共嵌，而 100α 型石墨颗粒的表面和内部未能阻止溶剂分子的共嵌，从而溶剂化锂离子可以长驱直入。此外，Kohs W 还认为石墨颗粒的表面对于 SEI 膜的沉积过程影响很大，SEI 膜与两种石墨的相互作用和在它们表面上的固定完全不同。与 100α 型石墨颗粒有极为有序的表面相比，26β 型石墨颗粒的无序表面对于 SEI 膜的形成更为有利。与 Guerin 和 Kohs W 等[4]的看法相同，Spahr M E[5]和 Ong TS[6]也认为 3R 型石墨的存在与首次循环中的不可逆容量并无直接关系。

(2)氧化处理。吴宇平等[7]用气相和液相氧化的方法对天然石墨进行了氧化处理。温和的氧化处理可以除去石墨颗粒表面一些活性或有缺陷的结构，从而减少了首次循环中的不可逆容量的损失，提高了充、放电效率。同时还增加了其中的纳米级孔道，为锂离子的嵌入/脱出提供了通道，而且更多的锂离子可以储存在内，从而增加了可逆容量。此外还形成了与石墨颗粒表面紧密结合的、由羧基/酚基、醚基和羰基等组成的氧化物致密层，这种表面层起到了钝化膜的作用，防止了溶剂分子的共嵌，从而避免了石墨中的层离和其沿 a 轴方向的移动，循环性能得到了改善。

(3)包覆。为了改善天然石墨的循环性能和提高其倍率性能，设法在天然石墨颗粒表面包覆一层热解炭，形成了以石墨为核心的“核－壳”式结构。包覆的方法有两种，化学气相沉积(CVD)和包覆树脂－热解法。Yoshio M 等[8]研究结果见图 1 及图 2 所示，表明包覆了 17.6% 热解炭的天然石墨在 PC 和 EC 基电解液中均有较好的充、放电性能。图 1(a)为天然石墨在 PC 基电解液中的首次充电曲线，图中 0.7 V 附近的长电位平台表明发生了 PC 基电解液的分解和石墨电极的层离，因此没有充电容量。由此可见包覆热解炭能改善天然石墨与 PC 基电解液的相容性。

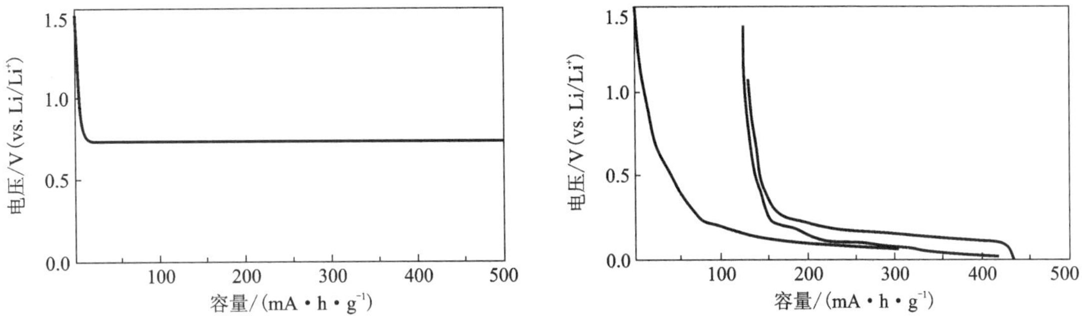

图1　天然石墨包覆前后在 1 mol/L $LiPF_6$/PC + DMC(1∶2)电解液中的充、放电曲线

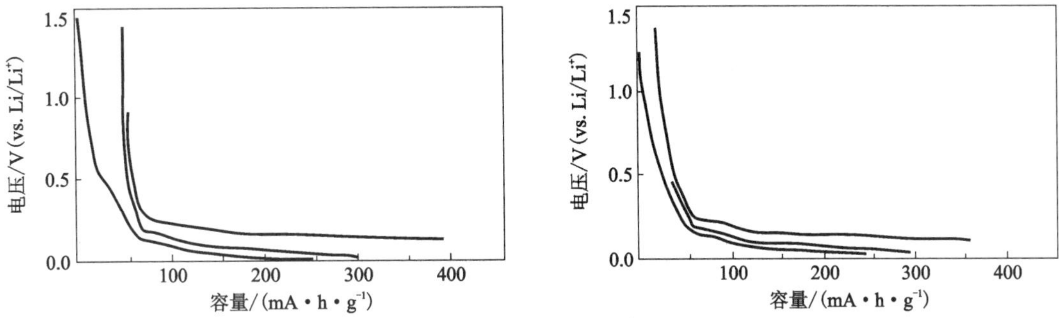

图2　天然石墨包覆前后在 1 mol/L $LiPF_6$/EC + DMC(1∶1.86)电解液中的充、放电曲线

杨瑞枝等[9]以液相浸渍法将不同厚度(质量)的酚醛树脂包覆在天然鳞片石墨表面，在130℃下进行热固化，再以 Ar 气作为保护气，分别在700℃、900℃和1100℃下进行碳化。结果表明，天然鳞片石墨用酚醛树脂热解炭包覆时，其充、放电性能与包覆层的厚度(质量)有关。当酚醛树脂含量为9.8%，碳化温度为900℃时，材料表现出良好的电化学性能。

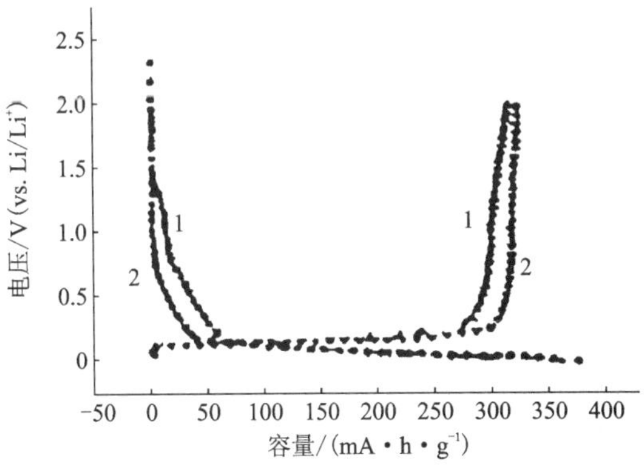

图3　天然石墨包覆前后的首次充、放电曲线

(1)天然石墨；(2)包覆 TiN 的石墨

从图3可以看出天然石墨颗粒表面镀上 TiN 薄膜后，其首次放电曲线在 0.7～0.2 V 时电位下降更为迅速，这表明在石墨颗粒表面形成的 SEI 膜只消耗了极少的电解液，从而减少了不可逆容量的损失和提高了首次库仑效率。

Aurbath D 等[10]用实验证明，在天然石墨表面包覆 AN-MHSLi 聚合物层可以减少 SEI 膜的生成和溶剂分子共嵌所引起的不可逆容量，以及对锂离子的脱嵌(放电)无副作用，包覆后的库仑效率从73.0%增加到86.2%。

(4)金属化学淀积。周向阳等[11]采用化学镀的方法在天然鳞片石墨颗粒表面包覆一定质量的 Ag。结果表明以包覆5% Ag 的 GAg_5 材料的电化学性能最好，如图4所示。XRD 分析表明，当包覆 Ag 超过10%时，由于嵌锂过程中所形成 AgLi 合金导致脱锂不完全，因此放电容量会降低。由于银是贵金属，包覆的成本太高，不易于工业化的推广。

(5)金属插层。Tossici R[12]采用气相双室法在真空条件下先将钾嵌入天然石墨层间形成一阶钾-$GICKC_8$，其层间距为0.541 nm[13]。由于 K^+ 从石墨层间脱出后，石墨层间距增加了0.341 nm，因此有利于 Li^+ 的快速嵌入形成 Li_6C-GIC。以 KC_8 为负极活性材料时，正极材料的选择余地比较宽，可选择一些价廉、不含锂的化合物。

铜和铁的插层过程比较复杂[14]，通常是先让它们的氯化物与石墨反应，形成层间化合物，所得的层间杂化合物 C_xM(Cu, Fe)中，如 $x<24$ 则 M 过多，石墨中锂的插入位置少而使容量降低，反之，$x>36$ 时，首次不可逆容量大，耐过放电性能差。

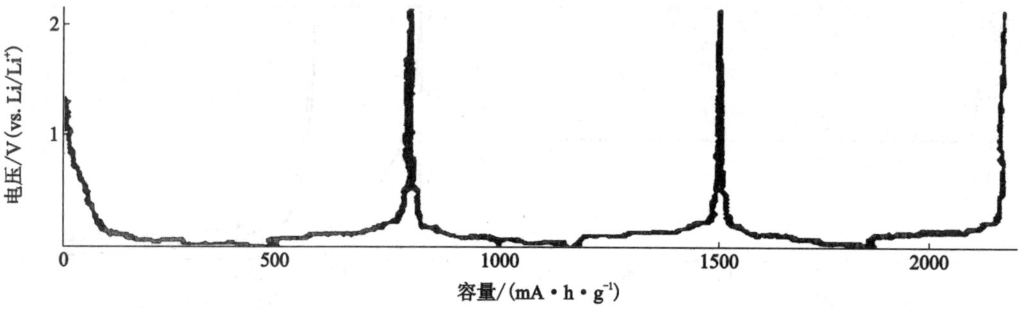

图4 GAg_5 在 1 mol/L $LiPF_6$/EC + DMC(1:1)电解液中的充、放电曲线

2.1.2 人造石墨

各种人造石墨的碳源均为有机物，所有有机物加工成人造石墨时，其过程可分为若干个温度阶段[15]。图5表明了有机物转变为石墨的过程。图6是难易石墨化炭的结构示意图。

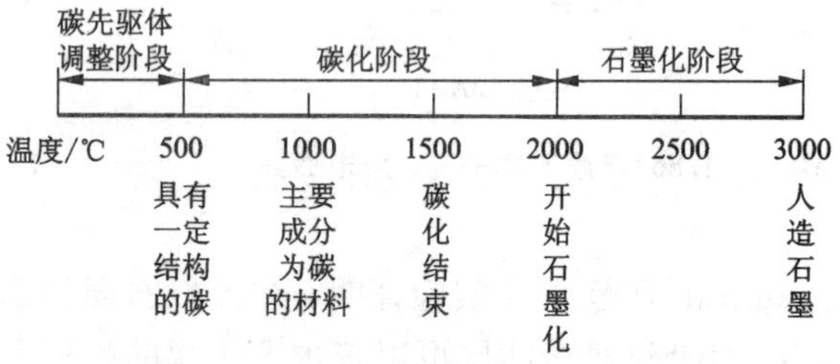

图5 从有机物转变为石墨的过程

图6 易石墨化炭和难石墨化炭的结构

国内外各大电池厂如深圳比亚迪和天津力神等厂家近年来在制备高性能 LIB 时，均采用上海杉杉科技有限公司所生产的石墨化中间相沥青炭微球(牌号 CMS)[16]。

石墨化软炭负极活性材料具有低而平稳的充、放电电位平台，电位滞后现象不明显，充、放电容量大，充、放电效率高和循环寿命长等一系列优点，而且原料来源广泛、价格低廉、石墨化温度较低。因此，如表2所示当今世界各大 LIB 电池厂家所选用的负极活性材料绝大多数均为经石墨化处理后的软炭材料[17]。

中间相沥青基炭纤维和气相生长炭纤维也属于易石墨化材料———软炭材料。Inagaki M 等[18]通过调节纺丝温度得到了四种不同类型(A，B，C，D)的中间相沥青基炭纤维。A 型纤维中的石墨层呈尖劈形辐射状；B 型纤维中的石墨层呈“之”字形的辐射状；C 型为双重织构，核心部分属 A 型，周边部分属 B 型；D 型为同心(洋葱状)结构。A 型纤维在 0.8 V 左右有一较长的充电电位平台，但其放电容量几乎为零。B 型纤维的首次放电容量在 240 mA·h/g 左右，其首次库化效率为 96%，循环 10 次后其库仑效率为 100%。C 型纤维和 D 型纤维的首次充、放电曲线与 B 型纤维相似，但其放电容量要低些。C 型纤维的库仑效率为 90%，D 型纤维的库仑效率为 83%。

2.2 无序碳

许多有机物前驱体在 500 ~ 1000℃ 的温度下热解后即可成为无序碳。无序碳中均含有 H，热解温度愈高含 H 量愈小，即 H/C 原子比愈小。图7 ~ 图10 分别为石油沥青(CRO)、聚氯乙烯(PVC)、聚硫化苯(PPS)和聚偏二氟乙烯(PVDF)热解后生成的无序碳，用在 LIB 负极活性材料时的充、放电曲线[19]。无序碳充、放电过程的共同特点是：可逆容量高，但首次不可逆容量大，电位滞后现象严重，即 Li^+ 插入的电位接近 0 V，而脱出的电位接近 1 V。为了解释无序炭用作 LIB 负极活性材料时充、放电过程的特点，提出了一些储锂机理[20-21]。

2.3 含碳化合物

2.3.1 B - C - N 系化合物

此类材料通常是由碳素材料的前驱体与非金属元素 B，N 或其化合物经气相反应或固相反应而合成，其结构类似于石墨层状结构，故通常称为 B - C - N 系类石墨材料。从组成上看，非金属元素的含量与碳的含量属同一数量级，超出了一般意义上的掺杂，故未将其列入掺杂型碳材料一类。

Weydanz W J[22] 等人用吡啶和氯合成了 C_xN(N 为 2.54% ~ 5.65%)，其放电容量在 300 mA·h/g 左右。有人[23]研究了 BC_2N 的嵌锂性质，以 25 μA/cm² 的低电流密度充电后，其高电容量高达 300 mA·h/g 以上且库仑效率较高，有着良好的可逆性。

表 2　国外一些 LIB 工厂采用的碳负极活性材料

厂家	德国 Varta	日本 Sony	日本 Sanyo	日本 Nippon Steel	日本 Matsushita	美国 Bellcore
碳负极	针状焦	PFA 热解石墨	天然石墨	沥青基炭纤维	中间相沥青炭微球	焦炭

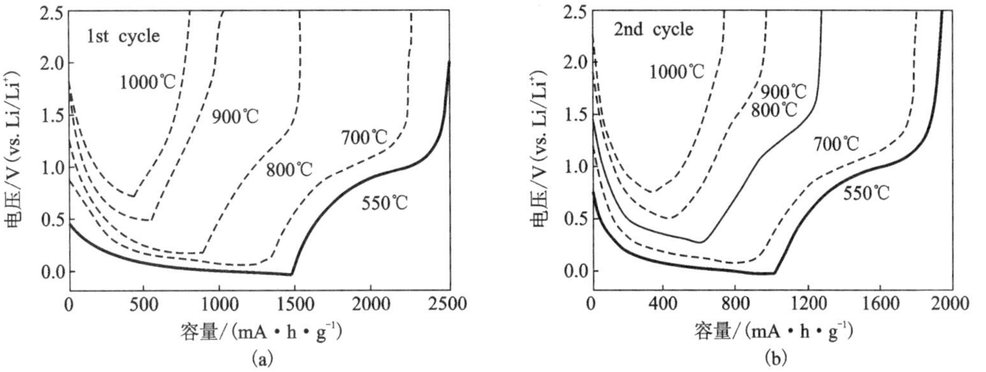

图 7　日本 CRO 沥青经不同 HTT_{max} 热解后的充、放电曲线

(a)第一次循环；(b)第二次循环

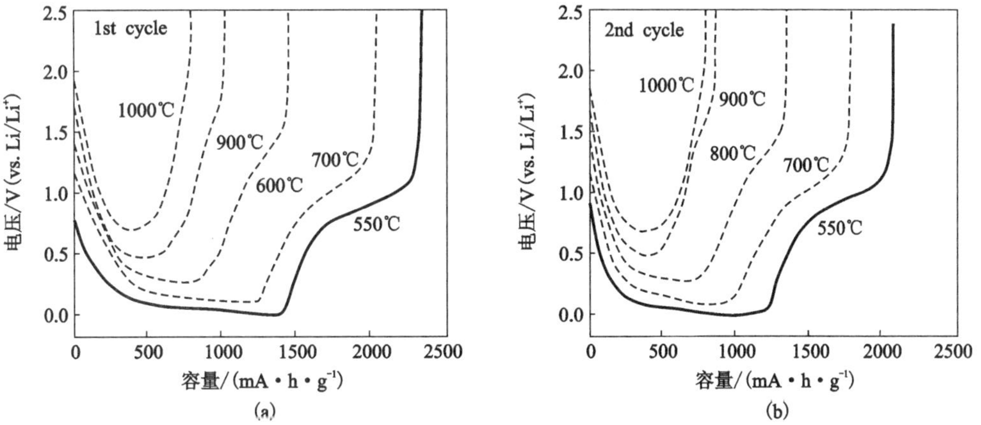

图 8　PVC 经不同 HTT_{max} 热解后的充、放电曲线

(a)第一次循环；(b)第二次循环

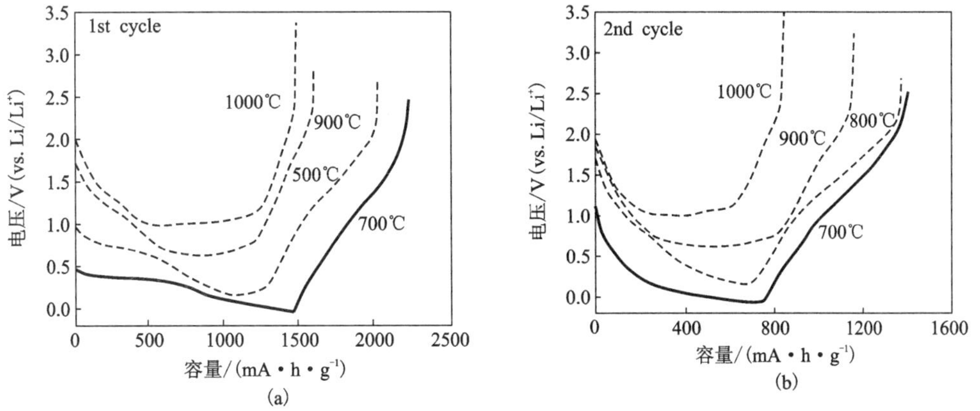

图 9　PPS 经不同 HTT_{max} 热解后的充、放电曲线

(a)第一次循环；(b)第二次循环

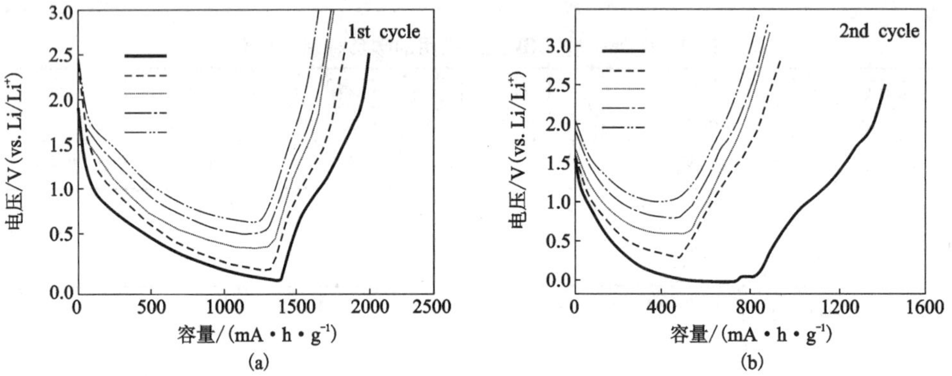

图 10 PVDF 经不同 HTT_{max} 热解后的充、放电曲线

(a)第一次循环；(b)第二次循环

2.3.2 C-Si-O 系化合物

Xue J S 等[24]以环氧酚醛树脂为碳源、配不同比例(0%、20%、40%、60%、80%和100%)的环氧基硅烷为硅源与碳源混合后，以4-氨基苯酸为固化剂，在170℃温度下固化3 h，固化后以25℃/min的速率升温到1000℃，保持1 h，然后在炉内冷却到100℃，取出冷却至室温，磨细成粉样。通过XRD分析、碳氢氮分析和俄歇电子扫描能谱分析，确定了所制备6个试样的化学组分分别为：1号样，C；2号样，$C_{0.60}Si_{0.03}O_{0.03}$；3号样，$C_{0.82}Si_{0.07}O_{0.11}$；4号样，$C_{0.72}Si_{0.10}O_{0.18}$；5号样，$C_{0.60}Si_{0.15}O_{0.25}$；6号样，$C_{0.50}Si_{0.19}O_{0.31}$。以上述6个试样作为LIB负极活性材料进行了恒电流充、放电实验，电流密度为18.6 mA/g。

3 LIB 负极非碳材料

3.1 金属氧化物

曾将多种Ⅳ族MO型和MO_2型氧化物进行比较发现，SnO和SnO_2在比容量和循环寿命上均有明显的优势，其他Ⅲ族和Ⅴ族金属的氧化物(如Al_2O_3，Ga_2O_3，In_2O_3，Sb_2O_5和Bi_2O_5等)的性能均未能超过锡氧化物[25]。

一些3d族的二元过渡金属氧化物(如FeO，CoO，NiO和Cu_2O等)，由于其结构不能提供锂离子自由脱嵌的通道，而且金属也不能与锂形成合金，因此长期以来一直被认为不适合于做锂离子电池的电极材料。近年来，发现这些氧化物对Li具有电化学活性，能与锂发生可逆反应，循环多次后仍可保持较高的容量。

3.2 锂-过渡金属氮化物

西岛等认为[25]锂-过渡金属氮化物应该兼有上述两种氮化物的优点，适宜用作电极材料，因此进行了锂-过渡金属氮化物的合成，并将其作为LIB负极活性材料进行了研究。从结构上看，锂-过渡金属氮化物可以分为两大类。一类是反萤石结构，另一类是Li_3N中的部分锂被过渡金属置换后的结构。在萤石(CaF_2)的晶体结构中Ca^{2+}位于立方面心的结点位置上，F^-则位于立方体内八个小立方体的中心。反萤石结构的锂-过渡金属氮化物中阴、阳离子的排布恰与CaF_2中的相反。即在原Ca^{2+}的位置上是N^{3-}，而原F^-位上的是Li^+或过渡金属离子M。

周期表中由钛至铁可构成$Li_{2n-1}MN_n$，其中能稳定存在的有Li_5TiN_3，Li_7VN_4，$Li_{15}Cr_2N_9$，Li_7MnN_4和Li_3FeN_2。然而，上述氮化物中钛、钒和铬已达最高氧化态，不可能继续提高价态以保证Li^+脱离时体系内的电中性。因此只有Li_7MnN_4和Li_3FeN_2有可能用作电极材料。钴、镍、铜的化合物则有置换量越大，容量越高的趋势，但由于其对空气湿度敏感，目前在实际应用上仍受到限制[26]。

3.3 锂合金

很多元素如Si，Sn，Bi，Al，Sb，In和B都能与锂形成合金。合金类负极活性材料一般具有较高的比容量，其理论容量可以达到1000 mA·h/g以上。然而，在合金化过程中，电极材料的体积会大大膨胀，导致电极材料粉化和导电网络中断。研究表明，当合金材料的颗粒达到纳米级时，合金化过程中的粉化会大大减少，但当尺寸小到100 nm以下时，材料的颗粒很容易团聚，加快了容量的衰减。因此用锂合金作负极材料还有待于更深入的研究。

4 应用和研究的发展方向

(1)降低人造石墨的生产成本，是应用和研究的重要课题，在这方面石油焦和中间相沥青为原料的针状焦、炭微球和炭纤维，应为研究和应用的方向。

(2)目前国内外各大电池厂生产 LIB 所用的负极材料仍为石墨类材料，而且如前所述，由于天然鳞片石墨用作负极活性材料在充、放电过程中，易于因溶剂化锂离子的嵌入而发生层离，因此绝大部分生产 LIB 的厂家还是采用人造石墨——石墨化软炭用为负极活性材料。因此，从实用角度出发，对石墨类负极材料，还有许多研究工作要做。

(3)目前除石墨材料外，其他各类材料都还存在一些尚未解决的难题，目前还不能应用于 LIB 的生产。例如无序炭尽管放电容量高，但不可逆容量也很大，而且电位滞后现象严重——即 Li^+ 嵌入的电位接近0 V 而 Li^+ 脱出的电位接近 1 V，与无序炭类似。B－C－N系化合物和 C－Si－O 系化合物的放电曲线为一"斜坡"，不像石墨材料那样在低电位处有一个电位平台。过渡金属氧化物用作 LIB 负极活性材料时的主要问题是不可逆容量大和充、放电电位平台高。锂－过渡金属氮化物则由于其对空气湿度敏感，因此实际应用仍受到限制。锂合金材料则因在合金化过程中体积膨胀率大，致使电极材料在反复充、放电时存在粉化、导电网络中断现象，因此循环性能很差。对这些问题还有待进一步的研究，以求获得电化学性能较好的负极材料。

参考文献

[1] 郭炳坤，徐微，王先友等. 锂离子电池. 长沙：中南大学出版社，2002：145－187.

[2] 李国欣. 新型化学电源导论[M]. 上海：复旦大学出版社，1992：1－15.

[3] 张文保，倪生鳞. 化学电源导论[M]. 上海：上海交通大学出版社，1992：148－191.

[4] Kohs W, Santner H J, Hofer F. A study on electrolyte interactions with graphite anodes exhibiting structures with various amounts of rhombohedral phase. J Power Sources, 2003, (119/121): 528－537.

[5] Spahr M E, Wilhelm H, Joho F et al. Purely hexagonal graphite and the influences of surface modifications on its electrochemical lithium insertion properties. J Electrochem Soc, 2002, 149(8): A960－A966.

[6] Ong T S, Yang H. Lithium intercalation into mechanically milled natural graphite. J Electrochem Soc, 2002, 149(1): A1－A8.

[7] 吴宇平，万春荣，姜长印等. 锂离子电池负极活性材料的制备——用气相氧化法改性天然石墨. 电池，2000，30(4)：143－146.

[8] Yashio M, Wang H, Fukuda et al. Effect of carbon coating on electrochemical performance of treated natural as LIB anode material. J Electrochem Soc, 2000, 147(4): 1245－1250.

[9] 杨瑞枝. 以酚醛树脂热解炭包覆天然鳞片石墨的复合材料作为锂离子二次电池负极活性材料的研究. 炭素，1999，(1)：43－48.

[10] Aurbach D, Maekovsky B, Levi M. D et al. New into the interactions between electrode materials and electrolyte solutions for advanced nonaqueous batteries, J Power Sources, 1999, (81/82): 95－111.

[11] 周向阳，胡国荣，李庆余等. 化学镀鳞片石墨作锂离子电池负极活性材料. 电池，2002，32(5)：255－257.

[12] Tossici R, Berrettoni I M. A high-rate carbon for rechargeable LIB. J Electrochem Soc, 1996, 143(3): L65－L67.

[13] Bailar J C, Emelens H J, Nyholm S R et al. Comprehensive Inorganic Chemistry. Australia: Pergamon Press, 1973: 1420－1421.

[14] 吴宇平，万春荣，姜长印等. 锂离子二次电池碳负极活性材料的改性. 电化学，1998，4(3)：286－292.

[15] 大谷杉郎，大谷朝男. 炭纤维材料入门. 赖耿阳译. 上海：复汉出版社，1983：25－26.

[16] 吴宇平，戴晓兵，马军旗等. 锂离子电池. 北京：化学工业出版社，2004：93－94.

[17] 郭炳坤，李新海，杨松青. 化学电源. 长沙：中南工业大学出版社，2000：333－334.

[18] Inagaki M, Imanishi N, Kashiwagi H et al. Charge discharge characteristics of mesophase-pitch-based carbon for lithium cells. J Electrochem Soc, 1993, 140(2): 315－320.

[19] Tatsumi K, Zaghib K, Sawada Y. Anode performance of vapor-growa carbon fibers in secondary LIB. J Electrochem Soc, 1997, 144(9): 2968－2793.

[20] Satoh A, Noguchi M, Demachi A et al. A mechanism of lithium storage in disordered carbons. Science, 1994, 264(5158): 556－558.

[21] Zheng T, Mckinnon, Dahn J R. Hysteresis during lithium insertion in hydrogen-containing carbons. J Electrochem Soc, 1996, 143(7): 2137－2145.

[22] Weydanz W J, Way B M, Buoren T V et al. Behavior of nitrogen-substituted carbon(N_2C_1－2) in Li/ Li(N_2C_1－2) 6cell. J Electrochem Soc, 1994, 141(5): 900－907.

[23] 尹鸽平，王庆，程新群等. 锂离子电池新型负极材料的研究进展. 电池，1999，29(6)：271－274.

[24] Xue J S, Dahn J R. An epoxy-silane approach to prepare anode materials for rechargeable LIB. J Electrochem Soc, 1995, 142(9): 2927－2935.

[25] 西岛平，王庆，程新群等. 锂离子电池新型负极活性材料的研究进展. 电池，1999，29(6)：270－274.

[26] Tarascon J M, Armand M. Issues and challenges facing rechargeable lithium batteriers. Nature, 2001, 414: 359－367.

改善 $LiFePO_4$/C 电池高温循环容量下降的研究进展*

摘　要：全面介绍了 $LiFePO_4$ 电池在高温下循环容量下降的研究进展，介绍了该电池在 25～65℃循环容量下降的情况，重点阐述了改善 $LiFePO_4$ 电池循环容量下降的研究工作，并提出了今后研究的方向。

Research progress on addressing cycle capacity decline of $LiFePO_4$/C battery at high temperature

Abstract: Research progress on cycle capacity decline of $LiFePO_4$/C battery at high temperature was summarized. Conditions of cycle capacity decline of $LiFePO_4$/C battery at 25～65℃ were introduced. Research works on addressing cycle capacity decline of $LiFePO_4$/C battery were elaborated. The direction of future research work was put forward.

锂离子电池是继镍氢电池之后发展最快的二次电池，由于它具有比能量高、环境污染小等优点，被公认为是理想的绿色能源，已广泛应用于现代化通信、IT 和携带式电子产品(如移动电话、笔记本电脑、数码相机、摄像机等)，而且在电动汽车方面具有良好的应用前景。在锂离子电池中，因 $LiFePO_4$ 具有较高的理论容量、良好的稳定性、丰富的资源、价格低廉、环境友好等优点，已成为首选锂离子电池的正极材料[1-3]。在 $LiFePO_4$/C 锂离子电池应用中发现，其循环容量随温度的升高而迅速下降，这一缺点成为 $LiFePO_4$/C 离子电池扩大应用的阻碍之一。因此，如何改善 $LiFePO_4$/C 的高温循环容量迅速下降成为重要的研究课题。本文对这一问题的研究进展进行了综述，并对进一步的研究工作进行了展望。

1　温度对 $LiFePO_4$/C 锂离子电池循环容量的影响

对锂离子电池容量下降的原因已有一些文献进行了分析与研究[4]，归纳起来主要是：①正极、负极的过度充电；②电解液分解；③自放电；④电极的不稳定；⑤正负极集流体的性质存在缺点。但大多没有深入考察温度的影响。文献[5]考察了温度对 $LiFePO_4$/C 电池循环容量的影响，其结果如图 1 及图 2 所示。

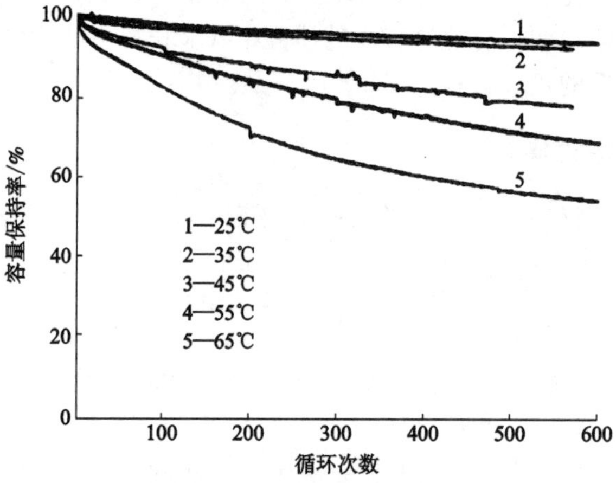

图 1　不同温度 $LiFePO_4$/C 电池循环容量的保持率

从图 1 可看出，在测试温度条件下，随着循环进行，电池容量呈现出逐渐减小的趋势，容量保持率逐渐降低。在常温及稍高温度下(25℃和 35℃)，电池容量衰减趋势类似，且衰减较为缓慢，经过 600 次循环后，容量保持在初始值的 95%左右；电池在循环过程中容量衰减速度随循环温度的不断升高逐渐加快，特别是在 55℃和 65℃高温条件下，经过 600 次循环后，容量保持率分别降低至初始值的 70%和 55%左

* 该文首次发表于《有色金属(冶炼部分)》，2005 年，第 4 期，63～68 页。合作者：马玉雯。

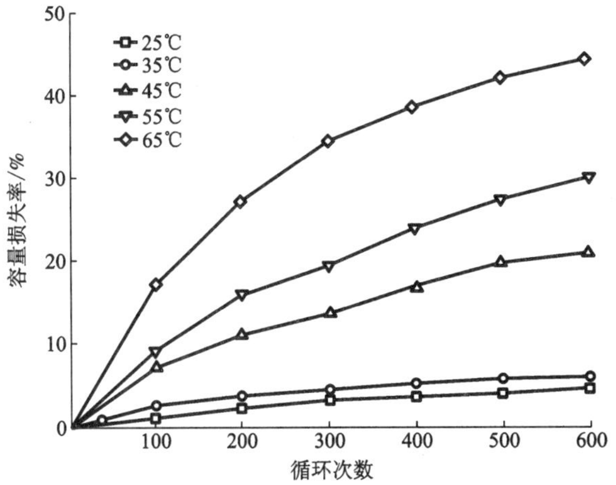

图 2 不同循环阶段 $LiFePO_4/C$ 电池容量损失率

右，说明随着温度的升高，$LiFePO_4/C$ 电池优良的循环平衡遭到破坏，造成电池容量快速衰减，降低了电池的使用寿命。

从图 2 可见，在常温条件下电池容量衰减基本处于稳定状态，损失率随循环进行趋于一条直线；温度升高时，电池循环容量损失加快。图 1 及图 2 表明，在高温下，电池循环容量迅速下降，使其使用寿命缩短，因此在其扩大应用中，必须研究解决这一问题。

2 高温下 $LiFePO_4/C$ 电池循环容量损失机理的研究

在一些用电设备对电源能量的要求中，除功率能量密度、功率密度、安全性外，预期对电源寿命要达到数年以上的水平，因此对各种使用工况条件下电池容量衰减的研究变得尤为重要，依据文献[6]对高温下 $LiFePO_4/C$ 电池容量下降原因的分析，主要有以下 4 点：

2.1 电池中正极溶铁催化电解液的分解引起活性锂损失而造成容量下降

文献[7]在对 110 mA · h $LiFePO_4/C$ 电池的寿命衰减研究中发现，在 55℃ 条件下以 C/3 倍率循环 100 次后，其容量损失达到 60% 以上，同时在高温循环过程中，负极表面阻抗急剧增加，在负极表面的沉积物中发现大量的铁元素。因此研究者认为，由于铁粒子的催化作用，引起石墨电极表面过度成膜，最终导致负极阻抗增加以及电池容量的快速衰减。文献[5]也以 10 mA · h 的 $LiFePO_4$/天然石墨为研究载体，对其循环性能及容量衰减原因进行了研究，发现在负极石墨表面也有铁粒子沉积。通过对不同电解液体系下的电池循环性能及反应产物推测，负极的铁粒子是由于电解液副反应生成的氢氟酸对 $LiFePO_4$ 颗粒的腐蚀作用产生的，铁粒子的催化作用造成负极稳定性变差，并消耗了电池体系中的活性锂，从而引起电池容量衰减，文献[8]确认了正极溶铁及其催化作用下，SEI (固体钝化)膜形成的速度远大于没有溶铁时的速度，造成活性锂的损失，致使电池的循环容量下降。

后续很多研究者将重点放在 $LiFePO_4$ 电极溶铁及其对电池衰减的影响上。文献[9]通过不同工艺来制备 $LiFePO_4$ 材料，以控制材料中的含铁杂质。高温循环结果显示：以不含铁杂质的材料制备的 $LiFePO_4/C$ 电池在高温下表现出良好的循环性能，在 60℃ 以 C/6 充电 1C 放电，经过 200 次循环后，电池放电容量几乎没有衰减，并且在循环后的负极表面没有检测到铁粒子，而采用另一种工艺制备的含有铁杂质的 $LiFePO_4$ 材料经过循环后，在负极表面发现有铁粒子的存在，因此可认为，在负极表面检测到的铁粒子主要来自于 $LiFePO_4$ 材料的含铁杂质。采用溶胶—凝胶工艺制备的 $LiFePO_4$ 电极材料，由于在 $LiFePO_4$ 表面的磷酸铁含量较高而致密度高，呈现出最好的稳定性。而采用水热工艺合成的 $LiFePO_4$ 材料表面磷酸铁含量较低，致密性差，呈现出较快的铁离子溶出而造成电池容量下降，这充分说明了溶铁的不良作用。

2.2 电池中负极石墨活性物质脱落及结构坍塌而造成容量下降

石墨的层片状结构有利于锂离子在其中自由嵌入与脱出，在锂离子嵌入与脱出的同时也伴随着石墨层间的结构不断变化，另外，在 SEI 膜没有完全形成或部分破裂的情况下，溶剂分子会与锂离子一起发生共嵌入。以上过程反复进行，最终引起石墨结构在嵌锂过程中发生破裂和脱落，并导致石墨性能变坏[10]。

文献[11]对几只 2.3 A · h 的 $LiFePO_4/C$ 电池在不同温度下的循环及贮存中容量部分衰减情况进行了详细的研究。结果表明，在高温条件下，循环初期的电池容量损失主要来自于体系内活性锂的损失，而在循环后期，由于石墨活性材料的脱落损失加速了电池容量衰减。文献[12]对 $LiFePO_4/C$ 电池循环前后的正负极容量、结构及负极表面状态进行的研究发现，在电池循环过程中，正极容量及形貌均没有发生大的变化，但随着循环的进行，$FePO_4$ 的含量也逐渐增加，然而，在同样条件下，$LiFePO_4/Li$ 半电池循环后的极片没有发现 $FePO_4$ 的存在，说明在全电池体系中，可循环利用的锂离子减少而不能全部回到正极；同时，由于在循环过程中石墨结构变化较大，在循环后的负极片上发现颗粒之间以及颗粒与集流体间出现了裂缝，造成部分可充放电的石墨颗粒脱离极片，从而引起负极容量损失。因此，活性锂损失及负极颗粒脱落共同作用是造成电池容量衰减的重要原因。

2.3 电池中负极结构变化破坏了SEI膜结构引起活性锂损失而造成容量下降

文献[13]发表了对2.2 A·h商业化$LiFePO_4/C$电池在不同温度、不同放电深度以及不同充放电倍率下的循环衰减的研究成果，通过对循环前后的正、负极片进行分析，认为由于负极结构变化破坏了钝化膜的结构引起活性锂损失，造成容量下降。

现在普遍认为负极活性物质的相转变，也就是结构变化，会造成电池容量的下降，而容量下降的原因在于SEI膜的形成，导致电池中活性锂的损失，使电池容量下降。在$LiFePO_4$高温循环过程中，负极结构发生变化，致使又需要重新建立SEI膜，从而要消耗锂离子，使电池容量下降，成膜造成的活性锂损失与碳的类型有密切关系，由于在高温中碳结构变化，使活性锂的损失加大，因此就造成了$LiFePO_4$循环容量的快速下降。

2.4 电池中电解液副反应引起活性锂损失而造成容量下降

文献[14]首次对$LiFePO_4/C$电池的衰减问题进行了研究。通过对1.6 mA·h的$LiFePO_4$/石墨电池在常温条件下进行的循环和搁置试验数据进行分析，发现将电池在接近满电状态下进行开路存储与C/2电流进行充放电循环，两者具有类似的容量衰减速率。通过进一步的拆解分析发现，失效后的电池正极$LiFePO_4$没有发生任何变化，而石墨电极损失了部分初始容量。认为电池容量衰减的原因主要是由于电池内部的一些副反应消耗掉可循环的活性锂及增加负极的表面阻抗。

电解液除了在负极表面反应形成保护膜外，在正极表面也存在一些反应过程。对$LiFePO_4$电极在电解液中搁置后的表面组成进行分析时发现，当电解液中存在H_3O^+时，在$LiFePO_4$电极表面将会发生H^+和Fe^{2+}间的离子交换反应，并在正电极表面形成一层富含LiF以及磷酸盐的表面膜。此外，还发现，即使在没有发生溶铁的情况下，烷基电解液依然会在$LiFePO_4$电极表面产生含有烷基碳酸盐的表面膜，类似于高温环境下$LiNiO_2$和$LiCoO_2$基电极的衰减行为。

3 改善高温下磷酸铁锂电池循环容量下降的研究

在过去的几年中，已做了大量的工作以改善$LiFePO_4/C$电池的高温循环稳定性能，改善措施涉及材料及电池体系的不同方面，如材料改性技术、正负极表面涂层技术、集流体处理技术、优化电解液组成等，其目的是克服在高温下$LiFePO_4/C$电池循环容量的迅速下降。

3.1 电极材料及极片的处理技术改善电池循环容量下降

3.1.1 碳包覆

表面包覆就是在正极材料表面包覆一层薄的稳定物质，使正极材料和电解液隔离开。所包覆的表面物质可以有效阻止正极材料与电解液间的接触和副反应，提高材料热稳定性、结构稳定性、循环寿命，同时可以利用所包覆的物质良好的导电性，改善材料倍率放电性能。其中，碳包覆技术被广泛应用于改善锂离子电池材料的导电性和循环性能。文献[15]分别用不同的碳源对$LiFePO_4$材料进行包覆，并对合成后的材料进行测试，结果表明，由于包覆的碳在活性材料颗粒表面形成完整的网络结构，提高了$LiFePO_4$材料的电子导电性，从而使包覆后的$LiFePO_4/C$电池表现出较高的放电容量和优良的倍率性能。此外，研究发现均匀分布的碳使得活性颗粒充分接触，有助于提高电极反应的动力学性能[16]。充放电时，良好的电接触可以在同一位置同时获得Li^+和电子，从而减少了极化过程。可见碳的含量、微观结构及其分布状态对$LiFePO_4$复合材料的性能有重要影响。因此，可通过优化制备工艺、寻找合适碳源的方法来改善$LiFePO_4$的电化学性能。通常可以通过向前躯体中添加适当的有机物作为碳包覆剂，进行热处理时，有机物热解生成导电性能良好的碳。除了正极包覆之外，在石墨负极制备过程中，也可采用不同的碳源对天然石墨等材料进行表面包覆，以改善负极材料与电解液的接触润湿性，提高与电解液的相容性及保护本体材料结构稳定性，进一步改善循环容量下降。在包覆材料中，还可用金属包覆。

3.1.2 电极材料掺杂

体相掺杂可以改善材料原有晶格的缺陷，形成同一种金属不同价态共存的混合价态结构，进而提高磷酸铁锂的离子扩散率，有效提高材料的电化学性能，可作为改善材料性能的一种有效手段。文献[17]制备的 Ni 掺杂 $LiFePO_4$ 的碳包覆材料的容量在 2C 倍率下放电 500 次后仍有 162 mA · h/g，甚至在 10C 倍率下充放电 5000 次后仍在 140 mA · h/g 以上，文献[18－20]制备了 Na 掺杂及进行了 Mg、V、Y 掺杂制备 $LiFePO_4$ 的碳包覆正极材料，都表现出优良的导电性能。

3.1.3　电极材料纳米化

将正极材料纳米化是提高锂离子电池电化学性能的重要途径，减小材料粒径不仅可以提高比表面积、减小极化、增大充放电电流密度，而且可以提高电池的充放电容量、延长电池循环使用寿命[21]。颗粒形状同样影响着比表面积，针形颗粒的 $LiFePO_4$ 材料在高倍率放电下表现出更优的性能，同时也展示出很好的循环特性[22]。片状颗粒能更好地适应充放电过程的晶格变化，减少裂纹倾向。由于嵌锂和脱锂现象只能在具体的晶面上发生，所以，更好的晶化也会有利于电极性能的提高。

3.1.4　电极材料涂层及集流体表面处理

在电池制备过程中，通常通过正、负极表面涂层、集流体处理技术等可以改善其循环稳定性。采用在负极表面沉积一层金属涂层的方法研究了金属涂层对 $LiFePO_4$/C 电池高温循环容量衰减的影响。结果发现，表层的金或铜等金属涂层像筛网一样收集了正极 $LiFePO_4$ 中溶出的铁离子，阻止其扩散至负极表面，并且这些铁离子不会继续催化电解液分解生成 SEI 膜，从而有效地改善了电池的高温循环性能。铜和铝是锂离子电池正极和负极集流体的常用材料，其特性也会对电池容量造成影响。集流体与活性物质的黏合力、钝化膜形成、腐蚀等因素均会增加电池的内阻，使电池循环容量下降，为了提高集流体与活性物质之间的黏合力及减少腐蚀，对集流体表面进行耐铁涂层和导电涂层等技术处理也是减小电池循环容量下降的必要措施。

3.2　优化电解液组成改善电池循环容量下降

3.2.1　电解液中加入有机添加剂

石墨负极表面所形成的 SEI 膜的质量对提高锂离子的循环稳定性具有重要作用。电解液添加剂由于可以参与 SEI 膜的形成过程，形成稳定的保护膜，可有效改善电池循环稳定性。因此，选择合适的添加剂，改善负极 SEI 膜的化学组成和界面性质、在电极和电解液之间形成稳定的 SEI 膜对于改善电池性能是非常有必要的。文献[23]认为，在电解液中添加 TPFPB 后，$LiFePO_4$/Li 电池的放电容量和高温下的循环性能均得到极大提高，分析表明，电解液中的 TPFPB 阻止了电极表面物质的生成，降低电荷传递阻抗，并提高了 $LiFePO_4$ 电极的循环性能。

有机电解液中存在的微量水和酸(氢氟酸)不仅腐蚀正极材料生成金属粒子，还会导致电解质盐 $LiPF_6$ 分解，并破坏 SEI 膜的稳定性。文献[24]对电池中的水分含量对负极表面膜的影响进行了研究，结果发现，新鲜锂片直接暴露于含有微量水分的电解液中时，会在极片表面直接发生水分的还原分解，并显著增加极片界面阻抗；当极片在干燥的电解液中已经形成稳定的表面保护膜时，新加入的电解液中的微量水分将不会对其膜结构造成较大的影响，但是当水分含量增加时，已经形成的表面膜将会崩塌，极片会重新与水分发生反应。电解液中含有氢氟酸时，会腐蚀电极，产生破坏作用。研究发现，MgO、Al_2O_3、$CaCO_3$、BaO、Li_2CO_3 等[25]无机化合物作为添加剂加入到电解液中可以与电解液中的氢氟酸发生反应，从而降低氢氟酸含量，阻止其对电极的破坏，并抑制电解质 $LiPF_6$ 的分解，提高电解液和 SEI 膜的稳定性，改善电池循环性能。

3.2.2　优化电解液的主成分

锂盐是锂离子电池电解质中的主要成分，性能优良的锂盐是获得高能量、高功率、长循环寿命以及良好安全性能的电池的关键之一。在众多的传统无机盐中只有 $LiClO_4$、$LiPF_6$、$LiBF_4$ 和 $LiAsF_6$ 等有可能在锂离子电池中得到应用。而目前成功商业化的只有 $LiPF_6$，其他几种锂盐因为热稳定性及安全性等问题，没有得到实际应用。$LiPF_6$ 作为锂离子电池电解质有以下优点：能够在石墨负极上形成良好的 SEI 膜，对正极集流体有效钝化及阻止其在电解液中溶解、较宽的电化学工作窗口、在有机溶剂中有较好的溶解度和较高的导电率、环境友好等。但是由于 $LiPF_6$ 对受热及电解液中的微量水分较为敏感，容易分解生成 LiF 和 PF_5，PF_5 与水反应生成 HF 和 PF_3O，这两种物质对正、负极均会产生不良作用[26]。在高温环境下，电解质锂盐的分解更加明显，因为正极金属离子被电解液中的微量氢氟酸溶出后会沉积在石墨表面，从而对负极表面膜的形成与生长起到催化作用，使负极表面阻抗急剧增加，并消耗掉过量的活性锂离子，从而引起电池容量快速衰减[27]。因此控制电解液中氢氟酸的含量、减少电解液对正极材料的腐蚀，是提高电池高温循环寿命的一个重要途径。

近年来，寻找适宜在高温条件下使用的、可替代的锂离子电解质盐已引起人们日益关注。其中，具有良好热稳定性和电化学稳定性的 LiBOB(双草酸硼酸锂或称为双乙酸硼酸锂)盐作为替代的电解质盐或电解液添加剂得到广泛研究[28]。LiBOB 的结构式及 BOB 结构图如图 3 所示。

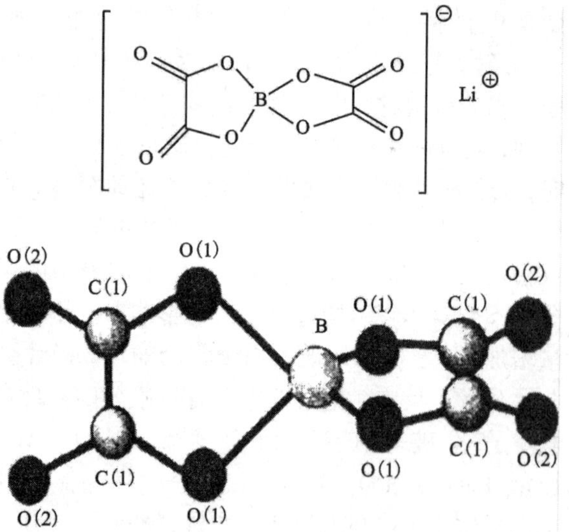

图 3　LiBOB 的结构式(上)及 BOB^- 的结构图(下)

LiBOB 合成方法较多，具有合成简单、热稳定性和电化学稳定性好，及对电极不同反应活性和相容性好等优点，并且它与碳酸丙烯酯(PC)等有机溶剂构成的电解液在石墨负极上能够形成稳定而致密的固体电解质相界面膜(SEI 膜)，循环容量保持良好，极有可能替代现在使用的电解质 $LiPF_6$ 而得到工业使用。研究与分析表明，含有经过优化的 $LiPF_6$/LiBOB 混合锂盐是提高电池循环及倍率增加的一种重要途径，可认为混合盐的应用具有良好的前景。

4　结论及建议

就如何改善 $LiFePO_4$/C 电池循环容量的衰减，人们已进行了大量的工作，深化了 $LiFePO_4$/C 电池在升温下衰减循环容量的认识，并获得了一些有益的改善其循环容量下降的方法。但是，由于 $LiFePO_4$/C 电池应用范围越来越广、应用环境也更加复杂，对其性能要求也越来越高，尤其是在高温下循环容量下降的问题并未得到很好的解决。建议对电极材料(包括复合材料)、电解液(包括液体及固体电解质)、隔膜及集流体进一步进行改善，使电池阻抗下降。提出减少在不同温度下(包括高温及低温)循环容量下降的措施、延长电池的使用寿命及降低电池的生产成本，仍是主要研究任务。

参考文献

[1] 卜立敏，秦秀娟，孙学亮等. 不同锂源对 $LiFePO_4$ 正极材料电化学性能的影响. 有色金属(冶炼部分)，2011(7)：56-60.

[2] 毛国龙. 锂离子动力电池发展现状及应用前景. 中国电子商情，2009(8)：14-16.

[3] 郭光辉，陈珊，张利玉等. 碳包覆磷酸铁锂的合成及电化学性能研究. 有色金属(冶炼部分)，2014(3)：54-57.

[4] 唐致远，陈艳丽. 锂离子电池容量衰减机理的研究进展. 化学进展，2005，17(1)：1-7.

[5] Striebel K, Shim J, Sierra A et al. The development of low cost $LiFePO_4$ - based high power lithium - ion batteries. Journal of Power Sources, 2005, 146: 33-38.

[6] 宋海申. $LiFePO_4$ 石墨动力电池高温循环失效研究. 长沙：中南大学，2013.

[7] Amine K, Liu J, Belharouak I. High-temperature storage and cycling of C-$LiFePO_4$/graphite Li-ion cells. Electrochemistry Communications, 2005, 7: 669-673.

[8] Zhang Yancheng, Wang Chaoyang, Tang Xidong. Cycling degradation of an automotive $LiFePO_4$ lithium-ion battery. Journal of Power Sources, 2011, 196: 1513-1520.

[9] Zaghib K, Ravet N, Gauthier M et al. Optimized electrochemical performance of $LiFePO_4$ at 60℃ with purity controlled by SQUID magnetometry. Journal of Power Sources, 2006, 163(1): 560-566.

[10] Aurbach D, Gamolskys K, Markorskys B et al. On the use of vinylene carbonate(VC) as an additive to electrolyte solutions for Li-ion batteries. Electrochimica Acta, 2002, 47(9): 1423-1439.

[11] Safari M, Delacourt C. Aging of a commercial graphite/$LiFePO_4$ cell. Journal of the Electrochemical Society, 2011, 158(10): A1123-1135.

[12] Kim J H, Woo S C, Park M S et al. Capacity fading mechanism of $LiFePO_4$-based lithium secondary batteries for stationary energy storage. Journal of Power Sources, 2013, 229: 190-197.

[13] Liu Ping, Wang J, Hicks-Garner U et al. Aging mecha - nisms of $LiFePO_4$ batteries deduced by electrochemical and structural analyses. Journal of Power Sources, 2010, 157: A499-507.

[14] Striebel K, Guerfi A, Shim J et al. $LiFePO_4$/C cells for the BATT program. Journal Performance of Power Sources, 2003, 119-121: 951-954.

[15] Lai Chunyan, Xu Qunjie, Ge Honghua et al. Improved elecrochemical performance of $LiFePO_4$/C for lithium-ion batteries with two kinds of carbon sources. Solid State Ionics, 2008, 179: 1736-1739.

[16] Allen J L, Jow T R, Wolfenstine J. Kinetic study of the electrochemical $FePO_4$ to $LiFePO_4$ phase transition. Chemistry of Materials, 2007, 19: 2108 - 2111.

[17] 张培新，文衍宣，刘剑洪等. 化学沉淀法合成掺杂磷酸铁锂的结构和性能研究. 稀有金属材料，2007, 36(6): 954 - 958.

[18] 张宝，李新海，罗文斌等. $LiFe_{1-x}Mg_xPO_4$ 锂离子电池正极材料电化学性能. 中南大学学报自然科学版，2006, 37(6): 1094 - 1097.

[19] 白咏梅，邱鹏，韩绍昌. 钇掺杂 $LiFePO_4$ 锂离子电池正极材料合成与性能. 稀有金属材料，2011, 40(5): 917 - 920.

[20] 翟静，赵敏寿，沙鸥等. 锂离子电池正极材料 $Li_3V_2(PO_4)_2$ 的研究. 稀有金属材料，2010, 39(7): 1310 - 1315.

[21] Fey G T K, Chen Y G. Electrochemical properties of $LiFePO_4$ prepared viaball-milling. Journal of Power Sources, 2009, 189(1): 169 - 178.

[22] Hwang B J, Hsu K F, Hu S K et al. Template-free reverse micelle process for the synthesis of a rod-like $LiFePO_4/C$ composite cathode material for lithium batteries. Journal of Power Sources, 2009, 194(1): 515 - 519.

[23] Chang C C, Chen T K, Her L J et al. Tris (pentafluorophenyl) borane as an electrolyte additive to improve the high temperature cycling performance of $LiFePO_4$ cathode. Journal of the Electrochemical Society, 2009, 156(11): A828 - 832.

[24] Aurbach D, Weissman I, Zaban A et al. On the role of water contamination in rechargeable Li batteries. Electrochimica Acta, 1999, 45: 1135 - 1140.

[25] Stux A M, Barker J. Additives for inhibiting decomposition of lithium salts and electrolytes containing said additives: US, 5707760. 19980113.

[26] Vetter J, Novak P, Wagner M R et al. Ageing mechanisms in lithium - ion batteries. Journal of Power Sources, 2005, 147(1/2): 269 - 281.

[27] Song Haishen, Cao Zheng, Chen Xiong et al. Capacity fade of $LiFePO_4$/graphite cell at elevated temperature. Journal of Solid State Electrochemistry, 2013, 17: 599 - 605.

[28] 薄薇华，何向明，王莉等. 锂离子电池 LIBOB 电解质盐研究进展. 化学进展，2006, 18(12): 1703 - 1709.

Pb - Ag - Ca 三元合金机械性能的研究*

摘 要：Pb - Ag - Ca 三元合金是一种新型的阳极材料，它在锌电冶金中可以代替传统的 Pb - Ag 二元合金阳极材料。该合金具有低的银含量，稳定的机械性能，良好的耐腐蚀性及使用寿命长等优点。本文研究了合金元素对该合金系机械性能及组织的影响。

Mechanical properties of Pb - Ag - Ca ternary alloys

Abstract: Pb - Ag - Ca ternary alloy is a new anode material. In the electrolytic production of zinc, it can substitute for traditional Pb - Ag binary alloy as an anode material. It features low silver content, consistent mechanical properties, good corrosion resistance and long service life. In this paper, the effect of component elements on the mechanical properties and microstructure of Pb - Ag - Ca system are discussed.

1 概述

为了克服传统的 Pb - Ag 二元合金作阳极的缺点，研究寻找优良的材料作不溶阳极已成为国内外锌工业中最为关注的问题之一。早在 1929 年 Taintion 等[1]研究了在高纯锌电解生产中使用的铅合金阳极。1930 年 Hanley 等[2]对 Pb - Ag，Pb - As，Pb - Ca，Pb - Hg，Pb - Cd，Pb - Ti 及 Pb - Ca - Ba 等系列阳极材料进行了探讨。德国鲁尔锌有限公司[3]的研究中心于 1978 年开始研制新阳极合金，研究发现 Pb，Ag，Ca 合金或 Pb，Ag，Sr 合金性能优异，其中 Ag 含量可以降到 0.25%，但 Ca，Sr 含量必须分别为 0.05% ~ 0.1% 和 0.05% ~0.25%。这种阳极材料的腐蚀率降低了 30%，导电率提高了 9% 以上，阳极寿命估计可达 8 年，为了进一步提高 Pb - Ag - Ca 系合金阳极的性能日本学者梅津良昭，野坂等人[4]对 Pb - Ag - Ca 系合金阳极在硫酸溶液中的阳极行为进行了研究。德国学者 Hein 等人[5]研究了 Pb - Ag - Ca 系不溶性阳极的超氧化特性。国内沈阳冶炼厂、株洲冶炼厂及贵州省新材料开发基地杨光棣等人[6]，也对 Pb - Ag - Ca 合金阳极材料进行过研究，但均未见到有关该合金机械性能的报道。本文研究了合金元素对该合金系机械性能及显微组织的影响。

2 阳极合金材料的制备及性能测试方法

原料采用高纯铅锭、纯银切屑及工业纯钙。首先将铅置于石墨坩锅中，在电阻炉内加热，待试料熔化后加入覆盖剂，加银屑，搅拌。待银熔化后再加钙及其他添加金属，保温 20 ~ 30 min 后，浇入金属模中，制备拉伸试棒（铸态）。试棒经拉丝机拉拔后制成加工态的线材试棒。在 P - 500 型和 5 t 万能拉伸试验机上进行抗拉强度试验；采用 69 - 1 型布洛维光学硬度计测硬度；采用 JSM - 35C 扫描电镜及 XJL - 02 型立式金相显微镜观察形貌；金相试样采用一般的研磨 - 抛光方法，腐蚀剂采用 HNO_3 - CH_3COOHH_2O 溶液，浸渍数秒钟即可。

3 实验结果与讨论

3.1 银对机械性能的影响

根据 Pb - Ag 二元相图[7]可知银在铅中可以形成低熔共晶，在低温固态下为有限溶解。当温度低于

* 该文首次发表于《矿冶工程》，1995 年第 2 期，61 ~64 页。合作者：刘良绅，刘建忠，柳松等。

304℃以下时，银质点从铅中析出，可使基体产生弥散强化效果。图 1 为在铅中添加不同的银量后合金的强度与硬度的变化。

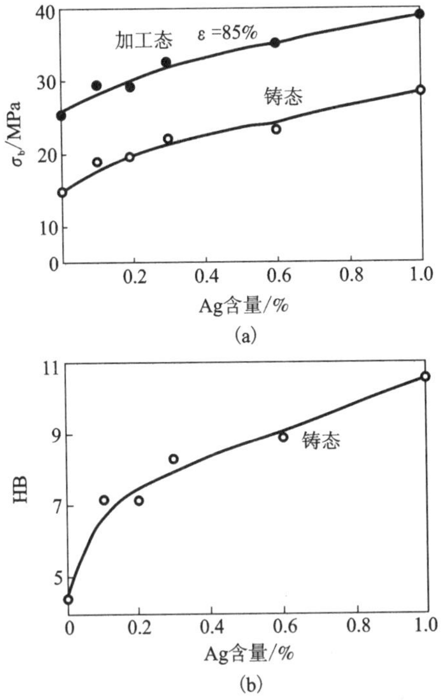

图 1　Ag 含量对 Pb 基合金强度和硬度的影响

从图 1(a)、(b)中可以看出，在 Pb 中添加 Ag 后，其强度、硬度在低浓度时，随着含量的增加而急剧提高。当含 Ag 量进一步增加时，其强度、硬度均呈直线升高，主要是靠析出的 Ag 质点弥散强化起主导作用。

从图 1(a)中还可以看出 Pb－Ag 合金铸锭经轧制后由于加工硬化使合金强度有所提高。

3.2　钙对机械性能的影响

测定了在 Pb 中添加不同的 Ca 量对其强度和硬度的影响，结果如图 2(a)，(b)所示。

从图 2(a)、(b)中可以看出，在低 Ca 含量时，Pb－Ca合金的强度和硬度均随 Ca 含量的增加逐渐上升，当 Ca 含量为 0.1% ~0.2% 时出现极大值，再随着 Ca 含量的继续升高，其强度、硬度均逐渐降低。从 Pb－Ca 二元相图[8]中可知，在低 Ca 含量时 Ca 在 Pb 中的溶解度会随着温度降低(在 326℃以下)而出现过饱和，并析出弥散的 Ca 质点，可使 Pb 基体强化，但随着 Ca 浓度的提高，会出现脆性的 Pb_3Ca 化合物，使合金的强度、硬度变低。

将 Pb－Ca 合金进行轧制加工(变形量 ε 为 90%)，其合金强度可提高。

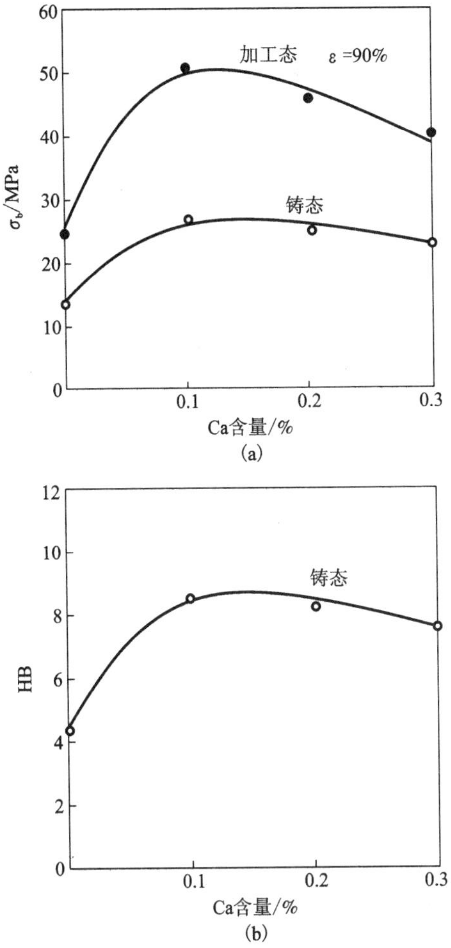

图 2　Pb－Ca 合金中 Ca 含量对强度和硬度的影响

3.3　银和钙共存时对机械性能的影响

当 Ca 和 Ag 共存时测定了它们对 Pb 基合金强度的影响，其结果如图 3 所示。

从图 3 可以看出，合金的强度首先随 Ca 含量的增加而逐渐上升，而随着含量进一步提高则合金强度增加缓慢，继续提高 Ca 含量，其强度反而略有下降，与 Pb－Ca 二元合金中强度与 Ca 含量关系曲线的规律非常相似。此外，随着 Ag 含量升高整组曲线均向上推移。即 Ag 含量愈高合金强度也升高。对该合金进行轧制加工(ε = 90%)后，合金的强度可提高 30% ~45%。

将图 1 与图 3 进行比较，发现 Pb－0.2% Ag－0.2% Ca 合金，不论铸态或加工态时的强度均超过 Pb－1% Ag合金的强度。用前者代替后者是可行的，这可节省 80% 的 Ag 量。

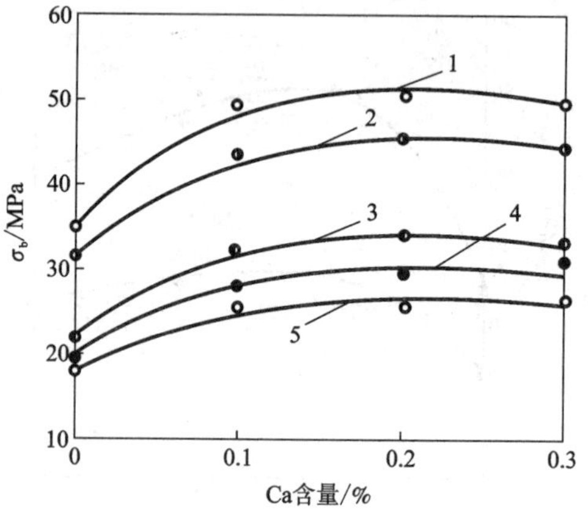

图 3　Ca，Ag 共存时对 Pb 基合金强度的影响

加工态：1—0.3% Ag；2—0.2% Ag；

铸态：3—0.3% Ag；4—0.2% Ag；5—0.1% Ag

3.4　Pb－Ag－Ca 三元合金的加工硬化

将一些金属和合金在室温下进行塑性变形时，随着变形程度的增加，强度和硬度不断提高，塑性和冲击韧性不断降低，这种现象称为加工硬化。采用 Pb－0.1% Ag－0.1% Ca 合金在室温下进行轧制，测量了不同变形量的硬度变化值，结果如图 4 所示。可见，变形程度与硬度呈直线关系，但加工硬化程度不大。当变形量达 52% 时，其硬度值提高 10.7%。Pb 为面心立方结构，其滑移方向为 <110>，滑移面为 {111}。

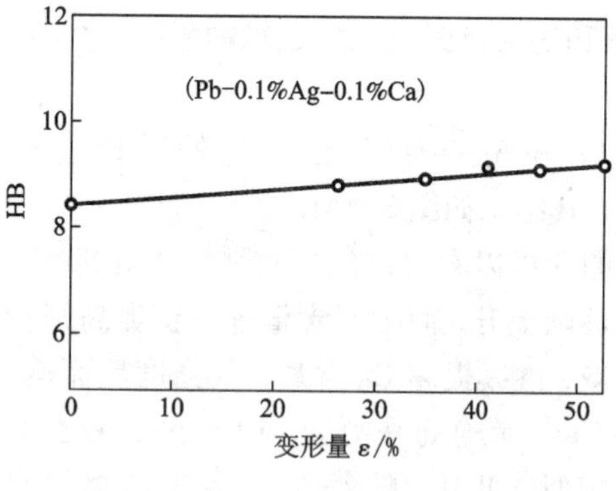

图 4　Pb－Ag－Ca 三元合金的加工硬化曲线

3.5　合金的显微组织

根据 Pb－Ag，Pb－Ca 二元相图可知，这 2 种二元合金都有第二相存在。第二相存在的形貌与所含合金元素的量、熔铸时的冷却速度等因素有关。Hanley 等人[2]发现在 Pb－Ag－Ca 三元合金中不同 Ca 含量会出现差异很大的显微结构，日本学者梅津良昭、野坂[4]认为采用急冷熔铸合金可使 Ag，Ca 第二相均匀分布，不出现偏析现象，而当冷却速度缓慢时，合金内极易出现缩孔，生成粗大的脆性 Pb_3Ca 化合物及在初晶晶界下析出 Ag 含量高的相。但当有 Ca 存在的情况下，急冷熔铸的合金中也可能在初晶粒界面上出现 Ag 含量高的相。

采用金属模急冷铸造了 Pb－Ag－Ca 合金，研究了该合金的显微结构，结果见图 5。

从图 5(a) 中可以看出，Pb－0.5% Ag 的合金显微组织具有明显的晶界且晶粒粗大，而从图 5(b) 中可以看出，由于 Ag 含量降低，其晶界析出的富 Ag 相也减少，导致晶界变窄。又由于 Ca 的加入使晶核增加，使合金晶粒变细，这也是提高合金强度和硬度的根本原因。

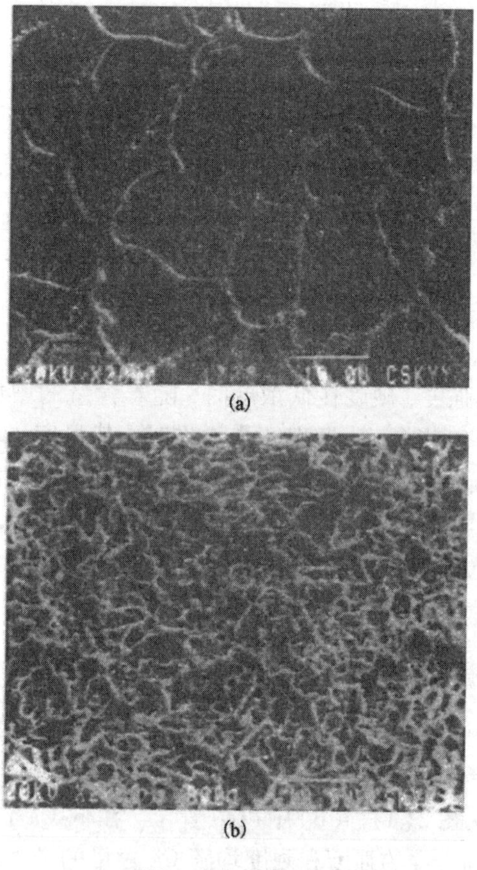

图 5　合金显微组织

(a) Pb－0.5% Ag；(b) Pb－0.2% Ag－0.2% Ca

4　结论

(1) 为了提高阳极强度，降低阳极电位及减少电解锌产品中 Pb 的含量，采用 Pb－0.2% Ag－0.2% Ca 合金代替 Pb－1% Ag 是可行的，可节省 Ag 耗量 80%。

(2)在 Pb－Ag 合金系中随着合金中 Ag 含量的提高，其强度直线上升。在 Pb－Ca 合金系中，随着合金中 Ca 含量的提高，其强度逐渐提高，但在高浓度时由于生成脆性 Pb_3Ca 化合物会使合金强度下降。

(3)在 Ag，Ca 共存的铅基合金系中，当 Ag，Ca 含量低时，由于 Ag，Ca 的强化作用使合金强度明显提高，到一定浓度时出现强度提高较缓慢，在较高浓度时由于出现 Pb_3Ca 脆性相，使 Ag 的强化效果被抵消一部分。

(4)在铅基合金中，随着 Ag 含量的降低其晶界高 Ag 含量析出物会减少，晶界变窄。添加少量 Ca 后可使晶粒变细。这些都是使合金强度提高的原因。

参考文献

[1] Tainton U G, Taylon A G, Ehrlinger H P. Trans. A. I. M. E. (1929), 192.

[2] Hanley H R, Clayton C Y, Walsh D F., Rolla, M. Trans. A. I. M. E. 1930: 275－282.

[3] Dr. Adolfvon Ropenack: 有色冶炼, 1988(3): 19－20.

[4] nmetsu Y U, NOzaka H. Tozawa K. 素材学会志, 1989, 105(3): 249－254.

[5] Hein K. Schierle R. Erzmetall. 1991, 44(9): 447－451.

[6] 杨光棣，林蓉. 有色冶金, 1992(2): 20－24.

[7] Smithells. Equilbrium diagrams. Metals Reference Book. 5th Edition, Butterworths. Co. (publishers) Ltd.: 384.

[8] Smithells C J. Equilbrium diagrams. Metals Reference book. Butterworths. Co. (Publishers) Ltd.: 527.

铅银钙合金阳极的电化学行为 *

摘　要：进行了铅银钙合金在硫酸溶液中的阳极析氧过程的研究。在银含量0.1% ~0.3%，钙含量0.06% ~0.3%，随着银、钙含量的增加，阳极析氧电位负移，并且生成致密的$\beta-PbO_2$的趋势增大。

Anodic behavior of lead-silver-calcium alloy

Abstract: The process of anodic oxygen evolution at lead-silver-calcium alloy is studied. In 0.1% ~0.3% Ag and 0.06% - 0.3% Ca content ranges, the overpotential against oxygen evolution decreases with increase in the silver and calcium contents, and there is a trend that the dense $\beta-PbO_2$ layer is readily formed on the electrode surface.

1　前言

目前湿法炼锌中电积锌过程多采用含 1% Ag 的 Pb - Ag 二元合金作阳极。这种阳极虽然能满足工业应用要求，但还存在着一些缺点，如需要加入 1% Ag，制备阳极的成本高，腐蚀速度大，阳极消耗高，阴极锌产品中铅的含量升高，机械强度低，在电解过程中容易弯曲变形，导致短路损坏，电性能较差，导致槽压高，电效低，电耗大。

为了克服上述传统 Pb - Ag 阳极的缺点，冶金工作者从 20 世纪 20 年代就开始寻找更佳阳极材料的研究，到目前为止，普遍认为，铅银钙合金是较为理想的代用品[1-4]。我们研制了铅银钙合金，并研究了其组织结构与电化学行为。本文讨论铅银钙合金的电化学行为。

2　实验方法

实验采用国产 DHZ - 1 型电化学综合测试仪和 LZs - 204 型函数记录仪配套组成的电化学测试系统。电解池系统为多用途 H 型密封玻璃电解池，辅助电极为大面积铂金片电极，参比电极为饱和甘汞电极，研究电极为 Pb - Ag - Ca 合金材料，研究电极与参比电极之间采用带鲁金毛细管的旋塞式盐桥实行电接触。整个电解池系统放置于 DL - 501 型超级恒温水浴槽中，实验温度可准确地控制在 40 ±0.02℃范围。

研究电极的制作方法是将合金材料拉拔成直径为 2.0 mm 的圆棒，用环氧树脂把圆棒密封在玻璃管中。如此制得的研究电极，其面积约为 3.14 mm^2。研究电极在使用前均用金相砂纸逐级打磨，并仔细抛光成镜面。

实验所用的溶液都是采用分析纯硫酸加蒸馏水，按要求在常温下配制而成。

3　实验结果与讨论

3.1　阳极反应过程

铅及其合金在硫酸溶液中发生的阳极析氧过程会生成硫酸铅、二氧化铅与氧气等几种产物。当阳极电流密度为 0.02 mA/cm^2 时，全部电流用于铅溶解生成二价铅离子；电流密度增大到 0.02 mA/cm^2 以上时，

* 该文首次发表于《有色金属》(季刊)，1995 年第 3 期，61 ~64 页。合作者：柳松，刘良绅。

阳极电位急剧增大，同时硫酸铅转变成二氧化铅，随着电流密度的进一步增大，会析出氧气。实际生产过程，电流密度一般在 40 ~60 mA/cm^2，因此冶金工作者最关心的是较高电流密度下的析氧过程。而在此电流密度时，金属的氧化过程的电流密度较小，不会对数据处理产生较大的影响[5]。

3.2　稳态极化曲线

采用不同的电位扫描速度，测试合金材料（以表 1 中编号 2 的材料作代表）在 1.562 mol/L 硫酸溶液中的极化曲线，结果如图 1。由图 1 可知在电位扫描速度为 0.12 mV/s 时，基本上可达到稳态，因此以下的测试均采用 0.12 mV/s 的扫描速度。

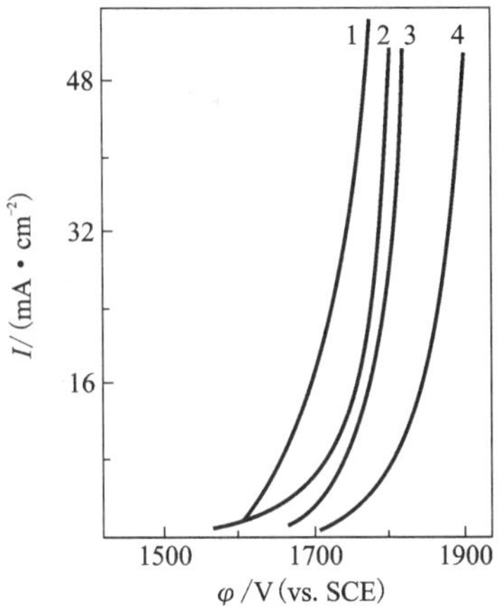

图 1　各种扫描速度下的极化曲线

扫描速度(mV/s)：1—0.12 和 0.1，2—0.29，3—0.44，4—7.9；1.562 mol/L H_2SO_4，温度 40℃

40℃下，各种合金在 1.562 mol/L 硫酸溶液中的阳极极化曲线如图 2 所示。

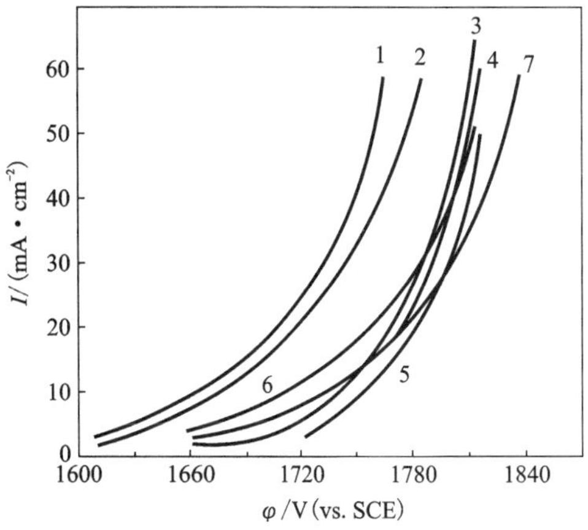

图 2　稳态极化曲线

电位扫描速度 0.12 mV/s（图中编号与表 1 相同）

1.562 mol/L H_2SO_4，温度 40℃

在实际生产中，在硫酸与硫酸锌溶液中电积锌时，电流密度一般采用 50 mA/cm^2，经测试在 50 mA/cm^2 电流密度下各个电极的析氧电位列于表 1 中。

由表 1 可知，所测试的 Pb - Ag - Ca 系列合金比 Pb - 2.0% Ag 合金的析氧电位正 20 ~70 mV，相差不大。对于 Pb - Ag - Ca 阳极，随着银、钙含量的增加，析氧电位负移，其中电极 2 析氧电位最负，对于 Pb - Ag - Ca - Sn 阳极，虽然银、钙含量较高，但可能由于锡的加入，因此析氧电位较高。

K. Hein 等[3] 在常温下，通过测量 Pb - Ag、Pb - Ca、Pb - Ag - Ca 合金的析氧电位，通过计算机模拟绘出了不同成分的合金的析氧电位，如图 3 所示。

表 1　50 mA/cm^2 下各个电极的析氧电位

电极编号及组成	1	2	3	4
	Pb - 2.0% Ag	Pb - 0.3% Ag - 0.2% Ca	Pb - 0.1% Ag - 0.25% Ca	Pb - 0.1% Ag - 0.1% Ca
电位/V(vs. SHE)	1.98	2.00	2.03	2.04

电极编号及组成	5	6	7
	Pb - 0.1% Ag - 0.06% Ca	Pb - 0.2% Ag - 0.1% Ca - 0.3% Sn	Pb - 0.2% ~0.3% Ca - 0.32% Sn
电位/V(vs. SHE)	2.04	2 - 04	2.05

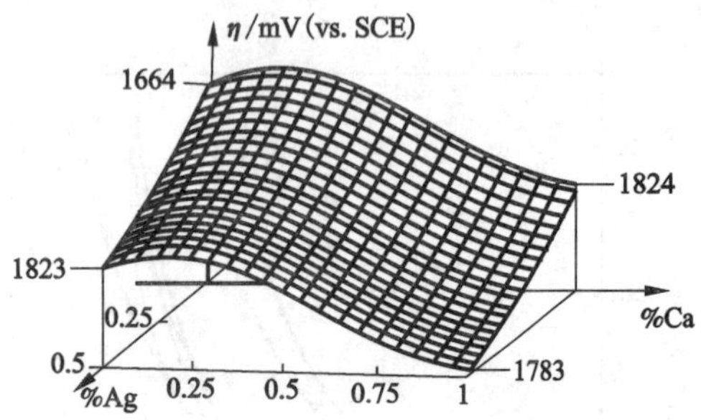

图3 Pb－Ag－Ca 合金的析氧电位

（200 g/dm³ H_2SO_4，50 mA/cm²）

我们所测得的析氧电位与图3基本一致。

对图2中的极化曲线进行数据处理，其结果列于图4和表2中。

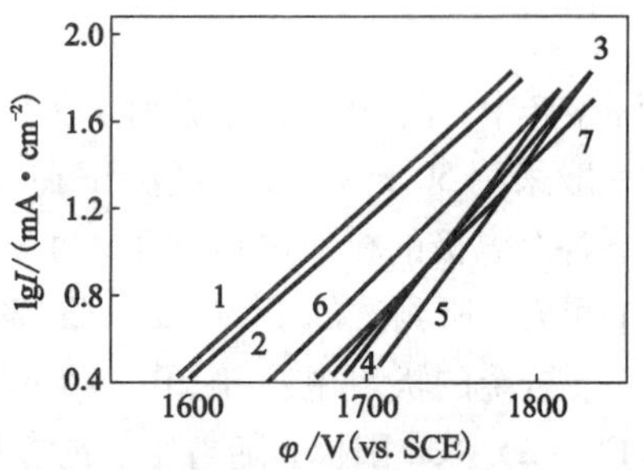

图4 各个电极析氧的电位与电流的关系图

表2 各个电极析氧的动力学参数

电极	电位与电流的关系式	交换电流密度 /(mA·cm⁻²)	β_n
1	$\varphi = 1540 + 130\lg I$	7.0×10^{-5}	0.478
2	$\varphi = 1540 + 136\lg I$	1.1×10^{-4}	0.456
3	$\varphi = 1630 + 109\lg I$	1.7×10^{-6}	0.569
4	$\varphi = 1640 + 102\lg I$	5.3×10^{-7}	0.608
5	$\varphi = 1660 + 95\lg I$	1.1×10^{-7}	0.653
6	$\varphi = 1587 + 130\lg I$	3.1×10^{-5}	0.478
7	$\varphi = 1600 + 131\lg I$	2.6×10^{-5}	0.473

电化学过电位 $\eta = -\frac{2.3RT}{\beta nF}\lg I_0 + \frac{2.3RT}{\beta nF}\lg I = a + b\lg I$，对于 b 值人们习惯上称其为塔菲尔斜率，它的大小与电化学过程的生成物有关，铅及其合金经阳极氧化，生成物主要是 $\alpha-PbO_2$ 和 $\beta-PbO_2$。前者疏松，后者致密，这两种不同结构的二氧化铅电化学行为也有差异。P. Ruestchi 等[6]认为，常温下，$\alpha-PbO_2$ 析氧反应的塔菲尔斜率是70 mV，而 $\beta-PbO_2$ 则是140 mV，对于两者的混合物，随着 $\beta-PbO_2$ 含量的增加，其塔菲尔斜率增大。由表2所得的电位与电流的关系式，我们可以看出，铅合金材料中，在银含量0.1%～0.3%，钙含量0.6%～0.3%的范围内，随着银、钙含量的增加，其塔菲尔斜率增加，而这种影响，银比钙更加明显。

Y. Umetsu 等[4]认为，Pb－Ag－Ca 三元合金与 Pb－Ag合金相比，前者生成 $\beta-PbO_2$ 所需要的银含量变低，即钙具有能促进 $\beta-PbO_2$ 生成的效果。K. Hein[3]认为，常温下，Pb－Ag，Pb－Ag－Ca 合金析氧的塔菲尔斜率为77～131 mV。以上结论与我们所得的结果一致。

3 结语

通过稳态极化曲线的测试，研究了低银铅钙合金在硫酸溶液中的阳极析氧过程。此过程遵从电化学反应控制规律。在银含量0.1%～0.3%，钙含量0.06%～0.3%时，随着银、钙含量的增加，阳极析氧电位负移，而且阳极表面生成致密的 $\beta-PbO_2$ 的趋势增大，从而使合金在硫酸溶液中的抗腐蚀能力增强。

参考文献

[1] Adolfvon Ropenack. 有色冶炼，1988，3：19.

[2] 杨光棣等. 有色冶炼，1992，2：20.

[3] Hein K et al. Erzmetall 1991，44：447.

[4] Umetsu Y et al. Proc Zincl，1985，Tokyo，26.

[5] Pavlav P et al. Electrochimica Acta，1986，31：241.

[6] Ruestchi P et al. Electrochimica Acta，1963，8：333.

生命周期评估(LCA)与生态环境材料开发*

摘　要: 生命周期评估(LCA)已经发展成为系统评价产品整个生命周期过程环境影响的关键工具。详细介绍了生命周期评估及其研究现状,尤其是生态环境材料开发、材料生命周期评估、生命周期评估软件系统开发。最后就我国LCA工作提出了建议。

Life cycle assessment and eco-materials development

Abstract: Life cycle assessment (LCA) has become the standard methodology for assessing the environmental aspects and potential impacts with a product or service during its life cycle. In this paper, the current status of LCA study and its application, especially the LCA for materials, the development of eco-materials and the software system for LCA are reviewed. In addition, some suggestions for LCA study in our country are put forward.

近30年来,随着世界经济的高速发展,伴随各种产业活动而来的三废排放、温室效应、酸雨、臭氧空洞、生物多样性破坏等生态环境问题日益突出,环境保护成为全球关注的重大问题。系统评价产业活动的环境影响,指导企业组织的环境管理和产品开发成为从源头控制污染、实现清洁生产与环境保护的基础与关键。经过近30年发展,生命周期评估已成为系统评价产品环境影响和环境管理的重要工具。本文详细介绍了生命周期评估及其在生态环境材料开发中的应用现状,以及其存在的问题与相应的对策。

1　生命周期评估及其方法

生命周期评估,Life Cycle Assessment(简称LCA),即定量评价一项产品(或服务)体系从原材料采掘或获取、制造加工、使用到废弃处理乃至再生循环利用整个生命过程的投入产出与环境影响(如图1所示)。它源自1969年美国可口可乐公司对其饮料容器开展比较研究,优选材料和容器形状。现已发展成为一种标准化的产品环境影响评价和环境管理方法[1-3]。国际标准化组织已先后发布ISO14040生命周期评估——原则与框架(1997, 6)与ISO14041生命周期评估—清单分析(1998),另外,ISO14042生命周期评估—影响评价与ISO14043生命周期评估—释义也已经制定完成,即将颁布[4-6]。

根据ISO14040,LCA分析步骤主要包括目的和范围设定、清单分析、影响评价、释义与改进评价(图2)。

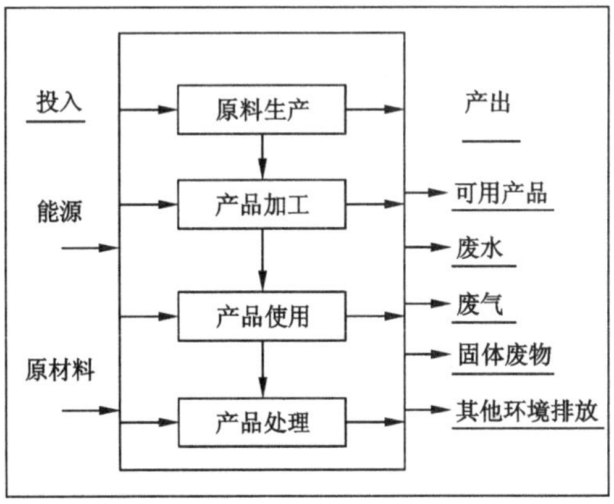

图1　生命周期评估及其体系边界示意图

---

* 该文首次发表于《材料导报》,2000年第11期,22~24转18页。合作者:肖松文,肖骁,黄可龙。

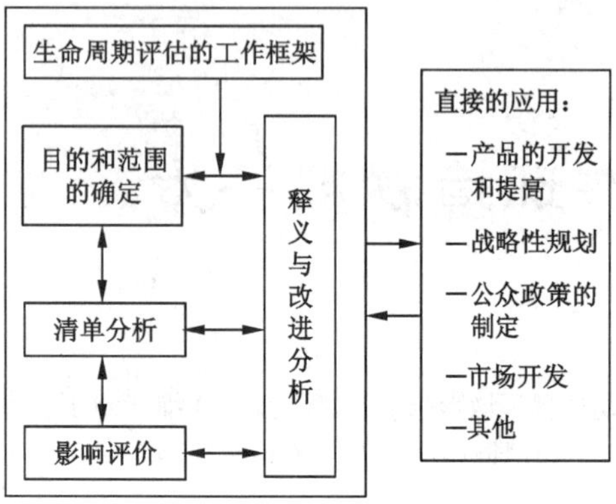

图2 生命周期评估的步骤

1.1 目的和范围的确定(Goal and scope)

评估目的是评估的基础，它可以是为政府制定某项政策法规、企业组织争取环保证书(如ISO14041证书)、产品设计或采购等。评估目的直接决定评估的对象及其范围，并影响评估的方法与结果的解释。评估对象及其范围包括系统的功能与功能单位、产品系统的边界、环境影响的类型、评价方法与数据要求等。其中功能单位用于评价产品系统的环境绩效，为确保不同系统评估结果的可比性，功能单位的选择至关重要。

理论上，LCA应评估产品对环境的所有影响，但这样会导致系统过于开放，反而得不出有实际意义的结论。目前关注的环境问题主要包括资源(能源)消耗、土地资源占用、温室效应、酸雨、臭氧层破坏等全球和区域性环境问题。

1.2 清单分析(Inventory analysis)

清单分析，即收集、确定所设定的系统整个生命周期中的投入产出，包括资源、能源的消耗、系统向外排放的废气、废水、固体废弃物及其他环境释放物。其中，数据收集齐全及其精确性是确保评价结果正确的关键，但产品生命周期很长且涉及不同组织与产业部门，数据收集困难，而且因技术与管理水平差异，不同组织之间同一产品的环境影响差异很大，因此数据准确性与代表性是困绕LCA的一个重要难题。另外，一个产品体系往往涉及多种产品，环境影响在它们之间分配也较为棘手。

1.3 影响评价(Impact assessment)

即将生命周期的清单分析结果与具体环境影响联系起来，共评价现在发生的和潜在的重大环境影响。具体包括分类(classification)、特性化(characterization)和标准化(normailization)。相对于目的和范围确定、清单分析来说，环境影响评价方法仍处于发展起步阶段，尚没有一种可接受的通用的科学基准体系和评估模式。目前主要采用总能源消耗(GER)、温室气体排放(GWP)、固体废弃物负担(SWB)等简单环境评价指数。

1.4 释义(Interpretation)与改进分析(Improvement analysis)

即根据清单分析或/和影响评价的发现，结合分析初所确定的目的和范围，得出有关分析结论，并提出改进措施。例如改变产品结构、重新选择原材料、改造制造工艺和消费方式以及废物管理等。

2 生态环境材料开发——生命周期评估的应用

2.1 生命周期评估的应用与生态环境材料开发

生命周期评估，作为产品从“摇篮到坟墓”全生命过程环境影响的评价方法与产品环境管理的重要支持工具，既可用于企业产品开发设计及市场开发，又可有效地支持政府环境管理的公共政策制定，同时还可提供明确的产品环境标志，从而指导消费者的环境产品消费行为[7]。

在企业环境管理与产品开发方面，基于生命周期评估的为环境而设计(Designing for environment)是人们关注的重点，具体涉及空调机、汽车、建筑材料、包装容器、废弃物处理、食品等[8-9]。从材料角度出发就是设计制造、开发使用环境性能更优的生态环境材料，即消耗资源和能源小，对生态环境污染小，再生利用率高，而且从材料制造、使用、处理直至再生循环利用的整个生命过程，都与生态环境相协调的材料。生态环境材料在重视材料化学组成、物理结构、使用性能、制备加工工艺的同时，重视其与生态环境的协调性[10-11]。目前人们关注的生态环境材料包括环境相容材料、环境降解材料、环境工程材料等[12]。开发材料再生循环利用、减少环境负担乃至零排放与零废弃的材料加工工艺和技术，实现材料制备加工过程洁净化是生态环境材料开发研究的又一主要内容。毫无疑问，材料生命周期评估是生态环境材料开发的基础。只有正确系统评价材料在其整个生命周期过程中的环境影响(负担)，才能开发真正的生态环境材料及其加工工艺，实现材料与生态环境的和谐统一。

2.2 材料生命周期评估研究现状

材料是现代工业的基础，一切产业活动都涉及材料的转化、使用与处理，随着产业界对环境管理与环境保护日益关注，材料的环境性能成为继物理化学特性与经济成本之后人们关注的另一重要材料特性。而材料生命周期评估就是材料环境性能评价的最佳方法，而且产品以材料为基础，产品系统实质就是材料的转化、使用与处理过程，材料的生命周期评估是产品生命周期评估的基础[13]。

目前，材料 LCA 研究主要集中于汽车、家电产品、包装容器、建筑等环境敏感工业产品的基础材料，如钢铁、铝、橡胶等合成高分子材料[13-17]。相应的环境影响指标包括总能源消耗(GER)，温室气体排放(GWP)，固体废弃物负担(SWB)，酸性气体释放，铅、镉、汞等重金属和微量有毒废气排放等。图 3、图 5 所示即为汽车用钢、铝、HDPE 材料各阶段的 GER、GWP、SWB 指标值[13]。

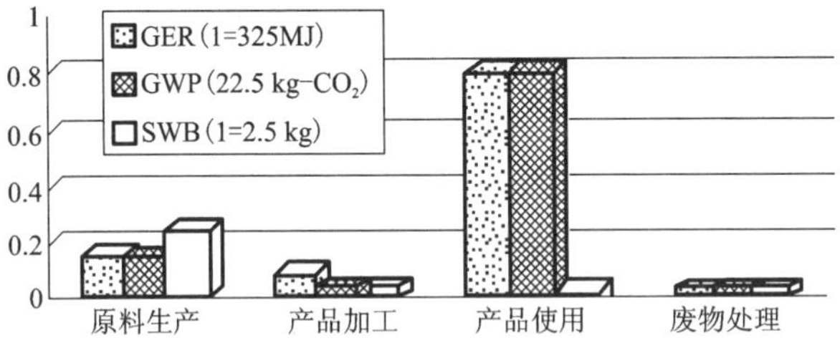

图 3　钢铁制品 LCA 结果

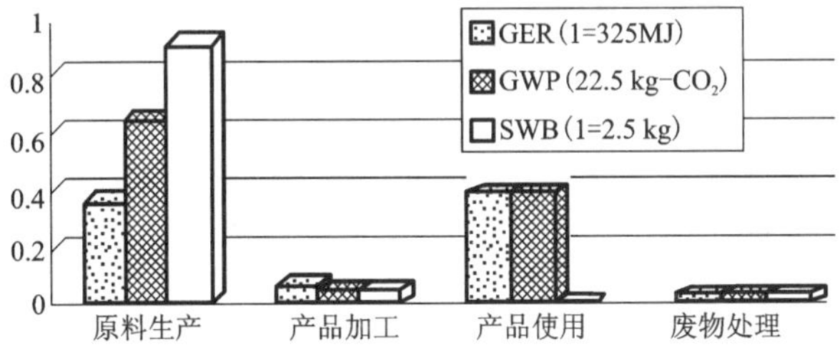

图 4　铝制品(包括 30%二次铝)LCA 结果

目前，材料 LCA 研究仍很不成熟，数据输入和边界确定等人为因素对评价结果影响很大，评价结论经常相互矛盾[18, 19]。正如 Lyle H. S. 所说：假如我们连纸杯还是塑料杯的问题都不能解决，我们又怎么能希望使用这种方法在汽车车体材料用钢还是用铝上作出选择呢[20]？

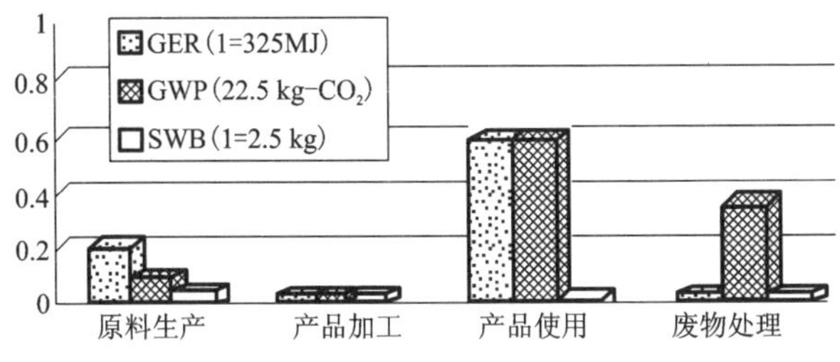

图 5　HDPE 制品 LCA 结果

首先，功能单位是正确评价材料环境性能的基础，而钢、铝、高分子材料等的环境性能却在功能单位上存在明显的不同趋向，统一采用单位重量作功能单位并不合适，另外环境影响负担在同一流程不同材料产品之间的分配也存在这一问题。当这些材料产品性质相似时，依据重量分配环境影响(负担)是可行的，若这些产品性质存在明显差别，则采取依据经济价值多少分配环境影响比较合适。

数据收集及其代表性是目前材料 LCA 面临的关键问题。毫无疑问，材料的环境数据将成为材料的另一种重要基础参数，为此美国环境保护局与地质调查局等正在组织进行系统的数据收集与验证工作，日本则由材料生命周期过程相应阶段的产业协会负责相关数据收集与验证工作。与材料的物理化学参数相比，材料的环境性能与加工过程参数数据信息共享性要差得多，而且我国材料工程技术及管理水平与西方发达国家相距甚远，因此收集与我国材料加工技术水平相应的环境数据是我国材料 LCA 研究的重要基础工作。

3　LCA 软件系统及其数据库开发

生命周期评估，尤其是其中的清单分析涉及材料制造、使用、废弃乃至再生循环利用整个生命过程，投入产出与环境影响方面成千上万数据的收集及核算，需考虑几百个工艺流程、十几乃至上百种环境指标和原材料及产品，过程复杂、工作量大。充分利用先进计算机信息技术，开发 LCA 软件系统及其数据库成为 LCA 研究的一项重要基础工作。近年国外先后开发涌现了 Umberto、Simkapro、IdeMat 等一系列 LCA 软件系统和数据库[21-24]。

3.1　系统基本特性与要求

根据 ISO14040，LCA 的核心是清单分析，以确定一个产品体系的物质(材料、能量)流的投入产出详细情况，材料 LCA 系统主要是在物质守恒定律基础上，通过已知数据核算未知数据，以建立产业生态环境体系的投入产出平衡。它类似于财务软件系统和物质资源管理信息系统，是一种事务性数据处理与管理，系统中数据管理、更新、扩展与分析的灵活性十分重要。因此软件系统应具备以下基本要求：

- 材料流程网络结构采用图形编辑器编辑；
- 能制定尽可能简单的能量与物料转化规则，从而能快捷地确定整个网络中原料与能源及其他相关事项的产生与流向；
- 应能统计网络中原料与能源的在流和存储；
- 能使用已有数据信息与相应计算的算法，确定未知的在流和存储；
- 能适时调整确定产品体系的边界；

● 整个软件应能适用于不同产品体系。

3.2 LCA 系统的几个基础实施方案

在 LCA 系统中，原材料转化与流动采用材料流程网络图表示，其中两种不同的节点分别代表材料的转化与存储：(1)状态(status)节点，表示收到材料与能量储备，在该类节点上不发生任何变化，物质既不减少也不增加，这种节点称为场所(place)，用圆圈○表示；(2)活动(activity)节点，表示原料或初产品在此发生转化生成废物或二次原料，这类节点称为转变(tranistion)，用方框□表示，转变代表了消耗(consumption)与产出(production)的联系。两种节点之间用箭头连接。为区别状态和活动，网络图中一个箭头两端不允许同是场所(○)或转变(□)节点。这样，场所节点一方面将转变的场所隔开，另一方面各个转变节点通过场所节点连接起来，从而使复杂的网络结构模块化：其中转变(□)节点是最基础的组件与生产基元一个最小的物质流网络，若干个基础组件连接起来形成网络的子系统，若干个子系统又组成整个网络。这种结构对于 LCA 软件系统的投入产出与环境负担核算有重要意义：基础组元转变节点的投入产出核算相互独立，而它与整个网络的联系就是其物质能量流，简单求和就可计算确定整个网络情况；基础组件的信息经存储后可多次使用，甚至包括移植到别的材料网络中去。这种局部算法还可以扩展到网络子系统，为充分发挥这个模块化结构优势，并适应平衡边界的简化和变化需要，系统还可专门设置一种特殊的场所节点——系统投入与产出节点。不过若网络中存在循环的物质流，这种局部计算求和方法就不适用了，实际上材料整个生命过程中尤其是材料制造加工中，一部分产品返回作为二次原材料以减少原材料的消耗很常见，但这问题可以通过时间参数解决。

在模块化材料流网络结构基础上，LCA 系统采用复式记账(double-entry bookeeping)方法反映材料流中投入产出情况，从而真实反映材料流中的在流、存储及整体投入产出等详细信息，简单而明了。而且，模块式网络结构及其复式记账方法还有以下优点：①基础组元—局部子系统—网络式模块结构与企业工段—车间—工厂式组织管理相对应，有利于信息数据收集与管理。②复式记账使 LCA 系统可以很好地与组织现行的财务管理系统匹配与融合，并实现产品按经济价值分摊环境影响(负担)。

4 结论与建议

(1)生命周期评估(LCA)是系统评价产品材料环境影响(负担)的良好方法，是开发生态环境材料的重要工具和基础；

(2)清单分析，尤其是其中数据收集及其代表性是 LCA 的重点和关键，因技术和管理水平方面的差异，数据信息共享性差，我国宜采纳日本运作模式，由各行业产业协会分工协作，负责组织收集本行业投入产出数据，共同完成相关产品(材料)的投入产出与环境负担数据收集与验证工作。

(3)产品 LCA 软件系统及其数据库开发是 LCA 研究的重要方向和基础，我们宜积极消化吸收国外的先进经验，开发适宜我国国情、并能与现行财务体系匹配、以及物质资源管理信息系统乃至计算机制造集成系统(CIMS)融合的产品 LCA 系统及其环境信息管理系统，使之成为企业全面管理的重要组成部分。

参考文献

[1] http：//www. ec. gc. ca/ecocycle.
[2] http：//emsnet. com/basic. hmtl.
[3] 彭小燕(译). ISO/TC207. 世界标准化与质量管理，1998，(4)：4.
[4] http：//www. iso14000. net. cn/iso14000/iso-intro/intro01. htm.
[5] http：//www. tc207. org/doc-dev/index. html.
[6] http：//www. setac. org/lca. html.
[7] 杨建新，王如松. 环境科学进展，1998，6(2)：21.
[8] 稲叶敦. 資源と素材，1999，115(8)：565.
[9] Field F R，Isaacs J A，Dark J P. JOM，1994，(4)：12
[10] 国家高新技术新材料领域专家委员会. 材料导报，1999，13(1)：1.
[11] 于涛，肖定全，韩伟等. 金属功能材料，1999，6(1)：8.
[12] 翁端. 材料导报，1999，13(1)：12.
[13] Steven B Y，Willem H V. JOM，1994，(4)：22.
[14] Reuter M A. Minerals Engineering，1998，11(10)：891.
[15] 殷瑞杠，蔡九菊. 钢铁，1999，34(5)：61.
[16] 柴田清，早稻田嘉夫. 东北大学素材工学研究所学报，1996，52(1/2)：101.
[17] htrp//www. interduct. tudelft. nl/cnvenry/19980201rnn. html.
[18] Helen N H. JOM，1996，(2)：33.
[19] Kenneth J M，Eden S F，Wasson A R. JOM，1996，(2)：40－41.
[20] Lyle H S. Metall. and Mater. Transactions，1999，30B(4)：157.
[21] http：//www. ifu. com/software/unberto-e.
[22] http：//www. ivambv. unr. n/ivan/thema-e.
[23] http：//www. io. tudelft. nl/research/dfs/idemat.
[24] http：//www. trentu. ca/faculty/lca/LCAsoftware. html.

附：马荣骏的全部著作

一、专著及参与编写的工具书

1. 马荣骏编著，1958 年，《钛的生产》，上海，上海科学技术出版社，1－70 页，5 万字，是我国第一本介绍有关 Kroll 法生产钛的专著，书内收录了作者在国外有关的研究工作。

2. 马荣骏编著，1961 年，《有机萃取在冶金中的应用》，上海，上海科学技术出版社，1－85 页，9.4 万字，是我国第一部较系统阐述溶剂萃取的专著，在 20 世纪 60 年代起到了一定的指导与开拓作用。

3. 马荣骏编著，1979 年，《溶剂萃取在湿法冶金中的应用》，北京，冶金工业出版社，1－480 页，40.5 万字，是作者继《有机萃取在冶金中的应用》一书之后，又公开出版的有关溶剂萃取的第二本专著，参考了文献 1000 余篇，收集资料齐全，纳入了作者 10 余项研究成果，成为有关技术人员及大专院校的重要参考书，被引用颇多，对我国溶剂萃取的发展产生了很大的影响。

4. 马荣骏编著，1985 年，《湿法炼铜新技术》，长沙，湖南科技出版社，1－493 页，35.9 万字，是系统论述湿法炼铜新技术的一部专著，书中介绍的技术新颖，理论联系实际，在我国开发低品位铜矿的处理中，发挥了很好的参考作用，同行们称该书是一本有实用价值的专著。

5. 马荣骏编著，1991 年，《工业废水的处理》，长沙，中南工业大学出版社，1－393 页，31.3 万字，是一本系统论述工业废水治理的专著，书中纳入了作者 10 余项成果，被同行誉为很有实用价值的一部优秀专著，1993 年获中南地区优秀学术专著一等奖，1996 年获中国有色金属工业总公司优秀图书二等奖。

6. 马荣骏编著，1991 年，《离子交换在湿法冶金中的应用》，北京，冶金工业出版社，1－459 页，38.6 万字，该书是作者应邀编写的《溶剂萃取在湿法冶金中的应用》的姊妹篇，该书是阐述离子交换在冶金中应用的一本系统专著，纳入了作者 10 余项成果，获国内同行的好评并受到读者欢迎，很有参考应用价值。

7. 马荣骏著，1996 年，《湿法冶金新进展》，长沙，中南工业大学出版社，1－382 页，33.1 万字，是作者的一本成果论文专著，被誉为学术水平高、应用价值大的成果专著。

8. 马荣骏著，1999 年，《湿法冶金新研究》，长沙，湖南科技出版社，1－206 页，17.2 万字，是作者三年内完成的成果论文专著，书中有理论、工艺，反映了湿法冶金中一些前沿课题及发展趋势。

9. 马荣骏著，2007 年，《湿法冶金原理》，北京，冶金工业出版社，1－927 页，143 万字，经中国科学院及中国工程院四位院士推荐，是我国第一部湿法冶金原理的专著，书的特点是系统、全面，读者反映良好，认为具有理论指导作用。

10. 马荣骏著，2009 年，《萃取冶金》，北京，冶金工业出版社，1－1021 页，159.7 万字，经中国科学院及中国工程院四位院士推荐，作为我国萃取冶金的创始人，编著的该书，对萃取冶金进行了归纳总结，书中理论实践并重，是一部具有国际水平的权威性专著。

11. 马荣骏、肖国光编著，2014 年，《循环经济的二次资源金属回收》，北京，冶金工业出版社，1－886 页，138.9 万字，经中国科学院及工程院四位院士推荐，该书为“十二五”重点图书，是我国首部全面阐述从二次资源回收金属的专著，书中详细介绍了从二次资源中回收有色重金属、轻金属、贵金属、稀散金属、稀土金属及核废料处理回收的技术；黑色金属铁、锰等的回收也有介绍，该书获国家优秀图书奖，对我国冶金领域循环经济及可持续发展具有重要指导作用。

12. 马荣骏著，2017 年，《湿法冶金·环境保护·冶金新材料》，长沙，中南大学出版社，该书从马荣骏发表的 230 余篇论文中收集到 124 篇论文，汇集成为一本论文集。书中的论文属于三个领域，即湿法冶金、环境保护及冶金新材料，其中一些论文成果已用于工业生产，产生了显著的经济效益；一些论文成果产生了环保及社会效益，并具有促进学科发展的作用。书中的论文有综述、理论探讨及实验研究工作，其特点是具有创新性及应用性，很有参考价值。

13.《中国冶金百科全书》(有色冶金卷)1999 年，北京，冶金工业出版社，马荣骏主编了其中湿法冶金分支，并撰写了溶剂萃取及离子交换30余项词条。

14. 汪家鼎、陈家镛主编，2001年，《溶剂萃取手册》，马荣骏是该手册的编委，北京，化学工业出版社，其中：第十章，619－641页，锆铪及铌钽的萃取分离由马荣骏、邱电云撰写。第十一章，642－673页，稀散金属的萃取分离由马荣骏、邱电云撰写。第十二章，674－694页，某些主族元素的萃取分离；由马荣骏、邱电云撰写。第十五章，765－804页，固体废物处理中金属的萃取回收，由李先柏、马荣骏撰写。

15. 陈家镛主编，2005年，《湿法冶金手册》，马荣骏是该手册的编委，北京，冶金工业出版社，其中：第五章，150－176页，离子交换法分离金属，由肖松文、马荣骏撰写。第十二章，504－545页，离子交换法分离技术及设备，由马荣骏、肖松文撰写。第十七章，504－545页，锌镉的湿法冶金，由马荣骏，邱电云撰写。第二十六章，1242－1296页，锰的湿法冶金，由李先柏、马荣骏撰写。

二、发表的论文及交流的专论

1. 马荣骏，1958年，钒，《有色金属》，第6期，26－27页。

2. 马荣骏，1958年，四氯化钛添加速度对海绵钛实收率的影响，刊出于马荣骏编著的《钛的生产》(书：上海，上海科技出版社)41－45页。

3. 马荣骏，1959年，钛的生产状况，《吉林冶金》，第5期，45－46页。

4. 马荣骏，1959年，炼钢的合金添加剂及脱氧剂，《吉林冶金》，第5期，35－40页。

5. 马荣骏，1964年，无机物溶剂萃取的应用(约4万字)刊于《矿冶动态》，第1期(专刊)，1－66页。

6. 马荣骏，1964年，溶剂萃取的萃取剂及其应用(约4万字)刊于《矿冶动态》，第2期(专刊)，1－96页。

7. 马荣骏，1979年，$D_2EHPA + TBP$ 混合萃取剂对各种浓度U(Ⅵ)的协同萃取，(1963年因保密未发表)，研究结果报道于《溶剂萃取在湿法中的应用》(书)，冶金工业出版社，394页。

8. 马荣骏，1979年，$D_2EHPA + DAMPA$ 混合萃取剂对各种浓度U(Ⅴ)的协同萃取，(1964年因保密未发表)，研究结果报道于《溶剂萃取在湿法中的应用》(书)，冶金工业出版社，393页。

9. 周忠华、马荣骏、邓定机等，1965年，磷酸三丁酯萃取硝酸铀酰中磷和铁的行为，《原子能科学技术》，第7期，791－803页。

10. 马荣骏，1973年，金属钛的熔盐电解(约3.5万字)，长沙矿冶研究所印单行本，1－79页。

11. 马荣骏、周太立等，1974年，用A101和A404萃取铊，《有色金属》，第11期，36－42页。

12. 马荣骏、周太立等，1974年，用酰胺型萃取剂萃取分离铌、钽，《有色金属》，第12期，11－18页。

13. 马荣骏、周太立等，1975年，一些取代酰胺萃取铌、钽的研究，《有色金属》，第1期，48－52页及57页。

14. 马荣骏，1975年，溶剂萃取在有色金属湿法冶金中的应用(约10万字)，长沙矿冶研究所印单行本，1－213页。

15. 马荣骏，陈志飞等，1975年，用溶剂萃取法从铅烧结烟尘中回收铊，《湖南冶金》，第1期，2页；《有色金属》，1975年，第1期，25－29页。

16. 马荣骏，1975年，溶剂萃取在湿法冶金中的应用，《重有色冶炼》，第2－3期，13－24页(1974年在株洲重金属萃取会议上作了报告)。

17. 马荣骏、周太立、谢群、钟祥等，1975年，用二烷基乙酰胺从辉钼矿焙烧烟气淋洗液中萃取铼(简报)，《有色金属》，第4期，30页。

18. 马荣骏，1975年，酰胺萃取剂在提取稀有金属中的应用(约2.5万字)，长沙矿冶所印单行本，1－50页。

19. 马荣骏，1977年，铅锌冶炼中稀散金属的回收(约3万字)，长沙矿冶研究所单行本，1－70页。

20. 马荣骏、周太立、谢群、钟祥等，1977年，用酰胺萃取剂从辉钼矿焙烧烟气淋洗液中萃取铼，《稀有金属》，第2期，41－45页。

21. 马荣骏、周太立及萃取组全体同志，1977年，酰胺型A101萃取剂及其应用，《金属学报》，4期，282－287页。

22. 马荣骏、刘谟禧等，1977年，用A101萃取法制取高纯铊，《有色金属》，第9期，19－23页。

23. 陈庭章、马荣骏等，1978年，从钼精矿压煮液中萃取钼铼(第一届全国稀散金属学术会议优秀论文)，《稀有金属》，第6期，16－23页。

24. 马荣骏，1978年，冠醚——溶剂萃取中的一类新萃取剂，《有色金属》，第4期，37－45页。

25. 马荣骏，1978年，铜铅锌冶炼中稀散金属的回收(一)——铟的回收，《有色金属》，第9期，38－42页(1977年重有色金属学术会议上作了报告)。

26. 马荣骏，1978年，铜铅锌冶炼中稀散金属的回收(二)——锗、镓的回收，《有色金属》，第10期，

23－27 页及 65 页(1977 年重有色金属学术会议上作了报告)。

27. 马荣骏，1978 年，铜铅锌冶炼中稀散金属的回收(三)——铊、铼、硒、碲的回收，《有色金属》，第 11 期，41－46 页及 65 页(1977 年重有色金属学术会议上作了报告)。

28. 马荣骏、刘谟禧、谢群等，1979 年，用叔胺萃取钨的研究，《稀有金属》，第 1 期，15－24 页。

29. 马荣骏，1979 年，溶剂萃取在铅锌冶炼中的应用及展望(摘要)，《中国金属学会重金属学术委员会，会议文集第一卷，"铅锌"》，100 页，11 月，株洲。

30. 马荣骏，1979 年，湿法冶金中的萃取设备(摘要)，《中国金属学会重金属学术委员会，会议文集第一卷，"铅锌"》，100 页，11 月，株洲。

31. 马荣骏，1979 年，湿法冶金中的萃取设备(约 6 万字)，长沙矿冶研究所印单行本，1－103 页。

32. 马荣骏，1979 年，溶剂萃取在铅锌冶炼中的应用及展望(约 3 万字)，长沙矿冶研究所印单行本，1－50 页。

33. 马荣骏，1980 年，海洋锰结核的处理方法，《有色金属》，第 1 期，41－44 页。

34. 马荣骏，1981 年，螯合萃取及其协同效应的若干化学问题(一)，《云南冶金》，第 1 期，28－29 页(1980 年在个旧金属学会上作了报告)。

35. 马荣骏，1981 年，螯合萃取及其协同效应的若干化学问题(二)，《云南冶金》，第 2 期，34－35 页(1980 年在个旧金属学会上作了报告)。

36. 马荣骏，1981 年，溶剂萃取中有机物的分析方法(一)，《湖南冶金》，第 2 期，35－49 页。

37. 马荣骏，1981 年，溶剂萃取中有机物的分析方法(二)，《湖南冶金》，第 3 期，63－79 页。

38. 陈志飞、马荣骏等，1981 年，湿法炼锌中钠铁矾的研究，《矿冶工程》，第 1 期，35－41 页。

39. 喻庆华、马荣骏等，1981 年，液膜萃取及其应用，《湖南冶金》，第 4 期，27－32 页及 55 页。

40. 马荣骏、姚先理及大厂组全体同志，1981 年，热酸浸出铁矾法处理高铟高铁锌精矿的研究，《矿冶工程》，第 4 期，18－28 页。

41. 马荣骏，1981 年，锡、锑、汞的萃取简况(约 3 万字)，长沙矿冶研究院印单行本，1－49 页。

42. 马荣骏、李庚生等，1982 年，某地锌精矿湿法冶炼的研究，《矿冶工程》，第 3 期，37－43 页。

43. Zhou Zhonghua, Zhou Taili, Ma Rongjun et al., 1982, The Amide Type Extraction A101 and its Application to the Separation of Niobium and Tantalum and Molybdenum and Rhenium Hydrometallurgy, (8), 379－388。

44. 马荣骏，1982 年，锡和锑的溶剂萃取，《云南冶金》，第 5 期，36－43 页。

45. 马荣骏，1982 年，砷的溶剂萃取，《云南冶金》，第 6 期，38－44 页。

46. 马荣骏，1982 年，锡锑汞的溶剂萃取简况(摘要)，《中国金属学会有色金属学术委员会，会议文集》，第三卷"锡、锑"，142 页，1982 年 5 月柳州。

47. 马荣骏、刘阳南等，1983 年，用 D_2EHPA 从硅氟酸溶液中萃取三价铁，《矿冶工程》，第 2 期，45－50 页(中国金属学会有色金属学术委员会，论文集，第五卷，"铅锌冶炼的进展"，1982 年 10 月，无锡)。

48. 马荣骏、刘德育等，1983 年，含 Mn 硅氟酸铅无隔膜电积致密铅的研究，《矿冶工程》，第 3 期，36－43页(中国金属学会有色金属学术委员会，论文集，第五卷，"铅锌冶炼的进展"，1982 年 10 月，无锡)。

49. 马荣骏、刘德育等，1983 年，硅氟酸浸出－无隔膜电积致密铅的研究，《有色冶炼》，第 10 期，18－22页。

50. T. Z. Chen, R. J. Ma etal., 1983, Recovery of Molybdenum and Rhenium by Solvent Extraction, ISEC'83, Denver, Colorado USA August 26－September 2, Metallurgical Extraction Progresses－1。

51. 王乾坤、马荣骏，1984 年，铁钒法沉铁动力学研究，《全国第五届冶金物理化学年会论文集(优秀论文)》，143－151 页，西安。

52. Ma Rongjun, 1984, The Recovery of Indium by Nonequilibrate Solvent Extraction in First Inter. Conf. on New Direction in Separation Technology, Switzerland, Davos, oct. 16－21。

53. 马荣骏，1984 年，稀散金属的溶剂萃取和离子交换(一)，《湖南冶金》，第 2 期，32－39 页(全国第二届稀散金属学术会议，论文集，1983 年 9 月，广州)。

54. 马荣骏，1984 年，稀散金属的溶剂萃取和离子交换(二)，《湖南冶金》，第 3 期，38－44 页(全国第二届稀散金属学术会议，论文集，1983 年 9 月，广州)。

55. 马荣骏，1984 年，溶剂化的量子化学及溶剂化数的测定方法(湖南省金属学会优秀论文)，《矿冶工程》，第 2 期，44－49 页(1983 年湿法冶金物理化学学术会议论文汇编, 23 页, 1983 年 10 月, 长沙)。

56. 马荣骏, 1984 年, 开发研究大洋锰结核的进展,《有色金属》(冶炼部分), 第 5 期, 51 - 55 页。

57. 马荣骏, 1985 年, 电解质溶液的活度系数及渗透系数以及它们的计算方法,《矿冶工程》, 第 5 期, 45 - 50 页(1983 年湿法冶金物理化学学术会议论文汇编, 11 页, 1983 年 10 月, 长沙)。

58. 马荣骏, 1985 年, 第三代分离新技术(约 3 万字), 长沙矿冶研究院印单行本, 1 - 58 页。

59. 马荣骏, 1985 年, 第三代分离新技术——液膜分离(一),《湖南有色金属》, 第 4 期, 27 - 31 页。

60. 马荣骏, 1985 年, 第三代分离新技术——液膜分离(二),《湖南有色金属》, 第 5 期, 23 - 26 页。

61. Ma Rongjun, Wang Qianhua et al., 1985, The Jarosite Process - Kinetic Study Znic'85, Proc. of Inter. Symp. on Extractive Metallurgy of Zinc, oct. 14 - 16, Tokyo, Japan, 675 - 690。

62. 王乾坤、马荣骏, 1985 年, 黄铁钒法除铁动力学研究及应用(Ⅰ)——草黄铁钒沉淀的研究,《矿冶工程》, 第 4 期, 48 - 53 页。

63. 马荣骏, 1985 年, 溶剂萃取的新发展——非平衡溶剂萃取(湖南省金属学会优秀论文),《有色金属》(冶炼部分), 第 5 期, 38 - 41 页。

64. 马荣骏, 1986 年, 第三代分离新技术——液膜分离(三),《湖南有色金属》, 第 1 期, 30 - 34 页。

65. 马荣骏, 1986 年, 湿法冶金的现状及进展(第一部分),《稀有金属与硬质合金》, 第 3 期, 17 - 24 页。

66. 王乾坤、马荣骏, 1986 年, 黄铁钒法除铁动力学研究及应用(Ⅱ)——黄铁钒法除铁动力学,《矿冶工程》, 第 1 期, 30 - 35 及 49 页。

67. 马荣骏、周忠华, 1986 年, 发展萃取剂的一个新途径——藉助于浮选剂选择萃取剂(中国金属学会优秀论文),《矿冶工程》, 第 4 期, 59 - 63 页。

68. 王乾坤、马荣骏, 1986 年, 铁钒法除铁动力学研究的应用——低污染铁矾法除铁探讨,《中国有色金属学会会议优秀论文集(优秀论文)》, 73 - 79 页, 北京。

69. 马荣骏, 1986 年, 液膜在环保中的应用,《湖南省环保工程分会第三次学术讨论会论文集》, 11 月, 湖南郴州。

70. 马荣骏, 1987 年, 湿法冶金中二氧化硅的一些行为,《有色金属》(冶炼部分), 第 1 期, 42 - 45 及 41 页。

71. 马荣骏, 1987 年, 湿法冶金的现状及展望(约 3 万字), 长沙矿冶研究院印单行本, 1 - 55 页。

72. 马荣骏, 1987 年, 湿法冶金中的现状及展望(第二部分),《稀有金属与硬质合金》, 第 3 期, 18 - 25 页。

73. Ma Rongjun, Zhou Zhonghua, 1987, A New Approach to Development of Extraction for Hydrometallurgy by Selection from Floatation Agents, in Second Inter. Conf. on Separation Technology, Schloss Elmav, Apr. 26 - May, 1; Proc. of ICHM´88, oct. Beijing。

74. 王乾坤、马荣骏, 1987 年, 锌冶炼中伴生金银的综合回收(湖南省有色金属学会优秀论文)《1987 年湖南省金属学会有色金属学术委员会学术会议论文集》, 9 月, 湖南, 大庸。

75. 王乾坤、马荣骏, 1988 年, 低污染钾铁钒法除铁,《矿冶工程》, 第 3 期, 47 - 50 页。

76. 王乾坤、马荣骏, 1988 年, 低污染钠、铵铁钒法除铁,《矿冶工程》, 第 4 期, 39 - 43 页。

77. Wang Qiankuan, Ma Rongjun, 1988, Hydrometallurgical Treatment of Jarosite,《ICHM´88》Oct. Beijing。

78. Zhou Zhonghua, Chen Tingzhang, Ma Rongjun etal., 1988, The Recovery of Tungsten from Alkaline Leach Liquors by Strongly Basic Anion Exchange Resin YE32, IEX' 88, 17 - 22 July 1988, University of Cambridge。

79. 马荣骏, 1988 年, 有色金属相图的热力学分析(湖南省金属学会优秀论文),《湖南有色金属》, 第 1 期, 31 - 36 及 53 页。

80. 马荣骏, 1988 年, 离子交换树脂的结构与性能的关系(一),《云南冶金》, 第 1 期, 46 - 56 页。

81. 马荣骏, 1988 年, 离子交换树脂的结构与性能的关系(二),《云南冶金》, 第 2 期, 43 - 49 页。

82. 马荣骏, 1988 年, 离子交换树脂的结构与性能的关系(三),《云南冶金》, 第 3 期, 45 - 55 页。

83. 马荣骏, 1988 年, 聚凝的原理及应用(稀有金属学术会议优秀论文),《稀有金属与硬质合金》, 第 3 期, 8 - 16 页。

84. 马荣骏, 1988 年, 炼钢烟尘的湿法处理,《湖南冶金》, 第 5 期, 5 - 6 页。

85. 马荣骏, 1988 年, 当代湿法冶金及其进展,《长沙矿冶研究院论文集(纪念建院 30 周年)》, 218 - 228页, 11 月, 长沙。

86. 马荣骏、王乾坤, 1989 年, 湿法炼锌中的银行踪及回收途径,《中国有色金属学会联合召开的第三届全国金银选冶学术讨论会，论文集》，214－219页，10月，北京，威海。

87. 马荣骏，1989年，离子交换及其在废水处理中的应用，《矿冶工程》，第2期，55－58页。

88. 马荣骏，1989年，有机物对电积锌的影响，《有色金属》(冶炼部分)，第3期，34－36页及33页。

89. 马荣骏，1989年，黑色冶金厂的二氧化硫污染模式及排放量的计算，《湖南冶金》，第4期，29－36页。

90. 邱电云，郑隆鳌，马荣骏，1989年，用某些有机磷酸萃取钴的比较研究，《矿冶工程》，第3期，37－40页。

91. Qiu Dianyun, Zhang Longao, Ma Rongjun etal., 1989, The behaviour structure relations in the extraction of cobalt (Ⅱ) nickel(Ⅱ) copper(Ⅱ) and calcium (Ⅱ) by monoacidic organo phosphorus extractants,《Solvent Extr. And Ion Exchange》, 7(6): 937－950。

92. 马荣骏，1990年，膜分离及其在废水治理中的应用，《矿冶工程》，第1期，64－68页。

93. 马荣骏、喻庆华，1990年，离子型稀土矿提取工艺及其改进措施，《矿冶工程》，第1期，42－45页。

94. 马荣骏，1989年，工业废水的治理(约8万字)，长沙矿冶研究院印单行本，1－92页。

95. 马荣骏，1990年，我国工业废水的治理概况及努力方向(湖南省环境科学学会优秀论文)，湖南省环境科学学会学术会议论文集，4月。

96. 马荣骏，1990年，锑冶炼的环保现状与对策，湖南省环境科学学会学术会议论文集，1990年4月。

97. 马荣骏，1990年，环保评价中的河流水质模型(一)，《湖南有色金属》，第2期，53－56页。

98. 马荣骏，1990年，环保评价中的河流水质模型(二)，《湖南有色金属》，第4期，36－41页。

99. 马荣骏，1989年，我国水资源的概况、利用及展望(湖南省环境科学会议优秀论文)，《环境求索》，第4期，6－10页。

100. 马荣骏，1990年，铀、钍、稀土生产中的放射性污染与危害，《矿冶工程》，第4期，63－66页。

101. 马荣骏，1991年，高炉煤气洗涤水的处理，《湖南冶金》，第6期，26－30页。

102. 马荣骏，1991年，冶金工业中含油废水的处理，《湖南冶金》，第6期，35－39页。

103. 马荣骏，1991年，冶金工业重金属废水治理综述，《环境求索》，第3期，8－11页。

104. 赵湘骥、马荣骏等，1992年，液体聚合硫酸铁的制备及性能的研究，《环境求索》，第1期，16－19页。

105. 何宗健、马荣骏等，1992年，用液膜技术分离模拟海洋锰结核浸出液中的钴和镍，《矿冶工程》，第3期，36－38页。

106. 马荣骏，1992年，海洋锰结核开发中的环保问题，《国际海底开发动态》，第2期，1－5页。

107. He Zongjian, Ma Rongjun, 1992, Research on the Mechanism of Mass Transfer in Separation of Cu(Ⅱ), Co(Ⅱ), Ni(Ⅱ) with Liquid Membrance (湖南省科委及科协优秀论文), Proc. of ICHM′92, Vol. 2, 722－727, Changsha, China。

108. 马荣骏，1992年，灌溉用水及其使用，《工业“废水”治理技术及综合利用研讨会论文集》，湖南省环境科学学会环境工程学术委员会，10月(衡阳)，11－15页。

109. 马荣骏，1992年，轧钢废水的处理，《湖南冶金》，第6期，42－45页。

110. 何宗健、马荣骏等，1993年，液膜技术处理模拟海洋锰结核浸出液——D_2EHPA为流动载体分离钴和镍(湖南省科协优秀论文)，《有色金属》(季刊)，第1期，11－15页。

111. 马荣骏，1993年，湿法炼锌中的除铁问题，《湖南有色金属》，第3期，161－164页。

112. 文献、马荣骏等，1993年，液膜萃取在稀土制取中的应用，《稀有金属与硬质合金》，第2期，41－44页。

113. 马荣骏、王乾坤，1993年，热酸浸出——铁矾法除铁湿法炼锌工艺中锗的回收(全国稀散金属学会会议优秀论文)，《湿法冶金》，第2期，20－27页。

114. 马荣骏，1993年，对开发大洋锰结核的几点意见，《海洋信息》，第9期，11－12页。

115. 王乾坤、马荣骏，1993年，高镁硫化锌矿中镁的赋存状态及预处理脱镁的研究，《有色金属》(冶炼部分)，第6期，41－44及第8页。

116. 张培新、隋智通、马荣骏等，1994年，硼化物稳定性及热处理条件对硼提取率的影响，《有色金属》(季刊)，第2期，52－54页。

117. 马荣骏、邱电云，1994年，热酸处理湿法炼锌中铁矾渣的处理方法(稀有金属学术会议优秀论文)，《湖南有色金属》，第3期，52－54页。

118. 马荣骏、邱电云，1994年，钛白粉工业的概况及其发展方向，《稀有金属与硬质合金》，第2期，50－54页。

119. 马荣骏、邱电云，1994 年，高炉出铁场烟尘的治理(冶金环保学术会议优秀论文)，《湖南冶金》，第3 期，50 –54 页。

120. 马荣骏，1994 年，海洋锰结核开发的新设想——原地淋浸法，《国际海洋开发动态》，第2 期，1 –6 页。

121. 张培新、隋智通、马荣骏等，1994 年，晶核剂对 $MgO - B_2O_3 - SiO_2$ 渣系析晶行为的影响，《硅酸盐学报》，第22 卷，第3 期，282 –287 页。

122. 张培新、马荣骏等，1994 年，$MgO - B_2O_3 - SiO_2$ 渣系组成对硼提取率的影响，《中国有色金属学报》，第4 卷，第2 期，38 –40 及41 页。

123. 邱电云、马荣骏等，1994 年，酸性磷萃取剂结构及性能关系的研究，《中国有色金属学报》，第4 卷，第4 期，34 –37 页。

124. Zhang Peixin, Ma Rongjun et al., 1994, Effects of nucleation agents on efficiently of Boron Extraction from $MgO - B_2O_3 - SiO_2$ slags，《Transanctions of Nonferrous Metals Society of China》, Vol. 4, No. 4, 56 –58。

125. 柳松、马荣骏，1994 年，稀土碳酸盐的组成、结构及应用，《中国有色金属科学技术发展》(书)，长沙，中南工业大学出版社(12 月)，818 –824 页。

126. 柳松、马荣骏，1994 年，水溶液中的沉淀过程，《中国有色金属科学技术发展》(书)，长沙，中南工业大学出版社(12 月)，825 –829 页。

127. 张培新、隋智通、马荣骏，1994 年，五元系 $MgO - B_2O_3 - SiO_2 - Al_2O_3 - CaO$ 中含硼组分形动力学研究，《材料研究学报(材料科学进展)》，第8 卷，第6 期，66 –70 页。

128. 张培新、隋智通、马荣骏，1994 年，晶核剂 $MgO - B_2O_3 - SiO_2$ 渣系中硼提取率的影响，《中国有色金属学报》，第4 期增刊，63 –65 页。

129. 马荣骏，1995 年，含铜金精矿的性质及沸腾焙烧，《黄金》，第2 期，39 –41 转38 页。

130. 马荣骏，1995 年，含铜金精矿沸腾焙烧浸出扩大实验，《黄金》，第4 期，26 –31 页。

131. 柳松、马荣骏，1995 年，晶型稀土碳酸盐的制备及其在提取稀土中的应用，《稀有金属与硬质合金》，第1 期，24 –27 页。

132. 赵湘骥、马荣骏等，1995 年，固体聚合硫酸铁的制备及其特性的研究，《矿冶工程》，第2 期，33 –36 页。

133. 柳松、马荣骏，1995 年，铅银钙合金阳极的电化学行为，《有色金属》(季刊)，第3 期，61 –64 页。

134. 马荣骏，1995 年，用 MOCTM –100TD 新萃取剂萃取 La(Ⅲ)及 Ce(Ⅲ)的研究，《稀土》，第5 期，1 –5 页。

135. 刘良伸、刘建忠、马荣骏，1995 年，Pb – Ag – Ca 三元合金机械性能的研究，《矿冶工程》，第4 期，61 –64 页。

136. 马荣骏、邱电云，1995 年，锅炉和空调废水的处理及药剂应用(约4.5 万字)，长沙矿冶研究院印单行本，1 –65 页。

137. 马伟、马荣骏，1995 年，磁场效应对砷结晶的影响，《中国有色金属学报》，第4 期，59 –62 页。

138. 柳松、马荣骏，1996 年，水溶液中的沉淀过程，《稀有金属与硬质合金》，第2 期，50 –54 页。

139. 文献，马荣骏等，1997 年，用液膜萃取稀土浸出液中提取稀土的研究《矿冶工程》，第3 期，47 –50 页。

140. 张培新、隋智通、马荣骏等，1998 年，$MgO - B_2O_3 - SiO_2$ 系分相分形与计算机模拟，《有色金属》(季刊)，第2 期，53 –66 页。

141. 马荣骏，1996 年，新萃取剂 MOCTM –100TD 及其对铜的萃取，《湖南有色金属》，第1 期，34 –37 页。

142. 马荣骏，1996 年，溶剂萃取的乳化及三相问题，《有色金属》(冶炼部分)，第3 期，42 –45 页。

143. 马伟、马荣骏等，1995 年，磁场效应对三氧化二砷结晶过程的影响，《中国有色金属学报》，第5 卷，第4 期，59 –62 页。

144. Liu Song, Ma Rongjun, 1996, Synthesis and Structure of Hydrated Lanthanum Carbonate, Proc. of Inter. Symp. Nonferrous metal and Material Metallurgy, Northeastern University, Shenyang。

145. 马伟、马荣骏等，1996 年，磁场效应在冶金中的应用，《物理》，第7 期，430 –432 转444 页。

146. 马伟、马荣骏等，1996 年，磁场效应在湿法冶金过程应用中的热力学分析，《‘96 全国冶金物化论文集》，昆明，10 月，992 –994 页。

147. 马荣骏、马文骥等，1997 年，新萃取剂 MOCTM –100TD 对铜镍的萃取分离，《有色金属》(冶炼部分)，第3 期，10 –12 页。

148. 马伟、马荣骏等，1996 年，磁场效应对 As(Ⅴ)萃取的影响，《有色金属》(季刊)，第2 期，68 –71 页。

149. 马荣骏、邱电云，1997 年，原地浸出及其在风化淋积型稀土矿中的应用，《湖南稀土》，第1期，9－12页。

150. Ma Wei, Ma Rongjun, 1996, Crystallization of Arsenous Anhydride in Magnetic Field, Proc. of Inter Symp. Nonterrous Metall and Materials, Sep., 5－8, Northeastern University, China, p502－506。

151. 马伟、马荣骏，1996年，从含砷废水中湿法回收砷的方法评述，《湿法冶金》，第3期，59－63页。

152. Liu Song, Ma Rongjun, 1996, Synthesis and Structure of Hydrated Terbium Carbonate,《Indian J. of Chemistry》, Vol. 35A, 992－994。

153. Liu Song, Ma Rongjun, 1996, Synthesis and Structure of Hydrated Europium Carbonate,《J. of Crystal Growth》, 169, 190－192。

154. 马荣骏，1997年，针铁矿湿法炼锌中用萃取法回收铟，《湿法冶金》，第2期，58－61页。

155. 柳松、马荣骏，1997年，$Re^{3+}-NH_4^{+}-CO_3^{2-}$体系的初步研究，《矿冶工程》，，第1期，59－61页。

156. 周志良、马荣骏等，1997年，冶金轧钢酸洗废水的利用，'97冶金环保学会论文集(优秀论文)，威海，178－184页。

157. 邱电云、马荣骏，1997年，人造金刚石及其合成理论探讨，《稀有金属与硬质合金》，第4期，40－42页。

158. 马伟、马荣骏，1997年，从废酸溶液制备碱式硫酸锌及磁场效应影响，《矿冶工程》，第3期，55－58页。

159. Liu Song, Ma Rongjun, 1997, Synthesis and Structure of Hydrated Lanthanum Carbonate, J. of South China University of Technology, No. 10, 23－26。

160. Liu Song, Ma Rongjun, 1997, Synthesis of a Crystalline Hydrated Basis Ytterbium Carbonate, Yb2O3. 2·17CO2·6·17H2O,《Synth. React. Inorg. Met－Org－Chem》, 27(8), 1183－1190。

161. 李扬、马荣骏、李先柏，1997年，原地浸出及数学模型的研究进展，《中国有色金属学会第三届学术会议论文集》，271－251，中南工业大学出版社。

162. 马伟，马荣骏，李扬等，1997年，硫酸溶液硫化沉砷过程及磁场对沉砷的影响，“中国有色金属学报”，第1期，33－36页。

163. 马荣骏，1997年，在磁场作用下用三辛胺萃取钒的机理.《湿法冶金》，第4期，20－22页。

164. Liu Song, Ma Rongjun, 1997, Synthesis of Hydrated Lutetium Carbonate,《Acta. Chem. Scan.》, 51 (9), 893－895。

165. 马荣骏，1998年，在磁场作用下用乙酰胺萃取五价砷，《湿法冶金》，第2期，42－44页。

166. 马伟、马荣骏，1998年，磁场效应对氧化铜浸出硫化砷的强化过程研究，《有色金属》(季刊)，第3期，76－79页。

167. 马伟、马荣骏等，1998年，磁场处理对活性氧化锌制备的影响及其机理探讨，《有色金属》(季刊)，第3期，85－89页。

168. Ma Wei, Ma Rongjun, 1997, Effect on Magnetic Field on Arsenic Sulfide Sedimentation in Arsenical Waste Water,《ICEECE'97》, 10 Guang Zhou。

169. 柳松、马荣骏，1998年，混合稀土碳酸盐晶型稀土沉淀的制备，《中国有色金属学报》，第2期，331－334页。

170. 马伟、马荣骏等，1998年，硫化法与磁场协同处理含砷废水，《矿冶工程》，第3期，44－46页。

171. 马伟、马荣骏等，1998年，磁场强化溶液蒸发的效果与机理，《中国有色金属学报》，第3期，502－505页。

172. 柳松、马荣骏，1998年，沉淀过程理论和应用的新进展，《中国稀土学报》(冶金物化专辑)，第8期，555－561页。

173. Ma Wei, Ma Rongjun, 1998, Reaction and Sedimentation Dynamics of Removal by Sulfidation under Influence of Magnetic Field,《Trans Nonferrous Met. Soc. China》, No. 3, 668－671。

174. Ma Rongjun, Li Yang et al, 1998, Studies on Mathematical Model for in Situ Leaching of Ionic Type Rare Earth Ore (coauthors: et al.),《Proc. of ICHM' 98》, No. 3－5, 37－41, Kunming China。

175. Ma Rongjun, Li Yang et al., 1998, Research Progress of in Situ Leaching and its Mathematical Model,《Proc. of ICHM 98》, No. 3－5, 213－216, Kunming China。

176. 马荣骏，1998年，关于湖南省环保问题的探讨，湖南省科委编《世纪的呼唤》(书)，长沙，国防科技大学出版社，50－56页。

177. 马伟、马荣骏，1998年，硫化砷渣氯化铜浸出还原回收单质砷的研究，《环境工程》，第1期，49－51页。

178. 马荣骏、邱电云，1999年，湿法制备纳米级氧化铝粉，《湿法冶金》，第2期，31－35页。

179. Liu Song, Ma Rongjun, 1999, Synthesis and

Structure of Hydrated Neodymium Carbonate,《J. of Crystal Growth》, 203(1999): 454－457。

180. 马荣骏, 1999 年, 我国钢铁工业废水治理概况及展望,《全国首届膜分离技术在冶金中应用研讨会论文集》, 64－69 页, 9 月于长沙。

181. 马荣骏、肖松文, 1999 年 21 世纪生物冶金展望,《有色金属科技进步与展望》(书: 有色金属杂志创刊 50 周年专刊), 北京, 冶金工业出版社: 247－257 页。

182. Liu Song, Ma Rongjun, 1999, Precipitation and Characterization of Cerous Carbonate,《J. of Crystal Growth》, 206: 82－85。

183. Liu Song, Ma Rongjun, 2000, Synthesis and Structure of Hydrated Yttrium Carbonate,《Synthesis-organic Chemistry》, 30(2), 271－279。

184. 肖松文、马荣骏, 2000 年, 生态环境友好锌材料及清洁生产——我国锌工业发展方向,《有色金属》(季刊), 第 3 期, 84－87 页。

185. 肖骁、肖松文、马荣骏等, 2000 年, 无机高分子絮凝剂生产与需求展望,《湖南化工》, 第 3 期, 16－17 页。

186. 肖骁、肖松文、马荣骏等, 2000 年生命周期评价(LCA)及生态环境材料开发,《材料导报》, 第 11 期, 22－24 页。

187. 胡毓艺、马荣骏, 2000 年, 神经网络在冶金中的应用,《湖南有色金属》, 第 5 期, 16－19 页。

188. 马荣骏、邱电云, 2000 年, 富勒烯碳分子的结构、性质与应用,《矿冶工程》, 第 4 期, 4－6 页。

189. 马荣骏、邱电云, 2001 年, 湿法制备纳米级固体粉末材料的进展,《湿法冶金》, 第 1 期, 1－8 页。

190. 马荣骏、罗电宏, 2001 年, 溶剂萃取的新进展及新世纪中的发展方向,《矿冶工程》, 第 3 期, 6－11 页。

191. 文明芬、翟玉春、马荣骏等, 2001 年, 熔体旋溶淬 Ml(NiCoMnAl)5 贮氢合金的微结构与化学行为,《中国有色金属学报》, 第 1 期, 84－90 页。

192. 马荣骏、罗电宏等, 2001 年, 电炉炼钢烟尘的处理,《2001 年全国固体废弃物处理与利用学术会议论文集》, 6 月, 10－18 页, 北京。

193. 文明芬、翟玉春、马荣骏等, 2001 年, 新型复合贮氢合金 Zr0.9Ti0.1(Ni, Co, Mn, V)2.1 的制备与电化学行为,《中国有色金属学报》, 第 2 期, 191－197 页。

194. 唐建军、马荣骏等, 2001 年, 减压膜蒸馏法脱除水溶液中氨(Ⅰ)——工艺条件影响研究,《矿冶工程》, 第 4 期, 52－54 转 57 页。

195. 肖松文、马荣骏, 2001 年, 材料的显微结构形貌控制及其界面作用机制,《中国有色金属学报》, 增第 2 期, 1－4 页。

196. 唐建军、周康根、马荣骏等, 2002 年, 试验条件对减压膜蒸馏法脱除水溶液中 MIBK 的影响,《水处理技术》, 第 1 期: 22－24 页。

197. 马荣骏, 2002 年, 改进湿法炼锌工艺的新设想,《湖南有色金属》, 第 2 期, 11－16 页。

198. 唐建军、马荣骏等, 2002 年, 减压膜蒸馏法脱除水溶液中的氨(Ⅱ)——传质系数的研究,《矿冶工程》, 第 2 期, 73－76 页。

199. 马荣骏、罗电宏, 2002 年, 对超细粉末团聚问题的探讨,《湿法冶金》, 第 2 期, 57－61 页。

200. 马荣骏、罗电宏, 2002 年, 在磁场作用下乙酰胺萃取稀土元素,《稀有金属与硬质合金》, 第 3 期, 14－16 页。

201. 张贵清、张启修、马荣骏等, 2002 年, N1923 萃取回收钛白水解废酸中的钛——萃取参数的研究,《矿冶工程》, 第 3 期, 86－88 页。

202. 肖松文、马荣骏, 2002 年, 四针状氧化锌晶须制备及其形貌控制,《中国稀土学报》, 20 卷(下): 492－494 页。

203. 肖松文、马荣骏, 2002 年, 特殊形貌氧化锌开发及应用,《中国稀土学报》, 20 卷(增)(下): 495－497 页。

204. 马荣骏、罗电宏, 2002 年, 湿法制备纳米级粉末晶体生长机理的探讨,《湿法冶金》, 第 4 期, 169－174 页。

205. 胡毓艺、马荣骏, 2002 年, 专家系统神经网络在湿法炼锌沉矾中的应用,《矿冶工程》, 第 4 期, 69－72 页。

206. 马荣骏、罗电宏, 2003 年, 用萃取法回收微量金,《有色金属》(季刊), 第 1 期, 34－36 页。

207. 肖骁、马荣骏等, 2003 年, 基于生命周期评价的锌冶炼过程清洁生产措施研究,《有色金属》(季刊), 第 3 期, 72－75 页。

208. 朱超英、马荣骏, 2003 年, 微电解法处理制糖及啤酒工业废水,《矿冶工程》, 第 6 期, 43－45 页。

209. 朱超英、马荣骏, 2003 年, 微生物絮凝剂及其研究与应用综述,《矿业工程》, 第 4 期, 19－22 页。

210. 何静、马荣骏, 2003 年, 绘制同时平衡

E－pH图的一种新方法，《湖南有色金属》，第 6 期，31－34 页。

211. 马荣骏，2003 年，《对嵌入原子法理论及其在材料科学中的应用》一书的评价，《矿冶工程》，第 5 期，后插页。

212. 熊仁军、马荣骏等，2004 年，城镇污水磁种絮凝——高梯度磁分离处理扩大连续试验研究，《矿冶工程》，第 2 期，27－29 页。

213. 马荣骏、罗电宏，2004 年，金属电子理论在合金材料研究中的应用，《有色金属》（季刊），第 4 期，45－50 页。

214. 肖松文、肖骁、刘建辉、马荣骏，2004 年，二次锌资源回收利用现状及发展对策，《中国资源综合利用》，第 2 期，19－23 页。

215. 马莹、马荣骏，2005 年，三价铁离子在酸性水溶液中的行为，《湖南有色金属》第 1 期，36－39 页。

216. 马荣骏，2005 年，原子力显微镜及其应用，《矿冶工程》，第 4 期，62－65 页。

217. Li Xiaobai，Ma Rongjun etal.，2005，A Study of preparation of lithium-ion Batteries Grade－$CoSO_4$ ISEC'2005，Beijing，Sept. 19－23。

218. 何静、曾光明、马荣骏等，2005 年，运用动力学模型研究盐度对厌氧生物的抑制作用，中南大学学报（自然科学版），第 4 期，600－604 页。

219. 何静、马荣骏等，2006 年，生命周期评价在锌冶炼加工过程中的应用，《有色金属》（季刊），第 2 期，99－101 页。

220. 马荣骏，2006 年，TiO_2 的光催化作用及其研究进展（Ⅰ），《稀有金属与硬质合金》，第 2 期，40－43 及 54 页。

221. 马荣骏，2006 年，TiO_2 的光催化作用及其研究进展（Ⅱ），《稀有金属与硬质合金》，第 3 期，3－29 页。

222. 马荣骏，2006 年，湿法冶金新技术，中国锰业发展论坛论文集（做了大会报告），75－97 页，广西崇左。

223. 李先柏、马荣骏等，2006 年，BP 神经网络在湿法炼锌浸出工艺中的应用，《矿冶工程》，第 6 期，42－64 页。

224. 柳松、马荣骏，2007 年，不含稀土碳酸盐的红外光谱，《科学技术与工程》，第 7 期，1430－1434 页。

225. 马荣骏，2007 年，湿法冶金新发展，《湿法冶金》，第 1 期，1－12 页；中国锰业发展论坛论文集，2006 锰业科技创新崇左峰会（做了大会报告）。

226. 马荣骏，2008 年，锂离子电池及其阳极材料的研究进展，《有色金属》（季刊），第 1 期，1－5 页。

227. 马荣骏，2008 年，细菌浸矿及其对锰矿浸出的研究进展，《中国锰业》，第 1 期，1－6 页。

228. 马荣骏，2008 年，锂离子电池负极材料的研究及应用进展，《有色金属》（季刊），第 2 期，38－45 页。

229. 马荣骏，2008 年，银系电接触材料研究与应用的进展，《稀有金属与硬质合金》，第 4 期，28－36 页。

230. 马荣骏、胡敏艺，2008 年，电极用超细铜粉的制备及其研究进展，《矿冶工程》，第 6 期，54－57 页。

231. 马荣骏，2009 年，金属材料的价键理论发展与应用，《有色金属》（季刊），第 4 期，5－13 页。

232. 宁顺明，马荣骏，2013 年，我国石煤提钒的技术发展及努力方向，《矿冶工程》，第 5 期，57－61 期。

233. 马荣骏，马玉雯，2014 年，循环经济的二次资源金属回收，《矿冶工程》，第 2 期，68－72 页。

234. 马荣骏，马玉雯，2015 年，改善 $LiFePO_4/C$ 电池高温循环容量下降的研究进展，《有色金属》（冶炼部分），第 4 期，63－68 页。

另有 3 篇文章待发表。